rapid biological and social inventories

INFORME/REPORT NO. 31

Colombia, Perú: Bajo Putumayo-Yaguas-Cotuhé

Christopher C. Jarrett, Michelle E. Thompson, Nigel Pitman, Corine F. Vriesendorp, Diana Alvira Reyes, Ana Alicia Lemos, Farah Carrasco-Rueda, Wayu Matapi Yucuna, Alejandra Salazar Molano, Ana Rosita Sáenz Rodríguez, Freddy Ferreyra, Álvaro del Campo, Madelaide Morales, Alexander Alfonso, Teófilo Torres Tuesta, María Carolina Herrera Vargas, Claus García Ortega, Valentina Cardona Uribe, Nicholas Kotlinski, Debra K. Moskovits, Lesley S. de Souza y/and Douglas F. Stotz

editores/editors

Junio/June 2021

Instituciones Participantes/Participating Institutions

	Field Museum		Instituto del Bien Común (IBC)
	Fundación para la Conservación y el Desarrollo Sostenible (FCDS)	SERNANP	Servicio Nacional de Áreas Naturales Protegidas por el Estado (SERNANP)
	Parques Nacionales Naturales de Colombia	Gaia Amazonas	Fundación Gaia Amazonas
	Amazon Conservation Team (ACT)-Colombia	FRANKFURT ZOOLOGICAL SOCIETY	Frankfurt Zoological Society Perú (FZS Perú)
WCS	Wildlife Conservation Society (WCS)-Colombia		Federación de Comunidades Indígenas del Bajo Putumayo (FECOIBAP)
	Cabildo Indígena Mayor de Tarapacá (CIMTAR)	CORPOAMAZONIA	Corporación para el Desarrollo Sostenible del Sur de la Amazonia (CORPOAMAZONIA)
iiap	Instituto de Investigaciones de la Amazonía Peruana (IIAP)	Instituto SINCHI	Instituto Amazónico de Investigaciones Científicas SINCHI
	Universidad Nacional de Colombia		Museo de Historia Natural de la Universidad Nacional Mayor de San Marcos
CORBIDI	Centro de Ornitología y Biodiversidad (CORBIDI)		

LOS INFORMES DE LOS INVENTARIOS RÁPIDOS SON PUBLICADOS POR/
RAPID INVENTORIES REPORTS ARE PUBLISHED BY:

FIELD MUSEUM
Keller Science Action Center
Science and Education
1400 South Lake Shore Drive
Chicago, Illinois 60605-2496, USA
T 312.665.7430, F 312.665.7433
www.fieldmuseum.org

Editores/Editors

Christopher C. Jarrett, Michelle E. Thompson, Nigel Pitman, Corine F. Vriesendorp, Diana Alvira Reyes, Ana Alicia Lemos, Farah Carrasco-Rueda, Wayu Matapi Yucuna, Alejandra Salazar Molano, Ana Rosita Sáenz Rodríguez, Freddy Ferreyra, Álvaro del Campo, Madelaide Morales, Alexander Alfonso, Teófilo Torres Tuesta, María Carolina Herrera Vargas, Claus García Ortega, Valentina Cardona Uribe, Nicholas Kotlinski, Debra K. Moskovits, Lesley S. de Souza y/and Douglas F. Stotz

Diseño/Design

Costello Communications, Chicago

Mapas y gráficos/Maps and graphics

Nicholas Kotlinski, José Jibaja Aspajo y/and Karen Klinger

Traducciones/Translations

Marcelino Attama Toykemuy (español-uitoto), Jecson Cano Viena (español-uitoto), Farah Carrasco-Rueda (español-English), David Chávez Chino (español-kichwa), Álvaro del Campo (English-español), Lesley de Souza (español-English), Michael Esbach (español-English), Christopher C. Jarrett (español-English), Olga L. Montenegro (español-English), Nigel Pitman (español-English), Miguel Ramos (español-ticuna), Ariana Salguero (español-English), Robert F. Stallard (español-English), Michelle E. Thompson (español-English) y/and M. Rose Waterman (español-English)

Esta publicación ha sido financiada por el apoyo generoso de un donante anónimo, Bobolink Foundation, Connie y Dennis Keller, Mike y Lindy Keiser, Gordon and Betty Moore Foundation y el Field Museum./ This publication has been funded by the generous support of an anonymous donor, Bobolink Foundation, Connie and Dennis Keller, Mike and Lindy Keiser, Gordon and Betty Moore Foundation, and the Field Museum.

Cita sugerida/Suggested citation

Jarrett, C.C., M.E. Thompson, N. Pitman, C.F. Vriesendorp, D. Alvira Reyes, A.A. Lemos, F. Carrasco-Rueda, W. Matapi Yucuna, A. Salazar Molano, A.R. Sáenz Rodríguez, F. Ferreyra, Á. del Campo, M. Morales, A. Alfonso, T. Torres Tuesta, M.C. Herrera Vargas, C. García Ortega, V. Cardona Uribe, N. Kotlinski, D.K. Moskovits, L.S. de Souza y/and D.F. Stotz, eds. 2021. *Colombia, Perú: Bajo Putumayo-Yaguas-Cotuhé.* Rapid Biological and Social Inventories Report 31. Field Museum, Chicago.

Fotos e ilustraciones / Photos and illustrations

Carátula/Cover: Una familia transporta la cosecha de su pequeña chacra/chagra por el río Cotuhé en la Amazonia colombiana. El conocimiento indígena y el uso tradicional de los recursos naturales han mantenido en excelente condición los ríos y bosques en toda la región del Bajo Putumayo-Yaguas-Cotuhé del Perú y Colombia. Foto de Álvaro del Campo./A family ferries the harvest from their small garden plot on the Cotuhé River in the Colombian Amazon. Indigenous knowledge and traditional resource use have kept rivers and forests well-conserved throughout the Bajo Putumayo-Yaguas-Cotuhé region of Peru and Colombia. Photo by Álvaro del Campo.

Carátula interior/Inner cover: Con una extensión de 1600 km, el río Putumayo-Içá de Ecuador, Perú, Colombia y Brasil es uno de los últimos afluentes importantes del río Amazonas que aún fluye libremente. En su cuenca más de 15 pueblos indígenas viven en uno de los paisajes tropicales más diversos y mejor conservados de la Tierra. Foto de Álvaro del Campo./Stretching for 1600 km across South America, the Putumayo-Içá River of Ecuador, Peru, Colombia, and Brazil is one of the last major tributaries of the Amazon to still flow freely. Home to more than 15 different Indigenous peoples, the Putumayo-Içá watershed remains one of the most diverse and best-preserved tropical landscapes on Earth. Photo by Álvaro del Campo.

Láminas a color/Color plates: Figs. 10C, 11D, 11J–K, 11M, D. Alvira Reyes; Figs. 3J–K, J. Ángel Amaya; Fig. 9K, W. Bonell Rojas; Figs. 13C–D, H. Carvajal; Figs. 7A–H, 7J–N, 7P–Z, G. Chávez; Figs. 10B, 10D–H, 10L, 11A–B, 11F, 11H, 11L, M. del Aguila Villacorta; Figs. 1A, 4A–F, 6R, 8K, 11E, Á. del Campo; Figs. 6A–H, 6J–N, 6S, D.R. Faustino-Fuster; Figs. 11R, 13B, C. García Ortega; Figs. 11N, 11P, Instituto del Bien Común; Figs. 10K, 11G, 11Q, 13A, C.C. Jarrett; Figs. 9AA, 10J, 11C, A.A. Lemos; Figs. 6P–Q, 9A–G, 9L–M, O.L. Montenegro; Figs. 8A–H, 8J, F. Peña Alzate; Figs. 5B, 5K, M. Ríos Paredes; Fig. 3E, J. Salas; Figs. 12B–G, L. Téllez; Figs. 9N, 9BB, 5A, 5C–H, 5J, L.A. Torres Montenegro; Figs. 3B–D, 3F–H, 3L, R.F. Stallard; Fig. 9S, E. Vásquez; 9H, 9J, C.F. Vriesendorp; Condolencias/Condolences: p.3, 5, C. Gonzales, SERNANP PN Yaguas; p.4, Alianza por el Yaguas; p.6, G. Chávez.

Impreso sobre papel reciclado/Printed on recycled paper.

EN DICIEMBRE DE 2019, el coronavirus SARS-CoV-2, el cual causa la enfermedad conocida como COVID-19, empezó a difundirse por el mundo. A partir de marzo de 2020, muchos países implementaron medidas para reducir el impacto del virus, incluyendo cuarentenas en el Perú y Colombia. Pese a estas acciones, la enfermedad llegó a la Amazonia y a la cuenca del Putumayo. Trágicamente, muchos han fallecido, entre ellos grandes líderes, así como abuelos y abuelas queridos, quienes dejan un vacío espiritual tremendo.

IN DECEMBER 2019, the coronavirus SARS-CoV-2, which causes the illness known as COVID-19, began to spread around the world. Beginning in March 2020, many countries implemented measures to reduce the impact of the virus, including quarantines in Peru and Colombia. Despite these actions, the illness spread to Amazonia and to the Putumayo watershed. Tragically, many have died, including great leaders and beloved elders, leaving us with a tremendous spiritual void.

Benjamín Rodríguez Grández
Ocaina leader

En la cuenca del bajo Putumayo, entre otros, perdimos al líder ocaina Don Benjamín Rodríguez Grández, quien por décadas luchó por el bienestar de las comunidades indígenas ribereñas, y al abuelo ticuna Don Cipriano Ruppi, fundador de la comunidad de Caña Brava en el río Cotuhé en Colombia. La sabiduría de estos líderes, abuelos y abuelas seguirá guiándonos e inspirándonos.

In the lower Putumayo watershed, we lost, among others, the Ocaina leader Benjamín Rodríguez Grández, who for decades fought for the wellbeing of riverine Indigenous communities, and the Ticuna elder Cipriano Ruppi, founder of the community of Caña Brava on the Cotuhé River in Colombia. The wisdom of these leaders and elders will continue to guide and inspire us.

El COVID-19 —un virus altamente contagioso y muchas veces mortal— ha hecho evidente las desigualdades sociales, la carencia de servicios fundamentales para las poblaciones rurales y urbanas más vulnerables, y la desconexión de nuestra sociedad con la naturaleza. Sin embargo, a pesar de las adversidades enfrentadas por el COVID-19, los pueblos indígenas y campesinos han buscado sus propias soluciones a través de conocimientos y prácticas tradicionales, tales como el uso de medicinas tradicionales, el aislamiento voluntario, el cierre de sus territorios y medidas preventivas difundidas y abordadas en sus propias lenguas y estilos. Nuestra esperanza es que de esta crisis surja una comprensión profunda y global, que cuando rompemos nuestra conexión integral con la naturaleza y sus riquezas insuperables, nos hacemos débiles, pobres y vulnerables.

Esperemos que esta tragedia nos lleve —a todos— a redoblar el esfuerzo por cuidar y proteger la selva, los ríos y salvaguardar a la gente que depende de ellos y que nos enseñan cómo reequilibrar nuestra relación con la naturaleza y reducir el riesgo de futuras pandemias. Tratemos de asegurar a largo plazo la conservación de espacios increíbles como el Bajo Putumayo-Yaguas-Cotuhé, defendiendo los derechos de la gente local, y honrando la memoria de los sabios de la cuenca del Putumayo.

COVID-19—a highly contagious and often mortal virus—has made evident social inequalities, revealed a lack of basic services for the most vulnerable rural and urban populations, and highlighted our society's disconnect with nature. Yet, despite the adversities faced due to COVID-19, Indigenous and campesino peoples have sought their own solutions through traditional knowledge and practices, such as the use of traditional medicine, voluntary isolation, closing of territories, and sharing information on preventative measures in their own languages and styles. Our hope is that from this crisis emerges a deep, global understanding that when we break our connection with nature and its unsurpassed riches, we make ourselves weak, poor, and vulnerable.

Let us hope that this tragedy leads us all to double down on our commitment to care for and protect the forest and rivers and to safeguard the people who depend on them and who teach us how to rebalance our relationship with nature and reduce the risk of future pandemics. Doing so will ensure the long-term conservation of incredible places like the Bajo Putumayo-Yaguas-Cotuhé, while defending the rights of local people and honoring the memory of the wise elders of the Putumayo watershed.

QUE ÉSTE SEA EL MOMENTO DE VOLVER
A ENCONTRAR Y FORTALECER NUESTRA
RELACIÓN CON LA NATURALEZA. /
MAY THIS BE A MOMENT TO RENEW
AND STRENGTHEN OUR RELATIONSHIP
WITH NATURE.

CONTENIDO/CONTENTS

INTEGRANTES DEL EQUIPO

EQUIPO DE CAMPO

Jose Dayan Acosta Arango
plantas
Parque Nacional Natural Amacayacu
Parques Nacionales Naturales de Colombia
Leticia, Colombia
josdacostaara@unal.edu.co

Alexander Alfonso
apoyo técnico
Parque Nacional Natural Río Puré
Parques Nacionales Naturales de Colombia
Tarapacá, Colombia
alexander.alfonso@
    parquesnacionales.gov.co

Fernando Alvarado Sangama
caracterización social
Federación de Comunidades Indígenas del
    Bajo Putumayo (FECOIBAP)
Remanso, Río Putumayo, Perú

Diana (Tita) Alvira Reyes
coordinación, caracterización social
Science and Education
Field Museum
Chicago, IL, EE.UU.
dalvira@fieldmuseum.org

Jennifer Ángel Amaya
geología, suelos y agua
Universidad Nacional de Colombia y
Corporación Geopatrimonio
Bogotá, Colombia
jangela@unal.edu.co
jangel@geopatrimonio.org

Omar Arévalo Vacalla
apoyo técnico
Gerencia de Asuntos Indígenas
Gobierno Regional de Loreto
Iquitos, Perú
oav9@yahoo.com

William Bonell Rojas
mamíferos, cámaras trampa
Wildlife Conservation Society-Colombia
Bogotá, Colombia
wbonell@wcs.org

Pedro Botero
geología, suelos y agua
Fundación para la Conservación y el
    Desarrollo Sostenible (FCDS)
Bogotá, Colombia
guiaspedro@gmail.com

Rodrigo Botero García
apoyo técnico
Fundación para la Conservación y el
    Desarrollo Sostenible (FCDS)
Bogotá, Colombia
rbotero@fcds.org.co

Valentina Cardona Uribe
caracterización social
Amazon Conservation Team - Colombia
Bogotá, Colombia
vcardona@actcolombia.org

Farah Carrasco-Rueda
mamíferos
Science and Education
Field Museum
Chicago, IL, EE.UU.
fcarrasco@fieldmuseum.org

Hugo Carvajal
apoyo técnico
Dirección Territorial Amazonia
Parques Nacionales Naturales de
    Colombia
Bogotá, Colombia
hugocarvajaltriana@gmail.com

Germán Chávez
anfibios y reptiles
Centro de Ornitología y Biodiversidad
    (CORBIDI)
Lima, Perú
vampflack@yahoo.com

Lesley S. de Souza
peces
Science and Education
Field Museum
Chicago, IL, EE.UU.
ldesouza@fieldmuseum.org

Margarita del Aguila Villacorta
caracterización social
Instituto de Investigaciones de la
    Amazonía Peruana (IIAP)
Iquitos, Perú
madelavi1494@gmail.com

Álvaro del Campo
coordinación, logística de campo, fotografía
Science and Education
Field Museum
Lima, Perú
adelcampo@fieldmuseum.org

Juan Díaz Alván
aves
Universidad Científica del Perú
Iquitos, Perú
jdiazalvan@gmail.com
jdiaz@ucp.edu.pe

Cynthia Elizabeth Díaz Córdova
mamíferos, cámaras trampa
Frankfurt Zoological Society-Perú
Iquitos, Perú
cynthia.diaz@fzs.org

Dario R. Faustino-Fuster
peces
Universidad Federal de Rio Grande do Sul
Porto Alegre, Brasil y
Museo de Historia Natural
Universidad Nacional Mayor de San Marcos
Lima, Perú
dariorff36@gmail.com

Freddy Ferreyra
caracterización social, logística
Instituto del Bien Común
Iquitos, Perú
frefeve76@gmail.com
fferreyra@ibcperu.org

Jorge W. Flores Villar
caracterización social
Parque Nacional Yaguas
Servicio Nacional de Áreas Protegidas
    por el Estado (SERNANP)
Iquitos, Perú
jflores@sernanp.gob.pe

Claus García Ortega
caracterización social
Frankfurt Zoological Society-Perú
Cusco, Perú
claus.garcia@fzs.org

Héctor García
apoyo técnico
Museo del Oro
Bogotá, Colombia
hgarcibo@banrep.gov.co

María Carolina Herrera Vargas
caracterización social
Fundación Gaia Amazonas
Bogotá, Colombia
cherrera@gaiaamazonas.org

Christopher C. Jarrett
caracterización social
Science and Education
Field Museum
Chicago, IL, EE.UU.
cjarrett@fieldmuseum.org

José Jibaja Aspajo
cartografía
Instituto del Bien Común
Iquitos, Perú
jlejibaja@gmail.com

Karen Klinger
cartografía
Science and Education
Field Museum
Chicago, IL, EE.UU.
kklinger@fieldmuseum.org

Nicholas Kotlinski
cartografía, logística de informática
Science and Education
Field Museum
Chicago, IL, EE.UU.
nkotlinski@fieldmuseum.org

Verónica Leontes
coordinación, logística general
Fundación para la Conservación y el
    Desarrollo Sostenible (FCDS)
Bogotá, Colombia
vleontes@fcds.org.co

Ana Alicia Lemos
caracterización social
Science and Education
Field Museum
Chicago, IL, EE.UU.
alemos@fieldmuseum.org

Charo Lanao
facilitación, apoyo técnico
Programa Paisajes Sostenibles de la
    Amazonia (ASL)
Banco Mundial
charolanao@gmail.com
contact@charolanao.org

Manuel Martín Brañas
caracterización social
Instituto de Investigaciones de la
    Amazonía Peruana (IIAP)
Iquitos, Perú
mmartin@iiap.gob.pe

Eliana Martínez
apoyo técnico
Parque Nacional Natural Amacayacu
Parques Nacionales Naturales de Colombia
Leticia, Colombia
eliana.martinez@parquesnacionales.gov.co

'Wayu' Matapi Yucuna
coordinación, caracterización social
Fundación para la Conservación y el
    Desarrollo Sostenible (FCDS)
Bogotá, Colombia
ematapi@fcds.org.co
upichia@hotmail.com

Delio Mendoza Hernández
caracterización social
Instituto Amazónico de Investigaciones
    Científicas SINCHI
Leticia, Colombia
dmendoza@sinchi.org.co

Tatiana Menjura
comunicaciones
Foundation for Conservation and
    Sustainable Development (FCDS)
Bogotá, Colombia
tmenjura@fcds.org.co

Dilzon Iván Miranda
caracterización social
Cabildo Indígena Mayor de Tarapacá
    (CIMTAR)
Tarapacá, Colombia

Olga Lucía Montenegro
mamíferos
Instituto de Ciencias Naturales
Universidad Nacional de Colombia
Bogota, Colombia
olmontenegrod@unal.edu.co

Hugo Mora del Águila
apoyo técnico
Dirección Regional de la Producción
    (DIREPRO)
Gobierno Regional de Loreto
Iquitos, Perú
hugomoradelaguila@gmail.com

Madelaide Morales Ruiz
apoyo técnico
Dirección Territorial Amazonia
Parques Nacionales Naturales de Colombia
Bogotá, Colombia
sirap.dtam@parquesnacionales.gov.co

Debra K. Moskovits
aves
Science and Education
Field Museum
Chicago, IL, EE.UU.
dmoskovits@fieldmuseum.org

David Novoa Mahecha
apoyo técnico
Dirección Territorial Amazonia
Parques Nacionales Naturales de Colombia
Bogotá, Colombia
gestionconocimiento.dtam@
    parquesnacionales.gov.co

María Olga Olmos Rojas
logística general
Fundación para la Conservación y el
    Desarrollo Sostenible (FCDS)
Bogotá, Colombia
olga.olmos@fcds.org.co

Jhon Jairo Patarroyo Báez
peces
Instituto Amazónico de Investigaciones
    Científicas SINCHI
Puerto Leguízamo, Colombia
jj.patarroyo@gmail.com

Flor Ángela Peña Alzate
aves
Parque Nacional Natural La Paya
Parques Nacionales Naturales de Colombia
Puerto Leguízamo, Colombia
flordjf@gmail.com

Nigel Pitman
redacción
Science and Education
Field Museum
Chicago, IL, EE.UU.
npitman@fieldmuseum.org

Rosa Cecilia Reinoso Sabogal
caracterización social
Parque Nacional Natural Río Puré
Parques Nacionales Naturales de Colombia
Tarapacá, Colombia
rosareinoso08@gmail.com

Marcos Ríos Paredes
plantas
Universidad Federal de Juiz de Fora
Juiz de Fora, MG, Brasil
marcosriosp@gmail.com

Wilson D. Rodríguez Duque
plantas
Instituto Amazónico de Investigaciones
    Científicas SINCHI
Bogotá, Colombia
wdropteris@hotmail.com

Ana Rosita Sáenz Rodríguez
apoyo técnico
Instituto del Bien Común
Iquitos, Perú
anarositasaenz@gmail.com

Javier Salas
geología, suelos y agua
Universidad Nacional de Colombia
Bogotá, Colombia
jasalasg@unal.edu.co

Alejandra Salazar Molano
coordinación, caracterización social
Fundación para la Conservación y el
    Desarrollo Sostenible (FCDS)
Bogotá, Colombia
alesalazarmolano@gmail.com

David A. Sánchez
anfibios y reptiles
Instituto Amazónico de Investigaciones
    Científicas SINCHI
Bogotá, Colombia
davsanchezram@gmail.com

Robert F. Stallard
geología, suelos y agua
Universidad de Colorado
Boulder, CO, EE.UU. y
Science and Education
Field Museum
Chicago, IL, EE.UU.
stallard@colorado.edu

Douglas F. Stotz
aves
Science and Education
Field Museum
Chicago, IL, EE.UU.
dstotz@fieldmuseum.org

Milena Suárez Mojica
caracterización social
Parque Nacional Natural Río Puré
Parques Nacionales Naturales de Colombia
Tarapacá, Colombia
misuarezmo@gmail.com

Nestor Moisés Supelano Chuña
apoyo logístico
Parque Nacional Natural Río Puré
Parques Nacionales Naturales de Colombia
Tarapacá, Colombia

Luisa Téllez
comunicaciones
Fundación para la Conservación y el
    Desarrollo Sostenible (FCDS)
Bogotá, Colombia
ltellez@fcds.org.co

Michelle E. Thompson
anfibios y reptiles
Science and Education
Field Museum
Chicago, IL, EE.UU.
mthompson@fieldmuseum.org

Luis Alberto Torres Montenegro
plantas
Peruvian Center for Biodiversity and
    Conservation (PCBC)
Iquitos, Perú
luistorresmontenegro@gmail.com

Teofilo Torres Tuesta
apoyo técnico
Parque Nacional Yaguas
Servicio Nacional de Áreas Protegidas por
    el Estado (SERNANP)
Iquitos, Perú
ttorres@sernanp.gob.pe

Adriana Vásquez
comunicaciones
Fundación para la Conservación y el
    Desarrollo Sostenible (FCDS)
Bogotá, Colombia
avasquez@fcds.org.co

Corine F. Vriesendorp
coordinación, plantas
Science and Education
Field Museum
Chicago, IL, EE.UU.
cvriesendorp@fieldmuseum.org

COLABORADORES

Federaciones indígenas del Perú
(en orden alfabético)

Federación de Comunidades Indígenas del Bajo Putumayo (FECOIBAP)

Organización de Comunidades Indígenas del Bajo Putumayo y Río Yaguas (OCIBPRY)

Asociaciones de Autoridades Tradicionales Indígenas de Colombia

Cabildo Indígena Mayor de Tarapacá (CIMTAR)

Asociación de Autoridades Indígenas de Tarapacá Amazonas (ASOAINTAM)

Comunidades indígenas en Perú
(en orden alfabético)

Comunidad Nativa Huapapa
Río Putumayo, Perú

Comunidad Nativa Remanso
Río Putumayo, Perú

Comunidad Nativa Tres Esquinas
Río Putumayo, Perú

Resguardos Indígenas de Colombia
(en orden alfabético)

Resguardo Indígena Ríos Cohué y Putumayo

Resguardo Indígena Uitiboc

Comunidades indígenas en Colombia
(en orden alfabético)

Maloca Cabildo Centro Tarapacá Cinceta
Resguardo Indígena Uitiboc

Puerto Huila
Resguardo Indígena Ríos Cotuhé y Putumayo

Organizaciones sociales locales
(en orden alfabético)

Asociación de Colonos de Tarapacá (ASOCOLTAR)
Tarapacá, Colombia

Asociación de Mujeres Comunitarias de Tarapacá (ASMUCOTAR)
Tarapacá, Colombia

Asociación de Pescadores de Tarapacá (ASOPESTAR)
Tarapacá, Colombia

Asociación Piscícola Productora de Peces Ornamentales y Artesanales de Tarapacá Amazonas (APIPOATA)
Tarapacá, Colombia

Asociación de Productores de Madera de Tarapacá (ASOPROMATA)
Tarapacá, Colombia

Congregación de Puerto Ezequiel Asentamiento Puerto Ezequiel
Río Putumayo, Colombia

Gobiernos locales

Municipalidad Provincial de Putumayo
San Antonio del Estrecho, Perú

Municipalidad Distrital de Yaguas
Remanso, Perú

Corregimiento de Tarapacá
Tarapacá, Colombia

Gobierno Regional de Loreto

Dirección Regional de Producción (DIREPRO)
Gobierno Regional de Loreto
Iquitos, Perú

Gerencia Regional de Desarrollo Forestal y Fauna Silvestre (GERFOR)
Gobierno Regional de Loreto
Iquitos, Perú

Gobernación de Amazonas

Gobernación del Departamento de Amazonas
Leticia, Colombia

Instituciones académicas

Museo del Oro
Bogotá, Colombia

Institución Educativa Villa Carmen
Tarapacá, Colombia

Universidad Científica del Perú
Iquitos, Perú

Universidade Federal de Juiz de Fora
Juiz de Fora, Brasil

Herbario Amazonense
Universidad Nacional de la Amazonía Peruana
Iquitos, Perú

Corporación Geopatrimonio
Bogotá, Colombia

Organizaciones no gubernamentales

Peruvian Center for Biodiversity and Conservation (PCBC)
Iquitos, Perú

Fuerzas armadas del Perú

Fuerza Aérea del Perú

Fuerzas armadas de Colombia

Ejército de Tarapacá

Field Museum

El Field Museum es una institución
dedicada a la investigación y educación
con exhibiciones abiertas al público; sus
colecciones representan la diversidad
natural y cultural del mundo. Su labor de
ciencia y educación —dedicada a explorar
el pasado y el presente para crear a un
futuro rico en diversidad biológica y
cultural— está organizada en cuatro
centros que desarrollan actividades
complementarias. Uno de ellos, el Centro
de Ciencia en Acción Keller aplica la
ciencia y las colecciones del museo al
trabajo en favor de la conservación y el
entendimiento cultural. Este centro se
enfoca en resultados tangibles en el
terreno: desde la conservación de grandes
extensiones de bosques tropicales y la
restauración de la naturaleza cercana a los
centros urbanos, hasta el restablecimiento
de la conexión entre la gente y su herencia
cultural. Las actividades educativas son
parte de la estrategia central de los cuatro
centros; estos colaboran cercanamente
para llevar la ciencia, las colecciones y
las acciones del museo al aprendizaje
del público.

Field Museum
1400 S. Lake Shore Drive
Chicago, IL 60605-2496 EE.UU.
1.312.922.9410 tel
www.fieldmuseum.org

Instituto del Bien Común (IBC)

El Instituto del Bien Común es una
asociación civil peruana sin fines de lucro
que trabaja desde 1998 en la Amazonía
peruana para lograr la gestión óptima de
los bienes comunes, tales como ríos, lagos,
bosques, recursos pesqueros, áreas
naturales protegidas y territorios de
comunidades. Puesto que estos recursos y
espacios comunes son cruciales para el
bienestar de los pueblos amazónicos,
particularmente en la actual era de
cambio climático, nuestro trabajo en pro
de la conservación y el uso sostenible de
los recursos naturales contribuye al
bienestar de las comunidades rurales y de
todos los peruanos. El IBC trabaja con
organizaciones comunitarias, gobiernos
municipales o regionales y otros actores,
para conceptualizar e impulsar un
proceso participativo de ordenamiento,
desarrollo y gobernanza territorial, a nivel
de grandes paisajes amazónicos y con una
visión de largo plazo.

Instituto del Bien Común
Av. Salaverry 818
Jesús María, Lima 11, Perú
51.1.332.6088 tel
www.ibcperu.org

Fundación para la Conservación y el Desarrollo Sostenible (FCDS)

La FCDS es una organización no
gubernamental colombiana dedicada a
promover una gestión integral del
territorio que permita armonizar la
protección ambiental con propuestas de
desarrollo sostenible en un contexto de
construcción de paz.

La FCDS consolida información
geográfica, jurídica y socioambiental, y
promueve una mejor articulación entre la
institucionalidad en diferentes niveles
para la toma de decisiones, así como la
participación de actores sociales. Algunos
de los temas de incidencia de la FDCS son
el ordenamiento territorial, el desarrollo
rural sostenible, la gestión de conflictos
socioambientales y la protección
ambiental.

Para ello, la FCDS cuenta con un equipo
conformado por profesionales con
diferentes experticias teóricas y técnicas,
y una amplia experiencia y conocimiento
de distintas regiones de Colombia.

FCDS
Carrera 70C, No. 50–47
Barrio Normandía
Bogotá, DC, Colombia
57.1.263.5890 tel
fcds.org.co

Servicio Nacional de Áreas Naturales Protegidas por el Estado (SERNANP)

El SERNANP es un organismo público técnico especializado adscrito al Ministerio del Ambiente del Perú, a través del Decreto Legislativo 1013 del 14 de mayo de 2008, encargado de dirigir y establecer los criterios técnicos y administrativos para la conservación de las Áreas Naturales Protegidas (ANP), y de cautelar el mantenimiento de la diversidad biológica. El SERNANP es el ente rector del Sistema Nacional de Áreas Naturales Protegidas por el Estado (SINANPE), y en su calidad de autoridad técnico-normativa realiza su trabajo en coordinación con gobiernos regionales, locales y propietarios de predios reconocidos como áreas de conservación privada. La misión del SERNANP es conducir el SINANPE con una perspectiva ecosistémica, integral y participativa, con la finalidad de gestionar sosteniblemente su diversidad biológica y mantener los servicios ecosistémicos que brindan beneficios a la sociedad. En el Perú se tienen 75 ANP de administración nacional, así como 25 áreas de conservación regional y 141 áreas de conservación privada, que juntos conforman el 17,31% del territorio terrestre nacional.

Servicio Nacional de Áreas Naturales
  Protegidas por el Estado
Calle Diecisiete 355
Urb. El Palomar, San Isidro, Lima, Perú
51.1.717.7520 tel
www.sernanp.gob.pe

Parques Nacionales Naturales de Colombia

Parques Nacionales Naturales de Colombia es una Unidad Administrativa Especial del orden nacional, sin personería jurídica, con autonomía administrativa y financiera, con jurisdicción en todo el territorio nacional, en los términos del artículo 67 de la Ley 489 de 1998. La entidad fue creada con el proceso de reestructuración del Estado el 27 de setiembre de 2011, mediante Decreto No. 3572 y está encargada de la administración y manejo del Sistema de Parques Nacionales Naturales y la coordinación del Sistema Nacional de Áreas Protegidas. Parques Nacionales Naturales hace parte del Ministerio de Ambiente y Desarrollo Sostenible, promueve la participación de diversos actores sociales e institucionales con el objetivo de conservar la diversidad biológica y cultural del país, contribuyendo al desarrollo sostenible y la protección de los beneficios naturales, culturales, sociales y económicos que generan sus áreas protegidas para Colombia."

Parques Nacionales Naturales de Colombia
Calle 74, No. 11–81
Bogotá, DC, Colombia
57.1.353.2400 tel
www.parquesnacionales.gov.co

Gaia Amazonas

Fundación Gaia Amazonas

Gaia Amazonas es una ONG colombiana que tiene como misión la conservación biológica y cultural de la Amazonía. Desde hace más de 30 años apoya a los pueblos indígenas en el reconocimiento de sus derechos, territorios y sistemas de gobernanza local, a través de la construcción de estrategias basadas en su conocimiento tradicional y en cooperación con comunidades locales, organizaciones de base, organizaciones de la sociedad civil y actores públicos y privados. Dentro de sus frentes de trabajo se encuentran la formalización de territorios indígenas, el fortalecimiento de gobiernos propios y la gestión de planes de conservación ambiental y cultural. Para ello, articula el trabajo entre los ejes Comunidades y Territorios Indígenas, Incidencia Política, Diálogos y Saberes, y Redes Colaborativas para impulsar el bienestar socioambiental y la conservación de los bosques tropicales.

Fundación Gaia Amazonas
Calle 70A#11–30
Bogotá, DC, Colombia
57.1.805.3768 tel
www.gaiaamazonas.org

Amazon Conservation Team (ACT)-Colombia

Amazon Conservation Team es una organización sin ánimo de lucro que desde hace más de 25 años trabaja por la conservación de los bosques tropicales y el fortalecimiento de las comunidades locales que los habitan, bajo la comprensión de la interdependencia entre la salud de los bosques y el bienestar de las comunidades. Para lograr esta misión, ACT trabaja en Colombia, Surinam y Brasil a través de tres líneas estratégicas: asegurar la protección del territorio, fortalecer la gobernanza de las comunidades locales y desarrollar alternativas de manejo sostenible.

En Colombia, ACT emplea múltiples estrategias contextuales para proteger la biodiversidad y fortalecer la cultura indígena en asociación con las comunidades tradicionales. Para la protección de los bosques, ACT se ha enfocado en la formación gradual de corredores regionales de conservación y en el uso sostenible de recursos, facilitados por la expansión de reservas indígenas y el apoyo a la agricultura tradicional y la zonificación de tierras. Adicionalmente, su trabajo incluye impulsar el establecimiento de nuevas categorías de áreas protegidas co-manejadas con grupos indígenas y/o que reconocen lugares de importancia cultural significativa.

Amazon Conservation Team-Colombia
Calle 29, No. 6–58, Of. 601, Ed. El Museo
Bogotá, DC, Colombia
57.1.285.6950 tel
www.amazonteam.org/programs/colombia

Frankfurt Zoological Society (FZS)-Perú

La FZS es una organización internacional de conservación con sede en Frankfurt, Alemania, fundada por el Prof. Bernhard Grzimek, comprometida con la conservación de las áreas salvajes y la diversidad biológica en las últimas que quedan en el planeta. Nuestra visión es un mundo en el que la vida silvestre y los lugares salvajes son apreciados y conservados en reconocimiento tanto de su valor intrínseco como de su importancia económica para las generaciones presentes y futuras.

Frankfurt Zoological Society-Perú
Urbanización Entel Perú C-1
Wanchaq, Cusco, Perú
51.084.253840
peru.fzs.org

Wildlife Conservation Society (WCS)-Colombia

WCS protege la fauna y los lugares silvestres alrededor del mundo. Lo hace con base en la ciencia, la conservación global, la educación y el manejo del sistema de parques zoológicos más grandes del mundo, liderado por el emblemático Zoológico del Bronx, en la ciudad de Nueva York, Estados Unidos. En conjunto, estas actividades promueven cambios de actitud en las personas hacia la naturaleza y ayudan a imaginar una convivencia armónica con la vida silvestre. WCS está comprometida con esta misión pues es esencial para la integridad de la vida en la Tierra.

Sede principal en Colombia:
Avenida 5 Norte, No. 22N–11,
Barrio Versalles
Cali, Valle del Cauca, Colombia
57.2.486.8638 tel

Sede Bogotá:
Carrera 11, No. 86–32, Oficina 201
Bogotá, DC, Colombia
57.1.390.5515 tel
colombia.wcs.org

Federación de Comunidades Indígenas del Bajo Putumayo (FECOIBAP)

La FECOIBAP es una asociación civil sin fines de lucro como persona jurídica de derecho privado, inscrita en los Registros Públicos en la partida N° 11043133, asiento A0001, de duración indefinida, inscrita en la SUNARP y que tiene por finalidad la consolidación de los pueblos indígenas del bajo Putumayo (uitotos, boras, ocainas, ticunas, kichwas, cocamas y yaguas), la defensa y difusión de sus derechos, así como también de su desarrollo socioeconómico y el respeto a su identidad cultural. FECOIBAP está conformado por 10 comunidades nativas: Puerto Franco, Betania, Pesquería, Remanso, Puerto Nuevo, Corbata, Curinga, Tres Esquinas, San Martín y El Álamo.

Federación de Comunidades Indígenas
   del Bajo Putumayo
Comunidad Nativa Remanso
Río Putumayo
Loreto, Perú

Cabildo Indígena Mayor de Tarapacá (CIMTAR)

El Cabildo Indígena Mayor de Tarapacá (CIMTAR) es la asociación de autoridades tradicionales indígenas (AATI) que representa a los pobladores del Resguardo Indígena Ríos Cotuhé y Putumayo. El Resguardo Indígena Ríos Cotuhé y Putumayo fue constituida en 1992 y CIMTAR fue creada en 2003. El resguardo tiene una población aproximada de 1.616 habitantes y un área de 245.227 ha y está conformado por 9 comunidades ubicadas entre los ríos Cotuhe y Putumayo. Estas son: Puerto Tikuna, Puerto Huila, Ventura, Puerto Nuevo, Santa Lucia, Caña Brava, Nueva Unión, Pupuña y Buenos Aires. La mayor parte de sus habitantes pertenece a la etnia ticuna (90%), la minoría restante a las etnias bora, uitoto y ocaina. La misión de CIMTAR es mantener su cultura, lengua, medicina y gobierno propio, ordenar su territorio de acuerdo a su plan de vida y fortalecer la autonomía para el manejo del territorio ancestral de los pueblos indígenas que habitan en el resguardo.

Cabildo Indígena Mayor de Tarapacá
Tarapacá, Amazonas, Colombia

Corporación para el Desarrollo Sostenible del Sur de la Amazonia (CORPOAMAZONIA)

La misión de CORPOAMAZONIA es "Conservar y administrar el ambiente y los recursos naturales renovables, promover el conocimiento de la oferta natural representada por su diversidad biológica, física, cultural y paisajística, y orientar el aprovechamiento sostenible de sus recursos facilitando la participación comunitaria en las decisiones ambientales."

Su visión es constituir "el Sur de la Amazonia colombiana como una 'Región' cohesionada social, cultural, económica y políticamente, por un sistema de valores fundamentado en el arraigo, la equidad, la armonía, el respeto, la tolerancia, la convivencia, la pervivencia y la responsabilidad; consciente y orgullosa del valor de su diversidad étnica, biológica, cultural y paisajística, y con conocimiento, capacidad y autonomía para decidir responsablemente sobre el uso de sus recursos para orientar las inversiones hacia el logro de un desarrollo integral que responda a sus necesidades y aspiraciones de mejor calidad de vida."

CORPOAMAZONIA
Carrera 17, No. 14–85
Mocoa, Putumayo, Colombia
57.8.429.5267 tel
www.corpoamazonia.gov.co

Instituto de Investigaciones de la Amazonía Peruana (IIAP)

El IIAP es un organismo público técnico especializado adscrito al Ministerio del Ambiente, que desarrolla investigaciones para promover el aprovechamiento racional y la industrialización de los recursos naturales de la Amazonía peruana, en beneficio del desarrollo económico y social de la región. Sus investigaciones valoran, promueven y reconocen la identidad de los pueblos amazónicos y sus valores, prácticas y conocimientos tradicionales, la incorporación de manera pertinente de las necesidades de investigación y desarrollo tecnológico de las regiones amazónicas, la activa participación de los órganos desconcentrados y la coordinación interinstitucional e intergubernamental. Su ámbito de jurisdicción corresponde a más del 62% del territorio nacional, contando con centros regionales de investigación en los departamentos de Amazonas, San Martín, Loreto, Ucayali, Huánuco y Madre de Dios. La misión del IIAP es la de generar y proveer conocimientos sobre la diversidad biológica y socio-cultural de la Amazonía peruana, en beneficio de la población, que sean pertinentes, eficientes y confiables.

Instituto de Investigaciones de la
    Amazonía Peruana
Av. José A. Quiñones km 2.5 - Apartado
Postal 784
Iquitos, Loreto, Perú
51.65.265515, 51.65.265516 tel
51.65.265527 fax
www.iiap.org.pe

Instituto Amazónico de Investigaciones Científicas SINCHI

El SINCHI es una entidad de investigación científica y tecnología vinculada al Ministerio de Medio Ambiente y Desarrollo Sostenible de Colombia, comprometida con la generación de conocimiento, la innovación y transferencia tecnológica y la difusión de información sobre la realidad biológica, social y ecológica de la región amazónica colombiana. El objeto del SINCHI es la realización, coordinación y divulgación de estudios e investigaciones científicas de alto nivel y su misión es generar y difundir información sobre el territorio amazónico y que el conocimiento que genera impacte positivamente en políticas adecuadas para la conservación y uso de la Amazonia en pro de la población, sin deterioro del ecosistema amazónico. Adicionalmente, el SINCHI innova y genera tecnologías como alternativas productivas para el mejor aprovechamiento de los recursos naturales de la Amazonia. A su vez, recupera prácticas tradicionales y reconoce el saber hacer de las comunidades indígenas y no indígenas. También apoya los productos y las cadenas productivas relacionados con su soberanía y seguridad alimentaria.

Instituto Amazónico de Investigaciones
    Científicas SINCHI
Sede Principal Leticia:
Avenida Vásquez Cobo entre calles 15 y 16
Leticia, Amazonas, Colombia
57.1.592.5479 tel

Sede de Enlace Bogotá:
Calle 20 No. 5-44
Bogotá, DC, Colombia
57.1.444.2060 tel
www.sinchi.org.co

Universidad Nacional de Colombia

Como Universidad de la nación, la Universidad Nacional de Colombia fomenta el acceso con equidad al sistema educativo colombiano, provee la mayor oferta de programas académicos y forma profesionales competentes y socialmente responsables. Contribuye a la elaboración y resignificación del proyecto de nación, estudia y enriquece el patrimonio cultural, natural y ambiental del país y asesora en los órdenes científico, tecnológico, cultural y artístico con autonomía académica e investigativa.

La Universidad Nacional de Colombia, de acuerdo con su misión, definida en el Decreto Extraordinario 1210 de 1993, debe fortalecer su carácter nacional mediante la articulación de proyectos nacionales y regionales, que promuevan el avance en los campos social, científico, tecnológico, artístico y filosófico del país. En este horizonte es la Universidad, en su condición de entidad de educación superior y pública, la que habrá de permitir a todo colombiano que sea admitido en ella, llevar a cabo estudios de pregrado y posgrado de la más alta calidad bajo criterios de equidad, reconociendo las diversas orientaciones de tipo académico e ideológico, y soportada en el Sistema de Bienestar Universitario que es transversal a sus ejes misionales de docencia, investigación y extensión.

Universidad Nacional de Colombia
Carrera 45, No. 26-85, Edificio Uriel
    Gutiérrez
Bogotá, DC, Colombia
57.1.316.5000 tel
www.unal.edu.co

**Museo de Historia Natural de la
Universidad Nacional Mayor de San Marcos**

El Museo de Historia Natural, fundado
en 1918, es la fuente principal de
información sobre la flora y fauna del
Perú. Su sala de exposiciones permanentes
recibe visitas de cerca de 50,000 escolares
por año, mientras sus colecciones
científicas —de aproximadamente un
millón y medio de especímenes de plantas,
aves, mamíferos, peces, anfibios, reptiles,
así como de fósiles y minerales— sirven
como referencia para cientos de tesistas e
investigadores peruanos y extranjeros.
La misión del museo es ser un núcleo de
conservación, educación e investigación
de la biodiversidad peruana, y difundir el
mensaje, en el ámbito nacional e internacional, que el Perú es uno de los países
con mayor diversidad de la Tierra y que el
progreso económico dependerá de la
conservación y uso sostenible de su
riqueza natural. El museo forma parte de
la Universidad Nacional Mayor de San
Marcos, la cual fue fundada en 1551.

Museo de Historia Natural
Universidad Nacional Mayor de San Marcos
Avenida Arenales 1256
Lince, Lima 11, Perú
51.1.471.0117 tel
www.museohn.unmsm.edu.pe

**Centro de Ornitología y Biodiversidad
(CORBIDI)**

El Centro de Ornitología y Biodiversidad
fue creado en Lima en 2006 con el fin
de desarrollar las ciencias naturales en el
Perú. Como institución, se propone
investigar y capacitar, así como crear
condiciones para que otras personas e
instituciones puedan llevar a cabo
investigaciones sobre la biodiversidad
peruana. CORBIDI tiene como misión
incentivar la práctica de conservación
responsable que ayude a garantizar el
mantenimiento de la extraordinaria
diversidad natural del Perú. También
prepara y apoya a peruanos para que se
desarrollen en la rama de las ciencias
naturales. Asimismo, CORBIDI asesora a
otras instituciones, incluyendo gubernamen-
mentales, en políticas relacionadas con el
conocimiento, la conservación y el uso de
la diversidad en el Perú. Actualmente,
la institución cuenta con tres divisiones:
ornitología, mastozoología y herpetología.

Centro de Ornitología y Biodiversidad
Calle Santa Rita 105, Oficina 202
Urb. Huertos de San Antonio
Surco, Lima 33, Perú
51.1.344.1701 tel
www.corbidi.org

AGRADECIMIENTOS

Este inventario binacional fue la realización de un gran sueño colectivo de muchos actores, tanto locales como regionales, nacionales e internacionales. En el texto a continuación haremos lo posible para que todas las personas que nos ayudaron a que este sueño se realizara se encuentren representadas. Si por algún motivo omitiéramos a alguna persona, tengan la seguridad que están en nuestros corazones.

La Fundación para la Conservación y el Desarrollo Sostenible (FCDS) de Colombia y el Instituto del Bien Común (IBC) del Perú fueron una vez más nuestros principales aliados. En la FCDS agradecemos a todo el equipo, liderado por su director Rodrigo Botero; a Verónica Leontes y Olga Olmos, que con paciencia y constancia lograron que todo encajara bien en el inventario; a Don Pedro Botero, Alejandra Salazar Molano y Elio 'Wayu' Matapi, quienes fueron miembros de los equipos biológico y social; a Luisa Téllez y Adriana Vásquez, quienes viajaron a Tarapacá para formar parte del equipo araña que impulsó el encuentro binacional; y a Gloria González, Luz Alejandra Gómez, Alejandra Laina, Fabiana Guarimato y Maryi Serrano, por su buena disposición y paciencia con los avatares que implica montar un inventario.

En el IBC agradecemos a su saliente director ejecutivo Richard Chase Smith no sólo por su enorme apoyo durante este inventario, sino por su gran visión y su intensa labor de promover la gestión de los bienes comunes de las comunidades rurales en el Perú. Agradecemos también en el IBC a su flamante director ejecutivo Alfredo Ferreyros; a Margarita Benavides, Erick Paredes, María Rosa Montes y Sonia Núñez en la oficina de Lima; y a Ana Rosa Sáenz, quien junto con Andrea Campos, Ricardo Rodríguez, Freddy Ferreyra, Jachson Coquinche, Wilmer Gonzales, Teresa Villavicencio y Katy Ruiz en la oficina de Iquitos, coordinaron y apoyaron de manera increíble la logística de los equipos en la parte peruana. Asimismo agradecemos a Ana Rosa Sáenz y Freddy Ferreyra por su participación en el equipo social y a José Jibaja y Juleisi Fernández por su apoyo en la elaboración de los mapas para el equipo social durante las pre-salidas, para el inventario y después del inventario.

Este inventario no hubiera sido posible sin el consentimiento y participación de las comunidades vecinas. Queremos agradecer a los dirigentes y representantes de las organizaciones locales, en especial a Fernando Alvarado Sangama, presidente de la Federación de Comunidades Indígenas del Bajo Putumayo (FECOIBAP) y Miller Narváez Santana de la Organización de Comunidades Indígenas del Bajo Putumayo y Río Yaguas (OCIBPRY) del Perú; a Marcelino Noé Sánchez y Dilzon Iván Miranda del Cabildo Indígena Mayor de Tarapacá (CIMTAR); a Fausto Borráes Mongrofe y Jair Rincón de la Asociación de Autoridades Indígenas de Tarapacá Amazonas (ASOAINTAM);

a los hermanos Luis Bustamante y Alfredo Martínez de la Junta Eclesiástica, Mauricio Alejandro Campero de la Junta Administrativa y Edgar Acosta y Julio García de la Junta de Acción Comunal de la comunidad de fe de Puerto Ezequiel; y a las asociaciones sociales y productivas de Tarapacá, en particular a Edwin 'Patalarga' Flórez de ASOPROMATA y ASOCOLTAR, a Vicente Guzman y Oveida Garcia Bereca de ASOCOLTAR, a Dagoberto Martínez de ASOPESTAR/APIPOATA, a Trinidad Polania de ASMUCOTAR, y a Eliseo Nariño Viena Rector de la Institución Educativa Villa Carmen de Colombia.

El Servicio Nacional de Áreas Naturales Protegidas por el Estado (SERNANP) en el Perú fue otra de las instituciones clave para que se realizara el inventario. Queremos agradecer al equipo del Parque Nacional Yaguas, a su jefe Teófilo Torres y a los especialistas Jorge Willy Flores y Jorge Gaviria por su apoyo y participación en las fases de campo antes y durante el inventario. Igualmente agradecemos el apoyo de la Dirección de Gestión de las Áreas Naturales Protegidas (DGANP) y la Dirección de Desarrollo Estratégico (DDE) en Lima, especialmente de José Carlos Nieto, Marco Arenas y Carlos Sánchez.

El proceso para tramitar el permiso de investigación requerido por SERFOR es una tarea larga y compleja. Durante el proceso nos ayudaron numerosas personas, entre las cuales principalmente agradecemos a Yolanda Alcarráz, Pepe Álvarez, Lucía Ruiz, Jessica Amanzo, Isela Arce, Marco Enciso e Irma Hellen Castillo. Otro de nuestros aliados estratégicos en este inventario fue la Sociedad Zoológica de Frankfurt, institución que ha venido apoyando decididamente la gestión del Parque Nacional Yaguas. Agradecemos a su director Hauke Hoops, así como a Claus García, Mónica Paredes y Cynthia Díaz por todo el apoyo que nos brindaron tanto de logística como de planificación y ejecución durante todas las fases del inventario. Un agradecimiento especial a Claus García por su participación en el equipo social.

Agradecemos inmensamente a nuestro aliado Parques Nacionales Naturales de Colombia (PNNC) por su apoyo, trabajo y participación en este inventario. Queremos darle las gracias al equipo de la Dirección Territorial Amazonia, a su directora Diana Castellanos, a Madelaide Morales, David Novoa, Víctor Moreno, Hugo Carvajal y Ximena Caro; al equipo de PNN Río Puré, por su invaluable apoyo para poder llevar a cabo el inventario con el mayor respeto por las dinámicas locales, especialmente a Alexander Alfonso, jefe del parque, Rosa Reinoso, Milena Suárez y Néstor Moisés Supelano, quienes se comprometieron con amor y entusiasmo con el logro del inventario; a Eliana Martínez, jefa del PNN Amacayacu, José Dayan Acosta y el equipo en la cabaña de la quebrada Lorena. También agradecemos a PNNC por la participación de Flor Peña del PNN La Paya en el equipo de aves durante el inventario.

Igualmente, queremos darle las gracias al Instituto Amazónico de Investigaciones Científicas SINCHI, por el compromiso y apoyo recibido durante todas las fases del inventario. En especial a su directora Luz Marina Mantilla y todos los colaboradores del instituto incluyendo a Dairon Cárdenas, Mariela Osorno, Andrés Barona, José Rances Caicedo, y Edwin Agudelo y a los investigadores Jhon Jairo Patarroyo, David Sánchez, Wilson Rodríguez y Delio Mendoza, quienes fueron parte de los equipos del inventario.

Amazon Conservation Team (ACT) fue otra institución clave para que se realizara este inventario. Agradecemos a su directora Carolina Gil y a Germán Mejía, Valentina Cardona, Daniel Aristizábal y Santiago Palacios por brindar todo su conocimiento y dedicación. Nuestro agradecimiento especial a Daniel Aristizábal por su apoyo durante las etapas preparatorias al inventario social, a Valentina Cardona por participar en el equipo social y a Germán Mejía por todo su apoyo y participación durante el sobrevuelo antes del inventario.

Agradecemos también la asistencia de la Corporación para el Desarrollo Sostenible del Sur de la Amazonia (Corpoamazonia), un aliado de suma importancia durante el inventario. Gracias a su Director General Luis Alexander Mejía Bustos y a su equipo (Rosa Agreda y Sidaly Ortega), y al equipo del Departamento del Amazonas: Juan Carlos Bernal, Verónica Curi y Alexander Oliveiros.

Le agradecemos a la Corporación Geopatrimonio de Colombia la valiosa participación de Jennifer Ángel en el equipo de geología del inventario. Siempre es un placer tenerla en campo y que nos ayude a entender las historias que nos cuentan los suelos y aguas.

Agradecemos al Coronel Carlos Marmolejo Cumbe, Comandante del Batallón de Selva No. 26 del Ejército Nacional de Colombia en Leticia, por sus excelentes consejos de seguridad antes de empezar el inventario.

El sobrevuelo de reconocimiento fue posible una vez más gracias a la empresa Aeroser de Colombia. Agradecemos a su gerente general Carlina Segua y también al Capitán Óscar Mauricio Coral, cuyas excelentes habilidades como piloto nos permitieron visualizar la mayoría de los puntos que nos habíamos propuesto observar desde el aire.

Durante todas las fases del inventario los ríos Putumayo y Cotuhé fueron nuestras vías naturales de acceso tanto a las comunidades que visitamos en las etapas previas, como a los campamentos que visitamos durante el inventario. Agradecemos al PEBDICP del Perú, a su director ejecutivo Ing. Gilmer Maco Luján, a la secretaria de la dirección ejecutiva María Ríos Zavaleta y a Julio Perdomo, quienes nos facilitaron el uso de sus embarcaciones *Putumayo IV* y *Río Algodón*, las que fueron comandadas por los motoristas Saúl Cahuaza y Gelner Pinto respectivamente. Agradecemos también al SERNANP, que nos facilitó el uso de su embarcación *Hipona* gracias a la gestión de Teófilo Torres Tuesta, jefe del Parque Nacional Yaguas; el motorista del *Hipona* fue Leoncio 'Tuco' González. El uso del *Arawana* fue posible gracias al IBC, y agradecemos también a los motoristas Segundo Alvarado y Claudio Álvarez. Edwin 'Patalarga' Flórez facilitó sus embarcaciones para el transporte de víveres, equipo y equipaje para el inventario. Agradecemos a su motorista asignado, Roberto 'Chopo' Acho. En el caño Pexiboy utilizamos los botes del predio de Doña Flor Peña, por lo que agradecemos tanto a ella como a su personal por habernos trasladado a lo largo de ese caño de caudal tan cambiante.

El acceso al primer campamento en la quebrada Federico no se vislumbraba sencillo. Debido a las características del terreno pensamos que lo ideal era ingresar en un helicóptero, así que pedimos consejo a nuestro gran amigo el General PNP Darío Hurtado 'Apache' Cárdenas quien nos puso en contacto con el Ejército del Perú para solicitar unos de sus helicópteros MI17 para el traslado del equipo biológico. Agradecemos al General EP Ángel Pajuelo Jibaja, Comandante General de la Aviación Militar, y al Coronel EP Marcelino Barriga Rosazza por las gestiones realizadas para que pudiéramos contar con la aeronave. Agradecemos también al Capitán EP Fredy Dionicio Heredia, al Capitán EP Ronald Luque Choque y al Técnico EP Armando Núñez Huamantica por sus excelentes habilidades al mando del MI17 para dejarnos sin contratiempo alguno en el campamento.

Un agradecimiento también a los pilotos de la Fuerza Aérea del Perú, quienes nos transportaron en varias ocasiones de Iquitos al Estrecho y Remanso. Agradecemos a Doña Olga Álvarez por haber realizado las gestiones para que podamos tener los espacios asegurados en estas rutas que a menudo son muy solicitadas.

Durante las diferentes fases del inventario nos tocó movilizarnos en numerosas ocasiones entre Ipiranga, localidad brasileña ubicada a 40 minutos en bote de Tarapacá, y Tabatinga, ciudad vecina de Leticia. La empresa Otimar, de Doña Otilia Rodríguez, coordinó toda la logística para poder volar tantas veces a través del trapecio amazónico donde pudimos conocer ya casi de memoria el río Purité y otros lugares maravillosos dentro del trapecio. En especial le agradecemos por transportar a los miembros de los equipos del inventario de manera segura de Tarapacá a Leticia. La señora Clemencia del Águila de la oficina de Otimar en Tarapacá nos apoyó siempre controlando nuestros pesos, y nos tuvo mucha paciencia ante las innumerables ocasiones que le preguntamos si ya había salido el avión de Tabatinga. El piloto, el Coronel Eduardo Fishergert, quien con su paciencia y buen humor nos trasladó siempre entre Tabatinga e Ipiranga (y también manejaba la moto furgoneta en Ipiranga para llevar el equipaje). También agradecemos a Salvador Suña quien nos llevó en varias ocasiones

Agradecimientos (continuación)

en bote entre Tarapacá e Ipiranga, y a Jairo Manuel Beltrán, quien hacía los traslados en la VW Combi entre el aeropuerto de Tabatinga y Leticia.

El conocimiento de los pobladores locales del bosque es invaluable, y es ese saber ancestral que tanto nos ayuda a la hora de visitar los territorios indígenas. Nuestros científicos y asistentes locales siempre nos asombran con sus creativas artes, tanto para ayudarnos con la preparación de los campamentos usando a menudo materiales que provienen del bosque, como con su ilimitado conocimiento del monte al momento de caminar las trochas durante las fases de avanzada y en el inventario en sí. Queremos expresar nuestros más sinceros sentimientos de amistad y agradecimiento a las siguientes personas que dieron todo su apoyo en el campo para que este inventario sea una realidad. En el campamento Quebrada Federico: Fernando Alvarado, Christian Baldeón, Willian Cabrera, Ever Chanchari, Percy Ferreyra, Luzdari Luna, Víctor Mera, Gastón Nicolini, Dagoberto Patricio, Manuel Pinedo Miguel Pinedo, Paolo Ruiz, Fredy Salazar y Sócrates Vidal. En el campamento Caño Pexiboy: Miguel Ahuanari, Carlos Carvajal, Ernesto Carvajal, Edinson Flores, Orlando Garay, Noriel Manrique y Rafael Martínez. En el campamento Caño Bejuco: Arlinton Barrios, Artemio Casiano, Adelson Chapiama, Moisés Durán, Segundo González, Arlindo Irica, Manuel Irica, Ausberto Orozco, Sixto Pérez, Carlos Polania, Erika Sánchez, Mamerto Santamaría y Nicanor 'Colombia' Santamaría. En el campamento Quebrada Lorena: Wilder Ahuanari, Lizandro Cabrera, Emilio Chapiama, William Chapiama, Leocadio Pinto, Weimar Seita y Alejandro Suárez.

Álvaro del Campo y todo el equipo biológico extienden un agradecimiento muy especial también a los líderes de avanzada: Ítalo Mesones, Elmer Vásquez, Wayu Matapi, Marco Odicio, Magno Vásquez, Carlos Londoño y Paky Barbosa, cuyas habilidades innatas y gran experiencia en campo hicieron posible que contáramos con cómodos campamentos y excelentes trochas.

Queremos extender un agradecimiento especial a los guardaparques de la cabaña Lorena en el Parque Nacional Amacayacu: Zaqueo Barrios, Alan Ramón Martínez y Daniel Noe Sánchez, por todo su gran apoyo logístico y amical durante las fases de avanzada y el inventario en sí, tanto en las excelentes instalaciones de la cabaña como en el sitio del campamento ubicado aguas arriba.

Después de algunos años, Doña Wilma Freitas regresó al equipo biológico para deleitarnos una vez más con sus dotes de alta cocinera de monte. Todos los que hemos coincidido con ella en inventarios en el pasado ya extrañábamos sus exquisitos platos preparados con cariño. Una mañana mientras Doña Wilma domaba con destreza el fuego de su cocina en el campamento Caño Pexiboy, uno de los asistentes de campo que la miraba sorprendido exclamó: "La doña es una dura del fogón."

En Leticia y Tarapacá, Charo Lanao facilitó el Primer Encuentro Binacional y el ejercicio del AFOR. Sus habilidades de facilitación permitieron involucrar a los participantes en ambos eventos con novedosas dinámicas manteniendo al equipo entretenido y a la vez enfocado en un diálogo productivo. Su participación fue clave para alcanzar los resultados obtenidos.

El equipo de geología agradece a todo el grupo del inventario por enriquecer la discusión con sus observaciones e inquietudes y por compartir su buen ánimo. Especial agradecimiento a Hernán Serrano, por la preparación de mapas e información de referencia previa al periodo del inventario. Gracias a todos los miembros de las comunidades que adelantaron los trabajos de geología, aguas y suelos, y particularmente a quienes nos acompañaron por las trochas y nos ayudaron a colectar las muestras de suelos: Manuel Pinedo, líder de Huapapa, Miguel Ahuanari Ramírez, quien trabaja para la concesión forestal y nos llevó por lo largo del caño Pexiboy, Manuel Irica de Caño Pupuña y Wilder Ahuanari de Tarapacá. Adicionalmente agradecemos a Gelner Pinto, el capitán del yate *Algodón*, por llevarnos por el río Cotuhé para la búsqueda de barrancos. Agradecemos también a Doña Wilma Freitas, por su deliciosa comida peruana en los campamentos. Gracias a las personas que coordinaron la logística del inventario y el transporte de las muestras de geología, principalmente Álvaro del Campo por su dedicación, Olga Olmos y Verónica Leontes. Agradecemos también a Julio Cesar Moreno del Laboratorio Terrallanos en Villavicencio por el análisis prioritario de las muestras de suelos y sedimentos. Finalmente, agradecemos a Nicanor Santamaría de Caño Pupuña y Segundo González por compartir los nombres de algunos elementos geológicos en la lengua de los ticuna.

Los integrantes del equipo de vegetación y flora quieren dar sus más sinceros agradecimientos al equipo logístico y administrativo del Field Museum, por hacer posible esta maravillosa expedición, en especial a los coordinadores del inventario biológico, Corine Vriesendorp y Álvaro del Campo, por acompañar al equipo y facilitar las labores de campo. Gracias a las instituciones que apoyaron o permitieron nuestra participación como son Parques Nacionales Naturales de Colombia, Herbario Amazonense de Perú, y el Instituto SINCHI. Agradecemos a las autoridades, asociaciones y federaciones indígenas que nos acogieron: FECOIBAP, OCIBPRY, al resguardo UITIBOC con su asociación ASOAINTAM y al resguardo Ríos Cotuhé y Putumayo, con su asociación CIMTAR. Gracias a la Asociación de Madereros de Tarapacá (ASOPROMATA), en especial a Edwin 'Patalarga' Flórez por su apoyo logístico; a Doña Flor Martínez y todo su equipo por su hospitalidad; a los que nos transportaron, en particular al Ejército del Perú y todos los lancheros que hicieron posible el traslado a los campamentos sin ningún inconveniente; a los funcionarios del PNN Amacayacu, en especial los de la cabaña Lorena; a Doña Wilma por la preparación de los alimentos; y a todos nuestros compañeros de campamento por su buena disposición y compañerismo. Gracias a Ítalo Mesones que durante la fase de avanzada describió preliminarmente la vegetación del campamento Quebrada Federico y realizó colectas específicas, y a Julio Grández por su apoyo en el transporte y secado de las muestras botánicas provenientes del campamento Quebrada Federico. Agradecemos a todos los especialistas de los diferentes grupos taxonómicos por sus rápidas respuestas y apoyo en la identificación. todas aquellas personas que de una u otra manera colaboraron, apoyaron y participaron en esta gran aventura, y no se encuentran en el texto, a ellos muchas gracias. Al cosmos por permitirnos disfrutar el bosque y sus aguas, y regresar a casa sin contratiempos.

El equipo de peces expresa sus más sinceros agradecimientos a los colaboradores locales Dagoberto Patricio (Tres Esquinas), Orlando Garay (Tarapacá), Carlos Polania, Alejandro Suárez (Tarapacá), Edwin Agudelo y Astrid Acosta de la Colección Ictiológica de la Amazonia Colombiana (CIACOL) del Instituto Amazónico de Investigaciones Científicas SINCHI. Gracias también a Hernán Ortega y Max Hidalgo de la Colección de Peces del Museo de Historia Natural de la Universidad Nacional Mayor de San Marcos (MUSM).

El equipo de herpetología agradece de manera muy especial a los equipos biológico y social del inventario por su ayuda en el campo con ejemplares de anfibios y reptiles colectados, fotografiados u observados, que fueron invaluables para poder completar la lista de especies de herpetofauna. También colaboraron con relatos que permitieron comprender los conflictos de las comunidades con las serpientes y los caimanes, y estimando la magnitud del problema para proponer recomendaciones que ayuden a reducir las amenazas a las poblaciones de estas especies de reptiles. Agradecemos profundamente a la señora Wilma Freitas por todo su cuidado en el campo y por hacernos sentir como en casa, a Doña Flor Martínez y a todas las personas encargadas del predio de aprovechamiento forestal, el campamento Caño Pexiboy, donde fuimos recibidos con amable hospitalidad. Gracias a Christian Baldeón y Freddy Salazar por su trabajo y entusiasmo en las búsquedas nocturnas en el campamento Quebrada Federico, que enriquecieron la lista de especies reportadas. Agradecemos a Mariela Osorno por su ayuda en la coordinación con la unidad de fauna y colección de anfibios en Bogotá, y a José Rances Caicedo por la ayuda en la organización de material en la colección de reptiles del Instituto SINCHI en Leticia.

El equipo de aves agradece a cada uno de los integrantes del equipo biológico y personas locales por el apoyo que nos dieron mediante registros fotográficos y datos de observaciones de algunas especies. En cuanto a especies añadidas a la lista agradecemos a Olga Montenegro, Álvaro Del Campo, Corine Vriesendorp, Farah Carrasco, Jhon Jairo Patarroyo, Édison Flores (Caño Pexiboy), Rafael Martínez (Caño Pexiboy), Jose Dayan Acosta Arango (PNN Amacayacu), Alan Ramón Martínez (PNN Amacayacu), Orlando Acevedo (Instituto Humboldt) y Jorge Muñoz.

El equipo de mamíferos agradece a los miembros del equipo de avanzada, biológico y social por sus valiosos registros que complementaron nuestra lista de especies. Agradecemos también a los científicos y asistentes locales que nos apoyaron durante las caminatas diurnas y nocturnas en las trochas de evaluación, así como a instalar y retirar las cámaras de trampa en cada campamento. Agradecemos a las siguientes personas que nos brindaron su apoyo a diferentes niveles: Miguel Gonzalo Andrade, director del Instituto de Ciencias Naturales, Facultad de Ciencias de la Universidad Nacional de Colombia por facilitar la participación de Olga Montenegro en el inventario; Hugo Fernando López Arévalo, curador de la colección de mamíferos del Instituto de Ciencias Naturales, Facultad de Ciencias, de la Universidad Nacional de Colombia, por el préstamo de equipos y procesamiento de ejemplares colectados durante el inventario; Daniel Noel Sánchez, operario del PNN Amacayacu, por su apoyo durante los recorridos durante la evaluación de mamíferos y el recojo de cámaras de trampa en el campamento Quebrada Lorena; Javier Salas, de la Fundación para la Conservación y Desarrollo Sostenible, por su apoyo en los recorridos durante la evaluación de mamíferos y durante la captura de murciélagos en los puntos de muestreo de Colombia; a Daniela Rodríguez Ávila del departamento de biología de la Universidad Nacional de Colombia por su apoyo en procesar la base de datos de fotos de las cámaras trampa; a William Bonell, investigador asociado del Wildlife Conservation Society —Colombia, por su participación en la instalación de las cámaras trampa en los puntos de muestreo en Colombia, el procesamiento de las fotos obtenidas, su participación durante el periodo de escritura en Leticia y durante la escritura del reporte de mamíferos; y a Olga Lucía Montenegro, profesora asociada del Instituto de Ciencias Naturales, Facultad de Ciencias, de la Universidad Nacional de Colombia, por su participación como integrante del equipo de mamíferos durante el inventario rápido. Así como en inventarios anteriores, una vez más pudimos obtener extraordinarias fotos de fauna silvestre gracias a las cámaras trampa que utilizamos desde varias semanas antes de que empezara el estudio biológico. Estas cámaras fueron facilitadas gentilmente por cuatro instituciones, dos de Colombia y dos del Perú. Agradecemos a Wildlife Conservation Society—Colombia y a su director de ciencia y especies Germán Forero-Medina por haber hecho posible el uso de sus cámaras y por haber

Agradecimientos (continuación)

autorizado el apoyo de William Bonell. En la Universidad Nacional de Colombia agradecemos al profesor Hugo F. López y al biólogo Jorge Contreras por ayudar a alistar las cámaras para el estudio. Agradecemos también al Instituto de Investigaciones de la Amazonía Peruana en Iquitos por habernos permitido el uso de sus cámaras, en especial a su director Pablo Puertas y al biólogo Pedro Pérez. La Sociedad Zoológica de Frankfurt también nos prestó sus cámaras trampa; agradecemos la gestión de Claus García y ofrecemos las gracias a Cynthia Díaz, quien instaló las cámaras trampa en el campamento Quebrada Federico.

El equipo social quiere agradecer a las numerosas personas que nos apoyaron en las diferentes etapas del inventario. Un agradecimiento especial a los líderes Fernando Alvarado Sangama de FECOIBAP y Dilzon Iván Miranda de CIMTAR por su admirable participación y generosidad de su tiempo y conocimientos compartidos durante su participación en el equipo social. Nuestras gracias a los motoristas Saúl Cahuaza Garcés, Segundo Alvarado y Leonidas Gómez, así como a las cocineras y sus ayudantes quienes nos alimentaron en las diferentes localidades que visitamos: Kathy Ruiz Tello, Jesús Sandoval Hernández, Jessica Aruna Vico, Olia Tello y Gaby del Águila Tello (Remanso); Clara González Nicolini, Clotilde Torrez Valles y Dagoberto Patricio Malafaya (Tres Esquinas); Mirna González Enocaisa, Luz Edith y Toyquemuy Kuiru (Huapapa); Nery Marcina Amacifen, Alba Luz Chumbe Cardozo y Derly Amacifen (ASOAINTAM); Clara Carvajal Sales, Lucy Nicolini Rodríguez, Carlos Arturo Carvajal, Jorge Galán Morallare y Betty Barrios Rodríguez (Puerto Huila); Luz Marina Morales Aguilar, Mery Chapiama Notena, Uriel David Narváez Santana y Carmelo Tamani Lozano (Tarapacá); Magaly Chumbe y Marinelsi Rupi (Caña Brava); y Norvy Miranda Manrique (ASOPROMATA). En Puerto Ezequiel agradecemos a toda la comunidad por preparar un banquete para todos durante nuestras reuniones y talleres. También agradecemos a la Institución Educativa Villa Carmen en Tarapacá por permitirnos el uso del internado y sus aulas, especialmente al rector Eliseo Nariño Viena, al encargado Jesús 'Chucho' Zuña, y a Julia Carvajal y Liana Padilla. En la Base Militar de Tarapacá agradecemos al Subteniente Juan Diego Hernández Angarita y en la Estación de Policía Nacional en Tarapacá al Teniente Andrés Felipe Bedoya Grandes. En el Tambo de Remanso nuestras gracias a Cynthia Carolina Sánchez Dorado y Andres Tananta Asipali. En Tarapacá nos brindaron alojamiento, en el Hotel El Maná, Don Fernando Alfonso y Etelvina Souza. Agradecemos a Yoslady Gómez quien nos apoyó con el aseo general y lavado de ropa. También a la residencia de Doña Maryory Montes y la residencia de la enfermera Edith Rosales. A Nestor Moisés Supelano, Milena Suárez y Rosa Reinoso por permitirnos el uso de la cabaña del PNN Rio Puré. Asimismo, agradecemos a nuestros proveedores en Tarapacá:

Doña Trinidad Polania (Yumalay), Doña Tránsito Supelano (panadería) y Don Jair Manrique (Almacén El Baratillo). Agradecemos a la empresa Madera Pez, de Don Edwin 'Patalarga' Flórez, a su personal de apoyo en ASOPROMATA Don Andrés el motosierrista, y a Roberto 'Chopo' Acho el puntero del bote. Agradecemos a los abuelos que con mucho entusiasmo compartieron la historia de Tarapacá: Jesús Carvajal, Silvia Santana, Justino Narváez, Dalila Isidio, Don José Groelfi García, Elisa Bereca, Leontina Barbosa y Fernando Alfonso. Asimismo estamos muy agradecidos con el grupo de ancianos de ASOAINTAM —Andrés Churay, Jesús Carvajal y Alfredo del Águila Macedo— por compartir información del Bajo Putumayo. En el IBC, José Jibaja y Yuleisi Fernández nos apoyaron con la cartografía de los diferentes lugares que visitamos.

Las siguientes personas, empresas o instituciones nos apoyaron en diferentes lugares y momentos del trabajo. En Leticia, el personal del Hotel Anaconda nos brindó alojamiento y comidas, y nos facilitó sus auditorios para escribir el reporte preliminar y presentar nuestros resultados preliminares; José Reyes nos brindó un gran apoyo logístico durante varias etapas del inventario. En Tarapacá, Luz Marina Morales del restaurante Marina nos brindó su buena sazón y amigable servicio; Don Fernando Alfonso y Doña Etelvina Souza del Hostal Maná nos alojaron con mucha amabilidad durante casi todas las fases del inventario, y con mucha paciencia nos abrían las habitaciones las numerosas ocasiones en que dejábamos las llaves adentro; Edwin 'Patalarga' Flórez nos dio apoyo logístico durante las diferentes fases del estudio, abasteció los campamentos con víveres y equipo, nos alquiló su local como almacén, nos consiguió varias embarcaciones, nos proveyó de combustible, nos apoyó con el envío de muestras, y hasta nos consiguió una torta para celebrar el cumpleaños de Juan Díaz en el monte; y Jair Manrique del almacén El Baratillo nos abasteció alimentos y equipo y nos permitió el uso de Internet durante las fases previas. En Bogotá, agradecemos al siempre expeditivo personal del Hotel Ibis; a Diego Rueda por haber diseñado el novedoso poncho de los cafuches/huanganas, que fueron la imagen de fuerza e integridad de este inventario, y a la empresa Macondo por haberlos confeccionado; al siempre amable Don Adonaldo Cañón, quien a menudo nos apoya y hace que los traslados dentro de la congestionada ciudad de Bogotá sean un poco más placenteros; a Héctor García del Museo del Oro, Banco de la República; y a la coordinadora Maritza Ruiz y el facilitador murui-muinane Jose de Jesús Garcia en el Museo Etnográfico de la República. En Iquitos, damos las gracias a todo el personal del Hotel Marañón y el Gran Marañón, por su gentil atención; y a Lidia Salazar, quién apoyó con el empaque de los víveres y equipo. En Remanso, Katy Ruiz y Jesús Hernández nos atendieron muy amablemente en su alojamiento donde nos dieron hospedaje y alimentación. En Lima, Carlos Sánchez del SERNANP,

Maria Rosa Montes del IBC y Mitchel Castro nos ayudaron a gestionar el espacio del auditorio para la presentación de los resultados del inventario, mientras Edith Arias y Kiara Puscán ayudaron a facilitar el Centro de Convenciones Real Audiencia para la mencionada presentación.

Desde hace casi dos décadas Costello Communications en Chicago ha venido haciendo un trabajo extraordinario para que los equipos del inventario puedan ver reflejado su arduo trabajo en las páginas del reporte final. Esta vez no fue la excepción. Van una vez más nuestras muestras de gratitud a Jim Costello y Todd Douglas.

Si trabajamos tranquilos muy lejos de casa es por el apoyo incondicional que recibimos de nuestro equipo en Chicago. Amy Rosenthal, Ellen Woodward y Meganne Lube del Field Museum estuvieron siempre pendientes de nuestras actividades para solucionar los contratiempos que van apareciendo por el trayecto. Asimismo, nuestros colegas Dawn Martin, Juliana Philipp, Thorsten Lumbsch, Le Monte Booker, Phillip Aguet, Lori Breslauer, Karsten Lawson y Jolynn Willink prestaron apoyo desde el inicio hasta el final. Nicholas Kotlinski del Field Museum preparó muchos de los mapas geográficos para el inventario. Nic también estuvo con nosotros en Leticia y nos apoyó decididamente con el soporte cartográfico durante la redacción del reporte y la presentación de los resultados.

Este inventario fue muy especial ya que después de casi ocho años tuvimos con nosotros, en la totalidad del inventario, a nuestra entrañable e inspiradora Debby Moskovits, la principal impulsora de los inventarios rápidos en el Field Museum. Ha sido un lujo contar con Debby, esta vez como voluntaria, apoyándonos con su enorme experiencia, sus valiosísimos conocimientos y sabios consejos durante toda la fase de campo del inventario, y también mientras escribíamos el reporte en Leticia.

El presente inventario no hubiera sido posible de realizar, de no haber sido por el generoso apoyo de un donante anónimo, de la Fundación Bobolink, la Fundación de la Familia Hamill, Connie y Dennis Keller, la Fundación Gordon y Betty Moore, y el Field Museum. Extendemos también un agradecimiento especial al anterior presidente y CEO del Field Museum Richard Lariviere, por su constante soporte a nuestros Inventarios Rápidos.

La meta de los inventarios rápidos —biológicos y sociales— es catalizar acciones efectivas para la conservación en regiones amenazadas que tienen una alta riqueza y singularidad biológica y cultural.

Metodología

Los inventarios rápidos son estudios de corta duración realizados por expertos que tienen como objetivo levantar información de campo sobre las características geológicas, ecológicas y sociales en áreas de interés para la conservación. Una vez culminada la etapa de campo, los equipos biológico y social sintetizan sus hallazgos y elaboran recomendaciones integradas para proteger el paisaje y mejorar la calidad de vida de sus pobladores.

Durante los inventarios el equipo científico se concentra principalmente en los grupos de organismos que sirven como buenos indicadores del tipo y condición de hábitat, y que pueden ser inventariados rápidamente y con precisión. Estos inventarios no buscan producir una lista completa de los organismos presentes; más bien, usan un método integrado y rápido para 1) identificar comunidades biológicas importantes en el sitio o región de interés y 2) determinar si estas comunidades son de valor excepcional y de alta prioridad en el ámbito regional o mundial.

En la caracterización del uso de recursos naturales, fortalezas culturales y sociales, científicos y comunidades trabajan juntos para identificar las formas de organización social, uso de los recursos naturales, aspiraciones de sus residentes y las oportunidades de colaboración y capacitación. Los equipos usan observaciones de los participantes y entrevistas semi-estructuradas para evaluar rápidamente las fortalezas de las comunidades locales que servirán de punto de partida para programas de conservación a largo plazo.

Los científicos locales son clave para el equipo de campo. La experiencia de estos expertos es particularmente crítica para entender las áreas donde previamente ha habido poca o ninguna exploración científica. A partir del inventario, la investigación y protección de las comunidades naturales con base en las organizaciones y las fortalezas sociales ya existentes dependen de las iniciativas de los científicos y conservacionistas locales.

Una vez terminado el inventario rápido (por lo general en un mes), los equipos transmiten la información recopilada a las autoridades y tomadores de decisiones regionales y nacionales quienes fijan las prioridades y los lineamientos para las acciones de conservación en el país anfitrión.

Agradecimiento

El equipo del inventario rápido quiere agradecer profundamente a los pobladores de la región del Bajo Putumayo-Yaguas-Cotuhé. Agradecemos los momentos bellos, las conversaciones importantes sobre las realidades y retos en estas tierras y el aprendizaje mutuo. Nuestro compromiso es compartir lo que aprendimos durante el estudio y seguir buscando maneras de asegurar el bienestar a largo plazo de la gente y los bosques en esta región.

Fechas del trabajo   5–25 de noviembre de 2019

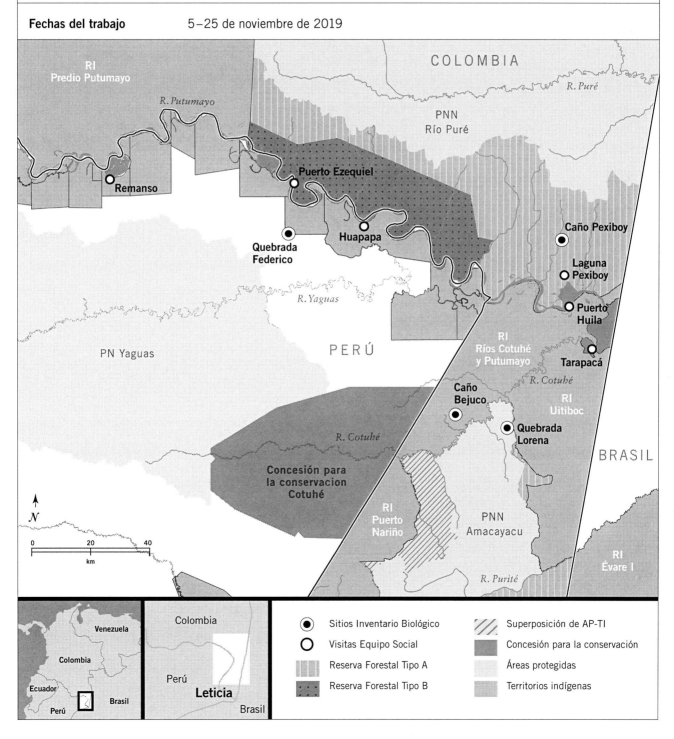

COLOMBIA

RI Predio Putumayo

R. Putumayo

R. Puré

PNN Río Puré

Remanso

Puerto Ezequiel

Caño Pexiboy

Quebrada Federico

Huapapa

Laguna Pexiboy

R. Yaguas

Puerto Huila

PN Yaguas

PERÚ

RI Ríos Cotuhé y Putumayo

Tarapacá

R. Cotuhé

Caño Bejuco

RI Uitiboc

Quebrada Lorena

BRASIL

R. Cotuhé

Concesión para la conservacion Cotuhé

RI Puerto Nariño

PNN Amacayacu

RI Évare I

R. Purité

0   20   40
km

N

Venezuela

Colombia

Ecuador

Perú

Brasil

Colombia

Perú

Leticia

Brasil

⦿ Sitios Inventario Biológico

○ Visitas Equipo Social

▦ Reserva Forestal Tipo A

▦ Reserva Forestal Tipo B

▨ Superposición de AP-TI

▨ Concesión para la conservación

Áreas protegidas

Territorios indígenas

Región

Durante su majestuoso recorrido por el continente sudamericano, desde los Andes colombianos hasta su desembocadura en el río Amazonas en Brasil, el río Putumayo forma el límite entre Colombia y Perú. Cerca de su salida de esos países y su entrada a Brasil, en las selvas bajas del trapecio amazónico de Colombia, el Putumayo recibe las aguas de los ríos Yaguas y Cotuhé —dos de las cuencas más diversas del mundo en términos de flora, fauna y culturas indígenas. En este extraordinario paisaje binacional se entretejen las megadiversidades cultural y biológica de una forma única en el planeta.

La cobertura boscosa de casi 100% en esta región se debe en parte a una bajísima densidad de población (<1 persona/km^2) y en parte a la gestión activa por parte de esos pobladores de un mosaico de territorios indígenas, parques nacionales, concesiones forestales, concesiones para la conservación y asentamientos mestizos. Por tratarse de una región fronteriza remota en donde hace falta tanto la presencia de los Estados como la colaboración entre Estados para solucionar los retos compartidos, existe una oportunidad de consolidar la conservación y el uso sostenible en este paisaje binacional. Convertir esa oportunidad en acción asegurará el bienestar y la calidad de vida de las poblaciones locales, reducirá los impactos de las actividades ilícitas, mantendrá la conectividad de los ecosistemas y la gente, y preservará un paisaje megadiverso en el corazón de la Amazonia.

Sitios visitados

Sitios visitados por el equipo biológico:

Perú: entre las comunidades nativas del Bajo Putumayo y el Parque Nacional Yaguas

Campamento Quebrada Federico	6–10 de noviembre de 2019

Colombia: Unidad de Ordenación Forestal de Tarapacá

Campamento Caño Pexiboy	11–15 de noviembre de 2019

Colombia: Resguardo Indígena Ríos Cotuhé y Putumayo

Campamento Caño Bejuco	16–20 de noviembre de 2019

Colombia: Parque Nacional Natural Amacayacu y R. I. Ríos Cotuhé y Putumayo

Campamento Quebrada Lorena	21–25 de noviembre de 2019

Sitios visitados por el equipo social:

Perú

Comunidad Nativa Remanso	7–8 de noviembre de 2019
Comunidad Nativa Huapapa	9 de noviembre de 2019

Colombia

Puerto Ezequiel	10 de noviembre de 2019
Tarapacá	14–15 de noviembre de 2019
Laguna Pexiboy y Unidad de aprovechamiento de ASOPROMATA	14 de noviembre de 2019
Puerto Huila	16–17 de noviembre de 2019
Maloca Cabildo Centro Tarapacá Cinceta	19–20 de noviembre de 2019

Entre el 22 y el 24 de noviembre se llevó a cabo un encuentro binacional en Tarapacá, que reunió a representantes de federaciones y autoridades indígenas, agencias gubernamentales, asociaciones gremiales y de colonos, comunidades de fe y organizaciones no-gubernamentales. El día 25, los equipos biológico y social presentaron los resultados preliminares del inventario rápido en un evento público en Tarapacá. Los días 27 y 28 de noviembre los equipos biológicos y sociales se reunieron en Leticia, Colombia, con otros técnicos para analizar las amenazas, fortalezas, oportunidades y recomendaciones para la conservación y el mejoramiento de la calidad de vida.

Equipos y enfoques geológicos y biológicos	Cuatro geólogos y 17 biólogos de 12 instituciones colombianas, peruanas y extranjeras, apoyados por >20 científicos locales, estudiaron la geomorfología, estratigrafía, aguas y suelos; vegetación y flora; peces; anfibios y reptiles; aves; mamíferos grandes y medianos; y murciélagos.
Equipos y enfoques sociales	Un equipo multicultural, interdisciplinario e internacional compuesto por 4 representantes indígenas locales y >10 profesionales de las ciencias biológicas y sociales de 4 instituciones gubernamentales y 6 instituciones no-gubernamentales estudió la historia y el poblamiento de la zona; las fortalezas sociales y culturales; la gobernanza, demografía, economía y estrategias de manejo de recursos naturales; y las relaciones interculturales.
Resultados biológicos principales	Este inventario rápido es el primer estudio en el Bajo Putumayo-Yaguas-Cotuhé que sintetiza observaciones en geología, plantas y vertebrados terrestres y acuáticos en ambos lados de la frontera y del Putumayo. Encontramos un paisaje geológicamente variable, caracterizado por un mosaico a pequeña escala de suelos relativamente fértiles y suelos poco fértiles, de aguas blancas y negras, en donde las únicas constantes eran la flora diversa, la vida silvestre abundante y el excelente estado de conservación de los ambientes. En este importante corredor biológico, el dosel

Resultados biológicos
principales (continuación)

continuo y los ecosistemas acuáticos saludables aún permiten la circulación libre de aves, animales terrestres y peces en la totalidad de la zona.

Durante el inventario **registramos más de 1.000 especies de plantas y más de 700 especies de vertebrados.** Se estima 3.000 especies de plantas vasculares y hasta 1.5546 especies de vertebrados para la región.

	Especies registradas durante el inventario	Especies estimadas para el área
Plantas vasculares	más de 1.010	3.000
Peces	150	600
Anfibios	84	180
Reptiles	47	120
Aves	346	500
Mamíferos medianos y grandes	49	56
Murciélagos	31	98
Total de especies de plantas y animales	**más de 1.717**	**4.554**

Geología, aguas y suelos

La geología regional consiste de rocas sedimentarias poco consolidadas. Cuatro formaciones geológicas están expuestas en el área: Pebas, Nauta inferior (también conocida como la Formación Amazonas), sedimentos aluviales actuales y turbas. La Formación Pebas, de más de 6 millones de años de edad, es la más antigua y aporta gran cantidad de sales y nutrientes al ecosistema. Se compone de lodolitas azules con presencia de capas delgadas de carbón y fósiles de conchas de moluscos, depositadas por un gran lago que se extendió por el sector noroeste de la cuenca amazónica. La Formación Nauta inferior/Amazonas, de aproximadamente 2 millones de años de edad, es compuesta de arenas y gravas de ríos antiguos. Hoy se encuentra en las partes más altas del área, conformando terrazas medias a altas. A diferencia de la Formación Pebas, las sales en los sedimentos de la Nauta inferior/Amazonas son escasas y por ello producen suelos menos fértiles. Aunque las formaciones Pebas y Nauta inferior/Amazonas están yuxtapuestas en las partes altas, la Formación Nauta/Amazonas tiene mayor influencia en la composición química de las corrientes de agua del área de estudio.

Los ríos Yaguas y Cotuhé, y principalmente el río Putumayo, tienen llanuras aluviales desarrolladas conformadas en su mayoría por antiguos orillares, meandros abandonados y cubetas laterales que dejó el río en su proceso de erosión de las terrazas antiguas con suelos rojizos y formó las depresiones que actualmente forman pantanos o acumulaciones de materia orgánica en turberas. Principalmente entre estas áreas pantanosas, se encuentran pequeñas restingas que ocupan menor proporción del paisaje del área. Las edades de estos depósitos aluviales van desde 1 millón de años hasta el presente. La deposición de esta materia orgánica o turba comenzó hace

12.000 años y en las turberas visitadas medimos acumulaciones de hasta 3 m de materia orgánica.

Los *collpas*/salados son objetos de conservación estratégicos en la zona ya que tienen un alto valor cultural como lugares sagrados o zonas de caza ancestrales y son una fuente importante de sal y nutrientes para la fauna. Los salados se desarrollan sobre la Formación Pebas y forman lugares visitados por varias especies que consumen el agua acumulada sobre estos sedimentos a manera de "bebedero o chupadero," como son conocidos en la región. Medimos concentraciones de sal en el agua del salado 30 veces mayores al de las quebradas de tierra firme.

Las sales disueltas en las aguas de escorrentía muestran la distribución relativa de nutrientes en rocas y suelos. En este inventario encontramos que las concentraciones de nutrientes se encuentran dentro de las más bajas de nutrientes registradas en las cuencas del Amazonas y Orinoco, llegando a ser hasta 800% más baja en las corrientes que drenan los bosques de tierra firme y las llanuras de inundación de la cuenca baja del Putumayo. Aunque los sedimentos que conforman las planicies aluviales de los ríos Yaguas y Cotuhé son pobres en nutrientes, aquellos del Putumayo reciben contribuciones de los Andes y por lo tanto producen suelos más fértiles. La escasez general de nutrientes en los suelos indica que de ser removida la cobertura boscosa, el proceso de recuperación sería muy lento (como se evidencia en las antiguas pistas de Tarapacá y en el PNN Amacayacu, abandonadas desde la década de los 80 y en las que no hay cobertura vegetal en la actualidad) y los procesos de erosión y pérdida del suelo se acelerarían. El sedimento erosionado y removido contaminaría las corrientes, cubriría las planicies de inundación y rellenaría las turberas afectando la acumulación de carbono. Por esto, todo el paisaje es altamente vulnerable a los impactos de la deforestación y a usos indebidos del suelo.

Vegetación

Durante el trabajo de campo observamos tres tipos principales de vegetación: bosques de terrazas medias sobre suelos de baja fertilidad en tierra firme, bosques de terrazas fuertemente disectadas sobre suelos más ricos en tierra firme y bosques de planicies inundables que se extienden a lo largo de los caños, quebradas y ríos de la zona. En lugar de presentarse como bloques grandes, estos tipos de vegetación albergan dentro de sí una variedad de sub-tipos de vegetación producto de una variación a pequeña escala en el drenaje y la fertilidad de los suelos. Era frecuente cruzar una quebrada y encontrarse con una vegetación diferente.

Los bosques de tierra firme ocupan más del 80% de la zona de estudio. Estos bosques son dominados por los árboles almendro (*Scleronema praecox*), fariñero (*Clathrotropis macrocarpa*), chimicua/cajeto (*Pseudolmedia laevigata*), *Brosimum parinarioides*, creolino (*Monopteryx uaucu*), la palma milpesos (*Oenocarpus bataua*) y varias otras especies que suelen ser frecuentes en los bosques sobre suelos poco fértiles en la Amazonia occidental. Al mismo tiempo, observamos algunos lugares de tierra firme dominados por árboles especialistas en suelos más fértiles. En el

Vegetación (continuación)	sotobosque los árboles *Rinorea racemosa* y *Ampeloziziphus amazonicus* y las palmas *Attalea insignis* y *Attalea microcarpa* fueron muy comunes en los cuatro campamentos.
	Dentro de los bosques de planicies inundables estacionales observamos palmichales, con alta presencia de palmas como corocillo (*Bactris riparia*), huiririma (*Astrocaryum jauari*) y asaí (*Euterpe precatoria*), así como parches relativamente pequeños de bosques pantanosos dominados por la palmera aguaje/canangucho [*Mauritia flexuosa*]). En el campamento peruano observamos bosques enanos (varillales) creciendo sobre turba (materia orgánica), dominados por el arbolito especialista *Tabebuia insignis* var. *monophylla*.
	A pesar de la tala selectiva que afecta a los cuatro sitios, estos bosques antiguos y de dosel alto aún están en buenas condiciones y contienen grandes cantidades de carbono sobre la tierra. Observamos poblaciones remanentes de árboles maderables como achapo (*Cedrelinga cateniformis*), lupuna (*Ceiba pentandra*), cedro (*Cedrela odorata*) y creolino (*Monopteryx uaucu*). El bosque mejor conservado se presentó en el sector norte del PNN Amacayacu, en donde se pudo apreciar individuos de gran porte de especies maderables.
Flora	La cuenca del río Putumayo se encuentra dentro de la zona más diversa de plantas leñosas en el mundo y alberga dentro de sus bosques una gran diversidad de plantas. En los cuatro sitios visitados el equipo botánico colectó un total de 976 especímenes con flores o frutos. Registramos 1.010 especies de plantas a través de colecciones, identificaciones en el campo y fotografías. Estimamos la flora regional en 3.000 especies, entre hierbas, arbustos, árboles, lianas y epífitas. Para el grupo de helechos se realizaron 235 colectas, registrándose más de 100 especies epífitas y terrestres, la mayoría de ellas típicas de la Amazonia.
	Los registros notables incluyen cuatro especies potencialmente nuevas para la ciencia, en los géneros *Calathea*, *Dilkea*, *Piper* y *Zamia*. También identificamos 25 nuevos registros nacionales, los cuales incluyen los árboles *Heterostemon conjugatus* (nuevo para el Perú), *Pagamea duckei* (Perú) y *Plinia yasuniana* (Colombia), la orquídea terrestre *Palmorchis yavarensis* (Colombia), el helecho *Trichomanes macilentum* (Perú) y la cícada gigante *Zamia macrochiera* (Colombia). Veintiséis de las especies que registramos son consideradas amenazadas o casi amenazadas en el ámbito mundial, o amenazadas en el ámbito nacional en el Perú o Colombia.
Peces	Colectamos peces en 24 puntos, incluyendo caños y quebradas tributarios de los ríos Putumayo y Cotuhé, así como el cauce principal del Cotuhé. Los ambientes acuáticos muestreados fueron de aguas negras y blancas, siendo la mayoría de ellos arroyos de tierra firme. Por tratarse de un grupo poco estudiado y de sitios pocas veces visitados por los ictiólogos, estas colectas llenan un vacío de información sobre la ictiofauna del bajo Putumayo.
	Registramos 150 de las 600 especies de peces estimadas para el área de muestreo, siendo el orden Characiformes el más abundante y diverso, seguido por Siluriformes,

Cichliformes y Gymnotiformes. La mayor diversidad fue aportada por el río Cotuhé. El campamento más diverso fue el Caño Bejuco, con 89 especies, seguido por el campamento Caño Pexiboy, con 74. La mayoría de las especies registradas son peces pequeños (5–10 cm) y los géneros más diversos fueron *Hemigrammus*, *Hyphessobrycon* y *Knodus*. Colectamos dos especies potencialmente nuevas para la ciencia: una del género *Imparfinis* y otra en *Aphyocharacidium*. También se registró una especie no identificada del género *Corydoras* que es nueva para Colombia.

Las lagunas del paisaje Bajo Putumayo-Yaguas-Cotuhé son un centro de producción de alevinos de arawana/arahuana (*Osteoglossum bicirrhosum*) para el mercado ornamental mundial. Junto con el equipo social identificamos decenas de otras especies de importancia pesquera para el consumo o el mercado ornamental (ver abajo, sección de *Comunidades humanas*). Si bien los lagos, ríos y quebradas evaluados cuentan con un buen estado de conservación, así como una gran variedad de microhábitats que permiten albergar y sostener la diversidad de peces, mantener una ictiofauna saludable de largo plazo requerirá de una uniformización de las regulaciones de pesca peruanas y colombianas (p. ej., las vedas), así como una estrategia binacional para evitar la sobreexplotación de la arawana/arahuana y otras especies importantes para la población local.

Anfibios y reptiles

Los inventarios rápidos previos han mostrado la enorme diversidad de herpetofauna en el lado peruano de la cuenca del Putumayo. Además de resaltar el mismo patrón, los resultados de este inventario llenan un vacío de información sobre la herpetofauna en el territorio colombiano, donde hay un solo estudio publicado cerca a Leticia, con datos únicamente de anfibios.

Registramos 131 especies de herpetofauna (84 anfibios y 47 reptiles). Estimamos un total de 300 especies (180 especies de anfibios y 120 especies de reptiles) para el área de estudio. Las especies corresponden a una fauna típica de bosques inundables y bosques de tierra firme. Colectamos una lagartija del género *Anolis* y una rana del género *Synapturanus* que son posiblemente nuevas para la ciencia y reportamos por primera vez para Colombia las ranas *Boana ventrimaculata*, *Osteocephalus subtilis*, *Pristimantis academicus* y *P. orcus*. Otro hallazgo importante es el registro de un individuo de *Pristimantis aaptus,* la cual ha sido registrado apenas 3 veces en casi 40 años.

Destacamos varias especies importantes para el consumo por parte de las comunidades locales: la rana hualo/juamboy (*Leptodactylus* spp.), el dirin-dirin/ caimán babilla (*Paleosuchus trigonatus*) y la tortuga motelo/morrocoy (*Chelonoidis denticulata*). También registramos dos especies consideradas Vulnerables en el ámbito mundial de acuerdo con la UICN —las tortugas *Chelonoidis denticulata* y *Podocnemis unifilis*— y 28 especies de dendrobátidos, boas, caimanes y tortugas listadas en los apéndices I o II de CITES.

Aves

Registramos 346 especies de aves en los cuatro sitios muestreados y estimamos 500 especies para toda la región. La avifauna es diversa y típica de tierra firme con influencia de quebradas y ríos; la influencia de los ríos fue especialmente notable en el campamento Caño Bejuco, ubicado a orillas del río Cotuhé. Encontramos un grupo de especies que se especializa en suelos de tierra firme menos fértiles y que incluye un nuevo registro para Colombia: un hormiguerito conocido del Perú que aún no se ha descrito para la ciencia (*Herpsilochmus* sp. nov.).

Otros registros notables y de importancia para la conservación incluyen poblaciones muy saludables de aves de caza, como paujiles (dos especies de *Mitu*), pavas, trompeteros/tentes, y perdices/gallinetas; extensión de rango de un buco (*Notharcus ordii*, segundo registro al este del río Napo en el Perú), un saltarín (*Heterocercus aurantiivertex*, segundo registro para Colombia), un atrapamoscas (*Platirhinchos platyrinchus*), otro hormiguerito (*Myrmotherula ambigua*), posiblemente una perdiz/gallineta (*Tinamus tao*) y una especie de gralaria muy poco conocida (*Hylopezus macularius*).

Todos los sitios visitados mostraron un buen estado de conservación y una alta diversidad de aves, a pesar de estar manejados bajo diferentes figuras de ordenamiento territorial. La concesión forestal que visitamos puede servir como modelo de una tala muy selectiva que no altera la estructura del bosque y donde no se permite la caza, sosteniendo una alta diversidad de aves. El buen estado de la avifauna observada dentro del Resguardo Indígena Ríos Cotuhé y Putumayo, donde sí es permitida la caza, podría servir como un modelo formal de gestión para el área sin designación que visitamos en el Perú, en donde vemos una excelente oportunidad para la conservación de las aves y el uso sostenible por parte de los habitantes locales. Por otro lado, la avifauna saludable que vimos en el sector norte del PNN Amacayacu sugiere que la fauna de esa zona se ha recuperado en gran medida de una larga historia de tala y caza.

Mamíferos medianos y grandes y murciélagos

Utilizamos cuatro metodologías para el registro de los mamíferos: fototrampeo, avistamientos directos a lo largo de trochas en cada sitio de muestreo, capturas de murciélagos utilizando redes de niebla y registro de murciélagos mediante monitoreo acústico. En total registramos 80 especies de mamíferos: 45 terrestres, 4 acuáticas y 31 voladoras. Según inventarios anteriores en otras zonas del río Putumayo, los medianos y grandes mamíferos registrados corresponden al 88% de las especies esperadas (56) para esta región, mientras las 31 especies de murciélagos registradas corresponden a cerca del 33% de las 98 especies esperadas.

Las poblaciones de mamíferos observadas en este inventario se encuentran en buen estado de conservación. Es notable que las poblaciones de grandes mamíferos, especialmente los ungulados, aún son abundantes en la quebrada Pexiboy, donde se realiza extracción selectiva de especies de árboles maderables desde hace cuatro años y donde la caza de animales silvestres se encuentra prohibida. Esto sugiere que este modelo de manejo forestal que no implica la apertura de grandes áreas, combinado con la exclusión de la cacería, tiene un potencial importante para el mantenimiento de poblaciones de grandes mamíferos.

Dentro de los registros notables, se encuentra una alta diversidad de primates, con 10 de las 11 especies esperadas y una alta diversidad de felinos, con 4 de las 6 especies esperadas. También se resalta la presencia de poblaciones saludables de las sachavacas/dantas (*Tapirus terrestris*) y venados (*Mazama americana* y *M. nemorivaga*), así como una gran abundancia de sajinos/cerrillos (*Pecari tajacu*) y huanganas/puercos (*Tayassu pecari*). También se resalta la presencia de especies incluidas en alguna categoría de amenaza a nivel global: una especie En Peligro (lobo de río/perro de agua, *Pteronura brasiliensis*) y cinco especies Vulnerables (*Lagothrix lagothricha*, *Priodontes maximus*, *Myrmecophaga tridactyla*, *Tayassu pecari* y *Tapirus terrestris*). También registramos el otorongo/mano de lana (*Panthera onca*), especie Casi Amenazada. Algunas de estas especies se encuentran en categorías diferentes de amenaza a nivel nacional tanto en el Perú como en Colombia.

Comunidades humanas

Historia, cultura y poblamiento

El paisaje del Bajo Putumayo-Yaguas-Cotuhé es la cuna ancestral de los pueblos ticuna y yagua y hace más de 80 años marca una de las fronteras político-administrativas entre el Perú y Colombia. En la actualidad, más de 12 pueblos indígenas, población mestiza —campesinos y colonos— y comunidades de fe comparten este vasto territorio cuyo cordón umbilical es el río Putumayo, conocido ancestralmente en lengua murui como *kud+ma*, río de peces.

Este paisaje diverso cuenta la historia de pueblos originarios y migraciones de poblaciones mestizas e indígenas ocaina, andoque, ticuna, murui, yagua, inga, cocama, bora y kichwa, entre otros, que, impulsadas por procesos históricos, siguieron el curso de ríos, caños y trochas, hasta llegar a la región del Bajo Putumayo-Yaguas-Cotuhé. Las misiones religiosas a partir de los años 1500, la bonanza de la quina, la fiebre cauchera a comienzos de los años 1900, la guerra entre el Perú y Colombia en 1933, así como bonanzas de extracción de recursos como el palo de rosa (*Aniba rosaeodora*), maderas finas como el cedro (*Cedrela odorata*) y las tigrilladas (venta de pieles de animales silvestres) han sido algunos de los hitos fundamentales que ocasionaron cambios drásticos en las costumbres de estos pueblos y marcaron el paisaje sociocultural y ambiental actual.

Hoy en día, de las aproximadamente 5.000 personas que viven aquí (1.400 en el Perú y 3.600 en Colombia), 3.700 habitan territorios indígenas formalmente reconocidos, 1.000 en el casco urbano de Tarapacá y el restante en asentamientos dentro de la Reserva Forestal. La convivencia y coexistencia de diferentes tradiciones culturales en este paisaje ha dado lugar a la conformación de una memoria histórica compartida. En ese sentido, el territorio está sostenido por la presencia de una interculturalidad en la que las historias, las prácticas y las tradiciones se entretejen para dar lugar a nuevas dinámicas sociales y culturales enraizadas en la necesidad de vivir bien en este lugar.

Comunidades humanas
(continuación)

La existencia de esta memoria histórica común es el resultado de los encuentros y los acuerdos inspirados en el arraigo territorial de los pobladores contemporáneos para el uso de los recursos y el cuidado del paisaje y la base identitaria compartida como habitantes del río Putumayo.

Uso y manejo de los recursos naturales (peces, carne de monte, madera, chacras/chagras y productos no maderables)

La gran abundancia de peces en lagos, quebradas y ríos garantiza la alimentación de la población a ambos lados de la frontera y aporta al sostenimiento de la economía familiar y regional. Los equipos biológicos y sociales identificaron 21 especies de importancia pesquera para el consumo, destacándose especies como el paiche/pirarucú (*Arapaima gigas*), arahuana/arawana (*Osteoglossum bicirrhosum*), gamitana (*Colossoma macropomum*), paco (*Piaractus brachypomus*) y bagres; y otras especies en quebradas tributarias, como sábalo o zingo (*Brycon amazonicus* y *Brycon melanopterus*), cheos o lisas (*Leporinus* y *Schizodon*), garopa o palometas (*Mylossoma albiscopum* y *Myleus*), pañas o pirañas (*Serrasalmus*), sardinas (*Triportheus*), pez cachorro o zorro (*Acestrorhynchus falcatus*), botellos o añashua (*Crenicichla*). Aparte de la especie ornamental más importante de la zona, arahuana/arawana (*Osteoglossum bicirrhosum*), también registramos otras especies con potencial para el uso ornamental, incluyendo barredoras, shirui o coridoras (*Corydoras*), pechitos o estrigatas (*Carnegiella*).

En las zonas donde hay asentamientos a ambos lados de la frontera, se han establecido acuerdos de uso en las dinámicas asociadas a la pesca. Para el autoconsumo existen acuerdos implícitos que se basan en el respeto, la confianza y solidaridad. En cuanto a la pesca comercial, especialmente de arahuana/arawana y paiche/pirarucú, los acuerdos son explícitos y requieren que se pida un permiso a los dueños o responsables de los lagos. Se destaca el manejo pesquero del lado peruano iniciado desde hace más de 10 años, que ha permitido la recuperación de las poblaciones de peces de importancia económica, beneficiando a ambos lados de la frontera. De las 13 comunidades nativas en el lado peruano del paisaje, 7 tienen plan de manejo pesquero a través de sus respectivas Asociaciones de Procesadores y Pescadores Artesanales (APPAs), quienes hacen un aprovechamiento sostenible de la arahuana/arawana y que son modelos de organización y manejo.

La cacería es otra actividad de subsistencia y de practica cultural que se realiza y practica mediante acuerdos locales de aprovechamiento para el autoconsumo y, en menor medida, para el comercio local. Las especies más preferidas por los cazadores de la zona son majaz/boruga (*Cuniculus paca*), sajino/cerrillo (*Pecari tajacu*), huangana/puerco (*Tayassu pecari*), sachavaca/danta (*Tapirus terrestris*), paujil (*Mitu* spp.) y pava (*Pipile cumanensis*).

La madera ha generado una dinámica económica importante en la cuenca baja de los ríos Yaguas, Cotuhé y Putumayo. Inició con el extractivismo en la década de los 70, y ha transitado hacia la conformación de estrategias para la tala ordenada y selectiva, con las Declaraciones de Manejo (DEMAs) en el Perú y los Permisos de

Aprovechamiento Forestal Persistente en Colombia. El tráfico ilegal de madera es una práctica en los dos lados de la frontera que no se ha podido enfrentar adecuadamente. También existe un aprovechamiento doméstico a partir de acuerdos locales basados en el consentimiento mutuo entre las partes.

Las chacras o chagras son el lugar donde confluyen las prácticas cotidianas, espirituales, culturales y de seguridad alimentaria, fundamentales para el mantenimiento del tejido social. El conocimiento ecológico y tradicional es el que guía el manejo y uso de estos espacios y se comparte con las personas mestizas para un mejor manejo del territorio. Se destaca el uso de zonas bajas y altas, estas últimas ubicadas principalmente en territorio colombiano pero utilizadas, también por las comunidades peruanas mediante acuerdos basados en relaciones familiares de respeto, apoyo, amistad y reciprocidad. Frente a un alto potencial en aprovechamiento de productos no maderables, se destaca la Asociación de Mujeres Comunitarias de Tarapacá (ASMUCOTAR), la cual comercializa pulpa de frutas como el camu camu (*Myrciaria dubia*), arazá (*Eugenia stipitata*) y copoazú (*Theobroma grandifolium*).

Gobernanza

Se destaca una abundancia de organizaciones formales, territoriales y gremiales, con distintos niveles de desarrollo. En el Perú, la población está agrupada en comunidades nativas que se han organizado en dos federaciones: la Federación de Comunidades Indígenas del Bajo Putumayo (FECOIBAP) y la Organización de Comunidades Indígenas del Bajo Putumayo y el Río Yaguas (OCIBPRY). En Colombia, la población indígena está agrupada en comunidades que conforman resguardos indígenas (RI Ríos Cotuhé y Putumayo y RI Uitiboc), las cuales tienen representación política a través de dos Asociaciones de Autoridades Tradicionales Indígenas (AATI): el Cabildo Indígena Mayor de Tarapacá (CIMTAR) y la Asociación de Autoridades Indígenas de Tarapacá Amazonas (ASOAINTAM), así como un cabildo urbano en Tarapacá. El asentamiento de Puerto Ezequiel está organizado bajo las autoridades religiosas (Junta Eclesiástica, Administrativa y de Acción Comunal). En Tarapacá la población se ha organizado en asociaciones y gremios para distintos fines.

Existen acuerdos locales entre comunidades y organizaciones, algunos con ámbito nacional y otros con alcance binacional, que permiten la convivencia y el manejo compartido de recursos naturales, facilitan el intercambio de conocimientos y experiencias y contribuyen a la coordinación del ordenamiento, control y vigilancia territorial. Algunos de estos acuerdos cuentan con el reconocimiento oficial de instancias del Estado, tanto del Perú como de Colombia. También hay espacios de coordinación y concertación a distintos niveles (local, regional y binacional), entre las diferentes organizaciones indígenas y entre las organizaciones indígenas y el Estado. Algunos actores presentes en la región cuentan con instrumentos y sistemas propios de gestión territorial, como planes de vida, planes de manejo y procesos de ordenamiento ambiental.

Comunidades humanas (continuación)	Hay retos importantes en el fortalecimiento de la coordinación binacional para enfrentar amenazas territoriales como la minería aurífera aluvial y las rutas de narcotráfico, y fortalecer las tradiciones culturales, el uso sostenible de recursos y la garantía de servicios básicos para la población. El conocimiento local, el arraigo, el respeto por la interculturalidad y la visión común como habitantes del río Putumayo, son elementos fundamentales para asumir estos retos, en una frontera que es, ante todo, un corredor cultural y ambiental vivo.
Estado actual	Las 2,7 millones de hectáreas que conforman nuestro paisaje de estudio incluyen múltiples figuras de ordenamiento territorial. El 88% del paisaje está bajo alguna figura de conservación y/o uso. Esto incluye un 39% del territorio bajo protección estricta en parques nacionales (el PN Yaguas en el Perú y los PNN Amacayacu y Río Puré en Colombia), un 21% dentro de tierras indígenas legalmente reconocidas (comunidades nativas en el Perú y resguardos indígenas en Colombia), un 20% en la Reserva Forestal en Colombia y un 8% en la Concesión para la Conservación Cotuhé en el Perú (también existe un 2% del área en traslape entre el PNN Amacayacu y el Resguardo Indígena Puerto Nariño). El 12% restante del paisaje, todo ello en el Perú, está sin designación formal de ordenamiento (zona de libre disponibilidad del Estado).
Principales fortalezas para la conservación	01 Bosques, ríos y lagos en buen estado de conservación, que conforman un corredor ecológico y cultural entre parques, territorios indígenas y concesiones forestales 02 Comunidades indígenas y mestizas con una gran diversidad social y cultural, un conocimiento profundo del territorio y arraigo territorial 03 Flora y fauna silvestre megadiversas, incluyendo poblaciones saludables de peces, aves y mamíferos que sirven como la base de la soberanía alimentaria de las poblaciones locales 04 Experiencias con el manejo de los recursos en comunidades, resguardos, áreas naturales protegidas y concesiones de madera 05 Acuerdos comunitarios nacionales y binacionales y planes de manejo para el uso, control y vigilancia de los recursos en parques, territorios indígenas y concesiones forestales
Principales amenazas	01 Poca coordinación binacional para la conservación y para el bienestar de los pobladores 02 Actividades ilícitas como la tala, la minería de oro y el narcotráfico 03 Poca presencia del Estado en la zona y un acceso inadecuado a los servicios del Estado 04 Aspiraciones territoriales en conflicto entre comunidades y agencias del Estado 05 Falta de incentivos para el desarrollo de actividades económicas legales y sostenibles

Principales recomendaciones:

Perú

01 Buscar una figura de conservación y uso sostenible para el área de libre disponibilidad en el bajo Yaguas, la cual asegure el uso mancomunal por las comunidades nativas del Bajo Putumayo, resuelva las visiones conflictivas y elimine las actividades ilegales.

02 Exigir la implementación del plan de manejo de la Concesión para Conservación Cotuhé.

03 Respetar el territorio de la población ticuna en contacto inicial en la cuenca del Cotuhé.

Colombia

04 Apoyar una ordenación de la Reserva Forestal que contemple el uso actual, las expectativas de la gente y el mantenimiento de la conectividad biológica y cultural.

05 Terminar el plan de vida integral del RI Ríos Cotuhé y Putumayo con los insumos de la Evaluación Ambiental y del inventario rápido y proceder a la implementación del mismo.

06 Fortalecer la gestión y sostenibilidad de los sectores norte y centro del PNN Amacayacu.

07 Generar un diálogo entre todos los actores en Tarapacá sobre las implicaciones del ordenamiento territorial y formular una herramienta de gestión de Tarapacá.

Región binacional Bajo Putumayo-Yaguas-Cotuhé

08 Desarrollar acciones conjuntas por las autoridades de Colombia y Perú para enfrentar el narcotráfico y la minería ilegal y fortalecer la estrategia binacional para documentar y mitigar la contaminación de mercurio en la gente y la fauna de toda la región.

Corredor Biológico y Cultural Putumayo-Içá

09 Incentivar a las autoridades locales, regionales, nacionales e internacionales para que reconozcan la oportunidad única que ofrece la cuenca del Putumayo-Içá como un corredor vivo, cultural y biológico en donde el río corre libremente por inmensos bosques intactos.

10 Articular a los gobiernos de los cuatro países de la cuenca hacia la armonización de las normas que rigen el uso y manejo de los recursos naturales y para el control y vigilancia de las zonas fronterizas (especialmente en cuanto a las actividades ilícitas).

11 Asegurar que toda acción a nivel de cuenca respete las fortalezas, los conocimientos y la realidad de los pobladores del Putumayo-Içá, alineándose las aspiraciones locales, regionales y nacionales hacia la implementación del sueño del Corredor del Putumayo-Içá.

¿Por qué el Bajo Putumayo-Yaguas-Cotuhé?

Pocos minutos después del despegue de la pista de aterrizaje en Tarapacá, Colombia, el pueblo que queda atrás se reduce a una pequeña isla urbana en el mar de verde amazónico. Desde arriba se ven ríos que atraviesan el paisaje esmeralda en un patrón en constante cambio que registra los flujos y reflujos del poderoso Putumayo, sus afluentes Yaguas y Cotuhé, y los riachuelos más pequeños que los alimentan a todos. Cada año, estos ríos se desbordan y se adentran en el bosque, desdibujando los límites entre lo acuático y lo terrestre, liberando pulsos de nutrientes, invitando a los peces a los bosques para dispersar los frutos y conectando lugares que están aislados durante los meses más secos.

Para salvaguardar la diversidad natural y cultural en este paisaje de bosques y ríos, tanto el Perú como Colombia han establecido parques nacionales (Yaguas en el Perú, Amacayacu y Río Puré en Colombia) y han titulado tierras indígenas (resguardos indígenas en Colombia, comunidades nativas en el Perú). Los pueblos indígenas ticuna y yagua han vivido en estos territorios ancestrales durante milenios, mientras que otros habitantes indígenas llegaron luego de huir de la violencia durante el *boom* del caucho hace 100 años. Con pocas excepciones, los residentes indígenas tienen derechos sobre la tierra. Otros colonos, incluidas las familias de los soldados que vinieron a pelear la guerra Perú-Colombia durante la década de 1930 y una secta religiosa recién llegada conocida como los Israelitas, se asentaron principalmente a lo largo de las orillas del Putumayo, muchos sin una tenencia clara de la tierra.

Casi todas las más de 5.000 personas en este paisaje se ganan la vida plantando cultivos, pescando, cazando, talando y recolectando productos forestales no maderables. Pesos colombianos y soles peruanos se intercambian, yendo y viniendo como la gente misma. Cuando el lado peruano del Putumayo se inunda, los cultivos se trasladan a las terrazas más altas a lo largo del lado colombiano. Cuando los peces arahuana/arawana desovan en las lagunas, los pescadores peruanos y colombianos siguen sus movimientos, cruzando de un país a otro. Los colombianos cortan madera en el Perú, los peruanos cortan madera en Colombia y los troncos viajan por los ríos que comparten. Al mismo tiempo, las mafias armadas y una red interconectada de economías ilegales —coca, madera, minería— operan abiertamente, lejos del alcance de la ley, ejerciendo una presión extrema sobre la población local, sus medios de vida y su bienestar.

En este paisaje dinámico entretejido por quebradas, ríos, remansos y lagunas, la integridad a largo plazo de la región Bajo Putumayo-Yaguas-Cotuhé depende de una estrategia coordinada entre todos los actores y países. La estrategia debe ser inclusiva y holística. Y debe basarse en una visión de vida digna para todos los habitantes humanos (pueblos indígenas, colonos no-indígenas, campesinos, Israelitas) en un paisaje vibrante de bosques, ríos y quebradas saludables que sustentan, a largo plazo, algunas de las comunidades de plantas y animales más ricas del planeta.

FIG. 1A El bajo río Putumayo y los ríos Yaguas y Cotuhé drenan 2,7 millones de hectáreas de bosques silvestres en Perú y Colombia y sostienen los medios de vida de más de 5.000 personas. / The lower Putumayo, Yaguas, and Cotuhé rivers drain 2.7 million hectares of forested wilderness in Peru and Colombia and support the livelihoods of more than 5,000 people.

Labels on maps:

2A
COLOMBIA
PNN Río Puré
R. Puré
Remanso
Puerto Ezequiel
① Quebrada Federico
Huapapa
R. Yaguas
Q. Tihuina
② Caño Pexiboy
Laguna Pexiboy
Puerto Huila
PN Yaguas
CC Cotuhé
Caño Pupuña
Tarapacá
③ Caño Bejuco
④ Quebrada Lorena
R. Cotuhé
PNN Amacayacu
R. Purité
R. Atacuari
PERÚ
N
R. Amazonas
R. Calderón
BRASIL
0 20 40 km

2B
VENEZUELA
Bogotá
COLOMBIA
Cuenca Putumayo/ Putumayo Basin
Quito
Área de estudio/ Study area
ECUADOR
Iquitos
PERÚ
BRASIL

2C
COLOMBIA
R. Puré
Puerto Ezequiel
Remanso
① Quebrada Federico
Huapapa
R. Putumayo
Caño Pexil
② Laguna Pexiboy
Puerto Huila
R. Yaguas
Tarapacá
③ Caño Bejuco
④ Quebrada Lorena
R. Cotuhé
R. Atacuari
PERÚ
R. Purité
N
BR.
R. Calderón
R. Amazonas
Letic[ia]
0 20 40 km
Elevación/ Elevation (m) 30 — 190

Colombia, Perú: Bajo Putumayo-Yaguas-Cotuhé

FIG. 2A Una imagen satelital de la región del Bajo Putumayo-Yaguas-Cotuhé en Perú y Colombia, que muestra los cuatro campamentos y seis asentamientos humanos visitados durante un inventario rápido biológico y social en noviembre de 2019. La línea naranja muestra nuestra área de enfoque, casi 2,7 millones de hectáreas./ A satellite image of the Bajo Putumayo-Yaguas-Cotuhé region in Peru and Colombia, showing four campsites and six settlements visited during a rapid biological and social inventory in November 2019. The orange outline shows our area of focus, nearly 2.7 million hectares.

2B Nuestra área de estudio cubre casi un tercio de las 12 millones de hectáreas del Corredor Biológico y Cultural de Putumayo./Our study

area accounts for close to a third of the 12 million hectares of the Putumayo Biological and Cultural Corridor.

2C La región está cubierta por bosque tropical de tierras bajas con las colinas y terrazas más altas a solo 190 metros sobre el nivel del mar./The region is covered in lowland rainforest with the highest hills and terraces a mere 190 meters above sea level.

2D Los parques nacionales, resguardos indígenas, comunidades nativas, reservas forestales y tierras no designadas conforman un mosaico de conservación. Nuestro objetivo sombrilla es mejorar la gobernanza ambiental y cultural compartida entre los actores tan distintos en este paisaje

socialmente y biológicamente diverso./National parks, indigenous reserves and communities, forestry reserves, and undesignated lands create a conservation mosaic. Our overarching goal is to improve the shared environmental and cultural governance among different stakeholders in this socially and biologically diverse landscape.

2A–D LEYENDA/LEGEND

- **#** Sitios inventario biológico/ Biological inventory sites
- **◉** Comunidades visitadas/ Visited communities
- **□** Centro poblado/City
- Reserva Forestal*/ Forestry Reserve*
- Concesión para conservación/ Conservation Concession

- Áreas protegidas/Protected areas
- Territorios indígenas/ Indigenous territories
- Superposición de AP-TI/ PA-IT overlap
- Frontera internacional/ International border
- Área de estudio/Study area
- Área de conservación propuesta/ Proposed conservation área
- (Colombia) Zona intangible para pueblos en aislamiento/Intangible Zone for Isolated Indigenous Peoples
- (Perú) Indicios de pueblos indígenas en aislamiento/Evidence of Indigenous peoples living in isolation and initial contact

* Fuente/Source: Ministerio de Ambiente y Desarrollo Sostenible-MADS

2D

R. Caquetá

Miriti-Paraná

PNN Cahuinarí

Curare Los Ingleses

COLOMBIA

PNN Río Puré
999.880 HA

Predio Putumayo

R. Yuría

R. Puré

Q. Puerto Toro

Q. Arapa

Curinga

R. Putumayo

Puerto
Nuevo

Corbata

Q. Ticuna

Puerto Ezequiel

Q. Yaguas

Caño Pexiboy

Remanso

San Martín

R. Putumayo

Q. Pexiboy

2

Puerto
Franco

Pesquería

Betania

Remanso

Tres
Esquinas

1

Quebrada
Federico

Huapapa

Huapapa

R. Porvenir

Laguna
Pexiboy

Primavera

Puerto
Huila

R. Yaguas

Bajo Putumayo
322.451 HA

Santa Rosa
de Cauchillo

El Álamo

Caño Pimate

CR Ampiyacu-
ayacu

Ríos Cotuhé y Putumayo
255.146 HA

Tarapacá

R. Cotuhé

Caño Pupuña

Caño
Bejuco

3

Quebrada
Lorena

4

PN Yaguas
868.928 HA

R. Cotuhé

Caño Marcia

Caño Lorena

Uitiboc
94.909 HA

Caño Sucuruyu

Q. Pamaté

Q. Jimenez

Q. Muñeca

R. Atacuari

Río Chanate

PNN
Amacayacu
293.500 HA

PERÚ

R. Purité

R. Purité

Q. Agua Blanca

R. Loreto Yacu

Puerto Nariño
145.173 HA

Mocagua, Macedonia,
El Vergel y Zaragoza

Évare I

Arara

N

BRASIL

R. Amazonas

0   20   40
km

Leticia

Tabatinga

FIG. 3A En general, los suelos de la región son bajos en nutrientes. Sin embargo, la variedad local de suelos crea condiciones para comunidades diversas de plantas./While soils of the region are generally low in nutrients, local soil variation creates conditions for diverse plant communities.

3B–C El suelo está cubierto por un colchón de raíces que lo protege de la erosión y favorece el reciclaje de nutrientes./The soil is covered by a root mat that protects it from erosion and helps recycle nutrients.

3D–E Se identificaron cinco unidades geológicas cuya distribución condiciona la presencia de nutrientes. La más antigua, de arcillas azules de Pebas, contiene fósiles y aporta nutrientes al suelo y al agua (3D). Sobre esta se encuentran las formaciones de origen aluvial que en general desarrollan suelos rojos con menos contenido de nutrientes (3E)./ We identified five geological formations, whose distribution across the landscape gives some sites richer soils than others. The oldest, composed of Pebas blue clays, contains fossils and provides nutrients to the soil and water (3D). Above this are alluvial formations of poorer red soils (3E).

3F En las llanuras de inundación, bosques enanos de aguaje/canangucho se desarrollan sobre depósitos de material orgánico de hasta 3 m de espesor, conocidos como turberas amazónicas./In the floodplains stunted *Mauritia* palm swamps develop on peat deposits up to 3 m thick, known as Amazonian peatlands.

3G–H Las *collpas*/salados son suelos y aguas con alta concentración de sales y nutrientes y son considerados sitios sagrados por los ticuna (3G). La sal está muy limitada en el paisaje y por eso los animales visitan estos salados y otras fuentes de sal como el sudor (3H)./Salt licks have a high concentration of salts and nutrients, and are sacred sites for the Ticuna (3G). Salt is scarce on the landscape, leading animals to seek out these salt licks and other sources of salts, such as sweat (3H).

3J–L La variedad de suelos da lugar a aguas puras y ligeramente ácidas, que van desde quebradas de aguas negras (3J), caños blancos o barrosos como la quebrada Lorena

(3K) y quebradas claras con gravas de cuarzo al fondo (3L). / The variety of soils gives rise to pure and slightly acidic waters, ranging from blackwater streams (3J), white or muddy streams such as Lorena Creek (3K), and clear streams with quartz gravel bottoms (3L).

3F

3G

3H

3J

3L

3K

4A

4B

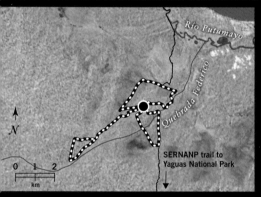

4C

C1: QUEBRADA FEDERICO

A solo 8 km al sur del río Putumayo. Bosques inundables, varillales sobre turba tropical y terrazas bajas y colinas pequeñas. / Only 8 km south of the Putumayo River. Inundated forests, stunted forests growing on peatlands, and low-lying terraces and small hills.

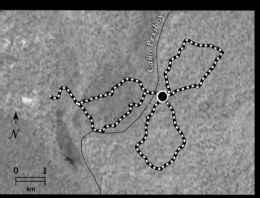

4D

C2: CAÑO PEXIBOY

Concesión maderera activa. Vegetación de tierra firme en colinas y terrazas a ambos lados del caño Pexiboy. / Active logging concession. Upland forests growing on hills and terraces on either side of the Pexiboy River.

sobrevolamos la región para identificar los principales habitats y tipos de vegetación, y para ubicar los cuatro campamentos. Este paisaje está dominado por los bosques de tierra firme sobre colinas o terrazas bajas. Bosques inundables crecen a lo largo de los ríos y quebradas, mientras los bosques sobre turbas (suelos orgánicos) forman parches en los planicies de inundación. El paisaje abarca depósitos de carbono importantes, tanto sobre tierra (en los árboles) como debajo de la misma (en las turbas). /

the Bajo Putumayo-Yaguas-Cotuhé region to identify major habitats and vegetation types, and to select locations of the four campsites. This landscape is dominated by hyperdiverse upland (*tierra firme*) forests on low hills and terraces. Floodplain forests border the rivers and creeks, while peatland forests are scattered patchily through the floodplains. The landscape has especially large stocks of carbon, both aboveground (in trees) and belowground (in peat deposits).

aguaje/canangucho (<4 m de altura) solo fueron vistas creciendo en los suelos mal drenados cerca al campamento Quebrada Federico en el Perú. / These dwarf *Mauritia flexuosa* palms (<4 m tall) were only seen growing on poorly drained soils near the Quebrada Federico campsite in Peru.

4C–F Los cuatro campamentos visitados por el equipo biológico fueron escogidos para reflejar los variados usos de la tierra, formaciones vegetales y cuerpos de agua en la región. Para la ubicación geográfica de los campamentos, ver

campsites visited by the biological team were selected to highlight the full range of land uses, vegetation types, lakes, rivers, and streams in the region. Campsite locations are given in Fig. 2A.

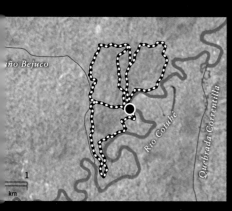

C3: CAÑO BEJUCO

Resguardo Indígena. Vegetación de tierra firme en terrazas y colinas, planicie inundable del río Cotuhé y el caño Bejuco. / Indigenous reserve. Upland forests on terraces and hills, floodplain forest of the Cotuhé River and the Bejuco Stream.

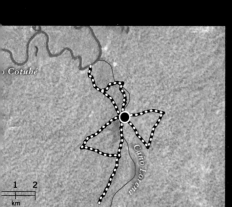

C4: QUEBRADA LORENA

Parque Nacional Natural Amacayacu. Vegetación de tierra firme a ambos lados de la quebrada Lorena. / Amacayacu National Park. Upland forests on either side of the Lorena Stream.

FIG. 5 El equipo botánico registró 1.010 especies y estimó para la zona más de 3.000 entre árboles, arbustos, lianas, hierbas y helechos. / The botanical team recorded 1,010 species and estimated that the region contains more than 3,000 species of trees, shrubs, lianas, herbs, and ferns.

5A *Sterculia pendula*, primer registro para Colombia / first record for Colombia

5B *Fosterella batistana*, primer registro del género para Colombia / first record of the genus for Colombia

5C *Zamia macrochiera*, primer registro para Colombia / first record for Colombia

5D *Calathea sp.*, posible nueva especie para la ciencia / potential new species

5E *Palmorchis yavarensis*, primer registro para Colombia / first record for Colombia

5F *Neoregelia wurdackii*, primer registro para Colombia / first record for Colombia

5G, J *Heterostemon conjugatus*, primer registro del género para el Perú / first record of the genus for Peru

5H *Cybianthus ruforamulus*, primer registro para el Perú / first record for Peru

5K *Pagamea duckei*, primer registro para el Perú / first record for Peru

FIG. 6 Durante el inventario rápido colectamos 7.932 peces que representan 150 especies. Dos especies son potencialmente nuevas para la ciencia y cuatro son nuevos registros para Colombia. / During the rapid inventory we collected 7,932 fishes representing 150 species. Two species are potentially new to science and four are new records for Colombia

6A *Acestrorhynchus falcatus*

6B *Monocirrhus polyacanthus*

6C *Amblydoras affinis*

6D *Hemiodontichthys acipenserinus*

6E *Hoplerythrinus unitaeniatus*

6F *Potamorrhaphis guianensis*

6G *Hypoptopoma gulare*

6H *Anablepsoides* sp.

6J *Amazonsprattus scintilla*

6K *Boulengerella maculata*

6L *Aphyocharacidium* sp. nov.

6M *Corydoras armatus*

6N *Corydoras ortegai*

6P El muestreo fue enfocado en las muchas especies de peces que habitan quebradas pequeñas dentro del bosque. / Sampling focused on small forest creeks with diverse fish communities.

6Q *Potamotrygon motoro*

6R Los ictiólogos prepararon y clasificaron miles de especímenes en el campo. / The ichthyologists prepared and classified thousands of specimens in the field.

6S En un campamento el equipo estudió los peces en el canal principal del río Cotuhé. / At one campsite the team sampled fishes on the main channel of the Cotuhé River.

FIG. 7 Registramos 84 especies de anfibios y 47 especies de reptiles, incluyendo 4 registros nuevos para Colombia (7E, F, K, L) y una especie de lagartija potencialmente nueva para la ciencia (7P)./ We recorded 84 species of amphibians and 47 species of reptiles, including 4 new country records for Colombia (7E, F, K, L) and a lizard species potentially new to science (7P).

7A *Leptodactylus pentadactylus*

7B *Boana hobbsi*

7C *Pristimantis aaptus*

7D *Rhinella ceratophrys*

7E *Pristimantis orcus*

7F *Boana appendiculata*

7G *Pipa pipa*

7H *Pristimantis padiali*

7E

7F

7G

7M

7N

7P

7Q

7J Rhinella proboscidea

7K Osteocephalus subtilis

7L Pristimantis academicus

7M Ranitomeya variabilis

7N Synapturanus sp.

7P Anolis sp.

7Q Paleosuchus trigonatus

7R Enyalioides laticeps

7S Kentropyx pelviceps

7T Xenodon rabdocephalus

7U Oxyrhopus occipitalis

7V Helicops leopardinus

7W Drymoluber dichrous

7X Eunectes murinus

7Y Bothrops atrox

7Z Lachesis muta

7X

7U

7V

7Y

7Z

8A

8B

8C

8D

8E

8F

8G

8H

FIG. 8 El equipo ornitológico registró 346 especies de aves de las 500 estimadas para la zona. El número impresionante de aves de caza registradas durante el inventario fue notable./ The bird team observed 346 of an estimated 500 bird species in the region, including large populations of game birds.

8A *Trogon rufus* (hembra/female)

8B *Phoenicircus nigricollis* (macho/male)

8C *Ara ararauna*

8D *Trogon viridis* (macho/male)

8E *Pipile cumanensis*

8F *Penelope jacquacu*

8G *Pharomachrus pavoninus* (macho/male)

8H *Bucco capensis*

8J *Celeus elegans* (macho/male)

8K *Celeus flavus* (hembra/female)

8L *Mitu salvini*

8M *Mitu tuberosum*

8L–M Las distribuciones de las dos especies de paujiles se superponen estrechamente a lo largo del río Putumayo. Encontramos paujiles en todos de los cuatro sitios y las dos especies juntas en dos de los campamentos./ The two species of curassows overlap narrowly along the lower Putumayo River. We found curassows at all four sites, and the two species together at two of the camps.

8J

8K

8L

8M

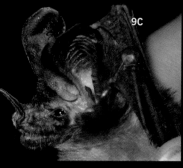

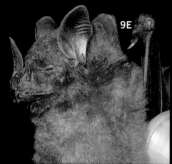

FIG. 9 El equipo de mamíferos registró poblaciones abundantes de especies de cacería, especies amenazadas y depredadores tope como el jaguar y el puma. La metodología incluyó el uso de trampas cámara, avistamientos directos en transectos, capturas y monitoreo acústico de murciélagos, y entrevistas con los pobladores locales / The mammal team recorded abundant populations of game species, threatened species, and top predators like jaguar and puma using camera traps, trail surveys, bat captures and acoustic monitoring, as well as interviews with local people.

9A *Artibeus planirostris*, murciélago frutero de rostro plano / flat-faced fruit-eating bat

9B *Desmodus rotundus*, vampiro común / vampire bat

9C *Micronycteris minuta*, murciélago orejudo peludo / white-bellied big-eared bat

9D *Gardnerycteris crenulatum*, murciélago de hoja nasal peluda / striped hairy-nosed bat.

9E *Rhinophylla pumilio*, murciélago pequeño frutero común / dwarf little fruit bat

9F *Lophostoma silvicolum*, murciélago de orejas redondas de garganta blanca / white-throated round-eared bat

9G *Phyllostomus elongatus*, murciélago hoja de lanza alargado / lesser spear-nosed bat

9H *Lagothrix lagothricha*, choro / churuco / brown woolly monkey

9J *Saimiri macrodon*, fraile, mono ardilla / mono tití / squirrel monkey

9K *Leontocebus nigricollis*, pichico / bebeleche / black-mantled tamarin

9L *Marmosops* sp., muca / chucha / slender opossum

9M *Philander andersoni*, muca / chucha cuatro ojos / Anderson's four-eyed opossum

9N *Cabassous unicinctus*, coletrapo / southern naked-tailed armadillo

9P *Priodontes maximus*, carachupa mama / armadillo trueno / giant armadillo

9Q *Myrmecophaga tridactyla*, oso hormiguero / oso palmero / giant anteater

9R *Tamandua tetradactyla*, mielero, hormiguero pequeño / southern tamandua

9S *Cyclopes* sp., serafín / gran bestia / silky anteater

9T *Nasua nasua*, coatí, achuni / cusumbo / South American coati

9U *Leopardus pardalis*, tigrillo / ocelot

9V *Leopardus wiedii*, margay / tigrillo, mano gordo / margay

9W *Panthera onca*, tigre, otorongo / mano de lana / jaguar

9X *Puma concolor*, puma / tigre colorado / puma

9Y *Tapirus terrestris*, tapir, sachavaca / danta / lowland tapir

9Z *Tayassu pecari*, huangana / puerco / white-lipped peccary

9AA *Trichechus inunguis*, manatí, vaca marina / Amazonian manatee

9BB *Inia geoffrensis*, bufeo, delfín rosado / Amazon River dolphin

9CC *Dasyprocta fuliginosa*, añuje / guara / black agouti

9DD *Cuniculus paca*, majaz / boruga / agouti

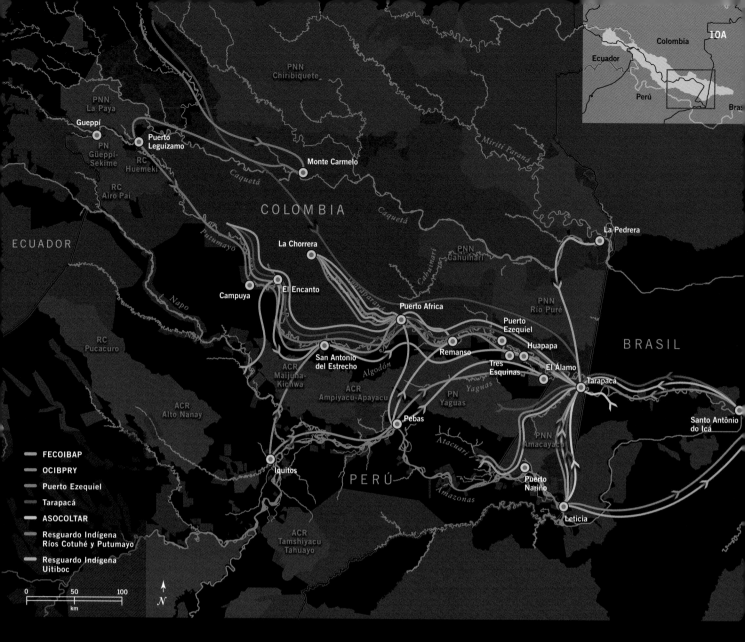

FIG. 10A–C En la región conviven
13 pueblos indígenas, población
mestiza —campesinos y colonos—
y comunidades de fe de diferentes
procedencias. Sus habitantes tienen
presentes su historia y conocimientos tradicionales y comparten un
fuerte arraigo con el territorio./
Thirteen Indigenous peoples, a
mestizo population—*campesinos*
and settlers—and religious
communities coexist in the region.
People here are proud of their history
and traditional knowledge and share
a deep connection to the territory.

10D–L El equipo social realizó
talleres con representantes de
comunidades nativas, resguardos
indígenas, comunidades mestizas y
campesinas y asociaciones
productivas. Los talleres se
centraron en la historia de las
organizaciones y las comunidades,
el uso actual del territorio, sus

fortalezas y amenazas así como
sus aspiraciones a futuro./ The
social science team held meetings
with representatives from native
communities, Indigenous reserves,
mestizo and *campesino* communities, and productive associations.
The workshops focused on the
history of the organizations and
communities, current land use,
community strengths and threats,
as well as their aspirations for
the future.

10D Comunidad Nativa Remanso,
Federación de Comunidades
Indígenas del Bajo Putumayo
(FECOIBAP)/ Native Community of
Remanso, Federation of Indigenous
Communities of the Lower
Putumayo (FECOIBAP)

10E Comunidad Nativa Huapapa,
Organización de Comunidades
Indígenas del Bajo Putumayo y Río
Yaguas (OCIBPRY)/

Native Community of Huapapa,
Organization of Indigenous
Communitiesof the Lower Putumayo
and Yaguas Rivers (OCIBPRY)

10F Comunidad Puerto Huila,
Resguardo Indígena Ríos Cotuhé y
Putumayo/ Community of Puerto
Huila, Ríos Cotuhé y Putumayo
Indigenous Territory

10G Asentamiento religioso Puerto
Ezequiel/Puerto Ezequiel religious
settlement

10H Maloca Cabildo Centro
Tarapacá "Cinceta", Resguardo
Indígena Uitiboc/Maloca Cabildo
Centro Tarapacá "Cinceta", Uitiboc
Indigenous Territory

10J–L Centro poblado Tarapacá/
Town of Tarapacá

Legend

- **FECOIBAP**
- **OCIBPRY**
- **Puerto Ezequiel**
- **Tarapacá**
- **ASOCOLTAR**
- **Resguardo Indígena Ríos Cotuhé y Putumayo**
- **Resguardo Indígena Uitiboc**

Áreas protegidas/
Protected areas

Territorios indígenas/
Indigenous territories

Reserva Forestal/
Forestry Reserve

Concesión para conservación/
Conservation Concession

Comunidad o centro poblado/
Community or urban center

FIG. 11A–C Mantener vivas prácticas culturales como reunirse en una maloca (11A), hacer mambe (11B), y casabe (11C) es de gran importancia para las comunidades indígenas de esta región./Keeping alive cultural practices such as gathering in *malocas* (11A), preparing *mambe* (11B), and making *casabe* (11C) is of great importance to the Indigenous communities of this region.

11D Durante el inventario, se elaboraron mapas participativos donde se evidenció un conocimiento profundo sobre el territorio./Participatory mapping exercises during the inventory revealed residents' deep knowledge of the territory.

11E, F Barcos que ofrecen servicios sociales de parte del Estado, o que transportan víveres, personas, productos agrícolas y mercadería, se movilizan a través de los ríos Putumayo y Cotuhé./Boats that provide government services or transport food, people, agricultural products, and other merchandise ply the Putumayo and Cotuhé rivers.

11G La crianza de especies menores como cerdos y gallinas representa una actividad para asegurar la soberanía alimentaria de las familias de la región. Los habitantes de Puerto Ezequiel también crían cabras y corderos, animales que juegan un papel importante en sus rituales religiosos./Raising domestic animals such as pigs and chickens ensures the food sovereignty of families in the region. The inhabitants of Puerto Ezequiel also raise goats and lambs, animals that play an important role in their religious rituals.

11H, J, L, R Para las comunidades indígenas el uso de los recursos naturales está guiado por su cultura, costumbres y conocimientos tradicionales (11J, 11L). La chacra/chagra es un espacio importante para asegurar la soberanía alimentaria y donde se transmiten los conocimientos ecológicos (11H). La cacería es una actividad principalmente de subsistencia (11R)./Natural resource use in Indigenous communities is guided by culture, customs, and traditional knowledge (11J, 11L). Garden plots (chacras/chagras) are important places for ensuring food sovereignty and transmitting ecological knowledge (11H). Hunting is mainly a subsistence activity (11R).

11K Otra actividad económica que se realiza en la región es el aprovechamiento de la madera, tanto para uso doméstico y comunitario como para la venta. El aprovechamiento de madera generalmente es selectivo y de baja escala./Logging is common in the region, both for local homebuilding and for sale. Timber harvests are generally selective and small-scale.

11M La pesca es común en todas partes del Bajo Putumayo-Yaguas-Cotuhé. Hay una gran abundancia de peces en los ríos y las cochas/lagos de la región y la pesca es de gran importancia para la soberanía alimentaria y la economía de la región./Fishing is common throughout the Bajo Putumayo-Yaguas-Cotuhé region. Fish stocks are abundant in rivers and lakes, and fishing is of great importance for the region's food sovereignty and economy.

11N, P Al lado peruano, los pescadores se han organizado en asociaciones de pesca, las cuales han establecido acuerdos formales para el manejo sostenible de las pesquerías (11P). Uno de los peces más importantes para la economía de la región es la arahuana/arawana (11N)./On the Peruvian side of the border, fishers have organized associations and established formal agreements for the sustainable management of fisheries (11P). One of the most important fish for the regional economy is arowana (11N).

11Q El aprovechamiento de productos forestales no maderables, como frutos, es mayormente para productos para el autoconsumo y comercio local. En Tarapacá existe la Asociación de Mujeres Comunitarias de Tarapacá (ASMUCOTAR), la cual comercializa a nivel nacional en Colombia./Harvests of non-timber forest products, such as fruits, are mainly oriented towards local consumption and trade. The Association of Community Women of Tarapacá (ASMUCOTAR) sells products nationally in Colombia.

11L

11M

11N

11P

ASMUCOTAR
11Q

11R

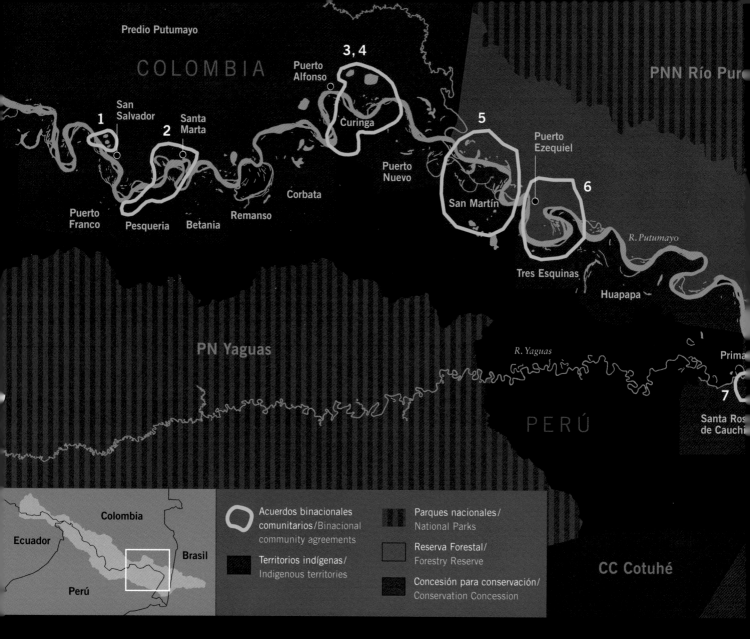

FIG. 12A–B, E Durante el inventario
organizamos un evento binacional
de tres días en Tarapacá, Colombia.
Se trabajó por grupos enfocados en
los medios de vida más importantes
de esta región: la pesca (Fig 12A,
Fig 12B), el aprovechamiento de la
madera y de productos forestales no
maderables y las chacras/chagras
(Fig 12E). / During the inventory we
organized a three-day binational
gathering in Tarapacá, Colombia.
Working groups focused on the most
important livelihood activities in the
region: fishing (Fig 12A, Fig 12B),
harvesting of timber and non-timber
forest products, and agriculture
(Fig 12E).

FIG. 12A–B Este mapa visibiliza
los espacios de pesca que son
manejados conjuntamente entre
peruanos y colombianos para fines
comerciales o de subsistencia. /
This map shows fishing areas that

are jointly managed by Peruvian and
Colombian inhabitants for commercial or subsistence purposes.

12C, G El encuentro reunió a más
de 80 personas provenientes de la
región del Bajo Putumayo-Yaguas-
Cotuhé. Este fue el primer encuentro
de este tipo en la región, donde se
reunieron ambos peruanos y
colombianos, y donde se encontraron
indígenas, colonos, comunidad de fe
y funcionarios públicos a soñar el
territorio juntos. / The gathering
brought together more than 80
individuals from the Bajo Putumayo-
Yaguas-Cotuhé region. This was the
first gathering of its kind in the
region, where both Peruvians and
Colombians came together, and
where Indigenous people, settlers,
religious groups and public officials
shared their visions for the future of
the landscape.

12D, F Fue un espacio de diálogo
para aprender el uno del otro, para
coordinar mejor, ser mejores vecinos
y tener medios de vida más
resilientes. Igualmente, fue un
espacio para soñar acerca de lo que
se esperaba para la región a futuro y
priorizar las ideas para lograr esta
visión. / The gathering was also an
opportunity to learn from each
other, to improve cooperation, to be
better neighbors, to have more
resilient livelihoods, and to prioritize
ideas for achieving shared
aspirations.

12H El evento cerró con una noche
intercultural durante la cual se
compartieron cantos, bailes, chistes
y otras manifestaciones culturales
de los diversos grupos presentes. /
The event concluded with an
evening of songs, dances, stories,
and other celebrations of new
friendships.

**Acuerdos intercomunitarios
binacionales de pesca/Binational
intercommunal fishing agreements
(P-Perú, C-Colombia)**

1 CN Puerto Franco (P) y/and
San Salvador (C)

2 CN Pesquería (P) y/and CN Betania
(P) con/with Santa Marta (C)

3 CN Corbata (P) y/and CN Curinga
(P) con/with Puerto Alfonso (C)

4 CN Puerto Nuevo (P) y/and
Puerto Alfonso (C)

5 CN San Martin (P) y/and
Puerto Ezequiel (C)

6 CN Tres Esquinas (P) y/and
Puerto Ezequiel (C)

7 CN Santa Rosa de Cauchillo (P)
con/with ASOPESTAR y/and
APIPOATA (Tarapacá) (C)

8 CN El Álamo (P) y/and
Puerto Huila (C)

Reserva Forestal

8

Alamo

Puerto
Huila

Tarapacá

íos Cotuhé y Putumayo

Uitiboc

N

0   10   20
km

PNN
Amacayacu

12A

12B

12C

12D

12E

12F

12G

12H

FIG. 13 Existe poca deforestación en estos lugares lejanos de Perú y Colombia. Sin embargo, las amenazas a la gente y a la naturaleza son serias. / There is very little deforestation in these remote corners of Peru and Colombia. However, the threats to people and nature are serious.

13A Los mafias criminales ejercen presión sobre comunidades locales para tumbar bosques, sembrar coca y alimentar el gran mercado de narcotráfico internacional. / Criminal mafias pressure local communities to clear forests, plant coca, and feed the massive international drug trade.

13B, D Las dragas de oro son ilegales en el Putumayo. Aunque operan a una escala menor en la región del Bajo Putumayo-Yaguas-Cotuhé, igual contaminan las aguas con mercurio y están causando graves problemas de salud a largo plazo en gente, peces y otra fauna aquática. / Gold mining dredges are illegal in the Putumayo. Although they operate on a small scale in the Bajo Putumayo-Yaguas-Cotuhé region, they pollute waters with mercury and are causing grave long-term health problems in people, fishes, and other aquatic fauna.

13C Existe una historia larga de tala ilegal en la región, incluyendo el auge de cedro en los años 1990 y 2000. / There is a long history of illegal logging in the region, including a Spanish cedar boom in the 1990s and 2000s.

13A

13B

13C

13D

Objetos de conservación

01 **Un enorme mosaico compuesto por 25 áreas administradas por 29 gestores públicos y privados y 11 pueblos indígenas a través de 2 países,** que con sus variados marcos de gestión ha conseguido preservar los paisajes naturales en 2,7 millones de ha de la Amazonía peruana y colombiana:

- **Tres parques nacionales:** el Parque Nacional Yaguas (Perú), el Parque Nacional Natural Amacayacu (Colombia) y el Parque Nacional Natural Río Puré (Colombia), gestionados por los servicios de parques de los respectivos países

- **Tres resguardos indígenas en Colombia:** el RI Predio Putumayo, el RI Ríos Cotuhé y Putumayo y el RI Uitiboc

- **Trece comunidades nativas en el Perú**

- **Por lo menos siete unidades de aprovechamiento de madera dentro de dos diferentes tipos de Reserva Forestal en Colombia (Reserva Forestal de la Segunda Ley, tipos A y B),** gestionadas por permisionarios privados bajo la supervisión de CORPOAMAZONIA

- **La Concesión para la Conservación del Río Cotuhé (Perú),** gestionada por un concesionario privado bajo la supervisión de la Gerencia Regional de Desarrollo Forestal y Fauna Silvestre (GERFOR)

02 **La diversidad social y cultural representada por 11 pueblos indígenas** (múrui, muinane, bora, ocaina, nonuya, kichwa, yagua, ticuna, cocama, inga y andoque) y una población no indígena de campesinos, colonos y comunidades de fe (*Israelitas*), incluyendo:

- **Los territorios ancestrales de los pueblos ticuna y yagua**

- Las zonas intangibles para la protección de **dos pueblos indígenas en aislamiento** (yuri y passé) dentro del Parque Nacional Natural Río Puré y **un pueblo indígena en contacto inicial** en el caño Pupuña, con vínculos culturales con los ticuna

- **La memoria colectiva** sobre cosmovisiones, historias de origen y eventos históricos, narrada desde la diversidad de voces de las poblaciones actuales

- **Los mecanismos de transmisión de aprendizajes intergeneracionales**

03 **Un corredor ecológico natural que mantiene conectadas las comunidades de plantas y animales** y que promueve el flujo natural de los animales, semillas y procesos ecológicos entre las áreas del mosaico, gracias a:

- **Los bosques en pie que cubren más de 95% del paisaje,** conectando los parques nacionales, los resguardos indígenas, las comunidades nativas y las unidades de aprovechamiento de madera

- **Los ecosistemas acuáticos saludables (ríos, caños, quebradas y lagunas en las cuencas de los ríos Putumayo, Cotuhé y Yaguas)** que permiten la migración de la fauna silvestre acuática a través de toda la región y son la base de la seguridad alimentaria de las comunidades locales

- **Rutas de migración y sitios de desove** que son valiosos para la reproducción de los peces en toda la cuenca del río Putumayo

04 **Los sistemas de gobernanza local,** fundamentados en principios culturales, incluyendo:

- **Los mecanismos de reciprocidad y apoyo mutuo** que mantienen el tejido social a lo largo del río

- **Los acuerdos locales** de convivencia, uso compartido y aprovechamiento de recursos naturales, tanto orales como escritos, especialmente en el manejo de pesquerías y chacras/chagras.

- **Dos federaciones indígenas en el Perú** (FECOIBAP, OCIBPRY) y **dos Asociaciones de Autoridades Tradicionales Indígenas** (CIMTAR, ASOAINTAM) y por lo menos seis organizaciones no indígenas comunitarias y productivas en Colombia

- **Los instrumentos de gestión territorial** tales como los planes de vida, planes maestros y planes de manejo

05 **Las instancias de coordinación y diálogo multiactor,** incluyendo:

- En Colombia, la Mesa Permanente de Coordinación Interadministrativa y la Mesa Regional Amazónica

- A nivel binacional (Perú-Colombia), los Gabinetes Binacionales y la Comisión Binacional de la Zona de Integración

06 **El manejo y conocimiento ecológico tradicional** de fauna, chacras/chagras y plantas medicinales, incluyendo:

- **Las técnicas de captura, uso y manejo cultural de fauna**

- **Los sitios sagrados** como *collpas*/salados, lugares de origen de pueblos indígenas cuya protección es vital para garantizar el equilibrio del paisaje

07 **Poblaciones de fauna y flora en buen estado de conservación,** incluyendo poblaciones sustanciales de especies típicamente vulnerable a la pesca y caza

- **Poblaciones aún importantes de árboles maderables valiosos, a pesar de la tala selectiva intensiva en ciertos lugares,** así como individuos semilleros de estas especies, los cuales son

fuentes de semillas para programas de recuperación de poblaciones maderables; las especies localmente importantes incluyen tornillo/achapo (*Cedrelinga cateniformis*), fono negro y mari marí (Lecythidaceae sp.), arenillo (*Erisma uncinatum*), creolino (*Monopteryx uaucu*) y cumala (*Virola sebifera*)

- **Productos no maderables** como el camu camu (*Myrciaria dubia*), copaiba (*Copaifera* sp.) y andiroba (*Carapa guianensis*)

- **Poblaciones saludables de por lo menos 15 especies de peces comúnmente consumidas,** las cuales forman la base alimentaria de las comunidades locales (ver la Tabla 13)

- **Poblaciones saludables de por lo menos cinco especies de peces con valor como ornamentales,** que incluyen:

  - Un centro de producción importante de alevinos de arahuana/arawana (*Osteoglossum bicirrhosum*) para el mercado ornamental mundial

  - Otocinclo (*Otocinclus* sp.), pez globo o globito (*Colomessus asellus*), *Corydoras* sp. y disco (*Symphysodon* sp.)

- **Por lo menos 10 especies de anfibios y reptiles que son consumidas, usadas en la medicina tradicional o que tienen alguna otra relación con las comunidades locales** (*Leptodactylus* spp., *Caiman crocodilus*, *Chelonoidis denticulatus*, *Melanosuchus niger*, *Paleosuchus trigonatus*, *Podocnemis unifilis*, *Bothrops* spp. y *Lachesis muta*)

- **Poblaciones saludables de mamíferos y aves de caza** (p. ej., paujiles, pavas, tinámidos, majazes, cerrillos)

08 **Elementos de paisaje especialmente importantes para la vida silvestre:**

- **Los ríos Putumayo, Cotuhé y Yaguas**, con un gama completa de hábitats riparios y acuáticos:

  - Playas extensivas en las riberas del río Putumayo, hábitat para las tortugas acuáticas

  - Quebradas de cabeceras en los bosques de tierra firme, con aguas excepcionalmente puras

  - Enormes planicies inundables con cochas/lagunas madres, quebradas y cobertura boscosa bien preservadas

  - Varillales y aguajales/cananguchales creciendo sobre turberas y humedales en las planicies inundables

  - Tributarios grandes como los caños Pupuña, Lorena y Pexiboy, que se extienden por decenas de kilómetros

  - Cauces y lechos preservados, sin impactos de proyectos de dragas

- **Los salados en el paisaje**, sitios sagrados para los pueblos indígenas, recursos importantes para los vertebrados y puntos atractivos para los cazadores

09 **Un área inmensa de tierras públicas en el Perú sin un uso de tierra designada y con un estado de conservación excelente, gracias al buen manejo de las áreas aledañas:** el área Bajo Putumayo-Yaguas de 312.395 ha

10 **Una flora y fauna diversa y poco estudiada, con por lo menos nueve especies nuevas de plantas y animales encontradas durante el inventario**

- **Por lo menos cuatro especies de plantas posiblemente nuevas para la ciencia** (ver el capítulo *Flora*, en este volumen)

- **Por lo menos dos especies de peces posiblemente nuevas para la ciencia** (ver el capítulo *Peces*, en este volumen)

- **Por lo menos una especie de anfibio y una especie de reptil posiblemente nuevas para la ciencia** (ver el capítulo *Anfibios y reptiles*, en este volumen)

- **Un grupo de aves especializados en bosques sobre suelos menos fértiles**, especialmente *Notharchus ordii, Herpsilochmus* sp. nov. y *Heterocercus aurantiivertex* (ver el capítulo *Aves*, en este volumen)

11 **Valiosos servicios de ecosistema para Colombia y Perú**

- **Cantidades enormes de carbono sobre la tierra en los bosques en pie de la región** (Asner et al. 2012), con un valor económico potencial para los programas de Reducción de Emisiones por Deforestación y Degradación (REDD+)

- **Aguas de buena calidad físico-química, que son la fuente de agua para consumo humano y las únicas rutas de comunicación entre comunidades**

- **Poblaciones saludables de animales superpredadores** que juegan un rol crucial en la organización de las comunidades de plantas y animales (el tigre/mano de lana [*Panthera onca*], el leoncillo [*Puma concolor*], el caimán negro [*Melanosuchus niger*], el lobo de río/perro de agua [*Pteronura brasiliensis*], el paiche/pirarucú [*Arapaima gigas*] y la Águila Harpía [*Harpia harpyja**]; Ripple et al. 2014)[1]

- **Poblaciones saludables de herbívoros grandes e ingenieros de ecosistema** que juegan un rol crucial en la organización de las comunidades de plantas y animales (p. ej., la carachupa mama/armadillo trueno [*Priodontes maximus*], la danta [*Tapirus terrestris*], la huangana/cafuche [*Tayassu pecari*] y el choro/churuco [*Lagothrix lagothricha*]; Stevenson 2007, Beck et al. 2010, Tobler et al. 2010, Desbiez and Kluyber 2013)

1 En toda esta sección, las especies marcadas con asterisco (*) son esperadas para la región del Bajo Putumayo-Yaguas-Cotuhé según los mapas de distribución de la UICN (2019) pero no fueron registradas durante el inventario rápido en 2019.

12 **Por lo menos 19 especies de plantas y 44 especies de animales consideradas como amenazadas o casi amenazadas en el ámbito mundial** (UICN 2019):

- **Por lo menos 19 especies de plantas consideradas como amenazadas o casi amenazadas: 3 consideradas como En Peligro Crítico** (*Chrysophyllum superbum*, *Zamia hymenophyllidia* y *Z. macrochiera*), **2 consideradas como En Peligro** (*Costus zamoranus* y *Virola surinamensis*), **6 consideradas como Vulnerables** (*Annona dolichophylla*, *Cedrela odorata*, *Couratari guianensis*, *Guarea trunciflora*, *Naucleopsis oblongifolia* y *Sorocea guilleminiana*), **2 consideradas como Casi Amenazadas** (*Zamia amazonum* y *Z. ulei*) y **6 consideradas como Risco Menor/Casi Amenazadas** (*Chrysophyllum bombycinum*, *Eschweilera punctata*, *Miconia abbreviata*, *Pouteria platyphylla* y *Pradosia atroviolacea*)

- **Por lo menos una especie de pez considerada Vulnerable** (pintadillo [*Pseudoplatystoma tigrinum**])

- **Una especie de anfibio considerada como Vulnerable** (el sapo *Atelopus spumarius**)

- **Tres especies de reptiles consideradas como Vulnerables** (las tortugas *Chelonoidis denticulata*, *Podocnemis sextuberculata** y *Podocnemis unifilis*)

- **22 especies de aves amenazadas o casi amenazadas en el ámbito mundial:** posibles poblaciones remanentes del piurí o paují carunculado (*Crax globulosa**), considerada como **En Peligro**, si todavía existe en la región, así como **5 especies consideradas como Vulnerables** (*Agamia agami*, *Patagioenas subvinacea*, *Ramphastos tucanus*, *Ramphastos vitellinus* y *Tinamus tao*) y **16 consideradas como Casi Amenazadas** (*Accipiter poliogaster**, *Amazona farinosa*, *Amazona festiva*, *Celeus torquatus*, *Chaetura pelagica**, *Contopus cooperi**, *Harpia harpyja**, *Morphnus guianensis**, *Neochen jubata**, *Odontophorus gujanensis*, *Psophia crepitans*, *Pyrilia barrabandi*, *Spizaetus ornatus*, *Tinamus guttatus*, *Tinamus major* y *Zebrilus undulatus**)

- **17 especies de mamíferos categorizadas como amenazadas o casi amenazadas en el ámbito mundial: 2 consideradas como En Peligro** (el lobo de río [*Pteronura brasiliensis*] y el delfín rosado [*Inia geoffrensis*]), **10 consideradas como Vulnerables** (la carachupa mama/armadillo trueno [*Priodontes maximus*], la danta [*Tapirus terrestris*], la huangana/cafuche [*Tayassu pecari*], el chichico/tití pigmeo [*Cebuella pygmaea*], el choro/churuco [*Lagothrix lagothricha*] el oso hormiguero/oso palmero [*Myrmecophaga tridactyla*], el mono Goeldi [*Callimico goeldii**], la oncilla [*Leopardus tigrinus**], el murciélago narigón de Marinkelle [*Lonchorhina marinkellei**] y la vaca marina [*Trichechus inunguis*]) y **5 consideradas como Casi Amenazadas** (el margay/tigrillo mano gordo [*Leopardus wiedii*], el tigre/mano de lana [*Panthera onca*], el perro de orejas cortas [*Atelocynus microtis*], el perro de patas cortas [*Speothos venaticus**] y la nutria [*Lontra longicaudis*])

---

13 **Por lo menos 162 especies de animales cuyo comercio está restringido bajo el Convenio CITES** (CITES 2019; estas incluyen especies registradas y esperadas):

- **Una especie de pez, *Arapaima gigas*, listada en el Apéndice II de la CITES**

- **Nueve especies de ranas y sapos listadas en el Apéndice II de la CITES**

- **Diecinueve especies de caimanes, culebras, lagartijas y tortugas listadas en los apéndices I o II de la CITES**

- **Noventaisiete especies de aves listadas en el Apéndice II de la CITES**

■ Treintaiseis especies de mamíferos listadas en los apéndices I, II o III de la CITES

14 Por lo menos 41 especies de plantas y animales consideradas como amenazadas o casi amenazadas en el Perú, según las listas de especies amenazadas del país (MINAM 2006, 2014):

■ Por lo menos ocho especies de plantas consideradas como amenazadas o casi amenazadas en el Perú: una considerada como En Peligro (*Manicaria saccifera*), cuatro consideradas como Vulnerables (*Cedrela odorata, Epistephium parviflorum, Parahancornia peruviana* y *Zamia ulei*), y tres consideradas como Casi Amenazadas (*Abuta grandifolia, Ceiba pentandra* y *Clarisia racemosa*)

■ Una especie de anfibio considerada como Casi Amenazada en el Perú (el sapo *Atelopus spumarius**)

■ Seis especies de reptiles consideradas como amenazadas o casi amenazadas en el Perú: el caimán En Peligro *Paleosuchus palpebrosus** y la tortuga En Peligro *Podocnemis expansa**, las tortugas Vulnerables *Podocnemis sextuberculata** y *Podocnemis unifilis*, y los caimanes Casi Amenazados *Melanosuchus niger* y *Paleosuchus trigonatus*

■ 13 especies de aves consideradas como amenazadas o casi amenazadas en el Perú: 1 considerada como En Peligro Crítico (*Crax globulosa**), 4 consideradas como Vulnerables (*Neochen jubata*, Harpia harpyja*, Morphnus guianensis** y *Mitu salvini*) y 8 consideradas como Casi Amenazadas (*Amazona festiva, Ara chloroptera*, Ara macao*, Falco peregrinus**, Mitu tuberosum, Mycteria americana**, Platalea ajaja** y *Pipile cumanensis*)

■ 13 especies de mamíferos consideradas como amenazadas o casi amenazadas en el Perú:

2 consideradas como En Peligro (el lobo de río [*Pteronura brasiliensis*] y el choro/choruco [*Lagothrix lagothricha*]), 7 consideradas como Vulnerables (el perro de orejas cortas [*Atelocynus microtis*], la carachupa mama/armadillo trueno [*Priodontes maximus*], el tocón negro/zogui-zogui [*Cheracebus lucifer*], el mono Goeldi [*Callimico goeldii**], el oso hormiguero/oso palmero [*Myrmecophaga tridactyla*], el murciélago de cola larga chico [*Promops nasutus**] y la vaca marina [*Trichechus inunguis*]) y 4 consideradas como Casi Amenazadas (el tigre/mano de lana [*Panthera onca*], el leoncillo [*Puma concolor*], la huangana/cafuche [*Tayassu pecari*] y la danta [*Tapirus terrestris*])

15 Por lo menos 23 especies de plantas y animales consideradas como amenazadas en Colombia, según la Lista de especies silvestres amenazadas de la diversidad biológica continental y marino-costera de Colombia (MADS 2018):

■ Por lo menos cuatro especies de plantas consideradas como amenazadas en Colombia: una considerada como En Peligro (*Zamia hymenophyllidia*) y tres consideradas como Vulnerables (*Cedrela odorata, Dichapetalum rugosum* y *Zamia amazonum*)

■ Una especie de pez considerada como Vulnerable en Colombia (la raya motoro [*Potamotrygon motoro*])

■ Tres especies de reptiles consideradas como amenazadas en Colombia: la tortuga En Peligro Crítico *Podocnemis expansa**, la tortuga En Peligro (*Podocnemis unifilis*) y el caimán Vulnerable *Melanosuchus niger*

■ Dos especies de aves consideradas como amenazadas en Colombia: una considerada como En Peligro (*Crax globulosa**) y una considerada como Vulnerable (*Neochen jubata**)

- **13 especies de mamíferos consideradas como amenazadas en Colombia: 3 consideradas como En Peligro** (el lobo de río [*Pteronura brasiliensis*], la carachupa mama/armadillo trueno [*Priodontes maximus*] y la vaca marina [*Trichechus inunguis*]), y **10 consideradas como Vulnerables** (el delfín rosado [*Inia geoffrensis*], el delfín gris [*Sotalia fluviatilis*], el tigre/mano de lana [*Panthera onca*], el margay/tigrillo mano gordo [*Leopardus wiedii*], el tigrillo [*Leopardus tigrinus**], la nutria [*Lontra longicaudis*], el tocón negro/zogui-zogui [*Cheracebus lucifer*], el choro/choruco [*Lagothrix lagothricha*], el mono Goeldi [*Callimico goeldii**] y el oso hormiguero/oso palmero [*Myrmecophaga tridactyla*])

Fortalezas, Oportunidades, Amenazas y Recomendaciones

Este inventario rápido se realizó del 5 al 25 de noviembre de 2019 en el **Bajo Putumayo-Yaguas-Cotuhé**, una región de 2.7 millones de hectáreas compartida entre Perú y Colombia, y compuesta por tres parques nacionales, múltiples territorios indígenas, un área de uso forestal en Colombia y un área de tierras publicas de libre disposición en el Perú. Nuestro objetivo sombrilla en la región del Bajo Putumayo-Yaguas-Cotuhé es entender cómo se puede fortalecer la gobernanza ambiental dentro y entre las diversas figuras de ordenamiento territorial para lograr un manejo mejor coordinado entre los actores principales y los dos países, con base en una visión compartida de la conservación y el bienestar de la gente.

Los paisajes analizados fueron:

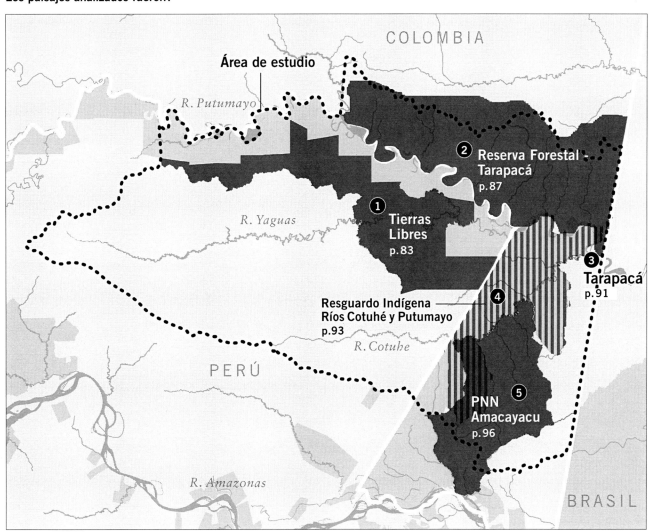

Este inventario del Bajo Putumayo-Yaguas-Cotuhé se realizó en el marco del gran sueño del **Corredor Biológico y Cultural del río Putumayo-Içá:** una cuenca de 12 millones de ha que se destaca por su alta diversidad de flora y fauna, tradiciones culturales y conocimiento de la gente que lo habita, la salud y conectividad de sus bosques y ríos, y su gran potencial para mitigar el cambio climático. La visión proyectada del corredor es la de una gestión integrada entre los cuatro países vecinos (Brasil, Colombia, Ecuador, Perú), con una gobernanza compartida entre la población local, el Estado y la sociedad civil, basada en los principios de inclusión y respeto, con un enfoque de conservación y calidad de vida a largo plazo.

Para llevar los resultados del inventario de los cinco paisajes a un contexto más grande, evaluamos las oportunidades, fortalezas, amenazas y recomendaciones en tres escalas, hasta llegar a abarcar todo el Corredor Biológico y Cultural del Putumayo:

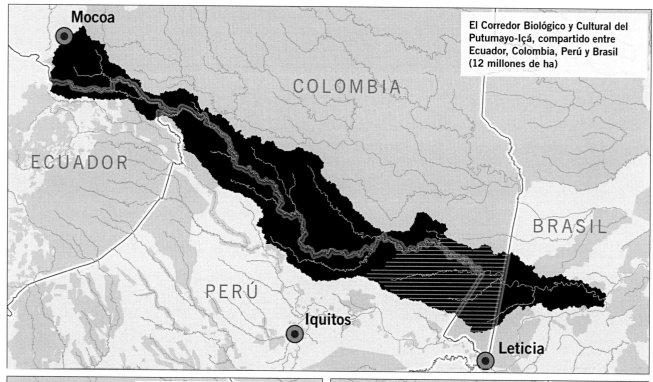

El Corredor Biológico y Cultural del Putumayo-Içá, compartido entre Ecuador, Colombia, Perú y Brasil (12 millones de ha)

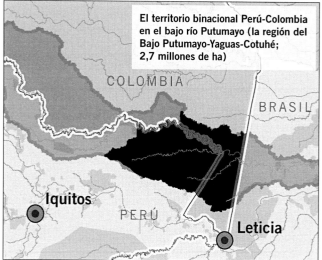

El territorio binacional Perú-Colombia en el bajo río Putumayo (la región del Bajo Putumayo-Yaguas-Cotuhé; 2,7 millones de ha)

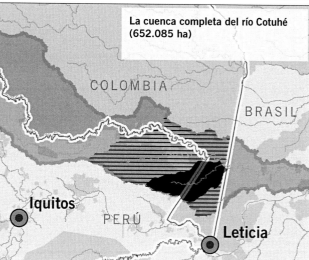

La cuenca completa del río Cotuhé (652.085 ha)

La convicción que subyace en todas estas recomendaciones es que todo suma y que la articulación desde el terreno hasta los niveles más altos del gobierno y los acuerdos internacionales, es clave para lograr una coordinación amplia y coherente que asegure el bienestar de los bosques, ríos, remansos y lagunas, al igual que el bienestar de la gente que los habita y maneja.

En seguida presentamos nuestro análisis multidisciplinario de las oportunidades, fortalezas, amenazas y recomendaciones, empezando con **el Corredor Putumayo-Içá**, pasando a **la región del Bajo Putumayo-Yaguas-Cotuhé** y a **la cuenca del río Cotuhé**, y finalmente, enfocándonos en los paisajes visitados en el campo. Recomendamos al lector y especialmente a los tomadores de decisiones, revisar las secciones de más alta escala al igual que la sección de su paisaje de interés.

CORREDOR BIOLÓGICO Y CULTURAL DEL PUTUMAYO-IÇÁ (Ecuador, Colombia, Perú y Brasil)

Oportunidad: Una cuenca única con 12 millones de ha de bosques vibrantes, de suma importancia cultural y biológica, manejada como un corredor vivo donde predominan los esfuerzos de conservación y la calidad de vida, integrados y coordinados entre los gobiernos de los cuatro países (Perú, Colombia, Ecuador y Brasil), las organizaciones sociales y las poblaciones locales.

Cuenca Putumayo-Içá: 12 millones de ha

FORTALEZAS PRINCIPALES

01 **Un paisaje amazónico inmenso, saludable y diverso en biología y cultura** compuesto por:

- **La cuenca hidrográfica completa de un tributario principal del río Amazonas**, el río Putumayo, que corre 1.600 km desde las cabeceras en los Andes colombianos, a los 2.500 m de elevación, hasta la selva baja de Brasil, a los 60 m de elevación.

- **Uno de los paisajes naturales mejor preservados de Sudamérica**, cuyos bosques, ríos y poblaciones de flora y fauna se encuentran en excelentes condiciones.

- **Un río amazónico que corre libremente**, sin represas ni planes para represas, siendo el único tributario andino del río Amazonas en ese estado.

- **Un sistema natural conectado**, en donde los bosques y ríos no han sufrido fragmentación y aún sostienen los ciclos naturales de migración y reproducción de los animales.

02 **Una diversidad cultural impresionante que ha persistido a pesar de guerras, bonanzas, conflictos sociales y desastres**, representada por:

- **Por lo menos 13 diferentes pueblos indígenas**, muchos de ellos descendientes de los sobrevivientes de la Época del Caucho.

- **Habitantes campesinos que han migrado** desde otras regiones de Colombia, Perú, Ecuador y Brasil.

- **Pobladores resilientes** con una fuerte capacidad de superar barreras y organizarse, gracias a las redes locales de colaboración y reciprocidad.

03 **Más del 65% de la cuenca hidrográfica manejada bajo diversas categorías:**

- **40% del paisaje protegido por pueblos indígenas** bajo uso sostenible de recursos en resguardos, territorios y comunidades.

- **20% del paisaje incluido en** áreas naturales protegidas, en colaboración con residentes locales (ver abajo).

- **6% del paisaje manejado en concesiones forestales, bosques de producción permanente o reservas forestales** (esta cifra no incluye Ecuador).

04 **Un fuerte liderazgo indígena para la conservación de la biodiversidad y el manejo del territorio en toda la cuenca Putumayo-Içá**, así como varios ejemplos efectivos de colaboración entre grupos indígenas y los Estados para proteger los recursos y territorios:

- **La Reserva Ecológica Cofan Bermejo** en el alto Putumayo de Ecuador, antiguos territorios ancestrales de la nacionalidad indígena cofan, administrada por una colaboración entre los cofan y el Estado, como parte del Sistema Nacional de Áreas Protegidas de Ecuador.

- **Las Reservas Comunales Huimeki y Airo Pai** en el área trinacional Ecuador-Perú-Colombia, cogestionadas por medio de una colaboración entre los murui-muina, secoya, kichwa y mestizos como parte del Sistema Nacional de Áreas Naturales Protegidas por el Estado del Perú.

- **Trabajo coordinado** entre Parques Naturales Nacionales de Colombia y el Cabildo Indígena Mayor de Tarapacá (CIMTAR) **para manejar de forma conjunta el traslape entre el resguardo indígena y el noreste del PNN Amacayacu.**

- **Trabajo conjunto** entre autoridad indígena Asociación de Autoridades Indígenas Tradicionales de Tarapacá Amazonas (ASOINTAM) y el Instituto Sinchi de Colombia en el **manejo sostenible de recursos naturales en el Resguardo Indígena de Uitoboc.**

05 **Grandes cantidades de carbono en el paisaje**, con valor potencial para los programas de Reducción de Emisiones causadas por la Deforestación y la Degradación de los Bosques (REDD+):

- **Enormes cantidades de carbono sobre la tierra** en los millones de árboles en pie, entre los bosques más ricos en carbono de todo el Perú y Colombia.

- **Enormes cantidades de carbono debajo de la tierra**, en las turberas de las planicies inundables del río Putumayo y sus tributarios.

06 **Recientes esfuerzos internacionales y binacionales** para articular las instituciones, iniciativas y poblaciones del Corredor Biológico y Cultural del Putumayo-Içá:

- **Gabinetes binacionales Perú-Colombia** que reúnen a los jefes de Estado y sus gabinetes ministeriales una vez al año para tratar asuntos bilaterales de la región fronteriza.

- **Zona de Integración Fronteriza (ZIF)** entre el Perú y Colombia, mediante la cual el Proyecto Especial Binacional de Desarrollo Integral de la Cuenca del Putumayo (PEBDICP, Perú) y el Instituto Amazónico de Investigaciones Científicas SINCHI (Colombia) vienen trabajando en el desarrollo sostenible de las comunidades fronterizas y en la mejora de su calidad de vida.

- **Proyecto Regional del GEF: Manejo Integrado de la Cuenca del Río Putumayo-Içá** (2021–2026), un proyecto en formulación entre los gobiernos de Brasil, Colombia, Ecuador y Perú, para coordinar la gobernanza, el manejo de recursos naturales, y la reducción de amenazas y contaminantes en el río Putumayo-Içá.

- **Pacto de Leticia**, firmado en septiembre de 2019, mediante el cual Colombia, Perú, Brasil, Bolivia, Ecuador, Surinam y Guyana se comprometen a tomar medidas coordinadas para reducir la deforestación, enfrentar la minería ilegal, proteger la Amazonia y asegurar el bienestar de sus habitantes.

AMENAZAS PRINCIPALES

01 **Falta de una visión a futuro para la cuenca del Putumayo-Içá, así como un desconocimiento general en los cuatro países sobre las dinámicas ecológicas, históricas y socioeconómicas de la región,** lo cual conlleva a:

- **Formulación de políticas y programas de desarrollo diseñados sin un diálogo adecuado con la población local** y sin un entendimiento de la realidad y las particularidades locales.

- **Desconocimiento de la magnitud de los impactos ambientales de las actividades que pueden afectar a toda la cuenca,** tales como la extracción de hidrocarburos o las propuestas de infraestructura multimodal en la cuenca alta del Putumayo.

- **Falta de armonización, diálogo y articulación entre los instrumentos de manejo ambientales y culturales** en la cuenca, igual que **las normas que rigen el uso y manejo de recursos naturales.**

02 **Débil presencia del Estado en una cuenca remota como el Putumayo,** en aspectos como seguridad, educación, salud, servicios públicos y aplicación de la ley, que resulta en:

- **Falta de acceso a servicios gubernamentales y sociales básicos** y desatención general de la población por los respectivos Estados.

- **Uso no planificado de recursos** como la minería ilegal de oro, la sobreexplotación del recurso pesquero, la tala ilegal y el blanqueo de madera y otros productos.

AMENAZAS PRINCIPALES, CONTINUACIÓN	▪ **Actividades ilegales** como el narcotráfico y la presencia de grupos armados que aquejan a la población. 03 **Degradación y contaminación de aguas y suelos**, así como pérdida de bosque y de biodiversidad, causadas por las actividades descritas arriba (extracción de hidrocarburos, sobreexplotación de los recursos pesqueros, proyectos de infraestructura, minería ilegal, entre otras).
RECOMENDACIONES PRINCIPALES	01 **Incentivar a las autoridades locales, regionales, nacionales e internacionales para que reconozcan la oportunidad única que ofrece la cuenca del Putumayo-Içá como un corredor vivo, cultural y biológico,** donde el río corre libremente por inmensos bosques saludables que aseguran el bienestar de las poblaciones locales: ▪ **Otorgar al Corredor Biológico y Cultural del Putumayo-Içá un reconocimiento oficial y legal, en estrecha coordinación con las poblaciones locales.** ▪ **Buscar una figura legal para proteger el río.** ▪ **Elevar el Corredor del Putumayo-Içá a espacios de alto nivel** (gabinetes binacionales de los gobiernos y la Asamblea Especial del Sínodo de los Obispos para la región Panamazónica). ▪ **Desarrollar políticas y estrategias transfronterizas para combatir la minería ilegal y el narcotráfico.** 02 **Promover la articulación de los gobiernos de los cuatro países de la cuenca buscando la armonización de normas** que rigen el uso y manejo de los recursos naturales (p. ej., las vedas) y el control y vigilancia de las zonas fronterizas (especialmente en cuanto a actividades ilícitas): ▪ **Coordinar la implementación de las normas de manejo y uso de los recursos naturales** en las áreas protegidas, territorios indígenas, concesiones de madera, concesiones de conservación, centros poblados y otros usos de la tierra. ▪ **Desarrollar un control y vigilancia conjunto** en puntos binacionales o trinacionales y realizar operativos conjuntos. 03 **Asegurar acciones a nivel de cuenca que respeten las fortalezas, los conocimientos y las realidades de los pobladores del Putumayo-Içá,** alineando las aspiraciones locales, regionales y nacionales hacia la implementación del Corredor del Putumayo-Içá: ▪ **Asegurar la participación efectiva de los pueblos indígenas y mestizos en escenarios de coordinación binacional,** e incorporar información de estudios recientes a escenarios binacionales de toma de decisiones. ▪ **Asegurar que todos los proyectos sociales, culturales y económicos integren el conocimiento indígena y mestizo local.** ▪ **Ampliar y mejorar la prestación de servicios básicos** (agua potable y alcantarillado, electricidad, comunicaciones, transporte, seguridad) en la región.

- **Promover proyectos productivos sostenibles y comunitarios**, especialmente para la pesca y el aprovechamiento de productos forestales no maderables.

04 **Declarar áreas protegidas propuestas, evaluar áreas prioritarias para posibles declaraciones y asegurar territorios indígenas:**

- **Tres áreas propuestas con sustento técnico, biológico y social, en la cuenca peruana del Putumayo: Bajo Putumayo, Medio Putumayo-Algodón y Ere-Campuya-Algodón** (1,6 millones de ha).

- **Posible(s) área(s) de conservación en el río Içá, donde no hay ninguna área protegida actual, pero existen cuatro sitios prioritarios para evaluar (Portaria No. 463, del 18 de diciembre de 2018, del Ministerio de Medio Ambiente de Brasil).**

- **Diversas propuestas de ampliación de resguardos indígenas, muchas todavía en formulación incluyendo el RI Predio Putumayo y el RI Ríos Cotuhé y Putumayo,** a lo largo de la cuenca colombiana del Putumayo.

- **La posible declaración de una figura de especial protección para el pueblo indígena en contacto inicial en las cabeceras del caño Pupuña en el Perú y Colombia.**

05 **Generar estrategias específicas para la cuenca alta del Putumayo en Colombia y Ecuador** para disminuir la deforestación, utilizar lineamientos verdes para mejorar la red de vías y proteger las cuencas de derrames de petróleo y contaminación asociada a la extracción petrolera.

06 **Formular una estrategia para conservar los peces migratorios** involucrando a las comunidades en el monitoreo a través de iniciativas como la de Ciencia Ciudadana del proyecto Aguas Amazónicas.

Oportunidad: Un paisaje binacional de 2,7 millones de ha de alta biodiversidad, donde pobladores diversos viven de recursos naturales manejados de forma adecuada en ambos lados del río Putumayo, apoyados por la coordinación eficiente entre comunidades, figuras de ordenamiento territorial, gobiernos e instituciones.

- PN Yaguas: 868.927 ha
- Reserva Forestal Tarapacá: 426.000 ha
- Bajo Putumayo/Tierras de libre disposición: 322.450 ha
- PNN Amacayacu; 293.500 ha
- Resguardo Indígena Ríos Cotuhé y Putumayo: 242.227 ha
- Comunidades Nativas peruanas: 234.349 ha
- Concesión para la Conservación Cotuhé: 225.136 ha
- Resguardo Indígena Uitiboc: 95.448 ha

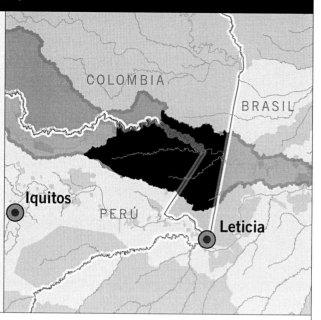

FORTALEZAS PRINCIPALES

01 **Bosques, ríos y lagos diversos y en buen estado de conservación, que conforman un corredor ecológico y cultural** entre parques, territorios indígenas, concesiones de conservación y concesiones forestales.

02 **Comunidades indígenas y mestizas con una gran diversidad social y cultural, un conocimiento profundo del territorio,** afinidades e intercambios culturales y arraigo territorial.

03 **Flora y fauna silvestre megadiversas,** incluyendo poblaciones saludables de peces, aves y mamíferos que son la base de la soberanía alimentaria de las poblaciones locales.

04 **Experiencias con el manejo efectivo de los recursos** en comunidades, resguardos, áreas naturales protegidas y concesiones de madera.

05 **Acuerdos comunitarios nacionales y binacionales, y planes de manejo para el uso, control y vigilancia de los recursos** en parques, territorios indígenas y concesiones forestales.

06 **Iniciativas a nivel binacional** que tienen su enfoque en salvaguardar las fortalezas naturales y culturales de esta zona:

- **Un tratado binacional entre el Perú y Colombia** (2003) que gestiona la Zona de Integración Fronteriza (ZIF), en donde acciones conjuntas lideradas por el PEBDICP (Perú) y el Instituto SINCHI (Colombia) y con fondos gestionados por el Banco Interamericano de Desarrollo (BID) buscan promover el desarrollo sostenible a lo largo de la frontera compartida.

- **Una serie de encuentros binacionales recientes que involucran a actores diversos** (p. ej., ver el capítulo *Encuentro binacional Perú-Colombia: Hacia una visión común para la región del Bajo Putumayo-Yaguas-Cotuhé*, en este volumen) donde se identifican los usos compartidos del paisaje binacional y se generan prioridades desde la visión local.

- **El programa del gobierno peruano Plataformas Itinerantes de Acción Social (PIAS) y el programa conjunto de los gobiernos del Perú y de Colombia, la Jornada Binacional Perú-Colombia ('la Binacional'),** que mediante embarcaciones que visitan a la región se brinda atención médica y otros servicios básicos a la población, tanto peruana como colombiana.

- **Una colaboración** entre el SERNANP en el Perú (PN Yaguas) y Parques Nacionales Naturales en Colombia (PNN Amacayacu y PNN Río Puré) desde 2018 **donde comparten información y estrategias para lograr mejor control y vigilancia.**

AMENAZAS PRINCIPALES	01 **Poca presencia del Estado en la zona** y carencia o acceso inadecuado a los servicios que presta: - **Falta de servicios básicos y baja calidad de los mismos,** en términos de educación, salud, agua potable y alcantarillado, electricidad, comunicaciones, transporte, seguridad, etc. - **Falta de servicios bancarios** y acceso al crédito. 02 **Poca coordinación binacional** para la conservación y el bienestar de los pobladores: - **Falta de armonización de vedas** para el uso y la comercialización de recursos naturales. - **Débil coordinación entre las incipientes iniciativas binacionales** en la zona. 03 Un ambiente en el cual **las actividades ilícitas** como el narcotráfico, la siembra de coca para uso ilícito, el tráfico y blanqueamiento de la madera, el tráfico de recursos pesqueros y la minería ilegal son actividades y fuentes de ingreso comunes: - **Contaminación de aguas y tierras** por la minería y la siembra de coca para uso ilícito, generando fuertes impactos tales como altos niveles de mercurio en las personas y la fauna silvestre de la cuenca. - **Presencia de grupos armados ilegales** y tensiones relacionadas con el conflicto armado y la implementación del acuerdo de paz de Colombia. - **Incertidumbre, debilitamiento cultural y conflicto causado por los actores ilegales en la zona.** 04 **Aspiraciones territoriales en conflicto** entre comunidades, organizaciones y agencias del Estado. 05 **Falta de reconocimiento y protección para los pueblos indígenas en contacto inicial** en la frontera colombo-peruana, en el caño Pupuña. 06 **Falta de incentivos para el desarrollo** de actividades económicas legales y sostenibles. 07 **Falta de inversión en un transporte aéreo confiable,** ya que el transporte fluvial es lento y el desarrollo de una carretera sería absolutamente inviable por razones económicas, ecológicas y ecosistémicas.

01 **Articular a las autoridades nacionales, regionales y locales de ambos países hacia la armonización de las estrategias y normas** que rigen el uso y manejo de los recursos naturales:

- **Desarrollar acciones conjuntas de las autoridades de Colombia y Perú** para fortalecer el control y vigilancia de las zonas fronterizas, y para documentar y mitigar la minería ilegal y la contaminación por mercurio en las personas y la fauna de la región.

- Desarrollar acciones conjuntas de las autoridades del Perú y Colombia para **elaborar e implementar planes de manejo para especies de importancia especial** (p. ej., arahuana/arawana, paiche/pirarucú, productos no maderables), integrados al conocimiento indígena (p. ej., calendarios tradicionales, manejo cultural del territorio, entre otros).

- Organizar mesas binacionales (y trinacionales con Brasil) para la madera y la pesca, que sean espacios de discusión acerca de las normativas, prácticas y aspectos de comercialización de estos recursos.

02 **Mejorar y formalizar la gestión y protección de todas las áreas naturales de la región,** incluyendo el control y la vigilancia de las autoridades ambientales, en coordinación con vigilantes comunitarios bonificados y bien equipados.

03 **Respetar el territorio** de los pueblos indígenas en aislamiento en el Parque Nacional Natural Río Puré y los indígenas ticunas en contacto inicial en la cuenca del Cotuhé (en el caño Pupuña):

- Hacer un control efectivo de la región para eliminar el tránsito de oro y drogas por el río Cotuhé, el río Putumayo, los caños en la Reserva Forestal y el PNN Río Puré.

- Establecer e implementar la zona amortiguadora del PNN Río Puré para salvaguardar el territorio de los indígenas en aislamiento.

- Crear una zona intangible peruana a favor de la población ticuna en contacto inicial, en su área de uso, en el alto caño Pupuña.

04 **Asegurar que toda acción a nivel binacional respete las fortalezas, los conocimientos y la realidad de los pobladores de la región,** alineándose con las aspiraciones locales, regionales y nacionales:

- **Asegurar la participación efectiva de los pueblos indígenas y mestizos en escenarios de coordinación binacional,** e incorporar información de estudios recientes a escenarios binacionales de toma de decisiones.

- **Asegurar que los proyectos sociales, culturales y económicos** integren el conocimiento local de la gente indígena y mestiza.

- **Ampliar y mejorar la prestación de servicios básicos** en la región. Existe buena capacidad organizativa, pero no hay inversión estatal en agua potable, buen manejo de aguas negras y residuos sólidos, comunicaciones, educación y salud.

- **Crear oportunidades laborales legales y sostenibles** para la población local.

05 **Generar condiciones para medios de transporte aéreo y fluvial subsidiados,** para el traslado eficiente y regular de personas y productos, siendo estas las mejores alternativas para la infraestructura de transporte en la región, ya que invertir en una carretera causaría impactos negativos ecológicos, ecosistémicos y culturales a largo plazo, además de ser inviable económicamente (Vilela et al. 2020).

06 **Compartir lecciones aprendidas en cuanto a experiencias positivas y negativas en el manejo de recursos económicos,** como insumo para gestionar un proyecto binacional para el fortalecimiento de capacidades administrativas.

07 **Incentivar oportunidades legales para el aprovechamiento de recursos naturales y otras alternativas económicas,** especialmente de los productos forestales no maderables.

Oportunidad: Una cuenca binacional en donde la gestión integrada de las múltiples figuras de conservación y uso sostenible garantizan el buen estado de la biodiversidad y el bienestar de las comunidades (652.085 ha)

- PNN Amacayacu; 293.500 ha
- Resguardo Indígena Ríos Cotuhé y Putumayo: 242.227 ha
- Concesión para la Conservación Cotuhé: 225.136 ha
- PN Yaguas: 46.828 ha
- Resguardo Indígena Uitiboc: 29.653 ha

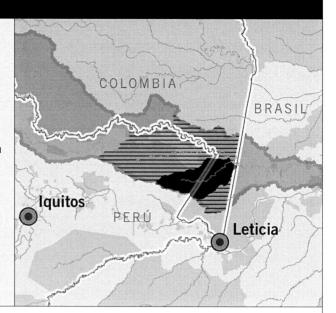

FORTALEZAS PRINCIPALES

01 **Protección integral desde las cabeceras hasta la desembocadura**, con planes de manejo y autoridades empoderadas para la gestión del territorio:

- **En la cuenca alta (Perú)**, una parte pequeña del Parque Nacional Yaguas, un parque con plan de manejo del Servicio Nacional de Áreas Protegidas del Perú (SERNANP) y apoyo técnico de la ONG Sociedad Zoológica de Frankfurt.

- **En la cuenca media (Colombia)**, un área de conservación y dos resguardos indígenas con manejo cultural:

    - El Resguardo Indígena Ríos Putumayo y Cotuhé, gestionado por la autoridad indígena Cabildo Indígena Mayor de Tarapacá (CIMTAR).

    - Parte del Resguardo Indígena Puerto Nariño, gestionado por la autoridad indígena Asociación Indígena Tikuna, Cocama y Yagua de Puerto Nariño (ATICOYA).

    - El Parque Nacional Natural Amacayacu con plan de manejo y acuerdos con los resguardos indígenas aledaños.

- **En la cuenca baja (Colombia)**, dos resguardos indígenas con manejo cultural:

    - El resto del Resguardo Indígena Ríos Putumayo y Cotuhé, gestionado por la autoridad indígena Cabildo Indígena Mayor de Tarapacá (CIMTAR).

    - El Resguardo Indígena Uitiboc gestionado por la autoridad indígena Asociación de Autoridades Indígenas Tradicionales de Tarapacá Amazonas (ASOAINTAM).

02 **Un espacio cultural importante, con identidad y valores culturales fuertes, en el cual los gobiernos indígenas son reconocidos y respetados.**

03 **Colaboración inter-institucional y binacional existente a favor de la conservación**, incluyendo:

- **Acuerdos sobre el ordenamiento ambiental del territorio entre CIMTAR y Parques**, con cinco años de experiencia en acciones conjuntas de vigilancia y control, educación ambiental y otros temas compartidos, en la cuenca del Cotuhé.

- **Coordinación entre el PN Yaguas y el PNN Amacayacu**, con el apoyo de la Sociedad Zoológica de Frankfurt, en forma de mesas técnicas en las cuales Parques y SERNANP analizan presiones e identifican posibles acciones conjuntas de control y vigilancia.

04 **Marcos normativos para la protección de derechos de los pueblos indígenas en aislamiento** (en el Perú y Colombia) y contacto inicial (sólo en el Perú).

05 Pueblo ticuna en contacto inicial en el caño Pupuña, con una maloca en las cabeceras peruanas del río, representando **un área de importancia cultural para el pueblo ticuna de gran sensibilidad**:

- Existen mapas iniciales elaborados por CIMTAR del área de movimiento de la gente del caño Pupuña, con información sobre las cabeceras peruanas, los senderos entre Santa Rosa del Cauchillo y el caño Pupuña, y los acuerdos locales preliminares.

06 **Un marco jurídico bien desarrollado para las concesiones para la conservación en el Perú.**

07 **Abundancia de estudios, datos e información técnica** en una zona relativamente bien estudiada desde un punto de vista técnico-científico.

AMENAZAS PRINCIPALES	

01 **Una situación altamente problemática, peligrosa e ilegal en la Concesión para la Conservación del Cotuhé en el Perú**, debido a:

- **La siembra y procesamiento de coca para uso ilícito dentro de la concesión**, que funciona como un refugio para el narcotráfico en la cuenca del Cotuhé.

- **Una gestión inadecuada de la concesión**, con un plan de manejo que nunca ha sido implementado ni supervisado desde 2010.

- **Fuerzas oscuras detrás de la creación de la concesión**, que cada vez que se pide su anulación, por la ilegalidad que alberga y por las irregularidades en su gestión, han apelado a favor de mantener la concesión vigente.

- **La minería de oro ilegal activa dentro de la concesión.**

- **Rutas de narcotráfico, como la que existe entre la comunidad de Buenos Aires en el río Cotuhé y la comunidad de San Martín de Amacayacu en el río Amacayacu cerca a su desembocadura en el río Amazonas.**

- **La falta de un control adecuado sobre el río Cotuhé, en la frontera Perú-Colombia.**

02 **Falta de una figura de ordenamiento que proteja al grupo ticuna en contacto inicial en el lado peruano del caño Pupuña,** justamente en el área del Estado de libre disposición, donde existe un desencuentro grande entre dos federaciones indígenas peruanas, FECOIBAP y OCIBRY por el uso de esas tierras (ver la siguiente sección, El Bajo río Putumayo y la cuenca del Yaguas).

03 **Contaminación de aguas y tierras por la minería,** que ha causado **altos niveles de mercurio en la gente** y la fauna silvestre de la cuenca, que ya se encuentra documentada (PNN-DTAM 2018).

04 **Inseguridad de los pobladores, así como conflictos y problemas socioculturales,** debidos a la presencia de narcotraficantes y otros grupos criminales en la cuenca.

RECOMENDACIONES
PRINCIPALES

01 **Desafectar la Concesión para la Conservación del Cotuhé.**

- **Eliminar de forma inmediata el laboratorio de procesamiento, los cultivos de coca para uso ilícito, la minería y otras actividades ilícitas dentro de la concesión.**

- **Establecer un puesto de control en la frontera colombo-peruana.**

- **Evaluar la posibilidad de añadir la cuenca peruana del Cotuhé al PN Yaguas.**

02 **Producir un argumento técnico sólido para crear un área de protección especial en la zona de** contacto inicial de los ticuna **del caño Pupuña,** especialmente en el lado peruano de la frontera, que es un área del Estado de libre disposición. La meta es blindar esta zona del ingreso de foráneos, en articulación con las autoridades de la comunidad de Pupuña en el Cotuhé, en el marco de su autodeterminación.

03 **Consolidar el ordenamiento de la cuenca media-baja del Cotuhé en el lado peruano,** promoviendo una figura de uso mancomunal en el bajo Yaguas y bajo Cotuhé peruano compatible con el PN Yaguas, el PNN Amacayacu y el PNN Río Puré (ver la sección siguiente, Bajo río Putumayo y la cuenca del Yaguas).

04 **Desarrollar acciones conjuntas por las autoridades de Colombia y Perú, en estrecha coordinación con las comunidades locales, para enfrentar el narcotráfico y la minería ilegal y controlar la frontera internacional:**

- **Fortalecer la estrategia binacional para eliminar la minería ilegal** y para documentar y mitigar sus impactos en la gente y la fauna en la cuenca del río Cotuhé.

05 **Generar alternativas económicas legales y compatibles con la conservación para los pobladores del río Cotuhé,** especialmente los de Tarapacá y de las comunidades del RI Ríos Cotuhé y Putumayo.

El análisis del área de estudio

Dos equipos, uno social y uno biológico, conformados por líderes locales e investigadores de la región misma, al igual que de otras partes de Colombia, Perú y los EE.UU., estuvieron en campo durante tres semanas visitando cinco paisajes importantes. En esta sección del informe resumimos la oportunidad principal para cada paisaje, así como las fortalezas sobresalientes, las amenazas cruciales que se ciernen sobre estas áreas y nuestras recomendaciones puntuales para mitigar estas amenazas a través de las fortalezas existentes.

1. EL BAJO RÍO PUTUMAYO Y LA CUENCA DEL RÍO YAGUAS (Perú)

Oportunidad: Bosques diversos en buen estado de conservación, usados y manejados por las comunidades que viven en el bajo río Putumayo y el bajo río Yaguas. Una gestión integrada de dos figuras de ordenamiento territorial, una de protección estricta en la cuenca alta y otra de conservación y uso sostenible en la cuenca baja, orientadas a beneficiar las comunidades del bajo Putumayo y la conectividad con otras áreas de conservación en el paisaje.

Bajo Putumayo/Tierras de libre disposición: 322.450 ha aledañas al PN Yaguas (868.927 ha) y las comunidades nativas en la ribera del Putumayo y la boca del río Yaguas (234.349 ha)

FORTALEZAS PRINCIPALES

01 **El Parque Nacional Yaguas** con:

- **Protección estricta de las cabeceras de los ríos Yaguas y Cotuhé.**

- **Instrumentos de gestión efectivos y claros** con una gestión facilitada por el hecho que la mayor parte del parque se ubica dentro de un sólo distrito y existe un trabajo coordinado con las comunidades nativas en el río Putumayo.

- **Mesa multisectorial creada durante el proceso de categorización del PN Yaguas (la Mesa Yaguas)** que ya no está activa, pero que podría ser reactivada.

- **Actividades en marcha para coordinar la gestión del parque** con el Área de Conservación Regional Ampiyacu-Apayacu, colindante con el PN Yaguas en el Perú, el Parque Nacional Natural Amacayacu, cerca al PN Yaguas en Colombia, y la ONG Sociedad Zoológica de Frankfurt que ofrece apoyo técnico.

02 Acuerdo entre las comunidades nativas del bajo Putumayo y el Estado peruano para establecer un área de conservación y uso sostenible de recursos en las tierras públicas de libre disposición en el bajo río Yaguas, desde el límite del PN Yaguas hasta las comunidades nativas en la boca del río Yaguas, que ha sido:

- Formalizado en la consulta previa del Proceso de Categorización del PN Yaguas.

- Apoyado de forma técnica con abundante información y mapeo de usos de los recursos naturales de esta área por parte de las comunidades nativas en el bajo río Yaguas (IBC e IR31).

03 Reconocimiento formal al nivel local, regional y nacional de la importancia de la región para la conservación y el bienestar de la gente:

- Sitio prioritario para la conservación regional del gobierno regional de Loreto, Perú (2018).

- Acuerdo formal entre las comunidades nativas del Bajo Putumayo y el Estado peruano, elaborado en 2017 durante el proceso de consulta previa para el PN Yaguas, para establecer un área de uso directo en la región del Bajo Putumayo-Bajo Yaguas.

- Política peruana a nivel de la Presidencia del Consejo de Ministros orientada a la toma de acciones a favor de Áreas Críticas Fronterizas, con interés especial en aquellas que incluyen áreas naturales protegidas del Perú, como el Bajo Putumayo-Yaguas.

04 Conocimiento amplio de los usos sociales y valores biológicos, reflejado en:

- Mapeo participativo de toda el área de los usos mancomunales por las comunidades nativas peruanas aledañas que viven desde Puerto Franco hasta Primavera en el río Putumayo, y El Álamo y Santa Rosa del Cauchillo en la boca del río Yaguas.

- Inventarios biológicos realizados por el IIAP (2019) y el Field Museum (Pitman et al. 2010 y el presente informe).

05 Ejemplos exitosos de manejo de recursos naturales con las comunidades nativas peruanas en el bajo río Putumayo, incluyendo:

- Manejo de arahuana/arawana y paiche/pirarucú con el Instituto del Bien Común (IBC).

- Proyectos nuevos con el SERNANP y el PN Yaguas, conocidos como el Programa de Actividades Económicamente Sostenibles (PAES), igual que el manejo de taricayas en varias comunidades en el río Putumayo.

- Potenciales proyectos nuevos con el Programa Nacional de Conservación de Bosques para la Mitigación del Cambio Climático del MINAM que brinda pagos directos a comunidades nativas a cambio de conservar los bosques y reducir la deforestación.

	06 Visión de manejo del territorio de las federaciones indígenas FECOIBAP y FECONAFROPU, que:
	▪ **Se fundamenta en la conservación y el uso sostenible de los recursos** compartidos por todas las comunidades de base.
	▪ Se ha plasmado en **instrumentos de gestión comunitarios**, como los planes de vida de diez comunidades nativas de la FECOIBAP.
	07 Croquis de la Comunidad Nativa Huapapa ya elaborado y un proceso de reconocimiento del mismo ya avalado por las comunidades vecinas.
AMENAZAS PRINCIPALES	**01 Tenencia de tierra no resuelta**, con una comunidad demarcada pero no titulada formalmente (Huapapa).
	02 Una visión conflictiva sobre cómo proteger el área de uso directo en el bajo río Yaguas:
	▪ **Diez comunidades comprometidas con un uso mancomunal de los recursos naturales** en toda el área de Bajo Putumayo-Bajo Yaguas.
	▪ **Tres comunidades (Huapapa, Primavera, Santa Rosa del Cauchillo) comprometidas con el uso mancomunal del bajo río Putumayo pero no del bajo Yaguas**, donde buscan ampliar sus propias comunidades nativas para, entre otros fines, aprovechar recursos maderables.
	▪ **Resentimiento persistente en tres comunidades (Huapapa, Primavera, Santa Rosa del Cauchillo)** sobre la consulta previa del PN Yaguas.
	03 Actividades ilegales en el bajo río Putumayo y el bajo río Yaguas:
	▪ **Tala ilegal** en el bajo río Yaguas.
	▪ **Cultivos de uso ilícito en** los alrededores de algunas de las comunidades nativas (mayormente sembrados bajo presión de actores colombianos armados, de acuerdo con datos de campo).
	▪ **Rutas de narcotráfico.**
	04 Financiamiento internacional (HIVOS, Holanda) para titular o ampliar tierras de comunidades nativas en espacios mancomunales que no son de uso exclusivo de ninguna de ellas, lo que viene generando conflictos.
RECOMENDACIONES PRINCIPALES	**01 Buscar una figura de zona intangible para la población ticuna en contacto inicial en las cabeceras peruanas del caño Pupuña,** basada en la información de campo ya existente, un estudio reciente realizado por las autoridades indígenas peruanas (AIDESEP), y conversaciones entre autoridades indígenas, agencias gubernamentales y la sociedad civil del Perú y Colombia.
	02 Titular la Comunidad Nativa Huapapa con la delimitación actual, asegurando la tenencia de su tierra, respetando el croquis y el proceso de reconocimiento ya avalado por comunidades vecinas.

03 **Crear un espacio de diálogo entre las comunidades de FECOIBAP y las comunidades de OCIBPRY** con el fin de buscar la figura que asegure el uso mancomunal del área de libre disponibilidad del bajo río Putumayo, que resuelva las visiones conflictivas sobre el bajo río Yaguas y que elimine las actividades ilegales en ambas áreas.

04 **Declarar las tierras del Estado de libre disponibilidad en la cuenca baja del río Yaguas, desde el límite del PN Yaguas hasta las comunidades nativas en la boca del río Yaguas, bajo la figura de un** área de conservación, **manejo y uso sostenible local,** para:

  - **Cumplir con un compromiso de los Acuerdos Previos** del Proceso de Categorización del PN Yaguas.

  - **Garantizar el bienestar de las comunidades nativas** del bajo Putumayo.

  - **Conservar las especies, hábitats y servicios ecosistémicos** de toda la cuenca Yaguas.

05 **Reactivar y fortalecer la institucionalidad de la Mesa Yaguas multisectorial para asegurar la articulación con los diferentes actores, en particular con las organizaciones indígenas.**

06 **Con el apoyo de la Mesa Yaguas reactivada, hacer seguimiento a todos los otros acuerdos de la consulta previa y canalizar financiamiento para implementarlos de la mejor manera.**

07 **Controlar las actividades ilícitas con el apoyo del Estado peruano, partiendo de la Mesa de Áreas Críticas Fronterizas y con la coordinación de todos los aliados.**

2. RESERVA FORESTAL DE LEY SEGUNDA DE LA AMAZONIA (Colombia)

Oportunidad: Bosque continuo, diverso y en buen estado de conservación entre el río Putumayo y el PNN Río Puré, que mantiene conectividad en el paisaje y contiene áreas de tala selectiva legal y áreas de importancia cultural para pueblos indígenas.

Reserva Forestal-Tarapacá (426.000 ha)

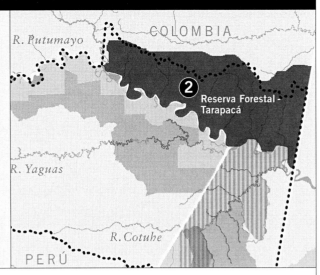

FORTALEZAS PRINCIPALES

01 **Cobertura boscosa continua, protegida como Reserva Forestal, administrada por Corpoamazonia, ubicada** entre tres territorios indígenas (RI Predio Putumayo, RI Ríos Cotuhé y Putumayo, RI Uitiboc) y un parque nacional natural (PNN Río Puré) **que permite la supervivencia de miles de especies de flora y fauna y cumple una función amortiguadora para las poblaciones de indígenas en aislamiento que habitan el PNN Río Puré.**

02 Siete permisos forestales vigentes (~10.000 ha en total) que representan **un modelo de aprovechamiento legal de madera en el territorio colombiano.**

03 **Un esfuerzo exitoso de procesamiento y comercialización de productos no maderables** liderado por la organización de mujeres ASMUCOTAR, que sirve de modelo de alternativa económica legal que puede ser replicado en la cuenca.

04 **Respeto entre un grupo diverso de usuarios, evidenciado en:**

  - **Acuerdos informales entre campesinos e indígenas** para manejar recursos no maderables en la laguna Pexiboy; así como para el manejo del recurso pesquero, especialmente en los caños Alegría, Pexiboy y Ticuna.

  - Estrategias comunitarias para el control y vigilancia sobre el uso sostenible de los recursos naturales y la gobernanza territorial.

05 **Una licitación en 2020 que busca actualizar el Plan de Ordenación Forestal de Tarapacá**

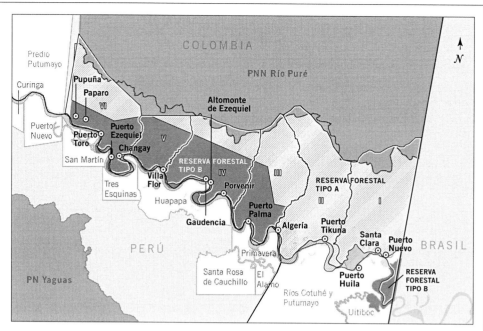

La Unidad de Ordenación Forestal de Tarapacá (UOF-T) y su ordenación actual (I-VI), el traslape con la
zonificación de la Reserva Forestal de Ley Segunda (Tipo A, Tipo B), los 22 asentamientos actuales
dentro de la UOF-T y las figuras de ordenamiento territorial colindantes a la UOF-T.

**AMENAZAS
PRINCIPALES**

01 **Una marcada divergencia sobre las expectativas territoriales entre diversos actores,
tales como:** la intención de ampliaciones de resguardos indígenas, asentamientos
nuevos, la definición de la zona con función amortiguadora del PNN Río Puré y la
continuidad del aprovechamiento forestal en la zona.

02 **Dos zonificaciones/ordenaciones**, una del Ministerio de Ambiente y Desarrollo
Sostenible (MADS) y una de Corpoamazonia, **que no coinciden,** lo cual genera
incertidumbre y confusión para la población y dificulta el ordenamiento y uso
eficaz del territorio (ver el mapa en esta página).

03 **Uso actual de la Reserva Forestal en contravía directa de la zonificación oficial, con:**

- **Un centro urbano no reconocido como municipio, Tarapacá, dentro de la
Reserva Forestal**, lo que ha generado un vacío jurídico para el poblado.

- **Asentamientos humanos (indígenas, campesinos, comunidades de fe) en la
ribera del río Putumayo sin garantías jurídicas** (ver el mapa en esta sección).

- **Permisos de uso forestal vigentes en el área zonificada para no uso** (Tipo A).

- **Tala ilegal** en varias zonas de la Reserva Forestal (Tipos A y B).

04 **Traslape de permisos forestales actuales con** áreas sagradas de importancia
cultural para los pueblos indígenas.

05 **Presencia de dragas y tránsito de mineros ilegales por la Reserva Forestal hacia el
PNN Río Puré**, que pone en peligro a los pueblos indígenas en aislamiento y a los
funcionarios públicos de Parques.

	06 **Demora en la definición, establecimiento e implementación de la zona con función amortiguadora del PNN Río Puré** dentro de la Reserva Forestal.
	07 **Uso no planificado de recursos**, entre sobreexplotación de arahuana/arawana, tala ilegal de madera y blanqueo de madera y otros productos.
	08 **Alto costo de aprovechar la madera de forma legal**, entre trámites burocráticos largos y caros, y la falta de incentivos, especialmente para emprendedores pequeños y medianos.
	09 **Presencia de grupos armados ilegales asentados dentro de la Reserva Forestal.**
RECOMENDACIONES PRINCIPALES	01 **Crear una instancia de diálogo entre todos los actores locales y autoridades competentes para generar una nueva ordenación de la Reserva Forestal** que contemple el uso actual, las expectativas de la gente y el mantenimiento de la conectividad biológica y cultural del paisaje.
	02 **Definir y asegurar la zona con función amortiguadora del PNN Río Puré** dentro de la UOF-T en la zonificación actualizada, designando dos áreas con traslapes entre ellas:
	■ **Área protectora y amortiguadora de los recursos hídricos, naturales y culturales**, en las cabeceras de los caños Santa Clara, Pexiboy, Ticuna, Alegría, Porvenir 1 y 2, Villa Flor, Barranquilla, Toro y Pupuña; que contemple la protección de los derechos de los pueblos indígenas en aislamiento que habitan el PNN Río Puré.
	■ **Áreas protegidas y amortiguadoras y/o áreas arquelógicas, culturales y de recreación** en las cabeceras de los afluentes que drenan al río Putumayo (de oriente a occidente: los caños Alegría, Porvenir 1 y 2, Villa Flor, Barranquilla, Toro y Pupuña).
	03 **Salvaguardar los derechos de los pueblos indígenas:**
	■ **Prevenir el contacto con los pueblos indígenas en aislamiento**, basados en los principios emanados por el Decreto 1232 de 2018. Contar con protocolos claros de actuación para prevenir cualquier contacto y evitar posibles impactos a los pueblos en aislamiento. Construir e implementar de manera interinstitucional y articulada con actores locales un plan de contingencia en caso de presentarse una situación de contacto.
	■ **Identificar los sitios culturales y sagrados de los pueblos indígenas** dentro de la UOF-T **y asegurar que estos sitios estén salvaguardados** en la nueva zonificación (ver recomendación arriba).
	■ **Hacer un mapeo de las propuestas de ampliación de los resguardos indígenas** Predio Putumayo (AIZA) y Ríos Cotuhé y Putumayo (CIMTAR) para entender sus visiones para el territorio y los traslapes con la zonificación y **así establecer acuerdos y evitar conflictos.**
	■ **Sanear física y legalmente las comunidades indígenas fuera del Resguardo Indígena Ríos Cotuhé y Putumayo** que están anexadas a la AATI CIMTAR

(Porvenir, Puerto Nuevo, Gaudencia). Mapear y definir de manera participativa los usos actuales del territorio que hacen estas comunidades y buscar acuerdos viables entre ellos y sus vecinos que permitan la convivencia y el uso compartido del territorio.

04 **Reconocer los derechos de los habitantes de asentamientos dentro de la UOF-T y establecer límites claros que eviten su expansión sin control:**

- **Otorgar a estas áreas un estatus que permita la presencia de estas poblaciones y propenda el uso sostenible** de los recursos naturales.

- **Reconocer y respetar los acuerdos locales** para el uso de espacios compartidos.

- **Establecer límites claros para la expansión de estos asentamientos** y las actividades agrícolas y pecuarias de sus habitantes.

05 **Impulsar una acción conjunta entre el Perú y Colombia para restaurar y mantener el orden público, respetando los derechos humanos de las poblaciones locales y la autoridad de los pueblos indígenas en sus territorios.**

06 **Incentivar la tala legal** en un paisaje donde predomina la tala ilegal:

- **Revisar el trámite de solicitud de permisos para aprovechamiento forestal,** buscando mejorarlo para que sea menos tedioso, más rápido y menos costoso.

- **Garantizar mayor presencia de la autoridad ambiental en la región** para facilitar el trámite de los permisos y la veeduría constante de las zonas con aprovechamiento forestal y sus prácticas. Incluir como requisito en la expedición de los permisos, contar con protocolos de contingencia en caso de contacto con pueblos en aislamiento.

- **Promover los modelos exitosos que existen,** especialmente la prohibición de la caza durante el trabajo forestal, con beneficios claros para la biodiversidad.

- **Promover modelos de economía solidaria en la extracción forestal.**

- Brindar **mayor acceso a infraestructura y tecnología** para elaborar productos con valor agregado y evitar el desperdicio.

- **Fortalecer las cadenas de valor,** el acceso a redes de comercialización bajo esquemas de comercio justo y sostenible, y certificaciones ambientales y sociales.

- **Facilitar el acceso a crédito** con bajas tasas de interés que ayuden a fomentar el desarrollo local de esta actividad.

- **Apoyar política y económicamente la gestión de la Mesa Forestal del Amazonas** en Colombia.

07 **Garantizar mejores condiciones para la adecuación y coordinación interinstitucional, así como recursos humanos y equipos (botes, combustibles, etc.) para la autoridad ambiental,** Corpoamazonia, para que pueda ejercer control y vigilancia efectivos y evitar el blanqueamiento de madera.

3. TARAPACÁ (Colombia)

Oportunidad: Un casco urbano con población estable, predominantemente indígena y colona, el más grande en este paisaje, donde se encuentran modelos exitosos de uso del bosque, con potencial para ser un centro importante de provisión de servicios fundamentales para la población.

Tarapacá, casco urbano, en la boca del río Cotuhé con el Putumayo: 1.750 ha

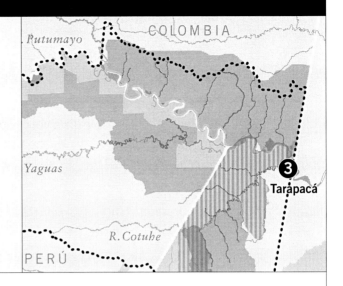

FORTALEZAS PRINCIPALES	
01	**Historia viva y fuerte arraigo de sus habitantes**, reflejada en una identidad tarapaqueña construida a partir de una multiculturalidad representada por cultura indígena y colona.
02	**Lugar estratégico** en la frontera colombo-brasileña, cerca a la frontera con el Perú, que **presta servicios fundamentales trinacionales** para sus 1.000 habitantes y comunidades aledañas.
03	**Buena capacidad organizativa**, reflejada en sus múltiples asociaciones, tanto civiles como productivas.
04	**Sede de dos parques nacionales** (PNN Río Puré, PNN Amacayacu) y **dos resguardos indígenas** (RI Ríos Cotuhé y Putumayo, RI Uitiboc). **Desde Tarapacá se gestionan más de 1,5 millones de ha de bosques de selva baja de importancia cultural y ecológica.**
05	**Existencia de modelos comunitarios** para el uso sostenible de la Reserva Forestal.

AMENAZAS PRINCIPALES	
01	**El limbo jurídico de Tarapacá,** dado que está ubicado dentro de la Reserva Forestal, imposibilita su estatus formal como poblado. Además, Tarapacá se encuentra dentro de una de las pocas áreas no municipalizadas en Colombia. **La combinación de estas dos situaciones:**

- **Impide la inversión** pública **y privada**, incluyendo préstamos. Esto se traduce en **escasez de oportunidades económicas legales y sostenibles para sus habitantes.**
- **Profundiza los problemas de infraestructura** (gran vulnerabilidad a inundaciones y manejo inadecuado de residuos sólidos**) y limita sus posibles soluciones.**
- Crea una **precariedad de servicios básicos** (salud, educación).
- Genera **tensión entre sus habitantes** que hace que las diferentes poblaciones que coexisten sientan la necesidad de legitimar constantemente su derecho al territorio.
- Excluye la posibilidad de elegir autoridades públicas para el poblado.

02 **La descoordinación trinacional de trámites y marcos normativos para el uso y aprovechamiento de recursos y comercialización de productos de consumo,** aumenta la ilegalidad y la corrupción, genera confusión entre los pobladores y resulta en la pérdida de oportunidades económicas y en un manejo no armonizado y no sostenible de los recursos naturales.

03 **La falta de inversión en un transporte confiable aéreo o fluvial a Tarapacá.** El transporte fluvial es poco y lento, y el transporte aéreo muy limitado. Tarapacá permanece aislado estando a 150 km en línea recta de Leticia y alrededor de 700 km por río.

04 **La poca presencia del Estado en Tarapacá**, así como su ubicación fronteriza con Brasil, que aumenta su vulnerabilidad frente a actividades ilegales (narcotráfico, cultivos ilegales, minería ilegal de oro).

RECOMENDACIONES
PRINCIPALES

01 **Generar un diálogo con todos los moradores sobre el futuro de Tarapacá.** Es muy importante que haya una discusión amplia y abierta donde se consideren las implicaciones de diferentes opciones para Tarapacá y sus habitantes:

- **Analizar** la factibilidad, los costos y los beneficios de **la municipalización**.

- **Analizar las implicaciones de la implementación del Decreto 632**, el cual otorga autonomía a las autoridades indígenas en áreas no municipalizadas.

- **Elaborar, mediante un proceso participativo e inclusivo, una herramienta de gestión para Tarapacá**. Usar esta herramienta como hoja de ruta para coordinar con la Gobernación de Amazonas y otras entidades competentes.

02 **Incentivar oportunidades legales para el aprovechamiento de recursos naturales** (p. ej., productos forestales no maderables) **y otras alternativas económicas** (p. ej., secar la madera en Tarapacá, producir muebles y otros productos con valor agregado).

03 **Invertir en los servicios básicos de Tarapacá** (educación, salud, agua potable y alcantarillado, electricidad y energías alternativas, comunicaciones, transporte, seguridad), **promoviendo un casco urbano manejado de forma sostenible.**

04 **Crear e implementar un plan de fortalecimiento de organizaciones y asociaciones comunitarias**, buscando oportunidades de hacer intercambios con los vecinos brasileños y peruanos.

4. RESGUARDO INDÍGENA RÍOS COTUHÉ Y PUTUMAYO (Colombia)

Oportunidad: Un territorio vivo bajo manejo espiritual, cultural y tradicional gobernado por un Cabildo Indígena con experiencia en manejo del territorio, alianzas estratégicas y la incorporación de nueva información para alimentar su manejo actual.

Territorio indígena (245.227 ha)

Resguardo Indígena Ríos Cotuhé y Putumayo

FORTALEZAS PRINCIPALES

01 **Comunidades indígenas, mayormente ticuna, viviendo dentro de su espacio ancestral** en un territorio asegurado como resguardo indígena y gestionando a través de la Asociación de Autoridades Tradicionales Indígenas, el Cabildo Indígena Mayor de Tarapacá (CIMTAR), con:

- **Instrumentos propios de gestión** incluyendo plan de vida, estatuto general y plan de ordenamiento ambiental en desarrollo.

- **Guardia indígena en proceso de fortalecimiento**, que ejerce control, vigilancia y monitoreo territorial, y un esfuerzo avanzado de crear e implementar justicia propia

- **Promotores de ordenamiento territorial** en cada comunidad.

- **Sistema de salud propia**, con promotores de salud intercultural, bajo convenio entre CIMTAR y la Secretaría de Salud y la Gobernación de Amazonas.

- **Administración de la educación propia**, con contratación directa de docentes y docentes bilingües.

02 **Territorio de alto valor ambiental** con un bosque en buen estado de conservación, diversidad alta de fauna y flora, y cuerpos de agua abundantes y saludables que forman la base del bienestar de las comunidades.

03 **Caño Pupuña**, considerado de suma importancia cultural al ser acervo de tradiciones vivas del pueblo ticuna, con poblaciones que pueden considerarse en contacto inicial.

04 **Participación de CIMTAR en espacios de concertación con el Estado** (p. ej., la Mesa Permanente de Concertación Interadministrativa [MPCI] y la Mesa Regional Amazónica [MRA]).

05 **Alianzas estratégicas** de CIMTAR con Parques Nacionales Naturales y organizaciones de la sociedad civil (p. ej., Amazon Conservation Team-Colombia, Fundación Gaia).

06 **Acuerdo político de voluntades con el PNN Amacayacu** para el manejo de la zona de traslape del Parque con el resguardo.

FORTAZELAS PRINCIPALES, CONTINUACIÓN	**07 Diagnóstico actualizado de las comunidades y una evaluación ambiental,** realizados en conjunto con aliados estratégicos, Parques Nacionales Naturales y Amazon Conservation Team-Colombia.

AMENAZAS PRINCIPALES

01 **Falta de buenas practicas y transparencia en el manejo de recursos económicos.**

02 **Altos niveles de mercurio** registrados en los pobladores y los peces.

03 **Actividades ilegales en la Concesión para la Conservación Cotuhé en el Perú,** aledaña al Resguardo Indígena, que crean una fuerte presión social sobre los pobladores en las comunidades cercanas a la frontera, igual que en Tarapacá.

04 **Conflictos entre actores armados** en disputa por rutas de narcotráfico y explotación ilegal de recursos naturales en sus territorios.

05 **Presión de actores foráneos,** incluso organizaciones vendiendo bonos de carbono, sin que las comunidades tengan información suficiente para entender las propuestas y/o negociar.

06 **Falta de ordenamiento de la pesca,** especialmente de arahuana/arawana y paiche/pirarucú.

07 **Inseguridad territorial de cuatro comunidades asentadas en el río Putumayo** que pertenecen a CIMTAR, pero no están dentro del resguardo indígena.

08 **Aspiraciones territoriales que podrían generar conflictos con poblaciones asentadas en la Reserva Forestal.**

09 **Falta de oportunidades económicas sostenibles para las familias** indígenas (p.ej. centro de acopio para la venta de los productos de la chagra; proyectos de procesamiento y comercialización de productos no maderables del bosque).

RECOMENDACIONES PRINCIPALES

01 **Implementar de manera integral el plan de vida de CIMTAR.**

02 **Fortalecer la capacidad de CIMTAR en el manejo de recursos económicos** a través de un asesoramiento en manejo financiero y contabilidad.

03 **Desarrollar un plan de acción para mitigar riesgos relacionados con la contaminación por mercurio.**

04 **Reconocer y fomentar las labores de vigilancia, control y monitoreo** que realizan los habitantes del resguardo.

05 Trabajar de forma conjunta con los moradores de la comunidad de Buenos Aires, las autoridades tradicionales de CIMTAR, los jefes del PNN Amacayacu y del PN Yaguas y las autoridades correspondientes del Perú y Colombia para **parar las actividades ilegales (procesamiento de drogas, cultivos ilícitos, minería ilegal de oro) de la Concesión de Conservación en el Cotuhé en el Perú.**

06 **Sanear el estatus físico y legal de las cuatro comunidades** asentadas en el río Putumayo que pertenecen a CIMTAR, pero no están dentro del resguardo indígena.

07 **Formular e implementar un plan de manejo de arahuana/arawana y paiche/
pirarucú** con base en intercambios con las Asociaciones de Procesadores y
Pescadores Artesanales (APPA) del Perú.

08 **Continuar promoviendo intercambios entre pueblos ticuna del Perú y Colombia**
(fortalecimiento cultural, lingüístico y territorial).

09 **Fortalecer el Consejo de Ancianos** para el manejo territorial y la recuperación de
prácticas tradicionales como el manejo de la chacra/chagra.

5. PARQUE NACIONAL NATURAL AMACAYACU (Colombia)

Oportunidad: Un parque diverso y saludable, con gestión eficiente y articulada con los territorios vecinos, con actividades de manejo, monitoreo e investigación en el sector norte.

Parque Nacional Natural Amacayacu (293.500 ha)

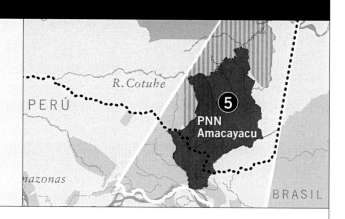

FORTALEZAS PRINCIPALES

01 **Un parque nacional natural** espectacular que alberga diversos bosques de la selva baja amazónica y **cuenta con**:

- **Equipo de gran experiencia**, entre la jefatura del parque, sus profesionales técnicos, los guardaparques.

- **Plan de manejo acordado bajo consulta previa con los resguardos indígenas aledaños.**

- **Acuerdos con comunidades vecinas.**

- **Experiencias exitosas de ecoturismo e investigaciones ambientales**, con liderazgo de investigadores de las comunidades mismas.

- **Numerosas investigaciones científicas** sobre la biodiversidad, especialmente en el sector sur.

02 **Lazos importantes y cada vez más fuertes con el área protegida vecina en el Perú, el Parque Nacional Yaguas**, a través de los cuales comparten **estrategias e información para mejorar la gobernanza ambiental** en sus áreas protegidas, igual que en la frontera binacional.

03 **Experiencias exitosas de trabajo conjunto con las fuerzas** públicas **combatiendo la ilegalidad**, especialmente el narcotráfico y la minería ilegal de oro.

AMENAZAS PRINCIPALES

01 **Actividades ilegales con grandes poderes detrás de ellas**, especialmente:

- **El narcotráfico y los cultivos de coca en los ríos Amazonas, Atacuari, Putumayo y Cotuhé.**

- **La minería ilegal de oro, aunque con** una magnitud mucho menor a la actividad en el río Caquetá de Colombia o el sureste del Perú, **tiene dragas operando en el río Cotuhé en la frontera norte del parque y en el río Purité en la frontera suroriental.** Los números de dragas varían; han alcanzado hasta una docena en cada río.

02 **Los altos costos de la gestión del área protegida** y la falta de recursos para hacer un manejo más profundo en los sectores norte (río Cotuhé) y suroriental (río Purité).

	03 **Presiones sobre el sector sur del parque,** donde hay amenazas más fuertes sobre las tierras del área protegida incluyendo proyectos de infraestructura, migración y colonización incontrolada, **y dificultades para el control fronterizo.**
RECOMENDACIONES PRINCIPALES	01 **Fortalecer la gestión y sostenibilidad del parque,** con énfasis en el sector norte y central/suroriental, en particular:

- **Buscar recursos financieros adecuados** para ampliar la presencia en esta zona y hacer mucho más trabajo con las comunidades vecinas;

- **Dar seguimiento a los acuerdos de la Consulta Previa con los resguardos indígenas aledaños** (RI Ríos Cotuhé y Putumayo, RI Uitiboc);

- **Tener una presencia binacional en la frontera con el Perú, en conjunto con el PN Yaguas,** estableciendo un puesto de control binacional en la comunidad de Buenos Aires.

02 **Buscar oportunidades para hacer más investigación científica, social y biológica, en el río Purité,** sector de gran importancia para la gestión, dado su valor ecológico (río de aguas negras que drena áreas de arena blanca), importancia como límite sureste del parque y conexión directa con las comunidades brasileñas a lo largo de sus tramos más bajos.

03 **Aprender de las experiencias exitosas en el lado peruano para elaborar manejos de paiche/pirarucú y arahuana/arawana en conjunto con las comunidades.**

04 **Verificar el estado de la propuesta carretera Puerto Nariño-San Martín de Amacayacu.** Si el interés es real, entender su viabilidad, dimensionar la magnitud de la amenaza al PNN Amacayacu y desarrollar planes de mitigación.

El análisis del paisaje, desde las oportunidades hasta las recomendaciones, fue elaborado en un taller los días 26 y 27 de noviembre de 2019 en Leticia, inmediatamente después del trabajo de campo, mediante un proceso colaborativo y consensuado entres los equipos biológico y social, e incluyó representantes claves de instituciones gubernamentales del Perú (IIAP, SERNANP) y Colombia (Instituto Sinchi, Parques Nacionales Naturales y el Museo del Oro del Banco de la República de Bogotá.

Informe técnico

PANORAMA REGIONAL Y DESCRIPCIÓN DE SITIOS

Autora: Corine Vriesendorp

PANORAMA REGIONAL

El Putumayo figura entre los más pequeños de los 18 afluentes principales del río Amazonas, y su cuenca representa apenas el 1,7% de la cuenca amazónica. A pesar de su tamaño pequeño, el Putumayo resalta. Es el único afluente que drena la cordillera de los Andes sin represas presentes o planificadas (Latrubesse et al. 2017), fluyendo libremente. La cuenca del Putumayo soporta una alta biomasa de árboles en pie, y se encuentra entre los sitios más importantes de biomasa sobre tierra en la cuenca amazónica (Asner et al. 2012, 2014). Las turberas, con importantes reservas de carbono subterráneo, se encuentran dispersas a lo largo del Putumayo y sus afluentes, incluidos los ríos Yaguas y Cotuhé. La deforestación en la cuenca del Putumayo está restringida casi por completo a la parte alta del Putumayo en los Andes, con una deforestación del 1% en los últimos 16 años (Hansen et al. 2013). Para plantas, mamíferos, aves y anfibios, el Putumayo es uno de los lugares con mayor diversidad biológica del mundo. En comparación con otros afluentes andinos (rango de conductividades; Ríos-Villamizar et al. 2020), el agua del Putumayo tiene los niveles más bajos de nutrientes (aprox. 20 µS cm^{-1}).

Culturalmente, el Putumayo cuenta con más de 19 grupos indígenas diferentes (los cofan, inga, murui, bora, ocaina, yagua, secoya, maijuna, kichwa, ticuna, siona, cocama, muinane, nonuya, andoque, resígaro, miraña, kichwa, inga y otros), varios de ellos viviendo en comunidades o territorios multiétnicos, y organizados bajo asociaciones y federaciones. Hace 100 años, durante el auge del caucho, decenas de miles de indígenas fueron esclavizados y asesinados en el Putumayo. El trauma cultural del auge del caucho continúa sintiéndose hoy en día, con muchos grupos indígenas de tamaño reducido, desplazados de sus territorios ancestrales y diseminados por el Putumayo y sus afluentes (Chirif 2011). Algunos grupos, los ticuna en particular, permanecen en sus tierras tradicionales.

El Corredor Biológico y Cultural del Putumayo

La cuenca del Putumayo tiene una extensión de aprox. 12 millones de ha y se reparte entre 4 países: Colombia (aprox. 5 millones de ha), Perú (aprox. 5 millones), Brasil (aprox. 1,5 millones) y Ecuador (aprox. 0,5 millones). Alrededor del 40% de la cuenca se encuentra dentro de los territorios indígenas, el 20% en áreas de conservación y el 15% en nuevas áreas de conservación propuestas en el Perú. Las áreas restantes son una mezcla de concesiones forestales, concesiones petroleras y tierras públicas no designadas. En conjunto, el Putumayo es una oportunidad para consolidar un tremendo corredor biológico y cultural en uno de los bosques intactos más grandes que quedan en el mundo.

Si bien se ha trabajado mucho para salvaguardar el Putumayo a largo plazo, los desafíos persisten. Consolidar el manejo y la conservación del alto Putumayo sigue siendo una prioridad urgente, especialmente en Colombia, dado el interés de las compañías petroleras, el desarrollo de carreteras y la fragilidad del piedemonte andino. Cuando se redactó este reporte, el resurgimiento del conflicto armado en Colombia hizo de este un lugar de trabajo terriblemente difícil y peligroso.

Ya existe un gran compromiso de conservación por varios países en el Putumayo. Un complejo de áreas protegidas en la frontera Perú-Colombia-Ecuador— Gueppí-Sekime, Airo Pai y Huimeki en el Perú, La Paya en Colombia y Cuyabeno en Ecuador—se encuentra en el centro de la cuenca del Putumayo. Ahí los tres países coordinan la gestión de las áreas protegidas. Entre la frontera trinacional y el bajo Putumayo hay una extensión de 600 km de territorios indígenas a ambos lados de la frontera entre el Perú y Colombia—la Reserva Indígena Predio Putumayo en Colombia y docenas de comunidades nativas en el Perú. El bajo Putumayo es la otra prioridad urgente, tanto el tramo que atraviesa el Perú y Colombia, como la parte brasileña del Putumayo (que se conoce como el Içá).

Nuestro inventario se centró en una de las áreas prioritarias pendientes en el bajo Putumayo: la región del Bajo Putumayo-Yaguas-Cotuhé, un área boscosa compartida por el Perú y Colombia. El área es hogar de un grupo diverso de personas locales que viven dentro de un complejo de territorios indígenas, concesiones forestales, áreas de conservación y otras tierras públicas. La ciudad más grande de Colombia es Tarapacá (aprox. 1.000 residentes), ubicada en la desembocadura del Cotuhé en el río Putumayo. El asentamiento más grande en el Perú es Huapapa (aprox. 400 personas), una comunidad sin título en el Putumayo, a unos 50 km río arriba de la desembocadura del río Yaguas.

La región está habitada por pueblos indígenas, muchos de ellos descendientes de los sobrevivientes del auge del caucho, así como por grupos cuya llegada fue más reciente, incluidos campesinos o colonos, algunos cuyos antepasados llegaron para luchar en la guerra entre Colombia y el Perú en la década de 1930; miembros de una secta religiosa conocida como los israelitas que creen que el Amazonas es la tierra prometida; fuerzas armadas de Colombia y del Perú; y grupos armados remanentes del conflicto civil colombiano que controlan el tráfico de drogas. En total, alrededor de 7.000 personas viven en la región del Bajo Putumayo-Yaguas-Cotuhé.

Contexto de conservación

Tres parques aseguran la conservación en esta parte del Putumayo: el Parque Nacional Natural (PNN) Río Puré de Colombia (900.000 ha) al norte y el PNN Amacayacu (293.500 ha) al sur, y el Parque Nacional Yaguas del Perú (868.000 ha) al sur del Putumayo. En el Alto Cotuhé del Perú hay una concesión de conservación (aprox. 220.000 ha). En Colombia hay dos grandes reservas indígenas: el Resguardo Indígena Ríos Cotuhé y Putumayo (245.227 ha), administrado por las autoridades tradicionales del Cabildo Indígena Mayor de Tarapacá (CIMTAR), y el Resguardo Indígena Uitiboc (95.448 ha) administrado por la Asociación de Autoridades Indígenas Tradicionales de Tarapacá Amazonas (ASOAINTAM). En el Perú, hay 13 comunidades nativas que varían en tamaño desde las 7.000 hasta las 15.000 ha aproximadamente, supervisadas por dos federaciones indígenas: la Federación de Comunidades Indígenas del Bajo Putumayo (FECOIBAP) y la Organización de Comunidades Indígenas del Bajo Putumayo y Río Yaguas (OCIPBRY). Entre el río Putumayo y el PNN Río Puré hay un tramo de reserva forestal de 426.000 ha (Reserva Forestal de Ley Segunda). Entre el Parque Nacional Yaguas en el Perú y las comunidades nativas que viven a lo largo del río Putumayo hay una extensión de 347.222 ha de tierras públicas no designadas.

Geología, suelos, y clima

Hace millones de años, un lago o humedal gigante conocido como Pebas cubrió esta parte de la cuenca amazónica. En el norte de Colombia, las aguas marinas se mezclaron con el paleolago, y hoy hay moluscos en los suelos derivados de Pebas. Con la elevación de los Andes, un proceso de sedimentación llenó el humedal y enterró partes del paisaje. Los suelos en la región del Bajo Putumayo-Yaguas-Cotuhé son una mezcla de los suelos más fértiles de Pebas y los suelos más pobres de la parte inferior de la Formación Nauta depositados sobre ellos.

El clima de la región es tropical sin estación seca. La precipitación promedio es de 2.846 mm/año en Leticia y 2.853 mm/año en Tarapacá. La menor cantidad de lluvia ocurre en julio, con un promedio mensual de 131 mm, mientras que las mayores precipitaciones del año ocurren en marzo, con un promedio mensual de 319 mm. La temperatura promedio anual para el departamento colombiano de Amazonas es de 24–26°C. El mes más cálido del año es noviembre, con un promedio alrededor de 26,4°C en Leticia y el mes menos cálido es julio (25,1°C).

SITIOS DEL INVENTARIO BIOLÓGICO

Nuestros cuatro campamentos fueron ubicados de manera que nos permitió mostrar las cuatro categorías principales de uso de la tierra en la región: tierras públicas no designadas (Quebrada Federico, Perú), concesiones forestales (Caño Pexiboy, Colombia), territorios indígenas (Caño Bejuco, Colombia) y parques nacionales (Quebrada Lorena, Colombia).

CAMPAMENTO QUEBRADA FEDERICO

Fechas: 5–9 de noviembre de 2019

Coordenadas: 02°31' 34,7" S 70°39' 17,2" W

Rango altitudinal: 85–111 msnm

Descripción breve: Bosques de terrazas bajas (planicie inundable), aguajales/cananguchales, varillales sobre turba y bosques de terrazas medias alrededor de un campamento temporal en la ribera oeste de la quebrada Federico, un tributario de aguas blancas del río Putumayo. Aproximadamente 7,6 km al sur-suroeste de la comunidad nativa Tres Esquinas y 12 km al nor-noreste del Parque Nacional Yaguas, rodeado por un sistema de senderos de 21 km que permitía acceso a ambos lados de la quebrada.

Ubicación política: Distrito Yaguas, Provincia Putumayo, Región Loreto, Perú

Categorización de uso de la tierra: Tierras del Estado clasificadas como área de libre disponibilidad

Contexto hidrográfico: Cuenca Putumayo (MINAG y ANA 2009)

Distancia en línea recta de los otros campamentos: 91 km a Caño Pexiboy, 89 km a Caño Bejuco, 96 km a Quebrada Lorena

Acampamos en un pequeño acantilado con vista a la quebrada Federico, a 7,6 km de la comunidad peruana de Tres Esquinas, pero aún en la amplia llanura de inundación del río Putumayo. Llegamos en helicóptero, un vuelo de 1,5 horas desde Iquitos. Cuando nos acercamos desde el aire, cruzamos una serie de pequeñas colinas lineales. A lo lejos pudimos ver el Putumayo, y debajo de nosotros la quebrada Federico que drena un complejo de pantanos de palmeras, áreas inundadas, bosques enanos y bosque de planicie inundable.

Este campamento, el único en el Perú durante el inventario, fue elegido en una reunión en la comunidad indígena de Remanso por representantes de la federación indígena local (FECOIBAP). En el momento del inventario, era tierra del Estado de libre disponibilidad. En los últimos años la región donde se encontraba el campamento se ha propuesto como un área de conservación de uso directo dada su ubicación entre las comunidades indígenas tituladas al norte y el Parque Nacional Yaguas al sur, su uso y manejo por las comunidades indígenas para la caza, la pesca y otras cosechas de recursos naturales, y su declaración por parte del Gobierno Regional de Loreto como área prioritaria para la conservación.

En este campamento exploramos 21 km de senderos que atravesaban bosques inundados, áreas pantanosas, algunas colinas pequeñas y una serie de bosques enanos de baja diversidad conocidos localmente como varillales (Fig. 3F). Nuestras evaluaciones aquí se concentraron en los bosques inundados y los hábitats ribereños, con solo alrededor de un kilómetro de sendero en las pequeñas colinas. Uno de nuestros senderos incluía aproximadamente 2 km de un sendero construido por el servicio de áreas protegidas peruano. Ese sendero se extiende 32 km desde el Putumayo (7 km río arriba de la comunidad indígena de Tres Esquinas) hasta un puesto de control del parque en la quebrada Ipona dentro del Parque Nacional Yaguas. Además del sistema de senderos, también muestreamos aves, murciélagos y plantas en el helipuerto, una abertura de 60 m de ancho en el bosque creada por nuestro equipo de avanzada.

La quebrada Federico, llamada así por un hombre que la exploró décadas atrás, es relativamente pobre en nutrientes, con una conductividad de 9,5 µS cm-1. Durante nuestra estadía, la quebrada subió y bajó mínimamente, alrededor de 0,2 m, pero las marcas de agua sugieren que típicamente se eleva unos 2 m sobre sus niveles actuales. Es probable que grandes inundaciones en el río Putumayo pongan este campamento bajo el agua.

En nuestro campamento, la quebrada Federico tenía aproximadamente 15 m de ancho, con paredes escarpadas en ambas orillas. Todas las otras quebradas en este paisaje drenaron en la Federico, con una excepción: la quebrada Esperanza, que desemboca en el Putumayo. Las quebradas en este sitio contenían una mezcla de aguas negras y claras (Figs. 3J–L), estaban protegidas por densos bosques ribereños y tenían sustratos dominados por hojarasca, restos leñosos y troncos sumergidos.

Si bien cada bosque enano en este sitio estaba dominado por una especie de árbol diferente, hubo una superposición sustancial en la composición entre ellos y muchas de sus especies se comparten con bosques enanos en arenas blancas en otras partes de la Amazonia peruana. Uno de estos bosques enanos estaba dominado por palmeras *Mauritia* de 2 m de altura, creando una sensación de caminar en un paisaje de palmas bonsai. Uno de nuestros principales hallazgos en este sitio fue que los bosques enanos se encuentran en los puntos más altos del paisaje (de 30 a 40 cm). Estos bosques enanos parecen estar creciendo sobre la turba amazónica, y pueden expandirse con el tiempo al extenderse a puntos marginalmente más bajos del paisaje. Las profundidades de turba en el paisaje variaron de 1 m a más de 3 m.

Los residentes de Tres Esquinas usan esta área para la caza y la extracción de madera, y nuestros guías locales la conocían bien. Observamos un cedro (*Cedrela odorata*) cortado a lo largo de la orilla de la quebrada, y algunos cartuchos de escopeta dispersos. Sin embargo, los impactos humanos en general parecieron mínimos. El inventario de mamíferos y las 20 trampas cámara revelaron una fauna diversa, incluyendo tapir, oso hormiguero gigante, venado, huangana/puerco y sajino/cerrillo, así como una diversidad moderada de primates. Vimos evidencia de la presencia de felinos grandes y pequeños, incluyendo marcas de garras en un árbol, huellas de jaguar y fotos de jaguar en la cámara trampa. El sitio tenía muy pocos mosquitos u otros insectos picadores.

Salimos de este campamento en botes el 9 de noviembre, descendiendo por la quebrada Federico hasta su confluencia con la quebrada Esperanza, y luego la quebrada Huapapa hasta llegar a Tres Esquinas a lo largo del río Putumayo. Pasamos la noche en Tres Esquinas y viajamos en barco a nuestro segundo campamento el 10 de noviembre.

CAMPAMENTO CAÑO PEXIBOY

Fechas: 11–15 de noviembre de 2019

Coordenadas: 02°36' 49,7" S 69°50' 42,8" W

Rango altitudinal: 90–117 msnm

Descripción breve: Bosques de terraza medias (tierra firme), bosques de terrazas bajas (planicie inundable) y pequeños parches de aguajales/cananguchales en ambos lados del caño Pexiboy, un tributario de aguas blancas del río Putumayo, y alrededor del campamento de la concesión maderera de Flor Ángela Martínez. Aproximadamente 10 km al nor-noroeste de la laguna Pexiboy y rodeado por un sistema de senderos de 20 km que permitía acceso a ambos lados del caño.

Ubicación política: Municipio Tarapacá, Departamento Amazonas, Colombia

Categorización de uso de la tierra: Concesión forestal legal, dentro de la Unidad de Ordenación Forestal de Tarapacá (Reserva Forestal de Ley Segunda, Tipo A)

Contexto hidrográfico: Zona Hidrográfica Putumayo, Subzona Hidrográfica Río Putumayo Bajo (IDEAM 2013)

Distancia en línea recta de los otros campamentos: 91 km a Quebrada Federico, 68 km a Caño Bejuco, 53 km a Quebrada Lorena

Este fue el único campamento al norte del río Putumayo, dentro de una reserva forestal de 426.000 ha (la Unidad de Ordenación Forestal de Tarapacá, Reserva Forestal de la Amazonia establecida por la Ley Segunda de 1959) donde el gobierno colombiano otorga concesiones de tala. Este lugar fue elegido en una reunión el 30 de agosto de 2019 en Tarapacá por madereros, pescadores, pueblos indígenas y agencias gubernamentales como Parques Nacionales Naturales y Corpoamazonia.

Durante el inventario rápido, solo había siete concesiones activas en la Reserva Forestal. Nos alojamos en una de ellas: un campamento de tala dirigido por Flor Ángela Martínez a lo largo del caño Pexiboy[1], a alrededor de 13 km NNE del Putumayo.

Llegamos al campamento desde Tres Esquinas viajando primero en bote por el río Putumayo hasta la desembocadura del caño Pexiboy, donde nos encontramos con Flor Martínez y su tripulación. Desde allí viajamos a través de un parche masivo de arbustos de camu camu

---

1   Es una representación en español de la palabra portuguesa *peixe-boi*, el nombre común brasileño del manatí amazónico (*Trichechus inunguis*). No vimos manatíes en el drenaje de Pexiboy, y nadie con quien hablamos sabía el origen del nombre.

(*Myrciaria dubia*) en fruto en la laguna Pexiboy[2] y nos dirigimos hacia el norte a lo largo del mismo Pexiboy. Los niveles del caño eran extremadamente bajos y nos trasladamos a botes de madera más pequeños después de aproximadamente una hora. Avanzamos lentamente, empujando los botes a través de áreas poco profundas y sobre árboles caídos. Pasamos la noche en otra concesión forestal (la Asociación de Productores de Madera Tarapacá o ASOPROMATA) y caminamos 10 km al día siguiente hasta la concesión de Doña Flor, un complejo de dormitorios y cocina de madera en un claro de 1 ha que incluía un jardín. Nuestros equipos llegaron por peque-peque en el transcurso de la tarde. Durante nuestra estadía, el caño creció rápidamente, más de 1 m en 24 horas.

En este campamento nuestros senderos atravesaron más de 20 km de colinas y tierras bajas fangosas en suelos relativamente pobres en nutrientes y suelos ricos en nutrientes a ambos lados del caño Pexiboy. Además, la mayoría de los grupos de trabajo realizaron observaciones a lo largo del sendero de 10 km que conecta la concesión de Doña Flor con la concesión de ASOPROMATA. En contraste con nuestro primer sitio, donde gran parte del paisaje se encontraba inundada, casi todos nuestros senderos aquí se encontraban en bosque de tierra firme. Los signos de tala activa abundaban y el área estaba marcada por grandes claros por la caída de árboles, con senderos de extracción de madera que atravesaban el paisaje, desde tocones de árboles cortados hasta el río. La impresión general era la de un área con parches de espectaculares bosques en pie interrumpidos por extensas perturbaciones locales. Nuevamente, el sitio estaba casi completamente libre de mosquitos. Sin embargo, la población de garrapatas estaba en auge, y los tábanos continuaron picando a los botánicos incluso durante el prensado de plantas por la noche.

El Pexiboy y las quebradas que drenan en él tienen conductividades bajas (6,9 µS cm^{-1}). Los geólogos, botánicos e ictiólogos utilizaron un peque-peque para tomar muestras del caño Pexiboy. Las quebradas en este sitio contenían una mezcla de aguas negras y claras (Figs. 3J–L), estaban bordeados por bosques densos y tenían sustratos suaves cubiertos con hojarasca, restos leñosos y troncos sumergidos.

Había diferentes tipos de suelo a cada lado del río: en la ribera oriental suelos más ricos de la Formación Pebas a elevaciones más bajas y suelos más pobres de la porción inferior de la Formación Nauta a elevaciones más altas, y en la ribera occidental suelos arenosos especialmente pobres, donde se midieron aguas negras ácidas (pH 4,3 y conductividad de 30 µS cm^{-1}). Las comunidades de plantas en estos suelos compartieron quizás el 20% de sus especies, con una bromelia terrestre (*Aechmea* cf. *rubiginosa*) que dominaba el sotobosque con suelos de Pebas, e irapay o caraná (*Lepidocaryum tenue*) que dominaba los suelos más arenosos. Nuestros geólogos observaron el punto de contacto de los dos suelos en la orilla del río, río arriba desde el campamento. Aquí se registró una especie de ave no descrita del género *Herpsilochmus*, conocida por estar presente en las colinas de suelo menos fértiles del Putumayo peruano, pero solo en las colinas de suelo menos fértiles con palmas de irapay; estaba ausente en otros bosques a solo 600 m de distancia. Al igual que en nuestro primer campamento, el bosque estaba lleno de flores y frutas, y los botánicos prensaron alrededor de 100 colecciones cada noche.

Observamos una *collpa* o salado, cuya agua tenía una conductividad de 300 µS cm^{-1}, a lo largo de uno de los senderos (Fig. 3G). Esta fue la única *collpa* o salado en el área circundante, y la única en el Pexiboy que no estaba en las cabeceras de cuenca.

Flor Martínez no permite cazar en su concesión, y durante nuestra estadía observamos comunidades de animales saludables: una gran manada de huangana/puerco, huellas de gatos, choro/churuco y extensos senderos de tapires. Colocamos cuatro cámaras trampa el día siguiente que llegamos, y registramos tapires, pavas y perdices. Observamos al menos seis jergones (*Bothrops atrox* [Fig. 7Y]), así como al mejor imitador de *B. atrox*, el falso jergón (*Xenodon rabdocephalus* [Fig. 7T]).

El 16 de noviembre dejamos este campamento con aguas altas y viajamos en una flotilla de botes por el Pexiboy, a lo largo del Putumayo, pasando Tarapacá y subiendo el río Cotuhé hasta nuestro tercer campamento cerca del caño Bejuco.

---

2   Esta es la misma población de camu camu que es cosechada por la cooperativa de mujeres en Tarapacá (ver el capítulo *Uso de recursos naturales y economía familiar en la región del Bajo Putumayo-Yaguas-Cotuhé*, en este volumen).

CAMPAMENTO CAÑO BEJUCO

Fechas: 16–20 de noviembre de 2019

Coordenadas: 03°08' 38,7" S 70°08' 56,2" W

Rango altitudinal: 70–105 msnm

Descripción breve: Bosques de terrazas medias disectadas (tierra firme) y bosques de terrazas bajas (planicie inundable) cerca de la confluencia del río Cotuhé y el caño Bejuco (ambos de aguas blancas), justo afuera del límite noroeste del Parque Nacional Natural Amacayacu. Un campamento temporal en la ribera oeste del río Cotuhé, rodeado por un sistema de senderos de 20 km en el lado oeste del río. Aproximadamente 53 km al suroeste de Tarapacá.

Ubicación política: Corregimiento Departamental de Tarapacá, Departamento Amazonas, Colombia

Categorización de uso de la tierra: Resguardo Indígena Ríos Cotuhé y Putumayo

Contexto hidrográfico: Zona Hidrográfica Putumayo, Subzona Hidrográfica Río Cotuhé (IDEAM 2013)

Distancia en línea recta de los otros campamentos: 89 km a Quebrada Federico, 68 km a Caño Pexiboy, 21 km a Quebrada Lorena

Acampamos en la orilla oeste del río Cotuhé, cerca de su confluencia con el caño Bejuco y dentro del Resguardo Indígena Ríos Cotuhé y Putumayo. El sitio fue elegido cinco meses antes en una reunión con representantes de las nueve comunidades ticuna en la reserva. Nos animaron a incluir este campamento en el inventario rápido para complementar la evaluación ambiental que realizaron en 2018 con el servicio de parques colombiano y Amazon Conservation Team-Colombia, así como para proporcionar información adicional para sus planes de calidad de vida. El caño Bejuco está aproximadamente a medio camino entre las comunidades de Caña Brava y Buenos Aires, las comunidades más distantes de Tarapacá, y en el momento del inventario rápido era poco conocido por los residentes indígenas.

Nuestro equipo de avanzada había planeado establecer el campamento a lo largo del Bejuco, pero cuando llegaron a fines de octubre las aguas eran demasiado bajas para viajar caño arriba y establecieron un campamento cerca de la desembocadura del Bejuco. Nuestros 20 km de senderos exploraron la llanura de inundación del río Cotuhé, la llanura de inundación del caño Bejuco, un complejo de colinas altas muy disectadas y tierras bajas dispersas con drenaje pobre. Los senderos también dieron acceso a los tres tipos principales de suelo en este sitio: suelos de la Formación Pebas, suelos de la porción inferior de la Formación Nauta y depósitos aluviales. No establecimos senderos en el lado este del Cotuhé, dentro del PNN Amacayacu.

El Cotuhé tiene 70–90 m de ancho aquí, y aproximadamente 9 m de profundidad. El Bejuco tiene unos 30 m de ancho en la boca y unos 15 m de ancho en donde nuestros senderos llegaron al caño a través del bosque. Durante nuestra estadía, los geólogos e ictiólogos lo exploraron vía peque-peque. La conductividad de las quebradas y ríos (Cotuhé, Bejuco, las quebradas más pequeñas) fue baja (5–9 µS cm⁻¹) al igual que los niveles de pH (5,5–6). Las quebradas en este sitio tienen una mezcla de agua negra y clara (Figs. 3J–L), con un sustrato de hojarasca, restos leñosos y troncos sumergidos.

Las aguas suben y bajan dramáticamente en este sitio. Nuestra visita ocurrió durante la estación seca y nos dijeron que el río Cotuhé se elevaría al menos 3 m en marzo. Al día siguiente que llegamos, con un fuerte aguacero, varias de las quebradas en el sistema de senderos habían aumentado lo suficiente como para que la gente tuviera que nadar para cruzarlas. Al día siguiente, estas mismas quebradas habían descendido lo suficiente como para que los investigadores pudieran cruzarlas sin mojarse.

Este campamento tenía varios puentes extraordinariamente largos (uno de al menos 40 m de largo) para cruzar las quebradas profundas que drenan las colinas altas. Las laderas eran empinadas, las crestas eran largas pero no amplias, y nuestro sistema de senderos cruzó muchas de ellas sucesivamente, brindando la oportunidad para apreciar la flora en las cumbres, laderas y pequeños valles (algunas de ellas pantanosas, algunas de ellas hondonadas profundas formadas por la red de quebradas). Más cerca del Cotuhé, las colinas fueron las más altas y las hondonadas las más profundas, y ambas disminuían a medida que se alejaban del río.

Durante el trabajo de avanzada, William Bonell instaló 19 cámaras trampa a lo largo de la red de senderos que capturaron fotografías de la vida silvestre durante 32 días. Estas imágenes, así como las abundantes huellas en el paisaje, revelaron una fauna diversa y robusta: jaguares, pumas, ocelotes y tigrillos; huanganas/puercos, venados rojos y grises, majazes/borugas y añujes/guaras; varios tapires, un oso hormiguero gigante y muchas perdices, pavas y trompeteros. En el campo observamos al menos una gran tropa (>30 individuos) de choro/churuco, también indicativos de baja presión de caza. No vimos ninguna *collpa*/salado en el paisaje, ni la gente local sabía de ninguno cercano, lo que sugiere que aquí otros recursos (abundantes frutas, al menos parcialmente) mantienen la abundante fauna. Todos los animales que vimos parecían robustos y bien alimentados.

Los delfines rosados de río abundaban a lo largo del Cotuhé. Nuestro equipo encontró dos shushupes (*Lachesis muta* [Fig. 7Z]) en este sitio, así como varios jergones y una anaconda (*Eunectes murinus* [Fig. 7X]). Un jergón (*Bothrops atrox* [Fig. 7Y]), para gran sorpresa y conmoción de uno de nuestros investigadores, se encontraba enrollada junto a la letrina. Nubes densas y persistentes de mosquitos rodearon a los investigadores en el bosque y las moscas mantablanca abundaban a lo largo del río.

Este sitio era conocido por la gente local de Buenos Aires, la comunidad ticuna en la frontera entre el Perú y Colombia, ya que ocasionalmente viajan río abajo para cazar aquí. Hace muchos años, un maderero fue aplastado por un árbol talado en esta área, y en 2018 un niño local se ahogó mientras buceaba bajo el agua desde un barco minero ilegal. Los lugareños tienen recuerdos vagos de alguien quien trató de establecer una casa en el área de nuestro campamento, y vimos rastros de ella en un pequeño parche de *Phenakospermum guyannense*, una especie pionera herbácea gigante que coloniza los claros. Nadie podía decirnos por qué esta quebrada se llama Bejuco. Las lianas (bejucos en español) no fueron particularmente abundantes aquí.

El 21 de noviembre viajamos una hora río abajo hasta la desembocadura de la quebrada Lorena hasta el puesto de vigilancia del PNN Amacayacu conocida como Cabaña Lorena, y desde allí caminamos 3 km hasta nuestro campamento a lo largo de la misma quebrada Lorena.

CAMPAMENTO QUEBRADA LORENA

Fechas: 21–25 de noviembre de 2019

Coordenadas: 03°04' 06,2" S 69°58' 43,2" W

Rango altitudinal: 70–110 msnm

Descripción breve: Bosques de terrazas medias y altas (tierra firme), bosques de terrazas bajas (planicie inundable) y aguajales/cananguchales en el Parque Nacional Natural Amacayacu y el Resguardo Indígena Ríos Cotuhé y Putumayo, donde la quebrada de aguas claras Lorena delimita los dos. Un campamento temporal en la ribera oeste de la quebrada Lorena, rodeado por un sistema de senderos de 21 km. Aproximadamente 3 km al sur-sureste del puesto de control Cabaña Lorena y 32 km al suroeste de Tarapacá.

Ubicación política: Municipio Leticia, Departamento Amazonas, Colombia

Categorización de uso de la tierra: Parque Nacional Natural Amacayacu y Resguardo Indígena Ríos Cotuhé y Putumayo

Contexto hidrográfico: Zona Hidrográfica Putumayo, Subzona Hidrográfica Río Cotuhé (IDEAM 2013)

Distancia en línea recta de los otros campamentos: 96 km a Quebrada Federico, 53 km a Caño Pexiboy, 21 km a Caño Bejuco

Acampamos a lo largo de la quebrada Lorena, que forma la frontera noreste del PNN Amacayacu. Nuestro campamento estaba dentro de Amacayacu y aproximadamente a 3 km al SSE del puesto de vigilancia Cabaña Lorena del parque, establecido en 1989 y operativo durante nuestra visita. Nuestro sistema de senderos incluía tres senderos (15 km) dentro del parque nacional y uno (6 km) al otro lado de la quebrada Lorena, en el Resguardo Indígena Ríos Cotuhé y Putumayo. Este punto fue elegido por el servicio de parques colombiano por dos razones: para ayudar a apoyar su gestión del sector norte de Amacayacu, y para evaluar la recuperación de esta zona de la caza y la tala de hace décadas.

En este campamento exploramos la llanura aluvial de la quebrada Lorena, una serie de terrazas bajas y pequeñas colinas dentro del parque, y una serie de colinas más altas y empinadas dentro del resguardo. Al igual que en la concesión forestal de Flor Martínez, observamos diferentes tipos de suelo a ambos lados de la

Lorena. El lado del parque está dominado por suelos más pobres de la Formación Nauta inferior, y el lado del resguardo por suelos más ricos de la Formación Pebas. La flora a ambos lados de la quebrada también era bastante distinta, con cierta superposición, pero muchas especies solo fueron observadas en un lado. Las conductividades de las quebradas en el parque y de la quebrada Lorena variaron de 6 a 9,9 µS cm^{-1}, mientras que las del resguardo tuvieron las conductividades más altas que vimos durante el inventario (25–37 µS cm^{-1}). Aquí también las aguas eran una mezcla de negras y claras (Figs. 3J–L), todas las quebradas atravesaban bosques densos, y los sustratos de las quebradas estaban cubiertas de hojarasca, restos leñosos y troncos sumergidos.

No visitamos una *collpa* o salado aquí, aunque la gente local indicó que existe uno relativamente cerca dentro del resguardo, donde los suelos de Pebas más fértiles son distintivos. El bosque a ambos lados de la quebrada Lorena es bastante dinámico, con caídas naturales de árboles cada 400 m más o menos, y al menos tres caídas masivas de árboles ocurrieron durante nuestra estadía.

Dos días antes de nuestra llegada, la quebrada estaba suficientemente alta como para que nuestra comida y algunos suministros llegaran al campamento en peque-peque. Cuando llegó nuestro equipo de científicos, la quebrada había descendido sustancialmente y llevamos nuestro equipo y mochilas a lo largo del sendero de 3 km que conecta la estación de vigilancia del parque con el campamento. Tuvimos un día menos de lo planeado para trabajar en este sitio debido a las complicaciones de llegar a la concesión forestal la semana anterior. Aprovechamos nuestra caminata de 3 km para comenzar a hacer observaciones el 21 de noviembre. Cada día en este sitio llovía, desde llovizna casi continua hasta aguaceros masivos. Varios equipos, los de aves y mamíferos en particular, probablemente realizaron menos observaciones aquí debido a la lluvia.

Todos los equipos informaron que este bosque se encuentra en muy buen estado de conservación, especialmente para las aves terrestres (trompeteros, pavas y perdices). Ninguno de nosotros podía recordar un lugar donde habíamos visto mayores poblaciones de trompeteros o pavas, tanto en tamaño de grupos como en número de encuentros. Los mamíferos también fueron abundantes. Durante el trabajo de avanzada a mediados de octubre de 2019, colocamos 19 trampas para cámaras en este sitio, y las cámaras estuvieron activas durante aproximadamente un mes. Las fotos de la cámara trampa revelaron jaguares y las cuatro especies de ungulados registrados en el inventario. Observamos monos —pichico/bebeleche, mono ardilla/tití, choro/churuco y huapo negro/mico volador— pero las densidades parecían menores que en el campamento Caño Bejuco. Colocamos 10 redes de niebla durante 2 noches a lo largo de los senderos dentro del parque, y capturamos 14 murciélagos de 10 especies diferentes. Un caimán enano vivía en el arroyo debajo de la cocina, y felizmente comía cabezas de pescado descartadas. Aunque nuestros días y noches aquí estaban húmedos, muchas especies de ranas cantaban fuerte desde la vegetación pero no a nuestro alcance.

Observamos dos árboles enormes de cedro (*Cedrela odorata*), así como varios árboles grandes de achapo o tornillo (*Cedrelinga cateniformis*) dentro del resguardo indígena. Ambas especies, especialmente el cedro, se han talado a lo largo de las partes peruana y colombiana del río Cotuhé, así como al norte del Putumayo en la reserva forestal y en el río Yaguas en el Perú.

GEOLOGÍA, HIDROLOGÍA Y SUELOS

Autores: Robert F. Stallard, Jennifer Ángel Amaya, Pedro Botero y Javier Salas

Objetos de conservación: Aguas puras que constituyen la fuente de agua para consumo humano y las únicas rutas de comunicación entre comunidades, cuyas concentraciones de sólidos disueltos y suspendidos dependen de la geología, y que son vulnerables a la contaminación; sedimentos y suelos de fácil erosión cubiertos por un colchón de raíces (Figs. 3B–C) que limita la erosión y retiene los nutrientes necesarios para las plantas y los animales; variadas combinaciones de régimen de agua, sustrato y topografía soportando diversos hábitats, sobre todo humedales oligotróficos alimentados por lluvia (p. ej., aquajales/cananguchales), algunos elevados con depósitos de turba de 0,5–3 m de profundidad, que se desarrollan principalmente en depresiones de la llanura de inundación del río Putumayo; dispersas áreas de suelos y afloramientos ricos en minerales, llamados *collpas* o salados, que ofrecen nutrientes a los animales y constituyen centros de observación de fauna y de cacería tradicional y, por lo tanto, en la concepción de los ticunas son considerados sagrados; áreas elevadas con suelos y roca madre de gravas y arena de cuarzo blanco con quebradas de aguas negras; exposiciones de la Formación Pebas a lo largo del caño Pexiboy, del río Cotuhé y de las vertientes de caño Bejuco y quebrada Lorena, que son de interés geológico para definir la distribución de esta unidad en el noroeste de la Amazonia

INTRODUCCIÓN

Antecedentes

El formato transfronterizo, Perú-Colombia, de este inventario rápido presenta un desafío particular en la presentación de resultados. La literatura geológica de cada país presenta abundantes descripciones de su geología de nivel local a nacional en terminología y mapas que se detienen en sus fronteras nacionales. La mayoría de las características geológicas no reconocen fronteras y los resúmenes más completos de geología tienden a ser de origen y autores internacionales. Recientemente, se han publicado síntesis bastante exhaustivas de la historia geológica del sistema del río Amazonas y los paisajes adyacentes por los últimos 25 millones de años (p. ej., Hoorn y Wesselingh 2010, Horbe et al. 2013, Menegazzo et al. 2016, Jaramillo et al. 2017, Albert et al. 2018). Albert et al. (2018) presentan un mapa de las características geológicas asociadas con los principales paisajes geográficos tanto erosivos como deposicionales en el norte de América del Sur durante los últimos 10 millones de años (Fig. 14).

El inventario se llevó a cabo dentro de la cuenca tectónica de Solimões en su extremo noroeste (Fig. 14). Tres arcos estructurales son importantes en controlar la sedimentación en la región del inventario:

1) El Arco de Vaupés separa la cuenca tectónica de Llanos al norte de las cuencas tectónicas de Putumayo/Napo/Marañón y Solimões al sur.

2) El Escudo Guayanés forma parte del borde del norte de la cuenca tectónica de Solimões que es del tipo intracratónico.

3) El Arco de Iquitos separa las cuencas tectónicas de Putumayo/Napo/Marañón de la cuenca tectónica de Solimões. Las cuencas tectónicas de Llanos y Putumayo/Napo/Marañón son de tipo antearco (*foreland basins*).

La región del Bajo Putumayo-Yaguas-Cotuhé forma parte de una antigua llanura aluvial que alguna vez se extendió sobre el noreste del Perú y sureste de Colombia, desde el piedemonte de los Andes en el oeste y la Sierra del Divisor en el sur hasta por lo menos el este del territorio de Colombia. Hoy en día, los remanentes erosionados de esta llanura forman mesetas, que alcanzan cerca de los 200 m sobre el nivel del mar (msnm) en el este y más de 200 msnm en el oeste, caracterizados por suelos pobres en nutrientes y por una vegetación típica o propia de bosque tropical denso. Varios inventarios rápidos previos han estudiado estas mesetas, incluyendo Matsés (Stallard 2006), Nanay-Mazán-Arabela (Stallard 2007), Maijuna (García-Villacorta et al. 2010), Yaguas-Cotuhé (Stallard 2011) y Ere-Campuya-Algodón (Stallard 2013).

En el Perú la geología del medio y bajo Putumayo, incluyendo los ríos Yaguas y Cotuhé, está resumida por Sánchez F. et al. (1999) y Zavala et al. (1999). Algunos estudios geológicos se han adelantado en el área correspondiente al inventario del lado colombiano, como la cartografía de las Planchas 567, 568, 568 BIS, 569 Y 569 BIS, escala 1:200.000 (SGC 2011) cubriendo principalmente el sector sur del departamento del Amazonas, el mapa 'Geología, Recursos Geológicos y Amenazas Geológicas del Departamento del Putumayo,' escala 1:400.000 (SGC, 2003), el Proyecto ORAM (IGAC, 1999) y el Reconocimiento Geológico Área de

Figura 14. Características geológicas asociadas con los principales paisajes geográficos tanto erosivos como deposicionales en el norte de América del Sur durante los últimos 10 millones de años. El levantamiento activo de la Cordillera de los Andes forma el borde occidental. Al centro hay arcos estructurales (líneas discontinuas) de diversos orígenes geológicos que delimitan parcialmente las cuencas sedimentarias. En la mitad oriental, las áreas cratónicas (donde la corteza continental es somera o cerca de la superficie) bordean las cuencas sedimentarias. Los sitios del inventario rápido están ubicados al este del Arco de Iquitos y al sur del Arco de Vaupés en la cuenca tectónica de Solimões. Adaptado de Albert et al. (2018) con autorización.

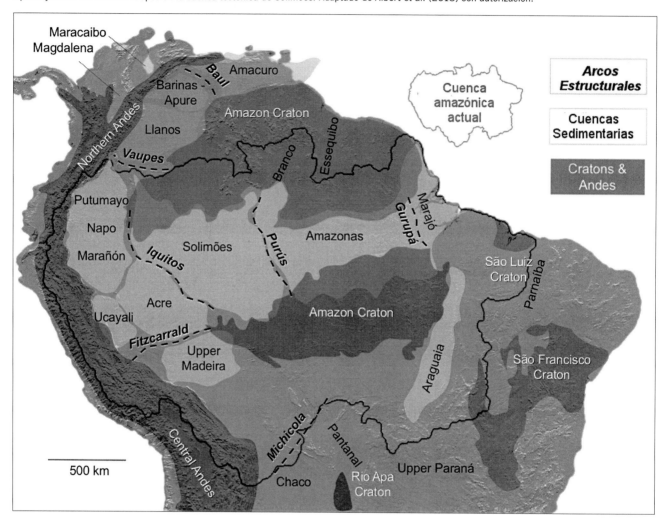

Leticia-Puerto Nariño, departamento del Amazonas (Ayala y Gómez 1991).

Seis formaciones y sus depósitos sedimentarios están expuestos donde la llanura aluvial ha sido erosionada (Tabla 1). La más antigua es la Formación Pebas (Fig. 3D), depositada en la Amazonia occidental durante gran parte del Mioceno (19–6,5 millones de años [Ma]; Jaramillo et al. 2017). Esta unidad ha sido reconocida en inventarios rápidos en el Perú, entre ellos Medio-Putumayo-Algodón (Stallard y Londoño 2016), y en Colombia, en el Bajo Caguán-Caquetá (Botero et al. 2019). La Formación Pebas fue depositada bajo condiciones ambientales que promovieron la acumulación de abundantes minerales de fácil alteración, muchos de los cuales liberan nutrientes

para plantas y animales (p. ej., calcio, magnesio, potasio, sodio, sulfuro y fosforo). Al sur del Arco de Vaupés, incluyendo en la región del inventario, los sedimentos más jóvenes tienen edades de cerca de 10 millones de años (Jaramillo et al. 2017), una indicación de que la parte superior de la Formación Pebas, que se encuentra al norte del arco, fue erosionada.

Sobre la Formación Pebas está la Formación Nauta inferior (Formación Amazonas o Terciario Superior Amazónico en Colombia [Galvis et. al. 1979], Formación Içá en Brasil [Zavala et al. 1999]; Fig. 3E), que fue depositada en el Plio-Pleistoceno (5–2,3 Ma; Latrubesse et al. 2007, Stallard 2011). Según Zavala et al. (1999), se encuentra la Formación Nauta inferior en

Tabla 1. Síntesis de las características de las unidades geológicas que afloran en la región del Bajo Putumayo-Yaguas-Cotuhé del Perú y Colombia.

Unidad geológica y edad	Litología/Composición	Interpretación geológica	Geomorfología
Depósitos aluviales (Holoceno–10.000 años al presente)	Arenas finas a medias de coloración gris	Llanuras de inundación de ríos meándricos actuales, como la del río Putumayo	Planicies bajas, por debajo del nivel de inundación
Depósitos y terrazas fluviales (Pleistoceno)	Arenas finas a medias de color gris claro	Origen aluvial	Relieve plano
Formación Iquitos	Arenas blancas	Origen aluvial	Relieve plano, elevado
Formación Nauta superior/ Depósitos aluviales del Cuaternario (Pleistoceno temprano: 2,3 Ma*)	Arenas cuarzosas masivas, blancos hacia el tope por meteorización dan tonos rojizos a amarillentos	Depósitos aluviales	Terrazas medias a altas de cimas redondeadas, de laderas cortas y cóncavas
Formación Nauta inferior/ Amazonas o Terciario Superior Amazónico Arenitas del Calderón (Sector El Zafire) (Plio-Pleistoceno: 5 a 2,3 Ma*)	Arenas finas a medias, blanco a beige que alteran a tonos rojizos y amarillentos; cantos oligníticos mayormente de cuarzo en matriz areno-limosa	Fluvial deltaico o megafan (*sensu* Wilkinson et al. 2010)	Terrazas medias a altas de cimas redondeadas, de laderas cortas y cóncavas, con alturas de hasta 100 msnm
Formación Pebas/Terciario Inferior Amazónico (Mioceno: 19 a 6,5 Ma*)	Lodolitas azules fosilíferas con nódulos calcáreos, capas de carbón	Sedimentación en ambientes de pantanos con influencia de agua salada por conexión marina	Colinas onduladas

* Millones de años atrás

las elevaciones más altas, por ejemplo, en las divisorias entre los ríos más grandes como el Putumayo y el Yaguas. Esto significa que la Formación Nauta inferior fue depositada durante la formación de la antigua llanura aluvial. Hacia el sector de la comunidad de Calderón y El Zafire al norte de Leticia se ha denominado informalmente como Arenitas de Calderón a una sucesión de color rojizo constituida por arenas friables. (Según Andrés A. Barona-Colmenares, *zafire* significa varillal de arena blanca en lengua uitoto.) La Formación Nauta superior, que sobreyace la Formación Nauta inferior, se encuentra más cerca de los ríos actuales. Esto significa que la Formación Nauta superior fue depositada después de la erosión inicial de la llanura. La Formación Iquitos (Formación de Arenas Blancas) es probablemente contemporánea con la Nauta inferior y consiste principalmente de arena blanca lixiviada o lavada (Sánchez F. et al. 1999).

Los sedimentos de Nauta inferior contienen considerablemente menos nutrientes que los sedimentos de Pebas. La Formación Nauta superior (depósitos aluviales del Cuaternario; Zavala et al. 1999) data del Pleistoceno temprano (2,3 Ma), contiene menores concentraciones de nutrientes que la Nauta inferior (Stallard y Londoño 2016) y algunas veces está depositada directamente sobre la Formación Pebas. Los suelos de las terrazas más altas,

cerca de 200 msnm, pueden tener edades de millones de años y son fuertemente lixiviados con niveles de nutrientes muy bajos (García-Villacorta et al. 2010, Stallard 2011, Higgins et al. 2011). La Formación Iquitos es la unidad más pobre en nutrientes y muchas veces está asociada con ríos de aguas negras y vegetación de varillal y chamizal.

La quinta formación consiste en varios depósitos fluviales del Pleistoceno que son ricos en nutrientes en forma de terrazas a lo largo de los ríos con cabeceras andinas (p. ej., el Putumayo) y pobres en nutrientes en otros lugares (Kalliola et al. 1993). El sexto depósito es sedimento fluvial contemporáneo asentado en las llanuras inundables modernas.

Depósitos de turba (turberas) se están formando en las llanuras inundables de los ríos Algodón y Putumayo (Lähteenoja y Roucoux 2010, Draper et al. 2014, Stallard y Londoño 2016). En las regiones tropicales estos ambientes son denominados como bosques tropicales pantanosos de turba, y contienen suelos orgánicos con al menos un 30% de restos de plantas que se han acumulado en condiciones de encharcamiento[3]. Estas se están formando en depresiones pantanosas y otros lugares bajos que no reciben sedimentos producto de la erosión de las tierras altas o de las inundaciones de

---

3   Definición adoptada en la 13ª Reunión de la Conferencia de las Partes Contratantes en la Convención de Ramsar sobre los Humedales.

los ríos Yaguas y Putumayo. Algunas turberas están más elevadas en el centro y tienen un perfil convexo (Lähteenoja et al. 2009), una fuerte indicación que son ombrotróficas/oligotróficas y de que el agua y las nutrientes para ellas vienen mayormente de la lluvia.

El fuerte contraste entre las llanuras inundables ribereñas y la tierra firme es evidente en los mapas de relieve sombreado de la región del Bajo Putumayo-Yaguas-Cotuhé (Fig. 2C). Dichos mapas tienen aproximadamente 30 m de resolución y fueron derivados del Model de Elevación Digital (DEM) del Shuttle Radar Topography Mission (SRTM)[4]. Las formaciones Nauta inferior, Nauta superior y Pebas forman la tierra firme (Sánchez F. et al. 1999, Zavala et al. 1999). Las llanuras inundables incluyen los depósitos aluviales pleistocénicos antiguos y los depósitos más recientes, así como la mayor parte de las turberas y humedales. Las llanuras aluviales muestran una mezcla de estructuras asociadas con la migración lateral de los canales del río. El río Putumayo y casi todos los ríos navegables son fuertemente meándricos y la migración de sus canales está típicamente relacionada con el crecimiento y corte de barras de meandro. Las barras de meandro forman diques naturales (restingas) a lo largo de los canales activos. Estos alternan con depósitos de abanico formados cuando un dique natural se rompe debido a inundaciones; estas áreas se convierten en depresiones inundables. Cuando un meandro se separa del cauce principal, el cauce abandonado usualmente se convierte en una cocha o madrevieja (lago en forma de U). Grandes desplazamientos del cauce resultan en un gran paisaje de humedal que no recibe agua del río principal o de tierras altas adyacentes. La mayoría de la turba se desarrolla en estas áreas inundadas que ya no reciben sedimentos del río. De manera similar, algunos ríos de aguas negras están asociados con estos lugares planos y pobremente drenados (Stallard y Edmond 1983, Stallard y Crouch 2015).

Otra característica fácilmente discernible en los mapas de relieve sombreado es el alineamiento de muchos valles, crestas y bordes entre las tierras altas y la llanura inundable que regularmente se extiende a lo largo del paisaje. Se piensa que estos lineamientos reflejan fracturas y fallas producidas después de que los sedimentos fueron depositados (Sánchez F. et al. 1999,

Zavala et al. 1999). Los lineamientos son elementos estructurales que pueden organizar el paisaje al controlar la posición de las unidades geológicas, *collpas*, canales de drenaje, etc., y en consecuencia pueden afectar el tipo de agua, las comunidades de peces, los tipos de vegetación y la fauna asociada (Stallard 2013, Stallard y Londoño 2016).

Geología regional

Aunque los Andes están lejos al oeste de esta región y el Océano Atlántico está aún más lejos hacia el este, ambos juegan un rol importante en la conformación de la región del Bajo Putumayo-Yaguas-Cotuhé. Los Andes se formaron como resultado de una serie de orogenias (episodios de formación de montañas) causada por la subducción de la placa tectónica de Nazca que se encuentra debajo del territorio peruano (Pardo-Casas y Molnar 1987). El levantamiento más reciente de los Andes y los sub-Andes se refiere como la Orogenia Quechua y ocurrió en tres pulsos designados como I (25–20 Ma), II (10–5 Ma) y III (3–2 Ma; Sánchez Y. et al. 1997, Sánchez F. et al. 1999). La Orogenia Quechua II (Mioceno-Plioceno) está asociada con el depósito de la Formación Ipururo, la cual precede a la Formación Nauta y casi no se observa al norte del río Napo. La Orogenia Quechua III está asociada con fallas en las llanuras aluviales sobre la cuenca tectónica del Marañón, incluyendo las fallas descritas en los inventarios rápidos de Matsés (Stallard 2005), Sierra del Divisor (Stallard 2006), Ere-Campuya-Algodón (Stallard 2013), Tapiche-Blanco (Stallard y Crouch 2015) y Medio Putumayo-Algodón (Stallard y Londoño 2016), y los lineamientos descritos aquí.

Una variedad de datos indica que el río Amazonas comenzó a transportar sedimentos al océano hace aproximadamente 9 Ma (van Soelen et al. 2017, Albert et al. 2018). Las características de este transporte cambiaron con el tiempo, y estos cambios parecen estar relacionados con eventos tectónicos, cambios en el nivel del mar y grandes capturas de ríos (Caputo y Soares 2016, Hoorn et al. 2017, Albert et al. 2018). Estos procesos pueden haber tenido un gran impacto en la evolución de organismos y sus poblaciones dentro de la cuenca amazónica.

Cuando se depositó la Formación Pebas, hace más de 9 Ma durante el Mioceno, el agua y los sedimentos se

---

4   http://www2.jpl.nasa.gov/srtm/

transportaban hacia el norte a lo que hoy es el Caribe. Una gran parte de la llanura amazónica, al este de lo que hoy en día son los Andes, fueron humedales conectados al norte con el Caribe, a través de un canal al este de la actual Cordillera de los Andes (Hoorn et al. 2010a, 2010b, Jaramillo et al. 2017). Los sedimentos de la Formación Pebas incluyen dos episodios cortos de influencia marina (Hovikoski et al. 2007, Jaramillo et al. 2017). El continuo levantamiento de los Andes y del Arco de Vaupés entre las cuencas del Amazonas y el Orinoco ayudó a establecer el sistema de drenaje actual que va hacia el al Océano Atlántico, al oriente, alrededor de 9 Ma atrás.

El Arco Purús (Amazonia brasileña media) era el límite oriental de la cuenca en la cual fue depositada la Formación Pebas. La elevación del Arco de Vaupés (sur de Colombia) y la ruptura del Arco de Purús parecen haber tenido un papel importante en el inicio del transporte fluvial hacia el Oriente. Por razones aún indeterminadas, los Andes centrales peruanos y las cuencas sedimentarias adyacentes al occidente del Arco de Iquitos no fueron las principales fuentes de sedimentos del sistema temprano del río Amazonas. Los estudios geoquímicos sofisticados de sedimentos de la Formación Içá (equivalente brasileño de la Nauta inferior) indican que los sedimentos se derivaron de la región del Putumayo y el sur de Colombia o posiblemente del suroeste de Brasil y el sur de los Andes peruanos y bolivianos (Horbe et al. 2013). Los sedimentos actuales y los depositados en terrazas más jóvenes de la Formación Içá se derivan en gran medida de los Andes centrales peruanos, lo que indica que el Arco de Iquitos se rompió o fue disecado por erosión remontante, llegando a expandir la cuenca del río Amazonas y capturando las cuencas hidrográficas al occidente. Esto último parece más probable porque los sedimentos de Nauta y otros sedimentos contemporáneos se depositaron sobre y al occidente del Arco de Iquitos en la forma de una gran planicie aluvial o un mega-abanico (Wilkinson et al. 2010), como el de los Llanos de Colombia y Venezuela o el abanico del río Pastaza, que atraviesa el Perú y Ecuador actualmente. Wilkinson et al. (2010) llamaron este depósito de sedimentos el Mega-abanico de Putumayo-Caquetá y hacia el oeste el primer Mega-abanico del Pastaza.

La fluctuación del nivel del mar parece haber tenido un papel importante en la configuración del Valle del Amazonas. Los niveles altos del nivel del mar, mediante la disminución del gradiente del río, pueden promover la formación de terrazas a una distancia de hasta 3.000 km del océano, y los niveles bajos, por aumentar el gradiente del río, favorecen las incisiones profundas en el valle aguas arriba. Cuando el nivel del mar es bajo, el río Amazonas y sus afluentes cortan dentro de sus canales formando valles profundos, tal vez hasta el Perú (Klammer 1984, Irion et al. 1994, Stallard 2011, Albert et al. 2018). Cuando el nivel del mar es alto, estos valles son rellenados con sedimento, formando una vasta llanura aluvial (una penillanura) o un mega-abanico, y las tierras todavía más altas son erosionadas hasta llegar al mismo nivel. Gracias a que tenemos una idea razonable sobre la historia del nivel del mar en el ámbito global (eustático; Miller et al. 2005, Müller et al. 2008), las edades de estas terrazas pueden ser estimadas.

El Plioceno comenzó con altos niveles del mar: 49 m a 5,33 Ma y 38 m a 5,475 Ma. La altura de 49 m fue uno de los niveles más altos en muchos millones de años, y probablemente impactó fuertemente el depósito de los sedimentos a lo largo de las llanuras del Amazonas. Numerosas oscilaciones del nivel del mar siguieron, siendo la más baja de -67 m a 3,305 Ma, durante la cual sedimentos más antiguos habrían sido profundamente disectados por la erosión. Al comienzo del Pleistoceno (2,6 Ma) el mar aumentó su nivel dos veces (25 m hace 2,39 Ma y 23 m hace 2,35 Ma). Las formaciones Nauta inferior y Nauta superior y la Formación Iquitos cerca de Iquitos y la Formación Içá al este fueron depositadas en el Plioceno hasta el Pleistoceno, después del pulso más reciente de levantamiento de los Andes del Norte y probablemente después del nivel más bajo del mar a los 3,305 Ma (Sánchez F. et al. 1999, Latrubesse et al. 2007, Stallard 2011, Stallard y Zapata-Pardo 2012, Stallard y Crouch 2015). El contacto entre estas formaciones y la Formación Pebas es ligeramente ondulante, una indicación de erosión (Sánchez F. et al. 1999).

Lo que siguió fue la formación de las capas de hielo y glaciaciones que crearon enormes oscilaciones en los niveles del mar que aumentaron en amplitud con el tiempo. La última terraza grande fue formada hace 120.000 años, durante el último período interglaciar, cuando el nivel del mar era 24 m más alto que el actual, siendo el más alto desde el registro de 25 m de hace 2,39 millones de años. Este fue seguido por el tercer nivel del mar más bajo, hace 20.000 años, de -122 m, el más bajo registrado en muchos millones de años (los otros niveles más bajos fueron de -124 m hace 630.000 años y -123 m hace 440.000 años). El nivel del mar se elevó rápidamente y en 20.000 años el río Amazonas rellenó su valle con sedimentos. Los grandes afluentes que no tienen muchos sedimentos, como los ríos Xingú, Tapajós, Negro, Coarí y Tefé, todavía no han rellenado sus valles y tienen lagos, llamados rías, en sus desembocaduras.

Las terrazas mayormente aluviales, más jóvenes y más bajas (observadas en todos los campamentos) probablemente reflejan cambios locales en la hidrología, tales como la descarga, fuentes de sedimentos y un nivel base que pudieron ser afectados por el clima y tectónica local.

Suelos y geología

Las características del suelo y las comunidades de plantas asociadas parecen estar fuertemente relacionadas con las unidades geológicas subyacentes (Tabla 1). En ausencia de la exposición de la roca madre, y solamente con base en la topografía local y los suelos superficiales, las formaciones Pebas, Nauta inferior y Nauta superior son difíciles de distinguir. Los suelos de la Formación Pebas son ricos en cationes y relativamente fértiles, mientras que los de las formaciones del Plio-Pleistoceno son más pobres en nutrientes. El desarrollo de un espeso (5–25 cm) y continuo colchón o capa de raíces sobre todos los elementos topográficos del paisaje (las partes más bajas, las pendientes, incluyendo pendientes inclinadas, y las tierras altas; Figs. 3B–C) está asociada con sustratos extremadamente pobres, y se ha probado experimentalmente que este colchón juega un rol importante en el reciclaje eficiente de nutrientes y por lo tanto en la retención de los mismos (Stark y Holley 1975, Stark y Jordan 1978). Donde esta capa de raíces está presente cubre también los troncos de árboles caídos, envuelve frutos duros y trepa los troncos de las palmeras donde penetra la hojarasca atrapada entre las hojas. Los suelos que provienen de los sedimentos de las formaciones Nauta inferior y Nauta superior están cubiertos con la capa de raíces, mientras que los suelos

desarrollados de las rocas de la Formación Pebas carecen de esta capa de raíces (Stallard 2005, 2007, 2011, 2013). Es de anotar que las expresiones topográficas de las formaciones Pebas y Nauta superior son casi idénticas. La mayoría de los suelos asociados con planicies de inundación de los ríos no andinos, como por ejemplo el Yaguas y el Cotuhé, tienen una capa de raíces bien desarrollada. El anegamiento en las llanuras podría ser un factor adicional en la formación de la capa de raíces. Higgins et al. (2011) usaron imágenes satélites, topografía SRTM, composición del suelo e inventarios de plantas para demostrar que el contraste entre las formaciones del Pebas/Solimões del Mioceno y las formaciones suprayacentes del Plio-Pleistoceno (formaciones Nauta/Içá, o mejor dicho, las terrazas de estas formaciones) es especialmente fuerte en el occidente medio de la llanura amazónica. A pesar del contraste en nutrientes del suelo y la composición de la comunidad de plantas asociadas, en general la diversidad de plantas de los dos tipos de suelo no difiere de manera marcada (Clinebell et al. 1995).

Geología económica

El límite norte de la cuenca tectónica del Marañón/Napo/Putumayo es muy importante para la producción del petróleo en Ecuador y el Perú, y comienza al oeste del Arco de Iquitos justo al sur del río Putumayo (Perupetro 2012). La cuenca se profundiza dramáticamente hacia el sur. No existen datos de líneas sísmicas exploratorias en el Perú al norte y este del Arco de Iquitos (Perupetro 2012), indicando que los depósitos sedimentarios al oriente del arco no se consideran suficientemente profundos para crear petróleo a partir de la materia orgánica enterrada, y que el petróleo que migró a través de rocas reservorias en la cuenca del Marañón/Napo/Putumayo no puede cruzar el Arco de Iquitos (Sánchez F. et al. 1999, Higley 2001). Por lo tanto, no parece haber reservas de petróleo en la región del Bajo Putumayo-Yaguas-Cotuhé.

A pesar de que las concentraciones de oro en la región son bajas (Zavala C. et al. 1999), la explotación del oro con dragas está ocurriendo a lo largo del Putumayo y en menor extensión a lo largo del Cotuhé. Toda esta minería es ilegal, ya que no hay concesiones mineras en el Putumayo o sus tributarios, y es altamente contaminante por el uso de mercurio, que una vez es liberado al ambiente es tóxico para los ecosistemas y la salud humana, lo que ya ha sido documentado en las mediciones de concentración de mercurio en peces y habitantes de la región. Las concentraciones medidas en algunas aguas excedieron el valor máximo permisible para el agua, alcanzando valores de hasta 0,003mg/l Hg (Cano et al. 2016). Es muy probable que la proveniencia del oro del Putumayo es la Cordillera de los Andes, mientras que el oro del Cotuhé y Yaguas proviene de las rocas sedimentarias descritas arriba.

CARBOCOL realizó estudios económicos (Ayala y Gómez 1991) y de reconocimiento geológico del área entre Leticia y Puerto Nariño, evaluó el potencial económico de los mantos de carbón reportados. Dicho reconocimiento clasificó los carbones según las normas A.S.T.M. como lignito A y no arrojó resultados económicos satisfactorios para su extracción.

MÉTODOS

Para estudiar el paisaje de la región del Bajo Putumayo-Yaguas-Cotuhé, visitamos cuatro sitios (Figs. 2A–D y 4C–F y el capítulo *Panorama regional y descripción de sitios*, en este volumen). Estos sitios presentan diferencias en la hidrología, topografía y vegetación, permitiendo una comparación de varios ambientes distintos. El campamento Quebrada Federico estaba ubicado a orillas de la quebrada del mismo nombre, en una planicie de inundación, y fue el único campamento en el Perú. El campamento Caño Pexiboy estaba ubicado en la orilla izquierda del caño Pexiboy, en un paisaje complejo con tierra firme y áreas inundables y fue el único campamento al norte del río Putumayo. El campamento Caño Bejuco estuvo ubicado en la orilla izquierda del río Cotuhé y brindaba acceso a un paisaje complejo con tierra firme y áreas inundables. El campamento Quebrada Lorena estuvo ubicado en la orilla izquierda de la quebrada Lorena, a 3 km del río Cotuhé, con acceso a un paisaje complejo con tierra firme y áreas inundables.

El trabajo de campo se enfocó a lo largo de los sistemas de senderos y a lo largo de algunos drenajes y orillas de los ríos en cada campamento. Usamos un GPS Garmin GPSmap 62STC, que funciona bien debajo del dosel del bosque y permite tomar notas para cada punto de ubicación, georreferenciar fotos y revisar los perfiles de elevación de las rutas. Se debe tener cuidado debido a que algunas variaciones en la elevación son causadas por los cambios en la presión atmosférica. Hicimos observaciones en muchas de las marcas de 500 metros en los senderos y en las características distintivas como arroyos, características erosiónales y afloramientos. Entre las características examinadas estuvieron la topografía, suelo, apariencia de la hojarasca y capa de raíces, y propiedades del agua. Algunas características fueron fotografiadas.

Para describir los drenajes y la química del agua en la región, examinamos tantos arroyos como fue posible en cada campamento, completando una medición de 58 puntos. Registramos la ubicación geográfica, elevación, velocidad cualitativa de la corriente (estancada, de goteo, moderada, rápida, muy rápida), color del agua, composición del lecho, ancho de la orilla y altura de la orilla. Para quebradas más grandes, ríos y lagos, conductividad específica del agua, pH y temperatura fueron medidas con un instrumento calibrado ExStick® EC500 (Extech Instruments) portable para medir pH y conductividad (Apéndice 2).

Medimos pH, conductividad eléctrica (EC) y temperatura *in situ*. El pH del agua fue también medido usando bandas medidoras de pH ColorpHast. Todos los medidores de pH fallaron, presumiblemente por las condiciones húmedas y lluviosas, por lo que tuvimos que usar las bandas medidoras.

Una selección de muestras fue recolectada para medir el pH y conductividad en el U.S. Geological Survey, Boulder, Colorado, EE.UU. (Apéndice 2), donde las condiciones ambientales eran más favorables que en el campo, y para análisis de sedimentos suspendidos. Dos muestras de 30 mL de agua fueron recolectadas en cada lugar de muestreo: uno para determinar los sólidos suspendidos y el otro para medir el pH y la conductividad. Dos muestras de 120 mL fueron también recolectadas en estos sitios para un análisis posterior comprensivo de los mayores constituyentes y nutrientes. Esta muestra fue esterilizada con luz ultravioleta en una botella Nalgene de 1 L usando un Steripen. Las muestras fueron guardadas limitando la variación de la temperatura y exposición a la luz. La concentración de sedimentos suspendidos fue medida pesando los filtros secados al aire (filtros de 0,45 micrones de policarbonato; Nucleopore) de volúmenes conocidos de muestras.

La metodología seguida para el análisis y la descripción de los suelos se basa en los estándares generales utilizados por el IGAC tanto para los suelos en campo como para los análisis de laboratorio (IGAC 2006, 2014).

Para la colección de los perfiles se realizaron transectos por los senderos preestablecidos en cada campamento. Se hicieron descripciones sobre las condiciones de los paisajes y los suelos en la medida en que se encontraron cambios importantes en estos. También se hicieron observaciones a lo largo de las orillas de ríos y caños, complementando lo observado en los senderos.

La toma de muestras se realizó utilizando un barreno holandés tipo Edelman que remueve muestras de suelo cada 20 cm hasta completar 2 m (Fig. 3A), midiendo la profundidad en la que se observaron cambios en el color y estructura del suelo para definir los horizontes. A partir de las características observadas como color, textura, plasticidad y tamaño de grano, se identificaron los horizontes de suelo y se les asignó una denominación (tipo A, B o C). El color se determinó *in situ*, empleando una tabla de color para suelos (Munsell Color Company 1954). Los datos fueron registrados en formatos diseñados para no omitir ninguna información.

Los pozos realizados fueron georeferenciados usando el GPS. En total se describieron 49 perfiles de suelos, los cuales componen 160 muestras para análisis de laboratorio. Estas fueron enviadas al Laboratorio de Suelos Terrallanos en Villavicencio para determinación de porcentaje de arena, limo y arcilla, pH, macronutrientes (N, P, K) y micronutrientes (Fe, Cu, Zn, Mn, B) y los cationes intercambiables.

En los barrancos de los ríos y quebradas principales, donde la socavación expone los materiales que se encuentran a mayor profundidad, logramos identificar la secuencia de unidades presentes para el área. Para la descripción litológica o de tipo de materiales empleamos un martillo geológico y lupa (10x). Rasgos estructurales como estratificaciones, lineamientos, fracturas y fallas fueron medidos con brújula alemana tipo Clark, que suministra el dato del ángulo de inclinación del plano y los grados azimut con respecto al norte. Con el fin de observar mejor las características como color,

composición y textura se limpiaba la superficie meteorizada. Una vez se observaban cambios importantes se midió con cinta métrica el espesor de cada unidad en la secuencia y se registraron los cambios en una columna de profundidad vs. litología. Cada unidad fue muestreada para análisis de laboratorio que permita su descripción microscópica.

La profundidad de los depósitos de turba fue medida usando una vara de madera de 3 m de largo. La vara fue insertada hasta encontrar fuerte resistencia, la cual correspondía a un nivel donde la punta de la vara tocaba el fundo de arcilla. La profundidad de la turba fue luego medida desde la parte superior de la turba hasta la película de arcilla.

En cada sitio teníamos dos mapas preparado por el equipo de Sistema de Información Geográfica (SIG) del Field Museum. Uno fue derivado del DEM de 1-arcosegundo (alrededor de 30 m) de apertura sintética SRTM producido por la NASA y el USGS[5]. Este DEM mapea el dosel encima, no la superficie del suelo, lo cual complica la derivación de la red de drenajes. Otro era una imagen de Landsat de la vegetación en color falso con la misma resolución.

En el campo usamos otra herramienta de mapeo, la aplicación de iPad Avenza PDF Maps[6]. PDF Maps muestra un mapa base, los mapas ya descritos, geolocalizado en formato PDF (GEOPDF) con la ubicación del usuario superpuesta. Rutas y puntos de ubicación pueden ser generados o añadidos previamente al mapa, durante o después del trabajo de campo. Estos mapas probaron ser una herramienta poderosa para evaluar la posición de uno en un paisaje de bosque densamente cubierto.

Usando el SIG Global Mapper 20.1[7], los lineamientos fueron identificados simulando la iluminación del paisaje a través de un amplio rango de ángulos, lo que permite que las crestas y valles que corren perpendiculares a la dirección de la iluminación sobresalgan. Las líneas fueron dibujadas con el SIG sobre estas características para usarlos luego en la inferencia de las fallas.

5   *http://www2.jpl.nasa.gov/srtm/ y http://earthexplorer.usgs.gov/*

6   *http://www.avenza.com/pdf-maps*

7   *http://www.bluemarblegeo.com/products/globalmapper.php*

RESULTADOS

Construimos un modelo físico del área después de determinar el pH y la conductividad de los cursos de agua, visitar afloramientos a lo largo de los senderos, medir las profundidades de la turba y registrar observaciones sobre el paisaje, suelo y la capa de las raíces. Encontramos características distintivas de las formaciones geológicas que pueden condicionar agua y el paisaje. Los resultados están resumidos en la Tabla 2, que también incluye información de otros inventarios de la región del Putumayo.

En general se definieron dos grandes paisajes y tres tipos de paisajes:

1) Llanura aluvial del río Putumayo

   – Terrazas Bajas
   – Terrazas Medias

2) Planicie disectada de la planicie aluvial del Plio-Pleistoceno (Formación Nauta inferior/Terciario Superior Amazónico)

   – Terrazas Bajas
   – Terrazas Medias
   – Terrazas Altas

Campamento Quebrada Federico

El campamento estaba ubicado en una planicie de inundación del río Putumayo de edad Holoceno, tres cuartos de la distancia entre el Putumayo y unas lomas. Por falta de afloramientos y quebradas en las lomas, no fue posible identificar la roca madre o su edad, pero debe ser pre-Holoceno. El único muestreo de suelos en la cumbre de la primera loma del área alta tenía algo de arena que puede significar una de las unidades de la Formación Nauta. Casi todos los terrenos de altos de la planicie son restingas (diques naturales) de varias edades del holoceno que forman varias terrazas. Las restingas cerca de las lomas están formadas al lado de las quebradas que salen de las lomas.

Los alrededores del campamento hacen parte de la terraza media del río Putumayo, que ha formado bacines ahora ocupados por aguajales. El sendero al norte del campamento alcanzaba marginalmente el nivel de terrazas altas. El ecotono es de restinga, varillales y

pantanos o turberas. En el sendero hacia el noroeste se midieron hasta 3 m de acumulación de turba o materia orgánica. Al sur del campamento las dos turbas se encontraban en una altura de 40–60 cm con respecto al nivel del suelo, comprendido por limo gris.

Las aguas medidas mostraron conductividades entre 6 y 11,8 µS cm^{-1}, y pH entre 4,12 (muy bajo) y 5,47, medidos en siete quebradas. Las quebradas tenían entre 3 y 6 m de ancho, con aguas ligeramente turbias, de flujo lento a moderado.

Los suelos comprenden un horizonte A muy delgado (<20 cm), donde se concentran las raíces. Son principalmente arcillo-limosos, con un horizonte BCg con concreciones de óxidos de hierro. Se analizaron 12 sondeos y se colectaron 47 muestras.

Las observaciones realizadas son muy similares a las registradas en el campamento Bajo Algodón del inventario Medio Putumayo-Algodón (Stallard y Londoño 2016).

Paisajes en el campamento

Gran Paisaje: Llanura aluvial del río Putumayo, Paisaje: Dique natural en la llanura aluvial. El relieve era plano convexo, con pendientes de 0–10%. El nivel freático se presentó a 100 cm de profundidad. El suelo es profundo, con vegetación de bosque alto inundable por desbordamientos frecuentes.

El perfil presentó horizontes A, AB, B, BC y Cg; los colores dominantes fueron pardos en la superficie, franco-limosos y el contenido de arcillas se incrementaba con la profundidad, definiendo un suelo clasificado como PALEUDULT provisionalmente. Se describieron dos perfiles de suelos que presentaron relieve desde plano-cóncavo hasta ligeramente ondulado. El nivel freático es superficial en algunos sectores mientras que en otros se puede encontrar a 1 m de profundidad; por lo tanto los suelos varían desde profundos hasta superficiales. La vegetación natural es de aguajal-cananguchal hasta bosques altos. Los perfiles mostraron horizontes A, AB, B, BC y en algunos casos se encontraron concreciones de hierro en profundidad. Los clasificamos como AQUULTS y PALEUDULTS provisionalmente.

Gran Paisaje: Llanura aluvial del río Putumayo, Paisaje: Terraza Media. Las terrazas medias en este campamento pueden ser ocasionalmente inundables en grandes crecientes. Presentaron un relieve ondulado o ligeramente ondulado con pendientes entre 5 y 20%. Los suelos fueron profundos a muy profundos, cubiertos en general por bosques de tierra firme. Los suelos son afectados por procesos de erosión laminar y pequeños movimientos masivos del terreno.

El perfil típico era una secuencia de horizontes A, AB, B1, B2 y BC con colores pardo, pardo amarillento y pardo fuerte rojizo, algunas veces con fenómenos de gleyzación y colores grises dominantes. Los clasificamos como ULTISOLES provisionalmente.

Gran Paisaje: Llanura aluvial del río Putumayo, Paisaje: Terraza Alta. Estas terrazas llegan a más de 100 msnm y presentan relieve fuertemente ondulado, con pendientes entre 10 y 30%. Los suelos son muy profundos que soportan bosques altos de tierra firme. Los procesos erosivos son frecuentes, tanto laminares como masivos.

La secuencia de horizontes fue A, AB, B1 y B2 con colores pardo amarillento y pardo rojizo. En estos suelos son frecuentes las concreciones de hierro y manganeso. Los clasificamos como PALEUDULTS provisionalmente.

Campamento Caño Pexiboy

El campamento Caño Pexiboy se ubicaba entre la planicie de inundación actual del río Putumayo y una divisoria al norte, que es remanente de la antigua planicie aluvial Plio-Pleistoceno. La región entre el Putumayo y su divisoria es una valle bien disectada con una profundidad de 140 m. Cerca del campamento se encuentran cinco unidades geológicas. La Formación Pebas, que desarrolla suelos más fértiles, se encuentra en las elevaciones más bajas a lo largo de la margen izquierda del Pexiboy y en áreas más altas al norte. Sobre la Formación Pebas yace la Formación Nauta (Perú)/Terciario Superior Amazónico o Amazonas (Colombia). Esta última tiene arenas y gravas, que se encuentran en los fondos de cauce de las quebradas que drenan esta unidad, como un indicador de su presencia. En dicha formación los suelos son menos fértiles.

Encima de estas formaciones es un depósito de arenas y gravas al otro lado del Pexiboy. Este terreno es en parte plano con pantanos y en parte lomas. Ambos tienen suelos menos fértiles, indicado por un colchón de raíces, quebradas de aguas negras y irapayales. Esta formación no es parte de la planicie de inundación actual del

Pexiboy porque es demasiada elevada, aún más aguas arriba del campamento (imágenes satelitales de manchas moradas al lado derecho del caño Pexiboy; ver la Fig. 2A). Las imágenes satelitales indican que esta formación está depositada encima de las formaciones Pebas y Nauta inferior/Amazonas; además, es cerca de un río actual. Por eso, este depósito puede ser equivalente a la Formación Nauta superior/Arenitas del Calderón (Sector El Zafire). La cuarta formación es la planicie de inundación del caño Pexiboy. El Pexiboy es altamente meándrico dentro de esta planicie. Finalmente hay un área de lodos con charcos salados (*collpa*; Fig. 3G) que ocurre en un lineamiento, probablemente una falla.

El área al sur del campamento presenta la mayor disección, mientras que la terraza recorrida al norte del campamento es la menos disectada. Los procesos erosivos han modelado el paisaje sobre los materiales geológicos, que condicionan las características de las aguas y de los suelos observados. Sobre el caño Pexiboy fue posible visitar tres afloramientos de roca, que permitieron identificar el dominio de la Formación Pebas (Mioceno) de lodolitas que se caracterizan por su color azul grisáceo y la presencia de conchas de moluscos e ichnofósiles recubiertos con $CaCO_3$ en su nivel inferior. En el nivel superior se presentan capas delgadas con alto contenido de materia orgánica, óxidos de hierro y fragmentos de hojas y tallos.

En dos afloramientos, el primero en la margen del río, y el segundo al norte del campamento, fue posible identificar un contacto con una unidad superior finamente laminada con óxidos de hierro, de lodolitas grises claras, altamente bioturbada. Esta unidad es la roca madre de los suelos observados al sur del campamento. Los suelos son arcillosos pesados, con mayor fertilidad al norte del campamento. En el otro lado del río, al oeste del campamento, los suelos se caracterizan por ser arenosos a limosos con gravas y arenas finas.

Estas descripciones permitieron definir dos dominios geológicos, delimitados por el caño Pexiboy. A la margen izquierda, en el dominio de la Formación Pebas, se presentan suelos arcillosos pesados, de mayor fertilidad, donde crecen bosques altos y densos, con claros que son la consecuencia de la extracción de árboles maderables y parches de 'piñales' (*Aechmea* cf. *rubiginosa*) e irapay

(*Lepidocaryum tenue*). Las aguas son blancas con turbidez media (conductividad 9 µS cm⁻¹ y pH 6).

En este dominio se presentaba un salado, con charcos de agua que presentaban una alta variabilidad en el contenido de sales disueltas, presumiblemente por la entrada de agua dulce de quebrada. Sin embargo, se midió una conductividad de 340 µS cm⁻¹. No hay indicio de excavación en los suelos por parte de los animales, sino de su ingestión de agua salobre, por lo que este tipo de salados son conocidos como 'chupaderos' en la región. El salado se encuentra alineado en un patrón que controla el paisaje con dirección NE-SW. Estos lineamientos controlan o rectifican tramos de los caños y quebradas incluyendo el Pexiboy.

El dominio Plio-Pleistoceno, o de ríos antiguos, en la margen derecha del río, se caracteriza por la menor fertilidad de los suelos con parches densos de irapay. En este dominio la mayoría de las aguas son blancas, pero en terrazas más altas, hay presencia de aguas negras (pH 4,3 y conductividad de 30 µS cm⁻¹), con fondos de gravas y mayor desarrollo de la capa de raíces.

Se midieron datos de aguas en 25 puntos y se describieron 12 sondeos de suelos; se colectaron 2 muestras de agua, 1 muestra de sedimentos y 10 muestras de roca.

Paisajes

Gran Paisaje: Planicies disectadas de la planicie aluvial del Plio-Pleistoceno, Paisaje: Terraza baja. Las terrazas bajas se encontraban a 3–4 m sobre el nivel del caño Pexiboy. El relieve era plano ondulado, plano cóncavo, con drenaje lento y encharcamientos en pequeñas áreas. Sin embargo, la profundidad de los suelos en general es suficiente para el enraizamiento de grandes árboles y palmas. Los bosques han sido entresacados de la madera comercial por ser las áreas de más fácil acceso desde los caños.

El perfil presentó horizontes A, AB y B, con texturas Franco, Franco Limosas y Franco Arcillo Limosas. Los suelos son relativamente jóvenes aunque no se presenta sedimentación notoria en este paisaje.

Gran Paisaje: Planicies disectadas de la planicie aluvial del Plio-Pleistoceno, Paisaje: Terraza media. La terraza media en este campamento no es inundable. Presenta un relieve ondulado, con bosques de porte alto y buenas condiciones de drenaje. Los suelos son profundos con

ligeras manifestaciones de erosión laminar; en estas áreas también se presentaba explotación maderera.

El perfil tuvo una secuencia de horizontes A, AB, B1 y B2 con colores pardos en la superficie y pardo amarillento a pardo rojizo con moteados en los horizontes B. Las texturas variaban desde franca en superficie hasta arcillosa en profundidad, lo cual nos indica la formación de suelos madurados. Los clasificamos como ULTISOLES provisionalmente.

Gran Paisaje: Planicies disectadas de la planicie aluvial del Plio-Pleistoceno, Paisaje: Terraza alta. Estas terrazas altas presentan un relieve fuertemente ondulado hasta quebrado en algunos sitios. Dominan los bosques altos bien desarrollados y en el sotobosque las plantas de *Aechmea rubiginosa*. Son frecuentes los procesos erosivos en forma de movimientos masivos.

Los suelos son profundos y presentan una secuencia de horizontes A, AB, B1, B2, C y Cr, con concreciones de hierro y manganeso en profundidad. Los colores son pardos oscuros, pardo amarillentos o rojizos y en profundidad tienen arcillas grises pesadas. En superficie las texturas son Franco arcillosas hasta Arcillosas. La taxonomía probable de estos suelos puede ser OXISOLES y ULTISOLES.

Campamento Caño Bejuco

Este campamento se ubicaba sobre la planicie de inundación del río Cotuhé al este del caño Bejuco el margen izquierdo. El paisaje de tierra firme se caracteriza por presentar ondulaciones fuertes con pendiente de 20 a 26°, profundas con alturas de 30 m y laderas en forma de U, donde se desarrollan aguajales o de V donde se encuentran quebradas.

Las quebradas pequeñas cerca de las quebradas grandes han excavado hasta el nivel base, representado por el río Cotuhé, donde han aflorado rocas de la Formación Pebas a la base. Estos canales han disectado el paisaje a través de arenas y gravas y tienen mayores pendientes que dan lugar a 'cañones.' Se observan procesos de erosión y flujos subsuperficiales asociados; estos procesos se dan por erosión interna y contraste de permeabilidad en los materiales sobre el contacto geológico.

Los afloramientos del río Cotuhé permitieron identificar el contacto entre tres unidades geológicas correspondientes a la Formación Pebas, Formación Nauta inferior/Amazonas o Formación Terciario Superior y Nauta superior/Depósitos Aluviales del Cuaternario. También se observó la evidencia de fallas normales NW-SE, la misma dirección de los lineamientos que controlan los ríos y hacen que los bloques que contienen la Formación Nauta inferior se encuentren más disectados, generando un sistema de levantamiento y hundimiento de bloques o dominios.

No se registraron salados, pero se reportan por habitantes de Caño Pupuña a lo largo de la quebrada Correntilla, que desarrolla un valle profundo según la imagen de relieve. En el caño Pupuña, donde las comunidades indígenas no han sido contactadas, se reporta el uso tradicional de arcillas para alfarería.

Las aguas tenían conductividades entre 5 y 8,9 μS cm^{-1}, pH entre 5 y 6 y temperatura entre 24,9°C y 27,4°C, con fondos areno-gravosos y arcillo-arenosos.

La zona de este campamento está dominada por dos unidades principales. La primera es de suelos rojos profundos y francoarcillolimosos, ubicados en la terraza más alta del paisaje (Formación Nauta) que descansa sobre arenas blancas de cuarzo, de un espesor de más de 2 m. Estos suelos se pueden describir en los senderos al norte del campamento donde se formaron dos perfiles completos. También en esta unidad se describieron dos perfiles de suelos muy arcillosos, muy pegajosos, de color grisáceo, que se ubican hacia la parte media de las laderas erosiónales de la misma unidad de suelos rojos. La disección de este paisaje es muy fuerte, debido a que está en la parte más alta del paisaje. Las depresiones marcan pequeños vallecitos en los cuales se encuentran abundantes arcillas y gravillas blancas.

La segunda unidad se ubica en las terrazas bajas a los lados del río Cotuhé y de la quebrada Bejuco. En estas terrazas parcialmente inundables se describieron cinco perfiles (tres en el Cotuhé y dos en la Bejuco). Estos suelos son francoarcillolimosos, de color pardo-gris, y pueden ser cubiertos por el agua una o dos veces al año.

Paisajes

Gran Paisaje: Planicies disectadas de la planicie aluvial del Plio-Pleistoceno, Paisaje: Terraza baja. Aunque estas planicies se presentan dentro de la llanura aluvial del río Cotuhé, podrían ser parte de una llanura antigua del río Putumayo, tanto en este campamento como en el campamento Quebrada Lorena. En algunos casos la terraza es inundable y en otros no, o solo en crecientes muy grandes. El relieve es plano ondulado con pendientes menores al 3%.

Los perfiles de suelos muestran una secuencia de horizontes A, AB, B y algunas veces Ab (horizontes A enterrados). Las texturas varían desde Francas en superficie a Franco Arcillo Limosas, y algunas veces Arcilloso pesado en profundidad. Los colores varían desde pardos, pardo amarillentos hasta pálidos y grises en profundidad.

Gran Paisaje: Planicies disectadas de la planicie aluvial del Plio-Pleistoceno, Paisaje: Terraza media. En la llanura aluvial del río Cotuhé se presenta un relieve plano ondulado, con pendientes de 3–7%, con suelos muy profundos cubiertos por bosques de tierra firme, con procesos de sucesión iniciales debido a deslizamientos masivos del terreno.

La secuencia de horizontes es A, AB, B1, B2 y C, lo cual indica suelos maduros de alto grado de desarrollo pedogenético. Las texturas dominantes son Arcillosas y Arcillo Limosas; los colores son pardo rojizos y variedad entre grises, rojizos y amarillentos.

Gran Paisaje: Planicies disectadas de la planicie aluvial del Plio-Pleistoceno, Paisaje: Terraza alta. Las terrazas altas presentan relieves variados desde fuertemente ondulados-colinados hasta relativamente planos en algunas de sus cimas. Por esto las llamamos terrazas, aunque el grado de disección hace que en este momento no den la impresión de serlo. Están cubiertos por un bosque alto de tierra firme con abundantes helechos y palmas. Las pendientes varían desde 3–5% en algunas cimas hasta >30% en laderas.

Los suelos son muy profundos, con una secuencia de horizontes A, AB, B, BC, hasta 2C, 3C y 4C en un sitio de barranco sobre el río Cotuhé que tenía más de 30 m de profundidad. Los procesos de disección fuerte están dominados por erosión interna en los horizontes AB y B. Las texturas son Francas en superficie pasando a Franco Arcillo Limosas en los horizontes B y Arcillosos Arcillosas contrastando con arenas gruesas en profundidad (>2 m). Los colores son pardos en los horizontes A y rojizos en los B.

Campamento Quebrada Lorena

El valle de la quebrada Lorena se desarrolla sobre el paisaje de terrazas medias del río Cotuhé. Esta quebrada tiene su cabecera en una planicie aluvial del Plio-Pleistoceno.

Los senderos en el margen izquierdo de la quebrada Lorena tenían desarrollo de raíces delgadas pero densas, una indicación de suelos relativamente pobres sobre la Formación Nauta inferior. En parte de una de estos senderos no había desarrollo de raíces superficiales. Las aguas tenían características semejantes a otros campamentos, con conductividades entre 11 y 12 µS cm^{-1} (ligeramente mayores a las de los campamentos anteriores, 8–9 µS cm^{-1}), y pH alrededor de 6 que indica la presencia de la Formación Nauta inferior.

Los suelos en los senderos en el margen izquierdo de la quebrada Lorena se desarrollan sobre una terraza parcialmente inundable, bastante larga y ancha, que parece demasiado grande para el tamaño de la quebrada que la bordea. Aquí se hicieron dos chequeos que describen suelos Franco Arcillo Limosas, generalmente grises o pardo-amarillento pálidos. Esta terraza tiene una longitud de entre 400 y 800 m y termina con suaves pendientes que conectan con la terraza alta de suelos rojizos. En estas laderas se hicieron dos chequeos que revelaron suelos rojizos en superficie seguidos por arcillas pardo pálidas y grises, muy arcillosas, pegajosas y plásticas. Tienen un espesor promedio de 80 cm y terminan con abundantes concreciones de hierro y manganeso, antes de llegar a otras arcillas azulosas con rastros de materia orgánica, madera y lentes de arena fina.

Con excepción de los últimos 150 m, el sendero en el margen derecho de la quebrada Lorena está dominada por la Formación Pebas y por lo tanto no se desarrolla la capa de raíces. Este sendero tiene un relieve más fuerte que los en el margen izquierdo de la quebrada, con frecuentes deslizamientos y sufusión, amplias terrazas en las quebradas. En este sendero se encuentran más superficiales los contactos con los sedimentos azules, tanto en laderas como en depresiones.

Indicaciones de la presencia de la Formación Pebas fueron observadas en los suelos, donde las lodolitas azules aparecen aproximadamente a 2 m de profundidad, en las aguas que presentan unas conductividades de 21–35 µS cm^{-1} (tres veces más altas que en las quebradas medidas en otros campamentos sino las aguas negras), indicando que las quebradas están transportando una cantidad importante de sales y nutrientes. La fuente presumible de nutrientes de la Formación Pebas está en las conchas de bivalvos que aportan Ca, $CO_3{}^{2-}$, de huesos que aportan $-PO_4$, de las lodolitas azules con vivianita que es un fosfato de Fe(II) y aporta $-PO_4$, y de las micas que aportan K.

Se observó también un afloramiento de la Formación Pebas altamente meteorizado, indicando la posible presencia de un salado, pero el agua tenía la conductividad de 35 µS cm^{-1}, que es un valor muy bajo para ser denominado como tal. Este afloramiento tiene una expresión en el terreno que denota procesos erosivos condicionados por la presencia de un lineamiento.

Paisajes

Gran Paisaje: Planicies disectadas de la planicie aluvial del Plio-Pleistoceno, Paisaje: Terraza baja. Estas planicies parecen corresponder a las llanuras aluviales de ríos antiguos. Son parcialmente inundables en sectores plano cóncavos de las terrazas; las pendientes son prácticamente planos con inclinaciones de 0–2%. Los niveles freáticos no están muy profundos (aprox. 80 cm), y por lo tanto la profundidad efectiva de los suelos está limitada por este nivel, lo cual hace que la vegetación natural presente abundantes palmas, arboles delgados y doseles bajos a medios. Los suelos saturados por humedad presentan abundantes colores grises y pardos con texturas Franco Arcillo Limosas hasta Arcillosas pesadas en profundidad. Estas arcillas son impermeables y por lo tanto el agua se acumula en los horizontes superficiales del suelo, lo cual hace que los clasifiquemos como EPIAQUEPTS Y ENDOAQUEPTS temporalmente.

Gran Paisaje: Planicies disectadas de la planicie aluvial del Plio-Pleistoceno, Paisaje: Terraza media. Estos paisajes se presentan con un relieve ondulado, con pendientes de 3–12% y procesos de erosión laminar ligera. Los suelos son muy profundos, cubiertos por un bosque sin estratificación con abundancia de palmas.

La secuencia de horizontes en los perfiles es A, AB, B1, B2 y BC; los colores son pardo fuertes y pardo rojizos, con texturas Francas, Franco Arcillosas y Franco Arcillo Arenosas. Los clasificamos como ULTISOLES típicos provisionalmente.

Gran Paisaje: Planicies disectadas de la planicie aluvial del Plio-Pleistoceno, Paisaje: Terraza alta. El relieve de este paisaje es fuertemente ondulado a quebrado, con pendientes muy variables desde 7–25% en general, hasta >30% en ciertas laderas erosiónales. Los suelos son muy profundos, cubiertos por bosques con abundantes palmas, pero dominados por arboles de gran porte. Se presentan procesos erosiónales como erosión laminar, sufusión y deslizamientos masivos del terreno.

Los perfiles de suelos tienen secuencias de horizontes A, AB, BC y Cgr por gravillas ferruginosos y concreciones que limitan con materiales contrastantes en profundidad. Los colores en general son pardo rojizos y variedad de gris-rojizo y pardo en horizontes C, CR o Cg. Las texturas dominantes son arcillosas.

DISCUSIÓN

La geología sienta la base para el paisaje de la región del Bajo Putumayo-Yaguas-Cotuhé y sostiene el ecosistema regional. La roca madre más antigua es del Mioceno (19 a 6,5 Ma); esta es la formación relativamente más enriquecida en términos de sales y nutrientes, con niveles que van disminuyendo en rocas progresivamente más jóvenes. Donde los niveles de nutrientes son más bajos en los suelos, los niveles de sales disueltas en los caños y quebradas que drenan estas formaciones son también más bajos y las capas de raíces son más gruesas. Ciertas combinaciones de régimen de agua, sustrato y topografía soportan poblaciones características de plantas o animales, muy notable en el caso de las turberas que se desarrollan en depresiones y en lo que eran lagos o bacines de la llanura aluvial del río Putumayo. Las turberas parecen ser mayormente humedales ombrotróficas/oligotróficas alimentados por la lluvia. Los depósitos de turba parecen tener entre 1 y 3 m de profundidad. Los lineamientos del paisaje determinan la ubicación de las collpas/salados y puede controlan la dirección de algunas quebradas.

Suelos

Las características principales de los suelos en los cuatro sitios visitados son:

- Quebrada Federico: Esta es un área en que la mayoría de los suelos son hidromórficos con separaciones dadas por pequeñas 'restingas' (diques naturales) o terrazas bajas de la planicie aluvial del río Putumayo.

- Caño Pexiboy: Se presentan fuertes contrastes entre suelos aluviales, terrazas antiguas y planicies de arenas blancas de cuarzo; además fue registrado una *collpa/* salado (Fig. 3G).

- Caño Bejuco: En este lugar encontramos terrazas medias y altas en suelos rojizos y procesos erosivos. Se describió un perfil profundo que comprende todos los sedimentos entre las arcillas azules (característica de la Formación Pebas) y los suelos rojos de las terrazas altas, descansando sobre grandes capas de arenas blancas de cuarzo.

- Quebrada Lorena: Este lugar es dominado por terrazas medias y altas con suelos rojizos y procesos erosivos; además encontramos terrazas bajas relativamente grandes que podrían corresponder a una planicie antigua formada por el río Putumayo en el pasado.

Fallas

Las fallas son fracturas geológicas de gran escala con capacidad de desplazamiento. Las fallas crean depresiones y yuxtaposición de unidades geológicas de diferentes edades, o funcionan como un conducto entre la superficie y las partes más profundas de la corteza. Asumimos, como se hace convencionalmente, que estos lineamientos son las huellas de las fallas que han sido erosionadas, deprimidas o levantadas. En el campamento Caño Pexiboy, una de tales fallas pasa cerca del salado que visitamos y puede ser la vía por la cual las aguas salinas profundas llegan a la superficie. No observamos ninguna falla en el salado; el agua entra por el fondo de un área lodosa. En tres campamentos (Caño Pexiboy, Caño Bejuco y Quebrada Lorena) observamos unas características relacionadas a las fallas. Una fue desniveles en el contacto entre las formaciones Pebas y Nauta en diferentes partes del sistema de senderos. Una falla es la explicación más razonable de porque la formación más antigua, con su capa horizontal, está ubicada en una parte más alta del paisaje, generando un movimiento de bloques ascendentes y descendentes. En el campamento Caño Bejuco observamos varias fallas normales con desplazamiento de medio metro en afloramientos.

Figura 15. Medidas de campo de pH y conductividad de muestras de agua andinas y amazónicas en micro-Siemens por cm (µS cm⁻¹), incluyendo el presente y otros inventarios del pasado. Los símbolos sólidos de color negro representan muestras de agua colectadas durante el inventario rápido Bajo Putumayo-Yaguas-Cotuhé (BPYC). La *collpa* marcada con un asterisco (*) es del presente inventario. Las *collpas* marcadas con un guión (-) son de la cuenca del Putumayo. Los símbolos sólidos de color gris representan las muestras recogidas durante inventarios previos: Matsés (Stallard 2006a), Sierra del Divisor (Divisor; Stallard 2006b), Nanay-Mazán-Arabela (NAM; Stallard 2007), Yaguas-Cotuhé (Stallard 2011), Cerros de Kampankis (Stallard y Zapata-Pardo 2012), Ere-Campuya-Algodón (Stallard 2013), Cordillera Escalera-Loreto (ECA; Stallard y Lindell 2014), Tapiche-Blanco (TB; Stallard y Crouch 2015), y Medio Putumayo-Algodón (MPA; Stallard y Londoño 2016). Los símbolos abiertos de color gris claro corresponden a numerosas muestras recolectadas en otros sitios de las cuencas del Amazonas y el Orinoco. Note que los arroyos de cada sitio tienden a agruparse; podemos caracterizar este agrupamiento de acuerdo a su geología y suelos. En la llanura amazónica del este peruano, sobresalen cuatro grupos: las aguas negras ácidas con bajo pH asociadas con suelos de arena de cuarzo saturados y turberas, las aguas de baja conductividad asociadas con la Formación Nauta superior (Depósitos aluviales del Cuaternario), las aguas ligeramente más conductivas de la Formación Nauta inferior (Amazonas) y las aguas mucho más conductivas y con alto pH que drenan la Formación Pebas. Las aguas del Medio Putumayo-Algodón ocupan un continuo entre aguas negras ácidas de alta conductividad y aguas claras con baja conductividad y extremadamente puras (Figs. 3J–L). Tres muestras de *collpas* del valle del Putumayo tienen conductividades de más de 500 µS cm⁻¹.

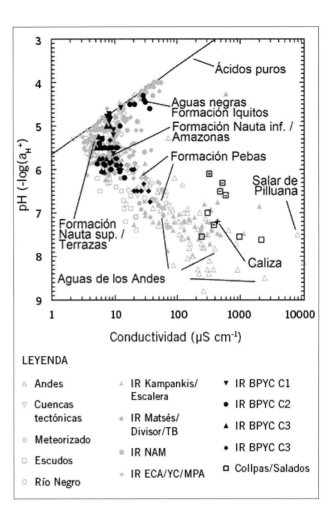

Collpas / Salados / *Natuü*[8]

Solo una *collpa*/salado fue encontrada en este inventario (Fig. 3G). Diferente que las *collpas*/salados observadas en otros inventarios de la región del río Putumayo, esta no fue excavada por los animales; al contrario, parecía un área de lodo saturado con varios pequeños charcos de lo cual los animales tomaban el agua. Esta clase de salado es conocida como 'chupadero' por la comunidad ticuna, y se dice que son más frecuentados por las dantas. La *collpa*/salado encontrada en este inventario, y todas las *collpas*/salados encontradas en otros inventarios rápidos a lo largo del río Putumayo, son de la Formación Pebas. La *collpa*/salado en este inventario, junto con el Salado de Guacamayos y la *Collpa* de la Iglesia observada durante el inventario rápido Ere-Campuya-Algodón (Stallard 2013), y las dos *collpas* del Medio Putumayo-Algodón (Stallard y Londoño 2016), además de los salados de Caño Guamo registrados en el inventario de Bajo Caguán (Botero et al. 2019), parecen estar asociadas con fallas. En un diagrama de pH vs. conductividad (Fig. 15), la *collpa*/salado de este inventario está marcada con asterisco [*]. Todas estas

collpas son poderosas atrayentes de aves y mamíferos, y la región circundante se beneficiaría protegiéndolas de una intensiva actividad humana. Para la comunidad ticuna son de gran importancia y tienen un carácter sagrado al ser consideradas una *maloca*, un sitio relacionado con el origen del pueblo ticuna.

Agua / *Deã*[8]

El río Putumayo y muchos de las quebradas que hemos visitado que drenan la Formación Pebas y la Formación Nauta inferior acarrean sustanciosos sedimentos suspendidos que le dan a estos ríos y quebradas su color amarillo-marrón (Apéndice 2). Lo mismo fue observado en los inventarios rápidos de Yaguas-Cotuhé (Stallard 2011), Ere-Campuya-Algodón (Stallard 2013) y Medio Putumayo-Algodón (Stallard y Londoño 2016). Las concentraciones de los sedimentos suspendidos en este estudio (Apéndice 2) son menores que la mayoría de los tributarios andinos del Amazonas (Meade et al. 1979).

---

8   Lengua ticuna Tagagüá

Tabla 2. Características fisicoquímicas medidas en caños y drenajes durante un inventario rápido de la región del Bajo Putumayo-Yaguas-Cotuhé, Colombia y Perú, en noviembre de 2019. Se relacionan las unidades geológicas, sedimentos, suelos y vegetación asociados. En el Apéndice 2 puede observarse un listado detallado de los valores de pH y conductividad medidos.

Litología/Unidad geológica	pH	C.E. µS cm⁻¹	Sedimentos y suelos asociados
Turba	4,45–4,86	8,20–13,30	Materia orgánica de hasta 3 m de espesor, sobresaturada y en ambiente reductor (ausencia de oxígeno)
Collpa/salado	6,1	124–326	Arena lodosa de grano muy fino
Formación Nauta inferior/Terciario Superior Amazónico	5,3–5,5	5,9–8,9	Arenas de cuarzo de grano fino a medio y gravas (guijos)
Formación Pebas	6–6,5	8,3–35,8	Lodolitas azules y grises, con óxidos de hierro, concreciones calcáreas y óxidos de hierro

Estos sedimentos suspendidos no parecen venir de erosión superficial. Muestreamos durante fuertes tormentas, y la escorrentía superficial siempre pareció clara o con poca turbidez. De la misma manera, la capa de raíces en el paisaje Nauta inferior y Nauta superior debe limitar la erosión superficial (Stallard 2011). En consecuencia, la fuente más probable de sedimentos es la erosión del cauce o de deslizamientos, ya sea mediante erosión causada por una disminución del nivel de la base, o por migración del cauce. Ambos procesos son evidentes en las imágenes satelitales y sobrevuelos.

Diez inventarios rápidos han ahora usado la conductividad y el pH (pH = -log(H⁺)) para clasificar las aguas superficiales en Loreto (Stallard 2005, 2006a, 2006b, 2007, 2011, 2013, Stallard y Zapata-Pardo 2012, Stallard y Lindell 2014, Stallard y Crouch 2015, Stallard y Londoño 2016). En previos inventarios, la relación entre pH y conductividad fue comparada a los valores determinados a lo largo de los sistemas de ríos del Amazonas y Orinoco (Stallard y Edmond 1983, Stallard 1985). Estos dos parámetros permiten distinguir aguas drenando de diferentes formaciones que están expuestas en el paisaje (Tabla 2). El uso de pH y conductividad para aguas superficiales de manera sistemática no es común, en parte debido a que la conductividad es una medida agregada de una gran variedad de iones disueltos. Cuando estos dos parámetros son representados gráficamente en un gráfico de dispersión, los datos se distribuyen normalmente en forma de bumerán (Fig. 15). A valores de pH menores que 5,5, la conductividad siete veces más alta de iones de hidrógeno comparado con otros iones causa un incremento en la conductividad. A valores de pH mayores que 5,5, otros

iones dominan y las conductividades típicamente aumentan con un aumento del pH.

Las condiciones bastante húmedas durante el inventario Bajo Putumayo-Yaguas-Cotuhé complicaron las comparaciones entre los datos colectados y datos similares recogidos durante los inventarios Yaguas-Cotuhé (Stallard 2011) y Ere-Campuya-Algodón (Stallard 2013) al oeste. Las concentraciones de los varios solutos en el río cambian con un incremento en la descarga o caudal de las quebradas. Con un aumento, las concentraciones de los solutos derivados de la roca madre (i.e., sodio, magnesio, calcio y bicarbonato) tienden a disminuir sustancialmente por un efecto de dilución (Godsey et al. 2009, Stallard y Murphy 2014), mientras que las concentraciones de componentes bioactivos (p. ej., carbono orgánico disuelto, potasio y nitrato) tienden a aumentar (Stallard y Murphy 2014). Concentraciones de componentes en su mayoría derivadas de la precipitación, como el cloruro, disminuyen ligeramente con un aumento de la descarga, pero esto también depende de la composición de las tormentas (Stallard y Murphy 2014). En la región del Putumayo, las sales en los ríos diluidos pueden aumentar en concentración con un aumento en la descarga, porque sus aguas tienen una gran contribución bioactiva, mientras que las aguas más concentradas, con una influencia fuerte de la roca madre, probablemente disminuyen en concentración y por lo tanto la conductividad. El efecto general es la difuminación de las diferencias entre las fuentes de agua que bajo condiciones más secas parecen ser más distintas.

Turberas tropicales amazónicas

La activa deposición de turba claramente está ocurriendo en la llanura aluvial del río Putumayo. La turba no puede ser depositada si hay fuentes de sedimentos clásticos (arcilla, limo, arena y grava). En consecuencia, los depósitos de turba están siendo alimentados por arroyos de agua clara o negra que vienen de otras partes de la llanura, de las formaciones Nauta inferior o Nauta superior, o directamente de la lluvia. Todas estas fuentes de agua son relativamente pobres en nutrientes, y son consistentes con la vegetación de aguajal/cananguchal mixto, varillal y chamizal que crece dentro de las turberas (ver la Fig. 3F y el capítulo *Vegetación*, en este volumen).

Medimos la profundidad de la turba en las llanuras del Putumayo en el campamento Quebrada Federico. La profundidad de la turba estuvo típicamente alrededor de 0,5 m, pero alcanzó más que 3,0 m. Estas profundidades están en el rango medio de aquellas reportadas por Draper et al. (2014: Tabla 1) para la cuenca de antepaís del Pastaza-Marañón en el Perú. Esto indica que volúmenes considerables de turba están siendo almacenados en la llanura aluvial del Putumayo. Draper et al. (2014: Tabla 3) indican que las reservas de carbono de la turba son considerablemente mayores que aquellas del bosque creciendo sobre turba, y deben representar una reserva substancial.

Dos turberas al norte del campamento Quebrada Federico tenían una elevación cerca de 0,5 m más que el terreno de sedimentos clásticos alrededor y ambas turberas tenían cerca de 0,5 m de turba. Una tenía una cascada de agua que salió del varillal y pasó sobre un lecho de turba. Este indica que las turberas son el rasgo geomorfológico más alto del área y que las turberas estaban formadas encima de los sedimentos clásticos. Una elevación relativa es una característica de turberas ombrotróficas/oligotróficas y una indicación de que el agua y las nutrientes para ellas viene mayormente de la lluvia (Lähteenoja et al. 2009).

Capa de raíces e irapay (*Lepidocaryum tenue*) como indicadores geológicos

Durante el mapeo, tratamos de identificar las formaciones de rocas sobre las que estábamos caminando para relacionarlas con la vegetación por la que estábamos pasando. En este inventario, identificamos dos indicadores clave: 1) la presencia o ausencia de una capa o colchón de raíces y 2) la conductividad del agua. La ausencia de una capa de raíces típicamente indica que los suelos son relativamente más ricos en nutrientes. Encontramos que los suelos de la Formación Pebas carecen de capa de raíces. Hubo una ausencia casi absoluta de la capa de raíces en el sendero en el margen derecho de la quebrada Lorena, dominada por la Formación Pebas. En los campamentos Caño Pexiboy y Caño Bejuco se observó el desarrollo extenso de la capa de raíces, con excepción de las tierras sobre la Formación Pebas. Las raíces de las plantas en la capa de raíces juegan un papel importante en el reciclaje de nutrientes en los paisajes más pobres en nutrientes y por la cantidad de raíces son reservorios significativos de carbono (vea la discusión en Stallard y Crouch 2015).

En otros inventarios usamos la palmera irapay como una herramienta de mapeo porque era un indicador, con la conductividad del agua, de la Formación Nauta inferior. Al contrario de otros inventarios, en este inventario observamos irapay creciendo en casi todas las áreas de la Formación Pebas. También había irapay en el área con aguas negras y suelos de arena y gravas de cuarzo en el campamento Caño Pexiboy; si este depósito es de la Formación Nauta superior es algo que no habíamos visto antes. Con estas dos observaciones de irapay, podemos decir que la observación de su presencia o ausencia no es una herramienta tan infalible por si sola para distinguir formaciones. Por lo tanto, este indicado debe analizarse con otra información complementaria (conductividad de agua y capa de raíces).

Los mapas geológicos y fisiográficos actuales son inexactos

Los mapas geológicos del Perú y de Colombia de la región del Bajo Putumayo-Yaguas-Cotuhé fueron producidos en su mayoría con imágenes tempranas de satélite Landsat, radares de satélite (80–100 m de resolución), fotografías aéreas, radar aéreo y mapas topográficos (1:100,000), con solo cinco secciones geológicas medidas en el Perú y sin datos de pozos (Zavala et al. 1999). Por ejemplo, las formaciones Nauta inferior y Nauta superior fueron distinguidas por las diferencias en su apariencia en las imágenes.

Encontramos que los mapas resultantes se correlacionan pobremente con nuestras observaciones en el campo. Generalmente, identificamos menos Formación Pebas de lo que esta mapeada, un resultado consistente con las observaciones de los inventarios Ere-Campuya-Algodón (Stallard 2013) y Medio Putumayo-Algodón (Stallard y Londoño 2016). Hoy en día, 20 años después de la publicación de los mapas geológicos, existe información topográfica mejor con el SRTM DEM.

En el estudio de los suelos realizado durante el inventario rápido se encontraron áreas con condiciones contrastantes, no esperadas durante las revisiones previas a campo. De las condiciones de grandes paisajes, que ya eran conocidas, pasamos a detallar zonas como varillales y planicies arenosas. Contrastan entre 'bloques' de apariencia general muy similar, pero bien diferentes en sus procesos naturales como erosión, secuencias sedimentarias, etc. Esto implica la falta de estudios con mayor detalle en la Amazonia colombiana, pues fácilmente se tiende a generalizar opiniones que no tienen un fundamento sólido.

AMENAZAS

- La erosión excesiva y la pérdida de los reservorios de carbono, como consecuencia del cambio de uso de suelo y deforestación, son amenazas importantes. La agricultura o la construcción de carreteras podrían acelerar la transformación del paisaje, destruyendo ambientes de llanura aluvial importantes incluyendo cochas, turberas y bosques de humedales.

- La escasez general de sales en los suelos y las aguas resalta la importancia de las *collpas*/salados dispersas en el paisaje (Figs. 3G–H). El desarrollo o transformación de estos sitios afectaría el equilibrio ecológico en toda la región.

- Los suelos de tierra firme derivados de las formaciones Nauta inferior/Amazonas y Nauta superior/depósitos aluviales del Cuaternario son demasiado pobres para sostener la agricultura (incluyendo la producción de coca) sin el uso intensivo de fertilizantes, por lo que el desarrollo industrial de agricultura o fumigaciones contra los cultivos ilícitos puede dañar los sistemas acuáticos aguas abajo.

- Las operaciones de dragado y el uso del mercurio para extraer oro son amenazas profundas para la calidad del agua por el incremento de los volúmenes de sedimentos y la introducción de mercurio en los cuerpos de agua y el paisaje. Algunos remanentes metálicos de mercurio no recuperados permanecen en los sedimentos de los cuerpos de agua, mientras que otros llegan a ser especialmente tóxicos, como mercurio metílico, lo cual se bioconcentra en la cadena alimentaria y puede ser un serio problema a la salud humana (Parsons y Percival 2005). El mercurio puede permanecer en el ambiente por siglos.

RECOMENDACIONES PARA LA CONSERVACION

- Proteger las tierras altas de la erosión causada por la agricultura y tala de árboles intensiva.

- Mapear la distribución de las *collpas*/salados en este paisaje. Esta información puede ser usada para planear el manejo de las *collpas* y prevenir la sobrecaza. Un mapeo de los lineamientos podría ayudar en el descubrimiento de nuevas *collpas*.

- Monitorear las operaciones de minería de oro e implementar la prohibición del uso del mercurio para proteger los ecosistemas de posibles daños.

- Implementar las acciones de restitución de cultivos ilícitos, considerando la vulnerabilidad de las aguas ante la contaminación por químicos empleados tanto en la fertilización como en la erradicación.

- Revisar y actualizar los mapas geológicos, fisiográficos y de suelos en el Perú y Colombia, especialmente en el bajo Putumayo, donde el ordenamiento de la cuenca requiere de la información base necesaria a una escala detallada o adecuada para la toma de decisiones.

- Por la mención que se hace en el mapa de uso de recursos (Fig. 31) sobre *collpas* sagradas, *malocas* actuales, restos de maquinaria en bronce, sitios con tinajas, sitios con oro, sitios con porcelana, se hace evidente la necesidad de estudios antropológicos-arqueológicos para precisar las condiciones en que se encuentran estos sitios.

VEGETACIÓN

Autores: Marcos Ríos Paredes, Jose Dayan Acosta Arango, Wilson D. Rodríguez Duque, Luis Alberto Torres Montenegro y Corine Vriesendorp

Objetos de conservación: Bosques de planicies inundables, bosques de terrazas medias y altas en buen estado de conservación, que forman un gran corredor biológico; un importante reservorio de carbono en los árboles y turberas; varillales altos y bajos sobre turberas (Fig. 3F), hábitats poco conocidos y frágiles donde habitan especies únicas adaptadas a condiciones extremas de humedad y sequía, como *Tabebuia insignis* var. *monophylla*, *Mauritiella armata*, *Epistephium parviflorum* y *Retiniphyllum concolor*; una fuente importante de recursos forestales maderables y no maderables

INTRODUCCIÓN

Visto desde arriba, la región del Bajo Putumayo-Yaguas-Cotuhé forma un mosaico de bosques de terrazas medias y altas no inundables, encerrado en un collar de turberas, aguajales/cananguchales y áreas inundadas por los ríos, caños y quebradas (Fig. 2A). En la región se concentra una gran diversidad de hábitats y tipos de vegetación que han sido objeto de estudio por muchos años, especialmente en el lado peruano. Desde 1999 hasta la fecha, solo en el Perú se han realizado al menos 11 inventarios a lo largo de diferentes tributarios del Putumayo: 5 realizados por el Field Museum (Vriesendorp et al. 2004, García-Villacorta et al. 2010, García-Villacorta et al. 2011, Dávila et al. 2013, Torres Montenegro et al. 2016), 4 por el PEDICP (INADE y PEDICP 1999, 2004, Pacheco et al. 2006, PEDICP 2012) y 2 por el IIAP (Zarate et al. 2019, Zarate, datos sin publicar). Todos ellos han hecho su propia interpretación del paisaje y han reportado distintos tipos de vegetación.

Esta variación en la clasificación de la vegetación regional no necesariamente indica una gran diversidad de tipos de bosque en la región, sino más bien diferentes interpretaciones desde diferentes puntos de vista, ya sean forestal, biológico o ecológico. Solo para la Amazonia peruana existen diferentes sistemas de clasificación, entre ellos los de Malleux (1975, 1982), Encarnación (1993), Gentry (1993), INRENA (1995) y BIODAMAZ (2004), mientras que para la selva baja colombiana son muy escasos, como los de Murcia García y Díaz (2007) y Murcia García et al. (2015). Además, la mayoría de los tipos de vegetación en la región no tienen límites claros que pueden ser fácilmente identificados o mapeados en imágenes satelitales, o que son tipificados de acuerdo a una sola especie dominante. Por lo tanto, describir y uniformizar los tipos de vegetación en la región sigue siendo un reto.

Durante el presente inventario rápido el equipo botánico describió y clasificó cinco tipos de vegetación con base a la observación en campo del sustrato, topografía, especies más frecuentes y otras características. Nuestro meta fue una clasificación que fuera accesible tanto para un público especializado como para un público general.

El objetivo del inventario era responder las siguientes preguntas: ¿Qué tipos de vegetación existen en la región del Bajo Putumayo-Yaguas-Cotuhé? ¿Cual es el estado de conservación de la vegetación? ¿Qué tan similar es la vegetación con respecto a otros lugares en la cuenca del Putumayo?

MÉTODOS

Fase pre-inventario

La fase inicial del inventario comenzó el 3–4 octubre de 2019 con un sobrevuelo de la región, durante el cual se identificaron diferentes tipos de coberturas vegetales por medio de fotografías aéreas e imágenes satelitales (mayor detalle en el Apéndice 1). Este paso fue fundamental para ubicar los campamentos, establecer las rutas de los senderos en cada campamento y garantizar el acceso del equipo botánico a la mayor cantidad de ambientes diferentes. Una vez seleccionados los sitios de evaluación, se llevó a cabo la construcción de campamentos y senderos entre los días 17 y 25 de octubre. En ese periodo, el botánico Ítalo Mesones hizo una descripción preliminar de la vegetación en el campamento Quebrada Federico.

Fase de inventario

Durante el inventario rápido el equipo botánico visitó cuatro campamentos: Quebrada Federico en el Perú y Caño Pexiboy, Caño Bejuco y Quebrada Lorena en Colombia. Para una descripción detallada de los campamentos visitados, ver las Figs. 2A–D y 4C–F y el capítulo *Panorama regional y descripción de sitios*, en este volumen.

Se realizó un muestreo botánico intensivo de cuatro días en cada lugar. Para esto se realizaron largas caminatas por los senderos pre-establecidos registrando características particulares y haciendo un registro fotográfico para la descripción de la vegetación (altura del dosel, tipo de sotobosque, tipo de sustrato, aspectos florísticos, etc.). Al mismo tiempo se realizaron colectas botánicas de gran cantidad de plantas vasculares (para una descripción detallada de ese trabajo, ver el capítulo *Flora*, en este volumen). De esta manera se obtuvo una descripción de los diferentes tipos de hábitats y se elaboró un listado de las especies comunes identificadas en los mismos.

Fase post-inventario

Una vez finalizado el trabajo de campo, el equipo botánico analizó las fotografías, revisó las descripciones realizadas en campo y las comparó con los mapas e imágenes de satélite elaboradas en la fase previa, con la finalidad de distinguir la vegetación del área propuesta. También se trabajó en la identificación taxonómica de las muestras recolectadas, para determinar las especies más comunes presentes en las diferentes asociaciones vegetales.

RESULTADOS Y DISCUSIÓN

En la región del Bajo Putumayo-Yaguas-Cotuhé observamos enormes extensiones de bosques heterogéneos en buen estado de conservación. Igual como otras regiones de la cuenca del río Putumayo, un aspecto característico de la vegetación es su heterogeneidad. En áreas relativamente pequeñas es posible encontrar diferentes tipos de bosques, de manera que en muchos sitios si se camina menos de un kilómetro se puede hallar comunidades de plantas completamente distintas a las del punto de inicio. La gran variedad de ambientes fluviales, tipos de agua, condiciones topográficas y suelos podría explicar esta heterogeneidad de vegetación en la región del Bajo Putumayo-Yaguas-Cotuhé.

Tipos de vegetación

Durante el inventario se identificaron cinco tipos de vegetación:

- Bosques de terrazas altas (tierra firme; de suelos con poca a mayor concentración de nutrientes),

- Bosques de terrazas medias (tierra firme; de suelos con poca a mayor concentración de nutrientes),

- Bosques de terrazas bajas (planicie inundable de los ríos Putumayo, Pexiboy y Cotuhé, y de caños y quebradas),

- Humedales con una vegetación mixta, dominada por palmas de aguaje/canangucho (*Mauritia flexuosa*) y otros árboles (*Coussapoa* spp., *Ficus* spp., Myristicaceae spp., etc.), y

- Humedales asociados a turberas, de vegetación tipo varillal y chamizal (Fig. 3F).

También incluimos una breve descripción de los pequeños parches de vegetación secundaria y áreas perturbadas observados durante el inventario rápido.

En general, los tipos de vegetación que observamos son similares a los que se han descrito en otros estudios en la zona, como de Maijuna (García-Villacorta et al. 2011), Medio Algodón-Putumayo (Torres Montenegro et al. 2016) y otros sectores de la cuenca del Putumayo (INADE y PEDICP 1999, 2004) e incluso la del Caquetá (Correa et al. 2019). Todas estas clasificaciones diferencian dos grandes unidades (tierra firme y planicie inundable), habiendo diferencias a niveles de dominancia de especies por tipos de suelos (más ricos a menos ricos). A continuación, hacemos una descripción breve de los tipos de vegetación encontrados durante el inventario rápido, destacando las similitudes con algunas áreas cercanas de inventarios pasados.

Bosque de terrazas altas

Bosques de terrazas altas sobre la Formación Pebas
En el campamento Caño Pexiboy, este tipo de vegetación representó las dos terceras partes de los bosques visitados, principalmente al margen izquierdo del caño. Pequeñas extensiones del mismo tipo de vegetación fueron encontradas en los campamentos Caño Bejuco y Quebrada Lorena.

Estos bosques se caracterizan por estar sobre colinas con pendientes medianamente fuertes a fuertes, de suelos arcillosos ricos en nutrientes, donde los árboles de dosel y emergentes superan los 35 m de altura. Las familias dominantes en el estrato arbóreo eran Fabaceae, Meliaceae, Moraceae, Myristicaceae y Arecaceae, con especies frecuentes como *Pseudolmedia laevis*, *Cedrela* odorata, *Trichilia stipitata*, *Iriartea deltoidea*, *Astrocaryum macrocalyx/murumuru*, *Otoba glycycarpa* y varias especies de *Inga*. El sotobosque era disperso con una capa de hojarasca de 5–10 cm de espesor, y dominado por palmas de los géneros *Geonoma* y *Attalea*, y el helecho abundante *Danaea* sp., además de algunas hierbas como *Calathea* sp. y *Monotagma* sp. El campamento Caño Pexiboy fue el único donde el sotobosque fue más denso, a causa de la dominancia de la bromelia *Aechmea* cf. *rubiginosa*.

Este tipo de bosque es similar a los encontrados en anteriores inventarios a lo largo de la cuenca del Putumayo (Vriesendorp et al. 2004, García-Villacorta et al. 2011, Dávila et al. 2013, Torres Montenegro et al. 2016), con una ligera variación en su denominación, pero siempre con la singularidad de tener mayor concentración de nutrientes y estar sobre suelos arcillosos.

Bosques de terrazas medias

Bosque de tierra firme sobre la formación Nauta/Amazonas

Este tipo de vegetación fue el de mayor extensión en todos los campamentos, con un 75% y 80% de representatividad en los campamentos Caño Bejuco y Quebrada Lorena, respectivamente.

Son bosques en terreno levemente disectado, de suelos con mayor concentración de arena y relativamente pobres en nutrientes. La altura de los árboles emergentes alcanza los 30 m, mientras en el dosel son abundantes los árboles *Scleronema praecox*, *Monopteryx uaucu* y *Clathrotropis macrocarpa*. De hecho, el aspecto más llamativo de este tipo de vegetación es *M. uaucu*, árbol de raíces zancudo que estuvo presente en todos los campamentos y con una abundancia relativamente alta. De acuerdo a los asistentes de campo, esta especie tiene un gran valor comercial por su madera, conocida localmente como 'creolino'.

El sotobosque varía desde denso a un poco abierto, resaltando la abundancia de *Ampeloziziphus amazonicus*, *Rinorea racemosa* y juveniles de *Oenocarpus bataua*. Donde el sotobosque está más denso domina el irapay/carana (*Lepidocaryum tenue*) y en menor abundancia otras palmas (*Geonoma* spp.). En aquellos lugares con suelos más areno-arcillosos y pobres de nutrientes, el sotobosque era distinto, dominado principalmente por

palmiches (*Geonoma maxima*, *G. deversa* y *Hyospathe elegans*) y la palmera *Attalea insignis*.

Este tipo de vegetación sobre suelos arenosos o francos es el de mayor extensión entre las cuencas de los ríos Putumayo y Napo. Inventarios realizados en la cuenca del Putumayo han reportado una composición similar a la observada en el presente inventario, sobre todo en Ere-Campuya-Algodón (Dávila et al. 2013), Medio Putumayo-Algodón (Torres Montenegro et al. 2016), Ampiyacu-Apayacu-Medio Putumayo-Yaguas (Vriesendorp et al. 2004) y Yaguas-Cotuhé (García-Villacorta et al. 2011).

Bosque de terrazas bajas

Bosque de la planicie inundable de ríos (Figs. 4C, 4E)

Observado en los campamentos Quebrada Federico y Caño Bejuco, este tipo de vegetación responde al pulso de inundación estacional de los ríos. Es representado por árboles emergentes de hasta 30 m y un sotobosque disperso sobre suelo aluvial pobre en nutrientes, con poca hojarasca. Entre los árboles más comunes destacan *Vochysia lomatophylla*, *V. venulosa*, *Eschweilera parvifolia*, *Micrandra siphonioides*, *Parkia nitida* y las palmeras *Astrocaryum jauari* y *Bactris riparia*. Las bromelias, epífitas y lianas también son frecuentes.

Si bien la composición de este hábitat no es muy similar a la de ambientes similares que se han estudiado en lugares cercanos (García-Villacorta et al. 2010, García-Villacorta et al. 2011, Dávila et al. 2013), comparten muchas de las especies mencionadas en el párrafo anterior. Los bosques de terrazas bajas observados en el inventario Medio Putumayo-Algodón (Torres Montenegro et al. 2016) sí fueron muy similares a los observados en el presente inventario.

Bosque de planicie inundable de caños y quebradas (Fig. 4F)

Estos bosques se ubican en las áreas adyacentes a los cuerpos de aguas en el interior del bosque, con pocos nutrientes, valores de pH relativamente ácidos e inundaciones estacionales. Encontramos en abundancia el árbol *Didymocistus chrysadenius*, con un dosel dominado por *Eschweilera gigantea*, y el suelo cubierto por el helecho *Trichomanes hostmannianum*. En el inventario del Medio Putumayo-Algodón (Torres Montenegro et al. 2016) encontramos una composición similar. Este tipo de vegetación también fue observado en la cuenca de los ríos Ampiyacu y Yaguasyacu (Grández et al. 2001), y en las zonas inundables del río Curaray (L. Torres, obs. pers.), ambas en Loreto.

Durante un recorrido por la quebrada Federico, pudimos observar en las orillas los siguientes árboles comunes: *Campsiandra angustifolia, Macrolobium acaciifolium, Zygia unifoliolata, Luehea grandiflora* y *Bactris riparia.* Vegetación similar fue encontrada en los inventarios de Maijuna, Yaguas-Cotuhé y Ere-Campuya-Algodón (García-Villacorta et al. 2010, 2011, Dávila et al. 2013).

Aguajales o cananguchales mixtos (Fig. 4B–C)

Este tipo de vegetación fue encontrado en todos los campamentos en parches pequeños de aproximadamente 0,5 ha, sobre suelos saturados de agua con poca materia orgánica (<50 cm). Es dominado por palmas de aguaje/canangucho (*Mauritia flexuosa*) en asociación con otros árboles como *Coussapoa trinervia, Virola pavonis, Euterpe precatoria, Socratea exorrhiza* y *Ficus* spp. El sotobosque puede ser denso a disperso y es dominado por algunos arbustos escandentes.

En los inventarios en Ampiyacu-Apayacu (Vriesendorp et al. 2004), Yaguas-Cotuhé (García-Villacorta et al. 2011), Ere-Campuya-Algodón (Dávila et al. 2013) y Medio Putumayo-Algodón (Torres Montenegro et al. 2016) se hace mención de este tipo de vegetación. Mientras *Mauritia flexuosa* es siempre la especie más común, las especies asociadas son distintas, sobre todo las epífitas y arbustos, lo que evidencia que aún faltan más estudios para poder entender y clasificar de mejor manera esta variación.

Varillales de turberas (Fig. 3F)

Esta vegetación solo fue observada en el campamento Quebrada Federico (Perú), en donde representó aproximadamente el 15% del terreno. Son áreas saturadas de agua, con abundante materia orgánica en el suelo (hasta 3 m de profundidad), donde crecen bosques con árboles de poco diámetro (<30 cm diámetro al pecho [DAP]) en su mayoría. Durante el recorrido de este tipo de vegetación se observaron extensiones que presentaban un sotobosque denso y una altura de dosel de 7 m; y en otros sectores, un sotobosque más disperso, con una altura de dosel de 11–15 m.

La principal característica de estos lugares es la presencia de algunas especies de arbolitos que son comunes en los varillales y chamizales sobre arena blanca en la región Loreto, como *Mauritiella armata* y *Macrolobium limbatum, Retiniphyllum concolor, Dendropanax resinosus* y *Remijia ulei*, así como los helechos del género *Trichomanes*. Estas crecen junto con otras especies de arbolitos que hasta el momento en Loreto sólo se han visto en varillales y chamizales de turbera, como *Tabebuia insignis* var. *monophylla, Diplotropis purpurea, Graffenriedia limbata, Macrolobium* sp. (*voucher* LT 4018) y *Rapatea ulei*, así como con otras especies comunes de los humedales, como *Mauritia flexuosa* y *Euterpe precatoria*, en densidades muy bajas.

Las turberas amazónicas tienen la atención de la comunidad científica desde los últimos 10 años (Lähteenoja y Roucoux 2010, Lähteenoja et al. 2009). Están presentes y forman grandes extensiones en las cuencas de los ríos Tigre, Marañón y Ucayali en la zona occidental de Loreto (Draper et al. 2014, 2018) y han sido registrados en anteriores inventarios rápidos de la región Loreto, tanto al norte (García-Villacorta et al. 2011, Torres Montenegro et al. 2016) y sur del río Amazonas (Torres Montenegro et al. 2015). Las turberas observadas en inventarios anteriores tienen una composición similar a la mencionada líneas arriba, con ligeras variaciones. Sin embargo, las especies dominantes varían de lugar a lugar. Existe una gran oportunidad para continuar la investigación sobre estos hábitats a fin de entender mejor los procesos biológicos y ecológicos que en ellos se desarrollan.

Las turberas amazónicas también son ecosistemas de gran importancia para la conservación en la cuenca baja del río Putumayo, ya que albergan gran cantidad de especies de flora y fauna especializadas. Son hábitats con condiciones extremas y particulares de suelos encharcados que soportan inundaciones periódicas y sequías prolongadas que los convierten en pequeñas 'islas' en medio del bosque. Diversos estudios en el Perú (Lähteenoja et al. 2009, 2013, Lähteenoja y Roucoux 2010) indican que almacenan grandes cantidades de carbono debajo de la tierra en forma de materia orgánica (Draper et al. 2014), lo que las convierte en vastos depósitos de carbono; estos depósitos existen en el lado colombiano del río pero no han sido medidos. Las turberas amazónicas podrían jugar un papel fundamental en la reducción y regulación de emisiones de CO_2 a la atmosfera en la medida que se logre garantizar su conservación y se amplíe el conocimiento sobre su ubicación, tamaño y estado actual.

Vegetación secundaria y áreas perturbadas

Claros naturales

En todos los campamentos visitados había pequeñas áreas abiertas ocasionadas por la caída de árboles emergentes, ya sea por muerte natural o por algún fenómeno atmosférico (vientos fuertes, tornados, rayos, etc.). En estos pequeños parches hay una colonización de especies pioneras de rápido crecimiento, como individuos caulescentes de *Phenakospermum guyannense* (especialmente común en el campamento Caño Bejuco), *Cecropia sciadophylla* y *Pourouma* spp.

Estas especies también fueron observadas en los inventarios realizados en la cuenca del río Putumayo (Vriesendorp et al. 2003, García-Villacorta et al. 2010, Dávila et al. 2013, Torres Montenegro et al. 2016) con la diferencia que en el presente inventario no se observó grandes áreas perturbadas por fuertes vientos, como los registrados en Ampiyacu-Apayacu, Maijuna y Medio Putumayo-Algodón. Estos hábitats toman una coloración amarilla en las imágenes satelitales, por lo que son fáciles de detectar.

Áreas antrópicas

En este inventario las áreas con intervención humana eran pocas y asociadas a la tala selectiva, como la observada en la concesión forestal en el campamento Caño Pexiboy. Allí observamos algunos árboles y arbustos pioneros de rápido crecimiento en áreas abiertas (*Miconia* spp., *Vismia* sp., *Cecropia* sp., *Ochroma pyramidale*). También observamos algunas especies de consumo que fueron plantadas en los alrededores del campamento base de la concesión (Fig. 4D), como copoazú (*Theobroma grandiflorum*), macambo (*Theobroma bicolor*), mango (*Mangifera indica*), plátanos (*Musa* x *paradisiaca*) y cocona (*Solanum sessiliflorum*).

AMENAZAS

Una de las principales amenazas que afronta las formaciones vegetales de la región del Bajo Putumayo-Yaguas-Cotuhé es la débil presencia del estado, las instituciones y las políticas públicas incompatibles con la realidad social y ambiental. Debido a este vacío, aunque existen numerosas figuras de protección tanto en Colombia como en el Perú, las actividades realizadas en algunas de estas o en su entorno van en contravía de la verdadera vocación de uso de los mismos. Estas amenazas incluyen:

- La agricultura intensiva de monocultivos o el aprovechamiento forestal no ordenado en áreas de suelos poco fértiles o con problemas de erosión superficial o interna;

- Actividades insostenibles a largo plazo e incompatibles con las fortalezas regionales;

- Los proyectos productivos con especies foráneas y demandantes de insumos que podrían aumentar la presión sobre los suelos y bosques; y

- Los cultivos ilícitos y la extracción ilegal de madera.

RECOMENDACIONES PARA LA CONSERVACIÓN

Para ayudar a mantener el buen estado de conservación de la vegetación que existe actualmente en la región del Bajo Putumayo-Yaguas-Cotuhé, consideramos importantes los siguientes pasos:

- Mapear la distribución de turberas amazónicas en la región e incentivar estudios para documentar la cantidad de carbono que contienen y elaborar planes de conservación.

- Hacer una supervisión del plan de manejo o trabajo existente en la concesión de conservación del alto río Cotuhé con el fin de conocer el estado de los bosques y ecosistemas presentes en la misma.

- Evaluar, estudiar y proponer modelos productivos que han demostrado ser exitosos y compatibles con las particularidades de la región del Bajo Putumayo-Yaguas-Cotuhé. Se destaca la concesión forestal gestionada por Flor Martínez dentro de la Unidad de Ordenación Forestal de Tarapacá, en la cual existe una tala selectiva de especies maderables que no genera grandes impactos a la vegetación y logra mantener sana la biodiversidad existente. También es importante compartir y socializar con otros actores los planes de aprovechamiento forestal y los resultados positivos sobre el mantenimiento de la biodiversidad cuando se desarrollan de manera exitosa. En este sentido se recomienda intercambios de experiencias productivas que han demostrado ser exitosas, compatibles y respetuosas con los diferentes ecosistemas, tanto del lado peruano como colombiano.

- Incentivar actividades compatibles con la vocación de conservación de la zona. Modelos como la tala selectiva de especies maderables y aprovechamiento de productos no maderables del bosque como frutos, tintes y fibras poseen gran potencial. También recomendamos incentivar la creación de un vivero forestal de las especies maderables más utilizadas en la zona y generar protocolos de manejos, germinación y seguimiento de las plántulas en campo.

FLORA

Autores: Luis Alberto Torres Montenegro, Jose Dayan Acosta, Wilson D. Rodríguez Duque, Marcos Antonio Ríos Paredes y Corine Vriesendorp

Objetos de conservación: una flora hiperdiversa y heterogénea que forma parte de un *hotspot* de biodiversidad en la Amazonia occidental; plantas especialistas de turberas amazónicas de distribución irregular y restringida; 4 especies potencialmente nuevas para la ciencia; 26 nuevos registros para el Perú y Colombia; una población saludable de árboles maderables; varias especies de *Zamia* y *Cyathea* protegidas por el CITES; una gran diversidad de palmas y otras plantas usadas por la población local; >20 especies con algún estatus de amenaza nacional o internacional

INTRODUCCIÓN

Los bosques de la cuenca del río Putumayo en el Perú han sido objeto de estudio durante todo el siglo XXI, ampliando el conocimiento de su flora particular y muy diversa. Desde principios del presente siglo, se han realizado seis inventarios rápidos en la región por parte del Field Museum (Alverson et al. 2008, Gilmore et al. 2010, Pitman et al. 2004, 2011, 2013, 2016), un inventario forestal en la parte baja del río Algodón,

afluente del Putumayo (Pacheco et al. 2006), un inventario biológico (Pérez-Peña et al. 2019) y varios inventarios de árboles de 1 ha (ter Steege et al. 2013).

Del otro lado, en la parte colombiana de la cuenca del Putumayo, los estudios de su flora han sido escasos. Más al norte en la Amazonia colombiana existe un estudio florístico en la cuenca media del río Caquetá (Londoño-Vega y Álvarez-Dávila 1997), otro en el sector sur oriental de la serranía de Chiribiquete y el río Yarí, departamento del Caquetá (Duque et al. 2003) y otro más cercano al río Putumayo, en la cuenca del río Puré (Cárdenas et al. 2010). En la cuenca del Putumayo el estudio más significativo ha sido de Rudas y Prieto (1998), quienes realizaron un inventario florístico del Parque Nacional Natural Amacayacu en el río Cotuhé y sus afluentes (quebradas Lorena, Muñeca y Pamaté).

Todos estos esfuerzos han logrado conocer gran parte de la cuenca del Putumayo del lado peruano, faltando gran parte del lado colombiano. Antes del inventario de la región del Bajo Putumayo-Yaguas-Cotuhé, nuestra experiencia previa en el Putumayo peruano nos dejó claro que encontraríamos una gran diversidad de flora asociada a hábitats extremos (pantanos y turberas amazónicas), de suelos menos y más fértiles, similares a los bosques de tierra firme cercanos a Iquitos, Perú.

Nuestro principal objetivo en este inventario fue complementar la información de flora para esta parte de la cuenca del Putumayo (peruano-colombiano). Asimismo realizamos comparaciones con otras áreas cercanas para comprender mejor la composición de la flora local y sus similitudes con otros lugares en la Amazonia occidental.

MÉTODOS

Trabajo pre-campo

Previo al inventario recopilamos listados de especies de los inventarios rápidos cercanos, listas de especies para Colombia (Bernal et al. 2019) y del PNN Amacayacu (Rudas y Prieto 2005) y elaboramos una lista preliminar de la flora esperada para el área de estudio. Sólo aquellas morfoespecies que tenían relevancia por su rareza (géneros y especies nuevas) fueron adicionadas a la lista preliminar.

Trabajo de campo

Visitamos cuatro campamentos (uno en el Perú y tres en Colombia), que son descritos en las Figs. 2A–D y 4C–F y en el capítulo *Panorama regional y descripción de sitios*, en este volumen. En todos los campamentos recorrimos cada uno de los senderos preestablecidos, colectando todas las plantas fértiles (con flores y/o frutos). Para cada espécimen fértil colectamos 2–6 duplicados, los cuales fueron prensados con papel de periódico y luego preservados en alcohol etílico. Para el registro de los especímenes colectados, usamos los números de colección de Luis Torres (LT3900–4084), Wilson Rodríguez (WR9627–10125) y Jose Acosta (JA1043–1302). Adicionalmente, en el trabajo de avanzada antes del inventario, se realizaron colectas de algunas plantas (Burseraceae) en el primer campamento que serán adicionadas en los números de Luis Torres (LT3862–3898).

Durante el inventario también registramos aquellas especies de plantas estériles que fueron de fácil reconocimiento en el campo y tomamos fotografías digitales de las plantas colectadas y registradas.

Trabajo de gabinete

Los especímenes colectados en el campamento Quebrada Federico (el único campamento peruano) fueron secados, clasificados e identificados en el Herbario Amazonense (AMAZ) de la Universidad Nacional de la Amazonía Peruana en Iquitos, Perú, por Marcos Ríos y Luis Torres. El resto de las colecciones fueron llevadas al Herbario Amazónico Colombiano (COAH) del Instituto Amazónico de Investigaciones Científicas SINCHI en Bogotá, donde fueron secados, clasificados e identificados por Wilson Rodríguez.

Todas las fotografías fueron organizadas y clasificadas para luego ser vinculadas a su respectiva colección (*voucher*). Las fotos serán publicadas en la página web del Field Museum[9] una vez estén disponibles. También enviamos algunas fotografías digitales de las plantas vivas a los taxónomos especialistas para la identificación preliminar.

Como requerimiento de las leyes en el Perú y Colombia, parte del material colectado fue depositado en los museos referenciales de cada país (Perú: AMAZ en Iquitos, USM en Lima; Colombia: COAH en Bogotá). El resto será depositado en el herbario del Field Museum (F) en Chicago, EE.UU.

Todos los datos de los especímenes fértiles (números de Torres, Rodríguez y Acosta) fueron ingresados en su totalidad a la base de datos institucional del Museo Field y están disponibles públicamente en el Field Museum of Natural History (Botany) Seed Plant Collection IPT[10] y en sitios de datos sobre biodiversidad como GBIF[11], Map of Life[12] e iDigBio[13].

Análisis

Después del inventario realizamos una comparación de nuestra lista de especies registradas con la lista preliminar para identificar las especies que no habían sido reportadas en esta parte de la cuenca del Putumayo, aquellas que son comunes en la región, etc. También realizamos listas de especies por cada campamento y las comparamos entre ellas y sitios cercanos para ver las diferencias y similitudes entre ellos y así comprender mejor la heterogeneidad de la flora local en relación con otros lugares en la Amazonia peruana y colombiana.

Para determinar cuáles especies podrían representar registros nuevos para el Perú o para Colombia, se revisaron las bases de datos de los herbarios del Jardín Botánico de Missouri (MO), el Field Museum (F), el Herbario Amazónico Colombiano (COAH) y GBIF, así como listas de flora nacionales y monografías taxonómicas. Para conocer el estatus de conservación de las especies se usaron las bases de datos de la UICN y las listas de especies amenazadas del Perú (Decreto Supremo No. 043-2006-AG) y de Colombia (Ministerio de Ambiente y Desarrollo Sostenible 2018).

RESULTADOS

Durante el inventario rápido el equipo botánico tomó 3.213 fotos y colectó 976 especímenes (214 LT, 501 WR, 261 JA). De estos, 281 especímenes fueron colectados en el Perú y 695 en Colombia.

Registramos 1.010 especies, 448 géneros y 117 familias de plantas vasculares (ver la lista completa en el

---

9   *http://fm2.fieldmuseum.org/plantguides/color_images.asp*

10   *http://fmipt.fieldmuseum.org:8080/ipt/*

11   *http:// www.gbif.org*

12   *http://www.mol.org*

13   *https://www.idigbio.org*

Apéndice 4). De las 976 especímenes colectados, el 90,3% fueron identificadas a nivel de especie, el 9,3% a nivel de género y el 0,4% a nivel de familia. La gran mayoría de las especies en el Apéndice 4 fueron registradas a través de especímenes, fotos, o ambos, pero 273 especies fueron registradas solo a través de observaciones en campo.

El campamento con el mayor número de especies registradas fue el Caño Pexiboy, con 523. En los otros campamentos registramos 471 (Quebrada Federico), 414 (Caño Bejuco) y 384 (Quebrada Lorena). La mayoría de las especies registradas fueron observadas en un solo campamento. Aproximadamente 125 especies fueron observadas en todos los campamentos (Tabla 3).

Las 10 familias más diversas fueron Fabaceae (37 géneros y 77 especies), Rubiaceae (33/66), Arecaceae (18/40), Orchidaceae (15/24), Euphorbiaceae (13/22), Malvaceae (13/25), Annonaceae (12/31), Araceae (12/23), Melastomataceae (10/39) y Moraceae (10/29). Piperaceae (2/31) y Burseraceae (4/28) fueron diversas en especies pero pobres en géneros.

Los géneros mejor representados fueron *Miconia* (25 especies), *Piper* y *Protium* (23), *Guarea* (14), *Inga* (13), *Aechmea* (11), *Virola* (11), *Palicourea* (10) y *Anthurium* y *Psychotria* (9). Entre los helechos y afines destaca el género *Trichomanes* con 18 especies registradas (Tabla 4).

Campamentos

Campamento Quebrada Federico

El único campamento peruano, este estuvo ubicado en una zona de terrazas medias y bajas, zonas inundables (aguajales/morichales) y varillales de turberas. Aquí registramos 471 especies distribuidas en 98 familias y 275 géneros. Las familias Fabaceae (46 especies), Rubiaceae (26), Burseraceae (21), Moraceae (20) y Arecaceae (18) fueron las 5 más diversas. Asimismo, destacaron por su diversidad los géneros *Protium* (17), *Miconia* (9), *Virola* (8), *Macrolobium* y *Guarea*, ambas con 6 especies. Entre los helechos y afines destacaron los géneros *Trichomanes* (Hymenophyllaceae) y *Elaphoglossum* (Dryopteridaceae), con 12 y 5 especies respectivamente.

Tabla 3. Resumen de familias, géneros y especies de plantas registradas en cada campamento durante un inventario rápido de la región del Bajo Putumayo-Yaguas-Cotuhé (Colombia y Perú) en noviembre de 2019.

Campamento	Familias	Géneros	Especies
Quebrada Federico (Perú)	98	275	471
Caño Pexiboy (Colombia)	104	292	523
Caño Bejuco (Colombia)	93	258	414
Quebrada Lorena (Colombia)	98	241	384
TOTAL	**117**	**448**	**1.010**

Tabla 4. Las 26 familias de plantas, y sus respectivos géneros, más diversos registrados en el inventario rápido de la región del Bajo Putumayo-Yaguas-Cotuhé (Colombia y Perú), en noviembre de 2019. Para cada familia se presenta los géneros con al menos cinco especies (el número de especies es indicado entre paréntesis).

Familia	Géneros más diversos
Fabaceae (77)	*Inga* (13), *Macrolobium* (8), *Swartzia* (6), *Parkia* (5), *Tachigali* (5)
Rubiaceae (67)	*Psychotria* (10), *Palicourea* (9), *Faramea* (7)
Arecaceae (40)	*Geonoma* (7), *Bactris* (6), *Astrocaryum* (5)
Melastomataceae (39)	*Miconia* (25)
Piperaceae (31)	*Piper* (23), *Peperomia* (8)
Annonaceae (31)	*Annona* (6), *Guatteria* (5)
Moraceae (29)	*Ficus* (7), *Naucleopsis* (7)
Burseraceae (28)	*Protium* (23)
Malvaceae (25)	*Theobroma* (5)
Orchidaceae (24)	
Araceae (23)	*Anthurium* (9)
Myristicaceae (23)	*Virola* (11), *Iryanthera* (8)
Meliaceae (23)	*Guarea* (14), *Trichilia* (6)
Euphorbiaceae (22)	*Mabea* (6)
Clusiaceae (19)	*Tovomita* (8), *Clusia* (5)
Hymenophyllaceae (19)	*Trichomanes* (18)
Polypodiaceae (16)	*Microgramma* (7)
Gesneriaceae (16)	*Drymonia* (8)
Myrtaceae (16)	*Eugenia* (7)
Marantaceae (15)	*Goeppertia* (8)
Sapotaceae (14)	*Pouteria* (5)
Dryopteridaceae (14)	*Elaphoglossum* (7)
Violaceae (13)	*Rinorea* (5)
Bromeliaceae (13)	*Aechmea* (11)
Chrysobalanaceae (12)	*Licania* (5)
Lecythidaceae (12)	*Eschweilera* (6)

Campamento Caño Pexiboy

Este campamento al norte del río Putumayo fue dominado por bosques de tierra firme en terrazas medias y destacó por sus suelos menos pobres que el campamento anterior. Fue el campamento con la mayor diversidad registrada en el inventario: 523 especies, 104 familias y 292 géneros. Las familias mejor representadas fueron Fabaceae (46 especies), Rubiaceae (34), Arecaceae (28), Moraceae (19) y Annonaceae (18). Entre los géneros más diversos encontramos *Piper* (10 species), *Miconia* (10), *Protium* (7), *Inga* (7) y *Palicourea* (7). De los helechos y afines tenemos a los géneros *Trichomanes* (12) y *Elaphoglossum* (6) nuevamente bien representados.

Campamento Caño Bejuco

Este campamento a orillas del río Cotuhé fue establecido sobre una zona de terrazas medias y bajas que bordean la desembocadura del caño Bejuco en el río Cotuhé. Registramos 414 especies, 93 familias y 258 géneros. Las familias más diversas fueron Fabaceae (41 especies), Arecaceae (32), Rubiaceae (22), Moraceae (19) y Malvaceae (17). Los géneros más representativos fueron *Inga* (8 especies), *Protium* (8), *Guarea* (6), *Astrocaryum* (5) y *Parkia* (5). El género *Trichomanes* (7) fue el más diverso entre los helechos y afines.

Campamento Quebrada Lorena

Nuestro cuarto y último campamento fue asentado en la parte media de la quebrada Lorena (afluente del río Cotuhé), sobre un bosque de terrazas medias disectadas con pequeños parches de aguajal/morichal, cercanos a la quebrada. Aquí pudimos registrar 384 especies dentro de 98 familias y 241 géneros. Las familias más diversas fueron Fabaceae (38), Arecaceae (32), Moraceae (19), Rubiaceae (16) y Myristicaceae (15), y los géneros con mayor representatividad fueron *Protium* (11), *Iryanthera* (8), *Piper* (7), *Miconia* (6) y *Guarea* (6). Entre los helechos destaca el género *Trichomanes* con ocho especies.

Hábito, hábitat y fenología

Las plantas superiores representan el 75% del total de especímenes colectados; el otro 25% corresponden a los helechos y afines. De las plantas superiores el 39% de las especies son árboles y arbolitos, el 22% arbustos, el 31% hierbas (terrestres, epífitas y rastreras), el 3% palmas (solitarias y cespitosas) y el 5% lianas. Dentro de los helechos y afines el 52% son epífitos o hemiepífitos, el 43% terrestres o escandentes y el 5% arborescentes (principalmente las especies de la familia Cyatheaceae).

La mayoría de las plantas fueron colectadas en los bosques de tierra firme (terrazas medias y altas) y una pequeña proporción en los bosques de terrazas bajas inundables y varillales de turba. También tuvimos una gran proporción de especies con frutos, que se repartieron entre los tres primeros campamentos. En el último campamento el porcentaje de especies en fructificación fue sustancialmente menor.

Estatus de conservación

De las 1.010 especies registradas en el inventario, por lo menos 19 son consideradas como amenazadas o casi amenazadas a nivel global por la UICN: 3 En Peligro Crítico (*Chrysophyllum superbum*, *Zamia hymenophyllidia* y *Z. macrochiera*), 2 En Peligro (*Costus zamoranus* y *Virola surinamensis*), 6 Vulnerables (*Annona dolichophylla*, *Cedrela odorata*, *Couratari guianensis*, *Guarea trunciflora*, *Naucleopsis oblongifolia* y *Sorocea guilleminiana*), 2 Casi Amenazadas (*Zamia amazonum* y *Z. ulei*) y 6 En Riesgo Menor/Casi Amenazadas (*Chrysophyllum bombycinum*, *Eschweilera punctata*, *Miconia abbreviata*, *Pouteria platyphylla* y *Pradosia atroviolacea*).

Dentro de la legislación peruana (D.S. N° 043-2006-AG), ocho especies son consideradas como amenazadas o casi amenazadas en el Perú: una En Peligro (*Manicaria saccifera*), cuatro Vulnerables (*Cedrela odorata*, *Epistephium parviflorum*, *Parahancornia peruviana* y *Zamia ulei*) y tres Casi Amenazadas (*Abuta grandifolia*, *Ceiba pentandra* y *Clarisia racemosa*). Solo cuatro especies figuran en la lista de especies amenazadas administrada por el Ministerio del Ambiente en Colombia (Resolución 1912-2017): una considerada En Peligro (*Zamia hymenophyllidia*) y tres Vulnerables (*Cedrela odorata*, *Dichapetalum rugosum* y *Zamia amazonum*).

DISCUSIÓN

Desde el último inventario rápido en la cuenca del Putumayo (Pitman et al. 2016), el conocimiento de la flora en la parte peruana de la cuenca ha incrementado enormemente. Junto a las especies que registramos en el campamento peruano (Quebrada Federico), la lista preliminar de flora para el lado peruano de la cuenca del Putumayo sobrepasa las 2.000 especies. En el caso de Colombia, no existe una lista de las especies para la zona del bajo Putumayo. Rudas y Prieto (1998) reportan 1.348 especies de plantas para el PNN Amacayacu, mientras Bernal et al. (2019) reportan 1.870 especies para la Amazonia colombiana. Este último número ha crecido en un 28% durante los últimos ocho años de estudios botánicos, los cuales han sido enfocados principalmente en la zona norte de la Amazonia colombiana.

Nuestro estudio registró un total de 544 especies para Colombia, de las cuales 19 (3,5%) son los primeros reportes para el país. Basado en el número de Bernal et al. (2019), esto representa un incremento de casi el 1% en un estudio de apenas tres semanas. Queda evidente que la Amazonia colombiana sigue muy poco explorada botánicamente y que el número de especies para la región incrementará a un paso rápido durante los próximos años. Varios de los nuevos registros son conocidos de zonas amazónicas cercanas (Brasil, Ecuador, Perú y Venezuela) mientras otros han sido registrados en el Escudo Guayanés (5 de los 19 registros nuevos provienen de Guyana, Guyana Francesa y Surinam).

Esta gran riqueza de especies (entre 3.000 y 4.000 especies, sugeridas por Bass et al. [2010]) está influenciada por la gran complejidad de tipos de suelos y a su vez de hábitats en la cuenca del Putumayo. Así tenemos bosques de tierra firme, bosques inundables y humedales, posicionados sobre suelos con mayor y menor concentración de nutrientes, arenas y turbas, ya sea en grandes extensiones o a modo de parches que segmentan y muchas veces condicionan el tipo de plantas que puedan habitar en ellas, favoreciendo la diversificación de la flora.

Registros notables

De las 1.010 especies registradas durante el inventario, 25 son considerados nuevos registros (6 para el Perú y 19 para Colombia) y 4 especies potencialmente nuevas para la ciencia.

Registros nuevos para el Perú

Cybianthus ruforamulus (Primulaceae)

Espécimen LT3981; fotos LTM0308–0310c1 (Fig. 5H)
Este árbol mediano que crece por debajo del dosel posee ramas, hojas e inflorescencias hírtulo-tomentosas y pequeñas flores que se encuentran agrupadas en inflorescencias axilares de espiga simple. Su distribución conocida abarcaba los bosques de tierra firme del departamento de Amazonas en Colombia hasta el estado de Acre, Brasil (Pipoly 1994). Ahora se extiende un poco más hacia el Putumayo peruano, donde fue registrada en el campamento Quebrada Federico.

Heterostemon conjugatus (Fabaceae)

Especímenes LT3956, LT4078, WR9736; fotos CFV8549c3, JDA9383–9388c2, LTM0167–0168c1, LTM0349–0352c1, LTM0619–0629c2, MRP0460–0464c2 (Figs. 5G, 5J)
Colectado en los campamentos Quebrada Federico y Caño Pexiboy, este árbol mediano con flores y frutos caulinares es una especie común en la Amazonia colombiana, donde se reportan otras dos especies (Bernal et al. 2019). Sus grandes y vistosas flores y sus cuatro foliolos (los dos basales atrofiados) son sus principales características de identificación (Rudas y Prieto 1998).

Macrolobium longipedicellatum (Fabaceae)

Especímenes LT4016, LT4050; fotos JDA9292–9295c1
Este pequeño arbolito, de hojas compuestas multifolioladas, flores pequeñas y frutos medianos, es conocido solo de la zona amazónica de Brasil en el río Solimões/Amazonas en el estado de Amazonas (Cowan 1953). Nuestro registro en el campamento Quebrada Federico sería el cuarto registro en los últimos 34 años.

Pagamea duckei (Rubiaceae)

Espécimen LT4010; fotos MRP0279–0288c1 (Fig. 5K)
Colectada en el campamento Quebrada Federico, esta especie es un árbol de mediano porte, de hojas simples y opuestas, pubescentes e inflorescencias terminales. Es conocida de los bosques de terraza en el Caquetá y Vaupés (Colombia) hasta el estado de Amazonas en Brasil (Vicentini 2007).

Scleronema micranthum (Malvaceae)

Espécimen LT4084

Este árbol de gran porte fue bastante frecuente en los bosques de terrazas medias de los campamentos Quebrada Federico, Caño Bejuco y Quebrada Lorena. Se distribuye en las zonas amazónicas de Colombia, Brasil y Venezuela.

Trichomanes macilentum (Hymenophyllaceae)

Especímenes WR9655, WR9662; fotos LTM0208–0215c1

Este pequeño helecho terrestre crece sobre suelos mal drenados. Su principal área de distribución abarca desde la Amazonia norte de Brasil pasando por Venezuela hasta Guyana. Nuestro registro en el campamento Quebrada Federico extiende su rango de distribución hacia el oeste amazónico.

Registros nuevos para Colombia

Carpotroche froesiana (Achariaceae)

Espécimen LT3925; fotos MRP0031–0035c1

Es un árbol de mediano porte, de frutos muy peculiares con un exocarpo alado (característica de identificación de la especie), conocido desde hace poco solo de la localidad tipo en la cuenca del río Negro en el estado de Amazonas, Brasil (Sleumer 1980). Fue colectado en los inventarios Yaguas-Cotuhé (IH14069 y 14493) y Medio Putumayo-Algodón (MR5217), ambos en el Putumayo peruano. Fue observado y colectado en todos los campamentos de este inventario, lo cual nos confirma su amplia distribución en gran parte de la cuenca media y baja del río Putumayo.

Dilkea cf. lecta (Passifloraceae)

Espécimen WR10010

Es un arbolito de hasta 3 m, algunas veces escandente, de hojas agrupadas y frutos de tamaño medio apiculados, conocido principalmente de las montañas Lely de Surinam, del noroeste de la Guyana Francesa y del Mato Grosso en Brasil (Feuillet 2009). Nuestro registro en el campamento Caño Pexiboy representa un punto medio en tan amplio rango de distribución y la quinta colecta de la especie; las cuatro primeras se usaron para la descripción de la especie.

Fosterella batistana (Bromeliaceae)

Especímenes JA1105, JA1123; fotos MRP0922–0926c3, MRP1052–1058c3 (Fig. 5B)

Es una hierba epífita de unos 50 cm. El género se distribuye desde México bajando por los Andes hacia el centro de Sudamérica (sur del Perú y norte de Argentina), abarcando el oeste, norte y sureste de Brasil y norte de Paraguay. El registro más cercano de la especie fue en el estado brasileño de Amazonas (en la confluencia de los ríos Tapajós y Amazonas; Leme et al. 2019). Nuestra colección en el campamento Caño Bejuco representa el primer registro del género para Colombia.

Gloeospermum crassicarpum (Violaceae)

Especímenes JA1138, WR9784; fotos LTM0476–0478c2, LTM1124–1127c3

Este árbol mediano (de hasta 15 m) posee hojas simples y algo serruladas. Descrita a partir de una muestra colectada en Ecuador durante el inventario rápido binacional de Güeppí en 2007 (Ecuador-Perú), luego fue registrada en otros inventarios rápidos en el Perú. Sigue ampliando su rango de distribución hasta Colombia, donde fue registrada en los campamentos Caño Pexiboy y Caño Bejuco.

Macrolobium arenarium (Fabaceae)

Este arbusto de hojas compuestas, asociado a ambientes de suelos pobres, fue observado en el campamento Caño Pexiboy. Anteriormente ha sido reportado en Brasil (río Tapajós) y en los bosques cercanos a la ciudad de Iquitos, Perú (Cowan 1953).

Neoregelia wurdackii (Bromeliaceae)

Espécimen JA1129; fotos LTM1207–1208c3 (Fig. 5F)

Esta bromelia es una epífita de 45 cm, muy vistosa de hojas rojas en la base y verdes hacia el ápice. Hasta ahora ha sido considerada como especie endémica para el Perú de las cuencas del río Santiago e Imaza de la Región Amazonas (León et al. 2006). Fue registrada en el inventario rápido del Medio Putumayo-Algodón (Ríos et al. 2016) y ahora por primera vez en Colombia en el campamento Caño Bejuco.

Ouratea cf. *macrocarpa* (Ochnaceae)

Espécimen JA1078; fotos MRP0858–0860c3

Este árbol de subdosel posee hojas simples ligeramente aserradas con una venación peculiar (las venas se arquean hacia el ápice de la hoja) que caracteriza el género. Esta especie tiene su principal distribución en el Escudo Guayanés, siendo nuestro reporte (en el campamento Caño Bejuco) su extensión más sureña.

Ouratea cf. *oleosa* (Ochnaceae)

Espécimen WR9711; foto LTM0501c2

Este árbol pequeño tiene hojas simples alternas, muy aserradas con unas venas ascendentes muy particulares y características del género, y pequeñas flores amarillas muy vistosas. Habita principalmente los bosques amazónicos del Perú. Ahora extiende su rango hasta los bosques del lado colombiano en el campamento Caño Pexiboy.

Palmorchis yavarensis (Orchidaceae)

Foto LTM2414c4 (Fig. 5E)

Esta hierba terrestre, de 70 cm de altura, es una de las dos especies de *Palmorchis* descritas recientemente de muestras colectadas en los inventarios rápidos del Field Museum en el Perú (Damián y Torres 2018). Conocida de los ríos Yaguas y Yavarí, ahora es reportada para la Amazonia colombiana en el campamento Quebrada Lorena.

Plinia yasuniana (Myrtaceae)

Espécimen JA1210

Este arbusto de 1,5 m, con flores y frutos caulinares, fue encontrado en las terrazas medias del campamento Caño Bejuco. Anteriormente fue reportado solo para la Amazonia ecuatoriana y peruana (Kawasaki y Pérez 2012).

Potalia yanamonoensis (Gentianaceae)

Especímenes WR10009, JA1131, JA1238; fotos LTM1194–1204c3, MRP2208–2218c4

Este arbolito de <3 m, de flores amarillas y frutos verdes, posee un fruto que ayuda a diferenciarlo de las otras especies del complejo *Potalia amara*. Hasta ahora su distribución sólo comprendía la localidad tipo en Loreto (Yanamono, río Amazonas; Struwe y Albert 2004). Con los especímenes colectados en nuestro inventario su rango de distribución se expande hacia el noreste hasta

el río Putumayo (campamento Caño Pexiboy) y el río Cotuhé (Caño Bejuco y Quebrada Lorena) en Colombia.

Rauia prancei (Rutaceae)

Espécimen JA1301; fotos LTM2394–2406c4

Este arbusto mediano de flores blancas posee frutos muy peculiares en forma de estrella. Se distribuye principalmente en la Amazonia de Brasil (Amazonas, Acre y Rondônia) con algunos reportes en el Perú (bosques de terrazas en Iquitos). Nuestro espécimen colectado en el campamento Quebrada Lorena representa el primer registro para Colombia.

Rhodostemonodaphne dioica (Lauraceae)

Espécimen WR9936; foto LTM1000c2

Este árbol de gran porte posee corteza aromática y flores pequeñas. Su principal rango de distribución abarcaba la zona amazónica de Bolivia (Pando) pasando por la selva central del Perú (Huánuco y Ucayali) hasta Brasil (Acre). Nuestro espécimen colectado en el campamento Caño Pexiboy representa el registro más norteño de la especie y el primero para la Amazonia colombiana.

Sextonia pubescens (Lauraceae)

Este árbol de aproximadamente 30 m, de frutos grandes, fue descrito en base a colecciones de San Martín y Loreto, Amazonia peruana (van der Werff 1997). Antes considerada especie endémica para el Perú, fue reportada por primera vez para Colombia en el campamento Quebrada Lorena.

Sterculia pendula (Malvaceae)

Espécimen WR9889; fotos LTM0878–0886c2

Este árbol de mediano porte es caracterizado por sus frutos colgantes con un pedúnculo largo a modo de péndulo. Conocida de la Amazonia brasileña (Amazonas y Acre), la especie fue registrada por primera vez en el Perú en el inventario rápido del Medio Putumayo-Algodón. Ahora es reportada también para Colombia, a través de nuestro registro en el campamento Caño Pexiboy.

Tachigali melinonii (Fabaceae)

Este árbol de hojas compuestas y foliolos asimétricos, sin domacios en el peciolo, es una especie poco conocida pero fácilmente reconocible por su escaso indumento estrellado. Anteriormente su rango de distribución abarcaba los bosques de tierra firme en Surinam, Guyana Francesa, Brasil y Perú (van der Werff 2008). Fue observado en los campamentos Quebrada Federico, Caño Pexiboy y Caño Bejuco, siendo los primeros registros de la especie en Colombia.

Tovomita auriculata (Clusiaceae)

Espécimen WR9780; fotos LTM0484–0485c2
Este árbol tiene porte medio (≤10 m) y flores y frutos medianos a grandes (3–3,5 cm en diámetro). Solo era conocido de las localidades del tipo en el estado de Amazonas en Venezuela y el departamento de Loreto en el Perú (Cuello 1999). Nuestro espécimen colectado en el campamento Caño Pexiboy es el primer registro para Colombia.

Trigynaea lagaropoda (Annonaceae)

Este árbol de subdosel se caracteriza por hojas simples y ligeramente trinervadas en la base, con la corteza fibrosa y algo aromática. Su distribución abarcaba la Amazonia ecuatoriana y peruana (Johnson y Murray 1995). Nuestras observaciones en el inventario rápido (campamentos Quebrada Federico, Caño Bejuco y Quebrada Lorena) extienden la presencia de la especie hacia el este hasta el río Cotuhé en Colombia.

Zamia macrochiera (Zamiaceae)

Espécimen WR9788; fotos LTM0676–0686c2, MRP0475–0487c2 (Fig. 5C)
Esta cícada enorme con hojas de aproximadamente 3,5 m de largo, tallo subterráneo y peciolo espinoso, tiene una particular unión y doblez en la base de sus pinas uniendo ambos extremos de la lámina. Considerada por muchos años una especie endémica de la Amazonia peruana, fue registrada en el campamento Caño Pexiboy.

Especies potencialmente nuevas para la ciencia

Calathea sp. nov. (Marantaceae)

Espécimen JA1160; fotos LTM2099–2105c3
(Fig. 5D) Colectada en los bosques de terrazas medias en el campamento Caño Bejuco, esta hierba de no más de 30 cm posee hojas muy llamativas por sus tonos rojos en las nervaduras y sus flores blancas en brácteas amarillo-pálidas.

Dilkea sp. nov. (Passifloraceae)

Espécimen JA1249; fotos CFV8013–8016c1, CFV8834–8837c4, MRP2082–2090c4, MRP2111–2113c4
Este arbusto de 2 m posee unas estípulas fimbriadas de color rojizo, una característica poco común entre las especies del género, lo cual la hace fácil de reconocer en campo. La misma especie ha sido reportada en los inventarios rápidos de Maijuna, Ere-Campuya-Algodón y Medio Putumayo-Algodón en el Perú, pero hasta el momento no se ha obtenido una muestra con flores para su descripción taxonómica. En este inventario registramos la especie en los campamentos Quebrada Federico, Caño Bejuco y Quebrada Lorena.

Piper evansii sp. nov. (Piperaceae)

Espécimen JA1228; fotos MRP2171–2181c4
Este arbusto mediano de hojas simples y algo acartonadas fue colectado en el sotobosque del campamento Quebrada Lorena. Es considerada una especie inédita pronto a ser descrita por el Dr. Ricardo Callejas (com. pers.), especialista de la familia en Colombia.

Zamia sp. nov. (Zamiaceae)

Espécimen JA1048; fotos JDA9467–9468c3
Es una cícada arbustiva acaule, con hojas que salen del suelo de hasta 1 m de alto y con tallo subterráneo. Este espécimen fue colectado en el sotobosque de tierra firme en el campamento Caño Bejuco y es considerado como nueva especie por el especialista en el grupo, el Dr. Michael Calonje (com. pers.).

PECES

Autores: Dario R. Faustino-Fuster, Jhon Jairo Patarroyo Báez y Lesley S. de Souza

Objetos de conservación: Bosques riparios que se encuentran en buen estado de conservación, los cuales garantizan los lagos, ríos, caños y quebradas saludables que favorecen una alta diversidad de peces y mantienen la conectividad de los ríos y quebradas de las cuencas del bajo Putumayo, Yaguas y Cotuhé; especies migratorias como grandes bagres (*Brachyplatystoma, Pseudoplatystoma, Pinirampus*), bocachicos y sábalos (*Prochilodus, Brycon*), así como sus rutas de migración y sitios de desove; otras especies de consumo como paiche/pirarucu (*Arapaima gigas*), paco (*Piaractus brachypomus*), gamitana (*Colossoma macropomum*), palometas (*Mylossoma* spp. y *Myleus* spp.), lisas (*Leporinus* spp. y *Schizodon fasciatus*) y pañas/pirañas (*Serrasalmus* spp. y *Pygocentrus nattereri*) que dinamizan la actividad económica y garantizan la seguridad alimentaria local; un centro de producción importante de alevinos de arahuana (*Osteoglossum bicirrhosum* [Fig. 11N]) para el mercado ornamental mundial; y otras especies ornamentales como rayas (*Potamotrygon* [Fig. 6Q]), shirui o coridoras (*Corydoras*), disco (*Symphysodon*), pez globo o globito (*Colomessus asellus*) y bujurqui o cíclidos (*Apistograma* y *Bujurquina*), las cuales estarían en un posible riesgo de sobreexplotación

INTRODUCTION

El río Putumayo es uno de los tributarios más largos del río Amazonas y fluye cerca de 2.000 km desde los Andes hasta la confluencia con el Amazonas en Brasil (Goulding et al. 2003). Esta característica pan-amazónica del Putumayo, que atraviesa por cuatro países, hace que la cuenca del Putumayo sea única entre los tributarios amazónicos. La porción más larga de la cuenca del río, tramo de aproximadamente 1.350 km, forma parte del límite fronterizo entre el Perú y Colombia. A lo largo de esta porción, el 60% de la cuenca está en Colombia y el 40% en el Perú. Este tramo de la cuenca se encuentra limitado por territorios indígenas, áreas de conservación, reservas comunales, áreas de conservación propuestas y esfuerzos binacionales para su protección, haciendo que el Putumayo funcione como un importante corredor de flujo libre a lo largo de toda su extensión.

A pesar de que su origen es en los Andes, donde el río Putumayo es un sistema de aguas blancas, los tributarios de las porciones medias y bajas del río drenan a través de formaciones geológicas bajas en nutrientes como Nauta 1 y 2 (Stallard 2013), lo que les da atributos de agua

clara. Como resultado, la región del Bajo Putumayo-Yaguas-Cotuhé está dominada por sistemas de agua clara y negra albergando un mosaico de hábitats para los peces (Figs. 3J–L).

En las últimas dos décadas, las colectas en el río Putumayo han registrado entre 200 y 300 especies, con estimaciones cercanas a 600 especies (Hidalgo y Oliveira 2004, Ortega et al. 2006, Hidalgo y Ortega-Lara 2011, Hidalgo y Maldonado-Ocampo 2016). Todos estos estudios se centraron en el lado peruano del río Putumayo, donde los principales tributarios los ríos Yaguas y Cotuhé revelaron áreas de gran diversidad de peces en el Perú. El estudio más reciente del proyecto Amazon Fish ha registrado 705 especies en la cuenca del río Putumayo incluyendo las áreas del lado colombiano (Jézéquel et al. 2020). A pesar de estos estudios, partes de la cuenca siguen siendo poco estudiadas. Estas incluyen el área que visitamos en el bajo Putumayo, así como la parte brasileña del Putumayo, donde se conoce como el río Içá.

Una mejor comprensión de la fauna de peces de esta región es importante por varias razones. Muchas especies de peces forman la base de la dieta y la economía de las comunidades locales. Existe la posibilidad de sobrepesca de peces ornamentales y peces de consumo. Por ejemplo, arahuana/arawana (*Osteoglossum bicirrhosum*) se cosecha de acuerdo con un plan de manejo en el lado peruano del río Putumayo, pero no existen regulaciones similares en el lado colombiano. Las amenazas inminentes de la minería de oro y el narcotráfico en la cuenca del río amenazan la salud de los hábitats acuáticos que sostienen a los peces. Finalmente, la contribución científica de la diversidad de peces de un área poco conocida para la comunidad ictiológica neotropical aumentará nuestra comprensión de la diversificación de la ictiofauna amazónica.

El objetivo de este inventario rápido fue evaluar la ictiofauna de la región del Bajo Putumayo-Yaguas-Cotuhé, con un enfoque en las cabeceras de los arroyos, y determinar el estado de los hábitats acuáticos. La información generada será utilizada para apoyar estrategias que permitan crear planes de manejo y herramientas de conservación para proteger los recursos naturales y las comunidades de peces.

Mientras nuestro equipo estaba muestreando comunidades de peces en campo, los miembros del equipo social estaban visitando comunidades locales para documentar el uso de los peces de comercio para consumo y ornamental. Un resumen de sus hallazgos está incluido en el capítulo *Uso de recursos naturales y economía familiar en la región del Bajo Putumayo-Yaguas-Cotuhé*, en este volumen.

MÉTODOS

Sitios de estudio y muestreo

Este inventario se realizó durante 18 días de trabajo de campo (del 5 al 24 de noviembre de 2019) en la región del Bajo Putumayo-Yaguas-Cotuhé, donde se muestrearon un total de 24 estaciones en 4 campamentos: Quebrada Federico (4 estaciones), Caño Pexiboy (7), Caño Bejuco (9) y Quebrada Lorena (4). Para una descripción detallada de los campamentos, ver las Figs. 2A–D y 4C–F y el capítulo *Panorama regional y descripción de sitios*, en este volumen.

Los hábitats muestreados fueron principalmente pequeñas quebradas o arroyos de tierra firme que drenan a los ríos Cotuhé y Putumayo (Fig. 6P). También muestreamos orillas con playas en el río Cotuhé, las cuales estaban en proceso de aparición por la transición de aguas en descenso a aguas bajas, así como orillas con vegetación riparia en los caños y quebradas de cada campamento, y pequeños pozos temporales o pocetas en los senderos y turbas amazónicas.

Para la colecta de peces, empleamos diversos aparejos de pesca:

- redes de arrastre de 5 y 10 m x 2 m;
- 2 redes de espera de 50 x 1,5 m con distancia entre nudos de 3 y 4 pulgadas;
- una nasa o red de mano y
- pesca con vara (actividad desarrollada por los científicos locales).

El esfuerzo de muestreo y el uso de cada uno de los aparejos de pesca dependió del tamaño del hábitat y la facilidad del muestreo, la cual fue limitada por características como troncos sumergidos en los arroyos e inundación de playas en el río Cotuhé. Para cada estación de muestreo realizamos una caracterización general del lugar, se georreferenció con un GPS y se levantó un registro fotográfico. Los peces capturados fueron anestesiados con metasulfonato de tricaina (MS-222) para poder manipularlos y asegurar una buena fijación.

Las muestras fueron fijadas en formaldehido (10%). Entre 24 y 48 horas posterior a la fijación, se procedió a realizar la separación del material para realizar su registro fotográfico y efectuar su identificación preliminar en campo (Fig. 6R). La identificación taxonómica del material se basó en Galvis et al. (2006), Ortega et al. (2011), van der Sleen y Albert (2018) y DoNascimiento et al. (2017), además de los reportes en inventarios rápidos anteriores como Yaguas-Cotuhé (Hidalgo y Ortega-Lara 2011), Ere-Campuya-Algodón (Maldonado-Ocampo et al. 2013) y Medio Putumayo-Algodón (Maldonado-Ocampo et al. 2016). La validación de los nombres científicos se confirmó usando el *Catálogo de peces de la Academia de Ciencias de California* (Fricke et al. 2019).

Las muestras se preservaron en alcohol al 70%, con su respectiva etiqueta de la estación de muestreo. Se tomaron muestras de tejidos a ejemplares representativos y se preservaron en etanol al 95% para futuros análisis genéticos. El material colectado fue depositado en las colecciones de peces del Departamento de Ictiología del Museo de Historia Natural de la Universidad Nacional Mayor de San Marcos (MUSM) en Lima, Perú; de la Colección Ictiológica de la Amazonia Colombiana (CIACOL) del Instituto Amazónico de Investigaciones Científicas SINCHI en Leticia, Colombia; y en la División de Peces del Field Museum of Natural History (FMNH), en Chicago, Estados Unidos.

RESULTADOS

Descripción de ambientes acuáticos

Las características fisicoquímicas de los cuerpos de agua en los campamentos visitados están descritas en el Apéndice 3. Las características de los ambientes acuáticos muestreados están descritas en el Apéndice 5.

Las orillas de todos los ambientes muestreados presentaron una gran cobertura vegetal de bosque (60–90%), siendo así estos ambientes dependientes de la materia orgánica proveniente del bosque ribereño. Los sustratos en su mayoría fueron comprendidos de limo, arcilla, arena y materia orgánica (hojarasca, palizadas y troncos sumergidos), con un poco de grava. En todos los campamentos las aguas fueron categorizadas como negras y mixtas (agua negra con sedimentación; Figs. 3J–L).

Campamento Quebrada Federico

Los cuatro puntos de muestreo en este campamento fueron tributarios de la quebrada Esperanza, ambiente lótico que drena directamente al margen derecho del bajo río Putumayo. Los ambientes acuáticos evaluados estaban conformados por tres quebradas y una turbera amazónica, todas categorizadas como segundo orden. El cauce de las quebradas evaluadas presentó un ancho de 3–6 m y profundidades de 50–180 cm. Los márgenes de estos ambientes fueron encajonados en su gran mayoría con corrientes que varían de nula a baja, permitiéndonos realizar arrastres hacia la orilla con obstrucción de corriente.

Campamento Caño Pexiboy

Las siete estaciones de muestreo en este campamento son tributarias del caño Pexiboy y de la quebrada Yagare, los cuales drenan directamente a la margen izquierda del bajo río Putumayo. Los ambientes acuáticos evaluados están conformados por seis quebradas y una poza temporal, categorizadas como de primer, segundo y tercer orden. El cauce de las quebradas y la poza temporal evaluadas presentó un ancho de 2–7 m y una profundidad de 10–300 cm. Los márgenes de estos ambientes fueron encajonados en su gran mayoría con corrientes que variaban de nula a moderada.

Campamento Caño Bejuco

Este campamento estuvo ubicado a la margen izquierda del río Cotuhé aguas debajo del caño Bejuco en la cuenca baja del río Putumayo. Los nueve puntos de muestreo fueron sobre el río Cotuhé (Fig. 6S) y quebradas tributarias de tierra firme del Cotuhé, que drena a la margen derecha del río Putumayo. Los ambientes acuáticos evaluados están conformados por un río y tres quebradas, categorizadas como primer orden y segundo orden. El cauce del río Cotuhé en este campamento presentó un ancho comprendido de 70–90 m, mientras las quebradas y caños presentaron un ancho de 3–20 m. La profundidad del río fue de aproximadamente 9 m y para las quebradas de 80–400 cm. Los márgenes de estos ambientes son encajonados en su mayoría y con poca playa en el río principal. La corriente fue diferente para cada hábitat; en el río fue

moderada y para las quebradas variaron de nula a baja. Fue en este campamento donde se pudo tener un poco más de acceso al río para usar mejor la técnica de arrastre hacia la orilla.

Campamento Quebrada Lorena

Este campamento estuvo ubicado en la quebrada Lorena, tributario del río Cotuhé en la margen derecha. Los cuatro puntos de muestreo fueron sobre la quebrada Lorena y dos tributarios de esta. Los ambientes acuáticos evaluados están conformados por quebradas de primer y segundo orden. El cauce de las quebradas evaluadas presentó un ancho de 2–8 m. La profundidad de las quebradas varió de 80 a 180 cm aproximadamente. Los márgenes de estos ambientes también fueron encajonados en su mayoría y con poca orilla para realizar los arrastres hacia la orilla; la corriente varió de nula a baja.

Riqueza, composición y abundancia

Se registraron 7.932 individuos en los 4 campamentos evaluados, distribuidos taxonómicamente en 10 órdenes, 33 familias y 150 especies. El orden Characiformes (peces con escamas) fue dominante en este inventario, con 103 especies y 7.369 individuos distribuidos en 16 familias. Este grupo de peces representó el 68,6% de todas las especies y fue la más abundante con el 92,9% de los individuos colectados (Tabla 5), siendo encontrados en todos los ambientes acuáticos evaluados. Las especies más abundantes de este orden fueron *Hyphessobrycon copelandi*, *Hemigrammus* cf. *analis*, *Xenurobrycon* sp. 1 y *Knodus* sp. 1. Otras especies de interés dentro de este grupo de peces escamados son las de uso ornamental como los géneros *Carnegiella*, *Characidium*, *Nannostomus* y *Pyrrhulina*.

El segundo orden más diverso fue Siluriformes (bagres de cuero y placas), representado con 27 especies (18,0% del total). Este grupo de peces fue el cuarto más abundante, superado por los órdenes Clupeiformes y Cichliformes. Fue dominado por pequeños bagres de cuero de la familia Trichomycteridae (*Ochmacanthus reinhardtii* y *Tridens* sp.), siendo que *Ochmacanthus reinhardtii* fue encontrada en los cuatro campamentos. Se registró un único bagre migratorio, *Pseudoplatystoma punctatus* (doncella), por parte del equipo de avanzada en el río Cotuhé. Resultado notable dentro de los bagres con placas están las especies del género *Corydoras*, también de interés ornamental.

Tabla 5. Riqueza y abundancia de los órdenes de peces registrados durante un inventario rápido de la región del Bajo Putumayo-Yaguas-Cotuhé, Colombia y Perú, en noviembre de 2019.

Orden	Número de especies	% del total	Número de individuos	% del total
Characiformes	103	68,6	7.369	92,9
Siluriformes	27	18,0	159	2,0
Cichliformes	9	6,0	162	2,0
Gymnotiformes	3	2,0	9	0,1
Clupeiformes	2	1,3	207	2,6
Osteoglossiformes	2	1,3	5	0,1
Myliobatiformes	1	0,7	1	0,0
Perciformes	1	0,7	1	0,0
Beloniformes	1	0,7	15	0,2
Cyprinodontiformes	1	0,7	4	0,1
TOTAL	**150**	**100,0**	**7.932**	**100,0**

El tercer grupo de peces más representativo fueron los Cichliformes (peces con espinas en las aletas) con 9 especies (6,0% del total) y una abundancia de 162 individuos (2.0% del total). Dentro de este grupo las especies más abundantes fueron *Bujurquina hophrys*, *Bujurquina* sp. 1 y *Apistogramma cruzi*, siendo *Bujurquina hophrys* encontrado en los cuatro campamentos. Fueron registradas también especies de consumo local del género *Crenicichla* y géneros de interés ornamental como *Apistogramma*. Todas estas especies fueron de ambientes de quebradas y caños pequeños.

El cuarto orden registrado fueron los Gymnotiformes (peces eléctricos), representados por tres especies poco abundantes (Tabla 5). *Gymnorhamphichthys rondoni* fue encontrado en los campamentos Quebrada Federico y Caño Pexiboy, mientras que *Brachyhypopomus beebei* fue registrado solo en Quebrada Federico y *Hypopygus lepturus* hallado solo en Caño Pexiboy.

Los órdenes con menor número de especies fueron Clupeiformes, Osteoglossiformes, Beloniformes, Cyprinodontiformes, Myliobatiformes y Perciformes, grupos de peces con poca diversidad de especies en ambientes de agua dulce (con excepción de Myliobatiformes). Dentro de este grupo de peces cabe resaltar las especies con alto valor económico como la arahuana/arawana (*Osteoglossum bicirrhosum*), el paiche/pirarucú (*Arapaima gigas*) y la raya

(*Potamotrygon motoro* [Fig. 6Q]), especies registradas en Caño Bejuco.

Resultados por sitios de inventario y comparación por sitios

La diversidad en los sitios obedece mucho al esfuerzo y acceso a los tipos ambientes evaluados. El campamento con mayor diversidad fue el Caño Bejuco con 89 especies, seguido por el Caño Pexiboy con 74 especies, mientras que el campamento Quebrada Federico presentó 60 especies y Quebrada Lorena 53 (Fig. 16). La abundancia en los cuatro sitios fue un poco variada (Fig. 17).

Existió un aporte exclusivo de especies en cada sitio muestreado. En el campamento Caño Bejuco se encontraron 37 especies exclusivas de este sitio, seguido por los campamentos Caño Pexiboy (21 spp.), Quebrada Federico (12 spp.) y Quebrada Lorena (8 spp.). Apenas 16 de las 150 especies registradas fueron encontradas en los 4 campamentos (Fig. 18).

El campamento Caño Bejuco fue el más abundante, con 5.442 individuos representados en 89 especies para las 9 estaciones muestreadas. Las especies estuvieron compuestas por peces de tamaño mayor como *Osteoglossum bicirrhosum* (arahuana o arawana) y de tamaño pequeño (1–5 cm), siendo estas últimas las más

Figura 16. Número de especies de peces registradas en cada campamento visitado durante un inventario rápido de la región del Bajo Putumayo-Yaguas-Cotuhé, Colombia y Perú, en noviembre de 2019.

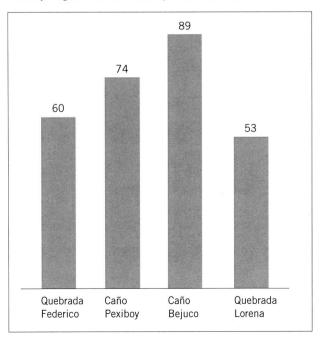

Figura 17. Número de peces individuales registrados en cada campamento visitado durante un inventario rápido de la región del Bajo Putumayo-Yaguas-Cotuhé, Colombia y Perú, en noviembre de 2019.

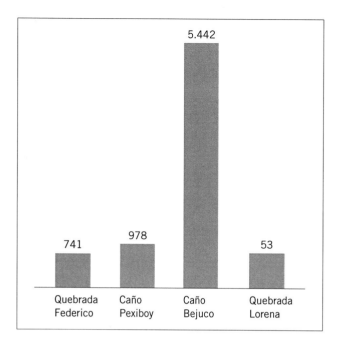

Figura 18. Número de especies de peces registradas en más de un campamento, o registradas en un solo campamento, durante un inventario rápido de la región del Bajo Putumayo-Yaguas-Cotuhé, Colombia y Perú, en noviembre de 2019.

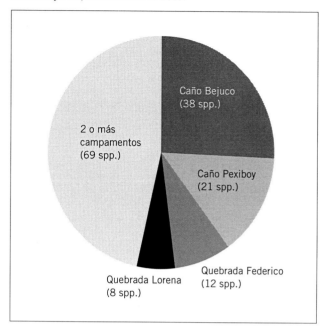

diversas y abundantes. De estas especies de menor porte *Hemigrammus* cf. *analis*, *Hyphessobrycon copelandi* y *Knodus* sp. 1 fueron las más abundantes, con el 14,4%, 13,5% y 11,1% de los individuos respectivamente.

En las 4 estaciones del campamento Quebrada Federico se colectaron 741 individuos representados en 60 especies. Las especies más abundantes fueron peces de tamaño pequeño (1–5 cm), siendo *Hemigrammus belottii* la especie más abundante con el 28% de los individuos para este campamento.

En las 6 estaciones del campamento Caño Pexiboy se colectaron 978 individuos representados en 74 especies. Las especies más abundantes fueron peces de tamaño pequeño (1–5 cm), siendo *Hyphessobrycon copelandi* y *Xenurobrycon* sp. las especies más abundantes, con el 28,5% y 13,9% de los individuos respectivamente.

En las 4 estaciones del campamento Quebrada Lorena se colectaron 769 individuos representados en 53 especies. Las especies más abundantes fueron las de menor tamaño (1–5 cm), como *Hyphessobrycon copelandi* y *Xenurobrycon* sp. 1, con el 15,7% y 14,4% del total respectivamente.

Hyphessobrycon copelandi y *Hemigrammus belottii* fueron las especies más abundantes en la mayoría de

los sitios evaluados, así como lo fueron en el inventario rápido del Yaguas-Cotuhé (Hidalgo y Ortega-Lara 2011).

Registros nuevos y especies no descritas

En este inventario se identificó dos especies potencialmente nuevas para la ciencia, correspondiente a los géneros *Imparfinis* y *Aphyocharacidium*, especies de porte pequeño (aprox. <4 cm). *Imparfinis* sp. es muy raro en colectas y solo fue colectado en la Quebrada Federico (Perú) y hasta la fecha se tiene pocos ejemplares colectados en otros ríos en el Perú. En cambio, *Aphyocharacidium* sp. (Fig. 6L) fue abundante y registrado en los cuatro campamentos. Comparaciones morfológicas y patrones de coloración previas de estas especies no coinciden con las especies descritas como válidas para estos géneros. Esto podrá ser confirmado por estudios más detallados por parte de los especialistas en el grupo.

Además, se encontró cuatro nuevos registros para la ictiofauna de Colombia pertenecientes a la familia Callichthyidae (*Corydoras ortegai* [Fig. 6N], *Corydoras* aff. *armatus* [Fig. 6M]), Characidae (*Moenkhausia naponis*) y Engraulidae (*Amazonsprattus scintilla* [Fig. 6J]), especies no registradas en la lista de peces de agua dulce de Colombia (DoNascimiento et al. 2017). Además de estas especies existen pequeñas especies de la familia Characidae que necesitan identificación de especialistas, lo que nos permitiría incrementar este número de especies nuevas para la ciencia y nuevos registros para la ictiofauna peruana y colombiana.

DISCUSIÓN

En la región amazónica, la amplia diversidad de cuerpos de agua forma una de las redes hídricas más grandes y complejas del mundo (Junk et al. 2007), siendo la mayoría de los ríos amazónicos resultado de la unión de pequeños arroyos que drenan la selva (Morley 2000). Los bosques a lo largo de estos arroyos favorecen a la fauna íctica brindando una serie de microhábitats (p. ej., raíces, ramas, hojas y bancos de arena) y una oferta de recursos de origen aloctono (p. ej., insectos terrestres, frutos y flores; Gorman y Karr 1978, Lowe-McConnell 1987). A pesar de contar con aguas ácidas y pobres en nutrientes, así como de su tamaño pequeño, estos arroyos de tierra firme albergan cientos de especies de peces (Galvis et al. 2006). Son considerados como *hotspots* para la conservación, ya que concentran en un área pequeña una enorme diversidad de vida silvestre acuática (Mojica et al. 2009).

Si bien el número de especies para en el área de muestreo es menor a los inventarios biológicos anteriores realizados a lo largo de la cuenca del río Putumayo (Ampiyacu-Apayacu-Yaguas-Medio Putumayo: 207 especies, Hidalgo y Olivera 2004; Güeppí: 184 especies, Hidalgo y Rivadeneira-R. 2008; Yaguas-Cotuhé: 294 especies, Hidalgo y Ortega-Lara 2011; Ere-Campuya-Algodón: 210 especies, Maldonado-Ocampo et al. 2013; Medio Putumayo-Algodón: 221 especies, Hidalgo y Maldonado-Ocampo 2016), la diversidad presente en los puntos de colecta del presente estudio puede ser considerado como media-alta. Esto se debe a que la mayor colecta y esfuerzo de pesca fue realizado en quebradas o arroyos tributarios de los ríos Putumayo y Cotuhé, contrario a los inventarios previos que también contaron con colectas en ríos y cochas o lagunas, áreas que poseen mayor diversidad de peces.

De las 150 especies registradas en este inventario rápido, la mayor riqueza fue hallada en las quebradas o arroyos (123 spp.) que en los ríos (61). Más del 50% de las especies registradas fueron exclusivas de las quebradas o arroyos (86 spp.) y el 16% exclusivas del río (24 spp.), mientras que la riqueza compartida entre ambos hábitats fue del 26% (37 spp.; Fig. 19). Este resultado no es una representación de la distribución de peces en esta área, sino que se debe a que la mayoría de las estaciones de colecta fueron en quebradas y arroyos de tierra firme.

Las especies encontradas en las quebradas y ríos pertenecen a siete familias. La gran mayoría de estas especies pertenecen a la familia Characidae, son de pequeño porte (con longitud de <10 cm), y son abundante y comunes de ambientes amazónicos de tierras bajas. Cabe resaltar también la presencia de especies de ambientes con sustratos arenosos, pertenecientes a las familias Heptapteridae, Trichomycteridae y Engraulidae, registradas con mayor abundancia en los ríos, así como algunas especies ornamentales como *Corydoras ortegai*, *Hyphessobrycon* cf. *peruvianus*, *Gasteropelecus sternicla* y algunas de consumo local (p. ej., *Hoplias malabaricus*). La presencia de estas especies compartidas entre río y quebrada en su gran mayoría es debido a la conectividad existente entre ríos y quebradas; y en algunos porque el punto de colecta fue realizado cerca a la confluencia entre una quebrada o arroyo y un río.

Figura 19. Número de especies de peces registradas solo en quebradas, solo en ríos, o en ambos hábitats, durante un inventario rápido de la región del Bajo Putumayo-Yaguas-Cotuhé, Colombia y Perú, en noviembre de 2019.

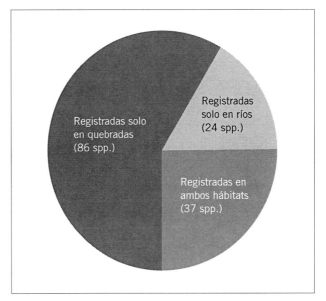

De las 19 especies registradas para todos los campamentos, la mayoría pertenecen a los ordenes Characiformes y Siluriformes, que pertenecen al grande grupo de peces del Superorden Ostariophysi, predominante en la mayoría de los ríos de la cuenca amazónica (Roberts 1972, Lowe-McConnell 1987, Reis et al. 2003, 2016). La mayoría de estas especies son de tamaño pequeño (con longitud de <10 cm) pertenecientes a las familias Characidae, Crenuchidae, Curimatidae y Trichomycteridae, y fueron registradas en este inventario en ambientes con palizadas y hojarascas. Con menor número de especies y abundancia se registraron especies de los órdenes Cichliformes y Beloniformes, comúnmente conocidos como bujurquis o mojarras y pez aguja respectivamente.

La riqueza y abundancia registradas en los campamentos también probablemente reflejan el incremento del caudal en las quebradas y ríos. En aguas altas los peces se encuentran más dispersos y los ambientes acuáticos son menos accesibles a los métodos de colecta.

AMENAZAS

- *Pérdida de bosques ripiaros por deforestación.* Debido a la asociación marcada entre las características del bosque y la riqueza de la fauna íctica (Jones et al. 1999), las alteraciones en estos bosques por actividades antrópicas (p. ej., deforestación, agricultura, actividad minera, zonas urbanas) pueda resultar en la pérdida de diversidad en la fauna íctica asociada (Sweeney et al. 2004, Carvalho et al. 2007, Casatti et al. 2009, Allard et al. 2015, Leite et al. 2015). Estas alteraciones también pueden eliminar estos pequeños cursos de agua, así como sus valiosos servicios ambientales, como el balance hídrico y la regulación del clima a nivel local (Souza et al. 2013).

- *Desconocimiento del estado poblacional de peces de uso ornamentales, de comercio y consumo.* Existe una percepción local de una disminución en las poblaciones de arahuana (*Osteoglossum bicirrhosum*) del lado colombiano, la cual es atribuida a cosechas insostenibles de actores externos y un incremento en la presión del recurso por situaciones desleales entre pescadores y/o intermediarios que afectan su precio

final. Además, existen vacíos en la información poblacional de paiche o pirarucu (*Arapaima gigas*), paco (*Piaractus brachypomus*), gamitana (*Colossoma macropomum*), palometas (*Mylossoma* y *Myleus*), lisas (*Leporinus* y *Schizodon*) y pañas o pirañas (*Serrasalmus* y *Pygocentrus*), todas especies de importancia en la actividad económica y seguridad alimentaria local.

- *Ausencia institucional.* Una mayor presencia y apoyo de entidades del Estado e instituciones académicas podrían fortalecer los procesos de manejo, uso, control y monitoreo de los recursos pesqueros, tanto para fines comerciales comode autoconsumo.

- *Generación de barreras.* Las barreras crean un cambio en el flujo libre de los ríos, los cuales son corredores de tránsito para especies migratorias, poniendo en riesgo su ciclo reproductivo, búsqueda de zonas de alimentación, y daño en los diferentes ambientes al homogenizar los hábitats que componen esta red hídrica.

- *Actividades de minería de oro y narcotráfico.* Estas alteran las condiciones abióticas de los ambientes acuáticos, amenazan los hábitats para la fauna íctica y ponen en riesgo la salud de los pobladores locales y de toda la fauna acuática.

RECOMENDACIONES PARA LA CONSERVACIÓN

- Intensificar los estudios sobre la importancia que tiene el bosque ripario en los pequeños arroyos y distintos tributarios que componen las cuencas del Putumayo, Yaguas y Cotuhé. Esta investigación ofrecerá una visión más íntegra sobre el papel que juegan estos entornos, debido a que son en parte los responsables de la amplia variedad de microhábitats que albergan los peces, presentan una función de hábitat a juveniles de especies que son de preferencia para el consumo local, y son responsables de mantener la integridad de las cadenas tróficas en estos organismos.

- Centrar esfuerzos por parte de instituciones de carácter gubernamental, no-gubernamental y académico, de Colombia y Perú, para que apoyen, generen y/o fortalezcan programas de monitoreo, uso, manejo y control de los recursos pesqueros, tanto comercial como de consumo. Estos insumos son pilares para un intercambio de experiencias, soporte a toma de decisiones locales y fortalecimiento en la gobernanza de estos recursos.

ANFIBIOS Y REPTILES

Autores: Germán Chávez, David A. Sánchez y Michelle E. Thompson

Objetos de conservación: Una comunidad de anfibios y reptiles diversa, en buen estado de conservación, que ocupa bosques de tierra firme y bosques inundables; especies registradas por primera vez en Colombia como las ranas *Boana ventrimaculata* (Fig. 7M), *Osteocephalus subtilis* (Fig. 7K), *Pristimantis academicus* (Fig. 7L) y *P. orcus* (Fig. 7E); especies enigmáticas con pocos registros en estudios o colecciones como *P. aaptus* (Fig. 7C), la cual ha sido registrada apenas 3 veces en casi 40 años, y una especie de rana subterránea, *Synapturanus* sp. (Fig. 7N), que se encuentra en hábitats hidromórficos (p. ej., turbera amazónica); una lagartija en el género *Anolis* potencialmente nueva para la ciencia (Fig. 7P); dos especies de tortugas, *Chelonoidis denticulata* y *Podocnemis unifilis*, que son consideradas en estado Vulnerable, junto a varias especies de dendrobátidos, boas, caimanes y tortugas listados en el Apéndice I o II de CITES; especies de anfibios y reptiles que son consumidas, tienen un uso tradicional (medicina o cacería) o tienen alguna relación con las comunidades locales (*Leptodactylus* spp., *Caiman crocodilus*, *Chelonoidis denticulata*, *Melanosuchus niger*, *Paleosuchus trigonatus* [Fig. 7Q], *Podocnemis unifilis*, *Bothrops* spp. y *Lachesis muta* [Fig. 7Z])

INTRODUCCIÓN

Ubicada en la parte superior de la gran cuenca del Amazonas en un área de baja alteración antropogénica y una extensa cubierta forestal, la cuenca del Putumayo presenta una alta diversidad de anfibios y reptiles. Según los mapas de rango, se prevé que la cuenca del Putumayo contenga >30% de los anfibios descritos y alrededor del 40% de los reptiles descritos en el Perú y >25% de los anfibios descritos y alrededor del 35% de los reptiles descritos en Colombia (Roll et al. 2017, Frost 2020, IUCN 2020, Uetz y Hošek 2020).

Esta alta diversidad ha sido evidenciada por varios estudios localizados (Fig. 20). Dentro de la cuenca del Putumayo, estos incluyen Rodríguez y Campos (2002), Rodríguez y Knell (2003), Rodríguez y Knell (2004), Catenazzi y Bustamante (2007), Yánez-Muñoz y Venegas (2008), von May y Venegas (2010), von May y Mueses-

Cisneros (2011), Venegas y Gagliardi-Urrutia (2013), Chávez y Mueses-Cisneros (2016) y Pérez Peña et al. (2019). También se han realizado estudios en los alrededores de la cuenca del Putumayo en el departamento de Loreto, Perú (Dixon y Soini 1986, Rodríguez y Duellman 1994, Duellman y Mendelson 1995, Lamar 1998), la Amazonia colombiana (Lynch 2005, Medina-Rangel et al. 2019) y la Amazonia ecuatoriana (Duellman 1978, Yánez-Muñoz y Chimbo 2007). Algunos inventarios de 2–3 semanas de trabajo de campo en la cuenca del Putumayo han registrado hasta 142 especies de anfibios y reptiles (Chávez y Mueses-Cisneros 2016). En general, con cada inventario aprendemos un poco más sobre la riqueza y la distribución de anfibios y reptiles en esta región (Figs. 20–21). A medida que se desarrollan más inventarios esta lista crece, y se hace evidente que aún es necesario mucho trabajo para comprender mejor los complejos ensamblajes de una comunidad herpetológica tan diversa.

Es importante resaltar la alta densidad de inventarios realizados en el lado peruano de la cuenca, en comparación con un solo inventario por el lado colombiano cerca de Leticia, del que se tienen datos publicados solo para anfibios (Lynch 2005), y los datos de los inventarios que se están realizando con material preservado en la colección de anfibios del Instituto SINCHI (Figs. 20–21). Con una diferencia tan grande de esfuerzo de trabajo a los dos lados de la frontera es difícil tener un panorama completo binacional de la diversidad, amenazas y oportunidades de conservación para los anfibios y reptiles compartidos por dos países con esquemas de ordenamiento territorial, historias y visiones culturales diferentes.

Este inventario rápido de la región del Bajo Putumayo-Yaguas-Cotuhé representa el primer estudio de las comunidades de anfibios y reptiles en ambos países y a los dos lados del río Putumayo. El objetivo de los muestreos fue caracterizar de forma rápida la diversidad y composición de anfibios y reptiles, resaltar hallazgos nuevos y hacer recomendaciones para la conservación de la herpetofauna en la región.

MÉTODOS

Realizamos muestreos entre el 5 y el 24 de noviembre de 2019 en cuatro localidades del Perú y Colombia:

Figura 20. Inventarios de anfibios y reptiles realizados dentro y alrededor de la cuenca del río Putumayo. Se incluyen datos de los inventarios por los cuales hay información disponible por publicación (fuentes: Rodríguez y Campos 2002, Rodríguez y Knell 2003, Rodríguez y Knell 2004, Lynch 2005, Catenazzi y Bustamante 2007, Yánez-Muñoz y Chimbo 2007, Yánez-Muñoz y Venegas 2008, von May y Venegas 2010, von May y Mueses-Cisneros 2011, Venegas y Gagliardi-Urrutia 2013, Chávez y Mueses-Cisneros 2016, Pérez Peña et al. 2019, Medina-Rangel et al. 2019, SINCHI).

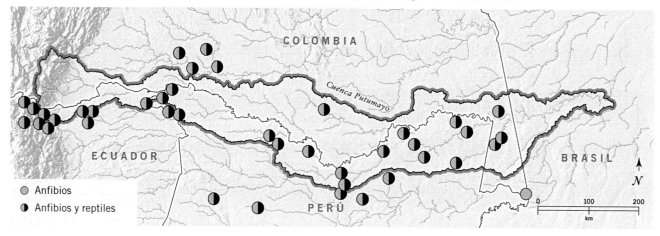

Figura 21. Curva de acumulación de especies de anfibios y reptiles registradas en la cuenca del Putumayo colombiana y peruana durante inventarios biológicos. Se incluyen datos de los inventarios por los cuales hay información disponible por publicación (fuentes: Rodríguez y Campos 2002, Rodríguez y Knell 2003, Rodríguez y Knell 2004, Catenazzi y Bustamante 2007, Yánez-Muñoz y Venegas 2008, von May y Venegas 2010, von May y Mueses-Cisneros 2011, Venegas y Gagliardi-Urrutia 2013, Chávez y Mueses-Cisneros 2016, Pérez Peña et al. 2019, SINCHI).

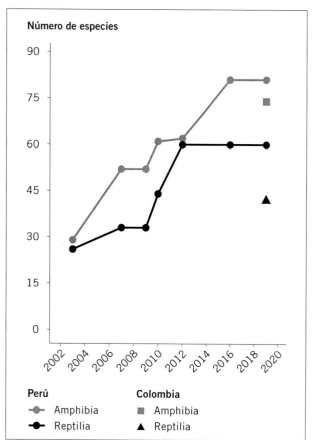

el campamento Quebrada Federico, Perú (5–8 de noviembre); el campamento Caño Pexiboy, Colombia (10–15 de noviembre); el campamento Caño Bejuco, Colombia (16–20 de noviembre) y el campamento Quebrada Lorena, Colombia (21–24 de noviembre). Para una descripción detallada de los campamentos visitados durante el inventario rápido, ver las Figs. 2A–D y 4C–F y el capítulo *Panorama regional y descripción de sitios*, en este volumen.

En cada campamento realizamos muestreos mediante la técnica de inspección por encuentros visuales (VES) y capturas manuales a lo largo de los senderos y áreas alrededor de ellos (Crump y Scott 1994). Los muestreos se realizaron principalmente por los tres integrantes del equipo herpetológico; en las ocasiones en las que fue posible, nos acompañaron investigadores locales. Calculamos el esfuerzo de muestreo como horas de trabajo por persona, completando alrededor de 330 horas/persona de colecta en total. Específicamente fueron 79 horas/persona en Quebrada Federico, 75 en Caño Pexiboy, 104 en Caño Bejuco y 69 en Quebrada Lorena. En la lista del campamento Caño Pexiboy (Apéndice 7) incluimos las observaciones realizadas la noche del 11 de noviembre en el campamento satélite ASOPROMATA (2°39'56,59"S, 69°52'0,88"O).

Hicimos búsquedas nocturnas de 5 a 10 horas entre las 18:30 y las 0 5:30 y búsquedas durante el día cuando fue posible. Dentro de cada campamento, los principales hábitats muestreados fueron bosques de tierra firme y zonas inundables. Revisamos la hojarasca y la tierra alrededor de las raíces de las plantas para buscar especies de hábitos subterráneos. Inspeccionamos vegetación baja, bromelias y cuerpos de agua en axilas de plantas o en hojas de palma caídas para buscar adultos o larvas de anfibios y muestreamos larvas en los cuerpos de agua con redes de acuario. Colectamos especímenes *voucher* de todas las especies, anotando las observaciones de las especies para las cuales completamos buenas series representativas colectadas de diferentes estados de desarrollo y de variación fenotípica de las poblaciones presentes. Para cada individuo observado, anotamos la especie, la altura de la percha y el tipo de microhábitat en el que se encontraba. Colectamos *hisopados* de la piel de anfibios (una muestra representativa de la diversidad de especies), completando 89 *hisopados* en total que serán analizados para detectar la presencia del hongo *Batrachochytrium dendrobatidis*. Los ejemplares para los *hisopados* se colectaron en bolsas individuales y se procesaron siguiendo a Boyle et al. (2004).

Los ejemplares de anfibios y reptiles fueron fijados en formol al 10% y preservados en etanol al 70% en las colecciones. Las larvas de anuros están permanentemente preservadas en formol al 10%. Preservamos tejidos de hígado o músculo en etanol al 96%. Tomamos fotografías en vida de alta resolución de casi todos los ejemplares teniendo al menos un ejemplar de cada especie fotografiado. Las notas de campo, grabaciones, ejemplares y tejidos se encuentran en las respectivas colecciones. Depositamos una serie de 124 especímenes *voucher* en la colección de la división de herpetología del Centro de Ornitología y Biodiversidad (CORBIDI), Lima, Perú (con la serie de números de campo IR31 GCI001–126), y 365 especímenes en la colección herpetológica del Instituto Amazónico de Investigaciones Científicas SINCHI (con la serie de números de campo SNC-H 00415–00793). Algunos duplicados serán depositados en el Field Museum. Una base de datos completa con esfuerzo de muestreo está disponible por solicitud a los autores.

Hicimos grabaciones de cantos de algunas especies que estaban en actividad reproductiva en formato no comprimido 'wav,' utilizando una grabadora digital Marantz PMD 661 MKII y un micrófono Sennheiser ME 66. En las ocasiones en las que no era posible capturar los individuos, pero sí era posible identificar el canto, hicimos el registro auditivo de la especie en el inventario. Además, usamos grabadoras automáticas AudioMoth, instaladas por el equipo de avanzada entre el 23 y el 25 de octubre de 2019 y recogidas durante la fase de inventario del 5 al 24 de noviembre de 2019, para realizar grabaciones automáticas de 1 minuto cada 20 minutos en formato no comprimido 'wav,' y a una tasa de muestreo de 48 kHz, (un total de 11.758 grabaciones de 1 minuto, Apéndice 8). En campamento Caño Pexiboy y campamento Caño Bejuco instalamos algunas grabadoras adicionales en lugares específicos durante las noches que estuvimos en tales campamentos.

Las identificaciones que hicimos en el campo se confirmaron con ayuda de especialistas y mediante comparaciones de material de referencia en las colecciones del CORBIDI y SINCHI. Para la taxonomía seguimos a Frost (2020) y Uetz y Hozek (2016) y para las categorías de amenaza de las especies seguimos la UICN (2020). Construimos curvas de acumulación de especies de anfibios y reptiles con el paquete *iNext* (Chao et al. 2014, Hsieh et al. 2020) en la plataforma R v3.5.1 (R Core Team 2018) para cada campamento para evaluar qué tan cerca estamos de tener una lista representativa de la diversidad real. Para espectrogramas y oscilogramas, utilizamos los paquetes *seewave* (Sueur et al. 2008), *tuneR* (Ligges et al. 2018) y *ggplot2* (Wickham 2016) en R v3.5.1 (R Core Team 2018) y 1.024 puntos de resolución de la transformación rápida de Fourier (FFT). Depositamos las grabaciones en el Field Museum.

RESULTADOS

Riqueza y composición

En el inventario rápido de la región del Bajo Putumayo-Yaguas-Cotuhé encontramos 131 especies de herpetofauna (84 anfibios y 47 reptiles; ver la lista completa en el Apéndice 7). Cuando se incluyen los registros de un sitio adicional muestreado en 2010 durante el inventario rápido Yaguas-Cotuhé (el campamento Alto Cotuhé, 03°11'55,6"S, 70°53'56,5"O, 130–190 m), el número total alcanza 149 especies (95 anfibios y 54 reptiles; Apéndice 7). Los siguientes resultados corresponden a los sitios muestreados solamente durante el presente inventario rápido.

Para la clase Amphibia registramos los órdenes Anura (12 familias, 30 géneros) y Caudata (1 familia, 1 género). La familia Hylidae presentó el mayor número de especies (32), seguida por Craugastoridae (15) y Leptodactylidae (9). Para la clase Reptilia registramos 3 órdenes (Crocodylia, Squamata y Testudines), con 15 familias y 32 géneros. Las familias mejor representadas fueron Dipsadidae con 11 especies y Dactyloidae y Gymnophthalmidae con 6 especies.

Registramos un total de 1.029 individuos (846 anfibios y 183 reptiles). Las especies de anfibios más abundantes fueron *Rhinella margaritifera* (231 registros), *Osteocephalus yasuni* (41), *Adenomera andreae* (35) y *Pristimantis academicus* (27; Fig. 7L), mientras que para reptiles las especies más abundantes fueron *Anolis trachyderma* (18), *Gonatodes humeralis* (15) y *Kentropyx pelviceps* (14; Fig. 7S).

Comparación entre los sitios de muestreo

Trece (9,9%) de las 131 especies registradas en este inventario fueron comunes a los cuatro campamentos. La similitud en la composición de especies entre sitios varió de 0,45 a 0,61 en el índice de disimilitud Bray-Curtis, donde un valor de 1 significa que las dos comunidades no comparten ninguna especie y un valor de 0 significa que comparten todas. Los dos campamentos con la composición más parecida fueron Caño Pexiboy y Caño Bejuco, y con la composición más diferente fueron Quebrada Federico y Caño Bejuco. La similitud en la composición de especies entre todos los campamentos del presente inventario rápido y el campamento Alto Cotuhé (muestreado en 2010) varió entre 0,72 y 0,75. La baja similitud en la composición de especies entre algunos sitios indica una alta complementariedad de la herpetofauna entre los diferentes campamentos muestreados. No encontramos diferencias significativas de riqueza entre los sitios (Fig. 22).

Campamento Quebrada Federico
Registramos 260 individuos de 57 especies (38 especies de anfibios y 19 especies de reptiles). De estas, 11 fueron únicas para el muestreo del campamento: *Dendropsophus brevifrons*, *Rhinella dapsilis*, *Rhinella marina*, *Rhinella poeppigii*, *Pristimantis padiali* (Fig. 7H), *Synapturanus* sp. (Fig. 7N), *Arthrosaura reticulata*, *Dipsas catesbyi*, *Lepidoblepharis hoogmoedi*,

Oxyrhopus vanidicus y *Plica plica*. Las familias Hylidae y Leptodactylidae presentaron el mayor número de especies para anfibios y la familia Sphaerodactylidae para reptiles. Dentro de los registros notables se resalta la colección de un neonato, un juvenil, dos adultos y el canto de *Synapturanus* sp. en el hábitat varillal sobre turba (Fig. 3F).

Campamento Caño Pexiboy
Registramos 273 individuos de 70 especies (49 especies de anfibios y 21 especies de reptiles). De estas, 19 fueron únicas para el muestreo del campamento: *Adenomera* cf. *andreae*, *Allobates* cf. *zaparo*, *Boana hobbsi* (Fig. 7B), *Boana ventrimaculata*, *Dendropsophus reticulatus*, *Engystomops petersi*, *Pipa pipa* (Fig. 7G), *Pristimantis aaptus* (Fig. 7C), *Pristimantis croceoinguinis*, *Pristimantis orcus* (Fig. 7E), *Osteocephalus subtilis* (Fig. 7K), *Scinax ruber*, *Teratohyla midas*, *Trachycephalus cunauaru*, *Anolis ortonii*, *Imantodes lentiferus*, *Iphisa elegans*, *Xenopholis scalaris* y *Xenodon rabdocephalus* (Fig. 7T). Las familias Hylidae, Craugastoridae y Leptodactylidae presentaron el mayor número de especies para los anfibios y las familias Dactyloidae y Dipsadidae para los reptiles. Dentro de los registros notables, destacamos el primer registro para Colombia de las ranas *P. academicus* (Fig. 7L) y *P. orcus* y el registro de *P. aaptus*, la cual ha sido registrada apenas 3 veces en casi 40 años.

Campamento Caño Bejuco
Registramos 216 individuos de 66 especies (39 especies de anfibios y 27 especies de reptiles). De estas, 13 fueron únicas para el muestreo del campamento: *Boana appendiculata*, *Boana boans*, *Dendropsophus riveroi*, *Hypodactylus nigrovittatus*, *Nyctimantis rugiceps*, *Scinax funerea*, *Cercosaura argulus*, *Chironius exoletus*, *Drymoluber dichrous*, *Eunectes murinus* (Fig. 7X), *Helicops leopardinus*, *Lachesis muta* (Fig. 7Z) y *Oxyrhopus occipitalis*. Las familias Hylidae, Craugastoridae, y Leptodactylidae presentaron el mayor número de especies para los anfibios y las familias Dactyloidae y Dipsadidae para los reptiles. Este fue uno de los dos campamentos donde registramos una especie de *Anolis* potencialmente nueva para la ciencia (Fig. 7P).

Figura 22. Riqueza de especies de anfibios y reptiles registrada y estimada entre el 5 y el 25 de noviembre de 2019 en la región del Bajo Putumayo-Yaguas-Cotuhé, Colombia y Perú. Se incluyen también datos de un sitio visitado durante un inventario rápido previo en la región (campamento Alto Cotuhé; von May y Mueses-Cisneros 2011).

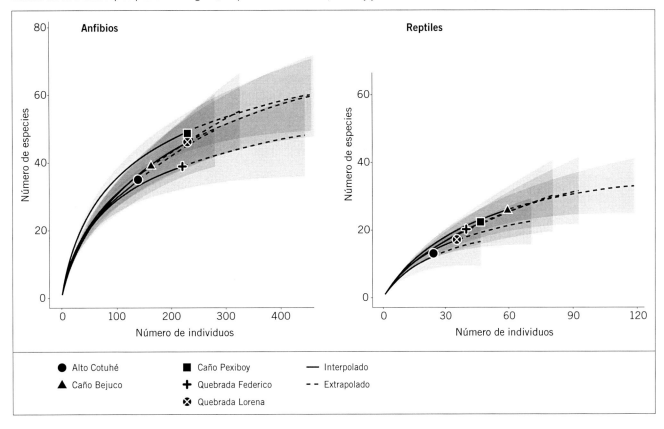

Campamento Quebrada Lorena

Registramos 262 individuos de 63 especies (46 especies de anfibios y 17 especies de reptiles). De estas, 11 fueron únicas para el muestreo del campamento: *Amazophrynella amazonicola, Adelophryne adiastola, Hemiphractus scutatus, Pristimantis kichwarum, Osteocephalus heyeri, Pristimantis lacrimosus, Pristimantis lanthanites, Phyllomedusa tarsius, Loxopholis parietalis, Potamites ecpleopus* y *Phrynonax polylepis*. Las familias Hylidae y Craugastoridae presentaron el mayor número de especies para los anfibios y las familias Dactyloidae y Gymnophthalmidae para los reptiles. En este campamento registramos una abundancia alta de *Ameerega hahneli* (18 individuos), concentrada en un hábitat hidromórfico en un solo sendero dentro del Resguardo Indígena Ríos Cotuhé y Putumayo. Este fue uno de los dos campamentos donde registramos una especie de *Anolis* potencialmente nueva para la ciencia (Fig. 7P) y el segundo registro para Colombia de la rana *P. academicus* (Fig. 7L).

Asociaciones con los hábitats y microhábitats

Algunas de las especies registradas estaban relacionadas con bosques de tierra firme: *Enyalioides laticeps* (100% de los registros; Fig. 7R), *Ranitomeya* spp. (100%), especies en la familia Gymnophthalmidae (86%) y *Pristimantis* spp., las cuales tienen desarrollo directo y ponen sus huevos en la hojarasca (75%). Otras especies estaban relacionadas con bosque inundable/bosque hidromórfico, como *Synapturanus* sp. (100% de los registros; Fig. 7N) y *Ameerega hahneli* (95%). Además, encontramos varias especies que se reproducen en aguas lénticas relacionadas con bosque inundable o charcos temporales, como *Osteocephalus* spp. y *Boana* spp. y dos especies cuyos renacuajos se desarrollan en bromelias (*Osteocephalus deridens, Ranitomeya amazonica*).

Con respecto a la distribución vertical, registramos un uso diverso de la estratificación de hábitats: especies fosoriales (p. ej., *Synapturanus* sp. [Fig. 7N], *Chiasmocleis* spp.), especies acuáticas (p. ej., *Pipa pipa* [Fig. 7G], *Paleosuchus trigonatus* [Fig. 7Q]), y especies asociadas con la hojarasca (p. ej., *Rhinella* spp.,

Cercosaura spp.), con la vegetación baja (p. ej., *Pristimantis* spp., *Anolis* spp.) y con la vegetación alta (p. ej., *Osteocephalus deridens, Phyllomedusa bicolor*).

Reproducción

Reportamos algunas especies que hasta ahora iniciaban la época reproductiva. Registramos 11 parejas en amplexus (*Pristimantis* spp. y *Dendropsophus* spp.), 7 individuos de las familias Aromobatidae y Dendrobatidae transportando renacuajos en su dorso y 13 hembras grávidas de varias especies de ranas. Para reptiles registramos siete especies en época de reproducción.

Análisis bioacústico

Los muestreos de grabadoras automáticas nos permitieron registrar especies que no registramos de forma visual durante los estudios. Algunos de estos forman la única base de registro de la especie para todo el inventario (p. ej., *Allobates* cf. *zaparo, Nyctimantis rugiceps*). Otros ampliaron nuestra comprensión de la ocurrencia de estas especies en todos los sitios (p. ej., *Osteocephalus deridens, Vitreorana ritae*). Presentamos algunos ejemplos del análisis preliminar de las grabaciones (y los códigos de colección que usamos para confirmar las identificaciones) en el Apéndice 8.

Registros notables

Nuevos registros para Colombia

Boana ventrimaculata (Fig. 7M). Esta rana arbórea es uno de los anfibios más recientemente descritos en la Amazonia baja (Caminer y Ron 2020), y hasta ahora solo conocida para Ecuador y Brasil. Con nuestro hallazgo en el campamento Caño Pexiboy, reportamos una nueva localidad para la especie y su presencia en territorio colombiano, lo que nos indica que parece ser una especie de amplia distribución en la Amazonia baja.

Osteocephalus subtilis (Fig. 7K). Esta pequeña rana arbórea ha sido previamente conocida solo para la Amazonia de Brasil. Presuntamente estaría también en el Perú y Bolivia pero esto no ha sido confirmado aún (Martins y Cardoso 1987, Rodríguez-López y Pinto-Ortega 2013). Nuestro registro en el campamento Caño Pexiboy es el primer hallazgo formal (con un espécimen

voucher depositado en una colección científica) que confirma la presencia de esta especie en Colombia. Además, es la primera vez que se le observa fuera de Brasil, lo que extiende su distribución en más de 150 km hacia el noroccidente.

Pristimantis academicus (Fig. 7L). Esta rana semi-arborea fue descrita en 2010 (Lehr et al. 2010) y hasta ahora nunca había sido encontrada fuera del Perú. Basándonos en fotografías a color y una serie de especímenes *voucher* reportamos por primera vez su presencia en territorio colombiano, específicamente en los campamentos Caño Pexiboy y Quebrada Lorena, ampliando su rango en más de 300 km en línea recta. La categoría de amenaza de esta especie no se ha evaluado en la UICN y cualquier información acerca de su distribución y biología es un aporte para poder evaluar de manera acertada su estado de conservación.

Pristimantis orcus (Fig. 7E). Esta rana fue descrita en 2008 (Lehr et al. 2009) y solo ha sido reportada anteriormente en el Perú (Lehr et al. 2009) y Brasil (López-Rojas et al. 2013), específicamente en los ecosistemas de la Amazonia baja y el piedemonte amazónico. En este estudio la reportamos por primera vez en Colombia, ampliando su distribución hacia el norte en más de 500 km. Esto demuestra que su ocurrencia es aún pobremente conocida y que es necesario enfocar futuras revisiones en colecciones y trabajo de campo para tener información completa sobre el área de ocupación de esta especie. La especie está hasta ahora categorizada como de Preocupación Menor según la UICN, dado que se asume que su distribución es amplia y porque no se conoce ninguna amenaza significativa a sus poblaciones.

Especies potencialmente nuevas para la ciencia

Anolis sp. (Fig. 7P). Esta lagartija arbórea fue encontrada en los campamentos Caño Pexiboy y Quebrada Lorena. Es una especie que probablemente pertenece al grupo de *Anolis fuscoauratus* (*sensu* Poe et al. 2015, 2017) pero que muestra diferencias significativas en la escamación y la coloración del pliegue gular, lo que nos hace pensar que es un candidato para taxón no descrito, y por lo tanto nuevo para la ciencia. Es de resaltar que no fue escasa en las localidades donde se la encontró, y sus capturas fueron frecuentes e incluso simpátrico con *A. fuscoauratus* en Quebrada Lorena. Futuros análisis genéticos nos darán una respuesta más exacta acerca de su status taxonómico y su relación con otras especies de *Anolis*.

Synapturanus sp. (Fig. 7N). Las ranas del género *Synapturanus* tienen hábitos fosoriales y vocalizan desde complejos subterráneos de raíces y tierra. Conocemos muy poco sobre sus hábitos (Fouquet et al. 2021) y sus registros en colecciones son raros. Durante el inventario rápido del Yaguas-Cotuhé (von May y Mueses-Cisneros 2011) se fotografiaron ejemplares de esta especie, o una muy similar, la cual posiblemente no esté descrita y en el inventario rápido Medio Putumayo-Algodón (Chávez y Mueses-Cisneros 2016) se reportó de nuevo por registros auditivos. En este inventario colectamos una serie completa de individuos muy pequeños, juveniles y adultos con la que podemos estudiar su variación morfológica y de coloración. Grabamos el canto y colectamos especímenes en el campamento Quebrada Federico en un varillal sobre turba inundada (Fig. 3F) y podemos confirmar que su presencia está asociada estrechamente con las raíces de palmas o árboles en ambientes de bosques inundables especialmente en turbera (von May y Mueses-Cisneros 2011, Chávez y Mueses-Cisneros 2016, este inventario).

Otros registros de importancia

Pristimantis aaptus (Fig. 7C). Esta rana fue descrita a partir de ejemplares preservados en 1980 (Lynch y Lescure 1980) y sólo recientemente ha sido colectada y fotografiada en vida en un inventario rápido en el bajo Putumayo: en el río Algodón del Perú (Chávez y Mueses-Cisneros 2016). Desde hace casi 40 años no se había vuelto a reportar esta especie en territorio colombiano. Con este nuevo registro no solo la volvemos a reportar a través de un *voucher* en Colombia, sino que además incrementamos la información acerca de su coloración en vida, la cual no ha sido descrita aún. Esta especie está en la categoría de Preocupación Menor en el ámbito mundial porque su distribución es amplia y se presume que sus poblaciones son grandes.

Allobates cf. *zaparo*. Registramos esta rana a través de las grabadoras de sonido, pero sorprendentemente no la observamos durante las búsquedas visuales. A pesar de

que los análisis de los cantos nos llevan a asumir que la especie habita los bosques del río Putumayo, la ausencia de registros visuales y de al menos un espécimen *voucher* nos impiden asegurar de que se trate de esta especie. La distribución de *Allobates zaparo* va en una dirección oeste-este desde el pie de monte de Ecuador y el norte del Perú hasta la cuenca del río Napo y no alcanza el río Putumayo (Ron et al. 2019). Este sería el primer registro de la especie en Colombia y también el límite oriental de su distribución. Por lo tanto, debido a la disyuntiva que es esta nueva localidad para la ocurrencia de esta rana y sobre todo porque no hemos podido obtener un espécimen *voucher* para respaldar nuestra grabación, lo consideramos un posible registro de la especie y no como una definitiva confirmación de su presencia en el área de estudio. Creemos que futuros trabajos de campo podrán producir evidencia más concreta que nos ayude a confirmarlo.

DISCUSIÓN

La diversidad de anfibios y reptiles que registramos en este inventario rápido es, al igual que en el inventario rápido Yaguas-Cotuhé (von May y Mueses-Cisneros 2011), una de las más altas jamás antes encontradas en un muestreo de campo con un similar esfuerzo de muestreo en la Amazonia del Perú o Colombia. En efecto, el número de especies observadas aquí (84 de anfibios y 47 de reptiles) solo es superado por lo encontrado en el inventario Medio Putumayo-Algodón (90 especies de anfibios y 52 de reptiles, Chávez y Mueses-Cisneros 2016), y es ligeramente mayor a lo encontrado en el inventario rápido Yaguas-Cotuhé (75 especies de anfibios y 53 especies de reptiles, von May y Mueses-Cisneros 2011) y en el inventario rápido Ere-Campuya-Algodón (68 especies de anfibios y 60 de reptiles, Venegas y Gagliardi-Urrutia 2013). Curiosamente estas cuatro expediciones fueron realizadas en la cuenca media o baja del río Putumayo, lo que nos confirma que este río alberga una de las comunidades más ricas de anfibios y reptiles en la Amazonia noroccidental.

De la misma manera, es necesario resaltar que, a pesar de estas cifras, nuestras curvas de acumulación calculadas no parecen estabilizarse en una asíntota, y los inventarios siguen reportando posibles nuevas especies y registros nuevos para países, lo que significa que la diversidad de nuestros sitios de muestreo está aún siendo subestimada (Fig. 22). Esto coincide con lo que se ha encontrado previamente en esta parte de la cuenca del Putumayo en la que varias de las especies registradas en algunos trabajos de campo no han podido ser encontradas en este inventario (von May y Mueses-Cisneros 2011, Lynch 2005, Venegas y Gagliardi-Urrutia 2013, Chávez y Mueses-Cisneros 2016). Eso nos indica que el área aún debe considerarse como sub-muestreada y que son necesarios adicionales muestreos para tener una visión más real de la diversidad de la herpetofauna que ocurre en las cuencas de los ríos Cotuhé y Bajo Putumayo.

El ensamblaje de anfibios registrado durante este inventario está estructurado en su mayor parte por representantes del orden Anura (sapos y ranas) y por una sola especie del orden Caudata (la salamandra *Bolitoglossa altamazonica*). Estas especies pertenecen a familias que típicamente son encontradas en hábitats inundables o asociados a cuerpos de agua (Centrolenidae, Hylidae, Microhylidae, Leiuperidae o Leptodactylidae) y a familias con especies de tierra firme (Aromobatidae, Bufonidae, Craugastoridae y Hemiphractidae), lo que nos conduce a diagnosticar que las principales variables para la distribución espacial de los anfibios en estos bosques son el potencial de algunas zonas para ser inundadas en determinada época del año o por el contrario de mantenerse secas a pesar de las constantes lluvias que puedan ocurrir durante la estación húmeda amazónica.

De los más de 800 individuos de anfibios que observamos, más de 200 correspondieron a *Rhinella margaritifera*. Esta especie está ampliamente distribuida en el área y es uno de los pocos anfibios que, a pesar de ser conocido por sus hábitos terrestres, parece poder adaptarse a zonas en donde el suelo puede estar inundado. La mayoría de los individuos de *Ameerega hahneli* fueron registrados en hábitats hidromórficos (75%), siendo este un hábitat que parecen preferir, probablemente porque les facilita un éxito reproductivo, a diferencia de las zonas de tierra firme en donde la actividad reproductiva (cortejo, amplexus y puestas) puede estar limitada fuertemente por los niveles de precipitación que puedan caer. Esto ya ha sido observado

en otras zonas cercanas de la Amazonia (Oliveira de Carvalho 2011), y aunque esta especie puede adaptarse a ambos hábitats (en efecto, no creemos que los individuos de tierra firme migren hacia las zonas inundables para reproducirse), parece clara la tendencia de ocurrir de manera más abundante en los hábitats hidromórficos. Por el contrario, *Osteocephalus yasuni*, que fue la segunda especie más observada en el área, solo fue registrada en zonas inundables. A pesar de estar presente en un solo hábitat, pareció ser muy dominante allí. Esto podría obedecer al inicio de la temporada reproductiva que conduce a los machos de esta especie a desplazarse para emitir las vocalizaciones reproductivas y de esta forma agruparse encima de zonas inundables. Otra especie fuertemente relacionada a ecosistemas inundables es *Synapturanus* sp. (Fig. 7N), una especie que solo logramos capturar en el campamento Quebrada Federico y que ya ha sido observada anteriormente sólo en hábitats inundables (von May y Mueses-Cisneros 2011, Chávez y Mueses-Cisneros 2016). Asimismo se registró *Pipa pipa* (Fig. 7G), conocida por ser acuática, en las aguas de un gran salado/collpa (Fig. 3G). Algunas especies parecen estar asociadas a la vegetación, tal como las ranas *Osteocephalus deridens* y *Ranitomeya amazonica*, que utilizan activamente las bromelias altas y bajas respectivamente para criar a sus renacuajos, lo que confirma lo observado en otros estudios (Jungfer et al. 2010, Poelman et al. 2013).

Con respecto a los reptiles, el ensamblaje registrado durante este inventario está distribuido en tres órdenes (Crocodylia, Squamata y Testudines), siendo el más representativo el Squamata (Lagartijas y Serpientes), lo que no es extraño dada la alta diversidad de este orden en el neotrópico (>400 especies según Uetz et al. 2019) que contrasta fuertemente con la relativa baja cantidad de especies amazónicas de los otros órdenes mencionados. La historia natural y ecología de los reptiles, especialmente las serpientes, es aún menos conocida que la historia natural de los anfibios (Lynch 2012). El bajo número de individuos observados de todas las especies de reptiles no nos permite llegar a conclusiones claras acerca de las razones de la relativa abundancia o escasez de las especies. Sin embargo, es de resaltar que la especie con más observaciones fue *Anolis trachyderma*, con apenas 18 individuos, lo que nos sugiere una fuerte homogeneidad en las abundancias de las especies (es decir, ninguna especie de reptil parece dominar claramente sobre el resto en ninguno de los hábitats muestreados en campo) o que las bajas probabilidades de detección durante los muestreos está sesgando nuestra comprensión de las distribuciones de abundancia.

Consecuentemente, no nos es posible determinar los factores de los que depende la distribución espacial de las serpientes de la familia Dipsadidae, que es la más representativa entre los reptiles (registramos 19 individuos de 11 especies; menos de 4 individuos de cada especie). Por el contrario, en el caso particular de los lagartos de la familia Dactyloidea (*Anolis* spp.), la segunda más representativa entre los reptiles, tenemos datos suficientes para asumir que dados los hábitos arbóreos o semi-arbóreos de todas sus especies, la inundación o desecación del suelo no les afecta lo suficiente como para condicionar su distribución dentro del bosque y parecen estar dispersos en toda el área sin importar si el hábitat en que ocurren es inundable o no (registramos 50 individuos de 6 especies; el 42% de los individuos en bosque inundable y el 58% en tierra firme). Las especies registradas de la familia Gymnophthalmidae, un grupo de lagartos conocidos por sus hábitos terrestres, sí parecen estar condicionadas por la tendencia del suelo a inundarse, pues de los ocho individuos encontrados, seis estuvieron fuera de charcas o zonas inundables, a salvo de cualquier cambio en los niveles de agua. Es necesario remarcar que estos individuos corresponden a cinco especies distintas, con solo una de ellas (*Potamites ecpleopus*) conocida por sus hábitos semi-acuáticos (Uzzell 1966). Por lo tanto, creemos que estas preferencias se extienden hacia la mayoría de las especies no-acuáticas de Gymnophthalmidae en el área. Estos hechos nos conducen también a asumir que el potencial de los suelos de ser inundados determina la distribución espacial de algunas familias de reptiles, pero no de todas. Por ejemplo, hemos observado hasta 10 individuos de la serpiente *Bothrops atrox* (Fig. 7Y) tanto en hábitats inundados como en hábitats de tierra firme, lo que nos conduce a determinar que esta especie parece adaptarse bien a hábitats hidromórficos o secos. Con respeto al orden Crocodilia, registramos el caimán *Paleosuchus trigonatus* (Fig. 7Q) siempre en zonas inundables o quebradas, lo que simplemente confirma los hábitos acuáticos ya conocidos para esta especie.

Registramos solo algunas parejas de anfibios en amplexus durante nuestros muestreos. A pesar de ser típicamente una época del año en la que las fuertes lluvias marcan el inicio de la estación lluviosa en los bosques amazónicos y en consecuencia también el inicio de la temporada reproductiva para muchas de las especies de anfibios y algunos reptiles, no encontramos ninguna especie en un evento de explosión reproductiva. En efecto, es conocido que durante estos eventos la abundancia de una especie puede ser muy alta en comparación con otras especies con modos reproductivos diferentes. Curiosamente, los datos meteorológicos indican que el mes anterior al inventario (octubre) y el mes durante el inventario (noviembre) tuvieron precipitaciones ligeramente superiores a la media (Fig. 23). Sin embargo, anotamos que los patrones de lluvia aún no habían generado una alta saturación de humedad en el suelo del bosque y que el suelo del bosque y las charcas temporales secaron rápidamente después de la lluvia. En consecuencia, muchas de las especies de anfibios que esperábamos observar de manera abundante fueron registradas a través de unos pocos individuos.

Excepto el campamento Caño Pexiboy, en donde se registró la mayor riqueza de especies durante el inventario (49 de anfibios y 21 de reptiles), en el resto de lugares de muestreo se obtuvieron resultados muy similares en cuanto al número de especies de anfibios o reptiles (ver la sección Resultados). Sin embargo, esto no está relacionado a una similitud en las especies encontradas para cada campamento. De hecho, la baja similitud en la composición de especies entre algunos sitios indica una alta complementariedad de la herpetofauna entre los diferentes campamentos muestreados. La alta riqueza de especies y la alta complementariedad y heterogeneidad de los ensamblajes entre los campamentos se han reportado en varios inventarios anteriores y se cree que es una consecuencia de una alta heterogeneidad de hábitat en geología y tipos de vegetación en la región (Venegas y Gagliardi-Urrutia 2013, Chávez y Mueses-Cisneros 2016). Es notable que el campamento Caño Pexiboy, además de ser el campamento con el mayor número de especies registradas, es donde más especies 'únicas' observamos (19). Se requiere más estudios para determinar si este es

Figura 23. Precipitación mensual total promedio para los años 2008–2018 y precipitación total mensual para 2019 en la región de estudio. Las barras de error representan ±1 desviación estándar. Los datos son de la base de datos CHIRPS Rainfall (Funk et al. 2015) extraídos del sistema ClimateSERV de SERVIR utilizando una herramienta de selección de polígonos rectangulares alrededor de la región de estudio.

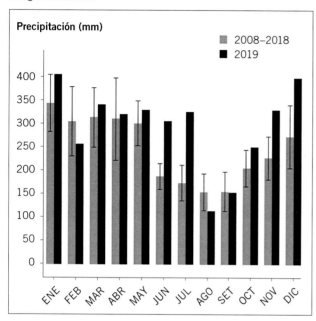

un patrón verdadero o debido a los métodos de muestreo. Sin embargo, es llamativo que sea aquí, el único campamento al lado norte del río Putumayo, en donde hemos encontrado esta disimilitud con el resto de campamentos. Además, hemos encontrado por primera vez para Colombia especies que ocurren en territorio peruano como *Pristimantis academicus* (Fig. 7L) y *P. orcus* (Fig. 7E). Aunque el río Putumayo ha sido considerado una barrera geográfica que podría afectar la dispersión incluso de vertebrados de amplia movilidad como las aves (Janni et al. 2018) por ahora esta hipótesis no puede ser puesta a prueba para las comunidades de anfibios o reptiles que hemos encontrado. El hecho de encontrar al lado norte del Putumayo especies de *Pristimantis* previamente solo conocidas en el Perú podría descartar esta hipótesis. Sin embargo, creemos que futuros estudios enfocados en la biogeografía de las comunidades de herpetofauna son necesarios para determinar si este río ejerce el rol de barrera en la distribución de algunas especies o grupos de especies, tanto de anfibios como de reptiles, o al menos un factor que reduce el flujo genético de poblaciones separadas por ríos.

La relación de la herpetofauna con los pobladores locales

Durante los muestreos de campo, notamos que algunas de las especies, tanto de anfibios como de reptiles, tenían un valor para las personas de las comunidades locales. Es así como observamos que todas las especies grandes del género *Leptodactylus* (de >500 g) son apreciadas como elemento gastronómico, así como los caimanes *Caiman crocodilus* (lagarto blanco o babilla) y *Paleosuchus trigonatus* (dirín dirín o baba de cananguchal; Fig. 7Q). Este último parece estar ampliamente distribuido en las zonas inundables, quebradas o caños y bosques hidromórficos del área.

También notamos un fuerte conflicto entre las comunidades humanas y dos grupos de reptiles: *Melanosuchus niger* (caimán negro o baba) y todas las serpientes presentes. El conflicto con *M. niger* de acuerdo a las entrevistas que hemos realizado parece estar basado en lo atractivo que puede ser la pesca con espinel para los caimanes adultos que habitan el río Putumayo. Es un tipo de pesca que requiere que los peces se enganchen a los anzuelos bajo el agua. Se acumulan y el movimiento y la vibración del agua que generan al tratar de escapar atraen a caimanes que buscan alimentarse de una manera sencilla. Esto sin embargo puede ocurrir mientras los pescadores de la zona realizan sus actividades (como el retirar los peces), por lo que los pescadores atribuyen algunos ataques que resultaron en un daño físico hacia las personas. Aunque la percepción de las personas locales señala que los ataques son constantes y de forma continua, las entrevistas a varias de las personas nos indican que ha habido 6 ataques confirmados durante los últimos 10 años. Por lo tanto, creemos que la desinformación y la dispersión de este tipo de noticias de manera continua y tal vez exagerada podría estar causando la idea de que los ataques se dan de manera cotidiana en la vida de un pescador.

Asimismo, registramos en las entrevistas que en el río Cotuhé se han dado dos episodios que no han tenido consecuencias graves para las personas. A diferencia de lo sucedido en el río Putumayo, estos episodios parecen obedecer a encuentros de personas con caimanes que estaban descansando cuando sintieron la presencia de extraños, lo que ocasionó una repentina huida que terminó asustando a las personas que estaban cerca.

En consecuencia, creemos que la relación entre las personas y estos animales tiene un equilibrio delicado, y que es necesario otorgar información que le permita a la gente local responder de mejor manera en situaciones que pueden volverse riesgosas. No creemos que *M. niger* sea abundante en el río Cotuhé (de hecho nuestro equipo no pudo observar ninguno allí durante el inventario rápido). Los episodios descritos parecen haber sido ocasionales. Esto probablemente se da también por que la mayor parte de la pesca se practica en el río Putumayo, lo que vuelve a este último río el principal lugar para abordar estas situaciones.

Contrariamente a esto, el conflicto con serpientes parece tener su origen en antiguas creencias que culpan a todas las serpientes de causar envenenamiento y también a esporádicos accidentes por mordeduras de especies venenosas hacia personas. Otros estudios ya han documentado el miedo 'aprendido' hacia animales como serpientes. Esto de manera lógica tiene mayor incidencia en lugares donde estos animales son frecuentemente avistados. Aunque de acuerdo a nuestros entrevistados las costumbres ticuna parecen respetar profundamente a las serpientes de manera tradicional, la percepción actual de las personas en las comunidades está claramente orientada a matar todas las que encuentren. Esto se convierte en una amenaza para las poblaciones de estos reptiles y a su vez en un riesgo a la salud de las personas, que por acercarse demasiado a alguna de estas especies podrían quedar expuestas a mordeduras (en caso de que la serpiente sea venenosa). Las reacciones negativas hacia estos animales parecen estar basadas no solo en el desconocimiento (p. ej., cómo identificar las venenosas y las no venenosas), sino también a creencias religiosas que las señalan como "seres condenados a morir" lo que reduce aún más su poco carisma y en consecuencia dificulta su conservación. Tal como ya se ha documentado para Colombia, la matanza anual de serpientes puede pasar los 30.000 individuos (Lynch 2012), lo que constituye una seria amenaza, ya que también comparten amenazas que afectan otros grupos como la destrucción y degradación de hábitats (Lynch 2012, Pandey et al. 2016). Esto nos conduce a asumir que el conflicto entre personas y estos reptiles es una amenaza real, lo que debe ser abordado como un problema a resolver a través sobre todo de la difusión de información hacia las personas locales y la ejecución de planes de manejo para su conservación.

AMENAZAS

Identificamos tres amenazas principales para los anfibios y reptiles de la región:

- Los efectos negativos de la minería del oro incluyen la contaminación con mercurio y cambios en el flujo y sedimentación del hábitat acuático de especies como el caimán negro (*Melanosuchus niger*), el caimán blanco (*Caiman crocodilus*), varias especies de ranas que se reproducen en los ríos (Magnusson y Campos 2010, Markham 2017), y la tortuga *Podocnemis unifilis*, cuyos sitios de anidamiento y reproducción son destruidos por la minería. Los efectos negativos pueden resultar en una disminución del apetito, una reducción en el tamaño corporal y un aumento en la tasa de mortalidad (Todd et al. 2012). Además, la presencia de minería puede aumentar la presión de caza de algunas de estas especies.

- El conflicto entre las personas locales, las serpientes (venenosas y no venenosas), y el caimán negro (*Melanosuchus niger*) resulta en la mortalidad directa de estas especies, lo cual podría disminuir las poblaciones.

- Aunque la tasa de deforestación no es tan alta en esta región como en otras partes de la Amazonia, podría convertirse en un problema más grave en el futuro, sobre todo si no se ejecuta un manejo integral y sostenible de los bosques a ambos lados del río Putumayo. La deforestación tiene efectos negativos como la perturbación, la fragmentación, la erosión, el aumento en la temperatura y la homogeneización de hábitat, los que afectarían tanto directa como indirectamente las poblaciones de anfibios y reptiles que ocurren en la región.

RECOMENDACIONES PARA LA CONSERVACIÓN

La falta de información previa del lado colombiano nos limita a dar recomendaciones muy específicas. Sin embargo, mencionamos tres puntos importantes para la conservación de los anfibios y reptiles de la región del Bajo Putumayo-Yaguas-Cotuhé:

- Impulsar la coordinación binacional del desarrollo de planes de manejo y conservación de las cuencas del Putumayo y Cotuhé (que incluya la ubicación de estas especies bajo las mismas categorías de amenaza), cuyas aguas son hábitats críticos para la reproducción de muchas especies de anfibios y reptiles, especialmente los caimanes y las tortugas.

- Desarrollar la capacitación para el reconocimiento y diferenciación de serpientes venenosas y no venenosas. Esto debe incluir además la difusión de información acerca de su biología, las medidas preventivas para evitar accidentes por mordeduras y las técnicas de cómo vivir en armonía y de manera sostenible con las serpientes que naturalmente co-habitan las áreas rurales de la cuenca del Putumayo.

- Implementar la protección de los bosques hidromórficos. El hecho de que algunas especies fueron registradas solamente o mayormente en bosques hidromórficos en el presente inventario y en los inventarios pasados (von May y Mueses-Cisneros 2011) sugiere que podrían existir varias especies especialistas dependientes de este tipo de hábitat, el cual tiene una distribución dispersa en la cuenca.

AVES

Autores: Juan Díaz Alván, Flor Ángela Peña Alzate, Douglas F. Stotz y Debra K. Moskovits

Objetos de conservación: Aves de caza, entre ellos *Mitu salvini* (Fig. 8L), *Mitu tuberosum* (Fig. 8M), *Pipile cumanensis* (Fig. 8E), *Penelope jacquacu* (Fig. 8F), *Nothocrax urumutum, Psophia crepitans* y algunas perdices/gallinetas; las aves de suelos menos fértiles, especialmente *Notharchus ordii, Herpsilochmus* sp. nov. y *Heterocercus aurantiivertex*; posibles poblaciones remanentes del Piurí o Paujil Carunculado (*Crax globulosa*), categorizado como En Peligro a nivel mundial, si la especie todavía existe en la región; y al menos otras cinco especies consideradas amenazadas a nivel global por la UICN

INTRODUCCIÓN

Varios inventarios rápidos de aves han sido realizados en el lado peruano del río Putumayo (p. ej., Stotz y Pequeño 2004, Stotz y Mena Valenzuela 2008, Stotz y Díaz Alván 2010, Stotz y Díaz Alván 2011, Stotz y Ruelas Inzunza 2013, Stotz et al. 2016). De mayor relevancia para la región del Bajo Putumayo-Yaguas-Cotuhé serían los inventarios de Yaguas-Cotuhé (Stotz y Díaz Alván 2011) —durante el cual se muestrearon puntos en el río Yaguas y en las cabeceras del río Cotuhé— y del Medio Putumayo-Algodón (Stotz et al. 2016). Las aves del Parque Nacional Natural (PNN) Amacayacu han recibido atención significativa, pero en la parte sur del parque, donde los ríos drenan hacia el río Amazonas (Cotton 2001; Diana Deaza, com. pers.).

Los cuatro sitios de muestreo en el presente inventario —sobre los ríos Putumayo y Cotuhé, los caños Pexiboy y Bejuco, y las quebradas Federico y Lorena— son lugares que han recibido pocos estudios científicos. Nuestro único campamento norte del Putumayo (Caño Pexiboy) es uno de los pocos sitios muestreados ubicados hacia la parte sur del PNN Río Puré. Este vacío de muestreo es ilustrado de forma impresionante por la plataforma popular eBird[14]. En la época del inventario rápido, alrededor de Leticia cientos de usuarios habían registrado miles de observaciones de >600 especies, mientras que alrededor de Tarapacá 2 usuarios habían registrado apenas 36 especies. Para varias especies, los registros más recientes fueron los que realizaron los guardaparques de los PNN Amacayacu y Río Puré durante los recorridos de prevención, vigilancia y control (PVC) y la participación de diferentes censos.

Durante el inventario rápido de la región del Bajo Putumayo-Yaguas-Cotuhé buscábamos contribuir al conocimiento de esta avifauna poca conocida. Nuestras metas específicas fueron: 1) elaborar una lista del mayor número posible de especies en la región, con notas sobre la abundancia de cada una, 2) identificar las especies más interesantes desde el punto de vista de la conservación y 3) evaluar el estado de conservación de la comunidad de aves en cada campamento visitado.

MÉTODOS

Realizamos el inventario rápido de aves en cuatro campamentos en la región del Bajo Putumayo-Yaguas-Cotuhé: uno en el Perú y tres en Colombia. Para una descripción detallada de los campamentos, ver las Figs. 2A–D y 4C–F y el capítulo *Panorama regional y descripción de sitios*, en este volumen.

---

14 *https://www.ebird.org*

Díaz Alván, Peña Alzate y Moskovits muestrearon las aves durante 4,5 días en el campamento Quebrada Federico (5–9 de noviembre de 2019, 135 horas de observación), 4,5 días en el campamento Caño Pexiboy (11–15 de noviembre, 140 horas), 4,5 días en el campamento Caño Bejuco (16–20 de noviembre, 135 horas) y 3,5 días en el campamento Quebrada Lorena (21–24 de noviembre, 105 horas). Nuestro protocolo consistió en caminar todos los senderos en cada campamento observando, escuchando y grabando las vocalizaciones de las especies. Las grabaciones se llevaron a cabo con un grabador Tascam DR-100 MK III y un micrófono direccional Sennheiser ME66. El recorrido de los senderos en los campamentos se hizo por separado: Peña Alzate y Moskovits de manera conjunta, y Díaz Alván separadamente, y en ocasiones acompañado de un investigador local. El objetivo fue maximizar el área investigada cada día, caminar todo el sistema de senderos en los campamentos y cubrir todos los hábitats.

El recorrido de los senderos por lo general se inició al amanecer, con permanencia en campo hasta la tarde. Cada día recorrimos entre 5 y 13 km, dependiendo de la longitud de los senderos, el clima, la actividad de las aves y los hábitats presentes en la zona de estudio. Algunos registros adicionales fueron aportados por investigadores de otros grupos durante el periodo del inventario, y también por cámaras trampa que instalaron los mastozoólogos (ver el capítulo *Mamíferos*, en este volumen).

La taxonomía empleada en el listado final sigue a Remsen et al. (2019). Teniendo en consideración el conteo del número total de individuos por cada especie y por día, definimos tres categorías de abundancia relativa: 1) *común*, para las especies registradas diariamente; 2) *no común*, para las especies registradas más de dos veces en cada campamento, pero no registradas diariamente; y 3) *rara*, para las especies observadas una o dos veces durante todo el inventario. Debido a que nuestra permanencia en cada campamento fue corta, nuestros estimados son preliminares y no necesariamente reflejan la abundancia o presencia de aves durante otras estaciones del año.

RESULTADOS Y DISCUSIÓN

Riqueza de especies

Registramos 346 especies de aves en los cuatro sitios muestreados durante el inventario. Estimamos que con un estudio más detallado de la zona que incluya diferentes cuerpos de agua y recorridos del río Putumayo, el número de especies en la región estaría bordeando los 500. En otros inventarios rápidos llevados a cabo en las áreas contiguas, las estimaciones se encontraban entre 490 (Ampiyacu-Apayacu-Medio Putumayo-Yaguas, Stotz y Pequeño 2003) y 500 (Yaguas-Cotuhé, Stotz y Díaz Alván 2011; Medio Putumayo-Algodón, Stotz et al. 2016).

En el campamento Quebrada Federico (Perú) registramos 197 especies. La avifauna era típica de zonas inundables, lo cual fue la característica resaltante en este sitio. También encontramos un grupo de especies que se especializan en los bosques sobre suelos menos fértiles. En el campamento Caño Pexiboy (Colombia) registramos 231 especies. La avifauna era típica de bosques de tierra firme y orillas de pequeñas quebradas. En Caño Pexiboy también encontramos un grupo similar de especies que se especializan en los bosques sobre suelos menos fértiles. En el campamento Caño Bejuco (Colombia) registramos 217 especies. La avifauna era típica de bosques de tierra firme, bordes de quebradas y ríos. Por estar en la margen del río Cotuhé, encontramos en el Caño Bejuco 35 especies mayormente ubicadas en orillas de río, lo que incrementó sustancialmente la riqueza de especies en este campamento y para el inventario en general. También registramos el grupo de especies que se especializan en los bosques sobre suelos menos fértiles. En el campamento Quebrada Lorena (Colombia) registramos 205 especies. En general la avifauna era típica de bosques de tierra firme, con un pequeño componente de aves de orillas de quebradas o caños. Aquí registramos un componente menor de aves asociadas a los bosques sobre suelos menos fértiles. El número más bajo de especies se debe a días lluviosos y a una estadía más corta en este campamento.

Registros notables

Los registros más resaltantes durante el inventario son los relacionados con los bosques sobre suelos menos fértiles y con especies que amplían su rango de distribución conocida, tanto para el Perú como para Colombia.

- En dos sitios de muestreo en Colombia (campamentos Caño Pexiboy y Caño Bejuco) encontramos una especie aun no descrita de hormiguerito del género *Herpsilochmus,* que correspondería al primer registro de la especie para Colombia. Los registros en el campamento Caño Pexiboy fueron también los primeros al norte del río Putumayo. En el Perú la especie ha sido reportada en otros inventarios rápidos en la cuenca del río Putumayo (Maijuna, Stotz y Díaz Alván 2010; Yaguas-Cotuhé, Stotz y Díaz Alván 2011; Ere-Campuya, Stotz y Ruelas Inzunza 2013, Medio Putumayo-Algodón, Stotz et al. 2016) y más recientemente en la cuenca alta del río Putumayo (Vásquez-Arévalo y Díaz 2019).

- El Saltarín de Corona Naranja (*Heterocercus aurantiivertex*), registrado ya en inventarios rápidos anteriores en la cuenca del río Putumayo (Yaguas-Cotuhé, Stotz y Díaz Alván 2011; Medio Putumayo-Algodón, Stotz et al. 2016), fue observado en dos campamentos tanto del lado peruano (Quebrada Federico) como colombiano (Quebrada Lorena). Este vendría a constituir el segundo reporte de la especie para Colombia y el primero para el PNN Amacayacu. El primer registro de esta especie para Colombia fue hecho en el río Cauca, en el sector de Limón Cocha, en el PNN La Paya (Peña Alzate et al. en prensa), a >600 km de nuestro registro.

- Registramos el Buco Pardo Bandeado (*Notharchus ordii*), otra especie catalogada como especialista estricta de los bosques sobre suelos menos fértiles (Álvarez et al. 2013), en un bosque de turbera amazónica en el campamento Quebrada Federico. Este vendría a ser el segundo reporte de esta especie al este del río Napo en el Perú. El primer registro viene de la cuenca alta del río Putumayo (Vásquez-Arévalo y Díaz 2019) a 442 km de distancia de nuestro registro.

- Un hallazgo muy interesante fue el del Hormiguerito de Garganta Amarilla (*Myrmotherula ambigua*), cuya vocalización fue grabada en las terrazas medias del campamento Caño Pexiboy mientras acompañaba una pequeña bandada mixta. Esta especie está reportada para el este de Colombia, y en Brasil suele habitar en bosques sobre arena en el alto río Negro (Hilty y Brown 1986). Nuestro reporte constituiría una ampliación de 150 km de su rango de distribución conocida actualmente (Ayerbe 2018), aunque se tienen noticias de que también es observado con regularidad en la zona de Puerto Leguízamo, en la cuenca media del río Putumayo (F. Peña Alzate, obs. pers.).

- Un registro notable fue la presencia de ambas especies de paujiles en los sitios muestreados: el Paujil de Salvin (*Mitu salvini* [Fig. 8L]) y el Paujil Común (*M. tuberosum* [Fig. 8M]). Estas especies se encuentran distribuidas separadamente en la selva de Loreto en el Perú, con *M. salvini,* al sur del río Amazonas y *M. tuberosum* al norte, y solo una pequeña zona de encuentro hacia la frontera con Colombia, en donde ambas especies se encuentran juntas en la parte sur de la selva colombiana. Registramos las dos especies juntas en los campamentos Caño Pexiboy y Quebrada Lorena. En el campamento Caño Bejuco (Colombia) solo se registró el Paujil de Salvin, y en el campamento Quebrada Federico (Perú) solo se registró el Paujil Común.

- El Pico-Chato de Cresta Blanca (*Platyrinchus platyrhynchos*) fue registrado por segunda vez al este del río Napo en el Perú. El primer registro fue en el campamento Piedras en el inventario rápido Maijuna (Stotz y Díaz Alván 2010), ampliando su rango de distribución aproximadamente 300 km en el Perú. En Colombia esta especie es reportada en los bosques del sudeste colombiano, hacia el medio río Caquetá (Hilty y Brown 1986, Ayerbe 2018). Por lo tanto, el registro de la especie durante el inventario rápido estaría ampliando su distribución unos 200 km hacia el sudeste.

- El Batará de Hombro Blanco (*Thamnophilus aethiops*) es una especie poco conocida, reportada del extremo sureste de Colombia (Hilty y Brown 1986, Ayerbe 2018) y más recientemente en los alrededores de la comunidad El Encanto, en la confluencia de los ríos Putumayo y Caraparaná (Janni et al. 2018). Esta especie fue registrada en los bosques colinosos del campamento Caño Pexiboy, lo cual ampliaría la distribución por 385 km.

- La Perdiz/Gallineta Gris (*Tinamus tao*) fue escuchada por dos integrantes de nuestro equipo (Peña Alzate y Moskovits) en los campamentos Caño Pexiboy y Caño

Bejuco. Falta confirmar este registro para estar totalmente seguros de su presencia en el extremo sudeste de la Amazonia colombiana, aunque se tienen reportes de su presencia en la zona de Puerto Leguízamo en el medio río Putumayo en Colombia (F. Peña Alzate, obs. pers.).

- Otro registro interesante fue la del Tororoi Moteado (*Hylopezus macularius*), especie poco conocida que fue registrada en los bosques de terraza media del campamento Caño Bejuco. Esta especie también fue registrada en el inventario Yaguas-Cotuhé (Stotz y Díaz Alván 2011) 63 km al noroeste.

Aves de caza

Encontramos poblaciones muy saludables de aves de caza, las cuales fueron observadas con mucha frecuencia en los cuatro campamentos muestreados, tanto en número de especies como en número de individuos. Los tinámidos (*Tinamus* y *Crypturellus* spp.) fueron muy abundantes en todos los sitios visitados, como también fueron ambas especies de paujiles (*Mitu salvini* [Fig. 8L] y *Mitu tuberosum* [Fig. 8M]), registradas juntas y de manera independiente en el lado peruano (*M. tuberosum*) y colombiano (*M. salvini*), como mencionamos arriba. Siguiendo el mismo patrón, encontramos la Pava de Garganta Azul (*Pipile cumanensis* [Fig. 8E]) y la Pava de Spix (*Penelope jacquacu* [Fig. 8F]) en todos los campamentos de manera frecuente y en números elevados. El Trompetero/Tente (*Psophia crepitans*) fue una de las especies de caza con registros en todos los campamentos y en números muy elevados. El Paujil Nocturno/Montete (*Nothocrax urumutum*) fue registrado en casi todos los campamentos, exceptuando Quebrada Federico. El registro de esta especie fue más frecuente en los campamentos Caño Bejuco y Quebrada Lorena, donde fue registrada de manera diaria. Por otro lado, no se registró en ningún campamento la Chachalaca Jaspeada/Guacharaca (*Ortalis guttata*). Esto estaría indicando la falta de extensas áreas de bosque secundario en la zona muestreada.

Bandadas mixtas

Las bandadas mixtas, una característica común de la avifauna en la mayoría de los bosques amazónicos, fueron pobres en términos de riqueza de especies y

número de individuos, tanto del dosel como del sotobosque. Este mismo patrón fue registrado en los otros inventarios a lo largo del río Putumayo, y lo discutimos a más detalle en el informe del Medio Putumayo-Algodón (Stotz et al. 2016).

La escasez de bandadas mixtas es característica de los bosques sobre suelos menos fértiles. En el campamento Quebrada Lorena, con suelos más fértiles, observamos un número un poco más elevado. En los cuatro campamentos las bandadas estuvieron lideradas por el Batará de Garganta Oscura (*Thamnomanes ardesiacus*), acompañado generalmente por el Hormiguerito de Flancos Blancos (*Myrmotherula axillaris*) y tres o cuatro otras especies. En el campamento Quebrada Federico las bandadas fueron muy pocas, entre dos y tres bandadas, lideradas por el Batará de Garganta Oscura (*Thamnomanes ardesiacus*) y el Batará Cinéreo (*Thamnomanes caesius*) y de manera constante junto al Trepador de Pico de Cuña (*Glyphorynchus spirurus*), Hormiguerito de Flancos Blancos (*Myrmotherula axillaris*) y el Mosquerito de Vientre Ocráceo (*Mionectes oleagineus*). Aunque observamos ejércitos de hormigas en el suelo del bosque, muchos de estos no tuvieron la presencia de las aves seguidoras. Asimismo, en varias oportunidades observamos parejas o familias de *Thamnomanes ardesiacus* y *M. axillaris* forrajeando sin compañía aparente de otras especies.

Los campamentos Caño Pexiboy y Caño Bejuco presentaron el mismo patrón de comportamiento en las bandadas. La única diferencia fue la ausencia del Batará Cinéreo (*Thamnomanes caesius*); solo lideraba la bandada *T. ardesiacus*, acompañado por las otras especies mencionadas arriba.

En el campamento Quebrada Lorena la observación de las bandadas mejoró un poco. Observamos 4–6 grupos pequeños liderados por *T. ardesiacus* y *T. caesius,* acompañados por las especies mencionadas anteriormente y por el Trepador de Garganta Anteada (*Xiphorhynchus guttatus*), Hormiguerito Gris (*Myrmotherula menetriesii*), Hormiguerito de Ala Larga (*Myrmotherula longipennis*) y Hormiguero de Mejilla Blanca (*Gymnopithys leucaspis*). En algunas ocasiones observamos el Hormiguero Tiznado (*Hafferia fortis*) en las bandadas.

Las bandadas de dosel también fueron muy infrecuentes en todos los campamentos. Generalmente las observamos de manera conjunta con las bandadas de sotobosque. Estuvieron casi siempre lideraras por Verdillo de Gorro Oscuro (*Pachysylvia hypoxantha*) y Verdillo de Pecho Limón (*Hylophilus thoracicus*) junto a Fío-Fío de la Selva (*Myiopagis gaimardii*), Fío-Fío Gris (*Myiopagis caniceps*), Pico-Ancho de Corona Gris (*Tolmomyias poliocephalus*) y en algunas ocasiones por Pico-Ancho de Ala Amarilla (*Tolmomyias assimilis*), todos insectívoros.

Las tangaras y mieleros fueron particularmente escasos, especialmente en los campamentos Quebrada Federico y Quebrada Lorena. En el primer campamento registramos solo dos especies: Tangara Turquesa (*Tangara mexicana*) y Tangara de Vientre Amarillo (*Ixothraupis xanthogastra*). En Quebrada Lorena registramos Tangara del Paraíso (*Tangara chilensis*), Tangara Verde y Dorada (*Tangara schrankii*) y *T. mexicana*. En el campamento Caño Pexiboy la presencia de estas fue un poco más alta; entre las cinco especies observadas, las más abundantes fueron *T. chilensis* y *T. mexicana*. En una ocasión en este campamento Peña Alzate observó >30 individuos en una bandada de dosel conformada por diferentes especies, entre ellas Tangara de Lomo Opalino (*Tangara velia*), Tangara Cresta de Fuego (*Loriotus cristatus*), Pico Cono de Subcaudales Castañas (*Conirostrum speciosum*) y Azulejo Golondrina (*Tersina viridis*).

Aves de bosques sobre suelos menos fértiles

En la cuenca del Putumayo la presencia de bosques creciendo sobre suelos menos fértiles es una característica prominente. Existe un grupo de aves muy relacionadas con estas formaciones boscosas. Esta avifauna se caracteriza por ser baja en el número de especies y de individuos en comparación con otras áreas de la Amazonia.

Encontramos 13 especies relacionadas con estos hábitats de suelos menos fértiles. Una de las más resaltantes es un hormiguerito aun no descrito para la ciencia del género *Herpsilochmus*. Inicialmente reportada para el interfluvio de los ríos Napo y Putumayo en el Perú, la especie fue registrada de manera regular en los bosques de suelos menos fértiles en el campamento Caño Pexiboy —en un sendero que

atravesaba un bosque con abundancia de la palmera irapay/caraná (*Lepidocaryum tenue*)— y en las terrazas medias del campamento Caño Bejuco. Aun es necesario conocer su relación biogeográfica con *Herpsilochmus dorsimaculatus*, especie colombiana muy parecida.

Otras especies resaltantes incluyen: 1) Hormiguero de Cabeza Negra (*Percnostola rufifrons jensoni/minor*), registrado en los varillales sobre turba (Fig. 3F) en el campamento Quebrada Federico en el Perú y en los tres campamentos en Colombia; 2) Buco Pardo Bandeado (*Notharchus ordii*), conocido de muy pocos lugares al este del río Napo en el Perú; y 3) Saltarín de Corona Naranja (*Heterocercus aurantiivertex*), distribuido en el norte del Perú, el este de Ecuador (cuenca del río Napo) y el extremo oeste de Brasil, y conocido especialmente en el bajo río Yavarí y ahora en la cuenca media y baja del río Putumayo en Colombia. Los otros especialistas, como Trepador de Duida (*Lepidocolaptes duidae*), Pico-Plano de Cola Rufa (*Ramphotrigon ruficauda*), Attila de Vientre Citrino (*Attila citriniventris*), Saltarín de Corona Blanca (*Dixiphia pipra*) y Mosquero de Garganta Amarilla (*Conopias parvus*), son especies ampliamente distribuidas en la Amazonia, pero de manera discontinua.

Aves migrantes

Solo registramos una especie migrante del norte (*Pandion haliaetus*) y una migrante del sur (*Empidonomus varius*), aunque esperábamos ver unas 25 dado la fecha del inventario. En los otros inventarios en el Putumayo, en fechas similares, registramos 8–14 migrantes boreales. Tampoco registramos las muchas especies de aves asociadas a los hábitats secundarios. Como las especies migrantes suelen usar hábitats secundarios, playas y ríos más grandes, su ausencia puede deberse a la falta de estos hábitats en los sitios muestreados durante el inventario rápido.

Especies amenazadas

Encontramos 14 especies (ver el Apéndice 9) que se encuentran listadas globalmente como vulnerables o casi amenazadas a nivel global por la UICN (BirdLife International 2019). En el Perú seis se encuentra Vulnerables o Casi Amenazadas por el MINAGRI (2014). Probablemente muchas de estas especies no requieren acciones concretas para su conservación y protección en la zona muestreada, aparte de mantener la integridad de los hábitats y la cobertura boscosa para asegurar el bienestar de las diferentes poblaciones de aves. Al mismo tiempo, es importante mantener la baja presión de caza en el área, que actualmente solo se lleva a cabo con fines de subsistencia.

AMENAZAS

No observamos amenazas directas actuales en los sitios muestreados. Posibles amenazas a futuro podrían incluir el cambio de uso del suelo y por consecuencia la pérdida de la cobertura boscosa o cambio de la estructura del bosque, lo que llevaría a la pérdida de hábitats para diferentes especies. Otro tipo de amenaza podría venir del cambio de uso tradicional por parte de los pobladores locales, lo cual actualmente se concentra en el consumo local y usos culturales.

En general, la tala aun siendo selectiva puede alterar la estructura del bosque, con la consecuente disminución de la abundancia y diversidad de especies terrestres y del sotobosque (Mason 1996). Las especies del dosel podrían ser afectadas por la tala que observamos, aunque algunas de las especies frugívoras podrían incrementar su número por los claros que se forman y que promueven la presencia de especies de plantas pioneras. Sin embargo, la composición de la comunidad de aves puede cambiar (Alexio 1999). Cabe resaltar que, en la unidad de aprovechamiento forestal de Flor Ángela Martínez, dentro de la cual muestreamos aves en el campamento Caño Pexiboy, el cambio en la estructura del bosque fue bajo y no observamos un impacto fuerte en las aves. Además, la prohibición de caza en la unidad permite que se sostenga poblaciones grandes y saludables de aves de caza.

RECOMENDACIONES PARA LA CONSERVACIÓN

- Mantener intacta la cobertura boscosa y el buen estado de conservación de los bosques en la región. En cuanto al uso de madera específicamente, señalamos que la unidad de aprovechamiento forestal que muestreamos podría ser un modelo de tala altamente selectiva que sostiene una importante diversidad de aves. En general, intercalar las unidades de aprovechamiento (tala selectiva) con bosques intactos ayudaría a sostener la gran diversidad de aves en la región.

- Manejar la caza para el uso netamente local, con estrategias puntuales para algunas especies conforme sea necesario. Resaltamos que en las cuatro modalidades de tenencia de tierras muestreadas (área sin designación formal en el Perú manejada por las comunidades vecinas, unidad de aprovechamiento de madera, Resguardo Indígena, y Parque Nacional Natural—los últimos tres en Colombia) encontramos grandes poblaciones de aves de caza, indicando que el uso actual sigue siendo compatible con la conservación de estas especies.

- Desarrollar un plan de protección específico para el Piurí (*Crax globulosa*), que se encuentra en alto peligro de extinción. Aunque no lo encontramos en los sitios muestreados, personal del PNN Amacayacu y habitantes locales nos mencionaron que la especie está presente en las islas del río Putumayo y posiblemente en el río Cotuhé. Es importante desarrollar un plan de protección y educación ambiental, juntamente con las comunidades, para mantener e incluso incrementar las poblaciones de esta especie amenazada.

- Fortalecer e incrementar las actividades que se están realizando en la línea de educación ambiental con niños, jóvenes y adultos en las varias unidades, especialmente en el PNN Amacayacu.

OTRAS RECOMENDACIONES

- Investigar y mapear la presencia del hormiguerito *Herpsilochmus* sp. nov. en las colinas de la región del Bajo Putumayo-Yaguas-Cotuhé para empezar a entender su distribución, y estudiar la distribución de las otras especies que se especializan en los bosques sobre suelos menos fértiles.

- Estudiar las poblaciones de *Mitu tuberosum* (Fig. 8M) y *M. salvini* (Fig. 8L) en la región del Bajo Putumayo-Yaguas-Cotuhé para entender el área de traslape entre las dos especies.

- Capacitar a personas locales y al personal del PNN Amacayacu en las técnicas de grabación, que puedan servir para la detección y el monitoreo de especies interesantes en la región.

MAMÍFEROS

Autores: Farah Carrasco-Rueda, Olga L. Montenegro, William Bonell y Cyntia Díaz

Objetos de conservación: Una comunidad de mamíferos compleja, con grandes depredadores y sus especies presa; mamíferos en varios grupos tróficos que brindan diferentes servicios ecosistémicos al bosque, beneficiando indirectamente a las poblaciones humanas aledañas; mamíferos de tamaño mediano y grande que son utilizadas por las comunidades, y especies que son consideradas amenazadas; la huangana/puerco (*Tayassu pecari* [Fig. 9Z]), especie amenazada que requiere de mucho espacio, muchos recursos alimenticios y alta calidad de hábitat; el choro/churuco (*Lagothrix lagothricha* [Fig. 9H]), el primate de mayor tamaño entre las especies registradas en el área de estudio y una especie amenazada que requiere grandes rangos de hogar, en buen estado; el carachupa mama/armadillo trueno (*Priodontes maximus* [Fig. 9P]), la especie de mayor tamaño entre los armadillos, categorizada como amenazada; el lobo de río (*Pteronura brasiliensis*), depredador tope amenazado que colabora a la estabilidad de la cadena trófica; la sachavaca/danta (*Tapirus terrestris* [Fig. 9Y]), la especie de ungulado de mayor tamaño, importante dispersora de semillas, categorizada como amenazada; el oso homiguero/oso palmero (*Myrmecophaga tridactyla* [Fig. 9Q]), especie categorizada como amenazada; y la vaca marina *Trichechus inunguis* (Fig. 9AA), mamífero acuático que está bajo presión de cacería a lo largo del río Putumayo y está categorizada como amenazada

INTRODUCCIÓN

La riqueza de mamíferos en la cuenca del río Putumayo en el Perú se ha venido conociendo desde la década de 1990 con los estudios sobre primates (Encarnación et al. 1990). Esta información se ha fortalecido en las últimas décadas, gracias a los inventarios rápidos realizados en la cuenca alta y media de este río (Montenegro y Escobedo 2004, Bravo y Borman 2008, López Wong 2013, Montenegro y Moya 2011, Bravo et al. 2016, Ramos-Rodríguez et al. 2019, Perez Peña et al. 2019) y otros estudios en el río Algodón (Aquino et al. 2015). En contraste, el conocimiento de los mamíferos en el lado colombiano de la cuenca del Putumayo es mucho más incipiente, siendo esta la menos estudiada del sur de la Amazonia colombiana (Montenegro 2007, Ramírez-Chaves et al. 2013). Sin embargo, dada la información hasta ahora generada en el lado peruano de la cuenca del Putumayo y el estado de conservación relativamente bueno de los bosques, se espera que también en el lado colombiano exista una diversidad semejante. Para la

parte alta de la cuenca del río Putumayo en Colombia existe un inventario rápido de mamíferos para el Parque Nacional Natural (PNN) La Paya (Polanco-Ochoa et al. 2000) y más recientemente un estudio sobre murciélagos del mismo parque (Henao 2016). Para la cuenca media del Putumayo existe un informe de correría por los ríos Caraparaná e Igaraparaná con menciones puntuales de varias especies (Echeverri et al. 1992) y para toda la cuenca, una revisión general de los mamíferos acuáticos (Trujillo et al. 2007).

El aporte de los inventarios rápidos como insumo para la toma de decisiones ha sido importante para la creación de áreas protegidas. Por ejemplo, la información de los inventarios realizados en los ríos Yaguas y Cotuhé (Montenegro y Escobedo 2004, Montenegro y Moya 2011) evidenció una alta riqueza de especies y poblaciones abundantes de mamíferos, las cuales están actualmente protegidas en el recientemente creado Parque Nacional (PN) Yaguas. Otros aportes de los inventarios rápidos están relacionados con llenar vacíos de información en zonas donde se presentan usos conflictivos de la biodiversidad con su conservación.

Ampliar el conocimiento de los mamíferos de la cuenca baja del río Putumayo es una necesidad no solo desde el punto de vista científico, sino como un aporte a la gestión del territorio para la consolidación de un corredor biológico y cultural que de contar con estrategias adecuadas de conservación garantizará el bienestar en toda la cuenca. En este informe presentamos los resultados del inventario binacional rápido de mamíferos de la región del Bajo Putumayo-Yaguas-Cotuhé en el Perú y Colombia.

MÉTODOS

Para el inventario rápido de mamíferos nos concentramos en las especies de tamaño mediano y grande, y en los murciélagos. En ambos casos se realizó el más alto esfuerzo de muestreo de los inventarios rápidos realizados hasta el momento por el Field Museum.

Realizamos muestreos entre el 5 y el 24 de noviembre de 2019 en cuatro localidades del Perú y Colombia: el campamento Quebrada Federico, Perú (5–8 de noviembre); el campamento Caño Pexiboy, Colombia (10–15 de noviembre); el campamento Caño Bejuco, Colombia (16–20 de noviembre) y el campamento

Tabla 6. Esfuerzo de muestreo utilizado para la detección de mamíferos durante un inventario rápido de la región del Bajo Putumayo-Yaguas-Cotuhé, Colombia y Perú, en octubre y noviembre de 2019.

Método	Campamento				Total
	Quebrada Federico	Caño Pexiboy	Caño Bejuco	Quebrada Lorena	
Foto-trampeo (no. cámaras trampa/24 h)*	237	16	590	594	1.437
Recorridos para observaciones directas y huellas (km recorridos)#	36,28	55,49	39,84	38,59	170,2
Captura de murciélagos (redes-noche)	9	18	20	20	67
Registro acústico (horas-noche)†	31,03	35,03	33,92	14,45	114,43

* Número total de cámaras instaladas por los días que estuvieron activas.

\# Número de kilómetros recorridos en los senderos abiertos para el inventario.

† Excluye 5,85 horas adicionales de grabación hechas en ASOPROMATA, a 10 km del campamento Caño Pexiboy.

Quebrada Lorena, Colombia (21–24 de noviembre). Para una descripción detallada de los campamentos visitados durante el inventario rápido, ver las Figs. 2A–D y 4C–F y el capítulo *Panorama regional y descripción de sitios*, en este volumen.

Para el grupo de mamíferos medianos y grandes utilizamos fototrampeo y avistamientos directos o de rastros durante recorridos diurnos y nocturnos, a lo largo de senderos. Adicionalmente, en Caño Bejuco realizamos un recorrido fluvial a lo largo del río Cotuhé. Para los murciélagos, utilizamos redes de niebla y grabaciones. Estos métodos se detallan a continuación.

Fototrampeo

Durante el periodo de avanzada (15–26 de octubre) definimos 14 estaciones de fototrampeo en Quebrada Federico, 19 en Caño Bejuco y 19 en Quebrada Lorena. El menor número de cámaras instaladas en Quebrada Federico obedece a las condiciones de inundación del terreno durante el muestreo que limitaron este método. Ubicamos las estaciones entre los 48 y los 127 msnm de elevación, a lo largo de los senderos abiertos para el inventario, con una separación mínima de 500 m para minimizar la autocorrelación espacial en los datos (Royle et al. 2007, Burton et al. 2015). Las cámaras permanecieron instaladas entre 14 y 32 días. Alternamos los modelos de cámaras disponibles (Reconyx HC500, Bushnell 119676, Bushnell 119776, Bushnell 119436, Bushnell 119636, Bushnell 119437, Bushnell 119537). Ubicamos las estaciones sobre el sendero o a los lados del mismo, en lugares donde se evidenció el uso reciente por fauna silvestre (huellas, caminos, marcas en árboles y heces). Asignamos un código a cada cámara y marcamos su ubicación en los senderos.

Durante el inventario, colocamos cámaras adicionales en Quebrada Federico (6) y en Caño Pexiboy (4) con una separación de 100 m. Estas cámaras permanecieron activas durante los cuatro días que duró la evaluación en cada campamento y fueron removidas el último día de trabajo en cada zona.

La configuración de las cámaras dependió de su modelo. Programamos las cámaras Reconyx para tomar 5 fotos con separación de 1 segundo entre fotos, y un intervalo entre detección (periodo de quietud) de 15 segundos. En el caso de las cámaras Bushnell las configuramos para tomar 3 fotos, con un periodo de quietud de 15 segundos.

Cada estación de muestreo estaba configurada en operación continua (24 horas). Para cada una registramos coordenadas en grados decimales (Datum: WGS 84), información de la cámara (serial, número de identificación, modelo), fecha y hora de instalación y descripción física de la estación. Programamos e instalamos las cámaras siguiendo las recomendaciones y protocolos de TEAM (2016).

Revisamos el contenido de las cámaras utilizando el programa WildID 0.9.28 (Fegraus et al. 2011). El listado obtenido se confrontó con una lista de especies potenciales para la zona generada desde los registros disponibles en Map of Life (Jetz et al. 2012)[15]. Dado que algunas especies pueden permanecer largos periodos de tiempo frente a las cámaras (p. ej., *Dasyprocta fuliginosa* [Fig. 9CC], *Tayassu pecari* [Fig. 9Z]), cuando

---

15 *http://www.mol.org*

se presentaron imágenes de individuos de la misma especie en la misma estación durante un periodo de una hora, lo consideramos un solo evento.

Recorridos

En cada campamento realizamos caminatas diurnas por todos los senderos entre las 06:30 y 17:30, y caminatas nocturnas entre las 17:30 y 23:30 por dos de los senderos.

En caso de avistamiento tomamos nota de la especie, número de individuos, distancia al individuo o grupo desde el sendero, coordenadas sobre el sendero y fotos cuando fue posible. En caso de encontrar rastros indicamos la especie, el tipo de registro (p. ej., heces, huellas, rasguños, carcazas, frutos mordidos), la coordenada y fotos. Complementamos los datos con registros de avistamientos hechos por otros miembros del equipo biológico y por el equipo de avanzada.

Captura con redes

Instalamos 9 redes de 12 m, incluyendo 1 red conformada por 2 redes de 6 m, que se mantuvieron activas entre las 17:30 y 18:00 hasta alrededor de las 21:00, completando un tiempo promedio de muestreo de 3 horas por noche. Por cada campamento realizamos capturas de murciélagos durante dos noches. El esfuerzo total de muestreo fue de 67 redes-noche (1 red-noche es igual a 1 red de 12 m activa durante 3 horas por noche). Revisamos las redes cada 30 minutos.

Los individuos capturados fueron colocados en bolsas de tela hasta el momento de su procesamiento. Para cada murciélago registramos el peso, edad y sexo, así como la longitud de por lo menos el antebrazo. Utilizamos las guías de Díaz et al. (2016) y López-Baucells et al. (2016) para determinar la especie de los individuos capturados. En algunos casos colectamos especímenes para confirmar la determinación taxonómica. En estos casos tomamos las medidas estándar como longitud de cabeza-cuerpo, cola, oreja y pata.

A todos los individuos capturados les tomamos una muestra de pelo realizando un corte en la parte dorsal utilizando tijeras de acero que fueron desinfectadas con alcohol para cada colecta. Conservamos las muestras de pelo en viales plásticos Eppendorf de 1,5 ml. Las muestras de pelo serán utilizadas en el futuro para medir niveles de concentración de mercurio en los individuos mediante análisis especializados en laboratorios de Colombia. Asimismo, cortar el pelaje en la parte dorsal, previo a la liberación de los individuos correctamente identificados, permite reconocer recapturas (Harvey y Gonzalez Villalobos 2007, Helbig Bonitz et al. 2014).

Por cada especie de murciélago que involucraba un registro nuevo en la lista para el inventario colectamos un individuo. Para la colecta empleamos métodos de eutanasia estándar (AVMA 2013). Utilizamos barbitúricos, iniciando por la sedación de los individuos usando ketamina y luego aplicando una dosis letal de pentorbarbital intraperitonealmente. Luego de realizar el sacrificio de los especímenes abrimos una cavidad en la zona ventral del cuerpo y retiramos muestras de tejido muscular. Estos tejidos serán importantes para futuros estudios moleculares. Para preservar los especímenes les inyectamos formol al 10% y los almacenamos en un

Tabla 7. Número de registros y éxito de muestreo de mamíferos obtenido por los métodos de fototrampeo, recorridos y capturas de murciélagos durante un inventario rápido de la región del Bajo Putumayo-Yaguas-Cotuhé, Colombia y Perú, en octubre y noviembre de 2019.

| Campamento | Método de muestreo | | | | | |
| | Fototrampeo | | Recorridos | | Redes | |
	Registros	Éxito (registros/ cámaras-dia)	Registros	Éxito (registros/ km recorrido)	Capturas	Éxito (capturas/ 100 redes-noche)
Quebrada Federico	52	0,22	46	1,27	2	22,2
Caño Pexiboy	8	0,50	123	2,22	14	77,7
Caño Bejuco	182	0,31	39	0,98	18	90
Quebrada Lorena	267	0,45	101	2,62	25	125
Total	**509**	**0,35**	**309**	**1,82**	**59**	**88,05**

Tabla 8. Número de especies de mamíferos de cada orden y en cada campamento registradas durante un inventario rápido de la región del Bajo Putumayo-Yaguas-Cotuhé, Colombia y Perú, en octubre y noviembre de 2019.

Orden	Campamento				Número total de especies registradas
	Quebrada Federico	Caño Pexiboy	Caño Bejuco	Quebrada Lorena	
Didelphimorphia	4	–	4	3	5
Cingulata	2	2	3	4	4
Pilosa	3	–	2	2	3
Chiroptera	7	17	10	10	31
Primates	9	7	9	8	10
Carnivora	7	5	6	7	12
Perissodactyla	1	1	1	1	1
Artiodactyla	3	4	4	4	4
Cetacea	–	1	2	–	2
Rodentia	6	6	6	6	7
Sirenia*	1	–	–	–	1
Totales	**43**	**43**	**45**	**45**	**80**

* Especie registrada en la comunidad de Tres Esquinas

recipiente con alcohol al 70%. Las muestras están en proceso de depósito en la colección de mamíferos del Instituto de Ciencias Naturales de la Universidad Nacional de Colombia.

Grabaciones de murciélagos

En los cuatro campamentos instalamos dos grabadoras Anabat Express (Titley Scientific LLC) a lo largo de los senderos, frente a quebradas y en claros. Mantuvimos las grabadoras activas entre una y siete horas, durante tres o cuatro noches por campamento. Adicionalmente, instalamos las grabadoras dentro de la unidad de aprovechamiento forestal ASOPROMATA a orillas del caño Pexiboy, en el municipio de Tarapacá, la cual se ubica en la zona de Reserva Forestal. En total, realizamos un esfuerzo de muestreo de 120 horas a lo largo de 15 días.

Esfuerzo y éxito de muestreo

En conjunto, usamos un esfuerzo total de 170,2 km recorridos en sendero, 8,39 km por el río Cotuhé, 1.437 trampas-noche, 67 redes-noche y 120 horas de grabación. El esfuerzo de muestreo por cada método varió entre los cuatro campamentos (Tabla 6) por diversos factores, como el clima y la logística en los sitios.

Estimamos el éxito del muestreo para cada uno de los métodos. Para el fototrampeo, estimamos el éxito general como el cociente entre número de registros de mamíferos sobre el esfuerzo total (número de cámaras trampa por día). Para el método de caminatas estimamos el éxito como la tasa de encuentro de rastros, señales o avistamientos directos por kilómetro recorrido. Para el método de redes de niebla, estimamos como éxito de muestreo la tasa de captura por 100 redes-noche utilizadas.

Análisis de datos

Construimos la lista de especies registradas en cada campamento (Apéndice 10) con la información de todos los métodos combinados. La taxonomía utilizada se basó principalmente en las listas de especie del Perú (Pacheco et al. 2009) y Colombia (Solari et al. 2013, Ramírez-Chaves et al. 2016). Sin embargo, dado que la taxonomía de muchos grupos ha venido cambiando recientemente, tuvimos en cuenta cambios recientes en primates y otros grupos (Gardner 2007, Helgen et al. 2013, Rylands y Mittermayer 2013, Alfaro et al. 2015, Byrne et al. 2016, Miranda et al. 2018, Martins-Junior et al. 2018, Ruiz-Garcia et al 2018). Para cada especie, registramos los métodos de detección y su estado de amenaza global, en el Perú y en Colombia, de acuerdo con las categorías actuales de la UICN (2020), el Decreto Supremo No. 004 de 2014 del Ministerio de Agricultura en el Perú y la resolución 1912 de 2017 del Ministerio de Ambiente en Colombia, respectivamente.

Para las especies más frecuentes (con cinco o más registros) detectadas durante el fototrampeo y a lo largo de los recorridos estimamos la abundancia relativa. En el caso del fototrampeo, estimamos la abundancia relativa para cada especie como el número de registros independientes por 100 cámaras trampa-día (1 día = 24 horas). Para los datos de recorridos estimamos la abundancia relativa como número de rastros o avistamientos por 100 km recorridos. Estas estimaciones se compararon entre campamentos.

En el caso del muestreo de murciélagos, generamos curvas de acumulación de especies en base al número de individuos capturados. Estimamos la abundancia relativa representada por la tasa de captura (número de individuos capturados por 100 redes-noche) y la comparamos entre campamentos.

Las grabaciones de murciélagos no fueron analizadas en su totalidad al momento de preparar este reporte; conseguimos realizar una revisión preliminar de las de los campamentos Quebrada Federico y Caño Pexiboy pero no las de los campamentos Caño Bejuco y Quebrada Lorena. Para visualizar los llamados en las grabaciones utilizamos el programa Analook software[16]. Para determinar las especies presentes en las grabaciones utilizamos filtros pre-existentes para murciélagos con parámetros de llamados conocidos, extraídos de una base de datos de llamados de murciélagos del Nuevo Mundo mantenida por el Dr. Bruce Miller y de la literatura especializada (López-Baucells et al. 2016, Thiagavel et al. 2017). En los casos en los cuales no llegamos a determinar la especie, asignamos sonoespecies o sonotipos (Estrada-Villegas et al. 2010, Torrent et al. 2018) como un análogo a las morfoespecies. Consideramos como un llamado a un conjunto de más de tres pulsos generados por un murciélago.

RESULTADOS

Éxito del muestreo

Con un esfuerzo general de fototrampeo de 1.437 cámaras trampa/día, obtuvimos un total de 10.194 fotografías de fauna silvestre en los 4 sitios de muestreo. De éstas, 3.423 correspondieron a mamíferos terrestres, de los cuales pudimos identificar la mayoría a especie, y unos pocos a orden, familia o género. De las fotos identificadas a especie (26 especies), obtuvimos en conjunto 507 registros independientes, dando como resultado un éxito general de muestreo de 0,35 registros por cámara-día. El éxito de muestreo por este método varió entre campamentos (Tabla 7). Excluyendo el campamento Caño Pexiboy, en donde el fototrampeo fue muy inferior a los otros tres campamentos, la localidad con mayor éxito de muestreo por este método fue Quebrada Lorena.

Por su parte, con el método de recorridos, en donde el esfuerzo fue más comparable entre los 4 campamentos, obtuvimos un total de 472 registros entre los realizados por nosotros y los reportes de otros investigadores y guías locales durante los días del inventario. Para estimar el éxito de muestreo para este método utilizamos 309 registros hechos por nosotros, en los cuales teníamos el número exacto de kilómetros recorridos (170,2 km). En este caso, el éxito total de muestreo fue de 1,82 registros/km. Este éxito varió entre los campamentos, siendo Quebrada Lorena y Caño Pexiboy las dos localidades con mayor éxito de muestreo con este método (Tabla 7).

El éxito de captura de mamíferos voladores (quirópteros) fue de 88,05 individuos capturados por 100 redes-noche. También con este método tuvimos variaciones entre los campamentos, con la menor tasa de captura en Quebrada Federico y la más alta en Quebrada Lorena (Tabla 7).

La curva de acumulación de especies de murciélagos (Fig. 24) indica que, con todos los datos agrupados, la curva no se llega a estabilizar. Esto implica que aún quedaron muchas especies por registrar en cada campamento y en toda la zona del muestreo en general.

Especies registradas y esperadas

Con todos los métodos combinados, registramos 80 especies de mamíferos (Apéndice 10). Esto corresponde

---

16 http://www.hoarybat.com/Beta

Figura 24. Curva de acumulación de especies de murciélagos registrados con redes de neblina, combinando todos los campamentos evaluados, durante un inventario rápido de la región del Bajo Putumayo-Yaguas-Cotuhé, Colombia y Perú, en noviembre de 2019. La línea punteada es el resultado de un proceso de aleatorización de las capturas, mientras que la línea gris muestra el incremento en el registro de especies tal como se obtuvo durante el muestreo.

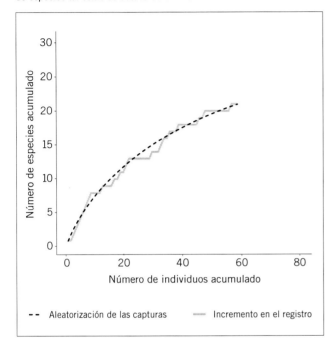

- - Aleatorización de las capturas   ── Incremento en el registro

al 48% de las especies esperadas para la región del Bajo Putumayo-Yaguas-Cotuhé, que son aproximadamente 165 según una lista obtenida de la plataforma Map of Life (Jetz et al. 2012), la cual fue revisada y depurada por los autores. Las especies registradas en este inventario representan a 11 órdenes (Tabla 8), 28 familias y 66 géneros. Cuarenta y nueve especies corresponden a mamíferos medianos y grandes no voladores y 31 a murciélagos. El número de especies de murciélagos probablemente se incrementará, pues el análisis de las grabaciones ultrasónicas se encuentra todavía en proceso.

En general, en los cuatro campamentos se destaca una alta diversidad de especies de mamíferos. Los órdenes más diversos fueron los quirópteros, carnívoros y primates. Registramos 10 de las 11 especies de primates esperadas, 2 especies de tigrillos (*Leopardus pardalis* [Fig. 9U] y *L. wiedii* [Fig. 9V]) y las 2 especies esperadas de grandes felinos: otorongo/mano de lana (*Panthera onca* [Fig. 9W]) y puma/tigre colorado (*Puma concolor*). Para los carnívoros, las especies registradas durante el inventario representan cuatro de las cinco

familias que se esperan para el bajo río Putumayo, demostrando que la fauna de grandes y meso-depredadores estuvo bien representada.

Dentro de los ungulados, encontramos todas las especies esperadas, que incluyen dos especies de pecaríes, dos de venados y una de tapir. Estas especies son mamíferos grandes que representan buena parte de la biomasa animal terrestre de estos bosques. Cabe resaltar la alta abundancia relativa de cada especie y la presencia de infantes en los registros.

Dentro de los grandes roedores (histricomorfos) encontramos tres especies: majaz/boruga (*Cuniculus paca* [Fig. 9DD]), añuje/guara (*Dasyprocta fuliginosa* [Fig. 9CC]) y punchana/tintín (*Myoprocta pratti*). El majaz/boruga y el añuje/guara junto con los ungulados, son animales de uso por parte de las comunidades locales.

Mediante fototrampeo registramos seis especies que no fueron registradas durante los censos: *Dasypus kappleri*, *Tamandua tetradactyla* (Fig. 9R), *Procyon cancrivorus*, *Leopardus pardalis* (Fig. 9U), *L. wiedii* (Fig. 9V) y *Atelocynus microtis*.

Mediante la captura de murciélagos con redes de niebla registramos 59 individuos de murciélagos pertenecientes a 21 especies y de 7 gremios de acuerdo a Kalko (1997): frugívoros (*Carollia* spp., *Rhinophylla pumilio* [Fig. 9E], *Sturnira tildae*, *Artibeus* spp., *Dermanura* spp., *Uroderma magnirostrum*), nectarívoros (*Glossophaga soricina*, *Hsunycteris thomasi*), insectívoros de sotobosque (*Micronycteris* spp., *Lophostoma silvicolum* [Fig. 9F], *Gardnerycteris crenulatum* [Fig. 9D]), hematófagos (*Desmodus rotundus* [Fig. 9B]), carnívoros (*Trachops cirrhosus*), omnívoros (*Phyllostomus elongatus*, *Phyllostomus hastatus*) e insectívoros aéreos (*Myotis* cf. *nigricans*).

Una revisión preliminar de las grabaciones de murciélagos permitió registrar siete especies adicionales en los campamentos Quebrada Federico y Caño Pexiboy.

Resultados por campamento

Campamento Quebrada Federico

En este campamento encontramos 43 especies de 10 órdenes. Una de estas especies, el manatí o vaca marina (*Trichechus inunguis* [Fig. 9AA]), fue registrada por el equipo social en el poblado de Tres Esquinas (Perú) a través de la fotografía del omoplato y varias vertebras de un individuo que había sido cazado en el río Putumayo durante los últimos seis meses. Dada la cercanía de esta localidad al campamento de Quebrada Federico, la contamos dentro de las especies para este lugar. Otras dos especies relevantes fueron registradas durante la avanzada: *Pteronura brasiliensis* y *Cyclopes* sp. (que probablemente corresponda a *Cyclopes ida*; Fig. 9S).

Mediante capturas de murciélagos solo registramos *Glossophaga soricina*; las grabaciones permitieron el registro de seis especies adicionales. El número de especies en este campamento fue similar al de Caño Pexiboy.

Campamento Caño Pexiboy

En este campamento registramos 43 especies de 8 órdenes. La falta de registro de especies de algunos órdenes no debe ser interpretada como que se encuentran ausentes, sino que es probablemente una consecuencia del menor esfuerzo de muestreo de fototrampeo realizado en este campamento. En esta localidad solo se instalaron cuatro cámaras durante el tiempo del inventario y ninguna durante la avanzada como sí se hizo en los otros campamentos. En Caño Pexiboy observamos siete especies de primates. Desde hace cuatro años, en este campamento se viene dando un proceso de extracción selectiva de madera de forma legal, mediante la ordenación forestal de la señora Flor Ángela Martínez. Una de las formas de manejo que se lleva a cabo en la ordenación es la prohibición de la cacería por parte de los trabajadores que participan en las labores de tumba y transporte de la madera. La presencia de numerosas especies de mamíferos, especialmente los ungulados, que no se esperaría que estén presentes en un área impactada por actividades extractivas forestales, puede que esté relacionado con las medidas de manejo antes mencionadas.

En cuanto a murciélagos, capturamos 14 individuos correspondientes a 8 especies, de las cuales 7 pertenecieron a la familia Phyllostomidae incluyendo 5 especies frugívoras, un nectarívoro de sotobosque y un carnívoro, además de un insectívoro aéreo de la familia Vespertilionidae. La tasa de captura fue 77,7 individuos/100 redes-noche. Las grabaciones nos permitieron el registro de ocho especies adicionales. También observamos la presencia de *Rhynchonycteris naso* a orilla del caño Pexiboy.

Campamento Caño Bejuco

Los científicos locales que nos acompañaron durante el inventario manifestaron tener interés en conocer la fauna que existe en este lugar, debido a que hace parte del Resguardo Indígena Ríos Putumayo y Cotuhé, y que no es muy visitada debido a que se encuentra bastante distante de las comunidades.

En esta localidad encontramos 45 especies de 10 órdenes de mamíferos. Registramos los dos grandes felinos: el otorongo/mano de lana (*Panthera onca* [Fig. 9W]) y el puma/tigre colorado (*Puma concolor*). También encontramos todos los ungulados y los roedores grandes como el majaz/boruga (*Cuniculus paca* [Fig. 9DD]), los cuales son muy apreciados como presa de cacería.

En cuanto a los murciélagos, capturamos 18 individuos correspondientes a 10 especies, de las cuales 8 fueron especies frugívoras, una insectívora del sotobosque y una especie hematófaga (*Desmodus rotundus* [Fig. 9B]). La tasa de captura fue 90 individuos/100 redes-noche.

Campamento Quebrada Lorena

En este campamento encontramos 45 especies de mamíferos de 9 órdenes. Junto con el Caño Bejuco, ésta fue una de las localidades con mayor número de especies registradas. Los órdenes más diversos fueron los quirópteros y los carnívoros, manteniendo el mismo patrón del inventario en general. Aquí encontramos ocho de las diez especies de primates. En este campamento registramos varias especies de ungulados, incluyendo huanganas/puercos (*Tayassu pecari* [Fig. 9Z]) y sajinos/cerrillos (*Pecari tajacu*), así como a su depredador principal, el otorongo/mano de lana (*Panthera onca* [Fig. 9W]), junto a puma/tigre colorado (*Puma concolor* [Fig. 9X]).

En cuanto a los murciélagos, capturamos 25 individuos correspondientes a 10 especies, de las cuales 5 fueron especies frugívoras, 3 insectívoras del sotobosque, una omnívora y una carnívora. La tasa de captura fue 125 individuos/100 redes-noche.

Comparación entre campamentos

Además de las pequeñas diferencias en diversidad de especies entre los campamentos, también registramos variaciones en la abundancia relativa de algunas especies. Entre los primates comparamos la abundancia

Figura 25. Abundancia relativa de las especies de primates registrados con mayor frecuencia en las cuatro localidades muestreadas durante un inventario rápido de la región del Bajo Putumayo-Yaguas-Cotuhé, Colombia y Perú, en noviembre de 2019.

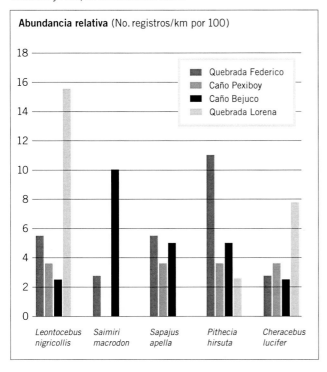

relativa de las cinco especies más frecuentes: *Leontocebus nigricollis* (Fig. 9K), *Saimiri macrodon* (Fig. 9J), *Sapajus apella*, *Pithecia hirsuta* y *Cheracebus lucifer* (Fig. 25). En el campamento Quebrada Lorena encontramos la mayor abundancia relativa de *L. nigricollis* y *C. lucifer*, mientras que en Quebrada Federico fue donde encontramos mayor abundancia relativa de *P. hirsuta*. En Caño Pexiboy no logramos realizar suficientes registros de *S. macrodon* para realizar comparaciones. Además, estimamos en este campamento abundancias relativas intermedias de las cuatro especies de primates comparadas. En Caño Bejuco se encontró la mayor abundancia relativa de *S. macrodon*.

Para los mamíferos terrestres, comparamos la abundancia relativa entre los cuatro campamentos estimada de forma seperada con la información de los recorridos y el fototrampeo. En los recorridos, comparamos la abundancia relativa de nueve especies (Fig. 26): los armadillos medianos (todos agrupados como *Dasypus* sp.), el carachupa mama/armadillo trueno (*Priodontes maximus* [Fig. 9P]), el otorongo/mano de lana (*Panthera onca* [Fig. 9W]), los ungulados (*Tapirus terrestris*

Figura 26. Abundancia relativa de las especies de mamíferos terrestres registrados con mayor frecuencia a largo de los recorridos en las cuatro localidades muestreadas durante un inventario rápido de la región del Bajo Putumayo-Yaguas-Cotuhé, Colombia y Perú, en noviembre de 2019.

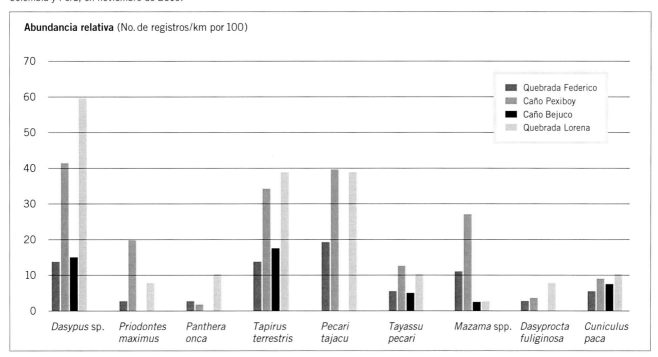

[Fig. 9Y], *Pecari tajacu, Tayassu pecari* [Fig. 9Z]) y los venados agrupados como *Mazama* spp., así como los roedores grandes añuje/guara (*Dasyprocta fuliginosa* [Fig. 9CC]) y majaz/boruga (*Cuniculus paca* [Fig. 9DD]). Cabe aclarar que esta comparación se hace con base solamente en la información de los recorridos y no incluye el fototrampeo.

Con el método de recorridos, los campamentos con mayor abundancia relativa de ungulados y armadillos fueron Caño Pexiboy y Quebrada Lorena. En estos dos campamentos fueron particularmente abundantes los rastros de *Dasypus* spp., sachavaca/danta (*Tapirus terrestris* [Fig. 9Y]) y sajino/cerrillo (*Pecari tajacu*). En el Caño Pexiboy también fueron abundantes los registros de venados (*Mazama* spp.). Los registros de jaguar fueron más abundantes en Quebrada Lorena. La abundancia relativa de *Cuniculus paca* (Fig. 9DD) fue similar en los cuatro campamentos.

Por otra parte, con el fototrampeo estimamos la abundancia relativa de 16 especies que en conjunto tuvieron 402 registros independientes (Fig. 27). Para comparar entre campamentos, excluimos Caño Pexiboy

debido a que en esta localidad el esfuerzo de fototrampeo fue mucho menor.

Quebrada Lorena fue el campamento donde se encontraron las mayores abundancias relativas de muchas de las especies con ambos métodos, fototrampeo y recorridos. Entre ellas se encuentran los marsupiales como *Didelphis marsupialis* y *Metachirus nudicaudatus* y los venados *Mazama americana* y *M. nemorivaga*.

DISCUSIÓN

Especies reportadas

La mayoría de las especies de mamíferos medianos y grandes estuvo bien representada. Todos los ungulados (venados, pecaríes y dantas) esperados para la zona fueron registrados durante el inventario. Entre los primates registramos 10 de las 11 especies esperadas según Aquino et al. (2015). La especie no registrada en este inventario fue *Callimico goeldii*, un mono pequeño de la familia Callitrichidae. La ausencia del registro para esta especie no significa que no se encuentra en la zona evaluada, que forma parte de su distribución publicada

Figura 27. Abundancia relativa de las especies de mamíferos terrestres más frecuentes en el fototrampeo en tres de las cuatro localidades muestreadas durante un inventario rápido de la región del Bajo Putumayo-Yaguas-Cotuhé, Colombia y Perú, en octubre y noviembre de 2019.

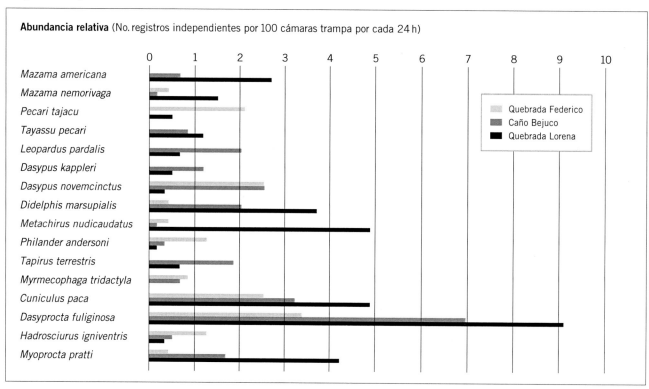

(Cornejo 2008), sino que al ser una especie difícil de observar habríamos requerido de mayor tiempo de evaluación para detectarla. Esta especie fue reportada para el río Algodón (Bravo et al. 2016), también en la cuenca del río Putumayo.

Encontramos 12 de las 17 especies de carnívoros esperadas, es decir el 70%. Las especies ausentes en el muestreo corresponden a dos felinos (*Herpailurus yagouaroundi* y *Leopardus tigrinus*), un cánido (*Speothos venaticus*) y dos mustélidos (*Galictis vittata* y *Mustela africana*). En el caso de las dos especies de felinos, a pesar de tener una amplia distribución, tienen por lo general densidades de población bastante bajas (Caso et al. 2015, Payan y de Oliveira 2016) por lo que se consideran como especies raras, especialmente *L. tigrinus* en la Amazonia (Payan y de Oliveira 2016). Igualmente raras son las dos especies de mustélidos, las cuales a pesar de tener una distribución relativamente amplia, se conoce poco de su ecología ya que rara vez son vistas en campo (Cuarón et al. 2016, Emmons y Helgen 2016).

Por otra parte, muchas de las especies no registradas en este inventario corresponden a pequeños roedores o marsupiales que requieren de esfuerzos de muestreo específicos y dirigidos. Para los otros órdenes de mamíferos, la mayoría de las especies estuvieron representadas al menos en alguno de los campamentos.

En cuanto a los murciélagos, cabe resaltar el registro de diferentes gremios en los campamentos Caño Pexiboy, Caño Bejuco y Quebrada Lorena. La presencia de especies insectívoras de sotobosque constituye un indicador de buen estado del bosque. El bajo número de capturas en el campamento Quebrada Federico está relacionado a las condiciones climáticas durante los días de evaluación y a que tuvimos fase de luna llena durante los muestreos. Definitivamente nuestra captura de una sola especie en ese campamento no refleja la diversidad de murciélagos filostómidos de la zona.

Comparación entre campamentos

La riqueza de mamíferos fue similar entre los campamentos: 43 especies en Quebrada Federico y Caño Pexiboy y 45 en Caño Bejuco y Quebrada Lorena. Sin embargo, la composición de especies varió un poco entre campamentos (Apéndice 10), especialmente en los

murciélagos. También hubo variaciones en la abundancia relativa estimada de algunas especies. Los patrones en esta variación no son muy claros, principalmente por el uso de varios métodos. Por ejemplo, la abundancia relativa estimada para roedores grandes mostró patrones diferentes cuando se estimaron con la información de los recorridos versus la del fototrampeo. Esto es de esperarse porque durante los recorridos son más evidentes las huellas y rastros de mamíferos grandes, dejando los roedores sub-representados. Con el fototrampeo, en contraste, los roedores grandes son bastante frecuentes cuando sus poblaciones son abundantes y, por lo general, quedan bien representados en el muestreo.

A pesar de la variación resultante debido a los diversos métodos utilizados, sí hubo una tendencia a una mayor abundancia general de varias especies de mamíferos en los campamentos Caño Bejuco y Quebrada Lorena. Consideramos que esta tendencia obedece a la cercanía entre estas dos localidades y la similitud entre los ambientes. En Quebrada Lorena y Caño Bejuco los muestreos estuvieron tanto en zonas inundables como en bosques de tierra firme en zonas planas y de ladera. Este mosaico de ambientes y el buen estado de conservación de los bosques pueden favorecer la oferta de recursos para las poblaciones de mamíferos. En el Caño Pexiboy el muestreo también se realizó en bosques de tierra firme de ladera y en menor cantidad en áreas inundables. En general, las poblaciones de ungulados mostraron alta abundancia relativa a pesar de las actividades de extracción selectiva de madera. En el campamento Quebrada Federico, en contraste, el muestreo estuvo principalmente en áreas de inundación, con influencia de la gran llanura aluvial del río Putumayo y las áreas de inundación de la quebrada Federico. Esta influencia de las áreas de inundación de hecho afectó el esfuerzo del fototrampeo, debido a que no fue posible colocar cámaras trampa en estas áreas. La mayor parte del muestreo en esta localidad estuvo en bosques inundables, aguajales o varillales. Estas diferencias ambientales pueden explicar las diferencias en las abundancias relativas de varias especies, pues se ha descrito que los vertebrados responden a las variaciones en la disponibilidad estacional de recursos en bosques inundables y no inundables en la Amazonia (Haugaasen y Peres 2005, 2007).

Comparación con otras localidades del río Putumayo

En este inventario registramos el número más alto de especies de mamíferos reportados en un inventario rápido de la cuenca del río Putumayo (80). Una de las razones para este alto número de especies es el aporte de los murciélagos, que comprendieron 31 especies de las cerca de 98 esperadas para la zona según la plataforma Map of Life (Jetz et al. 2012). Es decir que registramos cerca del 30% de los murciélagos esperados. Esto fue posible gracias a un mayor esfuerzo de muestreo el cual incluyó no solo más redes-noche, comparado con otros inventarios rápidos, sino además el uso de grabadoras ultrasónicas para el registro acústico de murciélagos. Esta técnica permitió registrar especies que generalmente no son bien representadas en muestreos con redes, como es el caso de muchas especies insectívoras aéreas. Este es el primer inventario rápido en la zona de estudio que incluye el uso de grabadoras para registrar murciélagos. Como se puede apreciar en el Apéndice 10, algunas especies de murciélagos registradas mediante grabaciones han sido asignadas solo con el nombre genérico. Lamentablemente a la fecha no se cuenta con una librería de llamados para las especies de murciélagos del Perú o Colombia con la cual poder contrastar los llamados analizados. Estos registros requieren mayor análisis para corroborar la determinación a nivel de especie.

Registramos 49 especies de mamíferos medianos y grandes, riqueza también un poco mayor a los otros inventarios rápidos en la cuenca del río Putumayo. Por ejemplo, Bravo (2010) reportó 32 especies en Maijuna, Montenegro y Moya (2011) reportaron 42 en el inventario de Yaguas-Cotuhé, López Wong (2013) registró 35 en Ere-Campuya-Algodón y Bravo et al. (2016) reportaron 46 en el Medio Putumayo-Algodón. El creciente uso de fototrampeo con periodos de al menos 30 días de muestreo explica el incremento en la información, ya que ha permitido registrar especies elusivas o de baja densidad. En general, consideramos que a pesar de estas diferencias metodológicas nuestros resultados son similares a los otros inventarios en la cuenca del río Putumayo.

Cabe aclarar que los inventarios mencionados se han realizado en el lado peruano de la cuenca. Para el lado colombiano, los registros del Caño Pexiboy, Caño Bejuco y Quebrada Lorena aportan grandemente al conocimiento de los mamíferos de esta zona de Colombia, la cual ha tenido muchísimo menos esfuerzos de muestreo comparado con el Perú. Finalmente, lo que estos inventarios revelan es que la cuenca del río Putumayo a lo largo de la frontera entre el Perú y Colombia tiene alta diversidad de mamíferos posiblemente relacionado al buen estado de conservación actual de esta cuenca.

Registros notables

Registramos una alta diversidad de mamíferos con especies amenazadas y de importancia ecológica. En el área de estudio tuvimos poblaciones abundantes de ungulados (sachavacas/dantas, venados, huanganas/ puercos) con evidencias de reproducción. Su presencia revela alta calidad de hábitat. Las poblaciones que muestreamos hacen posible la disponibilidad alta de recursos para el consumo local, pues podrían actuar como poblaciones fuente para repoblar las áreas afectadas por la cacería. La alta diversidad de mamíferos refleja también diversidad funcional, que permite el mantenimiento de la complejidad, estructura y funcionalidad del bosque. Además, la presencia de grandes depredadores como el otorongo/mano de lana (*Panthera onca* [Fig. 9W]), el puma/tigre colorado (*Puma concolor*), el lobo de río (*Pteronura brasiliensis*) y de especies con grandes áreas de acción como la sachavaca/danta (*Tapirus terrestris* [Fig. 9Y]) reflejan comunidades complejas y una alta conectividad del paisaje ya que estas especies requieren de grandes extensiones de territorio.

De las especies registradas, dos se encuentran categorizadas por la UICN como globalmente En Peligro: el lobo de río (*Pteronura brasiliensis*) y el delfín rosado (*Inia geoffrensis* [Fig. 9BB]). Siete especies se encuentran en categoría Vulnerable: carachupa mama/ armadillo trueno (*Priodontes maximus* [Fig. 9P]), oso hormiguero/oso palmero (*Myrmecophaga tridactyla* [Fig. 9Q]), choro/churuco (*Lagothrix lagothricha* [Fig. 9H]), leoncito (*Cebuella pygmaea*), sachavaca/danta (*Tapirus terrestris* [Fig. 9Y]), huangana/puerco (*Tayassu pecari* [Fig. 9Z]) y manatí o vaca marina (*Trichechus inunguis* [Fig. 9AA]). En algunos casos estas categorías coinciden con las listas oficiales de especies amenazadas a nivel nacional en el Perú o en Colombia, pero no en todos los casos (Apéndice 10). Por ejemplo, el choro/

churuco (*L. lagothricha*) se considera Vulnerable a nivel global en Colombia, mientras que en el Perú se considera En Peligro. Algo similar ocurre con la carachupa mama/armadillo trueno (*P. maximus*), que a nivel global y en el Perú es una especie Vulnerable, mientras en Colombia se ha categorizado como En Peligro. Destacamos que las comunidades peruanas y colombianas del río Putumayo tienen una relación conflictiva con los lobos de río (*P. brasiliensis*) debido a que afectan sus actividades de pesca, en especial aquellas relacionadas con el manejo de la arahuana/arawana (*Osteoglossum bicirrhosum*), pues se le considera como un competidor directo (Bonilla-Castillo y Agudelo 2012).

AMENAZAS

Algunos factores pueden representar una amenaza a la comunidad de mamíferos de la región. Por ejemplo, la oferta alta de mamíferos de caza puede generar una falsa percepción de que son inagotables y conducir a una sobrecaza. Aunque no existen indicios de un incremento en la demanda de carne de mamíferos para comercialización, este posible escenario conllevaría al desconocimiento de los acuerdos informales de cacería y a una situación de sobrecaza que afectaría a los pobladores locales.

Por otra parte, aunque la extracción forestal en sitios como el caño Pexiboy hasta ahora ha limitado la cacería, en un potencial escenario donde este control no se realice o se flexibilice, la cacería como actividad anexa a la extracción forestal puede causar una reducción de las poblaciones de mamíferos grandes y medianos en las reservas forestales, causando reducción o ausencia de algunas especies de mamíferos. Este escenario afectaría también los servicios ecosistémicos prestados por los mamíferos como la dispersión de semillas y el control de poblaciones trayendo como consecuencia cambios en la estructura del bosque y la funcionalidad de los ecosistemas de la zona. Otra amenaza potencial es la contaminación por mercurio proveniente de la minería ilegal de oro. Aunque esto no se ha evaluado en los mamíferos de esta cuenca, es un riesgo potencial en ausencia de acuerdos que prevengan actividades mineras en la región.

RECOMENDACIONES PARA LA CONSERVACIÓN

La alta riqueza y abundancia de especies de mamíferos representan excelentes oportunidades para la conservación de esta diversidad biológica y un gran potencial para su uso sostenible por parte de las comunidades de la cuenca. Recomendamos:

- Difundir la información recopilada sobre los mamíferos en los campamentos estudiados, con el fin de incentivar el cuidado y garantizar la perpetuidad de las especies de mamíferos registradas.

- Fortalecer las prácticas culturales que involucran acuerdos internos dentro y entre comunidades acerca del número de animales que pueden ser cazados y los lugares donde se puede llevar a cabo esta actividad.

- Mantener y fortalecer los procesos de monitoreo de la fauna silvestre en el sector norte del PNN Amacayacu, donde se localiza el campamento Quebrada Lorena, ya que esta fue una de las localidades con mayores abundancias relativas de varias especies, principalmente de roedores grandes. La cercanía de este campamento con el Resguardo Indígena Ríos Cotuhé y Putumayo hace que el parque pueda funcionar como un área importante para el mantenimiento de poblaciones de grandes y medianos mamíferos potencialmente usadas por las comunidades al interior del resguardo.

PANORAMA GENERAL DEL INVENTARIO SOCIAL

Autores: Christopher Jarrett, Diana Alvira Reyes, Alejandra Salazar Molano, Ana Lemos, Margarita del Aguila Villacorta, Fernando Alvarado Sangama, Valentina Cardona Uribe, Freddy Ferreyra, Jorge W. Flores Villar, Claus García Ortega, María Carolina Herrera Vargas, Wayu Matapi Yucuna, Delio Mendoza Hernández, Dilzon Iván Miranda, Milena Suárez Mojica y Rosa Cecilia Reinoso Sabogal

Objetos de conservación:

1) **La diversidad social y cultural** representada por 11 pueblos indígenas (múrui, muinane, bora, ocaina, nonuya, kichwa, yagua, ticuna, cocama, inga, andoque) y una población no indígena de campesinos, colonos y comunidades de fe (israelitas), incluyendo:

   – **Los territorios ancestrales de los pueblos ticuna y yagua**

– La zona intangible para la protección de **dos pueblos indígenas en aislamiento** (yuri y passé) dentro del Parque Nacional Natural Río Puré y **un pueblo indígena en contacto inicial** en el caño Pupuña con vínculos culturales con los ticuna

– **La memoria colectiva** sobre cosmovisiones, historias de origen y eventos históricos, narrada desde la diversidad de voces de las poblaciones actuales

– **Los mecanismos de transmisión intergeneracional de aprendizajes**

2) **Los sistemas de gobernanza local**, fundamentados en principios culturales, incluyendo:

– **Los mecanismos de reciprocidad y apoyo mutuo** que mantienen el tejido social a lo largo del río

– **Los acuerdos locales** de convivencia, uso compartido y aprovechamiento de recursos naturales, tanto informales como formales, especialmente en el manejo de pesquerías y chacras/chagras[17]

– **Dos federaciones indígenas en el Perú (FECOIBAP, OCIBPRY)**, dos **Asociaciones de Autoridades Tradicionales Indígenas (CIMTAR, ASOAINTAM)** y por lo menos **seis organizaciones no indígenas comunitarias y productivas** en Colombia

– **Los instrumentos de gestión territorial** tales como los planes de vida, planes maestros y planes de manejo

3) **Las instancias de coordinación y diálogo multiactor**, incluyendo:

– En Colombia, la **Mesa Permanente de Coordinación Interadministrativa** y la **Mesa Regional Amazónica**

– A nivel binacional (Perú-Colombia), los **Gabinetes Binacionales** y la **Comisión Binacional de la Zona de Integración**

4) **Los conocimientos y el manejo ecológico tradicional** de fauna, chacras/chagras y plantas medicinales, incluyendo:

– **Las técnicas de captura, uso y manejo cultural de la flora y fauna**

– **Los sitios sagrados** como *collpas*/salados, sabanas y lugares de origen de pueblos indígenas, cuya protección es vital para garantizar el equilibrio del paisaje

El inventario rápido binacional biológico y social en la región del Bajo Putumayo-Yaguas-Cotuhé, en los departamentos de Loreto (Perú) y Amazonas (Colombia), fue producto de una colaboración entre diversas organizaciones e instituciones tanto del Perú como de Colombia: gubernamentales, no gubernamentales, académicas, indígenas, religiosas, sociales y gremiales. La visión a partir de la cual se construyó el inventario social fue fortalecer la conectividad social, cultural y política entre la sociedad local y las instituciones de la región, a través de reflexiones orientadas a identificar experiencias compartidas y visiones comunes entre los habitantes y fomentar la colaboración entre comunidades vecinas e instituciones con incidencia en la región, de tal manera que se consolide el Corredor Biológico y Cultural del Putumayo. El objetivo del inventario social fue promover reflexiones y diálogos alrededor del bien común y el buen vivir que permitieran identificar fortalezas sociales y culturales, afectaciones y oportunidades, así como plantear estrategias conjuntas para el cuidado y manejo sostenible de los recursos naturales y el mejoramiento de la calidad de vida de las comunidades.

Previo al trabajo de campo, se hicieron dos visitas preliminares, en junio y septiembre de 2019, para obtener el consentimiento previo de las comunidades participantes y desarrollar un plan consensuado sobre cómo se iba a llevar a cabo el inventario. El desarrollo del trabajo de campo se llevó a cabo del 5 al 25 de noviembre de 2019. El equipo social, conformado por 17 personas, nueve mujeres y ocho hombres, fue multicultural, interdisciplinario e internacional, compuesto por representantes de agencias gubernamentales como el Servicio Nacional de Áreas Protegidas por el Estado (SERNANP) del Perú y Parques Nacionales Naturales (PNN) de Colombia; institutos gubernamentales de investigación como el Instituto de Investigaciones de la Amazonía Peruana (IIAP) y el Instituto Amazónico de Investigaciones Científicas SINCHI de Colombia; organizaciones no gubernamentales del Perú como el Instituto del Bien

---

17 Dado el carácter binacional de este inventario rápido, a lo largo de este informe usamos las ortografías típicas del Perú y Colombia, en el siguiente formato (ortografía peruana/ortografía colombiana).

Común (IBC) y la Sociedad Zoológica de Frankfurt (SZF) y de Colombia como la Fundación para la Conservación y el Desarrollo Sostenible (FCDS), Amazon Conservation Team (ACT)-Colombia y la Fundación Gaia Amazonas; así como un museo norteamericano de historia natural, el Field Museum. También contamos con la participación de representantes de organizaciones indígenas: un líder de la Federación de Comunidades Indígenas del Bajo Putumayo (FECOIBAP) del Perú y un líder del Cabildo Indígena Mayor de Tarapacá (CIMTAR), una Asociación de Autoridades Tradicionales Indígenas (AATI) del Resguardo Indígena Ríos Cotuhé y Putumayo, de Colombia.

MÉTODOS

Los enfoques principales fueron el bien común, el buen vivir y las fortalezas sociales y culturales.

Bien común y buen vivir

Un enfoque clave del inventario fue el bien común, es decir, identificamos y valorizamos los activos sociales, culturales y ambientales comunes entre las diversas comunidades que comparten y conviven en esta región. Otro enfoque importante fue el buen vivir, una concepción holística del bienestar, particular de cada comunidad, que toma en cuenta los diferentes elementos (cultural, social, natural, político y económico) que permiten vivir bien (Escobar 2010, Gudynas 2011). Estos enfoques estructuraron las conversaciones y los diálogos durante el inventario, hacia el desarrollo de visiones y propuestas creativas y localmente significativas para la convivencia pacífica, la pervivencia física y cultural y el mejoramiento de la calidad de vida de las poblaciones locales, el uso sostenible de los recursos naturales y el cuidado del paisaje y el territorio.

Fortalezas sociales y culturales

Otro enfoque importante fue la identificación de las fortalezas sociales y culturales de las comunidades, las cuales han sido y serán la base de la conservación de la diversidad biológica y cultural de esta región (Wali y del Campo 2007, Wali et al. 2017). Identificamos y reflexionamos sobre fortalezas sociales y culturales como los mecanismos de relacionamiento y organización, los

valores culturales, el conocimiento y uso del territorio y los acuerdos entre vecinos. Esta metodología se diferencia de los diagnósticos convencionales que enfatizan las carencias y las necesidades y permite desarrollar estrategias sostenibles para asegurar el bienestar y la conectividad de los territorios.

Desarrollo metodológico del trabajo de campo

El trabajo de campo se estructuró con base en visitas cortas de uno a dos días a cada uno de los diferentes actores sociales que habitan en la región, seguido por un encuentro binacional de tres días en Tarapacá, Colombia, donde participaron todos los actores sociales con los que se trabajó (ver las Figs. 2A–D). Siguiendo la metodología de los inventarios sociales anteriores[18], durante las visitas se realizaron las siguientes actividades:

1) Presentación del inventario por parte del equipo.

2) Presentación por parte de los actores sociales de su historia y visión como colectividades.

3) Reflexión sobre la memoria colectiva a partir de una línea de tiempo, identificando hitos claves en la historia de los territorios como migraciones, conflictos, bonanzas extractivas, inundaciones, creación de organizaciones, llegada de proyectos, cambios importantes en los marcos jurídicos.

4) Ejercicios de cartografía social con el objetivo de identificar los sitios históricos y culturales más significativos (p. ej., lugares de origen cultural, rutas de migración y escape, sitios sagrados), los diferentes usos del territorio (p. ej., pesca, aprovechamiento de madera, chacras/chagras y extracción de productos no maderables), espacios de uso compartido y áreas donde hay acuerdos o conflictos (p. ej., cochas/lagos y bosques), presiones o amenazas (p. ej., minería, cultivos de uso ilícito), aspiraciones territoriales (p. ej., propuestas de ampliación de territorios indígenas, permisos de aprovechamiento forestal maderable y no maderable).

5) Ejercicio de mapeo de relaciones institucionales para evaluar y reflexionar sobre el relacionamiento de cada

---

18 *http://rapidinventories.fieldmuseum.org, http://fm2.fieldmuseum.org/rbi/results.asp, https://www.biodiversitylibrary.org/bibliography/99292#/summary*

organización social con sus vecinos y las instituciones en la región.

6) Grupos focales con mujeres, adultos mayores, educadores, líderes y jóvenes.

7) Entrevistas individuales con actores claves como abuelos/as, líderes de organizaciones sociales y representantes políticos locales.

8) Recorridos por las comunidades acompañados de residentes locales, para entender la organización de las comunidades y discutir el uso del territorio en terreno.

Durante el trabajo de campo se utilizaron diferentes materiales visuales como afiches, cartillas, mapas e imágenes satelitales de la zona, libros de inventarios rápidos anteriores, así como guías de campo[19]. Previamente se consultaron fuentes secundarias como artículos y libros publicados, planes de vida de las comunidades indígenas y otros documentos relevantes.

Además, algunas de las instituciones representadas en el equipo social tienen procesos en marcha con alguno(s) de los actores, a través de proyectos, investigaciones, colaboraciones, entre otros, lo cual nos permitió entrar al campo con un conocimiento del contexto, así como relaciones de confianza que facilitaron el desarrollo del inventario rápido.

Comunidades visitadas

En el Perú visitamos las sedes de dos federaciones de comunidades nativas que representan a 13 comunidades del Bajo Putumayo: Remanso, sede de la Federación de Comunidades Indígenas del Bajo Putumayo (FECOIBAP); y Huapapa, sede de la Organización de Comunidades Indígenas del Bajo Putumayo y Río Yaguas (OCIBPRY). Llegamos a Remanso el 5 de noviembre e hicimos un taller de dos días el 6 y 7 de noviembre con representantes y moradores de nueve de las 10 comunidades afiliadas a FECOIBAP (Betania, Corbata, Curinga, Pesquería, Puerto Franco, Puerto Nuevo, Remanso, San Martín y Tres Esquinas). Se invitó a los representantes de la comunidad de El Álamo, comunidad cuyos miembros estaban divididos entre FECOIBAP y OCIBPRY, pero debido a la celebración del aniversario de la comunidad, no pudieron asistir. Visitamos Huapapa el 9 de noviembre e hicimos un día de talleres con representantes y moradores de dos de las tres comunidades afiliadas a OCIBPRY (Huapapa, Santa Rosa de Cauchillo), además de El Álamo.

Algunos miembros del equipo social ya habían visitado a estas comunidades anteriormente y durante el inventario rápido Yaguas-Cotuhé, realizado en 2010, se visitó a Huapapa, Puerto Franco y Santa Rosa de Cauchillo. Sin embargo, en el transcurso de esos nueve años hubo muchos cambios en las organizaciones locales. Estas comunidades se desafiliaron de la federación FECONAFROPU y formaron FECOIBAP y después algunas comunidades de FECOIBAP se desafiliaron de esta organización para formar OCIBPRY. En 2018 se estableció el Parque Nacional Yaguas. El Instituto del Bien Común, la Sociedad Zoológica de Frankfurt y el SERNANP habían acompañado a algunas de las comunidades durante esos años, pero el presente inventario fue una oportunidad para actualizar el diagnóstico y tender puentes de comunicación entre vecinos. La creación de OCIBPRY también generó una tensión entre las comunidades y algunas de estas instituciones. En este contexto, el inventario proporcionó la oportunidad de acercarse de nuevo a estas comunidades y a los líderes de esta nueva federación y de conocer su visión y conversar acerca de su situación actual.

En Colombia, visitamos cuatro actores sociales principales: el asentamiento religioso de Puerto Ezequiel, el centro poblado de Tarapacá, el Resguardo Indígena Ríos Cotuhé y Putumayo y el Resguardo Indígena Uitiboc. Llegamos primero a Puerto Ezequiel, donde hicimos una visita inicial la tarde del 10 de noviembre en la que conversamos con representantes de las tres juntas de la congregación y un día de actividades el 11 de noviembre con más de 100 participantes de la congregación. Los miembros del equipo que representaban al Parque Nacional Natural (PNN) Río Puré de Colombia ya habían trabajado con la población de Puerto Ezequiel en un diagnóstico de la zona que se publicó tres años antes (Parque Nacional Natural Río Puré 2016), pero había relativamente poca información reciente sobre esta población, entonces la visita sirvió para entender mejor cómo vive la gente ahí, cómo están organizados y cuáles son los desafíos que enfrentan y sus visiones a futuro.

Llegamos a Tarapacá el 12 de noviembre y el equipo social se dividió en grupos pequeños para visitar a las diferentes asociaciones y gremios del pueblo. El 13 de noviembre un grupo viajó en bote con representantes de la Asociación de Productores de Madera de Tarapacá (ASOPROMATA) a su unidad de aprovechamiento forestal, ubicada en el caño Pexiboy, mientras que otro grupo visitó a líderes, docentes y estudiantes de la Institución Educativa Villa Carmen. El 14 de noviembre, se visitó a la Asociación de Pescadores de Tarapacá (ASOPESTAR), la Asociación Piscícola Productora de Peces Ornamentales y Artesanales de Tarapacá Amazonas (APIPOATA), la Asociación de Mujeres Comunitarias de Tarapacá (ASMUCOTAR) y la Asociación de Colonos de Tarapacá (ASOCOLTAR). También se hicieron entrevistas individuales y grupos focales con los abuelos y abuelas de Tarapacá.

Parques Nacionales Naturales de Colombia había trabajado estrechamente con la población de Tarapacá (el PNN Río Puré tiene su sede en el casco urbano) y el Instituto SINCHI había apoyado en diversos proyectos en Tarapacá, pero el inventario fue una oportunidad para reunir a los diversos sectores del casco urbano en un solo momento, actualizar el diagnóstico de sus situaciones y entender los desafíos que enfrentan y sus visiones a futuro.

El 15 de noviembre viajamos en bote a la comunidad de Puerto Huila en el Resguardo Indígena Ríos Cotuhé y Putumayo y nos reunimos por la noche con el curaca (líder) de la comunidad. El 16 de noviembre hicimos un taller de un día con el presidente del Cabildo Indígena Mayor de Tarapacá (CIMTAR), curacas de Pupuña, Caña Brava, Nueva Unión, Puerto Huila y Ventura y mujeres líderes de comunidades que están afiliadas a esta AATI. Desafortunadamente, por ser la semana deportiva y cultural en una comunidad, no pudieron asistir todos los curacas y otros líderes del resguardo. Previo al inventario, PNN, el Instituto SINCHI, FCDS, ACT y la Fundación Gaia Amazonas habían colaborado con CIMTAR en diversos proyectos, pero el inventario sirvió para hacer una reflexión conjunta entre la AATI y estos diferentes aliados sobre la situación actual de la organización y el resguardo.

El 18 de noviembre caminamos desde Tarapacá hacia la Maloca del Cabildo Centro Tarapacá "Cineta" en el Resguardo Indígena Uitiboc. La noche del 18 de noviembre participamos en el mambeadero, un espacio de gran importancia espiritual y cultural para muchos de los pueblos indígenas de este resguardo interétnico y el 19 de noviembre realizamos un taller de un día con representantes de los seis cabildos que conforman la Asociación de Autoridades Indígenas de Tarapacá Amazonas (ASOAINTAM). PNN y el Instituto SINCHI habían colaborado con ASOAINTAM en procesos antes del inventario, pero el inventario sirvió para hacer un diagnóstico juntos de la asociación y el resguardo.

Finalmente, del 22 al 24 de noviembre se llevó a cabo el primer Encuentro Binacional del Bajo Putumayo, en la Institución Educativa Villa Carmen de Tarapacá (ver las Figs. 12B–G y el capítulo *Encuentro binacional Perú-Colombia: Hacia una visión común para la región del Bajo Putumayo-Yaguas-Cotuhé*, en este volumen). En este encuentro participaron 80 personas, representando las dos federaciones indígenas peruanas (FECOIBAP, OCIBPRY), los dos resguardos indígenas (Ríos Cotuhé y Putumayo, Uitiboc) y sus AATI (CIMTAR y ASOAINTAM), la comunidad de fe de Puerto Ezequiel y las asociaciones sociales y productivas de Tarapacá, además de instituciones de Estado del Perú (Dirección Regional de Producción del Gobierno Regional de Loreto [DIREPRO], Gerencia Regional de Desarrollo Forestal y Fauna Silvestre [GERFOR]) y Colombia (la Corporación para el Desarrollo Sostenible del Sur de la Amazonia [Corpoamazonia] y la Dirección Territorial Amazonia de Parques Nacionales Naturales [DTAM-PNN]). Los objetivos del encuentro fueron conocerse y reconocerse entre vecinos y, con base en la información recopilada durante el inventario social, construir conjuntamente un diagnóstico binacional actual del territorio y desarrollar una visión compartida para el futuro de la región.

Estructura de los capítulos sociales

El informe del inventario social está dividido en cinco capítulos, los cuales se encuentran a continuación. El primer capítulo, *Historia cultural y de poblamiento de la región del Bajo Putumayo-Yaguas-Cotuhé*, resume las trayectorias históricas que han generado las condiciones actuales en las que viven las poblaciones que habitan esta región. Basado en una combinación de fuentes secundarias e información primaria recolectada en campo a través de entrevistas y grupos focales, el capítulo describe los territorios indígenas ancestrales de la región y explica cómo y por qué diversos grupos humanos, tanto indígenas como no indígenas, han migrado hacia la región en el último siglo. También sitúa la economía regional actual en el contexto de tendencias históricas particulares.

El segundo capítulo, *Demografía y gobernanza en la región del Bajo Putumayo-Yaguas-Cotuhé*, describe cuantitativamente y cualitativamente las diferentes poblaciones humanas que habitan la región y los sistemas de gobernanza local que existen. Basado en una variedad de actividades realizadas durante los talleres en los sitios visitados, el capítulo explica cuántas personas viven en la región y dónde viven, cómo están organizadas y cuáles son los logros y desafíos de cada organización. Asimismo, resume y analiza los retos y amenazas compartidos entre las comunidades y organizaciones de la región, además de los espacios e instancias de coordinación que permiten enfrentar estos temas.

El tercer capítulo, *Infraestructura, servicios públicos y programas sociales en la región del Bajo Putumayo-Yaguas-Cotuhé*, describe y analiza el acceso de las poblaciones de la región a infraestructura básica (agua potable, electricidad, transporte, comunicaciones), servicios públicos como educación y salud y programas sociales de los gobiernos del Perú y Colombia.

El cuarto capítulo, *Uso de recursos naturales y economía familiar en la región del Bajo Putumayo-Yaguas-Cotuhé*, detalla los principales medios de vida de los pobladores de la región y analiza cómo la realización y organización de estas actividades contribuye al buen estado de conservación que el equipo biológico documentó durante su trabajo de campo. Asimismo, explica los principales obstáculos que impiden mayor desarrollo de la economía regional basado en el uso sostenible de los recursos naturales.

El último capítulo, *Encuentro binacional Perú-Colombia: Hacia una visión común para la región del Bajo Putumayo-Yaguas-Cotuhé*, describe la metodología y los principales resultados del encuentro binacional que se organizó al final del inventario social y explora sus implicaciones para la conservación y el bienestar de la región del Bajo Putumayo-Yaguas-Cotuhé y el Corredor Biológico y Cultural del Putumayo.

HISTORIA CULTURAL Y DE POBLAMIENTO DE LA REGIÓN DEL BAJO PUTUMAYO-YAGUAS-COTUHÉ

Autores: María Carolina Herrera Vargas, Manuel Martín Brañas, Christopher C. Jarrett, Margarita del Aguila Villacorta, Rosa Reinoso Sabogal, Milena Suárez Mojica, Diana Alvira Reyes, Wayu Matapi Yucuna, Fernando Alvarado Salgama, Dilzon Iván Miranda y Héctor García

INTRODUCCIÓN

La región del Bajo Putumayo-Yaguas-Cotuhé es un paisaje sociocultural y ambiental que se destaca por la convivencia y coexistencia de personas de diferentes tradiciones culturales. En este paisaje conviven 12 pueblos indígenas, grupos de colonos, campesinos y comunidades de fe de diferentes procedencias. Este mosaico cultural se enriquece al contar con los territorios ancestrales de origen de algunos de estos pueblos indígenas, así como con la presencia de pueblos indígenas en aislamiento y contacto inicial que se convierten en los garantes de una cultura milenaria amazónica. Este paisaje es, por lo tanto, el resultado de un complejo proceso histórico en el que confluyen dos aspectos fundamentales: 1) la presencia histórica de pueblos indígenas con diferentes identidades étnicas con un conocimiento integral del territorio y una forma de vida basada en la reciprocidad con la naturaleza; 2) la llegada de poblaciones no indígenas desde el siglo XVII, la generación de nuevos órdenes sociales y la eventual conformación de una sociedad transfronteriza y multiétnica.

POBLAMIENTO INDÍGENA DEL BAJO PUTUMAYO-YAGUAS-COTUHÉ

La población indígena de esta región está conformada por los pueblos ticuna, yagua, kichwa, inga, cocama y miembros de los ocho grupos étnicos que conforman el complejo cultural de la Gente de Centro: bora, múrui, muinane, andoque, ocaina, miraña, resígaro y nonuya[20]. La cuenca baja del río Putumayo y sus afluentes Cotuhé y Yaguas, atraviesan parte del territorio ancestral de los pueblos ticuna y yagua, en donde se encuentran algunos

---

20 Según Jorge Gasché, la Gente de Centro es un conjunto de pueblos indígenas diferenciados entre sí por su lengua o dialecto compuesto por los bora, miraña, muinane (de la familia lingüística Bora), ocaina, nonuya, múrui (de la familia lingüística Huitoto o Witoto), resígaro (familia lingüística Arawak) y andoque (sin afiliación lingüística conocida; Gasché 2017).

Figura 28. Mapa histórico cultural de la región del Bajo Putumayo-Yaguas-Cotuhé de Colombia y Perú, elaborado durante un inventario rápido de la región en noviembre de 2019.

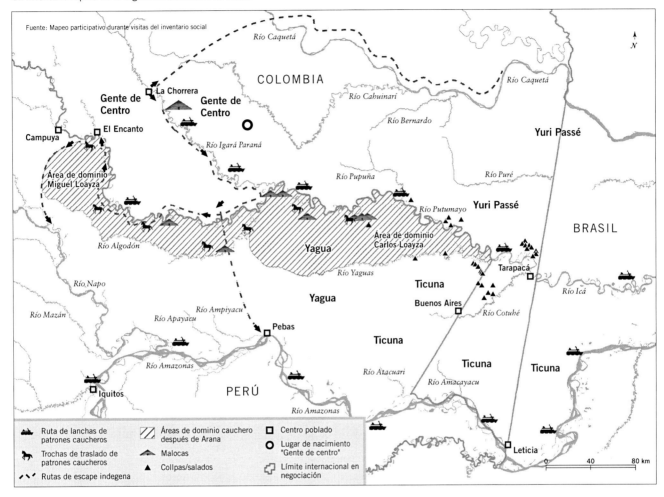

sitios sagrados de alta relevancia cultural. Este paisaje también forma parte del área intangible para la protección de los pueblos indígenas en aislamiento yuri y passé, quienes habitan dentro del Parque Nacional Natural Río Puré. La región también abarca el territorio de un pueblo indígena en contacto inicial que habita en los territorios bañados por el río Cotuhé, en la frontera entre Perú y Colombia, vinculado culturalmente con el pueblo ticuna que habita la zona (ver la Fig. 28).

Las sociedades indígenas han utilizado los ríos, las lagunas, los bosques, las sabanas y las *collpas*/salados, entre otros elementos, como hitos fronterizos, sitios para establecer asentamientos, áreas de aprovechamiento de recursos naturales, rutas de intercambio cultural y lugares sagrados fundamentales para mantener el orden espiritual del mundo. En este paisaje acontecieron también disputas entre sus pobladores que generaron conflictos territoriales

y alianzas que moldearon la conectividad sociocultural que perdura hasta nuestros días.

Entender la historia de este mundo indígena y el impacto que tuvo la llegada de diferentes poblaciones no indígenas a la cuenca del Putumayo es fundamental para comprender la actual estructura social y cultural del Bajo Putumayo-Yaguas-Cotuhé. Desde la llegada de los colonos españoles en el siglo XVI, el orden indígena ha sido fracturado y transformado por los actores foráneos que llegaron a sus territorios (misioneros, caucheros, colonos, comerciantes, entre otros) para crear estrategias específicas de dominio territorial, económico y cultural que modificaron el paisaje social de la región. Pero este paisaje ha sido testigo de las diferentes estrategias y decisiones que los pueblos indígenas han tomado para resistir, re-configurarse como sociedades y pervivir tanto física como culturalmente.

El territorio ancestral ticuna y yagua

El pueblo ticuna ha habitado desde tiempos milenarios la zona interfluvial entre el bajo Putumayo y el medio Amazonas-Solimões. Según cuentan sus abuelos, los ticuna fueron pescados por Yo'í, uno de los hijos gemelos de Ngütapa, su creador, en la quebrada de aguas rojas Eware, cercana a las cabeceras del río São Jerônimo ubicada en las tierras altas de la margen izquierda del río Amazonas-Solimões en actual territorio brasilero (Instituto Socioambiental 2018). Antes de la llegada de los colonos españoles y portugueses, su territorio se encontraba a la margen izquierda del medio Amazonas entre los ríos Atacuari e Içá y el área bañada por los cursos bajos de los ríos Yaguas, Cotuhé, Poreté (Purité) y Jacurapá y sus desembocaduras en el bajo Putumayo (Nimuendaju 1952). Sus vecinos al norte (al margen izquierdo del río Putumayo) eran pueblos que pertenecían al complejo de lenguas arawak, como los maritaé, yumaná y passé, descendientes de los grandes cacicazgos de la ribera (Franco 2012). Al oeste, sus vecinos eran los peba, yagua y cocama, al sur los mayoruna y omagua, quienes dominaban las márgenes del río Solimões y sus islas, y con quienes mantuvieron continuas guerras que los obligaron a abandonar la ribera y refugiarse en la zona interfluvial entre el bajo Putumayo/Içá y el Amazonas (Goulard 1994, Oliveira 2002: 280).

El territorio ancestral yagua colindaba al oriente con el del pueblo ticuna, se ubicaba al norte de los ríos Shishita y Ampiyacu (afluentes del río Amazonas) y se extendía hasta las cabeceras del río Yaguas y la margen derecha del río Putumayo (Chaumeil 1994, 2002). Los yagua mantuvieron con los ticuna y los cocama relaciones estrechas de intercambio que prevalecen en la actualidad y que se expresan en relaciones comerciales, chamánicas y en elaboradas técnicas de tejido en chambira y otras técnicas de fabricación de objetos utilitarios (Chaumeil 1994, 2002). Estas relaciones interétnicas fueron, en tiempos anteriores de la colonia, un nodo de articulación entre los pueblos del alto Amazonas (como los shipibo-conibo de los ríos Ucayali y Napo) con los del medio Amazonas (Chaumeil 1994).

Al estar asentados en las cabeceras de los afluentes y en las zonas interfluviales entre los ríos Amazonas y Putumayo, los ticuna pudieron esquivar las primeras incursiones por el río Amazonas de las coronas española y portuguesa a mediados del siglo XVI, las cuales acabaron con los grandes cacicazgos asentados sobre la ribera como los omagua, yurimanes y aisuares, entre otros (Franco 2012). Al quedar liberadas las orillas del Amazonas, estas fueron ocupadas progresivamente por grupos ticuna que descendieron de las zonas interfluviales, exponiéndose entonces a la acción de las primeras misiones jesuitas que se establecieron en la zona a partir de 1645. Los ticuna que se mantuvieron en las cabeceras de los ríos o "monte adentro" lograron esquivar las misiones, pero con la llegada de las campañas esclavistas o "correrías" portuguesas durante el siglo XVII, la escena cambió. Las misiones jesuitas se convirtieron entonces en un lugar seguro para mantenerse a salvo de los portugueses, quienes buscaban mano de obra esclava para ocupar en las posesiones que mantenían en la cuenca media y baja del río Amazonas.

Si bien la evangelización sistemática de los yagua comenzó, al igual que con los ticuna, a finales del siglo XVII con la fundación de las primeras misiones jesuitas, la gran mayoría de intentos para reducirlos en misiones fracasó debido a las enfermedades, a los conflictos interétnicos y a la férrea resistencia de este pueblo que, a través de fugas, rebeliones y asesinatos, logró dispersarse y permanecer en sus territorios tradicionales (Chaumeil 1994).

Desde principios del siglo XVIII la presión territorial de las tropas portuguesas aumentó considerablemente sobre la cuenca media del río Amazonas, obligando a los jesuitas a trasladar río arriba sus misiones y establecer poblados permanentes sobre los cuales se fundaron algunas de las ciudades ribereñas más importantes del actual Amazonas. Fue durante esta época que pueblos como los ticuna y los yagua empezaron a ser "reducidos en pueblos de misión" con otras etnias (Goulard 1994: 319), viéndose obligados a convivir con caumares, covaches y algunos sobrevivientes omagua, entre otros.

A mediados del siglo XVIII fueron expulsados los jesuitas de Brasil y Perú, lo que desató una nueva y compleja dinámica migratoria de poblaciones indígenas como la ticuna, que se encontraban en las misiones (Goulard 1993). La salida de los jesuitas significó para muchos de estos pueblos la oportunidad de regresar a sus sitios de origen río abajo o de formar nuevos asentamientos selva adentro. Algunos grupos ticuna, por ejemplo, deciden remontarse por los afluentes de la margen izquierda del río Amazonas, estableciendo asentamientos sobre los ríos Amacayacu, Atacuari, Loretoyacu entre otros, y en las cabeceras de los afluentes de la margen derecha del bajo Putumayo como el río Cotuhé y Yaguas (Goulard 1994).

En el siglo XIX el territorio ticuna se extendía por ambas márgenes del río Amazonas, desde Pebas (Perú) hasta Fonte Boa (Brasil). La expansión suscitó algunos conflictos con sus vecinos los mayoruna y los yagua, con quienes lograron compartir el área interfluvial entre el río Yaguas y el Amazonas. Además de asentarse sobre la ribera, los ticuna construyeron caminos que comunicaban entre sí a los pueblos de las orillas del Amazonas con los del bajo río Putumayo y con aquellos que permanecieron en las áreas interfluviales como las poblaciones ticuna del río Cotuhé, con quienes mantenían relaciones de parentesco e intercambio (Goulard 1994: 324).

Hoy los ticuna constituyen uno de los pueblos más numerosos de la Amazonia habitando un extenso territorio que va desde la desembocadura del río Atacuari en el Perú hasta el río Jutaí en Brasil, el cual además de incluir sus territorios de origen y asentamientos en los afluentes, es compartido con comunidades ribereñas y en algunos casos con indígenas yagua, cocama y Gente de Centro (Goulard 1994: 312). Actualmente, los yagua se encuentran dispersos a ambos lados del río Amazonas, el cual conciben como el eje central de su territorio, que se extiende hacia el norte hasta el bajo Putumayo (frontera Perú - Colombia) y hacia el sur hasta el río Yavarí (frontera con Brasil), ocupando parte de su territorio ancestral (Chaumeil 1994).

El fragmento del bajo Putumayo en territorio colombiano marca la frontera norte del territorio ancestral ticuna y en el centro del trapecio amazónico predominan comunidades pertenecientes a este pueblo indígena, asentadas en el Resguardo Indígena Ríos Cotuhé y Putumayo, el Resguardo Indígena Uitiboc (uitoto, ticuna, bora, cocama), y la parte norte del Resguardo Indígena ATICOYA (Asociación Indígena Ticuna, Cocama y Yagua de Puerto Nariño), todos colindantes con el Parque Nacional Natural Amacayacu. En las cabeceras del Cotuhé, a ambos lados de la frontera entre Colombia y Perú, se encuentran los territorios de grupos ticuna en contacto inicial.

EL IMPACTO DE LAS MISIONES EN LOS PUEBLOS INDÍGENAS DEL PUTUMAYO

Las órdenes religiosas durante la colonia tuvieron un impacto profundo en los pueblos indígenas de la región. La etapa misionera constituyó un período en el que la Corona centró su foco de acción en el control territorial, siendo las misiones de suma importancia para ampliar la frontera política y la excusa perfecta para cometer toda clase de abusos contra la población indígena (Goulard 1991), quebrando las estructuras tradicionales de los pueblos del Putumayo como sus patrones de asentamiento y organización social, dejando disponible una mano de obra que sería utilizada más adelante por las excursiones dirigidas a explotar los recursos de la selva, preparando el camino para la colonización definitiva de los territorios y el patronazgo. La actividad misionera también generó un debilitamiento cultural reflejado en la pérdida del idioma y prácticas rituales e interrumpió las redes de intercambios y comercio entre los pueblos de los Andes y la Amazonia (Kuan 2015).

La actividad misional en el Putumayo, al contrario de lo que sucedió en el Amazonas, estuvo a cargo de la orden franciscana. La expansión de sus misiones por el Putumayo se inició a mediados del siglo XVI, siguiendo las rutas que anteriormente abrieron los primeros conquistadores españoles. El establecimiento de las sedes de los franciscanos en Pasto y Popayán, sumado al hecho de que el Putumayo es de fácil navegación, al no contar con raudales, fueron los factores principales que favorecieron su presencia en esta región. Tanto Pasto como Popayán tenían vías accesibles que las conectaban con la cuenca del río Putumayo, algo que no ocurría con la sede de los jesuitas establecida en Quito y los jesuitas, por lo que se concentraron en fundar misiones por los ríos Marañón, Napo, Ucayali y Amazonas.

La orden franciscana concentró sus labores en el alto Putumayo y el alto Caquetá. La presencia cada vez mayor de las tropas portuguesas en las confluencias del Putumayo con el Amazonas y las incursiones que realizaban en el primero, determinó la baja presencia franciscana y la ausencia de misiones permanentes en el bajo Putumayo (Briceño 1854, Franco 2012) y en 1784 la orden franciscana enfocó todos sus esfuerzos evangelizadores en la cuenca alta del río Caquetá (Mantilla 2000). La decadencia de las misiones frenó el impulso evangelizador de los misioneros en la cuenca del Putumayo, permitiendo que los indígenas que habían sido reducidos pudieran regresar a sus lugares de origen. Pero lejos de lo que pudiera parecer, el cierre de las misiones no redundó de manera positiva en los pueblos indígenas.

Con la independencia de los países latinoamericanos y la conformación de los estados libres del Perú y Colombia durante el siglo XIX se empezó a pensar nuevamente en la posibilidad de reducir a los indígenas para su evangelización. No obstante, debido a los litigios territoriales entre ambos países y los problemas internos en cada uno de ellos, la propuesta misional nunca llegó a cristalizarse. A finales del siglo XIX y principios del XX, y con la expulsión de los jesuitas por los gobiernos conservadores, a la orden de los capuchinos les fue asignada la tarea evangelizadora en el Putumayo y Caquetá.

Durante esta época, Colombia comenzó a participar del orden económico mundial como exportador de productos agrícolas y materias primas provenientes en su mayoría de sus territorios frontera, como la Amazonia (Kuan 2015). Este hecho acrecentó la necesidad de buscar mano de obra barata como la de los indígenas, lo que implicaba civilizarlos para alejarlos de su estado de "salvajismo" y poder integrarlos a la sociedad nacional[21]. El Estado consideró a las misiones católicas como idóneas para realizar esta tarea, hecho que fue respaldado por la Constitución de 1886, en la cual el Estado se declara abiertamente como católico confesional y la firma con la Santa Sede, del Concordato de 1887, a través del cual se delega a las órdenes religiosas no sólo la evangelización sino algunas atribuciones de gobierno (Kuan 2015: 15)[22].

Estos hechos históricos permitieron que la orden capuchina se estableciera hasta la tercera década del siglo XX en el alto Caquetá y el Putumayo. Además de evangelizar, a los capuchinos les fue encargada por parte del Estado, la tarea de civilizar y colonizar para contribuir a integrar los territorios de frontera del Putumayo a las nuevas economías nacionales y "defender la soberanía nacional frente a los intereses económicos de caucheros peruanos" (Kuan 2015:16). Fueron encargados de llevar a cabo un proyecto civilizador estatal a través del cual construyeron carreteras, fundaron poblados, otorgaron tierras, educaron a las poblaciones "incivilizadas", entre otros, constituyéndose como un "elemento central en la configuración de las fronteras nacionales de Colombia" (Kuan 2015: 18) y parte "estructural de las políticas de integración" entre los siglos XIX y XX (Gómez 2015).

Es así como entre 1886 y 1900, los misioneros capuchinos organizaron varias expediciones que salían desde Mocoa para recorrer el alto Caquetá y el Putumayo, llegando por primera vez al bajo Putumayo en 1889, en donde además de su encuentro con los indígenas, se encontraron con traficantes de mano de obra indígena y con un mecanismo de dominación, explotación y muerte propiciado por la extracción de recursos (quina, caucho) que estaba teniendo un efecto devastador en los pueblos indígenas de la región (Kuan 2015).

La lucha por el dominio de los indígenas entre misioneros y patrones, causó un enfrentamiento constante entre estos dos actores, ya que el objetivo misional y civilizatorio de los capuchinos iba en contra de las tácticas de los caucheros porque no sólo afectaba la disponibilidad de mano de obra para extraer recursos selva adentro, sino porque además estos veían en los misioneros posibles testigos de sus métodos de explotación y tortura contra los indígenas. Los capuchinos del Putumayo y Caquetá, en su rol de emisarios del Estado, denunciaron por primera vez en 1890 al gobierno central las atrocidades que caucheros colombianos, peruanos y traficantes, cometieron en contra de las comunidades uitoto, andoque, bora y ocaina (Kuan 2015: 80), hecho que se unió a las demás voces de denuncia que buscaban advertir al mundo entero de esta lamentable situación.

---

21 "La 'civilización' de los grupos indígenas considerados 'salvajes' se entendió como la progresiva integración de aquellos grupos selváticos o de reductos de estos a labores e 'industrias extractivas' y a la 'doctrina' cristiana, en condición de subordinados y como 'menores de edad', es decir, como seres aún carentes de ciertos atributos humanos para el ejercicio de ciertas actividades, tal y como se les trató jurídicamente hasta bien avanzado el siglo XX" (Gómez 2015: 17).

22 El Concordato celebrado entre la Santa Sede y la República de Colombia de 1897 fue uno de los acuerdos a través de los cuales el Estado colombiano le dio la preeminencia a la Iglesia Católica en la relación con los indígenas (Kuan 2015). El Concordato definió a la religión católica como el credo de la Nación, devolvió a la iglesia el manejo de bienes e impuso la enseñanza de la doctrina católica en las instituciones educativas. Muchos de los acuerdos del Concordato se convirtieron en leyes, dentro de las cuales se destaca la Ley 103 del 16 de diciembre de 1890 en la cual el Congreso autoriza a la autoridad eclesiástica a "reducir a la vida civilizada a las tribus salvajes que habitan en el territorio colombiano bañado por los ríos Putumayo, Caquetá, Amazonas y sus afluentes" (Kuan 2015: 102).

LA SELVA COMO LA RESERVA DE RECURSOS DE LAS NUEVAS NACIONES LATINOAMERICANAS

A principios del siglo XIX, la mano de obra indígena liberada por las misiones quedó disponible para los colonos que empezaron a llegar a la zona (Bellier 1991, Barclay 1998). Las nuevas repúblicas apoyaron la colonización de los territorios indígenas, debido a la necesidad de encontrar y explotar recursos naturales que pudieran comercializarse para pagar las deudas de las luchas por la independencia y sostener sus nuevas estructuras políticas y económicas. Es en este período cuando se da inicio a la época del patronazgo en el Putumayo. Muchos de estos patrones encontraron el apoyo y protección de los ejércitos republicanos recién conformados, siendo vistos como la avanzada para el desarrollo de las nuevas naciones latinoamericanas.

El primer recurso que fue explotado, debido sobre todo a la gran demanda procedente de Europa, fue la quina (*Cinchona* sp.). La explotación en el Putumayo se inició sólo cuando los recursos de quina en los Andes empezaron a escasear. La extracción de la quina en el Putumayo tenía ventajas frente a la extracción realizada en otros territorios andinos. El río era la vía perfecta para transportar la materia prima, permitiendo que patrones colombianos y peruanos la sacaran hasta el Amazonas y de ahí hasta el Atlántico. Los fundos establecidos en el Putumayo utilizaron la mano de obra indígena tanto para la extracción de la quina como para cargar y alimentar con leña los barcos de vapor (Domínguez y Gómez 1990). El pago se realizaba a través del trueque o el intercambio de herramientas de metal. El sistema de habilitación y endeudamiento se instauró en los campamentos quineros y sirvió como modelo para el sistema adoptado más adelante por los caucheros y madereros peruanos y colombianos en el Putumayo.

El boom de la quina atrajo un buen número de población foránea al bajo Putumayo; generó una estructura comercial que conectaba la estaciones quineras, establecidas en antiguos establecimientos misioneros, con los puntos de exportación en Manaos y Belén de Pará; utilizó los antiguos caminos indígenas y misionales para asegurar el acopio y generó un nuevo tipo de relaciones verticales, basadas en el ejercicio del poder, entre patrones e indígenas. No podemos entender el éxito de la maquinaria de terror cauchera sin tener en cuenta el modelo de explotación diseñado y ensayado durante el boom de la quina en el Putumayo.

La explotación del caucho en el Putumayo

La época de la explotación de las gomas[23] cambió de manera radical las dinámicas extractivas y comerciales en toda la Amazonia, generando una compleja estructura comercial basada en el expolio y la violencia que recogía y perfeccionaba la estructura establecida para la explotación de la quina. Si bien la extracción de las gomas se desarrolló en toda la Amazonia, fue en la cuenca media y baja del Putumayo donde alcanzó sus niveles más dramáticos.

La explotación de las gomas en la cuenca baja del río Putumayo se inició durante la última década del siglo XIX y la primera del siglo XX. La especie más abundante era la *Hevea guianensis*, menos productiva que las especies de caucho negro *Castilla* sp. y que la especie *Hevea brasiliensis*, común en el sur del Amazonas (Davis 2001), pero con ventajas comparativas que la hicieron ideal para las pretensiones comerciales de los extractores. Los árboles de jebe o *shiringa* podían ser explotados sin necesidad de ser talados, dando sostenibilidad a la producción y permitiendo establecer estaciones permanentes que controlaban un territorio específico. A diferencia de lo que ocurrió en el alto Putumayo, donde la mano de obra extractiva estaba conformada por colonos itinerantes, en el bajo Putumayo existían poblaciones extensas de indígenas que fueron utilizadas de manera permanente como mano de obra gratuita o de bajo costo.

Los primeros que explotaron el jebe en el Putumayo fueron los reconvertidos patrones colombianos. Su presencia en el Putumayo aseguraba la explotación y comercio del producto sin que los patrones peruanos pudieran acceder a una estructura comercial que seguía manteniendo como centro neurálgico las ciudades de Mocoa y Neiva. Pero las tensas relaciones internas entre el gobierno colombiano y sus opositores desembocaron en un conflicto civil armado, conocido como la Guerra de los Mil Días, que llevó al caos y al desconcierto en todo el país y que desconectó al Putumayo del resto del

---

23 Fueron varias las gomas elásticas explotadas en la Amazonia. Se explotó tanto las especies vegetales del género *Castilla*, el verdadero caucho negro, como las especies del género *Hevea*, cuyo producto final era conocido como jebe.

territorio nacional. Los patrones caucheros colombianos quedaron huérfanos y sin posibilidad de mantener el equilibrio de sus explotaciones. Es en este momento en el que entran en juego los patrones peruanos al moverse el centro neurálgico de la explotación del caucho a las ciudades de Iquitos y Manaos (García 2001).

Los tristes sucesos que acontecieron en el Putumayo a inicios del siglo XX tuvieron su raíz en la falta de definición de los límites fronterizos entre Perú y Colombia. La falta de un acuerdo bilateral sobre las fronteras en los territorios amazónicos después de la independencia, generó graves tensiones diplomáticas, que fueron resueltas con la mediación de la Santa Sede en 1903, estableciéndose que ninguno de los países tendría intervención directa en los territorios a ambos lados del río Putumayo. Se generó una tierra de nadie en la que todo era válido, convirtiendo un pedazo de las selvas del Putumayo en una inmensa maquinaria de explotación de las gomas, pero también de explotación de los indígenas que habitaban esos territorios.

Fue el momento preciso para que caucheros peruanos como Julio César Arana llegaran a la zona y construyeran un imperio sostenido en el terror y la violencia. Arana inició su actividad en el Putumayo en los últimos años del siglo XIX cuando, ansioso por conseguir goma elástica para comercializar en Iquitos, envió una de sus lanchas a la estación Colonia Indiana, renombrada posteriormente con el nombre La Chorrera (García 2001). Fue en este periodo en el que Arana tomó contacto con caucheros colombianos con los que se asoció en 1890 (Santos y Barclay 2002). En 1896 formó la compañía J.C. Arana y Hermanos y en 1901, para sellar las relaciones comerciales que mantenía con los caucheros colombianos, creó una alianza que supuso la entrada definitiva de Arana al proceso de explotación de las gomas en el Putumayo (Pennano 1988, Santos y Barclay 2002).

Con la muerte de su socio colombiano, Arana compró todas las acciones en el Putumayo (Pennano 1988, Santos y Barclay 2002), monopolizando entonces la explotación y la comercialización de las gomas en toda la región. Arana se desempeñó sin mayores problemas hasta el año 1907, fecha en la que de manera estratégica fundó la Peruvian Amazon Company con capitales de inversores británicos (Rey de Castro 2005). Para ese año, las denuncias de los crímenes cometidos en

el Putumayo ya habían visto la luz en los periódicos *La Felpa* y *La Sanción* de la ciudad de Iquitos. En el año 1909, las denuncias del explorador William Harderburg, que había realizado un viaje por el Putumayo y había sido retenido en El Encanto, ven la luz en el periódico londinense *The Truth*. En 1910, Roger Casement, quien se desempeñaba como cónsul en Brasil, es destinado por el Foreign Office para investigar las denuncias en el Putumayo y emite un informe conocido como el "Libro Azul". En 1911, la Peruvian Amazon Company entró en liquidación, debido no tanto a las denuncias, sino a la caída de los precios de las gomas a nivel internacional.

La maquinaria ideada por Arana funcionó sin mayores problemas de 1901 a 1911, instaurando una estructura basada en estaciones de acopio y secciones extractivas que tenían cierta autonomía. Arana creó una de las maquinarias de explotación más perversas y criminales que se ha conocido en Latinoamérica. Utilizó la violencia, el asesinato, el engaño, la propaganda y la presión política y económica para aumentar de manera exponencial sus ganancias. Se aprovechó de la debilidad y complicidad de los estados peruano y colombiano para esclavizar, torturar y aniquilar a miles de indígenas de la región.

Impacto de la época del caucho en el pueblo ticuna: esclavización in situ

Durante la explotación del caucho, el bajo Putumayo fue invadido por poblaciones mestizas provenientes de Brasil que fundaron nuevos poblados. Los grupos ticuna dispersos en los afluentes fueron reagrupados nuevamente para satisfacer la demanda de mano de obra para la extracción de la goma, instalándose en nuevos centros caucheros en los que los ticuna conformaron la principal fuerza de trabajo (Goulard 328: 1994). Simultáneamente, los caucheros comenzaron a instalarse en los asentamientos indígenas alrededor de los cuales se encontraban dispersos los árboles de jebe o *shiringa*, desarrollando una esclavitud *in situ* y generando en algunos casos la migración de poblaciones ticuna hacia el Perú (Goulard 1994). A pesar de que los ticuna fueron esclavizados, no llegaron a sufrir el grado de tortura y exterminio cultural perpetrado por los patrones caucheros a la Gente de Centro del medio Putumayo

Impacto de la época del caucho en la Gente de Centro

La época del caucho significó para la Gente de Centro no solamente una época de violencia inimaginable sino una transformación radical de su orden social y cultural. Para comprender la magnitud de este impacto, hay que entender primero cómo era construido su mundo antes de esa época.

Según los abuelos múrui del bajo Putumayo a quienes entrevistamos, la Gente de Centro nació de un lugar llamado "hueco de nacimiento", sitio sagrado ubicado al oriente del río Igara-Paraná, en el corazón de su territorio ancestral, en una zona denominada "desierto de sabana" entre el medio Caquetá y el medio Putumayo, que en su idioma se conoce como *kud+mayu*, o río de peces. En este lugar sagrado también les fue asignada su etnia, idioma y lugares de asentamiento tradicional, los cuales la mayoría se vio forzada a abandonar durante las primeras décadas del siglo XX cuando se instaló en su territorio el régimen cauchero.

Los abuelos múrui de las comunidades del bajo Putumayo explican los tiempos anteriores a la llegada de la cauchería[24] y el conflicto entre el Perú y Colombia como una época en la que las relaciones sociales entre los pobladores del Putumayo eran mediadas bajo principios diferentes a los impuestos por el régimen cauchero y distintos a las que rigen la convivencia actual. Para la Gente de Centro, la entrada del siglo XX y concretamente la llegada de Julio Cesar Arana marca una ruptura en su historia indígena.

Por ejemplo, el conocedor múrui Eriberto Jiménez de la Comunidad Nativa Remanso (Perú) nos contó durante el trabajo de campo que, antes de la época del caucho los diferentes pueblos de la Gente de Centro se relacionaban a través de los mensajes que llevaban los sonidos del manguaré y los conocimientos transportados a través del intercambio de *mambe* y *ambil* (preparaciones tradicionales de coca y tabaco, respectivamente). Establecían relaciones recíprocas entre clanes y pueblos a través de la convocatoria a la participación en las preparaciones de los rituales, la celebración de las fiestas, la construcción de la maloca y los trabajos diarios como tejer canastos, cazar animales y trabajar las chacras/

chagras. Según cuenta Eriberto, "los amigos eran invitados a devolver el trabajo" y "en la coca y el tabaco todo quedaba bien preparado, tanto la parte física como la espiritual, asegurando así un mundo equilibrado en donde todos los seres pueden estar bien" (Entrevista con Eriberto Jiménez, 7 de noviembre de 2019). Los antropólogos se refieren a estas prácticas como la "concelebración", o el establecimiento de una relación ceremonial que vincula dos malocas distantes de la Gente de Centro, no parientes ni aliadas por matrimonio, cuyos dueños y jefes intercambian fiestas o bailes (Chirif 2017, Gasché 2017). Este orden ceremonial común permite que todos estos pueblos puedan formar una sola sociedad. Todos los miembros de la Gente de Centro pueden participar en los bailes y rituales, pues para cada una de estas fiestas cada cual posee cantos y danzas correspondientes, aunque sea en lenguas distintas (Gasché 2017:50). La concelebración además define la circunscripción territorial de la Gente de Centro, pues donde se termina esta capacidad de concelebrar se termina el territorio de la Gente de Centro (Gasché 2017: 51).

El régimen cauchero desmembró violentamente el mundo de la coca y el tabaco de la Gente de Centro. Para obtener la mano de obra necesaria para suplir la demanda del caucho, los patrones empleaban un sistema conocido como la "habilitación". Ofrecían artículos a los indígenas a cambio de cantidades específicas de la goma, los indígenas distribuían los artículos a través de sus redes sociales y entregaban el caucho, pero los patrones luego sobrevaloraban los artículos y/o manipulaban las cuentas para evitar que los indígenas pudieran pagar sus deudas (Gasché 2017:74). Esta "relación de intercambio asimétrica de deudas impagables" terminaba volviendo a los deudores indígenas en mercancías que podían ser transferidas y ofrecidas a nuevos patrones como posesiones y garantías de una fuente interminable de trabajo y de caucho (Chirif 2017:33). Incluso les transfería a los indígenas esclavizados el nombre del patrón como símbolo de propiedad[25]. Además de la violencia y la explotación inherente en el sistema de habilitación y endeude, los patrones frecuentemente usaban la violencia física y el terror como mecanismo de control social (Taussig 1986).

---

24 Como Casa Arana se conoce comúnmente a la compañía cauchera liderada por Julio César Arana. El título The Peruvian Amazon Company fue dado en 1907 a la empresa J.C Arana y Hermanos y coincide con la inscripción de la empresa en el Reino Unido cuando comienzan las tensiones fronterizas entre Colombia y Perú por la posesión del territorio entre el río Caquetá y río Putumayo (Chirif 2017).

25 Uno de los primeros habitantes que llegó al casco urbano de Tarapacá del interior de Colombia nos contaba que cuando llegó a Pedrera como parte del ejército, le llamó la atención el hecho de que la mayoría de los indígenas que habían sido reclutados llevaban el mismo apellido y pensó que eran hijos de una misma persona.

También es importante señalar que muchos indígenas murieron por las epidemias, como sarampión y viruela, que fueron traídas por los caucheros y otros actores foráneos. El resultado de este sistema macabro fue la eliminación física de miles de vidas indígenas. Se estima que alrededor de 40 mil personas fueron torturadas, asesinadas y contagiadas de enfermedades mortales.

La manera específica en la que se llevó a cabo el reclutamiento de la Gente de Centro como mano de obra agudizó aún más el impacto sobre estos pueblos. Antes de la época del caucho, los asentamientos de los diferentes clanes eran organizados por grupos de malocas dispersadas en las cabeceras de los ríos en el área interfluvial entre el medio Putumayo y el medio Caquetá. Una maloca pertenecía a una sola familia o un solo grupo de parentesco patrilineal y a través del matrimonio y el comercio establecía alianzas con otras malocas (Gasché 2017). Los patrones comenzaron primero a reclutar a miembros de las malocas principales o "malocas madre" y forzar a otros clanes dispersos a reducirse alrededor de centros de recolección de caucho cerca de estas malocas, siendo La Chorrera, El Estrecho y El Encanto algunos de los más importantes y conocidos. Al forzar a la gente a abandonar sus asentamientos y territorios ancestrales, los caucheros desestabilizaron su organización clánica y con ella su sistema de jerarquías, alianzas ceremoniales, parentesco y matrimonio. En una misma maloca, se comenzaron a encontrar grupos que pertenecían a otros clanes y culturas, provenientes de otros ríos y territorios, despojando de sentido la red de alianzas sostenida por las relaciones de parentesco, las concelebraciones y la trasmisión por todo el territorio del conocimiento ancestral a través de la palabra mediada por el *mambe* y el *ambil*.

El conflicto limítrofe entre el Perú y Colombia en los años 1920 contribuyó a este proceso de desestabilización, al provocar una ola de migraciones forzadas de los peones indígenas del territorio colombiano al territorio peruano. Cuando Colombia reclamó al Perú el territorio entre el río Caquetá y el Putumayo, los encargados de las antiguas estaciones caucheras de Arana reubicaron a la mano de obra indígena en la margen derecha del río Putumayo, en territorio peruano. Entre 1924 y 1930, Miguel Loayza Pérez, antiguo hombre de confianza de Arana y gerente

de El Encanto, y su hermano Carlos, movilizaron a más de 7.000 indígenas (Gente de Centro) a la margen derecha del río Putumayo, despoblando casi completamente los antiguos territorios indígenas donde Arana había ubicado su infraestructura (Chirif 2012)[26].

El nuevo territorio se repartió entre estos nuevos jefes caucheros. La zona al oriente del río Algodón quedó bajo el dominio de Miguel Loayza (quien asume la gerencia de la Peruvian Amazon Company en 1904) y la zona a su occidente, entre el Putumayo y el río Yaguas, quedó bajo el mando de su hermano Carlos Loayza. Algunas de las malocas sobre el medio Putumayo y sus afluentes comenzaron a desaparecer. Algunas quebradas de la margen derecha del Putumayo obtuvieron sus nombres de los patrones que controlaban los centros caucheros. En las cabeceras de los afluentes de San Pedro, Curinga, Mutún, Vaquilla, sobre la orilla derecha del Putumayo se comenzaron a congregar nuevos asentamientos que agrupaban malocas de distintas etnias sobrevivientes de las atrocidades caucheras como boras, múrui y ocaina. Fue en esta época que empezaron a surgir las comunidades nativas del bajo Putumayo como Remanso, que en ese entonces era un importante centro cauchero comandado por Jorge Loayza Pérez.

Otros legados importantes de la época del caucho:
el debilitamiento cultural-lingüístico y la resistencia
La época del caucho generó dos dinámicas adicionales para la población indígena de la región del Bajo Putumayo-Yaguas-Cotuhé que caben mencionar: 1) agudizó aún más el debilitamiento cultural y lingüístico que generó la evangelización católica y 2) provocó estrategias de resistencia.

Muchos abuelos con quienes hablamos durante el inventario rápido nos compartieron un sentimiento general de frustración y nostalgia por haber perdido la práctica de su lengua y cultura. Algunos conocedores nos revelaron que aún cuentan con su idioma y el

---

26 Posteriormente a la demarcación territorial y la salida de la Peruvian Amazon Company de la Chorrera, Arana solicitó una indemnización al estado colombiano, que le fue concedida en 1939. El Estado colombiano se hizo cargo de los territorios y las infraestructuras, asignándoselos a la Caja Agraria (Uribe 2010). En 1988, el Estado colombiano cedió el Predio Putumayo, con casi 6 millones de ha de extensión, a los pueblos indígenas que sufrieron en carne propia las barbaries de Arana y sus secuaces. Hoy en día, el Predio Putumayo es uno de los resguardos indígenas más grandes de Colombia y en donde funcionaron las infraestructuras de la Peruvian Amazon Company se ha erigido una Casa del Conocimiento, lugar de estudio y recuerdo gestionado por las propias organizaciones indígenas (Chirif y Cornejo 2012). La Gente del Centro que habita en el bajo Putumayo considera a La Chorrera como su territorio ancestral y centro neural de su memoria histórica.

conocimiento para poder realizar fiestas y rituales, pero confesaron haber tomado la decisión de enterrarlo profundamente o ponerlo a "dormir" por considerar que es algo del pasado, por miedo al rechazo y que los tilden de brujos y porque no ven en los jóvenes indígenas la disposición y disciplina necesaria para llevar a cabo las preparaciones necesarias y el cumplimiento de reglas fundamentales para celebrar un ritual.

Un factor determinante fue el hecho de que en el Putumayo peruano la identidad clánica no fue tenida en cuenta como principio regulador de los nuevos asentamientos indígenas que se comenzaron a componer alrededor de los nuevos fundos caucheros. Debido a la separación de familias en el traslado de mano de obra indígena que hicieron los Loayza, se generó una mezcla de pueblos distintos, generando alianzas matrimoniales entre personas con diferentes lenguas, lo que además contribuyó a que se dejaran de practicar las lenguas propias y predominara el español.

Como si fuera poco, a la ruptura cultural y social ocasionada por los caucheros se le sumó la imposición de credos religiosos por otras comunidades de fe, la llegada del sistema educativo formal, las dinámicas de una nueva economía de mercado y la actividad extractiva ilegal que ingresó a las selvas del Putumayo a la par de las nuevas bonanzas durante la segunda mitad del siglo XX.

Es muy común encontrar en la población indígena del lado peruano la percepción de que las comunidades del lado colombiano son los garantes de principios y prácticas culturales ancestrales: añoran hacer intercambios y encuentros con estos grupos para revitalizar la cultura, hecho que demuestra que las comunidades indígenas del Perú son conscientes de la pérdida de su idioma y cultura y creen que su fortalecimiento es un proceso que contribuirá sin duda alguna a su bienestar presente.

Pese al debilitamiento cultural que se ha generado, sobre todo en el lado peruano del bajo Putumayo, otro legado importante de las épocas históricas que hemos descrito es la resiliencia y la creatividad que caracteriza a los pueblos indígenas de la región y surge a raíz de sus estrategias de resistencia a la violencia y explotación de aquellas épocas. Aunque la gran mayoría de los indígenas se vio obligada a rehacer sus vidas en lugares lejanos a sus tierras de origen debido a las migraciones forzadas durante la época de caucho, algunos lograron

quedarse en sus territorios ancestrales o escaparse. Esto ayuda a explicar en parte por qué en Colombia se ha logrado recomponer la organización clánica de acuerdo a los territorios tradicionales y se ha mantenido en cierta medida la concelebración de las fiestas.

El legado de la resistencia indígena al régimen del caucho también deja huella en el paisaje a través de un sistema de rutas o trochas de escape. Algunas de estas rutas conectaban a La Chorrera (centro de operaciones de la Casa Arana) con el bajo Putumayo y el Trapecio Amazónico, otras al medio y bajo Caquetá (La Pedrera) y otras se dirigían hacia el río Amazonas y su afluente el Ampiyacu. Estas trochas han sido utilizadas por los pueblos indígenas para conectar sus asentamientos y permitir la migración a comunidades del Putumayo fronterizas con Brasil (ver la Fig. 28).

COLONIZACIÓN MESTIZA Y LA CONFIGURACIÓN DE UNA SOCIEDAD MULTIÉTNICA EN LA REGIÓN DEL BAJO PUTUMAYO-YAGUAS-COTUHÉ

Varias circunstancias llevaron a que poblaciones no indígenas se establecieran de manera más permanente en la región del Bajo Putumayo-Yaguas-Cotuhé a partir de los años 1920. Los tres factores principales fueron: 1) el conflicto entre el Perú y Colombia tras el acuerdo limítrofe y el establecimiento de una base militar en Tarapacá, 2) la llegada de colonos debido a nuevas bonanzas extractivas (principalmente, las pieles, la madera y la coca), y 3) el establecimiento del asentamiento de Puerto Ezequiel por miembros de la Asociación Evangélica Israelita del Nuevo Pacto Universal (AEINPU; ver las Figs. 2A–D).

El conflicto colombo peruano, la Batalla de Tarapacá y el establecimiento de la base militar de Tarapacá

Tras la firma del Tratado Salomón Lozano en 1922, el ingreso de parte del bajo Putumayo y el trapecio amazónico al territorio colombiano hizo notar la situación de absoluta precariedad del área fronteriza amazónica, la cual se daba por la ausencia de instituciones del Estado y la falta de una población comprometida e identificada con la nación colombiana, a excepción de unos pocos colonos que habían participado en el auge cauchero y que se encontraban viviendo en lugares dispersos sin mayor contacto entre ellos ni con el resto del país. La respuesta de Colombia frente a esta situación fue enviar "policías-colonos" y establecerlos en Leticia y otros sitios de la ribera del Amazonas y del Putumayo (Zárate 2012:61). Como parte del ejercicio de soberanía sobre este territorio y viendo que los patrones caucheros estaban trasladando a la población indígena al Perú, el ejército colombiano comenzó a hacer presencia en el territorio y competir con los caucheros y militares peruanos por mantener la población indígena en Colombia.

Por su parte, el pueblo de Loreto, Perú, vio la cesión de esta región como una verdadera intromisión a un puerto (Leticia) y un territorio que eran indiscutiblemente suyos. Entonces, el 1 de septiembre de 1932 un grupo de civiles loretanos liderados por Oscar Ordóñez y Juan Francisco La Rosa invadió el puerto de Leticia, en ese entonces capital de la intendencia del Amazonas de Colombia. Tomaron como prisioneros a los funcionarios y policías de Leticia y levantaron enseguida la bandera del Perú. La "retoma" de Leticia marcó el inicio del conflicto colombo-peruano.

Además de ocupar Leticia, los peruanos instalaron una guarnición militar en el Putumayo, en la frontera con Brasil llamada Tarapacá. El 14 de febrero de 1933 las tropas colombianas, al mando del General Vásquez Cobo, atacaron la guarnición con bombardeos aéreos y fuegos de artillería y expulsaron de Tarapacá al ejército peruano, instalando ahí un grupo de 300 soldados y dirigiendo desde ahí las tácticas de defensa para recuperar el trapecio amazónico. Colombia usó el tramo del río Putumayo/Içá (en territorio brasilero) desde Tarapacá hasta su desembocadura en el río Amazonas como una zona estratégica para movilizar su ejército hacia Leticia ya que al Perú se le dificulta el acceso al Putumayo desde el interior del país (Rincón 2010, Zárate 2012).

Aunque las primeras familias de Tarapacá pertenecían a las etnias múrui, bora y muinane, quienes construyeron sus malocas en la parte alta donde celebraban sus rituales tradicionales, la recuperación de este bastión, conocida como la Batalla de Tarapacá, es un hito que marcó la identidad de gran parte de la población mestiza del bajo Putumayo colombiano. Para los pobladores cuyas familias participaron en ella, o que fueron parte de la base del ejército que se erigió

posteriormente para seguir ejerciendo la soberanía nacional, la batalla y la vocación militar son motivo de orgullo, de reconocimiento de una labor patriótica que ha sido llevada por pocos en esta zona de frontera, la cual se convirtió en una razón para establecer un arraigo en un territorio ajeno y lejano, un motivo para vivir ahí. Para los miembros de las primeras familias que ahí se instalaron, el combate "es un importante hecho histórico que permanece desconocido por la mayoría de los ciudadanos colombianos y su importancia radica en que fue el primer triunfo militar de Colombia en defensa de la soberanía nacional" (Monografía inédita por Luis Fernando Alfonso sobre la batalla de Tarapacá). Hizo crecer a los participantes de la batalla y sus familias, hoy habitantes de Tarapacá, una mayor intención de permanecer en este lugar, para honrar los esfuerzos de quienes recuperaron el territorio y lucharon por el derecho a ser reconocidos como ciudadanos de ese territorio. El arraigo territorial de los mestizos colombianos en Tarapacá continuó profundizándose cuando a partir de 1935 comenzaron a llegar más personas provenientes del interior del país, como la familia Polanía, Palma y Carvajal y cuando, en el mismo año, nacieron los primeros mestizos en Tarapacá.

En 1948, se instaló la base militar colombiana de Tarapacá desde la cual el Estado comandaría su intervención para ejercer su soberanía sobre el territorio acordado y la cual permanece hasta nuestros días. Con el establecimiento de esta base militar, el bajo Putumayo y en general las zonas de frontera colombianas comenzaron a tener una mayor presencia de militares e infantes de marina quienes en su mayoría provenían de las regiones andinas, hecho que se agudizó aún más a mediados de la década de los 50 con la dictadura militar de Gustavo Rojas Pinilla de 1955-1958 (Zárate 2012).

En las décadas de los años 60 y 70, miembros del ejército y la policía participaron en la demarcación de las líneas divisorias de la frontera, en el inicio de la construcción de la vía Tarapacá-Leticia (aún incompleta) y en la fundación de una estación de policía (ahora inactiva) en el río Cotuhé. La presencia de militares y policías en estos lugares remotos tuvo un impacto directo sobre la población ticuna de la zona. Por ejemplo, la comunidad de Buenos Aires, ubicada cerca de la cabecera del río Cotuhé, se estableció en el lugar donde había una estación de policía y se fue poblando por insistencia de los miembros de la fuerza pública, quienes persuadían a los indígenas ticuna de las quebradas de Pamaté y Pupuña, a abandonar sus malocas y asentarse alrededor de la estación. Otros fueron llevados, en contra de su voluntad, río abajo hasta Tarapacá para ser remitidos al internado.

Poblamiento colono asociado a nuevas bonanzas[27]

El fin de la época del caucho dio paso a nuevos procesos extractivos en toda la cuenca del Putumayo. Debido al declive del caucho, los patrones comenzaron a explorar la extracción de otros recursos con mayor demanda como las pieles de animales silvestres, las resinas y la madera. Los pobladores de las comunidades asentadas en el bajo Putumayo recuerdan esta época como una época muy agitada, en la que además proliferaron una serie de enfermedades que afectaron a la mayoría de las comunidades, como el sarampión, la fiebre amarilla, la varicela, el paludismo, el beriberi, entre otras.

Algunos indígenas de Tarapacá describieron esta época como "la época de la charapa, taricaya y paiche". Estas especies eran compradas por las "albarengas", lanchas brasileras que "se repletaban de estos animales" para luego ser comercializados, diezmando considerablemente la población de estas especies. La alta demanda en Europa y Estados Unidos para las pieles de animales provocó una bonanza de este recurso, movilizando a cientos de comerciantes y cazadores peruanos, colombianos y ecuatorianos a los territorios ubicados entre el Putumayo y el Caquetá (Peláez 2015). Muchos ancianos de las comunidades asentadas en el bajo Putumayo recuerdan las "tigrilladas" organizadas por los patrones colombianos o peruanos entre 1950 y 1960. Algunas de las trochas que se utilizaban para buscar los animales fueron identificadas por los pobladores indígenas, quienes a veces participaban en las comisiones de búsqueda. Los comerciantes peruanos vinculaban, a través del sistema del endeude, a pobladores indígenas de ambas orillas del Putumayo para la caza de animales como el tigre, tigrillo, lagarto, lobo de río y otros (Silva 2006). La habilitación y el endeudamiento fueron herencias directas de la época de la extracción del caucho.

La explotación de resinas y maderas finas se desarrolló de manera paralela en las décadas de los 60 y 70 y comenzó cuando la extracción de las pieles de animales empezó a declinar. En Remanso, por ejemplo, nos contaron que se estableció una fábrica de palo de rosa y leche caspi, la cual dejó a la población "sin ningún palo" y se mantuvo instalada unos 20 años.

Aunque la primera exportación de madera fina se produjo en el Perú en 1912 (Santos y Barclay 2002), el aprovechamiento de la madera sigue en la actualidad. En Colombia y el Perú, el río Putumayo ha servido de ruta para sacar la madera a los puntos de acopio y mercados. En Colombia la vía de salida históricamente ha sido a través de la ruta Puerto Leguízamo-Puerto Asís-Mocoa debido a la falta de conectividad directa en el Perú entre el Putumayo y ríos como el Amazonas y el Napo y a la cercanía con la ruta comercial colombiana (Polanco 2013, Tiria 2018), aunque en años recientes se ha visto más transporte de la madera hacia mercados peruanos como Iquitos.

En muchos casos, los antiguos puertos caucheros pasaron a ser los puntos de acopio de la madera (Polanco 2013), siendo un ejemplo Remanso. Los aserraderos también iniciaron un proceso de asentamiento paulatino que llevó al establecimiento de pequeños poblados nuevos a donde indígenas de las etnias de la Gente de Centro comenzarían a llegar para convivir con indígenas ticuna y colonos.

A partir de las décadas de los 70 y 80, la explotación de la madera se desarrolló conjuntamente con el cultivo ilegal de la hoja de coca, tanto en Colombia como en el Perú. El fracaso de las políticas de desarrollo rural y los escasos beneficios para la población derivados de la explotación de los recursos naturales allanaron el terreno para que los narcotraficantes de ambos países iniciaran la instalación masiva de cultivos de coca en toda la cuenca del río Putumayo. Durante las décadas de los 80 y 90, la situación se agravó mucho más en el territorio colombiano al entrar en juego los grupos armados que habían declarado la guerra al Estado colombiano. El control de los territorios en el Putumayo fue estratégico para estos grupos armados, debido sobre todo al financiamiento que recibían de los grandes carteles de la droga que operaban de manera abierta en ambos países. A pesar de las políticas de erradicación llevadas a cabo a finales del siglo XX y comienzos del

---

27 Para más detalles sobre las bonanzas extractivas en el Bajo Putumayo-Yaguas-Cotuhé y la relación de éstas con la economía actual de la región, ver el capítulo *Uso de recursos naturales y economía familiar en la región del Bajo Putumayo-Yaguas-Cotuhé*, en este volumen.

XXI, la coca sigue estando presente en toda la cuenca, generando una economía sumergida que impide el desarrollo sostenible de muchas de las comunidades indígenas y ribereñas que se encuentran asentadas en toda la cuenca del Putumayo.

La llegada de los israelitas y el establecimiento del Asentamiento de Puerto Ezequiel

En 2001, una congregación religiosa estableció un asentamiento en el bajo Putumayo llamado Puerto Ezequiel, ubicado entre los caños Pupuña y Barranquilla. La Iglesia de los Israelitas del Nuevo Pacto Universal comenzó en el valle de Chanchamayo del Perú, en los años 1950. Su fundador, Ezequiel Ataucusi Gamonal, nació en 1918 en Arequipa y fue hijo de un zapatero. Según Ezequiel, Dios se le reveló y le escogió para "revivir el pacto entre Dios y los hombres", siendo uno de sus deberes principales la difusión de los diez mandamientos (Meneses Lucumí 2015:89). Ezequiel pertenecía en ese entonces a la Iglesia Adventista, pero luego fue expulsado porque los líderes de esa religión no aceptaban su comportamiento, lo cual incluía predicar sobre sus visiones y profecías. Fue influenciado también por la Iglesia Pentecostal y la Iglesia Cabañista Chilena e inicialmente colaboró con un líder cabañista, Alfredo Loje, con quien luego tuvo diferencias de visión que ocasionaron una ruptura entre ellos.

En 1968, se estableció formalmente en el Perú la Asociación Evangélica de la Misión Israelita del Nuevo Pacto Universal (AEMINPU) y la religión empezó a expandirse a otros departamentos del Perú, sobre todo de la Amazonia. Para Ezequiel y los israelitas, la Amazonia es considerada la Tierra Prometida y sienten la obligación de colonizarla para cultivar alimentos y así combatir el hambre. Además, posicionan su presencia en la Amazonia como una estrategia de fronteras vivas para los Estados y por lo tanto se han asentado en las fronteras internacionales, tanto del Perú como de Colombia (Meneses Lucumí 2015:97).

La AEMINPU se estableció en Colombia en 1989, con Bogotá como su centro administrativo[28]. Los primeros israelitas en Colombia fueron campesinos e indígenas nasa y el templo más grande del país se encuentra todavía en el resguardo indígena nasa de

Canoas, Santander de Quilichao, Cauca. Posteriormente, se convirtieron a la religión campesinos e indígenas desplazados en ciudades alrededor del país y, por último, un grupo de afrodescendientes de Cauca y Valle del Cauca. A diferencia del caso peruano, donde los israelitas han establecido su propio partido político (el Frente Popular Agrícola del Perú [Frepap]), en Colombia no han establecido ningún partido político.

Bajo la misión de colonizar la Tierra Prometida, los israelitas colombianos en Bogotá comenzaron a expandirse a la Amazonia. En 1997, un grupo se estableció en Monte Carmelo, a orillas del río Caquetá en el Departamento de Putumayo. Según testimonios de residentes de Puerto Ezequiel recolectados durante el inventario rápido, debido a inundaciones fuertes que destruyeron sus cultivos, la congregación envió una comisión de siete personas por el Putumayo en busca de nuevas tierras. En Puerto Leguízamo, hablaron con Corpoamazonia y la Asociación de Madereros de Tarapacá (ASOMATA, ahora ASOPROMATA), quienes les informaron que desde el caño Pupuña hasta el caño Barranquilla había terrenos baldíos que no pertenecían ni a resguardos indígenas ni a Parques Nacionales.

A través de estas coordinaciones, los israelitas de Monte Carmelo, provenientes de varias regiones del país, llevaron la congregación hasta Puerto Ezequiel. Los habitantes de Puerto Ezequiel nos manifestaron que el Ejército Nacional les prestó dos camiones que usaron para transportar a los feligreses y sus animales hasta Puerto Leguízamo. De Leguízamo, un total de 133 personas viajaron río abajo por 22 días, hasta llegar a la Comunidad Nativa de San Martín, en el lado peruano de la frontera. Desde San Martín empezaron a construir su asentamiento al cual le pusieron el nombre Puerto Ezequiel.

Según nos contaron los líderes de Puerto Ezequiel, el mismo año una comisión viajó a Tarapacá y se presentó ante el corregidor de Tarapacá, la Policía Nacional y el Ejército. Las autoridades les dijeron que necesitaban contar con alguien para proteger la soberanía nacional en la frontera porque había gente entrando a pescar y a sembrar cultivos ilícitos en la zona. Según nos contaron durante el inventario rápido, parte del área donde se asentaron había sido antes un terreno dedicado a la siembra de la coca para uso ilícito. Afirmaron que, sin su presencia, probablemente la zona estaría a manos de los narcotraficantes y que es un orgullo colectivo para ellos

---

28 https://puebloisraelita.wixsite.com/espanol

poder colaborar con el ejercicio de la soberanía de Colombia en la región. El 8 de noviembre de 2001, firmaron un acuerdo con el corregidor[29], el cual les permitiría constituirse como Inspección de Policía[30].

El próximo año, en 2002, construyeron su primer templo y entre 2004 y 2005 establecieron una escuela. A partir de 2008, empezaron a construir pequeños caseríos que ellos conocen como "hitos humanos", donde siembran fincas y trasladan periódicamente a sus familias para controlar el ingreso de personas al territorio colombiano. Los israelitas de Puerto Ezequiel enfatizaron las diferencias entre ellos y los israelitas del Perú, especialmente los de Alto Monte en el río Amazonas (el asentamiento israelita más grande de Sudamérica), a quienes se les ha acusado de estar involucrados en la producción de la coca para uso ilícito. También se distinguen de los israelitas que habitan otros caseríos pequeños río abajo de Puerto Ezequiel, como Gaudencia, quienes, los habitantes de Puerto Ezequiel afirman, fueron expulsados de Puerto Ezequiel porque no querían cumplir con las normas de conducta de la congregación.

Si bien, sus creencias religiosas y patrones de vida los distinguen mucho de las otras poblaciones de la región del Bajo Putumayo-Yaguas-Cotuhé, los israelitas de Puerto Ezequiel manifestaron durante el inventario rápido su interés de ser vecinos respetuosos y de cuidar los recursos naturales de la zona. Destacaron el rol que han jugado, a través de sus hitos humanos, en disminuir la pesca indiscriminada, la tala ilegal de madera y la siembra de cultivos de uso ilícito. Además, enfatizaron que, si bien practican una forma de agricultura que es distinta a las chacras/chagras indígenas de la región, no tienen los recursos ni el deseo de explotar grandes extensiones de terreno como lo han hecho los israelitas en otras regiones. Por el contrario, han aprendido a reconocer las dinámicas estacionales de los ríos y aprovechar los rastrojos como áreas de mayor fertilidad para sembrar sus cultivos en vez de talar el bosque primario. Su vocación agrícola también ha jugado un papel importante en el comercio de la región, ya que intercambian sus productos con indígenas y colonos y se les considera un actor clave para acceder a productos y alimentos que no son usualmente cultivados por las poblaciones de la zona (ver la Fig. 31 en el capítulo *Uso de recursos naturales y economía familiar en la región del Bajo Putumayo-Yaguas-Cotuhé*, en este volumen).

En el capítulo *Demografía y gobernanza en la región del Bajo Putumayo-Yaguas-Cotuhé* se describe en mayor detalle la organización interna de Puerto Ezequiel y los logros y retos que tiene esta población. En el capítulo *Uso de recursos naturales y economía familiar en la región del Bajo Putumayo-Yaguas-Cotuhé*, se explica su sistema productivo y su papel en la economía regional.

CONCLUSIÓN

El Bajo Putumayo-Yaguas-Cotuhé es una región que cuenta con la presencia milenaria de pueblos indígenas, quienes han vivido épocas de tremenda violencia y explotación, pero que también se ha convertido en un lugar donde convive una diversidad de poblaciones humanas, tanto indígenas como mestizas. Casi todos los habitantes actuales de la región han vivido procesos que les han desarraigado de sus lugares de origen, ya sea por la cauchería, los conflictos militares entre el Perú y Colombia, las bonanzas o las inundaciones, pero los que se han asentado en esta región han desarrollado un fuerte arraigo con este territorio. Este mosaico de culturas hace parte del acervo cultural de esta región y esta diversidad cultural es fundamental para entender el territorio y el manejo de los ecosistemas de este paisaje.

Los habitantes del Bajo Putumayo-Yaguas-Cotuhé son resilientes y se han podido adaptar a nuevos contextos, compartiendo sus conocimientos y valores a través de intercambios y acuerdos que han formado el tejido social interétnico que existe en la actualidad. Aunque este es un territorio fronterizo, la frontera no ha dividido a los pobladores, sino que ha sido el hilo conductor para una dinámica sociedad multiétnica compuesta por pueblos con identidades propias, pero con algunos intereses y visiones en común. Es fundamental buscar maneras de unir a las diversas poblaciones de la región, basadas en los principios del respeto y la interculturalidad, para asegurar el bienestar a largo plazo de este paisaje y la gente que lo habita.

---

29 El corregidor es un representante del gobernador del Departamento de Amazonas (ver el capítulo *Demografía y gobernanza en la región del Bajo Putumayo-Yaguas-Cotuhé*, en este volumen). También cabe mencionar que, aunque los pobladores de Puerto Ezequiel se sienten identificados con Tarapacá, el asentamiento técnicamente pertenece al área no municipalizada de Puerto Arica.

30 Según los líderes de Puerto Ezequiel, esta acta se quemó durante un incendio en Tarapacá y el corregidor de aquella época manifestó desconocer el acuerdo formal que firmó con ellos. Además, a pesar de contar con la aprobación del corregidor, las autoridades competentes en Bogotá no aprobaron la creación de la Inspección de Policía en Puerto Ezequiel, entonces no se implementó.

DEMOGRAFÍA Y GOBERNANZA EN LA REGIÓN DEL BAJO PUTUMAYO-YAGUAS-COTUHÉ

Autores: Christopher C. Jarrett, Diana Alvira Reyes, Ana Rosa Sáenz, David Novoa Mahecha, Alejandra Salazar Molano, Madelaide Morales Ruiz, Delio Mendoza Hernández, Farah Carrasco-Rueda, Margarita del Aguila Villacorta, Fernando Alvarado Sangama, Valentina Cardona Uribe, Hugo Carvajal, Freddy Ferreyra, Jorge W. Flores Villar, Claus García Ortega, María Carolina Herrera Vargas, Ana Lemos, Wayu Matapi Yucuna, Dilzon Iván Miranda, Milena Suárez Mojica y Rosa Cecilia Reinoso Sabogal

INTRODUCCIÓN

La población de la región del Bajo Putumayo-Yaguas-Cotuhé se caracteriza por ser muy pequeña respecto a la dimensión del área geográfica (poco más de 5 mil habitantes en 2,7 millones de ha, o <1 persona/km²), pero a la vez muy diversa (más de 12 pueblos indígenas y poblaciones mestizas y colonas; ver la Tabla 9). Además, cuenta con una variedad de entidades de gobierno y organizaciones civiles, incluyendo las autoridades estatales del Perú y Colombia, los gobiernos indígenas (Colombia), las federaciones indígenas (Perú) y las organizaciones indígenas, sociales, religiosas y productivas (ambos países). Algunas de estas entidades y organizaciones cuentan con instrumentos y sistemas propios de gestión territorial, como planes de vida, planes de manejo y procesos de ordenamiento ambiental; otros, aunque no tengan instrumentos formales, tienen sistemas propios de manejo de su territorio (ver la Fig. 29 y la Tabla 10).

Entender cómo está distribuida la población de la región y cómo funcionan los gobiernos y las organizaciones locales es imprescindible para asegurar el bienestar de la gente y el cuidado del paisaje a largo plazo. Por lo tanto, este capítulo provee una caracterización demográfica de la población de la región y describe y analiza las principales entidades que ejercen gobernanza en la región, en coordinación con los representantes políticos de cada país. Se examinan las fortalezas y los retos principales de cada organización, los focos de tensiones territoriales en la región y las amenazas principales que enfrentan todos los actores de la región. Finalmente, se detallan los espacios principales de coordinación y concertación de las organizaciones locales y regionales con los Estados, tanto dentro de cada país como con alcance binacional.

Tabla 9. Demografía de las comunidades de la región del Bajo Putumayo-Yaguas-Cotuhé, Colombia y Perú. Fuentes de información: Instituto del Bien Común, Instituto SINCHI, Parques Nacionales Naturales y el inventario rápido de la región en noviembre de 2019.

País	Ordenamiento territorial	Organización	Comunidad o localidad
Perú	Comunidad nativa titulada	FECOIBAP	Betania
			Corbata
			Curinga
			El Álamo
			Pesquería
			Puerto Franco
			Puerto Nuevo
			Remanso
			San Martín
			Tres Esquinas
	Comunidad nativa en proceso de titulación	OCIBPRY	Huapapa
	Comunidad nativa titulada		Primavera
			Santa Rosa de Cauchillo
TOTAL PERÚ			

ESTADO LEGAL DEL TERRITORIO, ORDENAMIENTO TERRITORIAL Y DISTRIBUCIÓN DE LA POBLACIÓN

El estado legal del territorio en esta región presenta distintas condiciones normativas. La región también cuenta con varios tipos y figuras de ordenamiento territorial.

En el Perú, hay:

1) 13 comunidades nativas

2) un Parque Nacional (el PN Yaguas) y

3) una Concesión para Conservación (la Concesión para la Conservación del Cotuhé).

En Colombia, hay:

1) dos resguardos indígenas (Resguardo Indígena Ríos Cotuhé y Putumayo, Resguardo Indígena Uitiboc)

2) dos Parques Nacionales Naturales (PNN Río Puré y PNN Amacayacu) y

3) la Zona de Reserva Forestal de la Amazonia.

No existen estadísticas demográficas oficiales actualizadas para esta región, pero según datos levantados de fuentes secundarias y durante el inventario, en toda la región habitan aproximadamente 5.173 personas, de las cuales 1.482 viven en el Perú y 3.691 en Colombia. Aproximadamente 3.790 habitan territorios indígenas formalmente reconocidos, 1.000 viven en el casco urbano de Tarapacá y el resto vive en otras partes de la Zona de Reserva Forestal en Colombia. También existen poblaciones de indígenas en aislamiento y contacto inicial, tanto en el Perú como en Colombia, pero no existen cifras exactas sobre el tamaño de estas poblaciones.

GOBERNANZA EN EL PERÚ

Autoridades gubernamentales

En el lado peruano, la región donde se realizó el inventario pertenece al Departamento de Loreto, Provincia del Putumayo y Distrito de Yaguas. La Provincia de Putumayo y el Distrito de Yaguas se establecieron en el año 2014. Antes de la creación de la provincia y el distrito, esta área pertenecía a la Provincia de Maynas y toda la provincia era un solo distrito, el Distrito de Putumayo.

La capital de la Provincia de Putumayo es San Antonio del Estrecho y la capital del Distrito de Yaguas es Remanso. La municipalidad distrital de Yaguas cuenta con un alcalde elegido por voto popular, quien ejerce sus funciones por un plazo máximo de cuatro

Finca o predio	Población	Fuente
–	23	Censo IBC, 2018
–	50	Censo IBC, 2018
–	35	Censo IBC, 2018
–	220	Censo IBC, 2018
–	10	Censo IBC, 2018
–	86	Censo IBC, 2018
–	52	Censo IBC, 2018
–	320	Censo IBC, 2018
–	64	Censo IBC, 2018
–	53	Censo IBC, 2018
–	379	Censo IBC, 2018
–	113	Censo IBC, 2018
–	77	Censo IBC, 2018
	1.482	

País	Ordenamiento territorial	Organización	Comunidad o localidad
Colombia	Resguardo Indígena Ríos Cotuhé y Putumayo	AATI CIMTAR	Buenos Aires
			Caña Brava
			Nueva Unión
			Puerto Huila
			Puerto Nuevo
			Puerto Tikuna
			Pupuña
			Santa Lucía
			Ventura
	Resguardo Indígena Uitiboc	AATI ASOAINTAM	Alpha Tum Sacha
			Alto Cardozo
			Bajo Cardozo
			Centro Cardozo
			Centro Tarapacá
			Peña Blanca
	Reserva Forestal de Ley Segunda	Asentamiento Altomonte de Ezequiel	Altomonte de Ezequiel
		–	Barranquilla
		–	Bicarco
		–	
		–	
		–	
		–	
		–	
		Puerto Ezequiel	Caño Ezequiel
		–	Caño Porvenir
		Anexo a CIMTAR	Porvenir
		Asentamiento Puerto Ezequiel	Puerto Ezequiel
		–	Puerto Gaudencia
		–	
		Anexo a CIMTAR	
		–	Puerto Palma
		–	Santa Clara
		–	Tarapacá (casco urbano)
TOTAL COLOMBIA			
TOTAL (PAISAJE ENTERO)			

Finca o predio	Población	Fuente
–	257	Instituto SINCHI- Indicadores de Bienestar Humano, 2018
–	138	Instituto SINCHI- Indicadores de Bienestar Humano, 2018
–	126	Instituto SINCHI- Indicadores de Bienestar Humano, 2018
–	146	Instituto SINCHI- Indicadores de Bienestar Humano, 2018
–	169	Instituto SINCHI- Indicadores de Bienestar Humano, 2018
–	33	Instituto SINCHI- Indicadores de Bienestar Humano, 2018
–	278	Instituto SINCHI- Indicadores de Bienestar Humano, 2018
–	124	Instituto SINCHI- Indicadores de Bienestar Humano, 2018
–	345	Instituto SINCHI- Indicadores de Bienestar Humano, 2018
–	69	Instituto SINCHI- Indicadores de Bienestar Humano, 2018
–	111	Instituto SINCHI- Indicadores de Bienestar Humano, 2018
–	145	Instituto SINCHI- Indicadores de Bienestar Humano, 2018
–	102	Instituto SINCHI- Indicadores de Bienestar Humano, 2018
–	143	Instituto SINCHI- Indicadores de Bienestar Humano, 2018
–	122	Instituto SINCHI- Indicadores de Bienestar Humano, 2018
–	44	Diagnóstico socioeconómico de PNN, 2016
Dagoberto	4	Diagnóstico socioeconómico de PNN, 2016
Yairlandia	3	Diagnóstico socioeconómico de PNN, 2016
Loma Linda	7	Diagnóstico socioeconómico de PNN, 2016
Santa Mercedes	2	Diagnóstico socioeconómico de PNN, 2016
Euclides	5	Diagnóstico socioeconómico de PNN, 2016
Orel	7	Diagnóstico socioeconómico de PNN, 2016
Villa Sandra	5	Diagnóstico socioeconómico de PNN, 2016
Andrés Tobon	8	Diagnóstico socioeconómico de PNN, 2016
Limón	6	Diagnóstico socioeconómico de PNN, 2016
–	35	Diagnóstico socioeconómico de PNN, 2016
Barranguillita	9	Diagnóstico socioeconómico de PNN, 2016
Changay	15	Diagnóstico socioeconómico de PNN, 2016
Puerto Ezequiel	130	Diagnóstico socioeconómico de PNN, 2016
Sabalillo	8	Diagnóstico socioeconómico de PNN, 2016
Puerto Toro	16	Diagnóstico socioeconómico de PNN, 2016
Paparo	17	Diagnóstico socioeconómico de PNN, 2016
Buena Vista	1	Diagnóstico socioeconómico de PNN, 2016
Machete	11	Diagnóstico socioeconómico de PNN, 2016
Comunidad de Gaudencia	42	Diagnóstico socioeconómico de PNN, 2016
Puerto Palma	6	Diagnóstico socioeconómico de PNN, 2016
Santa Clara	2	Diagnóstico socioeconómico de PNN, 2016
–	1.000	Trabajo de campo- IR31
	3.691	
	5.173	

Figura 29. Mapa de gobernanza de la región del Bajo Putumayo-Yaguas-Cotuhé, Colombia y Perú, elaborado durante un inventario rápido de la región en noviembre de 2019.

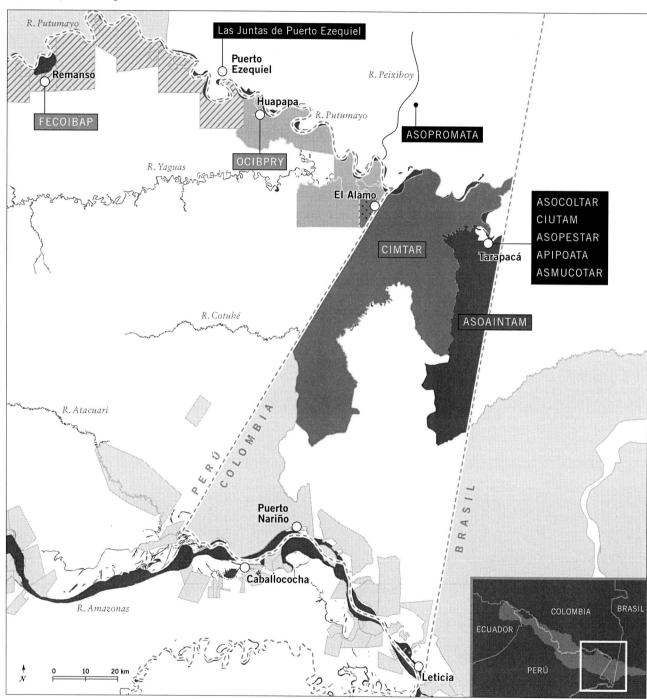

años y coordina con un grupo de cinco "regidores", representantes locales elegidos por voto popular quienes asesoran al alcalde y autorizan los proyectos propuestos por él o ella.

Áreas de conservación

Parque Nacional Yaguas

El Parque Nacional Yaguas fue categorizado el 10 de enero de 2018 mediante el Decreto Supremo No. 001 del Ministerio de Ambiente[31]. Abarca 868.927,84 ha y es

---

31 Ver la resolución aquí: *http://www.sernanp.gob.pe/documents/10181/372800/ Decreto+PN+Yaguas.pdf/33ca9a9a-137f-47ba-b249-0d9269c2254a*

Tabla 10. Instrumentos de gestión de las comunidades de la región del Bajo Putumayo-Yaguas-Cotuhé. Tabla elaborada durante un inventario rápido de la región en noviembre de 2019.

País	Ordenamiento territorial	Organizacion	Comunidad/localidad	Estatuto interno	Plan de vida
Perú	Comunidad nativa titulada	FECOIBAP	Betania	Sí	Sí (2015)
			Corbata	Sí	Sí (2015)
			Curinga	Sí	Sí (2015)
			El Álamo	Sí	Sí (2015)
			Pesquería	Sí	Sí (2015)
			Puerto Franco	Sí	Sí (2015)
			Puerto Nuevo	Sí	Sí (2015)
			Remanso	Sí	Sí (2015)
			San Martín	Sí	Sí (2015)
			Tres Esquinas	Sí	Sí (2015)
	Comunidad nativa en proceso de titulación	OCIBPRY	Huapapa	Sí	No
	Comunidad nativa titulada		Primavera	Sí	No
			Santa Rosa de Cauchillo	Sí	No
Colombia	Resguardo Indígena Ríos Cotuhé y Putumayo	AATI CIMTAR	Buenos Aires	Sí	Plan de Vida de CIMTAR (2020)
			Caña Brava	Sí	
			Nueva Unión	Sí	
			Puerto Huila	Sí	
			Puerto Nuevo	Sí	
			Puerto Tikuna	Sí	
			Pupuña	Sí	
			Santa Lucía	Sí	
			Ventura	Sí	
	Resguardo Indígena Uitiboc	AATI ASOAINTAM	Alpha Tum Sacha	Sí	Plan de Vida de ASOAINTAM (2007)
			Alto Cardozo	Sí	
			Bajo Cardozo	Sí	
			Centro Cardozo	Sí	
			Centro Tarapacá	Sí	
			Peña Blanca	Sí	
	Reserva Forestal de Ley Segunda	Puerto Ezequiel	Caño Ezequiel	Sí- Estatutos internos de Puerto Ezequiel	No
			Caño Porvenir		No
			Porvenir		No
			Puerto Ezequiel		No
			Barranguillita		No
			Changay		No
			Puerto Ezequiel		No
			Sabalillo		No
			Puerto Toro		No
			Paparo		No

administrado por el Servicio Nacional de Áreas Naturales Protegidas por el Estado (SERNANP). El parque cuenta en la actualidad con 12 guardaparques provenientes de centros poblados del área de influencia del parque como El Álamo, Tres Esquinas, Huapapa, Corbata, Puerto Franco y Remanso. La Sociedad Zoológica de Frankfurt (SZF) Perú viene apoyando la gestión del parque con el monitoreo biológico, trabajo con las comunidades, infraestructura para los puestos de vigilancia y control, contratación de guardaparques y en los esfuerzos por mantener el área protegida libre de amenazas como la minería y tala ilegal.

Concesión para la Conservación del Cotuhé

Las Concesiones de Conservación en el Perú son concesiones privadas cuyo objetivo es "contribuir de manera directa a la conservación de especies de flora y fauna silvestre a través de la protección efectiva y usos compatibles como la investigación y educación, así como a la restauración ecológica. No se permite el aprovechamiento forestal maderable"[32]. La concesión para la Conservación del Río Cotuhé fue otorgada el 27 de octubre de 2008 mediante Resolución de Intendencia No. 285 del Instituto Nacional de Recursos Naturales (INRENA)[33]. Ubicada en el Distrito de Ramón Castilla, Provincia de Mariscal Cáceres, Loreto, abarca 224.633 ha, lo cual representa un 77% de la porción peruana de esta cuenca (Monteferri y Coll 2009).

Desde su otorgamiento, la concesión no ha mostrado avances claros hacia su meta y ha entregado muy poca información sobre los planes y actividades de la misma a las autoridades competentes. En 2009 se presentó su primer plan de manejo que luego de ser desaprobado en 2010, fue presentado nuevamente y aprobado en el año 2015 (Resolución Sub Directoral N 345-2015-GRL-GGR-PRMRFFS-DER-SDPM) a pesar de que en 2014 ya se había recomendado declarar la caducidad del contrato de la Concesión. Hasta 2019, el concesionario no había presentado ningún plan anual ante la Gerencia Regional de Desarrollo Forestal y Fauna Silvestre (GERFOR). Las autoridades competentes —el Ministerio de Ambiente, el Servicio Nacional Forestal (SERFOR), el Organismo de Supervisión de los Recursos Forestales y de Fauna Silvestre (OSINFOR) y la GERFOR— no han realizado inspecciones en terreno de la concesión debido principalmente a la dificultad de acceso a la misma. Durante el sobrevuelo que se realizó en 2010 como parte del inventario rápido de Yaguas-Cotuhé (Pitman et al. 2011), se observaron algunas plantaciones ilegales activas dentro de la concesión, lo cual despertó grandes sospechas sobre el real objetivo de esta área y el cumplimiento del objetivo de servir para la conservación de la naturaleza. Irónicamente, la página web de la concesión[34], quizás por desconocimiento, también muestra imágenes de cultivos ilegales dentro de la misma. Dada la falta de evidencia que la concesión está cumpliendo su objetivo, en noviembre de 2015, se desarrolló un Plan de Cierre con la finalidad de revertir el área al Estado ante los Registros Públicos. Sin embargo, hasta la fecha, la Concesión sigue vigente y no se ha desafectado.

Comunidades nativas y federaciones indígenas

Desde los años 70, los territorios indígenas en el Perú se han titulado como "comunidades nativas". En el lado peruano de la región del Bajo Putumayo-Yaguas-Cotuhé, hay 13 comunidades nativas que están organizadas en dos federaciones indígenas: la Federación de Comunidades Indígenas del Bajo Putumayo (FECOIBAP) y la Organización de Comunidades Indígenas del Bajo Putumayo y el Río Yaguas (OCIBPRY). Según datos de un censo realizado en 2018 por el Instituto del Bien Común, 1.482 personas viven en estas comunidades. Algunas comunidades se identifican con un solo grupo étnico, pero en general es un paisaje multiétnico, con personas que se identifican con las etnias kichwa, uitoto (múrui), ticuna, yagua, ocaina, ingano, bora y algunas personas mestizas que han migrado a la región principalmente en busca de oportunidades económicas.

El tamaño de la población varía mucho entre comunidades, pues la más pequeña (Pesquería) tiene apenas 10 personas y la más grande (Huapapa) tiene 379. Remanso, Huapapa y El Álamo se destacan como centros poblados importantes. Remanso, con 320 habitantes, es la capital del Distrito de Yaguas, creado en 2014, y la sede de la federación FECOIBAP. Huapapa, con 379 habitantes, históricamente ha sido el punto

---

32 *https://www.osinfor.gob.pe/concesiones-forestales/*

33 INRENA era un órgano público descentralizado del Ministerio de Agricultura. En 2008, con la creación del Ministerio de Ambiente del Perú, INRENA se integró a este ministerio.

34 *https://cotuheriver.wordpress.com/*

focal de la industria maderera en la región y actualmente es la sede de la federación OCIBPRY. El Álamo es otra comunidad importante para la región por su ubicación estratégica en la frontera con Colombia y por contar con la presencia de un puesto de control de la Policía Nacional y otro de la Marina de Guerra del Perú.

Marco normativo para las federaciones indígenas en el Perú

Como todas las federaciones indígenas del Perú, FECOIBAP y OCIBPRY están constituidas bajo la regulación de las asociaciones civiles sin fines de lucro, ya que no existe un reconocimiento diferenciado para organizaciones indígenas en el Perú. Están inscritas en la Superintendencia Nacional de Registros Públicos (SUNARP) y de esta manera adquieren personería jurídica, gozan de capacidad civil y ejercen autonomía para compras, ventas, otorgamiento de poderes, contrataciones y desarrollo de atribuciones jurídicas amplias que la ley contempla para este tipo de personas jurídicas.

Además de registrarse en la SUNARP, formalizarse como federación implica cumplir con una serie de requisitos complejos, tediosos y que desconocen la forma de organización social y política de los pueblos indígenas. Para alcanzarlo, las federaciones frecuentemente dependen de apoyo externo para poder cumplir. Por ejemplo, deben contar con estatutos escritos y designar a personas para cargos directivos pre-establecidos (presidente, vicepresidente, secretario, tesorero, mujer líder, fiscal y vocal).

Pese a las limitaciones que impone la estructura formal de las federaciones indígenas, la vida orgánica de las organizaciones depende principalmente del entusiasmo, capacidad y compromiso principalmente del presidente o la presidenta. Las federaciones indígenas aún enfrentan muchos desafíos para incorporar sus valores y principios propios, pero han sido sostenidas por el esfuerzo de sus líderes y lideresas, quienes tienen un papel importante para el bienestar de las comunidades. Estos líderes juegan un rol clave en la titulación de los territorios, gestionan el acceso de la población a servicios y programas del gobierno, generan alianzas con organizaciones no gubernamentales y proyectan la voz de las comunidades en diversos espacios de debate público y diseño de políticas públicas.

FECOIBAP

La Federación de Comunidades Indígenas del Bajo Putumayo (FECOIBAP) fue establecida en el año 2012. Actualmente, tiene 10 comunidades afiliadas, con una población total de 913 personas: Betania, Corbata, Curinga, El Álamo, Pesquería, Puerto Franco, Puerto Nuevo, Remanso, San Martín, y Tres Esquinas. Antes de la creación de FECOIBAP, sus comunidades base pertenecían a la Federación de Comunidades Nativas Fronterizas del Río Putumayo (FECONAFROPU), una de las primeras dos organizaciones indígenas en Loreto (FECONARINA era la otra). La FECONAFROPU y el movimiento indígena de Loreto en general nacieron tanto por un interés por la construcción y reconstrucción de la identidad indígena, como por la lucha por la tierra. FECOIBAP se estableció para que la población indígena del Distrito de Yaguas tuviera representación por parte de una federación propia y también por las dificultades de comunicación —producto de la distancia— entre las comunidades base de FECONAFROPU.

FECOIBAP tiene como visión la consolidación de los pueblos indígenas del Bajo Putumayo, la defensa y difusión de sus derechos, así como también su desarrollo socioeconómico y el respeto a su identidad cultural. Una fortaleza de esta federación es que todas las comunidades han elaborado sus propios planes de vida, con el apoyo del Instituto del Bien Común (IBC). La gestión y articulación de los planes de vida ha sido un logro importante porque ha generado reflexiones entre las bases sobre la visión a futuro de las comunidades, lo cual ha fortalecido la gobernanza de esta federación. Los planes de vida también han facilitado el acceso de las comunidades a programas del gobierno. Cualquier acción al futuro debería tomar en cuenta estos instrumentos de gestión propia.

Con respecto a la gobernanza ambiental en particular, un logro de la FECOIBAP es haber jugado un rol central en el establecimiento del Parque Nacional Yaguas, declarado en 2018. Las comunidades de FECOIBAP (en ese entonces FECONAFROPU) colaboraron con el Field Museum, SERNANP, IBC y otras instituciones para realizar un inventario rápido en el Bajo Putumayo en 2010 (Pitman et al. 2011), el cual sirvió como uno de los insumos que sustentó la declaración del Parque Nacional Yaguas. También participaron activamente en el proceso de la Consulta Previa antes de la categorización del parques. Desde que se creó el PN Yaguas, las comunidades han participado activamente en el desarrollo del Plan Maestro y se han visto beneficiadas a través de: 1) aumentos en la población de especies frecuentemente cazadas y 2) entrega de incentivos a seis comunidades a través del Programa de Actividades Económicas Sostenibles (PAES), el cual financia actividades sostenibles como el manejo de la pesca y la reforestación, para fortalecer las zonas de amortiguamiento alrededor de las áreas protegidas administradas por el SERNANP.

Sin embargo, la creación y la gestión del PN Yaguas también ha generado retos para las comunidades de FECOIBAP. Primero, el proceso de la Consulta Previa para el Parque provocó una división interna dentro de FECOIBAP que llevó a que cuatro comunidades se desafiliaran de la federación y formaran su propia organización, OCIBPRY (ver más detalle abajo en la descripción de OCIBPRY). Segundo, los pobladores de las comunidades de FECOIBAP manifiestan que el PN Yaguas no ha cumplido con su compromiso de contratar a gente de todas las comunidades y/o de rotar las ofertas laborales entre diferentes personas y comunidades, lo cual limita los beneficios directos que reciben del Parque.

Otro logro de gobernanza ambiental de FECOIBAP ha sido su participación desde mayo de 2019 en el Programa Nacional de Conservación de Bosques para la Mitigación del Cambio Climático (PNCB), una iniciativa del gobierno peruano que entrega incentivos a las comunidades nativas para mantener el bosque en pie[35]. Actualmente, cuatro comunidades de FECOIBAP son beneficiarias del PNCB (Corbata, Puerto Franco, Remanso y San Martín; ver las Tablas 11–12 y el capítulo *Infraestructura, servicios públicos y programas sociales en la región del Bajo Putumayo-Yaguas-Cotuhé*, en este volumen) y tienen Acuerdos de Conservación con el programa. El incentivo anual que reciben puede ser invertido en cinco líneas: 1) vigilancia y monitoreo de bosques, 2) actividades económicas sostenibles basadas en el bosque y otros espacios, 3) gestión comunal, 4) sociocultural y 5) seguridad alimentaria. La rendición de cuentas y la preparación de informes han representado retos para las comunidades, debido a la complejidad de

los procesos y al acompañamiento insuficiente por parte del PNCB. A pesar de estos desafíos, los miembros de FECOIBAP quieren que el PNCB siga en marcha, que se mejore y que se expanda a otras comunidades.

Un reto clave de gobernanza de FECOIBAP ha sido la coordinación y la comunicación entre el presidente, la junta directiva y las bases. Algunos miembros de la federación reclaman que desconocen el quehacer del presidente y que no cumple con visitas regulares a las bases. Es por esto que sugieren que él considere delegar acciones a otros miembros de la junta para mantener los canales de comunicación abiertos con ellos.

Un reto relacionado ha sido la coordinación con las organizaciones indígenas vecinas y de más alto nivel y con el Distrito de Yaguas. Las diferencias entre las visiones de FECOIBAP y OCIBPRY constituyen un desafío clave en este sentido (ver más detalle abajo). Además, no hay mucha comunicación con FECONAFROPU y el presidente de esa federación no visita a las comunidades de FECOIBAP; algunos miembros de FECOIBAP también nos manifestaron que se podría mejorar la coordinación con la Organización de Pueblos Indígenas de Loreto (ORPIO) y la Asociación Interétnica para el Desarrollo de la Selva Peruana (AIDESEP). La relación con el Distrito de Yaguas, con sede en Remanso (también sede de FECOIBAP), se encuentra debilitada, pues los miembros de FECOIBAP consideran que la gestión del alcalde anterior no fue efectiva, pero su destitución reciente también ha provocado inestabilidad e ineficiencia. Además, los regidores de la municipalidad distrital no tienen una presencia muy constante en las comunidades, lo cual dificulta la comunicación y genera desconfianza entre la municipalidad y los ciudadanos del distrito.

Otro reto clave de gobernanza de FECOIBAP es que no poseen recursos propios y dependen mucho del financiamiento que reciben de ONG (Instituto del Bien Común, Sociedad Zoológica de Frankfurt) o del SERNANP para realizar actividades. Existe un acuerdo donde la población se compromete a dar un pago mensual de 20 soles peruanos, pero hasta la fecha ninguna comunidad ha cumplido. Pese a estas dificultades, la federación sigue velando por los derechos de sus bases con el objetivo de asegurar el bienestar de sus comunidades.

---

35 *http://www.bosques.gob.pe/*

OCIBPRY

La Organización de Comunidades Indígenas del Bajo Putumayo y el Río Yaguas (OCIBPRY) fue conformada a finales del año 2017 y actualmente tiene 3 comunidades afiliadas, con una población total de 569 personas: Huapapa, Primavera y Santa Rosa de Cauchillo. OCIBPRY se estableció en medio de discrepancias al interior de las bases de la FECOIBAP, en parte por la ubicación de la sede del Distrito de Yaguas y, principalmente, por diferencias de visión durante la Consulta Previa para el Parque Nacional Yaguas. En cuanto al Distrito de Yaguas, mientras que las comunidades actualmente afiliadas a OCIBPRY (Huapapa, Primavera y Santa Rosa de Cauchillo) querían que la sede del distrito fuera en Huapapa, finalmente se ubicó en Remanso.

En cuanto al PN Yaguas, durante la Consulta Previa las comunidades que se desafiliaron de FECOIBAP y se afiliaron a OCIBPRY estuvieron inconformes con la creación del Parque. El desencuentro se basó en que querían que esta área fuera designada como Reserva Comunal, una figura de co-manejo entre el SERNANP y las comunidades locales, y que pudieran ampliar los títulos de sus comunidades nativas para abarcar gran parte de las "tierras de libre disponibilidad del Estado" entre sus comunidades y lo que ahora es el parque. Las comunidades que se quedaron afiliadas a FECOIBAP también manifestaron su deseo de contar con una Reserva Comunal, pero opinaban que debía abarcar solamente el área que ahora son las tierras de libre disponibilidad del Estado. La posición de OCIBPRY se debe en parte al hecho de que la figura de Parque Nacional no permite el aprovechamiento maderero con fines comerciales, una de las principales actividades económicas de estas comunidades.

La titulación de Huapapa es una prioridad para OCIBPRY, ya que esta es la única comunidad nativa en esta región que no cuenta con título de propiedad, lo cual es un requisito para poder recibir ciertos servicios del Estado y beneficiarse de proyectos. Huapapa fue reconocida como comunidad nativa por la Dirección Agraria en 2013, pero no ha podido titularse. Los habitantes de Huapapa señalan que la titulación de su comunidad no ha avanzado por la administración ineficaz de OCIBPRY y porque la federación ha propuesto límites mucho más allá de las fronteras establecidas cuando se reconoció a la comunidad.

La ampliación de las comunidades de Primavera, Santa Rosa de Cauchillo y El Álamo también es una prioridad para los líderes de OCIBPRY. Sin embargo, este proyecto de ampliación, junto a los límites propuestos por OCIBPRY para la titulación de Huapapa, es visto como una amenaza por las comunidades afiliadas a FECOIBAP, ya que se ha documentado que hay usos mancomunales dentro de esta área que se verían afectados por la propuesta de ampliación. Existen tensiones fuertes entre FECOIBAP y OCIBPRY debido a sus posiciones distintas frente a las tierras de libre disponibilidad del Estado. Como lo manifestó un habitante de una comunidad de FECOIBAP, los de OCIBPRY "están cerca en el espacio y lejos políticamente". El bloqueo del río Yaguas organizado en 2018 por OCIBPRY demostró su capacidad de movilización, pero también su disposición de actuar extrajudicialmente. Al aceptar la invitación de participar en el inventario social, OCIBPRY hizo el esfuerzo de acercarse a dialogar y se espera que esta participación pueda seguir, siempre en el marco de la equidad, la inclusión y el respeto, para que se pueda llegar a un acuerdo sobre la zona en disputa. Aún se necesita generar mayor confianza entre estas comunidades y federaciones para identificar un camino hacia la resolución de estas discrepancias

La gestión efectiva de recursos es otro reto clave para OCIBPRY. A pesar de que lograron ser beneficiarios de un proyecto de la Fundación HIVOS, el dinero del proyecto llegó a la Coordinadora de Organizaciones Indígenas de la Cuenca Amazónica (COICA) y a AIDESEP, y, según testimonios recogidos en campo, nunca se vio en las comunidades. Este inconveniente ha generado inconformidades por parte de los habitantes de las comunidades. Una mujer líder de Huapapa explicó la situación así: "Se oye los dólares que entran, pero no nos llega ni un sol".

Otro desafío que enfrenta OCIBPRY es coordinar y alinear la visión de sus líderes con sus bases. Según testimonios recogidos en campo, no se han organizado reuniones de manera regular, ni de la junta directiva ni de la asamblea. Esto, sumado a las discrepancias que existen entre los miembros acerca de cuál debería ser la postura de la organización ante el SERNANP y otras instituciones externas, significa que OCIBPRY enfrenta grandes desafíos para consolidarse y desarrollar una estrategia sostenible de gobernanza. Sin embargo, a pesar de estos retos, la organización está comprometida con fortalecerse, asegurar su apoyo entre sus comunidades base y obtener y ejecutar proyectos que mejoren la economía local.

GOBERNANZA EN COLOMBIA

Autoridades gubernamentales

En el lado colombiano, la región donde se realizó el inventario se encuentra en dos "áreas no municipalizadas" (ANM) —Puerto Arica y Tarapacá— en el Departamento de Amazonas. La mayoría del área de estudio se encuentra dentro del área no municipalizada de Tarapacá. El término "áreas no municipalizadas" se usa en Colombia para referirse a los territorios en los cuales no existe formalmente una de las tres figuras previstas en el artículo 286 de la Constitución Política para el nivel local político administrativo: municipios, distritos o territorios indígenas. La mayoría de los pobladores de la ANM de Tarapacá son pueblos indígenas, quienes dentro de los resguardos indígenas ejercen gobernanza formal a través de sus Gobiernos Indígenas, los cuales se han formalizado como Asociaciones Indígenas y se encuentran en transición a ser registrados como Consejos Indígenas, figura que se adoptó en la Constitución Política para hacer efectivo el reconocimiento de los sistemas de gobierno propio de los pueblos, respetando sus "usos y costumbres", es decir sus particularidades culturales.

Los habitantes del casco urbano de Tarapacá y otros pobladores no indígenas no tienen representación política local, sino a través de las autoridades regionales del Departamento de Amazonas. Hay una autoridad en Tarapacá, el "auxiliar administrativo corregimental" (conocido localmente como "corregidor"), quien es representante del gobernador del Departamento de Amazonas, con funciones específicamente delegadas, como por ejemplo mantener el orden social local, colaborar con los procesos electorales, recibir denuncias y reportarlas al ente competente, entre otras, pero este cargo está basado en la figura antigua del "corregimiento

departamental," la cual quedó excluida de la normatividad colombiana a partir de junio de 2003, momento en el cual se cumplió un plazo otorgado por la Corte Constitucional al Congreso de la República para definir el mecanismo legal para resolver el vacío de figuras político administrativas en la región. La Corte Constitucional ha establecido que, de acuerdo con las normas constitucionales que rigen el ordenamiento territorial en Colombia, toda porción del territorio debe formar parte de un municipio, un distrito o un territorio indígena. En todo caso, le invitamos al actual corregidor de Tarapacá a participar en el inventario y asistió brevemente a una de las reuniones informativas que hicimos previo al inventario, pero no participó en ningún otro momento.

El Ejército Colombiano y la Policía Nacional también juegan un papel importante en la gobernanza del casco urbano de Tarapacá y sus inmediaciones. Tarapacá cuenta con una base militar del Ejército y una estación de la Policía. El ejército llegó a la zona durante el conflicto con el Perú (ver el capítulo *Historia cultural y poblamiento de la región del Bajo Putumayo-Yaguas-Cotuhé* en este volumen para más detalles) y ejerce soberanía y control sobre esta zona fronteriza. La policía, en cambio, está encargada de vigilar por la seguridad y el bienestar de la población local. Les informamos a los líderes de la base militar y la estación de policía y algunos de ellos participaron en las reuniones pre-inventario y el encuentro final.

Áreas protegidas

Del lado colombiano, hay dos áreas protegidas de carácter nacional, los Parques Nacionales Naturales (PNN) Amacayacu y Río Puré, las cuales son administradas y gestionadas por Parques Nacionales Naturales de Colombia, y se encuentran en la jurisdicción de la Dirección Territorial Amazonia.

Parque Nacional Natural Amacayacu
El PNN Amacayacu, fue el primer PNN declarado en la planicie amazónica en el año 1975 y tiene una extensión actual de 263.655,44 ha. Aunque los objetivos de creación del área fueron formulados de forma muy

general[36,37] y aplican a cualquier área protegida, se buscaba en ese entonces garantizar la protección de una franja sobre el río Amazonas, la propuesta inicial para la declaratoria abarcaba hasta los lagos de Tarapoto, municipio de Puerto Nariño y por razones de tenencia de la tierra, se delimitó el área actual del parque. Aunque se presumía un sitio de singular diversidad, no se tenía en ese entonces información científica que lo sustentara. Adicionalmente, la creación del área fue también una estrategia geopolítica con el fin de ejercer presencia en la zona de triple frontera (Plan de Manejo PNN Amacayacu 2019–2024).

El PNN Amacayacu representa cerca del 40% de la superficie total del Trapecio Amazónico. Tiene un traslape parcial de aproximadamente 18% con los resguardos indígenas, incluyendo un traslape en su sector noroccidental con el Resguardo Indígena Ríos Cotuhé y Putumayo. Entre sus objetivos de conservación se encuentran: 1) conservar una muestra representativa de paisajes del bosque húmedo tropical presentes en el trapecio amazónico, 2) mantener la diversidad de especies dentro del PNN Amacayacu, con énfasis en poblaciones de importancia cultural o amenazadas por actividades humanas y 3) conservar el contexto natural que soporte el desarrollo de usos ambientalmente sostenibles por parte de los resguardos indígenas en zonas de traslape con el PNN Amacayacu.

Parque Nacional Natural Río Puré

El PNN Río Puré fue declarado en 2002 mediante Resolución No. 0764 del Ministerio del Medio Ambiente, hoy Ministerio de Ambiente y Desarrollo Sostenible, y tiene una extensión de 999.880 ha. Este acto administrativo garantiza la continuidad de una gran red de áreas protegidas legalmente constituidas, conformadas por parques nacionales, resguardos indígenas y reservas nacionales distribuidas entre Brasil, Colombia, el Perú y Venezuela.

Fue establecido con el objetivo de proteger el territorio de los yuri (arojes o caraballo) y passé, pueblos indígenas que viven en aislamiento o en estado natural en el área que abarca el parque, y garantizar su supervivencia y su

decisión de no tener contacto con la sociedad mayoritaria. El parque también cumple la función de conservar la diversidad biológica y el flujo e intercambio genético entre poblaciones de flora y fauna del corredor de áreas protegidas del noroccidente amazónico. Dentro de los límites del parque, hay una política de conservación estricta, que responde a la protección del territorio de los pueblos en aislamiento o en estado natural, y por lo tanto, la gestión del área protegida se concentra en su zona de influencia en coordinación con los resguardos indígenas de la región, los habitantes no indígenas de las áreas no municipalizadas de Tarapacá y La Pedrera así como con los usuarios del bosque y comunidades asentadas en la Zona de la Reserva Forestal de Ley Segunda del año 1959.

Entre sus objetivos de conservación se encuentran: 1) asegurar la supervivencia de los pueblos indígenas aislados o en estado natural, a partir de la protección del territorio y los recursos naturales asociados al mismo; 2) contribuir al mantenimiento de la conectividad de ecosistemas estratégicos para la consolidación de figuras de conservación y manejo especial del noroccidente de la cuenca amazónica; 3) proteger los ecosistemas que conforman las cuencas de los ríos Bernardo, Puré y Ayo para contribuir al mantenimiento de los bienes y servicios ambientales asociados a la regulación climática y al ciclo hidrológico[38].

Resguardos indígenas y asociaciones de autoridades tradicionales indígenas (AATI)

La mayoría de los habitantes indígenas en el lado colombiano de la región del Bajo Putumayo-Yaguas-Cotuhé viven en uno de dos resguardos indígenas: el Resguardo Indígena Ríos Cotuhé y Putumayo o el Resguardo Indígena Uitiboc. Según datos de un censo realizado en 2018 por el Instituto SINCHI, 2.308 personas están adscritas a uno de estos dos resguardos indígenas.

Marco jurídico para los resguardos indígenas y AATI

En Colombia existe un marco normativo que sustenta el proceso de reconocimiento de los derechos de los pueblos indígenas y su representatividad administrativa y política ante el Estado como autoridades de carácter especial. A partir del convenio 169 de la OIT (Organización

---

36 El objetivo de creación según la Resolución 283 de 1985 es: "conservar la flora, la fauna, las bellezas escénicas naturales, complejos geomorfológicos, manifestaciones históricas o culturales con fines científicos, educativos, recreativos o estéticos".

37 http://www.parquesnacionales.gov.co/portal/es/ecoturismo/region-amazonia/parque-nacional-natural-amacayacu/

38 http://www.parquesnacionales.gov.co/portal/es/parques-nacionales/parque-nacional-natural-rio-pure/

Internacional del Trabajo) de 1989 sobre pueblos indígenas y tribales en países independientes, su ratificación con la ley 21 de 1991 y la Constitución Política de Colombia del mismo año, se consolidó el reconocimiento de los derechos de propiedad de los pueblos indígenas y se amplió con un conjunto de derechos políticos basados en el reconocimiento del estado pluralista. El reconocimiento de la oficialidad de sus lenguas en los territorios, la educación que respete y desarrolle su identidad cultural, la jurisdicción indígena —aceptación del pluralismo jurídico que garantiza la vigencia de los sistemas de regulación de los pueblos en sus ámbitos territoriales— los territorios indígenas como figuras político administrativas y los Consejos Indígenas como figuras colectivas de gobierno institucionalizadas en el marco del Estado constituyen el marco jurídico.

Es así que se constituyeron los resguardos indígenas en Colombia, los cuales son títulos de propiedad colectiva conformada por una o más comunidades indígenas sobre su territorio de carácter inalienable, imprescriptible e inembargable. Se rigen para el manejo y la vida interna por una organización autónoma amparada por el fuero indígena y su sistema propio. Adicionalmente, el Decreto 1088 de 1993, permitió reconocer a las asociaciones de cabildos y/o autoridades tradicionales indígenas (AATI) como entidades de derecho público de carácter especial, con personería jurídica, patrimonio propio y autonomía administrativa. Bajo el Decreto 1088, el gobierno colombiano respeta las formas de organización propia indígena, las cuales corresponden a criterios culturales que definen normas, leyes, hábitos y comportamientos, basados en la tradición étnica, la espiritualidad y la regulación de las relaciones sociales y con la naturaleza (von Hildebrand y Bracklaire 2012). Además, los resguardos indígenas en Colombia tienen derecho a transferencias directas de recursos económicos, a través del Sistema General de Participaciones (SGP), los valores de las cuales son calculados basado en el tamaño de la población y son destinados para llevar a cabo proyectos comunitarios diseñados por los propios resguardos para fomentar el desarrollo social, la pervivencia cultural y la autogestión de los territorios indígenas.

Resguardo Indígena Ríos Cotuhé y Putumayo y CIMTAR

El Resguardo Indígena Ríos Cotuhé y Putumayo fue establecido el 18 de diciembre de 1992. Tiene una población de 1.616 personas agrupada en 9 comunidades: Buenos Aires, Caña Brava, Nueva Unión, Puerto Huila, Puerto Nuevo, Puerto Tikuna, Pupuña, Santa Lucía y Ventura. La comunidad más pequeña (Puerto Tikuna) alberga a 33 personas, mientras que la más grande (Ventura) tiene 345 habitantes.

La AATI que representa a los pobladores del Resguardo Indígena Ríos Cotuhé y Putumayo, el Cabildo Indígena Mayor de Tarapacá (CIMTAR), fue creada en 2003. El Resguardo Indígena Ríos Cotuhé y Putumayo es un resguardo multiétnico, pero el ejercicio de la gobernanza por parte de CIMTAR se hace principalmente bajo principios culturales ancestrales del pueblo mayoritario ticuna.

CIMTAR ha tenido una serie de logros importantes de gobernanza ambiental a lo largo de su historia como AATI. Durante mucho tiempo, la minería aurífera aluvial ha sido un reto importante en su territorio y a partir de 2005, CIMTAR ha realizado diversas coordinaciones con autoridades públicas y con sus comunidades afiliadas, que han permitido controlar la actividad minera en el río Cotuhé. Eventualmente, se ven pasar algunas dragas que van hacia territorio peruano, pero no hay minería de forma sostenida dentro del resguardo.

Entre 2007 y 2011, la organización participó en una serie de intercambios culturales y de semillas, organizados por Parques Nacionales Naturales, los cuales fortalecieron las chagras tradicionales dentro del resguardo. En 2013, CIMTAR firmó una carta de acuerdo entre PNN, el Ministerio de Ambiente y Patrimonio Natural, con el fin de actualizar el ordenamiento ambiental. En 2014 formaron guardias indígenas en todas las comunidades, las cuales están actualmente en proceso de fortalecimiento y podrían constituir una fortaleza grande en el control y vigilancia de su territorio si logran consolidarse. Adicionalmente, CIMTAR ha logrado formar alianzas estratégicas con varios actores externos, incluyendo PNN, Amazon Conservation Team (ACT)-Colombia, la Fundación Gaia Amazonas y la Fundación para la Conservación y el Desarrollo Sostenible (FCDS).

No obstante, CIMTAR enfrenta retos y amenazas importantes. Socializar, implementar y articular su plan de vida es una prioridad inmediata. Otro desafío es la buena administración de las transferencias que recibe el resguardo a través del Sistema General de Participaciones, así como el buen manejo de recursos económicos derivados de proyectos con distintos actores institucionales. Finalmente, a pesar de sus esfuerzos exitosos en el pasado de expulsar a los mineros del río Cotuhé, la presencia de actividades ilícitas (minería aurífera, producción y procesamiento de coca y narcotráfico) en territorio peruano, cerca del límite occidental del resguardo, genera amenazas graves para la población del resguardo. Estos actores ilegales han amenazado a pescadores de las comunidades, chocado sus botes con los botes de los pobladores locales mientras se trasladaban clandestinamente por la noche y generado miedo y preocupación constante por parte de la población local. La presencia de estas actividades ilegales no sólo pone en riesgo la seguridad de los habitantes del resguardo, sino también la realización exitosa de sus prácticas y costumbres culturales. Enfrentar esta amenaza requiere un esfuerzo coordinado entre los gobiernos del Perú y Colombia que reconozca la capacidad de control y vigilancia de CIMTAR y se alíe con los pobladores de este resguardo.

Como autoridad pública de carácter especial, CIMTAR ha expresado su decisión de profundizar su proceso de organización política y administrativa. Para tal fin, se ha propuesto la tarea de poner en funcionamiento su territorio como "organización político administrativa", esto es como entidad territorial especial, en el marco de la Constitución y el Decreto Ley 632 de 2018. Para llevar a cabo este proceso, CIMTAR ha coordinado con la Fundación Gaia Amazonas y el Ministerio del Interior, quienes han acompañado y asesorado a CIMTAR acerca de la implementación del Decreto[39].

Resguardo Indígena Uitiboc y ASOAINTAM

El Resguardo Indígena Uitiboc fue establecido en 2010, cinco años después del reconocimiento legal de su AATI, la Asociación de Autoridades Tradicionales Indígenas de Tarapacá Amazonas (ASOAINTAM), en 2005. Es un resguardo multiétnico, con personas que se autodenominan como ticuna, uitoto (múrui), bora, inga/ingano, yagua, ocaina y/o cocama. 692 personas hacen parte de ASOAINTAM, pero en su mayoría habitan en el casco urbano de Tarapacá, no dentro del resguardo.

El Resguardo Indígena Uitiboc está organizado en seis "centros" o "cabildos", cada uno identificado con una etnia específica: Alpha Atum Sacha (inga), Alto Cardozo (uitoto), Bajo Cardozo (ticuna), Centro Cardozo (cocama), Centro Tarapacá (multiétnico) y Peña Blanca (bora). El centro del resguardo con la menor cantidad de personas afiliadas es el centro inga Alpha Atum Sacha, con 69 personas, y el que tiene más afiliados es el centro ticuna Bajo Cardozo, con 143 personas.

ASOAINTAM surgió tras una división con CIMTAR por causa de la repartición de beneficios de las transferencias a personas que no vivían dentro del resguardo sino en el casco urbano. Estas personas decidieron formar su propia organización, se agruparon en seis cabildos de las diferentes etnias existentes en Tarapacá y lucharon por la creación de su propio resguardo, un resguardo multiétnico.

Un logro importante de gobernanza de ASOAINTAM es que, en 2007, formularon su Plan de Vida, donde desarrollaron su visión para un resguardo multiétnico gobernado con base en los principios propios de los diversos pueblos indígenas que lo habitan (ASOAINTAM 2007). Nos manifestó un líder de ASOAINTAM que "para nosotros el gobierno no es *el gobierno* [el Estado]", sino que consiste de la visión y las acciones que le corresponden a cada actor social construir desde su propia lógica. En 2010, además de legalizar el resguardo se logró la zonificación del mismo por grupo étnico, con apoyo del Instituto SINCHI. Se hizo este proceso tomando en cuenta las particularidades de cada pueblo indígena, es así que ahora cada uno de los pueblos indígenas del resguardo cuenta con su propio espacio, ubicado en una zona culturalmente relevante (p. ej., las culturas del agua están ubicadas cerca de los ríos).

Una característica importante del Resguardo UITIBOC es que su solicitud se realizó sobre un territorio no habitado por sus solicitantes, lo que se traduce en un territorio no construido socialmente, por lo menos durante las últimas décadas. Debido a esta particularidad, su población mantiene un arraigo al casco urbano de Tarapacá y hay un vacío poblacional en el resguardo. Un reto para su población y su asociación

---

39 Para más detalles sobre la implementación del Decreto 632, ver la sección abajo sobre Tarapacá.

es lograr que las familias vivan dentro del resguardo, fortalecer sus principios culturales y así ejercer el control social y territorial en toda la extensión del resguardo.

Otro reto relacionado que ha enfrentado ASOAINTAM ha sido el saneamiento de las tierras donde se ha ubicado el resguardo, ya que previo a la creación del resguardo había una carretera y una pista antigua y algunas fincas de colonos de Tarapacá ubicadas en esta zona. En 2011, estos colonos demandaron al resguardo y se pudo solucionar parcialmente este conflicto, pero sigue habiendo una tensión latente por este tema entre ASOAINTAM y algunos habitantes del casco urbano de Tarapacá.

Otra dificultad que enfrenta ASOAINTAM y el Resguardo Indígena Uitiboc es detener la minería en su territorio. Aunque han logrado detener algunas actividades mineras y madereras ilegales en el resguardo, en el área del río Purité en particular sigue habiendo una concentración de dragas que no han logrado expulsar definitivamente, dada la inaccesibilidad de este sector del resguardo. Para solucionar este problema, se necesita coordinación entre los gobiernos de Colombia y Brasil, ya que el río Purité traspasa la frontera con territorio brasileño.

Zona de Reserva Forestal

La Zona de Reserva Forestal (ZRF) fue establecida mediante la Ley Segunda de 1959 para el desarrollo de la economía forestal y protección de los suelos, las aguas y la vida silvestre. Existen dos zonificaciones de la ZRF, las cuales no coinciden ni tampoco reflejan los usos actuales del territorio, una realidad que genera incertidumbre y confusión para la población y dificulta el ordenamiento eficaz del territorio (Fig. 30).

Por un lado, el ordenamiento oficial de la ZRF lo hace el Ministerio de Ambiente y Desarrollo Sostenible (MADS) de Colombia, con el asesoramiento técnico del Instituto Amazónico de Investigaciones Científicas SINCHI. El MADS divide las siete Reservas Forestales de Ley Segunda que existen en Colombia, en tres zonas: A, B y C[40]. La Zona A es la más restrictiva y está designada para "el mantenimiento de los procesos ecológicos básicos necesarios para asegurar la oferta de

servicios ecosistémicos". La Zona B permite el aprovechamiento forestal con un manejo sostenible. La zona C aplica a "Áreas que sus características biofísicas ofrecen condiciones para el desarrollo de actividades productivas agroforestales, silvopastoriles y otras compatibles con los objetivos de la Reserva Forestal y las cuales deben incorporar el componente forestal", sin embargo, esta zona no aparece en la zonificación oficial de esta región. Por otro lado, la Corporación para el Desarrollo Sostenible del Sur de la Amazonia (Corpoamazonia) realizó la ordenación forestal de la Reserva Forestal en 2011. Corpoamazonia divide la "Unidad de Ordenación Forestal de Tarapacá" (UOFT)[41] en seis "unidades administrativas."

Legalmente, hay limitaciones para la existencia de asentamientos humanos dentro la ZRF. Mientras que los resguardos indígenas pueden traslapar con la Zona de Reserva Forestal, lo cual implica un condicionamiento ambiental para el ejercicio de la propiedad colectiva del resguardo, otras poblaciones no pueden asentarse legalmente en la ZRF sin antes sustraer el área de la ZRF. Pese a esta restricción, según datos del PNN Río Puré (2016) y un estimado realizado durante el presente inventario, aproximadamente 1.383 personas viven actualmente dentro de la ZRF (el 27% de la población de la región del Bajo Putumayo-Yaguas-Cotuhé). La mayoría de la población que habita la ZRF no es indígena (colona o campesina) y está distribuida entre el casco urbano de Tarapacá y el asentamiento religioso de Puerto Ezequiel. Algunos también viven en asentamientos como Gaudencia o Porvenir, o en otros predios o fincas.

Esta población se encuentra en un doble vacío jurídico, al estar ubicados tanto en un área no municipalizada, así como también dentro de la ZRF. Por lo tanto, carecen de algunos servicios básicos y les ha sido difícil hacer escuchar su voz ante las autoridades del Estado. Como estrategia temporal, se han organizado en asociaciones sociales y productivas, a través de las cuales buscan acceder a servicios e inversiones del Estado. Al mismo tiempo, han propuesto alternativas para lograr mayor seguridad jurídica a largo plazo.

---

40 Para mayor detalle sobre la zonificación de la ZRF, ver: *https://www.minambiente. gov.co/images/BosquesBiodiversidadyServiciosEcosistemicos/pdf/reservas_forestales/ reservas_forestales_ley_2da_1959.pdf*

41 La parte de la Reserva Forestal que abarca la región donde se hizo el inventario rápido, con un área total de 425.471,11 ha.

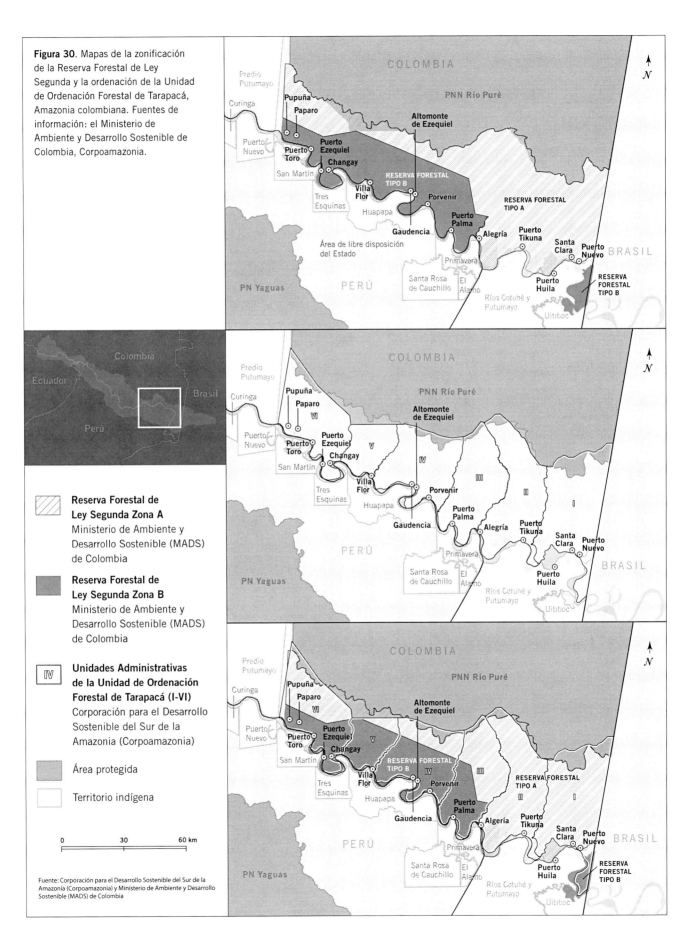

Figura 30. Mapas de la zonificación de la Reserva Forestal de Ley Segunda y la ordenación de la Unidad de Ordenación Forestal de Tarapacá, Amazonia colombiana. Fuentes de información: el Ministerio de Ambiente y Desarrollo Sostenible de Colombia, Corpoamazonia.

Reserva Forestal de
Ley Segunda Zona A
Ministerio de Ambiente y
Desarrollo Sostenible (MADS)
de Colombia

Reserva Forestal de
Ley Segunda Zona B
Ministerio de Ambiente y
Desarrollo Sostenible (MADS)
de Colombia

Unidades Administrativas
de la Unidad de Ordenación
Forestal de Tarapacá (I-VI)
Corporación para el Desarrollo
Sostenible del Sur de la
Amazonia (Corpoamazonia)

Área protegida

Territorio indígena

0   30   60 km

Fuente: Corporación para el Desarrollo Sostenible del Sur de la
Amazonía (Corpoamazonia) y Ministerio de Ambiente y Desarrollo
Sostenible (MADS) de Colombia

Tarapacá

De las 1.383 personas que viven en la ZRF, la gran mayoría, aproximadamente 1.000, son residentes permanentes del casco urbano de Tarapacá. Muchos son descendientes de los militares colombianos que llegaron a la región en los años 30 para participar en el conflicto con el Perú y se quedaron asentados en la región después. Algunos son indígenas que pertenecen a ASOAINTAM o al Cabildo Indígena Urbano de Tarapacá (CIUTAM), el cual agrupa a los indígenas no resguardados que viven en el casco urbano[42]. Otros residentes de Tarapacá han llegado por diversos motivos comerciales o laborales.

Los pobladores de Tarapacá se han organizado en varias asociaciones: la Asociación de Colonos de Tarapacá (ASOCOLTAR), la Asociación de Mujeres Comunitarias de Tarapacá (ASMUCOTAR), la Asociación de Pescadores de Tarapacá (ASOPESTAR), la Asociación Piscícola Productora de Peces Ornamentales y Artesanales de Tarapacá Amazonas (APIPOATA) y la Asociación de Productores de Madera de Tarapacá (ASOPROMATA)[43].

ASOCOLTAR fue conformada en 1995 y representa a los colonos, campesinos y afrodescendientes de Tarapacá. Abogan por los intereses de los habitantes del casco urbano de Tarapacá y luchan para que el gobierno les garantice un área en dónde vivir, sin perjudicar a los dos resguardos indígenas de la región. Asimismo, dinamizan la economía local a través de sus actividades comerciales, como tiendas y negocios en el centro de Tarapacá. Además, trabajan para mantener vivas las tradiciones culturales de los colonos no indígenas que habitan la región, a través de la organización de eventos que celebran la identidad tarapaqueña y el legado de sus antepasados, muchos de los cuales llegaron a este lugar para luchar por asegurar este territorio para Colombia durante el conflicto con el Perú.

ASMUCOTAR, creada en 2003, es una asociación principalmente productiva/comercial que agrupa a 21 mujeres socias de Tarapacá y de los dos resguardos indígenas. En su inicio, era un grupo de mujeres que se apoyaban entre sí para cuidar a los niños a través de guarderías informales en sus casas y con el tiempo han desarrollado cadenas de valor para diferentes productos basados en especies no maderables de la zona. Obtuvieron un permiso para el aprovechamiento y la movilización de los frutos de camu camu (*Myrciaria dubia*) en 2011, el cual venció en 2017 y fue renovado en 2020. Cuentan con un centro de acopio y transformación que consiguieron a través de un acuerdo de comodato con la Gobernación de Amazonas en 2005. A través de apoyo de la ONG Ecofondo, obtuvieron maquinarias (despulpadora, planta, cuarto frío) para el procesamiento de camu camu. Tienen un acuerdo con la Fuerza Aérea de Colombia que les permite enviar sus productos por avión sin costo y un acuerdo de venta con la empresa Selva Nevada de Bogotá, la cual distribuye sus pulpas a restaurantes en la capital colombiana. Empoderan económicamente a las mujeres de Tarapacá a través del pago por jornadas laborales en la planta de procesamiento y pequeños préstamos para las socias. Además, obtuvieron 20 ha en 2012 para que las socias puedan hacer chagras y han fortalecido y diversificado estas chagras a través de intercambios de semillas realizados con apoyo del Instituto SINCHI. También con el apoyo de SINCHI han participado en ferias de mercado donde venden sus principales productos (néctares, pulpas, mermeladas). Sus retos principales son mejorar su manejo administrativo y financiero, acceder a créditos y servicios financieros, involucrar más a los niños y jóvenes en el trabajo y construir una red de asociaciones de mujeres a nivel regional.

ASOPESTAR fue creada en 1996 y jugó un papel importante en el establecimiento del Plan Colomboperuano (PPCP) en 2002, el cual coordina las vedas y fomenta el manejo de la pesca de arahuana/arawana y paiche/pirarucú. También mantenían un cuarto frío por un tiempo, pero no contaron con los recursos para seguir pagando la energía eléctrica. Actualmente no se encuentra en funcionamiento esta asociación.

APIPOATA se estableció en 2018 para organizar la captura y comercialización de especies de uso ornamental como otocinclo (*Otocinclus* sp.), pez globo o globito (*Colomessus asellus*), shirui o coridoras (*Corydoras*), arahuana/arawana y disco (*Symphysodon*). Lograron conseguir un terreno donde antes era el Instituto de Mercadeo Agropecuario (IDEMA) y han

---

42 El equipo social invitó a los miembros de este cabildo a participar del inventario, pero no se logró concretar una reunión con ellos.

43 Para más detalle sobre estas asociaciones, ver el capítulo *Uso de recursos naturales y economía familiar en la región del Bajo Putumayo-Yaguas-Cotuhé*, en este volumen.

desarrollado un estudio socioeconómico. Aspiran ser reconocidos como piscicultores ante la Autoridad Nacional de la Pesca (AUNAP), consolidar su red de comercialización y que cada uno de sus 24 asociados cuente con un área de cultivo de peces formalizado por el Estado.

ASOPROMATA, formada primero como ASOMATA en 1998 y como ASOPROMATA en 2010, ha sido pionero en organizar al sector maderero de Tarapacá. Han logrado unir a un grupo de socios que antes trabajaban informalmente y que ahora trabajan formalmente con permiso de Corpoamazonia y un plan de manejo. Consiguieron su primer permiso forestal en 1998 para 20.000 ha de bosque, con vigencia de 10 años. Realizaron un inventario forestal con financiamiento de WWF y apoyo del Instituto SINCHI, como parte del proyecto Amazonia Viva. Comparten el trabajo de aprovechamiento y dividen las ganancias entre ellos. Han construido un campamento con los principales servicios básicos y se han capacitado a través de intercambios de experiencias con madereros de México y Guatemala. Además, han hecho acuerdos informales con las comunidades aledañas a su Unidad de Corte Anual, Puerto Huila y Puerto Tikuna del Resguardo Indígena Ríos Cotuhé y Putumayo, para el uso compartido de este espacio, lo cual permite, por ejemplo, la cacería en un salado que hay en esta zona. A futuro esperan poder tener un mercado directo y diferenciado para sus productos, tecnificar el aprovechamiento y elaborar más productos maderables con valor agregado y contar con mayor apoyo del gobierno para el sector maderero, incluyendo control y vigilancia más efectivos para reducir la ilegalidad y fortalecer el mercado legal. Han participado activamente en la Mesa Forestal del Departamento de Amazonas y esperan contribuir a la consolidación de este sector local y regionalmente.

Pese a los logros organizativos que han tenido a través de estas asociaciones, los pobladores de Tarapacá todavía no cuentan con las garantías legales necesarias, como por ejemplo títulos de propiedad. Dada esta inseguridad, algunos pobladores del casco urbano abogan por la municipalización de Tarapacá. ASOCOLTAR ha sido el actor social que más ha promovido esta visión porque consideran que facilitaría la inversión en los servicios y la infraestructura necesarios para mejorar la calidad de vida de la población y preparar al pueblo para la expansión futura de este centro urbano. ASMUCOTAR no ha tomado una posición frente a la municipalización, pero algunas socias nos manifestaron que creen que les ayudaría a acceder a servicios bancarios y financieros e inversión para expandir su negocio.

En cambio, CIMTAR y ASOAINTAM, manifestaron durante el inventario rápido que la municipalización no es una opción viable porque Tarapacá no cuenta con suficiente población para poder calificar para este proceso. Por su parte, estas AATI han estado en talleres y diálogos con el Ministerio del Interior para determinar si sería factible poner en funcionamiento sus territorios indígenas, como entidades territoriales, implementando el procedimiento establecido en el Decreto Ley 632 de 2018, el cual crea las condiciones para que los indígenas puedan constituirse como territorios indígenas, con autonomía administrativa y fiscal, a imagen y semejanza de las otras entidades territoriales que conforman el ordenamiento político y administrativo del Estado colombiano.

El inventario social propició escenarios de diálogo entre actores con diferentes visiones para el futuro de Tarapacá. El bienestar y la convivencia pacífica de todos los tarapaqueños dependen de que el debate acerca del futuro de Tarapacá se dé de una manera abierta e inclusiva, basada en el respeto mutuo y en el compromiso de asegurar un espacio para todos los que habitan la zona. Además, hace falta más información acerca de las implicaciones de estas propuestas para los diferentes sectores, tanto indígenas como no indígenas, y es necesario convocar reuniones conjuntas con la participación de la mayor proporción posible de los que podrían ser afectados por este proceso.

Puerto Ezequiel
En la margen izquierda del río Putumayo, entre el río Pupuña (límite con el territorio del Resguardo Indígena Predio Putumayo) y la cocha/lago Changay, se encuentra el asentamiento religioso de Puerto Ezequiel, donde residen miembros de la Asociación Evangélica de la Misión Israelita del Nuevo Pacto Universal (AEMINPU), conocidos localmente como "israelitas." El asentamiento de Puerto Ezequiel fue establecido en 2001 y actualmente cuenta con aproximadamente 195

miembros (el 4% de la población de la región). Los miembros de Puerto Ezequiel viven tanto dentro del asentamiento principal, así como en aproximadamente otros cinco caseríos pequeños, o "hitos humanos" como ellos los conocen. También existe un asentamiento río abajo que se llama Gaudencia, donde residen algunos (aprox. 50) ex miembros de Puerto Ezequiel, quienes se separaron de Puerto Ezequiel por diferencias en posturas respecto a su religión.

La congregación de Puerto Ezequiel y sus estatutos están registrados ante la Secretaría de Justicia y tienen personería jurídica especial. Los miembros del asentamiento están afiliados a la organización nacional israelita en Colombia, la Iglesia de la Doctrina Universal de Israel (IDUNI), con sede nacional en Bogotá. Los individuos que desean integrarse a la congregación primero llegan como "simpatizantes" y posteriormente se convierten en "feligreses." Después se integran a los diferentes niveles de la jerarquía de la congregación, siendo el más alto el "sacerdote", seguido por el "pastor", el "misionero" y el "diácono."

Puerto Ezequiel es gobernado por tres juntas, elegidas por los miembros de la congregación: la Junta Eclesiástica, la Junta Administrativa y la Junta de Acción Comunal. La Junta, o el "Cuerpo," Eclesiástica se encarga de velar por la disciplina y el buen comportamiento de los miembros del asentamiento. Está compuesta por un fiscal, un tesorero, un secretario de actas y archivos y un secretario de disciplina. Esta junta se encarga de desarrollar y hacer cumplir las leyes y estatutos de Puerto Ezequiel. En caso de incumplimiento de los estatutos, la Junta Eclesiástica aplica sanciones, o cuando es una violación mayor, se le comunica a la autoridad estatal competente y/o se le expulsa a la persona de la comunidad. Es la única junta en la que no pueden participar las mujeres.

La Junta Administrativa se encarga de organizar y administrar los bienes de la congregación. Está compuesta por un secretario general, un fiscal, un tesorero, un secretario de actas y archivos, un secretario de disciplina y dos vocales (1°, 2°). Los secretarios de disciplina de la Junta Eclesiástica y la Junta Administrativa coordinan juntos, pero el secretario de disciplina de la Junta Administrativa tiene funciones particulares, como convocar reuniones y velar por la seguridad operativa del asentamiento. La Junta de Acción Comunal representa la congregación ante la Gobernación de Amazonas y el gobierno colombiano en general. Está compuesta por un presidente, un vicepresidente, un tesorero, un fiscal y un secretario de actas y archivos.

La congregación de Puerto Ezequiel ha tenido varios logros de gobernanza importantes. El control y vigilancia han sido una de sus fortalezas principales. Antes de su presencia, los cultivos ilícitos de coca por el caño Barranquilla eran constantes, sin embargo, desde que se asentaron en la zona ("ejerciendo soberanía"), no permitieron que se volviera a sembrar coca. Hoy en día, ejercen control y vigilancia en su territorio a través de lo que ellos llaman "hitos humanos," pequeños caseríos a la orilla del río donde controlan la entrada de foráneos. En algunos casos, han tenido conflictos con sus vecinos peruanos porque han aprovechado de los momentos cuando están celebrando sus fiestas religiosas para ingresar a sus cochas/lagos y pescar sin permiso. Afirman que los peruanos cuidan bien sus cochas/lagos, pero cuando pasan al lado colombiano hacen un uso incontrolado del recurso pesquero. Hay un esfuerzo entre Puerto Ezequiel y las comunidades nativas peruanas para coordinar mejor el acceso a las cochas/los lagos y el proceso del inventario logró enfocar de nuevo las energías en lograr un acuerdo sobre este asunto. Otra fortaleza de Puerto Ezequiel ha sido en el manejo de recursos económicos. Tienen una Tienda Comunal que provee productos a precio de costo a todos los miembros y constituye un posible ejemplo a seguir en cómo manejar recursos colectivamente en esta región.

El reto principal que enfrenta Puerto Ezequiel es que no cuentan con título de propiedad. A pesar de haberse establecido en 2001 con el apoyo del Ejército Colombiano y el aval de una carta firmada por el entonces corregidor de Tarapacá para constituirse como Inspección de Policía[44], al encontrarse dentro de la Reserva Forestal, no es posible titularse sin desafectar parte de la ZRF. No poder asegurar su territorio a través de un título oficial les genera incertidumbre, lo cual se agrava por las aspiraciones de ampliación de los resguardos indígenas Predio Putumayo (al oeste de Puerto Ezequiel) y Ríos Cotuhé y Putumayo (a su este). Los israelitas ven estas propuestas de ampliación como una posible amenaza para

---

44 Para más detalles, ver el capítulo *Historia cultural y de poblamiento de la región del Bajo Putumayo-Yaguas-Cotuhé*, en este volumen.

el futuro de su asentamiento. Para lograr acceso a un territorio más seguro, los líderes de Puerto Ezequiel han considerado varias estrategias, incluyendo la creación de una Reserva Campesina, pero hasta la fecha no ha habido ningún avance hacia la legalización de su propiedad.

PUEBLOS INDÍGENAS EN AISLAMIENTO Y CONTACTO INICIAL

En esta región también habitan pueblos indígenas en aislamiento y contacto inicial. La región integra parte del área intangible para la protección de los pueblos indígenas en aislamiento yuri y passé, quienes habitan el territorio protegido por el Parque Nacional Natural Río Puré. El área intangible constituye una de las estrategias de ordenamiento territorial de la región, la cual está orientada exclusivamente a garantizar la pervivencia de estos pueblos.

También se destaca la presencia de Pueblos Indígenas en Contacto Inicial (PICI). Esta categoría acoge a los pueblos indígenas que recientemente han establecido contacto con segmentos de la sociedad mayoritaria, de manera voluntaria o no (CIDH 2013), cuyo conocimiento acerca de los códigos y patrones sociales de esta es reducido, lo que supone para ellos una situación de vulnerabilidad (Vaz 2013). Su ubicación exacta es estrictamente confidencial, para proteger su territorio y evitar incursiones de foráneos, pero se sabe que algunos viven en el área entre el límite del Parque Nacional Yaguas, la Concesión de Conservación del Cotuhé, las comunidades nativas peruanas y el Resguardo Indígena Ríos Cotuhé y Putumayo. Si bien los datos demográficos sobre estas poblaciones son escasos, se conoce que poseen vínculos culturales con el pueblo ticuna que vive en el Resguardo Indígena Ríos Cotuhé y Putumayo en Colombia. Algunos habitantes de este resguardo afirman esta afiliación étnica y manifiestan que las comunidades de este resguardo más cercanas a las malocas de los PICI mantienen contacto esporádico con ellos. Sin embargo, es importante reiterar que el contacto con estos pueblos por parte de foráneos es explícitamente prohibido, que el aislamiento ocasional es ejercido desde su autodeterminación y que, la protección de los territorios que les proveen hábitat y medios de vida, es primordial para su pervivencia física y cultural.

AMENAZAS COMPARTIDAS

Hay tres amenazas compartidas principales en esta región que atentan contra la gobernanza propia de las poblaciones locales: 1) la minería aurífera aluvial, 2) el narcotráfico y 3) la presencia de grupos armados ilegales. La minería, especialmente en el alto río Cotuhé y el río Purité, constituye una amenaza grave para la salud de las especies que habitan en los ecosistemas acuáticos de la región y también para la salud humana. Varios actores sociales de la región han hecho esfuerzos por detener esta actividad. El Parque Nacional Yaguas y la Marina de Guerra han realizado control y vigilancia en el río Yaguas y las AATI colombianas han monitoreado la situación en el lado colombiano (CIMTAR en el río Cotuhé y ASOAINTAM en el río Purité). Sin embargo, hace falta mayor coordinación interinstitucional, intersectorial e internacional para lograr minimizar esta amenaza.

Al ser una zona remota, de frontera y con poca presencia de los Estados, la región del Bajo Putumayo-Yaguas-Cotuhé también constituye una ruta importante para el narcotráfico, el tráfico de armas y el tránsito de grupos armados. La confluencia de actividades ilegales en este paisaje amenaza la seguridad de la población, presenta un problema social para los jóvenes en particular y genera condiciones de inestabilidad que dificultan la inversión en la región. Las comunidades han hecho esfuerzos para minimizar la presencia de estas actividades ilegales en la región, pero todos los habitantes de la región reconocen la posibilidad, y temen, que el conflicto armado pueda llegar con mayor intensidad a la región. Se necesita urgentemente una estrategia integral coordinada para disminuir y eliminar estas actividades ilegales del paisaje y de invertir en la región de manera que los jóvenes y adultos puedan desarrollar actividades legales rentables y sostenibles que contribuyen a su bienestar. Esta coordinación debería ser trinacional, con la participación no solamente del Perú y Colombia, sino también de Brasil.

ESPACIOS DE COORDINACIÓN Y CONCERTACIÓN

En la región hay espacios de coordinación y concertación a distintos niveles (local, regional y binacional), entre las organizaciones sociales y entre éstas y los Estados.

Colombia

En Colombia, se encuentra la Mesa Permanente de Coordinación Interadministrativa (MPCI), creada según acto legislativo 1 de 2001 y su reglamentación mediante Ley 715 del mismo año. Dicho espacio busca armonizar los sistemas de gobierno, planificación y manejo territorial con las llamadas "Políticas de Estado" entre organizaciones de los pueblos indígenas y el gobierno nacional (Preciado 2011). CIMTAR y ASOAINTAM participan activamente en la MPCI. Además, algunas de las AATI de esta región pertenecen a la Organización de Pueblos Indígenas de la Amazonia Colombiana (OPIAC) y/o la Organización Nacional Indígena de Colombia (ONIC), organizaciones que llevan las voces de los pueblos indígenas a diferentes espacios e instancias de toma de decisiones. Además, se han organizado encuentros entre las AATI del Eje Putumayo (CIMPUM, AZICATH, AIZA, COINPA, CIMTAR, ASOAINTAM) y la administración del Departamento de Amazonas, lo cual constituye otro espacio de coordinación importante[45].

En Colombia también existe la Mesa Regional Amazónica (MRA), establecida mediante el Decreto 3012 de 2005, después de una consulta previa realizada por orden de la Corte Constitucional (Sentencia SU 383 de 2003). El Ministerio del Interior y de Justicia creó esta mesa como un espacio de concertación para recomendar a las distintas instancias del Gobierno la formulación, promulgación y ejecución de las políticas públicas de desarrollo sostenible para los pueblos indígenas asentados en la Amazonia y participar en la evaluación y seguimiento de las mismas. La MRA está integrada por los ministros de Interior, Ambiente, Educación y Protección Social, también participan el Departamento Nacional de Planeación (DNP), la Agencia Nacional de Tierras (ANT), los gobernadores de los departamentos que conforman la región, Corpoamazonia, la Corporación para el Desarrollo Sostenible del Norte y el Oriente Amazónico (CDA), el Instituto SINCHI, la OPIAC y los delegados indígenas por departamento y ante los consejos directivos de las corporaciones regionales.

Entre las funciones de la Mesa Regional Amazónica se encuentran: 1) recomendar a las distintas instancias del Gobierno la formulación, promulgación y ejecución de las políticas públicas de desarrollo sostenible para los pueblos indígenas, 2) presentar al Consejo Nacional de Política Económica y Social (CONPES) una propuesta de documento que contenga aspectos económicos, culturales, políticos, ambientales y de inversión en los resguardos y comunidades indígenas (formulación y financiación de los planes de vida, ordenamiento territorial indígena, modelos de atención en salud, estrategias para la gestión de recursos de cooperación internacional, programas de sustitución de cultivos de uso ilícito y desarrollo alternativo adecuado a sus particularidades culturales, entre otros), 3) promover la definición concertada de unos lineamientos de política en materia de Derechos Humanos para los pueblos indígenas, 4) recomendar la definición de una política para el manejo concertado de las áreas protegidas, 5) reglamentar el artículo 7o de la Ley 30 de 1986 para garantizar el uso tradicional de la coca y demás plantas utilizadas con fines culturales.

Perú

En el Perú, la Gerencia Regional de Asuntos Indígenas (GRAI) de Loreto es la autoridad regional competente para elevar las voces de los pueblos indígenas a las diferentes instancias del gobierno peruano. En la práctica, las organizaciones de base proyectan sus voces más a través de sus organizaciones regionales, que son la Organización Regional de los Pueblos Indígenas del Oriente (ORPIO) y la Asociación Interétnica de Desarrollo de la Selva Peruana (AIDESEP).

Binacional

A nivel binacional existen varios espacios de coordinación, a diferentes niveles. Los Gabinetes Binacionales representan los mecanismos políticos del más alto nivel que reúnen a los jefes de estados y sus gabinetes ministeriales para tratar asuntos bilaterales, especialmente los de la zona de frontera compartida. Estos espacios ocurren anualmente desde 2015 entre los gobiernos del Perú y Colombia.

Como parte de los compromisos asumidos en el Encuentro Presidencial y IV Gabinete Binacional Perú-Colombia, realizado en febrero del año 2018, en Cartagena (Colombia), el Servicio Nacional de Áreas Protegidas del Perú (SERNANP) y Parques Nacionales

---

45 *http://www.amazonas.gov.co/noticias/encuentro-entre-asociaciones-de-autoridades-indigenas*

Naturales de Colombia (PNN) vienen trabajando en el proyecto "Integración regional fronteriza de las áreas protegidas de Colombia y del Perú (Colombia: PNN La Paya y PNN Amacayacu; Perú: PN Güeppí-Sekime y PN Yaguas)".

El Pacto de Leticia se generó a raíz de la preocupación por los incendios forestales en la Amazonia manifestada en el V Gabinete Binacional Perú-Colombia en Pucallpa, en agosto de 2019. Mediante el mismo, el Perú, Colombia, así como Brasil, Bolivia, Ecuador, Surinam y Guyana se comprometen a tomar medidas coordinadas para proteger la Amazonia y luchar contra la deforestación.

La Zona Binacional de Integración Fronteriza (ZIF) entre el Perú y Colombia cuenta con un plan de desarrollo que sirve como instrumento que guía las acciones conjuntas para promover el desarrollo de la frontera compartida. La Comisión Binacional para la Zona de Integración a nivel regional está representada por el Proyecto Especial Binacional de Desarrollo Integral de la Cuenca del Putumayo (PEBDICP) y el Instituto SINCHI, quienes vienen trabajando en coordinación con proyectos que apuntan a lograr el desarrollo sostenible de las comunidades fronterizas y mejorar su calidad de vida. Durante el año 2020 tenían planificado la implementación de la segunda generación de proyectos enfocados en el fortalecimiento de emprendimientos locales, gestión del agua para el consumo humano y cadenas de desarrollo productivo en la cuenca del Putumayo. Estos proyectos son financiados con fondos que son aportados por los ministerios de Relaciones Exteriores de cada país, conformando el Fondo Binacional anual de dos millones de dólares (un millón de cada país) gestionado por el Banco Interamericano de Desarrollo (BID).

Desde el año 2017, con el liderazgo del Field Museum, la Fundación para la Conservación y Desarrollo Sostenible (FCDS), el Instituto del Bien Común (IBC), SERNANP, PNN y diversas organizaciones indígenas, se vienen desarrollando conversaciones e intercambios entre diversos actores que viven o tienen presencia en la cuenca del Putumayo peruano y colombiano con el objetivo de consolidar el sueño del Corredor Biológico y Cultural del Putumayo. A fines del año 2020 también se inició un proyecto del Banco Mundial como parte de los proyectos del Global Environmental Facility (GEF) en la cuenca del Putumayo que será ejecutado por Wildlife Conservation Society (WCS) en coordinación con los gobiernos de los cuatro países que forman parte de la cuenca: Ecuador, Colombia, el Perú y Brasil.

CONCLUSIÓN

El amplio conocimiento sobre sus territorios, el arraigo territorial, el respeto por la interculturalidad y las formas diversas de gobernar, así como valores compartidos como habitantes del río Putumayo, son fortalezas fundamentales que caracterizan a los pobladores de esta región. A pesar de ser una zona con poca población respecto a la dimensión del área, destaca la diversidad de organizaciones indígenas, sociales, religiosas y productivas.

La superposición de las distintas aspiraciones territoriales sobre espacios comunes entre diferentes actores sociales es uno de los mayores retos. Representa una oportunidad para establecer espacios de diálogo y procesos participativos e inclusivos de toma de decisiones, basados en el respeto mutuo, el principio de la escucha activa y el reconocimiento del derecho colectivo a un espacio propio para vivir. En este sentido, aunque la Reserva Forestal de Ley Segunda es una figura importante para la regulación de la extracción de recursos maderables y la conservación de esta región, se necesita que las autoridades competentes (el Ministerio de Ambiente y Desarrollo Sostenible, el Instituto SINCHI y Corpoamazonia) reanalicen la zonificación de esta área para que refleje la realidad en terreno y contribuya a una mejor gestión de los recursos naturales de la región.

Por otra parte, los habitantes de estos territorios de frontera enfrentan amenazas como la minería aurífera aluvial, el narcotráfico y la presencia de grupos armados, que, para eliminarlas, se necesita un accionar coordinado por parte de los Estados de los países vecinos, reconociendo las realidades locales y determinando la salvaguarda de los derechos y autonomía de los pobladores sobre estos territorios. Proteger estas áreas boscosas no solamente vela por la conservación de ecosistemas claves para el planeta, sino que asegura los medios de vida y protege los derechos humanos de las comunidades locales que se encuentran allí.

INFRAESTRUCTURA, SERVICIOS PÚBLICOS Y PROGRAMAS SOCIALES EN LA REGIÓN DEL BAJO PUTUMAYO-YAGUAS-COTUHÉ

Autores: Christopher Jarrett, Ana Lemos, Diana Alvira Reyes, Margarita del Aguila Villacorta, Fernando Alvarado Sangama, Valentina Cardona Uribe, Hugo Carvajal, Freddy Ferreyra, Jorge W. Flores Villar, Claus García Ortega, María Carolina Herrera Vargas, Wayu Matapi Yucuna, Delio Mendoza Hernández, Dilzon Iván Miranda, David Novoa Mahecha, Rosa Cecilia Reinoso Sabogal, Ana Rosa Sáenz, Alejandra Salazar Molano y Milena Suárez Mojica

INTRODUCCIÓN

A pesar de ser una zona fronteriza que ha sido estratégica para las aspiraciones territoriales del Perú y Colombia y para las diversas olas extractivas que se resumieron en el capítulo histórico, los más de cinco mil pobladores de esta región históricamente han carecido de una presencia constante y eficaz del Estado. La remota ubicación de este territorio, sumada al vacío jurídico en el que viven las poblaciones dentro de la Reserva Forestal de Ley Segunda en el lado colombiano (para más detalles, ver el capítulo *Demografía y gobernanza en la región del Bajo Putumayo-Yaguas-Cotuhé*, en este volumen) y la poca presencia del Estado en el lado peruano, han influido en que los pobladores de esta región no cuenten con la prestación de servicios

públicos de manera regular ni tampoco con la infraestructura adecuada para el desarrollo local.

Sin embargo, los gobiernos de ambos países han empezado a hacer esfuerzos para hacer mayor presencia en esta región históricamente "olvidada" y prestar los servicios que necesita la población. En este sentido, se destacan dos iniciativas principales —el Programa Nacional PAIS del Perú y la Jornada Binacional Perú-Colombia— los cuales se describirán más adelante. Las transferencias a los resguardos indígenas a través del Sistema General de Participaciones (SGP) también han fortalecido la capacidad de las Asociaciones de Autoridades Tradicionales Indígenas (AATI) de brindar servicios básicos a su población y el Resguardo Indígena Ríos Cotuhé y Putumayo ha desarrollado sus propios sistemas de educación y salud avalados por el gobierno colombiano, ejemplos importantes de la capacidad de las poblaciones locales de la región de brindar servicios básicos acorde a su realidad y cultura. Finalmente, a través de la reciprocidad y los acuerdos informales, los pobladores se han organizado para compartir recursos y cuidarse entre vecinos, con o sin la presencia del Estado, lo cual ha sido motivo de orgullo para la gente de esta región.

A continuación, se detalla la situación de la prestación de servicios básicos en la región, con énfasis

Tabla 11. Infraestructura, servicios públicos y programas sociales en la región del Bajo Putumayo-Yaguas-Cotuhé, Perú. Tabla elaborada durante un inventario rápido de la región en noviembre de 2019.

Organización	Comunidad	Educación inicial	Escuela primaria	Escuela secundaria/ colegio	Beca 18	Posta de salud	GILAT instalado	Equipos de radiofonía	
FECOIBAP	Betania							X	
	Corbata		X				X	X	
	Curinga		X					X	
	El Álamo	X	X	X	X	X	X	X	
	Pesquería							X	
	Puerto Franco	X	X		X	X	X	X	
	Puerto Nuevo		X				X	X	
	Remanso	X	X	X		X	X	X	
	San Martín		X				X	X	
	Tres Esquinas		X		X		X	X	
OCIBPRY	Huapapa	X	X	X	X	X	X	X	
	Primavera	X	X				X	X	
	Santa Rosa de Cauchillo		X				X	X	

en la educación, salud, comunicaciones, transporte, agua potable y alcantarillado, energía/electrificación, servicios bancarios y financieros y programas sociales. Esta información fue recolectada durante el inventario, principalmente a través de entrevistas y grupos focales con líderes de las organizaciones sociales de la región y un ejercicio de mapeo de relaciones institucionales para evaluar y reflexionar sobre el relacionamiento de cada organización con diferentes instituciones del Estado. Para más detalles sobre los enfoques y la metodología del inventario, ver el capítulo *Panorama general del inventario social*, en este volumen.

INFRAESTRUCTURA, SERVICIOS PÚBLICOS Y PROGRAMAS SOCIALES (TABLAS 11–12)

Las Plataformas para la Acción para la Inclusión Social (PAIS) del Perú

Las Plataformas para la Acción para la Inclusión Social (PAIS) son parte de un programa especial del gobierno peruano, impulsado por el Ministerio de Desarrollo e Inclusión Social (MIDIS), que busca llevar los servicios y programas sociales del Estado a poblaciones en zonas remotas del país a través de dos modalidades: 1) los "tambos," que son edificios que se construyen en las comunidades que albergan a diferentes instituciones del Estado y facilitan la articulación entre programas gubernamentales y 2) las Plataformas Itinerantes de Acción Social (PIAS), que son embarcaciones que bajan por el río Putumayo y llegan a las comunidades cada dos meses para brindar atención médica (atienden tanto a peruanos como a colombianos) y proveen acceso a trámites y servicios básicos[46]. Hay un tambo en funcionamiento en Remanso y hay dos tambos en proceso de construcción, en Huapapa y El Álamo. Los residentes de Remanso manifestaron durante el inventario que el tambo tiene una buena gestora y que el espacio también les brinda comodidad para reunirse, pues aprovechan de las instalaciones para hacer reuniones, talleres, encuentros comunales y otras actividades colectivas. Los habitantes de las comunidades manifestaron que la atención en las PIAS es buena, pero puede ser mejor, especialmente la atención médica, ya que faltan materiales como medicamentos y herramientas para cirugías. Sin embargo, lo perciben como un servicio importante.

Educación

La educación en el Bajo Putumayo-Yaguas-Cotuhé es generalmente de baja calidad y gran parte de la población solamente tiene acceso a la educación primaria. En el lado peruano, cinco comunidades cuentan con educación inicial (Puerto Franco, Remanso,

---

46   pais.gob.pe/webpais/public/

Baños ecológicos (Municipalidad distrital)	Tambo	Programa Bosques (PNCB)	SERNANP-PAES	Cuna Más	Programa Juntos	Qali Warma	Vaso de leche	Pensión 65
			X		X	X	X	X
			X	X	X	X	X	
			X	X	X	X	X	X
X	En construcción	X	X	X	X	X	X	X
					X	X		X
		X	X	X	X	X	X	X
			X	X	X	X	X	X
	X	X	X	X	X	X	X	X
		X	X		X	X	X	X
			X		X	X	X	
X	En construcción			X	X	X	X	X
			X	X	X	X	X	X
			X	X	X	X	X	

Tabla 12. Infraestructura, servicios públicos y programas sociales en la región del Bajo Putumayo-Yaguas-Cotuhé, Colombia. Tabla elaborada durante un inventario rápido de la región en noviembre de 2019.

Ordenamiento territorial	Organización	Comunidad o localidad	Finca o predio	
Resguardo Indígena Ríos Cotuhé y Putumayo	AATI CIMTAR	Buenos Aires	–	
		Caña Brava	–	
		Nueva Unión	–	
		Puerto Huila	–	
		Puerto Nuevo	–	
		Puerto Tikuna	–	
		Pupuña	–	
		Santa Lucía	–	
		Ventura	–	
Resguardo Indígena Uitiboc	AATI ASOAINTAM	Alpha Tum Sacha	–	
		Alto Cardozo	–	
		Bajo Cardozo	–	
		Centro Cardozo	–	
		Centro Tarapacá	–	
		Peña Blanca	–	
Reserva Forestal de Ley Segunda	Asentamiento Altomonte de Ezequiel	Altomonte de Ezequiel	–	
	–	Barranquilla	Dagoberto	
	–	Bicarco	Yairlandia	
	–		Loma Linda	
	–		Santa Mercedes	
	–		Euclides	
	–		Orel	
	–		Villa Sandra	
	Puerto Ezequiel	Caño Ezequiel	Andrés Tobon	
	–	Caño Porvenir	Limón	
	Anexo a CIMTAR	Porvenir	Comunidad de Porvenir	
	Asentamiento Puerto Ezequiel	Puerto Ezequiel	Barranguillita	
			Changay	
			Puerto Ezequiel	
			Sabalillo	
			Puerto Toro	
			Paparo	
	–	Puerto Gaudencia	Buena Vista	
	–		Machete	
	Anexo a CIMTAR		Comunidad de Gaudencia	
	–	Puerto Palma	Puerto Palma	
	–	Santa Clara	Santa Clara	
	–	Tarapacá (casco urbano)	–	

Escuela primaria	Escuela secundaria/colegio	Puesto de salud	Hospital	Promotores de salud nombrados	Mil días	Familias en acción
X				X	X	X
X				X		X
X				X		X
X				X		X
X				X		X
X					X	X
X				X	X	X
X				X		X
X				X		X
X						
X		X				
X		X				
X	X		X	X	X	X

Huapapa, Primavera y El Álamo) y 11 de las 13 comunidades nativas cuentan con una escuela primaria (Betania y Pesquería no tienen, estudian en la escuela de Remanso), pero solamente tres tienen educación secundaria (Remanso, El Álamo, Huapapa). La otra opción para la educación secundaria en la región es el internado de El Estrecho. Las universidades más cercanas están en Iquitos. Hay un programa de becas (Beca 18) para los estudiantes peruanos para seguir carreras técnicas o universitarias y hay varios estudiantes de las comunidades nativas del Bajo Putumayo que han sido beneficiados[47]. Los participantes de los talleres que se realizaron en Remanso manifestaron que aunque consideran que Beca 18 es un programa importante, no hay ayuda para los estudiantes que no están al mismo nivel cuando se gradúan en las comunidades como los que se gradúan en Iquitos.

La mayoría de las escuelas primarias son unidocentes y muchas tienen dificultades en asegurar la continuidad de los docentes y su participación en las actividades de las comunidades. No hay escuelas interculturales bilingues y hay pocos profesores bilingues con capacidad de enseñar en los idiomas indígenas. Además, los pobladores señalan que los profesores no hacen caso a los reclamos de los padres de familia, faltan demasiado al trabajo y hay problemas con el manejo del dinero. El Estado peruano proporciona los libros necesarios para la educación y a través del programa Qali Warma los colegios reciben mensualmente dotaciones de alimentos, pero la infraestructura de las escuelas está en malas condiciones y, según testimonios recolectados en campo, la Dirección Regional de Educación de Loreto no ha tomado acciones para atender las quejas de los padres de familia.

En el lado colombiano, Tarapacá tiene la única escuela secundaria/colegio de la región, la Institución Educativa Villa Carmen, que cuenta con un internado y recibe a estudiantes de diferentes comunidades indígenas y también de los asentamientos israelitas. La universidad más cercana está en Leticia. Los indígenas del Resguardo Indígena Uitiboc también dependen de Tarapacá para el acceso a la educación a todos los niveles, pues no hay escuelas ni colegios dentro del resguardo. La falta de continuidad y los conflictos entre docentes, son retos importantes para el colegio de Tarapacá. Otro reto es

lograr una educación intercultural que tome en cuenta la diversidad cultural de la zona. Algunos miembros de la AATI ASOAINTAM nos contaron, por ejemplo, que en los Centros de Desarrollo Infantil (CDI), les dan leche a los niños hasta los cinco años, lo cual hace que los niños no quieran tomar la caguana o consumir otros alimentos tradicionales.

En contraste, cada comunidad dentro del Resguardo Indígena Ríos Cotuhé y Putumayo tiene una escuela primaria y CIMTAR ha tenido una experiencia importante de autonomía en la educación. En 2002, CIMTAR demandó al Departamento de Amazonas para que le otorgara la autoridad sobre la educación en el resguardo, función que en ese entonces cumplía la Iglesia Católica como intermediario para el gobierno (Dávalos s.f.). Desde 2002, la Gobernación ha transferido recursos a CIMTAR, mediante un convenio interadministrativo, para que la AATI contrate a sus propios maestros indígenas y organice su propio sistema educativo bajo sus propios principios y criterios culturales. CIMTAR ha creado su propia Secretaría de Educación, hecho diagnósticos educativos, formado a los maestros indígenas y desarrollado su propio currículum y materiales pedagógicos, incluyendo un esfuerzo incipiente de crear una gramática ticuna. Además, CIMTAR ha asumido la responsabilidad de brindar la educación en la escuela primaria de Porvenir, asentamiento adscrito a CIMTAR para este propósito.

Aparte de la Institución Educativa Villa Carmen en Tarapacá y las escuelas de CIMTAR, hay escuelas primarias en los asentamientos de Puerto Ezequiel y Gaudencia. Los habitantes de Puerto Ezequiel manifiestan que, aunque la Gobernación de Amazonas construyó un edificio antiguo en el asentamiento, no han mantenido esta infraestructura y por lo tanto han tenido que construir sus propios edificios. Además, la escuela de Puerto Ezequiel está afiliada a la IE Villa Carmen y tiene dos profesores, uno de Villa Carmen y otro de la congregación y ha habido descontento con algunos de los profesores que han trabajado en la escuela del asentamiento de Puerto Ezequiel.

Salud

El servicio de salud en la región es irregular y generalmente de baja calidad, aunque hay ejemplos importantes de salud comunitaria. El hospital de

47 pronabec.gob.pe/beca18/

El Estrecho (categoría 1), el centro de salud de Tarapacá y los puestos de salud comunitarios, frecuentemente carecen del abastecimiento y personal adecuado para brindar una atención de calidad.

En el lado peruano, hay centros de salud local (Postas de Salud en el Perú, Puestos de Salud en Colombia). Remanso, que es la capital del Distrito de Yaguas, tiene Posta de Salud con categoría 1–2 y cuenta con un médico (Jefe de la Red Zonal), un obstetra, una licenciada en enfermería, un laboratorista y dos técnicos en enfermería. En Puerto Franco, Remanso, Huapapa y El Álamo, hay Postas de Salud categoría 1-1 donde atienden serumistas (estudiantes realizando sus prácticas) de enfermería y técnicos en enfermería y cuentan con un técnico laboratorista, pues al ser zona endémica de malaria es necesario contar con este personal. Sin embargo, los centros médicos de la zona no cuentan con presupuestos adecuados para ayudar a la gente a llegar desde sus comunidades y si se evacúa a un paciente al hospital del Estrecho o a Iquitos en casos de emergencia, no se le da transporte para que pueda retornar a su comunidad. Además, hay promotores de salud en cada comunidad, pero no tienen suficientes medicamentos. Las PIAS (embarcaciones del programa PAIS) también brindan atención médica cuando llegan a las comunidades, pero este servicio sólo está disponible aproximadamente cada dos meses. Algunas comunidades peruanas también acuden al centro médico de Puerto Ezequiel en caso de contagiarse con malaria y en casos más graves acuden hasta Tarapacá. Finalmente, hay pocas personas que practican la medicina tradicional en las comunidades, aunque hay curanderos y personas que conocen plantas medicinales en algunas comunidades.

En el lado colombiano, la mayoría de la población de la zona busca atención en el hospital de Tarapacá, el cual atiende tanto a la población indígena como a los no indígenas. Hay personal calificado, generalmente médicos de otras regiones que están haciendo su servicio rural, pero hay una carencia constante de materiales y aparatos para poder brindar una atención de calidad. Una de las enfermeras presentes durante el inventario manifestó que no tienen los insumos para ofrecer siquiera una atención primaria. Aparte del hospital, hay promotores comunitarios de salud en ocho de las nueve comunidades del Resguardo Indígena Ríos Cotuhé y Putumayo, pagados por las transferencias que recibe el resguardo. Puerto Ezequiel también tiene un pequeño puesto de salud donde la gente de la región a veces acude para tratamiento para malaria.

Comunicaciones

Hay pocas opciones para comunicarse en las comunidades nativas del lado peruano. La gran mayoría cuenta con equipos de radio donados por la ONG Nouvelle Planète, gestionada por el IBC y FECOIBAP. Hay teléfonos GILAT (satelitales) instalados en 10 de las 13 comunidades, pero no están operativos porque se acabó el contrato entre las comunidades y el proveedor de este servicio. Hay cobertura celular de Movistar en Remanso, pero no hay cobertura en las otras comunidades. En Remanso hay servicio de internet en el tambo. En El Álamo hay radio en la posta de salud y la policía y la marina de guerra tienen teléfono e internet.

En el lado colombiano, hay cobertura celular de Claro en el casco urbano de Tarapacá, pero no hay en la mayoría de las comunidades del Resguardo Indígena Ríos Cotuhé y Putumayo ni los centros del Resguardo Indígena Uitiboc. El Parque Nacional Natural Río Puré facilita el acceso a sus radios a los habitantes de los resguardos para que puedan transmitir mensajes a las comunidades a través de sus puestos de control. Además, existe un programa del Estado colombiano de conectar las comunidades de la ribera del Putumayo y se han instalado antenas repetidoras, una de ellas en la comunidad de Changay, donde hay señal de wifi, la cual es aprovechada tanto por peruanos como por colombianos. En Tarapacá, hay servicio de internet a través de Andired, un proyecto del ministerio de tecnologías de la información y las comunicaciones implementado por el Proyecto Nacional Conectividad de Alta Velocidad.

Transporte

El transporte es un reto importante para la población. La mayoría de la gente se moviliza en transporte fluvial, pero no hay un servicio regular y económicamente accesible para el traslado personal y/o comercial en esta región. Para llegar a las ciudades más cercanas (Iquitos, Perú y Leticia, Colombia) hay que viajar por avión o emprender un viaje largo por el río Putumayo, a través de Brasil, hasta llegar a la unión del Putumayo con el Amazonas en Santo Antônio do Içá. En el Perú, la

Fuerza Aérea Peruana tiene vuelos diarios (excepto por los sábados y domingos) de Iquitos al Estrecho y un vuelo quincenal de Iquitos a Remanso. Otras agencias vuelan al Estrecho los sábados y domingos. Una vez llegado al Estrecho, la gente puede esperar las lanchas que llegan cada 20 días o embarcarse en su propia movilidad, pero la mayoría viaja en peque-peque hasta el pueblo más cercano que es Puerto Franco, un viaje que demora dos a tres días. En Colombia, hay vuelos comerciales tres veces a la semana (martes, jueves y sábado) de Ipiranga (una base militar brasileña cerca de Tarapacá) a Tabatinga (ciudad brasileña vecina de Leticia) a través de la empresa brasileña Otimar. Sin embargo, viajar en avión representa un costo inalcanzable para gran proporción de la población, entonces la mayoría de la gente opta por bajar por río hasta Santo Antônio do Içá y de allá subir hasta Leticia. Las lanchas son tanto peruanas como colombianas y no tienen horario fijo.

Agua potable y alcantarillado

En ninguna parte de la región existe un servicio de agua potable ni de alcantarillado, lo cual constituye un reto especialmente para los centros poblados más grandes, como por ejemplo Tarapacá. Algunas comunidades en el lado peruano cuentan con baños ecológicos que instaló la Municipalidad Distrital de Yaguas, pero según testimonios recolectados en Huapapa, estos baños no se encuentran en funcionamiento. En las comunidades la gente recoge agua de lluvia y de los ríos y quebradas. En Tarapacá hay un sistema de agua entubada que llega a las casas desde el río Putumayo, pero el agua no es potable y no hay alcantarillado, pues las aguas servidas van directo al río sin ser tratadas.

Electricidad

Pocas poblaciones de la región cuentan con servicio de electricidad regular. Existe servicio en Remanso, Huapapa y Tarapacá, pero generalmente es irregular. Por ejemplo, durante el inventario sólo había luz de 3pm a 11pm en Tarapacá. Debido a esta situación, las poblaciones locales dependen mucho del uso de generadores/motores de luz, casi todos los cuales funcionan con gasolina. Aunque hubo proyectos de energía solar en la región en años anteriores, actualmente no hay energía solar en ninguna parte de la región.

Servicios bancarios y financieros

La falta de acceso a servicios bancarios es otro reto clave para la región. En el Distrito de Yaguas, en el lado peruano, el único acceso regular a servicios bancarios que tiene la población es a través de las PIAS, las cuales tienen cajero automático y permiten a los profesores cobrar sus sueldos, a las personas pertenecientes a los programas Juntos y Pensión 65 cobrar sus pensiones y a la ciudadanía en general realizar transacciones básicas a través del Banco de la Nación. La falta de acceso a servicios bancarios es un reto particular para Tarapacá, como centro de comercio regional. Por el vacío jurídico relacionado a su ubicación dentro de la Reserva Forestal de Ley Segunda, Tarapacá legalmente no puede tener la presencia de instituciones bancarias ni cajeros automáticos, lo cual constituye una barrera importante para el acceso al crédito, el flujo de los recursos económicos y el desarrollo de la economía local en general. Los pobladores del casco urbano a veces pueden comprar a crédito en las tiendas, pero no hay acceso a ningún servicio financiero dentro del pueblo. Para realizar trámites bancarios, tienen que viajar a Leticia.

Programas sociales

Hay varios programas sociales del Perú y Colombia para las madres, los niños y los adultos mayores (ver las Tablas 11–12). En el Perú, hay el Programa Nacional Cuna Más, Programa Juntos, el Programa Nacional de Alimentación Escolar Qali Warma, el Programa de Vaso de Leche y el Programa Pensión 65. El Programa Nacional Cuna Más es un programa social enfocado en mejorar el desarrollo infantil de niñas y niños menores de tres años a través de dos servicios principales: 1) Servicio de Cuidado Diurno, que brinda atención integral a las niñas y los niños menores de tres años que requieren atención especial en sus necesidades básicas de salud, nutrición, juego, aprendizaje y desarrollo de habilidades y 2) Servicio de Acompañamiento a Familias, que brinda atención a las madres gestantes y niñas y niños menores de 36 meses a través de visitas semanales a los hogares y sesiones de socialización grupales.[48] En el Bajo Putumayo, no hay acceso al Servicio de Cuidado Diurno, pero sí el Servicio de Acompañamiento a Familias. El Programa Juntos es un

---

48 cunamas.gob.pe/

programa enfocado en la salud preventiva materna e infantil y la escolaridad, ejecuta transferencias directas a las familias más pobres del país y brinda servicios de salud y educación diferenciados para las madres y los niños[49]. El Programa Nacional de Alimentación Escolar Qali Warma da dotaciones mensuales de alimentos nutritivos y variados a las escuelas primarias y secundarias de la Amazonia peruana[50]. El programa Vaso de Leche es un programa dedicado a combatir la inseguridad alimentaria y mejorar el estado nutricional de poblaciones vulnerables, ofrece raciones diarias de alimentos a poblaciones priorizadas, como mujeres gestantes y niños de 0-6 años, niños de 7-13 años y adultos mayores[51]. Vaso de Leche es financiado a través de transferencias del Ministerio de Economía y Finanzas a los gobiernos locales y en esta región es administrado por el Distrito de Yaguas. El programa Pensión 65 apoya a los adultos mayores de escasos recursos a través de transferencias directas de 250 soles bimestrales por persona[52]. También hay presencia de la Comisión Nacional para el Desarrollo y Vida sin Drogas (DEVIDA) en esta región. DEVIDA es una institución del estado peruano encargado de diseñar y conducir la Estrategia Nacional de Lucha contra las Drogas, a través de la cual se organizan reuniones y talleres con las comunidades sobre la prevención del uso de drogas y el alcoholismo. El programa PAIS (descrito arriba) agrupa a todos estos programas y proporciona un espacio (el tambo) para el desarrollo de sus talleres y actividades.

En el lado colombiano, en Tarapacá y varias comunidades del Resguardo Ríos Cotuhé y Putumayo, hay presencia de los programas Mil Días y Familias en Acción. El Programa 1.000 Días para Cambiar el Mundo es una iniciativa del Instituto Colombiano de Bienestar Familiar, que vela por el bienestar de los infantes, los niños y los adolescentes. Está enfocado en combatir la desnutrición crónica en las niñas y niños menores de dos años y mujeres gestantes con bajo peso y tiene tres componentes: 1) alimentación y nutrición, 2) gestión social y familiar y 3) procesos educativos[53].

El programa Familias en Acción es una iniciativa del Departamento de la Prosperidad Social administrada por el Banco Agrario de Colombia que ejecuta transferencias directas para mejorar los niveles de educación y salud de menores de edad que pertenecen a hogares de bajos recursos[54].

Programas de atención diferenciada para el Putumayo

El Proyecto Especial Binacional de Desarrollo Integral de la Cuenca del Putumayo (PEBDICP) es una unidad ejecutora del Ministerio de Agricultura del Perú encargada de ejecutar proyectos y acciones nacionales de desarrollo e integración fronteriza[55]. Las comunidades del Bajo Putumayo manifestaron que han recibido apoyo del PEBDICP para un aserradero (en Remanso), la cría de gallinas y patos, la piscicultura y el cultivo de sacha inchi. Algunos habitantes de las comunidades nativas dijeron que tienen una buena opinión de los proyectos del PEBDICP, pero otros dijeron que hace falta más seguimiento a estos proyectos.

Otra iniciativa importante es la Jornada Binacional Perú-Colombia, conocida como "la Binacional," un proyecto liderado por la Armada Nacional de Colombia y la Marina de Guerra del Perú que, desde 2006, ha traído embarcaciones de ambos países que bajan por el río Putumayo brindando atención médica y otros servicios básicos a la población. Sin embargo, hay inconformidades de parte de la población peruana con la atención del gobierno colombiano, ya que afirman que el buque colombiano de la Binacional no atiende a los peruanos, mientras que el buque peruano (y el PIAS) atiende de igual manera a los peruanos y colombianos. Se recomienda que a futuro todos los programas de atención diferenciada para el Putumayo brinden servicio binacionalmente y que las autoridades del Perú, Colombia y Brasil articulen esfuerzos para atender a la población de la región, la cual ha sido históricamente desatendida por los Estados.

---

49 juntos.gob.pe/

50 qaliwarma.gob.pe/

51 https://www.mef.gob.pe/es/politica-economica-y-social-sp-2822/243-transferencias-de-programas/393-programa-de-vaso-de-leche

52 pension65.gob.pe/

53 https://www.icbf.gov.co/portafolio-de-servicios-icbf/recuperacion-nutricional-en-los-primeros-mil-dias

54 https://www.bancoagrario.gov.co/SAC/Paginas/MasFamiliasAccion.aspx

55 https://www.pedicp.gob.pe/

USO DE RECURSOS NATURALES Y ECONOMÍA FAMILIAR EN LA REGIÓN DEL BAJO PUTUMAYO-YAGUAS-COTUHÉ

Autores: Christopher Jarrett, Diana Alvira Reyes, Alejandra Salazar Molano, Ana Lemos, Margarita del Aguila Villacorta, Fernando Alvarado Sangama, Valentina Cardona Uribe, Hugo Carvajal, Freddy Ferreyra, Jorge W. Flores Villar, Claus García Ortega, María Carolina Herrera Vargas, Wayu Matapi Yucuna, Delio Mendoza Hernández, Dilzon Iván Miranda, Milena Suárez Mojica, David Novoa Mahecha y Rosa Cecilia Reinoso Sabogal

INTRODUCCIÓN

Los pobladores de la región del Bajo Putumayo-Yaguas-Cotuhé dependen de los recursos naturales de la zona para satisfacer sus necesidades básicas, incluyendo la alimentación y los materiales de construcción, y también para acceder a recursos económicos para cubrir sus gastos familiares. Las actividades de subsistencia aseguran la soberanía alimentaria y la resiliencia de la economía familiar frente a las frecuentes bonanzas extractivas que históricamente han caracterizado a la región y a menudo han sido una fuente de inestabilidad. Los pobladores de la región también poseen un profundo conocimiento ecológico, una fortaleza que ha facilitado el manejo sostenible de los recursos, lo cual se ve reflejado en la gran biodiversidad documentada durante el inventario biológico. Asimismo, el manejo cultural y espiritual del territorio por parte de los pueblos indígenas ha guiado su relación con los no humanos y ha sido la base moral del cuidado sostenido del medio ambiente durante generaciones. Para asegurar la conservación de la biodiversidad presente en la región y el bienestar de la población, es necesario entender los conocimientos y las prácticas de manejo tradicionales y adoptar políticas públicas que fortalezcan estos medios de vida tradicionales.

Al mismo tiempo, hoy en día los pobladores de la región, así como muchas otras poblaciones rurales amazónicas, dependen también de la economía monetaria para satisfacer sus necesidades y acceder a recursos que mejoren su bienestar, entonces la conservación de la región y el bienestar de su gente también requieren que los gobiernos y otros actores externos entiendan y apoyen las actividades productivas orientadas al mercado que los pobladores realicen de

manera sostenible (Álvarez 2019). Dada la relativa ausencia de los Estados en esta región, existe mucha informalidad en las actividades comerciales, sin embargo, las comunidades están cada vez más organizándose para visibilizarse ante el Estado, acceder a apoyo e inversión y mejorar el manejo de los recursos naturales. En este sentido, se destaca la existencia de asociaciones productivas (pescadores, madereros y comerciantes de productos no maderables). No obstante, sigue habiendo muchas barreras para aumentar la formalidad en la región.

Por último, es importante visibilizar y fortalecer los mecanismos de coordinación y colaboración entre comunidades y organizaciones vecinas, incluyendo el intercambio, trueque y acuerdos formales e informales para espacios de uso común, pues las relaciones entre vecinos son claves para el monitoreo y el uso sostenible a largo plazo de las poblaciones de las diferentes especies y los recursos naturales, así como para la creación de lazos sociales que fortalezcan el buen vivir de las comunidades. Estas redes sociales se entretejen entre comunidades de ambos lados de la frontera, en una región donde el río une más que divide y el flujo de recursos es dinámico y relativamente libre.

PESCA

La región del Bajo Putumayo-Yaguas-Cotuhé cuenta con una alta diversidad de peces (ver el capítulo *Peces*, en este volumen, así como Hidalgo y Ortega-Lara [2011] y Alvira et al. [2011]), incluyendo varias que los pobladores locales aprovechan para la subsistencia y la venta. Las especies más comunes se detallan en la Tabla 13. La pesca es una actividad que se realiza en todas partes de la región, debido a la abundancia de peces en los ríos y las cochas/lagos, lo cual se ve reflejado en el mapa de recursos naturales (ver la Fig. 31).

Los tipos de artes y aparejos de pesca varían entre las especies que se aprovechan. La captura tradicional del paiche/pirarucú se realiza con arpón. Durante períodos de creciente y en aquellas cochas cubiertas con vegetación flotante, donde son difíciles de localizar, también se utiliza anzuelos con carnadas de peces. Para la captura de paiche/pirarucú adulto para fines de comercialización se emplea mayormente la red agallera conocida como "paichitera", de 12 pulgadas de malla

Figura 31. Mapa de uso de recursos naturales por las poblaciones locales de la región del Bajo Putumayo-Yaguas-Cotuhé, Colombia y Perú. Datos compilados durante un inventario rápido de la región en noviembre de 2019, y del Instituto del Bien Común.

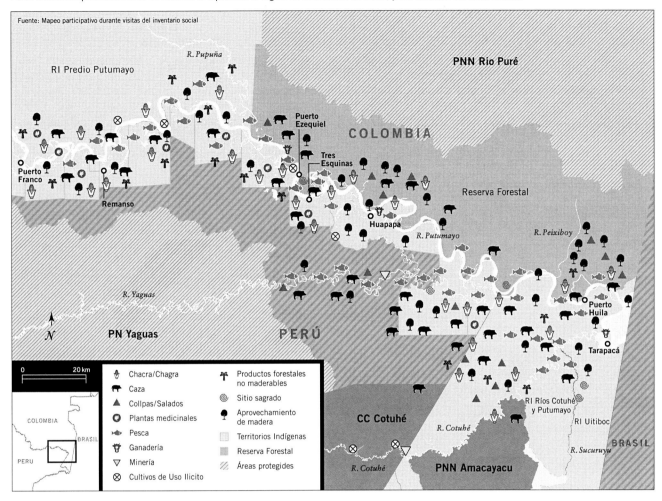

estirada e hilo Nº 240, este arte de pesca es selectivo para los ejemplares mayores de 1.60 m de talla mínima de captura de la especie, según los lineamientos del Programa de Manejo Pesquero del Putumayo en el Perú (PROMAPE, ver más detalles abajo).

El procedimiento para la captura de arahuana/arawana también se realiza siguiendo los lineamientos del Programa de Manejo Pesquero del Putumayo (en el lado peruano). Para la captura de ejemplares adultos de arahuana/arawana en el Putumayo, se utiliza principalmente la flecha, hecha de caña brava o "hisana" de 1,5 m de largo, una vez tocado el cuerpo del macho adulto, libera de su boca los alevines, entonces se procede a la captura de los alevines mediante la "pusahua" o redecilla de mano, esta faena generalmente lo realiza una sola persona, con el apoyo de 1–2 personas. Este método es depredatorio, pues ocasiona la muerte del ejemplar adulto.

La captura de los ejemplares adultos de arahuana/arawana también se realiza mediante el uso de redes tipo agalleras de 4.5" a 5" de abertura de malla, selectivas para la especie; en una faena de pesca participan generalmente 2–3 pescadores, mayormente en las orillas de las cochas/lagos, "tahuampas" o "restingas bajas", al chocar el reproductor en la malla expulsa los alevines de su boca, los cuales son capturados rápidamente mediante las pusahuas. Al reproductor adulto capturado con la malla, se le toman los datos de longitud total y peso, enseguida se procede a su liberación o a su aprovechamiento. Los alevines capturados son colocados en las cajas y/o bolsas plásticas con agua y transportados bajo sombra al centro de acopio para su estabulación. Para la captura de otros peces de consumo como sábalo,

Tabla 13. Especies útiles de pesca en la región del Bajo Putumayo-Yaguas-Cotuhé, Colombia y Perú. Tabla elaborada durante un inventario rápido de la región en noviembre de 2019.

Nombre común	Nombre Científico	Uso
Arahuana/arawana	*Osteoglossum bicirrhosum*	Ornamental
Acarahuazú	*Astronotus ocellatus*	Comida
Boquichico/bocachico	*Prochilodus nigricans*	Comida
Carachama/cucha	*Hypostomus emarginatus*	Comida
Disco	*Symphysodon* sp.	Ornamental
Doncella	*Pseudoplatystoma fasciatum*	Comida
Corydoras	*Corydoras* sp.	Ornamental
Gamitana	*Colossoma macropomum*	Comida
Lisa	*Leporinus* sp.	Comida
Otocinclo	*Otocinclus* sp.	Ornamental
Paco	*Piaractus brachypomus*	Comida
Paiche/pirarucú	*Arapaima*	Comida
Palometa/garopa	*Mylossoma duriventris*	Comida
Peje amarillo	*Polyprion* sp.	Comida
Pez globo/globito	*Colomessus asellus*	Ornamental
Sábalo cola negra/singo	*Brycon melanopterus*	Comida
Sábalo	*Brycon* sp.	Comida
Sardina	*Triportheus elongatus*	Comida
Tucunaré	*Cichla monoculus*	Comida
Zúngaro/pintadillo	*Brachyplatystoma filamentosum*	Comida

boquichico, palometa y lisas, se utilizan la flecha y la varandilla, una vara fina y recta del tronco de una planta atada en un extremo con hilo nylon que a su vez tiene unido al anzuelo de metal y redes de arrastre.

La pesca en la región se organiza principalmente a través de acuerdos informales entre comunidades, tanto implícitos como explícitos, escritos como orales, para el acceso y aprovechamiento en los distintos cuerpos de agua, estos acuerdos sirven como ejes claves para el relacionamiento entre poblaciones de ambos lados de la frontera. Algunos pescadores de la región también se han organizado en asociaciones de pesca y piscicultura, con reconocimiento formal de los gobiernos.

Los acuerdos implícitos entre comunidades se aplican principalmente a la pesca para la subsistencia y están basados en el respeto, la amistad y la solidaridad. En cambio, los acuerdos explícitos aplican al aprovechamiento con fines comerciales de espacios compartidos e implican la necesidad de pedir permiso a los dueños o responsables de una cocha/lago o a la autoridad ambiental para poder realizar esta actividad. Determinan la cantidad a sacar y el pago o porcentaje que queda en la comunidad que tiene el control sobre la cocha/lago y la retribución es para la comunidad que tiene control sobre el cuerpo de agua y se basa en la cantidad extraída.

Hay varios ejemplos en la región de acuerdos intercomunales de pesca, los cuales se detallan en la Tabla 14 y la Figura 32. Uno de los más importantes es entre las comunidades nativas (CCNN) San Martín y Tres Equinas del Perú y el asentamiento de Puerto Ezequiel en el lado colombiano. Este acuerdo permite el uso compartido de la cocha/lago Changay, en territorio colombiano, donde hay gran abundancia de peces, especialmente arahuana/arawana y paiche/pirarucú. Los pescadores peruanos capturan arahuana/arawana con el permiso de las autoridades de Puerto Ezequiel y a cambio pagan un porcentaje en efectivo o entregan un porcentaje del pescado a Puerto Ezequiel.

A partir de este acuerdo también se han llevado a cabo intercambios informales de conocimiento, en los cuales los peruanos les han enseñado a los israelitas a pescar y manejar la arahuana/arawana de forma sostenible. En 2007, este acuerdo se formalizó a través de un convenio escrito firmado entre líderes de la Junta de Acción Comunal de Puerto Ezequiel y de las comunidades nativas peruanas, pero los pobladores del sector nos manifestaron durante el inventario que no se le ha dado el seguimiento adecuado y que desean retomarlo para mejorar esta relación. Los pobladores de Puerto Ezequiel señalaron que hace falta más coordinación porque a veces los pescadores peruanos aprovechan de sus momentos de fiestas y ceremonias religiosas para entrar a la cocha/lago sin su permiso. Esto se ha vuelto un problema especialmente durante la época de la arahuana/arawana, durante la cual los israelitas tienen fiestas importantes. Por su parte, los pescadores peruanos manifestaron la necesidad de mejorar la comunicación entre ellos y sus vecinos israelitas porque opinan que los de Puerto Ezequiel a veces realizan un control demasiado estricto de la cocha/lago, desconociendo las necesidades de sus vecinos.

Los pescadores de la región también se han organizado en asociaciones de pesca, las cuales han establecido acuerdos formales para el manejo sostenible de las pesquerías (ver la Tabla 15). En el Perú, siete de las comunidades nativas cuentan con Asociaciones de Pescadores y Procesadores Artesanales (APPAs) y realizan el aprovechamiento de sus recursos pesqueros a través de la implementación de su Programa de Manejo Pesquero (PROMAPE), acuerdos locales y comités de vigilancia. La herramienta principal de manejo es el PROMAPE, el cual es autorizado y monitoreado por la Dirección Regional de Producción (DIREPRO, la autoridad pesquera de Loreto, Perú), dentro del PROMAPE están inmersos los sistemas de vigilancia y los acuerdos de pesca que se puedan tener con comunidades vecinas.

Las APPAs también reciben capacitaciones de la DIREPRO y del Instituto del Bien Común, a través de las cuales han podido conocer cómo funciona y se aplica la normatividad pesquera, cómo organizarse en grupos para vigilar sus cochas/lagos, cuáles son sus deberes y beneficios como asociación, cómo realizar el manejo pesquero sostenible (monitoreo, registro, aprovechamiento sostenible), cómo administrar un fondo de capitalización, cómo buscar y gestionar fondos de cooperación nacional e internacional para la implementación de sus actividades y cómo realizar negociaciones efectivas y justas de sus recursos pesqueros directamente con el empresario acuarista, sin necesidad de intermediarios. Basado en este conocimiento, las APPAs han podido pactar un acuerdo escrito formal con el Acuario de Iquitos para vender directamente los alevinos de arahuana/arawana y de esta manera obtener precios más justos[56]. Las actividades que vienen realizando estas APPAs han sido claves para mantener poblaciones de peces en un buen estado y se ha basado en el reconocimiento de la importancia de este recurso para la soberanía alimentaria y la economía local de las comunidades.

En el lado colombiano, los pescadores están apuntando hacia la organización, pero no están tan avanzados como los peruanos. En Tarapacá existen dos asociaciones de pesca: la Asociación de Pescadores de Tarapacá (ASOPESTAR) y la Asociación Piscícola Productora de Peces Ornamentales y Artesanales de Tarapacá Amazonas (APIPOATA). ASOPESTAR se estableció en 1996, pero hoy en día no se encuentra en funcionamiento. Antes los socios de esta asociación mantenían un cuarto frío, lo cual era un servicio clave para la economía local de Tarapacá, pero no pudieron seguir pagando la energía debido, según testimonios de sus afiliados, a un error en el cobro de la factura por parte de la empresa de energía y a partir de eso la asociación dejó de funcionar.

APIPOATA se estableció en 2018 para organizar la captura y comercialización de especies de uso ornamental como otocinclo (*Otocinclus* sp.), pez globo o globito (*Colomessus asellus*), *Corydoras*, arahuana/arawana (*Osteoglossum bicirrhosum*) y disco (*Symphysodon* sp.). Cuentan con un terreno y han realizado un estudio socioeconómico. Aspiran ser reconocidos como piscicultores ante la Autoridad Nacional de la Pesca (AUNAP), consolidar su red de comercialización y que cada uno de sus 24 asociados cuente con un área de cultivo de peces formalizado por el Estado[57].

En el lado colombiano del tramo del río Putumayo desde la CCNN Puerto Franco hasta el Resguardo Indígena Ríos Cotuhé y Putumayo, no hay esquemas formales de manejo de peces ni asociaciones. No obstante, el conocimiento ecológico tradicional relacionado a las cochas/lagos les ha permitido a los pobladores considerar ciertos cuerpos de agua como zonas de reserva y, por ende, la extracción allí no es permitida. La pesca en este tramo se realiza para la subsistencia y también se vende a intermediarios, conocidos como cacharreros, quienes cuentan con cuartos fríos y debido a la poca competencia pagan lo que consideran adecuado. Los pescadores de la Comunidad de Nueva Unión (Resguardo Indígena Ríos Cotuhé y Putumayo, Colombia), por ejemplo, manifestaron que venden arahuana/arawana a intermediarios, quienes les pagan 1.000 pesos colombianos por alevino y los llevan a Leticia a vender. En Tarapacá también se vende pescado para conseguir productos de primera necesidad como arroz, aceite y azúcar.

Además de los desafíos relacionados al fortalecimiento organizativo, el desencuentro en las normativas entre los países de la región dificulta el manejo adecuado del recurso pesquero. En el caso de la arahuana/arawana, hay

---

56 El acuario paga 1,80 soles por alevino, mientras que los intermediarios sólo pagan 1,00 sol por alevino.

57 Para más detalle sobre las asociaciones de pesca en esta región, ver el capítulo *Demografía y gobernanza en la región del Bajo Putumayo-Yaguas-Cotuhé*, en este volumen.

Tabla 14. Acuerdos intercomunales de pesca en la región del Bajo Putumayo-Yaguas-Cotuhé, Colombia y Perú. Tabla elaborada durante un inventario rápido de la región en noviembre de 2019.

	Comunidades o poblados (P- Perú, C- Colombia)	Lugares comunes (P- Perú, C- Colombia)	Tipo de Uso		En qué consiste el acuerdo
			Subsistencia	Comercial	
1	CN Puerto Franco (P) y San Salvador (C)	Lagos Pashaquillo, Redondo, Cedia (C)	–	X	Acuerdo entre Puerto Franco y AIZA (AATI colombiana) que permite extracción de arahuana/arawana por pescadores peruanos durante la época de arahuana/arawana. San Salvador ayuda a capturar y vende en Puerto Franco.
		Quebrada Huapapillo (P)	X	–	San Salvador hace pesca de subsistencia bajo mutuo acuerdo con Puerto Franco
2	CN Pesquería (P) y CN Betania (P) con Santa Marta (C)	Lago Marangoa, Caño Mutun (C)	X	–	Acuerdo mutuo verbal, sólo para subsistencia
3	CN Corbata (P) y CN Curinga (P) con Puerto Alfonso (C)	Caño Chambira y Lago Boyacá (C)	X	–	Acuerdo mutuo verbal, sólo para subsistencia
		Cochas Bora, Huapapillo, Charapero (P)	X	–	Acuerdo mutuo verbal, sólo para subsistencia
4	CN Puerto Nuevo (P) y Puerto Alfonso (C)	Caño Chambira y Lago Boyacá (C)	X	X	Puerto Nuevo utiliza caños y lagos para subsistencia. La gente de Puerto Alfonso captura arahuana/arawana de sus propios lagos y lo venden en Puerto Nuevo.
5	CN San Martin (P) y Puerto Ezequiel (C)	Centrococha (C)	X	–	Acuerdo verbal para fines de subsistencia
		Cocha Paparo (C)			
		Quebrada Esperanza (P)			
6	CN Tres Esquinas (P) y Puerto Ezequiel (C)	Lago Changay (C)	X	X	Para pesca de subsistencia, las comunidades nativas peruanas no necesitan pedir permiso formal. Para uso comercial, las CCNN peruanas deben pedir permiso para extraer arahuana/arawana. En reciprocidad, Tres Esquinas enseña técnicas de pesca y manejo de arahuana/arawana a Puerto Ezequiel.
7	CN Santa Rosa de Cauchillo (P) con ASOPESTAR y APIPOATA (Tarapacá) (C)	Cochas Salazar, Cauchillo, Shapajay Ventura (P)	–	X	Santa Rosa de Cauchillo vende al cuarto frío de Tarapacá.
8	CN El Álamo (P) y Puerto Huila (C)	Lago Gaviota (C)	X	–	El Álamo usa el lago Gaviota actualmente para subsistencia sin permiso, pero hace 10 años tuvieron un acuerdo con Puerto Huila para el aprovechamiento de arahuana/arawana. En el encuentro se planteó la posibilidad de retomar el acuerdo.

una diferencia de 15 días entre el final de la veda en los dos países. La veda se abre el 1 de marzo en Colombia y el 15 de marzo en el Perú. El problema radica en la falta de coordinación entre las autoridades pesqueras y es aprovechado por los habilitadores, tanto peruanos como colombianos, quienes compran alevinos de arahuana/arawana antes de que finalice la veda, lo cual ocasiona una caída del precio cuando ya se abra la veda, perjudicando así a los manejadores de arahuana/arawana que cumplen con la normativa.

La situación de la veda del paiche/pirarucú es distinta. En el Perú, a pesar de que hay veda para el paiche del 1 de octubre al 28 de febrero en casi todo el Departamento de Loreto, ésta no aplica para la cuenca del río Putumayo, entonces no hay un control sobre este recurso en este lado de la frontera. En cambio, Colombia sí tiene veda para el paiche/pirarucú, del 1 de octubre hasta el 15 de marzo. Además, mientras que el Perú y Colombia avalan la comercialización del paiche/pirarucú, en Brasil sólo se permite el autoconsumo. Como resultado, cuando los pescadores peruanos envían el paiche/pirarucú río abajo, si está en veda en Colombia los pescados son decomisados en Tarapacá y cuando pasan por territorio brasileño son decomisados sin importar si está en veda o no.

Figura 32. Mapa de acuerdos intercomunales de pesca y asociaciones de pesca en la región del Bajo Putumayo-Yaguas-Cotuhé, Colombia y Perú, elaborado durante un inventario rápido de la región en noviembre de 2019.

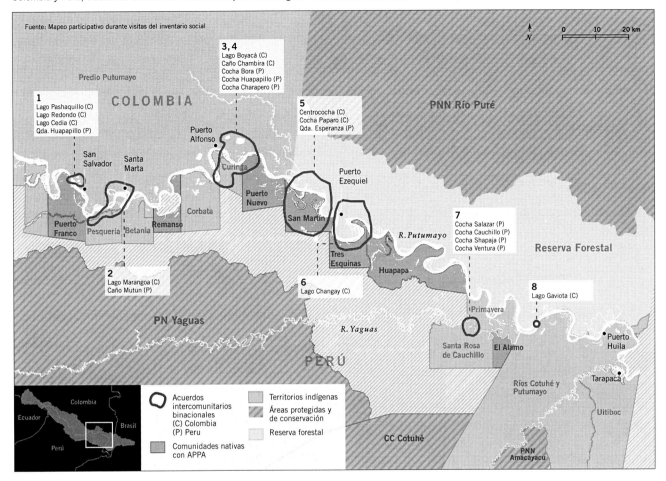

Tabla 15. Asociaciones de pesca en la región del Bajo Putumayo-Yaguas-Cotuhé, Colombia y Perú. Fuentes de información: Instituto del Bien Común y un inventario rápido de la región en noviembre de 2019.

País	Localidad	Nombre de Asociación
Perú	CN El Álamo	APPA Los Bufeos del Yaguas
	CN Puerto Franco	APPA Los Delfines del Muntúm
	CN Puerto Nuevo	APPA Los Catalanes del Putumayo
	CN Remanso	APPA Lleedo
	CN San Martín	APPA Arahuana
	CN Tres Esquinas	APPA Los Cocodrilos
	CN Huapapa	APPA Fronteras Vivas
Colombia	Tarapacá	Asociación de Pescadores de Tarapacá (ASOPESTAR)
		Asociación Piscícola Productora de Peces Ornamentales y Artesanales de Tarapacá Amazonas (APIPOATA)

Es de suma urgencia que se llegue a acuerdos entre los tres países para armonizar sus normativas y fortalecer la coordinación en el manejo, control y vigilancia del recurso pesquero y es esencial que en las mesas de diálogo haya representación de todos los sectores de manera que todos puedan ser escuchados por los tomadores de decisión y se pueda dar solución a esta problemática de manera consensuada.

APROVECHAMIENTO DE MADERA

La madera es un recurso que, además de ser una fuente importante de materiales para uso doméstico y comunitario, ha generado una dinámica económica importante en la región desde los años 70, cuando empezó a haber un comercio a gran escala de maderas finas. Durante los años 90 y los primeros años del nuevo siglo, la región fue el epicentro de una bonanza basada en el comercio del cedro (*Cedrela odorata*; Rincón 2005,

Alvira et al. 2011), caracterizada por el pago inequitativo a los aserradores, la falta de garantías laborales y la disminución importante de esta especie en el bosque.

Hoy en día, hay una mayor diversidad de especies maderables que se aprovechan y el aprovechamiento que se hace es generalmente selectivo y a baja escala. Se extrae la madera solamente con motosierra, no se usan winchas ni tractores. Algunas de las especies principales son: tornillo/achapo (*Cedrelinga cateniformis*), fono negro y mari marí (Lecythidaceae sp.), arenillo (*Erisma uncinatum*), creolino (*Monopteryx uaucu*) y cumala (*Virola sebifera*).

La tala selectiva y regulada reduce los riesgos que presenta esta actividad para la conservación. Sin embargo, la persistencia de la informalidad y la abundancia de barreras que impiden el aprovechamiento legal y el control y vigilancia efectivos, hacen que esta actividad sea un posible riesgo para la conservación de los bosques de esta región a largo plazo. Desde hace mucho tiempo, la mayoría de la extracción de madera en el Putumayo ha sido realizado de manera informal y el control y vigilancia de la industria maderera ha sido un reto constante para los gobiernos a todos los niveles, situación que se debe en gran medida a que es una zona fronteriza con poca presencia de los Estados en general. Varios informes internacionales recientes analizan en mayor detalle los desafíos relacionados al tráfico ilegal de madera que sigue enfrentando la región (Center for International Environmental Law 2019, Environmental Investigation Agency 2019)[58].

En el Perú, las comunidades nativas tienen derecho a comercializar la madera a pequeña escala dentro de sus territorios, a través de un permiso conocido como una Declaración de Manejo (DEMA). Otorgada por la autoridad regional competente, la Gerencia Regional de Desarrollo Forestal y Fauna Silvestre (GERFOR), una DEMA permite el aprovechamiento hasta un volumen de 632 pies cuadrados, tiene vigencia de cinco años y se puede obtener sin un expediente técnico[59]. La comunidad emite un acta con su inventario forestal correspondiente ante la GERFOR, que envía el acta a sus técnicos para verificar en situ el inventario y

posteriormente, en caso de no encontrar observaciones, se emite el permiso de aprovechamiento. Actualmente en la región dos comunidades nativas cuentan con un DEMA vigente y otras dos tenían DEMA, pero ya no están vigentes (ver la Tabla 16 y la Fig. 33).

Aunque las DEMA constituyen una herramienta de gestión importante para el manejo sostenible de la madera por parte de las comunidades nativas peruanas, también ha sido utilizadas por patrones regionales para realizar un aprovechamiento ilegal y sin el manejo adecuado, blanqueando (disfrazando) la madera aprovechada ilegalmente con permisos legales. El proceso, conocido como "habilitación", generalmente es el siguiente: los patrones se acercan a los líderes comunales (conocidos localmente como "caciques") y les entregan por adelantado dinero o herramientas para que convenzan a la comunidad para sacar el permiso y entregar el libro de actas donde otorgan poderes al patrón para obtener el permiso, con acuerdos nada favorables para la comunidad, pues después de obtener el permiso, el empresario maderero descuenta con los recursos del bosque todos los gastos realizados para el permiso. Una vez obtenido el permiso, los patrones extraen madera de áreas que no son las especificadas en el permiso, aprovechan especies diferentes a las identificadas en el permiso, o extraen mayores volúmenes que los del permiso. En muchos casos, extraen la madera del lado colombiano y luego mezclan esta madera con la que se obtiene del lado peruano.

En algunos casos, esta dinámica ha generado graves problemas para las comunidades nativas, ya que han sido sancionadas por el Organismo de Supervisión de los Recursos Forestales y de Fauna Silvestre (OSINFOR) cuando se descubre el blanqueamiento de parte de los "habilitadores"[60] y las comunidades son las que tienen que lidiar con las multas. Dos comunidades nativas peruanas del Bajo Putumayo (Tres Esquinas, Primavera)[61] actualmente enfrentan esta situación, la cual no solamente les perjudica a nivel económico y legal y limita su acceso a programas del Estado (como, por ejemplo, los beneficios del Programa Nacional de Conservación de Bosques), sino en algunos casos también afecta al bosque alrededor de sus comunidades,

---

58 Ver también *https://www.condenandoelbosque.org/* y *https://www.360-grados.co/madera/los-patrones-de-la-amazonia-colombiana.html*

59 *https://www.serfor.gob.pe/lineamientos/lineamientos-para-la-elaboracion-de-la-declaracion-de-manejo-para-permisos-de-aprovechamiento-forestal-en-comunidades-nativas-y-comunidades-campesinas*

60 Conocidos en Colombia como "gasteros"

61 Ver el observatorio de OSINFOR para datos actualizados: *https://observatorio.osinfor.gob.pe/observatorio/*

Tabla 16. Permisos de aprovechamiento de madera en la región del Bajo Putumayo-Yaguas-Cotuhé, Colombia y Perú.
Fuentes de información: GERFOR (Perú), Corpoamazonia (Colombia).

No.	País	Localidad	Tipo de permiso	Permisionario/a
1	Perú*	CN Remanso	Declaración de Manejo (DEMA)	
2		CN Santa Rosa de Cauchillo	DEMA	
3	Colombia	Reserva Forestal	Permiso de aprovechamiento persistente (PAP)	Asociación de Micorempresarios del Amazonas (ASOEMPREMAM)
4			PAP	Alirio Pava
5			PAP	Asociación de Productores de Madera de Tarapacá (ASOPROMATA)
6			PAP	Oscar Arguello Rodriguez
7			PAP	Flor Angela Martínez
8			PAP	Jesús Antonio Mosquera
9			PAP	Luis Enrique Rodríguez

Figura 33. Mapa de aprovechamiento de madera y permisos de aprovechamiento de madera en la región del Bajo Putumayo-Yaguas-Cotuhé.
Datos compilados durante un inventario rápido de la región en noviembre de 2019, y del GERFOR (Perú) y Corpoamazonia (Colombia).

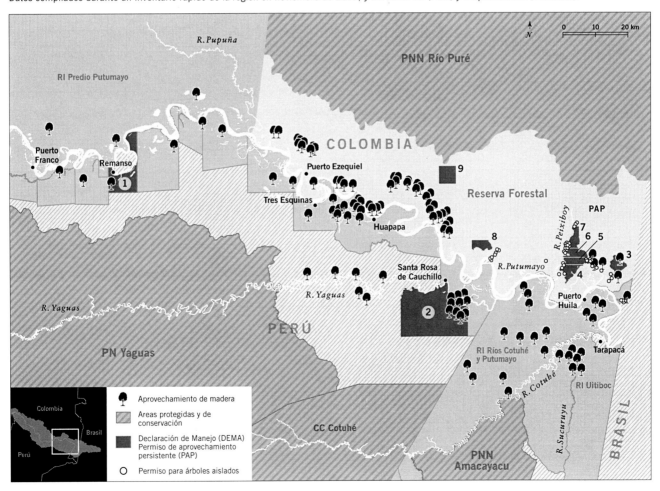

alterando su composición y destruyendo los árboles semilleros al realizar una extracción indebida.

Pese a la persistencia de la informalidad en el sector maderero, en años recientes algunos madereros de la región han decidido organizarse para formalizar sus actividades, acceder a mercados prioritarios y apoyos del estado y evitar las sanciones y el decomiso de sus productos. Hay mecanismos distintos en cada país que han determinado este proceso de formalización. En el Perú, como ya se mencionó, hay dos comunidades nativas que están trabajando con DEMA vigente y han decidido no trabajar con habilitadores sino realizar el aprovechamiento ellos mismos. En este esfuerzo han recibido apoyo de OSINFOR desde inicios de 2019, a través de capacitaciones del programa "Mochila Forestal"[62], las cuales son diseñadas para mejorar el cumplimiento con las normas relacionadas al aprovechamiento legal de la madera. Los participantes de las reuniones que sostuvimos en Remanso como parte del inventario social nos manifestaron que el programa les ha ayudado a entender mejor cómo obtener un permiso forestal, cómo hacer la cubicación (calcular el volumen que se va a aprovechar), cómo preparar semilleros y cómo evitar multas.

En el lado colombiano de esta región, el aprovechamiento legal de la madera se realiza dentro de la Reserva Forestal de Ley Segunda con permisos otorgados por la autoridad competente, la Corporación para el Desarrollo Sostenible del Sur de la Amazonia (Corpoamazonia). Las Reservas Forestales de Ley Segunda en Colombia existen para el desarrollo de la economía forestal y protección de los suelos, las aguas y la vida silvestre. El Ministerio de Ambiente y Desarrollo Sostenible (MADS) de Colombia, con el asesoramiento técnico del Instituto Amazónico de Investigaciones Científicas SINCHI, divide las siete Reservas Forestales de Ley Segunda en tres zonas: A, B y C[63]. La Zona A es la más restrictiva y está designada para "el mantenimiento de los procesos ecológicos básicos necesarios para asegurar la oferta de servicios ecosistémicos". La Zona B permite el aprovechamiento forestal con un manejo sostenible. La zona C aplica a "Áreas que sus características biofísicas ofrecen

condiciones para el desarrollo de actividades productivas agroforestales, silvopastoriles y otras compatibles con los objetivos de la Reserva Forestal y las cuales deben incorporar el componente forestal", sin embargo, esta zona no aparece en la zonificación oficial de la Reserva Forestal en esta región.

Corpoamazonia, a través del Plan de Ordenación Forestal (POF), aprobado con Resolución 0819 de 2011, elaboró su propia zonificación de una porción de la Reserva Forestal conocida como la "Unidad de Ordenación Forestal de Tarapacá" (UOFT)[64]. Esta zonificación divide la UOFT en seis "unidades administrativas". Dentro de la UOFT, hay dos tipos de permisos que están vigentes actualmente: 1) Permiso de Aprovechamiento Forestal Persistente (con vigencia de cinco años) y 2) Permiso para Árboles Aislados (con vigencia de seis meses)[65]. Actualmente hay siete permisos de aprovechamiento forestal persistente vigentes y varios permisos para árboles aislados (Tabla 16).

Los Permisos de Aprovechamiento Forestal Persistente otorgan el derecho para "aprovechar bosques naturales o productos de la flora silvestre no maderable ubicados en terrenos de dominio público"[66]. El Permiso de Aprovechamiento Persistente le otorga al permisionario un área de aprovechamiento que está dividido en zonas, cada una conocida como una Unidad de Corte Anual (UCA), donde el permisionario puede hacer aprovechamiento durante cada uno de los cinco años del permiso.

Los permisos para árboles aislados otorgan el derecho para "talar, trasplantar o aprovechar árboles aislados de bosques naturales o plantados, localizados en terrenos de dominio público o en predios de propiedad privada que se encuentren caídos o muertos por causas naturales, o que por razones de orden sanitario o de ubicación y/o por daños mecánicos que estén causando perjuicio a estabilidad de los suelos, a canales de aguas, andenes, calles, obras de infraestructura o edificaciones"[67]. Algunos de los permisionarios que tienen permisos de aprovechamiento persistente también cuentan con permisos para árboles aislados.

62 https://www.osinfor.gob.pe/galerias/la-mochila-forestal-del-osinfor/

63 Para mayor detalle sobre la zonificación de la ZRF, ver: https://www.minambiente.gov.co/images/BosquesBiodiversidadyServiciosEcosistemicos/pdf/reservas_forestales/reservas_forestales_ley_2da_1959.pdf

64 La UOFT abarca un área total de 425.471,11 ha.

65 http://www.corpoamazonia.gov.co/index.php/62-tramites-ambientales/tramites-y-servicios-en-linea

66 http://visor.suit.gov.co/VisorSUIT/index.jsf?FI=21121

67 http://visor.suit.gov.co/VisorSUIT/index.jsf?FI=19394

El equipo del inventario rápido tuvo la oportunidad de conocer las operaciones de dos de los siete permisionarios de la zona, ambos con sus áreas de aprovechamiento ubicados en el caño Pexiboy cerca de Tarapacá. El equipo social visitó la unidad de aprovechamiento de la Asociación de Productores de Madereros de Tarapacá (ASOPROMATA), conformada originalmente como la Asociación de Madereros de Tarapacá (ASOMATA) en 1998, y pudo apreciar los esfuerzos importantes que está haciendo esta organización para desarrollar un modelo de manejo forestal comunitario viable en la región. La asociación ha sido un líder en el sector forestal de Tarapacá y trabaja duro para cumplir con todas las normativas pertinentes y hacer un manejo sostenible. El equipo biológico tuvo uno de sus campamentos en el área del permiso de Flor Martínez y pudo comprobar durante el inventario rápido que el tipo de tala selectiva que se está realizando en la zona está salvaguardando la biodiversidad existente (ver los informes del campamento Caño Pexiboy en los capítulos biológicos de este volumen).

Otra fortaleza del sector maderero en Colombia es que existe la Mesa Forestal del Amazonas, la cual es un "espacio de diálogo, coordinación, concertación y articulación entre actores público-privados, sin existencia jurídica o acto administrativo de creación, sino legitimado por la voluntad de los actores que la conforman para promover el desarrollo del sector forestal del Departamento de Amazonas" (Informe no publicado de Avances del Plan de Acción 2016–2019 de la Mesa Forestal del Amazonas)[68]. En esta mesa participan, del sector público: Corpoamazonia, Parques Nacionales Naturales, el Instituto SINCHI, el Servicio Nacional de Aprendizaje (SENA) Sede Amazonas, el Departamento de Amazonas y la Universidad Nacional Sede Amazonia. Del sector privado, participan: la Cámara de Comercio del Amazonas, la World Wildlife Fund (WWF)-Colombia, la Asociación de Madereros Puerto Nariño (ASOMAPUNA), Maderas del Amazonas, C&C Ingeniería S.A.S., Amazon WOODS, M&M Pexiboy, el Cabildo Indígena Urbano de Leticia (CAPIUL), la Asociación de Mujeres Comunitarias de Tarapacá (ASMUCOTAR), ASOPROMATA y algunos usuarios del bosque no asociados. Las prioridades actuales de la Mesa Forestal, según las manifestaciones

de los madereros con los que trabajamos durante el inventario rápido, son: 1) una ley especial para la Amazonia, 2) reducción de tasas forestales altas y 3) mayor control sobre la importación ilegal de madera de otros países.

No obstante, la intención de los madereros de formalizar su trabajo se ve comprometida por varios factores. La obtención de los permisos de aprovechamiento requiere una gran inversión de tiempo y dinero y no hay presencia de la autoridad ambiental cerca de los lugares de aprovechamiento. Por ejemplo, ASOPROMATA demoró 20 meses en conseguir su permiso y tuvo que gastar 70 millones de pesos colombianos para hacer su plan de manejo. Además, la oficina más cercana de Corpoamazonia se encuentra en Leticia, entonces tuvieron que viajar hasta allá para tramitar su permiso, lo cual dificultó el proceso.

Los madereros colombianos también deben pagar una tasa de aprovechamiento forestal (un impuesto) que consideran muy alto (p. ej., 700.000 pesos colombianos por cada 100 piezas[69]). En el Perú, las comunidades nativas no deben pagan impuestos para la madera que extraen en el marco de su DEMA y sus gastos principales son los relacionados a la tramitación del permiso.

Otro reto para el sector maderero es que las dinámicas de mercado no son muy favorables hoy en día para quienes realizan legalmente esta actividad. Muchas de las especies que se aprovechan en la UOFT no tienen mercado porque son nuevas en el comercio y no tienen en su mayoría estudios de propiedades físicas ni mecanismos de trabajabilidad de secado, entre otros elementos necesarios para poder comercializarlas exitosamente. En este sentido, los madereros que asumen los compromisos de trabajar en el marco de la ley enfrentan una competencia desleal de parte de los madereros informales, ya que están limitados a extraer del área de su permiso donde puede o no haber especies comercialmente valorables, mientras que los que trabajan informalmente pueden dedicarse a aprovechar solamente los árboles de especies comerciales sin importar donde están ubicados. Además, los madereros informales a veces aprovechan estos árboles dentro de las áreas de los permisos legales, lo cual reduce su disponibilidad para

---

68 http://www.corpoamazonia.gov.co/index.php/acciones-verdes/mesas-forestales

69 Las tasas forestales oficialmente se calculan en metros cúbicos, pero los usuarios las calculan en piezas (lo que se conoce en el Perú como "pies"). Una pieza colombiana tiene medida de 3 m de largo, 1 pulgada de alto y 12 pulgadas de ancho y es equivalente a 10 pies peruanos.

quienes trabajan legalmente en estas áreas. Otra desventaja que tienen los madereros de Tarapacá tiene que ver con los altos costos de transporte, los cuales reducen la competitividad de la madera de esta zona en comparación con la madera de regiones más cercanas a los mercados principales en Leticia e Iquitos. Esto se debe no solamente a la lejanía del Putumayo en relación a estas ciudades, sino también al alto contenido de humedad y el peso de las maderas.

Agravando la situación, el control y la vigilancia de toda la cadena forestal (aprovechamiento, transporte, transformación y comercialización) son casi nulos en esta región, por la falta de personal, elementos y recursos de las instituciones responsables de la supervisión, ya sea de GERFOR u OSINFOR (Perú) o de Corpoamazonia (Colombia). Por ejemplo, en Tarapacá sólo hay un representante de Corpoamazonia y no tiene bote ni combustible.

Asimismo, no existen mecanismos para determinar y verificar el origen de la madera, lo cual facilita el blanqueamiento. Tampoco hay coordinación a nivel binacional en el control y vigilancia. Aún más preocupante, según testimonios recogidos en campo, es la prevalencia de la corrupción, la cual se manifiesta a través de la coordinación entre los intermediarios, las autoridades ambientales y/o las fuerzas armadas y es un impedimento para quienes trabajan legalmente.

Otro desafío importante para el manejo adecuado de la madera es que las dos zonificaciones (la zonificación de MADS para la Reserva Forestal y la ordenación de la UOFT que hace Corpoamazonia) no están armonizadas y no reflejan adecuadamente la realidad en terreno en esta región (ver la Fig. 13 Mapa de Zonificaciones). Esto genera incertidumbre y confusión de parte de la población y dificulta el ordenamiento eficaz del territorio.

A todo ello se suma la falta de incentivos del gobierno y de créditos bancarios, para fomentar el desarrollo local de esta actividad. Aunque existen dos acuerdos que priorizan la compra de madera legal en el Departamento del Amazonas, no se ha implementando adecuadamente esta política. En particular, hace falta apoyo e inversión para el procesamiento de la madera y la elaboración de productos con valor agregado. Algunos permisionarios han empezado a hacer el primer grado de transformación (bloques, listones, varillones, tablas y tablillas), pero no ha habido los recursos necesarios para

expandir este esfuerzo a los otros permisionarios y mucho menos para los madereros que actualmente trabajan de manera informal. El fortalecimiento de la Mesa Forestal del Amazonas en Colombia debe ser una prioridad y debe asegurar la participación de los pueblos indígenas, cuyos resguardos colindan con la Reserva Forestal[70]. En el Encuentro Final, surgió también el deseo de crear una Mesa Forestal Binacional (para más detalles, ver el capítulo *Encuentro binacional Perú-Colombia: Hacia una visión común para la región del Bajo Putumayo-Yaguas-Cotuhé*, en este volumen).

Finalmente, cabe mencionar que existen tensiones territoriales entre los pueblos indígenas y los madereros no indígenas de la región, ya que algunos indígenas colombianos destacan que el área de la Reserva Forestal es su territorio ancestral y aspiran ampliar sus resguardos indígenas para abarcar parte de esta zona. Como explicamos en mayor detalle en el capítulo *Demografía y gobernanza en la región del Bajo Putumayo-Yaguas-Cotuhé*, en este volumen, es importante generar espacios de diálogo inclusivos, basados en el respeto mutuo, para reconciliar estas distintas visiones, fortalecer los acuerdos existentes y llegar a soluciones viables para todos los habitantes de la región, que respeten el reclamo justo de los pueblos indígenas por su territorio ancestral y también consideren las necesidades de la población no indígena de la región.

CACERÍA

La cacería es una actividad principalmente de subsistencia que históricamente ha jugado un papel clave en los medios de vida de los pueblos indígenas de la región del Bajo Putumayo-Yaguas-Cotuhé, al ser una fuente importante de proteína y por su significancia cultural para la relación de los seres humanos con los animales y la formación, mantenimiento y fortalecimiento de lazos sociales. Se realiza principalmente en lugares cercanos a los asentamientos o donde se realizan otras actividades como la pesca y aprovechamiento de madera. Dentro del área de estudio se identificaron varios sectores donde se observan dinámicas importantes de cacería (ver la Fig. 31). Se identificaron 24 especies que son objeto de presión por

---

70 http://www.corpoamazonia.gov.co/index.php/acciones-verdes/mesas-forestales

cacería. Las especies con mayor presión son: huangana/
puerco (*Tayassu pecari*), sajino/cerrillo (*Pecari tajacu*),
majaz/borugo (*Cuniculus paca*), sacha vaca/danta
(*Tapirus terrestris*) y paujil (*Mitu* sp.; Tabla 17).

Históricamente, las olas extractivas han influido
en la explotación de la fauna también. El ejemplo más
claro se dio durante la bonanza de las pieles en las
décadas de los 60 y 70, durante la cual se extraía grandes
cantidades de cueros de animal (Payan y Trujillo 2006.
Una de las lamentaciones de los habitantes locales durante
el inventario rápido era que se perdía la carne cuando se
sacaba estas pieles. La bonanza más reciente de las
maderas finas también ha implicado un aumento de la
cacería, ya que los madereros frecuentemente suplementan
su consumo de proteína con carne de monte.

En el Perú, se aprobó la Ley Forestal y de Fauna
Silvestre en 2011, Ley N° 29763[71], con el objetivo de
normar la conservación de los recursos forestales y de la
fauna silvestre, así como establecer el régimen de uso,
transformación y comercialización de los productos
derivados. Sobre esta misma base se conformó el Servicio
Forestal y de Fauna Silvestre (SERFOR) y las
Autoridades Regionales Forestales y de Fauna Silvestre
(ARFFS) para asegurar que la gestión de los recursos de
fauna silvestre contribuya a la conservación de sus
hábitats y ecosistemas, de acuerdo a lo que establece la
normativa vigente y en coordinación con las autoridades
competentes. En el Departamento de Loreto, la
autoridad regional competente para la cacería es la
Gerencia Regional de Desarrollo Forestal y Fauna
Silvestre (GERFOR). Aunque el Parque Nacional Yaguas
no permite asentamientos humanos dentro del parque, sí
permite la cacería con fines de subsistencia. Aunque son
pocas las comunidades que cazan dentro del parque,
dada la presencia de fauna más cerca a sus tierras
tituladas, este permiso fortalece la relación entre la
comunidad y la institucionalidad del Parque.

En Colombia, la autoridad competente para el
control de la cacería es Corpoamazonia. Existen
procesos para obtener legalmente permisos de
Corpoamazonia para cuatro tipos de cacería (comercial,
deportiva, de fomento, científica y de control), pero casi
nunca se tramitan en esta región. Desde 2016,
Corpoamazonia también tiene la responsabilidad de

Tabla 17. Especies utilizadas para la cacería en la región del Bajo
Putumayo-Yaguas-Cotuhé de Colombia y Perú. Lista elaborada durante
un inventario rápido de la región en noviembre de 2019.

Nombre común	Nombre científico	Grupo
añuje/guara	*Dasyprocta fuliginosa*	Mamífero
aullador, coto/cotudo	*Alouatta* sp.	Mamífero
carachupa/armadillo	*Dasypus* sp.	Mamífero
carachupa mama/ armadillo trueno	*Priodontes maximus*	Mamífero
choro/churuco	*Lagothrix lagothricha*	Mamífero
coatí, achuni/cusumbo	*Nasua nasua*	Mamífero
huangana/puerco	*Tayassu pecari*	Mamífero
huapo negro/mico volador	*Pithecia hirsuta*	Mamífero
machín blanco/cariblanco	*Cebus albifrons*	Mamífero
machín negro/maicero	*Sapajus apella*	Mamífero
majaz/boruga	*Cuniculus paca*	Mamífero
ratón espinoso, ratón de monte	*Proechimys* sp.	Mamífero
sajino/cerrillo	*Pecari tajacu*	Mamífero
tapir, sachavaca/danta	*Tapirus terrestris*	Mamífero
venado colorado	*Mazama americana*	Mamífero
venado gris, venado chonto, cenizo	*Mazama nemorivaga*	Mamífero
montete/paují nocturno	*Nothocorax urumutum*	Ave
panguana	*Crypturellus undulatus*	Ave
paují	*Mitu* spp.	Ave
pava cabeza blanca	*Pipile cumanensis*	Ave
perdiz/gallineta	*Tinamus/Crypturellus*	Ave
pucacunga/pava colorada	*Penelope jacquacu*	Ave
trompetero/tente	*Psophia crepitans*	Ave
motelo/morrocoy	*Chelonidis denticulata*	Reptil

cobrar una "Tasa Compensatoria por Caza de Fauna
Silvestre" a todos los que cacen la fauna silvestre nativa,
sin importar si tienen o no las autorizaciones relevantes,
pero según los testimonios de los participantes del
inventario rápido, estas tasas tampoco se cobran[72].
En áreas donde hay traslape entre Parques Nacionales
Naturales y resguardos indígenas, también hay acuerdos
entre el Parque y los resguardos que autorizan la cacería
de subsistencia.

Además de la reglamentación oficial que hacen los
Estados, en la región existen acuerdos intercomunales

---

71 http://www.leyes.congreso.gob.pe/Documentos/Leyes/29763.pdf

72 http://corpoamazonia.gov.co/index.php/noticias/999-tasa-compensatoria-por-caza-
de-fauna-silvestre

para la cacería, tanto dentro de cada país como entre poblaciones de ambos lados de la frontera. Estos acuerdos se enmarcan en el respeto por el acceso, distribución de beneficios, uso razonable y representación nacional. Se convierten en, además de un mecanismo para acceder al recurso, un mecanismo que construye y fortalece las relaciones sociales y culturales entre las comunidades de ambos países.

Dentro de cada país los acuerdos de caza son entre comunidades y/o organizaciones y están basados en lazos de parentesco, hermandad comunitaria o por ancestralidad. Las comunidades nativas del Perú tienen acuerdos informales que permiten el acceso a la fauna en otras comunidades con el simple hecho de pedir permiso y limitan la cantidad de animales que se pueden cazar (en algunos casos, por ejemplo, se puede matar un máximo de tres individuos por especie). En el lado colombiano, existen acuerdos ancestrales entre el Resguardo Indígena Uitiboc y el Resguardo Indígena Ríos Cotuhé y Putumayo que permiten cazar en el resguardo del otro cuando son lugares de asentamiento ancestral. Los acuerdos entre estos dos resguardos indígenas se enmarcan en los planes de vida y ordenamientos ambientales, basados en el conocimiento del territorio como lugares de cacería, rutas de cacería, lugares de acceso restringido que ordena el uso de estos recursos. Además, hay un acuerdo informal entre la Asociación de Productores de Madera de Tarapacá (ASOPROMATA) y la comunidad de Puerto Nuevo (Resguardo Indígena Ríos Cotuhé y Putumayo) que permite la cacería dentro de la unidad de corte anual (UCA) de ASOPROMATA, ya que en esta área hay un salado que los indígenas de la zona consideran tanto un lugar sagrado como un sitio de abundante fauna para la cacería.

Entre los acuerdos entre poblaciones de diferentes lados de la frontera, se destacan dos. Primero, sobre la ruta de las quebradas Yarina y Marangoa en el lado colombiano, conocido como el sector Santa Marta, hay un acuerdo informal entre la única familia que habita en ese sector y las comunidades peruanas de Pesquería, Betania y Remanso. El uso compartido de esta zona se debe a que, aunque las comunidades peruanas en ese sector manifiestan poseer buen recurso faunístico para la cacería prefieren cazar en el lado colombiano porque el recurso se encuentra mucho más cerca. Esto podría estar relacionado a que del lado colombiano los hábitats

cercanos al río brindan mayor cantidad de recursos para la fauna silvestre garantizando el encuentro con especies animales a cortas distancias del río. Segundo, hay un acuerdo entre Puerto Ezequiel y Tres Esquinas, Huapapa y el Álamo, que permite que los pobladores de estas comunidades nativas realicen la cacería cerca del Asentamiento de Puerto Ezequiel, ya que los pobladores de este asentamiento cazan con poca frecuencia.

Dado que los niveles de cacería son muy bajos en esta región y es fundamentalmente una actividad de autoconsumo, esta actividad no representa una amenaza para la salud del territorio, lo cual se evidencia en la abundancia de fauna observada por el equipo biológico (ver los capítulos *Mamíferos*, *Aves* y *Anfibios y Reptiles*, en este volumen). Sin embargo, las autoridades de Brasil a veces decomisan la carne de monte de la gente local en los retenes, aunque no se esté movilizando con motivos comerciales. La débil presencia de las autoridades ambientales del Perú y Colombia en esta región dificulta la coordinación en este tema.

PRODUCCIÓN AGRÍCOLA

La producción agrícola es una actividad clave para la soberanía alimentaria de las poblaciones de esta región y, en algunos casos, para el acceso a recursos económicos. El principal sistema agrícola en la región es la chacra/chagra, una estrategia de producción generalmente a baja escala y basada en el intercultivo de diversas especies, aunque hay diferencias importantes entre las chacras/chagras de las comunidades indígenas y los habitantes del casco urbano de Tarapacá, por un lado, y las prácticas agrícolas de la población israelita, por otro lado.

Para los pueblos indígenas, la chacra/chagra es un espacio esencial para la reproducción cultural y es donde se construye comunidad y se transmiten conocimientos y valores tradicionales de generación en generación. El conocimiento ecológico tradicional guía el manejo y uso de las chacras/chagras y permite, entre otras cosas, identificar las áreas más fértiles, los cultivos más adecuados para cada zona y los productos que se pueden asociar. La agrobiodiversidad es una característica que distingue a las chacras/chagras indígenas. En la Tabla 18, se encuentra una lista de los cultivos más comunes en esta región.

El tamaño de las chacras/chagras en esta región varía dependiendo de factores como el cultivo principal y la cantidad de mano de obra disponible, pero generalmente tienen extensiones entre 0,25 y 1,5 ha. Además de las chacras/chagras, algunos pobladores también mantienen huertos pequeños, conocidos en algunos sectores como 'canoas', que se ubican cerca de las casas y sirven para sembrar culantro/cilantro, cebolla, tomate, pimiento, ajíes, cebollines y plantas como hierba luisa/limonaria, lancetilla, orégano, hierbabuena, las cuales son usadas regularmente en la preparación de los alimentos y a veces para remedios caseros.

Los indígenas practican la rotación de sus áreas de producción y manejan varios espacios al mismo tiempo, asegurando de esta manera tener sus productos a lo largo del año y evitar realizar desbosques innecesarios. El proceso de siembra implica rozar, socolar y dejar tapado para que se pudra la vegetación, para luego sembrar, pues debido a las condiciones de humedad en esta región, no es factible realizar la tala y quema.

Hay chacras/chagras en las zonas altas y bajas. Muchas comunidades prefieren las zonas altas porque les permiten evitar pérdidas por inundaciones en la época de creciente. Sin embargo, en la época de vaciante las zonas cercanas a los ríos son usadas también para algunos cultivos como el maíz, el maní, el pepino, la yuca y la sandía. Los lugares de purmas/rastrojos son utilizados para la siembra de frutos.

Debido a que las comunidades nativas peruanas están ubicadas en tierras mayormente bajas, 11 de las 13 comunidades del lado peruano tienen chacras/chagras en el lado colombiano, adicionalmente a las que tienen en sus territorios. El uso de estos espacios por los peruanos es mediante acuerdos informales basados en relaciones familiares y de amistad, fundamentados en el respeto y el apoyo mutuo. Un ejemplo es Pesquería, cuyo territorio es muy bajo y se alaga lo que los obliga a tener todas sus chacras/chagras en el lado colombiano. Estos acuerdos son fundamentales porque las chacras/chagras son el lugar donde se junta lo cotidiano con lo espiritual y lo cultural, entonces compartir estos espacios ayuda a mantener y fortalecer el tejido social y el bienestar.

La producción de las chacras/chagras indígenas es generalmente para el autoconsumo. Sin embargo, existe un comercio de productos a nivel local, donde los agricultores a veces venden sus excedentes. En algunos

Tabla 18. Cultivos comunes en la región del Bajo Putumayo-Yaguas-Cotuhé, Colombia y Perú. Tabla elaborada durante un inventario rápido de la región en noviembre de 2019.

Nombre común	Nombre científico
Ají dulce	*Capsicum annuum*
Arazá	*Eugenia stipitata*
Arroz	*Oryza sativa*
Caimito	*Pouteria caimito*
Cana de azúcar	*Saccharun officinarum*
Cebolla	*Allium fistulosum*
Coca	*Erythroxylum coca*
Copoazú	*Theobroma grandiflorum*
Culantro	*Coriandrum sativum*
Frijol	*Phaseolus vulgaris*
Guaba	*Inga* sp.
Hierbabuena	*Clinopodium douglasii*
Hierbaluisa/limonaria	*Cymbopogon citratus*
Lancetilla	*Alternanthera lanceolata*
Maíz	*Zea mays*
Mamey	*Mammea americana*
Mango	*Mangifera indica*
Maní	*Arachis hypogaea*
Orégano	*Origanum vulgare*
Palta/aguacate	*Persea americana*
Papaya	*Carica papaya*
Pepino	*Cucumis* sp.
Pimiento	*Capsicum annuum*
Piña	*Ananas comosus*
Plátano	*Musa paradisaca*
Pomarosa	*Syzygium malaccense*
Sacha papa	*Dioscorea* spp.
Sandía	*Citrullus lanatus*
Sapote	*Calocarpum sapota*
Tabaco	*Nicotiana tabacum*
Tomate	*Solanum lycopersicum*
Umarí	*Poraqueiba sericea*
Uvilla	*Pourouma cecropiifolia*
Yuca	*Manihot esculenta*
Zapallo	*Cucurbita* sp.

casos, los indígenas cultivan productos para la comercialización, pero la mayoría de la agricultura destinada al mercado o al intercambio la realizan los israelitas, quienes manejan un sistema agrícola un poco diferente al de otras poblaciones de la región.

La población de Puerto Ezequiel, en su mayoría personas no indígenas provenientes del interior de Colombia, ha traído sus prácticas y valores éticos-religiosos de otras regiones y se han visto obligados a adaptarlos a un nuevo contexto (ver el capítulo *Historia cultural y de poblamiento de la región del Bajo Putumayo-Yaguas-Cotuhé*, en este volumen). Uno de los compromisos morales más importantes que mantienen es dar de comer a los más necesitados, entonces priorizan la agricultura como estrategia productiva (Meneses Lucumí 2017). Por lo tanto, sus áreas de producción generalmente son de mayor extensión y fluctúan entre 1,2 y 4 ha, según un diagnostico realizado por Parques Nacionales Naturales (2016) y lo que nos manifestaron durante el inventario rápido. Dada la relativa falta de nutrientes en los suelos de esta parte de la Amazonia, han tenido que aprender de sus intentos fallidos de importar el modelo de agricultura andino-costeña de Colombia a la Amazonia. En el proceso, han recibido apoyo importante de sus vecinos indígenas del lado peruano de la frontera, quienes les han enseñado a cultivar y procesar nuevos productos como la yuca, siendo un ejemplo la fariña.

Al ser productores a mayor escala y también los únicos de la región que crían animales domésticos como las cabras, los israelitas han llegado a ser los proveedores principales de hortalizas, productos lácteos y carne de animales domésticos en esta región. Por ejemplo, venden o intercambian a través del trueque el maíz, la cebolla, el tomate, el arroz y el azúcar y compran o consiguen de las comunidades nativas peruanas la yuca, el plátano y otros cultivos más tradicionales de la región. Venden tanto a las comunidades nativas peruanas como en Tarapacá e inclusive en San Antônio de Içá. Los israelitas y los indígenas peruanos también intercambian semillas. La cría de animales también es importante para los israelitas por su uso en sacrificios que realizan durante rituales religiosos y han construido un espacio en el centro del asentamiento para este fin.

A pesar de las coordinaciones y colaboraciones entre vecinos, hay retos y amenazas relacionados a la agricultura en esta región. Las inundaciones son un riesgo reconocido por la población y por lo tanto han establecido los acuerdos antes mencionados para ubicar sus sembríos tanto en las zonas altas como en las zonas bajas. Un reto en cuanto al apoyo externo es que los programas de Estado a veces promueven cultivos y modelos de producción no adecuados al contexto, como por ejemplo el cultivo de cacao.

La siembra de la coca para usos ilícitos no tradicionales, impulsada por narcotraficantes en la región, también pone en peligro el sistema de producción basada en las chacras/chagras tradicionales y genera conflictos sociales y de orden público. Sin embargo, cabe mencionar que, debido a la falta de fuentes de ingresos estables en la región, algunos habitantes trabajan a veces en actividades relacionadas a la siembra, cosecha, procesamiento y transporte de la coca y la pasta de coca. Pese a ser una fuente de ingresos, especialmente para los jóvenes de Tarapacá, estas actividades implican altos riesgos para las personas que las realizan.

Para mayor información sobre los sistemas agrícolas de la región, se puede consultar los planes de vida de las comunidades nativas peruanas (IBC 2015) y de ASOAINTAM (2007), los diagnósticos de Parques Nacionales Naturales (2016, 2019) y estudios realizados por investigadores afiliados al Instituto SINCHI (De la Cruz 2015, 2019).

APROVECHAMIENTO DE PRODUCTOS FORESTALES NO MADERABLES

Otra actividad que se realiza en la región del Bajo Putumayo-Yaguas-Cotuhé es el aprovechamiento de productos forestales no maderables, como frutos, semillas, fibras, raíces, aceites, resinas entre otros, tanto cultivados como silvestres. Actualmente, la mayoría de estos productos son usados para el autoconsumo y comercio local, pero la Asociación de Mujeres Comunitarias de Tarapacá (ASMUCOTAR) comercializa a nivel nacional en Colombia y hay una experiencia insipiente de la Asociación de Autoridades Indígenas de Tarapacá Amazonas (ASOAINTAM) de comercialización de productos elaborados en base a especies forestales no maderables y hay interés de parte de muchos otros de la región de ampliar la comercialización de estos productos.

La Asociación de Mujeres Comunitarias de Tarapacá (ASMUCOTAR) se formó en 2003 y ha sido pionera en la región en la comercialización de productos forestales no maderables. Trabajan con productos silvestres como camu camu (*Myrciaria dubia*) y productos cultivados como copoazú (*Theobroma grandifolium*), piña (*Ananas comosus*), arazá (*Eugenia stipitata*) y pomarrosa (*Syzygium jambos*), y los convierten en pulpas, mermeladas y otros derivados. El camu camu que procesan y venden lo obtienen a través de acuerdos con las comunidades de Puerto Huila y Puerto Nuevo del Resguardo Indígena Ríos Cotuhé y Putumayo, quienes realizan la cosecha en áreas alrededor de Tarapacá y venden la materia prima a la Asociación. En 2005, la Gobernación de Amazonas les entregó en comodato las instalaciones pequeñas en Tarapacá donde tienen su planta de procesamiento. Han recibido apoyo por parte del Instituto SINCHI, ECOFONDO y World Wildlife Fund (WWF) para la adquisición de maquinaria y otra infraestructura. Tienen un acuerdo con la Fuerza Aérea de Colombia para el envío sin costo de sus productos por avión hasta la ciudad de Leticia y en Leticia venden a la empresa Selva Nevada, la cual distribuye sus productos a restaurantes en Bogotá.

ASMUCOTAR realiza un manejo sostenible de los recursos que comercializan. El Instituto SINCHI apoyó en el estudio de prefactibilidad para determinar el manejo de las frutas y les ha asesorado a las socias y a los miembros de las comunidades que hacen el aprovechamiento del camu camu, en el manejo sostenible de estos recursos (Hernández Gómez et al. 2010). ASMUCOTAR cuenta con un permiso de Corpoamazonia para el manejo del camu camu en el lago Pexiboy. Cuando obtuvieron su primer permiso en 2011, fue el primer permiso forestal otorgado en Colombia para un producto no maderable. Ese permiso se venció en 2017, pero lograron obtener un nuevo permiso en junio de 2020, a través de Resolución DG 0467 de Corpoamazonia, con vigencia de cinco años.

Los retos principales que enfrentan las socias de ASMUCOTAR son: 1) acceder a créditos e inversión y 2) mejorar y diversificar su cadena de comercialización. El acceso al crédito e inversión es una dificultad porque no cuentan con un título de propiedad, situación que se complica por el vacío jurídico de Tarapacá como centro urbano. También dependen mucho de la generosidad de la Fuerza Aérea para el transporte y del contacto con Selva Nevada para comercializar sus productos, entonces a mediano y largo plazo el fortalecimiento y la diversificación de su cadena de valor es un reto

importante. Las mujeres cada año participan de las ferias organizadas en diferentes lugares por el Instituto SINCHI y otras organizaciones, donde han tenido la oportunidad de intercambiar conocimientos y promocionar sus productos como néctar y mermeladas a base de piña, mango, pomarrosa.

ASOAINTAM, con el apoyo del Instituto SINCHI, también obtuvo un permiso de Corpoamazonia para el aprovechamiento de copaiba y andiroba que tuvo vigencia de 2013 a 2017[73] y la AATI actualmente cuenta con una planta de procesamiento en la comunidad de Alto Cardoso, dentro del Resguardo Indígena Uitiboc, donde se realiza la extracción del aceite de estos productos. Varias personas de ASOAINTAM, en particular las mujeres, han elaborado jabones, cosméticos, champús y aceites esenciales, los cuales venden en el casco urbano de Tarapacá. Sin embargo, ASOAINTAM aún no cuenta con la vinculación comercial ni el apoyo técnico suficiente para desarrollar una cadena comercial viable y algunos miembros de ASOAINTAM nos manifestaron durante el inventario rápido que la estructura de la AATI, al ser una estructura principalmente política, requiere más asesoría comercial para llevar a cabo proyectos económicos de manera exitosa.

Para ampliar las oportunidades económicas alternativas para la población de la región, es importante fortalecer los espacios de comercialización como las ferias y apoyar las iniciativas locales como las de ASMUCOTAR y ASOAINTAM a través de asesoría técnica en la cosecha, el procesamiento y la comercialización. Además, se necesita la colaboración de Corpoamazonia y otras entidades para facilitar la tramitación de los permisos y asegurar el manejo sostenible de los recursos naturales aprovechados como parte de estas actividades. Finalmente, es importante propiciar más espacios de intercambio de experiencias exitosas de manejo y comercialización de productos forestales no maderables para que esta alternativa pueda ser una posibilidad para otros grupos sociales en la región.

---

73 http://www.corpoamazonia.gov.co:85/resoluciones/uploadFiles/1281_2013-0028/Res_0028_2013.pdf

MANEJO DE TARICAYA

Debido a la alta tasa de depredación de huevos de la tortuga taricaya (*Podocnemis unifilis*) en la cuenca baja del río Putumayo, la jefatura del Parque Nacional Yaguas, con apoyo del Instituto del Bien Común (IBC) y la Sociedad Zoológica de Fráncfort, desde 2017, viene impulsando el repoblamiento de la especie en siete comunidades nativas como: Tres Esquinas, San Martín, Puerto Nuevo, Corbata, Remanso, Betania y Puerto Franco.

Los hombres y mujeres quienes de manera voluntaria vienen apoyando esta iniciativa fueron capacitados a través de diversos talleres por el personal del PN Yaguas en la búsqueda de nidos, traslado, sembrado y liberación de las crías taricayas, además fueron apoyados con materiales para la construcción de playas artificiales. Hasta 2018 las comunidades que conforman los grupos de manejo, llegaron a sembrar 6.159 huevos. De ellas eclosionaron 4.164, lo que representa una tasa de supervivencia del 68%.

Este importante número de crías liberadas al medio ambiente es un paso en la recuperación de las poblaciones. Se espera que las comunidades involucradas, continúen manteniendo el ímpetu en la recuperación de las mismas y en un futuro próximo logren obtener beneficios económicos a partir del manejo de taricaya, lo que contribuirá a mejorar la calidad de la población de la cuenca baja del río Putumayo.

MINERÍA

A pesar de que representa una amenaza significativa para la salud de los ríos y de la gente, cabe mencionar que algunos habitantes de la región se dedican ocasionalmente a trabajos relacionados a esta actividad. La minería que se realiza en la región es minería aluvial de oro y se desarrolla en balsas en el río que constan de una draga (Pitman et al. 2016). Los hombres generalmente se desempeñan como 'buzos' (bucean y colocan la manguera en el lecho del río para obtener el material de donde se extrae el mineral), cernidores, u operadores y ayudantes en las dragas, mientras que las mujeres típicamente trabajan como cocineras.

OTRAS FUENTES DE INGRESOS

Adicional a las actividades económicas antes mencionadas que están directamente vinculadas al aprovechamiento de los recursos naturales, algunos habitantes de la región también trabajan en otras actividades. Por ejemplo, algunos se dedican al comercio al por menor, como dueños o empleados de tiendas en comunidades indígenas, el asentamiento de Puerto Ezequiel o el casco urbano de Tarapacá. Otros trabajan en el sector público en las escuelas o colegios de la región, como promotores comunitarios o en otros roles dentro del sector de salud, o como miembros de la policía o las fuerzas armadas, entre otras actividades.

CONCLUSIÓN

Los medios de vida de los pobladores de la región del Bajo Putumayo-Yaguas-Cotuhé se basan en los esfuerzos por asegurar la soberanía alimentaria, los principios de reciprocidad y solidaridad y la búsqueda de recursos económicos para abastecerse de productos importantes que solamente se pueden conseguir a través de la compra en el mercado. Hay experiencias de manejo sostenible de pesquerías y productos forestales maderables y no maderables que constituyen una fortaleza importante en esta región y se necesita consolidarlas. También hay acuerdos intercomunales para el uso de diversos recursos naturales, muchos de los cuales son de carácter binacional, y estos se deben visibilizar y respetar.

No obstante, también hay retos para los medios de vida locales. El desencuentro en las normativas del Perú, Colombia y Brasil con respecto al comercio del arahuana/arawana y el paiche/pirarucú dificulta la coordinación para el manejo sostenible de las pesquerías. El tráfico ilegal de la madera, una zonificación y una ordenación de la Reserva Forestal de Ley Segunda que no reflejan adecuadamente la realidad local, la complejidad de los trámites para obtener permisos de aprovechamiento local y la falta de apoyo financiero para el procesamiento y el comercio legal son barreras importantes para el desarrollo de actividades madereras sostenibles en la región. El incentivo del cultivo de la coca para uso ilícito de parte de foráneos amenaza el sistema tradicional de las chacras/chagras. La falta de apoyo técnico para el manejo, la cosecha, el procesamiento y la comercialización de productos forestales no maderables impiden el desarrollo de estas actividades de manera sostenible y económicamente viable. Finalmente, los recursos económicos de la mayoría de la población son escasos y es difícil conseguir fuentes de empleo sostenibles y a largo plazo. Pese a estos obstáculos, hay iniciativas importantes que denotan la capacidad organizativa y la resiliencia de la población y es clave fortalecerlas.

Tomando en cuenta estos retos, se recomienda mayor claridad en las normativas, mayor coordinación en el control y vigilancia de las actividades ilegales y mayor apoyo y mayores incentivos para el uso y comercialización sostenible de los recursos naturales, siempre reconociendo el conocimiento local y los acuerdos informales intercomunales que ya existen.

ENCUENTRO BINACIONAL PERÚ-COLOMBIA: HACIA UNA VISIÓN COMÚN PARA LA REGIÓN DEL BAJO PUTUMAYO-YAGUAS-COTUHÉ

Autores: Christopher Jarrett, Diana Alvira Reyes, Alejandra Salazar Molano, Ana Lemos, Adriana Vásquez, Margarita del Aguila Villacorta, Fernando Alvarado Sangama, Valentina Cardona Uribe, Freddy Ferreyra, Jorge W. Flores Villar, María Carolina Herrera Vargas, Wayu Matapi Yucuna, Delio Mendoza Hernández, Dilzon Iván Miranda, Milena Suárez Mojica, Madelaide Morales Ruiz, Rosa Cecilia Reinoso Sabogal, Luisa Téllez y Charo Lanao

INTRODUCCIÓN

¿Cómo mejorar la gobernanza ambiental binacional en la región del Bajo Putumayo-Yaguas-Cotuhé? ¿Cómo hacer para que las voces de los pobladores locales sean escuchadas y tenidas en cuenta para la toma efectiva de decisiones sobre el territorio y la calidad de vida de las comunidades? ¿Qué podemos aprender el uno del otro para coordinar mejor, ser mejores vecinos y tener medios de vida más resilientes?

Para responder a estas preguntas y fortalecer los múltiples esfuerzos —mayoritariamente comunitarios— que existen en la región para el buen vivir de las comunidades y la pervivencia del territorio, así como poner en común el trabajo realizado por cada comunidad en el marco del inventario y generar propuestas conjuntas, cerrando la fase de campo organizamos un encuentro binacional reuniendo a representantes de las

comunidades peruanas y colombianas que participaron en el inventario. El objetivo del encuentro fue propiciar un espacio de diálogo entre vecinos, en el que pudieran encontrarse, reconocerse y conversar acerca de las aspiraciones, fortalezas y retos que enfrentan las comunidades y buscar estrategias conjuntas que, con base en el conocimiento comunitario, fortalezcan la calidad de vida en la región. Es importante resaltar que este es el primer encuentro en territorio donde se reúnen indígenas, colonos, y en menor medida, instituciones del Perú y Colombia, a soñar un territorio conjunto.

El encuentro tuvo lugar en la Institución Educativa Villa Carmen, en Tarapacá, Colombia, del 22 al 24 de noviembre y reunió a 80 personas provenientes de la región del Bajo Putumayo-Yaguas-Cotuhé. Participaron representantes de: 1) las comunidades nativas y federaciones FECOIBAP y OCIBPRY del Bajo Putumayo peruano, 2) los resguardos indígenas Ríos Cotuhé y Putumayo y Uitiboc y las AATI CIMTAR y ASOAINTAM, 3) la congregación de Puerto Ezequiel, 4) las asociaciones civiles y productivas de Tarapacá (ASMUCOTAR, ASOCOLTAR, ASOPROMATA, ASOPESTAR y APIPOATA), 5) el gobierno regional de Loreto del Perú (la Dirección de la Producción, DIREPRO, y la Gerencia Regional de Desarrollo Forestal y de Fauna Silvestre, GERFOR) y 6) la autoridad ambiental regional, Corpoamazonia, de Colombia.

A partir de una perspectiva de lo común y en búsqueda de la definición de una identidad compartida, se buscaron los siguientes objetivos: 1) conocerse y reconocerse entre vecinos, 2) conocer la historia de poblamiento del territorio, 3) intercambiar experiencias sobre el uso del territorio y los recursos naturales, 4) construir conjuntamente un diagnóstico binacional actual del territorio y 5) desarrollar una visión compartida para el futuro del paisaje.

RECONOCIÉNDOSE Y CONOCIÉNDOSE

El objetivo del día uno era reconocerse entre vecinos y conocer la historia de poblamiento del territorio, para lo cual los participantes reflexionaron sobre los lugares más significativos para ellos en el paisaje, sus historias de migración y las características que los distinguen como habitantes de la región.

Las líneas de tiempo y las rutas de migración, que habían sido preparadas durante las visitas del inventario, se plasmaron en un solo mapa, cuyo resultado fue un mapa histórico que muestra las rutas a través de las cuales los actuales pobladores, o los padres y madres de éstos, llegaron a esta zona, territorio originario de los pueblos ticuna y yagua, que hoy es compartido y habitado por una alta diversidad de pueblos indígenas y mestizos. Este ejercicio permitió visibilizar la historia de poblamiento de la región, el conocimiento ancestral que tienen sus habitantes y las estrategias utilizadas para sembrar y tejer vida a las orillas del río Putumayo (ver la Fig. 10A en las láminas a color). La cauchería y otras bonanzas como el palo de rosa, las tigrilladas (pieles de animales), la coca y la madera, la Guerra Colombo-Peruana de 1932 y las inundaciones que experimentaron los israelitas en su anterior asentamiento en el Caquetá, fueron algunos de los ejes de fuerza a partir de los cuales se teje la historia actual del bajo Putumayo (ver el capítulo *Historia cultural y de poblamiento de la región del Bajo Putumayo-Yaguas-Cotuhé*, en este volumen).

Dos elementos para resaltar: el primero es el sentido de pertenencia, "somos de otra parte, pero ya tenemos nuestro corazón aquí" dijo un hermano israelita de Puerto Ezequiel, plasmando un sentimiento compartido por muchos pobladores. El segundo es el río que integra, "aunque el Bajo Putumayo es un territorio fronterizo donde se encuentran visones y políticas públicas distintas, la frontera no nos ha dividido, por el contrario, hemos afianzados relaciones y acuerdos entre nosotros que nos han permitido compartir recursos, ideas y forjar nuevos lazos familiares interculturales", dijo un líder de la zona durante el Encuentro.

FORTALEZAS Y RETOS

Para hablar de la identidad, decidimos poner en primer plano las cualidades y las fortalezas, resaltando el sentido de pertenencia y el orgullo de ser hijos y guardianes del río Putumayo, como una forma de hacer resistencia a la tendencia histórica de ser invisibilizados y relacionados con actividades ilícitas y de conflicto armado.

¿Cómo somos los habitantes del río Putumayo? Una pregunta que permitió dialogar acerca de las características que hacen especiales a los hombres y mujeres que habitan a las orillas del río Putumayo, identificando una serie de cualidades que dan sentido a una identidad común, independientemente de que sean indígenas, colonos o mestizos. Los habitantes del río Putumayo, dijeron, somos trabajadores, cuidadores, conservadores del medio ambiente, interculturales, espirituales, solidarios, responsables, alegres, hábiles, con capacidad de mantener una cultura viva unida y una amplia diversidad cultural y étnica. Llegar a estos valores compartidos fue un ejercicio que generó una sonrisa grande en todos los presentes, recordando la importancia de resaltar lo que nos une y lo que nos hace fuertes.

Entre las fortalezas destacaron la resiliencia, la diversidad cultural y las buenas relaciones interculturales, la cultura como fuente de conocimiento y base para el manejo del territorio y la capacidad organizativa de la población local. Del territorio resaltaron el río que une, la abundancia de plantas y animales, las diversas fuentes de agua, la tierra para sembrar y el aire puro.

Los retos que enfrentan, o lo que les gustaría mejorar del territorio, son la relación con el Estado y otras entidades, quienes han estado ausentes de forma sostenida, la posibilidad real de tener alternativas económicas sostenibles, el intercambio de experiencias entre el Perú, Colombia y Brasil, el fortalecimiento de las capacidades de las organizaciones en general y de las organizaciones de mujeres en particular, el transporte entre el Perú y Colombia, la mejora de los servicios públicos (salud, infraestructura, comunicaciones, educación, etc.), la (re)valorización de las culturas indígenas, el respeto y la protección del territorio por parte de los foráneos y del mismo Estado, la solución de tensiones territoriales (falta de reconocimiento jurídico de Tarapacá y otros asentamientos mestizos, aspiraciones de ampliación de los resguardos, problemas de linderos, aspiraciones distintas y en ocasiones contradictorias en un mismo lugar), incentivos legales, técnicos y económicos para el aprovechamiento legal de la madera y mejores condiciones para los jóvenes y adultos mayores. Muchos de estos retos se relacionan con el hecho de que estos territorios son muy remotos y carecen de apoyo externo; también reflejan el deseo de fortalecerse internamente y de permanecer en la región, siendo los tejedores de su propio destino.

MANEJO DEL TERRITORIO Y GOBERNANZA AMBIENTAL

El segundo día se trabajó por grupos enfocados en los recursos naturales que más se aprovechan en esta región: la pesca, la madera, las chacras/chagras y los productos forestales no maderables. El objetivo era identificar los retos compartidos y generar propuestas para mejorar el uso y manejo sostenible de los recursos. También se trabajó en torno a la gobernanza territorial, un concepto difícil que, sin embargo, ejercen todos los días en la práctica.

Entre los retos principales para el uso y manejo sostenible de los recursos, se destacó: la débil presencia de las autoridades ambientales competentes, la falta de incentivos reales para el uso y manejo de recursos con fines comerciales de forma legal, los altos precios del transporte fluvial y aéreo, las tensiones territoriales (diferentes aspiraciones en un mismo territorio sin adecuados espacios de diálogo para solucionarlos), la falta de apoyo sostenido a las organizaciones comunitarias y gremiales, así como el no reconocimiento legal de los mecanismos de control, monitoreo y vigilancia comunitarios y en algunos casos, especialmente en el Perú, la pérdida de conocimiento cultural para el manejo territorial.

También se reflexionó sobre el concepto de la gobernanza, un concepto sobre el que se habla mucho, pero que es difícil de entender. ¿Qué es la gobernanza? Después de vueltas, juegos y conversaciones, construimos una definición que todos entendíamos y que nos permitió hacer reflexiones colectivas sobre el estado de la gobernanza territorial y ambiental en la zona: la gobernanza *es la manera en que tomamos decisiones sobre un interés común y nos organizamos para llevarlas a cabo y evaluarlas*. Hablar de gobernanza fue importante para entender que el actor más importante en la gobernanza territorial y ambiental son las comunidades que ejercen la gobernanza en sus prácticas cotidianas, prácticas que han permitido mantener la salud del territorio y de la gente, así como expulsar algunas amenazas de la zona, como la minería y ejercer control para evitar o disminuir el uso inapropiado del territorio por parte de locales, pero sobre todo de foráneos, a través de acuerdos comunitarios. La presencia y regulaciones impuestas por las comunidades,

han evitado que la zona sea usada por foráneos como una despensa de recursos naturales donde se saca, sin ninguna consideración, tal y como pasó durante décadas con las bonanzas (ver los capítulos *Historia cultural y de poblamiento de la región del Bajo Putumayo-Yaguas-Cotuhé* y *Demografía y gobernanza en la región del Bajo Putumayo-Yaguas-Cotuhé*, en este volumen).

VISIONES, PROPUESTAS Y PRIORIDADES

El tercer día se abrió un espacio para soñar acerca de lo que se esperaba para la región a futuro y se construyó un acuerdo sobre los temas prioritarios para lograr esta visión. De forma participativa se definieron siete categorías generales que agruparon las ideas más relevantes: 1) manejo sostenible de recursos con fines comerciales, 2) alternativas económicas sostenibles (con énfasis en el turismo), 3) fortalecimiento cultural, 4) escenarios de coordinación interinstitucional, 5) marco normativo para el manejo y uso de recursos naturales, 6) fortalecimiento organizativo y 7) gobierno propio y aspiraciones territoriales.

En cuanto al manejo sostenible de recursos con fines comerciales, se señaló un interés en establecer programas de manejo pesquero desde Puerto Franco hasta Tarapacá con asesoría de las autoridades pesqueras, para consolidar los esfuerzos que vienen adelantando asociaciones pesqueras peruanas y asociaciones pesqueras colombianas de Tarapacá. Es importante resaltar que existe una fortaleza de las comunidades peruanas en el manejo pesquero, con una experiencia implementando planes comunitarios de manejo pesquero y una voluntad manifiesta de compartir su conocimiento. De la experiencia peruana vale la pena resaltar la creación de asociaciones que fortalecen la noción de la pesca como un bien colectivo, con acuerdos comunitarios, reglas compartidas, división de roles, participación activa de las mujeres, comercialización directa y capacidad administrativa para manejar los recursos económicos. La creación de comités de vigilancia, que fortalecen la gobernanza ambiental y la regulación de la pesca, así como la creación de Escuelas para Pescadores Artesanales —EPAs— ha permitido formar comuneros en técnicas de pesca, asociatividad, recolección y análisis de datos de monitoreo, entre otros, que les permite la toma de decisiones informadas y la sostenibilidad humana y financiera de la actividad pesquera. Para lograr esta última, han iniciado un fondo de capitalización para el auto-equipamiento de materiales e insumos, así como la construcción de centros de acopio. Por último, la presencia de la autoridad pesquera, que realiza acciones de capacitación certificada, así como el apoyo sostenido de la ONG IBC, han sido fundamentales para lograr el fortalecimiento de las asociaciones comunitarias de pesca.

En este contexto, una de las aspiraciones binacionales es poder comercializar los recursos pesqueros de forma sostenible, con asociaciones comunitarias fuertes, sin intermediarios y a mejores precios. Contar con marcos normativos trinacionales para la comercialización y exportación de arahuana/arawana, paiche/pirarucú y otras especies de importancia económica, se consolida como un tema fundamental para los habitantes de la cuenca, así como el mayor cumplimiento de los acuerdos intercomunitarios existentes. La unificación de la veda en los tres países fronterizos, sigue siendo una prioridad para la regulación de la actividad.

Con respecto a recursos no maderables, aún cuando hay un gran potencial en la zona y sólo una experiencia exitosa de asociatividad en torno al manejo y comercialización de frutos del bosque, hay un interés predominantemente femenino en formar una organización binacional de mujeres para la transformación y comercialización de productos del bosque. Para ello es importante, al igual que con los recursos madereros, tener apoyo del gobierno para establecer asociaciones legales y generar mecanismos que faciliten el trámite para obtener los permisos de la autoridad ambiental. Capacitaciones técnicas y administrativas, construcción de centros de acopio con maquinaria para el procesamiento, subsidios al transporte y cadenas de comercialización, tendrán que constituirse en prioridades de inversión de recursos públicos y privados.

Frente al sector maderero, la prioridad es generar incentivos para la legalidad. Es importante resaltar el esfuerzo que algunos madereros, tanto del Perú como de Colombia, están haciendo por hacer su trabajo en la legalidad, respetando las regulaciones de cada país y cortando la vieja tradición del aprovechamiento no regulado. Sin embargo, el maderero legal invierte muchos recursos y esfuerzos para estar dentro de la legalidad y no tiene ventajas comparativas en el mercado frente al maderero ilegal. Tanto en el Perú como en Colombia, el sector reclama atención e inversión pública, así como simplificación de trámites, con el fin de garantizar el acceso justo y equitativo, el apoyo sostenido del Estado y mayor control al tráfico. Al igual que en la pesca, el Perú y Colombia tienen fortalezas complementarias. Socializar e intercambiar lecciones aprendidas debe ser una prioridad del sector. En Colombia, se resalta el fortalecimiento del gremio maderero, con la Mesa Forestal del Amazonas como un espacio legítimo de diálogo, coordinación, concertación y articulación entre actores público-privados. En el caso del Perú, las lecciones aprendidas de los DEMAS y la Mochila Forestal deben ser revisados por Colombia. Modelos de aprovechamiento con responsabilidad comunitaria y no individual son dos características que pueden resultar muy interesantes para Colombia. En este contexto, encuentros entre las Mesa Forestal de Loreto y la Mesa Forestal de Tarapacá, así como fortalecimiento de mecanismos de trazabilidad, flexibilidad y mejoramiento de niveles organizativos deberán figurar entre las prioridades para que el sector maderero se fortalezca y se configure como un modelo sostenible para la Amazonia. Además, se espera que los gobiernos brinden asistencia técnica para el aprovechamiento y monitoreo de los recursos naturales, así como el reconocimiento de las experiencias de monitoreo, control y manejo comunitarios para pensar, en conjunto con las autoridades, un modelo de monitoreo, control y manejo compartido de los recursos naturales.

En cuanto al fortalecimiento cultural, hay una aspiración de recuperar las lenguas ancestrales y propender por un mayor respeto a los valores y tradiciones culturales de cada pueblo. En este tema, los participantes reconocen las fortalezas en el manejo cultural del territorio que tienen las comunidades indígenas de Colombia y manifiestan el interés de hacer encuentros en los que la cultura y los saberes tradicionales sean protagonistas. Estos escenarios de encuentro son fundamentales y urgentes en un paisaje en el que el conocimiento sigue vivo, especialmente en los ancianos y ancianas de las comunidades. Un ejemplo exitoso de este tipo de encuentros se dio entre 2007 y 2009, cuando Parques Nacionales Naturales apoyó una serie de encuentros de intercambios culturales y de semillas entre comunidades del Resguardo Indígena Ríos Cotuhé y Putumayo y la comunidad de San Martín de Amacayacu, donde algunas comunidades nativas peruanas también participaron. Poco después del inventario, PNN organizó otro encuentro entre comunidades ticuna de ambos lados de la frontera, en la comunidad nativa peruana de Santa Rosa de Cauchillo. Los participantes manifiestan un interés en que estas experiencias se fortalezcan y se amplíen a otros pueblos y geografías.

Con respecto a la coordinación interinstitucional y binacional, marcos normativos y fortalecimiento organizativo, hay una necesidad de armonizar las marcos normativos frente al uso y regulación de los recursos naturales, para permitir el uso y comercialización regulados, así como mejorar el ejercicio del control y vigilancia de las autoridades ambientales y de las fuerzas armadas, a través de una presencia sostenida, respetuosa de las comunidades y con controles coordinados entre autoridades de los tres países. Asimismo, hay un llamado hacia el reconocimiento de las veedurías comunitarias, bonificadas económicamente y bien equipadas. También se propuso establecer una mesa binacional en temas de gobernanza ambiental, especialmente de madera y pesca.

Finalmente, se habló de las distintas aspiraciones territoriales que tienen algunas comunidades y/o gremios sobre un mismo territorio y la necesidad de establecer mecanismos de encuentro y diálogos participativos, en los que se pueda conversar y establecer consensos sobre dichos territorios. Para Colombia, la Reserva Forestal y el casco urbano de Tarapacá son los lugares en los que hay que poner especial atención (ver la Fig. 30 en el capítulo *Uso de recursos naturales y economía familiar en la región del Bajo Putumayo-Yaguas-Cotuhé*, en este volumen). Sobre la Reserva Forestal, existe el interés de personas o asociaciones madereras, así como de la Autoridad Ambienta, para hacer un uso a largo plazo que permita la extracción de madera sostenible y regulada. También está la aspiración del Resguardo Indígena Ríos Cotuhé y Putumayo por ampliar su resguardo hacia el oeste, previo el saneamiento jurídico de estos espacios y el interés de las comunidades israelitas, asentadas en esta zona, por sanear y tener derechos sobre la tenencia de la tierra. Con respecto al casco urbano de Tarapacá, hay dos visiones principales para superar el actual limbo jurídico en el que se encuentra: 1) quienes sueñan con contar con autonomía administrativa, política y financiera a través del reconocimiento del área de Tarapacá como municipio, para lo cual debe ser sustraída de la Reserva Forestal y elevada a la categoría de municipio departamental y, 2) quienes esperan implementar el Decreto 632 que brinda garantías para el establecimiento de los consejos indígenas en este territorio (para más detalles, ver el capítulo *Demografía y gobernanza en la región del Bajo Putumayo-Yaguas-Cotuhé*, en este volumen). En el Perú se destaca la zona que corresponde a las "tierras de libre disponibilidad del Estado" dónde se contrapone el interés de FECOIBAP de establecer una Reserva Comunal, para el uso mancomunado de todas las comunidades del bajo Putumayo, versus el deseo de OCIBPRY, de ampliar los títulos de sus comunidades nativas (ver la Fig. 29 en el capítulo *Demografía y gobernanza en la región del Bajo Putumayo-Yaguas-Cotuhé*).

Una vez plasmadas las distintas visiones a futuro que había entre los participantes, se decidió, mediante un proceso participativo de priorización, las principales líneas de acción frente a las cuáles construir propuestas: 1) transporte fluvial, 2) alternativas económicas, especialmente el turismo, 3) comercialización de productos (madera y pesca) aprovechados sosteniblemente, 4) autonomía indígena. Con respecto al transporte, se soñaba con un transporte fluvial subsidiado para que las poblaciones del Putumayo pudieran trasladarse y comercializar sus productos como la madera y el pescado y los productos de la chacra/chagra, de manera eficiente y regular. En cuanto a alternativas económicas, se analizó la posibilidad de desarrollar un corredor turístico en el Putumayo y se identificaron varios elementos que quieren evitar, como por ejemplo el turismo sexual y el turismo a través de intermediarios empresariales. Con respecto a la comercialización de productos aprovechados sosteniblemente, se sugirió la necesidad de crear una mesa binacional para la madera y otra para la pesca (reconociendo que varios de los presentes hacen ambas actividades económicas) y que sean espacios de discusión vinculantes acerca de las normativas, prácticas y temas de comercialización de los recursos. Se reconoció la importancia de llevar a cabo más intercambios o visitas para conocer cómo se vienen manejando los recursos en los diferentes sitios. En el marco de la conversación acerca de la autonomía indígena, se identificó como una de las debilidades principales para la autonomía de las organizaciones comunitarias la falta de capacidades para el manejo de recursos financieros y la elaboración de proyectos. En ese sentido se propuso hacer un diagnostico de cómo están las organizaciones en la consolidación de su estructura administrativa y compartir lecciones aprendidas de experiencias buenas y malas en el manejo de recursos, como insumo para gestionar un proyecto binacional para el fortalecimiento de capacidades administrativas.

El equipo social del inventario se comprometió con los participantes del encuentro a compartir las propuestas con gobiernos, cooperación internacional u otros actores claves, como un paso para posicionar la voz de las comunidades frente a tomadores de decisiones, así como para generar insumos que permitan la planeación territorial con insumos comunitarios. Hicimos presentaciones de los resultados preliminares del inventario rápido en Tarapacá, Leticia, Bogotá y Lima, al concluir el trabajo de campo. En Leticia también hicimos una presentación a los representantes de gobierno que estaban convocados para empezar a definir la propuesta de un proyecto especial para el Putumayo en el marco del Global Environmental Facility.

TEMAS A PROFUNDIZAR EN FUTUROS ENCUENTROS

Al final del último día del encuentro, se hizo una evaluación del proceso y los participantes señalaron los temas que les gustaría profundizar en futuras oportunidades de encuentros o reuniones. Los temas que mencionaron fueron: la equidad de género, experiencias exitosas de manejo de recursos con fines comerciales y los procesos de comercialización, las visiones territoriales diversas y la necesidad de tener escenarios plurales de conversación y toma de decisiones, la administración efectiva de recursos monetarios y los marcos normativos para el uso de recursos. Es importante tomar en cuenta estas temáticas al momento de organizar futuros encuentros en esta región.

CIERRE: NOCHE INTERCULTURAL Y REFLEXIONES FINALES

Para cerrar el evento, se organizó una noche intercultural durante la cual se compartieron cantos, bailes, chistes y otras manifestaciones culturales de los diversos grupos presentes. Los tarapaqueños cantaron el himno de Tarapacá y bailaron vallenato, un abuelo bora lideró un canto y baile en su idioma, una niña israelita cantó un himno religioso y algunos miembros del equipo social cantaron y contaron chistes. Este momento de integración reflejó el sentido de unidad, solidaridad y respeto por la diferencia que destacan a los pobladores del Putumayo y literalmente proyectó las voces del Putumayo hacia el mundo externo.

RESUMEN COMUNITARIO

Agradecimiento	El equipo del inventario rápido quiere agradecer profundamente a los pobladores de la región del Bajo Putumayo-Yaguas-Cotuhé. Agradecemos los momentos bellos, las conversaciones importantes sobre las realidades y retos en estas tierras y el aprendizaje mutuo. Nuestro compromiso es compartir lo que aprendimos durante el estudio y seguir buscando maneras de asegurar el bienestar a largo plazo de la gente y los bosques en esta región.
Fechas del trabajo	5–25 de noviembre de 2019

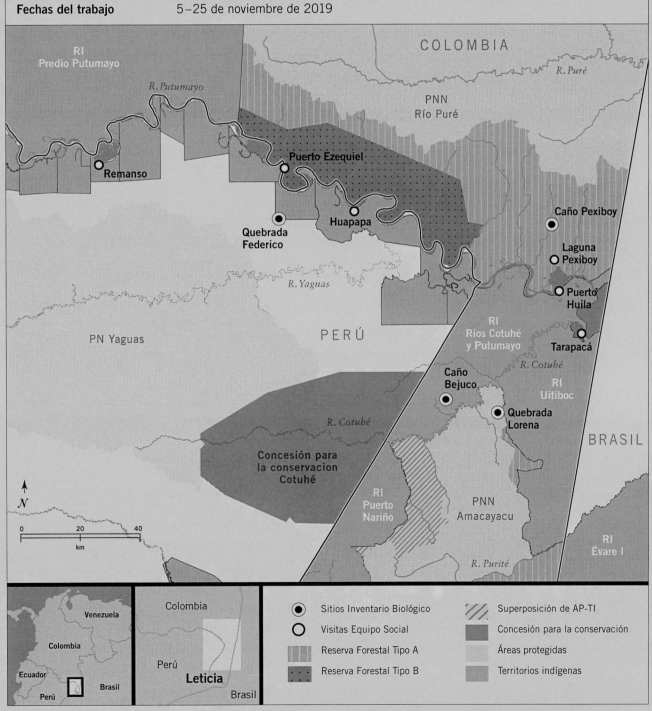

Región

El río Putumayo marca la frontera entre Colombia y Perú, igual que Colombia y Ecuador. Su cabecera está en los Andes de Colombia y su desembocadura está en el río Amazonas/Solimões, en Brasil. La cuenca del Putumayo tiene alrededor de 12 millones de hectáreas y es uno de los tributarios más pequeños del río Amazonas —representa apenas un 1,7% de la gran cuenca Amazónica— pero es uno de los tributarios que tiene más diversidad de plantas y animales, más bosques en buen estado y menos deforestación. Nosotros realizamos este estudio en la parte baja del río Putumayo donde recibe las aguas de los ríos Yaguas y Cotuhé, una región que llamamos Bajo Putumayo-Yaguas-Cotuhé.

Casi todo este territorio es bosque y la gente que vive en el territorio, tanto indígenas como mestizos, lo habita, lo conoce y lo usa desde hace siglos. Ese conocimiento cultural profundo ha permitido mantener estos bosques vivos. El territorio tiene figuras de ordenamiento, como resguardos, parques nacionales y la reserva forestal, que han sido importantes para cuidar y manejar el territorio de forma sostenible. Es una zona fronteriza, lejos de las ciudades, donde los gobiernos de cada país tienen muy poca presencia. Es importante que los gobiernos del Perú y Colombia reconozcan el cuidado y trabajo de la gente local y ayuden a unir a la gente a cuidar mejor el territorio compartido entre los dos países. Los gobiernos también deben tomar acciones para minimizar las actividades ilegales que destruyen los recursos naturales y empobrecen la forma de vivir de los pobladores. Este paisaje binacional, ecológica y culturalmente diverso tiene fortalezas únicas y hay una gran potencialidad para compartir experiencias de ambos lados de la frontera e impulsar diálogos binacionales para construir una visión compartida del territorio. Si hacemos esto, podemos unir a la gente y cuidar un paisaje muy diverso en el corazón de la Amazonía.

Sitios visitados

Cuatro sitios visitados por el equipo biológico

Perú: entre las comunidades nativas del Bajo Putumayo y el Parque Nacional Yaguas	
Campamento Quebrada Federico	6–10 de noviembre de 2019
Colombia: Unidad de Ordenación Forestal de Tarapacá	
Campamento Caño Pexiboy	11–15 de noviembre de 2019
Colombia: Resguardo Indígena Ríos Cotuhé y Putumayo	
Campamento Caño Bejuco	16–20 de noviembre de 2019
Colombia: Parque Nacional Natural Amacayacu y R.I. Ríos Cotuhé y Putumayo	
Campamento Quebrada Lorena	21–25 de noviembre de 2019

Siete sitios visitados por el equipo social

Perú

Comunidad Nativa Remanso	7–8 de noviembre de 2019
Comunidad Nativa Huapapa	9 de noviembre de 2019

Colombia

Puerto Ezequiel	10 de noviembre de 2019
Tarapacá	14–15 de noviembre de 2019
Laguna Pexiboy y Concesión ASOPROMATA	14 de noviembre de 2019
Puerto Huila	16–17 de noviembre de 2019
Maloca Cabildo Centro Tarapacá Cinceta	19–20 de noviembre de 2019

Entre el 22 y el 24 de noviembre hubo un encuentro en Tarapacá, en el que participaron más de 80 líderes indígenas y no indígenas del Perú y Colombia, así como algunos representantes de los gobiernos de los dos países. Fue el primer encuentro de este tipo en la región, pues nunca antes se había reunido tal diversidad de gente de los dos países, a soñar juntos. Después del encuentro, los equipos que participaron en el inventario se reunieron y presentaron los resultados del inventario rápido a la gente de Tarapacá en el coliseo. Nuestro compromiso es devolver la información a la gente local y empieza con que sean los primeros en escuchar los resultados de campo. De allí, el equipo viajó a Leticia, Colombia, para analizar las amenazas, fortalezas y oportunidades, hacer recomendaciones para la conservación y el mejoramiento de la calidad de vida y escribir una primera versión de este informe del 27 de noviembre al 3 de diciembre.

Equipos y enfoques geológicos y biológicos

Nuestro equipo incluyó a 21 expertos de Colombia, Perú y otros países, quienes hemos dedicado la vida al estudio de las plantas, animales, ríos y suelos en diferentes partes de América del Sur. Con esa experiencia, hicimos un estudio de tres semanas de los bosques y ríos de la región del Bajo Putumayo-Yaguas-Cotuhé con la intención de descubrir qué tienen de similar, qué tienen de diferente y qué tienen de especial en comparación con otras áreas en la Amazonia. También queríamos ver si los bosques y ríos estaban en buena o mala condición. Nuestro equipo estudió aguas, suelos, plantas, peces, ranas, sapos, culebras, lagartijas, pájaros y mamíferos (incluyendo murciélagos) en cuatro puntos distintos de la región. En este trabajo de campo nos apoyaron más de 20 residentes indígenas y campesinos quienes conocen muy bien los bosques y ríos de la región.

Resultados biológicos principales

Este inventario rápido fue la primera vez que un equipo grande de científicos estudió las plantas y animales en ambos lados del río Putumayo al mismo tiempo.

En la región del Bajo Putumayo-Yaguas-Cotuhé encontramos un paisaje natural espectacular que ya no existe en muchas otras áreas de Colombia y Perú. Aquí uno

Resultados biológicos
principales (continuación)

puede caminar en el bosque o viajar por río durante días rodeado de bosque y vida silvestre. En muchas otras áreas esto ya no es posible ya que los árboles a lo largo de los ríos han sido tumbados para la agricultura o el ganado y el bosque que queda forma pequeños bloques entre centros poblados y carreteras. En esta región los bosques y ríos están muy saludables, con aire y agua pura y gran cantidad de animales y peces. Visitamos cuatro lugares muy distintos: una concesión forestal, un resguardo indígena, un parque nacional y un área cercana a las comunidades nativas del Perú que no cuenta con un ordenamiento legal. Nos sorprendió que, a pesar de tener ordenamientos distintos, todos estaban en buen estado de conservación. Los pájaros, animales terrestres y peces en la región del Bajo Putumayo-Yaguas-Cotuhé todavía hacen sus migraciones libremente —cosa que ya no pasa en algunas otras áreas de la Amazonia. Por la misma razón, un cazador o pescador aquí puede encontrar comida para su familia de forma mucho más fácil y rápida que un cazador o pescador en otras regiones.

También encontramos algunas cosas similares a otras áreas en Colombia y Perú. Por ejemplo, observamos cientos de diferentes tipos de animales y miles de diferentes tipos de plantas. Esto lo esperábamos encontrar, pues la Amazonia colombiana y peruana son famosas en todo el mundo por tener más especies de plantas y animales que casi cualquier otra parte del planeta. El cuadro abajo muestra cuántas diferentes especies (tipos) de plantas y animales observamos durante el inventario, y cuántas calculamos que deben estar en la región:

	Especies registradas durante el inventario	Especies estimadas para el área
Plantas	1.010	3.000
Peces	150	600
Anfibios (sapos, ranas y salamandras)	84	180
Reptiles (culebras, lagartijas, caimanes y tortugas)	47	120
Pájaros	346	500
Mamíferos medianos y grandes	49	56
Murciélagos	31	98
Total de especies de plantas y animales	**1.717**	**4.554**

Durante el inventario observamos varias otras cosas que la región Bajo Putumayo-Yaguas-Cotuhé tiene de especial. En los pantanos encontramos pequeños parches de un bosque muy particular, tipo 'varillal', en donde todos los árboles son delgados y bajitos y crecen encima de una tierra compuesta de hojas podridas. Este tipo de bosque es raro en la Amazonia peruana y colombiana y contiene pocas especies, pero varias de las especies que existen allí son plantas únicas, que solamente se encuentran en este tipo de suelos. Ese suelo de hojas podridas forma algo que se llama turba, una concentración de carbono por debajo del suelo. Para enfrentar el cambio climático es muy importante no perturbar estos ambientes y dejar ese carbono quieto, igual que mantener la mayoría de los árboles en pie. Gran parte del paisaje es bosque alto, creciendo en lomas, con buena diversidad de plantas y animales. En varios campamentos observamos árboles valiosos de gran porte, aunque pocos cedros, arboles que parecen ya haber sido talados por los madereros tanto en el Cotuhé como en la Reserva Forestal. Nos sorprendió ver que en el campamento Pexiboy, un lugar con tala activa, haya tantos animales y aves de caza, cuando la lectura general es que en lugares de tala hay un impacto negativo severo sobre la fauna. Demuestra que, con manejo activo, se puede hacer tala de especies maderables sin un efecto negativo en la fauna de caza. Otra cosa especial que tiene la región es la abundancia de peces ornamentales, no solamente los alevinos de arahuana/arawana, sino decenas de otras especies que tienen un valor en el mercado mundial. Como equipo nos preocupa la presencia de dragas en el río, dado que el mercurio de esas dragas tiene un impacto negativo sobre la salud de los ríos y los peces, y que ese impacto llega a la gente a través del pescado que comen. Adicionalmente, encontramos una especie de lagartija potencialmente nueva para la ciencia, igual que una diversidad altísima de ranas y culebras. Finalmente, descubrimos que la región aún tiene abundantes poblaciones de ciertas plantas y animales cuyos números han sido muy reducidos en otras partes de América del Sur. Estos incluyen los grandes depredadores (como tigres, lobos de río/perros de agua, caimanes negros y águilas harpía) y los grandes dispersores de semillas (como sachavacas/dantas, huanganas/puercos y monos/micos grandes). Vimos huanganas/ puercos en toda la zona, de hecho, a diferencia de los demás inventarios, es la primera vez que vimos de frente, no sólo mediante cámaras trampa, a las huanganas/puercos y, no sólo eso, aquí registramos grupos grandes de docenas de individuos. Fue muy grato dado que eran el animal emblemático del inventario, reconociendo que existe mucha fuerza en una manada que anda juntos y camina derecho.

Todo esto indica que, gracias al buen uso y manejo de las comunidades, la naturaleza en la región del Bajo Putumayo-Yaguas-Cotuhé aún mantiene la grandeza milenaria de los bosques y ríos amazónicos, y merece reconocimiento, apoyo y protección.

Equipos y enfoques sociales	Un equipo de diferentes culturas y países, con diferentes formas de conocimiento: 4 indígenas de la zona y más de 10 científicos de 4 instituciones de gobierno, 5 instituciones no-gubernamentales y un museo norteamericano de historia natural. Entre todos estudiamos la historia del territorio y su gente, las fortalezas de las comunidades, la organización propia y toma de decisiones, el uso y cuidado de los recursos naturales, las amenazas y los sueños a mediano y largo plazo de los habitantes.
Comunidades humanas	*Historia, cultura y poblamiento* El Bajo Putumayo-Yaguas-Cotuhé es territorio ancestral de los ticuna y yagua y, desde hace 80 años, también marca la frontera entre Perú y Colombia. Hoy en día, viven en este territorio más de 12 pueblos indígenas, además de pueblos mestizos (campesinos y colonos) y miembros de la religión israelita. El río Putumayo, conocido en lengua murui como *kud+mayo* (río de peces), es lo que une a todas estas personas.

Comunidades humanas
(continuación)

Mucha gente ha venido a este territorio, tanto indígenas (ocaina, andoque, ticuna, murui, yagua, inga, cocama, bora, kichwa, entre otros) como no indígenas. Vinieron por diversas razones, atravesando ríos, quebradas/caños y trochas para llegar aquí, por este motivo, esta es una región de migrantes, con alta diversidad cultural. En los años 1500, se construyeron misiones religiosas en esta región y, en años posteriores, se han extraído muchos recursos con fines comerciales, como la quina, el caucho, el palo de rosa, el cedro, las pieles de animales, la coca para uso ilícito y el oro del río. La guerra también ha golpeado estos territorios, en 1933 hubo un conflicto armado entre Perú y Colombia. Todo esto ha cambiado la vida del bosque, los ríos y las costumbres de los que viven en la región, pero también ha hecho que la gente de esta región sea fuerte, protectora de su vida y su territorio y tenga una alta capacidad organizativa.

Hoy en día, aproximadamente 5.000 personas viven en el Bajo Putumayo-Yaguas-Cotuhé (1.400 en el Perú y 3.600 en Colombia). 3.700 viven en territorios indígenas. 1.000 viven en el centro de Tarapacá. El resto vive en la Reserva Forestal de Colombia. También hay poblaciones indígenas que viven en aislamiento y contacto inicial. Al haber convivido mucho tiempo en esta región, los habitantes tienen una memoria compartida de este lugar. Por eso, diversas historias, prácticas y tradiciones se entretejen aquí y la gente ha creado su propia forma de vivir en este territorio. También tienen una identidad propia como habitantes del río Putumayo y han establecido acuerdos para compartir recursos y apoyarse mutuamente.

Uso y manejo de recursos naturales

Los habitantes viven de las diversas especies que hay en la región. Los peces, que se encuentran en abundancia, son una de las principales fuentes de proteína de las comunidades y una fuente de ingresos económicos. El equipo de trabajo encontró una gran variedad de peces de consumo, así como especies ornamentales, con potencial económico. Algunos ejemplos de especies que encontró son paiche/pirarucú, gamitana, paco, bagres, sábalo/zingo, cheos/lisas, garopa/palometas, pañas/pirañas, sardinas, pez cachorro/zorro, botellos/añashua.

Una de las características importantes del manejo de la pesca en este paisaje es que los pobladores han construido acuerdos de manejo, para consumo y venta, a ambos lados de la frontera. Las comunidades peruanas tienen una experiencia importante en manejo pesquero, con planes comunitarios de manejo de arahuana/arawana y paiche/pirarucú, con más de 10 años de experiencia. De las 13 comunidades nativas en el lado peruano de la frontera, 7 tienen plan de manejo pesquero. En estas 7 comunidades los pescadores están organizados en Asociaciones de Procesadores y Pescadores Artesanales (APPAs), pescan controladamente y cuidan juntos las cochas/lagos. Los pescadores colombianos de Tarapacá también se han organizado en dos asociaciones de pesca: la Asociación de Pescadores de Tarapacá (ASOPESTAR) y la Asociación Piscícola Productora de Peces Ornamentales y Artesanales de Tarapacá Amazonas (APIPOATA); mientras que los pescadores de las comunidades aledañas a Tarapacá realizan aprovechamiento bajo acuerdos informales basados en la confianza y solidaridad.

Los habitantes también realizan la cacería para comer, para vender y como parte de su cultura. Las especies que más prefieren los cazadores son majaz/boruga, sajino/cerrillo, huangana/puerco, sachavaca/danta, paují y pava. La extracción de madera también ha sido una parte importante de la economía de la región. La extracción de madera para vender empezó en los años 70 y se hacía sin controles, pero ahora los madereros están organizándose más. Algunas comunidades nativas peruanas tienen "Declaraciones de Manejo (DEMA)" y algunos madereros colombianos tienen "Permisos de Aprovechamiento Forestal Persistente". En ambos lados de la frontera hay gente que extrae ilegalmente la madera y no hay suficiente control de parte de las autoridades. La gente de las comunidades también extrae madera a pequeña escala para sus casas, canoas y otros usos propios. Esta extracción es a pequeña escala y se hace con el permiso de los vecinos.

Los pueblos indígenas también siembran chacras/chagras. Las chacras/chagras son fuentes de comida y de poder espiritual y cultural. También ayudan a mantener y fortalecer las relaciones entre familiares y vecinos, pues la gente comparte e intercambia conocimientos, semillas y productos, entre otras cosas. En menor medida, los productos de las chacras/chagras se venden. Los indígenas también comparten su conocimiento con los mestizos. Siembran en zonas bajas y altas. Hay más zonas altas en el lado colombiano y por eso existen acuerdos entre vecinos peruanos y colombianos para el establecimiento de las chacras/chagras en territorio colombiano. Los israelitas también cultivan la tierra y crían a animales en extensiones más grandes de terreno. Aunque hay gran potencial para el uso comercial de productos no maderables del bosque, sólo hay una experiencia exitosa liderada por la Asociación de Mujeres Comunitarias de Tarapacá (ASMUCOTAR) y una experiencia en proceso de consolidación en ASOAINTAM. Estos grupos se dedican al aprovechamiento y procesamiento de camu camu, arazá y copoazú, entre otras especies del bosque.

Gobernanza

Una característica importante de esta región es la abundancia de formas organizativas comunitarias. En el Perú, la población está agrupada en comunidades nativas y estas comunidades se han unido en dos federaciones: la Federación de Comunidades Indígenas del Bajo Putumayo (FECOIBAP) y la Organización de Comunidades Indígenas del Bajo Putumayo y el Río Yaguas (OCIBPRY). En Colombia, la población indígena está agrupada en resguardos indígenas (RI Ríos Cotuhé y Putumayo y RI Uitiboc), los cuales son gobernados por cabildos y representados por dos Asociaciones de Autoridades Tradicionales Indígenas (AATIs): el Cabildo Indígena Mayor de Tarapacá (CIMTAR) y la Asociación de Autoridades Indígenas de Tarapacá Amazonas (ASOAINTAM). También hay un cabildo indígena urbano en Tarapacá. Los pobladores de Tarapacá tienen sus propias organizaciones (asociaciones de colonos, de mujeres,

Comunidades humanas
(continuación)

de pescadores y de madereros) y la autoridad pública la ejerce la Gobernación
de Amazonas, a través de su representante denominado auxiliar administrativo
corregimental (conocido como "corregidor"). Los israelitas de Puerto Ezequiel tienen
tres juntas: Junta Eclesiástica, Junta Administrativa y Junta de Acción Comunal.

La mayoría de las comunidades cuentan con estatutos internos, planes de vida u otros
instrumentos de gestión territorial. También hay acuerdos formales e informales entre
comunidades de ambos lados de la frontera, sobre varios temas: manejo de recursos
naturales, intercambios de conocimientos y coordinación para el control del territorio.
También hay espacios donde las organizaciones y autoridades indígenas coordinan y
hacen acuerdos entre ellos y con los gobiernos, como por ejemplo la Mesa Regional
Amazónica en Colombia.

Hace falta más coordinación entre los dos países (Perú y Colombia) para enfrentar
amenazas como la minería de oro en los ríos y el narcotráfico, para fortalecer la
cultura, para promover el uso sostenible de los recursos y para mejorar los servicios
básicos para la gente. El conocimiento local, el arraigo, el respeto por las diferentes
culturas y la identidad común como habitantes del río Putumayo, son elementos
fundamentales para asumir estos retos, en una frontera que es, ante todo, un corredor
biológico y cultural vivo.

Encuentro en Tarapacá

Del 22 al 24 de noviembre, se reunieron más de 80 personas de la región, en la
Institución Educativa Villa Carmen de Tarapacá, Colombia. Fue el primer encuentro de
habitantes de esta región. Los participantes compartieron sus historias, pensamientos
y conocimientos. Dialogaron acerca de sus fortalezas colectivas y lo que les une como
habitantes del río Putumayo, tanto indígenas como no indígenas. Los participantes
destacaron que los que viven en esta región son trabajadores, espirituales, solidarios,
responsables, alegres y hábiles. Cuidan y conservan el medio ambiente y mantienen
sus diferentes culturas. También tienen dificultades y aspiraciones similares, como
el llevarse bien entre vecinos, fortalecer sus organizaciones y autoridades, coordinar
mejor con los gobiernos, tener más oportunidades de ganar dinero sin dañar el bosque
o el agua, pescar y cazar sin acabar con los peces y animales, sacar madera sin
acabar con los árboles, fortalecer las culturas, tener más mujeres líderes y mejorar
la vida de los jóvenes (el futuro) y los abuelos (los sabios). En este encuentro en
Tarapacá, todos soñaron juntos con un futuro mejor y se comprometieron a trabajar
conjuntamente. Los participantes priorizaron 4 propuestas para la región: 1) mejorar el
transporte fluvial, 2) desarrollar alternativas económicas, 3) aprovechar y comercializar,
de forma sostenible, la pesca y la madera, 4) fortalecer las organizaciones indígenas
y comunitarias. Al final del encuentro, los participantes cantaron, bailaron, contaron
chistes y se comprometieron a seguir encontrándose y conociéndose mejor. Las
instituciones presentes en el encuentro también se comprometieron a escalar la voz
de las comunidades en distintos niveles para hacer llegar estas propuestas a los
tomadores de decisiones.

Estado actual	Casi toda la región del Bajo Putumayo-Yaguas-Cotuhé está bajo alguna figura de ordenamiento territorial. Esto incluye los parques nacionales (el Yaguas en el Perú y Amacayacu y Río Puré en Colombia), tierras indígenas legalmente reconocidas (comunidades nativas en el Perú y resguardos indígenas en Colombia), la Reserva Forestal en Colombia y una concesión para la conservación en el Cotuhé del Perú. Una pequeña parte de la región, toda ella en el Perú, está sin un uso de tierra formal. La Reserva Forestal tiene dos zonificaciones —una al nivel nacional que hace el Ministerio de Ambiente y Desarrollo Sostenible (Tipo A, Tipo B) y una al nivel regional (seis unidades de ordenación forestal de Corpoamazonia)— y ninguna refleja cómo la gente vive y usa el territorio. Por ejemplo, el casco urbano de Tarapacá está ubicado dentro de la Reserva Forestal.

Principales fortalezas para la conservación	01	Bosques, ríos y lagos en buen estado de conservación, que conforman un corredor biológico y cultural
	02	Comunidades indígenas y mestizas con una gran diversidad social y cultural, un conocimiento profundo del territorio y arraigo territorial
	03	Flora y fauna silvestre diversa, incluyendo poblaciones saludables de peces, aves y mamíferos que son una fuente de comida sostenible para las poblaciones locales
	04	Experiencias con el manejo de los recursos naturales como pesca, madera y productos no maderables como camu camu
	05	Acuerdos comunitarios nacionales y binacionales (Perú-Colombia), tanto formales como informales
	06	Planes de manejo para el uso, control y vigilancia de los recursos en parques, territorios indígenas y concesiones forestales

Principales amenazas	01	Poca coordinación entre el Perú y Colombia para la conservación y el bienestar de los pobladores
	02	Actividades ilícitas como la tala ilegal, la minería de oro y el narcotráfico
	03	Poca presencia del Estado e inadecuados servicios del Estado en la zona
	04	Diferentes ideas sobre el territorio entre comunidades y agencias del Estado, sin un escenario de coordinación para hablar de ellas
	05	Falta de apoyo para las actividades económicas legales y sostenibles

Principales	**Perú**
recomendaciones:	

01 Crear un área de conservación y uso sostenible para el área de libre disponibilidad en el Bajo Yaguas, la cual asegure el uso por las comunidades nativas del Bajo Putumayo, resuelva las visiones conflictivas y elimine las actividades ilegales.

02 Denunciar las actividades ilegales en la Concesión para la Conservación del Cotuhé y exigir una revisión en terreno del manejo.

03 Respetar el territorio de la población ticuna en contacto inicial en la cuenca del Cotuhé y buscar la mejor estrategia para su protección en diálogo con las comunidades ticuna en Colombia.

Colombia

01 Apoyar una ordenación de la Reserva Forestal que contemple el uso actual, las expectativas de la gente y el mantenimiento de la conectividad biológica y cultural.

02 Terminar el plan de vida integral del Resguardo Indígena Ríos Cotuhé y Putumayo e iniciar las actividades en el mismo.

03 Fortalecer la gestión y sostenibilidad de los sectores norte y centro del Parque Nacional Natural Amacayacu.

04 Generar un diálogo entre todos los actores en Tarapacá sobre el ordenamiento territorial y formular una herramienta de gestión de Tarapacá.

Región del Bajo Putumayo-Yaguas-Cotuhé

01 Respetar el territorio de la población ticuna en contacto inicial en la cuenca del Cotuhé y buscar la mejor estrategia para su protección en diálogo con las comunidades ticuna en Colombia.

Corredor Biológico y Cultural Putumayo-Içá

01 Incentivar a las autoridades locales, regionales, nacionales e internacionales para que reconozcan la oportunidad única que ofrece la cuenca del Putumayo-Icá como un corredor vivo, cultural y biológico en donde el río corre libremente por inmensos bosques intactos.

02 Articular a los gobiernos de los cuatro países de la cuenca hacia la armonización de las normas sobre el uso y manejo de los recursos naturales, así como el control y vigilancia de las zonas fronterizas (especialmente en cuanto a las actividades ilícitas).

03 Asegurar que toda acción a nivel de cuenca respete las fortalezas, los conocimientos y la realidad de los pobladores del Putumayo-Icá, para que las aspiraciones locales, regionales y nacionales hacen realidad el sueño del Corredor del Putumayo-Icá.

Meé	Ña nátükumü nama fagü ña purakü tüú na mee aurima ya duatagü Putumayo arü taguama pegüe – Yowagü – rü Cotueküagü. Pena mõé ta a naka ña mei ngunei, naka ña dea me a kumaií rü porá ña waimüwa ru ña fagü wiigü. Toru inu ru pema ta gau ña fagu naka ta ugutee ru naka mei mau duataguaru ru nainekuguaru ña naanewa.
Puraku aru ngunei	5–25 de noviembre de 2019

Naane

Ña tatü Putumayo naru yé Colombia ru Perú, ñeguarunta Colombia ru Ecuador. Noru natapee ru Colombia aru Andeswa na ñema ru noru nachinee tatu Amazonas/Solimoes Brasilwa. Ña naane Putumayo ru 12 millones aru ta nuna ñema ru ñema ru wii nuika irauchi Amazonaarunu i – 1,7% ña naane Amazonawa – noturu ñema na tauchi ngueru nauna ru naineku na muuchi, naru mumee ña naineku ñumachi tama un tugu. Tomagu taru ugu ña ugutee tatu Putumayo aru tawaama tatu Yaguas aru yauchiiwa ru Cotue, wii naane nama taru u Putumayoa aru Taguama-Yaguas-Cotuhe.

Guuma ña waimu ru na nainekua ru duatagu nagu pegue, maiyugu ñumachi tomagu, nawata ñemagu ru tauneku nawa ta purakue. Ñema fagu ru nakuma tuuna ru porae na mei ña naineku ru naane. Ñema naane nuna ñema wii uachi, un resguardo na ñema, parques nacionalesgu ru ñumachi reserva forestal, magunnu airuma nuna na dauka ña waimu ru naane. Ñema ru wii yenu, iane tagunearu yaguwa, ru aekaku tama ñema na gu. Na menu ña aekakugu Colombiaru ñumachi Peru nuna fanetaguu ñema puraku ta uguu ya duatagu ñumachi tuna poraei nuna ta daugunka ña waimu wiigu tare países. Ña aekakugu naweinu naka na ueingun ña puraku chiein ña naineku tu turaein ñegumarun ya duatagu. Ña país taregu, ninekuaun, nakuma nuun na poraen ru wii pora nuna ñema ñeguma nunana daugunka ña territorio. Ñeguma ru ugu ña, wiiwa tuta na ya duatagu nuna ta daugunka ña mau Amazonia.

Agumuku nachika i dau ña natukumu mauaru:

Peru: ya ianegu nakaa ya Bajo Putumayo ru Parque Nacional Yaguas

Campamento Quebrada Federico	6–10 de noviembre de 2019

Colombia: Tarapacaaru Naane Nainekuaru Uneta

Campamento Caño Pexiboy	11–15 de noviembre de 2019

Colombia: Naane Waimu i Maiyu Tatu Cotuhe ru Putumayo

Campamento Caño Bejuco	16–20 de noviembre de 2019

Colombia: Parque Nacional Amacayacu ry R.I. Tatu Cotuhe ru Putumayo

Campamento Quebrada Lorena	21–25 de noviembre de 2019

Siete nachika i da ña natukumu duearu:

Ya 22 ru 24 tawemaku noviembregu na ñema wii gutakue Tarapacawa, ñema ta i 80 maiyugu aekakugu ru tama maiyugu Peruano ru Colombianogu, ñegumarunta corigu aekakugu. Ñegumarica na ñema ñaa gutakue numa, tauguma nuunta dau y duungu tare waimukaa, wiigu i purakue. Nawena nugu na nutakue ña natukumu ña inventario tuu naru we ya duata Tarapacacaa ya coliseowa. Toru unetaru tuna i taru Taegu ña dea ya duatagu tuira nuunta inueinka. Ñema naku Leticiawa Colombia wa na ii, naru ugunka ña guucham pora, mei inugu, na igunka inugu nuna dau ru na meika ña mau ru na wimatuu ña popera tawemaku i 27 noviembre a 3 diciembre.

Natukumu ru inu naune ru mauaru

Toru natukumu ñema tunu wuku 21 nuu fague Colombiakaa ru Perukaa ru to i waimukaa, i nagu ta maein ña ugutee nawa ña nanetugu, naunagu, tatugu i ñumachi ñaa waimutachinuun tomachigu i nachiga nua America del Surwa. Ñema faachima ru tameepu semana nawa ta uguteegu ña nainekugu ru tatugu ñema Bajo Putumayo-Yaguas-Cotuhe nuunta fagunka tana wiigu, ta taku un ñemau ru ñumachi taku nu ñemau tomai waimuma nua Amazoníawa. Ñegumarunta nuuta faguchan ta ña tatugu ru nainekugu na meguun. Toru natukumu nawa na gue deagu, nanetugu, chonigu, kururugu, atapegu, gairegu werigu ru maiegu ñegumarunta (churugu) i agumuku nachikawa. Ñaa nachikawa tou naru ngue 20 duatagu ñemakaa miyugu ru tomagu nuun fague ñaa waimu.

Iguuchiin aru nachiga nuiraun

Ñaa i guuchiin ñumarika naru ugu i wi natukumu nuu faguun nawa ña nanetu ru naengu ñea putumayowa.

Bajo Putumayo-Yaguas-Cotuhe aru naanewa nama taru ingu mekuran naineku ru maru tau toma naanewa. Nua na me ñema ku uu oena ku viaja nagu ña tatu muu i ngunei. To i naanewa ru maru na tau ngueru maru tu tugu ya naigu naka ña puraku naanewa ñucmachi woca aru yaein ru iramarein un uchigu ianewa ñumachi namawa. Ña nainekuwa ru ña deagu na megu, buaneku i mei, dea i mechiin ñumachi na ñemau y naengu. I tea daugu agumuku nachika: wii concesión forestal, wii resguardo indígena, wii parque nacional ñumachi wii naane ianearu gaikamana uu tama poperaun. Nama ta baiachie ngueru ñemani na tamarun noru uñeta, guuma i na meigu ña waimu. Ya werigu, naunagu chonigu ñaa Bajo Putumayo-Yaguas-Cotuhewa taru puedegutaa ta chouein-ru tomaanewa maru tama ñematarugu. Ñegumarunta wii cazador naru puede nawemu tana dau ngueru tomaanewa maru taukura ñematarugu.

Ñegumarunta Peru i Colombiawa na ñema i wiigumarei. Muuchi i naeingu i muuchi nanetugu. Ñaa ni ñema naa taru ichau, Amazonía colombiana ru peruana ru guu i naane nuna fagu naka ñema naineku i naeingu ru toma i naanewa tama ñegumarun nui. Ñatuwa na we ñure i naeingu ñumachi naentugu ñemau, ñumachi taru wugu ñure na ñemau ñaa naanewa:

	Especies registradas durante el inventario	Especies estimadas para el área
Plantas	1.010	3.000
Peces	150	600
Anfibios (sapos, ranas y salamandras)	84	180
Reptiles (culebras, lagartijas, caimanes y tortugas)	47	120
Pájaros	346	500
Mamíferos medianos y grandes	49	56
Murciélagos	31	98
Total de especies de plantas y animales	**1.717**	**4.554**

Ña purakuwa nuunta ta daugu ñure i naunagu ru nanetugu nawa ñemau ña Bajo Putumayo-Yaguas-Cotuhe. Ña gouwagu nama taru ingu iraguu naineku, ñuma "nainegurun", guuma y naigu ru na irugu ñumachi na nuchanegu ru nainatu y yieiwa naru ugu. Ña nachika tama guuwa nunnta dau nua Colombia ru Peruwa ñumachi tauma naen na ñema, noturu ña nanetu ñemaru uguun ru nuinkamarenii, numarika nama taru u. Ña naiatugu yiegu aru natachinuun naru u ña turba, wii carbono na u natatunwa ña waimu. Na pounka ña cambio climático naweinu nuna dau ña ñaa waiumu ñumachi tau naitu tugu. Tau i naineku dauchitawa ru ugu ru na ñema nanetugu ru naunagu. Muuma i nai ta dauguu, noturu noremarei ñema cedro, naigu maru i tuguu ya waicuteetanungu cotuhewarun ñegumarun Reserva Forestalwa. Nama ta baiachie ña campamento Peixiboywa, wii nachika i tuguu, muuma nauna ñegumarun werigu, ñemanu nawa ta ugutegu ru aurima nagu tu daukuran ru chiein nama ta u ña naunagu. Mea na ugu ña puraku tauma chieinku dau. Toma mau ñemau naku ña chonigu muuchii, tama orawanarika, chuna toma i chonigu atanu ña naanewa. Tomagu ña natukumu tu iguu naka ta oegae na ñemau ña darga tatuwa, gueru ña mercurio naru eechin ña tatu ñumachi ya chonigu, yikama naku ya duatgu choni tu uta ngoguu. Ñegumarunta, wiie Gaire ñema taru ingu guewakaue nuu ña ciencia, ñegumarunta muuchie i kururugu ru atapegu. Noru gu naku, nuu ta fagu nuna muu i naunagu ru nainekugu ru maru noree ña America del surwa. Ñemata ta ñema (ya aigu, aitugu, koyagu ñumachi Inyugu) ru ñumachi nachirearu toruun (akue Naku, Nguungu ru maikugu). Nuunta daugu nguungu guu y naanewa, ñumarikanu ña purakuwa nuunta dau i tama cámara trampawa, ru numa taru eku i guuma i natukumu. Ta meegu ngueru nauna aukumaunuu ña purakuwa, ñema nuunta kuagunka ña pora wiigu ta ii.

Moenchi ya ianegu ngueru mea nama ta kuagu, ña naineku Bajo Putumayo-Yaguas-Cotuhe nama ta maetaa ña nukumaun inu ña nainekuaru ñumachi tatuaru, na meeni tuuna reconoce tumaru puraku ñumachi tuna dauguu.

Natukumugu ñumachi nama duunguarugu	Wii natukumu tonamanachiguwa un ii, toma i kuaguchigu nu ñema: agumuku maiyugu numakaa, ñumchi 10 cientifikugu agumuku aekakuguwaniii, 5 instituciones tama aekakuaru ñumachi wii museo gringoguaru nachigama kuagu. Guema nawa ta guee ña waimu ñumachi ya duuegu, ñani nama ta faguu ña naineku, tumuaru aukuma ñumachi tumaru inu.

Ianegu i Duearu.

Nachiga, Nakuma ru Naakuane

Ña Bajo Putumayo-Yaguas-Cotuhe ñemaru waimu nukumataa Magutaguaru ni i ñumachi yaguaguaru, ru ñegunta nukumataa 80 tauneku ru naru iye Peru ñumachi Colombia. Ñumama 12 iane maiyugu ñemata mae, ñegumarunta tomagu (campesinos ru colonogu) ñegumarunta israelitagu. Ña tatu putumayo ru naegu wituwa aru *kud+mayo (choniaru dea)*, wiiwa tuna ñemae ya dae duatagu.

Muuma i duungu nuana i maiyugu (ocaina, andoque, ticuna, murui, yagua, inga, cocama, bora, kichwa, ru togu) ñumachi tama maiyugu. Muuchi i deaka nuata ingu, tatuun tu chouu, natugu ñumachi namagu nua ta gugunka, ñemaka ña ñaa naane muchi nakuma na ñemau ngueru muuchi duu nua na gugu. Tauneku i 1500gu, ru naru ugu i wii puraku, ineama y tauneku ru muuchi nu naa, quinagu, chiriga, palo de rosa, ocayiwa, naunaaru nachamun, coca churi nama na puraku ru ñumachi ña oro tatuaru. Ñegumarunta ña guerra aurima chiein na u ñeguma Peru nugu na daigu Colombiama. Guuma ñaa maru naru tomaanee i naineku, tatugu i ñumachi ña nakumagu ya dueguaru nua maae, noturu ñaa guuma gupetuu tuuna porae, nuna ta dauka ña mau tumaaru waimu i ñucmahi na ñema i wii organización porau.

Ñama y ngunei 5.000 duee nua ta maue Bajo Putumayo-Yaguas-Cotuhewa (1.400 peruwa i 3.600 Colombiawa). 3.700 maegue nawa ña waimu maiyuguaru. 1.000 duatagu Tarapacawa maee. Toguenaku Reserva Forestal Colombiaruwa ta mae. Ñegumarunta ta yiema maiyugu dauchitaanewa ñemague yawama tauguma tuna daugue. Ñema nua ta maei ña waimüwa ya maiyugu maru nuunta kuagu nawa ta yaei. Ñemaka, muuchi nachiga, nakuma nua na ñemau ru dutagu nama ta kuaguu tumaru nakuma ña waimüwa. Ñegumarunta tuna ñema wii inu nu ñaa tatu putumayowa nu ta yaei ñumachi maru tugu ma ti deagu nama ta kuagunka i guuma y waimu.

Recursos Naturales aru Kuagu ñumachi ugu.

Ya Duatagu na ata mae ña naengu. Ña chonigu ñemau, ñemani meima ona ta ngoguu ya ianewa ñumachi dieru tuna au. Ña natukumu naa naru i i muuma i choni, taewa mei. Ñemagu naku ñaa dechi, tomacachi, paco, yuta, sábalo, waraku, pacu, uchuma, arawiri, pez cachorro, botellos.

Wii nakuma meechii ya dae duataguaru nama ta fagunka ña choni ru taru ugu mei inu, ngorunni ii ñumachi taerun, ña iyaenewa. Ya iane peruanagu maru tuna ñema wii faachi ña choniewa, ianeegagu nawa na puraku ña orawana aru yae ñumachi dechiaru, ru un nawa na ñemagu 10 tauneku. Yiema 13wa i ianegu iyeanewa, 7 nuna ñema wii inu nama ña chonie. Ña 7 ianeguwa maru nugu i na organizagu i ñaaku Asociaciones de Procesadores y Pescadores Artesanales (APPAs), na chonie faaku ñumachi wiigu nuna na daugu ya nataagu. Ñegumarunta Tarapacawa nugu na organizagu ñaaku: la Asociación de Pescadores de Tarapacá (ASOPESTAR) y la Asociación Piscícola Productora de Peces Ornamentales y Artesanales de Tarapacá Amazonas (APIPOATA); toguegu naku mea ñema ta chonuegumare noturu faaku.

Ya duatgu ru ta wukagu tumaaru chiburun, taerun ñumachi ñemaru tumakumanii. Ngaa, Nguun, Naku, werigu ni ñema ta naweegu ya wukague. Ña murapea aru yautaru wii meimani gueru dieru tuna na a ñaa naanewa. Tauneku 70gu ni na ugu ñaa puraku murapearu yau, noturu tama faaku ni i, notur ñumama maru nigu i na organizagu mea. Ñemagu iane perukaa nuna ñema "Declaraciones de Manejo (DEMA)" ñumachi ñemaguu colombianogu nu na ñema "Permisos de Aprovechamiento Forestal Persistente". Ña tare naanewa i na ñema chieaku i na yau ña murapewa ru aekakugu tama nuun na fagu. Ya duatagu taru tai ta yaugu ña murapewa tumachinruun, guerun ñumachi tomachigu aru urun. Ñaaru yau ru na iramare maru tuguna ta kagu.

Ianegu maiyugu ru taru to ña naane. Ña naaneguru wii nakumanu i, ona tuna na a ñuma wii nae porau. Ñegumarunta naru porae ña amuku yigutanuwa, ngeru ya duatagu taru comparte tumaaru kuagu, inugu ñumachi tochigu. Ñaa producto naanewa yau run ama ta tae. Maiyugu ru tomaguntatana ñemagu. Dauchitagu na toegu ñumachi tatuchipenugu. Colombiawa naru tamae ña dauchita, ñemaka wii inu na wiigu ngueru ya peruanogu nuata ianegu. Israelitagu ta ianeguta, nauna ta yaee tau i waimüwa. Na ñemani ta taeguun tama murapewamaruka, wiita natukumu mea nawa purakuu Asociación de Mujeres Comunitarias de Tarapacá (ASMUCOTAR) ñumachi wii puraku i pechiguu ASOINTAMwa. Ñaa natukumu nawa na purakue camu camu aru toe, araz ñumachi kupuaru, ru tomachigu ñema dauchitawa.

Nama i fa

Wii inu mei daa ianeguaru ñema tugu t nutakuegun. Peruwa, ya ianegu nugu na nutakuegu tare y federaciones: Federación de Comunidades Indígenas del Bajo Putumayo (FECOIBAP) ñumachi Organización de Comunidades Indígenas del Bajo Putumayo y el Río Yaguas (OCIBPRY). Colombiawa ya ianegu nugu na nutakue maiyuguruka ru ñaaku resguardos indígenas (RI Ríos Cotuhé ru Putumayo ru RI Uitiboc), ru tuguma i ta fagu cabildoaku ñumachi tare Asociaciones de Autoridades Tradicionales Indígenas (AATIs): Cabildo Indígena Mayor de Tarapacá (CIMTAR) ñumachi Asociación de Autoridades Indígenas de Tarapacá Amazonas (ASOAINTAM). Na ñemata wii cabildo maiyuguaru Tarapacawa. Tarapacawa ya duegu tuna ñema organizaciones (asociaciones tomaguaru, gueataguaru, chonuetanuugu ñumachi murapeatanuu) ña aekaku porau naku ña gobernación Amazonaaru, nama fau naku ya corregidor. Ira puerto izaquielaru nuna ñema tameepu natukumu: Junta Eclesiástica, Junta Administrativa ñumachi Junta de Acción Comunal.

Ya ianegu tun ñema popera, turu maugu ñumachi togu i porarun naka ta daugunku tumaru mei. Ñegumarunta na ñema nagu taru inuu mei ore ña iyeanewa: nainekuma ta fae, inuma ta faguu ñumachi nuna ta dauguu ña waimu. Na ñemata wii nachica organizacionesgu nawa na purakuenka, ñuma ñaarun Mesa Regional Amazónica en Colombia.

Aurima na tau wiigu na purakuenka ña tare naane peru ñumachi Colombia naka ña minería ñucmachi ña narcotráfico, na porauka ña nakuma, na meika ña mau duataguaru. Ña kuagu, ña nakuma, ñanu nuuuku guechau i guuma nakuma ru wii porarunnu u ña tatuwa, gueru ñaa naanewa na ñema maugu nakuma na maetaa.

Gutakue Tarapacawa

22 a 24 noviembregu, na gutakuegu 80 i duugu, guechika Villacarmen de Tarapacawa, Colombia. Nuira gutakue na uguu ñaa waimüwa. Ya ñe ñemague tuguma tu deagu tumachiga, inugu ñumachi kuagu. Nagu tu deagu tumaru poragu ñucmahi ña tu porae nu tatu tarapagunu ta pegu, ru maiyugu ñumachi tomagu. Ya ñe ñemague nuuntu ugugu ru ya duatagu ru ta mekumagu, ta purakuewee, ta meegu. Nuna ta daugu tumaare naane ñumachi nuna ta daugu ña nakuma. Ñegumarunta na ñemata tumaaru tura, tugutawa tu durae, na porau tumaaru organizaciones ñumachi tumaaru aekakugu, na wiigu puraku aekakuguma, na ñemaunta dieru ta ganaguu tama ñaa waimugu tu dauguaku, deagu ñumachi naineku, ta wicaegu ta guaku ña naengu ñegumarunta ña chonigu, taru yau ña murapewa tama taru gueaku ña naigu, taru poraei ña nakuma, ta yiemau gueatagu aekakuguiigue ñumachi na meei ña mau guetunguaru ñegumarunta oiguaru. Ña gutakue tarapacawa, guuema nagu taru inugu na ñemauka mei mau, nagu taru inuegu wiigu ta purakue. Ya ñe ñemague taru wupanen 4 i dea: 1) Naru mei ña transportes deatuwa, 2) na uu puraku dieru nawa dau, 3) mea nama fau ru nama taei, ña chonie ñumachi murapewa aru yau, 4) Na poraein ña organizacionesgu ñumachi ianegu. Noru gugu ña gutakue ya duatagu tu yuue, chiste ti ugu ñumachi nagu taru inuegu wiiwa ta ñemagu ru guunguma taru uguu ña gutakue. Ñegumarunta ña institucionesgu na comprometegu duatama ñaa dea aekakuguntanaru guegunka ña 4 dea.

Aekaku i ñumau	Wigutaa guuma ña waimu Bajo Putumayo-Yaguas-Cotuhe nawa na ñema ña waimuaru unetachiga. Ñema na ñemata Parque Nacionale (Yaguas Peruwa ñumachi Amacayacu ñumachi Rio Pure Colombiawa), waimu maiyuguaru mea apanuun (comunidades nativas Peruwa ñumachi resguardos indígenas Colombiawa), ña Reserva Forestal tare naane nuna ñema-wii guu i naanewa Ministerio de Ambiente ru ñumachi Desarrollo Sostenible (Tipo A, Tipo B) ñumachi wii numata ñaa waimüwa (seis unetau naineku Corpoamazoniaaru)-ru tauma nunu u ñuaaku ta maue ya duatagu ñumachi nama ta faguu ña waimu. Ñuma Tarapacarun wii Reserva Forestalwa na ñema.

Nuirau Poragu nuna daugunka

01 Nainekugu, tatugu ñumachi nataagu i na meigu, ru wiigu naru uni maurunnuii ñumachi ña nakumaguaru.

02 Ianegu maiyugu ñumachi tomagu ru nuna ñemau muu nakuma, wii kua tau ñaa naanearu ñumachi guuma ñema ñemau.

03 Nanetugu ru naeingu na muu, ñegumarunta chonigu, werugu ru maegu ru nawemuni igu ya duataguaru.

04 Wii fa nama ña choni aru yae, murapearu yau ñegumarunta ñña nanetugu tama murapea ii camu camurun.

05 Wii inu ianeguma naanewa Colombia ñumachi Peruma, ña mea wupanei ñumachi tama.

06 Wupanei nama fauka, nuna dauka ña nainekugu yia parquesguwa, naane maiyuguaru ñumachi concesiones forestales.

Nuirau guchagu

01 Na nore y puraku wiigu nama Peru ñumachi Colombia nuna na daugunka ñumachi meika tuu ya dutagu.

02 Puraku chiruakumare naiguaru tugu, oro aru yau ñumachi narcotráfico

03 Iramarei aekakuaru ngue ru chiemarei i noru puraku ña naanewa

04 Toikamare inu nagu ñaa naane ianeguma ñumachi agencias aekakuguaru, taumama i nachika na meeinka ña dea.

05 Na tau i ngue i porau nawa ña puraku mea uu.

Nuirau uachigu:

Perú

01 Wii nachika i uu nuna daurun ñumachi mea i gei naane i Bajo Yaguasguarurun, ñemaka ya ianegu nama ta fagunka mea Bajo Putumayo, i taru tauchigunka ña chiein inu ñumachi i taru pií ña purakugu tau meí.

02 I na uaun ña purakugu chiamarein nawa ña Concesión para la Corservación Cotuhé ñumachi na nu uu nuna daugunka wena ña nachika.

03 Nuu guechau ña waimu Magutaguaru cotuhe aru iguwa, ñumachi mei in uta dau daearun ianeguma nua Colombiawa.

Colombia

01 Nuru ngiein na unetauka ña Reserva Forestal naru uuka ña ñumau, ña mei inugu ñumachi ña mei nae mauguma ñumachi nakumaguma.

02 Na guein ña Plan de Vida maiyugu Rios Cotuhe ru Putumayogu peguaru ñumachi na ugu i puraku ñemataa.

03 Na porein ña puraku ñumachi nuna dau ña naane daukena ñumachi ngauneawa ñema Parque Natural Amacayacu

04 Na ñemaein i wii dea namagu i guuma natukumu Tarapacawa naka ñema uñeta naanearu ñumachi na uu i wii puraku Tarapacaru.

Naane Bajo Putumayo-Yaguas-Cotuhe

01 Na uun puraku wiigugu nama aekakugu Colombiaaru ñumachi Peruaru naka ñema narcotráfico ru minería ilegal ñumachi na poraein ña puraku taregu na ouka ña ni na eechin ña dea nama ña mercurio tumachawa ya duegu ñumachi ya naeingu.

Corredor Biológico ru Nnakuma Putumayo-Içá

01 Nuun poraein ya aekakugu nuakaa, yuamakaa ñumachi yawakaa nuna fagunka nu ñaa tatu putumayo wii namauchikaa nuii mauguaru, nakumaguaru ñema ru tatu un yauchii guuma y nainekugu.

02 Wiiwa na ñemaguu ña agumuku naane ña cuencawa uguun naka ñema mea ni ngueinka ña wimatuun popera naegagu ñema mea nama fagu ña nainekugu, ñegumarunta nuna daugunka ña iyeane (naka ñema narcotráfico).

03 Na aikumaein i guuma i purakugu cuencawa uguun nuuna guechau ña poragu, ña kuagu ñumachi duataguaru nachiga Putumayowa, ñeguma ña purakugu i na guuchigu.

MIGUEL RAMOS
Traductor Ticuna

Figorano	Riamadɨcaɨ jicànoga ràfue jarire comekɨmona urùkɨmo cudumanido nonokɨlle còdue omoudɨga caɨmare itɨ caɨ ñuera uaɨ comullano uafùena bie nɨemo caɨ onòllena ñue caɨ onoiga Ilóllena benomo caɨ finòcano bie arɨ ràfue àllena caɨ jenoca caɨ̀llano ñue comullena ènɨe jazikɨ urùk
Fechas del trabajo	5–25 de noviembre de 2019

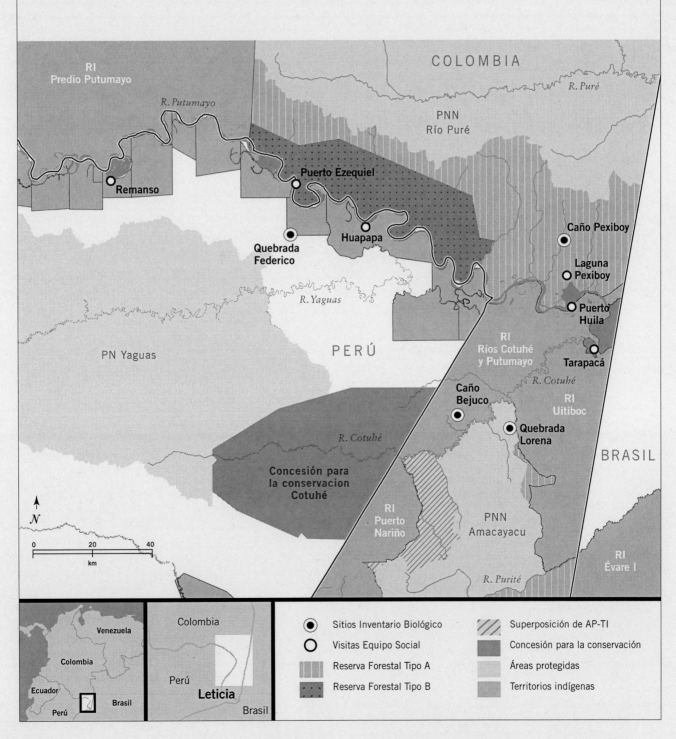

Cudumani Aconi

Bie ille cudumani fronteramo ite Colombia Perú daje izoi Colombia ecuador ìe ille comullano adokɨ andes de Colombia ìe ille eraɨ manallajimo baiide en Brasil cudumani aconido doce millones ènɨe caɨmoduɨde nana ite ènɨe jazikɨ jolla urùkɨ Buìnai urùkɨ nana joide. Caɨtaijina cudumanido fuìrɨ nonokille, còdue nana bie ille aconi nana jazikɨ ite comɨnɨaiite caɨmakɨ rɨama danomoitɨmakɨ jae moo caɨri iga uaɨdo nana bie enɨemo ite uñodɨcaɨ caɨdɨbenedo uñodɨcaɨ rɨama dɨbenedo ùñoga bie enɨemo ite fuiñeɨllena iejìra gobierno colombiano gobierno peruano omoɨna jitaidɨcaɨ caɨbenomo ìllado nana bie jazikɨ ite jolla urùkɨ ite Buìnai urùkɨ ite caɨ uaɨ ite ìe uaɨdo nana uñodɨcaɨ caɨdɨbenedo rɨama dɨbenedo dàjena uaɨ jonega caɨ ìllano uñotɨcaɨ enɨecomekɨmona caifo

Rɨama Màcajano

Perú: Cai uñogano rɨama uñogano nonokille

imakɨ ìllano mamekɨ Federico	6–10 de noviembre de 2019

Colombia: rɨama jònega jazikɨ uñòllena tarapacamo

imakɨ ìllano furàkɨlle	11–15 de noviembre de 2019

Colombia: caɨmo duìdɨno mamekɨ còdue cudumani

imakɨ ìllano mamekɨ raollè	16–20 de noviembre de 2019

Colombia: jolla urùkɨ ùñodo rɨama

ìllano mamekɨ Lorena	21–25 de noviembre de 2019

Rɨamanɨaɨ Màcajano 7 dɨga illabɨrɨ

Perú	21–25 de noviembre de 2019
illabɨrɨ imakɨ remanso	7–8 de noviembre de 2019
illabɨrɨ imakɨ huapapa	9 de noviembre de 2019

Colombia	
illabɨrɨ imakɨ ezequiel	10 de noviembre de 2019
Còdue eraɨ (Tarapacá)	14–15 de noviembre de 2019
jòrai jurakɨlle rɨamataijɨrano asopromata	14 de noviembre de 2019
Illabɨrɨ mamekɨ puerto huila	16–17 de noviembre de 2019
Àlloco illaɨma illabɨrɨ centro Tarapacá CINCETA	19–20 de noviembre de 2019

Enero entre el 22 ll el 24 de noviembre tarapacamo gaɨridɨcaɨ 80 illaɨma caɨdɨbenedo Perú ìe Colombia ìe rɨama dɨbenedo imakɨ illaɨma bɨtɨmakɨ nɨnanofueñoi caɨgaɨrilla dɨga fɨmona gaɨriñedɨcaɨ caɨ ìllanomo dɨga comɨnɨaɨ dàjena iemona arɨ Tarapacá coliseomo nana caɨtaijina urùkɨmo lloticaɨ dɨnomo nana ca ca dɨmakɨ caɨ finòcano dɨnomona caɨ dɨnomona rɨama dɨcaɨ jaidɨcaɨ leticiamo Colombia dɨnomo caɨ taijina meine eroɨdɨkɨ jɨaɨ urɨkɨ jitaɨcano ñue bie ràfue jaɨllena urɨkɨ comullena bie uaɨ llóllena 27 de noviembremona 3 de diciembremo.

rɨama comekɨ facàjano binimona ana binimona caifo	Rɨamadɨcaɨ 21 dɨga onode come Colombia ɨe Perú ɨe monallajɨ dɨbenedo bitɨmaco ɨcaɨ dàjena jazɨkɨ meɨñotɨcaɨ. Jolla Urùkɨ Buɨnai urùkɨ ille ènɨe dɨga illabɨrɨ américa del sur ɨe comekɨdo bene bitɨcaɨ 3 semanas taijudɨcaɨ jazɨkɨmo illemo cudumanido fuɨrɨ. Nonokɨlle còdue caɨ eroɨllena. Nɨeze jazɨkɨ ite nɨeze eroɨde mɨnɨca jamanomo illa oni dɨbenemo iñede iena jazɨkɨna kɨoakadɨcaɨ illedɨga nana uafùena ɨadɨ uafùena nana ñue ite dɨnomo. Rɨama dɨcaɨ taijɨdɨcaɨ nana eroɨdɨcaɨ jainoi, ènɨe, amenanɨaɨ, chamunɨaɨ, joguanɨaɨ, jallonɨaɨ, jocoisomanɨaɨ, ofocuisaɨ, Ɨɨnɨzaɨ, 4 dɨga izurumo, caɨ ɨllanomo taijɨdɨmakɨaɨ. Caɨ taijɨnamo mas de 20 caɨdɨbenemona afemakɨdɨga taijɨdɨmakɨaɨ caɨ ɨllanomo onode, jazɨkɨ ɨllenɨaɨ caɨ ɨllanomo.
nana caɨ taijina jillakɨ onòllena	Rɨamadɨcaɨ nano fueñoi onode come dɨga Taijɨdɨcaɨ jazɨkɨna caɨ onollena ocainana onollena bie ille cudumani nagafene aconido jɨaɨ cudumanido fuɨrɨ nonokɨlle còdue nana jazɨkɨna kɨodɨcaɨ èbirede dɨga illabɨrɨ Colombia ɨe Perú ɨe jazɨkɨdo macadɨcaɨ ɨlledo macadɨcaɨ dɨga mona jamanomo jazɨkɨ comullano jɨaɨ zuru dɨbenedo jazɨkɨ iñede jamanomo tɨeca jurareto toɨllena dɨnomo jazɨkɨ jamanomo dùera jamanomo ionɨaɨ illa bie caɨ ɨllanomo jazɨkɨ ite ille ite èbirede jàgɨllaɨ ñuera jainoi jamanomo ocaina ite chamuna ite 4 dɨga izurɨdo macadɨcaɨ daje izoɨñede rɨama dɨbenedo concesión forestal caɨ dɨbenedo resguardo indígena rɨama dɨbenedo parque nacional Perú dɨbenedo imakɨ illabɨrɨ naɨ imakɨ gobierno peruano afemakɨ iena iñede dɨnomo jamanomo comekɨ facadɨcaɨ danɨ imakɨ comekɨdo nana uño dɨmakɨ nana ñue ite ofòcuisaɨ ocainanɨaɨ chamunɨaɨ cudumani aconimo nonokɨlle còdue naɨ uaɨ macadɨmakɨ jɨaɨzurumo dai macanide ràorama facoraɨma nana ote iegùllena ɨe urullaɨdɨga jɨaɨzurudɨbenemo ocaina iñede chamu iñede dɨga ranɨaɨ kɨodɨcaɨ colombiamo perumo dɨga ocaina dɨga amena nɨcaɨ jitaɨcano amazonia colombianamo peruanomo jamanomo cacaide benomo jɨaɨ monallajɨ enèfenemo nana bie amena illa ocaina illa oni jɨaɨdɨbenemo iñede anabenomo nana caɨ kɨona lloɨtɨcaɨ

	Nana caɨ kɨona caɨ taijinamo	Caimona nana bɨmakɨ illa
Amenanɨaɨ	1.010	3.000
Chamunɨaɨ	150	600
Jògua zema zɨkɨnaɨma	84	180
Jallo jòcoisoma zema ullòmeniño	47	120
Ofòcuisaɨ	346	500
Jirodɨno dùera àllue	49	56
Lɨɨnɨzaɨ	31	98
Nana ocainanɨaɨ amenanɨaɨ	**1.717**	**4.554**

Nana caɨtaijinanomo dɨgaranɨaɨ ite cudumanido nonokɨlle còdue. Ènie uigoredemo dùera jazikɨ illa amedozillaɨ dɨnomo nana amena dùera ianoride ènie emodomo rabe nɨaɨ rɨfallamo comudɨmakɨ bie Amazonía peruana colombianamo nana dɨnomo comuide amedozi jiaɨnomo comuñede ɨe ènɨe anamo còkina eroìde nana bie caɨcomulla jagaɨ ite uaìna ite nana jazikɨ naidaide jamonomo jazikɨ arèra idumo comuidino dɨga jazikɨ dɨga ocaina caɨtaijinanomo dɨga amenanɨaɨ raifide ìadɨ monairona due jiza ite jae nana idiamena nɨaɨ imakɨ oga còduemo rɨama dɨbenemo ìadɨ jurakɨlle izurumo rɨama dɨbenemo taijidɨmakɨ dɨnomo nana amena ocaina ite imakɨ ùñoga ñue taijidɨmakɨ nana bimakɨ fuiñeɨllena meita nana jamanomo ite jamanomo raifide rɨama dɨbenemo caɨmo jamanomo llikɨre ite draganɨaɨ jamanomo mercurio jamanomo chamu jainoi comɨnaɨaɨmo duìcona comuirede nɨena chamu guiticaɨ caɨmona caɨ kɨollena jocoisomana caɨkɨoñenana daje izoi joguanɨaɨ jallonɨaɨ naɨ bie jazikɨmo allo itɨmakɨ dɨga amena dɨga ocaina jiaɨnomo iñede oni américa del surmo dɨga jàrede ocaina janàllari jitòrokɨ zikɨnaɨma majàño dɨga amena zafia zurumanɨaɨ eimoɨ jomanɨaɨ alluè jamanomo eimoɨnɨaina kɨoɨdɨcaɨ benomo jiaɨnomo dai kɨoñedɨcaɨ caɨ kɨona nano fueñoi doscientos dɨga jamanomo bimakɨ illa jamanomo maɨridɨmakɨ dàjena macadɨmakɨ. Caɨmona jamanomo ñuera ñue omoɨ ùñoga omoɨ ìllanomo cudumanido fuìrɨ nonoculle còdue nana jazikɨ ite monallajì ite meita bimakɨ ɨbajamo duìde.

Riama comekɨ caɨmo facàjano

rɨama dɨcaɨ enèfene rɨama dɨga caɨmona 4 dɨga caɨmakɨ 10 dɨga afemakɨ dɨbenedo 4 gobierno imakɨ 5 dɨga enèfene imakɨ museo norteamericano ɨe dàjena taijidɨcaɨ bie illabɨrido comɨnɨ ìllanodo caɨ ìllano comekɨdo nana uñotɨcaɨ nana benomo itɨ fui dai imakɨ uñòllena.

Caɨ illabɨri

caɨ dukina jagaɨ

cudumanido fuìrɨ nonokɨlle còdue caɨmakɨ ìllano jigɨre nonokɨ imakɨ 80 fimona fronteromo Perú Colombia dɨnomo itɨmakɨ 12 dɨga caɨmakina rɨama dɨbene jiaɨ ite israelita ite cudumanimo caɨ uaìdo cudumanido rio de peces pequeño dɨnomo caɨ itɨcaɨ caɨ comɨnɨ. Ocaina adokɨ jigɨrenɨ muruima nonokɨnɨ inga kɨraɨrefo imakɨ pjinemina kichwa jiaɨmakɨ.

Rɨama dɨbenedo jiaɨ bitɨmakɨ illedo ille fuedo iodo benomo dukɨllena iejìra bie ènie caɨmo duìde nana jazikɨ caɨ uaì dɨga 150 fimona dɨga uaìllaɨ comuide iemona arɨ dɨga fimona caɨmona rɨamamo fecadɨmakɨ ɨkie ziorɨaɨ. Ocaina icuiro Jibìzoma rɨama dɨbenedo oro del rio. Jamanomo fuirilla illa caɨ ìllanomo 1933 Perú Colombia dɨga fiìride dɨnomona arɨ nana caɨ ìllano jazikɨ, ille caɨedino feicana jaide ìadɨ jamanomo maɨridɨmakɨ dai imakɨ comullano uñodɨmakɨ biruido 5000 dɨga come cudumanido fuìrɨ nonocɨlle còdue 1400 perumo 3600 colombiamo 3700 caɨdɨbenemo 1000 tarapacamo jiaɨno rɨama dɨbenemo itɨmakɨ caɨmakina ite ìadɨ jiaɨzurumo onifènemo dɨga fimona benomo itɨmakɨ nana imakɨ illanona onodɨmakɨ iedo nana imakɨ finoca binimo iedo itɨmakɨ nana comɨnɨaɨ bie ille cudumani aconimo dàjena

Iletarauaìdo nana uñoticaì

Nana comìniaì imakɨ ìllano jazikɨ ite chamuna ite imakɨ gùllena imakɨ maɨrillena rɨama dɨcaì taijinamo kɨodɨcaì dɨga chamu gùllena jɨaì ocainanɨaì jamanomo allo iagɨma gamitana paco jimekɨ ferobeño ullocoma uzebeño ɨmɨg orafeño iama.

Nana bie chamunɨaì uñòcana caì oga caì gùllena caì fecàllena bie izoi Perú dɨbenemo uñotɨmakɨ imakɨ fecàllena die fimona daì itimakɨ 13 dɨga illabɨrimo Perú dɨbenemo frontera 7 dɨga jazikɨ dɨbenemo 7 illabirimo facodino dàjemo taijɨdɨmakɨ uñòcana jòraimo imakɨ mamekɨ (APPAs) colombiano daje izoi tarapacamo daje izoi taijɨdɨmakɨ facodɨmakɨ uñòcana imakɨ mamekɨ (ASOPESTAR) jɨaì chamu otino fecàllena tarapacamo ìe mamekɨ (APIPOATA) caì dɨbenemo caì illabirimo daje izoide uñòcana facodicaì fecàllena iñede nana comìnɨaì raotɨmakɨ gùllena fecàllena afemakɨ imakɨ ogano ɨme (boruga) mero eimoɨ zuruma aìfokɨ muido amena dɨbene jɨaì taijɨdɨmakɨ fecàllena 70 fimonamona afedɨbene naɨ uñoñega Iletarafuena iñede Perú dɨbenemo afe uñotino mamekɨ (DEMA) COLOMBIA dɨbenemo amena taijɨdino mamekɨ aprovechamiento forestal persistente ìadɨ naɨ perudɨbenemo colombiadɨbenemo amena Iletarafue uaì iñede. Imakɨ illabirimo jɨaì amena taijɨdɨmakɨ otimakɨ due jiza imakɨ jofo iena jɨaì iena afemakɨ iena imakɨ òllena ienabaì dɨga irutɨmakɨ.

Caìdɨbenemo jacafaì finodɨcaì gùllena jorema iena rafue finollena caìmare caì àllena nabaì dɨga nana comìnɨaì imakɨ onoiga llotɨmakɨ imakɨ riga nabaimo itimakɨ daje izoi rɨama dɨga afeno llote caì dɨbenemo jacafaì idumo ite Colombia dɨbenemo Perú dɨbenemo iñede iejìra Perú Colombia dɨga ùrite imakɨ jacafaì finollena colombiano jɨaì israelita nɨaì jacafaì finodɨmakɨ toìritɨmakɨ alluè jacafainɨaì bie jazikɨmo ñuera ranɨaì ite fecàllena èbirede ranɨaì rɨg nɨaì taijicano tarapacamo ìe mamekɨ "ASMUCOTAR" daje izoi taijɨdino ìe mamekɨ ASOAINTAM biemo taijɨdɨmakɨ camucamu arazá copoazú jɨaino jazikɨmo ite.

caì illaìmatiaì

Bie izoi caì ìllano uñotɨcaì perudɨbenemo federaciones illabiri cudumani fuìrɨ FECOIBAP illabiri cudumani fuìrɨ nonokɨlle OCIBPRY colombiamo caì ìllano RESGUARDO CODUE CUDUMI RESGUARDO UITIBOC afemakɨ illaìma mamekɨ cabildo ìe mena illaìma mamekɨ AATIs CIMTAR daje izoi ASOAINTAM daje izoi tarapacamo cabildo urbano dɨnomo itɨ daje izoi colonos rɨg nɨaì facoraìmanɨaì amena taijɨdino rɨama dɨbenedo auxiliar administrativo corregimental puerto Ezequiel israelita imakɨ illaìma 3 dɨgade junta eclesiástica, junta administrativa, junta de acción comunal caì illabirimo danɨcaì jònega Iletarafuedo afeno uñotɨcaì nana acɨdaì ite ñueno ite ñue iñedeno ite nàgafenemo fronteramo dɨga uaìmo jɨaì imakɨ urillabiri ite caì dɨbene illaìma uaì gobiernomo dukɨllena mesa regional amazónica colombiamo.

Dàjena caì uaì jòniamo duìde Perú Colombia dɨga caì ìllanomo oro oñeìllena narcotráfico iñeìllena caì uaì feiñeìllena ñuera ra caì taijillena caì jitaica òllena caɨedino Iletarauaìdo jɨaì zuru imakɨ dɨga dɨnomo itɨcaì cudumanido akɨdaì nana bie ite ùñotɨcaì fronteramo iedo nana ite jazikɨ jolla urùkɨ Buìnai urùkɨ.

Tarapacamo caɨ gairilla

Del 22 al 24 de noviembre gaɨridɨcaɨ 80 dɨga come beno imakɨ Ilofueracomo villa Carmen de Tarapacá Colombia nanofueñoi gaɨrilla benomo nana imakɨ jagaɨ imakɨ comekɨ ifue imakɨ onoigamo iena uritɨmakɨ dàjena iedo nabairiticaɨ cudumanimo caɨmakɨ riama benomo itɨ jamonomo taɨjɨdɨmakɨ joriaɨ dɨga danɨaɨ caɨmare jarire nana bie jagɨllaɨ uñotɨmakɨ nana ite imakɨ uaɨ dàjena itɨmakɨ comekɨ dàjena jòide ñue imakɨ òllena navaidɨga illaima dɨga ucube òllena jazɨkɨ fuiñeiñeɨllena jaɨnoi facollena ràollena nana bie fuiñeiñeɨllena amena nɨaɨ fuiñeiñeɨllena caɨ iedino òllena rinonɨaɨ dɨbenedo imakɨ onoiga arɨ comullena jitocomemo fui uzumanɨaɨ onodino dino tarapacamo caɨ gaɨrillamona dàjena comekɨ jonetɨcaɨ dàjena caɨ taɨjillena 4 dɨga jitaɨcano jonetɨmakɨ: 1) illedo ñue macallena 2) caɨ taɨjillena jitaica òllena 3) Iletarauaɨdo amena taɨjillena facollena 4) caɨedino arɨ jaɨllena caɨgaɨrilla fuilla iemona baɨ ja rotɨmakɨ zaitɨmakɨ imakɨ jagaɨ Ilotɨmakɨ dɨnomo comekɨ dàjena jonetɨmakɨ meine gaɨrillena afeno arɨ jaɨllena riama dɨbenedo daje izoi comekɨ jonetɨmakɨ bie uaɨ dɨnomo jònega arɨ imakɨ Ilóllena caɨ jitaica eroɨcana.

caɨ ɨllano	Cudumanido fuɨrɨ nonoculle còdue naɨ ñue imakɨ jònega caɨ ɨllena naɨ riama dɨbenena itɨmakɨ parques nacionales nonoculle Perú amacayacu rio puré Colombiamo caɨ enɨena mameidino comunidades nativas en Perú caɨ ènɨe colombiamo riama dɨbenemo reserva forestal en Colombia còduemo afaɨ Perú dɨbenemo due jiza ènɨe naɨ ite perumo duɨdino ɨe ènɨe jùbene reserva forestal enèfene ènɨe ministerio ambiental y desarrollo sosteniblemo duɨde (tipo A, tipo B) jiaɨe dino 6 dɨga riama dɨbene uñotɨmakɨ ordenación forestal de Corpoamazonia bie ènɨe naɨ ñue iñede naɨ comɨnɨ iñede ñue jònellena bie izoi. Tarapacá reserva forestal iemo duɨde.
Iletarauaɨdo nana uñoticaɨ	01 Jazɨkɨ ille jòraillaɨ nana ñue ite iedo caɨ iticaɨ iedo comɨdicaɨ.
	02 Caɨdɨbenedo riama dɨbenedo allomakɨdicaɨ caɨedino ite nana caɨ illanona onodicaɨ.
	03 Jazɨkɨ ocainagaɨ allo ite chamu ite fèdino ite jirodino caɨgullena caɨ ɨllanomo.
	04 Caɨ onoiga uaɨdo bie taɨjɨdɨcaɨ amena fàcua daje izoi camucamu dɨga.
	05 Caɨ uaɨ caɨ jòniano riama dɨga iemona oni jiaɨmakɨ dɨga Perú Colombia ñue ite dɨga ñue iñede dɨga.
	06 Riama jònega uaɨ nana imakɨ òllena taɨjɨna eroɨcana parquemo daje izoi caɨedino ite ùñollena riama dɨbene ocuɨca taɨjillena.
Caɨ eroɨcana bitino	01 Naɨ Perú Colombia dɨga dàjena comekɨ joneñede nana uñòllena ñue caɨ ɨllena.
	02 Ñuèñede caɨmona fieni taɨjɨna jibɨe amena oro.
	03 Gobierno nacional caɨmo erocaɨñede.
	04 Dɨga uaɨllaɨ bie ènɨe eroɨcana ite estado dɨga naɨ dàjena rainañedimakɨ iena urɨllena.
	05 Gobierno caɨ taɨjillena jòneñede ñue caɨ ɨllena.

Perú dibenemo imakɨ jitaìcano

01 Enɨena jitaidɨcaɨ taijillena nonocɨllemo dɨno itɨ imakɨ taijillena cudumanimo fienide raniaɨ taijiiñeìllena.

02 Fienide taijina rɨamamo llóllena ñue taijillena còduemo rɨama afemo eroìllena nɨeze afemo ite.

03 Jìgire imakɨ ìllano jeta ñeìllena còduemo itɨ dɨga ñue taijillena imakɨ dɨga ùrillena jiaɨ Colombiamo duidɨmakɨ.

Colombia dibenemo imakɨ jitaìcano

01 Rɨama dibenedo imakɨ taijillena reserva forestal afeno imakɨmo ìllena ñue taijillena comɨnɨ dɨga taijillena uñòllena.

02 Caɨ jitaìcano caɨedino còdue cudumanimo afe arɨ jaìllena.

03 Rɨama dibenedo afemakɨ ñue ìllena parques nacionales naturales amacayacu.

04 Dàjena uai jònellena tarapacamo itɨ enɨena ùrillena ñue jònellena Tarapacá iena.

Cai jitaìcano cudumanido fuìri nonocille còdue.

01 Rɨama dibenedo Colombia Perú dɨga dàjena comekɨ jòneta narcotráfico, minería fuitàllena jamanomo mercurio illa comɨnɨ ɨrare iñeìllena ocainanɨaɨ chamunɨaɨ.

Afemakɨ dibenedo imakɨ jitaìcano caɨedino cudumanimo

01 Caɨ illaima caɨ ìllanomo eroìllena iemona oni nana baite dɨga iemona jino gobierno dine iemona oni monallajì dibenemo itinomo dɨnèna caimo imakɨ erocaìllena nana cudumanimo nana ite caɨ uai ite ille ite illètue ite jazikɨ anamo.

02 cuatro gobiernos bie cudumanimo itɨ dàjena imakɨ uaì jòneta cudumani uñòllena jazikɨ dibene ocaina dibene chamunɨaɨ dibene fiènide taijina fuitàllena.

03 Cuatro gobiernos jonega uai fronteramo dai afènomo finollena uafùena ìllena cudumani aconimo imakɨ kɨona uafùena jaìllena cudumanimo.

MARCELINO ATTAMA TOYKEMUY
Sabedor uitoto mɨnɨca traductor

JECSON CANO VIENA
Transcriptor

Agradesinanchi

Ñukanchi tantarishpa yachakushka runakuna tukuy tiyashkata utkalla yupakuna yapakta agradesinata munanchi, Putumayu Yaku Uray parti-Yaguas-Kutuhe nishka tupupi kawasak runakunata. Agradesinchi yuyarsihka yapa suma pasashkanchikunata, chaymanta yapa alli kwintanakuna sutipa kashkata chaymantas runapas pishikkunata kay tupukunapi paruhumanta yachakushkanchita. Ñukanchi rurashpa paktachinanchika kah, yuyashkanchikunata shukkunataps pasachina tukuy kay tarawahuta rarashkanchimanta. Kunanka katinanchi tiyan maskashpa imshna rurashpami shutipa allí kamanarayku achka punchakunapi paktachinapa ranakunarayku chaymantapas sacharayku kay tupu allpapi.

Tarawashpa punchakuna 5–25 de noviembre de 2019

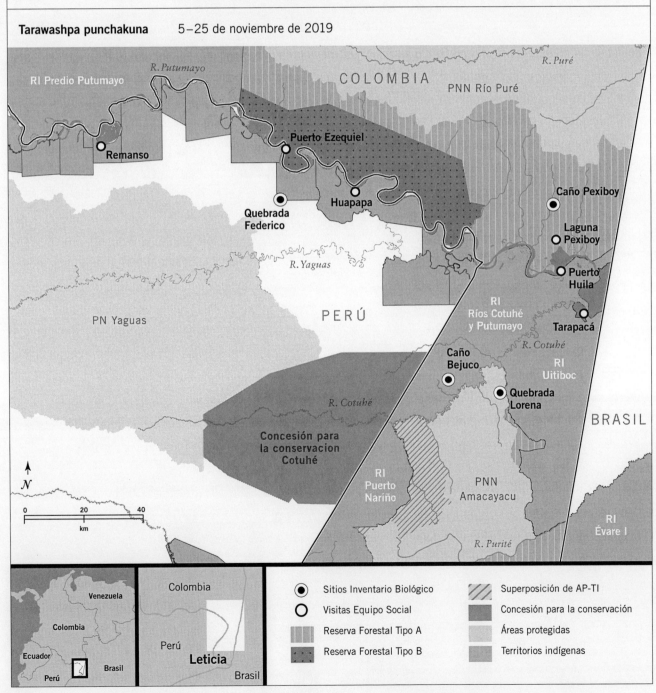

Shuk tupu allpa

Putumato yakumi kay ishkay atun allpakunapa tuksirishkankunata rikuchik kan Peru, Kulnpyawa, chasnllatata Kulunpya Ekwaturwa, kay yakupa umanka kulunpya atún awa urkunapi kan. Chaymanta yapa punkunka atún yaku Amazonapi kan Brasilpi. Kay Putumayupi Chunka ishkay waranka waranka tupu allpa tiyan. Chyamantapas ashwan uchilla imayu kan kay atún yaku Amazonamanta. Chasna kashpa kay tupustulla kan 1,7% kay sacha parti yakupi- chasna kashpanpas achka imakuna tiyan achka chikan chikan sacha tapurkuna sacha wiwakunapas, sacha yapa allikuna kanahu mana yapa kuchurishkakuna tiyan. Ñukanchikuna kay tarawanata rurashkanchi Putumayu yaku uraynin parti maypimi yakuka apirishka kanahu kay Yaguas-Kutuhepi, chay tupo shutiyachishkanchi Putumayu yaku urayni Yaguas-Kutuhe nishpa.

Tukuy kay allpa parti sacha kan chay allpapi kawsak runakuna kanahu ñawpamanta pacha, shuk shimita rimakuna wirakuchakunapas kawsanahu, riksinahu paykuna pachak watakuna charishka kanahu, atún yachaywa runakunawapas yanapashka kanata charinankunapa sachata. Chay allpa tupuka allicharishkashinaka kan kuyrarishkakunashina, sachakuna kuyrarishkakuna, kurashka kaspikunapas. Tukuy chaykuna yapa allí kashka kuyranapa chaymantapas, chay allpapi allí tarawahukta rurashpa allí kawsanarku. Iashkay atún allpakuna tuksirishkakuna parti awa llaktakunamanta yapa karupi, maypimi atún apunchikunaka kay ishkay allpakunamanta mana yapa paktanahunchu. Aswan allí kama kay Perumanta, Kulunyamantapas atún apukunaka yachashpa yanapankunapa chay kuyrashpa tarawak runakunata chasna atupanankunapa tantaylla kuyranata ishkay atún allpakunamanta chay tupu allpapi. Chasnallatata atún apukunawapas allí yuyaywa yanapahuma kay mana allí rural runakuna tukuy tiyashkata tukuchinayakkuna yapa ñakachinahu chaypi kawsak runakunata. Kay ishkay tupushkapa atún allpakunapi yapa suma rikunankuna tiyan, tukuy ima tiyakkunapas chaypi chikan chikan kawsakkunayu kashpapas yapa sinchikurishka kan nima ima chikan yachaypa. Chasna kashpa tiyan shuk atún yachay parihumanta yachashkanchikunata aywachinakunapa. Chasna atipananchipa allí kwintanamanta ruranata ishkay tukushkakuna pura, atipananchipa shuk allí yuyayta ruranata parihumanta chay tupu allparayku. Chasna ruranchimaka, atipanchima raranakunata tantachinata kuyranchipa chichak chikan sumakta rikunayukuna tiyashkankunata kay chawpi shunkupishina sachakuna chawpipi yakukunawa.

Chusku tupupi yakupi tukuy tiyashkata yachakushka runakupa rishkankuna:

Perupi: Ñawpamanta pacha kawsak runakunapa llaktankunapi Putumayu yaku uraynin parti chaymantapas sachakuna kuyrarishkakuna Yaguas shutiyu.

Federico shutiyu Yaku wawapi tiyarishkankuna   6–10 de noviembre de 2019

Kulunpyapi: Kaspikunata kuyranapa kamachirishka tarapakapi

Caño Pexiboy shutiyupi tiyarishkankuna   11–15 de noviembre de 2019

Kulunpyapi: Ñawpamanta pacha kawsak runakuna karashkankuna Kutuhe yaku Putumaypas

Caño Bejuco shutiyupi tiyarishkankuna   16–20 de noviembre de 2019

Kulunpyapi: Sachakuna Kuyrarishka Chasnalla Amacayacu shutiyu ñawpamanta pacha kawsak runakuna kuyrashkankuna R.I Kutuhe yaku Putumayupas

Lorena shutiyu yaku wawa tiyarishkankuna   21–25 de noviembre de 2019

Kanchis tupupi runapura kwintashpa purinapa yachakushpa runakunapa rishkankuna

Perupi

Ñawpamanta pacha kawsahushkankuna Ilakta Remanzo   7–8 de noviembre de 2019

Ñawpamanta pacha kawsahushkankuna Ilakta Huapapa   9 de noviembre de 2019

Kulunpyapi

Puerto Ezequiel   10 de noviembre de 2019

Tarapacá   14–15 de noviembre de 2019

Kucha Pexiboy kurishkapas ASOPROMATA   14 de noviembre de 2019

Puerto Huila   16–17 de noviembre de 2019

Wasi Cabildo Chawpi Tarapaca Cinceta   19–20 de noviembre de 2019

Kay ishkay chunkay ishkaynin (22) ishkay chunka chushkuynin punchakunapas (24) noviembre killapi. Shuk tantarina tarapakapi. Chay tarawanapi pusak chunka (80) atún apuluna ñawpamanta pacha chawpi kawsakunaka karkakuna, chaymantapas ñawpamanta pacha mana kawsaskakunapas Perumanta, Kulunpyamantapas, atún apukunapa kachashkankunapas ishkanti atún apukunamanta. kay tantarinakunaka puntiru kuti karta chay tupu allpapi. Kasna tantarinaka mana tiyarkachu nima ima uras, chasna achka ruranakunawa ishkanti atún apukunamantawa, parihumanta muskunapa. Tantarishkawasha, chay yachakushka runakuna maykankunami tukuy tiyashkanta yupakuna tantarishkakunamanta rishpankuna rikurkakuna chay tukuy tiyashkankanta utkalla yapakkuna Tarapacapi, kawsak runakunata, puklananpa atún wasipi kincharishkapi. Ñukanchipa rurananchika kan kutichina uyachishpa. Rurashkanchimanta chaypi kawsak runakunata. Paykuna puntiru kanankuna tiyan yachashpa imatami rurashkakuna chay tupupi. Chaymanta, chay yachakushka ruranakunaka Liticia, Kulunpyama rirkakuna, yachakunankunapa uchachi tukunakunanta, sinchikuchinata achka allíta yanapakkunapas. Yuyachinakuna allita chasna kuyranarayku allí yapashpa kawasanaka, killkananchi tiyan shuk puntiru yuyayta. Uyachik tukushkamanta ishkay chunka pucha kanchisnin (27) de noviembre killapi kimsaynin pucha (3) de diciembre killakama.

Tantarishkakuna yuyayta kukkuna allpa ukupi tukuy tiyashkata yachakkuna yakupi tukuy tiyashta yachakunpas.

Kay tantaylla yachakushka runakuna kashkanchi ishkay chunka shuk (21) yapa yachakuna Kulunpyamanta, Peruanumanta shuk atún allpakunamantapas, maykunami kawsayta cushkanchi yachakushpa sacha tarpukunamanta, sacha wiwakunamanta, yakumanta, allpamanta, chikan chikan parti, kayuray parti, Americapi, chay yachaykunawa kimsa simanata shuk yachaykunamanta rurashkanchi sachakunawa yakukunawapas chay tupu allpapi chayta rurashkanchi Putumayu yaku uaryna-Yaguas Kutuhe yuyarishka maykankunashi parihu kawsahu nishpa, chaymanta maykankunawami chikan kanahu, chasnallatata imakunashi ashwan yapa allí chay shuk sachakkuna chawpipi yakukuna tiyashka tupupi, chaymanta munashkanchi rikunata imshnami sachakuna yakukunapas kahunkuna alichu manachu nishpa kay yachakushka runakunaka, yachaywa rikushkakuna, yakuta, allpata, sacha tarpukunata, challwakunata, chika chikan sapukunata, machakuyakunata, shanpillukunata, pinsha kunata, tukuy chuchukkunata (chay chawpipi tuta pishkunatapas) kaykunata rurashkanchu chusku chikan tupupi, chay tupu allpapi. Kay tarawahupi tiyashka ishkan chunka (20) pasak, ñawpamanta pacha kawsakkunawa chaynantapas shuk kawsanapa shamushka runakuna maykankunami sumakta sikkikuna sachamanta yakukunapas chay tupu allpi.

Yakupi tukuy tiyashkata rurashkanmanta yachana

Kay tukuy tiyashkata utkalla yupakuna puntiru akllanamanta kuti yaykushka karkakuna yachak runakuna yachaywa rikurkakuna shinchi tarpukunata sacha wiwakunatapas ishkanti parti Putumayu yakupi chay urashlla.

Putumayu yakupa uarayninpi – Yaguas-Kotuhe chay tupu allpapi tarirkanchi yapa suma rikunayukunawa ñawpamanta pacha tiyakta chasnakuna maya tiyan achka parti Kulunpyapi, nima Perupi. Chay sachapi purishpa mana kashpaka yakuta rishpa achka punchata yachallata achka chay sachapi kawsakkunatapas rikunchi, achka parti mañana kasnaka tiyanñachu rurakuna chakrankunarayku wakrata wiwanankunapa achka kaspita kuchushpankuna chay yaku mayankunapi. Kunan sacha kiparihurka uchilla pikunallana tiyan atún llaktakuna mayanpi atún ñanpikuna, mayanpipas. Chay tupu allpapi sachakunaka yakunapas yapa allí kanahu, wayra yakupas yapa suma. Chaymantapas achka sacha wiwakunawa challwakunawapas. Chusku chikan tupunama rirkanchi kaspikunata surkunapa killkayuma, chawpi kawsak runakunapa kuyashkankunama, atún apupa sachakunata kuyrachishkanma chaymanta shuk tupu allpa ñawpamanta pacha kawsahushkakuna llakta mayanpi kahukma Perupi. Chay tupuka mana killkayuchu kan. Chasna kashpanpas mancharishkanchi, chickan chickan kamachirinayukuna kashpanpas, tukuy allí kuyrarishkakuna karkami, pishkuna, allpapi kawsak sachapi wiwakuna, challwakunapas Putumayu yaku urayninma chy tupu allpapi – Yaguas-Kutuhe achka runakuna chasnalla yaykunahu kawsanankunapa, kay shuk partikuna sacha chawpipi yakukuna tiyashkakunapi mana tiyanchu chasna kawsanaka. Chasna kashpan, shuk mitayiro sachama mana kashpaka kuchama rishpan atipan tarinata ayllunkunawa mukunankunapa. Chawpika utkalla taripa kan, chay shuk allpa tupukunapi mitayirokunamanta. Chasnata shuk imakunata parihuta tarirkanchi Kulunpyapi, Perupipas, yuyarinanchipa, achka chikan chikan pachak sacha wiwakunata rikurkanchi. Chaymantapas achka chikan waranka sacha tarpukunata. Kaykunata munarkanchi tarinata, kay sachakuna chawpipi tiyashkaka Kulunpya allpapi, Peru allpapipas yapa uyarishka kan tukuy muntupi, achka chikan sacha tarpukuna, sacha wiwakunapas tiyashkanrayku, kayllapi chasna tiyan tukuy allpamanta.

Chasnata shuk imakunata parihuta tarirkanchi Kulunpyapi, Perupipas, yuyarinanchipa, achka chikan chikan pachak sacha wiwakunata rikurkanchi. Chaymantapas achka chikan waranka sacha tarpukunata. Kaykunata munarkanchi tarinata, kay sachakuna chawpipi tiyashkaka Kulunpya allpapi, Peru allpapipas yapa uyarishka kan tukuy muntupi, achka chikan sacha tarpukuna, sacha wiwakunapas tiyashkanrayku, kayllapi chasna tiyan tukuy allpamanta.

Kay urkupi richinchi shuk rikuchinawa maytukuy chikan chikan sacha tarpukanata sacha wiwakunatapas rikushkanchi kay tarawahunata rurahushkanchipi tiyashkata yupanapi. Kunanka masnata yachanchi tiyanpa kay tupu allpapi

	Achka chikan tiyashka killkashkanchi tiyashkata yupana uras	Achka chikan yupashkakuna chay tupurayku
Sacha tarpukuna	Shuk waranka chunka	Kimsa waranka
Challwakuna	Shuk pachak pishka chunka	Sukta pachak
Allpapi kawsakkuna (sapukuna, salamankakuna)	Pusak chunka chusku	Shuk pachak pusak chunka
Ayanpikuna (machakuya, ayampi, lakartukuna, tarikayakuna)	Chusku chunka kanchis	Shuk pachak ishkay chunka
Piskukuna	Kimsa pachak chusku chunka sukta	Pichka pachak
Chukuna atunnayak atunkunapas	Chusku chunka iskun	Pichka chunka sukta
Tutapishkukuna	Kimsa chunka shuk	Iskun chunka iskun
Tukuymanta sacha tarpukuna sacha wiwakunapas	**Shuk waranka kanchis pachak chunka kanchis**	**Chusku waranka pichka pachak pichka chunka chusku**

Tukuy tiyashkata yapashpa tarawahukta rurahushkanchipi rikushkanchi achka chikan imakuna tiyashkata kay allpa tupupi Putumayu yaku urayninpi – Yaguas-Kutuhepi yapa allí tiyananta. Lamarkunapi tarirkanchi uchilla chikan sacha tukushkata. Yapa kaspisapa, chaypi kaspikuna ñanustukuna, kaspikuna wiñashkakuna allpayastukuna wiñashka kahunkuna kaspi panka ismushpan allpa tukushkapi. Kay maku sachaka yapa chikan kan kay sachakuna chawpipi yakukuna tiyashkapi Peru allpapi kahumi Kulunpya allpapipas, pishkukuna kawsak, sacha wiwakuna, challwakunapas, Putumayu yaku urayninma chay tupu allpapi – Yaguas -Ktuhepi achka ruankuna chasnalla yaykunahu kawsanankunapa. Kay shuk partikuna sacha chawpipi yakukuna tiyashkankunapi mana tiyanchi chasna kawsanaka. Chasna kashpan, shuk mitayero sachama mana kashpanka kuchama rishpan atipan tarinata allyunkunawa mikunankunapa. Chaypika utkalla taripa chay shuk allpa tupu tupunapi mitayerukunamanta. Chasnallatata shuk imakunata parihuta tarirkanchi, Kulunpyapi, Perupipas, yuyarinanchipa achka chikan chikan pachak sacha wiwakunata rikushkanchi, chaymantapas achka chikan chikan waranka sacha tarpunata kaykunata munarkanchi tarinata, kay sachakuna kaspipi yakukuna tiyashkaka Kulunpya allpapi, Peru allpapipas yapa uyarishka kan tukuy muntupi, achka chikan sacha tarpukuna sacha wiwakunapas tuyashkanrayku kayllapi chasna tiyan tukuy allpamanta. Chawpika achka imakunaka mana tiyanchu, achka tiyashkanmanta kaspikunalla tiyanahu, kay maku allpapi paykunalla tiyanahu. Kay panka ismukunawa allpa tukushkakunata kuyurik allpa ninchi kay allpa ukupi tarishpan shinchiyachishka kashkan kashkanrayku. Kay tanyawa intiwa chikan chikan tukunata kuyrarinapa yapa allí kan mana waklichinanchipa chaypi tiyashkankunata aswan kasilla kanan tiyan chay sinchi yachachikka. Kaspikunapas shayashkalla kanankunapa. Achka parti suma rikunayukunaka awa sachakuna kanawa, lumakunapi wiñashkakunaryku, chawpi achka chikan chikan sacha tarpukuna sacha wiwakunapas tiyanahu. Karan tiyashrishkanchikunapi raku kaspikunata yapa valikuna rikushkanchi. Kanwa kaspikuna mana yapa tiyashkachu, ña apashkakunarayku raku kaspikunata, apakkunaka Kuthepi kaspikuna, kaspikuna kuyrashkapipas Pexiboypi tiyashpanchi chaypi kaspi rakukunata surkushpa apakkunata rikushpanchi mancharishkanchita. Chasna kashpanpas achka sacha wiwakuna tiyan, rikrayukunapas wañuchishpa mikunapa. Atunta yuyarirkanchi chay ratu kaspikunata apakkuna yapakta uyarishpankuna chaypi kawsak sacha wiwakunarayku kay ñukanchita astachin allita kuyrashpa, atipanchi chikan chikan kaspi rakukunata apanata nima ima waklichishpa kay sacha wiwakuna mukunanchikunata. Shuk aswan yapa allí chay tupupi allpapi tiyan achka uchilla challwastukuna tiyanahun, mana arawana wawakunallachu, aswan pachak chikan chikan challwastukuna maykankunami tukuy muntupi rantichinapa chaninka tiyan. Ñukanchi yachakushka runakunata yapa uyachin lanchakuna allpata allakkunawa chay yakupi tiyashkanrayku. Chasna kay lanchakumanta mirkuryuka wichachishpan yakuka yapa allí kashkata waklichin challwa wawakunatapas. Runakunapipas chay unkuchik tukuna paktan chay unkushka challwakunata mikushpa. Chay tarawahuskata rurahushkapi shuk chikan shampilluta tarirkanchi yapa mushu atunta yuyachik kay atún yachayrayku. Chasnata achka chikan chikan sapukunata, machakuyakunatapas tarirkanchi. Ña tukuchina kashpa chay tupu allpapi achka sacha tarpunata sacha wiwakunatapas tarishkanchi. Shukkunapi kay uras parti America parti manaña yapa tiyanahuñachu. Kaypi chapurishka kahukuna atún mikukuna (pumakuna, lupukuna, yakupi kawsak allkukuna, yana lakartukuna, atún ankakuna) chaymantapas achka muyukunata shikwachikkuna (sacha wakrakuna, wankanakuna, atún machinkunapas) wankakunata rikushkanchi chay tupupi. Kay yapa chikan kan chay shuk tiyashkata, yupakkunamanta kaypi puntiru kuti ñawi pura rikushkanchi, mana almankunallatachu tukyapi kahukta rikushkanchi. Wankanakunata rikushkanchi, mana chayllatachu aswan karan shukta atún muntunkanapi tanchishpa shutinkunata killkarkanchi. Chayka yapa kushikuna karka chay sacha wiwaka yapa suma kashkanrayku kay tiyashkanta yupanapi. Paykuna tantaylla kashpankuna nima ima atipanchu winsinata tantaylla kashkata purinahun.

Tukuy kaykuna yuyachin, chawpi kawsak runakuna allita kuyrashkankunarayku, chay tukuy tiyashkankunata chay tupu allpapi Putumayo yaku urayninpi – Yaguas-Kutuhepi kunankama kuyrashpankuna waranka waranka watakunata sachakunaka sacha chawpipi yachakuna tiyakkuna, tiyanahun, chayrayku munan riksichirishka kanata, yanapy tukunapa kuyranapapas.

Tantarishkuna yuyayta kukkuna runapura kwintashpa purikunawapas	Kay tantaylla yachushka runakuna chikan kawsanayukuna chikan atún allpakunamantapas kashkakuna. Karan shuk chikan chikan riksinahukuna; chusku (4) ñawpamanta pacha chay tupupi kawsakuna chunka (10) aswan yachakuna chusku (4) chikan atún apurayku tarawakkuna. Chaymanta pichka (5) chickan mana atún apukunarayku tarawakkuna ñawpa tiyashkakunachu riksikuna anak parti americamanta kuna kawsashkata kwintakunata sachakkuna. Tukuymanta yachakushkanchi chay allpamanta kwintashkata runakunamanta kaypi kawsakkuna imashna sinchikurishkunatapas, paykunapa tantarishkakunamantapas imashnami shuk yuyayta parihumanta yuyarinakunatapas, tukuy tiyashkata allita kuyrashkankumantapas, uchachik tukushkankumantapas masna punchallata mana kashpaka achkata kawsananpa muskuyninkunatapas, chay runakunamanta.
Runa kawsana llaktakuna	*Kwintunkuna, kawsanankuna achkayashkankuna.*
	Putumayu yaku urayninka – Yaguas – Kutuhe ñawpamanta pacha Tikunakunapa Yaguakunapa allpankuna kan. Pusak chunka (80) wata tupu kunanka ishkay atún allpa kuna pura tuksirishkakuna tiyan Perupi, Kulunpyawa. Kunanka kay allpapi chunka ishkay (12) chikan shimikunata rimakunama kawsanahu, chasnallatata wirakucha shimita rimakunapas (shuk muntun kawsanaka shamushka runawa) chaymanta kirinankuwa Israelita tukushka runakuna. Putumayu yukuka, muruy shimipi kasna kan kud+mayo chay ninayan (challwa yaku), chaymi tukuy runakunata tantachin.
	Kay allpama achka runakuna kawsak shamurkakuna, paykuna karkakuna ñawpamanta kaypi kawsakuna, (Okaynakuna, Antukikuna, Tikunakuna, Muruykuna, Yawakuna, Inkakuna, Kukamakuna, Burakuna, Kichwakuna, chaymanta aswan shukunapas) mana ñawpamanta pacha chaypi kawsakunapas. Tukuy paykuna chayma shamurkakuna chikan munankunawa chayma paktanankunapa yakukunata, yaku wawakunata, kucha umakunata, ñanpikunapas shamurkakuna, chayranti chay tukuy allpaka chikankunawa mirashka kan, achka chikan chikan kawsakkunawa. Kay shuk waranka pichka (1500) watapi, ña tiyarka yaya Diospa shiminta kirikkuna, shuk watakuna washa achka chaypi tiyashkakuna, shurkunata kallarishkakuna rankichinarayku kaykunata, kinata, kawchuta, rosa kaspita, kanwa kaspita, sacha wiwakunapa karankunata, tukata mana allita ruranapa, urutapas yakupi. wañunakunapas chay tupu allpapi waklichishka, kay shuk waranka iskun pachak kimsa chunka kimsaynin watapi (1933) shuk wañunakuna tiyarka Peruka Kulunpyawa. Tukuy kaykunawa chikan tukurka sachapa allí kawsananka, yakukunapapas, chay tupu allpapi kawsak runakunapapas chasna kashpanpas chay tupu allpapi kawsakunaka yachakurkakuna sinchi tukunata, kawsaynikunata allpankunamantapas kuyraykakuna atún yachaywa tantarishka kanankunapi.
	Kunanka kay Putumayu urayninwa Yaguas-Kutuhe tupupi pichka waranka kawsanahu (5,000) runakunawa kawsahu (shuk waranka chusku pachak (1,400) Perupi, miksa waranka shukta pachak (3,600)). Kimsa waranka kanchis pachak (3.700) runakuna kawsanahu ñawpamanta pacha kawsanankuna allpapi. Shuk waranka (1.000) runakuna Tarapaca chawpipi kawsanahu. Shukkunaka kaspikunata kuynarapa killkayupi kawsanahu Kulunpyapi. Chaymantapas tiyanmi ñawpamanta chawpi kawsakkuna

mana shuk runakuwa kwintakuna shapayankuna chayra kayllarihunkuna shukunawa kwinankunata. Chay tupu allpapi unayta kawsashpankuna chaypi kawsakkunawa parihumanta yuyanakunata kwintashpa kawsahun. Chayrayku, chikan chikan kwintanakuna runakuna karan shukpa kirinankunawa yanapanahu.

Tukuy tiyashkanta apinchi kuyranchipas

Chay tupu allpapi kawsakkunaka achka chikan chikan imakuna tiyashkanmanta kawsanahun. Challwakuna, chaypi achka tiyashkanrayku, chaykunata mikuspankuna yapa yanapay tukunahu chaypi kawsakunaka chaymantapas chayta rantichishpa kullkika tiyan. Tantarishka yachakkuna tarawahunkunta rurahushpankuna achka chikan chikan challwakunata mikunapa kashkata tarishkakuna, chaypi uchilla chikan challwastukuna yapa chaniyuta tarirkakuna, yuyarinapa kay chikan challwastukunata tarishkakunata kanahu paytsie/pirarucu, kamitana, paku, kunchikuna, sawalu/zingo, cheos/katichikuna, garopa/capawarikuna, pañas/pañakunas, sapapakuna, uchku wawa challwa/zorro, botellos/chuti.

Shuk yapa ruranankuna karka kuyrashpa challwakunata apina chay suma rikunahukunapi, chaypi kawsakuna allí yuyaykunata kwintashpa imashnami kuyrankakuna apishpa mikunakunapa rantichinankunapapas, ishkanti parti atún apukunawa tuksirishkankunapi. Kay perupi kawsakunaka sumakta yachanahu challwakunata kuyranata apinatapas, achka llaktakunamanta yuyarishpa imashna rurashpami kay challwakunata kuyrashu arawanata/arawana paytsita/pirarukuta, chunka (10) aswan watakuna yachashkanchiwa. Chay chunka kimsa (13) ñawpamanta kawsahushkankuna llaktakuna kay pirupi atún allpakuna tuksirishkapi. Chay tukuymanta kanchispi (7) tiyan sumakta yachana challwakunata kuyranata apinapapas, kay kanchis (7) llaktakunapi challwata apikunaka tantarishka kanahun shuk tanatrinapi challwakunamanta achka imakunata ruranapi, achka imakunawa challwata apikunapas (APPAs) masna challwahumallata apinahu parihumanta kuchakunata kuyranahun,. Kulunpyapi kawsakkuna challwata apikuna Tarapakapi paykuna tantarishka kanahu ishkay tantinakunapi challwata apinapa: Tantarishka challwata apikunawa Tarapakamanta (ASOPESTAR) tantarishka challwata wiwashpa mirachina uchilla challwastukuna achka imakunawa challwakunata apikuna Tarapakamanta atún yaku sachakuna chawpipi (APIPOATA); chay shuk llaktakunapi challwata apikuna tarapaka kuchupi kawsakkuna paykunaka chasnalla apinahu yanka parihumanta yuyaykunata rurashpa, kirichishpa parihu kanapi.

Chaypi kawasakunapas wañuchinahu mikunankunarayku, rantichinapapas chayka paykunapa kawsanankunamanta kan. Chay achka chikan tiyashkanmanta kaykunallata wañuchinahu mahasta/boruga, kawkumata/cerrillo, wankanata/puerco, sacha wakrata/ danta, pawshita, pawatapas. Kaspi rakukunata ruskunapas yapa allí achka kullkirayku chay tupu allpapi. Kaspi rakukunata surkushpa rantichinarayku kanchis chunka (70) watapi kallarishka nima kuyrarishpa rurarkanchi. Chasna kashpa kunanka kaspita surkukunaka aswan tantarishpa tukuhunkuna shuk llaktakuna ñawpamanta pacha tiyakkuna Peru allapapi kawsakunapa tiyan "Kuyranapa killkakuna (DEMA)" shukkuna kaspikunata surkukuna Kulunpya allpapi kawsakunapa tiyan "Kaspikunata chasnalla karan uras surkukunapa killka". Ishkanti parti atun allpakunapa tuksichirishka kankunapi tiyan runakuna kaspita surkuna mana killkayukuna chaypi mana tiyanchu apukunamanta yapa kuyrakuna chay llaktapi kawsakunaka paykunapas wasinkunarayku kaspikunata surkunahu kanwankunarayku shuk imata paykuna kikinkunarayku rurananankunapa. Kay kaspita shurkunankunaka uchilla masnalla kan ayllukunata tapushpa.

Chikan chikan shimita rimakunapas chakrankunata rurashpa tarpunahu. Chay chakrapi tarpushkankunaka mikunankunapa kan chaypipas yachakkuna tiyan kawsananchipi rurananchipas. Chaymanta yanapanahu kuyranata sinchikuchinata ayllu pura allita kawsanankunapa kuchu pura kawsakkunawapas. Runakuna riksiskankunata aywachinakunahu, shuk imakunatapas. Masnalla tiyashkanta, chakrapi tarpushkakunamanta rantichinchi. Chikan chikan shimita rimakunapas yachashkankunata wirakuchakunawa aywachinakunahu paykunapas panpakunapi, urkunapipas tarpunahu Kulunpya allpapi aswan urkukuna tiyan chayrayku allí kwintanakuna tiyan kuchupi kawsakkuna pura Perupi kawsakuna Kulunpyapi kawsakkunawa chakranchita rurananchipa Kulunpya allpapi. Israelitakunapas chay allpapi chakrankunata rurashpa tarpunahu wiwakunata wiwanahu, atun allpakunapi. Tiyashpantata yapa chaniyu rantichinarayku chay sachapi mana kaspikunallachu kanahu. Shuk yapa suma rikushkanchi tiyan Tantarishka warmikuna tarapakapi (ASMUCOTAR) chaymanta shukta rikushkanchi ña paktachina kashkata ASOAINTAM nishkapi. Kay muntun tukushkunapa runakuna kan tantanankuna shuk imata Kamu kamumanta rurananankuna, araza kupoazu, chaymanta aswan shuk achka chikan chikan sachapi tiyashkankunamanta.

Kamachina

Shuk yapa allí rurananankuna chay tupu allpapi paykuna imashnami achka tantarinakunapi tukushkankuna. Perupi, runakunaka ñawpamanta pacha llaktankunapi tantaylla kawsanahu, paykunawallata ishkay atun tantarinakuna tukushka kanahun kay shutiwa tantarishka chikan chikan shimita rimanakuna: La Federación de Comunidades Indígenas Bajo Putumayo (FECOIBAP) chaymanta Organización de Comunidades Indígenas del Bajo Putumayo y el Rio Yaguas (OCIBPRY). Kulunpyapi, runakuna shuk shimita rimakuna tantarishka kanahu paykuna kikin kuyrashkankunapi(RI Kutuhe yakupi, Putumayo RI Uitiboc), paykuna kamachik tukushkakunahu tantachik tukushpa, ishkay tantarishka tukushka shuk shimita rimak apukuna (AATIs): chay ñukanchita tantachik tukuna atun kan Tarapakamanta (CIMTAR) chaymanta chay tantarishka shuk shikita rimak apukuna Tarapakamanta atu yaku sachakuna chawpipi (ASOAINTAM). Chasnallata shuk shimita rimanakuna tantachi tukuna tiyan atun llakta Tarapakapi. Tarapakapi kawsakkunapa tiyan atun tantarishkakuna (Wirakuchapa tantarishkakuna, warmikunapa, challwata apikunapa, kaspita surkukunawapas) tukuy chaykunata atun apukuna kamachishkan runan kamachin chay atun yaku sachakuna kawpipi kayta ruran paypa kachashkakunawa kay shutiwa tarawahuta rurahushkapi kuskanchashpa yapapanakuna (paykunata ninchi "kuskanchakuna"). Purtu Ezequielpi kawsak Israelitakunapa kinsapi tantarishkakuna tiyan: kirikunapa tantarishkakuna killkankunawa allita ruranapa tantarishkankuna chaymanta kawsahushkakuna llaktapi allí runakunata ruranapa tantarishkakuna.

Achka llaktakuna shuk killkapi parihumanta yuyarishkakuna yuyaykunata charinahu, imashna rurashpami kawsananchipi yuyaykunata churashka killka, shuk killkamapas maykanwami allpamanta kwintashpa katishun. Chasnallata allí yuyaykunata charashka tiyan mana allikunapas chaypi kawsakkuna ishkanti parti atun allpakuna tuksirishkakunapi, achka chikan yuyashkakunapi: tukuy tiyashkata kuyranamanta, parihumanta yachashkanchinata aywachinakushpa, kwintashpa allpata allita kuyranapa. Chaymantapas tiyan shuk uraskuna atun tantarishkakuna shuk shimikunata rimak apukunapas kwintanankunapa chaypi paykuna pura yuyaykunata churanahun chasnallatata awa llaktamanta apukunapas, yuyarinata chay atunnayak tupu allpapi sachakuna chawpipi yakuwa tantarishpa kwintanapa rurarishka kan Kulunpyapi.

Yapa pishi kwintanakuna kay ishkay atun apukuna pura(Peru Kulunpyapas) chasna atipanapa kay uchachik tukunatashina allita tinkuchinapa uruta yakupi surkukunawa kukata apakkunawapas, chasna atipananchipa rurananchikunata sinchikuchinata. Chasna atipananchipa ruranata allí yanapay tukushka kamachinapa tukuy tiyaskakunawa, alliyachianchipa tukuy ruranakurayku maykantami yanapay tukunapa munahun. Chaypi kawsakkunapa yachaykuna, chawpi kanan kawsanpa, yuyana chay shuk chikan kawsanayukunata, chaymanta parihu kananchita rikuchikta Putumayu yakupi kawsanakkuna pura, tukuy kaykuna yapa yanapanakkuna kanahu pishishkata ruranapa, kay ishkay atun allpakunapa tuksichirishkapi, tukuymanta, karan uras tiyama yakupi tukuy tiyashkata yachakushka tukuy chikan kawsanakunata yachak runa.

Tarapakapi tinkunankuna

Kay ishkay chunka ishkaymanta (22) ishkay chunka chushkuynin (24) punchakama noviembre killapi, pusak chunka ashwan (80) aswan runakuna chay tupu allpapi tantarirkakuna. Chay tantarinata rurarkakuna yachay wasipi Villa Carmen Tarapakamanta, Kulunpyapi. Chay karka puntiru kuti tinkunakunankuna chay tupu allpapi kawsakkunapura. Chay tantarishkankunapi achka yachashkankunamantapas kwitanakurkakunata yachashkankunamantapas kwintanakurkakuna. Chasnallatata parihumanta sinchikunakunata kwintarkakuna maykanmi paykunata tantachin Putumayu yakupi kawsakkunata, chikan shimita rimakkuna mana chikan shikita rimakunapas. Chay tupu allapapi kawsakkuna tawaraysiki kanankunata rimarkakuna, achka kirinayukuna, yanapakkuna, paktachikkuna, kishillakuna achka imakunata yachakuna. Kuyranahun tukuy tiyashkata chay chawpipi chikan chikan kawsanakunatapas chasnalla charinahun. Chasna kashpanpas shuk mana atipaypakuna tiyan, parihushina yuyaykuna tiyan paykunarayku. Allita kana kuchupi kawsakkuna kawsakkunapura, tantarishkanchikunata apunchikunatapas sinchikuchishpa, awa llaktamanta apunchikunawapas allita kwintashpa, kullkita apinapa achka tiyan, nima wakllichishpa sachata nima yakuta, challwata apishpa, sacha wiwakunata wañuchishpapas nima tukuchishpa challwakunata sacha wiwakunatapas. Kaspikuna mana tukuchishpa surkunchi chikan chikan kawsanakunata sinchikuchina, munanchi warmikuna aswan apukuna tiyananpa, chasna alliyananpa musukukunapa kawsanankunaka (puntapi musyana kanata) yaya rukukunapas (achkata yachakuna) Tarapakapi tinkunakunaka, parihumanta muskushkanchi karka puntapi allí kanarayku, chaypi parihumanta muskushkanchi karka puntapi allí kanarayku, chaypi parihumanta tarawanankunapa yuyarishkakuna. Chaypi tantarishka runakuna chusku (4) yuyaykunamanta yuyarishkakuna chay tupu allpapi rurananankunapa: 1) Alliyachina yakupi purinarayku. 2) Yuyaykunata rurana kullki tiyanpas. 3) Tiyashkata apishpa rantichinapi churashpa, yanapay tukunanchi tupullata, challwata apishpa kaspita surkushpa. 4) Chikan chikan shimita rimakunapa tantarishkanchinata sinchikua. Ña tukurihushpan chay tinkunakunaka chay kahukkunata katirkakuna, tushurkakuna, asinachinapa ,kwintukunata kwintarkakuna, chaypi yuyarikkuna tiyakunakushpa katinankunata aswan allita siksinakunankunapa. Chay awa llaktakunamanta shamushkakunaka, chay tinkunakunapi paykunapas shuk paktachinakuna rimarkakuna shimita apashpa rinankunapa chikan chikan tarawanakunapi. Kay yuyarishkanchikunamanta maykankunami paktachinapa yuyarikkuna kanahu chayma.

Imashnami kunan kan	Chay Putumayo yaku urayma – Yawas- Kutuhe tupu allpapi ña tiyan shuk killka allpata tupunarayku. Kayka atun apupa sachakunata kuyrachishkanwa pakta (Yawa Perupi, Amanka Yaku, Pure yaku Kulunpyapi), chay allpakunaka chikan chikan shimikunata rimakunata shuk killkawa riksichirishka kanhu (ñawpamanta pacha chaypi kawsakkuna Perupi, chikan chikan shimita rimanakkunapa kuyrashkankuna Kulunpyapi), kaspikunata kuyranapa killkayu Kulunpyapi, Kutuhepi kuyranapa killkayu Perupi. Chaymanta shuk uchilla parti chay tupu allpapi, tukuy chayka Perupi kan chaypika nima pi allpata llankashka kan. Kaspikuna kuyranapa killkayupi tiyan ishkay tukuy tiyashkata rikushpa purishkankuna-shuk kan tukuy allpanchi tupupi kaytaka Ministerio de Ambiente y Desarrollo Sostenible shuk allí yapay tukushka kananchipa rurakuna (Kanan A, Kanan B) shukña uchillanayan allpanchi tupupi (sukta killkakuna kaspikunata kuyranapa chay Kurpuamazoniapi)-nima shuk rikuchina tiyanchu imashnami chaypi runakunaka kawsanahu nishpa. Chaymantapas, imashnami allpakunawa ruranahu yuyarishpa Tarapakapi Casco Urbano nishkaka kaspi kuyranapa killkayu kaspipi kahu.

Kuyranapa sinchikuchishka yuyaykuna	01	Sachakunata, yakukunata kuchakunatapas allí kuyrarishka kanankunapa, chayrayku munanchi karan uras rimananpa yakupi tukuy tiyashkata yachak tukuy chikan kawsanakunata yachakkuna.
	02	Ñawpamanta pacha kawsakkuna chikan chikan shimita rimakuna wirakuchakunapas achka chikan runakunapura kawsana chaymanta chikan chikan kawsakunawapas, tiyan shuk atun yachay allpankunamanta churarishka.
	03	Kaspikuna sachapi achka chikan kawsakkuna, achak allí yanapak challwakunata chapuchishpa, rikrayukuna, chukukkuna tukuy kaykuna allí yanapak mikunankuna kay chaypi kawsakkunarayku.
	04	Rikushpa yachashkankunata kuyranapa tikuy tiyashka challwata apina, kaspikuna chaymanta mana kaspikunallachu aswan kamu kamupas.

05 Kay atun allpanchipi ñukanchipura kuyrarushkanchi yuyaykuna, chaymanta ishkay tukushka atun allpakunapas (Piru-Kulunpya), killkayukuna mana killkayukunapas.

06 Yuyarishkanchi yuyaykuna imashna rurashpami rurashunchi, kuyrashka kanan rikushpa kanan tukuy tiyashkata atun apupa kuyrachishka sachakunata, chikan chikan shimita rimakuna allpankunata chaymanta kaspikunata surkunata killkayutapas.

Wakllichikuna

01 Mana yapa allí kwintakuna tiyanchu Peru Kulunpya chaypi tiyashkata kuyranarayku runakuna allí kawsanarayku.

02 Achka mana allí tarawahukuna ruranakuna kaspita surkuna, uruta surkuna, chaymanta kukata apakuna.

03 Mana yapa awa llaktamanta shamushka runaka tiyanchu mala allita paktachishkankuna kay tupupi tiyan.

04 Allpamanta chikan yuyarinakuna tiyan chaypi kawsakkuna awa llaktamanta tarawakkunawa, nima shuk chusha tiyanchu chaykunamanta kwintanarayku.

05 Pishin yanapay tukuna allí tarawahukunata rurashpa kullkita apinapa, allí yanapay tukushka kananchipa.

Runapa yuyaykuna:

Perupi

01 Rurananchi tiyan kuyrana kashkata chaymanta imashnami rurashu chay allí yanapy tukunawa chasnalla apinanchikunawa Yawas yaku urayma mankaymi yanapan kan, ñawpamanta pacha chaypi kawsakkunata Putumayu urayma, allicha kan chikninakushpan kawsana yuyaykunata, chaymanta sakichina kan mana allí tarawahukta rurakunata.

02 Chaymanta allí tarawahukunarayku shuk killkata rurashpa apukuna kuna kanchi chay surkunapa kuyranapa Kutuhepi, chaymantapas kayana kanchi rikukshamunankunapa chay kuyrahushka allpata.

03 Yuyana kanchi Tikuna ruranakunapa kawsan allpata maykankunami chayra kallarihunkuna shuk runakuna tinkunakunata Kutuhepi, chasna maskananchipa aswan yuyaykunata allita kuyrarishpa kwintanarayku kulunpyapi kawsak Tikuna runakunawa.

Kulunpyapi

01 Allichanapi yanapana chay kaspikunamanta kuyranapi yanapananpa imashnami kunan rurahushkanchita, chay runakunapa yuyarishkankunata chaymanta karan uras rimanan tiyan chay yakupi tukuy tiyakkunata yaku chikan chikan kawsanakunawapas yachakka.

02 Tukuchina kan chay imashnami munanchi kawsanata tantaylla nishka killkata chikan shimita rimakuna kuyrashkankuna Kutuhe yakupi Putumayupipas, chasna chaypi kararinanchipa tarawahuta ruranata.

03 Sinchikuchina kwintashpa kahushkata, allí yanapay tukushka kananchipa anakparti chawpipas chay atun apupa kuyrachishka sachakuna ñawpamanta pacha chaypi kawsakkuna amaka yaku tutpupi.

04 Shuk kwintanata rurana kan tukuy chay tupaupi kahukunawa Tarapakapi allparayku kamachina killkamanta rikunapa, chaymanta shuk killkata ruranapa kwintashpa kanapa Tarapakarayku.

Putumayu urayma-Yawas-Kutuhe tupu allpapi.

01 Paihumanta ruranakunata ruranahun chaytaka Kulunpyamanta Perumantapas apuna, chasnami atipanapa kamanakunata kukata apakunawa allpa ukupi tiyashkata apanapa mana killkayukunawa, chaymanta sinchikuchishpa imashna rurananchikunata ishkay tukushka atun allpakunapura chasna atipananchipa tukuchinata merkuryuwa runakuna waklichishkakunata, sacha wiwakunatapas chay tukuy allpa tupupi.

Karan uras rikuchik yakupi tukuy tiyashka yachak chikan chikan kawsanakunatapas yachak Putumayu -Ikapi.

01 Kay apukunata yuyachina kan llaktachikunapata, uchillanayak allpa tupupata atun allpata, atun allpakunapas tukuy paykuna yachashpa rimanankunapa kay shuklla tiyashkata Putumayupi chay karan uras rik chikan chikan kawsakunata yachak yakupi tukuy tiyashkata yachak maykanpami yakuka chusha kallpan chay kasilla achka sachakuna chawpipi.

02 Kay chusha atun allpakunamanta apukunawa kwintanapa chay yakumantawa kushilla kanarayku kamachinakunata alliyachishpa ruranamanta, chaymanta tukuy tiyashkata kuyramanta, yuyashpa kuyrana, rikukrishpa kuyrana chay tupu ishkay atun allpakunapura tuksirishkakunapi (aswan rikunanchi tiyan chay mana allipi tarawahukunata).

03 Allita kuyrana kan tukuy runakunata chay yaku tupupi yuyanahuchu chay sinchikuchinakunata, yachaykunata, shitipa kanankunata chay Putumayupi kawsakkunata, chasna llaktanchikkunapi yuyarishkanchikuna uchillanayak tupu allpapi, atun allpapipas shutipa muskuynichika paktarichinanpa kan karan uras rikka Putumayupi.

DAVID CHÁVEZ CHINO
Traductor Kichwa

ENGLISH CONTENTS

TEAM

Jose Dayan Acosta Arango
plants
Parque Nacional Natural Amacayacu
Parques Nacionales Naturales de Colombia
Leticia, Colombia
josdacostaara@unal.edu.co

Alexander Alfonso
technical advisor
Parque Nacional Natural Río Puré
Parques Nacionales Naturales de Colombia
Tarapacá, Colombia
alexander.alfonso@
    parquesnacionales.gov.co

Fernando Alvarado Sangama
social inventory
Federación de Comunidades Indígenas del
    Bajo Putumayo (FECOIBAP)
Remanso, Río Putumayo, Perú

Diana (Tita) Alvira Reyes
coordination, social inventory
Science and Education
Field Museum
Chicago, IL, EE.UU.
dalvira@fieldmuseum.org

Jennifer Ángel Amaya
geology, soils, and water
Universidad Nacional de Colombia y
Corporación Geopatrimonio
Bogotá, Colombia
jangela@unal.edu.co
jangel@geopatrimonio.org

Omar Arévalo Vacalla
technical advisor
Gerencia de Asuntos Indígenas
Gobierno Regional de Loreto
Iquitos, Perú
oav9@yahoo.com

William Bonell Rojas
mammals, camera traps
Wildlife Conservation Society-Colombia
Bogotá, Colombia
wbonell@wcs.org

Pedro Botero
geology, soils, and water
Fundación para la Conservación y el
    Desarrollo Sostenible (FCDS)
Bogotá, Colombia
guiaspedro@gmail.com

Rodrigo Botero García
technical advisor
Fundación para la Conservación y el
    Desarrollo Sostenible (FCDS)
Bogotá, Colombia
rbotero@fcds.org.co

Valentina Cardona Uribe
social inventory
Amazon Conservation Team-Colombia
Bogotá, Colombia
vcardona@actcolombia.org

Farah Carrasco-Rueda
mammals
Science and Education
Field Museum
Chicago, IL, EE.UU.
fcarrasco@fieldmuseum.org

Hugo Carvajal
technical advisor
Dirección Territorial de la Amazonia
Parques Nacionales Naturales de
    Colombia
Bogotá, Colombia
hugocarvajaltriana@gmail.com

Germán Chávez
amphibians and reptiles
Centro de Ornitología y Biodiversidad
    (CORBIDI)
Lima, Perú
vampflack@yahoo.com

Lesley S. de Souza
fishes
Science and Education
Field Museum
Chicago, IL, EE.UU.
ldesouza@fieldmuseum.org

Margarita del Aguila Villacorta
social inventory
Instituto de Investigaciones de la
    Amazonía Peruana (IIAP)
Iquitos, Perú
madelavi1494@gmail.com

Álvaro del Campo
coordination, field logistics, photography
Science and Education
Field Museum
Lima, Perú
adelcampo@fieldmuseum.org

Juan Díaz Alván
birds
Universidad Científica del Perú
Iquitos, Perú
jdiazalvan@gmail.com
jdiaz@ucp.edu.pe

Cynthia Elizabeth Díaz Córdova
mammals, camera traps
Frankfurt Zoological Society-Perú
Iquitos, Perú
cynthia.diaz@fzs.org

Dario R. Faustino-Fuster
fishes
Universidad Federal de Rio Grande do Sul
Porto Alegre, Brasil y
Museo de Historia Natural
Universidad Nacional Mayor de San Marcos
Lima, Perú
dariorff36@gmail.com

Freddy Ferreyra
social inventory, logistics
Instituto del Bien Común
Iquitos, Perú
frefeve76@gmail.com
fferreyra@ibcperu.org

Jorge W. Flores Villar
social inventory
Parque Nacional Yaguas
Servicio Nacional de Áreas Protegidas
    por el Estado (SERNANP)
Iquitos, Perú
jflores@sernanp.gob.pe

Claus García Ortega
social inventory
Frankfurt Zoological Society-Perú
Cusco, Perú
claus.garcia@fzs.org

Héctor García
technical advisor
Museo del Oro
Bogotá, Colombia
hgarcibo@banrep.gov.co

María Carolina Herrera Vargas
social inventory
Fundación Gaia Amazonas
Bogotá, Colombia
cherrera@gaiaamazonas.org

Christopher C. Jarrett
social inventory
Science and Education
Field Museum
Chicago, IL, EE.UU.
cjarrett@fieldmuseum.org

José Jibaja Aspajo
cartography
Instituto del Bien Común
Iquitos, Perú
jlejibaja@gmail.com

Karen Klinger
cartography
Science and Education
Field Museum
Chicago, IL, EE.UU.
kklinger@fieldmuseum.org

Nicholas Kotlinski
cartography, data management
Science and Education
Field Museum
Chicago, IL, EE.UU.
nkotlinski@fieldmuseum.org

Verónica Leontes
coordination, general logistics
Fundación para la Conservación y el
    Desarrollo Sostenible (FCDS)
Bogotá, Colombia
vleontes@fcds.org.co

Ana Alicia Lemos
social inventory
Science and Education
Field Museum
Chicago, IL, EE.UU.
alemos@fieldmuseum.org

Charo Lanao
facilitation, technical advisor
Programa Paisajes Sostenibles de la
    Amazonia (ASL)
Banco Mundial
charolanao@gmail.com
contact@charolanao.org

Manuel Martín Brañas
social inventory
Instituto de Investigaciones de la
    Amazonía Peruana (IIAP)
Iquitos, Perú
mmartin@iiap.gob.pe

Eliana Martínez
technical advisor
Parque Nacional Natural Amacayacu
Parques Nacionales Naturales de Colombia
Leticia, Colombia
eliana.martinez@parquesnacionales.gov.co

'Wayu' Matapi Yucuna
coordination, social inventory
Fundación para la Conservación y el
    Desarrollo Sostenible (FCDS)
Bogotá, Colombia
ematapi@fcds.org.co
upichia@hotmail.com

Delio Mendoza Hernández
social inventory
Instituto Amazónico de Investigaciones
    Científicas SINCHI
Leticia, Colombia
dmendoza@sinchi.org.co

Tatiana Menjura
communications
Foundation for Conservation and
    Sustainable Development (FCDS)
Bogotá, Colombia
tmenjura@fcds.org.co

Dilzon Iván Miranda
social inventory
Cabildo Indígena Mayor de Tarapacá
    (CIMTAR)
Tarapacá, Colombia

Olga Lucía Montenegro
mammals
Instituto de Ciencias Naturales
Universidad Nacional de Colombia
Bogota, Colombia
olmontenegrod@unal.edu.co

Hugo Mora del Águila
technical advisor
Dirección Regional de la Producción
    (DIREPRO)
Gobierno Regional de Loreto
Iquitos, Perú
hugomoradelaguila@gmail.com

Madelaide Morales Ruiz
technical advisor
Dirección Territorial de la Amazonia
Parques Nacionales Naturales de Colombia
Bogotá, Colombia
sirap.dtam@parquesnacionales.gov.co

Debra K. Moskovits
birds
Science and Education
Field Museum
Chicago, IL, EE.UU.
dmoskovits@fieldmuseum.org

David Novoa Mahecha
technical advisor
Dirección Territorial de la Amazonia
Parques Nacionales Naturales de Colombia
Bogotá, Colombia
gestionconocimiento.dtam@
    parquesnacionales.gov.co

María Olga Olmos Rojas
logistics
Fundación para la Conservación y el
    Desarrollo Sostenible (FCDS)
Bogotá, Colombia
olga.olmos@fcds.org.co

Jhon Jairo Patarroyo Báez
fishes
Instituto Amazónico de Investigaciones
    Científicas SINCHI
Puerto Leguízamo, Colombia
jj.patarroyo@gmail.com

Flor Ángela Peña Alzate
birds
Parque Nacional Natural La Paya
Parques Nacionales Naturales de Colombia
Puerto Leguízamo, Colombia
flordjf@gmail.com

Nigel Pitman
editing
Science and Education
Field Museum
Chicago, IL, EE.UU.
npitman@fieldmuseum.org

Rosa Cecilia Reinoso Sabogal
social inventory
Parque Nacional Natural Río Puré
Parques Nacionales Naturales de Colombia
Tarapacá, Colombia
rosareinoso08@gmail.com

Marcos Ríos Paredes
plants
Universidad Federal de Juiz de Fora
Juiz de Fora, MG, Brasil
marcosriosp@gmail.com

Wilson D. Rodríguez Duque
plants
Instituto Amazónico de Investigaciones
    Científicas SINCHI
Bogotá, Colombia
wdropteris@hotmail.com

Ana Rosita Sáenz Rodríguez
technical advisor
Instituto del Bien Común
Iquitos, Perú
anarositasaenz@gmail.com

Javier Salas
geology, soils, and water
Universidad Nacional de Colombia
Bogotá, Colombia
jasalasg@unal.edu.co

Alejandra Salazar Molano
coordination, social inventory
Fundación para la Conservación y el
    Desarrollo Sostenible (FCDS)
Bogotá, Colombia
alesalazarmolano@gmail.com

David A. Sánchez
amphibians and reptiles
Instituto Amazónico de Investigaciones
    Científicas SINCHI
Bogotá, Colombia
davsanchezram@gmail.com

Robert F. Stallard
geology, soils, and water
Universidad de Colorado
Boulder, CO, EE.UU. y
Science and Education
Field Museum
Chicago, IL, EE.UU.
stallard@colorado.edu

Douglas F. Stotz
birds
Science and Education
Field Museum
Chicago, IL, EE.UU.
dstotz@fieldmuseum.org

Milena Suárez Mojica
social inventory
Parque Nacional Natural Río Puré
Parques Nacionales Naturales de Colombia
Tarapacá, Colombia
misuarezmo@gmail.com

Nestor Moisés Supelano Chuña
logistical support
Parque Nacional Natural Río Puré
Parques Nacionales Naturales de Colombia
Tarapacá, Colombia

Luisa Téllez
communications
Fundación para la Conservación y el
    Desarrollo Sostenible (FCDS)
Bogotá, Colombia
ltellez@fcds.org.co

Michelle E. Thompson
amphibians and reptiles
Science and Education
Field Museum
Chicago, IL, EE.UU.
mthompson@fieldmuseum.org

Luis Alberto Torres Montenegro
plants
Peruvian Center for Biodiversity and
    Conservation (PCBC)
Iquitos, Perú
luistorresmontenegro@gmail.com

Teofilo Torres Tuesta
technical advisor
Parque Nacional Yaguas
Servicio Nacional de Áreas Protegidas por
    el Estado (SERNANP)
Iquitos, Perú
ttorres@sernanp.gob.pe

Adriana Vásquez
communications
Fundación para la Conservación y el
    Desarrollo Sostenible (FCDS)
Bogotá, Colombia
avasquez@fcds.org.co

Corine F. Vriesendorp
coordination, plants
Science and Education
Field Museum
Chicago, IL, EE.UU.
cvriesendorp@fieldmuseum.org

COLLABORATORS

Indigenous federations in Peru
(in alphabetic order)

Federation of Indigenous Communities of the Lower Putumayo (FECOIBAP)

Organization of Indigenous Communities of the Lower Putumayo and Yaguas Rivers (OCIBPRY)

Associations of Traditional Indigenous Authorities of Colombia

Greater Indigenous Council of Tarapacá (CIMTAR)

Association of Indigenous Authorities of Tarapacá Amazonas (ASOAINTAM)

Indigenous communities in Peru
(in alphabetic order)

Huapapa Indigenous Community
Putumayo River, Peru

Remanso Indigenous Community
Putumayo River, Peru

Tres Esquinas Indigenous Community
Putumayo River, Peru

Indigenous territories in Colombia
(in alphabetic order)

Ríos Cotuhé y Putumayo Indigenous Territory

Uitiboc Indigenous Territory

Indigenous communities in Colombia
(in alphabetic order)

Maloca Cabildo Centro Tarapacá Cinceta
Uitiboc Indigenous Territory

Puerto Huila
Ríos Cotuhé y Putumayo Indigenous Territory

Local social organizations
(in alphabetic order)

Tarapacá Settlers Association (ASOCOLTAR)
Tarapacá, Colombia

Association of Community Women of Tarapacá (ASMUCOTAR)
Tarapacá, Colombia

Tarapacá Fishers Association (ASOPESTAR)
Tarapacá, Colombia

Tarapacá Amazonas Association of Ornamental and Artisanal Fish Producers (APIPOATA)
Tarapacá, Colombia

Tarapacá Timber Producers Association (ASOPROMATA)
Tarapacá, Colombia

Congregation and settlement of Puerto Ezequiel
Putumayo River, Colombia

Local governments

Provincial Municipality of Putumayo
San Antonio del Estrecho, Peru

District Municipality of Yaguas
Remanso, Peru

Corregimiento de Tarapacá
Tarapacá, Colombia

Loreto Regional Government

Dirección Regional de Producción (DIREPRO)
Loreto Regional Government
Iquitos, Peru

Regional Administration for Forestry Development and Wildlife (GERFOR)
Loreto Regional Government
Iquitos, Peru

Amazonas Departmental Government

Amazonas Departmental Government
Leticia, Colombia

Academic institutions

Museo del Oro
Bogotá, Colombia

Institución Educativa Villa Carmen
Tarapacá, Colombia

Scientific University of Peru
Iquitos, Peru

Federal University of Juiz de Fora
Juiz de Fora, Brazil

Herbario Amazonense
Universidad Nacional de la Amazonía Peruana
Iquitos, Peru

Corporación Geopatrimonio
Bogotá, Colombia

Non-governmental organizations

Peruvian Center for Biodiversity and Conservation (PCBC)
Iquitos, Peru

Armed forces of Peru

Peruvian Air Force

Armed forces of Colombia

Ejército de Tarapacá

Field Museum

The Field Museum is a research and educational institution with exhibits open to the public and collections that reflect the natural and cultural diversity of the world. Its work in science and education—exploring the past and present to shape a future rich with biological and cultural diversity—is organized in four centers that complement each other. The Keller Science Action Center puts its science and collections to work for conservation and cultural understanding. This center focuses on results on the ground, from the conservation of tropical forest expanses and restoration of nature in urban centers, to connections of people with their cultural heritage. Education is a central strategy of all four centers: they collaborate closely to bring museum science, collections, and action to its public.

Field Museum
1400 S. Lake Shore Drive
Chicago, IL 60605-2496 USA
1.312.922.9410 tel
www.fieldmuseum.org

Instituto del Bien Común (IBC)

The Instituto del Bien Común is a Peruvian non-profit organization that has worked since 1998 to promote the best use of shared resources—rivers, lakes, forests, fisheries, protected areas, and community lands—in the Peruvian Amazon. Because these resources are vital to the well-being of Amazonian peoples, especially in a time of changing climate, our work for the conservation and sustainable use of natural resources contributes to the well-being of rural communities and of all Peruvians. IBC works with community organizations, municipal and regional governments, and other stakeholders to promote participatory processes for territorial planning, development, and governance, grounded in a long-term vision for large Amazonian landscapes.

Instituto del Bien Común
Av. Salaverry 818
Jesús María, Lima 11, Peru
51.1.332.6088 tel
www.ibcperu.org

Foundation for Conservation and Sustainable Development (FCDS)

FCDS is a non-governmental organization dedicated to promoting integrated land use that achieves both environmental protection and sustainable development as peace is restored in Colombia.

FCDS brings together geographic, legal, social, and environmental information to promote closer coordination in institutional decision-making between different levels of government and to encourage the participation of social stakeholders. Among the primary topics that FCDS focuses on are land use, sustainable development in rural areas, the resolution of socio-environmental conflicts, and environmental protection.

The foundation is staffed with experts in a variety of fields who have many years of experience and a deep knowledge of the various regions of Colombia.

Fundación para la Conservación y
   Desarrollo Sostenible
Carrera 70C, No. 50–47
Barrio Normandía
Bogotá, DC, Colombia
57.1.263.5890 tel
fcds.org.co

Peruvian Park Service (SERNANP)

Colombian Park Service

Gaia Amazonas

Gaia Amazonas Foundation

SERNANP is an agency of Peru's Ministry of the Environment established by Legislative Decree 1013 on 14 May 2008. Its charge is to provide the technical and administrative framework for the conservation of Peru's protected areas, and to ensure the long-term protection of the country's biological diversity. SERNANP oversees the country's protected areas network (SINANPE) and also provides the legal framework for protected areas established by regional and local governments, and by the owners of private conservation areas. SERNANP's mission is to manage the SINANPE network in an integral, ecosystem-based, participatory fashion, with the goal of sustaining its biological diversity and maintaining the ecosystem services it provides to society. Peru currently has 75 protected areas at the national level, as well as 25 regional conservation areas and 141 private conservation areas, and together these cover 17.31% of the country's land area.

Servicio Nacional de Áreas Naturales
    Protegidas por el Estado
Calle Diecisiete 355
Urb. El Palomar, San Isidro, Lima, Peru
51.1.717.7520 tel
www.sernanp.gob.pe

Parques Nacionales Naturales de Colombia is a Special Administrative Unit of the Colombian government with administrative and financial autonomy and a jurisdiction throughout Colombia, as established by Article 67 of Law 489, passed in 1998. The park service was created during the process of national restructuring formalized on 27 September 2011 by Decree No. 3572, and is charged with administering and managing the country's National Park System as well as overseeing the National Protected Areas System. The Colombian park service is part of the Ministry of Environment and Sustainable Development. It promotes the participation of diverse social and institutional actors with the objective of conserving the country's biological and cultural diversity, contributing to sustainable development and the protection of the natural, cultural, social, and economic benefits that its protected areas generate for Colombia.

Parques Nacionales Naturales de Colombia
Calle 74, No. 11–81
Bogotá, DC, Colombia
57.1.353.2400 tel
www.parquesnacionales.gov.co

Gaia Amazonas is a Colombian NGO whose mission is the biological and cultural conservation of the Amazon. For more than 30 years, it has supported indigenous peoples in the recognition of their rights, territories and local governance systems, through the construction of strategies based on their traditional knowledge and in cooperation with local communities, grassroots organizations, organizations of civil society and public and private actors. Among its work fronts are the formalization of indigenous territories, the development of their own governments and the environmental and cultural conservation plans. For this, they articulate work between Indigenous Territories, Political Incidence, Dialogues and Knowledge, and Collaborative Networks, as institutional axes that promote socio-environmental well-being and the conservation of tropical forests.

Fundación Gaia Amazonas
Calle 70A#11–30
Bogotá, DC, Colombia
57.1.805.3768 tel
www.gaiaamazonas.org

Amazon Conservation Team (ACT)— Colombia

Amazon Conservation Team is a non-profit organization that has worked for two decades to conserve tropical forests and strengthen the local communities who live in them, based on an understanding that forest health and community well-being go hand in hand. To achieve this mission, ACT applies three strategic tactics in its work in Colombia, Surinam, and Brazil: ensuring the protection of territory, strengthening local community governance, and developing alternatives for sustainable management.

In Colombia, ACT uses a number of contextual strategies to protect biodiversity and strengthen indigenous culture in cooperation with traditional communities. To protect ecosystems, ACT has focused on encouraging regional conservation corridors and sustainable resource use through the expansion of indigenous reserves and support for traditional agriculture and land use zoning. ACT also works to establish new types of protected areas that are co-managed by indigenous groups and/or that recognize culturally significant places.

Amazon Conservation Team — Colombia
Calle 29, No. 6–58, Of. 601, Ed. El Museo
Bogotá, DC, Colombia
57.1.285.6950 tel
www.amazonteam.org/programs/colombia

Frankfurt Zoological Society (FZS)— Peru

The Frankfurt Zoological Society is an international conservation organization based in Frankfurt, Germany. Founded by Prof. Bernhard Grzimek, FZS is committed to preserving wildlands and biological diversity in the last remaining wilderness areas on the planet. The vision of FZS is a world where wildlife and wild places are cherished and conserved in recognition of both their intrinsic worth and economic importance for present and future generations.

Frankfurt Zoological Society — Peru
Urbanización Entel Perú C-1
Wanchaq, Cusco, Peru
51.084.253840 tel
peru.fzs.org

Wildlife Conservation Society (WCS)— Colombia

WCS protects wildlife and wild places around the world. We do it with science, global conservation programs, and education, and by managing the largest network of zoos on Earth, led by the emblematic Bronx Zoo in New York City. Together, these activities promote changes in people's attitudes towards nature and help us all imagine a harmonious coexistence with wildlife. WCS is committed to this mission because it is essential for the integrity of life on Earth.

Primary office in Colombia:
Avenida 5 Norte, No. 22N–11,
Barrio Versalles
Cali, Valle del Cauca, Colombia
57.2.486.8638 tel

Bogotá office:
Carrera 11, No. 86–32, Oficina 201
Bogotá, DC, Colombia
57.1.390.5515 tel
colombia.wcs.org

Federation of Indigenous Communities of the Lower Putumayo (FECOIBAP)

FECOIBAP is a civil, not-for-profit association with private legal personhood, registered in the Public Registry with record No. 11043133, seat A0001, with undefined duration, and registered in the SUNARP. Its purpose is the strengthening of indigenous peoples of the Lower Putumayo (Uitotos, Boras, Ocainas, Ticunas, Quichuas, Cocamas, and Yaguas), the defense and advancement of their rights, as well as their socioeconomic development and respect for their cultural identity. FECOIBAP is made up of 10 native communities: Puerto Franco, Betania, Pesquería, Remanso, Puerto Nuevo, Corbata, Curinga, Tres Esquinas, San Martín, and El Álamo.

Federación de Comunidades Indígenas
    del Bajo Putumayo
Comunidad Nativa Remanso
Putumayo River
Loreto, Peru

Greater Indigenous Council of Tarapacá (CIMTAR)

CIMTAR is an association of indigenous traditional authorities that represents the population of the Ríos Cotuhé y Putumayo Indigenous Reserve. The Ríos Cotuhé y Putumayo Indigenous Reserve was established in 1992, and CIMTAR was created in 2003. The reserve has an approximate population of 1,616 inhabitants and an area of 245,227 ha and is made up of 9 communities located between the Cotuhé and Putumayo Rivers: Puerto Tikuna, Puerto Huila, Ventura, Puerto Nuevo, Santa Lucía, Caña Brava, Nueva Unión, Pupuña, and Buenos Aires. The majority of its inhabitants belong to the Ticuna people (90%) and the rest to the Bora, Uitoto, and Ocaina peoples. CIMTAR's mission is to maintain their culture, language, medicine, and self-government, organize their territory according to their life plan, and strengthen autonomy in the management of ancestral territory by the indigenous peoples who inhabit the reserve.

Cabildo Indígena Mayor de Tarapacá
Tarapacá, Amazonas, Colombia

Corporation for the Sustainable Development of Southern Amazonia (CORPOAMAZONIA)

CORPOAMAZONIA's mission is "To conserve and manage the environment and its renewable natural resources, promoting an understanding of the natural potential contained in biological, physical, cultural, and landscape diversity, and guiding the sustainable harvest of resources by facilitating community participation in environmental decision-making."

The corporation's vision for the southern portion of the Colombian Amazon is of "a socially, culturally, economically, and politically cohesive region with a value system that respects equity, harmony, respect, tolerance, coexistence, survival, responsibility, and a sense of place; conscious and proud of the value of its ethnic, biological, cultural, and landscape diversity, and with the knowledge, capacity, and autonomy to make responsible decisions about resource use and to guide investments that lead to an integrated development which satisfies needs and meets aspirations for a higher quality of life."

CORPOAMAZONIA
Carrera 17, No. 14–85
Mocoa, Putumayo, Colombia
57.8.429.5267 tel
www.corpoamazonia.gov.co

Peruvian Amazon Research Institute (IIAP)

IIAP is a technical agency of Peru's Ministry of the Environment which carries out research to promote the rational use of natural resources and economic activities for the benefit of the economic and social development of the Peruvian Amazon. IIAP's research values promote and recognize the identity of Amazonian peoples and their values, practices, and traditional knowledge, a focus on the research and technological development needs of the Amazonian region, the active participation of decentralized bodies, and inter-institutional and inter-governmental coordination. IIAP works across more than 62% of Peru's territory, with regional research centers in the departments of Amazonas, San Martín, Loreto, Ucayali, Huánuco, and Madre de Dios. The mission of IIAP is to generate and provide knowledge about the biological and sociocultural diversity of the Peruvian Amazon, for the benefit of the population, in a way that is relevant, efficient, and reliable.

Instituto de Investigaciones de la
    Amazonía Peruana
Av. José A. Quiñones km 2.5 - Apartado
Postal 784
Iquitos, Loreto, Peru
51.65.265515, 51.65.265516 tel
51.65.265527 fax
www.iiap.org.pe

Amazonian Institute for Scientific Research (SINCHI)

SINCHI is a scientific research and technology institute of the government of Colombia that works in collaboration with the Ministry of Environment and Sustainable Development and is committed to the generation of knowledge and technological innovation and dissemination of information on the biological, social and ecological reality of the Colombian Amazon region. The purpose of SINCHI is to carry out, coordinate, and disseminate high-level scientific studies and research, and its mission is to generate and disseminate information on the Amazon territory that positively impacts policies for the conservation and use of the Amazon for the benefit of the people, without danger of the Amazon ecosystem. In addition, SINCHI innovates and generates technologies as productive alternatives for the best use of the Amazon's natural resources. At the same time, it recovers traditional practices and recognizes the know-how of indigenous and non-indigenous communities. It also supports products and production chains related to the sovereignty and food security of these communities.

Instituto Amazónico de Investigaciones
    Científicas SINCHI
Main office in Leticia:
Avenida Vásquez Cobo entre calles 15 y 16
Leticia, Amazonas, Colombia
57.1.592.5479 tel

Office in Bogotá:
Calle 20 No. 5–44
Bogotá, DC, Colombia
57.1.444.2060 tel
www.sinchi.org.co

National University of Colombia

As Colombia's leading national university, the Universidad Nacional de Colombia provides equitable access to the Colombian educational system, offers the country's largest portfolio of academic programs, and trains competent and socially responsible professionals. The university contributes to the construction and renovation of Colombia while researching and enriching the country's cultural, natural, and environmental heritage. As such, the university advises the nation regarding scientific, technological, cultural, and artistic matters via a fully autonomous program of academics and research.

According to the institutional mission defined by Extraordinary Decree 1210 of 1992, the National University of Colombia seeks to strengthen the national character by coordinating national and regional projects that advance the country's social, scientific, technological, artistic, and philosophical disciplines. As a public university, it provides each and every Colombian citizen admitted with an equitable undergraduate and graduate education of the highest quality that recognizes a diversity of academic and ideological interests and that is complemented by the university's strategy for well-being, which is a fundamental aspect of its teaching, research, and extension work.

Universidad Nacional de Colombia
Carrera 45, No. 26-85, Edificio Uriel
    Gutiérrez
Bogotá, DC, Colombia
57.1.316.5000 tel
www.unal.edu.co

Natural History Museum at San Marcos National University

Founded in 1918, the Museo de Historia Natural is the world's leading source of information on the Peruvian flora and fauna. Its permanent exhibits are visited each year by 50,000 students while its scientific collections—housing a million and a half plant, bird, mammal, fish, amphibian, reptile, fossil, and mineral specimens—are an invaluable resource for Peruvian and foreign researchers. The museum's mission is to be a center of conservation, education, and research on Peru's biodiversity, highlighting the fact that Peru is one of the most biologically diverse countries on the planet, and that its economic progress depends on the conservation and sustainable use of its natural riches. The museum is part of San Marcos National University, founded in 1551.

Museo de Historia Natural
Universidad Nacional Mayor de San Marcos
Avenida Arenales 1256
Lince, Lima 11, Peru
51.1.471.0117 tel
www.museohn.unmsm.edu.pe

Center for Ornithology and Biodiversity (CORBIDI)

CORBIDI was created in Lima in 2006 to help strengthen the natural sciences in Peru. The institution carries out scientific research, trains scientists, and facilitates other scientists' and institutions' research on Peruvian biodiversity. CORBIDI's mission is to encourage responsible conservation measures that help ensure the long-term preservation of Peru's extraordinary natural diversity. The organization also trains and provides support for Peruvian students in the natural sciences, and advises government and other institutions concerning policies related to the knowledge, conservation, and use of Peru's biodiversity. The institution currently has three divisions: ornithology, mammalogy, and herpetology.

Centro de Ornitología y Biodiversidad
Calle Santa Rita 105, Oficina 202
Urb. Huertos de San Antonio
Surco, Lima 33, Peru
51.1.344.1701 tel
www.corbidi.org

ACKNOWLEDGMENTS

This binational inventory was the culmination of a long-held dream shared by a large number of local, regional, national, and international partners. In the pages that follow we have done our best to acknowledge the hundreds of people who helped make the dream come true.

The Fundación para la Conservación y el Desarrollo Sostenible (FCDS) in Colombia and the Instituto del Bien Común (IBC) in Peru were once again our main partners. Our profound thanks to the entire FCDS team, led by director Rodrigo Botero; to Verónica Leontes and Olga Olmos, whose patience and perseverance ensured that everything went well during the inventory; to Pedro Botero, Alejandra Salazar Molano, and Elio 'Wayu' Matapi, who were key members of the biological and social team; to Luisa Téllez and Adriana Vásquez, who traveled to Tarapacá as part of the dream team that made the binational meeting possible; and to Gloria González, Luz Alejandra Gómez, Alejandra Laina, Fabiana Guarimato, and Maryi Serrano for their good humor and saintly patience with all the ups and downs involved in carrying out an inventory.

At IBC we are deeply thankful to outgoing executive director Richard Chase Smith, not just for his enormous help during this inventory but also for his grand vision and intensive work promoting the best use of shared resources in Peru's rural communities. We are also grateful to the new IBC executive director, Alfredo Ferreyros; to Margarita Benavides, Erick Paredes, María Rosa Montes, and Sonia Núñez from the IBC Lima office; and to members of the IBC Loreto office, including Ana Rosa Sáenz, Andrea Campos, Ricardo Rodríguez, Freddy Ferreyra, Jachson Coquinche, Wilmer Gonzales, Teresa Villavicencio, and Katy Ruiz, who coordinated and provided incredible logistical support for us in Peru. We also thank Ana Rosa Sáenz and Freddy Ferreyra for participating in the social team. Our enormous thanks to José Jibaja and Juleisi Fernández for their help preparing maps for the social team before, during, and after the inventory.

This inventory would not have been possible without the consent and participation of local communities. We would like to express our most sincere gratitude to the leaders and representatives of local organizations, especially Fernando Alvarado, president of the Federation of Indigenous Communities of the Lower Putumayo (FECOIBAP) and Miller Narváez Santana, of the Organization of Indigenous Communities of the Lower Putumayo and Yaguas Rivers (OCIBPRY) in Peru; Marcelino Noé Sánchez and Dilzon Iván Miranda of the Greater Indigenous Council of Tarapacá (CIMTAR); Fausto Borráes Mongrofe and Jair Rincón of the Asociación de Autoridades Indígenas de Tarapacá Amazonas (ASOAINTAM); Luis Bustamante and Alfredo Martínez of the Junta Eclesiástica, Mauricio Alejandro Campero of the Junta Administrativa, and Edgar Acosta and Julio García of the Junta de Acción Comunal of the community of Puerto Ezequiel; and the leaders of numerous civil society organizations in Tarapacá, in particular Edwin 'Patalarga' Flórez of ASOPROMATA and ASOCOLTAR, Vicente Guzman and Oveida Garcia Bereca of ASOCOLTAR, Dagoberto Martínez of ASOPESTAR/APIPOATA, Trinidad Polania of ASMUCOTAR, and Eliseo Nariño Viena Rector of the Institución Educativa Villa Carmen de Colombia.

The Peruvian park service (SERNANP) was another crucial partner in the inventory. We want to thank the team from Yaguas National Park, especially park chief Teófilo Torres and specialists Jorge Willy Flores and Jorge Gaviria for their support and extraordinary participation in the fieldwork before and during the inventory. Likewise, we are thankful for the support of SERNANP's Dirección de Gestión de las Áreas Naturales Protegidas (DGANP) and Dirección de Desarrollo Estratégico (DDE) in Lima, especially José Carlos Nieto, Marco Arenas, and Carlos Sánchez.

The process to acquire the research permit required by the Peruvian forest service is long and complex. Many people helped us throughout the journey, among whom we most notably thank Yolanda Alcarráz, Pepe Álvarez, Lucía Ruiz, Jessica Amanzo, Isela Arce, Marco Enciso, and Irma Hellen Castillo. Another key strategic partner in this inventory was the Frankfurt Zoological Society, an institution that has strongly supported the management of Yaguas National Park. We thank FZS director Hauke Hoops, as well as Claus García, Mónica Paredes, and Cynthia Díaz, for the support they gave us in logistics, planning, and execution during all phases of the inventory. A special thanks to Claus García for his participation on the social team.

We are hugely grateful to our partner the Colombian Park Service (PNNC) for their support and participation in this inventory. We are particularly indebted to the Dirección Territorial Amazonia, including director Diana Castellanos, Madelaide Morales, David Novoa, Víctor Moreno, Hugo Carvajal, and Ximena Caro; to the PNN Río Puré team, for their invaluable support in carrying out the inventory with the utmost respect for local dynamics, and especially to park chief Alexander Alfonso, Rosa Reinoso, Milena Suárez, and Néstor Moisés Supelano, who contributed great enthusiasm to the success of the inventory; and to Eliana Martínez, chief of Amacayacu National Park, Jose Dayan Acosta, and the team at the Quebrada Lorena guard post. We also thank PNNC for the participation of La Paya National Park's Flor Peña on the ornithological team.

Likewise, we truly appreciate the commitment and support of the Amazonian Institute for Scientific Research (SINCHI) throughout the inventory. A special thank you to director Luz Marina Mantilla and all of our collaborators at SINCHI, including Dairon Cárdenas, Mariela Osorno, Andrés Barona, José Rances Caicedo, and Edwin Agudelo, as well as scientists Jhon Jairo Patarroyo, David Sánchez, Wilson Rodríguez, and Delio Mendoza who formed part of the inventory teams.

Amazon Conservation Team (ACT) was another key institution in carrying out this inventory. We thank ACT director Carolina Gil and Germán Mejía, Valentina Cardona, Daniel Aristizábal, and Santiago Palacios for all of their shared knowledge and participation. A special thank you to Daniel Aristizábal for his support during the preparatory stages of the social inventory, Valentina Cardona for participating in the social inventory, and Germán Mejía for all of his support and participation during the overflight prior to the inventory.

We also appreciate the assistance of the Corporación para el Desarrollo Sostenible del Sur de la Amazonia (Corpoamazonia), another hugely important partner during the inventory. We are grateful to Director Luis Alexander Mejía Bustos and his team (Rosa Agreda and Sidaly Ortega), as well as to the team of the Departamento del Amazonas: Juan Carlos Bernal, Verónica Curi, and Alexander Oliveiros.

We thank the Corporación Geopatrimonio de Colombia for allowing Jennifer Ángel to join the inventory's geology team. It is always a pleasure to have Jennifer on the team to help us decipher the stories told by Amazonian soils and waters.

We are grateful to Coronel Carlos Marmolejo Cumbe, commander of the Batallón de Selva No. 26 of the Colombian army in Leticia, for giving us valuable advice on safety prior to the inventory.

The reconnaissance overflight was once again made possible thanks to Aeroser de Colombia. We salute general manager Carlina Segua and Captain Óscar Mauricio Coral, whose excellent navigation gave us a bird's-eye view of most of the points that we had set out to observe from the air.

Throughout the inventory, the Putumayo and Cotuhé rivers were our natural access routes both to the communities we visited before the inventory and to the campsites and communities visited during the inventory. Boats were a logistical necessity, and we were given rides by a number of institutions. At PEBDICP in Peru, we thank executive director Ing. Gilmer Maco Luján as well as María Ríos Zavaleta and Julio Perdomo, who facilitated the use of the *Putumayo IV* and *Río Algodón*, driven by Saúl Cahuaza and Gelner Pinto, respectively. We thank our friends at SERNANP, who facilitated the use of the *Hipona* thanks to the coordination of Teófilo Torres Tuesta, chief of Yaguas National Park, and driver Leoncio 'Tuco' González. We were also transported by the *Arawana* thanks to IBC, and we also express our gratitude to

drivers Segundo Alvarado and Claudio Álvarez. Edwin 'Patalarga' Flórez kindly provided boats to transport inventory provisions, equipment, and gear, as well as an excellent pilot in Roberto 'Chopo' Acho. Along the Pexiboy we used Doña Flor Peña's boats, and we thank her and her staff for transporting us safely up and down that ever-changing river.

Access to the first campsite, Quebrada Federico, appeared complex from the start. After deciding that the site was best reached by helicopter, we asked for the advice of our friend General PNP Darío Hurtado 'Apache' Cárdenas, who put us in contact with the Peruvian Army to request a MI-17 helicopter to transport the biological team. We thank General EP Ángel Pajuelo Jibaja, Comandante General de la Aviación Militar, and Colonel EP Marcelino Barriga Rosazza for ensuring that we could count on the aircraft. We also thank Captain EP Fredy Dionicio Heredia, Captain EP Ronald Luque Choque, and Técnico EP Armando Núñez Huamantica for their excellent piloting of the MI-17 without a hitch.

Thanks are due as well to a number of pilots of the Peruvian Air Force, who flew us on several occasions between Iquitos, Estrecho, and Remanso. We thank Doña Olga Álvarez for securing us seats on these often packed flights.

We also had to travel between Ipiranga, a Brazilian town located 40 minutes by boat from Tarapacá, and Tabatinga, a Brazilian city neighboring Leticia. Otilia Rodríguez's company Otimar coordinated all of the logistics for us to crisscross the Colombian *trapezio*, which we did so frequently that we almost know the Purité River and other wonderful landmarks by heart. We owe Otimar special thanks for transporting members of the inventory team from Tarapacá to Leticia. Clemencia del Águila in the Otimar office in Tarapacá always helped keep track of our weights, and showed great patience with our endless questions regarding whether the plane had already left Tabatinga. We are indebted to the pilot, Colonel Eduardo Fishergert, who always transported us with patience and good humor between Tabatinga to Ipiranga (and also drove the luggage truck in Ipiranga). We thank Salvador Suña, who took us on several occasions by boat between Tarapacá and Ipiranga, and Jairo Manuel Beltrán, who drove us from the Tabatinga airport to Leticia.

Local people's knowledge of the forest is invaluable, and helps us tremendously when working in indigenous territories. Local scientists and assistants amaze us with their creative camp-building skills during the advance stage, and with their boundless knowledge of the forest during the inventory itself. We want to express our most sincere gratitude to the following people who gave it their all in the field to make this inventory a success. At the Quebrada Federico campsite: Fernando Alvarado, Christian Baldeón,

Acknowledgments (continued)

Willian Cabrera, Ever Chanchari, Percy Ferreyra, Luzdari Luna, Víctor Mera, Gastón Nicolini, Dagoberto Patricio, Manuel Pinedo Miguel Pinedo, Paolo Ruiz, Fredy Salazar, and Sócrates Vidal. At the Caño Pexiboy campsite: Miguel Ahuanari, Carlos Carvajal, Ernesto Carvajal, Edinson Flores, Orlando Garay, Noriel Manrique, and Rafael Martínez. At the Caño Bejuco campsite: Arlinton Barrios, Artemio Casiano, Adelson Chapiama, Moisés Durán, Segundo González, Arlindo Irica, Manuel Irica, Ausberto Orozco, Sixto Pérez, Carlos Polania, Erika Sánchez, Mamerto Santamaría, and Nicanor 'Colombia' Santamaría. At the Quebrada Lorena campsite: Wilder Ahuanari, Lizandro Cabrera, Emilio Chapiama, William Chapiama, Leocadio Pinto, Weimar Seita, and Alejandro Suárez.

Álvaro del Campo and the whole biological team extend a special appreciation to the leaders of the advance team: Ítalo Mesones, Elmer Vásquez, Wayu Matapi, Marco Odicio, Magno Vásquez, Carlos Londoño, and Paky Barbosa, whose innate skills and extensive field experience gave us comfortable campsites and excellent trails.

We want to extend a special thank you to the park guards at Amacayacu National Park's Cabaña Lorena: Zaqueo Barrios, Alan Ramón Martínez, and Daniel Noe Sánchez. Their friendliness and superb logistical support during the advance phases and the inventory itself made us at feel at home in the excellent cabin facilities and at the inventory campsite upstream.

Wilma Freitas rejoined the biological team to delight us once again with her expert field cooking skills and exquisite meals. One morning at the Caño Pexiboy campsite, when Wilma tamed a fire in her kitchen with a flourish, one of the field assistants looked at her in surprise and exclaimed: "This lady's an ace at the stove." We agree!

Charo Lanao facilitated the First Binational Encounter in Tarapacá and the AFOR exercise in Leticia. Her skillful direction and innovative dynamics ensured engaged, active participation in both events, keeping the team both entertained and focused around a productive dialogue. Her participation was key to achieving results.

The geology team thanks everyone in the inventory for enriching discussions with observations and inquiries and for their general good spirits. A special thank you to Hernán Serrano, who prepared maps and reference information prior to the inventory. We are grateful to all the local residents who helped advance our studies of geology, water, and soils, and particularly to those who accompanied us on the trails and helped us collect soil samples: Manuel Pinedo, leader of Huapapa, Miguel Ahuanari Ramírez, who works for the forest concession and piloted us along the Caño Pexiboy, Manuel Irica from Caño Pupuña, and Wilder Ahuanari

from Tarapacá. Additionally we thank Gelner Pinto, captain of the *Algodón*, for taking us along the Cotuhé River in search of exposed river banks, and Wilma Freitas for her delicious Peruvian food at the campsites. Thanks to the people who coordinated inventory logistics and the transport of the geology samples, especially Álvaro del Campo, Olga Olmos, and Verónica Leontes. We also acknowledge Cesar Moreno from the Laboratorio Terrallanos in Villavicencio for his analysis of soil and sediment samples. Finally, we thank Nicanor Santamaría from Caño Pupuña and Segundo González for sharing the names of some geological elements in the Ticuna language.

The botanical team would like to extend our sincerest thanks to the Field Museum logistics and administrative team for making this wonderful expedition possible, especially the coordinators of the biological inventory, Corine Vriesendorp and Álvaro del Campo, for accompanying the team and facilitating work in the field. We also thank the institutions that allowed their staff to join the inventory, including the Colombian park service, the Herbario Amazonense, and the SINCHI Institute. We acknowledge the indigenous authorities, associations, and federations that welcomed us: FECOIBAP, OCIBPRY, the UITIBOC Indigenous Reserve, ASOAINTAM, the Ríos Cotuhé and Putumayo Indigenous Reserve, and CIMTAR. Thank you to the Asociación de Madereros de Tarapacá (ASOPROMATA), especially Edwin 'Patalarga' Flórez for his logistical support; to Flor Martínez and her team for their hospitality; to the boat drivers and pilots who got us from one camp to another; to the staff of Amacayacu National Park, especially at Cabaña Lorena; to Wilma Freitas for the delicious meals; and to all of the inventory team for their good humor and companionship. We thank Ítalo Mesones, who drafted a preliminary description of the vegetation at campsite Quebrada Federico and made some plant collections during the advance work, and Julio Grández for his help in transporting and drying botanical samples from Quebrada Federico. Thanks to the specialists of various taxonomic groups for their quick responses and support in identifying our plants. A very special thank you to all of the people who in one way or another supported us or participated in this great adventure but who are not included in this text. We are very grateful to the cosmos for allowing us to enjoy the forest and its waters, and return home safely.

The ichthyological team expresses our most sincere gratitude to local partners Dagoberto Patricio (Tres Esquinas), Orlando Garay (Tarapacá), Carlos Polania, Alejandro Suárez (Tarapacá), Edwin Agudelo, and Astrid Acosta from the Colección Ictiológica de la Amazonia Colombiana (CIACOL) of the Amazonian Institute for Scientific Research (SINCHI). We also thank Hernán Ortega and Max Hidalgo of the Fishes Collection at the Natural History Museum of San Marcos National University (MUSM).

The herpetology team offers special thanks to everyone on the biological and social teams for their help contributing specimens, photographs, and observations of amphibians and reptiles, which were invaluable additions to our list of herpetofauna species. They also shared stories that allowed us to better understand local conflicts with snakes and caimans, and that helped us estimate the magnitude of the problem and propose recommendations to reduce threats to these reptile populations. We are deeply grateful to Wilma Freitas for all her care at the campsites and for making us feel at home, and to Flor Martínez and all of the people who welcomed us so generously at campsite Caño Pexiboy. We thank Christian Baldeón and Freddy Salazar for their work and enthusiasm during night surveys for amphibians and reptiles at campsite Quebrada Federico, which greatly enhanced the list of observed species. We are indebted to Mariela Osorno for her help coordinating the processing of specimens in the collection in Bogotá, and to José Rances Caicedo for his hospitality and help organizing material in the reptile collection at the Instituto SINCHI in Leticia.

The ornithological team thanks the biological team and local collaborators for their contributions of bird photos and sightings. For adding species to our list we are indebted to Olga Montenegro, Álvaro Del Campo, Corine Vriesendorp, Farah Carrasco, Jhon Jairo Patarroyo, Édison Flores (Caño Pexiboy), Rafael Martínez (Caño Pexiboy), Jose Dayan Acosta Arango (PNN Amacayacu), Alan Ramón Martínez (PNN Amacayacu), Orlando Acevedo (Instituto Humboldt), and Jorge Muñoz.

The mammalogy team is grateful to the advance, biological, and social teams for their valuable observations that complemented our species list. We also thank the scientists and local assistants who helped us during diurnal and nocturnal surveys, and helped install and remove camera traps at each campsite. We thank the following people who provided support in a variety of ways: Miguel Gonzalo Andrade, director of the Instituto de Ciencias Naturales, Facultad de Ciencias, at the National University of Colombia, for facilitating the participation of Olga Montenegro in the inventory; Hugo Fernando López Arévalo, curator of the mammal collection at the Instituto de Ciencias Naturales, Facultad de Ciencias, at the National University of Colombia for loaning equipment and processing specimens collected during the inventory; Daniel Noel Sánchez, a staff member at Amacayacu National Park, for help with mammal surveys and for retrieving the camera traps at the Quebrada Lorena campsite; Javier Salas of the Fundación para la Conservación y Desarrollo Sostenible, for help with nocturnal trail surveys and with capturing bats at the Colombian campsites; Daniela Rodríguez Ávila of the biology department at the National University of Colombia for help processing the camera trap database; William Bonell, research associate at Wildlife Conservation Society—Colombia, for installing camera traps at the Colombian campsites, processing camera trap photos, and participating in the mammals chapter write-up at Leticia and beyond; and Olga Lucía Montenegro, professor at the Instituto de Ciencias Naturales, Facultad de Ciencias, of the National University of Colombia, for her participation as a member of the mammal team during the rapid inventory. As in previous inventories, we were able to obtain extraordinary wildlife photos thanks to the camera traps that were installed several weeks before the biological inventory began. These cameras were kindly provided by four institutions, two from Colombia and two from Peru. We thank Wildlife Conservation Society—Colombia and its director of science and species, Germán Forero-Medina, for allowing us to use the cameras and for allowing William Bonell to participate. At the National University of Colombia, professor Hugo F. López and biologist Jorge Contreras helped prepare camera traps for the inventory. We also thank the Instituto de Investigaciones de la Amazonía Peruana in Iquitos for letting us use their cameras, especially director Pablo Puertas and biologist Pedro Pérez. Frankfurt Zoological Society also loaned us their camera traps, and we thank the Claus García for coordination and Cynthia Díaz who installed the camera traps in Quebrada Federico.

The social team would like to thank the huge number of people who helped us throughout the inventory process. A special thank you to the leaders Fernando Alvarado Sangama from FECOIBAP and Dilzon Iván Miranda from CIMTAR for their admirable participation and generosity of their time and knowledge shared during participation on the social team. We are grateful to the boat drivers Saúl Cahuaza Garcés, Segundo Alvarado and Leonidas Gómez and the cooks and their assistants, who fed us in the different locations we visited: Kathy Ruiz Tello, Jesús Sandoval Hernández, Jessica Aruna Vico, Olia Tello, and Gaby del Águila Tello (Remanso); Clara González Nicolini, Clotilde Torrez Valles, and Dagoberto Patricio Malafaya (Tres Esquinas); Mirna González Enocaisa, Luz Edith, and Toyquemuy Kuiru (Huapapa); Nery Marcina Amacifen, Alba Luz Chumbe Cardozo, and Derly Amacifen (ASOINTAM); Clara Carvajal Sales, Lucy Nicolini Rodríguez, Carlos Arturo Carvajal, Jorge Galán Morallare, and Betty Barrios Rodríguez (Puerto Huila); Luz Marina Morales Aguilar, Mery Chapiama Notena, Uriel David Narváez Santana, and Carmelo Tamani Lozano (Tarapacá); Magaly Chumbe and Marinelsi Rupi (Caña Brava); and Norvy Miranda Manrique (ASOPROMATA). In Puerto Ezequiel we thank the entire community for preparing a banquet for everyone during our meetings and workshops. We also thank the Institución Educativa Villa Carmen in Tarapacá for granting us use of the school and classrooms, especially rector Eliseo Nariño Viena, Jesús 'Chucho' Zuña, Julia Carvajal, and Liana Padilla. At the Tarapacá military base we thank Second Lieutenant Juan Diego Hernández Angarita, and at the National Police Station in Tarapacá Lieutenant Andrés Felipe Bedoya Grandes. At the Tambo de Remanso we thank Cynthia Carolina Sánchez Dorado and Andres Tananta Asipali. In Tarapacá, our thanks to Don Fernando Alfonso and Etelvina Souza of the Hotel El Maná. Yoslady Gómez helped us with cleaning and laundry. We are very grateful to the households of Doña Maryory Montes and nurse Edith Rosales. Nestor Moisés Supelano, Milena Suárez, and Rosa Reinoso graciously allowed us to use the cabin at Rio Puré National Park. Likewise, we are grateful to our providers in Tarapacá: Doña Trinidad Polania (Yumalay), Doña Tránsito Supelano (bakery), and Don Jair Manrique (Almacén El Baratillo). We thank the Madera Pez company run by Don Edwin 'Patalarga' Flórez, as well as his support staff in ASOPROMATA: tree-cutter Don Andrés and boatman Roberto 'Chopo' Acho. We thank the older residents who shared their knowledge about the history of Tarapacá with such enthusiasm: Jesús Carvajal, Silvia Santana, Justino Narváez, Dalila Isidio, Don José Groelfi García, Elisa Bereca, Leontina Barbosa, and Fernando Alfonso. Likewise, we are deeply grateful to the elders of ASOAINTAM—Andrés Churay, Jesús Carvajal, Alfredo del Águila Macedo, and Don Eriberto Jiménez— for sharing information on the Bajo Putumayo. José Jibaja and Yuleisi Fernández at IBC supported us with maps of the various places we visited.

The following people, companies, and institutions helped us at different times and places. In Leticia, the staff of the Hotel Anaconda gave us lodging, food, and an auditorium to write the preliminary report and present our preliminary results; José Reyes provided valuable logistical support on several opportunities. In Tarapacá, Luz Marina Morales at the Marina restaurant gave us good meals and friendly service; Don Fernando Alfonso and Doña Etelvina Souza of Hostal Maná kindly provided us lodging during almost all phases of the inventory and very patiently opened our rooms the many times we locked ourselves out; Edwin 'Patalarga' Flórez gave us logistical support throughout the inventory in addition, supplied the campsites with food and equipment, rented us his shop to use for storage, obtained several boats for us to use, provided us with fuel, helped us ship field samples, and even produced a cake to celebrate Juan Díaz's birthday in the field; and Jair Manrique of the El Baratillo store provided us with food and equipment and let us use the internet during the pre-inventory work. In Bogotá, we thank the always helpful staff of the Hotel Ibis; Diego Rueda for designing the peccary poncho, which exemplified the strength and solidarity of our inventory team, and the company Macondo for making them; the always kind Don Adonaldo Cañón, who helped make our progress through Bogotá traffic jams a little more pleasant;

Héctor García at the Museo del Oro, Banco de la República; and coordinator Maritza Ruiz and Murui-Muinane facilitator Jose de Jesús Garcia at the Museo Etnográfico de la República. In Iquitos, we thank the staff of the Hotel Marañón and Gran Marañón for their cordial hospitality, and Lidia Salazar for packing provisions and equipment. In Remanso, Katy Ruiz and Jesús Hernández were gracious hosts providing us with food and lodging. In Lima, Carlos Sánchez of SERNANP, Maria Rosa Montes of IBC, and Mitchel Castro helped us organize the auditorium space for the presentation of the inventory results, while Edith Arias and Kiara Puscán helped schedule the Centro de Convenciones Real Audiencia for the presentation.

For almost two decades, Costello Communications in Chicago has been doing extraordinary behind-the-scenes work so that inventory teams can see their hard work converted into a beautiful final report. This time was no exception. Once again our sincere thanks to Jim Costello and Todd Douglas.

A big reason that we get a lot done so far from home is the unconditional support we receive from our team in Chicago. The Field Museum's Amy Rosenthal, Ellen Woodward, and Meganne Lube kept close track of our work in the field and helped us surmount dozens of setbacks that appeared along the way. Likewise, our Field Museum colleagues Dawn Martin, Juliana Philipp, Thorsten Lumbsch, Le Monte Booker, Phillip Aguet, Lori Breslauer, Karsten Lawson, and Jolynn Willink were supportive throughout the inventory. Nicholas Kotlinski prepared most of the maps for the inventory. Nic was also with us in Leticia and gave us essential cartographic support during the report-writing and presentation of results.

This inventory was very special since, for the first time in almost eight years, we were accompanied in the field by our dear and inspiring friend Debby Moskovits, who founded the Field Museum's rapid inventory program. It has been a wonderful luxury to have Debby, this time as a volunteer, offering her vast experience, invaluable knowledge, and spot-on advice throughout the inventory and beyond.

This inventory would not have been possible without the generous support of an anonymous donor, the Bobolink Foundation, the Hamill Family Foundation, Connie and Dennis Keller, the Gordon and Betty Moore Foundation, and the Field Museum. We extend a special thank you to the previous president and CEO of the Field Museum, Richard Lariviere, for his unwavering support of our rapid inventories.

The goal of rapid inventories—biological and social—is to catalyze effective action for conservation in threatened regions of high biological and cultural diversity and uniqueness

Approach

Rapid inventories are expert surveys of the geology and biodiversity of remote forests, paired with social assessments that identify natural resource use, social organization, cultural strengths, and aspirations of local residents. After a short fieldwork period, the biological and social teams summarize their findings and develop integrated recommendations to protect the landscape and enhance the quality of life of local people.

During rapid biological inventories scientific teams focus on groups of organisms that indicate habitat type and condition and that can be surveyed quickly and accurately. These inventories do not attempt to produce an exhaustive list of species or higher taxa. Rather, the rapid surveys 1) identify the important biological communities in the site or region of interest, and 2) determine whether these communities are of outstanding quality and significance in a regional or global context.

During social inventories scientists and local communities collaborate to identify patterns of social organization, natural resource use, and opportunities for capacity building. The teams use participant observation and semi-structured interviews to quickly evaluate the assets of these communities that can serve as points of engagement for long-term participation in conservation.

In-country scientists are central to the field teams. The experience of local experts is crucial for understanding areas with little or no history of scientific exploration. After the inventories, protection of natural communities and engagement of social networks rely on initiatives from host-country scientists and conservationists.

Once these rapid inventories have been completed (typically within a month), the teams relay the survey information to regional and national decision-makers who set priorities and guide conservation action in the host country.

Dates of fieldwork: 5–25 November 2019

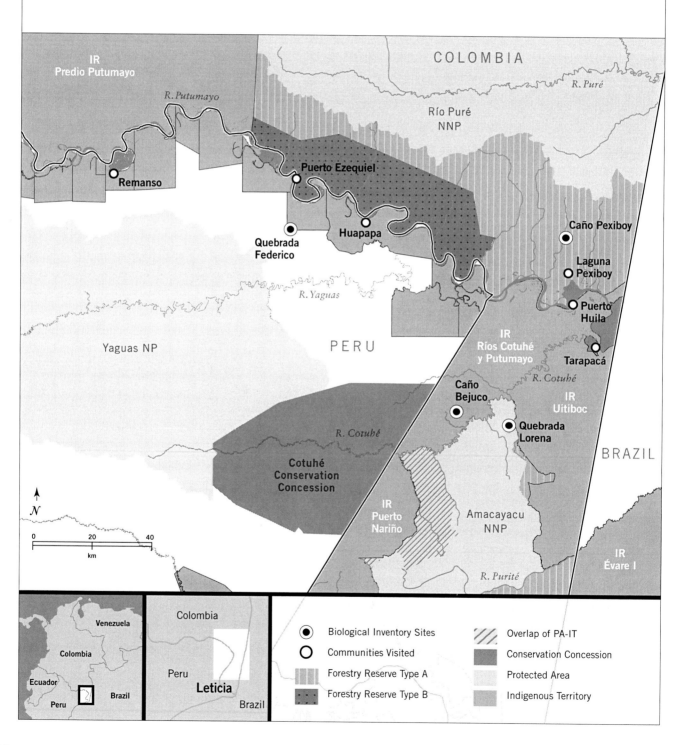

COLOMBIA

IR
Predio Putumayo

R. Putumayo

Río Puré

R. Puré

Río Puré
NNP

Remanso

Puerto Ezequiel

Caño Pexiboy

Quebrada
Federico

Huapapa

Laguna
Pexiboy

Puerto
Huila

R. Yaguas

PERU

IR
Ríos Cotuhé
y Putumayo

Tarapacá

Yaguas NP

R. Cotuhé

IR
Uitiboc

Caño
Bejuco

Quebrada
Lorena

BRAZIL

R. Cotuhé

Cotuhé
Conservation
Concession

IR
Puerto
Nariño

Amacayacu
NNP

IR
Évare I

N

0   20   40
km

R. Purité

Venezuela

Colombia

Colombia

Ecuador

Peru

Brazil

Peru

Brazil

Leticia

● Biological Inventory Sites

○ Communities Visited

▨ Overlap of PA-IT

▨ Conservation Concession

▨ Forestry Reserve Type A

☐ Protected Area

⋯ Forestry Reserve Type B

▨ Indigenous Territory

Region	For much of its serpentine path across the South American continent, from the high Andes of Colombia to its confluence with the Amazon River in Brazil, the Putumayo River forms the border between Colombia and Peru. Where it prepares to leave these countries and enter Brazil, the Putumayo is joined by the Yaguas and Cotuhé rivers—lowland Amazonian watersheds fantastically rich in flora, fauna, and culture. In this extraordinary binational hotspot, biological megadiversity and culture megadiversity are interwoven in a way seen in few other landscapes on the planet.

That forest canopy still covers nearly 100% of this corner of the Amazon is partly due to an extremely low population density (<1 person/km2) and partly due to local people's active management of a mosaic of Indigenous territories, national parks, forestry concessions, conservation concessions, and mestizo (non-Indigenous) settlements. At the same time, this is a remote frontier region in which national governments are largely absent and where cooperation between the Peruvian and Colombian governments has not been sufficient to address shared problems. We carried out a rapid inventory in the Bajo Putumayo-Yaguas-Cotuhé because we see an excellent opportunity to consolidate conservation and sustainable resource use in this binational landscape. Converting this opportunity into action has the potential to guarantee the well-being and high quality of life of local peoples, reduce the impact of illicit activities, maintain connectivity among ecosystems and communities, and safeguard a megadiverse landscape in the heart of the Amazon.

Sites visited

Sites visited by the biological team:

Peru: between the Indigenous communities of the lower Putumayo and Yaguas National Park	
Camp Quebrada Federico	6–10 November 2019

Colombia: a forestry concession in the Unidad de Ordenación Forestal de Tarapacá	
Camp Caño Pexiboy	11–15 November 2019

Colombia: Ríos Cotuhé y Putumayo Indigenous Territory	
Camp Caño Bejuco	16–20 November 2019

Colombia: Amacayacu National Park and the Ríos Cotuhé y Putumayo Indigenous Territory	
Camp Quebrada Lorena	21–25 November 2019

Sites visited by the social team:

Peru	
Indigenous community of Remanso	7–8 November 2019

Sites visited (continued)		
	Indigenous community of Huapapa	9 November 2019
	Colombia	
	Puerto Ezequiel	10 November 2019
	Tarapacá	14–15 November 2019
	Pexiboy Lagoon and the ASOPROMATA timber harvesting unit	14 November 2019
	Puerto Huila	16–17 November 2019
	Maloca Cabildo Centro Tarapacá Cinceta	19–20 November 2019

On 22–24 November the social team organized a binational workshop in Tarapacá that brought together representatives of Indigenous federations, government agencies, colonist and guild associations, religious organizations, and non-governmental organizations. On 25 November, the biological and social teams presented preliminary results of the rapid inventory in a public event in Tarapacá. On 27–28 November both teams met with other experts in Leticia, Colombia, to analyze the threats, assets, opportunities, and recommendations for conservation, well-being, and quality of life.

Geological and biological team and inventory focus	Four geologists and 17 biologists from 12 Colombian, Peruvian, and international institutions, supported in the field by >20 local scientists, studied geomorphology, stratigraphy, water, and soils; vegetation and flora; fishes; amphibians and reptiles; birds; large and medium-sized mammals; and bats.
Social team and inventory focus	A multicultural, interdisciplinary, and international team composed of 4 local Indigenous representatives and >10 biologists and social scientists from 4 government agencies and 6 non-governmental organizations in Colombia, Peru, and elsewhere studied the history and settlement of the region; social and cultural assets; governance, demography, economy, and strategies to manage natural resources; and intercultural relations.
Main biological results	This is the first study in the Bajo Putumayo-Yaguas-Cotuhé region to synthesize observations on geology, plants, and animals on both sides of the Peru-Colombia border and on both sides of the Putumayo. We found a geologically variable landscape characterized by a small-scale patchwork of relatively fertile soils and very poor soils, and of black-water and white-water rivers and streams, in which the only constants were the diverse flora, the abundant wildlife, and the excellent conservation status of the habitats we studied. In this still-intact biological corridor, the unbroken forest cover and healthy aquatic ecosystems allow birds, terrestrial animals, and fishes to move freely through the region as they have for thousands of years. During the inventory **we recorded more than 1,000 species of plants and more than 700 species of vertebrates**. We estimate a regional flora of 3,000 plant species and up to 1,554 vertebrate species for the region.

	Species recorded during the inventory	Species expected for the region
Vascular plants	> 1,010	3,000
Fishes	150	600
Amphibians	84	180
Reptiles	47	120
Birds	346	500
Large and medium-sized mammals	49	56
Bats	31	98
Total number of vascular plant and vertebrate species	**> 1,717**	**4,554**

Geology, water, and soils

The region is underlain by poorly consolidated sedimentary rock. Four geological formations surface here: the Pebas Formation, the lower Nauta Formationa (also known as Amazonas), modern-day alluvial sediments, and peat. The Pebas Formation is the oldest, at more than 6 million years old, and contributes large quantities of salts and nutrients to the ecosystem. It is composed of blue lodolites (mudstones) with thin layers of fossilized organic matter and mollusk shells deposited millions of years ago in a large paleolake that once covered the northwestern Amazonian basin. The lower Nauta/Amazonas Formation, approximately 2 million years old, is composed of sands and gravels deposited by ancient rivers. Today it occupies the highest points on the landscape, where it forms upland terraces. In contrast to the Pebas Formation, sediments derived from the lower Nauta/Amazonas Formation contain few salts and produce relatively less fertile soils. Although the Pebas and lower Nauta/Amazonas formations are juxtaposed on the higher parts of the landscape, the lower Nauta/Amazonas Formation is more influential in the chemical composition of the rivers and streams.

The floodplains of the Yaguas and Cotuhé rivers, and especially that of the Putumayo, are a patchwork of old riverbanks and abandoned meanders that the rivers create as they cut through the ancient red-soiled terraces, leaving behind low-lying areas that are now swamps and peatlands (where the soils are thick accumulations of decaying leaves and organic matter). Between these swampy areas are small patches of floodplain forest (*restinga*) that cover a limited proportion of the landscape. These alluvial sediments have been deposited over the last million years, and continue to be deposited today. Peat has been accumulating in these floodplains for 12,000 years; some of the peat deposits we visited were 3 m thick.

The scattered salt licks on the landscape are strategic conservation objects, in part because they are revered by local communities as sacred places or ancestral hunting sites and in part because large numbers of animals congregate there to drink the salt- and nutrient-rich water. Salt licks are associated with the nutrient-rich Pebas Formation; in salt lick waters we measured salt concentrations 30 times higher than those in upland streams.

Geology, water, and soils (continued)	Throughout the inventory we measured levels of dissolved salts in streams and rivers to understand how nutrients are distributed in the geological formations and soils in the region. Nutrient concentrations measured in this inventory are among the lowest ever measured in the Amazon and Orinoco basins, with upland and floodplain streams showing values up to 800% lower than the mean values for other Amazonian watersheds. Although the sediments that make up the floodplains of the Yaguas and Cotuhé rivers are relatively poor in nutrients, the Putumayo floodplain receives material eroded from the Andes and thus produces more fertile soils. The low nutrient levels in these soils make it clear that where forest cover is removed, recovery will be extremely slow (as illustrated by the old landing strips in Tarapacá and Amacayacu National Park, abandoned since the 1980s and still not recolonized). Deforestation will also accelerate rates of erosion and soil loss, and the resulting sediment load will pollute waterways, bury floodplains, and interfere with the accumulation of carbon in peatlands. As a result, the entire landscape is very vulnerable to impacts from deforestation and other inappropriate land uses.
Vegetation	We observed three main types of vegetation: upland forests on low-fertility soil terraces, upland forests on more fertile soils in hilly areas, and floodplain forests along rivers and streams. These were not large blocks on the landscape, but rather each a patchwork of distinctive vegetation sub-types, reflecting small-scale patchiness in soil drainage and fertility. Crossing from one side of a river to the other, it was common to find oneself in a different kind of forest.

Upland (*tierra firme*) forests occupy more than 80% of the study area. These are dominated by trees like *almendro* (*Scleronema praecox*), *fariñero* (*Clathrotropis macrocarpa*), *cajeto/chimicua* (*Pseudolmedia laevigata*), *Brosimum parinarioides*, *creolino* (*Monopteryx uaucu*), the palm *milpesos* (*Oenocarpus bataua*), and many other tree species that are common in western Amazonian forests growing on relatively poor soils. We also observed some blocks of richer-soil upland forest at our campsites that were dominated by tree species that specialize on more fertile soils. At all four campsites, the trees *Rinorea racemosa* and *Ampeloziziphus amazonicus* and the palms *Attalea insignis* and *Attalea microcarpa* were very common in the understory.

In the seasonally flooded floodplain forests we observed patches of palm-dominated forest, with dense populations of palms like *corocillo* (*Bactris riparia*), *huiririma* (*Astrocaryum jauari*), and *asaí* (*Euterpe precatoria*), as well as relatively small patches of swamp forest dominated by the quintessential Amazonian swamp palm *Mauritia flexuosa*. At the Quebrada Federico campsite we collected in stunted forests (*varillales*) growing on peat and dominated by the *varillal*-specialist treelet *Tabebuia insignis* var. *monophylla*.

Despite evidence of selective logging at all four sites, these tall old-growth forests are still in good condition and contain vast amounts of aboveground carbon. We saw remnant populations of important timber trees like *achapo* (*Cedrelinga cateniformis*), ceiba (*Ceiba pentandra*), tropical cedar (*Cedrela odorata*), and *creolino* (*Monopteryx* |

uaucu). The best-conserved forest we visited was in the northern sector of Amacayacu National Park, where some of the largest trees we had ever seen of now-rare timber species are still undisturbed.

Flora	The Putumayo watershed is located in the peak global hotspot for woody plant diversity, and the forests we visited harbor a staggering diversity of plants. The botany team collected 976 specimens with fruits and flowers at the 4 campsites, and recorded 1,010 plant species via collections, field identifications, and photographs. We estimate a regional flora of 3,000 species of herbs, shrubs, trees, lianas, and epiphytes. The team also collected 235 fern specimens representing >100 epiphytic and terrestrial species, most of them typical of the Amazonian lowlands.
	Notable finds include four species that are potentially new to science, in the genera *Calathea*, *Dilkea*, *Piper*, and *Zamia*. We also recorded 25 new plant species for Peru or Colombia, including the trees *Heteroslernon conjugatus* (new for Peru), *Pagamea duckei* (Peru), and *Plinia yasuniana* (Colombia), the terrestrial orchid *Palmorchis yavarensis* (Colombia), the filmy fern *Trichomanes macilentum* (Peru), and the giant cycad *Zamia macrochiera* (Colombia). Twenty-six plant species we recorded are considered globally threatened or Near Threatened, or threatened at the national level in Peru or Colombia.
Fishes	We collected fishes at 24 stations during the rapid inventory, from streams and creeks that feed the Putumayo and Cotuhé rivers to the main channel of the Cotuhé itself. We sampled both black-water and white-water habitats, most of them small streams in upland forest. Because Amazonian fishes are a poorly collected group and this is a region rarely visited by ichthyologists, our collections help fill a blank spot on the map regarding Colombian freshwater fish communities.
	We recorded 150 of the 600 fish species estimated to occur in the region. Characiformes was the most abundant and the most diverse order, followed by Siluriformes, Cichliformes, and Gymnotiformes. The most diverse sampling stations were those in the main channel of the Cotuhé River. The most diverse campsite was Caño Bejuco (89 species), followed by Caño Pexiboy (74). Most of the species we recorded were small fishes (5–10 cm) and the most diverse genera were *Hemigrammus*, *Hyphessobrycon*, and *Knodus*. We collected two species that are potentially new to science: one in the genus *Imparfinis* and the other in *Aphyocharacidium*. We also recorded four species that were not known previously known to occur in Colombia.
	The oxbow lakes of the Bajo Putumayo-Yaguas-Cotuhé region are a globally important center for the production of arowana fry (*Osteoglossum bicirrhosum*), prized in the ornamental fish market. Together with the social team we identified dozens of other fish species that are used for food or as ornamentals (see list below, in the *Human communities* section). Although the rivers and streams we saw were in good condition

Fishes (continued)	and harbored a great variety of microhabitats capable of sustaining the region's astronomical fish diversity, maintaining healthy fish communities over the long term will require standardizing Peruvian and Colombian fishery regulations (e.g., no-take seasons), as well as developing a binational strategy to avoid overharvests of arowana and the other fish species so important for the people who live here.
Amphibians and reptiles	Previous rapid inventories in the Peruvian portion of the Putumayo basin have documented an astonishing herpetological diversity in this part of the Amazon. This inventory provided abundant confirmation of that pattern in what had long been a little-known region for Colombian amphibians and reptiles. We know of just one published study for the region, and it focuses on the amphibians of a site near Leticia. We recorded 131 species of herpetofauna (84 amphibians and 47 reptiles) and estimate a regional total of 300 species (180 amphibians and 120 reptiles). The species we saw in the field are a typical sample of herpetological communities of flooded and upland forests in Amazonia. We collected an *Anolis* lizard and a *Synapturanus* frog that are potentially new to science, and report the first Colombian records of the frogs *Boana ventrimaculata*, *Osteocephalus subtilis*, *Pristimantis academicus*, and *P. orcus*. Another notable discovery is a single individual of the species *Pristimantis aaptus,* which has only been recorded 3 times in nearly 40 years. Some species are important in the diet of local communities: frogs in the genus *Leptodactylus*, the smooth-fronted caiman (*Paleosuchus trigonatus*), and the yellow-footed tortoise (*Chelonoidis denticulata*). We also recorded two species considered by the IUCN to be globally Vulnerable—the turtles *Chelonoidis denticulata* and *Podocnemis unifilis*—and 28 species of dentrobatid frogs, boas, caimans, and turtles listed on CITES Appendices I and II.
Birds	We recorded 346 bird species in the 4 campsites and estimate a regional avifauna of 500 species. The bird community we observed is diverse and typical of upland forests, complemented with species that are more frequent along streams and rivers (most notably, from where we sampled along the Cotuhé River at the Caño Bejuco campsite). We found a guild of birds that specialize in forests on less fertile upland soils, including a new record for Colombia: an undescribed antwren known from Peru (*Herpsilochmus* sp. nov.). Other notable records that are important for conservation include very healthy populations of commonly hunted birds such as curassows (two species of *Mitu*), guans, trumpeters, and tinamous; and range extensions for a puffbird (*Notharcus ordii*, second record east of the Napo in Peru), a manakin (*Heterocercus aurantiivertex*, second record for Colombia), a flycatcher (*Platirhinchos platyrinchus*), another antwren (*Myrmotherula ambigua*), possibly a tinamou (*Tinamus tao*), and a very poorly known species of antpitta (*Hylopezus macularius*).

All of the sites we visited were in good condition and had a high diversity of birds, despite being managed under different land use categories. The forestry concession we visited may serve as a model for a highly selective logging regime that neither alters forest structure nor permits hunting, and thereby sustains a very diverse bird community. Likewise, the well-conserved avifauna observed in the Ríos Cotuhé y Putumayo Indigenous Territory, where hunting is allowed, suggests that its management may serve as a model for the undesignated lands on the Peruvian side of the border, where we see an excellent opportunity to conserve birds and provide sustainable natural resource use by local communities. The healthy bird community we documented in the northern sector of Amacayacu National Park suggests that the wildlife of that area has largely recovered from a long history of logging and hunting.

Large and medium-sized mammals, and bats

We used four methods to study mammal communities: camera traps, direct sightings along the trails at each site, mist-nets to capture bats, and acoustic recorders to record bat vocalizations. In total we recorded 80 mammal species: 45 terrestrial, 4 aquatic, and 31 volant (bats). Based on earlier inventories in the Putumayo basin, the large and medium-sized mammals we recorded account for 88% of the 56 species expected for the region, while the 31 bats account for roughly a third of the 98 expected bat species.

The mammal populations we observed during the rapid inventory are in a good state of conservation. It is remarkable that populations of large mammals, especially ungulates, are still abundant along Pexiboy Creek, where selective logging has been ongoing for the last four years and hunting is prohibited. This suggests that a model of forestry management in which no large clearings are opened and no animals are hunted may be sufficient to maintain healthy populations of large mammals (as well as birds; see above).

Notable records include a high diversity of primates (10 of 11 expected species) and cats (4 of 6). We also observed healthy populations of lowland tapir (*Tapirus terrestris*) and deer (*Mazama americana* and *M. nemorivaga*), as well as an abundance of collared peccary (*Pecari tajacu*) and white-lipped peccary (*Tayassu pecari*). Multiple species are considered threatened at the global level: the Endangered giant river otter (*Pteronura brasiliensis*) and five species classified as Vulnerable (*Lagothrix lagothricha*, *Priodontes maximus*, *Myrmecophaga tridactyla*, *Tayassu pecari*, and *Tapirus terrestris*). We also recorded jaguar (*Panthera onca*), which is globally Near Threatened. Our list includes numerous mammal species considered threatened at the national level, in Peru or Colombia.

Human communities

History, culture, and settlement patterns

For more than 80 years the Bajo Putumayo-Yaguas-Cotuhé landscape has marked the international border between Peru and Colombia. For hundreds of years before that it was the territory of the Ticuna and Yagua Indigenous peoples. Today, more than 12 different Indigenous groups, as well as *mestizo* settlers (*campesinos* and colonists) and religious communities share this vast territory. The Putumayo River that unites them still bears the echo of the Murui name, *kud+ma* (river of fishes).

This diverse landscape has a long and complex history, both of the original inhabitants and of the *mestizo* and Indigenous groups (Ocaina, Andoque, Ticuna, Murui, Yagua, Inga, Cocama, Bora, and Kichwa) who were forced to relocate here by various disturbances over the last 500 years. Religious missions starting in the 1500s, the quinine boom, the rubber boom of the early 1900s, the war between Peru and Colombia in 1933, and successive waves of extractive fevers—rosewood (*Aniba rosaeodora*), timber species like tropical cedar (*Cedrela odorata*), animal pelts— are some of the historical upheavals that caused drastic changes in the lives of these people and shaped current sociocultural and environmental conditions.

Today, of the approximately 5,000 people who live here (1,400 in Peru and 3,600 in Colombia), 3,700 reside in Indigenous territories, 1,000 in Tarapacá, and the rest in settlements inside the Forestry Reserve. Long experience together and the coexistence of different cultural traditions in this landscape have developed a shared historical memory. In this sense, the territory is held together by intercultural stories, practices, and traditions interwoven into new social and culture dynamics, all of them rooted in the desire to live well in this landscape. This shared historical memory is one legacy of the cooperation and agreements prompted by the determination of present-day residents to conserve natural resources and care for their surroundings, and it is the foundation of their shared identity as residents of the Putumayo River.

Use and management of natural resources (fishes, bushmeat, timber, farm plots, and non-timber forest products)

The impressive abundance of fishes in the lakes, streams, and rivers of the region guarantees a reliable source of food for people on both sides of the border and provides significant income for both domestic and regional economies. During the inventory the biological and social teams identified 21 food fish, including species like arapaima (*Arapaima gigas*), arowana (*Osteoglossum bicirrhosum*), black pacu (*Colossoma macropomum*), red-bellied pacu (*Piaractus brachypomus*), and catfish; and others in smaller tributaries, such as *sábalo* (*Brycon amazonicus* and *Brycon melanopterus*), cheos or lisas (*Leporinus* and *Schizodon*), pacus (*Mylossoma albiscopum* and *Myleus*), piranhas (*Serrasalmus*), sardinas (*Triportheus*), *pez cachorro* (*Acestrorhynchus falcatus*), and sunfish (*Crenicichla*). In addition to the most important ornamental species of the region, arowana (*Osteoglossum bicirrhosum*), we recorded other species with potential as ornamentals, including cory catfish (*Corydoras*) and hatchetfish (*Carnegiella*).

In places where there are settlements on both sides of the Peru-Colombia border, communities have signed agreements to regulate shared fishing grounds. Limits to subsistence fishing are set by unwritten agreements based on respect, trust, and solidarity. In the case of commercial fishing, and especially for arowana and arapaima, the agreements are explicit and require that fishermen receive permission from the owners of the lakes where these fish are harvested. On the Peruvian side of the border, formal fisheries management began more than 10 years ago and has resulted in the recovery of economically important fish populations to the benefit of both Peru and Colombia. Seven of the 13 Indigenous communities in Peru have fisheries management plans prepared and implemented by their respective Artesanal Fishing and Processing Associations (APPAs). These associations oversee sustainable harvests of arowana and are models of organization and resource management.

Hunting is another important cultural practice that provides food for communities; it is governed by local agreements for subsistence hunting and, to a lesser degree, hunting for local markets. The species most sought-after by hunters are paca (*Cuniculus paca*), collared peccary (*Pecari tajacu*), white-lipped peccary (*Tayassu pecari*), lowland tapir (*Tapirus terrestris*), curassows (*Mitu* spp.), and Blue-throated Piping Guan (*Pipile cumanensis*).

Logging has long been an important driver of the economy in the lower watersheds of the Yaguas, Cotuhé, and Putumayo rivers. What began as uncontrolled high-grading in the 1970s has been transformed by government strategies to promote legal, selective logging, guided by Management Declarations (DEMAs) in Peru and Long-term Forest Harvest Permits in Colombia. Illegal timber trafficking does still occur on both sides of the border and attempts to control it have not been successful to date. Timber is also harvested for local use, based on mutual consent agreements between loggers and landowners.

Farm plots (*chacras* or *chagras*) do much more than provide subsistence crops; they are also the place where spiritual and cultural practices fundamental for maintaining the social fabric are refreshed on a daily basis. The management and use of these plots is guided by ecological and traditional knowledge, which Indigenous communities share with *mestizo* communities to ensure wise use of the landscape. Farm plots are established in both the uplands and on the floodplains. Along the lower Putumayo, upland plots are mostly on the Colombian side of the river (where the uplands are easier to access), but they are farmed by Peruvian communities under formal and informal agreements founded on family relationships and based on mutual respect, support, friendship, and reciprocity. In a landscape with significant potential for non-timber forest product harvests, the women's association ASMUCOTAR in Tarapacá has taken a lead in commercializing the pulp of fruits like *camu camu* (*Myrciaria dubia*), *arazá* (*Eugenia stipitata*), and *copoazú* (*Theobroma grandifolium*).

| Human Communities (continued) | *Governance*

During our visit to the region we observed a large number of formal, territorial, and guild-based organizations with varying levels of experience. On the Peruvian side of the border, residents live in Indigenous communities that have organized themselves into two federations: the Federation of Indigenous Communities of the Lower Putumayo (FECOIBAP) and the Organization of Indigenous Communities of the Lower Putumayo and Yaguas Rivers (OCIBPRY). In Colombia, the Indigenous population lives in communities inside Indigenous territories (*resguardos indígenas*; the Ríos Cotuhé y Putumayo and Uitiboc territories). These are governed by their respective Associations of Traditional Indigenous Authorities (AATIs): the Greater Indigenous Council of Tarapacá (CIMTAR) and the Association of Indigenous Authorities of Tarapacá Amazonas (ASOAINTAM), as well as an urban *cabildo* in Tarapacá. *Mestizo* settlements are organized under the religious authorities of Puerto Ezequiel. Residents of Tarapacá have organized themselves in a variety of associations and guilds for a variety of purposes.

We also observed local agreements between communities and organizations, some at the national scale and some in both countries, which promote harmony and the shared management of natural resources, facilitate the exchange of knowledge and experience, and help coordinate territorial land use zoning, monitoring, and enforcement. Some of these agreements have been officially recognized by government agencies in Peru and Colombia. There are also regular meetings for coordinating and collaborating at a variety of scales (local, regional, and binational), among the various Indigenous organizations and between those organizations and the governments. Some stakeholders in the region have their own instruments and systems for managing their territory, such as life plans, management plans, and environmental plans.

There are serious barriers to the binational coordination needed to address threats in the region such as illegal gold mining and drug trafficking, and to preserve cultural traditions, guarantee sustainable resource use, and provide basic government services. Local knowledge, the sense of belonging to the territory, respect for other cultures, and the shared identity of residents of the Putumayo River are fundamental assets for facing these threats and challenges in a frontier region that is, above everything else, a living cultural and ecological corridor. |

| **Current status** | The 2.7 million-hectare landscape we studied includes several different land use categories, but an astonishing 88% of it is under some category of conservation or sustainable resource use. This includes 39% that is strictly protected in national parks (Yaguas NP in Peru and Amacayacu and Río Puré NPs in Colombia), 21% that is inside formal Indigenous territories (*comunidades nativas* in Peru and *resguardos indígenas* in Colombia), 20% designated as part of Colombia's Forestry Reserve, and 8% in the Cotuhé Conservation Concession in Peru. (An additional 2% is an area of overlap between Amacayacu NP and the Resguardo Indígena Puerto Nariño). The remaining 12% of the landscape, all of it in Peru, does not yet have any formal land use designation. |

Principal assets for conservation	01	Forests, rivers, and lakes with an excellent conservation status, constituting an ecological and cultural corridor between parks, Indigenous territories, and forestry concessions
	02	Indigenous and *mestizo* communities of impressive social and cultural diversity, with deep knowledge of the territory and a strong sense of belonging here
	03	Megadiverse flora and wildlife, including healthy populations of fishes, birds, and mammals that are a crucial source of food and autonomy for local communities
	04	Numerous projects currently managing natural resources in communities, Indigenous territories, protected areas, and forestry concessions
	05	National and binational agreements among communities and management plans that regulate natural resource use and monitoring in parks, Indigenous territories, and forestry concessions
Principal threats	01	Limited binational coordination in favor of conservation and the well-being of local residents
	02	Widespread illicit activities such as illegal logging, gold mining, and drug trafficking
	03	Little to no government presence in the region and inadequate access to government services
	04	Conflicting territorial aspirations between local communities and government agencies
	05	Lack of incentives promoting legal and sustainable economic activities
Principal recommendations:	**Peru**	
	01	Implement a land use category focused on conservation and sustainable use for the currently undesignated land in the lower Yaguas watershed, that guarantees its long-term shared use by Indigenous communities of the lower Putumayo, resolves conflicting visions of the landscape, and puts an end to illicit activities in the basin.
	02	Press for the implementation of the management plan of the Cotuhé Conservation Concession.
	03	Respect the territory of the newly contacted Ticuna population in the Cotuhé watershed.
	Colombia	
	04	Help zone and organize the Forestry Reserve in a way that reflects current use, respects local peoples' aspirations, and maintains biological and cultural connectivity.
	05	Update the integrated life plan of the Ríos Cotuhé y Putumayo Indigenous Reserve with the information from the Environmental Survey and the rapid inventory, and move to implement it.

Principal Recommendations
(continued)

06 Strengthen management and sustainability in the northern and central sectors of Amacayacu National Park.

07 Promote dialogue among all the actors in Tarapacá about land use planning, and create management instruments for Tarapacá.

The binational Bajo Putumayo-Yaguas-Cotuhé region

08 Carry out joint actions led by Colombian and Peruvian authorities to address the threats of drug trafficking and illegal gold mining, and strengthen the binational strategy to document and mitigate the impacts of mercury pollution in people and wildlife.

The Putumayo-Içá Biological and Cultural Corridor

09 Inspire local, regional, national, and international leaders to appreciate the unique opportunity that the Putumayo-Içá watershed offers to protect a living corridor, cultural and biological, through whose immense intact forests flows one of the Amazon's last great undammed rivers.

10 Bring together the four countries of the Putumayo-Içá watershed to synchronize national laws that regulate natural resource use and management there, and that guide monitoring and enforcement actions in frontier areas (especially with regard to illicit activities).

11 Ensure that every action at the watershed scale respects the assets, knowledge, and on-the-ground realities of the people who live along the Putumayo and Içá, in a way that aligns local, regional, and national aspirations in a grand shared dream of the Putumayo-Içá Corridor.

Why Bajo Putumayo-Cotuhé-Yaguas?

Just a few minutes after liftoff from the landing strip in Tarapacá, Colombia, the town left behind shrinks to a tiny urban island in the sea of Amazonian green. From above you see rivers cutting through the emerald landscape in an ever-changing pattern that records the ebbs and flows of the mighty Putumayo, its tributaries the Yaguas and Cotuhé, and the tiniest creeks that feed them all. Every year these rivers overflow their banks and extend far into the forest, blurring boundaries between aquatic and terrestrial, releasing pulses of nutrients, inviting fish into the forests to disperse fruits, and connecting places that are isolated during the drier months.

To safeguard natural and cultural diversity in this forested wilderness, both Peru and Colombia have established national parks (Yaguas in Peru, Amacayacu and Río Puré in Colombia) and have titled Indigenous lands (*resguardos indígenas* in Colombia, *comunidades nativas* in Peru). The Ticuna Indigenous people have lived in these ancestral territories for millennia, while other Indigenous inhabitants arrived after fleeing the violence during the rubber boom 100 years ago. With few exceptions, the Indigenous residents have land rights. Other colonists—including the families of soldiers who came to fight the Peru-Colombia war during the 1930s and a more recently arrived religious sect known as *Israelitas*—settled mostly along the banks of the Putumayo itself, many with no clear tenure to the land.

Almost all of the more than 5,000 people on this landscape make their living primarily by planting crops, fishing, hunting, logging, and harvesting non-timber forest products. Colombian pesos and Peruvian soles exchange hands, coming and going like the people themselves. When the Peruvian side of the Putumayo floods, gardens are moved to the higher terraces along the Colombian side. When the arowana fishes spawn in lagoons, Peruvian and Colombian fishers shadow their movements, crossing from one country to the other. Colombians cut timber in Peru, Peruvians cut timber in Colombia, and the logs travel along the rivers they share. At the same time, armed mafias and an interconnected web of illegal economies—coca, timber, mining—operate openly, far from the reach of the law, placing extreme pressure on local people, and their livelihoods and well-being.

In this dynamic landscape of streams, rivers, backwaters, and lagoons that connect rather than divide, the long-term integrity of the Bajo Putumayo-Cotuhé-Yaguas region depends on a coordinated strategy among all actors and countries. The strategy must be inclusive and holistic. And it must be grounded in a vision of dignified life for all human inhabitants—Indigenous people, non-Indigenous settlers, *campesinos*, *Israelitas*—in a vibrant landscape of healthy forests, rivers, and streams that sustain, for the long term, some of the richest plant and animal communities on the planet.

Conservation targets

01 **An enormous mosaic of 25 different land use areas managed by 29 public and private managers and 11 Indigenous peoples across 2 countries**, where a variety of management regimes have preserved natural landscapes across 2.7 million ha of the Peruvian and Colombian Amazon:

- **Three national parks:** Yaguas National Park (Peru), Amacayacu National Park (Colombia), and Río Puré National Park (Colombia), administered by the park services of the respective countries

- **Three Indigenous reserves or territories (*resguardos indígenas*) in Colombia:** The Predio Putumayo, Ríos Cotuhé y Putumayo, and Uitiboc reserves

- **Thirteen indigenous communities in Peru**

- **At least six timber harvesting units inside two different kinds of forestry reserves in Colombia (Reserva Forestal de Ley Segunda, type A and B),** administered by private permit-holders under the supervision of CORPOAMAZONIA

- **The Río Cotuhé Conservation Concession (Peru),** managed by a private concessionaire under the supervision of the Loreto forest service (GERFOR)

02 **The social and cultural diversity represented by 11 Indigenous peoples** (Múrui, Muinane, Bora, Ocaina, Nonuya, Kichwa, Yagua, Ticuna, Cocama, Inga, and Andoque) and a non-Indigenous population of campesinos, colonists and faith communities (*Israelitas*), including:

- **Ancestral territories of the Ticuna and Yagua peoples**

- Intangible zones for the protection of **two Indigenous peoples in voluntary isolation** (Yuri and Passé) within Río Puré National Park and **one Indigenous people in initial contact** in the Caño Pupuña with cultural ties to the Ticuna people

- **Collective memory** about worldviews, origin stories, and historical events, narrated from the diversity of voices of current populations

- **Mechanisms for inter-generational knowledge transmission**

03 **A natural ecological and sociocultural corridor that keeps plant communities, animal communities, and human communities connected** and that allows the natural flow of animals, seeds, ecological processes, people, and ideas between different areas of the mosaic, thanks to:

- **Continuous forest that covers more than 95% of the region**, connecting national parks, Indigenous reserves, native communities, and concessions

- **Clean bodies of water and healthy aquatic ecosystems (rivers, streams, and oxbow lakes in the Putumayo, Cotuhé and Yaguas watersheds)** that allow aquatic wildlife to migrate freely throughout the region and support the food security of local communities

- **Migration routes and spawning sites** that are crucial for the reproduction of fish throughout the Putumayo watershed

04 **Local governance systems** grounded in cultural principles, including:

- **Reciprocity and mutual support mechanisms** that maintain the social fabric all along the river

- **Local agreements**, both oral and written, for living together and sharing and harvesting natural resources, especially in the management of fisheries and garden plots

- **Two Indigenous federations in Peru** (FECOIBAP, OCIBPRY), **two Associations of Indigenous Traditional Authorities** (CIMTAR, ASOAINTAM), and at least six non-Indigenous community and economic organizations in Colombia

- **Territorial management instruments** such as Life Plans and Management Plans

---

05 **Multi-actor bodies for coordination and dialogue,** including:

- In Colombia, the Permanent Roundtable for Inter-administrative Coordination and the Amazonian Regional Roundtable

- At the binational (Peru-Colombia) level, the Binational Cabinets and the Binational Commission for the Integration Zone

---

06 **Traditional ecological knowledge and management** of fauna, gardens, and medicinal plants, including:

- **Techniques to sustainably harvest, use, and manage fauna**

- **Sacred sites** such as salt licks, and Indigenous peoples' origin sites, the protection of which is considered vital to maintaining the equilibrium of the landscape

---

07 **Healthy populations of plant and animal species,** including large populations of species typically vulnerable to fishing and hunting

- **Significant populations of valuable timber trees, despite intensive selective logging in certain locations,** and seed-producing individuals of these species, which are valuable seed sources for timber recovery programs; key species include *tornillo/ achapo* (*Cedrelinga cateniformis*), *fono negro* and *mari marí* (Lecythidaceae sp.), *arenillo* (*Erisma uncinatum*), *creolino* (*Monopteryx uaucu*), and *cumala* (*Virola sebifera*)

- **Non-timber forest products** such as *camu camu* (*Myciaria dubia*), *copaiba* (*Copaifera* sp.), and *andiroba* (*Carapa guianensis*)

- **Healthy populations of at least 15 commonly eaten fish species,** which form the foundation of the diet of local communities (see Table 13)

- **Healthy populations of at least 5 fish species that have economic potential as ornamentals, including:**

  - A globally important center of production of arowana (*Osteoglossum bicirrhosum*) fry for the ornamental fish trade

  - *Otocinclo* (*Otocinclus* sp.), *pez globo* or *globito* (*Colomessus asellus*), *Corydoras* sp., and disco (*Symphysodon* sp.)

- **At least 10 amphibian and reptile species that are eaten, used in traditional medicine, or have some other relationship with local communities** (*Leptodactylus* spp., *Caiman crocodilus*, *Chelonoidis denticulatus*, *Melanosuchus niger*, *Paleosuchus trigonatus*, *Podocnemis unifilis*, *Bothrops* spp., and *Lachesis muta*)

- **Abundant populations of game birds and mammals** (e.g., curassows, tinamous, pacas, peccaries)

---

08 **Landscape elements that are especially important for wildlife:**

- **The Putumayo, Cotuhé, and Yaguas rivers,** with a full assortment of riparian and aquatic habitats:

  - Extensive beaches along the Putumayo River, which are habitat for aquatic turtles

  - Headwater creeks in upland forests with exceptionally pure waters

  - Enormous floodplains with well-preserved oxbow lakes, streams, and forest cover

- Stunted 'varillal' forests and *Mauritia*-dominated palm swamps on peat, and other wetlands in the floodplains

- Large tributaries like the Pupuña, Lorena, and Pexiboy, which are dozens of kilometers in length

- Well-preserved riverbanks and riverbeds, largely untouched by mining dredges

- **Scattered salt licks on the landscape** that are sacred sites for Indigenous communities, crucial resources for vertebrates, and important hunting grounds

09 **A very large tract of public land in Peru with no formally designated land use category, where the forests and rivers are in excellent condition thanks to effective management of neighboring areas:** the Bajo Putumayo-Yaguas area of 312,395 ha

10 **A diverse and poorly-known flora and fauna, with at least nine undescribed plant and animal species found during the inventory**

- **At least four plant species potentially new to science** (see the chapter *Flora* in this volume)

- **At least two species potentially new to science** (see the chapter *Fishes* in this volume)

- **At least one amphibian and one reptile species potentially new to science** (see the chapter *Amphibians and reptiles* in this volume)

- **A group of birds specialized on forests growing on poor soils,** especially *Notharchus ordii*, *Herpsilochmus* sp. nov. y *Heterocercus aurantiivertex* (see the chapter *Birds* in this volume)

11 **Valuable ecosystem services for Colombia and Peru**

- **Huge amounts of above-ground carbon in the region's standing forests** (Asner et al. 2012), with potential economic value for Reducing Emissions from Deforestation and Forest Degradation (REDD+) programs

- **Pure, high-quality water that provides both a source of drinking water for communities and their primary means of travel**

- **Healthy populations of top predators** known to structure plant and animal communities (jaguar [*Panthera onca*], puma [*Puma concolor*], black caiman [*Melanosuchus niger*], giant river otter [*Pteronura brasiliensis*], arapaima [*Arapaima gigas*], and Harpy Eagle [*Harpia harpyja**]; Ripple et al. 2014)[1]

- **Healthy populations of large herbivores and ecosystem engineers** known to structure plant and animal communities (e.g., giant armadillo [*Priodontes maximus*], lowland tapir [*Tapirus terrestris*], white-lipped peccary [*Tayassu pecari*], and common woolly monkey [*Lagothrix lagothricha*]; Stevenson 2007, Beck et al. 2010, Tobler et al. 2010, Desbiez and Kluyber 2013)

12 **At least 19 plant and 44 animal species considered globally threatened or near threatened (IUCN 2019):**

- **At least 19 plant species categorized as threatened or near threatened: 3 Critically Endangered** (*Chrysophyllum superbum*, *Zamia hymenophyllidia*, and *Z. macrochiera*), **2 Endangered** (*Costus zamoranus* and *Virola surinamensis*), **6 Vulnerable** (*Annona dolichophylla*, *Cedrela odorata*, *Couratari guianensis*, *Guarea trunciflora*, *Naucleopsis oblongifolia*, and *Sorocea guilleminiana*), **2 Near Threatened** (*Zamia amazonum* and *Z. ulei*), and **6 Lower Risk/near threatened** (*Chrysophyllum bombycinum*, *Eschweilera punctata*, *Miconia abbreviata*, *Pouteria platyphylla*, and *Pradosia atroviolacea*)

---

1   Throughout this section, species marked with an asterisk (*) are expected to occur in the Bajo Putumayo-Yaguas-Cotuhé region according to IUCN (2019) expert distribution maps, but were not recorded there during the 2019 rapid inventory.

- At least one species of fish categorized as globally **Vulnerable** (tiger catfish, [*Pseudoplatystoma tigrinum*])

- One amphibian species categorized as globally **Vulnerable** (Pebas stubfood toad [*Atelopus spumarius**])

- Three reptile species categorized as globally **Vulnerable** (the turtles *Chelonoidis denticulata*, *Podocnemis sextuberculata**, and *Podocnemis unifilis*)

- **22 bird species categorized as globally threatened or near threatened:** possible remnant populations of the **Endangered** Wattled Curassow (*Crax globulosa**), if the species still persists in the area, as well as **5 Vulnerable** (*Agamia agami*, *Patagioenas subvinacea*, *Ramphastos tucanus*, *Ramphastos vitellinus,* and *Tinamus tao*), and **16 Near Threatened** (*Accipiter poliogaster**, *Amazona farinosa*, *Amazona festiva*, *Celeus torquatus*, *Chaetura pelagica**, *Contopus cooperi**, *Harpia harpyja**, *Morphnus guianensis**, *Neochen jubata**, *Odontophorus gujanensis*, *Psophia crepitans*, *Pyrilia barrabandi*, *Spizaetus ornatus*, *Tinamus guttatus*, *Tinamus major,* and *Zebrilus undulatus**)

- **17 mammal species categorized as globally threatened or near threatened: 2 Endangered** (giant river otter [*Pteronura brasiliensis*] and Amazon river dolphin [*Inia geoffrensis*]), **10 Vulnerable** (giant armadillo [*Priodontes maximus*], lowland tapir [*Tapirus t*], white-lipped peccary [*Tayassu pecari*], pygmy marmoset [*Cebuella pygmaea*], common woolly monkey [*Lagothrix lagothricha*], giant anteater [*Myrmecophaga tridactyla*], Goeldi's monkey [*Callimico goeldii**], oncilla [*Leopardus tigrinus**], Marinkelle's sword-nosed bat [*Lonchorhina marinkellei**], and Amazonian manatee [*Trichechus inunguis*]), and **5 Near Threatened** (margay [*Leopardus wiedii*], jaguar [*Panthera onca*], short-eared dog [*Atelocynus microtis*], bush dog [*Speothos venaticus**], and Neotropical otter [*Lontra longicaudis*])

13 **At least 162 animal species for which commerce is restricted under the CITES Convention** (CITES 2019; these include both recorded and expected species):

- **One fish species, Arapaima gigas, listed on CITES Appendix II**

- **Nine frog and toad species listed on CITES Appendix II**

- **Nineteen caiman, snake, lizard, and turtle species listed on CITES Appendices I or II**

- **Ninety-seven bird species listed on CITES Appendix II**

- **Thirty-six mammal species listed on CITES Appendices I, II, or III**

14 **At least 41 plant and animal species categorized as threatened or near threatened in Peru**, according to the country's lists of threatened species (MINAM 2006, 2014):

- **Eight plant species categorized as threatened or near threatened in Peru:** one Endangered (*Manicaria saccifera*), **four Vulnerable** (*Cedrela odorata*, *Epistephium parviflorum*, *Parahancornia peruviana*, and *Zamia ulei*), and **three Near Threatened** (*Abuta grandifolia*, *Ceiba pentandra*, and *Clarisia racemosa*)

- **One amphibian species categorized as Near Threatened in Peru** (Pebas stubfoot toad [*Atelopus spumarius**])

- **Six reptile species categorized as threatened or near threatened in Peru:** the **Endangered** caiman *Paleosuchus palpebrosus** and turtle *Podocnemis expansa**, the **Vulnerable** turtles *Podocnemis sextuberculata** and *Podocnemis unifilis*, and the **Near Threatened** caimans *Melanosuchus niger* and *Paleosuchus trigonatus*

- **13 bird species categorized as threatened or near threatened in Peru: 1 Critically Endangered** (*Crax globulosa**), **4 Vulnerable** (*Neochen jubata**, *Harpia harpyja**, *Morphnus guianensis**, *Mitu salvini*), and **8 Near Threatened** (*Amazona festiva*, *Ara chloroptera**, *Ara macao**, *Falco peregrinus**, *Mitu tuberosum*, *Mycteria americana**, *Platalea ajaja**, and *Pipile cumanensis*)

- **13 mammal species categorized as threatened or near threatened in Peru: 2 Endangered** (giant river otter [*Pteronura brasiliensis*], and common woolly monkey [*Lagothrix lagothricha*]), **7 Vulnerable** (short-eared dog [*Atelocynus microtis*], giant armadillo [*Priodontes maximus*], lucifer titi monkey [*Cheracebus lucifer*], Goeldi's monkey [*Callimico goeldii**], giant anteater [*Myrmecophaga tridactyla*], brown mastiff bat [*Promops nasutus**], and Amazonian manatee [*Trichechus inunguis*]), and **4 Near Threatened** (jaguar [*Panthera onca*], puma [*Puma concolor*], white-lipped peccary [*Tayassu pecari*], and lowland tapir [*Tapirus terrestris*])

- **Two bird species categorized as threatened in Colombia: one Endangered** (*Crax globulosa**) and **one Vulnerable** (*Neochen jubata**)

- **13 mammal species categorized as threatened in Colombia: 3 Endangered** (giant river otter [*Pteronura brasiliensis*], giant armadillo [*Priodontes maximus*], and Amazonian manatee [*Trichechus inunguis*]) and **10 Vulnerable** (Amazon river dolphin [*Inia geoffrensis*], tucuxi [*Sotalia fluviatilis*], jaguar [*Panthera onca*], margay [*Leopardus wiedii*], oncilla [*Leopardus tigrinus**], Neotropical otter [*Lontra longicaudis*], lucifer titi monkey [*Cheracebus lucifer*], common woolly monkey [*Lagothrix lagothricha*], Goeldi's monkey [*Callimico goeldii**], and giant anteater [*Myrmecophaga tridactyla*])

15 **At least 23 plant and animal species categorized as threatened in Colombia**, according to the country's list of threatened species (MADS 2018):

- **Four plant species categorized as threatened in Colombia: one Endangered** (*Zamia hymenophyllidia*) and **three Vulnerable** (*Cedrela odorata*, *Dichapetalum rugosum*, and *Zamia amazonum*)

- **One fish species categorized as Vulnerable in Colombia** (South American freshwater stingray [*Potamotrygon motoro*])

- **Three reptile species categorized as threatened in Colombia:** the **Critically Endangered** turtle *Podocnemis expansa**, the **Endangered** turtle *Podocnemis unifilis*, and the **Vulnerable** caiman *Melanosuchus niger*

Assets, opportunities, threats and recommendations

We conducted the rapid inventory from 5–25 November 2019 in the 2.7 million-ha **Bajo Putumayo-Yaguas-Cotuhé region** of Peru and Colombia. This complex region is home to three national parks, many Indigenous territories, a Colombian logging reserve, and an expanse of yet undesignated lands in Peru. Our overarching goal is to help strengthen environmental governance within and among these different land-use categories for coordinated management by stakeholders in the two countries, based on a shared, unified vision of thriving landscapes under effective local practices for conservation and well-being.

The five landscapes we analyzed were as follows:

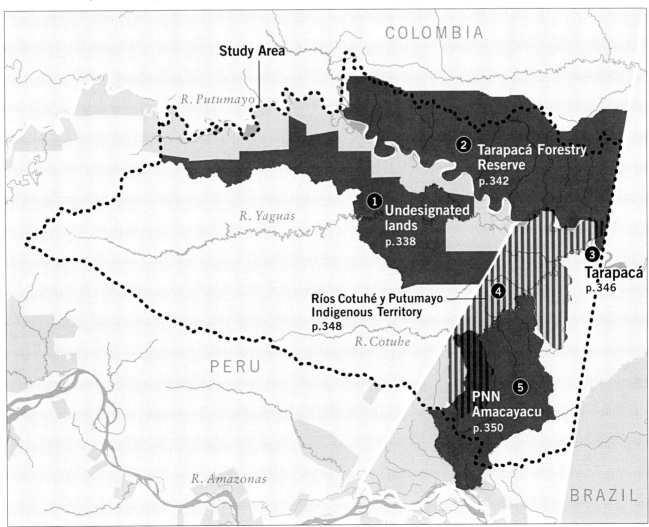

The Bajo Putumayo-Yaguas-Cotuhé inventory is part of a larger initiative to formalize and consolidate the **Putumayo-Içá Biological and Cultural Corridor,** with a focus on conservation and quality of life for the long term. The vibrant Corridor—a 12 million-ha watershed—stands out for its megadiverse plant and animal communities, the traditional knowledge of its residents, the healthy and connected condition of its forests and rivers, and its great potential for mitigating climate change. The unified grand vision is that of an integrated corridor managed collaboratively by the four neighboring countries of Brazil, Colombia, Ecuador, and Peru, with governance shared by local residents, national governments, and civil society, based on principles of inclusion, respect, cultural understanding, and environmental health.

To provide a context for the five landscapes above, we also highlight the main opportunities, strengths, and threats, along with recommendations, at larger geographic scales up to the entire Putumayo-Içá Biological and Cultural Corridor, as follows:

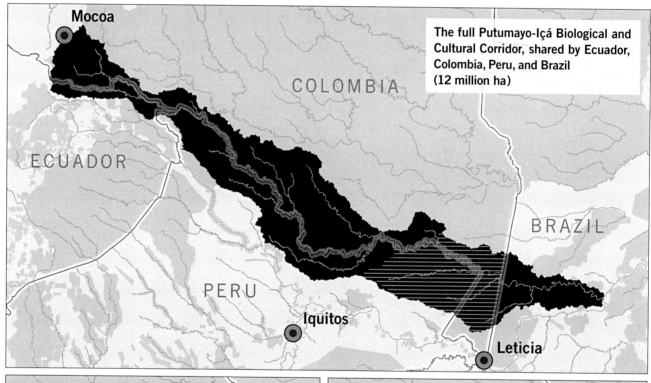

The full Putumayo-Içá Biological and Cultural Corridor, shared by Ecuador, Colombia, Peru, and Brazil (12 million ha)

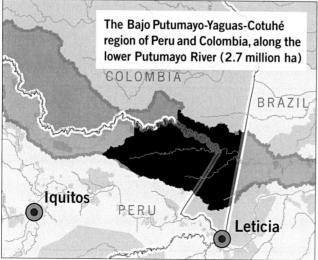

The Bajo Putumayo-Yaguas-Cotuhé region of Peru and Colombia, along the lower Putumayo River (2.7 million ha)

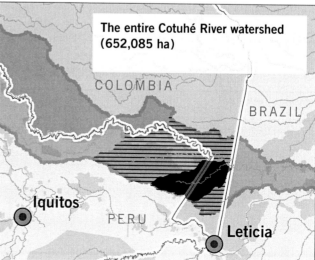

The entire Cotuhé River watershed (652,085 ha)

Underlying all recommendations is the conviction that working together—from the smallest communities to the highest levels of governments to international agreements—is fundamental to achieving a large-scale, effective coordination that ensures both the wellbeing of forests, rivers, and lakes, and the wellbeing of the people who inhabit and manage them.

Our multidisciplinary analysis of opportunities, threats, strengths, and recommendations are below. We begin at the largest scale with the **Putumayo-Içá Corridor**, and then examine the **Bajo Putumayo-Yaguas-Cotuhé region** and the **Cotuhé watershed**, before proceeding to the five landscapes visited during the inventory. We recommend that readers read both the large-scale sections and the sections on their particular landscape of interest.

PUTUMAYO-IÇÁ BIOLOGICAL AND CULTURAL CORRIDOR (Ecuador, Colombia, Peru, and Brazil)

Opportunity: An entire Amazonian watershed boasting 12 million ha of megadiverse forests that are globally important both culturally and biologically, managed as a living corridor where conservation and quality-of-life measures are integrated and coordinated among the governments of the four countries (Peru, Colombia, Ecuador, and Brazil), civil society organizations, and local residents.

Putumayo-Içá watershed: 12 million ha

PRINCIPAL ASSETS FOR CONSERVATION	
	01 **A vast and healthy Amazonian landscape that is biologically and culturally megadiverse** and features:

- **The complete watershed of a main tributary of the Amazon River**, the Putumayo River, which flows 1,600 km from its headwaters in the Colombian Andes, at 2,500 m elevation, to the lowland rainforest of Brazil, at 60 m elevation.

- **One of the best-preserved natural landscapes in South America**, whose forests, rivers, and plant and animal populations are in excellent condition.

- **A free-flowing Amazonian river**, without existing or planned dams; the only Andean tributary of the Amazon River with that status.

- **A natural system with high connectivity**, where forests and rivers remain intact and sustain natural cycles of migration and animal reproduction.

02 **Impressive cultural diversity that has survived wars, natural resource booms, social conflicts, and other disasters**, represented by:

- **At least 13 different Indigenous peoples**, many of them descendants of the survivors of the Rubber Boom.

- **Peasant (*campesino*) residents who have migrated here** from other regions of Colombia, Peru, Ecuador, and Brazil.

- **Highly resilient residents** with a strong capacity to overcome barriers and organize themselves, thanks to local networks of collaboration and reciprocity.

03 **More than 65% of the watershed currently managed under various land-use categories:**

- **40% of the landscape protected by Indigenous peoples** via sustainable resource use in Indigenous reservations, territories, and communities.

- **20% of the landscape managed as protected areas**, in collaboration with local residents (see below).

- **6% of the landscape managed as forestry concessions or reserves** (not including Ecuador).

04 **Strong Indigenous leadership in conserving biodiversity and managing lands throughout the Putumayo-Içá watershed,** including several examples of effective collaboration between Indigenous groups and national governments to protect resources and territories:

- **Cofan Bermejo Ecological Reserve** in the upper Putumayo, a former ancestral territory of the Cofan Indigenous nationality now co-managed by the Cofan and the Ecuadorean government as part of Ecuador's protected areas system.

- **Huimeki and Airo Pai Communal Reserves** in the Ecuador-Peru-Colombia trinational area, now co-managed through a collaboration among the Murui-Muina, Secoya, Kichwa, non-Indigenous residents, and the Peruvian park service as part of Peru's National System of Protected Areas.

- **A partnership** between the Colombian park service and the Cabildo Indígena Mayor de Tarapacá (CIMTAR) **to jointly manage the overlap between the Indigenous reserve and the northeast sector of Amacayacu National Park.**

- **A partnership** between the Association of Traditional Indigenous Authorities of Tarapacá Amazonas (ASOINTAM) and the Sinchi Institute of Colombia to **sustainably manage natural resources in the Uitiboc Indigenous Reserve.**

05 **Vast carbon stocks on the landscape,** with potential value for Reducing Emissions from Deforestation and Forest Degradation in Developing Countries (REDD +) programs:

- **Enormous amounts of above-ground carbon** in the form of millions of standing trees in some of the most carbon-rich forests in Peru and Colombia.

- **Enormous amounts of below-ground carbon** in peatlands on the floodplains of the Putumayo River and its tributaries.

06 **Recent international and binational initiatives** to coordinate work among institutions, initiatives, and residents of the Putumayo-Içá Biological and Cultural Corridor:

- **Binational Peru-Colombia cabinet meetings** that bring together heads of state and their ministers once a year to discuss bilateral issues in the border region.

- **An official Border Integration Zone (ZIF)** between Peru and Colombia, in which the Special Binational Project for Integrated Development of the Putumayo Watershed (PEBDICP, Peru) and the Amazon Institute for Scientific Research SINCHI (Colombia) have been promoting sustainable development of border communities aimed at improving their quality of life.

- **A Global Environmental Facility (GEF) Regional Project, Integrated Management of the Putumayo-Içá River Watershed (2021-2026),** overseen by the governments of Brazil, Colombia, Ecuador, and Peru to coordinate governance, improve natural resource management, and reduce pollution and other threats in the Putumayo-Içá River.

- **The Leticia Pact**, an international treaty signed in September 2019 by Colombia, Peru, Brazil, Bolivia, Ecuador, Suriname, and Guyana expressing a commitment to coordinate work to reduce deforestation, address illegal mining, protect the Amazon, and ensure the well-being of its peoples.

PRINCIPAL THREATS	01 **The lack of a vision for the future for the Putumayo-Içá watershed, as well as a general lack of knowledge in the four countries about the ecological, historical, and socioeconomic dynamics of the region,** which results in:

- **Development policies and programs designed without adequate input from local residents** and without an understanding of on-the-ground conditions.

- **Lack of awareness regarding the environmental impacts of activities that have the potential to affect the entire watershed,** such as oil and gas production or proposals for multimodal infrastructure in the upper Putumayo watershed.

- **Lack of coordination and dialogue between agencies that manage environmental and cultural aspects** of the watershed, as well as different norms governing the use and management of natural resources.

02 **Weak governmental presence in this remote watershed**, affecting education, health, public services, and law enforcement, resulting in:

- **Lack of access to basic government and social services** and general neglect of the population by national governments.

- **Unplanned resource use**, including illegal gold mining, overfishing, illegal logging, and laundering of timber and other products.

- **Illegal activities** such as drug trafficking and the presence of armed groups that threaten local residents.

03 **Degradation and pollution of soils and water bodies**, as well as forest and biodiversity loss caused by the activities described above (oil and gas production, overfishing, infrastructure projects, illegal mining, others).production, overfishing, infrastructure projects, illegal mining, etc.).

01 **Encourage local, regional, national, and international authorities to recognize the unique opportunity that the Putumayo-Içá watershed offers as a living cultural and biological corridor,** where an Amazonian river runs freely through vast healthy forests that ensure the well-being of local populations:

- **Recognize the Putumayo-Içá Biological and Cultural Corridor as an official, legal entity, in close coordination with local populations.**

- **Seek a protected legal status for the Putumayo River.**

- **Promote the Putumayo-Içá Corridor at high-level gatherings** (e.g., binational cabinet meetings and the Special Assembly of the Synod of Bishops for the Pan-Amazon region).

- **Develop cross-border policies and strategies to combat illegal mining and drug trafficking.**

02 **Promote coordination among the four national governments of the watershed, especially to standardize regulations** governing the use and management of natural resources (e.g., closed seasons) and to monitor border areas (especially for illegal activities):

- **Coordinate the implementation of standard norms for managing and using natural resources** in protected areas, Indigenous territories, timber concessions, conservation concessions, population centers, and other land use categories.

- **Develop joint control and surveillance systems** at bi- or trinational locations and carry out joint operations.

03 **Ensure that actions taken at the watershed level respect the assets, knowledge, and on-the-ground realities of residents of the Putumayo-Içá,** aligning local, regional, and national aspirations towards the implementation of the Putumayo-Içá Corridor:

- **Ensure the effective participation of Indigenous and *mestizo* peoples in binational initiatives,** and incorporate information from recent studies into binational decision-making initiatives.

- **Ensure that all social, cultural, and economic projects in the watershed integrate local Indigenous and *mestizo* knowledge.**

- **Expand and improve the provision of basic services** (drinking water, sewage, electricity, communications, transportation, public safety) in the region.

- **Promote sustainable, community-based economic activities,** especially for fishing and harvesting non-timber forest products.

04 **Establish proposed new protected areas, assess other areas designated as high priorities for new protected areas, and secure Indigenous territories**, including the following:

- **Three proposed new areas with strong technical, biological, and social foundations, in the Peruvian Putumayo: Bajo Putumayo, Medio Putumayo-Algodón, and Ere-Campuya-Algodón** (1.6 million ha).

- **Possible conservation area(s) on the Içá River, where there is no current protected area but four high-priority sites to assess** (Ordinance No. 463, 18 December 2018, Brazilian Ministry of the Environment).

- **Various proposals to expand Indigenous reserves, many in development, including the Predio Putumayo and Ríos Cotuhé y Putumayo Indigenous reserves**, throughout the Colombian Putumayo.

- **Possible declaration of a special protection area for the Indigenous people in initial contact in the headwaters of the Caño Pupuña of Peru and Colombia.**

05 **Develop strategies specific to the upper Putumayo watershed in Colombia and Ecuador** to reduce deforestation, mitigate the environmental impact of the road network, and protect the watershed from oil spills and pollution associated with oil production.

06 **Formulate a strategy to conserve migratory fish species** by involving local communities in monitoring through community science initiatives such as the Aguas Amazónicas project.

Opportunity: A megadiverse binational landscape spanning 2.7 million ha, in which Indigenous and non-Indigenous inhabitants on both sides of the Putumayo River make a living from sustainably managed natural resources, supported by efficient coordination among communities, different land-use categories, governments, and institutions.

- Yaguas NP: 868,927 ha
- Tarapacá Forestry Reserve: 426,000 ha
- Undesignated lands in the lower Putumayo: 322,450 ha
- Amacayacu NP: 293,500 ha
- Ríos Cotuhé y Putumayo Indigenous Territory: 242,227 ha
- Indigenous communities in Peru: 234,349 ha
- Cotuhé Conservation Concession: 225,136 ha
- Uitiboc Indigenous Territory: 95,448 ha

PRINCIPAL ASSETS FOR CONSERVATION

01 **Megadiverse and well-preserved forests, rivers, and lakes that maintain an ecological and cultural corridor** among parks, Indigenous territories, conservation concessions, and forestry concessions.

02 **Socially and culturally diverse Indigenous and non-Indigenous communities with deep knowledge of the landscape,** and cultural affinities and exchanges, and with strong attachment to the land.

03 **Megadiverse flora and wildlife**, including healthy populations of game fish, birds, and mammals that provide food sovereignty for local populations.

04 **Experience with effective natural resource management** in Indigenous communities and reserves, protected areas, and forestry concessions.

05 **Agreements between communities (within and between countries), and management plans for using and monitoring natural resources** in parks, Indigenous territories, and forestry concessions.

06 **Binational initiatives** focused on protecting the region's natural and cultural assets, including the following:

  - **A 2003 binational treaty between Peru and Colombia** that established the Border Integration Zone (ZIF), where joint actions led by PEBDICP (Peru) and the SINCHI Institute (Colombia), and funded by the Inter-American Development Bank (IDB), promote sustainable development along the shared border.

  - **A series of recent binational meetings involving diverse actors** (e.g., see the chapter *Binational gathering (Peru-Colombia): toward a common vision for the Bajo Putumayo-Yaguas-Cotuhé region*, in this volume) identifying shared uses of the binational landscape and establishing community-based priorities for action.

	▪ The Peruvian governmental program Mobile Platforms for Social Action (PIAS) and the joint Peru-Colombia program *Jornada Binacional*, which travel the region by boat providing medical attention and other basic services to both Peruvian and Colombian residents.
	▪ A collaboration between the Peruvian and Colombian park services, dating to 2018, in which Peru's Yaguas National Park and Colombia's Amacayacu and Río Puré national parks share information to improve monitoring and surveillance.
PRINCIPAL THREATS	01 Limited governmental presence in the region and poor access to government services:
	▪ Lack or poor quality of basic services such as education, health care, drinking water and sewage, electricity, communications, transportation, public safety, others.
	▪ Lack of banking services and poor access to credit.
	02 Limited binational coordination for conservation and human wellbeing:
	▪ Different regulations regarding the harvest and sale of natural resources.
	▪ Limited coordination among the incipient binational initiatives in the region.
	03 A landscape in which illegal activities—such as drug trafficking, coca farming, timber trafficking and laundering, fish trafficking, and illegal mining—are common and common sources of income, leading to the following:
	▪ Water and soil pollution caused by illegal mining operations and coca farms, leading to mercury poisoning and other negative impacts on local people and wildlife.
	▪ Presence of illegal armed groups and tension related to the armed conflict and the implementation of the Colombian peace agreement.
	▪ Uncertainty, conflict, and cultural degradation caused by illegal actors in the area.
	04 Conflicting territorial aspirations among communities, organizations, and government agencies.
	05 Lack of recognition and protection for the Indigenous peoples in initial contact on the Pupuña watershed along the Peru-Colombia border.
	06 Limited incentives for carrying out legal, sustainable economic activities.
	07 Lack of investment in reliable air travel to and from the region. Traveling by river is slow and building roads is economically and ecologically unsustainable.
PRINCIPAL RECOMMENDATIONS	01 Coordinate among national, regional, and local authorities of both countries to harmonize strategies and norms governing natural resource use and management:
	▪ Develop joint actions by Colombian and Peruvian authorities to strengthen the monitoring and surveillance of border areas, and to document and mitigate both illegal mining and mercury poisoning of people and wildlife in the region.

- Promote joint actions by Colombian and Peruvian authorities to **develop and implement management plans for species of special importance** (e.g., arowana, arapaima, non-timber forest products) and to integrate them with Indigenous knowledge (e.g., traditional calendars, cultural management).

- Organize binational (and trinational) councils for logging and fishing, to discuss regulations, harvest practices, and commercial use of these resources.

02 **Strengthen and formalize the management and safeguarding of all protected areas in the region,** including patrolling and surveillance by environmental authorities, in coordination with well-equipped and subsidized community guards.

03 **Respect the territory** of the Indigenous peoples in voluntary isolation in Río Puré National Park and the Indigenous Ticuna in initial contact in the Cotuhé watershed:

- Implement effective surveillance of the region to stop the transit of illegal gold and narcotics along the Cotuhé and Putumayo rivers, as well as smaller tributaries in the Forestry Reserve and Río Puré National Park.

- Establish and implement the buffer zone of Río Puré National Park to safeguard the territory of Indigenous peoples in isolation.

- Create a no-entry zone (*zona intangible*) in the Peruvian portion of the area of use of the Ticuna population in initial contact in the upper Pupuña watershed.

04 **Ensure that all action taken at a binational scale respects the strengths, knowledge, and on-the-ground conditions of the region's inhabitants,** and is in line with local, regional, and national aspirations:

- **Ensure the effective participation of Indigenous and *mestizo* peoples in binational coordination initiatives,** and incorporate information from recent studies into binational decision-making.

- **Ensure that social, cultural, and economic projects** integrate the local knowledge of Indigenous and *mestizo* peoples.

- **Strengthen and expand the provision of basic services.** Despite good organizational capacity in the region, there is limited state investment in drinking water, sewage and solid waste management, communications, education, and health care.

- **Create legal, sustainable, and ecologically compatible job opportunities**

05 **Generate conditions for subsidized air and river transport** for people and products. These are the best alternatives for the region, given that road-building has severe negative impacts, in addition to being economically inviable (Vilela et al. 2020).

06 **Share lessons learned regarding positive and negative experiences in managing economic resources,** as a first step towards a binational project to strengthen administrative capacity in the region.

07 **Encourage legal harvests of natural resources and other economic alternatives,** especially non-timber forest products.

Opportunity: A thriving binational watershed where the integrated management of multiple conservation and sustainable land-use areas along the entire watershed safeguards biodiversity and guarantees the wellbeing of local communities (652,085 ha)

- Amacayacu National Park: 293,500 ha
- Ríos Cotuhé y Putumayo Indigenous Territory: 242,227 ha
- Cotuhé Conservation Concession: 225,136 ha
- Yaguas National Park: 46,828 ha
- Uitiboc Indigenous Territory: 29,653 ha

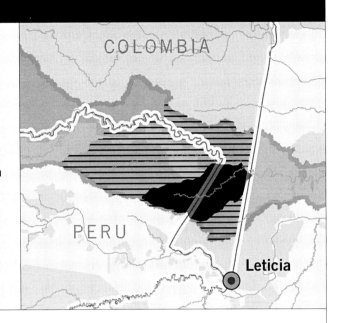

PRINCIPAL ASSETS FOR CONSERVATION

01 **Integrated protection from the headwaters to the mouth**, with management plans and authorities empowered to manage the territory, as follows:

- **In the upper watershed (Peru),** a small part of Yaguas National Park, with a management plan from the Peruvian park service and technical support from the NGO Frankfurt Zoological Society.

- **In the middle watershed (Colombia),** one conservation area and two Indigenous territories with cultural management:

  - Ríos Cotuhé y Putumayo Indigenous Territory, managed by the Greater Indigenous Council of Tarapacá (CIMTAR).

  - Part of the Puerto Nariño Indigenous Territory, managed by the Tikuna, Cocama and Yagua Indigenous Association of Puerto Nariño (ATICOYA).

  - Amacayacu National Park, with management plan and agreements with the surrounding Indigenous territories.

- **In the lower watershed (Colombia),** two Indigenous territories with cultural management:

  - The rest of the Ríos Cotuhé y Putumayo Indigenous Territory, managed by the Greater Indigenous Council of Tarapacá (CIMTAR).

  - The Uitiboc Indigenous Territory, managed by the Association of Traditional Indigenous Authorities of Tarapacá Amazonas (ASOAINTAM).

02 **An important cultural space with strong identity and cultural values, where Indigenous governments are recognized and respected.**

03 **Existing inter-institutional and binational collaboration for conservation**, including:

- **Environmental zoning agreements between CIMTAR and the Colombian park service**, who have years of experience taking joint action related to surveillance and control, environmental education, and other shared concerns in the Cotuhé watershed.

- **Coordination between Yaguas National Park and Amacayacu National Park**, with support from the Frankfurt Zoological Society, in the form of technical roundtables in which the Colombian and Peruvian park services analyze pressures and identify possible joint actions for control and surveillance.

04 **Regulatory frameworks for the protection of the rights of Indigenous peoples in isolation** (in Peru and Colombia) and **initial contact** (in Peru).

05 Ticuna people in initial contact in the Caño Pupuña, with a *maloca* in the Peruvian headwaters of the river, representing a **very sensitive area of cultural importance to the Ticuna people**:

- CIMTAR has drafted maps of the area used by the people of the Caño Pupuña, with information about the Peruvian headwaters, trails between Santa Rosa de Cauchillo and the Caño Pupuña, and preliminary local agreements.

06 **A well-developed legal framework for conservation concessions in Peru.**

07 **An abundance of studies, data, and technical information** for an area that is relatively well studied from a scientific point of view.

PRINCIPAL THREATS

01 **A highly problematic, dangerous, and illegal situation in the Cotuhé Conservation Concession in Peru**, due to:

- **Planting and processing of coca within the concession**, which functions as a refuge for drug trafficking in the Cotuhé watershed.

- **Inadequate management of the concession**, with a management plan that has never been implemented or supervised since its inception (2010).

- **Forces behind the creation of the concession**, who have appealed each time the concession is cited because of irregularities in its management.

- **Active illegal gold mining within the concession.**

- **Drug-trafficking routes in this region, such as the route between the community of Buenos Aires on the Cotuhé River and the community of San Martín de Amacayacu on the Amacayacu River, close to where it meets the Amazon River.**

- **Inadequate oversight of the Peru-Colombia border on the Cotuhé River.**

02 **Lack of a land-use designation that protects the Ticuna people in initial contact on the Peruvian side of the Caño Pupuña**, within undesignated lands about whose use two Peruvian Indigenous federations, FECOIBAP and OCIBPRY, disagree. (See the next section, Lower Putumayo River and Yaguas Watershed).

	03 **Water and soil pollution due to mining**, which has already caused **high levels of mercury poisoning in people** and wildlife in the watershed (PNN-DTAM 2018).
	04 **Lack of public safety for residents, as well as sociocultural conflicts and other problems, due to the presence of drug traffickers and other criminal groups in the watershed.**
PRINCIPAL RECOMMENDATIONS	01 **Repeal the Cotuhé Conservation Concession**
	▪ **Immediately eliminate the coca plantations and processing lab, mining, and other illegal activities in the concession.**
	▪ **Establish a control post on the Peru-Colombia border.**
	▪ **Evaluate the possibility of adding this stretch of the Peruvian Cotuhé watershed to Yaguas National Park.**
	02 **Develop a well-founded technical argument to create a no-entry area in the area of initial contact with the Ticuna people of the Caño Pupuña,** especially on the Peruvian side of the border where the undesignated lands are located. The goal is to protect this area from outsiders, in coordination with the authorities of the community of Pupuña on the Cotuhé, and with respect for their self-determination.
	03 **Consolidate the land use zoning of the middle-lower Cotuhé watershed on the Peruvian side,** promoting a shared-use area on the lower Yaguas and lower Peruvian Cotuhé that is compatible with Yaguas National Park, Amacayacu National Park, and Río Puré National Park (See the next section, Lower Putumayo River and Yaguas Watershed).
	04 **Develop joint actions by the Peruvian and Colombian authorities, in close coordination with local communities, to address drug-trafficking and illegal mining and to control the international border:**
	▪ **Strengthen the binational strategy to eliminate illegal mining** and to document and mitigate its impacts on people and wildlife in the Cotuhé River watershed.
	05 **Generate legal, conservation-compatible economic alternatives for people living on the Cotuhé River,** especially in Tarapacá and the communities of the Ríos Cotuhé y Putumayo Indigenous Reserve.

Study area analysis

Our two field teams—one social and one biological—were composed of local leaders and researchers, as well as experts from other parts of Colombia, Peru, and the US. Both teams spent three weeks in the field visiting **five important landscapes**. Here we summarize the main opportunities, strengths, and threats for each of those landscapes, along with recommendations to mitigate threats by using local strengths.

1. THE LOWER PUTUMAYO AND THE YAGUAS WATERSHED (Peru)

Opportunity: Diverse, well-preserved forests that are used and managed by the communities living on the lower Putumayo and lower Yaguas rivers. Integrated management of two land-use areas—a strictly protected area in the upper portion and a conservation and sustainable use area in the lower portion—designed to benefit communities of the lower Putumayo and ensure connectivity with other conservation areas in the landscape.

Lower Putumayo/undesignated lands: 322,450 ha bordering Yaguas National Park (868,927 ha) and the native communities on the banks of the Putumayo River and the mouth of the Yaguas River (234,349 ha)

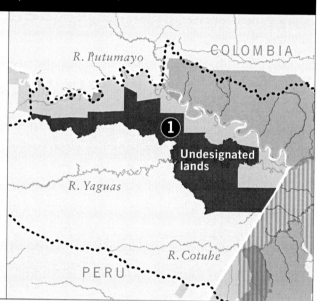

PRINCIPAL ASSETS FOR CONSERVATION

01 **Yaguas National Park**, with:

- **Strict protection in the headwaters of the Yaguas and Cotuhé Rivers**

- **Effective and clear management instruments**, coordinated with Indigenous communities on the Putumayo River, and facilitated by the fact that the majority of the park is located within a single district.

- **Multi-sector roundtable created during the categorization process for Yaguas National Park (the Yaguas Roundtable)**, which, while no longer active, could be reactivated.

- **Ongoing activities to coordinate management of the park with** the Ampiyacu-Apayacu Regional Conservation Area, bordering Yaguas in Peru, Amacayacu National Park, close to Yaguas in Colombia, and the NGO Frankfurt Zoological Society, which offers technical support.

02 **Agreement between Indigenous communities of the lower Putumayo and the Peruvian government to establish a conservation and sustainable-use area in the undesignated lands on the lower Yaguas River**—from the border of Yaguas National Park to the Indigenous communities at the mouth of the Yaguas River—which was:

- Formalized during the prior consultation process to categorize Yaguas National Park.

- Supported by abundant technical information and mapping of natural resource use by Indigenous communities in the lower Yaguas River (Instituto del Bien Común and this report).

03 **Formal recognition at the local, regional, and national levels of the importance of the region for conservation and the wellbeing of local populations**:

- A recognized conservation priority by the regional government of Loreto, Peru (2018).

- Formal agreement between the Indigenous communities of the lower Putumayo and the Peruvian government, developed in 2017 during the prior consultation process for Yaguas National Park, for establishment of a direct-use area in the Lower Putumayo-Lower Yaguas region.

- Peruvian policy at the level of the Presidency of the Council of Ministers oriented toward taking action in favor of Critical Border Areas, with special interest in border areas that include Peru's protected natural areas, such as the Lower Putumayo-Yaguas.

04 **Extensive knowledge of natural resource-use patterns and biological assets**, reflected in:

- Participatory mapping of areas used by nearby Peruvian Indigenous communities from Puerto Franco to Primavera on the Putumayo River and El Álamo and Santa Rosa de Cauchillo at the mouth of the Yaguas River.

- Biological inventories carried out by IIAP (2019) and the Field Museum (Pitman et al. 2010 and this report).

05 **Successful examples of natural resource management** by Peruvian Indigenous communities on the lower Putumayo River, including:

- Management of arowana and arapaima, with the Instituto del Bien Común.

- New projects with SERNANP and Yaguas National Park, as part of the Sustainable Economic Activities Program (PAES in Spanish), as well as river turtle (*taricaya*) management in various communities on the Putumayo River.

- Potential new projects with the Peruvian Ministry of the Environment's National Forest Conservation Program for Climate Change Mitigation, which provides direct payments to Indigenous communities in exchange for conserving forests and reducing deforestation.

PRINICPAL ASSETS, CONTINUED	**06 Vision for managing territory held by the Indigenous federations FECOIBAP and FECONAFROPU,** which:
	▪ **Promotes the conservation and sustainable use** of resources shared by all the communities in the region.
	▪ Has been translated into **community management instruments,** such as the life plans of the ten Indigenous communities affiliated with FECOIBAP
	07 Established boundaries of the community of Huapapa and a process for recognizing Huapapa's territory that is supported by neighboring communities.
PRINCIPAL THREATS	**01 Unresolved land tenure,** with one community (Huapapa) demarcated but not formally titled.
	02 Conflicting visions about how to protect the lower Yaguas River:
	▪ **Ten communities committed to the shared use of natural resources** throughout the lower Putumayo and Yaguas rivers.
	▪ **Three communities (Huapapa, Primavera, and Santa Rosa de Cauchillo) committed to a shared use of resources on the lower Putumayo but not the lower Yaguas,** where they seek to expand their community titles in order to harvest timber, among other things.
	▪ **Persistent resentment in three communities (Huapapa, Primavera, and Santa Rosa de Cauchillo)** regarding the prior consultation for Yaguas National Park.
	03 Illegal activities on the lower Putumayo and Yaguas rivers:
	▪ **Illegal logging** on the lower Yaguas River.
	▪ **Illegal crops** around some Indigenous communities (primarily planted under pressure from armed Colombian actors, according to information collected during fieldwork).
	▪ **Drug-trafficking routes.**
	04 International financing (HIVOS, The Netherlands) to title or expand Indigenous community lands in shared spaces that are not exclusively used by any one of the communities, which has been generating conflicts.
PRINCIPAL RECOMMENDATIONS	**01 Designate a no-entry zone for the Ticuna population in initial contact in the headwaters of the Caño Pupuña,** based on existing information from the field, a recent study by Peruvian Indigenous authorities (AIDESEP), and conversations among Indigenous authorities, government agencies, and civil society in Peru and Colombia.
	02 Title the Indigenous community of Huapapa with its current demarcation, ensuring its land tenure and respecting the boundaries and recognition process already supported by neighboring communities.

03 **Strengthen dialogue between communities affiliated with FECOIBAP and those affiliated with OCIBPRY,** with the goal of finding a common land-use designation for the undesignated lands in the lower Putumayo River that resolves conflicting visions for the lower Yaguas River and eliminates illegal activities in both areas.

04 **Declare a conservation and sustainable-use area in the undesignated lands in the lower Yaguas watershed, from the limits of Yaguas National Park to the native communities at the mouth of the Yaguas River,** in order to:

- **Fulfill the commitment made in previous agreements** during the categorization process of Yaguas National Park.

- **Guarantee the wellbeing of Indigenous communities** on the lower Putumayo.

- **Conserve the species, habitats, and ecosystem services** of the whole Yaguas watershed.

05 **Reactivate the multi-sector Yaguas Roundtable and strengthen it by ensuring the involvement of a broad range of actors, in particular Indigenous organizations.**

06 **With the support of the reactivated Yaguas Roundtable, review all agreements from the prior consultation process and channel financing toward implementing them in the best way possible.**

07 **Minimize illegal activities in the region with the support of the Peruvian government, starting with the Critical Border Areas Roundtable and coordinating with all partners.**

2. TARAPACÁ FORESTRY RESERVE (Colombia)

Opportunity: Continuous, megadiverse, well-preserved forest between the Putumayo River and Río Puré National Park, which maintains landscape connectivity and contains both legal concessions for selective logging and culturally important areas for Indigenous peoples.

Tarapacá Forestry Reserve (426,000 ha)

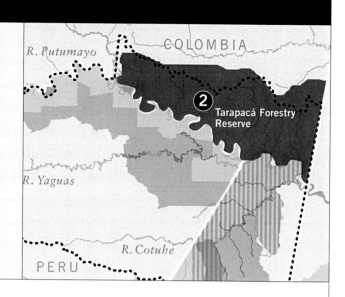

PRINCIPAL ASSETS FOR CONSERVATION

01 **Continuous forest cover protected as a Forestry Reserve and administered by Corpoamazonia,** located between three Indigenous territories (Predio Putumayo, Ríos Cotuhé y Putumayo, and Uitiboc Indigenous territories) and a national park (Río Puré), **which harbors thousands of plant and animal species and serves as a buffer for the Indigenous peoples in isolation who inhabit Río Puré National Park.**

02 Seven current forestry permits (~10,000 ha in total) that exemplify **a model of legal timber harvesting in Colombian territory**.

03 **A successful project to harvest and sell non-timber forest products** led by the ASMUCOTAR women's association, which serves as a model of a legal economic alternative that can be replicated throughout the watershed.

04 **A climate of mutual respect among a diverse group of users, evidenced by:**

- **Informal agreements between *campesinos* and Indigenous peoples** to manage non-timber forest products in Lake Pexiboy and fisheries in Alegría, Pexiboy, and Ticuna creeks.

- Community strategies for governing territory and monitoring the use of natural resources.

05 **A contract bidding process in 2020 that seeks to update the reserve's forestry management plan.**

The Tarapacá Forest Management Unit (UOF-T in Spanish) and its current zoning (I-VI), showing overlap with the zoning of the Forestry Reserve (Type A, Type B), the 22 current settlements within the UOF-T, and other land use areas bordering the UOF-T.

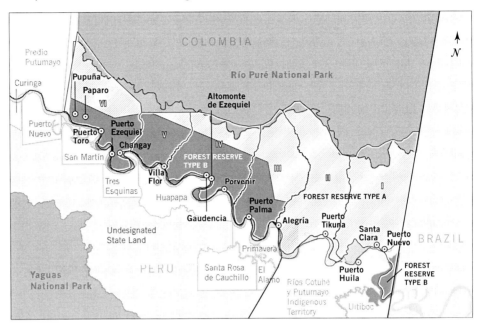

PRINCIPAL THREATS

01 **Multiple and often competing territorial aspirations among a diversity of actors,** from proposals to expand Indigenous territories, to new settlements, to establishment of the buffer zone of Río Puré National Park, to timber harvesting in the area.

02 **Two different zoning maps**, one from the Colombian Ministry of Environment and Sustainable Development (MADS) and the other from Corpoamazonia, which generate uncertainty and confusion among the population and hinders the effective management and use of the territory (see map on this page).

03 **Current use of the Forestry Reserve in direct violation of official zoning maps, with:**

- **A town within the Forestry Reserve (Tarapacá) that is not recognized as a municipality** and is currently in legal limbo.

- **Settlements on the banks of the Putumayo River (Indigenous, *campesino*, and religious communities) that lack legal standing** (see map in this section).

- **Active logging permits in the area zoned for no logging** (Type A on map).

- **Illegal logging** in various areas within the Forestry Reserve (Types A and B on map).

04 **Overlap of current forestry permits with culturally important sacred sites for Indigenous peoples.**

05 **Illegal miners and mining dredges in the Forestry Reserve near Río Puré National Park**, which endangers Indigenous peoples in isolation and Colombian park service staff.

	06 Delays in the definition, establishment, and implementation of the buffer zone for Río Puré National Park within the Forestry Reserve.

07 Unsustainable use of resources, including overharvesting of arowana, illegal logging, and laundering of timber and other products.

08 High cost of legally harvesting timber, including long and expensive bureaucratic processes and lack of appropriate incentives, especially for small- and medium-sized enterprises.

09 Presence of illegal armed groups within the Forestry Reserve. |
| **PRINCIPAL RECOMMENDATIONS** | **01 Strengthen dialogue among local stakeholders and authorities to draft a new zoning map for the Forestry Reserve** that takes into account current uses, local people's aspirations, and the preservation of the landscape's biological and cultural health and connectivity.

02 Define and secure a buffer zone for Río Puré National Park within the Forestry Reserve, designating two overlapping areas in the updated zoning map with the following functions:

- **Protection and buffer area for hydrological, natural, and cultural resources** in the headwaters of the Santa Clara, Pexiboy, Tikuna, Alegría, Porvenir 1 and 2, Villa Flor, Barranquilla, Toro, and Pupuña creeks that protects the rights of the Indigenous peoples in isolation who inhabit Río Puré National Park.

- **Protection and buffer areas and/or archaeological, cultural, and recreation areas** in the headwaters of the tributaries that drain into the Putumayo River (from east to west: Alegría, Porvenir 1 and 2, Villa Flor, Barranquilla, Toro, and Pupuña creeks).

03 Safeguard the rights of Indigenous peoples:

- **Prevent contact with Indigenous peoples in isolation** based on the principles outlined in Decree 1232 of 2018. Establish clear protocols to prevent any contact and avoid possible impacts on peoples in isolation. Design and implement a coordinated inter-institutional contingency plan with local stakeholders in the event of accidental contact.

- **Identify Indigenous peoples' cultural and sacred sites** within the Forestry Reserve and **ensure that** the new zoning **fully safeguard these sites**

- **Map proposals for the expansion of the Predio Putumayo (AIZA) and Ríos Cotuhé and Putumayo (CIMTAR) Indigenous reserves** to understand aspirations and overlaps, and to **establish agreements and resolve potential conflicts**.

- **Clarify and resolve the legal status of Indigenous communities outside the Ríos Cotuhé and Putumayo Indigenous Reserve** that are annexes of the CIMTAR Indigenous authority (Porvenir, Puerto Nuevo, Gaudencia). In a participatory forum, map and delineate these communities' uses of the territory, and pursue |

viable agreements between them and their neighbors that allow for coexistence and shared use of the territory.

04 **Recognize the rights of inhabitants of settlements within the Forestry Reserve and establish clear limits that prevent uncontrolled expansion of these settlements:**

- **Grant these areas a status that allows for the presence of these populations and promotes regulated, sustainable use** of natural resources.

- **Recognize and respect local agreements** for the use of shared spaces.

- **Establish clear limits for the expansion of these settlements** and their farming and ranching.

05 **Promote joint actions by Peru and Colombia to restore and maintain public safety, respecting human rights of local populations and honoring the authority of Indigenous peoples in their territories.**

06 **Provide incentives for legal logging** in a landscape where illegal logging predominates:

- **Review and modify the application process for forestry permits**, to make it easier, faster, and less costly.

- **Guarantee a more permanent presence of the environmental authority in the region** to facilitate the permit granting process and oversight of active forestry operations. Include a requirement for contingency protocols in case of contact with isolated peoples in the permit-granting process.

- **Promote successful management models**—especially prohibition of hunting during forestry work—that benefit local biodiversity.

- Promote equitable economic models in the forestry sector.

- Provide **greater access to infrastructure and technology**, to develop value-added products and reduce waste.

- **Strengthen value chains** and access to buyer networks under fair and sustainable trade schemes and environmental and social certifications.

- **Facilitate access to credit** with low interest rates that will help promote legal local logging.

- **Provide political and economic support for the management of Amazonia's Forestry Roundtable** in Colombia.

07 **Improve conditions for inter-institutional coordination, as well as staff and equipment (boats, fuel) for the environmental authority** Corpoamazonia, so that it can exercise effective control and surveillance, and prevent timber laundering.

3. TARAPACÁ (Colombia)

Opportunity: The largest town in the region, hosting a stable population of Indigenous and non-Indigenous peoples, with potential to provide public services for the population and successful models of sustainable use of the surrounding forests.

The town of Tarapacá, at the confluence of the Cotuhé and Putumayo rivers: 1,750 ha

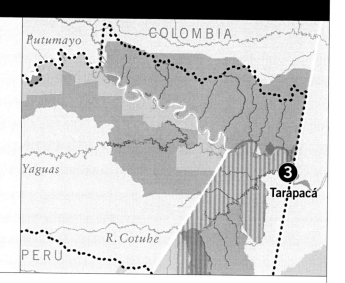

PRINCIPAL ASSETS FOR CONSERVATION	
01	**Deep roots and a sense of place among its inhabitants**, reflected in a multicultural identity built on both Indigenous and non-Indigenous cultures.
02	**Strategic location** on the Colombia-Brazil border and close to the border with Peru, which **provides basic government services** for its 1,000 inhabitants and surrounding communities.
03	**Good organizational capacity**, reflected in a large number of civil and professional associations.
04	**Administrative seat of two national parks** (Río Puré and Amacayacu) and **two Indigenous reserves** (Ríos Cotuhé and Putumayo and Uitiboc). **More than 1.5 million ha of culturally and ecologically important lowland forests are managed from Tarapacá.**
05	**Community models** for the sustainable use of resources in the Forestry Reserve.

PRINCIPAL THREATS	
01	**Legal limbo of Tarapacá**, due to its location within the Forestry Reserve, prevents its formal designation as a town. Furthermore, Tarapacá lies within one of the few non-municipalized areas in Colombia. **The combination of these two situations:**

- **Prevents public and private investment**, including loans. This translates into **a scarcity of legal, sustainable economic opportunities for its inhabitants.**
- **Worsens infrastructure problems** (serious vulnerability to flooding and inadequate solid waste management) **and limits possible solutions**.
- **Creates insecurity around basic services**, like health care and education.

- **Generates tension among its inhabitants**, making different groups feel the need to legitimize their right to the territory.

- **Makes it impossible to elect public authorities for the town.**

02 **Differing regulatory frameworks in Colombia, Peru, and Brazil governing natural resource harvests and the sale of consumer products**, increases illegality and corruption, generates confusion among inhabitants, and results in lost economic opportunities and uncoordinated, unsustainable management of natural resources.

03 **Lack of investment in reliable air and river transportation to and from Tarapacá.** River travel is limited and slow; air travel is very limited. Tarapacá remains isolated despite being just 150 km from Leticia in a straight line and ~700 km by river.

04 **Minimal government presence in Tarapacá**, combined with its location on the border with Brazil, which increases its vulnerability to illegal activities (drug-trafficking, illegal crops, illegal gold mining).

| PRINCIPAL RECOMMENDATIONS | 01 **Generate a dialogue with all residents about the future of Tarapacá.** It is crucial to hold a broad and open discussion to explore the implications of the various options for Tarapacá and its inhabitants. |

01 **Generate a dialogue with all residents about the future of Tarapacá.** It is crucial to hold a broad and open discussion to explore the implications of the various options for Tarapacá and its inhabitants.

- **Analyze** the feasibility, costs, and benefits of **municipalization**.

- **Analyze the implications of implementing Decree 632**, which grants autonomy to Indigenous authorities in non-municipalized areas.

- **Develop a management tool for Tarapacá through a participatory and inclusive process.** Use this tool as a roadmap to coordinate with the Government of Amazonas and other government entities.

02 **Encourage legal uses of natural resources** (e.g., non-timber forest products) **and other economic alternatives** (e.g., wood drying in Tarapacá, production of furniture and other value-added products).

03 **Invest in basic services for Tarapacá** (education, health care, drinking water, appropriate sewage, electricity and alternative energy, communication, transportation, public safety), **with the goal of a sustainably managed town.**

04 **Create and implement a plan to strengthen community organizations and associations,** seeking opportunities to exchange knowledge with Brazilian and Peruvian neighbors.

4. RÍOS COTUHÉ Y PUTUMAYO INDIGENOUS TERRITORY (Colombia)

Opportunity: A vibrant territory under the spiritual, cultural, and traditional management of an Indigenous Council with experience in land management, strategic alliances, and new information to strengthen current management.

Indigenous territory (245,227 ha)

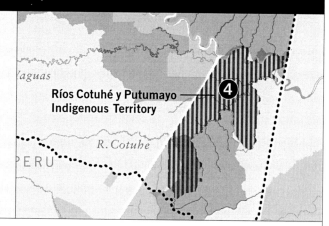

Ríos Cotuhé y Putumayo Indigenous Territory

PRINCIPAL ASSETS FOR CONSERVATION

01 **Indigenous communities, mostly Ticuna, living within their ancestral space** in a territory secured as an Indigenous reserve and managed by the Association of Traditional Indigenous Authorities, the Cabildo Indígena Mayor de Tarapacá (CIMTAR), with:

- **Community management tools,** including life plans, general rules, and environmental management plans in development.

- **A developing team of Indigenous guards** who implement territorial surveillance and monitoring, and advanced efforts to execute their own system of justice.

- **Land use planning experts** in each community.

- **A community health care system,** with intercultural health experts, under an agreement between CIMTAR, the Ministry of Health, and the Government of Amazonas.

- **Administration of the reserve's own educational system,** with direct hiring of teachers and bilingual teachers.

02 **A territory of high environmental value** with well-preserved forests, megadiverse flora and fauna, and healthy water bodies that are the bedrock of community wellbeing.

03 **Caño Pupuña,** of great cultural importance as a collection of living traditions of the Ticuna people, with populations that are considered in initial contact.

04 **CIMTAR's participation in dialogues with the Colombian government** (e.g., the Permanent Table for Inter-administrative Agreement [MPCI] and the Amazon Regional Table [MRA]).

05 **CIMTAR's strategic alliances** with the Colombian park service and non-governmental organizations (e.g., Amazon Conservation Team-Colombia, Fundación Gaia).

06 **Formal agreement with Amacayacu National Park** for the co-management of lands where the park overlaps with the reserve.

07 **A recent assessment of the communities and their environment,** carried out in collaboration with the Colombian park service and Amazon Conservation Team-Colombia.

PRINCIPAL THREATS	
	01 **Lack of transparency and best practices in financial management.**
	02 **High levels of mercury poisoning** recorded in villagers and fish.
	03 **Illegal activities in the Cotuhé Conservation Concession in Peru**, adjacent to the Indigenous reserve, which creates strong social pressure on the inhabitants of the communities near the border, as well as in Tarapacá.
	04 **Conflicts among armed groups** in disputes over drug-trafficking routes and illegal natural resource harvests in their territories.
	05 **Pressure from foreign actors**, including organizations selling carbon credits, without sufficient information for communities to understand or negotiate the proposals.
	06 **Lack of fishing regulations**, especially for arowana and arapaima.
	07 **Uncertain territorial status of four communities on the Putumayo River** that belong to CIMTAR but lie outside the Indigenous reserve.
	08 **Territorial aspirations that could generate conflicts with other settlements in the Forestry Reserve.**
	09 **Lack of sustainable economic opportunities for Indigenous families** (e.g., venues to sell farm products, projects to process and market non-timber forest products).
PRINCIPAL RECOMMENDATIONS	
	01 **Promote and facilitate implementation of CIMTAR's life plan in its entirety.**
	02 **Strengthen CIMTAR's ability to manage economic resources** through training and oversight in financial management and accounting.
	03 **Develop an action plan to mitigate the risks of mercury pollution and poisoning.**
	04 **Recognize and disseminate the surveillance, patrolling, and monitoring work** carried out by the inhabitants of the reserve.
	05 Work together with the residents of Buenos Aires, traditional authorities of CIMTAR, heads of Amacayacu and Yaguas national parks, and Peruvian and Colombian authorities **to stop illegal activities (drug processing, illicit crops, illegal gold mining) in the Cotuhé Conservation Concession in Peru.**
	06 **Resolve the legal status of the four communities** on the Putumayo River that belong to CIMTAR but are not within the Indigenous reserve.
	07 **Formulate and implement a management plan for arowana and arapaima** in collaboration with the Association of Processors and Artisanal Fishermen (APPA) of Peru.
	08 **Continue promoting exchanges between the Ticuna peoples of Peru and Colombia** (cultural, linguistic, and territorial strengthening).
	09 **Strengthen the Council of Elders** for territorial management and the recovery of traditional practices, such as farmland management.

5. AMACAYACU NATIONAL PARK (Colombia)

Opportunity: A stunning and healthy park, where effective management is coordinated with neighboring territories and includes monitoring and research activities in the northern sector.

Amacayacu National Park (293,500 ha)

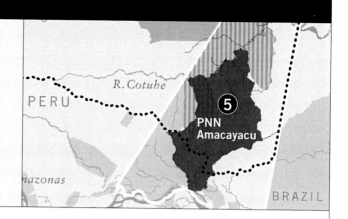

| PRINCIPAL ASSETS FOR CONSERVATION | 01 | **A spectacular national park** with megadiverse lowland Amazonian forests and: |

PRINCIPAL ASSETS FOR CONSERVATION

01 **A spectacular national park** with megadiverse lowland Amazonian forests and:

- **An experienced team,** including the head of the park, technical professionals, and park rangers.

- A management plan agreed upon by prior consultations with neighboring Indigenous reserves.

- Agreements with neighboring communities.

- **Successful experiences in ecotourism and environmental research,** with leadership from researchers in and of the communities.

- **Numerous scientific studies of biodiversity,** especially in the southern sector.

02 **Important and increasingly strong ties with neighboring Yaguas National Park in Peru,** through which staff share strategies and information **to improve environmental governance** in the parks and along the Peru-Colombia border.

03 **Successful experiences working together with authorities to combat illegal activities,** especially drug-trafficking and illegal gold mining.

PRINCIPAL THREATS

01 **Illegal activities backed by political power,** especially:

- **Drug-trafficking and coca plantations along the Amazon, Atacuari, Putumayo, and Cotuhé rivers.**

- **Illegal gold mining. Although** mining occurs here on a much smaller scale than in the Caquetá River of Colombia or in southeastern Peru, **dredges operate on the Cotuhé River on the northern border of the park and on the Purité River along the southeastern border.** Dredge numbers vary, but have reached up to a dozen in each river.

02 **The high costs of managing the protected area** and the lack of resources for in-depth management in the northern (Cotuhé River) and southeastern (Purité River) sectors.

03 **Pressures on the southern sector of the park,** where threats are stronger and include infrastructure projects and uncontrolled migration and colonization.

PRINCIPAL RECOMMENDATIONS	**01 Strengthen the management and sustainability of the park**, with an emphasis on the north and central/southeast sectors:

- **Secure adequate financial resources** to expand staff presence and do more work with neighboring communities.

- **Follow up on the agreements of the prior consultation with neighboring Indigenous territories** (Ríos Cotuhé and Putumayo and Uitiboc).

- **Establish a binational presence on the border with Peru, in coordination with Yaguas National Park,** via a checkpoint in the community of Buenos Aires.

02 Carry out scientific, social, and biological research along the Purité River, a very important area for management, given its ecological value (blackwater river draining white sand areas), importance as a southeastern boundary of the park, and direct connection to the Brazilian communities along its lower reaches.

03 Use successful experiences on the Peruvian side to develop arapaima and arowana management plans in collaboration with communities.

04 Verify the status of the proposed Puerto Nariño-San Martín de Amacayacu highway. If there is real interest in construction of the highway, assess the magnitude of the threat to Amacayacu National Park and develop mitigation plans.

This analysis is the result of a workshop we held on 26–27 November 2019 in Leticia immediately after the fieldwork, during which the biological and social teams integrated results from their respective findings. The collaborative, consensus-based workshop included key representatives of governmental institutions of both Peru (IIAP, SERNANP) and Colombia (Sinchi Institute, the Colombian park service, and the Gold Museum of the Bank of the Republic of Bogotá).

Technical Report

REGIONAL PANORAMA AND SITE DESCRIPTIONS

Author: Corine Vriesendorp

REGIONAL PANORAMA

The Putumayo is one of the smallest of the 18 principal tributaries of the Amazon River, and its watershed represents a mere 1.7% of the Amazon basin. Despite its small size, it stands out. The Putumayo is the only tributary draining the Andes mountains without dams or planned dams (Latrubesse et al. 2017), and it remains free-flowing. The Putumayo watershed supports a high biomass of standing trees, and is among the hotspots of above-ground biomass in the Amazon basin (Asner et al. 2012, 2014). Peatlands, with substantial stores of below-ground carbon, are scattered along the river and its tributaries, including the Yaguas and Cotuhé rivers. Deforestation in the Putumayo watershed is almost entirely restricted to the Andes, with a mere 1% deforestation over the last 16 years (Hansen et al. 2013). For plants, mammals, birds, and amphibians, the Putumayo is one of the most biologically diverse places in the world. Compared to other Andean tributaries (range of conductivities; Ríos-Villamizar et al. 2020), the Putumayo's water has the lowest nutrient levels (~20 µS cm^{-1}).

Culturally, the Putumayo boasts at least 13 different indigenous groups—the Cofan, Inga, Murui, Bora, Ocaina, Yagua, Secoya, Maijuna, Kichwa, Ticuna, Siona, Cocama, Muinane, Nonuya, Andoque, Resígaro, Miraña, Kichwa, Inga, and others—several of them living in multi-ethnic communities or territories, and organized under associations and federations. One hundred years ago, during the Rubber Boom, tens of thousands of indigenous people were enslaved and killed in the Putumayo. The cultural trauma of the Rubber Boom continues to be felt today, with many indigenous groups reduced in size, displaced from their ancestral territories, and scattered along the Putumayo and its tributaries (Chirif 2011). Some groups—the Ticuna in particular—remain in their traditional lands.

The Putumayo Biological and Cultural Corridor

The Putumayo watershed covers ~12 million ha and is split between 4 countries: Colombia (~5 million ha), Peru (~5 million), Brazil (~1.5 million), and Ecuador (~0.5 million). About 40% of the watershed is within indigenous territories, 20% in conservation areas, and 15% in proposed new conservation areas in Peru. The remaining landscape is a mix of forestry concessions, oil concessions, and undesignated public lands. Taken together, the Putumayo is an opportunity to consolidate a tremendous biological and cultural corridor in one of great remaining intact forests in the world.

While much work has been done to safeguard the Putumayo for the long term, challenges remain. Consolidating the management and conservation of the upper Putumayo remains an urgent priority, especially in Colombia, given the interest from oil companies and road development, and the fragility of the Andean piedmont. At the time this report was written, the resurgence of the armed conflict in Colombia made this a terrifically difficult and dangerous place to work.

Already there is a huge commitment to conservation by several countries in the Putumayo watershed. A complex of protected areas at the Peru-Colombia-Ecuador border—Güeppí-Sekime, Airo Pai, and Huimeki in Peru, La Paya in Colombia, and Cuyabeno in Ecuador—lies at the center of the Putumayo basin. Here the three countries are coordinating management of the protected areas. Between the trinational frontier and the lower Putumayo is a 600-km expanse of indigenous territories on either side of the Peru-Colombia border— the Predio Putumayo indigenous reserve in Colombia, and dozens of native communities in Peru. The lower Putumayo is the other urgent priority, both the stretch traversing Peru and Colombia, and the Brazilian portion of the Putumayo (where it is known as the Içá).

Our inventory focused on one of the remaining priorities in the lower Putumayo: the Bajo Putumayo-Yaguas-Cotuhé region, a forested wilderness shared by Peru and Colombia. The area is home to a diverse group of local people living within a complex of conservation areas, indigenous territories, forestry concessions, and other public lands. The largest town in Colombia is Tarapacá (~1,000 residents), located at the mouth of the Cotuhé along the Putumayo River. The largest settlement in Peru is Huapapa (~400 people), an untitled community along the Putumayo, about 50 km upriver from the mouth of the Yaguas River.

The region is inhabited by indigenous people, many of them descendants of the survivors of the Rubber Boom, as well as more recent arrivals including *campesinos* or *colonos*, some of whose forefathers arrived to fight in the Colombia-Peru war in the 1930s; members of a religious sect known as the *Israelitas* who believe the Amazon is the promised land; armed forces of both Colombia and Peru; and remnant armed groups from the Colombian civil conflict that control the drug trade. Altogether, about 7,000 people live in the Bajo Putumayo-Yaguas-Cotuhé region.

Conservation context

Three parks anchor conservation in this part of the Putumayo: Colombia's Río Puré National Park (900,000 ha) to the north and Amacayacu National Park (293,500 ha) to the south, and Peru's Yaguas National Park (868,000 ha) to the south. In the upper Cotuhé of Peru there is a conservation concession (~220,000 ha). In Colombia there are two large indigenous reserves: the Resguardo Indígena Ríos Cotuhé y Putumayo (245,227 ha), administered by the traditional authorities of the Cabildo Indígena Mayor de Tarapacá (CIMTAR), and the Resguardo Indígena Uitiboc (95,448 ha) administered by the Asociación de Autoridades Indígenas Tradicionales de Tarapacá Amazonas (ASOAINTAM). In Peru, there are 13 native communities ranging in size from ~7,000 to ~15,000 ha,

overseen by two indigenous federations: Federación de Comunidades Indígenas del Bajo Putumayo (FECOIBAP) and Organización de Comunidades Indígenas del Bajo Putumayo y Río Yaguas (OCIPBRY). Between the Putumayo River and Río Puré National Park there is a 426,000-ha expanse of forestry reserve (Reserva Forestal de Ley Segunda). Between Yaguas National Park in Peru and the indigenous communities along the Putumayo River there is a 347,222-ha expanse of undesignated public lands.

Geology, soils, and climate

Millions of years ago, a giant paleolake or paleowetland known as Pebas covered this part of the Amazon. In northern Colombia, marine waters mixed with the paleolake, and today there are mollusks in the soils derived from Pebas. With the uplift of the Andes, a process of sedimentation filled in the wetland, and covered parts of the landscape. The soils in the Bajo Putumayo-Cotuhé are a mix of the more fertile Pebas soils, and the poorer soils of the lower Nauta Formation deposited on top of them.

The region's climate is wet and warm with no dry season. Mean annual precipitation is 2,846 mm in Leticia and 2,853 mm in Tarapacá. July is the driest month, with a monthly mean precipitation of 131 mm, while March is the rainiest month (319 mm). Mean annual temperature in Amazonas Department is 24–26°C. The warmest month is November (monthly average of 26.4°C in Leticia), and the coolest is July (25.1°C).

BIOLOGICAL INVENTORY SITES

Our biological campsites were located to sample the four principal land-use categories in the region: undesignated public lands (Quebrada Federico campsite, Peru), forestry concessions (Caño Pexiboy, Colombia), indigenous territories (Caño Bejuco, Colombia), and national parks (Quebrada Lorena, Colombia).

QUEBRADA FEDERICO CAMPSITE

Dates: 5–9 November 2019

Coordinates: 02°31' 34.7" S 70°39' 17.2" W

Elevational range: 85–111 masl

Short description: Floodplain forests, *Mauritia* palm swamps, *varillal* pole forests on peat, and upland forests on intermediate terraces around a temporary campsite on the west bank of the Federico Creek, a white-water tributary of the Putumayo. Located roughly 7.6 km SSW of the Tres Esquinas indigenous community and 12 km NNE of Yaguas National Park, and surrounded by 21 km of trails that provided access to both sides of the creek.

Administrative units: Yaguas District, Putumayo Province, Loreto Region, Peru

Land-use class: unclassified federal land (*tierras del Estado de libre disponibilidad*)

Hydrographic context: Putumayo watershed (MINAG and ANA 2009)

Straight-line distance from other campsites: 91 km to Caño Pexiboy, 89 km to Caño Bejuco, 96 km to Quebrada Lorena

We camped on a small bluff overlooking the Federico Creek, 7.6 km from the Peruvian community of Tres Esquinas but still on the broad floodplain of the Putumayo River. We arrived by helicopter, a 90-minute flight from Iquitos. As we approached from the air, we crossed over a series of small linear hills. In the distance we could see the Putumayo, and below us the Federico Creek draining a complex of palm swamps, flooded areas, stunted forests, and forested levees.

This campsite, our only one in Peru during the inventory, was chosen in a meeting in the indigenous community of Remanso by representatives of the local indigenous federation (FECOIBAP). At the time of the inventory it was unclassified federal land (*tierras del Estado de libre disponibilidad*). Given its location between titled indigenous communities to the north and Yaguas National Park to the south, its use and *de facto* management by indigenous communities for hunting, fishing, and other natural resource harvests, and its declaration by the Loreto regional government as a priority area for conservation, in recent years this area has been proposed as a direct-use conservation area.

At this campsite we explored 21 km of trails that crossed levees, inundated forests, swampy splays, a few small hills, and a series of low-diversity stunted forests known locally as *varillales*. Our surveys here were concentrated in flooded forests and riverine habitats, with only about a kilometer of trail through low hills. One of our trails included about 2 km of a trail built by the Peruvian park service. That trail runs 32 km from the Putumayo (7 km upriver from the indigenous community of Tres Esquinas) to a park guard post on the Ipona Creek within Yaguas National Park. In addition to the trail system we also surveyed birds, bats, and plants from the heliport, a 60 m-wide opening in the forest created by our advance team.

Named for a man who explored it decades ago, Federico Creek is relatively poor in nutrients, with a conductivity of 9.5 µS cm^{-1}. During our stay the creek rose and fell minimally, around 20 cm, but watermarks suggest that it typically rises about 2 m above the levels we saw. It is likely that large flood events on the Putumayo River put this campsite underwater.

At our campsite the Federico Creek was ~15 m wide, with sheer walls on both banks. All of the other creeks on this landscape drained into the Federico, with one exception: the Esperanza Creek, which drains into the Putumayo. Creeks at this site contained a mix of black and clear waters (Figs. 3J–L), were buffered by dense riparian forests, and had substrates dominated by leaf litter, woody debris, and submerged logs.

While each stunted forest at this site was dominated by a different tree species, there was substantial overlap in composition among them and many of their species are shared with stunted forests on white sands in other parts of the Peruvian Amazon (see the *Vegetation* chapter in this volume). One of these stunted forests was dominated by 2 m-tall *Mauritia* palms, creating a sensation of walking in a landscape of bonsai palms. One of our major revelations at this site was that the stunted forests occur on higher points in the landscape (by 30–40 cm). These stunted forests appear to be growing on Amazonian peat, and may be expanding over time by spilling over into marginally lower points on the landscape. Peat depths in the landscape varied from 1 m to more than 3 m.

Residents of Tres Esquinas use this area for hunting and timber extraction, and our local guides knew it well. We observed a cut tropical cedar tree (*Cedrela odorata*) along the riverbank, and some scattered shotgun shells.

However, human impacts overall appeared minimal. Mammal surveys and 20 camera traps revealed a diverse fauna, including tapir, giant anteater, deer, white-lipped and collared peccaries, as well as a moderate diversity of primates. We saw evidence of large and small felids, including claw marks on a tree, jaguar tracks, and camera trap photos of jaguar. The site had exceedingly few mosquitoes or other biting insects.

We left this campsite in boats on 9 November, descending the Federico Creek to its confluence with the Esperanza Creek and then the Huapapa Creek until reaching Tres Esquinas on the Putumayo River. We spent the night in Tres Esquinas and traveled by boat to our second campsite on 10 November.

CAÑO PEXIBOY CAMPSITE

Dates: 11–15 November 2019

Coordinates: 02°36' 49.7" S 69°50' 42.8" W

Elevational range: 90–117 masl

Short description: Upland (*tierra firme*) forests, floodplain forests, and small patches of *Mauritia* palm swamp on both sides of the Pexiboy River, a white-water tributary of the Putumayo, and around the base camp of Flor Ángela Martínez's logging concession. Roughly 10 km NNW of Pexiboy Lake and surrounded by 20 km of trails on both sides of the river.

Administrative units: Tarapacá Municipality, Amazonas Department, Colombia

Land-use class: A legal forestry concession, part of the Unidad de Ordenación Forestal de Tarapacá (Reserva Forestal de Ley Segunda, Tipo A)

Hydrographic context: Putumayo Hydrographic Zone, Lower Putumayo Hydrographic Subzone (IDEAM 2013)

Straight-line distance from other campsites: 91 km to Quebrada Federico, 68 km to Caño Bejuco, 53 km to Quebrada Lorena

This was the only campsite north of the Putumayo River, inside a 426,000-ha forestry reserve where the Colombian government grants logging concessions (Unidad de Ordenación Forestal de Tarapacá, Reserva Forestal de la Amazonia established by the Ley Segunda de 1959). This location was chosen in a meeting in Tarapacá on 30 August 2019 with loggers, fishers, indigenous people, and government agencies such as the Colombian park service (Parques Nacionales Naturales) and Corpoamazonia.

At the time of the rapid inventory there were only seven active concessions in the forestry reserve. We were housed at one of them: a logging camp run by Flor Ángela Martínez along the Pexiboy[1] River, about 13 km NNE of the Putumayo.

We reached the camp from Tres Esquinas by first traveling by boat down the Putumayo River to the mouth of the Pexiboy River, where we met Doña Flor and her crew. From there we travelled through a massive patch of the fruiting shrub camu camu (*Myrciaria dubia*) in Pexiboy Lake[2] and headed north along the Pexiboy itself. River levels were exceedingly low and we transferred to smaller wooden boats after about an hour. We advanced slowly, pushing the boats through shallow areas and over fallen trees. We spent the night at another forestry concession (Asociación de Productores de Madera Tarapacá, or ASOPROMATA), and walked 10 km the following day to Doña Flor's concession, a complex of wooden dormitories and kitchen in a 1-ha clearing that included a garden. Our equipment arrived by *peque-peque* over the course of the afternoon. During our stay the river rose rapidly, more than 1 m in 24 hours.

Our >20 km of trails traversed hills and muddy bottomlands on relatively nutrient-poor and nutrient-rich soils on both sides of the Pexiboy River. Most teams also made observations along the 10-km trail connecting Doña Flor's concession to the ASOPROMATA concession. In contrast to our first site, where much of the landscape was flooded or poorly drained, almost all of our trails here were in upland forest. Signs of active logging abounded and the forest was punctuated by big treefall gaps and crisscrossed by logging trails that led from tree stumps to the river. The overall impression was of patches of spectacular standing forest interrupted by extensive local disturbance. Again the site was almost entirely free of mosquitoes. The chigger population was booming, however, and tabanid flies continued biting botanists even during plant pressing at night.

---

1   Pexiboy is a Spanish-language rendering of the Portuguese word *peixe-boi*, the Brazilian common name for the Amazonian manatee (*Trichechus inunguis*). We did not see manatees in the Pexiboy drainage, and no one we spoke with knew the origin of the name.

2   This is the population of *camu camu* harvested by the women's cooperative in Tarapacá (see the *Natural resource use and household economy in the Bajo Putumayo-Yaguas-Cotuhé region* chapter in this volume).

The Pexiboy and the streams that drain into it have low conductivities (6.9 µS cm^{-1}). Several teams—geologists, botanists, and ichthyologists—used a *peque-peque* to sample the river. Creeks at this site contained a mixture of black and clear water (Figs. 3J–L), were lined by dense forest, and had soft substrates covered with leaf litter, woody debris, and submerged logs.

There were contrasting soil types to either side of the river: on the eastern bank richer Pebas soils at lower elevations and poorer Lower Nauta soils at higher elevations, and on the western bank especially poor sandy soils. Streams on the western bank had acidic black waters (pH 4.3 and conductivity of 30 µS cm^{-1}). The plant communities on these soils shared perhaps 20% of their species, with a terrestrial bromeliad (*Aechmea* cf. *rubiginosa*) dominating the forest understory on Pebas soils, and *irapay* or *caraná* (*Lepidocaryum tenue*) dominating that on sandier soils. Our geologists observed the contact point of the two soils along the bank upriver from camp. An undescribed bird species in the genus *Herpsilochmus* known from the less fertile soil hills of the Peruvian Putumayo was observed here, but only on the less fertile soil hills with *irapay* palms; it was absent in other forests a mere 600 m away. As at our first camp, the forest was filled with flowers and fruits and the botanists pressed about 100 collections every night.

We observed a salt lick (Fig. 3G), whose water had a conductivity of 300 µS cm^{-1}, along one of the trails. This was reportedly the only salt lick in the surrounding area, and the only one in the Pexiboy that was not in the headwaters.

Flor Martínez does not allow hunting in her concession, and during our stay we observed healthy animal communities: a large herd of white-lipped peccaries, cat tracks, woolly monkeys, and extensive tapir trails. We placed four camera traps the day after we arrived, and recorded tapirs, guans, and tinamous. We observed at least six fer-de-lance snakes (*Bothrops atrox* [Fig. 7Y]), as well as the best mimic of *B. atrox*, the false fer-de-lance (*Xenodon rabdocephalus* [Fig. 7T]).

On 16 November we left this campsite with high waters and travelled in a flotilla of boats down the Pexiboy, along the Putumayo, past Tarapacá and up the Cotuhé River to our third campsite near the Bejuco Creek.

CAÑO BEJUCO CAMPSITE

Dates: 16–20 November 2019

Coordinates: 03°08' 38.7" S 70°08' 56.2" W

Elevational range: 70–105 masl

Short description: Hilly upland forest and floodplain forest near the confluence of the Cotuhé River and the Bejuco Creek (both white water), just outside the NW corner of Amacayacu National Park. A temporary campsite on the west bank of the Cotuhé, surrounded by 20 km of trails on the western side of the river. Roughly 53 km SW of Tarapacá.

Administrative units: Tarapacá Departmental Township, Amazonas Department, Colombia

Land-use class: Ríos Cotuhé y Putumayo Indigenous Territory

Hydrographic context: Putumayo Hydrographic Zone, Cotuhé River Hydrographic Subzone (IDEAM 2013)

Straight-line distance from other campsites: 89 km to Quebrada Federico, 68 km to Caño Pexiboy, 21 km to Quebrada Lorena

We camped on the west bank of the Cotuhé River, near its confluence with Bejuco Creek and inside the Ríos Cotuhé y Putumayo Indigenous Reserve. The site was chosen five months earlier in a meeting with representatives of all nine Ticuna communities in the reserve. They encouraged us to include this campsite in the rapid inventory in order to complement the environmental evaluation they conducted in 2018 with the Colombian park service and Amazon Conservation Team-Colombia, as well to provide additional information for their quality-of-life plans. Bejuco Creek is roughly halfway between the communities of Caña Brava and Buenos Aires, the most distant communities from Tarapacá, and at the time of the rapid inventory it was poorly known to indigenous residents.

Our advance team hoped to set up camp along the Bejuco itself, but when they arrived in late October its waters were too low to travel upstream and they established camp near its mouth. Our 20 km of trails explored the floodplain of the Cotuhé River, the floodplain of the Bejuco, a complex of sharply dissected hills, and scattered poorly drained bottomlands. Trails also gave access to the three major soil types at this site: Pebas Formation soils, lower Nauta Formation soils, and alluvial deposits. We did not establish trails on the eastern side of the Cotuhé, inside Amacayacu National Park.

The Cotuhé is 70–90 m wide here and roughly 9 m deep. The Bejuco is about 30 m across at the mouth, and about 15 m wide where our trails reached the creek via the forest. During our stay the geologists and ichthyologists explored it via *peque-peque*. Creek and river conductivities are low (5–9 µS cm^{-1}) as is pH (5.5–6). Creeks at this site have a mix of black and clear water (Figs. 3J–L), with a substrate of leaf litter, woody debris, and submerged logs.

Waters rise and fall dramatically at this site. We visited during the dry season, and were told that the Cotuhé River would rise at least 3 m by March. The day after we arrived in a heavy downpour, several of the streams in the trail system had risen sufficiently that people had to swim across them. The next day these same streams had dropped enough that researchers could cross them without getting wet.

This campsite had several extraordinarily long bridges (one at least 40 m long) to cross the deeply incised streams that drain the high hills. The hillsides were steep, the ridges were long but not expansive, and our trail system crossed many of them in succession, creating an opportunity to appreciate the flora on the hilltops, hillsides, and small valleys (some of them swampy bottomlands, some of them deep gullies formed by the stream network). Closest to the Cotuhé the hills were the highest and the gullies the deepest, and both lessened as they got farther from the river.

During the advance work, William Bonell established 19 camera traps along the trail network which captured photographs of wildlife for 32 days. These images, as well as the abundant tracks in the landscape, revealed a diverse and robust fauna: jaguars, puma, ocelots, and margays; white-lipped peccaries, red and grey brocket deer, pacas and agoutis; several tapirs, a giant anteater, and many tinamous, guans, and trumpeters. In the field we observed at least one large troop (>30 individuals) of woolly monkeys, also indicative of low hunting pressure. We did not see any salt licks on the landscape, nor did local people know of any nearby, suggesting that other resources (abundant fruits, at least partially) support the plentiful fauna here. All of the animals we saw appeared robust and well-fed.

Pink-river dolphins were abundant along the Cotuhé. Our team found two bushmasters (*Lachesis muta* [Fig. 7Z]) at this site, as well as several fer-de-lances (*Bothrops atrox* [Fig. 7Y]) and an anaconda (*Eunectes murinus* [Fig. 7X]). One fer-de-lance—to the great surprise and shock of one of our researchers—was found coiled next to the latrine. Dense, persistent clouds of mosquitoes enveloped researchers in the forest, and sandflies were plentiful along the river.

This site was known to local people from Buenos Aires, the Ticuna community at the Peru-Colombia border, as they occasionally travel downriver to hunt here. Many years ago a logger was crushed by a felled tree in this area, and in 2018 a local boy drowned while diving underwater from an illegal mining boat. Locals vaguely remember someone trying to establish a house at our campsite, and we saw traces of it in a small patch of *Phenakospermum guyannense*, a giant herbaceous pioneer species that colonizes clearings. No one could tell us why this creek is called Bejuco. Lianas (*bejucos* in Spanish) were not particularly abundant here.

On 21 November we travelled an hour downriver to the mouth of Lorena Creek and the Amacayacu National Park guard station known as Cabaña Lorena, and from there walked 3 km to our campsite along Lorena Creek.

QUEBRADA LORENA CAMPSITE

Dates: 21–25 November 2019

Coordinates: 03°04' 06.2" S 69°58' 43.2" W

Elevational range: 70–110 masl

Short description: Upland forest, floodplain forest, and *Mauritia* palm swamps in Amacayacu National Park and the Ríos Cotuhé y Putumayo Indigenous Reserve, where the clear-water Lorena forms the border between the two. A temporary campsite on the west bank of Lorena Creek, surrounded by 21 km of trails. Roughly 3 km SSE of the Cabaña Lorena guard station and 32 km SW of Tarapacá.

Administrative units: Leticia Municipality, Amazonas Department, Colombia

Land-use class: Amacayacu National Park and Ríos Cotuhé y Putumayo Indigenous Territory

Hydrographic context: Putumayo Hydrographic Zone, Cotuhé River Hydrographic Subzone (IDEAM 2013)

Straight-line distance from other campsites: 96 km to Quebrada Federico, 53 km to Caño Pexiboy, 21 km to Caño Bejuco

We camped along Lorena Creek, which forms the northeastern border of Amacayacu National Park. Our campsite was inside Amacayacu and roughly 3 km SSE of the park's Cabaña Lorena guard post, established in 1989 and operational during our visit. Our trail system included three trails (15 km) inside the national park, and one trail (6 km) on the other side of the Lorena Creek, in the Ríos Cotuhé y Putumayo Indigenous Reserve. This point was chosen by the Colombian park service for two reasons: to help support their management of the northern sector of Amacayacu, and to evaluate this area's recovery from hunting and logging decades ago.

At this campsite we explored the floodplain of the Lorena, a series of low terraces and small hills on the park side of the creek, and a series of higher, steeper hills on the reserve side of the creek. As at the Caño Pexiboy campsite, we observed different soil types to either side of the Lorena. The park side is dominated by poorer soils of the lower Nauta Formation, and the reserve side by richer Pebas soils. The flora to either side of the river was also quite distinct, with some overlap but many species only seen on one bank. Conductivities of streams in the park and of the Lorena itself varied from 6 to 9.9 µS cm-1, while those in the indigenous reserve had the highest stream conductivities we saw during the inventory (25–37 µS cm-1). Here too waters were a mix of black and clear (Figs. 3J–L), all creeks ran through dense forest, and creek substrates were covered in leaf litter, woody debris, and submerged logs.

We did not visit a salt lick here, although local people indicated that there was one relatively nearby within the indigenous reserve, where more fertile Pebas soils are distinctive. The forest on both sides of Lorena Creek is quite dynamic, with natural treefalls every 400 m or so, and at least three massive treefalls occurred during our stay.

Two days prior to our arrival the creek was high enough that our food and some supplies reached the campsite by *peque-peque*. By the time we arrived the creek had dropped substantially and we carried our equipment and backpacks along the 3-km trail that connects the guard station to the campsite. We had one fewer day than planned to work at this site because of complications reaching the forestry concession the week prior. We took advantage of our 3-km hike to begin making observations on 21 November. Every day at this site we had rain, from near continuous drizzle to massive downpours. Several teams—birds and mammals in particular—likely made fewer observations here because of the rain.

All teams reported that this forest was in a very good state of conservation, especially for ground-dwelling birds (trumpeters, guans, and tinamous). None of us could remember a place where we had seen larger populations of trumpeters or guans, both in group size and number of encounters. Mammals were also abundant. During the advance work in mid-October 2019 we placed 19 camera traps at this site, and the cameras were active for about a month. The camera trap photos revealed jaguars and all four species of ungulates recorded in the inventory. We observed monkeys—tamarins, squirrel monkeys, woolly monkeys, and sakis—but the densities seemed lower than at Caño Bejuco. We placed 10 mistnets over 2 nights along the trails within the park, and captured 14 bats of 10 different species. A dwarf caiman lived in the stream below the kitchen, and happily ate discarded fish heads. Although our days and nights here were wet, many species of frogs were calling high in the vegetation but not within reach.

We observed two massive tropical cedar (*Cedrela odorata*) trees as well as several large *achapo* or *tornillo* (*Cedrelinga cateniformis*) trees within the indigenous reserve. Both these species—especially the cedar—have been heavily logged along the Peruvian and Colombian parts of the Cotuhé River, as well as north of the Putumayo in the forestry reserve, and the Yaguas River in Peru.

GEOLOGY, HYDROLOGY, AND SOILS

Authors: Robert F. Stallard, Jennifer Ángel Amaya, Pedro Botero, and Javier Salas

Conservation targets: Pure waters that communities depend on for drinking water and travel, whose concentrations of dissolved and suspended solids vary with geology, and which are vulnerable to pollution; easily eroded soils covered by a root mat that limits erosion and retains the nutrients needed by plants and animals (Figs. 3B–C); a diversity of water types, substrates, and topography that support diverse habitats, notably rain-fed oligotrophic wetlands (e.g., *Mauritia* palm swamps), some elevated, with 0.5–3-m deep peat deposits on the floodplain of the Putumayo River; scattered patches of mineral-rich soils and outcrops, called *collpas* or *salados*, which attract animals and hunters and are considered sacred in Ticuna culture; elevated areas with soils and gravel bedrock and white quartz sand with black-water streams; exposures of the Pebas Formation along the Pexiboy and Cotuhé rivers and the Bejuco and Lorena creeks, which can help define the distribution of this unit in northwestern Amazonia

INTRODUCTION

Background

The binational character of this rapid inventory makes presenting our results a challenge. The geological literature of Peru and Colombia includes abundant descriptions of the countries' geology via terminology and maps that typically stop at their national borders. Since most geological features do not recognize borders, the most complete summaries of geology tend to be of international origin and authorship. Quite comprehensive summaries of the geological history of the Amazon River system and adjacent landscapes over the past 25 million years have been published recently (e.g. Hoorn and Wesselingh 2010, Horbe et al. 2013, Menegazzo et al. 2016, Jaramillo et al. 2017, Albert et al. 2018). The most recent of these, Albert et al. (2018), includes a map (Fig. 14) of the geological characteristics associated with the main geographic landscapes in northern South America, both erosive and depositional, for the last 10 million years.

The rapid inventory was carried out within the northwesternmost portion of the Solimões tectonic basin (Fig. 14). Three structural arches are important in controlling sedimentation in the region:

1) The Vaupés Arch separates the Llanos tectonic basin to the north from the Putumayo/Napo/Marañón and Solimões tectonic basins to the south.

2) The Guyana Shield forms part of the northern edge of the Solimões tectonic basin, which is intracratonic.

3) The Iquitos Arch separates the Putumayo/Napo/Marañón tectonic basins from the Solimões tectonic basin. The Llanos and Putumayo/Napo/Marañón tectonic basins are foreland basins.

The Bajo Putumayo-Yaguas-Cotuhé region is part of an ancient floodplain that once stretched over northeastern Peru and southeastern Colombia, from the foothills of the Andes in the west and the Sierra del Divisor in the south to at least eastern Colombia. Today, the eroded remnants of this plain form terraces reaching nearly 200 m above sea level (masl) in the east and more than 200 masl in the west, characterized by nutrient-poor soils and vegetation typical of dense tropical forest. Several previous rapid inventories have encountered these terraces, including Matsés (Stallard 2006), Nanay-Mazán-Arabela (Stallard 2007), Maijuna (García-Villacorta et al. 2010), Yaguas-Cotuhé (Stallard 2011), and Ere-Campuya-Algodón (Stallard 2013).

In Peru the geology of the middle and lower Putumayo, including the Yaguas and Cotuhé rivers, has been summarized by Sánchez F. et al. (1999) and Zavala et al. (1999). Some geological studies have been carried out in the region on the Colombian side, such as the mapping for Plates 567, 568, 568 BIS, 569 and 569 BIS, scale 1: 200,000 (SGC, 2011), mainly covering the southern sector of Amazonas Department, the map "Geology, Geological Resources and Geological Threats of the Putumayo Department", scale 1:400,000 (SGC, 2003), the ORAM Project (IGAC, 1999) and the Geological Survey of the Leticia-Puerto Nariño area (Ayala and Gómez 1991).

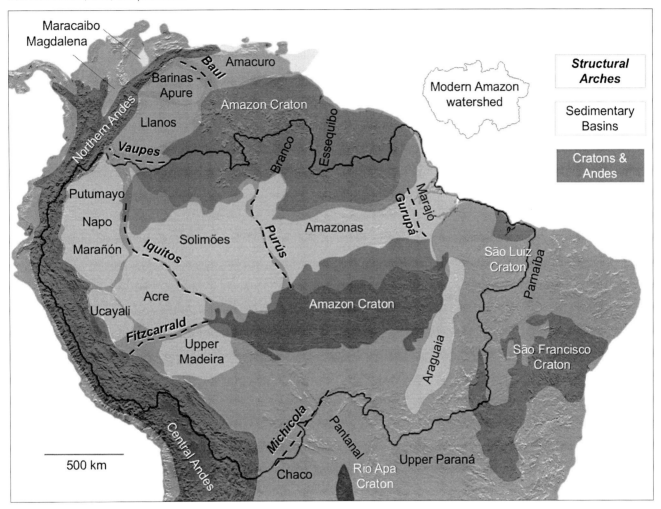

Figure 14. Geological characteristics associated with the main geographic landscapes in northern South America, both erosive and depositional, for the last 10 million years. The active uplift of the Andes forms the western edge. In the center are structural arches (dashed lines) of varied geological origins that partially delimit the sedimentary basins. In the eastern half, the cratonic areas (where the continental crust is shallow or near the surface) border the sedimentary basins. The rapid inventory sites are located east of the Iquitos Arch and south of the Vaupés Arch in the Solimões tectonic basin. Adapted from Albert et al. (2018) with permission.

Six formations and their sedimentary deposits are exposed where the old floodplain has been eroded (Table 1). The oldest is the Pebas Formation (Fig. 3D), deposited in the western Amazon over much of the Miocene (19–6.5 million years ago [Ma]; Jaramillo et al. 2017). This unit has been recorded in previous rapid inventories in Peru, including Medio Putumayo-Algodón (Stallard and Londoño 2016), and Colombia, in Bajo Caguán-Caquetá (Botero et al. 2019). The Pebas Formation was deposited under environmental conditions that promoted the accumulation of easily altered minerals, many of which release nutrients for plants and animals (e.g., calcium, magnesium, potassium, sodium, sulfur, and phosphorous). South of the Vaupés Arch, including in

the Bajo Putumayo-Yaguas-Cotuhé region, the youngest sediments are about 10 million years old (Jaramillo et al. 2017), an indication that the upper part of the Pebas Formation, which is located to the north of the arch, has been eroded.

Above the Pebas Formation is the Lower Nauta Formation (Amazonas Formation or the Upper Tertiary Amazonas in Colombia [Galvis et al. 1979], Içá Formation in Brazil [Zavala et al. 1999]; Fig. 3E), which was deposited in the Plio-Pleistocene (5–2.3 Ma; Latrubesse et al. 2007, Stallard 2011). According to Zavala et al. (1999), the Lower Nauta Formation is found at the highest elevations, for example, in the divides between the largest rivers such as the Putumayo and

Table 1. Characteristics of the geological units exposed in the Bajo Putumayo-Yaguas-Cotuhé region of Peru and Colombia.

Geologic unit and age	Lithologic composition	Geologic interpretation	Geomorphology
Alluvial deposits (Holocene –10,000 years to the present)	Fine to medium-gray sands	Floodplains of present-day meandering rivers, such as the Putumayo	Low plains, below flood depth
Deposits and river terraces (Pleistocene)	Light-gray to medium fine sands	Alluvial origin	Flat relief
Iquitos Formation	White sands	Alluvial origin	Elevated flat relief
Upper Nauta Formation/ Quaternary alluvial deposits (Early Pleistocene: 2.3 Ma)	Massive quartz sands, white towards the top due to weathering, reddish to yellowish coloration	Alluvial deposits	Intermediate to high terraces with rounded tops and short, concave slopes
Lower Nauta/Amazon or Upper Tertiary Amazónico Formation 'Arenitas del Calderón' (*El Zafire* Sector) (Pleistocene: 5 to 2.3 Ma)	Fine to medium sands, white to beige, that alter to reddish and yellowish coloration; uniformly sourced cobble-sized fragments, mainly of quartz in sandy-silty fluvial matrix	Deltaic or megafan (*sensu* Wilkinson et al. 2010)	Intermediate to high terraces with rounded tops and short, concave slopes, with heights of up to 100 masl
Pebas Formation/ Lower Tertiary Amazónico (Miocene: 19 to 6.5 Ma)	Fossiliferous blue mudstones with calcareous nodules, coal layers	Sedimentation in swamp environments influenced by saltwater through a marine connection	Rolling hills

Yaguas. This implies that the Lower Nauta Formation was deposited during the formation of the old floodplain. Around the communities of Calderón and El Zafire to the north of Leticia, a reddish succession consisting of friable sands has been informally referred to as the Arenitas de Calderón. (According to Andrés Barona-Colmenares, *zafire* means white-sand *varillal* in the Uitoto language.) The Upper Nauta Formation, which overlies the Lower Nauta Formation, occurs closer to today's rivers. This implies that the Upper Nauta Formation was deposited after initial erosion of the plain. The Iquitos Formation (White Sands Formation) is probably contemporary with Lower Nauta and consists mainly of leached white sand (Sánchez F. et al. 1999).

The Lower Nauta sediments contain considerably less nutrients than the Pebas sediments. The Upper Nauta Formation (Quaternary alluvial deposits; Zavala et al. 1999) dates from the early Pleistocene (2.3 Ma), contains even lesser nutrient concentrations than the Lower Nauta (Stallard and Londoño 2016), and is sometimes directly deposited directly on top of the Pebas Formation. The soils of the highest terraces, about 200 masl, can be millions of years old and are strongly leached with very low nutrient levels (García-Villacorta et al. 2010, Stallard 2011, Higgins et al. 2011). The Iquitos Formation is the unit poorest in nutrients and is often associated with black-water rivers and *varillal* and *chamizal* vegetation.

The fifth formation consists of several Pleistocene floodplain deposits that are nutrient-rich along rivers with Andean headwaters (e.g., the Putumayo) and nutrient-poor elsewhere (Kalliola et al. 1993). The sixth deposit is contemporary riverine sediment deposited on the modern floodplains.

Peat deposits (peatlands) are forming in the floodplains of the Algodón and Putumayo rivers (Lähteenoja and Roucoux 2010, Draper et al. 2014, Stallard and Londoño 2016). In tropical regions, these environments are referred to as peat-swamp forests, and contain organic soils with at least 30% plant debris that have accumulated under waterlogged conditions[3]. These form in swampy depressions and other low places that do not receive sediment from the erosion of uplands or flooding of the Yaguas and Putumayo rivers. Some peatlands are raised in the center and have a convex profile (Lähteenoja et al. 2009), a strong indication that they are ombrotrophic/oligotrophic and that their water and nutrients come mostly from rain.

The strong contrast between the active riverine floodplains and the uplands (*tierra firme*) is evident in shaded relief maps of the Bajo Putumayo-Yaguas-Cotuhé

---

3   Definition adopted during the 13th Meeting of the Conference of the Contracting Parties to the Ramsar Convention on Wetlands.

region (Fig. 2C). These maps are approximately 30-m resolution and were derived from the Shuttle Radar Topography Mission (SRTM) Digital Elevation Model (DEM)[4]. The Lower Nauta, Upper Nauta, and Pebas formations form the uplands (Sánchez F. et al. 1999, Zavala et al. 1999). Floodplains include older Pleistocene alluvial deposits and more recent deposits, as well as most peatlands and wetlands. The floodplains exhibit a mix of structures associated with the lateral migration of river channels. The Putumayo and almost all navigable rivers in the Amazon are strongly meandering and the migration of their channels is typically related to the growth and cutting of meander bars. The meander bars form levees (restingas/natural dikes) along the active channels. These alternate with splay deposits formed when a natural levee breaks due to flooding; these areas then become floodable depressions. When a meander is separated from the main channel, the abandoned channel usually becomes an oxbow lake (cocha/madrevieja). Large displacements of the channel result in an extensive wetland landscape that receives no water from the main river or from adjacent highlands. Most peats grow in these flooded areas that no longer receive sediment from the river. Similarly, some blackwater rivers are associated with these flat, poorly drained sites (Stallard and Edmond 1983, Stallard and Crouch 2015).

Another easily discernible feature on shaded relief maps is the regular alignment of many valleys, ridges, and borders between the uplands and the floodplain. These lineaments are believed to reflect fracturing and faulting that occurred after sediments were deposited (Sánchez F. et al. 1999, Zavala et al. 1999). The lineaments are structural elements that can organize the landscape by controlling the position of geological units, salt licks (collpas/salados), drainage channels, etc., and consequently affect the chemistry and fish communities of water bodies, as well as vegetation type and faunal composition (Stallard 2013, Stallard and Londoño 2016).

Regional geology

Although the Andes are far to the west of this region and the Atlantic Ocean is even farther to the east, both have played an important role in shaping the Bajo Putumayo-Yaguas-Cotuhé region. The Andes were formed as a result of a series of orogenies (mountain-building episodes) caused by the subduction of the Nazca tectonic plate that partially underlies Peruvian territory (Pardo-Casas and Molnar 1987). The most recent uplift of the Andes and sub-Andes is referred to as the Quechua Orogeny and occurred in three pulses designated as I (25–20 Ma), II (10–5 Ma), and III (3–2 Ma; Sánchez Y. et al. 1997, Sánchez F. et al. 1999). The Quechua II Orogeny (Miocene-Pliocene) is associated with the deposition of the Ipururo Formation, which precedes the Nauta Formation and is hardly observed north of the Napo River. The Quechua III Orogeny is associated with faults in the floodplains above the Marañón tectonic basin, including those described in the rapid inventories of Matsés (Stallard 2005), Sierra del Divisor (Stallard 2006), Ere-Campuya-Algodón (Stallard 2013), Tapiche-Blanco (Stallard and Crouch 2015), Medio Putumayo-Algodón (Stallard and Londoño 2016), and the lineaments described herein.

A variety of data indicates that the Amazon River began transporting sediment to the ocean approximately 9 Ma ago (van Soelen et al. 2017, Albert et al. 2018). The characteristics of this transport changed over time, and these changes seem to be related to tectonic events, changes in sea level, and large river captures (Caputo and Soares 2016, Hoorn et al. 2017, Albert et al. 2018). These processes may have had a great impact on the evolution of organisms and their populations within the Amazon basin.

When the Pebas Formation was deposited, more than 9 Ma ago during the Miocene, water and sediment were transported north to what is now the Caribbean. Large parts of the Amazon plain, to the east of today's Andes, were wetlands connected to the north with the Caribbean, through a channel to the east of the current Andes (Hoorn et al. 2010a, 2010b, Jaramillo et al. 2017). The Pebas Formation sediments indicate two short episodes of marine influence (Hovikoski et al. 2007, Jaramillo et al. 2017). The continuous rising of the Andes and the Vaupés Arch between the Amazon and Orinoco basins helped establish the current drainage system flowing east to the Atlantic Ocean around 9 Ma ago.

The Purús Arch (central Brazilian Amazon) was the eastern limit of the basin in which the Pebas Formation was deposited. The elevation of the Vaupés Arch in southern Colombia and the breaching of the Purús Arch

---

4   http://www2.jpl.nasa.gov/srtm/

seem to have played an important role in the initiation of river transport to the east. For still undetermined reasons, the sedimentary basins adjacent to the Peruvian central Andes and west of the Iquitos Arch were not the main sediment sources of the early Amazon river system. Sophisticated geochemical studies of sediments from the Içá Formation (the Brazilian equivalent of the Lower Nauta) indicate that these sediments were derived from the Putumayo region and southern Colombia or possibly from southwestern Brazil and the southern Peruvian and Bolivian Andes (Horbe et al. 2013). Contemporary sediments and those deposited on younger terraces of the Içá Formation are largely derived from the Peruvian Central Andes, indicating that the Iquitos Arch was breached or dissected by erosion, thereby expanding the Amazon River basin and capturing the hydrographic basins to the west. This scenario seems most likely because the Nauta sediments and other contemporary sediments were deposited on and to the west of the Iquitos Arch in the form of a great floodplain or megafan (Wilkinson et al. 2010), similar to the Llanos of Colombia and Venezuela or the fan of the Pastaza river, which currently crosses Peru and Ecuador. Wilkinson et al. (2010) called this sedimentary deposit the Putumayo-Caquetá Megafan and to the west the first Pastaza Megafan.

Sea level fluctuation seems to have played an important role in the configuration of the Amazon valley. High sea levels can promote the formation of terraces up to 3,000 km from the ocean via decreased river gradient, and low sea levels favor deep incisions in upstream valleys via increased river gradient. When sea level was low, the Amazon and its tributaries cut deep valleys into their channels, perhaps as far as Peru (Klammer 1984, Irion et al. 1994, Stallard 2011, Albert et al. 2018). When sea level was high, these valleys filled with sediment, forming a vast alluvial plain (peneplain) or a megafan, and the still higher lands were eroded down until they reached the same level. Because we have a reasonable idea about the global sea-level history (eustatic sea level; Miller et al. 2005, Müller et al. 2008), the ages of these terraces can be estimated.

The Pliocene began with high sea levels: 49 m at 5.33 Ma and 38 m at 5.475 Ma. The former was one of the highest levels in many millions of years, and probably

had a strong impact on sediment deposition along the Amazon floodplains. Numerous sea level oscillations followed, the lowest being -67 m at 3.305 Ma, during which older sediments would have been deeply dissected by erosion. At the beginning of the Pleistocene (2.6 Ma) sea level increased twice (25 m at 2.39 Ma and 23 m at 2.35 Ma). The Lower Nauta and Upper Nauta Formations and the Iquitos Formation, near Iquitos, and the Içá Formation to the east, were deposited from the Pliocene into the Pleistocene, after the most recent pulse of uplift in the northern Andes and probably after the lowest sea level at 3.305 Ma (Sánchez F. et al. 1999, Latrubesse et al. 2007, Stallard 2011, Stallard and Zapata-Pardo 2012, Stallard and Crouch 2015). The contact between these formations and the Pebas Formation is slightly undulating, an indication of erosion (Sánchez F. et al. 1999).

What followed was the formation of the ice sheets and associated glaciations that created huge oscillations in sea level that increased in amplitude over time. The last large terrace was formed 120,000 years ago, during the last interglacial period, when sea level was 24 m higher than today, being the highest since the 25-m record 2.39 million years ago. This was followed by the third lowest sea level, of -122 m, 20,000 years ago, the lowest recorded in many millions of years (the other lowest levels were -124 m at 630,000 years ago and -123 m at 440,000 years ago). Sea level rose rapidly, and in 20,000 years, the Amazon River filled its valley with sediment. Large tributaries that do not carry much sediment, such as the Xingú, Tapajós, Negro, Coarí, and Tefé rivers, have not yet filled in their valleys and have estuary-like lakes called *rias* at their mouths.

The mostly alluvial, younger, and lower terraces observed in all camps probably reflect local changes in hydrology, such as discharge, sediment sources, and a base level that may have been affected by local climate and tectonics.

Soils and geology

Soil characteristics and associated plant communities appear to be strongly related to the underlying geological units (Table 1). In the absence of bedrock exposure, and only based on local topography and surface soils, the Pebas, Lower Nauta, and Upper Nauta formations are difficult to distinguish. The soils of the Pebas Formation are richer in cations and relatively fertile, while those of the Plio-Pleistocene formations are poorer in nutrients. The development of a thick (5–25 cm) and continuous root mat over all the topographic elements of the landscape (lower parts, slopes, including steep slopes, and the uplands; Figs. 3B–C) is indicative of extremely poor substrates, and is it has been experimentally demonstrated that this mat plays an important role in the efficient recycling of nutrients and therefore in nutrient retention (Stark and Holley 1975, Stark and Jordan 1978). Where this mat of roots is present it also covers the trunks of fallen trees, wraps hard fruits, and climbs the trunks of the palm trees where it grows into the fallen litter trapped in leaf scars. Soils that come from the sediments of the Lower Nauta and Upper Nauta formations are covered with the root mat, whereas soils developed from the rocks of the Pebas Formation lack this root mat (Stallard 2005, 2007, 2011, 2013). It should be noted that the topographic expressions of the Pebas and Upper Nauta formations are almost identical. Most of the soils associated with floodplains of non-Andean rivers, such as the Yaguas and Cotuhé, have a well-developed root mat. Waterlogging on the plains could be an additional factor in the formation of the root mat. Higgins et al. (2011) used satellite imagery, SRTM topography, soil composition, and plant inventories to demonstrate that the contrast between the Miocene Pebas/Solimões formations and the Plio-Pleistocene overlying formations (Nauta/Içá formations, or rather, the terraces of these formations) is especially strong in the central western Amazon lowlands. Despite the contrast in soil nutrients and the composition of the associated plant communities, in general the plant diversity of the two soil types does not differ markedly (Clinebell et al. 1995).

Economic geology

The northern boundary of the Marañón/Napo/Putumayo tectonic basin is very important for oil production in Ecuador and Peru, and begins west of the Iquitos Arch, just south of the Putumayo River (Perupetro 2012). The basin deepens dramatically to the south. There are no data from exploratory seismic lines in Peru to the north and east of the Iquitos Arch (Perupetro 2012), indicating that the sedimentary deposits to the east of the arch are not considered deep enough to create oil from buried organic matter, and that oil that migrated from reservoir rocks in the Marañón/Napo/Putumayo basin cannot cross the Iquitos Arch (Sánchez F. et al. 1999, Higley 2001). Therefore, there do not appear to be any oil reserves in the Bajo Putumayo-Yaguas-Cotuhé region.

Despite the low gold concentrations in the lower Yaguas-Cotuhé (Zavala C. et al. 1999), gold is occasionally mined with dredges along the Putumayo and to a lesser extent along the Cotuhé. This mining is illegal, since there are no mining concessions in the Putumayo or its tributaries, and it is extremely polluting due to the use of mercury, which once released into the environment is toxic to ecosystems and human health, which has already has been documented in measurements of elevated mercury concentrations in fish and the inhabitants of the region. The concentrations measured in some water exceeded the maximum permissible value for the water, reaching concentrations of up to 0.003mg/l Hg (Cano et al. 2016). It is very likely that the Putumayo gold comes from the Andes, whereas the gold from Cotuhé and Yaguas comes from the sedimentary rocks described above.

CARBOCOL carried out economic studies (Ayala and Gómez 1991) and a geological reconnaissance of the area between Leticia and Puerto Nariño to evaluate the economic potential of coal seams reported in the area. That reconnaissance classified the coals according to the American Society of Testing Materials (ASTM) as lignite A and not economically significant for extraction.

METHODS

To study the Bajo Putumayo-Yaguas-Cotuhé landscape, we visited four sites (see Figs. 2A–D and 4C–F and the *Regional panorama and site descriptions* chapter in this volume). These sites presented differences in hydrology, topography, and vegetation, allowing a comparison of several different environments. The Quebrada Federico campsite was located on the banks of a floodplain creek and was our only campsite in Peru. The Caño Pexiboy campsite was located on the left bank of the Pexiboy River, in a complex landscape with upland and flooded areas and was our only campsite north of the Putumayo River. The Caño Bejuco campsite was located on the left bank of the Cotuhé River and provided access to a complex landscape with upland and flooded areas. The Quebrada Lorena campsite was located on the left bank of Lorena Creek, 3 km from the right bank of the Cotuhé River, in a complex landscape with upland and flooded areas.

Fieldwork focused along trail systems and some drainages and river banks at each campsite. We used a Garmin GPSmap 62STC GPS, which works well under the forest canopy and allows for taking notes for each location point, georeferencing photos, and reviewing route elevation profiles. Care must be taken because some variations in elevation are caused by changes in atmospheric pressure. We made observations at many of the 500-meter trail marks and on distinctive features such as streams, erosional features, and outcrops. Among the characteristics examined were topography, soil, leaf-litter appearance and root mat, and water properties. Some features were photographed.

To describe the drainage and water chemistry in the region, we examined as many streams as possible in each camp, completing 58 site measurements. We recorded the geographic location, elevation, qualitative speed of the current (stagnant, slow, moderate, fast, very fast), water color, bed composition, bank width, and bank height. For larger streams, rivers, and lakes, specific conductance, pH, and temperature were measured with a portable ExStick® EC500 (Extech Instruments) instrument calibrated for measuring pH and conductivity (Appendix 2).

We measured pH, electrical conductivity (EC), and temperature on site. Water pH was also measured using ColorpHast pH measuring strips. All pH meters eventually failed, presumably due to wet and rainy conditions, so we had to rely on the pH strips.

A selection of samples was collected to measure pH and conductivity at the U.S. Geological Survey in Boulder, Colorado (Appendix 2), where working conditions were more favorable than in the field, and for determination of suspended-sediment concentrations. Two 30-mL samples of water were collected at each sampling location: one to determine the suspended solids and the other to measure pH and conductivity. Two 120-mL samples were also collected at these sites for a subsequent comprehensive analysis of the major constituents and nutrients. This sample was sterilized

using a Steripen using ultraviolet light in a 1-L Nalgene bottle. The samples were kept limiting the variation in temperature and exposure to light. The concentration of suspended sediments was measured by weighing the air-dried filters (0.45-micron Nucleopore polycarbonate filters) from known volumes of samples.

The methodology followed for the analysis and description of the soils is based on the general standards used by IGAC (Instituto Geográfico Agustin Codazzi) for both field soils and laboratory analyzes (IGAC 2006, 2014).

To collect soil profiles, transects were made on the pre-established trails at each campsite. Descriptions of landscape and soil conditions were made because important variations were found in these. Observations were also made along the banks of rivers and streams, complementing what was observed along the trails.

To define horizons, sampling was performed using an Edelman-type Dutch auger that removes soil samples every 20 cm until completing 2 m (Fig. 3A), measuring the depth at which changes in soil color and structure were observed. From observed characteristics such as color, texture, plasticity and grain size, soil horizons were identified and assigned a denomination (types A, B, or C). Color was determined *in situ*, using a color table for soils (Munsell Color Company 1954). The data were recorded in preformatted data sheets designed not to omit any information.

The auger holes were georeferenced using the GPS. In total, 49 soil profiles were described, yielding 160 samples for laboratory analysis. These were sent to the Terrallanos Soil Laboratory in Villavicencio to determine percentages of sand, silt and clay, pH, macronutrients (N, P, K) and micronutrients (Fe, Cu, Zn, Mn, B), and interchangeable cations.

On the banks of rivers and major tributaries, where erosion exposes materials that are normally found at greater depth, we were able to identify the sequence of units present in the area. For the lithological or type description of materials we used a geological hammer and magnifying glass (10x). Structural features such as stratifications, lineaments, fractures, and faults were measured with a Clark-type German-made compass, which provides the inclination angle and azimuth, in degrees with respect to the north, for the plane. In order to better observe characteristics such as color, composition and texture, the weathered surface was cleaned. Once significant changes were observed, the thickness of each unit in the sequence was measured with a tape measure and the changes recorded as column depth vs. lithology. Each unit was sampled for laboratory analysis that allowed for microscopic description.

The depth of peat deposits was measured using a 3-m long wooden stick. The stick was inserted until strong resistance was encountered, when the tip of the stick touched the clay bed. The depth of the peat was then measured as the distance from the top of the peat to the clay film.

At each site we had two maps prepared by the geographical information system (GIS) team at the Field Museum. One was derived from the 1-arcsecond (about 30 m) DEM synthetic aperture SRTM produced by NASA and the USGS[5]. This DEM maps the canopy top, not the soil surface, which complicates the derivation of the drainage network. Another was a Landsat image of the vegetation in false color having the same resolution.

In the field we used another mapping tool, the iPad application Avenza PDF Maps[6]. PDF Maps shows a base map, the maps already described, geolocated in PDF format (GEOPDF) with the user's location superimposed. Routes and location points can be generated or added to the map, during or after field work. These maps proved to be a powerful tool to assess one's position in a densely covered forest landscape.

Lineaments were identified using the GIS Global Mapper 20.1[7] by simulating landscape illumination across a wide range of angles, allowing ridges and valleys that run perpendicular to the lighting direction to protrude. The lines were drawn within the GIS on these characteristic features to be used later for inference of faults.

RESULTS

We built a physical model of the area after determining the pH and conductivity of the water courses, visiting outcrops along the trails, measuring the depths of the peat deposits, and recording observations on the landscape, soils, and root mats. We found distinctive features of geological formations that may be related to water and landscape. The results are summarized in Table 2, which also includes information from other rapid inventories in the Putumayo basin.

In general, for landscape elements, we defined two macro-landscapes and three types of landscapes:

1) Floodplain of the Putumayo River

   – Low Terraces
   – Intermediate Terraces

2) Dissected plain of the Plio-Pleistocene floodplain (Lower Nauta/Upper Tertiary Amazon Formation)
   – Low Terraces
   – Intermediate Terraces
   – High Terraces

Quebrada Federico campsite

This campsite was located on an old Holocene floodplain of the Putumayo River, three-quarters of the distance between the Putumayo and some hills. Due to a lack of outcrops and stream cuts in the hills, it was not possible to identify the parent rock or its age, but it must be pre-Holocene. The only soil sampling at the top of the first hill in the upland had some sand that may signify one of the units of the Nauta Formation. Almost all of the elevated terrains in the floodplain are levees (restingas/natural dikes) of various Holocene ages that form a variety of terraces. Near the hills, levees are formed next to the streams that come out of the hills.

The camp is on an intermediate terrace of the Putumayo River, within which basins have formed and filled with *Mauritia* palm swamp forest. The trail north of the camp marginally reached the level of high terraces. The ecotone is levees, *varillales*, and swamps or peat bogs. Up to 3 m of peat or organic matter accumulation were measured in the trail to the northwest of camp. South of camp were two peatlands that sat 40–60 cm higher than the adjacent soil level, which was comprised of gray silt.

Water measured in seven streams had conductivities between 6 and 11.8 µS cm-1, and pH between 4.12 (very low) and 5.47. The streams were between 3 and 6 m wide, with slightly turbid waters, and a slow to moderate flow.

5   http://www2.jpl.Nasa.gov/srtm/ and http://earthexplorer.usgs.gov/

6   http://www.avenza.com/pdf-maps

7   http://www.bluemarblegeo.com/products/globalmapper.php

The soils comprised a very thin A horizon (<20 cm), where the roots were concentrated. They were mainly clayey-silty, with a BCg horizon having concretions of iron oxides. Twelve auger holes were analyzed and 47 samples collected.

The observations made are very similar to those from the Bajo Algodón camp of the Medio Putumayo-Algodón inventory (Stallard and Londoño 2016).

Landscape elements

Macro-landscape: Floodplain of the Putumayo River; landscape: natural levee in the floodplain. Here relief was flat convex, with slopes of 0–10%. The water table was present at a depth of 100 cm. The soil was deep, with tall forest vegetation that is frequently flooded.

The profile presented horizons A, AB, B, BC and Cg. The dominant colors were brown on the surface. Texture was loamy-silty with the clay content increasing with depth, defining a soil provisionally classified as PALEUDULT. Two soil profiles were described that presented relief from flat-concave to slightly undulating. The water table was shallow in some sectors while in others it could be found at a depth of 1 m; therefore, the soils varied from deep to shallow. The natural vegetation ranged from *Mauritia* palm swamp to tall forest. The profiles showed horizons A, AB, B, and BC, and in some cases iron concretions were found at depth. We provisionally classify them as AQUULTS and PALEUDULTS.

Macro-landscape: Floodplain of the Putumayo River; landscape: intermediate terrace. The intermediate terraces at this camp are sometimes underwater during large floods. They presented an undulating or slightly undulating relief with slopes between 5 and 20%. The soils were deep to very deep, generally covered by upland forest. Soils are affected by processes of laminar erosion and small mass movements of soil.

The typical profile was a sequence of A, AB, B1, B2, and BC horizons with brown, yellowish brown, and strong reddish-brown colors, sometimes with phenomena of gleization and dominant gray colors. We provisionally classify them as ULTISOLS.

Macro-landscape: Floodplain of the Putumayo River; landscape: upper terrace. These terraces reach more than 100 masl and present strongly undulating relief, with slopes between 10 and 30%. The soils are very deep and support tall upland forest. Erosive processes are frequent, both laminar and mass movements.

The horizon sequence was A, AB, B1, and B2, with yellowish brown and reddish-brown colors. Iron and manganese concretions are frequent in these soils. We provisionally classify them as PALEUDULTS.

Caño Pexiboy campsite

This campsite was located between the current floodplain of the Putumayo River and a divide to the north which is a remnant of the old Plio-Pleistocene floodplain. The region between the Putumayo and this divide is a well-dissected valley with depths of 140 m. Near the camp were five geological units. The Pebas Formation, which develops more fertile soils, was found at the lowest elevations along the left bank of the Pexiboy and in higher areas to the north. Above the Pebas Formation is the Nauta Formation (Peru)/Tertiary Superior Amazonian or Amazonas Formation (Colombia). The latter has sands and gravels which are found in the beds of the streams that drain this unit which is an indicator of their presence in the unit. In this formation the soils are less fertile.

Above these formations was a deposit of sand and gravel on the other side of the Pexiboy. This land is partly flat and swampy and partly hilly. Both had less fertile soils, indicated by a root mat, black water streams, and patches of the understory palm *Lepidocaryum tenue*. This formation is not part of the current Pexiboy floodplain because it is too high, and even more so farther upstream from the camp (satellite images of purple spots on the right side of the Caño Pexiboy; see Fig. 2A). Satellite images indicate that this formation is deposited on top of the Pebas and Lower Nauta/Amazonas formations. In addition, it is near a modern river. For this reason, this deposit may be equivalent to the Upper Nauta/Arenitas del Calderón Formation (El Zafire Sector). The fourth formation is the floodplain of the Caño Pexiboy. The Pexiboy is highly meandering within this plain. Finally, there is salt lick (*collpa/salado*) that occurs in a lineament, most likely a fault.

The area south of camp presented the greatest dissection, whereas the terrace to the north of camp was the least dissected. Erosional processes have shaped the landscape over geological materials, which in turn condition the characteristics of the observed waters and soils. On the Caño Pexiboy it was possible to visit three rock outcrops which allowed us to identify the extent of the Pebas Formation (Miocene) based on mudstones that are characterized, at their lowest levels, by their gray-blue color, and by the presence of mollusk fossils and trace fossils coated with $CaCO_3$. At the upper level were thin layers with a high content of organic matter, iron oxides, and fragments of leaves and stems.

In two outcrops, the first on the river bank, and the second in the uplands north of the camp, it was possible to identify a contact with a highly bioturbated, finely laminated iron oxide finite unit of light-gray mudstones. This unit is the bedrock of the soils observed south of the camp. The soils are heavy clay, with greater fertility north of the camp. On the other side of the river, west of the camp, the soils are characterized by being sandy to silty with gravel and fine sand.

These descriptions allowed us to define two geological domains, delimited by the Caño Pexiboy. On the left bank, in the domain of the Pebas Formation, there are heavy clay soils, of greater fertility, where tall, dense forests grow, with gaps that are the consequence of timber extraction and patches of the terrestrial bromeliad *Aechmea* cf. *rubiginosa* and the understory palm *Lepidocaryum tenue*. The waters were white with medium turbidity (conductivity 9 µS cm⁻¹ and pH 6).

In this domain there was a salt lick (*salado/collpa*; Fig. 3G), with puddles of water having highly variable salt content, presumably due to the entry of fresh water from the stream. However, a conductivity of 340 µS cm⁻¹ was measured. There was no indication of soil excavation by animals, who instead drink the brackish water. The salt lick is aligned in a lineament pattern that crosses the landscape with a NE–SW direction. These lineaments control or straighten sections of the creeks and streams, including the Pexiboy. The Plio-Pleistocene domain, that of ancient river sediment, on the right bank of the river, is characterized by the lower fertility of the soils which support dense patches of *Lepidocaryum tenue*. In this domain the majority of waters are white,

but in higher terraces there are black waters (pH 4.3 and conductivity of 30 µS cm⁻¹) with gravel bottoms and a greater development of the root mat.

Waters were measured at 25 sites and 12 soil auger holes were described; 2 water samples, 1 sediment sample, and 10 rock samples were collected.

Landscape elements

Macro-landscape: Dissected surface of the Plio-Pleistocene floodplain; landscape: low terrace.
The lower terraces were 3–4 m above the level of the Pexiboy River. Relief was flat undulating or flat concave, with slow drainage and puddling in small areas. However, the depth of the soils in general was sufficient for rooting of large trees and palms.
The forests have been culled for commercial wood because of easier access from the streams.

The profile presented horizons A, AB, and B, with loamy, silty loam, and silty clay loam textures. Although there was no noticeable sedimentation in this landscape, the soils were relatively young.

Macro-landscape: Dissected plains of the Plio-Pleistocene floodplain; landscape: intermediate terrace.
The intermediate terrace at this campsite was not floodable. It presented an undulating relief, with tall forests and good drainage conditions. The soils were deep with slight manifestations of laminar erosion; logging also occurred in these areas.

The profile had a sequence of horizons A, AB, B1, and B2, with brown colors on the surface and yellowish brown to reddish brown with mottling on the B horizons. Textures ranged from loamy on the surface to clayey in depth, which indicates a matured soil formation. We classify them provisionally as ULTISOLS.

Macro-landscape: Dissected plains of the Plio-Pleistocene floodplain; landscape: high terrace.
These high terraces had a strongly undulating relief, channelized in some places. Well-developed tall forests dominated, and in the understory the terrestrial bromeliad *Aechmea rubiginosa*. Erosion in the form of mass movements was frequent.

Soils were deep and presented a sequence of A, AB, B1, B2, C, and Cr horizons, with concretions of iron and manganese at depth. Colors were dark brown, yellowish or reddish brown and at depth were heavy gray clays. On the surface, textures were clay loam to clay. The probable taxonomy of these soils is OXISOLS and ULTISOLS.

Caño Bejuco campsite

This campsite was located on the left-bank floodplain of the Cotuhé River to the east of Bejuco Creek. The upland landscape here is characterized by strong undulations with a slope of 20 to 26°, forming 30-m deep ravines. *Mauritia* palm swamps are found at the base of U-shaped ravines, and streams at the base of V-shaped ones.

Small streams joining large streams have dug down to the base level, represented by the Cotuhé River; here, rocks from the Pebas Formation have been exposed at the base. These channels have dissected the landscape through sands and gravels and have steeper slopes that lead into 'canyons.' Erosional processes and associated subsurface flows were observed; these processes occur due to internal erosion and permeability contrast in the materials at a geological contact.

The outcrops of the Cotuhé River allowed identification of the contact between three geological units corresponding to the Pebas Formation, the Lower Nauta/Amazonas Formation or the Upper Tertiary Formation, and the Upper Nauta/Quaternary Alluvial Deposits. Evidence of normal NW-SE faults was also observed. This is the same direction of the lineaments that control the rivers and make the blocks that contain the lower Nauta Formation more dissected, generating a system of lifting and sinking blocks or domains.

No salt licks were recorded, but they were reported by inhabitants of the Caño Pupuña along Quebrada Correntilla, which on the shaded relief image shows a deep valley. In the Caño Pupuña, where indigenous communities have not been contacted, the traditional use of clay for pottery is reported.

Streams had conductivities between 5 and 8.9 µS cm^{-1}, pH between 5 and 6, and temperature between 24.9 and 27.4° C, with sandy-gravel and clay-sandy bottoms.

The landscape around camp was dominated by two main units. The first is of deep red and clay-loam soils, located on the highest terrace (Nauta Formation) that rests on white quartz sands, more than 2 m thick. These soils could be observed in the trails north of camp, where two complete profiles were formed. Also in this unit but located towards the middle part of the erosional slopes, two profiles of very clayey, very sticky, grayish soils were sampled. The dissection of this area is very strong, because it is in the highest part of the landscape. The depressions are small valleys in which abundant clays and white gravels were found.

The second unit was located on the low terraces along the Cotuhé River and Bejuco Creek. Five profiles were sampled on these partially flooded terraces (three along the Cotuhé and two along the Bejuco). These soils were loamy clay-gray, brownish-gray in color, and are likely underwater once or twice a year.

Landscape elements

Macro-landscape: Dissected plains of the Plio-Pleistocene floodplain; landscape: low terrace. Although these plains occur within the floodplain of the Cotuhé River, they could be part of an old floodplain of the Putumayo River, both at this campsite and at Quebrada Lorena. Some terraces appear floodable and others do not, or only in very large floods. The relief is flat undulating with slopes less than 3%.

Soil profiles showed a horizon sequence of A, AB, B, and sometimes Ab (buried horizons A). Textures ranged from loam on the surface to silty clay loam, and sometimes heavy clay at depth. Colors ranged from brownish, yellowish brown, to pale and deep gray.

Macro-landscape: Dissected plains of the Plio-Pleistocene floodplain; landscape: intermediate terrace. In the floodplain of the Cotuhé River there is flat undulating relief, with slopes of 3–7% and very deep soils covered by early succession forests due to massive landslides.

The sequence of horizons was A, AB, B1, B2, and C, which indicates mature soils with a high degree of pedogenetic development. The dominant textures were clayey and clayey clay; the colors were reddish brown and varied between gray, reddish, and yellowish.

Macro-landscape: Dissected plains of the Plio-Pleistocene floodplain; landscape: high terrace. The high terraces showed varied relief, from strongly undulating hills to relatively flat terrace tops. This is what makes them terraces, although the high degree of dissection does not give that impression in the field. They were covered with upland forest with abundant ferns and palms. Slopes ranged from 3–5% on some peaks to > 30% on slopes.

Soils were very deep, with a horizon sequence of A, AB, B, BC, up to 2C, 3C, and 4C in a site on a 30-m high bank on the Cotuhé River. The strong dissection processes were dominated by internal erosion in the AB and B horizons. Textures were loam on the surface, giving way to silty clay loam in the B horizons and fine clays, contrasting with coarse sands at depth (>2 m). Colors were brown in A horizons and reddish in B.

Quebrada Lorena campsite

The valley of Lorena Creek sits in a landscape of intermediate terraces of the Cotuhé River. This creek has its headwaters in the Plio-Pleistocene floodplain.

The trails on the left bank of the creek have a thin but dense root mat, an indication of the relatively poor soils of the lower Nauta Formation. In one segment of these trails there were no surface roots, however. The waters were similar to those at other campsites, with conductivities between 11 and 12 µS cm^{-1} (slightly higher than the 8–9 µS cm^{-1} at previous campsites), and a pH of ~6 that indicates the presence of the Lower Nauta Formation.

Soils on the left bank of the creek develop on a partially floodable terrace, quite long and wide, which seems too large given the size of the creek it borders. Here two auger samples yielded silty-clay-loam soils, which were generally gray or pale brown-yellowish. This terrace is between 400 and 800 m wide, ending with gentle slopes that connect to the high terrace, with reddish soils. Two samples were collected on these slopes, revealing reddish soils on the surface followed by pale brown and gray clays, very fine, sticky, and plastic. They had an average thickness of 80 cm and ended with abundant iron and manganese concretions, before reaching other bluish clays with traces of organic matter, wood, and fine sand lenses.

With the exception of the last 150 m, the trail on the right bank of the creek was dominated by the Pebas Formation and therefore lacked a root mat. This trail

had a stronger relief than those on the left bank of the stream, with frequent landslides and solifluction. Contacts with blue sediments were more surficial in this area, both on slopes and in depressions.

Evidence of the Pebas Formation was observed in the form of blue mudstones ~2 m deep and waters with conductivities of 21–35 µS cm^{-1} (three times higher than in the streams measured at other campsites, except for black water streams), indicating that the streams were carrying a significant amount of salts and nutrients. The presumed source of nutrients of the Pebas Formation are the shells of bivalves that contribute Ca, CO_3^{2-}, bones that contribute $-PO_4$, blue mudstones with vivianite (phosphate of Fe^{2+}) that contribute $-PO_4$, and the micas that provide K.

A highly weathered outcrop of the Pebas Formation was also noted, indicating the possible presence of a salt lick, but the water there had a conductivity of 35 µS cm^{-1}, which is too low a value. This outcrop has an expression in the terrain that denoted erosive processes conditioned by the presence of a lineament.

Landscape elements

Macro-landscape: Dissected plains of the Plio-Pleistocene floodplain; landscape: low terrace. These plains seem to correspond to the floodplains of ancient rivers. They are partially floodable in flat concave portion of the terraces; the slopes are practically flat (0–2%). The water table was not very deep (~80 cm), and the effective depth of the soils limited the natural vegetation to abundant palms, thin trees, and a low-to-medium canopy. Moisture-saturated soils featured abundant gray and brown colors with heavy silty clay loam to clayey textures at depth. These clays are impermeable and therefore water accumulates in the surface horizons of the soil, which leads us to provisionally classify them as EPIAQUEPTS and ENDOAQUEPTS.

Macro-landscape: Dissected plains of the Plio-Pleistocene floodplain; landscape: intermediate terrace. These landscapes had an undulating relief, with slopes of 3–12% and light laminar erosional processes. The soils were very deep, covered by a forest without stratification but with an abundance of palms.

The sequence of horizons in the profiles was A, AB, B1, B2, and BC; the colors were strong brown and reddish brown, with loam, clay loam, and sandy clay loam textures. We provisionally classify them as typical ULTISOLS.

Macro-landscape: Dissected plains of the Plio-Pleistocene floodplain; landscape: high terrace.
The relief on this landscape was strongly undulating to channelized, with very variable slopes (7–25%, to >30% on certain erosional slopes). Soils were very deep, covered by forests with abundant palms, but dominated by large trees. Erosion processes included laminar erosion, solifluction, and massive landslides.

The soil profiles had horizon sequences of A, AB, BC, and Cgr for ferruginous gravels and concretions that were limited by contrasting materials in depth. The colors in general were reddish brown and a variety of gray-reddish and brown in C, CR, or Cg horizons. The dominant textures were clayey.

DISCUSSION

Geology forms the foundation of the Bajo Putumayo-Yaguas-Cotuhé landscape and supports the regional ecosystems. The oldest bedrock is from the Miocene (19–6.5 Ma); of the formations present, this is the richest in salts and nutrients, with levels decreasing in progressively younger rocks. Where nutrient levels are lower in the soils, levels of dissolved salts in the creeks and streams that drain these formations are also lower and root mats are thicker. Certain combinations of water regime, substrate, and topography result in characteristic features, most notably in the case of peatlands that develop in depressions and in what were lakes or basins of the floodplain of the Putumayo River. Likewise, landscape lineaments determine the location of salt licks and can control the direction of some streams.

Soils

The main characteristics of the soils at the four campsites visited are:

- Quebrada Federico: Most soils are hydromorphic, with separations associated with small levees (*restingas*/natural dikes) of the Putumayo River floodplain.
- Caño Pexiboy: This site shows strong contrasts between alluvial soils, old terraces, and white quartz sand plains; in addition, a salt lick was identified (Fig. 3G).
- Caño Bejuco: We found intermediate and high terraces on reddish soils with active erosion. A deep profile was described that includes all the sediments between the blue clays (characteristic of the Pebas Formation) and the red soils of the high terraces, resting on thick layers of white quartz sands.
- Quebrada Lorena: This site was dominated by intermediate and high terraces with reddish soils and active erosion. We also found relatively large low terraces that could correspond to an old floodplain formed by the Putumayo River in the past.

Faults

Faults are large-scale geological fractures which can cause displacement. They create depressions and juxtapose geological units of different ages, or function as a conduit between the surface and the deeper parts of the crust. We assume, as is conventionally done, that lineaments are the surface footprints of faults that have been eroded, depressed, or lifted. At the Caño Pexiboy campsite, one of these faults passed near the salt lick that we visited and may be the route through which deep saline waters reach the surface. We did not observe any fault at the lick, where water seeped through the subsurface of a muddy area. At three campsites (Caño Pexiboy, Caño Bejuco, and Quebrada Lorena) we observed some characteristics related to the faults. One was unevenness in the contact between the Pebas and Nauta formations in different parts of the trail system. A fault is the most reasonable explanation of why the oldest formation, with its horizontal layers, is located on a higher part of the landscape. At Caño Bejuco we observed several normal faults with displacement of half a meter in outcrops.

Salt licks / *Natuü* [8]

Only one salt lick (*collpa*/salado) was found during the rapid inventory (Fig. 3G). Unlike the salt licks seen in other inventories of the Putumayo River region, this one

8   Ticuna Tagagüá language

Figure 15. Field measurements of pH and conductivity of Andean and Amazon water samples in micro-Siemens per cm (µS/cm-1), including the present and past rapid inventories. Solid black symbols represent water samples collected during the Bajo Putumayo-Yaguas-Cotuhé (BPYC) rapid inventory. The salt lick marked with an asterisk (*) is from this inventory. The salt licks marked with a hyphen (-) are from the Putumayo River valley. Solid gray symbols represent samples collected during previous inventories: Matsés (Stallard 2006a), Sierra del Divisor (Divisor; Stallard 2006b), Nanay-Mazán-Arabela (NAM; Stallard 2007), Yaguas-Cotuhé (YC; Stallard 2011), Cerros de Kampankis (Stallard and Zapata-Pardo 2012), Ere-Campuya-Algodón (Stallard 2013), Cordillera Escalera-Loreto (Escalera; Stallard and Lindell 2014), Tapiche-Blanco (TB; Stallard and Crouch 2015), and Medio Putumayo-Algodón (MPA; Stallard and Londoño 2016). The light gray open symbols correspond to numerous samples collected from other sites in the Amazon and Orinoco basins. Note that the streams at each site tend to cluster; we can characterize this grouping according to its geology and soils. In the eastern Peruvian Amazon plain, four groups stand out: acidic black waters with low pH associated with saturated and peaty quartz-sand soils, low-conductivity waters associated with the upper Nauta Formation (Quaternary alluvial deposits), slightly more conductive waters from the lower Nauta Formation (Amazonas), and much more conductive and high-pH waters that drain the Pebas Formation. The waters of the Putumayo-Medio-Algodón occupy a continuum between acidic black waters with high conductivity and clear waters with low conductivity and extreme purity. Three salt lick samples from Putumayo River valley have conductivities of more than 500 µS cm-1.

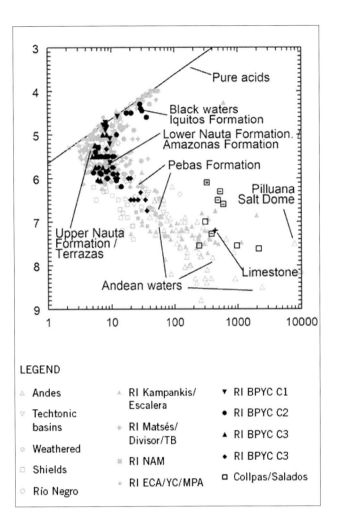

LEGEND

△ Andes	▲ RI Kampankis/ Escalera	▼ RI BPYC C1
▽ Techtonic basins	◆ RI Matsés/ Divisor/TB	● RI BPYC C2
◇ Weathered	▦ RI NAM	▲ RI BPYC C3
□ Shields	✶ RI ECA/YC/MPA	◆ RI BPYC C3
○ Río Negro		▢ Collpas/Salados

was not excavated by animals; on the contrary, it looked like an area of mud covered with numerous small puddles from which the animals drink water. This type of lick is known as a 'chupadero' by the Ticuna community, and said to be more frequented by tapirs. The salt lick found in this inventory, and all those found in other rapid inventories along the Putumayo River, are from the Pebas Formation. Like the Salado de Guacamayo and the Collpa de Iglesias observed during the Ere-Campuya-Algodón rapid inventory (Stallard 2013), the two salt licks of the Medio Putumayo-Algodón (Stallard and Londoño 2016), and the Caño Guamo salt lick recorded in the Bajo Caguán inventory (Botero et al. 2019), the salt lick we saw during the present inventory appeared to be associated with faults. In a diagram of pH vs. conductivity (Fig.15), it is marked with an asterisk [*]. All of these salt licks are powerful attractors of birds and mammals, and should be protected from intensive human activity. For Ticuna communities they are of sacred importance as they are considered malocas, and as such, sites related to the origin of the Ticuna people.

Water / Deã [8]

The Putumayo River and many of the streams we visited that drain the Pebas Formation and the Lower Nauta Formation carry substantial suspended sediments that give these rivers and streams their yellow-brown color (Appendix 2). The same was observed in the Yaguas-Cotuhé (Stallard 2011), Ere-Campuya-Algodón (Stallard 2013), and Medio Putumayo-Algodón (Stallard and

Londoño 2016) rapid inventories. The concentrations of suspended sediments in this study (Appendix 2) are lower than most of the Andean tributaries of the Amazon (Meade et al. 1979). These suspended sediments do not appear to come from surface erosion. We sampled during heavy storms, and the surface runoff always seemed clear or with little turbidity. In the same way, the root mat in the Lower Nauta and Upper Nauta landscape should limit surface erosion (Stallard 2011). Consequently, the most likely source of sediment is erosion of the channel or landslides, either through erosion caused by a decrease in the base level, or by migration of the channel. Both processes are evident in satellite images and overflights.

Ten rapid inventories have now used conductivity and pH (pH = -log (H +)) to classify surface waters in Loreto (Stallard 2005, 2006a, 2006b, 2007, 2011, 2013, Stallard and Zapata-Pardo 2012, Stallard and Lindell 2014, Stallard and Crouch 2015, Stallard and Londoño

Table 2. Physical and chemical characteristics of water sampled in creeks and streams during a rapid inventory of the Bajo Putumayo-Yaguas-Cotuhé region of Amazonian Colombia and Peru in November 2019. Geological units, sediments, soils, and vegetation are interrelated. A detailed list of pH and conductivity values is given in Appendix 2.

Lithology/Geologic unit	pH	Conductivity ($\mu S\ cm^{-1}$)	Associated sediments and soils
Peat	4.45–4.86	8.20–13.30	Organic matter up to 3 m thick, supersaturated and in a reducing environment (absence of oxygen)
Salt lick	6.1	124–326	Fine-grained muddy sand
Lower Nauta/Upper Tertiary Amazónico Formation	5.3–5.5	5.9–8.9	Fine to medium-grained quartz sands and gravels (pebbles)
Pebas Formation	6–6.5	8.3–35.8	Blue and gray mudstones, with iron oxides, calcareous concretions, and iron oxides

2016). In previous inventories, the relationship between pH and conductivity was compared to the values determined along the Amazon and Orinoco river systems (Stallard and Edmond 1983, Stallard 1985). These two parameters allow us to distinguish water draining from different formations that are exposed in the landscape (Table 2). Systematic use of pH and conductivity for surface waters is not common, in part because conductivity is an aggregate measure of a wide variety of dissolved ions. When these two parameters are graphically represented on a scatter plot, the data is normally distributed in the form of a boomerang (Fig. 15). At pH values less than 5.5, the seven-times-higher conductivity of hydrogen ions compared to other ions causes an increase in conductivity. At pH values greater than 5.5, other ions dominate and conductivities typically increase with increasing pH.

The rather humid conditions during the Bajo Putumayo-Yaguas-Cotuhé inventory complicated comparisons between the data collected there and similar data collected during the Yaguas-Cotuhé (Stallard 2011) and Ere-Campuya-Algodón (Stallard 2013) inventories to the west, since concentrations of the various solutes in rivers change with an increasing discharge. With increased discharge, the concentrations of the solutes derived from the bedrock (i.e., sodium, magnesium, calcium, and bicarbonate) tend to decrease substantially (Godsey et al. 2009, Stallard and Murphy 2014), whereas the concentrations of bioactive components (e.g., dissolved organic carbon, potassium, and nitrate) tend to increase (Stallard and Murphy 2014). Concentrations of components mostly derived from precipitation, such as chloride, decrease slightly with increased discharge, but this also depends on the composition of storms (Stallard and Murphy 2014). In the Putumayo region, salts in more dilute rivers can increase in concentration with an increase in discharge, because their waters have a large bioactive contribution, while more concentrated waters, with a strong influence of bedrock, probably decrease in concentration and therefore conductivity. The overall effect is the blurring of differences between water sources that under drier conditions appear to be more distinct.

Amazonian peat

Active peat deposition is clearly occurring on the Putumayo River floodplain. Peat cannot be deposited if there are sources of clastic sediments (clay, silt, sand, and gravel). Consequently, the peat deposits are being fed by streams of clear or black water that come from other parts of the floodplain, from the Lower Nauta or Upper Nauta Formations, or directly from rain. All of these water sources are relatively poor in nutrients, and are consistent with the mixed *Mauritia* palm swamp, or stunted *varillal* vegetation that grows within peatlands (see Fig. 3F and the *Vegetation* chapter in this volume).

The depth of the peat near the Quebrada Federico campsite was typically ~0.5 m, but reached >3 m. These depths are in the mid-range of those reported by Draper et al. (2014: Table 1) for the Foreland Basin of Pastaza-Marañón in Peru. This indicates that considerable volumes of peat are being stored in the Putumayo floodplain. Draper et al. (2014: Table 3) indicate that the carbon reserves of the peat are considerably greater than those of the forest that is growing on peat, and must represent a substantial reserve.

Two peatlands north of the Quebrada Federico campsite had an elevation about 0.5 m higher than the surrounding clastic sedimentary terrain and both peatlands had about 0.5 m of peat. One had a small cascade that came out of the *varillal* and passed over a bed of peat. This indicates that peatlands were the highest geomorphological feature in the area and that peatlands were formed on top of clastic sediments. Relative elevation is a characteristic of ombrotrophic/oligotrophic peatlands and an indication that the water and nutrients for them come mostly from rain (Lähteenoja et al. 2009).

Root mats and *Lepidocaryum tenue* as geologic indicators

During the mapping, we tried to identify the rock formations we were walking on to relate them to the vegetation we were passing through. In this inventory, we identified two key indicators: 1) the presence or absence of a root mat and 2) the conductivity of water. The absence of a root mat typically indicates that soils are relatively richer in nutrients. We found that the soils of the Pebas Formation lack a root mat. There was an almost absolute absence of the root mat on the trail on the right bank of Lorena Creek, dominated by the Pebas Formation. The Caño Pexiboy and Caño Bejuco campsites had an almost universal root mat, with the exception of the terrain over the Pebas Formation. Plant roots in the root mat play an important role in nutrient recycling in nutrient-poor landscapes, and the mass of roots is a significant carbon pool (see discussion in Stallard and Crouch 2015).

In other inventories we used the understory palm *Lepidocaryum tenue* as a mapping tool because it was an indicator, with water conductivity, of the lower Nauta Formation. Contrary to other inventories, in this inventory we saw *L. tenue* growing in almost all areas of the Pebas Formation. There was also *L. tenue* in the area with black waters and quartz sand and gravel soils at the Caño Pexiboy campsite; if this deposit is from the upper Nauta Formation it is something we have not seen before. With these two *L. tenue* observations, we can say that the species' presence or absence is not an infallible tool on its own to distinguish formations, without other complementary information, such as water conductivity and root mat.

Current geological and physiographic maps are inaccurate

Geological maps of Peru and Colombia of the Bajo Putumayo-Yaguas-Cotuhé region were mostly produced with early Landsat satellite images, satellite radars (80–100 m resolution), aerial photographs, aerial radar, and topographic maps (1:100,000), with only five geological sections measured in Peru and no well data (Zavala et al. 1999). For example, the Lower Nauta and Upper Nauta Formations were distinguished by differences in their appearance in the images. We found that the resulting maps correlated poorly with our observations in the field. Generally, we identified less Pebas Formation than is mapped, a result consistent with observations from the Ere-Campuya-Algodón (Stallard 2013) and Medio Putumayo-Algodón (Stallard and Londoño 2016) inventories. Today, 20 years after the publication of geological maps, better topographic information exists with the 1-arc-second SRTM DEM.

Our soil survey revealed areas with contrasting conditions that were not expected based on the pre-field work review. Within the macro-landscapes which were already known, we were able to characterize areas such as *varillales* and sandy terraces. These can have a very similar general appearance, but are very different in natural processes such as erosion and sedimentary sequences. This reflects the lack of comprehensive geological studies in the Colombian Amazon, without which it is easy to generate opinions that do not have a solid foundation.

THREATS

- Excessive erosion and loss of carbon pools as a consequence of land use change and deforestation are major threats. Agriculture or road construction can bury and destroy important floodplain environments including swamps, bogs, and wetland forests.

- The shortage of salts in the soils and waters makes the salt licks scattered across the landscape important (Figs. 3G–H). Developing or altering these sites would be detrimental to animals throughout the region.

- The upland soils derived from the Lower Nauta/Amazon and Upper Nauta formations/Quaternary alluvial deposits are too poor to support agriculture (including coca production) without the intensive use of fertilizers, which can damage aquatic systems downstream.

- Dredging operations and the use of mercury to extract gold are serious threats to water quality due to increased sediment volumes and the introduction of mercury into water bodies and the landscape. Unrecovered remnants of mercury remain in water bodies for centuries. Some are especially toxic, like methyl mercury, which is bioconcentrated in the food chain and can pose a serious problem for human health (Parsons and Percival 2005).

RECOMMENDATIONS FOR CONSERVATION

- Protect uplands from the erosion caused by intensive agriculture and deforestation.

- Map the distribution of salt licks in this landscape. This information can be used to plan salt lick management and prevent overhunting. Mapping geological lineaments could aid in the discovery of new salt licks.

- Monitor and minimize gold mining operations and implement restrictions on the use of mercury to protect ecosystems from damage.

- Monitor and minimize illicit crops, considering their potential for polluting water bodies via chemicals used for fertilization and eradication.

- Review and update geological, physiographic, and soil maps in Peru and Colombia, especially in the Bajo Putumayo-Yaguas-Cotuhé region, where watershed management requires the necessary background information at a detailed or adequate scale for decision-making.

- Given that the resource use map (Fig. 31) indicates sacred salt licks, current *malocas*, bronze remains, and sites with gold and pottery, there is an urgent need for anthropological and archaeological research to assess the current status of these sites.

VEGETATION

Authors: Marcos Ríos Paredes, Jose Dayan Acosta Arango, Wilson D. Rodríguez Duque, Luis Alberto Torres Montenegro, and Corine Vriesendorp

Conservation targets: Well-preserved floodplain forests and upland forests on intermediate and high terraces, which form a large biological corridor; important carbon stocks in trees and peatlands; stunted forests on peat bogs, which are poorly known and fragile habitats with specialist plants adapted to extreme wetness and drought, such as *Tabebuia insignis* var. *monophylla*, *Mauritiella armata*, *Epistephium parviflorum*, and *Retiniphyllum concolor*; an important source of timber and non-timber forest resources

INTRODUCTION

Seen from above, the Bajo Putumayo-Yaguas-Cotuhé region forms a mosaic of upland forests enclosed in a collar of peat bogs, *Mauritia* palm swamps, and flooded riparian forests along rivers and streams (Fig. 2A). The region harbors a great diversity of habitats and vegetation types that have been studied for many years, especially in Peru. Since 1999, at least 11 vegetation studies have been carried out along tributaries of the Peruvian Putumayo: 5 by the Field Museum (Vriesendorp et al. 2004, García-Villacorta et al. 2010, García-Villacorta et al. 2011, Dávila et al. 2013, Torres Montenegro et al. 2016), 4 by PEDICP (INADE and PEDICP 1999, 2004, Pacheco et al. 2006, PEDICP 2012), and 2 by IIAP (Zarate et al. 2019, Zarate, unpublished data). All of these studies include *sui generis* classifications of regional vegetation types, which use a large number of different terms and names.

This variation does not necessarily reflect a great diversity of forest types in the region, but rather a diversity of viewpoints—from classifications published by forestry and agricultural interests to those published by ecologists. For the Peruvian Amazon alone there are a number of different vegetation classification systems, including Malleux (1975, 1982), Encarnación (1993), Gentry (1993), INRENA (1995), and BIODAMAZ (2004), while for the Colombian Amazon they are less numerous (e.g., Murcia García and Díaz 2007, Murcia García et al. 2015). Adding to the complexity is the fact that most vegetation types in the region do not have clear boundaries that are easily identified on satellite images, and very few are characterized by a single dominant species. For these reasons, describing and standardizing vegetation classification in the region remains a challenge.

During the rapid inventory the botanical team described and classified five vegetation types based on field observations of substrate, topography, dominant plant species, and other features, with a view to a classification that is accessible to both broad and specialized readers.

Our goal in the inventory was to answer the following questions: What kinds of vegetation occur in the Bajo Putumayo-Yaguas-Cotuhé region? How well preserved is the vegetation? How similar is it compared to other known sites in the Putumayo watershed?

METHODS

Before the inventory

Our study commenced on 3–4 October 2019 with an overflight of the region (more details in Appendix 1). Before, during, and after the overflight we identified several different vegetation types based on observations, aerial photographs, and satellite images. This step was essential for choosing the campsites, establishing trails at each camp, and ensuring the botany team's access to a representative range of habitats. Once the campsites were selected, camps and trails were established by the advance team on 17–25 October. During that time botanist Ítalo Mesones made some preliminary notes on the vegetation at the Quebrada Federico campsite.

During the inventory

The botany team visited four campsites: Quebrada Federico in Peru and Caño Pexiboy, Caño Bejuco, and Quebrada Lorena in Colombia. For a detailed description of these campsites see Figs. 2A–D and 4C–F and the *Regional panorama and site descriptions* chapter in this volume.

We carried out an intensive, four-day botanical survey at each campsite. This included walking all of the trails at each campsite to observe, describe, and photograph various aspects of the vegetation (e.g., canopy height, type of understory, substrate, common or characteristic species). We also collected specimens of a large number of vascular plant species (for details see the *Flora* chapter in this volume). The result of this

field work was a description of the different habitats at each campsite, including lists of the plant species common in each.

After the inventory

After the field work was complete, the botany team compared field photographs and notes with the maps, overflight photos, and satellite images compiled previously in an attempt to classify the most important regional vegetation types. At the same time, we worked to identify collected plant specimens to optimize the species lists for each vegetation type.

RESULTS AND DISCUSSION

Across the Bajo Putumayo-Yaguas-Cotuhé region we observed vast extensions of well-preserved forest. As is the case elsewhere in the Putumayo basin, vegetation here varies markedly from place to place. Even relatively small areas harbor a number of different vegetation types, such that at many campsites finding a totally different vegetation type required walking less than a kilometer. Dynamic stream and river systems and strong spatial variation in water types, topography, and soils likely underlie the heterogeneity of vegetation in the Bajo Putumayo-Yaguas-Cotuhé region.

Vegetation types

During the inventory we identified five vegetation types:

- Upland (*tierra firme*) forests on high terraces, with poor to moderate soil fertility

- Upland (*tierra firme*) forests on intermediate terraces, with poor to moderate soil fertility

- Floodplain forests on the active floodplains of the Cotuhé, Putumayo, and their tributaries

- Wetland forests with variable vegetation, often dominated by *Mauritia flexuosa* palms and other trees (*Coussapoa* spp., *Ficus* spp., Myristicaceae spp., etc.)

- Stunted pole forests on peat wetlands, known in northern Peru as *varillal* or *chamizal* forest (Fig. 3F).

We also include a brief description of the small patches of secondary or disturbed vegetation observed during the rapid inventory.

The vegetation types listed above are largely in concordance with those described in previous studies of the area, such as Maijuna (García-Villacorta et al. 2011), Medio Algodón-Putumayo (Torres Montenegro et al. 2016), other areas in the Peruvian Putumayo (INADE and PEDICP 1999, 2004), and even areas in the Caquetá watershed farther north in Colombia (Correa et al. 2019). All of these classifications recognize the same two large vegetation types (*tierra firme* and floodplain forests), even if the dominant species may vary from site to site due to different levels of soil fertility. Below we provide a description of each vegetation type observed during the rapid inventory, as well as notes comparing this region to some nearby sites visited in previous rapid inventories.

Upland (*tierra firme*) forests on high terraces

Upland forests on high terraces of Pebas Formation soils

Two thirds of the landscape we visited at the Caño Pexiboy campsite consisted of this vegetation type, which was especially common on the eastern bank of the Pexiboy. Small patches of this vegetation type were observed at the Caño Bejuco and Quebrada Lorena campsites.

These forests typically grow on nutrient-rich clay soils in moderately to very hilly topography. Canopy and emergent trees exceed 35 m in height. The tree community is dominated by the families Fabaceae, Meliaceae, Moraceae, Myristicaceae, and Arecaceae, and the following species are especially frequent: *Pseudolmedia laevis*, *Cedrela odorata*, *Trichilia stipitata*, *Iriartea deltoidea*, *Astrocaryum macrocalyx/murumuru*, *Otoba glycycarpa*, and a number of species in the genus *Inga*. The understory is sparse, with leaf litter 5–10 cm thick, and is dominated by *Geonoma* and *Attalea* palms, a *Danaea* fern, and other herbaceous plants such as *Calathea* and *Monotagma*.

A very similar vegetation type (with slight variations in name) was recorded in previous rapid inventories of the Putumayo basin (Vriesendorp et al. 2004, García-Villacorta et al. 2011, Dávila et al. 2013, Torres Montenegro et al. 2016). The leading diagnostic character is relatively nutrient-rich clay soil.

Upland (*tierra firme*) forests on intermediate terraces

Upland forests on intermediate terraces of Nauta/Amazonas Formation soils

This was the most commonly observed vegetation type during the rapid inventory, accounting for 75% and 80% of the landscape at the Caño Bejuco and Quebrada Lorena campsites, respectively.

These forests grow on rolling terrain where soils are sandy and relatively nutrient-poor. Emergent trees reach 30 m, and abundant canopy trees include *Scleronema praecox*, *Monopteryx uaucu*, and *Clathrotropis macrocarpa*. Indeed, the most striking aspect of this vegetation type is the stilt-rooted tree *Monopteryx uaucu*, which was abundant at all the campsites we visited. According to local scientists, the timber of this species is very valuable.

The understory was sometimes dense and sometimes quite open, with abundant treelets like *Ampeloziziphus amazonicus*, *Rinorea racemosa*, and juvenile *Oenocarpus bataua* palms. In areas where the understory is densest, it was dominated by *Lepidocaryum tenue* and other small palms in the genus *Geonoma*. Understory composition was different where soils had slightly more clay and were poorer in nutrients, mostly dominated by the small palms *Geonoma maxima*, *G. deversa*, and *Hyospathe elegans*, and the palm *Attalea insignis*. Only at the Caño Pexiboy campsite was the understory truly dense, due to the abundance of the bromeliad *Aechmea* cf. *rubiginosa*.

This vegetation type on sandy or loamy soils appears to cover more area than any other between the Putumayo and Napo rivers. Prior inventories carried out in the Putumayo basin have reported a composition similar to that we observed in the Bajo Putumayo-Yaguas-Cotuhé inventory, especially in Ere-Campuya-Algodón (Dávila et al. 2013), Medio Putumayo-Algodón (Torres Montenegro et al. 2016), Ampiyacu-Apayacu-Medio Putumayo-Yaguas (Vriesendorp et al. 2004), and Yaguas-Cotuhé (García-Villacorta et al. 2011).

Floodplain forests

Forests on active floodplains along major rivers (Figs. 4C, 4E)

Observed at the Quebrada Federico and Caño Bejuco campsites, this vegetation type is largely determined by the seasonal flooding pulses of major rivers. Emergent trees reach 30 m over a sparse understory on nutrient-poor alluvial soils, with little leaf litter. Common trees include *Vochysia lomatophylla*, *V. venulosa*, *Eschweilera parvifolia*, *Micrandra siphonioides*, *Parkia nitida*, and the palms *Astrocaryum jauari* and *Bactris riparia*. Bromeliads, lianas, and epiphytes are also frequent.

Although the floristic composition we observed in this vegetation type is not very similar to that of floodplain forests we have visited in sites farther west (García-Villacorta et al. 2010, García-Villacorta et al. 2011, Dávila et al. 2013), the species listed in the previous paragraph were consistently present. The floodplain forests we studied during the Medio Putumayo-Algodón rapid inventory (Torres Montenegro et al. 2016) were very similar to those observed in Bajo Putumayo-Yaguas-Cotuhé.

Forests on active floodplains along smaller rivers and streams (Fig. 4F)

These forests occur along watercourses in the forest interior, which are typically nutrient-poor and acidic streams with seasonal flooding. The tree *Didymocistus chrysadenius* was abundant here under a canopy dominated by *Eschweilera gigantea*, while the forest floor was carpeted by the filmy fern *Trichomanes hostmannianum*. We observed a very similar composition in the Medio Putumayo-Algodón rapid inventory (Torres Montenegro et al. 2016). The same vegetation type has been described from the Ampiyacu and Yaguasyacu basins (Grández et al. 2001) and along the Curaray River (L. Torres, obs. pers.), both in Loreto.

The following trees were common along the Federico Stream: *Campsiandra angustifolia*, *Macrolobium acaciifolium*, *Zygia unifoliolata*, *Luehea grandiflora*, and *Bactris riparia*. Similar vegetation was reported in the Maijuna, Yaguas-Cotuhé, and Ere-Campuya-Algodón inventories (García-Villacorta et al. 2010, 2011, Dávila et al. 2013).

Mixed Mauritia flexuosa *palm swamp forests (Figs. 4B–C)*

This vegetation type was found at every campsite in small patches of ~0.5 ha, on saturated soils with a relatively thin (<50 cm) layer of peat. These forests are dominated by the quintessential Amazonian swamp palm *Mauritia flexuosa*, growing in association with trees like *Coussapoa trinervia*, *Virola pavonis*, *Euterpe precatoria*, *Socratea exorrhiza*, and *Ficus* spp. The understory varies from dense to sparse and tends to be dominated by scandent shrubs.

The rapid inventories of Ampiyacu-Apayacu (Vriesendorp et al. 2004), Yaguas-Cotuhé (García-Villacorta et al. 2011), Ere-Campuya-Algodón (Dávila et al. 2013), and Medio Putumayo-Algodón (Torres Montenegro et al. 2016) all mention this vegetation type. While *Mauritia flexuosa* is always the most common species, the associated species vary from place to place, especially epiphytes and shrubs. More research is needed to understand and more effectively classify this variation.

Stunted pole forests growing on peat (Fig. 3F)

This vegetation type was only observed at the Quebrada Federico campsite (Peru), where it accounted for ~15% of the landscape. It grows on saturated peat soils of up to 3 m deep, and is dominated by distinctively thin trees (<30 cm diameter at breast height [dbh]). In our explorations of this vegetation type we observed some areas with a dense understory and a canopy 7 m high, and others with a sparser understory and a canopy 11–15 m high.

This vegetation type harbors a number of treelet species which are common in stunted *varillal* and *chamizal* forests on white sand in Loreto, such as *Mauritiella armata*, *Macrolobium limbatum*, *Retiniphyllum concolor*, *Dendropanax resinosus*, and *Remijia ulei*, as well as the filmy ferns in the genus *Trichomanes*. These grow side by side with other treelet species only known to grow in Loreto in stunted forests on peat soils, such as *Tabebuia insignis* var. *monophylla*, *Diplotropis purpurea*, *Graffenrieda limbata*, *Macrolobium* sp. (voucher LT 4018), and *Rapatea ulei*, as well as small populations of other common wetland species such as *Mauritia flexuosa* and *Euterpe precatoria*.

Amazonian peatlands have attracted significant attention from scientists over the last decade (Lähteenoja and Roucoux, 2010, Lähteenoja et al. 2009). They cover large areas in the Tigre, Marañón, and Ucayali watersheds in western Loreto (Draper et al. 2014, 2018) and have been recorded in previous rapid inventories in Loreto, both to the north (García-Villacorta et al. 2011, Torres Montenegro et al. 2016) and to the south of the Amazon River (Torres Montenegro et al. 2015). Peatland forests visited during previous rapid inventories show a floristic composition similar to that described above, with slight variations, but the dominant species vary from site to site. These unique forests deserve sustained research efforts aimed at a better understanding of their biology and ecology.

Amazonian peatlands are also crucially important for conservation in the lower Putumayo basin, because they harbor large numbers of apparently restricted species of plants and animals. Flooded during some portions of the year and subjected to severe drought during others, these extreme environments function as small islands surrounded by the larger forest matrix. A number of studies in Peru (Lähtenooja et al. 2009, 2013, Lähteenoja and Roucoux 2010) have shown that they contain large amounts of below-ground carbon in the form of peat (Draper et al. 2014), which represent significant carbon stocks. Similar forests existe on the Colombian side of the Putumayo but their carbon stocks have yet to be quantified. Amazonian peatlands have the potential to play an important role in reducing and regulating atmospheric CO_2 emissions, but conserving them requires better information on their location, size, and current status.

Secondary vegetation and disturbed areas

Natural clearings

At all the camps we visited there were small forest gaps caused by emergent trees that died or were knocked over by storms. These small patches are colonized by fast-growing pioneer species such as the giant herb *Phenakospermum guyannense* (especially common in the Caño Bejuco camp), *Cecropia sciadophylla*, and *Pourouma* spp.

These species also dominate treefall gaps in areas we have visited elsewhere in the Peruvian Putumayo watershed (Vriesendorp et al. 2003, García-Villacorta et al. 2010, Dávila et al. 2013, Torres Montenegro et al. 2016). In those areas (Ampiyacu-Apayacu, Maijuna, and Medio Putumayo-Algodón) we observed some massive gaps created by strong wind events; these are easily spotted on satellite images, where they appear as yellow patches. These very large gaps were not observed in the Bajo Putumayo-Yaguas-Cotuhé region.

Disturbed vegetation

Sites where the vegetation has been modified extensively by people were very sparse at the sites we visited. We observed some such sites in the selectively logged forest concession at the Caño Pexiboy camp: both fast-growing pioneer trees and shrubs in open areas (*Miconia* spp., *Vismia* sp., *Cecropia* sp., *Ochroma pyramidale*) and some fruiting species planted around the main concession camp (Fig. 4D), such as *copoazú* (*Theobroma grandiflorum*), *macambo* (*Theobroma bicolor*), mango (*Mangifera indica*), plantain (*Musa* x *paradisiaca*), and *cocona* (*Solanum sessiliflorum*).

THREATS

One of the most serious threats to the vegetation of the Bajo Putumayo-Yaguas-Cotuhé region is the weak presence of governments and other institutions, and public policies that are incompatible with socioeconomic and environmental realities on the ground. Although a number of conservation-friendly categories of land use have been established on both sides of the Colombia-Peru border, extractive activities occurring in and around them pose severe threats. These include:

- Intensive monoculture agriculture and unregulated logging in areas with nutrient-poor soils that are vulnerable to erosion;

- Activities that are unsustainable over the long term or incompatible with the region's strengths;

- Projects based around non-native species or whose success increases pressure on soils and forests; and

- Drug cultivation and illegal logging.

RECOMMENDATIONS FOR CONSERVATION

The following steps are necessary to maintain the excellent condition of vegetation throughout the Bajo Putumayo-Yaguas-Cotuhé region:

- Map the distribution of Amazonian peat forests in the region, quantify their carbon stocks, and develop plans to conserve them.

- Compare the management plan of the conservation concession on the upper Cotuhé River with the work carried out to date, and assess the status of forests and ecosystems there.

- Identify, publicize, and encourage productive activities that have proven successful and compatible with local conditions in the Bajo Putumayo-Yaguas-Cotuhé region. One example is the forestry concession managed by Flor Martínez in the Unidad de Ordenación Forestal de Tarapacá, where selective harvests of valuable timber species have not resulted in severe impacts on vegetation or biodiversity. This and other positive experiences deserve to be shared widely in the region.

- Provide support for activities compatible with the conservation strengths of the region, such as selective logging and non-timber forest product harvests of fruits, dyes, and fibers. We also recommend the establishment of a forestry nursery where management practices can be fine-tuned for the most valued timber species in the region.

FLORA

Authors: Luis Alberto Torres Montenegro, Jose Dayan Acosta, Wilson D. Rodríguez Duque, Marcos Antonio Ríos Paredes, and Corine Vriesendorp

Conservation targets: A hyperdiverse, heterogeneous flora in a known biodiversity hotspot in the western Amazon; plant species that specialize on Amazonian peatlands and whose distributions are small and patchy; 4 species potentially new to science; 25 new records for Peru and Colombia; a healthy population of timber trees; several species of *Zamia* and *Cyathea* protected by CITES; a large number of palms and other plants used by local residents; >20 species classified as threatened at national or global levels

INTRODUCTION

The hypderdiverse flora of the Peruvian portion of the Putumayo river basin has received significant attention during the first two decades of the 21st Century. Since 2000, six rapid inventories have been carried out in the region by the Field Museum (Alverson et al. 2008,

Gilmore et al. 2010, Pitman et al. 2004, 2011, 2013, 2016). Other work on the flora includes a forestry inventory on the lower Algodón River, a tributary of the Putumayo (Pacheco et al. 2006), a biological inventory (Pérez-Peña et al. 2019), and several 1-ha tree inventories (ter Steege et al. 2013).

By contrast, studies of the flora in the Colombian portion of the Putumayo basin have been scarce. Farther north in the Colombian Amazon there is a floristic study of the middle Caquetá river (Londoño-Vega and Álvarez-Dávila 1997), another in the southeastern sector of the Chiribiquete mountain range and the Yarí river, department of Caquetá (Duque et al. 2003), and another closer to the Putumayo River, in the Puré River basin (Cárdenas et al. 2010). The most significant floristic publication in the Colombian Putumayo itself is by Rudas and Prieto (1998), who carried out a floristic inventory of Amacayacu National Park along the Cotuhé River and its tributaries (Quebradas Lorena, Muñeca, and Pamaté).

As a result, the flora of the Peruvian Putumayo is much better known than the flora of the Colombian Putumayo. Before the Bajo Putumayo-Yaguas-Cotuhé inventory, previous field work in the Peruvian Putumayo made it clear that we would find an extremely diverse flora associated with extreme habitats (swamps and Amazonian peatlands), with both richer and poorer soils similar to those in upland forests near Iquitos, Peru.

Our main objectives were to enrich the existing information on the flora of this part of the Putumayo basin, and to compare the flora of the Bajo Putumayo-Yaguas-Cotuhé region with that of other known sites in western Amazonia.

METHODS

Before the inventory

Before field work we compiled lists of plant species recorded on nearby rapid inventories, lists for Colombia (Bernal et al. 2019), and a list of species known from Amacayacu NP (Rudas and Prieto 2005) and combined them into a preliminary list of the flora expected for the study area. Only morphospecies that were relevant due to their rarity (e.g., new genera and species) were included in the preliminary list.

During the inventory

We visited four campsites (one in Peru and three in Colombia), which are described in detail in Figs. 2A–D and 4C–F and the *Regional panorama and site descriptions* chapter in this volume. At every campsite we walked all the trails and collected every plant with flowers and/or fruit that we encountered. For each specimen we collected 2–6 duplicates which were pressed in newspaper and preserved in ethyl alcohol. We used the collection numbers of Luis Torres (LT3900–4084), Wilson Rodríguez (WR9627–10125), and Jose Acosta (JA1043–1302). During the advance work before the inventory a small number of specimens of Burseraceae were collected at the first campsite and recorded under the collection numbers of Luis Torres (LT3862–3898).

During the inventory we also recorded sterile plant species that were easily identified in the field and took digital photographs of both collected and field-identified plants.

After the inventory

All specimens collected at the Quebrada Federico campsite (the only Peruvian campsite) were dried, processed, and identified at the Herbario Amazonense (AMAZ) of the National University of the Peruvian Amazon in Iquitos, Peru, by Marcos Ríos and Luis Torres. The other specimens were taken to the Colombian Amazon Herbarium (COAH) in Bogotá, where they were dried, processed, and identified by Wilson Rodríguez.

All photographs were organized, classified, and linked to their respective voucher/collections. The photographs will be published on the Field Museum website[9] once they are available. We also sent some photographs of live plants to taxonomic specialists for preliminary identification.

As required by Peruvian and Colombian law, a portion of the collected material was deposited in the reference museums of each country (Peru: AMAZ in Iquitos, USM in Lima; Colombia: COAH in Bogotá). The rest will be deposited in the herbarium of the Field Museum (F) in Chicago, USA.

All data on fertile specimens (Torres, Rodríguez, and Acosta numbers) were entered in full into the Field Museum institutional database and are publicly available from the Field Museum of Natural History (Botany) Seed Plant Collection of the Field Museum IPT[10], and at biodiversity data sites such as GBIF[11], Map of Life[12], and iDigBio[13].

Analysis

Following the inventory, we compared our list of recorded species with the preliminary list that we prepared to identify species not previously reported for the area, species known to be common in this part of the Putumayo basin, etc. We also made lists of species for each campsite and compared them with each other and with nearby sites to identify similarities and differences and better understand the floristic heterogeneity across the Peruvian and Colombian Amazon.

To determine which species might represent new records for Peru or Colombia, we consulted databases of the Missouri Botanical Garden (MO), the Field Museum (F), the Colombian Amazon Herbarium (COAH), and GBIF, as well as national flora lists and taxonomic monographs. Likewise, we identified threatened species by consulting the IUCN Red List and lists of threatened species in Peru (Supreme Decree No. 043-2006-AG) and Colombia (Ministerio de Ambiente y Desarrollo Sostenible 2018).

RESULTS

During the rapid inventory the botanical team took 3,213 photos and collected 976 specimens (214 LT, 501 WR, 261 JA). Of these, 281 specimens were collected in Peru and 695 in Colombia.

We recorded a total of 1,010 species, 448 genera, and 117 families of vascular plants (see the complete list in Appendix 4). Of the 976 specimens collected, 90.3% were identified to species, 9.3% to genus, and 0.4% to family. The vast majority of the species in Appendix 4 were recorded via specimens, photos, or both, but 273 species were recorded only through field observations.

---

9   *http://fm2.fieldmuseum.org/plantguides/color_images.asp*

10 *http://fmipt.fieldmuseum.org:8080/ipt/*

11 *http://www.gbif.org*

12 *http://www.mol.org*

13 *https://www.idigbio.org*

Table 3. Numbers of plant families, genera, and species recorded at each campsite during a rapid inventory of the Bajo Putumayo-Yaguas-Cotuhé region of Colombia and Peru in November 2019.

Campsite	Families	Genera	Species
Quebrada Federico (Peru)	98	275	471
Caño Pexiboy (Colombia)	104	292	523
Caño Bejuco (Colombia)	93	258	414
Quebrada Lorena (Colombia)	98	241	384
TOTALS	**117**	**448**	**1,010**

Table 4. The 26 most diverse plant families and genera recorded during a rapid inventory of the Bajo Putumayo-Yaguas-Cotuhé region (Colombia and Peru) in November 2019. For each family, genera with at least five species are shown. Species number is given in parentheses.

Family	Most diverse genera
Fabaceae (77)	*Inga* (13), *Macrolobium* (8), *Swartzia* (6), *Parkia* (5), *Tachigali* (5)
Rubiaceae (67)	*Psychotria* (10), *Palicourea* (9), *Faramea* (6)
Arecaceae (40)	*Geonoma* (7), *Bactris* (6), *Astrocaryum* (5)
Melastomataceae (39)	*Miconia* (25)
Piperaceae (31)	*Piper* (23), *Peperomia* (8)
Annonaceae (31)	*Annona* (6), *Guatteria* (5)
Moraceae (29)	*Ficus* (7), *Naucleopsis* (7)
Burseraceae (28)	*Protium* (23)
Malvaceae (25)	*Theobroma* (5)
Orchidaceae (24)	
Araceae (23)	*Anthurium* (9)
Myristicaceae (23)	*Virola* (11), *Iryanthera* (8)
Meliaceae (23)	*Guarea* (14), *Trichilia* (6)
Euphorbiaceae (22)	*Mabea* (6)
Clusiaceae (19)	*Tovomita* (8), *Clusia* (5)
Hymenophyllaceae (19)	*Trichomanes* (18)
Polypodiaceae (16)	*Microgramma* (7)
Gesneriaceae (16)	*Drymonia* (8)
Myrtaceae (16)	*Eugenia* (7)
Marantaceae (15)	*Goeppertia* (8)
Sapotaceae (14)	*Pouteria* (5)
Dryopteridaceae (14)	*Elaphoglossum* (7)
Violaceae (13)	*Rinorea* (5)
Bromeliaceae (13)	*Aechmea* (11)
Chrysobalanaceae (12)	*Licania* (5)
Lecythidaceae (12)	*Eschweilera* (6)

The campsite with the highest number of recorded species was Caño Pexiboy (523), followed by Quebrada Federico (471), Caño Bejuco (414), and Quebrada Lorena (384). Most recorded species were observed at just one campsite, while ~125 species were observed at all of them (see Table 3).

The 10 most diverse families were Fabaceae (37 genera and 77 species), Rubiaceae (33/66), Arecaceae (18/40), Orchidaceae (15/24), Euphorbiaceae (13/22), Malvaceae (13/25), Annonaceae (12/31), Araceae (12/23), Melastomataceae (10/39), and Moraceae (10/29). Piperaceae (2/31) and Burseraceae (4/28) were represented by a large number of species but relatively few genera.

The best represented genera were *Miconia* (25 species), *Piper* and *Protium* (23), *Guarea* (14), *Inga* (13), *Aechmea* (11), *Virola* (11), *Palicourea* (10), and *Psychotria* and *Anthurium* (9). The most diverse fern genus was *Trichomanes*, with 18 species (see Table 4).

Campsites

Quebrada Federico campsite

This was the only Peruvian campsite, located in an area of floodplain forest, flooded areas (*Mauritia* palm swamps), peat bogs, and upland forests on intermediate terraces. Here we recorded 471 species in 98 families and 275 genera. Fabaceae (46 species), Rubiaceae (26), Burseraceae (21), Moraceae (20), and Arecaceae (18) were the most diverse families. *Protium* (17), *Miconia* (9), *Virola* (8), *Macrolobium* (6), and *Guarea* (6) were the most diverse genera. Among ferns and fern relatives, *Trichomanes* (Hymenophyllaceae) and *Elaphoglossum* (Dryopteridaceae) stood out with 12 and 5 species, respectively.

Caño Pexiboy campsite

This campsite north of the Putumayo River was dominated by upland forests on intermediate terraces and stood out for its soils, which were more fertile than those at Quebrada Federico. This was the campsite with the highest diversity in the inventory: 523 species, 104 families, and 292 genera. The best-represented families were Fabaceae (46 species), Rubiaceae (34), Arecaceae (28), Moraceae (19), and Annonaceae (18). The most diverse genera were *Piper* (10 species), *Miconia* (10),

Protium (7), *Inga* (7), and *Palicourea* (7). Among ferns and fern relatives, the genera *Trichomanes* (12) and *Elaphoglossum* (6) were again well represented.

Caño Bejuco campsite

This campsite on the banks of the Cotuhé River was established in an area of floodplain and intermediate upland terraces that border the confluence of the Bejuco Stream and the Cotuhé River. Here we recorded 414 species, 93 families, and 258 genera. The most diverse families were Fabaceae (41 species), Arecaceae (32), Rubiaceae (22), Moraceae (19), and Malvaceae (17). The most representative genera were *Inga* (8 species), *Protium* (8), *Guarea* (6), *Astrocaryum* (5), and *Parkia* (5). *Trichomanes* (7) was the most diverse genus among ferns and fern relatives.

Quebrada Lorena campsite

Our fourth and last campsite was along the Lorena Stream, a tributary of the Cotuhé, in an upland forest on intermediate terraces scattered with small patches of *Mauritia* palm swamp. Here we recorded 384 species within 98 families and 241 genera. The most diverse families were Fabaceae (38 species), Arecaceae (32), Moraceae (19), Rubiaceae (16), and Myristicaceae (15). The most representative genera were *Protium* (11), *Iryanthera* (8), *Piper* (7), *Miconia* (6), and *Guarea* (6). Among ferns, the genus *Trichomanes* stood out with eight species.

Habit, habitat, and phenology

Three quarters of the species we recorded are higher plants; the others are ferns and fern relatives. Among the higher plants, 39% of the species are trees or treelets, 22% shrubs, 31% herbs (terrestrial, epiphytic, or scandent), 3% palms (solitary and tussock), and 5% lianas. Among the ferns and fern relatives, 52% are epiphytes or hemiepiphytes, 43% terrestrial or scandent, and 5% arborescent (mainly treeferns in the family Cyatheaceae).

Most of the plants were collected in upland forests (intermediate and high terraces) and a small proportion in floodplain forests and peatlands. A high proportion of species were fruiting, especially at the first three campsites; at the last campsite the percentage of fruiting species was substantially lower.

Conservation status

Of the 1,010 species recorded in the inventory, at least 19 are considered globally threatened or Near Threatened by the IUCN. Three are considered Critically Endangered (*Chrysophyllum superbum*, *Zamia hymenophyllidia*, and *Z. macrochiera*), two Endangered (*Costus zamoranus* and *Virola surinamensis*), six Vulnerable (*Annona dolichophylla*, *Cedrela odorata*, *Couratari guianensis*, *Guarea trunciflora*, *Naucleopsis oblongifolia*, and *Sorocea guilleminiana*), two Near Threatened (*Zamia amazonum* and *Z. ulei*), and six Lower Risk/Least Concern (*Chrysophyllum bombycinum*, *Eschweilera punctata*, *Miconia abbreviata*, *Pouteria platyphylla*, and *Pradosia atroviolacea*).

According to Peruvian legislation (DS N° 043-2006-AG), eight species are considered threatened or near threatened in Peru: one Endangered (*Manicaria saccifera*), four Vulnerable (*Cedrela odorata*, *Epistephium parviflorum*, *Parahancornia peruviana*, and *Zamia ulei*), and three Near Threatened (*Abuta grandifolia*, *Ceiba pentandra*, and *Clarisia racemosa*). Four species are on the list of threatened species managed by the Ministry of the Environment in Colombia (Resolution 1912–2017): one Endangered (*Zamia hymenophyllidia*) and three Vulnerable (*Cedrela odorata*, *Dichapetalum rugosum*, and *Zamia amazonum*).

DISCUSSION

Since the last rapid inventory in the Putumayo basin (Pitman et al. 2016), knowledge of the flora in the Peruvian portion of the basin has increased enormously. When the species recorded in the Peruvian campsite (Quebrada Federico) are added to the preliminary plant list for the Peruvian Putumayo, the total flora recorded to date exceeds 2,000 species. There is no comparable species list for the Colombian portion of the Putumayo. Rudas and Prieto (1998) report 1,348 species for Amacayacu NP while Bernal et al. (2019) report 1,870 species for the entire Colombian Amazon. This latter number has increased by 28% over the last eight years of botanical work, which has mostly focused on the northern portion of the Colombian Amazon.

Our inventory recorded a total of 544 species for Colombia, 19 of which (3.5%) are first records for Colombia. This represents an increase of almost 1% in Bernal et al.'s (2019) number in an expedition that lasted just three weeks. It seems clear that the Colombian Amazon remains substantially underexplored and that species lists for the region will continue to increase at a fast pace for years. Several of the new records are known from nearby Amazonian areas (Brazil, Ecuador, Peru and Venezuela) while others have been recorded in the Guiana Shield (5 of the 19 new records come from Guyana, French Guyana and Suriname).

This very high species richness (3,000–4,000 species, suggested by Bass et al. 2010), is influenced by the great complexity of soil types and in turn habitats across the basin. The result is a landscape of upland forests, floodplain forests, and wetlands growing on rich or moderately poor soils, sands and peat, either in enormous blocks or as small patches, each harboring particular plant species, favoring the diversification of the flora.

Notable records

Of the 1,010 plant species recorded during the inventory, 25 are considered new records (6 new records for Peru and 19 for Colombia) and 4 are potentially new to science.

New records for Peru

Cybianthus ruforamulus (Primulaceae)
Specimen LT3981; photos LTM0308–0310c1 (Fig. 5H)
This medium-sized subcanopy tree with tomentose branches, leaves, and inflorescences, has small flowers grouped in axillary inflorescences with a single spike. Its known distribution stretches from the upland forests of Colombia's Amazonas department to the state of Acre, Brazil (Pipoly 1994), and now extends a little further west to include the Peruvian Putumayo, where it was collected at the Quebrada Federico campsite.

Heterostemon conjugatus (Fabaceae)
Specimens LT3956, LT4078, WR9736; photos CFV8549c3, JDA9383–9388c2, LTM0167–0168c1, LTM0349–0352c1, LTM0619–0629c2, MRP0460–0464c2 (Figs. 5G, 5J)
Collected at the Quebrada Federico and Caño Pexiboy campsites, this medium-sized subcanopy tree with cauliflorous flowers and fruits is a common species in the Colombian Amazon, where two species have been reported (Bernal et al. 2019). The species' large, showy flowers and four leaflets (the basal two atrophied) are its main diagnostic characters (Rudas and Prieto 1998).

Macrolobium longipedicellatum (Fabaceae)
Specimens LT4016, LT4050; photos JDA9292–9295c1
This small tree with multifoliolate compound leaves, small flowers, and medium fruits is known only from Amazonian Brazil along the Solimões/Amazon River in the state of Amazonas (Cowan 1953). Our record from the Quebrada Federico campsite is just the fourth in 34 years.

Pagamea duckei (Rubiaceae)
Specimen LT4010; photos MRP0279–0288c1 (Fig. 5K)
Collected at the Quebrada Federico campsite, this is a medium-sized tree with simple, opposite, pubescent leaves and terminal inflorescences. Known from upland forests in Caquetá and Vaupés in Colombia and Amazonas in Brazil (Vicentini 2007).

Scleronema micranthum (Malvaceae)
Specimen LT4084
This large tree was quite frequent in the upland forests on intermediate terraces at Quebrada Federico, Caño Bejuco, and Quebrada Lorena. It is known to occur in Amazonian Colombia, Brazil, and Venezuela.

Trichomanes macilentum (Hymenophyllaceae)
Specimens WR9655, WR9662;
photos LTM0208–0215c1
This small terrestrial filmy fern grows on poorly drained soils. Its distribution stretches from the northern Amazon of Brazil through Venezuela to Guyana. Our record at the Quebrada Federico campsite extends its range to the western Amazon.

New records for Colombia

Carpotroche froesiana (Achariaceae)
Specimen LT3925; photos MRP0031–0035c1
This medium-sized tree, whose peculiar fruits with a winged exocarp are characteristic of the species, was

known until recently only from the type locality in the Rio Negro watershed in the state of Amazonas, Brazil (Sleumer 1980). It was collected on the Yaguas-Cotuhé (IH14069 and 14493) and Medio Putumayo-Algodón (MR5217) inventories, both in the Peruvian Putumayo. It was observed and collected at all the camps in this inventory, which confirms its broad distribution throughout much of the middle and lower Putumayo.

Dilkea cf. lecta (Passifloraceae)
Specimen WR10010

This small, sometimes scandent tree of ≤3 m, with grouped leaves and medium-sized apiculate fruits is known mainly from the Lely mountains of Suriname, from northwestern French Guiana, and from Mato Grosso in Brazil (Feuillet 2009). Our record at the Caño Pexiboy campsite stretches further an already wide range of distribution and represents the fifth collection of the species; the first four were used in its description.

Fosterella batistana (Bromeliaceae)
Specimens JA1105, JA1123; photos MRP0922–0926c3, MRP1052–1058c3 (Fig. 5B)

This herbaceous epiphyte measures ~50 cm high. The genus is distributed from Mexico down the Andes to central South America (southern Peru and northern Argentina), where it occurs is western, northern, and southeastern Brazil as well as northern Paraguay. The closest record of the species is in the Brazilian state of Amazonas (near the confluence of the Tapajós and the Amazon; Leme et al. 2019). Our collection at the Caño Bejuco campsite represents the first record of the genus for Colombia.

Gloeospermum crassicarpum (Violaceae)
Specimens JA1138, WR9784; photos LTM0476–0478c2, LTM1124–1127c3

This medium-sized tree (≤15 m) has simple, somewhat serrate leaves. Described from a specimen collected in Ecuador during the 2007 binational rapid inventory in Güeppí (Ecuador-Peru), it was later collected on other rapid inventories in northern Peru. Its range was extended once more, this time into Colombia, by our collections at the Caño Pexiboy and Caño Bejuco campsites.

Macrolobium arenarium (Fabaceae)

This compound-leaved shrub, associated with poor-soil habitats, was recorded at the Caño Pexiboy campsite. It has been reported from Brazil (Tapajós River) and from forests near Iquitos in Peru (Cowan 1953).

Neoregelia wurdackii (Bromeliaceae)
Specimen JA1129; photos LTM1207–1208c3 (Fig. 5F)

This 45-cm tall bromeliad is a very showy epiphyte, with leaves red at the base and green towards the apex. Until now it was considered endemic to Peru, where it is known from the Santiago and Imaza river basins of Amazonas Region (León et al. 2006). It was recorded in the Medio Putumayo-Algodón rapid inventory (Ríos et al. 2016) and now for the first time in Colombia at the Caño Bejuco campsite.

Ouratea cf. macrocarpa (Ochnaceae)
Specimen JA1078; photos MRP0858–0860c3

This sub-canopy tree has simple, slightly serrate leaves with the peculiar venation that characterizes the genus (the veins arch towards the leaf apex). The species is mostly distributed in the Guiana Shield, making our report (at the Caño Bejuco campsite) its southernmost extension.

Ouratea cf. oleosa (Ochnaceae)
Specimen WR9711; photo LTM0501c2

This small tree has simple alternate leaves with the genus's striking and characteristic leaves—strongly ascending veins and serrate margins—and small very showy yellow flowers. It is mostly known from Amazonian Peru. Our record at the Caño Pexiboy campsite extends its range to Colombia.

Palmorchis yavarensis (Orchidaceae)
Photo LTM2414c4 (Fig. 5E)

This terrestrial orchid, standing 70 cm tall, is one of two species of Palmorchis described recently from collections made during Field Museum rapid inventories in Peru (Damián and Torres 2018). Previously known from the Yaguas and Yavarí rivers, it was observed for the first time in the Colombian Amazon at the Quebrada Lorena campsite.

Plinia yasuniana (Myrtaceae)

Specimen JA1210

This 1.5-m shrub with cauliflorous flowers and fruits was recorded in upland forests on intermediate terraces at the Caño Bejuco campsite. Previously it was known only from the Ecuadorian and Peruvian Amazon (Kawasaki and Pérez 2012).

Potalia yanamonoensis (Gentianaceae)

Specimens WR10009, JA1131, JA1238; photos LTM1194–1204c3, MRP2208–2218c4

This treelet of < 3 m, with yellow flowers and green fruits, is differentiated from other species of the *Potalia amara* complex by its fruit. Until now its distribution was restricted to the type locality in Loreto (Yanamono, Amazon River; Struwe and Albert 2004). The specimens collected in this rapid inventory extend its range northeast to the Putumayo River (Caño Pexiboy) and the Cotuhé River (Caño Bejuco and Quebrada Lorena) in Colombia.

Rauia prancei (Rutaceae)

Specimen JA1301; photos LTM2394–2406c4

This medium-sized shrub with white flowers has peculiar star-shaped fruits. It is mainly distributed in the Brazilian Amazon (Amazonas, Acre, and Rondônia) with some reports from upland forests around Iquitos, Peru. Our specimen collected at the Quebrada Lorena campsite represents the first record for Colombia.

Rhodostemonodaphne dioica (Lauraceae)

Specimen WR9936; photo LTM1000c2

This large tree has aromatic bark and small flowers. It was previously known from Amazonian Bolivia (Pando), central Amazonian Peru (Huánuco and Ucayali), and Brazil (Acre). Our specimen collected at the Caño Pexiboy campsite represents the northernmost record of the species and the first for the Colombian Amazon.

Sextonia pubescens (Lauraceae)

This large-fruited tree to ~30 m was described based on collections from San Martín and Loreto, Amazonian Peru (van der Werff 1997). Previously considered endemic to Peru, it was recorded for Colombia at the Quebrada Lorena campsite.

Sterculia pendula (Malvaceae)

Specimen WR9889; photos LTM0878–0886c2

This medium-sized tree is characterized by its pendent fruits with a long peduncle like a pendulum. Known from the Brazilian Amazon (Amazonas and Acre), the species was first recorded for Peru in the Medio Putumayo-Algodón rapid inventory. It is now known for Colombia via our collection at the Caño Pexiboy campsite.

Tachigali melinonii (Fabaceae)

This compound-leaved tree with asymmetric leaflets and no domatia on the petiole is little-known but easily recognized by its sparse stellate indumentum. Previously, its range encompassed upland forests of Surinam, French Guyana, Brazil, and Peru (van der Werff 2008). We observed it at the Quebrada Federico, Caño Pexiboy, and Caño Bejuco campsites; these are the first records of the species in Colombia.

Tovomita auriculata (Clusiaceae)

Specimen WR9780; photo LTM0484–0485c2

This mid-sized tree (≤10 m tall) has medium to large flowers and fruits (3–3.5 cm in diameter). It was previously known from the type locality in the state of Amazonas in Venezuela and the department of Loreto in Peru (Cuello 1999). Our specimen collected at the Caño Pexiboy campsite is the first record for Colombia.

Trigynaea lagaropoda (Annonaceae)

This sub-canopy tree is characterized by simple, slightly trinerved leaves at the base, with a fibrous and somewhat aromatic bark. It was previously known only from the Ecuadorian and Peruvian Amazon (Johnson and Murray 1995). Our observations during the rapid inventory (at the Quebrada Federico, Caño Bejuco, and Quebrada Lorena campsites) extend its range east to the Cotuhé River in Colombia.

Zamia macrochiera (Zamiaceae)

Specimen WR9788; photos LTM0676-0686c2, MRP0475-0487c2 (Fig. 5C)

This enormous cycad with leaves ~3.5 m long, an underground stem, and a thorny petiole, has an unusual bent union at the base of its pinnae, joining both ends of the blade. Considered for many years endemic to the Peruvian Amazon, it was recorded at the Caño Pexiboy campsite.

Species potentially new to science

Calathea sp. nov. (Marantaceae)

Specimen JA1160; photos LTM2099–2105c3 (Fig. 5D)
Collected in the upland forests on intermediate terraces
at the Caño Bejuco campsite, this herb of ≤30 cm has
very striking, red-veined leaves and white flowers above
pale yellow bracts.

Dilkea sp. nov. (Passifloraceae)

Specimen JA1249; photos CFV8013–8016c1,
CFV8834–8837c4, MRP2082–2090c4, MRP2111–
2113c4
This 2-m shrub has reddish fimbriate stipules, a rare
character among species of this genus which makes it
easy to recognize in the field. The same species was
recorded in the Maijuna, Ere-Campuya-Algodón, and
Medio Putumayo-Algodón rapid inventories in Peru, but
so far no flowering samples have been obtained for its
taxonomic description. During this inventory we
recorded the species at the Quebrada Federico, Caño
Bejuco, and Quebrada Lorena campsites.

Piper evansii sp. nov. (Piperaceae)

Specimen JA1228; photos MRP2171–2181c4
This medium-sized shrub with simple and somewhat
stiff leaves was collected in the understory at the
Quebrada Lorena campsite. It is in the process of being
described by Dr. Ricardo Callejas (pers. comm.), a
specialist of the family in Colombia.

Zamia sp. nov. (Zamiaceae)

Specimen JA1048; photos JDA9467–9468c3
This acaulescent cycad has leaves emerging from the
ground up to 1 m high and an underground stem.
Collected in the understory of upland forest at the Caño
Bejuco campsite, it is considered a new species by the
group's specialist, Dr. Michael Calonje (pers. comm.).

FISHES

Authors: Dario R. Faustino-Fuster, Jhon Jairo Patarroyo Báez, and
Lesley S. de Souza

Conservation targets: Well-preserved riparian forests along rivers,
lakes, and streams that support high fish diversity and promote
connectivity of the tributaries of the lower Putumayo, Yaguas, and
Cotuhé river basins; migratory species such as large catfish
(*Brachyplatystoma*, *Pseudoplatystoma*, *Pinirampus*), bocachicos
and sábalos (*Prochilodus*, *Brycon*), as well as their migration routes
and spawning sites; other important food fishes such as arapaima
(*Arapaima gigas*), paco (*Piaractus brachypomus*), gamitana
(*Colossoma macropomum*), palometas (*Mylossoma* spp. and
Myleus spp.), lisas (*Leporinus* spp. and *Schizodon fasciatus*), and
piranhas (*Serrasalmus* spp. and *Pygocentrus nattereri*) that are
important for the local economy and guarantee food security;
a major production center for arowana fry (*Osteoglossum
bicirrhosum*) for the global ornamental fish trade (Fig. 11N); and
other ornamental species such as rays (*Potamotrygon*), shirui or
coridoras (*Corydoras*), discus (*Symphysodon*), Amazon puffer fish
(*Colomessus asellus*), and cichlids (*Apistogramma* and *Bujurquina*),
at possible risk of overharvesting

INTRODUCTION

The Putumayo River is one of the largest tributaries of
the Amazon River and flows 2,000 km from the Andes
to the Amazon in Brazil (Goulding et al. 2003). Its
pan-Amazonian character, spanning four countries,
makes the Putumayo watershed unique among
Amazonian tributaries. The largest portion of the river,
a stretch of ~1,350 km, forms the border between Peru
and Colombia. Along this stretch, 60% of the basin is in
Colombia and 40% in Peru. Bordered by indigenous
territories and both existing and proposed conservation
areas, and bolstered by binational initiatives for its
protection, the Putumayo functions as an important
free-flowing corridor along its entire extent.

Despite its origin in the Andes, where the Putumayo
is a white-water system, the middle and lower portions
of the river drain low-nutrient geological formations
such as the Nauta 1 and 2 (Stallard 2013), which gives
them clear-water attributes. As a result, the Bajo
Putumayo-Yaguas-Cotuhé region is dominated by
clear-water and black-water systems harboring a mosaic
of habitats for fishes.

Over the last two decades fish collections in the
Putumayo River basin have recorded between 200 and
300 species, with estimates of total fish diversity

approaching 600 species (Hidalgo and Olivera 2004, Ortega et al. 2006, Hidalgo and Ortega-Lara 2011, Hidalgo and Maldonado-Ocampo 2016). Studies to date have focused on the Peruvian side of the Putumayo, with the major tributaries Yaguas and Cotuhé revealing especially high fish diversity. The most recent checklist by the Amazon Fish project indicates 705 fish species recorded to date in the Putumayo River basin, including areas in all 4 countries (Jézéquel et al. 2020). Despite these studies, portions of the basin still remain poorly studied, including the area we visited in the Bajo Putumayo-Yaguas-Cotuhé region, and the Brazilian portion of the Putumayo, where it is known as the Içá.

A better of understanding of the fish fauna of this region is needed for several reasons. Many fish species form the basis of the diet and economy of the local communities. There is potential for overfishing of ornamental fishes and food fishes. For example, arowana (*Osteoglossum bicirrhosum*) is harvested according to a management plan on the Peruvian side of the Putumayo River, but no similar regulations exist on the Colombian side. Impending threats from gold mining and the drug trade in the river drainage threaten the health of aquatic habitats. In addition to these reasons, quantifying fish diversity of this poorly known area for the Neotropical ichthyological community will further our understanding of diversification of the Amazonian ichthyofauna.

The goal of this rapid inventory was to assess the ichthyofauna of the Bajo Putumayo-Yaguas-Cotuhé region, with a focus on headwater streams, and to determine the health of aquatic habitats. The larger goal is to support strategies for creating management plans and conservation tools to protect natural resources and fish communities in the region.

While our team was sampling fish communities in the field, members of the social team were visiting local communities to document their use of fishes for food and ornamental commerce. A summary of their findings is included in the *Natural resource use and household economy in the Bajo Putumayo-Yaguas-Cotuhé region* chapter in this volume.

METHODS

Study sites and sampling

This inventory was conducted over 14 days of fieldwork (5–24 November 2019) in the Bajo Putumayo-Yaguas-Cotuhé region, where we sampled a total of 24 stations at 4 campsites: Quebrada Federico (4 stations), Caño Pexiboy (7), Caño Bejuco (9), and Quebrada Lorena (4). For a detailed description of the campsites, see Figs. 2A–D and 4C–F and the *Regional panorama and site descriptions* chapter in this volume.

Habitats sampled were primarily small upland creeks and streams that drain into the Cotuhé and Putumayo rivers (Fig. 6P). We also sampled sandy beaches in the main channel of the Cotuhé River, which were becoming more prevalent while we were in the field due to the transition from high to low water. At every campsite we sampled the banks of creeks and streams lined with riparian vegetation, small temporary pools along trails, and Amazonian peatlands.

We used a variety of methods to collect fishes:

- two seines (5 x 2 m and 10 x 2 m);
- two gill nets (50 x 1.5 m) with 3–4 inches between knots;
- a dip net; and
- traditional hook and line fishing (carried out by local scientists).

The technique we used for collecting depended on habitat area and ease of access. At some sites sampling was limited by submerged logs and beaches (e.g., along the Cotuhé River). At every sampling site we recorded habitat characteristics, georeferenced the location with a handheld GPS, and took a photo of the site. Fishes we collected were anesthetized with tricaine methane sulfonate (MS-222) to ensure proper fixation of specimens.

Specimens were fixed in 10% formalin for 24–48 hours, and then photographed. We made preliminary identifications in the field (Fig. 6R) based on Galvis et al. (2006), Ortega et al. (2011), van der Sleen and Albert (2018), and DoNascimiento et al. (2017), in addition to reports and field guides from previous rapid inventories: Yaguas-Cotuhé (Hidalgo and Ortega-Lara 2011), Ere-Campuya-Algodón (Maldonado-Ocampo et al.

2013), and Medio Putumayo-Algodón (Maldonado-Ocampo et al. 2016). Valid scientific names were confirmed using *Eschmeyer's Catalog of Fishes* (Fricke et al. 2019).

Specimens were preserved in 70% alcohol. Muscle tissue samples were taken and preserved in 95% ethanol for future genetic analysis. Collected material was deposited in the fish collection at the Department of Ichthyology in the Museum of Natural History of the National University of San Marcos (MUSM) in Lima, Peru; the Ichthyological Collection of the Colombian Amazon (CIACOL) within the Amazon Institute of Scientific Research (SINCHI) in Leticia, Colombia; and the Field Museum of Natural History (FMNH) in Chicago, USA.

RESULTS

Descriptions of aquatic habitats

The physical and chemical characteristics of water bodies at the campsites we visited are described in Appendix 3. Characteristics of the aquatic habitats we sampled are described in Appendix 5.

All stations sampled had banks covered with dense riparian forest (60–90%) and were aquatic habitats dependent on inputs of organic matter from these forests. Substrates were primarily comprised of silt, clay, sand, and organic matter (leaf litter, woody debris, and submerged logs), with some gravel. Water type for all stations was defined as black water and mixed water (i.e., black water with sedimentation).

Quebrada Federico campsite

The four stations sampled at this campsite were tributaries of Esperanza Creek, a lotic habitat that drains the right margin of the Putumayo River. Three stations were in creeks and one was in a bog; all were second-order streams. The creeks sampled were 3–6 m wide and 50–180 cm deep. Banks were steep and currents were low to none, allowing our team to do seine hauls to the bank with no obstruction from the current.

Caño Pexiboy campsite

The seven stations sampled at this campsite were tributaries of the Pexiboy and Yagare creeks, which drain the left margin of the lower Putumayo River. We sampled six creeks and one ephemeral pool, categorized

as first-, second-, and third-order streams. The channels of the creeks and pool were 2–7 m wide and 10–300 cm deep. Banks were steep and currents varied from moderate to none.

Caño Bejuco campsite

This campsite was located on the left margin of the Cotuhé River below Bejuco Creek in the lower Putumayo River drainage. The nine stations were in the Cotuhé River (Fig. 6S) and in upland tributaries of the Cotuhé, draining the right margin of the Putumayo River. The aquatic habitats sampled were the main channel of the river and three creeks, categorized as first- and second-order streams. The channel of the Cotuhé River at this campsite was 70–90 m wide, while the creeks and streams were 3–20 m wide. The river was ~9 m deep and the creeks 80–400 cm deep. The banks were steep with few exposed sand beaches in the main river channel, while the current was different for each habitat: moderate in the river and low to none in the creeks. This campsite allowed us better access to the main channel of the river where we could do seine hauls along the banks and sandy beaches.

Quebrada Lorena campsite

This campsite was located on Lorena Creek, a tributary on the right margin of the Cotuhé River. The four sampling stations were on the Lorena and two of its tributaries. All stations were first- and second-order streams. The channel of the creeks were 2–8 m wide. Depth ranged from ~80 to 180 cm. Banks were steep with few open banks to do seine hauls. Current varied from low to none.

Richness, composition, and abundance

Collections at the four campsites resulted in 7,932 individuals of 10 orders, 33 families, and 150 species. The most diverse order was Characiformes (fish with scales), with 103 species and 7,369 individuals distributed among 16 families. This group accounted for 68.6% of all species and 92.9 % of all individuals (Table 5), and was found at all sampling sites. The most abundant species of this order were *Hyphessobrycon copelandi*, *Hemigrammus* cf. *analis*, *Xenurobrycon* sp. 1, and *Knodus* sp. 1. Other species of interest within this group were popular ornamental fishes in the genera *Carnegiella*, *Characidium*, *Nannostomus*, and *Pyrrhulina*.

The second most diverse order was Siluriformes (catfishes), representing 27 species (18% of the total); it was the fourth most abundant order based on number of individuals collected, superseded by Clupeiformes and Cichliformes. Siluriformes was dominated by small catfishes of the family Trichomycteridae (*Ochmacanthus reinhardtii* and *Tridens* sp.), with *Ochmacanthus reinhardtii* being collected at all four campsites. The advance team recorded one migratory catfish, *Pseudoplatystoma punctatus*, in the Cotuhé River. A notable record of armored catfish were species in the genus *Corydora*s, which is an important fish for the ornamental trade.

The third most diverse order was Cichliformes (fishes with spines in the fins), with 9 species (6.0% of the total) and 162 individuals (2.0%). Within this group the most abundant species were *Bujurquina hophrys*, *Bujurquina* sp. 1, and *Apistogramma cruzi*; *B. hophrys* was found at all four campsites. Other records collected were important food fishes in the genus *Crenicichla* and genera of ornamental fishes like *Apistogramma*. All of these species were from small creek and stream habitats.

The fourth most diverse order was Gymnotiformes (electric fishes), represented by three species and few individuals (Table 5). *Gymnorhamphichthys rondoni* was found at the Quebrada Federico and Caño Pexiboy campsites, while *Brachyhypopomus beebei* was recorded only at Quebrada Federico and *Hypopygus lepturus* only at Caño Pexiboy.

Orders representing fewer species were Clupeiformes, Osteoglossiformes, Beloniformes, Cyprinodontiformes, Myliobatiformes, and Perciformes. These are groups of fishes with little diversity in freshwater systems (with the exception of Myliobatiformes). Among these orders are a few fishes with high economic value, including arowana (*Osteoglossum bicirrhosum*), arapaima, *paiche* or *pirarucú* (*Arapaima gigas*), and the stingray *Potamotrygon motoro* (Fig. 6Q), recorded at Caño Bejuco.

Results per campsite and comparisons among campsites

The fish diversity at each site was largely dependent on the accessibility of the habitats sampled. The campsite with the highest diversity was Caño Bejuco (89 spp.), followed by Caño Pexiboy (74), while Quebrada

Table 5. Richness and abundance of the orders of fishes recorded during a rapid inventory of the Bajo Putumayo-Yaguas-Cotuhé region of Colombia and Peru in November 2019.

Order	Number of species	% of total	Number of individuals	% of total
Characiformes	103	68.6	7,369	92.9
Siluriformes	27	18.0	159	2.0
Cichliformes	9	6.0	162	2.0
Gymnotiformes	3	2.0	9	0.1
Clupeiformes	2	1.3	207	2.6
Osteoglossiformes	2	1.3	5	0.1
Myliobatiformes	1	0.7	1	0.0
Perciformes	1	0.7	1	0.0
Beloniformes	1	0.7	15	0.2
Cyprinodontiformes	1	0.7	4	0.1
TOTAL	**150**	**100**	**7,932**	**100**

Federico and Quebrada Lorena recorded 60 and 53 species, respectively (Fig. 16). The abundance of fishes at the four campsites varied markedly (Fig. 17).

Each campsite had a number of exclusive species not found at the other campsites: Caño Bejuco (37 spp.), Caño Pexiboy (21), Quebrada Federico (12), and Quebrada Lorena with (8). Sixteen of the 150 species were collected at all four campsites (Fig. 18).

We collected 741 individuals representing 60 species in 4 stations at the Quebrada Federico campsite. The most abundant species were small-bodied (1–5 cm) fishes, with *Hemigrammus belottii* being the most abundant and accounting for 28% of all individuals at this campsite.

At the Caño Pexiboy campsite we collected 978 individuals representing 74 species in 6 stations. The most abundant species were small-bodied (1–5 cm) fishes, with *Hyphessobrycon copelandi* and *Xenurobrycon* sp. accounting for 28.5% and 13.9% of all individuals, respectively.

The 9 sampling stations at the Caño Bejuco campsite yielded the most diverse and abundant catch during this inventory, with 5,442 individuals representing 87 species. Species included large-bodied fish like *Osteoglossum bicirrhosum* (arowana) and small-bodied fish (1–5 cm), with the latter being more diverse and abundant. Of these small-bodied species, *Hemigrammus* cf. *analis*, *Hyphessobrycon copelandi*, and *Knodus* sp. 1 were the

Figure 16. Number of fish species recorded at each campsite visited during a rapid inventory of the Bajo Putumayo-Yaguas-Cotuhé region of Colombia and Peru in November 2019.

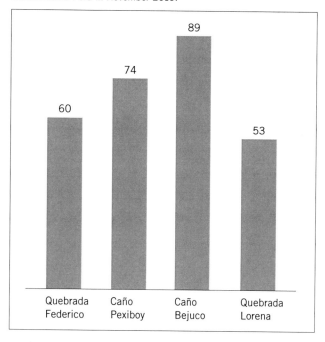

Figure 17. Number of individual fishes recorded at each campsite visited during a rapid inventory of the Bajo Putumayo-Yaguas-Cotuhé region of Colombia and Peru in November 2019.

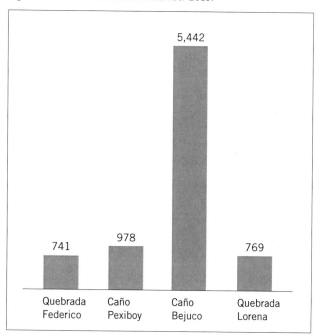

most abundant species were small-bodied fish (1–5 cm) like *Hyphessobrycon copelandi* and *Xenurobrycon* sp. 1, which accounted for 15.7% and 14.4% of the total, respectively.

The most commonly collected and most abundant species overall were *Hyphessobrycon copelandi* and *Hemigrammus belottii*. A similar result was observed in the Yaguas-Cotuhé rapid inventory (Hidalgo and Ortega-Lara 2011).

New records and undescribed species

We have identified two species that are possibly new to science: smaller-bodied fish (<4 cm) in the genera *Imparfinis* and *Aphyocharacidium*. Of these, *Imparfinis* sp. was only collected at Quebrada Federico (Peru). It is rare in museum collections, and to date we have only observed a few other specimens collected in other rivers in Peru. Meanwhile, *Aphyocharacidium* sp. (Fig. 6L) was relatively abundant and found at all four campsites. Preliminary observations of the morphology and color pattern of this species do not coincide with already described valid species for this genus, and will need to be confirmed by experts of this group.

In addition, we found four new records for the ichthyofauna of Colombia in the families Callichthyidae (*Corydoras ortegai* [Fig. 6N], *Corydoras* aff. *armatus* [Fig. 6M]), Characidae (*Moenkhausia naponis*), and Engraulidae (*Amazonsprattus scintilla* [Fig. 6J]). These are species not previously listed in the freshwater checklist for Colombia by DoNascimiento et al. (2017). It is possible that several species of Characidae that we collected might be new records or new species, but further review by experts is needed to determine this.

DISCUSSION

The breathtaking diversity of water bodies in the Amazon region forms one of the largest and most complex water networks in the world (Junk et al. 2007). Most rivers in the region are the result of the confluence of small streams that drain dense Amazonian forests (Morley 2000). The riparian forests bordering these streams provide a series of microhabitats (e.g., roots, branches, leaves, and shoals) and a supply of resources of non-native origin (e.g., terrestrial insects, fruits, and flowers; Gorman and Karr 1978, Lowe-McConnell 1987) that enrich the fish fauna.

most abundant, accounting for 14.4%, 13.5%, and 11.1% of all individuals, respectively.

We collected 769 individuals representing 53 species in four stations at the Quebrada Lorena campsite. The

Figure 18. Number of fish species recorded at more than one campsite, or recorded only at a single campsite, during a rapid inventory of the Bajo Putumayo-Yaguas-Cotuhé region of Colombia and Peru in November 2019.

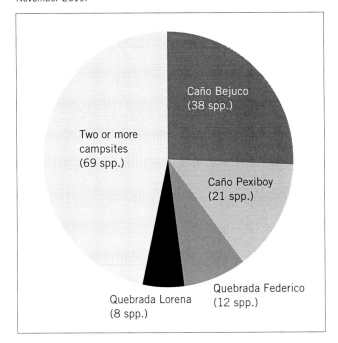

Caño Bejuco (38 spp.)

Two or more campsites (69 spp.)

Caño Pexiboy (21 spp.)

Quebrada Lorena (8 spp.)

Quebrada Federico (12 spp.)

Despite the small size of these headwater streams, and their acidic and nutrient-poor water, these upland streams support a high diversity of fish species (Galvis et al. 2006) and are considered hotspots for conservation (Mojica et al. 2009).

Although the number of species we recorded is lower than that of previous biological inventories carried out in the Putumayo River basin (Ampiyacu-Apayacu-Yaguas-Medio Putumayo: 207 species, Hidalgo and Olivera 2004; Güeppí: 184 species, Hidalgo and Rivadeneira-R. 2008; Yaguas-Cotuhé: 294 species, Hidalgo and Ortega-Lara 2011; Ere-Campuya-Algodón: 210 species, Maldonado-Ocampo et al. 2013; Medio Putumayo-Algodón: 221 species, Hidalgo and Maldonado-Ocampo 2016), the diversity of our sample can be considered medium to high. This is due to the fact that our collecting effort focused on streams and small tributaries of the Putumayo and Cotuhé rivers, in contrast to previous inventories that also collected in large rivers and lakes, which have higher fish diversity.

Of the 150 species recorded in this inventory, more were recorded in headwater streams or creeks (123 spp.) than in river channels (61). More than 50% of all species were only collected in creeks or streams (86 spp.), while

<20% were exclusively recorded in the main channel of rivers (24 spp.), and ~25% were collected in both habitat types (37 spp.; Fig. 19). This pattern is not a general reflection of fish distributions in this region but due to the fact that more collecting sites were in headwater streams and creeks than in rivers.

Most of the species we found in both streams and rivers belong to seven families. The vast majority of these species are small-bodied fish (<10 cm) in the family Characidae, which is typically abundant in lowland Amazonian habitats. It is also worth noting the presence of species in the families Heptapteridae, Trichomycteridae, and Engraulidae, found in habitats with sandy substrates and typically more common in rivers, as well as some ornamental species (e.g., *Corydoras ortegai* [Fig. 6N], *Hyphessobrycon* cf. *peruvianus*, *Gasteropelecus sternicla*) and locally important food fish (e.g., *Hoplias malabaricus*). The presence of these species in both river and stream stations is largely due to the connectivity between these habitats, and because some collecting sites were near the confluence of a stream and river.

There were 19 species collected at all campsites during the inventory. Most were in the orders Characiformes and Siluriformes and belong to a large group of fish in the superorder Ostariophys, widespread in the rivers of the Amazon basin (Roberts 1972, Lowe-McConnell 1987, Reis et al. 2003, 2016). Most of these species are small-bodied (<10 cm) fishes belonging to the families Characidae, Crenuchidae, Curimatidae, and Trichomycteridae, and in this inventory were primarily found in woody debris and leaf litter. Fewer species and lower abundances were recorded in the orders Cichliformes and Beloniformes, commonly known as *bujurquis* or *mojarras* and needlefish, respectively.

The richness and abundance patterns recorded at the campsites in this inventory also likely reflect the rising water levels due to the rainy season. This causes fishes to be more dispersed and makes collecting more difficult.

THREATS

- *Destruction of riparian forests.* Due to the strong connections between riparian forest and the fish fauna of associated streams and rivers (Jones et al. 1999), altering these forests via deforestation, agriculture,

Figure 19. Number of fish species recorded only in streams, only in rivers, or in both habitats during a rapid inventory of the Bajo Putumayo-Yaguas-Cotuhé region of Colombia and Peru in November 2019.

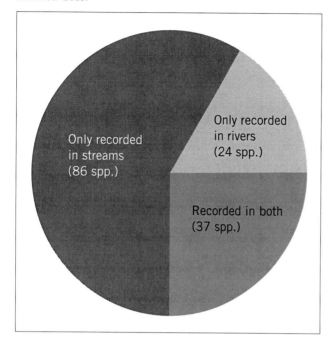

Only recorded in streams (86 spp.)

Only recorded in rivers (24 spp.)

Recorded in both (37 spp.)

mining, urbanization, and other anthropogenic activities may result in a loss of fish diversity (Sweeney et al. 2004, Carvalho et al. 2007, Casatti et al. 2009, Allard et al. 2015, Leite et al. 2015). These alterations can also lead to the deterioration of small headwater streams, which play an important role in ecosystem services, impacting hydrological regimes and climate regulation at the local level (Souza et al. 2013).

- *Lack of knowledge regarding the population status of ornamental, commercial, and food fishes.* Local people suggest that arowana (*Osteoglossum bicirrhosum*) populations have decreased on the Colombian side due to unsustainable harvests by external actors and increased pressure due to unfair dynamics between fishers and intermediaries that affect the final price. In addition, there are gaps in information on the populations of arapaima (*Arapaima gigas*), paco (*Piaractus brachypomus*), gamitana (*Colossoma macropomum*), palometas (*Mylossoma* and *Myleus*), lisas (*Leporinus* and *Schizodon*), and piranhas (*Serrasalmus* and *Pygocentrus*), which are all important for local economies and food security.

- *Institutional absence.* Increased presence and support of state entities and academic institutions could strengthen management, use, and monitoring of the ornamental, commercial, and food fisheries.

- *Dams.* Blocking free-flowing rivers, which are corridors for migratory species, puts the reproductive cycles of those species at risk, limits their access to feeding areas, and damages habitat types resulting in a more homogenized habitat throughout the watershed.

- *Gold mining and drug trafficking.* These alter the abiotic conditions of aquatic environments, threaten fish habitats, and put the health of local people and all aquatic fauna at risk.

RECOMMENDATIONS FOR CONSERVATION

- Carry out studies in riparian forests along small streams and tributaries in the Putumayo, Yaguas, and Cotuhé watersheds to better understand the important role they play, enriching the mosaic of microhabitats that harbor tremendous fish diversity, nurture the juveniles of fishes that are eaten by local people, and maintain the integrity of food web dynamics in the region's fish communities.

- Synergize efforts by governmental, non-governmental, and academic institutions in Colombia and Peru to strengthen management, use, and monitoring of the ornamental, commercial, and food fisheries. These inputs are key for exchanging knowledge and experiences, supporting local decision-making, and strengthening governance of these resources.

AMPHIBIANS AND REPTILES

Authors: Germán Chávez, David A. Sánchez, and Michelle E. Thompson

Conservation targets: A diverse, well-conserved amphibian and reptile community occupying upland and floodplain forests; species recorded for the first time in Colombia, such as the frogs *Boana ventrimaculata* (Fig. 7M), *Osteocephalus subtilis* (Fig. 7K), *Pristimantis academicus* (Fig. 7L), and *P. orcus* (Fig. 7E); enigmatic species with few records in studies or collections such as *P. aaptus* (Fig. 7C), which has been recorded just 3 times in almost 40 years, and a fossorial frog species, *Synapturanus* sp. (Fig. 7N), found in flooded habitats (e.g., Amazonian peatlands); a lizard in the genus *Anolis* that is potentially new to science (Fig. 7P); two species of turtles, *Chelonoidis denticulata* and *Podocnemis unifilis*, which are considered globally Vulnerable, along with several species of frogs, boas, alligators, and turtles listed in Appendix I or II of CITES; species of amphibians and reptiles that are eaten, have a traditional use (medicine or hunting), or have some other relationship with local communities (*Leptodactylus* spp., *Caiman crocodilus*, *Chelonoidis denticulata*, *Melanosuchus niger*, *Paleosuchus trigonatus* [Fig. 7Q], *Podocnemis unifilis*, *Bothrops* spp., and *Lachesis muta* [Fig. 7Z])

INTRODUCTION

Located in the upper Amazon basin in an area of little anthropogenic disturbance and extensive forest cover, the Putumayo watershed hosts a high diversity of amphibians and reptiles. Based on species range maps, it is estimated that the Putumayo watershed contains >25% of described amphibian species and 40% of described reptile species in Peru and >25% of described amphibian species and 35% of described reptile species in Colombia (Roll et al. 2017, Frost 2020, IUCN 2020, Uetz and Hošek 2020).

This high predicted diversity has been corroborated by several local inventories (Fig. 20) within the Putumayo watershed (Rodríguez and Campos 2002, Rodríguez and Knell 2003, Rodríguez and Knell 2004, Catenazzi and Bustamante 2007, Yánez-Muñoz and Venegas 2008, von May and Venegas 2010, von May and Mueses-Cisneros 2011, Venegas and Gagliardi-Urrutia 2013, Chávez and Mueses-Cisneros 2016, Pérez Peña et al. 2019) and just outside the Putumayo watershed in the department of Loreto, Peru (Dixon and Soini 1986, Rodríguez and Duellman 1994, Duellman and Mendelson 1995, Lamar 1998), the Colombian Amazon (Lynch 2005, Medina-Rangel et al. 2019), and

the Ecuadorian Amazon (Duellman 1978, Yánez-Muñoz and Chimbo 2007). Some of the inventories in the Putumayo watershed, which usually consist of only 2–3 weeks of fieldwork at 3–4 sites, have recorded up to 142 species of amphibians and reptiles (Chávez and Mueses-Cisneros 2016). Each inventory contributes more to the knowledge of the diversity and distribution of amphibians and reptiles in this region (Figs. 20–21). As more inventories are conducted, this species list grows, and the work needed to better understand the complex assemblages of such a diverse community becomes clearer.

It is important to highlight the higher number of inventories carried out on the Peruvian side of the watershed in comparison to the small number on the Colombian side: one inventory carried out near Leticia with published data only for amphibians (Lynch 2005) and SINCHI inventories (Figs. 20–21). With such a large difference in sampling effort on the two sides of the border, it is difficult to have a complete binational panorama of the diversity, threats, and conservation opportunities for the herpetofauna shared by the two countries, especially when taking into account differences in land use management, history, and culture.

This rapid inventory of the Bajo Putumayo-Yaguas-Cotuhé region represents the first inventory of amphibian and reptile communities conducted in both countries and on both sides of the Putumayo River during the same inventory. The objective of the sampling was to rapidly characterize the diversity and composition of amphibians and reptiles, highlight new findings, and make recommendations for the conservation of the region's herpetofauna.

METHODS

We conducted surveys on 5–24 November 2019 in four locations in Peru and Colombia: the Quebrada Federico campsite, Peru (5–8 November); the Caño Pexiboy campsite, Colombia (10–15 November); the Caño Bejuco campsite, Colombia (16–20 November); and the Quebrada Lorena campsite, Colombia (21–24 November). For a detailed description of the sites visited during the rapid inventory, see Figs. 2A–D and 4C–F and the *Regional panorama and site descriptions* chapter in this volume.

Figure 20. Inventories of amphibians and reptiles conducted within and around the Putumayo watershed. Data are from inventories for which there are published results available (Rodríguez and Campos 2002, Rodríguez and Knell 2003, Rodríguez and Knell 2004, Lynch 2005, Catenazzi and Bustamante 2007, Yánez-Muñoz and Chimbo 2007, Yánez-Muñoz and Venegas 2008, von May and Venegas 2010, von May and Mueses-Cisneros 2011, Venegas and Gagliardi-Urrutia 2013, Chávez and Mueses-Cisneros 2016, Pérez Peña et al. 2019, Medina-Rangel et al. 2019, SINCHI).

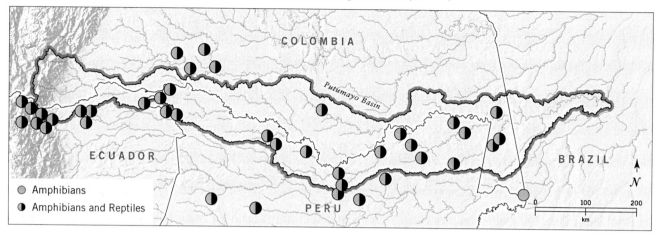

Figure 21. A species accumulation curve for amphibians and reptiles recorded during inventories within the Putumayo watershed of Colombia and Peru. Data are from inventories for which there are published results available (Rodríguez and Campos 2002, Rodríguez and Knell 2003, Rodríguez and Knell 2004, Catenazzi and Bustamante 2007, Yánez-Muñoz and Venegas 2008, von May and Venegas 2010, von May and Mueses-Cisneros 2011, Venegas and Gagliardi-Urrutia 2013, Chávez and Mueses-Cisneros 2016, Pérez Peña et al. 2019, SINCHI).

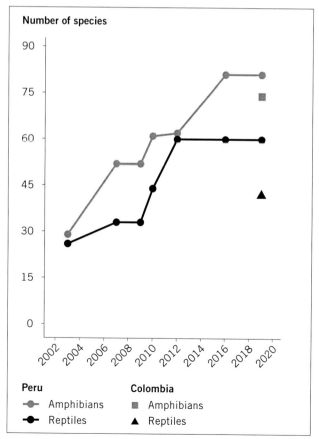

At each campsite, we conducted visual encounter surveys walking along and around the trails searching for amphibians and reptiles in the available microhabitats (Crump and Scott 1994). Surveys were mainly carried out by the three members of the herpetological team; local scientists accompanied us whenever possible. We calculated sampling effort as hours of search time per person, totaling 330 person-hours for the whole inventory. Effort at each at each campsite was 79 person-hours at Quebrada Federico, 75 at Caño Pexiboy, 104 at Caño Bejuco, and 69 at Quebrada Lorena. We included observations made at the ASOPROMATA satellite campsite on the night of 11 November in the species list for the Caño Pexiboy campsite. ASOPROMATA was ~8 km from Caño Pexiboy, at 2°39'56.59"S, 69°52'0.88" W (Appendix 7).

We conducted nocturnal surveys between 18:30 and 05:30 (search time varied between 5 and 10 hours) and conducted diurnal searches when time allowed. Within each campsite, the main habitats sampled were upland (*tierra firme*) and floodplain forests. We searched leaf litter, the soil around the roots of plants, low vegetation, fallen trees, bromeliads, streams, temporary ponds, and bodies of water in fallen palm leaves to search for adult reptiles, amphibians, and tadpoles. We hand-captured voucher specimens except in the case of venomous snakes, for which we used snake tongs, and amphibian larvae, for which we used aquarium nets. We tried to collect at least one voucher specimen for each species observed and capture representatives of different stages of development and phenotypic variation of the populations present. For each individual observed, we recorded the species, perch height, and the microhabitat where it was found. We collected swabs from the skin of amphibians (a representative sample of the diversity of species observed), totaling 89 swabs that will be analyzed to detect the presence of the fungal pathogen *Batrachochytrium dendrobatidis*. The specimens for the swabs were collected in individual bags and will be processed following Boyle et al. (2004).

Amphibian and reptile specimens were fixed in 10% formalin and preserved in 70% ethanol. Anuran larvae were permanently preserved in 10% formalin. We preserved liver or muscle tissues in 96% ethanol. We took high-resolution live photographs of almost all specimens. We deposited a series of 124 voucher specimens in the collection of the herpetology division of the Center for Ornithology and Biodiversity (CORBIDI) in Lima, Peru (with the series of field numbers IR31 GCI001–126), and 365 specimens in the herpetological collection of the Amazon Institute of Scientific Research SINCHI (with the series of field numbers SNC-H 00415–00793). Some duplicates of specimens will be deposited in the Field Museum. We deposited field notes, recordings, photos, and tissue samples in the respective collections with specimens. A complete database with sampling effort is available upon request from the authors.

During surveys, we recorded advertisement calls of some species in uncompressed 'wav' format using a Marantz PMD 661 MKII digital recorder and a Sennheiser ME 66 microphone. In addition, we conducted call surveys using AudioMoth automated recorders installed by the advance team on 23–25 October 2019 and collected during the inventory (5–24 November). AudioMoths were programmed to record 1 minute every 20 minutes in uncompressed 'wav' format, and at a sampling rate of 48 kHz. This yielded a total of 11,758 1-minute recordings (Appendix 8). At Caño Pexiboy and Caño Bejuco, we installed some additional recorders in specific habitats of interest during the nights we conducted surveys there.

We confirmed field identifications with the help of specialists and comparisons with reference material in the CORBIDI and SINCHI collections. For taxonomy, we followed Frost (2020) and Uetz and Hozek (2016)

and for species threat categories we followed IUCN (2020). We built amphibian and reptile species accumulation curves for each campsite with the *iNext* package (Chao et al. 2014, Hsieh et al. 2020) in the R v3.5.1 platform (R Core Team 2018). For spectrograms and oscillograms, we used the *seewave* (Sueur et al. 2008), *tuneR* (Ligges et al. 2018), and *ggplot2* (Wickham 2016) packages in R v3.5.1 (R Core Team 2018) with a Fast Fourier Transformation window length of 1,024. Recordings are deposited in the Field Museum.

RESULTS

Richness and composition

During the Bajo Putumayo-Yaguas-Cotuhé rapid inventory we recorded 131 species of herpetofauna (84 amphibians and 47 reptiles; see complete list in Appendix 7). With the inclusion of records from an additional site surveyed in the Cotuhé watershed in 2010 during the Yaguas-Cotuhé rapid inventory (Alto Cotuhé, 03°11'55.6"S, 70°53'56.5"O, 130–190 m; von May and Mueses-Cisneros 2011), this number totals 149 species (95 amphibians and 54 reptiles). The following results correspond to the sites surveyed during the 2019 inventory.

We observed 2 amphibian orders: Anura (12 families, 30 genera) and Caudata (1 family, 1 genus). We recorded the highest number of species in the family Hylidae (32), followed by Craugastoridae (15) and Leptodactylidae (9). We recorded 3 reptile orders (Crocodylia, Squamata, and Testudines) with a total of 15 families and 32 genera. The most species-rich reptile families were Dipsadidae with 11 species and Dactyloidae and Gymnophthalmidae with 6 species.

We recorded a total of 1,029 individuals (846 amphibians and 183 reptiles). The most abundant amphibian species were *Rhinella margaritifera* (231 individuals), *Osteocephalus yasuni* (41), *Adenomera andreae* (35), and *Pristimantis academicus* (27; Fig. 7L). The most abundant reptiles were *Anolis trachyderma* (18), *Gonatodes humeralis* (15), and *Kentropyx pelviceps* (14; Fig. 7S).

Comparisons among campsites

Thirteen of the 131 species recorded in this inventory (9.9% of the total) were common to all 4 campsites. Similarity in species composition between sites ranged from 0.45 to 0.61, as measured by the Bray-Curtis dissimilarity index, in which a value of 1 means that two sites share no species and a value of 0 means they share all species. The two campsites with the most similar species composition were Caño Pexiboy and Caño Bejuco, and the two with the most different composition were Quebrada Federico and Caño Bejuco. Similarity in species composition between all the campsites in this rapid inventory and the Alto Cotuhé campsite (sampled in 2010) ranged from 0.72 to 0.75. The low similarity in the composition of species between some of the campsites indicates a high complementarity of herpetofauna. We did not find significant differences in species richness among campsites (Fig. 22).

Quebrada Federico campsite

We recorded 260 individuals of 57 species (38 species of amphibians and 19 species of reptiles). Of the 57 species observed, 11 were unique to this campsite: *Dendropsophus brevifrons*, *Rhinella dapsilis*, *Rhinella marina*, *Rhinella poeppigii*, *Pristimantis padiali* (Fig. 7H), *Synapturanus* sp. (Fig. 7N), *Arthrosaura reticulata*, *Dipsas catesbyi*, *Lepidoblepharis hoogmoedi*, *Oxyrhopus vanidicus*, and *Plica plica*. We observed the highest number of amphibian species in the families Hylidae and Leptodactylidae and the highest number of reptile species in the family Sphaerodactylidae. A notable record for this site was the collection of a neonate, juvenile, two adults, and recordings of the call of *Synapturanus* sp. in inundated *varillal* forest on Amazonian peatland (Fig. 3F).

Caño Pexiboy campsite

We recorded 273 individuals of 70 species (49 species of amphibians and 21 species of reptiles). Of these, 19 were unique to this campsite: *Adenomera* cf. *andreae*, *Allobates* cf. *zaparo*, *Boana hobbsi* (Fig. 7B), *Boana ventrimaculata*, *Dendropsophus reticulatus*, *Engystomops petersi*, *Pipa pipa* (Fig. 7G), *Pristimantis aaptus* (Fig. 7C), *Pristimantis croceoinguinis*, *Pristimantis orcus* (Fig. 7E), *Osteocephalus subtilis* (Fig. 7K), *Scinax ruber*, *Teratohyla midas*, *Trachycephalus cunauaru*, *Anolis ortonii*, *Imantodes lentiferus*, *Iphisa elegans*, *Xenopholis scalaris*, and *Xenodon rabdocephalus* (Fig. 7T). The families Hylidae, Craugastoridae, and Leptodactylidae were the most species-rich for amphibians and Dactyloidae and Dipsadidae were the most species-rich families for reptiles. Notable records for this campsite were first records for Colombia of the frogs *P. academicus* (Fig. 7L) and *P. orcus* as well as a rare record of *P. aaptus*, which has only been reported 3 times in almost 40 years.

Caño Bejuco campsite

We recorded 216 individuals of 66 species (39 species of amphibians and 27 species of reptiles). Of these, 13 were unique to this campsite: *Boana appendiculata*, *Boana boans*, *Chironius exoletus*, *Dendropsophus riveroi*, *Drymoluber dichrous*, *Hypodactylus nigrovittatus*, *Nyctimantis rugiceps*, *Scinax funerea*, *Cercosaura argulus*, *Eunectes murinus* (Fig. 7X), *Helicops leopardinus*, *Lachesis muta* (Fig. 7Z), and *Oxyrhopus occipitalis*. The families Hylidae, Craugastoridae, and Leptodactylidae were the most species-rich families for amphibians and Dactyloidae and Dipsadidae were the most species-rich families for reptiles. This was one of the two campsites at which we observed a species of *Anolis* potentially new to science (Fig. 7P).

Quebrada Lorena campsite

We recorded 262 individuals of 63 species (46 species of amphibians and 17 species of reptiles). Of these, 11 were unique to this campsite: *Amazophrynella amazonicola*, *Adelophryne adiastola*, *Hemiphractus scutatus*, *Osteocephalus heyeri*, *Pristimantis kichwarum*, *Pristimantis lacrimosus*, *Pristimantis lanthanites*, *Phyllomedusa tarsius*, *Loxopholis parietalis*, *Potamites ecpleopus*, and *Phrynonax polylepis*. The families Hylidae and Craugastoridae were the most species-rich families for amphibians and Dactyloidae and Gymnophthalmidae were the most species-rich families for reptiles. We observed a high abundance of *Ameerega hahneli* (18 individuals) at this campsite, concentrated in a flooded forest habitat in one section of one trail within the Ríos Cotuhé y Putumayo Indigenous Reserve. This was one of the two campsites at which we observed a species of *Anolis* potentially new to science (Fig. 7P).

Figure 22. Observed and extrapolated amphibian and reptile species richness recorded during a rapid inventory of the Bajo Putumayo-Yaguas-Cotuhé region of Colombia and Peru on 5–25 November 2019. Data are also included from a site previously surveyed in this region (Alto Cotuhé campsite; von May and Mueses-Cisneros 2011).

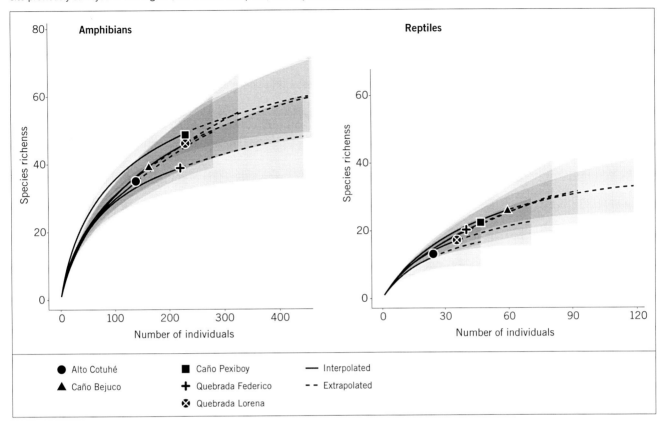

At this campsite we also made the second record for Colombia of the frog *Pristimantis academicus* (Fig. 7L).

Habitat and microhabitat associations

Some species were associated with upland forests: *Enyalioides laticeps* (100% of records; Fig. 7R), *Ranitomeya* spp. (100%), species in the family Gymnophthalmidae (86%), and *Pristimantis* spp., which undergo direct development and deposit their eggs in leaf litter (75%). Other species were associated with floodplain forests or flooded habitats, such as *Synapturanus* sp. (100% of records; Fig. 7N) and *Ameerega hahneli* (95%). Furthermore, we observed various species that reproduce in lentic waters associated with floodplain forests or temporary ponds, such as *Osteocephalus* spp. and *Boana* spp., and two species and their tadpoles which are associated with bromeliads (*Osteocephalus deridens* and *Ranitomeya amazonica*).

With respect to vertical distribution, we recorded a diverse use of habitat stratification: fossorial species

(e.g., *Synapturanus* sp. [Fig. 7N], *Chiasmocleis* spp.), aquatic species (e.g., *Pipa pipa* [Fig. 7G], *Paleosuchus trigonatus* [Fig. 7Q]), leaf litter species (e.g., *Rhinella* spp., *Cercosaura* spp.), and species associated with low vegetation (e.g., *Pristimantis* spp., *Anolis* spp.), and high vegetation (e.g., *Osteocephalus deridens*, *Phyllomedusa bicolor*).

Reproduction

We recorded 11 amplectant pairs of anurans (*Pristimantis* spp. and *Dendropsophus* spp.), 7 individuals in the families Aromobatidae and Dendrobatidae transporting tadpoles on their dorsum, and 13 individuals of various anuran species that were gravid. For reptiles, we recorded seven species in reproductive phase.

Bioacoustic analysis

Automated recorder surveys allowed us to record species that we did not visually observe during the inventory. Some recordings form the sole basis of record for the species for the entire inventory (e.g., *Allobates* cf. *zaparo*, *Nyctimantis rugiceps*), while others improved our understanding of the occurrence of these species across campsites (e.g., *Osteocephalus deridens*, *Vitreorana ritae*). We present some examples of the preliminary analysis of the recordings and the references we use to confirm identifications in Appendix 8.

Notable records

New country records for Colombia

Boana ventrimaculata (Fig. 7M). This tree frog is one of the most recently described amphibians in the Amazon lowlands (Caminer and Ron 2020), and until now was only known from Ecuador and Brazil. Our record at the Caño Pexiboy campsite provides a new locality for the species and is a new country record for Colombia, indicating that this species may have a wide distribution in the Amazonian lowlands.

Osteocephalus subtilis (Fig. 7K). This tree frog, small compared to others in its genus, had previously only been recorded in the Brazilian Amazon. Presumably, its range extends to Peru and Bolivia but this has not yet been confirmed (Martins and Cardoso 1987, Rodríguez-López and Pinto-Ortega 2013). Our collection at the Caño Pexiboy campsite is the first formal record with a voucher specimen deposited in a scientific collection confirming the presence of this species in Colombia. It is the first time that this species has been observed outside of Brazil, which extends its distribution by more than 150 km to the northwest.

Pristimantis academicus (Fig. 7L). This semi-arboreal frog was described in 2010 (Lehr et al. 2010) and had never been recorded outside of Peru. Here, based on color photographs and a series of voucher specimens, we report for the first time its presence in Colombia. We recorded the species at the Caño Pexiboy and Quebrada Lorena campsites, expanding the range by >300 km. The IUCN threat status of this species has not been evaluated and any information about its distribution and biology is a valuable contribution to assessing its the conservation status.

Pristimantis orcus (Fig. 7E). This frog was described in 2008 (Lehr et al. 2009) and has only been previously reported in Peru (Lehr et al. 2009) and Brazil (López-

Rojas et al. 2013), specifically in the Amazon lowlands and Andean foothills. In this inventory, we report the first record for Colombia, expanding its distribution to the north by >500 km. This large range extension indicates that the distribution is still poorly known and that it is necessary to focus more work in collections and the field to have a complete picture of the species' area of occupation. The species is currently categorized as Least Concern by the IUCN since its distribution is assumed to be wide and because no significant threat is known.

Species potentially new to science

Anolis sp. (Fig. 7P). We recorded this lizard species at the Caño Pexiboy and Quebrada Lorena campsites. This species probably belongs to the *Anolis fuscoauratus* group (*sensu* Poe et al. 2015, 2017). Significant differences in scalation and the coloration of the dewlap lead us to think that it is a candidate to be an undescribed taxon. Remarkably, it was not scarce in the campsites where it was found, and its captures were frequent and even sympatric with *A. fuscoauratus* at Quebrada Lorena. Future genetic analyses will give us clearer answers about its taxonomic status and relationship with other *Anolis* species.

Synapturanus sp. (Fig. 7N). Frogs of the genus *Synapturanus* are fossorial and vocalize from underground complexes of roots and soil. We know very little about their habits (Fouquet et al. 2021) and they are rare in museum collections. During the Yaguas-Cotuhé rapid inventory (von May and Mueses-Cisneros 2011) specimens of this species, or of a very similar one, which is possibly not described, were photographed. During the Medio Putumayo-Algodón rapid inventory (Chávez and Mueses-Cisneros 2016) this species or a very similar one was reported again by auditory records. In the Bajo Putumayo-Yaguas-Cotuhé inventory we collected a complete series of neonate, juvenile, and adult individuals with which we can study ontogenetic variation in morphology and coloration. We recorded calls and collected specimens at the Quebrada Federico campsite in flooded *varillal* forest on peatland (Fig. 3F). It appears that this species is closely associated with the roots of palms or trees in flooded forest environments, usually in peatlands (von May and Mueses-Cisneros 2011, Chávez and Mueses-Cisneros 2016, this inventory).

Other notable records

Pristimantis aaptus (Fig. 7C). This frog was described from specimens preserved in 1980 (Lynch and Lescure 1980) and has only recently photographed alive and collected in a rapid inventory along the Algodón River in Peru (Chávez and Mueses-Cisneros 2016). For almost 40 years, this species had not been reported again in Colombia. With this new record, we provide another voucher record, after a long hiatus of vouchered specimens in Colombia, and also increase the information about its coloration in life, which had not yet been described. This species is in the IUCN Least Concern category because its distribution is wide and its populations are presumed to be large.

Allobates cf. *zaparo.* We recorded this frog through automated recorder surveys but surprisingly did not observe it during visual searches. Despite the fact that the recording is very similar to reference recordings for this species, the absence of visual records and of at least one voucher specimen prevent us from confirming the identification. The current known distribution of *Allobates zaparo* includes the Napo and Pastaza drainages in Ecuador and Loreto, Peru, to the south of the Putumayo River (Ron et al. 2019, IUCN 2020). This would be the first record of the species in Colombia, and also the eastern limit of its distribution. Due to the large distribution extension that this record would imply, the fact that this species has not been recorded in other nearby inventories, and the lack of visual confirmation or a voucher specimen to confirm the identification of the recording, we consider it a potential record for the species and not as a definitive confirmation of its presence in the study area. Future fieldwork would help us confirm the presence of this species or determine if another species has a very similar call.

DISCUSSION

The diversity of amphibians and reptiles that we report here is one of the highest ever recorded in with a similar sampling effort in the Peruvian or Colombian Amazon. The number of species observed (84 amphibians and 47 reptiles) is exceeded only by the Medio Putumayo-Algodón rapid inventory (90 species of amphibians and

52 reptiles; Chávez and Mueses-Cisneros 2016), and is slightly higher than the Yaguas-Cotuhé rapid inventory (75 species of amphibians and 53 reptile species; von May and Mueses-Cisneros 2011) and the Ere-Campuya-Algodón rapid inventory (68 species of amphibians and 60 species of reptiles; Venegas and Gagliardi-Urrutia 2013). Notably, these four expeditions were carried out in the middle or lower basin of the Putumayo River, confirming that this river is home to one of the richest amphibian and reptile communities in the northwest Amazon.

Despite consistent reports of high species richness from inventories, site-level species accumulation curves do not asymptote and inventories continue to report new species, new country records, and potential new species, which suggests that we are still underestimating richness at sampling sites (Fig. 22; von May and Mueses-Cisneros 2011, Lynch 2005, Venegas and Gagliardi-Urrutia 2013, Chávez and Mueses-Cisneros 2016). This indicates that the area has yet to be exhaustively sampled and that additional field surveys are necessary to have a more precise estimate of the diversity of herpetofauna that occurs in the basins of the Cotuhé, Yaguas, and lower Putumayo rivers.

The amphibian assemblage documented during this inventory is largely composed of representatives of the order Anura (toads and frogs) and by a single species of the order Caudata (the salamander *Bolitoglossa altamazonica*). These species belong to families that are typically found in floodplain forest or associated with bodies of water (Centrolenidae, Hylidae, Microhylidae, Leiuperidae, or Leptodactylidae) and upland forest (Aromobatidae, Bufonidae, Craugastoridae, and Hemiphractidae), which suggests that the main variables for the spatial distribution of amphibians in these forests are the potential of some areas to be flooded at a certain time of year or, conversely, to remain unflooded despite the constant rains that may occur during the wet season.

Of the more than 800 observations of amphibians, more than 200 were *Rhinella margaritifera*. This species is widely distributed in the area and is one of the few amphibians that, despite being known for its terrestrial habits, seems to be able to adapt to areas that flood. For *Ameerega hahneli*, the majority of the observations occurred in flooded forest habitats (75%), which this species seems to prefer (Oliveira de Carvalho 2011), likely for moisture levels that facilitate successful reproduction. *Ameerega hahneli* does occur in upland habitats as well (and we do not believe that individuals from upland habitat migrate to floodplain areas to reproduce), but the species seems to be more abundant in flooded habitats. In contrast, *Osteocephalus yasuni*, which was the second most observed species in the area, was only recorded in floodplain areas and was fairly dominant in this habitat in the campsites where this species was recorded. This could be due to the beginning of the reproductive season, which leads males of the species to begin to congregate around breeding areas. Another species strongly related to flooded habitats is *Synapturanus* sp. (Fig. 7N), which we only managed to capture at the Quebrada Federico campsite and that has previously been reported to be associated with flooded habitats (von May and Mueses-Cisneros 2011, Chávez and Mueses-Cisneros 2016). Likewise we recorded *Pipa pipa* (Fig. 7G), well-known to be aquatic, in the waters of a large salt lick (Fig. 3G). Some species in our surveys appeared to be closely tied to a particular microhabitat. This includes the frogs *Osteocephalus deridens* and *Ranitomeya amazonica*, which use high and low bromeliads, respectively, to breed and deposit tadpoles, as described in previous studies on the natural history of these species (Jungfer et al. 2010, Poelman et al. 2013).

Of the three reptile orders recorded during the inventory (Crocodylia, Squamata, and Testudines), the best represented was Squamata (lizards and snakes). This is not surprising given the high diversity of this order in the Neotropics (>400 species according to Uetz et al. 2019), which contrasts sharply with the relatively low Amazonian diversity of the other two aforementioned orders. The natural history and ecology of Amazonian reptiles—especially snakes—is even more poorly known than amphibian natural history (Lynch 2012). We observed a low number of individuals of all reptile species, which impedes us from reaching clear conclusions about patterns of relative abundance or rarity of species. The most-observed species was *Anolis trachyderma*, with just 18 individuals, which suggests either a strong homogeneity in the abundances of reptile species (no reptile species seems to clearly dominate in abundance) or low detection probabilities during surveys that biases our understanding of abundance distributions.

Dipsadidae, the most species-rich reptile family recorded during the inventory, was only represented by 19 individuals of 11 species, and we did not record more than 3 individuals of any one species. For lizards of the family Dactyloidae (*Anolis* spp.), the second most species-rich family of reptiles recorded, we observed fairly equal numbers in floodplain and upland forests of the 50 individuals of 6 species (42% floodplain, 58% upland). It is possible that the arboreal or semi-arboreal habits of these lizards do not restrict them from using floodplain forests. By contrast, recorded species in the family Gymnophthalmidae, a group of lizards known for their terrestrial habits, do seem to be restricted by flooding; of the eight individuals found, six were far from ponds or floodplains. It should be noted that these individuals correspond to five different species, with only one of them (*Potamites ecpleopus*) known for semi-aquatic habits (Uzzell 1966). Therefore, we believe that these preferences extend to most of the non-aquatic species of Gymnophthalmidae in the area. These observations also lead us to assume that flooding regime determines the spatial distribution of some reptile families, but not all. For example, we have observed up to 10 individuals of the snake *Bothrops atrox* (Fig. 7Y) in both floodplain and upland habitats, leading us to determine that this species adapts well to floodplain or upland habitats. For the order Crocodilia, we observed all *Paleosuchus trigonatus* (Fig. 7Q) in flooded habitats or streams, which simply confirms the aquatic habits already known for this species.

We observed lower-than-expected reproductive activity during our surveys. Typically during this time of year heavy rains mark the start of the rainy season in this region of the Amazon and, consequently, the start of the breeding season for many amphibian and some reptile species. However, we did not observe any large breeding congregations. During these congregations, the abundance of some species can be very high relative to other species with different reproductive habits. Interestingly, meteorological data indicate that the month prior to the inventory (October) and the month of the inventory (November) had slightly higher than average rainfall (Fig. 23). However, we noticed that rainfall had not yet saturated the forest floor and the forest floor and temporary ponds dried quickly after rainfall. Therefore, many of the amphibian species that we expected to observe in high abundance were represented by only a few individuals.

Except for the Caño Pexiboy campsite, where the highest richness of species in the inventory was recorded (49 amphibians and 21 reptiles), we recorded a similar number of species across sites (see Results section). However, we found low similarity in species composition between sites, indicating a high complementarity of herpetofauna between the surveyed campsites. High species richness and high complementarity of assemblages between campsites has been reported in various previous inventories and is thought to be a result of high habitat heterogeneity in geology and vegetation types in the region (Venegas and Gagliardi-Urrutia 2013, Chávez and Mueses-Cisneros 2016). It is notable that the Caño Pexiboy campsite, in addition to having the highest number of species observed, is also where we recorded the most unique species (19). More extensive sampling is needed to determine if this is a true pattern or due to sampling methods. However, it is striking that this campsite, the only site we visited on the north bank of the Putumayo River, has the lowest similarity in species composition to the other campsites. In addition, we found new records for Colombia of species known from Peru, such as *Pristimantis academicus* (Fig. 7L) and *P. orcus* (Fig. 7E) at this campsite. The Putumayo River has been considered a geographical barrier that could affect dispersal, even for widely mobile vertebrates such as birds (Janni et al. 2018). While we cannot rigorously test this hypothesis with our data from this inventory, it is interesting that we found *Pristimantis* species previously only known in Peru on the south side of the river, on the north side of Putumayo River. Future studies focused on the biogeography of herpetofauna communities are necessary to determine if the Putumayo River is an important geographic barrier or plays a role in the reduction of gene flow of some species.

The relationship between herpetofauna and local people

During the inventory, we noted that some species of amphibians and reptiles were valued by people in local communities. For example, all large species of the genus *Leptodactylus* (>500 g) are appreciated as a food source, as is the case for the alligators *Caiman crocodilus* (spectacled or white caiman) and *Paleosuchus trigonatus*

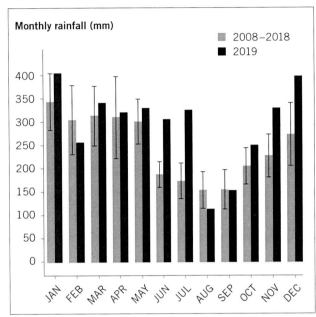

Figure 23. Average total monthly rainfall 2008–2018 and total monthly rainfall for 2019 for the Bajo Putumayo-Yaguas-Cotuhé region of Colombia and Peru. Error bars represent ±1 SD. Data are from the CHIRPS Rainfall database (Funk et al. 2015) extracted from SERVIR's ClimateSERV system using a rectangle polygon select tool around the region of study.

(smooth-fronted caiman; Fig. 7Q). The latter seems to be widely distributed in the floodplains, streams, and flooded forests of the region.

We also noted a strong conflict between human communities and *Melanosuchus niger* (black caiman), and between people and snakes in general. According to the interviews we conducted, the conflict with *M. niger* seems to be related to the way a particular fishing technique, *espinal*, attracts adult caiman that inhabit the Putumayo River. In this type of fishing fish accumulate on multiple hooks set on a line, generating vibrations in the water that attract caiman seeking an easy meal. This can occur while local fishers are present, to which the fishers attribute some attacks that harmed people. Although interviews suggest that local people perceive these attacks as constant and continuous, several local community members told us that they knew of ~6 confirmed attacks in the last 10 years. Therefore, we believe that exaggeration and disinformation could be causing the idea that attacks occur frequently.

We also heard in interviews about two encounters on the Cotuhé River that did not cause serious harm to people. In contrast to what happened in the Putumayo

River, these were encounters between people and resting animals, in which startled caiman fled in a noisy, thrashing way that scared people nearby. We believe that the relationship between people and caiman has a delicate balance, and that it is necessary to provide information that allows local people to better respond to situations that can become risky. We do not believe *M. niger* to be abundant in the Cotuhé River (in fact, our team was unable to observe any during the rapid inventory). The described encounters seem to have been occasional, probably due to the fact that most of the fishing is carried out on the Putumayo, which makes the latter the main place to address human-caiman relationships.

Human-snake conflict seems to have its origin in long-held beliefs that all snakes are dangerous and because of sporadic venomous snakebites. It is not uncommon for a 'learned fear' to develop in places where these animals are frequently sighted. Through interviews of community members, we learned that while snakes play a role in Ticuna traditional views and customs, the current tendency of people in communities seems to be to kill all snakes they encounter. This represents a threat to the populations of these reptiles and, in turn, a risk to people's health, because trying to kill snakes ultimately brings people in closer contact with them and more vulnerable to snakebite. The negative reactions towards these animals seem to be based not only on lack of identification knowledge, but also on the religious belief that they are 'condemned to die,' which reduces their charisma and makes it difficult to gain support for the conservation of these species. As has been documented for Colombia, the annual slaughter of snakes can exceed 30,000 individuals (Lynch 2012), which constitutes a serious threat on top of habitat destruction and degradation (Lynch 2012, Pandey et al. 2016). This suggests that conflict with people is a real threat to caiman and snakes and that efforts are needed to disseminate information to local people on the biology and identification of these species and to implement conservation management programs.

THREATS

We identified three main threats to amphibians and reptiles in the region:

- The negative effects of gold mining include mercury pollution and changes in river flow and sedimentation, impacting the aquatic habitat of species such as black caiman (*Melanosuchus niger*), spectacled or white caiman (*Caiman crocodilus*), various species of river-breeding frogs (Magnusson and Campos 2010, Markham 2017), and the turtle *Podocnemis unifilis*, whose nesting and breeding sites are destroyed by mining. Mercury can result in decreased appetite, reduction in body size, and increased mortality (Todd et al. 2012). Mining can also increase hunting pressure on some of these species.

- Conflict between local people and snakes (both venomous and non-venomous), and between local people and black caiman (*Melanosuchus niger*), results in mortality of these species and could decrease population sizes and constrict distributions.

- Although the deforestation rate is not as high in this region as in other parts of the Amazon basin, it could become a more serious problem in the future, especially if comprehensive and sustainable forest management is not carried out on both sides of the Putumayo River. Deforestation has negative effects such as habitat disturbance, fragmentation, erosion, increases in temperature, and habitat homogenization, which would affect both the region's amphibian and reptile populations both directly and indirectly.

RECOMMENDATIONS FOR CONSERVATION

The lack of previous studies on the Colombian side of the Putumayo limits us from making very specific recommendations. However, we provide three important recommendations for the conservation of amphibians and reptiles in the Bajo Putumayo-Yaguas-Cotuhé region:

- Promote binational coordination to develop management and conservation plans for the Putumayo and Cotuhé watersheds (including giving species the same threat category), recognizing that these areas are critical habitats for the reproduction of many species of amphibians and reptiles, especially caiman and turtles.

- Develop training for the identification of venomous and non-venomous snakes. This should also include the dissemination of information about snake biology, preventive measures to avoid snakebite, and techniques on how to live in harmony with the snakes that inhabit rural areas of the Putumayo watershed.

- Protect permanently flooded habitats. The fact that some species were recorded exclusively or predominantly in flooded forests during this and past inventories (von May and Mueses-Cisneros 2011) suggests that there may be several specialist species dependent on these types of habitats, which have patchy distributions in the watershed.

BIRDS

Authors: Juan Díaz Alván, Flor Ángela Peña Alzate, Douglas F. Stotz, and Debra K. Moskovits

Conservation targets: Game birds, including *Mitu salvini* (Fig. 8L), *Mitu tuberosum* (Fig. 8M), *Pipile cumanensis* (Fig. 8E), *Penelope jacquacu* (Fig. 8F), *Nothocrax urumutum*, *Psophia crepitans*, and some tinamous; birds associated with forests growing on less fertile soils, especially *Notharchus ordii*, *Herpsilochmus* sp. nov., and *Heterocercus aurantiivertex*; possible remaining populations of the globally Endangered Wattled Curassow (*Crax globulosa*), if the species still occurs in the region; at least five other species considered globally threatened by the IUCN

INTRODUCTION

Several rapid inventories of birds have been carried out in the Peruvian portion of the Putumayo watershed (e.g., Stotz and Pequeño 2004, Stotz and Mena Valenzuela 2008, Stotz and Díaz Alván 2010, 2011, Stotz and Ruelas Inzunza 2013, Stotz et al. 2016). The inventories most relevant to the Bajo Putumayo-Yaguas-Cotuhé region are those of Yaguas-Cotuhé (Stotz and Díaz Alván 2011)—during which three sites on the Yaguas River and in the headwaters of the Cotuhé River were sampled—and of Medio Putumayo-Algodón (Stotz et al. 2016). Birds have been relatively well studied in Amacayacu National Park, but work there to date has focused on the southern portion of the park, outside of the Putumayo drainage (Cotton 2001; Diana Deaza, pers. comm.).

The four campsites visited during this inventory— on the Federico, Pexiboy, Bejuco, and Lorena rivers in the Putumayo and Cotuhé watersheds—have seen little to no previous scientific work. Our one campsite north of the Putumayo (Caño Pexiboy) is one of the few sites ever sampled near Río Puré National Park's southern border. This patchiness and scarcity of bird surveys from the lower Putumayo River to Leticia is impressively illustrated by the community science platform eBird[14]. At the time we prepared this report, hundreds of eBird users had recorded thousands of observations of >600 bird species in the vicinity of Leticia. In contrast, around Tarapacá, 2 users had recorded just 36 species. For several species, the most recent records have been made by park guards of Amacayacu and Río Puré national parks during their patrols and their participation in bird censuses.

Our rapid inventory of birds in the Bajo Putumayo-Yaguas-Cotuhé region sought to increase our knowledge of this little-known avifauna. The specific goals were to: 1) record the largest possible number of species, with notes on the abundance of each species, 2) identify the most valuable species from the point of view of conservation, and 3) assess the conservation status of the bird community at each campsite we visited.

METHODS

We surveyed birds at four campsites in the Bajo Putumayo-Yaguas-Cotuhé region: one in Peru and three in Colombia. For a detailed description of the sites, see Figs. 2A–D and 4C–F and the *Regional panorama and site descriptions* chapter in this volume.

Díaz Alván, Peña Alzate, and Moskovits sampled birds for 4.5 days at the Quebrada Federico campsite (5–9 November 2019, 135 hours of observation), 4.5 days at the Caño Pexiboy campsite (11–15 November, 140 hours), 4.5 days at the Caño Bejuco campsite (November 16–20, 135 hours), and 3.5 days at the Quebrada Lorena campsite (21–24 November, 105 hours). Our protocol consisted of walking all trails at each site looking for birds, listening for birds, and recording birdsong. Recordings were made with a Tascam DR-100 MK III recorder and a Sennheiser ME66 directional microphone. Trail surveys were done independently, with Peña Alzate and Moskovits working together as one team, and Díaz Alván working on his own, sometimes accompanied by a local scientist. Our

---

14 *https://www.ebird.org*

sampling objectives were to maximize the area we surveyed each day, to walk the entire trail system at every campsite, and to cover all habitats.

Trail surveys typically started at dawn and ended in the afternoon. Every day we walked between 5 and 13 km, depending on the length of the trails, the weather, bird activity levels, and the habitats present in the study area. Some additional records were contributed during the inventory by other researchers, and also by camera traps operated by the mammal team (see the *Mammals* chapter in this volume).

The taxonomy used in our species list follows Remsen et al. (2019). Based on the total and daily numbers of individuals recorded, we assigned each species to one of three categories of relative abundance: 1) *common*, for species recorded daily; 2) *not common*, for species recorded more than twice at each campsite, but not recorded daily; and 3) *rare*, for species observed once or twice throughout the inventory. Because our stay at each campsite was short, our abundance estimates are preliminary and do not necessarily reflect the abundance or presence of birds at these sites during other seasons of the year.

RESULTS AND DISCUSSION

Species richness

We recorded 346 bird species at the 4 campsites sampled during the rapid inventory (see full list in Appendix 9). We estimate that a complete inventory of the Bajo Putumayo-Yaguas-Cotuhé region, including the Putumayo River and other large lakes and tributaries, would yield approximately 500 bird species in total. This number is in accord with previous rapid inventories carried out in contiguous areas, which estimated between 490 (Ampiyacu-Apayacu-Medio Putumayo-Yaguas, Stotz and Pequeño 2003) and 500 total bird species (Yaguas-Cotuhé, Stotz and Díaz Alván 2011; Medio Putumayo-Algodón, Stotz et al. 2016).

At the Quebrada Federico campsite (Peru) we recorded 197 species. The bird community was typical of floodplain habitats, which dominated this site. We also observed a group of bird species that specialize in forests growing on less fertile soils. At the Caño Pexiboy campsite (Colombia) we recorded 231 species. The bird community was typical of upland (*tierra firme*) forests

and creeks. At Caño Pexiboy we also observed a similar group of species that specialize on forests on less fertile soils. At the Caño Bejuco campsite (Colombia) we recorded 217 species. The bird community was typical of upland forests, riverbanks, and streambanks. Because the Caño Bejuco campsite was located on the banks of the Cotuhé River, we recorded 35 species that are mostly typical of riverbank habitat, which substantially increased species richness for this campsite and for the inventory in general. We also recorded the group of species that specialize on forests on less fertile soils. At the Quebrada Lorena campsite (Colombia) we recorded 205 species; the lower number is due to rainy conditions and one fewer day of sampling. In general, the bird community was typical of upland forests, with a small guild of birds typical of streambank habitat. Here we recorded a smaller number of bird species associated with forests on less fertile soils.

Notable records

The most noteworthy species recorded during the rapid inventory are those that specialize on forests on less fertile soils, and those for whom our observations represent significant range extensions.

- At two of our campsites (Caño Pexiboy and Caño Bejuco) we recorded the first Colombian observations of an as-yet undescribed antbird species in the genus *Herpsilochmus*. The observation at Caño Pexiboy also represents the first known record of the species north of the Putumayo River. In Peru, this species has been reported during other rapid inventories in the Putumayo River basin (Maijuna, Stotz and Díaz Alván 2010; Yaguas-Cotuhé, Stotz and Díaz Alván 2011; Ere-Campuya, Stotz and Ruelas Inzunza 2013; Medio Putumayo-Algodón, Stotz et al. 2016), and, more recently, along the upper Putumayo River (Vásquez-Arévalo and Díaz 2019).

- Orange-crowned Manakin (*Heterocercus aurantiivertex*), which has been recorded in two previous rapid inventories in the Putumayo River basin (Yaguas-Cotuhé, Stotz and Díaz Alván 2011; Medio Putumayo-Algodón, Stotz et al. 2016), was observed on both the Peruvian (Quebrada Federico) and Colombian (Quebrada Lorena) sides of the Putumayo. The latter represents the second record of the species for Colombia and the first for Amacayacu National Park. The first record of this species for Colombia was made along the Cauca River, in the vicinity of Limón Cocha, in La Paya National Park (Peña Alzate et al., in press), >600 km from Quebrada Lorena.

- We recorded Brown-banded Puffbird (*Notharchus ordii*), another strict specialist on forests on less fertile soils (Álvarez et al. 2013), in an Amazonian peatland forest at the Quebrada Federico campsite. This is the second record of this species east of the Napo River in Peru. The first is from the upper basin of the Putumayo River (Vásquez-Arévalo and Díaz 2019), 442 km away.

- We were very interested to observe Yellow-throated Antwren (*Myrmotherula ambigua*), whose song was recorded in upland forests on intermediate terraces at the Caño Pexiboy campsite as it accompanied a small mixed flock. This species is known from eastern Colombia and Brazil, where it usually inhabits forests growing on sand along the upper Rio Negro (Hilty and Brown 1986). Our report constitutes a 150-km expansion of its known range (Ayerbe 2018). However, there are reports that the species is also regularly observed in the Puerto Leguízamo area, in the middle Putumayo River (F. Peña Alzate, pers. obs.).

- Another noteworthy find was the discovery of both species of curassow—Salvin's Curassow (*Mitu salvini* [Fig. 8L]) and Razor-billed Curassow (*M. tuberosum* [Fig. 8M])—at some of the sites we visited. These species do not co-occur in Loreto, Peru, where *M. salvini* occurs to the south of the Amazon River and M. *tuberosum* to the north; the one exception is a small area of overlap near the Colombian border where both species are found together in southern Colombia. We recorded both species at the Caño Pexiboy and Quebrada Lorena campsites. At Caño Bejuco (Colombia) only Salvin's Curassow was recorded, and at Quebrada Federico (Peru) only Razor-billed Curassow was observed.

- We recorded White-crested Spadebill (*Platyrinchus platyrhynchos*) for just the second time east of the Napo River in Peru. The first record was at the Piedras campsite of the Maijuna rapid inventory (Stotz and Díaz Alván 2010), ~300 km away. In Colombia this species is known in the southeast, along the middle Caquetá River (Hilty and Brown 1986, Ayerbe 2018). Our record during the rapid inventory expands its range by about 200 km to the southeast.

- White-shouldered Antshrike (*Thamnophilus aethiops*) is a little-known species known from southeasternmost Colombia (Hilty and Brown 1986, Ayerbe 2018) and more recently from the vicinity of El Encanto, a community at the confluence of the Putumayo and Caraparaná rivers (Janni et al. 2018). This species was recorded in the hilly forests at the Caño Pexiboy campsite, which expands its distribution by 385 km.

- Gray Tinamou (*Tinamus tao*) was heard by two members of our team (Peña Alzate and Moskovits) at the Caño Pexiboy and Caño Bejuco campsites. This record requires confirmation to corroborate the species' presence in southeasternmost Amazonian Colombia; it has been reported from the Puerto Leguízamo area in the middle Putumayo River in Colombia (F. Peña Alzate, pers. obs.).

- Another interesting record is that of the Spotted Antpitta (*Hylopezus macularius*), a little-known species recorded in upland forests on intermediate terraces at the Caño Bejuco campsite. This species was also recorded in the Yaguas-Cotuhé rapid inventory (Stotz and Díaz Alván 2011), 63 km to the northwest.

Game birds

We found healthy populations of game birds at all four campsites, where we observed a large number of game species in great abundance and with great frequency. Tinamous (*Tinamus* and *Crypturellus* spp.) were very abundant at all campsites, as were both species of curassows (*Mitu salvini* [Fig. 8L] and *M. tuberosum* [Fig. 8M]), which were recorded both co-occurring and independently, as mentioned above. We observed Blue-throated Piping-Guan (*Pipile cumanensis* [Fig. 8E]), Spix's Guan (*Penelope jacquacu* [Fig. 8F]), and Gray-winged Trumpeter (*Psophia crepitans*) at all campsites, frequently and in high numbers. Nocturnal Curassow (*Nothocrax urumutum*) was recorded at almost all of the campsites, with the exception of Quebrada Federico; it was observed more frequently at Caño Bejuco and

Quebrada Lorena, where it was seen daily. By contrast, Speckled Chachalaca (*Ortalis guttata*) was not recorded at any campsite. Its absence from our list seems to indicate the lack of extensive areas of secondary forest in the region.

Mixed-species flocks

Mixed-species flocks, a common feature of most Amazonian bird communities, were poor in terms of species richness and number of individuals, both in the canopy and in the understory. This same pattern has been observed in the other inventories along the Putumayo River, and is discussed in more detail in the Medio Putumayo-Algodon report (Stotz et al. 2016).

The scarcity of mixed-species flocks is characteristic of forests on less fertile soils. At the Quebrada Lorena campsite, where soils were more fertile, we observed a slightly higher number of these flocks. At all four campsites, mixed-species flocks were led by Dusky-throated Antshrike (*Thamnomanes ardesiacus*), generally accompanied by White-flanked Antwren (*Myrmotherula axillaris*) and 3–4 other species. At Quebrada Federico there were very few (2–3) flocks, all led by Dusky-throated Antshrike (*Thamnomanes ardesiacus*) and the Cinereous Antshrike (*Thamnomanes caesius*) and always accompanied by Wedge-billed Woodcreeper (*Glyphorynchus spirurus*), White-flanked Antwren (*Myrmotherula axillaris*), and Ochre-bellied Flycatcher (*Mionectes oleagineus*). Although we observed army ants on the forest floor, they were rarely followed by flocks. Likewise, on several occasions we observed pairs or families of *Thamnomanes ardesiacus* and *M. axillaris* foraging without any apparent company of other species.

Caño Pexiboy and Caño Bejuco showed the same pattern of mixed-species flock behavior. The only difference was the absence of Cinereous Antshrike (*Thamnomanes caesius*); *T. ardesiacus* led the flock alone, accompanied by the other species mentioned above.

At Quebrada Lorena mixed-species flocks were slightly more abundant. We observed 4–6 small groups led by *T. ardesiacus* and *T. caesius*, accompanied by the aforementioned species and by Buff-throated Woodcreeper (*Xiphorhynchus guttatus*), Gray Antwren (*Myrmotherula menetriesii*), Long-winged Antwren (*Myrmotherula longipennis*), and White-cheeked Antbird (*Gymnopthys leucaspis*). On some occasions we observed Sooty Antbird (*Hafferia fortis*) in the flocks.

Canopy flocks, which were generally observed together with understory flocks, were also very rare at all campsites. They were almost always led by Dusky-capped Greenlet (*Pachysylvia hypoxantha*) and Lemon-chested Greenlet (*Hylophilus thoracicus*) along with Forest Elaenia (*Myiopagis gaimardii*), Gray Elaenia (*Myiopagis caniceps*), Gray-crowned Flycatcher (*Tolmomyias poliocephalus*) and in some occasions by Yellow-margined Flycatcher (*Tolmomyias assimilis*), all insectivores.

Tanagers and honeycreepers were especially scarce, especially at Quebrada Federico and Quebrada Lorena. At Quebrada Federico we recorded only two tanager species: Turquoise Tanager (*Tangara mexicana*) and Yellow-bellied Tanager (*Ixothraupis xanthogastra*). At Quebrada Lorena we recorded Paradise Tanager (*Tangara chilensis*), Green-and-gold Tanager (*Tangara schrankii*), and *T. mexicana*. At Caño Pexiboy they were slightly more frequent; of the five species observed, the most abundant were *T. chilensis* and *T. mexicana*. On one occasion at this campsite, Peña Alzate observed >30 individuals in a canopy flock composed of different species, including Opal-rumped Tanager (*Tangara velia*), Flame-crested Tanager (*Loriotus cristatus*), Chestnut-vented Conebill (*Conirostrum speciosum*), and Swallow Tanager (*Tersina viridis*).

Birds specialized on forests growing on less fertile soils

Forests growing on relatively poor soils are common throughout the Putumayo watershed, and one guild of birds is closely associated with these forests. This guild is poor in both species and individuals, compared to bird communities elsewhere in the Amazon.

We recorded 13 of these specialist species. One of the most noteworthy is an undescribed antbird in the genus *Herpsilochmus*. Initially reported from the interfluvium of the Napo and Putumayo rivers in Peru, the species was seen regularly in less fertile soil forests at the Caño Pexiboy campsite, on a trail through forest with a dense understory of the *Lepidocaryum tenue* palm, and in upland forests on intermediate terraces at Caño Bejuco. The details of its biogeographic relationship with *Herpsilochmus dorsimaculatus*, a very similar species found in Colombia, remain to be seen.

Other notable species in this guild include 1) Black-headed Antbird (*Percnostola rufifrons jensoni/minor*), recorded in the *varillal* forests on peat (Fig. 3F) at Quebrada Federico in Peru and at the three Colombian camps; 2) Brown-banded Puffbird (*Notharchus ordii*), known from very few places east of the Napo River in Peru; and 3) Orange-crowned Manakin (*Heterocercus aurantiivertex*), distributed in northern Peru, eastern Ecuador (Napo river basin), and westernmost Brazil, especially along the lower Yavarí River, and now from the middle and lower Putumayo River in Colombia. The other specialists, such as Duida Woodcreeper (*Lepidocolaptes duidae*), Rufous-tailed Flatbill (*Ramphotrigon ruficauda*), Citron-bellied Attila (*Attila citriniventris*), White-crowned Manakin (*Dixiphia pipra*), and Yellow-throated Flycatcher (*Conopias parvus*), are distributed widely but patchily across the Amazon.

Migrating birds

We recorded just a single northern migrant (*Pandion haliaetus*) and a single southern migrant (*Empidonomus varius*)—pronouncedly fewer than the 25 we expected to see given the date of the inventory. In other rapid inventories in Putumayo, on similar dates, we have recorded 8–14 boreal migrants. Since migratory species often use secondary habitats, beaches, and larger rivers, their absence from our species list may be due to a lack of these habitats (and associated bird species) at the sites sampled during this rapid inventory.

Threatened species

We observed 14 species (see Appendix 9) categorized as globally Vulnerable or Near Threatened by the IUCN (BirdLife International 2019). In Peru, six are considered Vulnerable or Near Threatened by MINAGRI (2014). It is likely that many of these species do not require direct action for their conservation and protection in the Bajo Putumayo-Yaguas-Cotuhé region, apart from maintaining the integrity of habitats and forest cover to ensure the well-being of different bird populations. It is also important to maintain the low hunting pressure in the region; only for subsistence.

THREATS

We did not observe any direct threats to birds at the sites we visited. Potential future threats might include changes in land use and consequent loss of forest cover or change in forest structure, which would lead to the loss of habitats for different species. Another potential threat might come from changes in traditional resource use by local people, who currently hunt birds only for local food and cultural uses.

Even when it is selective, logging can alter forest structure and thereby lead to a decrease in the abundance and diversity of ground-dwelling and understory species (Mason 1996). Canopy birds can also be affected, especially in species composition. Tree gaps can attract forest-edge species, as well as increase the number of fruiting trees and corresponding frugivorous bird species (Aleixo 1999). It is worth noting that in the forestry concession managed by Flor Ángela Martínez, where we sampled birds around the Caño Pexiboy campsite, changes in forest structure were slight and we did not observe a strong impact on the species composition of birds. Due to the strict ban on hunting, the concession still sustains large and healthy populations of game birds.

RECOMMENDATIONS FOR CONSERVATION

- Maintain the unbroken canopy and excellent conservation status of forests in the region. The forestry concession we visited uses a highly selective logging strategy that supports an impressive bird diversity; it could become a model for other concessions in the region. In general, interspersing concessions of selective logging with untouched forests will help sustain the region's diverse avifauna.

- Manage hunting for local use only, with specific management plans for gamebird species as necessary. All four of the land-use designations we sampled (an undesignated area managed by neighboring communities, a forestry concession, an indigenous reserve, and a national park) contain large populations of game birds, indicating that current hunting pressure is sufficiently low to conserve these species.

- Develop a specific protection plan for the globally Endangered Wattled Curassow (*Crax globulosa*).

While we did not record this species at the sites we visited, Amacayacu National Park staff and local inhabitants told us that the Wattled Curassow is present on islands in the Putumayo River, and possibly along the Cotuhé River. We recommend working with communities to draft a conservation and awareness plan to preserve the population of this threatened species.

- Strengthen environmental education activities with children, youth, and adults throughout the region, and especially in Amacayacu National Park.

OTHER RECOMMENDATIONS

- Research and map the distribution of the undescribed antbird, *Herpsilochmus* sp. nov., in the Bajo Putumayo-Yaguas-Cotuhé region, as well as the distribution of the other species that specialize on forests growing on less fertile soils.

- Study populations of *Mitu tuberosum* (Fig. 8M) and *M. salvini* (Fig. 8L) in the Bajo Putumayo-Yaguas-Cotuhé region to understand the area of overlap between the two species.

- Train local people and Amacayacu National Park staff in audio recording techniques that can be used to detect and monitor important species in the region.

MAMMALS

Authors: Farah Carrasco-Rueda, Olga L. Montenegro, William Bonell, and Cyntia Díaz

Conservation targets: A complex mammal community with large predators and their prey species; various trophic guilds that provide a variety of ecosystem services to the forest, indirectly benefiting surrounding human populations; medium and large-sized mammals used by communities; globally and nationally threatened species; white-lipped peccary (*Tayassu pecari* [Fig. 9Z]), a threatened species that requires abundant space and food, and high-quality habitat; woolly monkey (*Lagothrix lagothricha* [Fig. 9H]), the largest primate among the species recorded in the study area and a threatened species that requires large areas of well-preserved forest; the threatened giant armadillo (*Priodontes maximus* [Fig. 9P]), the largest armadillo species; the threatened giant river otter (*Pteronura brasiliensis*), a top predator contributing to the stability of the food chain; tapir (*Tapirus terrestris* [Fig. 9Y]), the largest ungulate species, an important seed disperser, categorized as threatened; the threatened giant anteater (*Myrmecophaga tridactyla* [Fig. 9Q]); and the threatened Amazonian manatee (*Trichechus inunguis* [Fig. 9AA]), an aquatic mammal that faces hunting pressure along the Putumayo River

INTRODUCTION

Mammal species richness in the Putumayo River basin in Peru has been studied since the 1990s, with an early focus on primates (Encarnación et al. 1990). This information was augmented in recent decades by rapid inventories carried out in the upper and middle portion of the river (Montenegro and Escobedo 2004, Bravo and Borman 2008, López Wong 2013, Montenegro and Moya 2011, Bravo et al. 2016, Ramos-Rodríguez et al. 2019, Perez Peña et al. 2019) and other studies along the Algodón River (Aquino et al. 2015). In contrast, knowledge of mammals on the Colombian side of the Putumayo is much more incipient, making it one of the least known regions in the southern Colombian Amazon (Montenegro 2007, Ramírez-Chaves et al. 2013). Given the information generated so far on the Peruvian side of the Putumayo and the relatively well-preserved forests in the basin, it is expected that diversity on the Colombian side will be similar. La Paya National Park, in the upper Putumayo River basin in Colombia, has been the focus of a rapid inventory of mammals (Polanco-Ochoa et al. 2000), as well as a recent study on bats (Henao 2016). In the middle Putumayo basin, there is a field report for the Caraparaná and Igaraparaná rivers that mentions various species (Echeverri et al. 1992) and a general review of aquatic mammals throughout the basin (Trujillo et al. 2007).

Rapid inventories have been important for creating protected areas and providing key information for decision-making. For example, rapid inventories carried out along the Yaguas and Cotuhé rivers (Montenegro and Escobedo 2004, Montenegro and Moya 2011) revealed high species richness and abundant populations of mammals, and contributed to the recent creation of Yaguas National Park. Rapid inventories also help fill information gaps in areas where biodiversity use and biodiversity conservation are in conflict.

Increasing our knowledge of the mammals of the lower basin of the Putumayo River is necessary not only from the scientific point of view, but also as a contribution to the larger dream of a biological and cultural corridor, which, with adequate conservation strategies, can ensure well-being throughout the Putumayo basin. In this report we present the results of the rapid inventory of mammals in the Bajo Putumayo-Yaguas-Cotuhé region of Peru and Colombia.

METHODS

We focused on medium and large-sized mammals, and bats. For both groups, our sampling effort was the highest so far of Field Museum rapid inventories.

Sampling was conducted on 5–24 November 2019 in four locations in Peru and Colombia: the Quebrada Federico campsite, Peru (5–8 November); the Caño Pexiboy campsite, Colombia (10–15 November); the Caño Bejuco campsite, Colombia (16–20 November) and the Quebrada Lorena campsite, Colombia (21–24 November). For a detailed description of the camps visited during the rapid inventory, see Figs. 2A–D and 4C–F and the *Regional panorama and site descriptions* chapter in this volume.

To survey medium and large-sized mammals we used camera trapping, direct sightings, and sightings of sign during daytime and nighttime walks along trails. Additionally, at Caño Bejuco we surveyed by boat along the Cotuhé River. For bats, we used mist-nets and acoustic recordings. These methods are detailed below.

Camera trapping

Before the inventory, during the advance phase (15–26 October), we established 14 camera trap stations at Quebrada Federico, 19 at Caño Bejuco, and 19 at Quebrada Lorena. The lower number of cameras installed at Quebrada Federico was due to flooded conditions during sampling that limited this method. We located the stations between 48 and 127 meters above sea level, along the trails opened for the inventory and spaced a minimum distance of 500 m to minimize spatial autocorrelation in the data (Royle et al. 2007, Burton et al. 2015). The cameras functioned for 14–32 days. We alternated the location of available camera models (Reconyx HC500, Bushnell 119676, Bushnell 119776, Bushnell 119436, Bushnell 119636, Bushnell 119437, Bushnell 119537). We located stations on or next to trails in places where recent use by wildlife (i.e., footprints, paths, marks on trees, feces) was evident. We assigned a code to each camera and mapped its location on the trail system.

During the inventory we placed additional cameras at Quebrada Federico (6) and Caño Pexiboy (4) with a distance of 100 m among them. These cameras remained active during the four days of fieldwork at each campsite and were removed on the last day.

Camera settings depended on the model. We programmed Reconyx cameras to take 5 photos with a 1-second separation between photos, and a detection interval (quiet period) of 15 seconds. In the case of Bushnell cameras, we configured them to take 3 photos with a 15-second quiet period.

Each sampling station was configured for continuous operation (24 hours). For each, we recorded coordinates in decimal degrees (Datum: WGS 84), camera information (serial, identification number, model), installation date and time, and physical description of the station. We programed and installed the cameras following the recommendations and protocols provided by TEAM (2016).

We reviewed the cameras photos using WildID 0.9.28 (Fegraus et al. 2011). The list obtained was compared with a list of potential species for the area generated by the Map of Life platform (Jetz et al. 2012)[15]. Given that some species remain in front of the

---

15 http://www.mol.org

cameras for long periods of time (e.g., *Dasyprocta fuliginosa* [Fig. 9CC], *Tayassu pecari* [Fig. 9Z]), when images of the same species were recorded at the same station within a one-hour period, we considered it a single event.

Trail surveys

At each campsite we walked all trails during the day between 06:30 and 17:30, and two trails during the night between 17:30 and 23:30.

For every mammal sighting we recorded species, number of individuals, distance to the individual or group from trail, and coordinates, and took photos when possible. When finding mammal signs, we recorded species, type of record (e.g., feces, footprints, scratches, carcasses, bitten fruit), coordinates, and photos. We complemented data collected by the mammal team with sightings made by other members of the biological team and the advance team.

Bat captures

We installed 9–12-m mist-nets, including 1 mist-net made up of two 6-m mist-nets, which remained active from 17:30–18:00 until around 21:00, for an average sampling effort of 3 hours per night. At each campsite, we captured bats for two nights. Total sampling effort was 67 net-nights (1 net-night is equal to one 12-m mist-net active for 3 hours per night). We checked the mist-nets every 30 minutes.

Captured individuals were placed in cloth bags until processing. For each individual we recorded weight, age, and sex, and at least forearm length. We used the guidelines of Díaz et al. (2016) and López Baucells et al. (2016) to identify captured individuals to species. In some cases we collected specimens to confirm taxonomic identification. In these cases we took standard body measurements such as head-body, tail, ear, and leg length. We took hair samples from every captured individual by making a cut in the dorsal part using steel scissors that were disinfected with alcohol between every collection. We kept hair samples in 1.5-ml Eppendorf plastic vials. Hair samples will be used in the future to measure mercury levels in individuals through specialized analyses in laboratories in Colombia. Cutting the fur on the dorsal part prior to releasing identified individuals allowed us to

recognize recaptures (Harvey and Gonzalez Villalobos 2007, Helbig-Bonitz et al. 2014).

For each species that represented a new record on the inventory list we collected one individual. For the collection we used standard euthanasia methods (AVMA 2013). We used barbiturates, starting with sedation using ketamine and then applying a lethal dose of pentorbarbital intraperitoneally. After sacrificing the specimens, we opened a cavity in the ventral area of the body and removed samples of muscle tissue. These tissues will be used for future molecular studies. To preserve specimens, we injected them with 10% formalin and stored them in a container with 70% alcohol. The samples are in the process of being deposited in the mammal collection of the Institute of Natural Sciences of the National University of Colombia.

Bat acoustic recordings

At the four campsites, we installed two Anabat Express recorders (Titley Scientific LLC) along trails, streams, and treefall gaps. We kept the recorders active between one and seven hours, during three or four nights per campsite. Additionally, we installed recorders within the ASOPROMATA forest harvesting concession on the banks of the Pexiboy River, in the municipality of Tarapacá. In total, we recorded 120 hours over 15 days.

Sampling effort and success

Altogether we compiled a total effort of 170.2 km surveyed by foot along trails and 8.39 km by boat along the Cotuhé River, 1,137 camera trap days, 67 mist-net-nights, and 120 recording hours. Sampling effort for each method varied among the four campsites (Table 6) due to various factors, such as weather and logistics at the sites.

We estimated sampling success for each method. For camera trapping, we estimated the overall success as the ratio of the number of mammal records to the total effort (number of camera trap-days). For trail surveys, we estimated success as encounter rates of sign or animals per kilometer of trail traveled. For mist-nets, we estimated success as the capture rate per 100 net-nights.

Data analysis

We assembled a list of species recorded at each campsite (Appendix 10) by combining the information obtained with all sampling methods. Taxonomy was mainly based

Table 6. Sampling effort used to detect mammals during a rapid inventory of the Bajo Putumayo-Yaguas-Cotuhé region of Colombia and Peru, in October and November 2019.

Method	Camp				Total
	Quebrada Federico	Caño Pexiboy	Caño Bejuco	Quebrada Lorena	
Camera-trapping (camera trap-days)*	237	16	590	594	1,437
Surveys along trails for direct sightings and sign (km walked)#	36.28	55.49	39.84	38.59	170.2
Bat captures (mist-net-nights)	9	18	20	20	67
Acoustic recordings (hours)†	31.03	35.03	33.92	14.45	114.43

* Total number of cameras installed during the active period.

\# Number of kilometers surveyed on the trails opened for the inventory.

† Does not include 5.85 additional recording hours done in the ASOPROMATA concession, 10 km from the Caño Pexiboy campsite.

on species lists for Peru (Pacheco et al. 2009) and Colombia (Solari et al. 2013, Ramírez-Chaves et al. 2016). However, since the taxonomy of many groups has changed recently, we accepted some changes in primates and other groups (Gardner 2007, Helgen et al. 2013, Rylands and Mittermayer 2013, Alfaro et al. 2015, Byrne et al. 2016, Miranda et al. 2018, Martins-Junior et al. 2018, Ruiz-Garcia et al. 2018). For each species, we indicated the method used to detect them as well as their threat status, globally, in Peru, and in Colombia, according to IUCN (2020), Supreme Decree No. 004 of 2014 of the Peruvian Ministry of Agriculture, and Resolution 1912 of 2017 of the Colombian Ministry of Environment, respectively.

For the species most frequently detected in camera trapping and trail surveys (≥5 records), we estimated relative abundance. In the case of camera trapping, we estimated the relative abundance of each species as the number of independent records per 100 camera trap-days. For the trail survey data we estimated the relative abundance as number of sign or sightings per 100 km traveled. These estimates were compared among campsites.

In the case of bat sampling, we generated species accumulation curves based on the number of individuals captured. We estimated the relative abundance represented by the capture rate (number of individuals caught per 100 net-nights) and compared it among campsites.

Bat recordings were not fully analyzed at the time of this report; we managed a preliminary review of those from the Quebrada Federico and Caño Pexiboy campsites but not those from Caño Bejuco and Quebrada Lorena. To visualize the calls present in the recordings we used the

Analook software program[16]. To identify the species in the recordings we used pre-existing bat filters with known call parameters, extracted from a database of New World bat calls and maintained by Dr. Bruce Miller, as well as specialized literature (López-Baucells et al. 2016, Thiagavel et al. 2017). In cases for which we were not able to determine species, we assigned sonospecies or sonotypes (Estrada-Villegas et al. 2010, Torrent et al. 2018) as an analog to morphospecies. We considered a call to be a set of more than three pulses generated by a bat.

RESULTS

Sampling success

With an overall effort of 1,437 trap camera-days, we obtained a total of 10,194 photos at the 4 campsites. Of these, 3,423 were photos of terrestrial mammals, most of which we were able to identify to species level; a few were identified to order, family, or genus. From the photos that were identified to species (26 species) we obtained 507 independent records, resulting in an overall sampling success of 0.35 records per camera-day. Sampling success for this method varied among campsites (Table 7). Excluding Caño Pexiboy, where camera-trapping effort was much lower than at the other three campsites, the campsite with the greatest sampling success with this method was Quebrada Lorena.

On the other hand, with the trail survey method, which had a more comparable effort among the 4 campsites, we obtained a total of 472 records, including

---

16 http://www.hoarybat.com/Beta

Table 7. Number of mammal records and sampling success obtained by camera-trapping, trail surveys, and bat captures during a rapid inventory of the Bajo Putumayo-Yaguas-Cotuhé region of Colombia and Peru in October and November 2019.

Campsite	Sampling method					
	Camera-trapping		Trail surveys		Bat captures	
	Records	Success (records/camera-day)	Records	Success (records/km walked)	Captures	Success (captures/100 nets-night)
Quebrada Federico	52	0.22	46	1.27	2	22.2
Caño Pexiboy	8	0.50	123	2.22	14	77.7
Caño Bejuco	182	0.31	39	0.98	18	90
Quebrada Lorena	267	0.45	101	2.62	25	125
Total	**509**	**0.35**	**309**	**1.82**	**59**	**88.05**

Table 8. Number of mammal species of each order recorded at four campsites during a rapid inventory of the Bajo Putumayo-Yaguas-Cotuhé region of Colombia and Peru in October and November 2019.

Order	Campsite				Total number of species recorded
	Quebrada Federico	Caño Pexiboy	Caño Bejuco	Quebrada Lorena	
Didelphimorphia	4	–	4	3	5
Cingulata	2	2	3	4	4
Pilosa	3	–	2	2	3
Chiroptera	7	17	10	10	31
Primates	9	7	9	8	10
Carnivora	7	5	6	7	12
Perissodactyla	1	1	1	1	1
Artiodactyla	3	4	4	4	4
Cetacea	–	1	2	–	2
Rodentia	6	6	6	6	7
Sirenia*	1	–	–	–	1
Total	**43**	**43**	**45**	**45**	**80**

* Species recorded in the community of Tres Esquinas

those made during the rapid inventory by other researchers and local scientists. To estimate sampling success for this method, we divided the 309 records made by the mammal team by the distance we walked (170.2 km). In this case, the total sampling success was 1.82 records/km. This success varied among campsites, with Quebrada Lorena and Caño Pexiboy having the greatest sampling success under this method (Table 7).

The capture success of bats (Chiroptera) was 88.05 individuals captured per 100 net-nights. This method also showed variation among campsites, with the lowest capture rate at Quebrada Federico and the highest at Quebrada Lorena (Table 7).

Even with all of the data together, the bat species accumulation curve (Fig. 24) did not reach an asymptote. This implies that there were still many species to record at each campsite and in the entire sampling area in general.

Recorded and expected species

With all methods combined, we recorded 80 species of mammals (Appendix 10). This corresponds to 48% of the expected species for the Bajo Putumayo-Yaguas-Cotuhé region, which are approximately 165 according to a list obtained from the Map of Life platform (Jetz et al. 2012) and reviewed and refined by the authors. The species recorded in this inventory represent 11 orders

Figure 24. Accumulation curve of bat species recorded with mist-nets, combining all four campsites sampled during a rapid inventory of the Bajo Putumayo-Yaguas-Cotuhé region of Colombia and Peru in November 2019. The dotted line is the result of a process of randomization of captures, while the gray line shows the increase in species obtained during sampling.

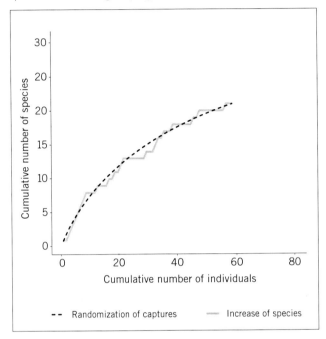

agouti (*Dasyprocta fuliginosa* [Fig. 9CC]), and acouchi (*Myoprocta pratti*). Lowland paca and agouti, along with the ungulates listed above, are hunted by local communities.

Through camera trapping we recorded six species that were not observed during the trail surveys: *Dasypus kappleri*, *Tamandua tetradactyla* (Fig.9R), *Procyon cancrivorus*, *Leopardus pardalis* (Fig.9U), *L.wiedii* (Fig.9V), and *Atelocynus microtis*.

We recorded 59 individual bats belonging to 21 species and 7 guilds according to Kalko (1997): frugivores (*Carollia* spp., *Rhinophylla pumilio* [Fig.9E], *Sturnira tildae*, *Artibeus* spp., *Dermanura* spp., *Uroderma magnirostrum*), nectarivores (*Glossophaga soricina*, *Hsunycteris thomasi*), gleaning insectivores (*Micronycteris* spp., *Lophostoma silvicolum* [Fig.9E], *Gardnerycteris crenulatum* [Fig.9D]), sanguivores (*Desmodus rotundus* [Fig.9B]), carnivores (*Trachops cirrhosus*), and aerial insectivores (*Myotis* cf. *nigricans*).

A preliminary review of bat recordings yielded seven additional species at the Quebrada Federico and Caño Pexiboy campsites.

Results at individual campsites

Quebrada Federico campsite

At this campsite we recorded 43 species in 10 orders. One of these species, Amazonian manatee (*Trichechus inunguis* [Fig. 9AA]), was recorded by the social team in the town of Tres Esquinas (Peru) via a photograph of the shoulder blade and several vertebrae of a manatee that had been hunted in the Putumayo River some time during the previous six months. Given the proximity of this town to the Quebrada Federico campsite, we counted it among the species for the campsite. Two other relevant species were recorded during the advance work: *Pteronura brasiliensis* and *Cyclopes* sp. (which probably corresponds to *Cyclopes ida*; Fig. 9S). The only bat we recorded with mist-nets was *Glossophaga soricina*; recordings allowed us to add six other species. The number of species in this camp was similar to that of Caño Pexiboy.

Caño Pexiboy campsite

At this campsite we recorded 43 species in 8 orders. The lack of records for species of some orders should not

(Table 8), 28 families, and 66 genera. Forty-nine species are medium and large-sized terrestrial mammals and 31 are bats. The number of bat species is likely to increase, as analysis of the ultrasonic recordings is still in progress.

In general, all four campsites showed a high diversity of mammal species. The most diverse orders were chiropterans, carnivores, and primates. We recorded 10 of the 11 expected primate species, 2 species of small cats (*Leopardus pardalis* [Fig. 9U] and *L. wiedii* [Fig. 9V]), and the 2 expected species of big cats: jaguar (*Panthera onca* [Fig. 9W]) and puma (*Puma concolor* [Fig. 9X]). The carnivore species recorded during the inventory include four of the five families expected for the lower Putumayo, demonstrating that the fauna of large and meso-predators was well represented.

We recorded all expected ungulate species, including two peccaries, two deer, and one tapir. These are large mammals that account for a significant proportion of the terrestrial animal biomass of these forests. We recorded high relative abundance of these species and the presence of infants.

Among the large rodents (histricomorphs) we found three species: lowland paca (*Cuniculus paca* [Fig. 9DD]),

be interpreted to mean they were absent, but rather as a consequence of the lower sampling effort in camera-trapping at this campsite. Only four cameras were installed during the inventory field work and none during the advance work, in contrast to the other campsites. At Caño Pexiboy we observed seven species of primates. For four years before our arrival there had been selective logging at this site, whose management practices include a prohibition of hunting by workers in the concession. We did not expect to see so many mammal species, especially ungulates, in an area impacted by logging; their presence is probably due to the hunting ban.

We captured 14 individual bats corresponding to 8 species, of which 7 belonged to the Phyllostomidae family. These include five frugivorous species, a gleaning nectarivore, and a carnivore, in addition to an aerial insectivore of the Vespertilionidae family. The capture rate was 77.7 individuals/100 net-nights. Acoustic recordings added eight other bat species. We also observed *Rhynchonycteris naso* on the shore of the Pexiboy River.

Caño Bejuco campsite

The local scientists who accompanied us during the rapid inventory expressed interest in the fauna at this site, which is part of the Ríos Putumayo y Cotuhé Indigenous Reserve and is not frequently visited because it is quite distant from the communities. Here we found 45 mammal species in 10 orders. We recorded the two big cats: jaguar (*Panthera onca* [Fig. 9W]) and puma (*Puma concolor* [Fig. 9X]). We also found all ungulates and large rodents such as the lowland paca (*Cuniculus paca* [Fig. 9DD]), which are highly prized by hunters. We captured 18 individual bats belonging to 10 species, of which 8 were frugivorous, 1 an understory insectivore, and 1 a vampire (*Desmodus rotundus* [Fig. 9B]). The capture rate was 90 individuals/100 net-nights.

Quebrada Lorena campsite

At this campsite we found 45 mammal species in 9 orders. With Caño Bejuco, this was the campsite with the highest number of species recorded. The most diverse orders were chiropterans and carnivores, reflecting the same general pattern of the inventory. We recorded eight of the ten expected primate species and several species of

ungulates, including white-lipped peccary (*Tayassu pecari* [Fig. 9Z]) and collared peccary (*Pecari tajacu*), as well as their main predator, jaguar (*Panthera onca* [Fig. 9W]), and puma (*Puma concolor* [Fig. 9X]). We captured 25 individual bats belonging to 10 species, of which 5 were frugivorous, 3 gleaning insectivorous, 1 omnivorous, and 1 carnivorous. The capture rate was 125 individuals/100 net-nights.

Comparison between campsites

In addition to the small differences in species diversity between campsites, we also observed differences in the relative abundances of some species. Fig. 25 shows the relative abundances of the five most frequently recorded primate species: *Leontocebus nigricollis* (Fig. 9K), *Saimiri macrodon* (Fig. 9J), *Sapajus apella*, *Pithecia hirsuta*, and *Cheracebus lucifer*. At Quebrada Lorena we found the highest relative abundance of *L. nigricollis* and *C. lucifer*, while at Quebrada Federico we found the highest relative abundance of *P. hirsuta*. At Caño Pexiboy we did not have enough *S. macrodon* records to make comparisons, and estimated intermediate relative abundances of the four other primate species. The highest relative abundance of *S. macrodon* was found at Quebrada Bejuco.

For terrestrial mammals, we compared the estimated relative abundances among the four campsites with information from trail surveys and camera trapping data separately. For the trail surveys, we compared the relative abundances of nine species (Fig. 26): medium-sized armadillos (all grouped as *Dasypus* sp.), giant armadillo (*Priodontes maximus* [Fig. 9P]), jaguar (*Panthera onca* [Fig. 9W]), ungulates (*Tapirus terrestris* [Fig. 9Y], *Pecari tajacu*, *Tayassu pecari* [Fig. 9Z]), and deer grouped as *Mazama* spp., as well as large rodents such as agouti (*Dasyprocta fuliginosa* [Fig. 9CC]) and lowland paca (*Cuniculus paca* [Fig. 9DD]). It is important to emphasize that this comparison is based only on trail survey data and does not include camera trapping.

According to trail surveys, the campsites with the highest relative abundances of ungulates and armadillos were Caño Pexiboy and Quebrada Lorena. Tracks of *Dasypus* spp., tapir (*Tapirus terrestris* [Fig. 9Y]), and collared peccary (*Pecari tajacu*) were particularly abundant at these two campsites. At Caño Pexiboy there were also abundant records of deer (*Mazama* spp.).

Figure 25. Relative abundances of the most frequently recorded primate species at the four campsites visited during a rapid inventory of the Bajo Putumayo-Yaguas-Cotuhé region of Colombia and Peru in November 2019.

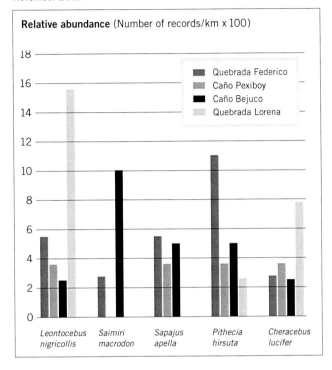

Jaguar records were most abundant at Quebrada Lorena. The relative abundance of *Cuniculus paca* (Fig. 9DD) was similar at all four camps.

For comparison, we also estimated the relative abundances of 16 species that together had 402 independent camera trap records (Fig. 27). To compare abundances between campsites, we excluded Caño Pexiboy because camera-trapping effort was much lower there.

Quebrada Lorena showed the highest relative abundances of many of the species recorded by camera trapping and trail surveys. Among them were marsupials such as *Didelphis marsupialis* and *Metachirus nudicaudatus* and the deer *Mazama americana* and *M. nemorivaga*.

DISCUSSION

Recorded species

Most of the medium and large-sized mammal species expected for the region were well represented. All expected ungulates (deer, peccaries, and tapirs) were recorded during the inventory. We recorded 10 of the 11 expected primate species according to Aquino et al.

Figure 26. Relative abundances of the most frequently recorded terrestrial mammal species in trail surveys at the four campsites visited during a rapid inventory of the Bajo Putumayo-Yaguas-Cotuhé region of Colombia and Peru in November 2019.

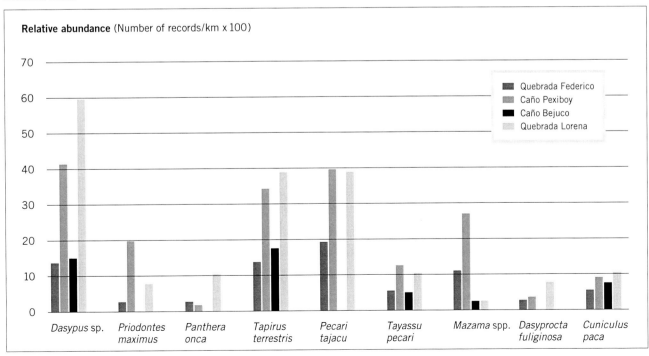

Figure 27. Relative abundances of the most frequently observed terrestrial mammal species in camera trapping at three of the four campsites visited during a rapid inventory of the Bajo Putumayo-Yaguas-Cotuhé region of Colombia and Peru in October and November 2019.

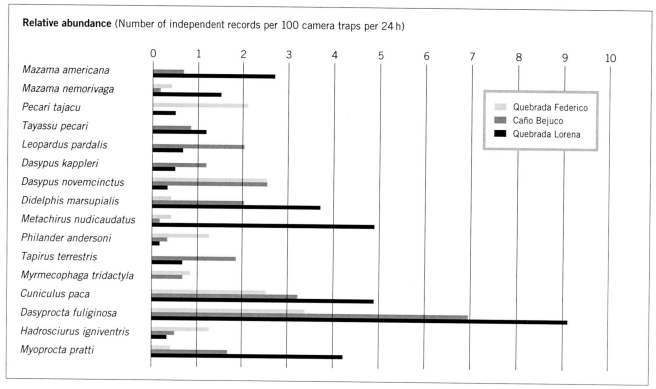

(2015). The species not recorded in this inventory was *Callimico goeldii*, a small monkey in the Callitrichidae family. Our lack of records for this species does not mean that it is not present in the Bajo Putumayo-Yaguas-Cotuhé region, which is part of its published distribution (Cornejo 2008); it is difficult to observe and we would require more time to detect it. This species was reported for the Algodón River (Bravo et al. 2016), also in the Putumayo River basin.

We found 12 of the 17 expected (70%) carnivore species. The species not recorded are two cats (*Herpailurus yagouaroundi* and *Leopardus tigrinus*), one canid (*Speothos venaticus*), and two mustelids (*Galictis vittata* and *Mustela africana*). The two felid species have a wide distribution but fairly low population densities (Caso et al. 2015, Payan and de Oliveira 2016) and are considered rare species, especially *L. tigrinus* in the Amazon (Payan and de Oliveira 2016). Equally rare are the two species of mustelids, which despite having a relatively wide distribution are rarely seen in the field and remain poorly known (Cuarón et al. 2016, Emmons and Helgen 2016).

On the other hand, many other species not recorded in this inventory are small rodents or marsupials that require specific and directed sampling efforts. For the other mammalian orders, most species were represented at one or more of the campsites.

It is interesting to note the different representation of bat guilds at Caño Pexiboy, Caño Bejuco, and Quebrada Lorena. The presence of gleaning insectivorous species is an indicator of well-conserved forest. The low number of captures at Quebrada Federico was related to the climatic conditions and a full moon during sampling. Without a doubt, the single species captured in that camp does not accurately reflect the diversity of philostomid bats in the area.

Comparison between campsites

Mammal richness was similar among campsites: 43 species at Quebrada Federico and Caño Pexiboy and 45 at Caño Bejuco and Quebrada Lorena. However, species composition varied (Appendix 10), especially in bats. There was also variation in the estimated relative abundances of some species. This variation is not very clear, mainly due to the use of different sampling methods. For example, the estimated relative abundances of large rodents showed different patterns when estimated with the trail survey and camera trapping data. This is expected because during trail surveys the tracks of large mammals are more evident, leaving rodents under-represented. In contrast, large rodents are frequently captured by camera traps when their populations are abundant, and are generally well represented in the sampling.

Despite this variation among sampling methods, there was a trend towards greater overall abundance of various mammal species at Caño Bejuco and Quebrada Lorena. We consider that this is due to the proximity between these localities and the similarity of their environments. At Quebrada Lorena and Caño Bejuco we sampled both floodplain and upland forest in flat and hilly areas. This mosaic of environments in well-preserved forests provides abundant resources for mammal populations. At Caño Pexiboy, sampling was also carried out in upland forest in hilly areas and, to a lesser extent, in floodplains. In general, ungulate populations showed high relative abundances despite selective logging. At Quebrada Federico, by contrast, sampling was mainly in the floodplain of the Putumayo River and the areas flooded by Federico Creek. This affected camera trapping effort, because it was not possible to place camera traps in flooded areas. Most of the sampling in this locality was in floodplain forests, *Mauritia* palm swamps, or stunted *varillal* forest on peatland. These environmental differences may explain the differences in the relative abundances of mammal species, since vertebrates have been shown to respond to variation in the seasonal availability of resources in flooded and non-flooded forests in the Amazon (Haugaasen and Peres 2005, 2007).

Comparison with other localities along the Putumayo River

We recorded the highest number of mammal species yet reported for a rapid inventory in the Putumayo River basin (80). One of the reasons for our high species number is the contribution of bats, including 31 of the nearly 98 species expected for the area according to Map of Life (Jetz et al. 2012). In other words, we recorded about 30% of expected bats. This was possible thanks to a greater sampling effort than previous rapid inventories,

including not only more mist-net hours but ultrasonic recorders for acoustic recording of bats. Recorders allowed us to survey species that are generally not well represented in mist-net sampling, like many aerial insectivores. This is the first rapid inventory to use ultrasonic recorders to record bats. As seen in Appendix 10, some audio-recorded bat species have only been identified to genus. Unfortunately, there is not yet a complete library of calls for bat species in Peru or Colombia to identify the calls we recorded. These recordings require further analysis to corroborate identification at the species level.

We recorded 49 species of medium and large-sized mammals, also slightly more than other rapid inventories in the Putumayo River basin. For example, Bravo (2010) reported 32 species in the Maijuna inventory, Montenegro and Moya (2011) reported 42 in the Yaguas-Cotuhé inventory, López Wong (2013) recorded 35 in the Ere-Campuya-Algodón inventory, and Bravo et al. (2016) reported 46 in the Medio Putumayo-Algodón inventory. The increasing use of camera traps with at least 30 days of sampling explains the increasing species numbers, due to a greater ability to record rare or elusive species. In general, despite these methodological differences, we consider our results to be similar to those of other mammal inventories in the Putumayo watershed.

It is worth noting that the inventories mentioned above were all carried out on the Peruvian side of the Putumayo. For the Colombian side, records from Caño Pexiboy, Caño Bejuco, and Quebrada Lorena contribute greatly to knowledge of mammals in this area of Colombia, which has been much less sampled than Peru. Finally, what these inventories reveal is that the Putumayo watershed along the Peru-Colombia border has a high diversity of mammals, possibly related to the well-preserved state of the natural landscape there.

Noteworthy records

We recorded a high diversity of threatened and ecologically important mammals. We observed abundant populations of ungulates (tapirs, deer, peccaries) with evidence of reproduction, revealing high-quality habitat. These populations have important implications for local hunting, since they can act as source populations to repopulate areas affected by hunters. The high diversity of mammals also reflects a high functional diversity, which helps maintain the complexity, structure, and function of the forest. In addition, the presence of large predators such as jaguar (*Panthera onca* [Fig. 9W]), puma (*Puma concolor* [Fig. 9X]), and giant river otter (*Pteronura brasiliensis*), as well as species with large home ranges such as tapir (*Tapirus terrestris* [Fig. 9Y]), reflect complex communities and high landscape connectivity since all of these species require large areas.

Two of the species we recorded are classified by the IUCN as globally Endangered: giant river otter (*Pteronura brasiliensis*) and pink dolphin (*Inia geoffrensis* [Fig. 9BB]). Seven species are Vulnerable: giant armadillo (*Priodontes maximus* [Fig. 9P]), giant anteater (*Myrmecophaga tridactyla* [Fig. 9Q]), woolly monkey (*Lagothrix lagothricha* [Fig. 9H]), pygmy marmoset (*Cebuella pygmaea*), tapir (*Tapirus terrestris* [Fig. 9Y]), peccary (*Tayassu pecari* [Fig. 9Z]), and manatee (*Trichechus inunguis* [Fig. 9AA]). In some cases these categories coincide with national-level threat statuses in Peru or Colombia, and in others they do not (Appendix 10). For example, the woolly monkey (*L. lagothricha*) is considered globally Vulnerable and Vulnerable in Colombia, but Endangered in Peru. A similar pattern is seen with the giant armadillo (*P. maximus*), which is Vulnerable globally and in Peru, but Endangered in Colombia. It is important to note that both Peruvian and Colombian communities along the Putumayo have a contentious relationship with giant river otters (*P. brasiliensis*), which are considered a direct competitor with fishers, especially with regard to arowana (*Osteoglossum bicirrhosum*, Bonilla-Castillo and Agudelo 2012).

THREATS

Some factors pose a threat to the mammals of the Bajo Putumayo-Yaguas-Cotuhé region. For example, the high abundance of game animals can generate a false perception that game populations are inexhaustible and can lead to overhunting. Although there are no indications of an increase in demand for bush meat for commercial purposes, this possible scenario could lead to the collapse of informal hunting agreements and to overhunting that would affect local inhabitants.

On the other hand, although logging concessions in places like Caño Pexiboy have so far succeeded in limiting hunting, where hunting bans are not implemented or enforced hunting by loggers may cause a reduction in large and medium mammal populations and the decline or disappearance of some species. This scenario would also affect ecosystem services provided by mammals, such as seed dispersal and population control, resulting in changes to forest structure and ecosystem function in the region. Another potential threat to mammal populations is mercury pollution from illegal gold mining. Although this has not been evaluated in mammals of this basin, it remains a risk in the absence of agreements to prevent mining in the region.

RECOMMENDATIONS FOR CONSERVATION

The high richness and abundance of mammal species represent excellent opportunities for conservation and sustainable use by the communities of the basin, and prompt the following recommendations:

- Disseminate the information on mammals gathered in the rapid inventory in order to encourage effective management and to guarantee the long-term persistence of the mammal species we recorded.

- Strengthen cultural practices codified by agreements within and between communities regarding the number of animals that can be hunted and the places where people can hunt.

- Maintain and strengthen wildlife monitoring in the northern sector of Amacayacu National Park, where the Quebrada Lorena campsite is located, as this was one of the locations with the highest relative abundances of various species, especially large rodents. The proximity of this campsite to the Ríos Putumayo and Cotuhé Indigenous Reserve means that the park can function as an important source area for large and medium-sized mammal populations that are hunted by communities inside the reserve.

GENERAL OVERVIEW OF THE SOCIAL INVENTORY

Authors: Christopher Jarrett, Diana Alvira Reyes, Alejandra Salazar Molano, Ana Lemos, Margarita del Aguila Villacorta, Fernando Alvarado Sangama, Valentina Cardona Uribe, Freddy Ferreyra, Jorge W. Flores Villar, Claus García Ortega, María Carolina Herrera Vargas, Wayu Matapi Yucuna, Delio Mendoza Hernández, Dilzon Iván Miranda, Milena Suárez Mojica, and Rosa Cecilia Reinoso Sabogal

Conservation targets:

1) The **social and cultural diversity** represented by 11 Indigenous peoples (Múrui, Muinane, Bora, Ocaina, Nonuya, Kichwa, Yagua, Ticuna, Cocama, Inga, Andoque) and a non-Indigenous population of *campesinos*, colonists, and faith communities (Israelites), including:

   – **Indigenous ancestral territories of the Ticuna and Yagua peoples**

   – Intangible zones for the protection of **two Indigenous peoples living in isolation** (Yuri and Passé) within the Río Puré National Park and **one Indigenous people in initial contact** in the Caño Pupuña with cultural ties to the Ticuna people

   – **Collective memory** about worldviews, origin stories, and historical events, narrated from the diversity of voices of current populations

   – Mechanisms for inter-generational knowledge transmission

2) Local governance systems grounded in cultural principles, including:

   – **Reciprocity and mutual support mechanisms** that maintain the social fabric all along the river

   – **Local agreements**, both informal and formal, for living together and shared use of natural resources, especially for fisheries management and gardening

   – **Two Indigenous federations** in Peru (FECOIBAP, OCIBPRY), **two Associations of Indigenous Traditional Authorities** (CIMTAR, ASOAINTAM) and **at least six non-Indigenous community and economic organizations** in Colombia

   – **Territorial management instruments** such as life plans and management plans

3) **Multi-actor bodies for coordination and dialogue,** including:

   – In Colombia, the **Permanent Roundtable for Inter-Administrative Coordination** and the **Amazonian Regional Roundtable**

   – At the binational (Peru-Colombia) level, the **Binational Cabinets** and the **Binational Commission for the Integration Zone**

4) **Traditional ecological knowledge and management** of fauna, gardens and medicinal plants, including:

   – **Techniques to sustainably harvest, use, and manage fauna**

   – **Sacred sites** such as salt licks, savannahs, and Indigenous peoples' origin sites, the protection of which is vital to guaranteeing the balance of the landscape

The rapid biological and social inventory in the Lower Putumayo-Yaguas-Cotuhé region, in the Departments of Loreto (Peru) and Amazonas (Colombia), was the product of collaboration among a range of governmental, non-governmental, academic, Indigenous, religious, social, and trade organizations and institutions, from both Peru and Colombia. The vision for the social inventory was to strengthen social, cultural, and political connectivity between local people and regional institutions through reflection on shared experiences and common visions among inhabitants, and to promote collaboration among neighboring communities and institutions with a presence in the region, in a way that would consolidate the Putumayo Biological and Cultural Corridor. The objective of the social inventory was to promote reflections and dialogues around the common good and *buen vivir* in order to identify social and cultural assets, impacts and opportunities, and to put forth joint strategies for the care and sustainable management of natural resources and the improvement of quality of life in the communities.

Prior to fieldwork, two preliminary visits were made in June and September of 2019 to obtain prior consent from participating communities and develop a consensus plan for how the inventory was to be carried out. Fieldwork took place on 5–25 November 2019. The social team, made up of 17 individuals—9 women and 8 men—was intercultural, interdisciplinary, and international, representing government agencies such as the Peruvian

National Protected Areas Service (*Servicio Nacional de Áreas Protegidas por el Estado*; SERNANP) and the Colombian National Parks Service (*Parques Nacionales Naturales*; PNN); government research institutes such as the Research Institute of the Peruvian Amazon (*Instituto de Investigaciones de la Amazonía Peruana*; IIAP) and the SINCHI Amazonian Institute for Scientific Research (*Instituto Amazónico de Investigaciones Científicas SINCHI*) in Colombia; non-governmental organizations such as the Instituto del Bien Común (IBC) and the Frankfurt Zoological Society (*Sociedad Zoológica de Fráncfort*; FZS) in Peru and the Foundation for Conservation and Sustainable Development (*Fundación para la Conservación y el Desarrollo Sostenible*; FCDS), Amazon Conservation Team (ACT)-Colombia and the Gaia Amazonas Foundation (*Fundación Gaia Amazonas*) in Colombia; as well as a U.S.-based natural history museum, the Field Museum. Representatives from Indigenous organizations also participated: a leader from the Federation of Indigenous Communities of the Lower Putumayo (*Federación de Comunidades Indígenas del Bajo Putumayo*; FECOIBAP) from Peru and a leader from the Greater Indigenous Council of Tarapacá (*Cabildo Indígena Mayor de Tarapacá*; CIMTAR), an Association of Indigenous Traditional Authorities (*Asociación de Autoridades Tradicionales Indígenas*; AATI) of the Ríos Cotuhé y Putumayo Indigenous Territory (*Resguardo Indígena Ríos Cotuhé y Putumayo*) from Colombia.

METHODS

The main foci were the common good, *buen vivir*, and social and cultural assets.

The common good and *buen vivir*

A key focus of the inventory was the common good. In other words, we identified and valued the social, cultural, and environmental assets among the diverse communities that share and live together in this region. Another important focus was *buen vivir*, a holistic conception of wellbeing, particular to each community, that considers different elements (cultural, social, natural, political, and economic) that make living well possible (Escobar 2010, Gudynas 2011). These foci structured our conservations and dialogues during the inventory and oriented them toward the development of creative and locally meaningful visions and proposals for peaceful coexistence, physical and cultural survival, enhanced quality of life for local populations, sustainable use of natural resources, and care for the landscape and territory.

Social and cultural assets

Another important focus was the identification of social and cultural assets of communities, which have been and will remain the basis for the conservation of the biological and cultural diversity of this region (Wali and del Campo 2007, Wali et al. 2017). We identified and reflected on social and cultural strengths such as mechanisms for relating and organizing, cultural values, knowledge and use of territory, and agreements among neighbors. This methodology differs from conventional assessments emphasizing deficiencies and needs, and it allows for the development of sustainable strategies to ensure the wellbeing and connectivity of territories.

Fieldwork methodology

Fieldwork involved short one- to two-day visits to each of the different social actors that inhabit the region, followed by a three-day binational gathering in Tarapacá, Colombia, where all the social actors participated (see Figures 2A–D). Following the methodology of previous social inventories[17], the following activities were carried out during visits:

1) Presentation of the inventory by the team

2) Presentation by social actors of their history and vision as collectivities

3) Reflection on collective memory based on a timeline, identifying key moments in the history of the territories such as migrations, conflicts, extractive booms, floods, creation of organizations, arrival of projects, important changes in legal frameworks

4) Social mapping exercises to identify the most significant historical and cultural sites (e.g., cultural origin sites, migration and escape routes, sacred sites), different uses of the territory (e.g., fishing, logging, gardening, and non-timber forest product harvesting), shared use areas and areas where there are

---

17   *http://rapidinventories.fieldmuseum.org, http://fm2.fieldmuseum.org/rbi/results.asp, https://www.biodiversitylibrary.org/bibliography/99292#/summary*

agreements or conflicts (e.g., oxbow lakes and forests), pressures and threats (e.g., mining, illegal crops), territorial aspirations (e.g., proposals to expand Indigenous territories, forestry permits and permits for non-timber forest product harvesting)

5) An exercise to map institutional relationships to evaluate and reflect on relations of each social organization with its neighbors and regional institutions

6) Focus groups with women, elders, educators, leaders, and youth

7) Individual interviews with key actors, such as elders, leaders of social organizations, and local political representatives

8) Walks through the communities accompanied by local residents to understand the organization of the communities and discuss use of territory on the ground

During fieldwork, different visual materials were used, such as banners, posters, maps and satellite images of the region, previous rapid inventory books, as well as field guides[18].

In addition, some of the institutions represented on the social team have ongoing processes (projects, research, collaborations, others) with some of the actors, which allowed us to go into the field with knowledge and awareness of the context, as well as relationships of trust that facilitated the development of the rapid inventory.

Communities visited

In Peru, we visited the headquarters of two federations of native communities that represent 13 communities of the Lower Putumayo: Remanso, headquarters of the Federation of Indigenous Communities of the Lower Putumayo (*Federación de Comunidades Indígenas del Bajo Putumayo*; FECOIBAP); and Huapapa, headquarters of the Organization of Indigenous Peoples of the Lower Putumayo and Yaguas River (*Organización de Comunidades Indígenas del Bajo Putumayo y el Río Yaguas*; OCIBPRY). We arrived in Remanso on 5 November and did a two-day workshop on 6–7 November with representatives and residents of nine of the ten communities affiliated with FECOIBAP (Betania, Corbata, Curinga, Pesquería, Puerto Franco, Puerto

Nuevo, Remanso, San Martín, and Tres Esquinas). We invited representatives from the community of El Álamo, whose members are divided between FECOIBAP and OCIBPRY, but due to celebrations for the anniversary of the community, they were unable to attend. We visited Huapapa on 9 November and did one day of workshops with representatives and residents of two of the three communities affiliated with OCIBPRY (Huapapa, Santa Rosa de Cauchillo), in addition to El Álamo.

Some members of the social team had already visited these communities before, during the Yaguas-Cotuhé Rapid Inventory in 2010, when Huapapa, Puerto Franco, and Santa Rosa de Cauchillo were visited. Yet, over the course of those nine years, there were many changes in the local organizations. The communities had disaffiliated from the FECONAFROPU federation and formed FECOIBAP, and later some communities disaffiliated from FECOIBAP to form OCIBPRY. In 2018, Yaguas National Park was established. The Instituto del Bien Común (IBC), the Frankfurt Zoological Society, and SERNANP had accompanied some of these communities during those years, but this inventory was an opportunity to update the assessment and build bridges of communication between neighbors. The creation of OCIBPRY also generated tension between communities and some of these institutions. In this context, the inventory provided the opportunity to approach these communities and the leaders of this new federation again, get to know their vision, and discuss the current situation.

In Colombia, we visited four main social actors: the religious settlement of Puerto Ezequiel, the town of Tarapacá, the Ríos Cotuhé y Putumayo Indigenous Territory and the Uitiboc Indigenous Territory. We arrived first to Puerto Ezequiel, where we made an initial visit on the afternoon of 10 November and talked with representatives from the congregation's three governing councils, and one day of activities on 11 November with over 100 participants from the congregation. The team members representing the Río Puré National Park (*Parque Nacional Natural Río Puré*) had already worked with the population of Puerto Ezequiel on an assessment of the area that was published three years prior (Parque Nacional Natural Río Puré 2016), but there was relatively little recent information about this population, so the visit allowed the team to better understand how

18 http://fieldguides.fieldmuseum.org

people live there, how they are organized, the challenges they face, and their visions for the future.

We arrived in Tarapacá on 12 November, and the social team divided into small groups to visit the different associations in town. On 13 November, one group traveled by boat with representatives from the Tarapacá Timber Producers Association (*Asociación de Productores de Madera de Tarapacá*, ASOPROMATA) to this association's forest use unit, located on Pexiboy Creek, while another group visited leaders, teachers, and students at the Villa Carmen Educational Institution (*Institución Educativa Villa Carmen*). On 14 November, the team visited the Tarapacá Fishers Association (*Asociación de Pescadores de Tarapacá*; ASOPESTAR), the Tarapacá Amazonas Association of Ornamental and Artisanal Fish Producers (*Asociación Piscícola Productora de Peces Ornamentales y Artesanales de Tarapacá Amazonas*; APIPOATA), the Association of Community Women of Tarapacá (*Asociación de Mujeres Comunitarias de Tarapacá*; ASMUCOTAR), and the Tarapacá Settlers Association (*Asociación de Colonos de Tarapacá*; ASOCOLTAR). Individual interviews and focus groups were also carried out with Tarapacá's elders.

The Colombian National Parks Service had worked closely with the population of Tarapacá (Río Puré National Park has its headquarters in the town), and the SINCHI Institute had supported various projects in Tarapacá, but the inventory was an opportunity to bring together diverse sectors of the town in a single moment, update the assessment of their situations, and understand the challenges they face and their visions for the future.

On 15 November, we traveled by boat to the community of Puerto Huila within the Ríos Cotuhé y Putumayo Indigenous Territory, and that night we met with the leader (*curaca*) of the community. On 16 November, we did a one-day workshop with the president of the Greater Indigenous Council of Tarapacá (CIMTAR), *curacas* from Pupuña, Caña Brava, Nueva Unión, Puerto Huila, and Ventura, and women leaders from communities affiliated with this AATI. Unfortunately, since it was sports and culture week in one community, not all of the *curacas* and other leaders of the reserve were able to participate. Prior to the inventory, the Colombian Parks Service, FCDS, ACT, the SINCHI Institute, and the Gaia Amazonas Foundation had collaborated with CIMTAR on various projects,

but the inventory provided another opportunity for shared reflections between the AATI and these different allies regarding the current situation of the organization and the reserve.

On 18 November, we walked from Tarapacá to the *maloca* of the Cabildo Centro Tarapacá "Cinceta" within the Uitiboc Indigenous Territory. That night, we participated in the coca circle (*mambeadero*), an important place spiritually and culturally for many Indigenous peoples of this interethnic reserve, and on 19 November we conducted a one-day workshop with representatives of the six councils that make up the Association of Indigenous Authorities of Tarapacá Amazonas (ASOAINTAM). The Colombian Parks Service and the SINCHI Institute had collaborated with ASOAINTAM on processes prior to the inventory, but the inventory allowed us to do a joint assessment of the association and the reserve.

Finally, on 22–24 November, the first Binational Gathering for the Lower Putumayo was held in the Villa Carmen Educational Institution in Tarapacá (see Figs. 12B–G and the chapter *A binational Peru-Colombia gathering: Toward a common vision for the Lower Putumayo-Yaguas-Cotuhé region*, in this volume). In this gathering, 80 people participated, representing the two Peruvian Indigenous federations (FECOIBAP, OCIBPRY), the two Indigenous territories (Ríos Cotuhé y Putumayo, Uitiboc) and their AATIs (CIMTAR, ASOAINTAM), the Puerto Ezequiel community of faith, and the social and economic associations of Tarapacá, as well as State institutions from Peru (the Regional Directorate of Production of the Loreto Regional Government, *Dirección Regional de Producción del Gobierno Regional de Loreto* [DIREPO]; the Regional Forestry Administration, *Gerencia Regional de Desarrollo Forestal y Fauna Silvestre* [GERFOR]) and Colombia (the Corporation for the Sustainable Development of the Southern Amazon, *Corporación para el Desarrollo Sostenible del Sur de la Amazonia* [Corpoamazonia] and the Amazon Territorial Directorate [*Dirección Territorial Amazonía*] of the Colombian Parks Services, DTAM-PNN). The objectives of the gathering were to get to know and recognize each other as neighbors and, based on the information collected during the social inventory, jointly build a current binational assessment of the territory, and develop a shared vision for the future of the region.

Structure of the social chapters

The social inventory report is divided into five chapters, which can be found below. The first chapter, *Cultural and settlement history of the Bajo Putumayo-Yaguas-Cotuhé region*, summarizes the historical trajectories that have generated the conditions in which the populations of this region currently live. Based on a combination of secondary sources and primary information gathered in the field through interviews and focus groups, the chapter describes the ancestral Indigenous territories of the region and explains how and why diverse human groups, both Indigenous and non-indigenous, have migrated to the region in the last century. It also situates the current regional economy in the context of specific historical trends.

The second chapter, *Demography and governance in the Bajo Putumayo-Yaguas-Cotuhé region*, describes quantitatively and qualitatively the different human populations that inhabit the region and the local governance systems that exist. Based on a variety of activities carried out during workshops in the sites visited, the chapter explains how many people live in the region and where they live, how they are organized, and what achievements and challenges each organization has had in its trajectory. Likewise, it summarizes and analyses the challenges and threats shared by the communities and organizations of the region, as well as the coordination bodies that allow them to address these common challenges.

The third chapter, *Infrastructure, public services, and social programs in the Bajo Putumayo-Yaguas-Cotuhé region*, describes and analyzes the access of the region's populations to basic infrastructure (potable water, electricity, transportation, communications), public services like education and healthcare, and social programs from the Peruvian and Colombian governments.

The fourth chapter, *Natural resource use and household economy in the Bajo Putumayo-Yaguas-Cotuhé region*, details the main livelihoods of the region's inhabitants and analyzes how carrying out and organizing these activities contributes to the good conservation status that the biological team documented during their fieldwork. Similarly, it explains the main obstacles that impede greater development of the regional economy based on the sustainable use of natural resources.

The last chapter, *A binational Peru-Colombia gathering: Toward a common vision for the Bajo Putumayo-Yaguas-Cotuhé region*, describes the methodology and main results from the binational gathering that was organized at the end of the social inventory and explores implications for the conservation and wellbeing of the Bajo Putumayo-Yaguas-Cotuhé and the Putumayo Biological and Cultural Corridor.

CULTURAL AND SETTLEMENT HISTORY OF THE BAJO PUTUMAYO-YAGUAS-COTUHÉ REGION

Authors: María Carolina Herrera Vargas, Manuel Martín Brañas, Christopher Jarrett, Margarita del Aguila Villacorta, Rosa Reinoso Sabogal, Milena Suárez Mojica, Diana Alvira Reyes, Wayu Matapi Yucuna, Fernando Alvarado Salgama, Dilzon Iván Miranda, and Héctor García

INTRODUCTION

The Bajo Putumayo-Yaguas-Cotuhé region is a sociocultural and environmental landscape characterized by the cohabitation and coexistence of peoples from different cultural traditions. 13 Indigenous peoples, as well as groups of settlers, *campesinos*, and communities of faith from different places, all live together in this landscape. This cultural mosaic is enriched by the presence of ancestral territories belonging to some of these Indigenous communities as well as by the presence of peoples in isolation and initial contact who maintain an age-old Amazonian culture. The landscape is the result of a complex historical process in which two fundamental elements converge: 1) the historical presence of Indigenous groups of varying ethnic identities with an integral knowledge of the territory and a lifestyle based on a reciprocal relationship with nature; 2) the arrival of non-Indigenous populations since the seventeenth century, the generation of new social orders, and the eventual formation of a cross-border and multi-ethnic society.

INDIGENOUS POPULATIONS OF THE BAJO PUTUMAYO-YAGUAS-COTUHÉ REGION

This region's Indigenous population is made up of Ticuna, Yagua, Kichwa, Inga, and Cocama Indigenous peoples as well as members of the eight ethnic groups that comprise the cultural complex of the People of the Center: the Bora, Múrui, Muinane, Andoque, Ocaina, Miraña, Resígaro, and Nonuya[19]. The lower basin of the Putumayo River and its tributaries, Cotuhé and Yaguas, traverse part of the ancestral territory of the Ticuna and Yagua peoples and are home to culturally important sacred spaces. This landscape also forms part of the intangible zone set apart for the protection of the Yuri and Passé, Indigenous communities in isolation who inhabit the Río Puré National Park. The region also encompasses territory belonging to an Indigenous community in initial contact that inhabits the areas drained by the Cotuhé River, on the border between Peru and Columbia. The river is culturally linked to the Ticuna community that resides in the area (see Fig. 28).

Indigenous societies have used the rivers, lakes, forests, savannahs, and salt licks, among other elements, as border markers, settlement sites, areas for natural resource use, cultural exchange routes, and sacred spaces vital to maintaining the spiritual order of the world. This landscape has also seen disputes between inhabitants and territorial conflicts and alliances that have shaped the sociocultural connectedness that endures to this day.

Understanding the history of this Indigenous world and the impact of the arrival of different non-Indigenous populations in the Putumayo basin is fundamental to understanding the current social and cultural structure of the Bajo Putumayo-Yaguas-Cotuhé landscape. Since the arrival of Spanish colonists in the sixteenth century, the Indigenous social order has been fractured and transformed by outside actors who arrived in their territories (missionaries, rubber bosses, settlers, merchants, and others) and developed strategies of territorial, economic, and cultural dominance that altered the social landscape of the region. Yet, this landscape has also borne witness to the different strategies and decisions that Indigenous peoples have taken to resist, reconfigure themselves as societies, and survive both physically and culturally.

The ancestral territories of the Ticuna and the Yagua peoples

The Ticuna people have inhabited the interfluvial zone between the lower Putumayo and the middle Amazonas (Solimões) for millennia. According to their elders, the Ticuna were fished by Yo'í, one of the twin sons of Ngütapa—their creator—in the Eware red-water stream, near the headwaters of the São Jerônimo River, in the highlands on the left bank of the Amazon River, in what is now Brazilian territory (Instituto Socioambiental 2018). Before the arrival of Spanish and Portuguese settlers, their territory was located on the left bank of the middle Amazon, between the Atacuari and Içá rivers and the area drained by the lower courses of the Yaguas, Cotuhé, Poreté (Purité), and Jacurapá rivers and their mouths in the lower Putumayo (Nimuendaju 1952). Their northern neighbors (on the left bank of the Putumayo River) were peoples who belonged to the Arawak language group, such as the Maritaé, Yumaná, and Passé, descendants of the great riverine chiefdoms (Franco 2012). Their neighbors to the west were the Peba, Yagua, and Cocama peoples. Their southern neighbors were the Mayoruna and Omagua people, who dominated the banks of the Solimões River and its islands, and with whom they fought continuous wars that forced the Ticuna to abandon the banks of the river and take refuge in the interfluvial zone between the lower Putumayo/Içá and the Amazon (Goulard 1994, Oliveira 2002: 280).

The Yagua people's ancestral territory bordered that of the Ticuna to the east, was located north of the Shishita and Ampiyacu rivers (tributaries of the Amazon River), and reached the headwaters of the Yaguas River and the right bank of the Putumayo River (Chaumeil 1994, 2002). The Yagua maintained close relationships of exchange with the Ticuna and the Cocama peoples, which are still prevalent today. These ties are expressed in commercial and shamanic relationships as well as in elaborate chambira weaving techniques and other techniques for constructing utilitarian objects (Chaumeil 1994, 2002). Prior to colonial times, these inter-ethnic relationships served as connecting nodes among the

---

19 According to Jorge Gasché, the People of the Center is a group of Indigenous peoples, differentiated by either their language or dialect, and composed of the Bora, Miraña, Muinane (of the Bora linguistic family), Ocaina, Nonuya, Múrui (the Huitoto or Witoto linguistic family), Resígaro (Arawak linguistic family), and Andoque (no known linguistic affiliation; Gasché 2017).

Figure 28. Historical and cultural map of the Bajo Putumayo-Yaguas-Cotuhé region of Colombia and Peru. Data compiled during a rapid inventory of the region in November 2019.

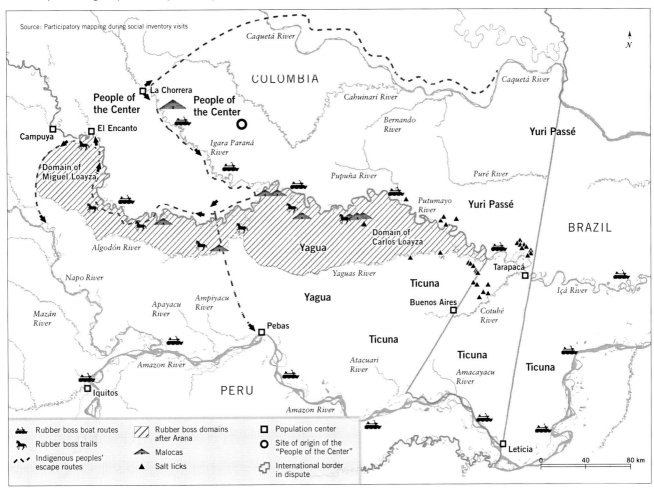

peoples of the upper Amazon (such as the Shipibo-Conibo of the Ucayali and Napo rivers) and the middle Amazon (Chaumeil 1994).

Having settled along the headwaters of these tributaries and in the interfluvial zones between the Amazon and Putumayo rivers, the Ticuna were able to avoid the first incursions down the Amazon River by the Spanish and Portuguese crowns in the mid-sixteenth century, which dismantled the great chiefdoms located on the banks of the river, such as the Omagua, Yurimanes, and Aisuares, among others (Franco 2012). Once the Amazon's riverbanks were cleared, they were gradually occupied by Ticuna peoples who descended from the interfluvial zones and were then exposed to the actions of the first Jesuit missions that established themselves in the area as of 1645. The Ticuna who stayed by the rivers' headwaters or further into the forest

managed to avoid the missions, but the arrival of the Portuguese slave campaigns (*correrías*) during the seventeenth century changed everything. The Jesuit missions became a place where they were safe from the Portuguese, who were looking for slave labor for their holdings in the lower and middle Amazon basin.

Although the systematic evangelization of the Yagua began, as with the Ticuna, with the founding of the first Jesuit missions in the late seventeenth century, the vast majority of these missions' efforts to concentrate the Indigenous population failed due to diseases, inter-ethnic conflicts, and the fierce resistance of these peoples who, through escapes, rebellions and assassinations, managed to disperse and remain in their traditional territories (Chaumeil 1994).

From the beginning of the eighteenth century, the territorial pressure of the Portuguese troops over the middle basin of the Amazon River increased considerably, forcing the Jesuits to move their missions upriver and establish permanent settlements that laid the foundation for the important Amazon riverine cities of today. During this time, peoples such as the Ticuna and the Yagua began to be "reduced" or concentrated into mission villages, along with other ethnic groups (Goulard 1994: 319). They found themselves forced to live with the Caumares, Covaches, and some surviving Omagua, among others.

In the mid-eighteenth century, the Jesuits were expelled from Brazil and Peru, unleashing a new and complex migratory trend for Indigenous populations such as the Ticuna, who were concentrated in the missions (Goulard 1993). The Jesuits' departure gave many of these peoples the opportunity to return to their places of origin downstream or to form new settlements in the forest. Some Ticuna groups, for example, chose to go up the tributaries along the left bank of the Amazon River, establishing settlements on the Amacayacu, Atacuari, Loretoyacu rivers, among others, and along the headwaters of the tributaries of the right bank of the lower Putumayo, such as the Cotuhé and Yaguas Rivers (Goulard 1994).

During the nineteenth century, Ticuna territory stretched along both banks of the Amazon River, from Pebas (Peru) to Fonte Boa (Brazil). Its expansion generated some conflicts with their neighbors, the Mayoruna and the Yagua, with whom they managed to share the interfluvial area between the Yaguas River and the Amazon River. In addition to settling on the riverbank, the Ticuna built trails that connected the peoples on the shores of the Amazon with those of the lower Putumayo River and those who remained in the interfluvial areas, such as the Ticuna populations of the Cotuhé River, with whom they maintained kinship ties and exchange relationships (Goulard 1994: 324).

Today, the Ticuna are one of the most numerous peoples in the Amazon, inhabiting an extensive territory that extends from the mouth of the Atacuari River in Peru to the Jutaí River in Brazil and which, apart from including their territories of origin and settlements in the tributaries, is also shared with riverside communities, and in some cases, with Indigenous Yagua, Cocama and People of the Center (Goulard 1994: 312). Currently, the

Yagua are spread out on both sides of the Amazon River, which they perceive to be the focal point of their territory, which extends northward to the lower Putumayo (Peru - Colombia border) and southward to the Yavarí River (bordering Brazil), occupying part of their ancestral territory (Chaumeil 1994).

The fragment of the lower Putumayo in Colombian territory marks the northern border of ancestral Ticuna territory. The center of the *Trapecio Amazónico* is primarily made up of Ticuna communities in Indigenous territories (*resguardos indígenas*), such as the Ríos Cotuhé y Putumayo Indigenous Territory, the Uitiboc (Uitoto, Ticuna, Bora, Cocama) Indigenous Territory, and the northern portion of the ATICOYA Indigenous Territory (*Asociación Indígena Ticuna, Cocama, y Yagua de Puerto Nariño*), all bordering Amacayacu National Park. In the headwaters of the Cotuhé, between the border of Colombia and Peru, there are also territories of Ticuna groups in initial contact.

THE IMPACT OF MISSIONS ON THE INDIGENOUS PEOPLES OF THE PUTUMAYO

Religious orders in colonial times had a profound impact on the Indigenous peoples of the region. During the missionary era, the Crown focused its efforts on territorial control, with missions of utmost importance to expanding political borders as well as the perfect excuse to commit all kinds of cruelties against the Indigenous population (Goulard 1991). They shattered the Putumayo peoples' traditional structures, such as their settlement patterns and social organization, and made available a labor force that would later be used in excursions aimed at exploiting the forest's resources, paving the way for the definitive colonization of territories and establishment of patron-client relationships. Missionary activity also generated a cultural breakdown, reflected in loss of language and ritual practices, and interrupted the networks of exchange and commerce between the peoples of the Andes and the Amazon (Kuan 2015).

In contrast to what occurred on the Amazon River, missionary activity in the Putumayo was managed by the Franciscan Order. The expansion of its missions along the Putumayo began in the mid-sixteenth century, following the routes previously opened up by the first Spanish conquistadors. The establishment of the

Franciscan headquarters in Pasto and Popayán, and the Putumayo's easy navigability due to a lack of rapids, were the main factors that facilitated their presence in this region. Both Pasto and Popayán had accessible roads that connected them with the Putumayo River basin, which the Jesuits lacked, so the Jesuits concentrated on founding missions along the Marañón, Napo, Ucayali, and Amazon rivers.

The Franciscan Order concentrated its work in the upper Putumayo and upper Caquetá. The increasing presence of Portuguese troops at the confluence of the Putumayo and the Amazon, and the incursions these troops carried out in the former, account for the low Franciscan presence and the absence of permanent missions in the lower Putumayo (Briceño 1854, Franco 2012). In 1784, the Franciscan order focused all its evangelizing efforts on the upper Caquetá river basin (Mantilla 2000). The decline of the missions slowed down the missionaries' urge to evangelize the Putumayo basin, allowing the Indigenous peoples who had been displaced to return to their places of origin. Although this seems to be a favorable development, it was far from it. The closure of the missions did not have a positive impact on the Indigenous population.

The independence of the Latin American countries and the formation of the free states of Peru and Colombia during the nineteenth century led people to again consider the possibility of concentrating Indigenous people for their evangelization. Yet, due to territorial disputes between the two countries and internal problems within each, the proposed missions never came to fruition. After the conservative governments' expulsion of the Jesuits at the end of the nineteenth and early twentieth century, the Capuchin Order was assigned the task of evangelizing the Putumayo and Caquetá.

During this period, Colombia began to participate in the global economy as an exporter of agricultural products and raw materials mostly sourced from border territories, such as the Amazon (Kuan 2015). This situation increased the need for cheap labor, such as that of Indigenous people, which meant civilizing them to distance them from their "savagery" in order to integrate them into the national society.[20] The State considered

the Catholic missions fit to carry out this task, a fact that was supported by the Constitution of 1886, in which the State openly declared itself a Catholic confessional state and signed the Concordat of 1887 with the Holy See, through which not only religious orders are delegated, but some government powers as well (Kuan 2015: 15)[21].

These historical events allowed the Capuchin Order to establish itself in the upper Caquetá and Putumayo until the third decade of the twentieth century. In addition to evangelization, the State entrusted the Capuchins with the task of civilizing and colonizing, to help integrate the Putumayo border territories into the new national economies and "defend national sovereignty against the economic interests of Peruvian *caucheros* [rubber tappers]" (Kuan 2015: 16). They were in charge of carrying out a state civilizing project through which they built roads, founded towns, granted lands, educated "uncivilized" populations, among other activities, constituting themselves as a "central element in the configuration of Colombia's national borders" (Kuan 2015: 18), and part of the "structural integration policies" between the nineteenth and twentieth centuries (Gómez 2015). Thus, between 1886 and 1900, the Capuchin missionaries organized several expeditions that departed from Mocoa to traverse the upper Caquetá and Putumayo, arriving in the lower Putumayo for the first time in 1889. In addition to encountering Indigenous peoples, they were met with traffickers of Indigenous labor and discovered mechanisms of domination, exploitation, and death, rooted in the extraction of resources (cinchona, rubber), that were having a devastating effect on the Indigenous peoples of the region (Kuan 2015).

The struggle between missionaries and *patrones* (rubber bosses) for the domination of Indigenous peoples caused constant confrontations between these two

---

20 "The 'civilization' of 'savage' Indigenous groups was understood as the progressive integration of forest-dwelling groups, or fragments of these groups, into jobs and

'extractive industries' and into the Christian 'doctrine,' in the roles of subordinates and 'minors', that is, as beings lacking certain human attributes necessary for carrying out certain activities, and they were legally treated as such until well into the twentieth century" (Gómez 2015: 17).

21 The Concordat of 1887, between the Holy See and the Republic of Colombia, was one of the agreements through which the Colombian State granted preeminence to the Catholic Church in relation to Indigenous peoples (Kuan 2015). The Concordat defined the Catholic religion as the creed of the Nation, returned the management of goods to the Church, and imposed the teaching of Catholic doctrine in educational institutions. Many of the agreements of the Concordat became laws, among which Law 103 of 16 December 1890 stands out, in which Congress authorizes the ecclesiastical authority to "reduce to civilized life the savage tribes living in Colombian territory drained by the Putumayo, Caquetá, and Amazon rivers and their tributaries" (Kuan 2015: 102).

actors. The Capuchins' missional and civilizing objectives went against the tactics of the *caucheros* not only because they affected the availability of labor for extracting resources in the forest, but also because the *caucheros* viewed the missionaries as possible witnesses to their exploitation and torture of Indigenous peoples. In 1890, the Capuchins of the Putumayo and Caquetá, in their role as emissaries of the State, denounced to the central government for the first time the atrocities that Colombian and Peruvian *caucheros* and traffickers committed against the Uitoto, Andoque, Bora and Ocaina communities (Kuan 2015: 80), an act that joined other voices of condemnation that sought to warn the whole world of this shameful situation.

THE FOREST AS A RESOURCE RESERVE FOR THE NEW LATIN AMERICAN NATIONS

At the beginning of the nineteenth century, Indigenous labor freed from the missions became available to settlers who began to arrive in the area (Bellier 1991, Barclay 1998). The new republics supported the colonization of Indigenous territories due to the need to find and exploit natural resources that could be commercialized in order to pay off debts incurred during the struggle for independence and to sustain their new political and economic structures. The era of the patronage system in the Putumayo began during this period. Many of these *patrones* received the support and protection of the newly formed republican armies, as they were seen as pioneers of the development of the new Latin American nations.

The first resource that was exploited, mainly due to the large demand from Europe, was cinchona bark (*Cinchona* sp.). Exploitation in the Putumayo began only when cinchona resources in the Andes became scarce. The extraction of cinchona in the Putumayo had advantages over the extraction of cinchona carried out in other Andean territories. The river was the perfect way to transport the raw material, allowing Colombian and Peruvian *patrones* to transport it to the Amazon and from there to the Atlantic. The estates established in the Putumayo used Indigenous labor both for the extraction of cinchona and for loading and feeding firewood into the steamships (Domínguez and Gómez 1990). Payment was either through barter or the exchange of metal tools.

This system, known as *habilitación* or debt-peonage, was established in the cinchona camps and served as a model for the system later adopted by the Peruvian and Colombian *caucheros* and loggers in the Putumayo.

The cinchona boom attracted a large number of foreigners to the lower Putumayo and generated a commercial structure that connected the cinchona stations, established in old missionary establishments, with export points in Manaus and Belén de Pará. It used the old Indigenous and missionary paths to collect and store the bark and generated a new type of vertical relationship based on the exercise of power between *patrones* and Indigenous peoples. We cannot understand the success of the mechanisms of terror during the rubber boom without taking into account the model of exploitation designed and tested during the *cinchona* boom in the Putumayo.

The rubber boom in the Putumayo

The rubber boom era[22] radically changed extractive and commercial dynamics throughout the Amazon, generating a complex commercial structure based on plunder and violence that adopted and perfected the structure established for the exploitation of cinchona. Although rubber extraction took place throughout the Amazon, it reached its most extreme levels in the middle and lower Putumayo basin.

Rubber exploitation in the lower basin of the Putumayo River began during the last decade of the nineteenth century and the first decade of the twentieth century. The most abundant species was *Hevea guianensis,* less profitable than the *Castilla* sp. black rubber species and the *Hevea brasiliensis* species, both common in the southern Amazon but with comparable advantages that made it ideal for the commercial goals of the extractors (Davis 2001). *Jebe* or *shiringa* trees could be exploited without having to be cut down, making production sustainable and allowing the establishment of permanent stations that controlled specific territories. Unlike rubber exploitation in the upper Putumayo, where the extractive labor force was made up of itinerant settlers, there were extensive populations of Indigenous

---

22 There were several elastic rubbers exploited in the Amazon. Both the plant species of the genus *Castilla*, true black rubber, and the species of the genus *Hevea*, whose final product is known as jebe, were exploited.

people in the lower Putumayo who were used as permanent free or low-cost labor.

Converted Colombian *patrones* were the first to exploit rubber in the Putumayo. Their presence in the Putumayo ensured the exploitation and commercialization of the product, as the Peruvian *patrones* were unable access a commercial structure based in the cities of Mocoa and Neiva. But the tense internal relationships between the Colombian government and its opponents led to an armed civil conflict, known as the Thousand Day War, which led to chaos and confusion throughout the country and separated the Putumayo from the rest of the national territory. The Colombian rubber *patrones* were marginalized and unable to maintain their exploitation. It is at this time that the Peruvian *patrones* came into play as the main centers of rubber exploitation shifted to the cities of Iquitos and Manaus (García 2001).

The tragic events that occurred in the Putumayo at the beginning of the twentieth century were rooted in the lack of definition of the border between Peru and Colombia. The lack of a bilateral agreement on borders in the Amazonian territories after independence generated serious diplomatic tensions, which were resolved with the mediation of the Holy See in 1903, which established that neither country would directly intervene in the territories on the other side of the Putumayo River. A no-man's land was created in which anything was allowed, turning a piece of the forest of the Putumayo into an immense apparatus not only for the exploitation of rubber, but also for the exploitation of the Indigenous people who inhabited those territories.

It was the perfect moment for Peruvian *caucheros* like Julio César Arana to arrive in the area and build an empire sustained by terror and violence. Arana began his activity in the Putumayo in the final years of the nineteenth century when, eager to obtain elastic rubber to sell in Iquitos, he sent one of his boats to the Colonia Indiana station, later renamed La Chorrera (García 2001). It was during this period that Arana made contact with Colombian *caucheros*, with whom he associated in 1890 (Santos and Barclay 2002). In 1896, he formed the company JC Arana y Hermanos, and in 1901, in order to seal the commercial relationships that he maintained with the Colombian *caucheros*, he created

an alliance that marked Arana's definitive entry into the process of rubber exploitation in the Putumayo (Pennano 1988, Santos and Barclay 2002).

After the death of his Colombian partner, Arana bought all the shares in the Putumayo (Pennano 1988, Santos and Barclay 2002), thus monopolizing the exploitation and commercialization of rubber throughout the region. Arana did not face major problems until 1907, when he strategically founded the Peruvian Amazon Company with capital from British investors (Rey de Castro 2005). In that year, reports of the crimes committed in the Putumayo had already come to light in the Iquitos newspapers *La Felpa* and *La Sanción*. In 1909, accusations from the explorer William Harderburg, who had made a trip through the Putumayo and been detained in El Encanto, emerged in the London newspaper *The Truth*. In 1910, Roger Casement, who was serving as a consul in Brazil, was assigned by the Foreign Office to investigate the complaints in the Putumayo and issued a report known as the "Blue Book." In 1911, the Peruvian Amazon Company went into bankruptcy, due not so much to these complaints, but to the drop in international rubber prices.

The machine devised by Arana worked without major problems from 1901 to 1911, establishing a structure based on collection stations and extractive divisions with a certain degree of autonomy. Arana created one of the most perverse and criminal exploitation machines known in Latin America. He used violence, murder, deception, propaganda, and political and economic pressure to increase his profits exponentially. He took advantage of the weakness and complicity of the Peruvian and Colombian states to enslave, torture, and annihilate thousands of Indigenous people in the region.

The impact of the rubber boom on the Ticuna people: slavery in situ

During the rubber boom era, the lower Putumayo was invaded by Brazilian mestizo populations who founded new towns. The Ticuna peoples scattered around its tributaries were regrouped again to satisfy the demand for labor for rubber extraction, installing new rubber centers in which the Ticuna comprised the main workforce (Goulard 328: 1994). Simultaneously, *caucheros* began to settle in Indigenous settlements around which *jebe* or *shiringa* trees were scattered, developing slavery *in situ* and in some cases causing the migration of Ticuna populations to Peru (Goulard 1994). Despite the fact that the Ticuna were enslaved, they did not suffer the degree of torture and cultural extermination perpetrated by rubber bosses against the People of the Center of the middle Putumayo.

The impact of the rubber boom on the People of the Center

For the People of the Center, the rubber boom meant not only a time of unimaginable violence but also of radical transformation of their social and cultural order. To understand the magnitude of this impact, one must first understand how their world was built prior to that era.

According to the Múrui elders we interviewed in the lower Putumayo, the People of the Center come from a place called the "birth hole" (*hueco de nacimiento*). The *hueco de nacimiento* is a sacred site located east of the Igara-Paraná River in the heart of their ancestral territory, in a "savannah desert" between the Caquetá and the Putumayo. The Putumayo is known in their language as the *kud+mayo*, or river of fish. In this sacred place, the People of the Center were assigned their ethnic group, language and places of traditional settlement, which most were forced to abandon during the first decades of the twentieth century, when the rubber boom took hold in their territory.

The Múrui elders of the lower Putumayo communities describe the times before the arrival of the *cauchería* (rubber boom)[23] and the conflict between Peru and Colombia as a time in which social relations between the residents of the Putumayo were mediated by principles different from those imposed by the rubber regime and different from those that currently govern their coexistence. For the People of the Center, the arrival of the twentieth century, and specifically of Julio Cesar Arana, marks a disruption in their Indigenous history.

For example, during our fieldwork, the Múrui elder Eriberto Jiménez, from the Native Community Remanso (Peru), told us that before the rubber boom, the different groups of the People of the Center connected with each other through messages carried by the sounds of the *manguaré* and knowledge conveyed through the exchange of *mambe* and *ambil* (traditional preparations of coca and tobacco, respectively). They established reciprocal relations between clans and peoples through calls for participation in preparations for rituals, the celebration of festivals, the construction of malocas, and daily tasks such as weaving baskets, hunting animals, and working the garden (*chacra/chagra*). According to Eriberto, "friends were invited to repay each other's work" and "in coca and tobacco, everything was well prepared, both physically and spiritually, thus ensuring a balanced world where all beings can thrive" (Interview with Eriberto Jiménez, 7 November 2019). Anthropologists refer to these practices as "celebrating together" (*concelebración*), or the establishment of a ceremonial relationship that links two distant malocas from the People of the Center, not already joined by blood or marriage, whose owners and leaders exchange dances or festivities (Chirif 2017, Gasché 2017). This shared ceremonial organization allows all these peoples to form a single society. All the members of the People of the Center can participate in the dances and rituals, since each have corresponding songs and dances for this festival, albeit in different languages (Gasché 2017: 50). The communal ceremony also defines the territorial boundaries of the People of the Center, since the territory of the People of the Center ends where this ability to *concelebrar* ends (Gasché 2017: 51).

The rubber boom violently dismembered the world of coca and tobacco of the People of the Center. To obtain the labor necessary to fulfill the demand for rubber, *patrones* used a system known as *habilitación*. They offered goods to Indigenous people in exchange for precise amounts of rubber, and those who received the items distributed them through their social networks and delivered the rubber, but the *patrones* then inflated the value of the items and/or manipulated the calculations to prevent Indigenous people from being able to pay their debts (Gasché 2017: 74). This "asymmetric exchange relationship of unpayable debts" ended up turning Indigenous debtors into merchandise that could be transferred and offered to new employers as possessions and guarantee an endless source of labor and rubber (Chirif 2017: 33). Enslaved Indigenous peoples were even

---

23 The rubber company led by Julio César Arana is commonly known as the Casa Arana. The title "The Peruvian Amazon Company" was given to the company JC Arana y Hermanos in 1907 and coincided with the registration of the company in the United Kingdom, when border tensions began between Colombia and Peru for the possession of the territory between the Caquetá River and the Putumayo River (Chirif 2017).

forced to take their boss's name as a symbol of their status as property[24]. In addition to the violence and exploitation intrinsic to the debt-peonage system, employers frequently used physical violence and terror as a means of social control (Taussig 1986). It is also important to note that many Indigenous people died from epidemics, such as measles and smallpox, which were brought by *caucheros* and other foreign actors. The result of this macabre system was the elimination of thousands of Indigenous lives. It is estimated that around 40,000 people were tortured, killed, and infected with deadly diseases.

The specific manner in which the People of the Center were recruited as a workforce further exacerbated the impact on these peoples. Before the rubber era, settlements of different clans were organized into groups of malocas dispersed throughout the headwaters of the rivers in the interfluvial area between the Putumayo and the Caquetá. A maloca belonged to a single family or a single patrilineal kin group, and it established alliances with other malocas through marriage and trade (Gasché 2017). *Patrones* first began recruiting members of the main malocas, or "mother malocas," and forcing other scattered clans to settle around rubber collection centers near these malocas, with La Chorrera, El Estrecho, and El Encanto being some of the most important and well-known centers. By forcing people to abandon their ancestral settlements and territories, rubber bosses destabilized their clan organization and with it their system of hierarchies, ceremonial alliances, kinship, and marriage. Groups that belonged to different clans and cultures from other rivers and territories began to be found in the same maloca, collapsing the network of alliances sustained by kinship, *concelebraciones*, and the transmission of ancestral knowledge throughout the territory via messages mediated by *mambe* and *ambil*.

The border conflict between Peru and Colombia in the 1920s contributed to this destabilization process by causing a wave of forced migrations of Indigenous peons from Colombian territory to Peruvian territory. When Colombia claimed the territory between the Caquetá River and the Putumayo River from Peru, the managers of the old Arana rubber stations relocated the Indigenous workforce to the right bank of the Putumayo River, in Peruvian territory. Between 1924 and 1930, Miguel Loayza Pérez, Arana's former henchman and manager of El Encanto, and his brother, Carlos, relocated more than 7,000 Indigenous people (People of the Center) to the right bank of the Putumayo River, almost completely depopulating the old Indigenous territories where Arana had located his infrastructure (Chirif 2012)[25].

The new territory was distributed among these new rubber bosses. The area to the east of the Algodón River came under the command of Miguel Loayza, who undertook the management of the Peruvian Amazon Company in 1904, and the area to the west, between the Putumayo and Yaguas rivers, came under the command of his brother, Carlos Loayza. Some of the malocas in the middle Putumayo and its tributaries began to disappear. Some streams on the right bank of the Putumayo got their names from the *patrones* who controlled the rubber centers. New settlements grouping together malocas of different ethnic identities that survived the rubber atrocities, such as the Bora, Múrui, and Ocaina peoples, began to congregate in the headwaters of the tributaries of San Pedro, Curinga, Mutún, and Vaquilla, on the right bank of the Putumayo. During this period, the native communities of the lower Putumayo began to emerge, such as Remanso, which at that time was an important rubber center, commanded by Jorge Loayza Pérez.

Other important legacies of the rubber era: cultural and linguistic decline and resistance

The rubber era spawned two additional developments for the Indigenous population of the Bajo Putumayo-Yaguas-Cotuhé region that are worth mentioning:

---

24 One of the first inhabitants to arrive in the urban area of Tarapacá from the interior of Colombia told us that when he arrived in Pedrera as part of the army, he was struck by the fact that most of the Indigenous people who had been recruited had the same last name and thought they all shared a parent.

25 After the territorial demarcation and the departure of the Peruvian Amazon Company from La Chorrera, Arana requested compensation from the Colombian state, which was granted in 1939. The Colombian state took over the territories and infrastructures, assigning them to the Agrarian Fund (Uribe 2010). In 1988, the Colombian State ceded the Predio Putumayo, more than 6 million ha, to the Indigenous peoples who suffered firsthand the brutality of Arana and his henchmen. Today, the Predio Putumayo is one of the largest Indigenous reserves in Colombia. A House of Knowledge (*Casa de Conocimiento*), a place of study and memory managed by the Indigenous organizations themselves, has been erected where the Peruvian Amazon Company's infrastructures operated (Chirif and Cornejo 2012). The People of the Center who live in the lower Putumayo consider La Chorrera to be their ancestral territory as well as the center of their historical memory.

it 1) further exacerbated the cultural and linguistic decline generated by Catholic evangelization, and 2) prompted resistance strategies.

Many elders we spoke to during the rapid inventory confided that there was a general feeling of nostalgia and frustration at having lost their language and culture. Some elders revealed to us that they still have their language and the knowledge to be able to perform festivals and rituals, but confessed to having made the decision to bury it deeply, or "put it to sleep," as they consider it to be something of the past. They make this decision out of fear of rejection, of being called sorcerers or witches, and because they do not believe Indigenous youth possess the disposition and discipline necessary to carry out the necessary preparations and fulfill fundamental rules to celebrate a ritual.

A determining factor was the fact that in the Peruvian Putumayo, clan identity was not used as an element of organization for the new Indigenous settlements that began to form around the new rubber estates. The transfer of Indigenous labor that the Loayzas partook in resulted in family separations, which led to the creation of a mixture of different peoples, and finally resulted in marriage alliances between peoples with different languages, which contributed to the loss of their languages and the elevation of Spanish. As if that were not enough, the cultural and social ruptures caused by the *caucheros* occurred in addition to the imposition of religious creeds by other faith communities, the arrival of the formal educational system, the dynamics of a new market economy, and the illegal extractive activity that entered the forests of the Putumayo on par with the new booms in the second half of the twentieth century.

As a result, it is common for the Indigenous peoples of Peru to perceive the communities on the Colombian side to be the guarantors of ancestral cultural principles and practices: they yearn for exchanges and encounters with these groups to revitalize their culture, a fact that shows that Indigenous communities from Peru are aware of the loss of their language and culture and believe that its strengthening is a process that will undoubtedly contribute to their present well-being.

Despite the cultural decline that has transpired, especially on the Peruvian side of the lower Putumayo,

another significant historical legacy that we have described is the resilience and creativity which characterizes the Indigenous peoples of the region and arises as a result of their strategies of resistance to the violence and exploitation they suffered during those eras. Although the vast majority of Indigenous peoples were forced to rebuild their lives in places far from their homelands due to forced migrations during the rubber era, some managed to stay in their ancestral territories or escape. This partially explains why Indigenous peoples in Colombia have managed to rebuild their clan organization in accordance with their traditional territories and have sustained, to some extent, the celebration of festivals.

The legacy of Indigenous resistance to the rubber regime also leaves its mark on the landscape through a system of escape routes or trails. Some of these routes connected La Chorrera (Casa Arana's center of operations) with the lower Putumayo and the *Trapecio Amazónico*, others to the middle and lower Caquetá (La Pedrera), and others headed toward the Amazon River and its tributary, the Ampiyacu. These trails have been used by Indigenous peoples to connect their settlements and allow migration to the Putumayo communities bordering Brazil (see Fig. 28).

MESTIZO COLONIZATION AND THE FORMATION OF A MULTIETHNIC SOCIETY IN THE BAJO PUTUMAYO-YAGUAS-COTUHÉ

Starting in the 1920s, several circumstances led non-Indigenous populations to permanently settle in the Bajo Putumayo-Yaguas-Cotuhé region. The three main factors were: 1) the conflict between Peru and Colombia after the border agreement and the establishment of a military base in Tarapacá; 2) the arrival of settlers due to new extractive bonanzas (mainly animal hides, timber, and coca); and 3) the establishment of the Puerto Ezequiel settlement by members of the Evangelical Association of the Israelite Mission of the New Universal Covenant (AEMINPU; see Figs. 2A–D).

The Colombian-Peruvian conflict, the Battle of Tarapacá, and the establishment of the Tarapacá military base

After the signing of the Salomón Lozano Treaty in 1922, the addition of part of the lower Putumayo and the

Trapecio Amazónico to Colombian territory made the absolute precariousness of the Amazonian border area clear, due to the absence of State institutions and the lack of a population committed to and identified with the Colombian nation, with the exception of a few settlers who had participated in the rubber boom and who were living in dispersed places without much contact with each other or with the rest of the country. Colombia's response to this situation was to send "police-settlers" and establish them in Leticia and other locations on the banks of the Amazon and the Putumayo (Zárate 2012: 61). In order to exercise sovereignty over this territory, and in response to finding that the rubber bosses were relocating the Indigenous population to Peru, the Colombian army began to establish a presence in the territory and compete with *caucheros* and the Peruvian military to retain the Indigenous population in Colombia.

On their end, the people of Loreto, Peru, saw the ceding of this region as a true intrusion to a port (Leticia) and a territory that were indisputably theirs. Then, a group of Loreto's civilians, led by Oscar Ordóñez and Juan Francisco La Rosa, invaded Leticia's port on 1 September 1932, which was the capital of the Administration (*intendencia*) of Amazonas in Colombia at the time. They took the officials and policemen of Leticia as prisoners and immediately raised the flag of Peru. Leticia's "recapture" marked the beginning of the Colombian-Peruvian conflict.

In addition to occupying Leticia, the Peruvians installed a military garrison on the Putumayo, on the border with Brazil, called Tarapacá. Under the command of General Vásquez Cobo, Colombian troops attacked the garrison with airstrikes and artillery fire and expelled the Peruvian army from Tarapacá on 14 February 1933, installing a group of 300 soldiers in the area. From there, they directed their defensive strategies to recover the *Trapecio Amazónico*. Colombia used the section of the Putumayo/Içá River (in Brazilian territory) from Tarapacá to its mouth in the Amazon River as a strategic location for mobilizing its army towards Leticia, since Peru has difficulty accessing the Putumayo from the country's interior (Rincón 2010, Zárate 2012).

Although the first families of Tarapacá belonged to the Múrui, Bora and Muinane ethnic groups, who built their malocas in the highlands and celebrated their traditional rituals there, the recovery of this bastion, known as the Battle of Tarapacá, is a milestone that marked the identity of a large part of the mestizo population of the lower Colombian Putumayo. For the settlers whose families participated in the conflict, or who were part of the army base that was later erected to continue exercising national sovereignty, both the battle and military service are a source of pride, a recognition of a patriotic effort that has been carried out by few in this border area, which became a reason to establish roots in a foreign and distant territory, a reason to live there. For the members of the first families who settled there, the conflict "is an important historical event that remains unknown to the majority of Colombian citizens, and its importance lies in the fact that it was Colombia's first military triumph in defense of national sovereignty" (Unpublished monograph written by Luis Fernando Alfonso on the battle of Tarapacá). It inspired the battle's participants and their families, today the inhabitants of Tarapacá, to establish themselves in the area, so as to honor the efforts of those who regained the territory and fought for the right to be recognized as citizens of that territory. The territorial roots of Colombian mestizos in Tarapacá continued to deepen when, as of 1935, more people began to arrive from the country's interior, such as the Polanía, Palma, and Carvajal family, and when, in the same year, the first mestizos were born in Tarapacá.

In 1948, the Colombian military base of Tarapacá was established. From here, the State would exercise its sovereignty over the agreed upon territory. The base remains to this day. With the establishment of this military base, the lower Putumayo, and the Colombian border areas in general, began to experience the growing presence of soldiers and marines, most of whom came from the Andean regions, a situation that became even more pronounced in the mid 1950s, with the military dictatorship of Gustavo Rojas Pinilla (1955–1958; Zárate 2012).

In the 1960s and 70s, members of the army and the police participated in the demarcation of boundary lines on the border, the beginning of the construction of the Tarapacá-Leticia road (still incomplete) and in the founding of a police station (now inactive) on the Cotuhé River. The presence of the military and the police in these remote places had a direct impact on the Ticuna population in the area. For example, the community of Buenos Aires, located near the headwaters of the Cotuhé River, was established in the area where the police station was located, and it was populated at the insistence of members of the armed forces, who persuaded the Ticuna peoples of the streams of Pamaté and Pupuña, to abandon their malocas and settle around the station. Others were taken downriver to Tarapacá, against their will, and sent to boarding school.

Colonization associated with new resource booms[26]

The end of the rubber boom era gave way to new extractive processes throughout the Putumayo Basin. Due to the decline of rubber, *patrones* began to explore the extraction of other resources that were in greater demand, such as wild animal skins, resins and timber. The residents of the communities settled in the lower Putumayo remember this as a very tumultuous time, during which a series of diseases proliferated, such as measles, yellow fever, chicken pox, malaria, beriberi, among others, affecting most of the communities.

Some Indigenous people from Tarapacá described this time as "the era of the river turtles (*charapa*, *taricaya*) and arapaima (*paiche/pirarucú*)." These species were bought by the *albarengas*, Brazilian boats that "were bursting with these animals" to later be commercialized, decimating the population of these species. High demand for animal skins in Europe and the United States caused a boom for this resource, mobilizing hundreds of Peruvian, Colombian and Ecuadorian traders and hunters to the territories located between the Putumayo and the Caquetá (Peláez 2015). Many elders of the communities settled in the lower Putumayo remember the *tigrilladas* (hunting missions, particularly for jaguars and ocelots) organized by Colombian or Peruvian *patrones* between 1950 and 1960. Some of the trails that were used to search for animals were identified by Indigenous settlers, who sometimes participated in search parties. Peruvian merchants obligated Indigenous peoples from both shores of Putumayo, via the debt-peonage system, to

hunt animals such as tigers, ocelots, lizards, river otters, and others (Silva 2006). *Habilitación* and indebtedness were direct inheritances from the era of rubber extraction.

The exploitation of resins and fine woods developed in parallel in the 1960s and 70s and began when the extraction of animal skins began to decline. In Remanso, for example, we were informed that a rosewood and *leche caspi* factory was established, which left the population "without a single piece of wood," and remained open for about 20 years.

Although the first export of valuable hardwood in Peru occurred in 1912 (Santos and Barclay 2002), logging continues today. In Colombia and Peru, the Putumayo River has served as a route to transport timber to both collection centers and markets. In Colombia, the exit route has historically been via the Puerto Leguízamo-Puerto Asís-Mocoa route due to Peru's lack of direct connections between the Putumayo and other rivers such as the Amazon and the Napo and greater proximity to the Colombian trade route (Polanco 2013, Tiria 2018), although there has been an increase in recent years in timber going to Peruvian markets, such as Iquitos.

In many cases, old rubber ports became timber collection centers (Polanco 2013), Remanso being one example. Sawmills also initiated a gradual process leading to the establishment of new small settlements, where Indigenous peoples from the People of the Center ethnic groups began arriving to live with the Ticuna peoples and settlers.

Starting in the 1970s and 80s, overlogging developed in conjunction with the illegal cultivation of the coca leaf, both in Colombia and Peru. The failure of rural development policies and limited opportunities to benefit from natural resource use paved the way for drug traffickers from both countries to initiate the planting of massive coca crops throughout the Putumayo basin. During the 1980s and 90s, the situation in Colombia became much more serious when the armed groups that had declared war on the Colombian State came into play. Control of the Putumayo's territories was strategic for these armed groups, mainly due to the funding they received from the large drug cartels that operated openly in both countries. Despite the eradication policies carried out at the end of the 20th century and at the

---

26 For more details on the extractive booms in the Bajo Putumayo-Yaguas-Cotuhé and their relationship with the current economy of the region, see the chapter *Natural resource use and household economy in the Bajo Putumayo-Yaguas-Cotuhé region*, in this volume.

beginning of the 21st century, coca continues to be present throughout the basin, spawning an underground economy that prevents sustainable development in many of the Indigenous and riverine communities throughout the whole Putumayo basin.

The arrival of the Israelites and the establishment of the Puerto Ezequiel Settlement

In 2001, a religious congregation established a settlement in the lower Putumayo called Puerto Ezequiel, located between the Pupuña and Barranquilla streams. The Church of the Israelites of the New Universal Pact (*Iglesia de los Israelitas del Nuevo Pacto Universal*) began in the Chanchamayo Valley of Peru, in the 1950s. Its founder, Ezequiel Ataucusi Gamonal, was born in Arequipa in 1918 and was the son of a shoemaker. According to Ezequiel, God revealed himself to him and chose him to "revive the covenant between God and men," with one of his main duties being the dissemination of the Ten Commandments (Meneses Lucumí 2015: 89). Ezequiel belonged to the Adventist Church at the time, but was later expelled because the leaders of that religion did not approve of his behavior, which included preaching about his visions and prophecies. He was also influenced by the Pentecostal Church and the Chilean Cabañista Church and initially collaborated with a Cabañista leader, Alfredo Loje, with whom he later had different visions that caused a rift between them.

In 1968, the Evangelical Association of the Israelite Mission of the New Universal Pact (*Asociación Evangélica de la Misión Israelita del Nuevo Pacto Universal*, AEMINPU) was formally established in Peru, and the religion began to spread to other departments of Peru, especially in the Amazon. For Ezequiel and the Israelites, the Amazon is considered the Promised Land, and they feel the obligation to colonize it to grow food and thus fight hunger. In addition, they view their presence in the Amazon as a strategy for the formation of living borders and therefore have settled on international borders, both in Peru and Colombia (Meneses Lucumí 2015: 97).

AEMINPU was established in Colombia in 1989, with Bogotá as its administrative center[27]. The first Israelites in Colombia were *campesinos* and the Nasa Indigenous people, and the largest temple in the country is still in the Nasa Indigenous reserve of Canoas, in Santander de Quilichao, Cauca. Later, displaced peasants and Indigenous peoples in cities around the country converted to the religion, and finally, a group of Afro-descendants from Cauca and Valle del Cauca converted as well. Unlike in the case of the Peruvians, where the Israelites have established their own political party (the *Frente Popular Agrícola del Perú* [Frepap]), they have not formed a political party in Colombia.

On a mission to colonize the Promised Land, the Colombian Israelites in Bogotá began to expand into the Amazon. In 1997, a group settled in Monte Carmelo, on the banks of the Caquetá River in the Department of Putumayo. According to testimonies from residents of Puerto Ezequiel collected during the rapid inventory, the congregation sent a commission of seven people to the Putumayo in search of new land due to heavy flooding that destroyed their crops. They spoke with Corpoamazonia and the Tarapacá Loggers Association (ASOMATA, now ASOPROMATA), in Puerto Leguízamo, who informed them that there were vacant lands, stretching from the Pupuña stream to the Barranquilla stream, that did not belong to Indigenous reservations nor national parks.

Through these interactions, the Israelites from Monte Carmelo, who originally came from various regions of the country, brought the congregation to Puerto Ezequiel. The inhabitants of Puerto Ezequiel told us that the National Army loaned them two trucks that they used to transport the parishioners and their animals to Puerto Leguízamo. From Leguízamo, a total of 133 people traveled downstream for 22 days, until they reached the Native Community of San Martín, on the Peruvian side of the border. From San Martín, they began to build their settlement, which they named Puerto Ezequiel.

According to what the leaders of Puerto Ezequiel told us, a commission traveled to Tarapacá that same year and appeared before the *corregidor*[28] of Tarapacá, the National Police, and the Army. The authorities told them that they needed someone at the border to protect

---

27 https://puebloisraelita.wixsite.com/espanol

28 The *corregidor* is a representative of the governor of the Department of Amazonas (see the chapter *Demography and governance in the Bajo Putumayo-Yaguas-Cotuhé region*, in this volume). It is also worth mentioning that, although the inhabitants of Puerto Ezequiel identify themselves with Tarapacá, the settlement technically belongs to the non-municipalized area of Puerto Arica.

national sovereignty because there were people coming in to fish and grow illegal crops in the area. According to what they told us during the rapid inventory, part of the area where they settled had previously been a land dedicated to the planting of coca for illicit use. They affirmed that, without their presence, the area would likely be in the hands of drug traffickers and stated that it is a collective pride for them to be able to contribute to the exercise of Colombian sovereignty in the region. On 8 November 2001, they signed an agreement with the *corregidor* allowing them to become a police post (*Inspección de Policía*).

They built their first temple the following year, in 2002, and between 2004 and 2005, they established a school. Starting in 2008, they began to build small hamlets that they understand to be "human landmarks," where they plant farms and periodically move their families in order to control entry into Colombian territory. The Israelites of Puerto Ezequiel emphasized the differences between themselves and the Israelites of Peru, especially those of Alto Monte in the Amazon (the largest Israelite settlement in South America), who have been accused of being involved in the production of coca for illicit use. They also differentiate themselves from the Israelites who live in other small hamlets downstream from Puerto Ezequiel, such as Gaudencia, who, the inhabitants of Puerto Ezequiel claim, were expelled from Puerto Ezequiel because they did not want to comply with the congregation's standards of conduct.

Although their religious beliefs and life patterns distinguish them greatly from the other populations in the Bajo Putumayo-Yaguas-Cotuhé region, during the rapid inventory the Israelites of Puerto Ezequiel expressed their interest in being respectful neighbors and taking care of the natural resources of the area. They highlighted the role they have played, through their human landmarks, in reducing overfishing, illegal logging, and planting of crops for illicit use. In addition, they emphasized that, although they practice a form of agriculture that is different from the Indigenous gardens of the region, they do not have the resources nor the desire to exploit large tracts of land as Israelites have done in other regions. On the contrary, they have learned to recognize the seasonal fluctuations of the rivers and take advantage of fallows as more fertile areas

for planting their crops, instead of cutting down primary forest. Their agricultural vocation has also played an important role in regional trade. Since they exchange their products with Indigenous peoples and settlers, they are considered key actors for accessing products and food that are not usually grown by the populations of the area (see Fig. 31 in the chapter *Natural resource use and household economy in the Bajo Putumayo-Yaguas-Cotuhé region*, in this volume).

In the chapter *Demography and governance in the Bajo Putumayo-Yaguas-Cotuhé region*, in this volume, the internal organization of Puerto Ezequiel and the achievements and challenges of this population are described in greater detail. In the chapter *Natural resource use and household economy in the Bajo Putumayo-Yaguas-Cotuhé*, also in this volume, their production system and role in the regional economy are explained.

CONCLUSION

The Bajo Putumayo-Yaguas-Cotuhé is a region marked by the longstanding presence of Indigenous peoples, who have lived through eras of severe violence and exploitation. Yet, it has also become a place where a diversity of human populations, both Indigenous and mestizo, coexist. Almost all of the current inhabitants of the region have lived through processes that have uprooted them from their places of origin—be it the rubber industry or other extractive booms, military conflicts between Peru and Colombia, or floods—and yet those who have settled in this region have developed a strong attachment to this territory. This mosaic of cultures is part of the cultural heritage of this region and is fundamental to understanding the territory and the management of this landscape's ecosystems.

The inhabitants of the Bajo Putumayo-Yaguas-Cotuhé are resilient and have been able to adapt to new circumstances, sharing their knowledge and values through exchanges and agreements that have formed the inter-ethnic social fabric that exists today. Although this is a border territory, the border has not divided the inhabitants. Instead, it has been the guiding, connecting thread for a dynamic, multiethnic society composed of peoples with their own unique identities but with some interests and visions in common. To ensure the long-term well-being of this landscape and the people who inhabit it, it is essential to finds ways to unite the diverse populations of the region based on principles of respect and interculturality.

DEMOGRAPHY AND COMMUNITY GOVERNANCE IN THE BAJO PUTUMAYO-YAGUAS-COTUHÉ REGION

Authors: Christopher Jarrett, Diana Alvira Reyes, Ana Rosa Sáenz, David Novoa Mahecha, Alejandra Salazar Molano, Madelaide Morales Ruiz, Delio Mendoza Hernández, Farah Carrasco-Rueda, Margarita del Aguila Villacorta, Fernando Alvarado Sangama, Valentina Cardona Uribe, Hugo Carvajal, Freddy Ferreyra, Jorge W. Flores Villar, Claus García Ortega, María Carolina Herrera Vargas, Ana Lemos, Wayu Matapi Yucuna, Dilzon Iván Miranda, Milena Suárez Mojica, and Rosa Cecilia Reinoso Sabogal

INTRODUCTION

The population of the Bajo Putumayo-Yaguas-Cotuhé region is small relative to the geographic area (just over 5,000 inhabitants on 2.7 million ha, or <1 person/km^2), but it is also very diverse, with more than eight cultural groups residing there (Table 9). There are also numerous governmental entities and civil organizations with a presence in the region, including Colombian and Peruvian state authorities, Indigenous governments in Colombia, Indigenous federations in Peru, and Indigenous, social, religious, and economic organizations in both countries. Some of these entities and organizations have developed systems and instruments of territorial administration, such as life plans, management plans and environmental management processes; others, although they lack formal instruments, have their own systems of managing territory (Fig. 29, Table 10).

Understanding the distribution of the population in the region and the ways in which governments and local organizations function is essential to ensuring the long-term care of the landscape and the wellbeing of communities there. Therefore, this chapter provides a demographic overview of the population and a description and analysis of the main entities exercising governance in the region in coordination with political representatives of each country. The main assets and challenges of each organization are examined, along with sources of territorial tensions in the region and the primary threats faced by all parties there. Finally,

coordination efforts and agreements between state, local and regional organizations are detailed, both within each country and on a binational scope.

LEGAL STATUS, LAND USE CATEGORIES, AND POPULATION DISTRIBUTION

The territories in this region have a range of legal statuses and regulatory conditions. There are also various forms of land use categorization in the region.

In Peru, there are:

1) 13 native communities

2) a national park (Yaguas)

3) a conservation concession (the Cotuhé River Conservation Concession)

In Colombia, there are:

1) two Indigenous territories (Ríos Cotuhé y Putumayo, Uitiboc)

2) two national parks (Río Puré, Amacayacu)

3) the Amazon Forestry Reserve

Official demographic statistics do not currently exist for this region, but according to data collected from secondary sources and during the inventory, a total of approximately 5,173 people inhabit the region in its entirety, 1,482 of whom live in Peru and 3,691 in Colombia. Roughly 3,790 live in formally recognized Indigenous territories. 1,000 live in the urban area of Tarapacá. The remainder live in other parts of the Forestry Reserve in Colombia. In both Peru and Colombia, there are also Indigenous groups living in isolation and initial contact, but there are no exact figures on the size of these populations.

GOVERNANACE IN PERU

Government Authorities

The Peruvian portion of the inventory study area is in Loreto Department, Putumayo Province, Yaguas District. Putumayo Province and Yaguas District were both established in 2014, before which time this area belonged to Maynas Province, and the entire area that is now Putumayo Province constituted a single district—Putumayo District.

The current capital of Putumayo Province is San Antonio de Estrecho. Remanso is the capital of Yaguas District. The municipal district of Yaguas elects a mayor by popular vote, who holds office for a maximum of four years and coordinates with a group of five local representatives or "councilors," also elected by popular vote, who advise the mayor and authorize the initiatives proposed by him or her.

Conservation areas

Yaguas National Park

Yaguas National Park was designated by Supreme Decree No. 001 of the Ministry of the Environment on 10 January 2018[29]. Covering an area of 868,927.84 ha, PN Yaguas is managed by the Peruvian National Protected Areas Service (SERNANP) and currently has 12 appointed park rangers from population centers in the park's area of influence, such as El Álamo, Tres Esquinas, Huapapa, Corbata, Puerto Franco, and Remanso. The Frankfurt Zoological Society's (FZS) Peru Program has been supporting park management by carrying out biological monitoring and providing the

infrastructure for monitoring and control posts, as well as hiring park rangers and working with the local communities in efforts to keep the protected area free from such threats as illegal mining and logging.

Cotuhé River Conservation Concession

Conservation concessions in Peru are private concessions whose objective is "to contribute directly to the conservation of wild flora and fauna species through effective protection and compatible land uses, such as research, education and ecological restoration. Timber harvesting of the forest is not permitted"[30]. The Cotuhé River Conservation Concession was granted on 27 October 2008, by the National Institute of Natural Resources (*Instituto Nacional de Recursos Naturales*; INRENA) via administrative resolution No. 285[31]. Located in the District of Ramón Castilla in Mariscal Cáceres Province, Loreto Department, the Cotuhé River Conservation Concession covers an area of 224,633 ha, or 77% of the Peruvian portion of the Yaguas basin (Monteferri and Coll 2009).

Since it was granted, the Concession has not shown clear progress towards its stated goals and has provided very little information regarding its plans and/or activities to the relevant authorities. The first

29 See the resolution here: *http://www.sernanp.gob.pe/documents/10181/372800/ Decreto+PN+Yaguas.pdf/33ca9a9a-137f-47ba-b249-0d9269c2254a*

30 *https://www.osinfor.gob.pe/concesiones-forestales/*

31 INRENA was a decentralized public body of the Ministry of Agriculture before joining Peru's Ministry of the Environment upon its creation in 2008.

Table 9. Demographic data on the communities of the Bajo Putumayo-Yaguas-Cotuhé region of Colombia and Peru. Sources: Instituto del Bien Común, the Colombian park service, and a rapid inventory of the region in November 2019.

Country	Land use categorization	Organization	Community or locality
Peru	Titled native community	FECOIBAP	Betania
			Corbata
			Curinga
			El Álamo
			Pesquería
			Puerto Franco
			Puerto Nuevo
			Remanso
			San Martín
			Tres Esquinas
	Native community in titling process	OCIBPRY	Huapapa
	Titled native community		Primavera
			Santa Rosa de Cauchillo
PERU TOTAL			

management plan for the Concession was presented in 2009, and subsequently rejected in 2010. Despite suggestion that the Concession's contract should be terminated in 2014, the original management plan was again presented and approved (by sub-directorate resolution No. 345-2015-GRL-GGR-PRMRFFS-DER-SDPM) in 2015. Until 2019, the concessionaire had submitted no annual plans to the Regional Forestry Administration (GERFOR), and none of the authorities—the Ministry of the Environment, GERFOR, the Forest and Wildlife Service (SERFOR), the Forest Resources and Wildlife Supervision Agency (OSINFOR)—have yet to perform on-site inspections of the Concession, mainly due to the difficulty of accessing it. During an overflight carried out as part of the Yaguas-Cotuhé rapid inventory in 2010 (Pitman et al. 2011), some active illegal plantations were observed within the area of the Concession, which raised suspicions about the actual objectives for the area and whether they were, indeed, in the service of environmental conservation. Ironically, perhaps unintentionally, aerial photos displayed on the Concession's own website also show illegal cultivation within the area[32]. Given the lack of evidence that the Concession was meeting its stated objectives, a closure plan was developed in November 2015 in order to restore the area to the State in the Public Registry.

However, to date, the Concession remains in effect and has not been terminated.

Native communities and Indigenous federations

Beginning in the 1970s, Indigenous territories in Peru have been titled as "native communities." On the Peruvian side of the Bajo Putumayo-Yaguas-Cotuhé region, there are 13 native communities that have self-organized into two Indigenous federations: the Federation of Indigenous Communities of the Lower Putumayo (FECOIBAP), and the Organization of Indigenous Communities of the Lower Putumayo and Yaguas River (OCIBPRY). According to data from a 2018 census conducted by the Instituto del Bien Común, there are 1,482 people living among these 13 communities. Some communities identify with only one ethnic group but, in general, it is a multiethnic area with people identifying as Kichwa, Uitoto (Múrui), Ticuna, Yagua, Ocaina, Ingano and/or Bora, with some *mestizos* who have migrated to the region in search of economic opportunities.

The population sizes vary greatly between communities, with the smallest (Pesquería) counting just 10 people and the largest (Huapapa) having 379. Remanso, Huapapa and El Álamo stand out as significant population centers. Remanso, with 320 inhabitants, has served as capital of Yaguas District since the district's establishment in 2014, and also as

---

32 https://cotuheriver.wordpress.com/

Farm or parcel	Population	Source
–	23	IBC Census, 2018
–	50	IBC Census, 2018
–	35	IBC Census, 2018
–	220	IBC Census, 2018
–	10	IBC Census, 2018
–	86	IBC Census, 2018
–	52	IBC Census, 2018
–	320	IBC Census, 2018
–	64	IBC Census, 2018
–	53	IBC Census, 2018
–	379	IBC Census, 2018
–	113	IBC Census, 2018
–	77	IBC Census, 2018
	1,482	

Country	Land use categorization	Organization	Community or locality
Colombia	Ríos Cotuhé y Putumayo Indigenous Territory	AATI CIMTAR	Buenos Aires
			Caña Brava
			Nueva Unión
			Puerto Huila
			Puerto Nuevo
			Puerto Tikuna
			Pupuña
			Santa Lucía
			Ventura
	Uitiboc Indigenous Territory	AATI ASOAINTAM	Alpha Tum Sacha
			Alto Cardozo
			Bajo Cardozo
			Centro Cardozo
			Centro Tarapacá
			Peña Blanca
	Forestry Reserve	Altomonte de Ezequiel Settlement	Altomonte de Ezequiel
		–	Barranquilla
		–	Bicarco
		–	
		–	
		–	
		–	
		–	
		Puerto Ezequiel	Caño Ezequiel
		–	Caño Porvenir
		CIMTAR annex	Porvenir
		Puerto Ezequiel Settlement	Puerto Ezequiel
		–	Puerto Gaudencia
		–	
		CIMTAR annex	
		–	Puerto Palma
		–	Santa Clara
		–	Tarapacá (urban center)
COLOMBIA TOTAL			
TOTAL (WHOLE REGION)			

Farm or parcel	Population	Source
–	257	SINCHI Institute- Indicators of Human Wellbeing, 2018
–	138	SINCHI Institute- Indicators of Human Wellbeing, 2018
–	126	SINCHI Institute- Indicators of Human Wellbeing, 2018
–	146	SINCHI Institute- Indicators of Human Wellbeing, 2018
–	169	SINCHI Institute- Indicators of Human Wellbeing, 2018
–	33	SINCHI Institute- Indicators of Human Wellbeing, 2018
–	278	SINCHI Institute- Indicators of Human Wellbeing, 2018
–	124	SINCHI Institute- Indicators of Human Wellbeing, 2018
–	345	SINCHI Institute- Indicators of Human Wellbeing, 2018
–	69	SINCHI Institute- Indicators of Human Wellbeing, 2018
–	111	SINCHI Institute- Indicators of Human Wellbeing, 2018
–	145	SINCHI Institute- Indicators of Human Wellbeing, 2018
–	102	SINCHI Institute- Indicators of Human Wellbeing, 2018
–	143	SINCHI Institute- Indicators of Human Wellbeing, 2018
–	122	SINCHI Institute- Indicators of Human Wellbeing, 2018
–	44	Socioeconomic assessment by PNN, 2016
Dagoberto	4	Socioeconomic assessment by PNN, 2016
Yairlandia	3	Socioeconomic assessment by PNN, 2016
Loma Linda	7	Socioeconomic assessment by PNN, 2016
Santa Mercedes	2	Socioeconomic assessment by PNN, 2016
Euclides	5	Socioeconomic assessment by PNN, 2016
Orel	7	Socioeconomic assessment by PNN, 2016
Villa Sandra	5	Socioeconomic assessment by PNN, 2016
Andrés Tobon	8	Socioeconomic assessment by PNN, 2016
Limón	6	Socioeconomic assessment by PNN, 2016
–	35	Socioeconomic assessment by PNN, 2016
Barranguillita	9	Socioeconomic assessment by PNN, 2016
Changay	15	Socioeconomic assessment by PNN, 2016
Puerto Ezequiel	130	Socioeconomic assessment by PNN, 2016
Sabalillo	8	Socioeconomic assessment by PNN, 2016
Puerto Toro	16	Socioeconomic assessment by PNN, 2016
Paparo	17	Socioeconomic assessment by PNN, 2016
Buena Vista	1	Socioeconomic assessment by PNN, 2016
Machete	11	Socioeconomic assessment by PNN, 2016
Comunidad de Gaudencia	42	Socioeconomic assessment by PNN, 2016
Puerto Palma	6	Socioeconomic assessment by PNN, 2016
Santa Clara	2	Socioeconomic assessment by PNN, 2016
–	1,000	RI-31 Fieldwork
	3,691	
	5,173	

Figure 29. Governance map of the Bajo Putumayo-Yaguas-Cotuhé region of Colombia and Peru. Data compiled during a rapid inventory of the region in November 2019.

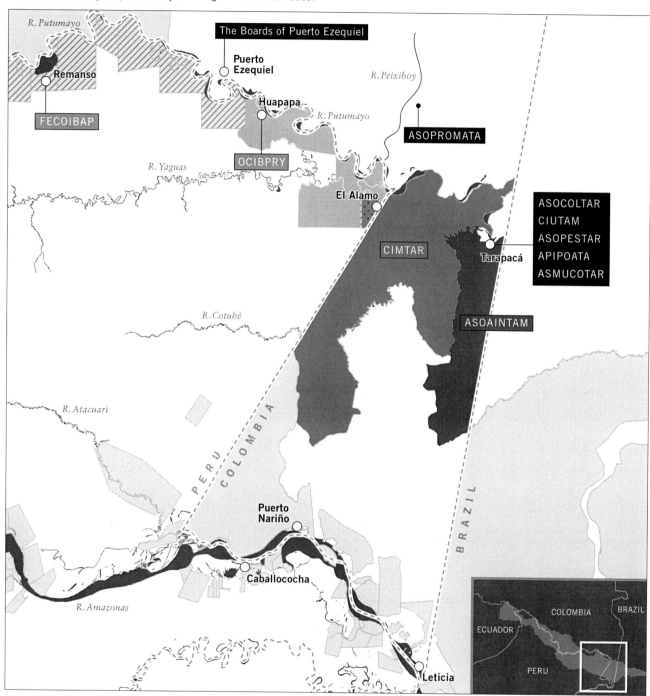

FECOIBAP headquarters. Huapapa, with its 379 inhabitants, has historically been the center of the timber industry in the region and is currently the seat of OCIBPRY. El Álamo is also an important community in the region because of its strategic location on the border with Colombia and due to the presence of National Police and Navy checkpoints there. As stated above, the native communities are organized between two Indigenous federations: the Federation of Indigenous Communities of the Lower Putumayo (FECOIBAP) and the Organization of Indigenous Communities of the Lower Putumayo and Yaguas River (OCIBPRY).

Table 10. Management instruments of the communities of the Bajo Putumayo-Yaguas-Cotuhé region of Colombia and Peru. Data compiled during a rapid inventory of the region in November 2019.

Country	Land use categorization	Organization	Community/locality	Internal Statutes	Life Plan
Peru	Titled native community	FECOIBAP	Betania	Yes	Yes (2015)
			Corbata	Yes	Yes (2015)
			Curinga	Yes	Yes (2015)
			El Álamo	Yes	Yes (2015)
			Pesquería	Yes	Yes (2015)
			Puerto Franco	Yes	Yes (2015)
			Puerto Nuevo	Yes	Yes (2015)
			Remanso	Yes	Yes (2015)
			San Martín	Yes	Yes (2015)
			Tres Esquinas	Yes	Yes (2015)
	Native community in titling process	OCIBPRY	Huapapa	Yes	No
	Titled native community		Primavera	Yes	No
			Santa Rosa de Cauchillo	Yes	No
Colombia	Ríos Cotuhé y Putumayo Indigenous Territory	AATI CIMTAR	Buenos Aires	Yes	CIMTAR Life Plan (2020)
			Caña Brava	Yes	
			Nueva Unión	Yes	
			Puerto Huila	Yes	
			Puerto Nuevo	Yes	
			Puerto Tikuna	Yes	
			Pupuña	Yes	
			Santa Lucía	Yes	
			Ventura	Yes	
	Uitiboc Indigenous Territory	AATI ASOAINTAM	Alpha Tum Sacha	Yes	ASOAINTAM Life Plan (2007)
			Alto Cardozo	Yes	
			Bajo Cardozo	Yes	
			Centro Cardozo	Yes	
			Centro Tarapacá	Yes	
			Peña Blanca	Yes	
	Forestry Reserve	Puerto Ezequiel	Caño Ezequiel	Yes- Puerto Ezequiel Internal Statutes	No
			Caño Porvenir		No
			Porvenir		No
			Puerto Ezequiel		No
			Barranguillita		No
			Changay		No
			Puerto Ezequiel		No
			Sabalillo		No
			Puerto Toro		No
			Paparo		No

*Regulatory framework of Indigenous
federations in Peru*

Like all Indigenous federations in Peru, FECOIBAP
and OCIBPRY are constituted under the regulations for
non-profit civil associations, as there is no differentiated
recognition for Indigenous organizations in the country.
They acquire legal status by being publicly registered
in the Superintendencia Nacional de Registros Públicos
(SUNARP), whereafter they enjoy a civil capacity and
the ability to exercise autonomy in sales, purchases,
delegations of power, and the engagement and
development of broad legal authority, as legally
provisioned for this class of entity.

In addition to registering with the SUNARP,
formalizing as a federation entails compliance with a
series of complex and tedious bureaucratic requirements
which do not recognize existing social and political
forms of organization among Indigenous peoples.
Requirements include, for example, written bylaws and
the appointment of persons to pre-established
administrative positions including president, vice
president, secretary, treasurer, female leader, prosecutor
and spokesperson. In order to meet these requirements,
the federations often rely on external support.

Despite the structural limitations imposed on
Indigenous federations, the collective functionality of
these organizations depends largely on the enthusiasm,
capability and commitment of their sitting president.
It remains a challenge for Indigenous federations to
formally incorporate their own values and principles,
but the men and women in leadership positions play an
important role in upholding the well-being of the
communities. These leaders play a key part in the titling
of territories, in managing the populations' access to
government programs and services, building alliances
with non-governmental organizations and projecting the
voices of their communities into diverse spaces of public
debate and policy design.

FECOIBAP

The Federation of Indigenous Communities of the
Lower Putumayo (FECOIBAP) was established in 2012.
Currently, it has 10 affiliated communities with a total
population of 913 people: Betania, Corbata, Curinga,
El Álamo, Pesquería, Puerto Franco, Puerto Nuevo,

Remanso, San Martín, and Tres Esquinas. Before
the formation of FECOIBAP, their core communities
belonged to the Federation of the Native Communities
of the Putumayo River Border (FECONAFROPU),
one of two original Indigenous organization established
in Loreto (FECONARINA being the other).
FECONAFROPU and Loreto's Indigenous movement
in general were born of the struggle for land rights and
an interest in the construction, or reconstruction, of
Indigenous identity. FECOIBAP was established as a
means of self-representation for the Indigenous
population in the Yaguas District, and in response to a
lack of communication—the product of substantial
physical distances—between the core communities of
FECONAFROPU.

FECOIBAP's vision includes the consolidation of
Indigenous peoples in the Lower Putumayo, the defense
and expansion of their rights, as well as socioeconomic
development and heightened respect for their cultural
identity. One great strength of this federation is that
each of the affiliated communities have developed their
own life plans, with the support of the Instituto del Bien
Común (IBC). The development and implementation of
these life plans has been an important achievement
because it has generated grassroots reflection on
communal visions, which has in turn strengthened the
federation's governance. Life plans have also facilitated
communities' access to government programs. All future
action should take into account these instruments of
self-management.

With regards to environmental governance in
particular, one of FECOIBAP's most notable
achievements is having played a central role in
establishing Yaguas National Park in 2018. Communities
affiliated with FECOIBAP (then FECONAFROPU)
collaborated with the Field Museum, SERNANP, IBC and
other institutions in carrying out a rapid inventory in the
Lower Putumayo in 2010 (Pitman et al. 2011), the
findings of which were instrumental to the establishment
of Yaguas National Park. The local communities also
participated in the prior consultation process leading to
the categorization of the Yaguas National Park. Since the
park was established, the communities have participated
in the development of its management plan and have
benefitted from: 1) increased populations of commonly

hunted species within the area of the park and 2) economic incentives delivered to six communities through SERNANP's Sustainable Economic Alternatives Program (PAES), which finances sustainable activities such as the management of fisheries and reforestation in order to strengthen the buffer zones around protected areas administered by SERNANP.

Nevertheless, the creation and management of Yaguas National Park has also presented challenges for FECOIBAP communities. First, the prior consultation process for the park provoked internal divisions within FECOIBAP that led four communities to disaffiliate from the federation and form their own organization, OCIBPRY (see a more detailed description of OCIBPRY below). Second, residents of some FECOIBAP communities state that Yaguas National Park has not fulfilled its commitment to hiring people from each of the affiliated communities and/or rotating job offers between individuals/communities, limiting their direct benefits received from the park.

Another one of FECOIBAP's environmental governance achievements has been its participation, since May of 2019, in the National Forest Conservation Program (*Programa Nacional de Conservación de Bosques*; PNCB), an initiative by the Peruvian government which incentivizes native communities to conserve standing forests[33]. Currently, four FECOIBAP communities are PNCB beneficiaries and have Conservation Agreements with the program: Corbata, Puerto Franco, Remanso and San Martín (see Tables 11–12 in the chapter *Infrastructure, public services, and social programs in the Bajo Putumayo-Yaguas-Cotuhé region*, in this volume). The annual incentives they receive may be invested along five lines: 1) forest surveillance and monitoring, 2) sustainable economic activities in the forest and other spaces, 3) community administration, 4) sociocultural, and 5) food security. Accountability and reporting have posed challenges for the beneficiary communities, due to the complexity of reporting processes and insufficient support from the PNCB. Despite these difficulties, members of FECOIBAP support the PNCB's continuation, improvement and, ultimately, expansion to other communities.

One key challenge to FECIOBAP's governance has been coordination and communication between the president, the board of directors, and their base communities. Some members of the federation complain that they are not kept informed of the president's work and that he does not regularly meet with base communities. For this reason, they suggest that the president consider delegating responsibility to other members of the board in order to better maintain important channels of communication.

A related challenge faced by FECOIBAP has been coordination with neighboring Indigenous organizations and with Yaguas District. The differences between FECOIBAP's and OCIBPRY's respective visions are a key challenge in this regard (see more detail below). Additionally, there has been only minimal communication with FECONAFROPU, whose president does not visit FECOIBAP communities. Some members of FECOIBAP have also reported that coordination with the Organization of Indigenous People of Loreto (*Organización Regional de Pueblos Indígenas*; ORPIO) and the Interethnic Association for the Development of the Peruvian Amazon (*Asociación Interétnica para el Desarrollo de la Selva Peruana*; AIDESEP) could be improved. The relationship between FECOIBAP and Yaguas District, headquartered in Remanso, has suffered as members of FECOIBAP consider the district's previous mayor to have been ineffective. However, the recent dismissal of the mayor has also led to instability and further inefficiency. Furthermore, municipal representatives do not have a consistent presence in the communities, which makes communication difficult and generates distrust between the municipality and citizens of the district.

Another major governance challenge for FECOIBAP is that they do not have their own resources and are highly dependent on the funding they receive from NGOs (e.g., the Instituto del Bien Común and the Frankfurt Zoological Society) and SERNANP to carry out their activities. Despite an extant agreement by which members commit to contributing a monthly sum of 20 Peruvian soles to FECOIBAP's fund, no community has complied to date. Despite these difficulties, the federation continues to safeguard the

---

33 http://www.bosques.gob.pe/

rights of its base communities with the aim of ensuring their long-term well-being.

OCIBPRY

The Organization of Indigenous Communities of the Lower Putumayo and Yaguas River (OCIBPRY) was formed at the end of 2017. Currently, three communities are affiliated (Huapapa, Primavera and Santa Rosa de Cauchillo), with a total population of 569 people. OCIBPRY was established amid internal discrepancies within FECOIBAP, due in part to disagreement over the location of the Yaguas District headquarters and, primarily, to differences in vision that arose during the process of prior consultation for Yaguas National Park. While the communities currently affiliated with OCIBPRY preferred that the Yaguas District headquarters be located in Huapapa, it was ultimately located in Remanso instead.

With regards to Yaguas National Park, during the prior consultation process, the communities that left FECOIBAP and created OCIBPRY disagreed with the creation of the park. Instead, they wanted the area to be designated as a Communal Reserve—a site of co-management between SERNANP and local communities—rather than as a national park. They also wanted to be able to expand their community titles to include large portions of the State's "freely available" land between their currently titled land and what is currently designated as part of Yaguas National Park. The communities that remained affiliated with FECOIBAP also expressed their desire to have a Communal Reserve, but they believed that it should encompass only the area that is now freely available State land. The OCIBPRY stance is due in part to the fact that the national park does not allow commercial logging, one of the main economic activities in these communities.

The formal titling of Huapapa is a priority for OCIBPRY as it is the only native community in the region that does not yet have a property title, which is a prerequisite for receiving certain State services and benefit plans. Although Huapapa was recognized as a native community by the Dirección Agraria in 2013, it has not yet been able to obtain a property title, which residents of Huapapa attribute to OCIBPRY's ineffective administration and the fact that the federation has proposed area limits far

beyond the boundaries established at the time that the community was recognized.

Expanding the community titles of Primavera, Santa Rosa de Cauchillo and El Álamo is another priority for OCIBPY's leaders. Yet, communities affiliated with FECOIBAP view this expansion project and the proposed limits for Huapapa's titling as a threat, since it has been documented that common uses within the area would be affected by the proposed expansion. Tensions between FECOIBAP and OCIBPRY are high due to their different positions vis-à-vis the appropriate usage of freely available State lands. As a resident of one FECOIBAP community stated, those affiliated with OCIBPRY "are physically near but politically distant." The blockage of the Yaguas River organized by OCIBPRY in 2018 demonstrated both their capacity for mobilization and their willingness to act extrajudicially. Upon accepting the invitation to participate in the social inventory, OCIBPRY made an effort toward rapprochement in dialogue with FECOIBAP, and it is hoped that such participation will continue, within a framework of equity, inclusion and respect, so that an agreement may be reached regarding the disputed area. Greater trust still needs to be built among these communities and federations in order to identify a way forward toward the resolution of these discrepancies.

Effective resource management is another key challenge for OCIBPRY. While they succeeded in becoming beneficiaries of a project funded by the HIVOS Foundation (a development aid organization headquartered in the Netherlands), monies awarded by the project reached the Coordinator of the Indigenous Organizations of the Amazon Basin (COICA) and AIDESEP but, according to testimonies collected in the field, was never seen by the communities themselves. This incongruence has generated disagreement among community members. As one female community leader from Huapapa put it, "[y]ou can hear the dollars coming in, but not a single *sol* reaches us."

Another challenge OCIBPRY faces is aligning the vision of its leaders with their bases. According to testimonies collected in the field, no regular meetings have been organized, either by the board of directors or by the community assembly. This, coupled with discrepancies among members as to what the organization's position should be with regard to SERNANP and other external institutions, means that OCIBPRY faces major challenges in consolidating and developing a sustainable governance strategy. However, despite these challenges, the organization is committed to strengthening itself, ensuring its support among its base communities, and developing and executing projects that improve the local economy.

GOVERNANCE IN COLOMBIA

Government authorities

In Colombia, the area where the inventory was conducted is situated within the "non-municipalized areas" (*áreas no municipalizadas*, hereafter NMAs) of Puerto Arica and Tarapacá in the Department of Amazonas, with the majority of the study area falling within the Tarapacá NMA. The term "non-municipalized area" is used in Colombia to refer to territories without one of the three formal designations provided for local administration in article 286 of the Political Constitution: municipalities, districts or Indigenous territories. Most of the inhabitants of the NMA in Tarapacá are Indigenous peoples who exercise formal governance within their Indigenous reserves through their Indigenous Governments. Indigenous Governments have been formalized as Indigenous Associations and are in the process of registering as Indigenous Councils, a status adopted by the Political Constitution to better recognize the self-governing systems of Indigenous peoples while respecting their particular practices and customs.

Non-Indigenous settlers and other inhabitants of the Tarapacá urban area are represented through the regional authorities of the Department of Amazonas, but they do not have political representation on the local level. In Tarapacá, there is an administrative agent known locally as the "*corregidor*," who serves as a representative of the governor of the Department of Amazonas with specifically delegated functions including the maintenance of social order, electoral processes, and the receiving and reporting of complaints, among other things. However, it should be noted that this position is based on the outdated concept of the "departmental township" (*corregimiento departamental*), which was stricken from Colombian regulations as of June 2003 when the term that had been granted to Congress by the Constitutional Court for defining a legal mechanism to resolve the absence of administration in the region expired. The Colombian Constitutional Court has established that, in keeping with the constitutional norms governing land use in Colombia, all portions of the territory must be part of either a municipality, a district or an Indigenous territory. We invited the current *corregidor* of Tarapacá to participate in the inventory, and while he did briefly attend one of the preliminary informational meetings we held, he did not participate in the inventory any further.

Both the Colombian Army and the National Police have bases in Tarapacá and play important roles in the governance of the Tarapacá urban center and its surroundings. The army came to the area during the conflict with Peru (see the chapter *Cultural and settlement history of the Bajo Putumayo-Yaguas-Cotuhé region* in this volume for more details) and still exerts sovereignty and control over this international border area. The police, on the other hand, are charged with protecting the safety and well-being of the local population. We informed the heads of the military base and the police station of activities relating to the inventory, and some of them participated in pre-inventory meetings and the final gathering.

Protected areas

There are two national parks in the area of Colombia where the inventory was conducted—Amacayacu National Park and Río Puré National Park—both of which are managed by the Colombian Park Service (PNN), under the territorial jurisdiction of the Amazonian Territorial Directorate.

Amacayacu National Park

Amacayacu National Park was the first national park declared in the Amazon basin, in 1975. At the time of the Park's creation, the formulated objectives were quite broad[34,35] and applicable to any protected area, seeking to guarantee the general protection of a swath of land along the Amazon River. The initial proposal for the

---

34 Its objective, according to Resolution 283 of 1985 is, "to conserve the flora, fauna, natural scenic beauties, geomorphological complexes, historical or cultural manifestations, toward scientific, educational, recreation or aesthetic ends."

35 http://www.parquesnacionales.gov.co/portal/es/ecoturismo/region-amazonia/parque-nacional-natural-amacayacu/

land to be designated as a national park included the Tarapoto lakes in the municipality of Puerto Nariño, but the current park area was delimited due to reasons of existing land tenure. While it was presumed to be a site of singular diversity, there was no scientific information to support this presumption at that time. The creation of the Park was also a geopolitical strategy of exerting a presence in the tri-border area (see the Amacayacu National Park Management Plan 2019–2024).

Amacayacu National Park represents about 40% of the total area of the *Trapecio Amazónico*. It partially overlaps (approximately 18%) with Indigenous reserves, including with the Ríos Cotuhé y Putumayo Indigenous Territory in its northwestern sector. Among its conservation objectives are the following: 1) conserve a representative sample of the tropical rainforest landscape present in the *Trapecio Amazónico*, 2) maintain the diversity of species within the park, with an emphasis on species of cultural importance or whose populations are endangered by human activities, and 3) preserve the natural setting which supports the development of environmentally sustainable practices in Indigenous reserve areas overlapping with the park.

Río Puré National Park

Río Puré National Park was declared in 2002 by Resolution No. 0764 of the Ministry of the Environment, now the Ministry of Environment and Sustainable Development, and has an area of 999.880 ha. This administrative action guarantees the continuity of a large network of legally protected areas made up of national parks, Indigenous reserves, and national reserves distributed between Brazil, Colombia, Peru and Venezuela. Established with the objective of protecting the territories of the Yuri (also known as Aroje or Caraballo) and Passé Indigenous peoples living in isolation in areas encompassed by the Park, Río Puré National Park ensures their survival and safeguards their decision not to have contact with mainstream society. The park also conserves biological diversity and the flow of genetic exchange between populations of flora and fauna within this protected corridor in the northwestern Amazon. Within the park limits, there is a strict conservation policy in accordance with the protection of the territory where populations are living in isolation. Thus, management of the protected area centers on

coordination with the Indigenous reserves in the region, as well as with the non-Indigenous inhabitants of the Tarapacá and La Pedrera non-municipalized areas and other forest-dependent communities settled in the Forest Reserve Area as it was designated by the Second Law enacted in 1959.

The conservation objectives of Río Puré National Park include: 1) ensuring the long-term survival of Indigenous populations living in isolation by protecting their territory and natural resources, 2) contributing to the maintenance of strategic ecosystem connectivity for the consolidation of conservation entities and the special management of the northwestern Amazon basin, and 3) protecting the ecosystems in the Bernardo, Puré and Ayo river basins in order to contribute to the maintenance of environmental goods and services aligning with climate regulation and the hydrological cycle[36].

Indigenous territories and Associations of Traditional Indigenous Authorities (AATIs)

Most Indigenous inhabitants of the Colombian area of the Bajo Putumayo-Yaguas-Cotuhé region live in one of two Indigenous reserves: the Ríos Cotuhé y Putumayo Indigenous Territory or the Uitiboc Indigenous Territory. According to data from a 2018 census carried out by the SINCHI Institute, a total of 2,308 people live within these two reserves.

Legal framework for Indigenous territories and AATIs

In Colombia, the State recognizes the rights of Indigenous peoples and their political and administrative representation as authorities with special designation. The property rights of Indigenous peoples were consolidated beginning in 1989 with the International Labour Organization's Convention No. 169 on Indigenous and Tribal Peoples in Independent Nation-States and its ratification via Law 21 enacted in 1991, along with the enactment of Colombia's Political Constitution in the same year. These rights were further expanded upon with a series of rulings which constitute the current legal framework, including the official recognition of Indigenous languages within the territories; the adoption of a system of education which respects and develops Indigenous cultural identity; the recognition of

---

36 *http://www.parquesnacionales.gov.co/portal/es/parques-nacionales/ parque-nacional-natural-rio-pure/*

Indigenous jurisdiction (i.e., the acceptance of legal pluralism which guarantees the validity of Indigenous peoples' regulatory systems within their territorial areas); and the formal institutionalization of Indigenous territories and councils as governmental entities.

Thus, Indigenous territories or reserves in Colombia were formed as inalienable, imprescriptible and nonsequesterable titles of collective property held among one or more Indigenous communities within a territory. Management of internal affairs are governed by autonomous organizations protected by their own system of Indigenous jurisdiction. In 1993, Decree 1088 recognized Indigenous councils and/or traditional Indigenous authorities (AATIs) as entities of public law with special legal status, having their own assets and administrative autonomy. Under Decree 1088, the Colombian government respects Indigenous forms of self-organization which correspond with cultural criteria for defining norms, laws, habits and behaviors based on ethnic tradition, spirituality, and the regulation of social relations and relationships to nature (von Hildebrand and Bracklaire 2012). Indigenous reserves in Colombia also have the right to receive direct transfers of economic resources through the General Participations System (*Sistema General de Participaciones*; SGP), the values of which are calculated based on the size of the population. The economic resources received from the SGP are used to carry out self-designed community projects with the aim of promoting the self-management of Indigenous territories and their social development and cultural survival.

Ríos Cotuhé y Putumayo Indigenous Territory and CIMTAR

The Ríos Cotuhé y Putumayo Indigenous Territory was established on 18 December 1992. Presently, it has a population of 1,616 people (32% of the entire region) grouped into nine communities: Buenos Aires, Caña Brava, Nueva Unión, Puerto Huila, Puerto Nuevo, Puerto Tikuna, Pupuña, Santa Lucía, and Ventura. The smallest community (Puerto Tikuna) is home to 33 people, while the largest (Ventura) has 345 inhabitants.

The AATI representing inhabitants of the Ríos Cotuhé y Putumayo Indigenous Territory is the Greater Indigenous Council of Tarapacá (CIMTAR), created in 2003. The Ríos Cotuhé y Putumayo Indigenous

Territory is a multiethnic reserve, but CIMTAR's governance is primarily exercised under ancestral cultural principles of the majority Ticuna people.

CIMTAR has made a number of important achievements in terms of environmental governance. Alluvial gold mining has long been a major challenge in the territory, and since 2005 CIMTAR has carried out various efforts in coordination with public authorities and its affiliated communities that have helped to control mining activity on the Cotuhé River. Occasionally, dredges are still seen moving toward Peruvian territory, but there is no longer sustained mining activity within the reserve.

Between 2007–2011, CIMTAR participated in a series of cultural and seed exchanges organized by Colombia's National Parks service (PNN), which served to strengthen the traditional *chacras/chagras* within the reserve. In 2013, CIMTAR signed a letter of agreement with PNN, the Ministry of Environment, and the Natural Heritage Fund (*Patrimonio Natural*) for the purposes of updating environmental zoning and regulations. In 2014 they assembled Indigenous guards in each community which, while still in the process of being strengthened, could constitute an important asset in the monitoring and security of the territory if they are able to consolidate the guards. Additionally, CIMTAR has succeeded in forming strategic alliances with a number of external entities, including PNN, the Amazon Conservation Team (ACT)-Colombia, the Gaia Amazonas Foundation and the Foundation for Conservation and Sustainable Development (FCDS).

However, CIMTAR also faces some significant challenges and threats. Consolidating the organization's life plan is an immediate priority. The proper administration of direct transfers received through the General System of Participations (GSP) is another challenge, as is the proper management of economic resources derived from projects with other institutional entities.

Lastly, despite successful efforts in expelling miners from the Cotuhé River in the past, the continued prevalence of illicit activities (gold mining, coca production and processing, and drug trafficking) in the Peruvian territory along the western boundary of the reserve still create serious threats for the population of the Ríos Cotuhé y Putumayo Indigenous Territory.

Individuals involved in these illegal activities have directly threatened fishermen in the community, collided their boats into community boats during clandestine moves at night, and generated constant fear and concern among the local population. In addition to jeopardizing the safety of the inhabitants of the reserve, the presence of these illegal activities threatens local communities' ability to observe traditional practices and customs. Confronting this threat requires a coordinated effort between the governments of Colombia and Peru that recognizes CIMTAR's authority to monitor and control the territory and works together with the inhabitants of the reserve.

CIMTAR has stated the intention of deepening its political and administrative organization as a special public authority. It has proposed to establish the reserve as a special territorial entity, or "administrative political organization," within the framework of the Colombian Constitution and Decree-Law 632 of 2018. To this end, CIMTAR has coordinated with the Gaia Amazonas Foundation and the Ministry of the Interior, who have worked with and advised CIMTAR during the process of implementing the Decree[37].

Uitiboc Indigenous Territory and ASOAINTAM

The Uitiboc Indigenous Territory was established in 2010, five years after the legal recognition of its AATI, the Asociación de Autoridades Tradicionales Indígenas de Tarapacá Amazonas (ASOAINTAM), in 2005. It is a multiethnic reserve, with residents who self-identify as Ticuna, Uitoto (Múrui), Bora, Inga/Ingano, Yagua, Ocaina, and/or Cocama. Of the 692 people (14% of the regional population) who are part of ASOAINTAM, the majority live in the Tarapacá urban area, and not within the reserve.

The Uitiboc Indigenous Territory is organized into six "centers" or "councils," each of which is identified with a specific ethnic group: Alpha Atum Sacha (Inga), Alto Cardozo (Uitoto), Bajo Cardozo (Ticuna), Centro Cardozo (Cocama), Centro Tarapacá (multiethnic) and Peña Blanca (Bora). The Inga council, Alpha Atum Sacha, has the least number of affiliates (69). The Ticuna council, Bajo Cardozo, has the most affiliates (143).

ASOAINTAM was formed after a split from CIMTAR due to the distribution of direct transfer benefits to people living not in the reserve but in the urban area. Deciding to form their own organization, those in the Indigenous territory grouped themselves into the six councils in keeping with the six ethnic groups existing in Tarapacá, and fought for the creation of their own, multiethnic reserve.

An important achievement made by ASOAINTAM was the formulation of their life plan in 2007, wherein they developed the vision for a multiethnic reservation with governance based on the principles of the numerous Indigenous groups inhabiting it (ASOAINTAM 2007). An ASOAINTAM leader explained that, "for us the government is not *the government* [the State]," but rather consists of the visions and actions of each social participant, built in correspondence with their own logic. In addition to legalizing the reserve in 2010, in that same year the reserve was zoned according to ethnic groups, with the help of the SINCHI Institute. This process was carried out with consideration for the cultural particularities of each Indigenous group, ensuring that each group's space has been designated in a culturally appropriate area within the reserve (e.g., groups with traditionally water-centric cultures are situated near rivers).

An important characteristic of the Uitiboc Indigenous Territory is that it was established on territory not previously inhabited by its applicants, which has translated into a territory without a strong social foundation, at least in recent decades. Due to this particularity, the population of Uitiboc remains rooted in the Tarapacá urban area and there is a lack of people living in the reserve, although members do regularly visit the territory. A challenge for the population and AATI of Uitiboc is to ensure that families live within the reserve, strengthen their cultural practices and principles, and thus exercise greater social and territorial control throughout the reserve.

A related challenge that ASOAINTAM has faced is the resolution of conflicts over land within the reserve due to the fact that an old highway, landing strip, and several farms used by other Tarapacá residents traversed the area prior to the reserve's formalization. In 2011, these settlers sued the reserve and while the conflict was partially resolved at the time, there continue to be latent

---

37 For more details on the implementation of Decree 632, see the section on Tarapacá below.

tensions around this issue between ASOAINTAM and some inhabitants of the urban center of Tarapacá.

ASOAINTAM and the Uitiboc Indigenous Territory have also struggled to halt mining practices within their territory. Although they have succeeded in stopping some illegal mining and logging activities in the reserve, dredging persists, particularly in the Purité River area, and they have not yet been able to definitively expel miners due to the inaccessibility of this sector. Because the Purité River crosses into Brazil, the governments of Colombia and Brazil need to coordinate to solve this problem.

Forestry Reserve Zone

The Forestry Reserve Zone (ZRF, for *Zona de Reserva Forestal*) was established by the Second Law enacted in 1959 for the development of a forest economy and the protection of soil, water, and wildlife. There are two different zonings of the ZRF, neither of which coincide with or reflect the current uses of the territory. This fact generates uncertainty and confusion among the population and makes it exceedingly difficult to effectively organize and zone the territory (Fig. 30).

The official regulation of the ZRF is performed by the Colombian Ministry of Environment and Sustainable Development (MADS), with technical assistance from the SINCHI Institute. MADS divides the seven Forestry Reserves that exist in Colombia into three zone types: A, B and C[38]. Zone A is the most restrictive and is designated for "the maintenance of the basic ecological processes necessary to ensure the supply of ecosystem services". Zone B allows forest use with sustainable management. Zone C applies to "areas with biophysical characteristics that offer conditions for the development of productive agroforestry, silvopastoral activities, and other activities compatible with the objectives of the Forestry Reserve and those which must incorporate a forestry component." Zone C does not appear in the official Forestry Reserve zoning plan in this region.

In contrast, the Corporación para el Desarrollo Sostenible del Sur de la Amazonía (Corpoamazonia), which zoned the ZRF in this region in 2011, divides what they call the Tarapacá Forest Management Unit

(*Unidad de Ordenación Forestal de Tarapacá*, or UOFT)[39] into six 'administrative units.'

Legally, the presence of human settlements within the ZRF is limited. While Indigenous reservations may overlap with the ZRF, with some additional environmental management conditions, other populations cannot legally reside within the ZRF without first officially extracting the area from the ZRF. Despite this restriction, according to data from the Río Puré National Park (2016) and an estimate made during this inventory, approximately 1,383 people currently live within the ZRF (27% of the total population of the Bajo Putumayo-Yaguas-Cotuhé region).

The majority of the population inhabiting the ZRF are non-Indigenous settlers or *campesinos* distributed between the Tarapacá urban area and the Puerto Ezequiel religious settlement. There are also some people living in settlements such as Gaudencia or Porvenir or on other properties or farms. This population finds itself in a something of a double legal vacuum, being located in both a non-municipalized area and within the ZRF. As such, they lack access to basic services and have had difficulty making their voices heard by State authorities. As a temporary strategy, they have organized themselves into a number of social and productive associations through which they seek to access State services and investments. They have also proposed alternatives to ensure greater legal security in the long term.

Tarapacá

Of the 1,383 people living in the ZRF, the vast majority (approximately 1,000) are permanent residents of the Tarapacá urban area. Many are the descendants of Colombian military personnel who came to the area to participate in the conflict with Peru in the 1930s, and who have remained in the region ever since. Some are Indigenous people who belong to ASOAINTAM or the Urban Indigenous Council of Tarapacá (CIUTAM), a council which brings together Indigenous people living in the urban area who are not affiliated with a reserve[40]. Other residents of Tarapacá have come for various business or work opportunities.

---

38 For more detail on ZRF zoning, see: *https://www.minambiente.gov.co/images/BosquesBiodiversidadyServiciosEcosistemicos/pdf/reservas_forestales/reservas_forestales_ley_2da_1959.pdf.*

39 The UOFT is the part of the Forestry Reserve encompassing the region where the rapid inventory was carried out, with a total area of 425.471,11 ha.

40 Our social team invited members of this council to participate in the inventory, but we were unable to arrange a meeting with them.

The inhabitants of Tarapacá have organized themselves into numerous associations: the Tarapacá Settlers Association (ASOCOLTAR), the Association of Community Women of Tarapacá (ASMUCOTAR), the Tarapacá Fishers Association (ASOPESTAR), the Tarapacá Amazonas Ornamental and Artisanal Fish Producer Association (APIPOATA) and the Tarapacá Loggers Association (ASOPROMATA)[41].

ASOCOLTAR, formed in 1995, represents settlers, campesinos and Afro-descendant residents of Tarapacá. They advocate on behalf of inhabitants of the Tarapacá urban center and fight for the government to guarantee them an area to live in, without harming the two Indigenous reserves of the region. They also boost the local economy through their commercial activities, such as shops and businesses in the center of Tarapacá. In addition, they work to keep the diverse cultural traditions of non-Indigenous settlers inhabiting the region alive, through the organization of events celebrating Tarapacá identity and the legacy of their ancestors, many of whom came to the region to defend Colombian territory during the conflict with Peru.

ASMUCOTAR, created in 2003, is primarily a commercial/productive association consisting of 21 female members. Initially formed by a group of women who organized to support one another with mutual childcare in informal, in-home day-care centers, over time ASMUCOTAR has developed value chains for products based on various non-timber forest species found in the area. In 2011 they obtained a permit for the harvesting and mobilization of camu camu fruits (Myrciaria dubia), which they have been in the process of renewing since its expiration in 2017. They have a collection and production center acquired through a loan agreement made with the Government of Amazonas in 2005 and, with the support of the NGO Ecofondo, they obtained machinery (pulper, juicer, cold storage) for processing camu camu. An agreement made with the Colombian Air Force allows them to ship their products by plane at no cost, and they have a sales agreement with the company Selva Nevada de Bogotá, which distributes their camu camu products to restaurants in the Colombian capital. ASMUCOTAR economically empowers the women of Tarapacá by paying them wages for working hours at the processing plant and granting small loans to its members. They also acquired 20 ha of land in 2012, on which members have been able build their own chacras/chagras, which have since been strengthened and diversified through the seed exchanges carried out with the support of SINCHI Institute. The SINCHI Institute has also facilitated ASMUCOTAR members' participation in farmers markets and fairs, where they sell their products (nectars, pulps, jams). Currently, ASMUCOTAR's main challenges are improving administrative and financial management, gaining access to credit and financial services, increasing the involvement of children and young people in their work, and building a network of women's associations at the regional level.

ASOPESTAR was created in 1996 and played an important role in the establishment of the Plan Colomboperuano (PPCP) in 2002, which coordinates hunting and fishing regulations and promotes the management of arowana and arapaima fishing. This association previously maintained a cold storage facility, but they were unable to pay for the electricity required to operate it continually. Currently, ASOPESTAR is not in functional standing.

APIPOATA was established in 2018 to organize the capture, cultivation and marketing of ornamental fish species such as Otocinclus catfish, Amazon puffer fish (Colomessus asellus), Corydoras, arowana and discus fish (Symphysodon sp.), and was able to acquire the property which previously housed the Instituto de Mercadeo Agropecuario (IDEMA). APIPOATA carried out a socioeconomic study, and its members aspire to be officially recognized as aquaculturists by the National Fishing Authority (AUNAP), to consolidate their marketing network, and to ensure that each of their 24 partners have an area for fish farming that is formally recognized by the State.

ASOPROMATA—initially formed as ASOMATA in 1998 and as ASOPROMATA in 2010—has been a pioneer in the organization of Tarapacá's timber sector. They have managed to unite a group of partners who, having previously worked only informally, now work with official permits from Corpoamazonia and according to their management plan. In 1998 they obtained their first forestry permit for 20,000 ha,

41 For more details on these associations, see the chapter Natural resource use and household economy in the Bajo Putumayo-Yaguas-Cotuhé region, in this volume.

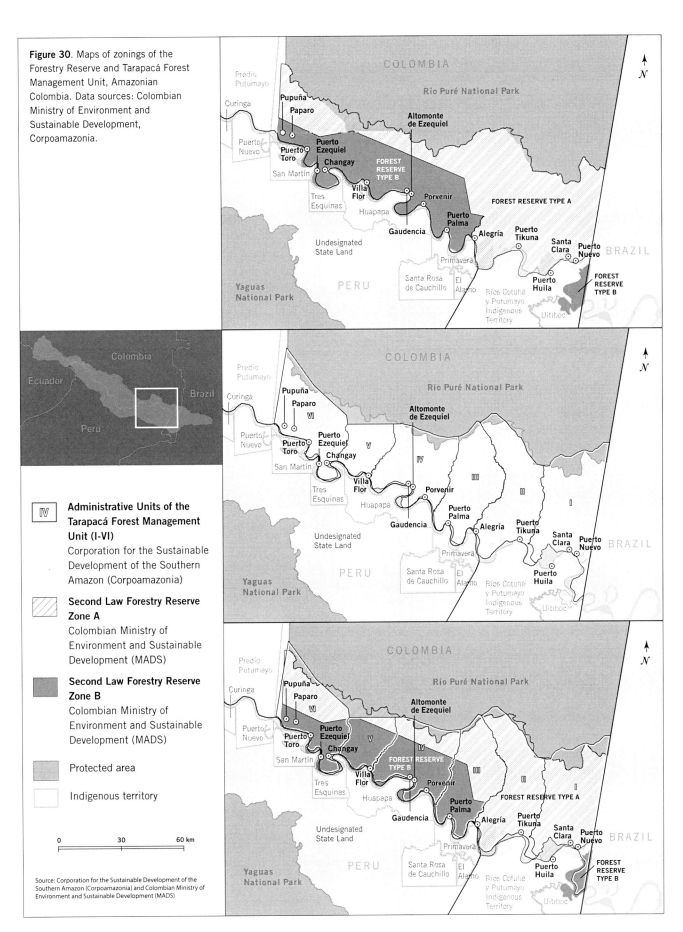

Figure 30. Maps of zonings of the Forestry Reserve and Tarapacá Forest Management Unit, Amazonian Colombia. Data sources: Colombian Ministry of Environment and Sustainable Development, Corpoamazonia.

IV **Administrative Units of the Tarapacá Forest Management Unit (I-VI)**
Corporation for the Sustainable Development of the Southern Amazon (Corpoamazonia)

Second Law Forestry Reserve Zone A
Colombian Ministry of Environment and Sustainable Development (MADS)

Second Law Forestry Reserve Zone B
Colombian Ministry of Environment and Sustainable Development (MADS)

Protected area

Indigenous territory

0   30   60 km

Source: Corporation for the Sustainable Development of the Southern Amazon (Corpoamazonia) and Colombian Ministry of Environment and Sustainable Development (MADS)

valid for a period of 10 years. With funding from the World Wildlife Fund and support from the SINCHI Institute, they conducted a forest inventory as part of the Amazonía Viva project. Members share the work of logging and divide the profits among themselves. They have constructed a logging camp equipped with basic services and have undergone training via exchanges with loggers in Mexico and Guatemala. ASOPROMATA and the communities surrounding their Annual Cut Unit (*unidad de corte anual*)—Puerto Huila and Puerto Tikuna of the Ríos Cotuhé y Putumayo Indigenous Territory—have made informal agreements regarding the shared use of the space that allow, for example, hunting on the naturally occurring mineral lick that exists within the area. Moving forward, they hope to grow a direct and differentiated market for their products, to technify their harvesting processes and to develop more value-added wood products. They are also interested in the timber sector receiving more governmental support, including more effective control and monitoring of the area in order to reduce illegal logging activity and strengthen the legal market. ASOPROMATA has been an active participant in the Amazonas Forestry Roundtable and hope to contribute to the continued consolidation of the timber sector locally and regionally.

Despite the organizational accomplishments made by these associations, the population at large remains without necessary legal guarantees, such as property titles. Given this insecurity, some inhabitants of the urban area advocate for the municipalization of Tarapacá. ASOCOLTAR has been the foremost promoter of this vision, believing that municipalization would facilitate investment in the services and infrastructure necessary for improving quality of life and preparing the population for urban expansion. ASMUCOTAR has not taken a formal position on the issue of municipalization, but a number of its members say that they believe it would help them to gain access to banking services and financial investment with which to expand their business.

By contrast, CIMTAR and ASOAINTAM stated during the rapid inventory that municipalization is not a viable option because Tarapacá's population is not large enough to qualify for this process. These AATIs have, however, been in discussion with the Ministry of the Interior in order to determine whether it would be feasible to establish their Indigenous lands as territorial entities by implementing the procedure established in Decree-Law 632 enacted in 2018, which creates the conditions for fiscal and administrative autonomy equal to that enjoyed by other territorial entities in the Colombian politico-administrative system.

The social inventory led to dialogues between participants with differing visions for the future of Tarapacá. The wellbeing and peaceful coexistence of all *tarapaqueños* depend on an open and inclusive debate about Tarapacá's future, based on mutual respect and a commitment to ensuring space for all who live in the area. Sufficient information on the implications that these proposals may have with respect for different social sectors—both Indigenous and non-Indigenous—is lacking, and it is necessary to convene joint meetings with the participation of as many of those who may be affected by this process as possible.

Puerto Ezequiel

The religious settlement Puerto Ezequiel is situated on the left bank of the Putumayo River, between the Pupuña River (bordering the Predio Putumayo Indigenous Reserve) and the inlet of Lake Changay. Puerto Ezequiel is populated by members of the Asociación Evangélica de la Misión Israelita del Nuevo Pacto Universal (AEMINPU), known locally as "Israelites." The settlement of Puerto Ezequiel was established in 2001 and currently has approximately 195 members (4% of the region's population). Members of Puerto Ezequiel live in both the primary settlement and in approximately five other small hamlets that they refer to as *hitos humanos*. There is another settlement downriver called Gaudencia, formed by some (approximately 50) former members of Puerto Ezequiel who left due to differences regarding their religion.

The Puerto Ezequiel congregation and its statutes are registered with the Secretariat of Justice and have special legal status. Members of Puerto Ezequiel are affiliated with the national organization of Israelites in Colombia, the Iglesia de la Doctrina Universal de Israel (IDUNI), headquartered in Bogotá. Individuals wishing to join the congregation are first received as "sympathizers," and later become "parishioners," whereafter they may eventually integrate into the upper ranks of hierarchy within the congregation, the highest among them being the "priest," followed by "pastor," "missionary," and "deacon," in descending order.

Puerto Ezequiel is governed by three boards or 'bodies,' which are elected by members of the congregation: the Ecclesiastical Board (*Junta Eclesiástica*), the Administrative Board (*Junta Administrativa*) and the Community Action Board (*Junta de Acción Comunal*). The Ecclesiastical Board is charged with overseeing the conduct and discipline of community members and is comprised of a prosecutor (*fiscal*), a treasurer, a secretary of records, and a secretary of discipline. This body is responsible for developing and enforcing the laws and statutes of Puerto Ezequiel. In the event of non-compliance, the Ecclesiastical Board imposes sanctions, or, in the instance of a major violation, may communicate the issue to relevant State authorities and/or expel the offending member from the community. The Ecclesiastical Board is the only one in which women are not allowed to participate.

The Administrative Board is charged with overseeing the congregation's assets. It includes a secretary general, a prosecutor, a treasurer, a secretary of records, a secretary of discipline and two additional members (the 1st and the 2nd). The secretaries of discipline in the Ecclesiastical Board and the Administrative Board work in coordination, but the latter has particular functions, such as convening meetings and ensuring the operational security of the settlement. The Community Action Board, composed of a president, a vice president, a treasurer, a prosecutor and a secretary of records, represents the congregation before the Gobernación de Amazonas and the Colombian government in general.

The Puerto Ezequiel congregation has made several important accomplishments in terms of governance. Monitoring and control of the territory have been central among their strengths. Before their presence in the area, illicit coca cultivation along the Barranquilla channel was constant, but since the congregation settled there and began exercising 'sovereignty,' they have not allowed coca to be planted in the area. Today, the Puerto Ezequiel community exercises control and monitors the territory via their *hitos humanos*, small hamlets on the riverbank where they manage the entry of outsiders. There have been some instances of conflict with their Peruvian

neighbors, who have taken opportunity to enter the area and fish without authorization while members of the Puerto Ezequiel community are observing religious celebrations and are less vigilant. Members of the congregation claim that, while Peruvians take good care of their own lakes, they exploit fishing resources irresponsibly when in Colombian territory. Puerto Ezequiel and Peruvian native communities are making an effort to better coordinate access to the lakes in the area, and the inventory helped to refocus energies on reaching an agreement on this issue. Another of Puerto Ezequiel's strengths has been their management of economic resources. They have a community store that provides products at cost to congregation members, which serves as an example of how to successfully manage resources collectively in this region.

The main challenge faced by Puerto Ezequiel is that they do not hold a property title. Despite having been established in 2001 with the support of the Colombian Army and an endorsement letter from the then *corregidor* of Tarapacá that allowed them to establish themselves a Police Inspection[42], the fact that the settlement is located within the Forestry Reserve makes titling impossible without first extracting that portion from the ZRF. Not being able to secure their territory with an official title generates uncertainty, which is aggravated by aspirations of expansion on the part of the Predio Putumayo Indigenous Territory to the west of Puerto Ezequiel and the Ríos Cotuhé y Putumayo Indigenous Territory to the east. The Israelites see the Indigenous territories' expansion proposals as a possible threat to the future of their own settlement, and community leaders have considered various strategies for securing their territory, including the creation of a *Campesino* Reserve, but there has been no progress towards legalizing their property to date.

INDIGENOUS PEOPLES IN ISOLATION AND INITIAL CONTACT

There are also Indigenous groups living in isolation and initial contact in the region protected by the Río Puré National Park, which is part of the intangible zone designated to protect the Yuri and Passé Indigenous

---

42 For more detail, see the chapter *Cultural and settlement history of the Bajo Putumayo-Yaguas-Cotuhé region*, in this volume.

peoples. The intangible zone is an example of territorial planning strategy in the region that is aimed expressly at guaranteeing the survival of isolated peoples.

The presence of Indigenous Peoples in Initial Contact is also important to note. This categorization applies to Indigenous peoples who have recently established initial contact with mainstream or majority society, either voluntarily or otherwise (IACHR 2013), and who are vulnerable due to their limited knowledge of social codes and patterns governing the majority society (Vaz 2013). Their exact location is strictly confidential, for the protection of their territory and to avoid outside intrusion, but some are known to live in the area between the Yaguas National Park boundary, the Cotuhé River Conservation Concession, the native Peruvian communities, and the Ríos Cotuhé y Putumayo Indigenous Territory. Although the demographic data on these populations is scarce, it is known that they have cultural ties with Ticuna people living in the Ríos Cotuhé y Putumayo Indigenous Territory. Inhabitants of that reserve have confirmed this ethnic affiliation and report that their communities situated closest to the *malocas* of the Indigenous peoples in initial contact do have sporadic contact with them. However, it is important to reiterate that outsider contact with these peoples is explicitly prohibited and that their isolation is self-determined, and that the protection of the territories which provide their traditional habitat and livelihoods is essential for their physical and cultural survival.

SHARED THREATS

There are three major threats to the self-governance of local populations in this region: 1) alluvial gold mining, 2) drug trafficking, 3) the presence of illegal armed groups. Mining, especially in the upper Cotuhé River and Purité River areas, constitutes a serious threat to the health of humans and the many species inhabiting the aquatic ecosystems of the region. Various social actors in the region have made efforts to bring an end to this type of mining activity. Yaguas National Park and the Peruvian Navy have exerted control and monitoring efforts in the Yaguas River, and the Colombian Associations of Traditional Indigenous Authorities (AATI) have monitored the situation in Colombian territory (CIMTAR on the Cotuhé River and

ASOAINTAM on the Purité River). Still, greater interinstitutional, cross-sectoral and international coordination is required in order to effectively minimize the threat of alluvial mining in the region.

As a remote border area with very little official presence from Peru or Colombia, the Bajo Putumayo-Yaguas-Cotuhé region constitutes an important route for drug trafficking, arms trafficking and the transit of armed groups. The confluence of illegal activities in this zone threatens the security of the local population, presents social conflicts (particularly for young people), and creates unstable conditions that discourage investment in the region. Local communities have made efforts to minimize the presence of illegal activity in the area, but all residents of the area recognize—and fear—the possibility of an increasingly intense armed conflict there. A coordinated, comprehensive strategy is urgently needed in order to reduce and/or eliminate illegal activities in this landscape and to invest in the region so that generations of inhabitants are able develop sustainable, legal, and profitable activities that contribute to their wellbeing. Such a coordinated effort would necessarily be trinational, with the participation of not only Peru and Colombia, but also Brazil.

SPACES FOR COORDINATION AND CONSENSUS BUILDING

Within the region, there are existing spaces for coordination and consensus building among social organizations and with State entities on local, regional and binational levels.

Colombia

In Colombia, the Permanent Roundtable for Inter-Administrative Coordination (*Mesa Permanente de Coordinación Interadministrativa*; MPCI) was created in 2001 according to legislative act 1 and its regulation by Law 715 of the same year. The MPCI seeks to harmonize Indigenous governance, planning, and territorial management systems with State policies (Preciado 2011). CIMTAR and ASOAINTAM are active participants in the MPCI. Some of the AATIs in this region also belong to the Organization of Indigenous Peoples of the Colombian Amazon (*Organización de Pueblos Indígenas de la Amazonía Colombiana*;

OPIAC) and/or the National Indigenous Organization of Colombia (*Organización Nacional Indígena de Colombia*; ONIC), which serve to project the voices of Indigenous peoples into diverse spaces and decision-making processes. Meetings organized between the AATIs in the Putumayo region (CIMPUM, AZICATH, AIZA, COINPA, CIMTAR, ASOAINTAM) and the administration of the Department of Amazonas also constitute important instances of coordination[43].

The Amazonian Regional Roundtable (*Mesa Regional Amazónica*; MRA) was established by Decree 3012 issued in 2005, following a prior consultation carried out by order of the Constitutional Court (Ruling SU 383 of 2003). The Ministry of Interior created the MRA as a forum the consultation and advising of government agencies with regard to the formulation, promulgation and execution of public policies on sustainable development for Indigenous peoples in the Amazon, and so that the Indigenous peoples themselves may participate in the evaluation and monitoring of these governmental agencies. The MRA is comprised of Ministers of the Interior, Environment, Education and Social Protection, representatives of the departmental government, the National Planning Department (*Departamento Nacional de Planificación*; DNP), the National Land Agency (*Agencia Nacional de Tierras*; ANT), Corpoamazonia, the Corporation for the Sustainable Development of the Northern and Eastern Amazon (*Corporación para el Desarrollo Sostenible del Norte y el Oriente Amazónico*; CDA), the SINCHI Institute, OPIAC and Indigenous delegates to each department and board of directors of regional corporations.

Among the functions of the Amazonian Regional Roundtable are: 1) advising governmental entities on the formulation, promulgation and execution of public policies for sustainable development for Indigenous peoples, 2) presenting the National Council of Economic and Social Policy (*Consejo Nacional de Política Económica y Social*; CONPES) with a proposal document containing detailed economic, cultural, political, environmental and investment aspects within Indigenous communities and reserves (e.g., formulation and financing of life plans, territorial regulation, health care models, strategies for management of international

funding, programs for the replacement of illicit crops and the development of culturally-appropriate alternatives, among other things), 3) promoting the cooperative determination of policy guidelines on human rights for Indigenous peoples, 4) recommending the definition of policies for the cooperative management of protected areas, and 5) regulating Article 7 of Law 30 passed in 1986, to guarantee the protection of traditional uses of coca and other plants utilized for cultural purposes.

Peru

The Loreto Regional Office for Indigenous Affairs (*Gerencia Regional de Asuntos Indígenas*; GRAI) is the official regional authority for raising the voices of Indigenous peoples to Peruvian governmental agencies. In practice, however, organizations like the Interethnic Association for the Development of the Peruvian Rainforest (AIDESEP) and the Indigenous Peoples' Organization of the Eastern Amazon (ORPIO) do more to project the voices of grassroots community organizations.

Binational

Binational spaces of coordination also exist at various levels. The Binational Cabinets are the highest level of political coordination, bringing heads of state and their respective ministerial cabinets together to address bilateral issues, particularly those to do with shared border areas. These bilateral forums between the governments of Peru and Colombia have occurred annually since 2015.

As part of the bilateral commitment made in the Presidential Meeting and 4th Binational Peru-Colombia Cabinet held in February of 2018 in Cartagena, Colombia, SERNANP and PNN have been working together to integrate protected areas along the international border in a project entitled "Regional border integration of protected areas of Colombia and Peru." The project addresses borderlands in La Paya and Amacayacu National Parks in Colombia, and Güeppí-Sekime and Yaguas National Parks in Peru.

The Leticia Pact was a protective pact declared in the 5th Peru-Colombia Binational Cabinet, held in Pucallpa, Peru in August of 2019. In response to concerns about the forest fires that were decimating swaths of the

43 http://www.amazonas.gov.co/noticias/encuentro-entre-asociaciones-de-autoridades-indigenas

Amazon region at the time, the Leticia Pact ultimately brought together a total of seven countries, including Peru, Colombia, Brazil, Bolivia, Ecuador, Suriname and Guyana, in a commitment to take coordinated action in protecting the Amazon and fighting against deforestation.

The Binational Border Integration Zone (*Zona Binacional de Integración Fronteriza*; ZBIF) was formed with concern for the binational border zone between Peru and Colombia. Their development plan serves as an instrument to guide joint actions taken to promote the development of the shared border. The Binational Commission for the Integration Zone (*Comisión Binacional para la Zona de Integración*) is a binational commission represented at the regional level by the Putumayo Basin Special Development Project (*Proyecto Especial Binacional para el Desarrollo Integral de la Cuenca del Putumayo*; PEBDICP) in Peru and the SINCHI Institute in Colombia, who are working in coordination on projects aiming to create sustainable development and improved quality of life in border communities. In 2020 they have planned to implement a second generation of projects focused on strengthening local enterprises, designing productive development chains and managing water sources for human consumption in the Putumayo basin. These projects are funded by contributions from the countries' respective Ministries of Foreign Affairs, which together constitute an annual binational fund of two million dollars (one million from each country) managed by the Interamerican Development Bank.

Since 2017, conversations and exchanges between the diverse parties living in and otherwise having presence in the Putumayo basin have made great advancements with the leadership of the Field Museum, FCDS, IBC, SERNANP, PNN and various Indigenous organizations sharing the dream of the Putumayo Biological and Cultural Corridor. At the end of 2020, the World Bank also launched a project in the Putumayo basin as part of the Global Environmental Facility (GEF) effort, to be implemented by the Wildlife Conservation Society (WCS) in coordination with the governments of the four countries with territory in the Putumayo basin: Ecuador, Colombia, Peru and Brazil.

CONCLUSION

Profound knowledge of territorial lands, customs and cultural roots, respect for interculturality and diverse ways of governing, and shared values as inhabitants of the Putumayo River are fundamental strengths that characterize the residents of this region. Despite being a region with a relatively small population relative to the geographic area, there are a diversity of Indigenous, social, religious and productive organizations present.

The overlapping of differing territorial aspirations for the spaces shared between various social actors is one of the greatest challenges to the protection of the region. However, this challenge provides an opportunity to establish dialogues and further develop participatory, inclusive processes of decision-making based on the principles of mutual respect, active listening and recognition of the collective right to a space to live. While the Forestry Reserve Zone is an important figure in the regulation of resource extraction and regional conservation, it is necessary that the appropriate entities (the Ministry of Environment and Sustainable Development, the SINCHI Institute and Corpoamazonia) re-analyze the zoning of this area to better reflect the complex reality on the ground and contribute to improving the management of the region's natural resources.

Inhabitants of these border territories face major threats posed by alluvial gold mining, drug trafficking and the presence of armed groups, which require that coordinated action be taken by the neighboring nations in order to recognize local realities and safeguard the rights and autonomy of communities in the region. Protecting these forested areas not only ensures the conservation of key ecosystems on planet Earth, but also preserves the diverse livelihoods and human rights of the communities found there.

INFRASTRUCTURE, PUBLIC SERVICES, AND SOCIAL PROGRAMS IN THE BAJO PUTUMAYO-YAGUAS-COTUHÉ REGION

Authors: Christopher Jarrett, Ana Lemos, Diana Alvira Reyes, Margarita del Aguila Villacorta, Fernando Alvarado Sangama, Valentina Cardona Uribe, Hugo Carvajal, Freddy Ferreyra, Jorge W. Flores Villar, Claus García Ortega, María Carolina Herrera Vargas, Wayu Matapi Yucuna, Delio Mendoza Hernández, Dilzon Iván Miranda, David Novoa Mahecha, Rosa Cecilia Reinoso Sabogal, Ana Rosa Sáenz, Alejandra Salazar Molano, and Milena Suárez Mojica

INTRODUCTION

Despite being a border region that has been strategic for the territorial aspirations of Peru and Colombia and for the diverse extractive booms summarized in the history chapter, the more than 5,000 inhabitants of this region have historically lacked a constant and effective State presence. The remote location of this territory, the legal vacuum for populations living within the Forestry Reserve in Colombia (see the chapter *Demography and governance in the Bajo Putumayo-Yaguas-Cotuhé region*, in this volume, for more details), and the minimal State presence on the Peruvian side have all contributed to inhabitants of the region lacking regular provision of public services or adequate infrastructure for local development.

Yet, the governments of both countries have begun to make efforts to have a greater presence in this historically "forgotten" region and to provide the services that the population needs. In this sense, two main initiatives stand out—the PAIS National Program in Peru and the Peru-Colombia Jornada Binacional—both of which are described in this chapter. Transfers to Indigenous reserves through the General Participations System (SGP) have also strengthened the capacity of the Associations of Traditional Authorities (AATIs) to provide basic services to the population, and the Ríos Cotuhé y Putumayo Indigenous Territory has developed its own systems of education and healthcare, backed by the Colombian government that serve as important examples of the capacity of local populations in the region to provide basic services in accordance with their reality and cultures. Finally, through reciprocity and informal agreements, inhabitants have organized themselves to share resources and care for each other as neighbors, with or without the presence of the State, which has been a source of pride for the people of the region.

This chapter details the situation with regards to basic service provision in the region, with emphasis on education, healthcare, communications, transportation, water and sewage treatment, electricity, banking and financial services, and social programs. This information was gathered during the inventory mainly through interviews and focus groups with leaders of the region's social organizations and an exercise of mapping institutional relationships to evaluate and reflect on each organization's relationship with different State institutions. For more details about the foci and methodology of the inventory, see the chapter *General overview of the social inventory*, in this volume.

INFRASTRUCTURE, PUBLIC SERVICES, AND SOCIAL PROGRAMS (TABLES 11–12)

Peru's Action Platforms for Social Inclusion (PAIS)

Peru's Action Platforms for Social Inclusion (*Plataformas de Acción para la Inclusión Social*; PAIS) are part of a special Peruvian government program led by the Ministry of Development and Social Inclusion (MIDIS), which seeks to bring State-provided social services and programs to populations in remote areas of the country in two ways: 1) "*tambos*"—buildings constructed in communities that house different state institutions and facilitate coordination between government programs— and 2) Itinerant Social Actions Platforms (*Plataformas Itinerantes de Acción Social*; PIAS)—boats that travel down the Putumayo River and visit the communities every two months to provide medical care to both Peruvians and Colombians and provide access to basic procedures and services[44]. There is a *tambo* in operation in Remanso and two other *tambos* are in construction in Huapapa and El Álamo. The residents of Remanso stated during the inventory that the *tambo* has a good manager and that it provides a comfortable space for them to meet. They use the facilities to hold meetings, workshops, community gatherings, and other collective activities. The inhabitants of the communities said that the services in the PIAS are good, but they could be

---

44 *pais.gob.pe/webpais/public/*

Table 11. Infrastructure, public services, and social programs in the Bajo Putumayo-Yaguas-Cotuhé region of Peru. Data compiled during a rapid inventory of the region in November 2019.

Organization	Community	Early childhood education	Primary school	Secondary school	Beca 18	Health clinic	GILAT phone	Radio	
FECOIBAP	Betania							X	
	Corbata		X				X	X	
	Curinga		X					X	
	El Álamo	X	X	X	X	X	X	X	
	Pesquería							X	
	Puerto Franco	X	X		X	X	X	X	
	Puerto Nuevo		X				X	X	
	Remanso	X	X	X		X	X	X	
	San Martín		X				X	X	
	Tres Esquinas		X		X		X	X	
OCIBPRY	Huapapa	X	X	X	X	X	X	X	
	Primavera	X	X				X	X	
	Santa Rosa de Cauchillo		X				X	X	

better, especially the medical care, as there is a lack of materials such as medicines and tools for surgeries.

Education

Education in the Bajo Putumayo-Yaguas-Cotuhé is generally of low quality, and much of the population only has access to primary education. On the Peruvian side, five communities have early childhood education: Puerto Franco, Remanso, Huapapa, Primavera, and El Álamo. 11 of the 13 native communities have an elementary school; Betania and Pesquería do not, so students from those communities go to school in Remanso. Only three Peruvian native communities have secondary education: Remanso, El Álamo, and Huapapa. The other option for secondary education in the region is the boarding school in El Estrecho. The closest universities are in Iquitos. There is a scholarship program called Scholarship 18 (*Beca 18*) for Peruvian students to obtain technical or university degrees, and several students from the native communities in the Lower Putumayo have benefitted from the program[45]. Participants in workshops held in Remanso during the inventory stated that while they consider Beca 18 an important program, there is a lack of assistance for students who graduate from schools in the region to catch up to students who graduate from schools in Iquitos.

Most primary schools are single-teacher schools, and many have difficulties retaining teachers and ensuring their participation in community activities. There are no bilingual intercultural schools and few bilingual teachers with the ability to teach in Indigenous languages. In addition, community members point out that teachers do not listen to parents' complaints and miss work too often, and there are problems with financial mismanagement. The Peruvian State provides the necessary books for schools, and through the Qali Warma program schools receive monthly food allocations, but the schools' infrastructure is in poor condition and, according to testimonies collected in the field, the Loreto Regional Directorate of Education (*Dirección Regional de Educación*) has not taken action to address parents' complaints.

On the Colombian side, Tarapacá has the only high school in the region—the Villa Carmen Educational Institution—which has a boarding school and receives students from different Indigenous communities and also from Israelite settlements. The nearest university is in Leticia (a campus of the Universidad Nacional de Colombia). Indigenous people from the Uitiboc

---

45 pronabec.gob.pe/beca18/

Ecological toilets (District municipality)	Tambo	Forest Conservation Program (PNCB)	SERNANP-PAES	Cuna Más	Programa Juntos	Qali Warma	Vaso de Leche	Pensión 65
			X		X	X	X	X
			X	X	X	X	X	X
			X	X	X	X	X	X
X	In construction	X	X	X	X	X	X	X
					X	X		X
		X	X	X	X	X	X	X
			X	X	X	X	X	X
	X	X	X	X	X	X	X	X
		X	X		X	X	X	X
			X		X	X	X	
X	In construction			X	X	X	X	X
				X	X	X	X	X
				X	X	X	X	X

Indigenous Territory also depend on Tarapacá for access to education at all levels, as there are no schools or colleges within the reserve. Inability to retain teachers and conflicts between teachers are major challenges for the school in Tarapacá. Another challenge is achieving an intercultural education that takes into account the cultural diversity of the area. Some members of the Indigenous authority (AATI) ASOAINTAM told us, for example, that in the Child Development Centers (*Centros de Desarrollo Infantil*; CDI), they give milk to children up to the age of five, which makes them not want to drink *caguana* (a drink made from manioc starch and fruit juice) or consume other traditional foods or drinks.

In contrast, every community within the Ríos Cotuhé y Putumayo Indigenous Territory has an elementary school, and CIMTAR has had an important experience in educational autonomy. In 2002, CIMTAR sued the Department of Amazonas to grant it authority over education within the reserve, a function that at the time was performed by the Catholic Church as an intermediary for the government (Dávalo n.d.). Since then, the government has transferred resources to CIMTAR, through an interadministrative agreement that allows this AATI to hire its own Indigenous teachers and organize its own education system according to its own cultural principles and criteria. CIMTAR has created its own Secretariat of Education and conducted educational assessments, including an incipient effort to create a Ticuna grammar. In addition, CIMTAR has assumed responsibility for providing education at the primary school in Porvenir, a community affiliated with CIMTAR for this purpose.

Aside from the Villa Carmen Educational Institution in Tarapacá and the schools in the Ríos Cotuhé y Putumayo Indigenous Territory, there are primary schools in the Israelite settlements of Puerto Ezequiel and Gaudencia. The inhabitants of Puerto Ezequiel state that although the Governor of Amazonas constructed one now-old building in the settlement, the government has not maintained this infrastructure, and therefore they have had to construct their own buildings. The school in Puerto Ezequiel is affiliated with Villa Carmen and has two teachers—one from Villa Carmen and one from the congregation—and residents have been dissatisfied with some of the teachers who have worked at the school.

Health care

Health care services in the region are irregular and generally low quality, although there are some important

Table 12. Infrastructure, public services, and social programs in the Bajo Putumayo-Yaguas-Cotuhé region of Colombia. Data compiled during a rapid inventory of the region in November 2019.

Land use categorization	Organization	Community or locality	Farm or parcel	
Ríos Cotuhé y Putumayo Indigenous Territory	AATI CIMTAR	Buenos Aires	–	
		Caña Brava	–	
		Nueva Unión	–	
		Puerto Huila	–	
		Puerto Nuevo	–	
		Puerto Tikuna	–	
		Pupuña	–	
		Santa Lucía	–	
		Ventura	–	
Uitiboc Indigenous Territory	AATI ASOAINTAM	Alpha Tum Sacha	–	
		Alto Cardozo	–	
		Bajo Cardozo	–	
		Centro Cardozo	–	
		Centro Tarapacá	–	
		Peña Blanca	–	
Forestry Reserve	Altomonte de Ezequiel Settlement	Altomonte de Ezequiel	–	
	–	Barranquilla	Dagoberto	
	–	Bicarco	Yairlandia	
	–		Loma Linda	
	–		Santa Mercedes	
	–		Euclides	
	–		Orel	
	–		Villa Sandra	
	Puerto Ezequiel	Caño Ezequiel	Andrés Tobon	
	–	Caño Porvenir	Limón	
	CIMTAR annex	Porvenir	Comunidad de Porvenir	
	Puerto Ezequiel Settlement	Puerto Ezequiel	Barranguillita	
			Changay	
			Puerto Ezequiel	
			Sabalillo	
			Puerto Toro	
			Paparo	
	–	Puerto Gaudencia	Buena Vista	
	–		Machete	
	CIMTAR annex		Comunidad de Gaudencia	
	–	Puerto Palma	Puerto Palma	
	–	Santa Clara	Santa Clara	
	–	Tarapacá (urban center)	–	

	Primary school	Secondary school	Health clinic	Hospital	Community health promoters	Mil Días	Familias en Acción
	X				X	X	X
	X				X		X
	X				X		X
	X				X		X
	X				X		X
	X					X	X
	X				X	X	X
	X				X		X
	X				X		X
	X						
	X		X				
	X		X				
	X	X		X	X	X	X

examples of community health care. The hospital in El Estrecho (category 1), the health care center in Tarapacá, and the community health clinics often lack adequate supplies and personnel to provide quality care.

On the Peruvian side, there are local health clinics (known as Postas de Salud in Peru, Puestos de Salud in Colombia). Remanso, capital of Yaguas District, has a category 1-2 health clinic with a doctor (head of the Regional Network), an obstetrician, a nursing graduate (*licenciada en enfermería*), a lab technician, and two nursing technicians. In Puerto Franco, Remanso, Huapapa, and El Álamo, there are category 1-1 health clinics with nursing interns (*serumistas*) and nursing technicians. These clinics also have a lab technician, a requirement due to it being an area endemic for malaria. Yet, medical centers in the area lack adequate budgets to help people get to the centers from their communities, and if a patient is evacuated to the hospital in El Estrecho or Iquitos, they are not provided transportation to return to their community. In addition, there are health promoters in each community, but they do not have enough medicine. The PIAS (PAIS program boats) also provide health care when they arrive in the communities, but this service is only available every two months. Some Peruvian communities also go to the medical center in Puerto Ezequiel if they catch malaria, and in more serious cases, they go as far as the health care center in Tarapacá. Finally, there are only a few people who practice traditional medicine in the communities, but there are healers and people who know about medicinal plants in some communities.

On the Colombian side, the majority of the area's population seeks care at the Tarapacá hospital, which serves both the Indigenous and non-Indigenous population. There are qualified personnel, generally doctors from other regions who are doing their rural service, but there is a constant lack of materials and equipment to provide quality care. One of the nurses who was in Tarapacá during the inventory stated that they do not have the supplies to provide even basic primary care. Apart from the hospital, there are community health promoters in eight of the nine communities in the Ríos Cotuhé y Putumayo Indigenous Territory, paid for by the government transfers that the reserve receives. Puerto Ezequiel also has a small health clinic where

people from the region sometimes go for malaria treatment.

Communications

There are few options for communication in the native communities on the Peruvian side. The vast majority have radio equipment donated by the NGO Nouvelle Planète, managed by IBC and FECOIBAP. There are GILAT (satellite) phones installed in 10 of the 13 communities, but they are not operational because the contract between the communities and the provider of this service has ended. There is Movistar cellular coverage in Remanso, but there is no coverage in the other communities. In Remanso there is also internet service in the tambo. In El Álamo there is radio in the health post, and the police and navy have telephones and internet.

On the Colombian side, there is cellular coverage from Claro in the urban area of Tarapacá, but there is no coverage in most of the communities of the Ríos Cotuhé y Putumayo Indigenous Territory or the centers of the Uitiboc Indigenous Territory. The Río Puré National Park provides access to its radios for the inhabitants of the Indigenous reserves so that they can transmit messages to the communities through the park's checkpoints. There is also a Colombian State program to connect the communities on the banks of Putumayo, and repeater antennas have been installed, one of which is in Changay, where there is a Wi-Fi signal used by both Peruvians and Colombians. In Tarapacá, there is internet service through Andired, a project of the Ministry of Information Technology and Communications (*Ministerio de Tecnologías de la Información y las Comunicaciones*) implemented by the National High-Speed Connectivity Project (*Proyecto Nacional de Conectividad de Alta Velocidad*).

Transportation

Transportation is a major challenge for the population. Most people use river transport as their primary mode of transportation, but there is no regular and affordable service for passenger or commercial transportation in this region. To reach the nearest cities (Iquitos, Peru and Leticia, Colombia) one must travel by plane or undertake a long journey along the Putumayo River, through Brazil, until reaching the junction of the

Putumayo and the Amazon in Santo Antônio do Içá. In Peru, the Peruvian Air Force has daily flights (except Saturdays and Sundays) from Iquitos to El Estrecho and a biweekly flight from Iquitos to Remanso. Other agencies fly to El Estrecho on Saturdays and Sundays. Once in El Estrecho, people can wait for boats that arrive every 20 days or use their own boats, but most travel in small boats to the nearest community— Puerto Franco—a trip that takes two to three days. In Colombia, there are commercial flights three times a week (Tuesday, Thursday and Saturday) from Ipiranga (a Brazilian military base near Tarapacá) to Tabatinga (a Brazilian city contiguous with Leticia, Colombia) through the Brazilian company Otimar. Yet, traveling by plane is too costly for a large proportion of the population, so most people choose to go down the river to Santo Antônio do Içá and from there up to Leticia. Boats on this route are both Peruvian and Colombian and have no fixed schedule.

Water and sewage treatment

Nowhere in the region is there drinking water or sewage treatment service, which is a challenge especially for the larger population centers, such as Tarapacá. Some communities on the Peruvian side have ecological toilets installed by the District Municipality of Yaguas, but according to people in Huapapa, these toilets are not currently functioning. In communities, people collect water from the rain and from rivers and streams. In Tarapacá, there is a piped water system that reaches the houses on the Putumayo River, but the water is not potable, and there is no sewage system—the sewage goes directly to the river without being treated.

Electricity

Few people in the region have regular electricity service. There is electricity in Remanso, Huapapa, and Tarapacá, but service is generally irregular. For example, during the inventory there was only electricity from 3pm to 11pm in Tarapacá. Because of this situation, local populations are very dependent on the use of generators, almost all of which run on gasoline. Although there were solar energy projects in the region in previous years, there is currently no solar energy anywhere in the region.

Banking and financial services

Lack of access to banking services is another key challenge for the region. In Yaguas District, on the Peruvian side, the only regular access to banking services that the population has is through the PIAS. The PIAS have ATMs and allow teachers to collect their salaries, Juntos and Pensión 65 beneficiaries to collect their pensions, and other citizens to carry out basic transactions through the Banco de la Nación. Lack of access to banking services is a particular challenge for Tarapacá as a regional economic center. Because of the legal vacuum related to its location within the Forestry Reserve, Tarapacá cannot legally have the presence of banking institutions or ATMs, which is a major barrier to access to credit, the flow of economic resources, and local economic development in general. Tarapacá residents can sometimes buy on credit in stores, but there is no access to any financial services within the town. To access banking services, they have to travel to Leticia.

Social programs

There are several social programs in Peru and Colombia for mothers, children, and older adults (see Tables 11–12). In Peru, there is the Cuna Más program, the National Program of Direct Support to the Poorest (*Programa Nacional de Apoyo Directo a los Más Pobres-JUNTOS*), the Qali Warma National School Food Program (*Programa Nacional de Alimentación Escolar*), the Glass of Milk (*Vaso de Leche*) program and the 65 Pension (*Pensión 65*) program. The National Cuna Más Program is a social program focused on early childhood development for children under three years of age, through two main services: 1) Day Care Service, which provides comprehensive care to children under three years of age who require special attention for their basic health, nutrition, play, learning and skill development needs, and 2) Family Support Service, which provides care to pregnant mothers and children under 36 months of age through weekly home visits and group socialization sessions[46]. In the Lower Putumayo, there is no access to the Day Care Service, but there is the Family Support Service. JUNTOS is a program focused on preventive maternal and infant health care and schooling. It provides direct transfers to the poorest families in the

---

46 *cunamas.gob.pe/*

country and differentiated health and education services for mothers and children[47]. The Qali Warma National School Food Program provides monthly allocations of nutritious and varied food to primary and secondary schools in the Peruvian Amazon[48]. The Glass of Milk program is dedicated to combating food insecurity and improving the nutritional status of vulnerable populations. It offers daily food rations to prioritized populations, such as pregnant women and children 0–6 years old and 7–13 years old, and older adults[49]. Glass of Milk is financed through transfers from the Ministry of Economy and Finance to local governments and in this region is administered by the District Municipality of Yaguas. The Pension 65 program supports low-income older adults through direct transfers of 250 soles per person every two months[50]. The National Commission for Development and Life without Drugs (*Comisión Nacional para el Desarrollo y Vida sin Drogas*; DEVIDA) also has a presence in the region. DEVIDA is a Peruvian State institution in charge of designing and conducting the National Anti-Drug Strategy. It organizes meetings and workshops with communities focused on preventing drug use and alcoholism. The PAIS program (described above) groups all these programs and provides a space (the tambo) for the development of their workshops and activities.

On the Colombian side, in Tarapacá and several communities of the Ríos Cotuhé y Putumayo Indigenous Territory, there is a presence of the Thousand Days (*Mil Días*) and Families in Action (*Familias en Acción*) programs. The 1000 Days to Change the World Program (*Mil Días*) is an initiative of the Colombian Family Welfare Institute (*Instituto Colombiano de Bienestar Familiar*), which looks after the well-being of children and adolescents. It focuses on combating chronic malnutrition in children under two years of age and underweight pregnant women and has three components: 1) food and nutrition, 2) social and family management, and 3) educational processes[51]. The Families in Action program is an initiative of the Department for Social Prosperity (*Departamento de Prosperidad Social*) administered by the Agricultural Bank of Colombia (*Banco Agraria de Colombia*; BAC) that executes direct transfers to improve the education and health levels of minors belonging to low-income households[52].

Special programs for the Putumayo

The Special Binational Project for Integral Development of the Putumayo Basin (PEBDICP) is a unit of the Peruvian Ministry of Agriculture that is responsible for executing national development and border integration projects and actions[53]. The communities of the Lower Putumayo stated that they have received support from PEBDICP for a sawmill in Remanso, chicken and duck raising, fish farming, and growing *sacha inchi*. Some inhabitants of the native communities said that they have a good opinion of PEBDICP's projects, but others said that more follow-up is needed for these projects.

Another important initiative is the Jornada Binacional Peru-Colombia, known as "la Binacional," a project led by the Colombian and the Peruvian Navies that, since 2006, has sent boats from both countries down the Putumayo River to provide medical care and other basic services to the population. Some Peruvians are dissatisfied with the service from the Colombian government, as they claim that the Colombian vessel does not serve Peruvians, while the Peruvian vessel (and the PIAS) serves both Peruvians and Colombians equally. We recommend that, in the future, all special programs for the Putumayo provide binational service and that the authorities of Peru, Colombia, and Brazil coordinate efforts to serve the population of the region, which has historically been neglected by their governments.

---

47 *juntos.gob.pe/*

48 *qaliwarma.gob.pe/*

49 *https://www.mef.gob.pe/es/politica-economica-y-social-sp-2822/243-transferencias-de-programas/393-programa-de-vaso-de-leche*

50 *pension65.gob.pe/*

51 *https://www.icbf.gov.co/portafolio-de-servicios-icbf/recuperacion-nutricional-en-los-primeros-mil-dias*

52 *https://www.bancoagrario.gov.co/SAC/Paginas/MasFamiliasAccion.aspx*

53 *https://www.pedicp.gob.pe/*

NATURAL RESOURCE USE AND HOUSEHOLD ECONOMY IN THE BAJO PUTUMAYO-YAGUAS-COTUHÉ REGION

Authors: Christopher Jarrett, Diana Alvira Reyes, Alejandra Salazar Molano, Ana Lemos, Margarita del Aguila Villacorta, Fernando Alvarado Sangama, Valentina Cardona Uribe, Hugo Carvajal, Freddy Ferreyra, Jorge W. Flores Villar, Claus García Ortega, María Carolina Herrera Vargas, Wayu Matapi Yucuna, Delio Mendoza Hernández, Dilzon Iván Miranda, Milena Suárez Mojica, David Novoa Mahecha, and Rosa Cecilia Reinoso Sabogal

INTRODUCTION

The inhabitants of the Bajo Putumayo-Yaguas-Cotuhé region depend on the areas' natural resources to satisfy their basic needs, including food and construction materials, and also to access economic resources to cover their household expenses. Subsistence activities ensure food sovereignty and the resilience of the household economy in the face of frequent extractive booms that have historically characterized the region and have often been a source of instability. The people of the region also have rich ecological knowledge, a strength that has facilitated the sustainable management of resources, reflected in the high biodiversity documented during the biological inventory. Likewise, the cultural and spiritual management of the territory by local Indigenous peoples has guided their relationship with non-humans and has been the moral basis for sustained care of the environment for generations. To ensure the conservation of the biodiversity found in the region and the well-being of the population, it is necessary to understand traditional knowledge and management practices and adopt public policies that strengthen traditional livelihoods.

At the same time, inhabitants of the region, as well as many other rural Amazonian populations, depend on the monetary economy to satisfy their needs and access resources that improve their wellbeing. Therefore, the conservation of the region and the well-being of its people also require that governments and other external actors understand and support the market-oriented productive activities that the inhabitants carry out in a sustainable manner (Álvarez 2019). Given the relative absence of the government in this region, commercial activities are primarily informal. However, communities are increasingly organizing themselves in order to become more visible to the government, access support and investment, and improve the management of natural resources. In this sense, it is important to highlight the existence of productive associations (e.g., fishermen, loggers, and traders of non-timber products). However, there continue to be many barriers to increasing legal resource harvesting in the region.

Finally, it is important to make visible and strengthen the coordination and collaboration mechanisms between neighboring communities and organizations, including exchange, barter, and formal and informal agreements for common use spaces. Ultimately, the relationships between neighbors is critical to long-term monitoring and sustainable use of different natural resources, as well as for the creation of social ties that strengthen the wellbeing of the communities. These social networks are interwoven between communities on both sides of the border, in a region where the river unites rather than divides, and the flow of resources is dynamic and relatively free.

FISHING

The Bajo Putumayo-Yaguas-Cotuhé region has a high diversity of fish (see the *Fishes* chapter, in this volume, as well as Hidalgo and Ortega-Lara 2011 and Alvira et al. 2011), including several species that local inhabitants consume and sell. The most common species are detailed in Table 13. Fishing is an activity that is carried out in all parts of the region due to the abundance of fish in the river and the lakes, a fact reflected in the natural resource use map (Fig. 31).

Fishing techniques and gear used vary depending on the species being harvested. Traditionally, arapaima *(Arapaima gigas)* are captured with a harpoon. During flood periods and in lakes covered with floating vegetation, arapaima are difficult to locate, so hooks with fish bait are used. To capture adult arapaima for sale, anglers use the gill net, known as *paichitera*, with 12 inches of stretched mesh and no. 240 thread. This technique is used only for arapaima larger than 1.60 m in size, which corresponds to the minimum size limit according to the guidelines of the Putumayo Fisheries Management Program in Peru (*Programa de Manejo Pesquero del Putumayo en el Perú*; PROMAPE, see details below).

Figure 31. Map of natural resource use by local populations of the Bajo Putumayo-Yaguas-Cotuhé region of Colombia and Peru. Data compiled during a rapid inventory of the region in November 2019, and with other information from the Instituto del Bien Común.

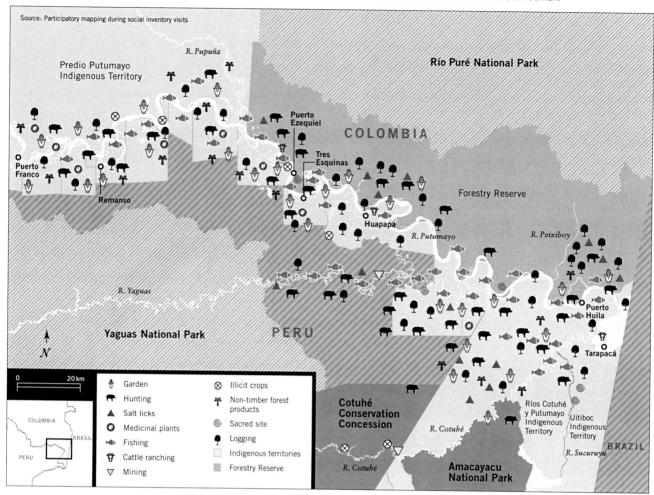

The procedure for the capture of arowana (*Osteoglossum bicirrhosum*) in Peru is also carried out following the PROMAPE guidelines. To capture adult specimens in the Putumayo, anglers primarily use arrows. Made of bamboo or *hisana*, these arrows are 1.50 m long. After the arrow hits the body of the adult male, the arowana releases its fry from its mouth, which are then caught using a *pusahua* or hand net. This task is generally carried out by a single person, with the support of one or two additional people. This method is predatory as it causes the death of the adult specimen.

The capture of adult arowana is also carried out using gillnets with a mesh size of 4.5–5 inches, selective for this species. Two or three fishermen generally participate in this activity, mostly on the shores of lakes, *tahuampas*, or *restingas bajas*. When the fish hits the mesh gillnet, it expels its fry from its mouth, which are

quickly captured through the use of hand nets. Data is collected on the captured adult, including its total length and weight. The adult can then be released or harvested. The captured fry are placed in boxes and/or plastic bags with water and transported under shade to the collection center. For the capture of other fish for consumption such as sabalo, black prochilodus, *palometa*, and *lisas*, tools utilized include arrows and a *varandilla*, a thin, straight pole from the trunk of a plant with nylon thread and a metal hook attached.

Fishing in the region is organized mainly through informal agreements between communities, both implicit and explicit, written and oral, for access and use of the different bodies of water. These agreements serve as key components of the relationship between populations on both sides of the border. Some fishermen in the region have also organized themselves into fishing and/or fish farming associations with formal recognition from the government.

Implicit agreements between communities apply primarily to subsistence fishing and are based on respect, friendship, and solidarity. In contrast, explicit agreements apply to the commercial use of shared spaces and imply the need to request permission from the owners or managers of a lake or from the environmental authority to carry out fishing activities. The agreements determine the amount that can be harvested and the payment or percentage that remains in the community controlling the lake. These payments for the community controlling the body of water are based on the amount of fish extracted.

There are several examples in the region of intercommunal fishing agreements (Table 14, Fig. 32). One of the most important agreements is between the Indigenous communities of San Martín and Tres Esquinas of Peru and the settlement of Puerto Ezequiel in Colombia. This agreement allows for the shared use of Changay Lake in Colombia, where there is a great abundance of fish, particularly arowana and arapaima. Peruvian fishermen catch arowana with the permission of the Puerto Ezequiel authorities. In return, they pay a percentage in cash or deliver a percentage of the fish to Puerto Ezequiel. Based on this agreement, informal knowledge exchanges have also been carried out in which Peruvians have taught the Israelites to fish and manage arowana in a sustainable manner. In 2007, this agreement was formalized through a written agreement signed between leaders of the Puerto Ezequiel Community Action Board and the Peruvian Indigenous communities. However, residents of the area told us during the inventory that this agreement has not been maintained appropriately and that they want to revive the agreement to improve this relationship. The residents of Puerto Ezequiel pointed out that more coordination is needed because Peruvian fishermen sometimes take advantage of the Israelites' festivities and religious ceremonies to enter the lake without their permission. This has become a problem, especially during the arowana season, when the Israelites have important festivals. Peruvian fishermen expressed the need to improve communication between them and their Israelite neighbors because they believe that people from Puerto

Table 13. Useful fish species in the Bajo Putumayo-Yaguas-Cotuhé region of Colombia and Peru. Data compiled during a rapid inventory of the region in November 2019.

Common name	Scientific name	Use
Amazon puffer fish	Colomessus asellus	Ornamental
Arapaima	Arapaima	Food
Arowana	Osteoglossum bicirrhosum	Ornamental
Black prochilodus	Prochilodus nigricans	Food
Black-tailed sabalo	Brycon melanopterus	Food
Carachama	Hypostomus emarginatus	Food
Corydoras	Corydoras sp.	Ornamental
Discus fish	Symphysodon sp.	Ornamental
Lisa	Leporinus sp.	Food
Oscar	Astronotus ocellatus	Food
Otocinclus catfish	Otocinclus sp.	Ornamental
Palometa	Mylossoma duriventris	Food
Peje amarillo	Polyprion sp.	Food
Red-bellied pacu	Piaractus brachypomus	Food
Sábalo	Brycon sp.	Food
Sardina	Triportheus elongatus	Food
Tambaquí	Colossoma macropomum	Food
Tiger shovelnose catfish	Pseudoplatystomata fasciatum	Food
Tucanaré peacock bass	Cichla monoculus	Food
Zúngaro/pintadillo	Brachyplatystoma filamentosum	Food

Ezequiel sometimes too strictly control the lake, ignoring the needs of their neighbors.

Fishermen in the region have also organized themselves into fishing associations, which include the creation of formal agreements for the sustainable management of fisheries (Table 15). In Peru, seven Indigenous communities have Associations of Fishermen and Artisanal Processors (Asociaciones de Pescadores y Procesadores Artesanales; APPAs) and fish according to the Fisheries Management Program (PROMAPE), local agreements, and through monitoring committees. The main management tool is the PROMAPE, which is authorized and monitored by the Regional Production Directorate (Dirección Regional de Producción; DIREPRO, the fishing authority of Loreto, Peru). The PROMAPE covers monitoring systems and fishing agreements established between neighboring communities.

Table 14. Community fishing agreements in the Bajo Putumayo-Yaguas-Cotuhé region of Colombia and Peru. Data compiled during a rapid inventory of the region in November 2019.

	Communites/populations (P- Peru, C- Colombia)	Common Spaces (P- Peru, C- Colombia)	Use — Subsistence	Use — Commercial	Description of agreement
1	Puerto Franco (P) and San Salvador (C)	Pashaquillo, Redondo, Cedia Lakes (C)	–	X	An agreement between Puerto Franco and AIZA (a Colombian AATI) that allows for arowana fishing by Peruvian fishermen during the arowana season. San Salvador helps to capture the fry and sells them in Puerto Franco.
		Huapapillo Creek (P)	X	–	San Salvador does subsistence fishing under a shared agreement with Puerto Franco
2	Pesquería (P) and Betania (P) with Santa Marta (C)	Marangoa Lake, Mutun Creek (C)	X	–	Verbal mutual agreement, only for subsistence
3	Corbata (P) and Curinga (P) with Puerto Alfonso (C)	Chambira Creek and Boyacá Lake (C)	X	–	Verbal mutual agreement, only for subsistence
		Bora, Huapapillo, Charapero Lakes (P)	X	–	Verbal mutual agreement, only for subsistence
4	Puerto Nuevo (P) and Puerto Alfonso (C)	Chambira Creek and Lake Boyacá (C)	X	X	Puerto Nuevo uses creeks and lakes for subsistence. The people of Puerto Alfonso capture arowana from their own lakes and sell them in Puerto Nuevo.
5	San Martin (P) and Puerto Ezequiel (C)	Centrococha (C)	X	–	Verbal mutual agreement, for subsistence
		Paparo Lake (C)			
		Esperanza Creek (P)			
6	Tres Esquinas (P) and Puerto Ezequiel (C)	Changay Lake (C)	X	X	For subsistence fishing, the Peruvian native communities do not need to ask for formal permission. For commercial use, they must ask permission to take arowana. In exchange, Tres Esquinas teaches Puerto Ezequiel arowana fishing and management techniques.
		Casechi Creek (P)	X	–	Some Puerto Ezequiel residents use Casechi Creek to capture tucunaré, with permision from the Peruvian native communities.
7	Santa Rosa de Cauchillo (P) with ASOPESTAR and APIPOATA (Tarapacá) (C)	Salazar, Cauchillo, Shapaja and Ventura Lakes (P)	–	X	Santa Rosa de Cauchillo sells to the cold storage in Tarapacá.
8	El Álamo (P) and Puerto Huila (C)	Gaviota Lake (C)	X	–	El Álamo currently uses Gaviota Lake for subsistence without permission, but 10 years ago they had an agreement with Puerto Huila for arowana fishing. In the Final Gathering, there was a proposal to revive the agreement.

The APPAs also receive training from DIREPRO and the Instituto del Bien Común, through which they have been able to learn how fishing regulations work, how to organize themselves into groups to monitor their lakes, what their duties and benefits are as an association, how to carry out sustainable fisheries management (e.g., monitoring, registration, sustainable use), how to manage a capitalization fund, how to seek and manage national and international cooperation funds for the implementation of their activities, and how to carry out effective and fair negotiations directly with the aquarists without the need for intermediaries. Based on this knowledge, the APPAs have been able to enter into a formal written agreement with the Iquitos Aquarium to directly sell arowana fingerlings and obtain fairer prices[54]. The activities that these APPAs have been conducting are key to maintaining fish populations and

---

54 The aquarium pays 1.80 Peruvian soles per fry, while intermediaries only pay 1.00 sol per fry.

Figure 32. Map of community fishing agreements and fishing associations in the Bajo Putumayo-Yaguas-Cotuhé region of Colombia and Peru. Data compiled during a rapid inventory of the region in November 2019.

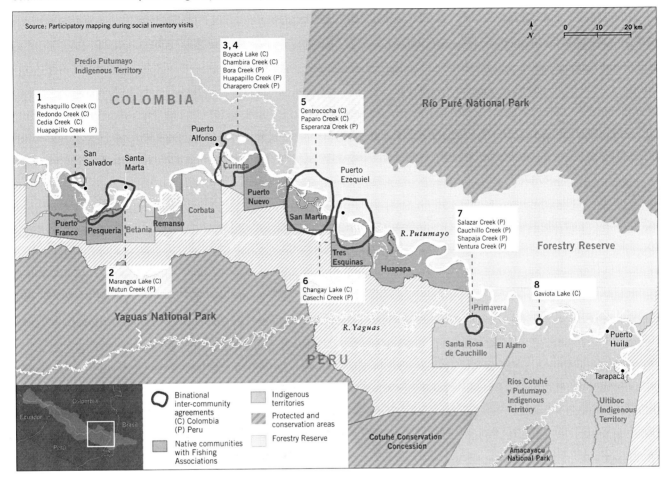

are based on the recognition of the importance of these resources to food sovereignty and the local economy of the communities.

In contrast, fishermen on the Colombian side are motivated to become more organized, but they are not as advanced as the Peruvians. In Tarapacá, there are two fishing associations: the Tarapacá Fishers Association (*Asociación de Pescadores de Tarapacá*; ASOPESTAR) and the Tarapacá Amazonas Ornamental and Artisanal Fish Producer Association (*Asociación Piscícola Productora de Peces Ornamentales y Artesanales de Tarapacá Amazonas*; APIPOATA). ASOPESTAR was established in 1996 but is no longer in operation. Previously, the members of this association maintained a cold room, which was a key service for the local economy of Tarapacá, but they could not continue to pay for the energy bill. According to their members, there was an error in the collection of the invoice on the part

of the energy company, which led the association to cease to operate.

APIPOATA was established in 2018 to organize the capture and commercialization of ornamental species such as *Otocinclus* catfish, Amazon puffer fish (*Colomessus asellus*), *Corydoras*, arowana and discus fish (*Symphysodon* sp.). They have land and have carried out a socioeconomic study. They aspire to be officially recognized as aquaculturists by the National Fishing Authority (*Autoridad Nacional de la Pesca*; AUNAP), to consolidate their marketing network, and for each of their 24 members to have a fish farming area formalized by the government[55].

On the Colombian side of the Putumayo River, stretching from the location of the Peruvian native community of Puerto Franco to the Ríos Cotuhé y

---

55 For more details on the fishing associations in this region, see the chapter *Demography and governance in the Bajo Putumayo-Yaguas-Cotuhé region*, in this volume.

Table 15. Fishing associations in the Bajo Putumayo-Yaguas-Cotuhé region of Colombia and Peru. Data compiled by the Instituto del Bien Común and during a rapid inventory of the region in November 2019.

Country	Location	Association name
Peru	El Álamo	APPA Los Bufeos del Yaguas
	Puerto Franco	APPA Los Delfines del Muntúmw
	Puerto Nuevo	APPA Los Catalanes del Putumayo
	Remanso	APPA Lleedo
	San Martín	APPA Arahuana
	Tres Esquinas	APPA Los Cocodrilos
	Huapapa	APPA Fronteras Vivas
Colombia	Tarapacá	Asociación de Pescadores de Tarapacá (ASOPESTAR)
		Asociación Piscícola Productora de Peces Ornamentales y Artesanales de Tarapacá Amazonas (APIPOATA)

Putumayo Indigenous Territory, there are no formal fish management schemes or associations. However, traditional ecological knowledge related to the lakes has allowed the inhabitants to consider certain bodies of water as reserve zones where extraction is prohibited. Fishing in this area is done for subsistence and is also sold to intermediaries, known as *cacharreros*, who have cold rooms, and, due to low competition, pay what they consider appropriate. Fishers from the Nueva Unión community in the Ríos Cotuhé y Putumayo Indigenous Territory, for example, stated that they sell arowana to intermediaries, who pay them 1,000 Colombian pesos per fry and take them to Leticia to sell. In Tarapacá, fish are also sold to obtain basic necessities such as rice, oil, and sugar.

In addition to the organizational challenges, the regulatory differences between Colombia and Peru make it challenging to properly manage fisheries. For example, there is a difference of 15 days between the end of the arowana fishing ban between the two countries; the ban is lifted on 1 March in Colombia and on 15 March in Peru. The problem lies in the lack of coordination between the fishing authorities and is taken advantage of by middle-men, both Peruvians and Colombians, who buy arowana fry before the ban is lifted. This causes a drop in the price when the market opens, thus harming the arowana managers who comply with the regulations.

The situation is different for arapaima. In Peru, although there is a ban on arapaima fishing from 1 October to 28 February in almost the entire Department of Loreto, it does not apply to the Putumayo River basin, so there is no control over this resource on this side of the border. In contrast, Colombia has a ban on arapaima fishing from 1 October to 15 March. In addition, while Peru and Colombia support the commercialization of arapaima, Brazil only permits its harvest for household consumption. As a result, when Peruvian fishermen send the arapaima downstream, if the season is over in Colombia, the fish are seized in Tarapacá. If the fish pass through Brazil, they are seized regardless of whether it is in season or not.

It is extremely urgent that agreements be reached between the three countries in order to harmonize their regulations and strengthen coordination in the management, control, and surveillance of fishery resources. Moreover, it is essential that there is representation from all sectors in this dialogue so that they can be heard by decision makers and a solution to this problem can be solved by consensus.

TIMBER USE

Timber resources are an importance source of materials for domestic and community use. Timber harvesting has also generated important economic dynamics in the region since the 1970s, beginning with the large-scale trade of valuable hardwoods. During the 1990s and early 2000s, the region was the epicenter of the cedar (*Cedrela odorata*) trade (Rincón 2005, Alvira et al. 2011). This boom was characterized by unequal payments to sawyers, a lack of labor guarantees, and significant declines of this tree species in the forest.

Today, a greater diversity of timber species are harvested. Moreover, the harvest is generally selective and on a small scale. The wood is extracted only with a chainsaw; no winches or tractors are used. Some of the main species are: *tornillo/achapo* (*Cedrelinga cateniformis*), *fono negro o mari marí* (Lecythidaceae sp.), *arenillo* (*Erisma uncinatum*), *creolino* (*Monopteryx uaucu*) and *cumala* (*Virola sebifera*).

Selective and regulated logging reduces the risks that this activity presents for conservation. However, the persistence of informal harvesting and the abundance of

Table 16. Logging permits in the Bajo Putumayo-Yaguas-Cotuhé region of Colombia and Peru.
Sources of information: GERFOR (Peru), Corpoamazonia (Colombia).

No.	Country	Location	Type of permit	Permit holder
1	Peru*	Remanso	Management Declaration (*Declaración de Manejo*; DEMA)	
2		Santa Rosa de Cauchillo	DEMA	
3	Colombia	Forestry Reserve	Persistent Forest Harvesting Permit (*Permiso de aprovechamiento persistente*; PAP)	Asociación de Micorempresarios del Amazonas (ASOEMPREMAM)
4			PAP	Alirio Pava
5			PAP	Asociación de Productores de Madera de Tarapacá (ASOPROMATA)
6			PAP	Oscar Arguello Rodriguez
7			PAP	Flor Angela Martínez
8			PAP	Jesús Antonio Mosquera
9			PAP	Luis Enrique Rodríguez

Figure 33. Map of key logging areas and logging permits in the Bajo Putumayo-Yaguas-Cotuhé region of Colombia and Peru.
Sources of information: GERFOR (Peru), Corpoamazonia (Colombia), and a rapid inventory of the region in November 2019.

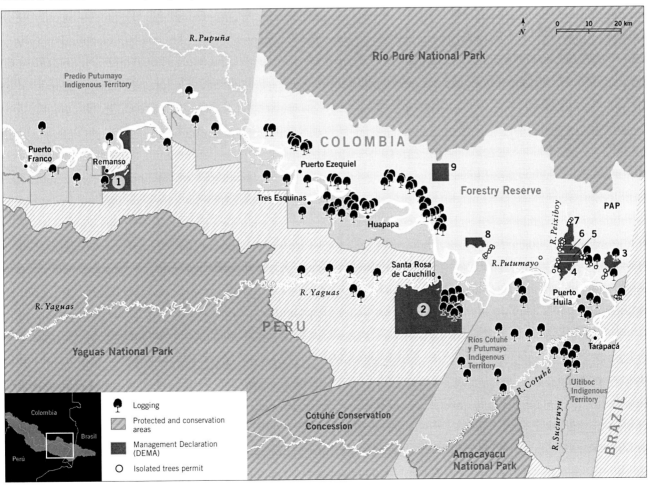

barriers that prevent legal harvesting and effective control and surveillance, make this activity a possible risk for the long-term conservation of the forests of this region. For a long time, most of the timber extraction in Putumayo has been carried out informally and the control and surveillance of the timber industry has been a constant challenge for governments at all levels, a situation that is largely due to its location at the country's border and to the government's limited presence. Several recent international reports analyze in greater detail the challenges related to illegal timber trafficking in this region (e.g., Center for International Environmental Law 2019, Environmental Investigation Agency 2019)[56].

In Peru, Indigenous communities have the right to commercialize timber on a small scale within their territories through a permit known as a Management Declaration (*Declaración de Manejo; DEMA*). Granted by the regional authority, the Loreto Regional Forestry Administration (*Gerencia Regional de Desarrollo Forestal y Fauna Silvestre; GERFOR*), the DEMA allows for the harvesting up to a volume of 632 square feet, is valid for five years, and can be obtained without a technical report (*expediente técnico*)[57]. The community issues a certificate with its corresponding forest inventory to GERFOR, who then sends the certificate to its technicians to verify the inventory in situ. Later, if no concerns are found, the harvesting permit is issued. Currently, two Indigenous communities in the region have active DEMAs and two communities' DEMAs have expired (Table 16, Fig. 33).

Although DEMAS constitute an important management tool for the sustainable management of timber by Peruvian Indigenous communities, it has also been used by regional bosses to carry out illegal and improperly managed harvests and launder illegally harvested wood using legal permits. The process, known as *habilitación*, generally occurs as follows. First, the logging boss approaches community leaders (known locally as *caciques*) and gives them money or tools in advance so that they can convince the community to obtain the permit. The logging bosses obtain control over the formal certificates signed by community members, which grant them powers to obtain the permit with terms that are not favorable to the community. After obtaining the permit, the logging boss deducts all the expenses incurred for the permit. They also regularly extract timber from areas other than those specified in the permit, harvest species other than those identified in the permit, or extract larger volumes than the permit allows. In many cases, they extract the wood from the Colombian side, then mix this wood with that obtained from the Peruvian side.

In some cases, this dynamic has generated serious problems for Indigenous communities. When laundering is discovered, the communities are often left with fines and other sanctions imposed by the Forest Resources and Wildlife Supervision Agency (*Organismo de Supervisión de los Recursos Forestales y de Fauna Silvestre; OSINFOR*). Two Indigenous communities in Peru (Tres Esquinas and Primavera)[58] currently face this situation, which not only hurts them economically and legally, but limits their access to other government programs (e.g., benefits from the National Forest Conservation Program). In some cases, it also affects the forest around their communities, altering its composition and destroying mature, seed producing trees through improper extraction.

Despite these challenges, loggers in the region have recently decided to organize themselves in order to formalize their activities, access priority markets and state support, and avoid sanctions and confiscation of their products. There are different mechanisms in each country that have impacted this process. As previously mentioned, there are two Indigenous communities in Peru that are working with DEMAS to harvest timber resources themselves. Through this effort, they have received support from OSINFOR since 2019, through trainings from the "Forest Backpack"[59] program, which are designed to improve compliance with the regulations related to timber harvesting. Participants in meetings in Remanso during the social inventory told us that the program has helped them to better understand how to obtain a forest permit, how to calculate the volume that

---

56 See also: *https://www.condenandoelbosque.org/* and *https://www.360-grados.co/madera/los-patrones-de-la-amazonia-colombiana.html*

57 *https://www.serfor.gob.pe/lineamientos/lineamientos-para-la-elaboracion-de-la-declaracion-de-manejo-para-permisos-de-aprovechamiento-forestal-en-comunidades-nativas-y-comunidades-campesinas*

58 See the OSINFOR observatory for updated data: *https://observatorio.osinfor.gob.pe/observatorio/*

59 *https://www.osinfor.gob.pe/galerias/la-mochila-forestal-del-osinfor/*

is going to be used, how to prepare nurseries, and how to avoid fines.

On the Colombian side of this region, the legal harvesting of timber is carried out through the Second Forestry Reserve Law (*Reserva Forestal de Ley Segunda*) with permits granted by the Corporation for the Sustainable Development of the Southern Amazon (*Corporación para el Desarrollo Sostenible del Sur de la Amazonia*; Corpoamazonia). The Second Forestry Reserve Law in Colombia serves to develop the forest economy and protect soils, waters, and wildlife. The Ministry of Environment and Sustainable Development (*Ministerio de Ambiente y Desarrollo Sostenible*; MADS) of Colombia, with the technical advice of the SINCHI Institute, divides the seven Second Law Forestry Reserves into three zones: A, B, and C[60]. Zone A is the most restrictive and is designated for "the maintenance of the basic ecological processes necessary to ensure the supply of ecosystem services." Zone B allows forest use with sustainable management. Zone C applies to "areas with biophysical characteristics that offer conditions for the development of productive agroforestry, silvopastoral activities, and other activities compatible with the objectives of the Forestry Reserve and those which must incorporate a forestry component." Zone C does not appear in the official Forestry Reserve zoning plan in this region.

Corpoamazonia, through the Forest Management Plan (*Plan de Ordenación Forestal*; POF), approved through Resolution 0819 in 2011, developed its own zoning of a portion of the Forestry Reserve known as the Tarapacá Forest Management Unit (*Unidad de Ordenación Forestal de Tarapacá*; UOFT)[61]. This zoning divides the UOFT into six administrative units. Within the UOFT, there are two types of permits that are currently in force: 1) Persistent Forest Harvesting Permit (*Permiso de aprovechamiento persistente*; PAP), valid for five years, and 2) Isolated Trees Permit (*Permiso para árboles aislados*), valid for six months[62]. There are currently seven valid PAPs and several permits for isolated trees (Table 16).

The Persistent Forest Harvesting Permit grants the right to "use natural forests or wild non-timber forest products located on public lands"[63]. The Persistent Forest Harvesting Permit grants the permit holder a harvesting area that is divided into zones, each known as an Annual Cutting Unit (*Unidad de Corte Annual*; UCA), where the permittee can harvest during each of the five years of the permit.

An Isolated Trees Permit grants the right to cut down, transplant, or to utilize isolated trees from natural or planted forests located on public land or on private property. The permit allows the harvesting of trees that have fallen, died of natural causes, are unhealthy, or are damaging the stability of soils, water channels, platforms, streets, infrastructure works, or buildings[64]. Some of the permit holders that have a Persistent Forest Harvesting Permits also have an Isolated Trees Permit.

The rapid inventory team had the opportunity to visit the operations of two of the seven permit holders in the area, both of whom have harvesting areas located in Pexiboy Creek near Tarapacá. The social team visited the harvesting areas of the Tarapacá Loggers Association (ASOPROMATA), originally formed as ASOMATA in 1998, and were able to appreciate the important efforts that this organization is making to develop a viable community forest management model in the region. The association has been a leader in the forestry sector of Tarapacá and works hard to comply with all relevant regulations and ensure the sustainable management of resources. The biological team had one of their camps in Flor Martínez's permit area and was able to verify during the rapid inventory that the type of selective logging that is being carried out in the area is safeguarding the existing biodiversity (see information on Pexiboy Creek camp in the biological chapters of this volume).

Another strength of the timber sector in Colombia is the existence of the Amazonas Forestry Roundtable (*Mesa Forestal del Amazonas*), which is a "space for dialogue, coordination, consensus building, and communication between public and private actors, without a legal existence or an administrative act of creation, but legitimized by the will of the actors that

---

60 For more details on zoning see: *https://www.minambiente.gov.co/images/ BosquesBiodiversidadyServiciosEcosistemicos/pdf/reservas_forestales/reservas_ forestales_ley_2da_1959.pdf.*

61 The UOFT covers a total area of 425,471.11 ha.

62 *http://www.corpoamazonia.gov.co/index.php/62-tramites-ambientales/ tramites-y-servicios-en-linea*

63 *http://visor.suit.gov.co/VisorSUIT/index.jsf?FI=21121*

64 *http://visor.suit.gov.co/VisorSUIT/index.jsf?FI=19394*

comprise it, to promote the development of the forestry sector in the Department of Amazonas" (Unpublished Progress Report on the 2016-2019 Action Plan of the Amazonas Forestry Roundtable)[65]. Public sector participants in this roundtable include Corpoamazonia, the Colombian parks service (*Parques Nacionales Naturales*), the SINCHI Institute, the National Learning Service (*Servicio Nacional de Aprendizaje*; SENA), the Department of Amazonas, and the Universidad Nacional Sede Amazonia. Private sector participants include the Amazonas Chamber of Commerce, World Wildlife Fund (WWF-Colombia), the Puerto Nariño Loggers Association (ASOMAPUNA), Maderas del Amazonas, C&C Ingeniería SAS, Amazon WOODS, M&M Pexiboy, the Urban Indigenous Council de Leticia (*Cabildo Indígena Urbano de Leticia*; CAPIUL), the Association of Community Women of Tarapacá (*Asociación de Mujeres Comunitarias de Tarapacá*; ASMUCOTAR), ASOPROMATA and some non-associated forest users. The current priorities of the Amazon Forestry Roundtable, according to the loggers with whom we worked during the rapid inventory, are: 1) a special law for the Amazon, 2) a reduction in the high fees for timber products, and 3) more control over the illegal importation of timber from other countries.

Yet, these loggers' desire to formalize their work is compromised by several factors. Obtaining logging permits requires a large investment of time and money and there is no presence of the environmental authority near the logging sites. For example, ASOPROMATA took 20 months to get its permit and had to spend 70 million Colombian pesos to make its management plan. The closest Corpoamazonia office is in Leticia, so they had to travel there to process their permit, which made the process difficult. Colombian loggers also have to pay a logging fee (tax) that they consider very high (e.g., 700,000 Colombian pesos for every 100 pieces[66]). In Peru, native communities do not have to pay taxes for the wood they extract within the framework of their DEMA and their main expenses are those related to the permit process.

Another challenge for the timber sector is that market dynamics are not very favorable today for those who legally carry out this activity. Many of the species that are used in the UOFT do not have a market because they are new to the market and because most do not have studies that describe the physical properties or the methods for drying, among other elements necessary to be able to commercialize them successfully. In this sense, loggers who make commitments to work within the framework of the law face unfair competition from informal loggers since they are limited to extracting from the area of their permit where there may or may not be commercially valuable species. In contrast, those who work informally can dedicate themselves to harvesting only commercially valuable tree species and are not limited to a specific area. Additionally, informal loggers sometimes harvest these trees within other loggers' legal permit areas, reducing the availability of these trees for those who have obtained permission to work these areas. Another disadvantage for the Tarapacá loggers is the high transportation costs, which reduce the competitiveness of the timber from this area compared to the timber from regions closer to the primary markets in Leticia and Iquitos. These high costs are due not only to the remoteness of the Putumayo in relation to these cities, but also to the high humidity content and the weight of the timber.

Exacerbating this situation is the lack of control and monitoring of logging (harvesting, transportation, transformation, and commercialization) in this region. This is largely caused by a lack of personnel and resources among the supervisory institutions, including GERFOR and OSINFOR in Peru and Corpoamazonia in Colombia. For example, in Tarapacá there is only one representative from Corpoamazonia and this person does not have a boat or fuel.

Likewise, there are no mechanisms to determine and verify the origin of the wood, which facilitates laundering. There is also no coordination at the binational level for control and surveillance. Even more worrying, according to testimonies collected in the field, is the prevalence of corruption, which manifests itself through coordination between intermediaries, environmental authorities and/or the armed forces. This is an impediment for those who work legally.

---

65 *http://www.corpoamazonia.gov.co/index.php/acciones-verdes/mesas-forestales*

66 Forest fees are officially calculated in cubic meters, but users calculate them in pieces (what is known in Peru as 'feet'). A Colombian piece is 3 m long, 1 inch high, and 12 inches wide and is equivalent to 10 Peruvian feet.

Another important challenge for proper timber management is that the two zoning processes (MADS for the Forestry Reserve and Corpoamazonia for the UOFT) are not consistent and do not adequately reflect the reality on the ground (Fig. 13). This generates uncertainty and confusion on the part of the population and hinders the effective planning of the territory.

Added to these challenges is the lack of government incentives and bank loans that could promote the local development of this activity. Although there are two agreements that prioritize the purchase of legal timber in the Department of Amazonas, this policy has not been properly implemented. In particular, support and investment are needed for wood processing and development of value-added products. Some permit holders have begun initial processes of transformation (e.g., blocks, slats, rods, boards), but there has not been enough support to expand this effort to other permit holders, much less to loggers who currently work informally. Strengthening the Amazonas Forestry Roundtable in Colombia should be a priority and should ensure the participation of Indigenous peoples, whose reserves border the Forestry Reserve[67]. At the Final Gathering, the desire to create a Binational Forestry Roundtable also emerged (for more details, see the chapter *A binational Peru-Colombia gathering: Towards a common vision for Bajo Putumayo-Yaguas-Cotuhé region*, in this volume).

Finally, it is worth mentioning that there are territorial tensions between Indigenous peoples and non-indigenous loggers in the region, since some Indigenous Colombians emphasize that the area of the Forestry Reserve is their ancestral territory and aspire to expand their reserves to cover part of this area. As we explain in detail in the chapter *Demography and governance in the Bajo Putumayo-Yaguas-Cotuhé region*, in this volume, it is important to generate inclusive spaces for dialogue, based on mutual respect, to reconcile these different visions, strengthen agreements, and develop viable solutions for all the inhabitants of the region. Ultimately, this signals respect towards Indigenous claims for their ancestral territory and also considers the needs of the non-Indigenous population of the region.

HUNTING

Hunting is primarily a subsistence activity that historically has played a key role in the livelihoods of Indigenous peoples in the Bajo Putumayo-Yaguas-Cotuhé region. It is an important source of protein and is culturally significant, playing an important role in relationships between humans and animals, as well as the formation, maintenance, and strengthening of social ties. It is carried out mainly in places near human settlements or where other activities such as fishing and logging are carried out. Within the study area, several areas were identified as important for hunting (Fig. 31). Twenty-four hunted species were identified. The species with the highest pressure are white-lipped peccary (*Tayassu pecari*), collared peccary (*Pecari tajacu*), lowland paca (*Cuniculus paca*), South American tapir (*Tapirus terrestris*) and curassow (*Mitu* sp.; Table 17).

Historically, extractive waves have influenced the exploitation of fauna. The clearest example occurred during the fur boom of the 1960s and 1970s, when large quantities of animal hides were extracted (Payan and Trujillo 2006). One of the grievances of the local inhabitants during the rapid inventory was that meat was lost when these skins were removed. The more recent timber boom has also resulted in increased hunting, as loggers frequently supplement their protein intake with wild game.

In Peru, the Forestry and Wildlife Law (*Ley Forestal y de Fauna Silvestre*) was approved in 2011 (Law No. 29763[68]) with the objective of regulating the conservation of forest resources and wild fauna, as well as establishing the regime for the use, transformation, and commercialization of hunted products. At the same time, the Forest and Wildlife Service (*Servicio Forestal y de Fauna Silvestre*; SERFOR) and the Regional Forest and Wildlife Authorities (*Autoridades Regionales Forestales y de Fauna Silvestre*; ARFFS) were formed to ensure that the management of wildlife resources contributes to the conservation of their habitats and ecosystems, in accordance with current regulations and in coordination with the relevant authorities. In the Department of Loreto, the regional authority for hunting is the Regional Forestry Administration (*Gerencia Regional de Desarrollo Forestal y Fauna Silvestre*;

---

67 http://www.corpoamazonia.gov.co/index.php/acciones-verdes/mesas-forestales

68 http://www.leyes.congreso.gob.pe/Documentos/Leyes/29763.pdf

Table 17. Commonly hunted species in the Bajo Putumayo-Yaguas-Cotuhé region of Colombia and Peru. Data compiled during a rapid inventory of the region in November 2019.

Group	Common name	Scientific name
Mammals	White-lipped peccary	*Tayassu pecari*
Mammals	Collared peccary	*Pecari tajacu*
Mammals	Lowland paca	*Cuniculus paca*
Mammals	South American tapir	*Tapirus terrestris*
Mammals	Brown woolly monkey	*Lagothrix lagothricha*
Mammals	Red brocket	*Mazama americana*
Mammals	Amazonian brown brocket	*Mazama nemorivaga*
Mammals	Black agouti	*Dasyprocta fuliginosa*
Mammals	Armadillo	*Dasypus* sp.
Mammals	Giant armadillo	*Priodontes maximus*
Mammals	Howler monkey	*Alouatta* sp.
Mammals	Black capuchin	*Sapajus nigritus*
Mammals	White-fronted capuchin	*Cebus albifrons*
Mammals	Saki monkey	*Pithecia hirsuta*
Mammals	Ratón de monte	*Proechimys* sp.
Mammals	South American coati	*Nasua nasua*
Birds	Currasow	*Mitu* sp.
Birds	Blue-throated piping guan	*Pipile cumanensis*
Birds	Nocturnal currasow	*Notocrax urumutum*
Birds	Spix's guan	*Penelope jacquacu*
Birds	Tinamou	*Tinamus* sp./ *Cryptorellus* sp.
Birds	Undulated tinamou	*Cryptorellus undulatus*
Birds	Grey-winged trumpeter	*Psophia crepitans*
Reptiles	Yellow-footed tortoise	*Chelonoides denticulata*

GERFOR). Although Yaguas National Park does not allow human settlements within the park, it does allow hunting for subsistence purposes. Although few communities hunt within the park, given the presence of wildlife closer to their titled lands, this permission strengthens the relationship between the community and the park's institutions.

In Colombia, the authority that regulates hunting is Corpoamazonia. There are processes to legally obtain permits from Corpoamazonia for four types of hunting (commercial, sporting, promotion, scientific, and population control), but they are almost never processed in this region. Since 2016, Corpoamazonia has also been responsible for charging a Compensatory Fee for Hunting of Wild Fauna (*Tasa Compensatoria por Caza*

de Fauna Silvestre) to all those who hunt native wildlife, regardless of whether or not they have the relevant authorizations. According to the testimonies of the participants of the rapid inventory, however, these fees are not charged[69]. In areas where there is overlap between national parks and Indigenous reserves, there are also agreements between the parks and the reserves that authorize subsistence hunting.

In addition to the official government regulations, there are intercommunal agreements for hunting, both within each country and between populations on both sides of the border. These agreements are rooted in respect for access, distribution of benefits, reasonable use, and national representation. In addition to regulating access to resources, these agreements build and strengthen social and cultural relations between communities of both countries.

Within each country, hunting agreements are between communities and/or organizations and are based on kinship ties, community brotherhood, or ancestry. Peru's Indigenous communities have informal agreements that allow access to fauna in other communities by simply asking for permission and limiting the number of animals that can be hunted (in some cases, for example, a maximum of three individuals of a particular species can be harvested). On the Colombian side, the Uitiboc Indigenous Territory and the Ríos Cotuhé y Putumayo Indigenous Territory have longstanding agreements that allow inhabitants to hunt in the other's reserve when they are traditional settlement locations. The agreements between these two Indigenous reserves are outlined in life plans and environmental regulations, based on the knowledge of the territory such as hunting grounds, hunting routes, and places of restricted access that manage resource use. There is also an informal agreement between the Tarapacá Loggers Association (ASOPROMATA) and the community of Puerto Nuevo (Ríos Cotuhé y Putumayo Indigenous Territory) that allows hunting within ASOPROMATA's Annual Cutting Unit (UCA) where there is a salt lick that Indigenous people consider both a sacred place and a site of abundant game.

There are also agreements between populations on different sides of the border. Two of these agreements

---

69 http://corpoamazonia.gov.co/index.php/noticias/999-tasa-compensatoria-por-caza-de-fauna-silvestre

stand out. First, along the Yarina and Marangoa streams in Colombia, known as the Santa Marta sector, there is an informal agreement between the only family that lives in that sector and the Peruvian communities of Pesquería, Betania, and Remanso. While the Peruvian communities have adequate game for hunting, they prefer to use the Colombian side of this area because game are found much closer. The proximity of game in Colombia is likely a result of habitats near the river that provide a greater amount of resources for wildlife, thereby guaranteeing more encounters with animals at short distances from the river. Second, there is an agreement between Puerto Ezequiel and Tres Esquinas, Huapapa, and Álamo, which allows the inhabitants of these Indigenous communities to hunt near the Puerto Ezequiel settlement since the inhabitants of this settlement seldom hunt.

Since hunting is relatively small-scale and primarily for local consumption in this region, it does not represent a threat to the health of the territory, an assertion supported by the abundance of wildlife observed by the biological team (see the chapters *Mammals, Birds,* and *Amphibians and reptiles,* in this volume). Despite this fact, Brazilian authorities sometimes seize game from local people at checkpoints, even when game is being mobilized for non-commercial purposes. The weak presence of the Peruvian and Colombian environmental authorities in this region makes coordination on this issue difficult.

AGRICULTURAL PRODUCTION

Agricultural production is a key activity for the food sovereignty of the populations of this region and, in some cases, for access to economic resources. The main agricultural system in the region is the garden plot (*chacra/chagra*). Garden plots are generally a small-scale production strategy based on the intercropping of various species, although there are important differences among the gardens of Indigenous communities, of non-Indigenous Tarapacá residents, and of the Israelites.

For Indigenous peoples, the garden is an essential space for cultural reproduction. It is where a sense of community is built and traditional knowledge and values are transmitted from generation to generation. Traditional ecological knowledge guides the management and use of a garden and includes, among other things, the ability to

identify the most fertile areas, the most suitable crops for each area, and the crops that can be grown together. Agrobiodiversity is a characteristic that distinguishes

Table 18. Commonly grown crops in the Bajo Putumayo-Yaguas-Cotuhé region of Colombia and Peru. Data compiled during a rapid inventory of the region in November 2019.

Common name	Scientific name
Avocado	*Persea americana*
Peppers	*Capsicum annuum*
Arazá	*Eugenia stipitata*
Rice	*Oryza sativa*
Caimito	*Pouteria caimito*
Sugar cane	*Saccharun officinarum*
Onion	*Allium fistulosum*
Coca	*Erythroxylum coca*
Copoazú	*Theobroma grandiflorum*
Coriander	*Coriandrum sativum*
Beans	*Phaseolus vulgaris*
Ice-cream bean	*Inga* sp.
Yerba buena	*Clinopodium douglasii*
Lemongrass	*Cymbopogon citratus*
Lancetilla	*Alternanthera lanceolata*
Corn	*Zea mays*
Mamey apple	*Mammea americana*
Mango	*Mangifera indica*
Peanuts	*Arachis hypogaea*
Oregano	*Origanum vulgare*
Papaya	*Carica papaya*
Cucumber	*Cucumis* sp.
Peppers	*Capsicum annuum*
Pineapple	*Ananas comosus*
Plantain	*Musa paradisaca*
Rose apple	*Syzygium malaccense*
Yams	*Dioscorea* spp.
Watermelon	*Citrullus lanatus*
Mamey sapote	*Calocarpum sapota*
Tobacco	*Nicotiana tabacum*
Tomatoes	*Solanum lycopersicum*
Umarí	*Poraqueiba sericea*
Amazon tree-grape	*Pourouma cecropiifolia*
Manioc	*Manihot esculenta*
Pumpkin	*Cucurbita* sp.

Indigenous gardens. Table 18 provides a list of common crops in this region.

The size of gardens in this region varies depending on factors such as the main crop being grown and the amount of available labor, but they are generally between 0.25 and 1.5 ha. In addition to their gardens, some residents also maintain small home gardens, known in some sectors as *canoas*, which are used to plant cilantro, onion, tomato, pepper, chili peppers, chives, and plants such as lemon verbena, *lancetilla*, oregano, and mint, products that are used regularly to prepare food and sometimes herbal remedies.

Indigenous people rotate their plots and manage several spaces at the same time, thus ensuring that they have their products throughout the year and avoid unnecessary clearing. The planting process involves cutting and clearing an area, leaving it covered so that the vegetation can rot, and then planting different varieties. Due to the region's humidity, it is not feasible to cut and burn.

There are gardens in both high- and low-lying areas. Many communities prefer the highlands as it allows them to avoid losses due to flooding during the rainy season. However, in the dry season the areas near the rivers are also used for some crops such as corn, peanuts, cucumbers, manioc, and watermelon. Fallows are used for producing fruits.

Because the Peruvian Indigenous communities are located mostly in low-lying areas, 11 of the 13 communities on the Peruvian side have gardens on the Colombian side in addition to those in their territories. Peruvians use these spaces based on informal agreements rooted in family relationships and friendships, as well as respect and mutual support. An example is Pesquería, whose territory is very low and flat, forcing them to have all their gardens on the Colombian side. These agreements are key because gardens are where the everyday meets the spiritual and the cultural, so sharing these spaces helps to maintain and strengthen the social fabric and overall well-being.

Indigenous garden production is generally for household consumption. However, there is a local agricultural trade, whereby farmers sometimes sell their surpluses. In some cases, Indigenous people grow products to sell, but most market- or exchange-oriented production is carried out by the Israelites, who manage a different agricultural system than that of other populations in the region.

The population of Puerto Ezequiel, mostly non-Indigenous people from the interior of Colombia, have brought their ethical-religious practices and values from other regions and have been forced to adapt them to a new context (see the chapter *Cultural and settlement history of the Bajo Putumayo-Yaguas-Cotuhé region*, in this volume). One of the most important moral commitments they maintain is to feed those who need it most, thus they prioritize agriculture as a productive strategy (Meneses Lucumí 2017). As such, their production areas are generally larger and fluctuate between 1.2 and 4 ha, according to a report made by the Colombian parks service (Parques Nacionales Naturales 2016) and what they told us during the rapid inventory. Given the relative lack of nutrients in the soils in this part of the Amazon, they have had to learn from their failed attempts to import the Andean-coastal model of agriculture to the Amazon. In the process, they have received significant support from their Indigenous neighbors on the Peruvian side of the border who have taught them how to grow and process new products such as manioc, with the preparation of crunchy manioc powder (*fariña*) as one example of a process they have learned.

As larger-scale producers, and also the only ones in the region who raise domestic animals such as goats, the Israelites have become the main suppliers of vegetables, dairy products, and meat from domestic animals in this region. For example, they sell or barter corn, onions, tomatoes, rice, and sugar, and buy or acquire manioc, plantains and other more traditional regional crops from Peruvian Indigenous communities. They sell both to the Peruvian Indigenous communities and in Tarapacá and even in Santo Antônio de Içá. Israelites and Indigenous peoples also exchange seeds. Animal husbandry is also important to the Israelites for its use in sacrifices during religious rituals. They have built a specific space in the center of their settlement for this purpose.

Despite coordination and collaboration between neighbors, there are challenges and threats related to agriculture in this region. Floods are a risk recognized by the population and therefore they have established the aforementioned agreements to locate their crops both in the high areas and in the low areas. A challenge in terms of external support is that government programs sometimes promote crops and production models that are not appropriate to the context, such as cacao cultivation.

Coca planting for illicit, non-traditional uses, an activity promoted by drug traffickers in the region, also endangers the production system based on traditional gardens and generates conflict. However, it should be mentioned that due to the lack of stable sources of income in the region, some local inhabitants do sometimes work in activities related to planting, harvesting, processing, and transporting coca and coca paste. Despite being a source of income, especially for young people in Tarapacá, these activities involve high risks for the people who perform them.

For more information on the agricultural systems of the region, you can consult the life plans of the Peruvian Indigenous communities (IBC 2015) and ASOAINTAM (2007), the assessments of the Colombian parks service (Parques Nacionales Naturales 2016, 2019), and studies carried out by researchers affiliated with the SINCHI Institute (De la Cruz 2015, 2019)

USE OF NON-TIMBER FOREST PRODUCTS

Another activity carried out in the Bajo Putumayo-Yaguas-Cotuhé region is the use of both cultivated and wild non-timber forest products, such as fruits, seeds, fibers, roots, oils, resins, among others. Currently, most of these products are used for own consumption and local trade, but the Association of Community Women of Tarapacá (*Asociación de Mujeres Comunitarias de Tarapacá*; ASMUCOTAR) sells at the national level in Colombia. The Association of Indigenous Authorities of Tarapacá Amazonas (*Asociación de Autoridades Indígenas de Tarapacá Amazonas*; ASOAINTAM) also has begun marketing goods made from non-timber forest products. Broadly, there is interest from many other groups in the region to expand the marketing of these products.

ASMUCOTAR was formed in 2003 and has been a pioneer in the commercialization of non-timber forest products in the region. They work with wild products such as *camu camu* (*Myrciaria dubia*) and cultivated products such as *copoazú* (*Theobroma grandifolium*),

pineapple (*Ananas comosus*), *arazá* (*Eugenia stipitata*) and rose apple (*Syzygium jambos*), which they turn into pulps, jams, and other products. The *camu camu* that they process and sell is obtained through agreements with the communities of Puerto Huila and Puerto Nuevo from the Ríos Cotuhé y Putumayo Indigenous Territory. These communities harvest in areas around Tarapacá and sell the raw material to the association. In 2005, the Government of Amazonas loaned ASMUCOTAR small facilities in Tarapacá where they have their processing plant. They have received support from the SINCHI Institute, ECOFONDO, and World Wildlife Fund (WWF-Colombia) to acquire machinery and other infrastructure. They have an agreement with the Colombian Air Force for the free shipment of their products by plane to the city of Leticia and in Leticia they sell to a company called Selva Nevada, which distributes their products to restaurants in Bogotá.

ASMUCOTAR sustainably manages the resources they commercialize. The SINCHI Institute supported a pre-feasibility study to determine the management of fruits and has advised the association and members of the harvesting communities on how to sustainably manage camu camu (Hernández Gómez et al. 2010). ASMUCOTAR has a permit from Corpoamazonia for the management of *camu camu* in Lake Pexiboy. When they obtained their first permit in 2011, it was the first forestry permit granted in Colombia for a non-timber product. That permit expired in 2017, but they managed to obtain a new permit in June 2020, through Resolution DG 0467 of Corpoamazonia, valid for five years.

The main challenges faced by ASMUCOTAR members are: 1) accessing credit and investment and 2) improving and diversifying their supply chain and buyers. Access to credit and investment is challenging because they do not have a property title due to the legal vacuum of Tarapacá as an urban center. They also depend on the generosity of the Air Force for transportation and on contact with Selva Nevada to market their products. Thus, in the medium and long term, the strengthening and diversification of their value chain is an important challenge. Every year the women participate in the fairs organized in different places by the SINCHI Institute and other organizations, where they have had the opportunity to exchange knowledge and promote their products such as nectars and jams made of pineapple, mango, and rose apple.

ASOAINTAM, with the support of the SINCHI Institute, also obtained a permit from Corpoamazonia for the use of copaiba and andiroba that was valid from 2013–2017[70] and the AATI currently has a processing plant in the Alto Cardoso community, within the Uitiboc Indigenous Reserve, where the oil is extracted from these products. Several people from ASOAINTAM, mostly women, have made soaps, cosmetics, shampoos, and essential oils, which they sell in the urban area of Tarapacá. However, ASOAINTAM still does not have commercial connections or sufficient technical support to develop a viable supply chain. Some members of ASOAINTAM told us during the rapid inventory that the AATI structure, being a mainly political structure, requires more commercial support to carry out economic projects successfully.

To expand alternative economic opportunities for the population of the region, it is important to strengthen commercial spaces such as fairs and support local initiatives such as those of ASMUCOTAR and ASOAINTAM, through technical support for harvesting, processing, and marketing. In addition, collaboration among Corpoamazonia and other entities is needed to facilitate the processing of permits and ensure the sustainable management of the natural resources used as part of these activities. Finally, it is important to promote more spaces for the exchange of successful experiences in the management and commercialization of non-timber forest products so that this alternative activity can be practiced by other groups in the region.

TARICAYA MANAGEMENT

Due to the high rate of predation of river turtle eggs (taricaya; Podocnemis unifilis) in the lower basin of the Putumayo River, since 2017 the Yaguas National Park leadership, with support from the Instituto del Bien Común (IBC) and the Frankfurt Zoological Society, has been promoting the repopulation of the species in seven Indigenous communities: Tres Esquinas, San Martín, Puerto Nuevo, Corbata, Remanso, Betania, and Puerto Franco.

The men and women who voluntarily support this initiative were trained through various workshops by the personnel of Yaguas National Park in the search and relocation of nests, and release of the taricaya hatchlings. They were also supported with materials for the construction of artificial beaches. By 2018, communities had relocated 6,159 eggs, 4,164 of which hatched, representing a survival rate of 68%.

This significant number of hatchlings released into the environment is a step to the recovery of the population. It is expected that the communities involved will maintain momentum towards the turtle's recovery and, in the near future, achieve economic benefits from the management of taricaya. Ultimately, this will improve the quality of taricaya populations in the lower Putumayo river basin.

MINING

Although it represents a significant threat to the health of rivers and people, it is worth mentioning that some inhabitants of the region occasionally engage in mining activities. The mining that takes place in the region is alluvial gold mining, which occurs along the river using dredges on balsa rafts (Pitman et al. 2016). Men generally act as divers (diving and hosing down the river bed to obtain the material from which the ore is extracted), sifters, or operators and helpers on dredges, while women typically work as cooks.

OTHER SOURCES OF INCOME

In addition to the aforementioned economic activities that are directly linked to the use of natural resources, some inhabitants of the region also work in other activities. For example, some are engaged in small-scale retail trade, as owners or employees at stores in Indigenous communities, the Puerto Ezequiel settlement, or the urban area of Tarapacá. Others work in the public sector in the region's schools, as community promoters or in other roles within the health sector, or as members of the police or the armed forces, among other activities.

CONCLUSION

The livelihoods of the inhabitants of the Bajo Putumayo-Yaguas-Cotuhé region are based on efforts to ensure

---

70 http://www.corpoamazonia.gov.co:85/resoluciones/uploadFiles/1281_2013-0028/Res_0028_2013.pdf

food sovereignty, the principles of reciprocity and solidarity, and the search for economic resources to support the purchase of important products that can only be obtained through markets. There are examples of sustainable management of fisheries, timber, and non-timber forest products that constitute an important asset in this region and need to be consolidated. There are also community agreements for the use of various natural resources, many of which are binational in nature, and these must be made visible and respected.

At the same time, there are challenges for local livelihoods. The inconsistency among regulations in Peru, Colombia, and Brazil regarding the trade of arowana and arapaima hinders coordination for the sustainable management of fisheries. Illegal timber trafficking and zoning and management of the Forestry Reserve that do not adequately reflect the local reality, the complexity of the procedures to obtain permits for local use, and the lack of financial support for processing and legal trade are important barriers to the development of sustainable logging activities in the region. The incentivizing of coca growing for illicit use by outsiders threatens the traditional garden system. The lack of technical support for the management, harvesting, processing, and commercialization of non-timber forest products prevents the development of these activities in a sustainable and economically viable manner. Finally, the economic resources of the majority of the population are scarce and it is difficult to find sustainable and long-term sources of employment. Despite these obstacles, there are important initiatives indicating the organizational capacity and resilience of the population, and it is important to strengthen these activities.

Taking these challenges into account, we recommend greater clarity in regulations, better coordination in the control and monitoring of illegal activities, and more support and incentives for the sustainable use and commercialization of natural resources, always recognizing local knowledge and the informal, community agreements that currently exist.

A BINATIONAL PERU-COLOMBIA GATHERING: TOWARD A COMMON VISION FOR THE BAJO PUTUMAYO-YAGUAS-COTUHÉ REGION

Authors: Christopher Jarrett, Diana Alvira Reyes, Alejandra Salazar Molano, Ana Lemos, Adriana Vásquez, Margarita del Aguila Villacorta, Fernando Alvarado Sangama, Valentina Cardona Uribe, Freddy Ferreyra, Jorge W. Flores Villar, María Carolina Herrera Vargas, Wayu Matapi Yucuna, Delio Mendoza Hernández, Dilzon Iván Miranda, Milena Suárez Mojica, Madelaide Morales Ruiz, Rosa Cecilia Reinoso Sabogal, Luisa Téllez, and Charo Lanao

INTRODUCTION

How can we improve binational environmental governance in the Bajo Putumayo-Yaguas-Cotuhé region? How can we ensure that the voices of local populations are listened to and taken into account for effective decision-making about territory and quality of life in communities? How can we learn from each other to better coordinate, be better neighbors, and have more resilient livelihoods?

To answer these questions, to strengthen the many—primarily community-based—efforts in the region to support the wellbeing of the territory and its people, to bring together the work done in each community throughout the inventory, and to generate proposals together, upon concluding fieldwork, we organized a binational gathering of representatives from the Peruvian and Colombian communities that participated in the inventory. The objective of the meeting was to provide a space for dialogue among neighbors, in which they could meet; get to know each other; talk about their aspirations, strengths, and challenges; and develop strategies together, based on community knowledge, to strengthen quality of life in the region. It is important to emphasize that this was the first meeting of this kind in a territory where Indigenous people, settlers, and, to a lesser extent, institutions from Peru and Colombia, met to dream about a joint territory.

The meeting took place at the Institución Educativa Villa Carmen, in Tarapacá, Colombia, from 22 to 24 November, and brought together 80 people from the Bajo Putumayo-Yaguas-Cotuhé region. Participants included representatives from: 1) the native communities and FECOIBAP and OCIBPRY federations of the lower Peruvian Putumayo, 2) the Ríos Cotuhé y Putumayo and

Uitiboc Indigenous territories and the AATIs CIMTAR and ASOAINTAM, 3) the congregation of Puerto Ezequiel, 4) the civil and economic associations of Tarapacá (ASMUCOTAR, ASOCOLTAR, ASOPROMATA, ASOPESTAR, and APIPOATA), 5) the regional government of Loreto, Peru (the Directorate of Production, DIREPRO, and the Regional Forestry Administration, GERFOR) and 6) the Colombian regional environmental authority, Corpoamazonia.

The objectives of the gathering were: 1) to meet and get to know each other as neighbors, 2) to learn about the history of the population, 3) to exchange experiences in the use of natural resources and territory, 4) to conduct a binational assessment together of the current state of the territory, and 5) to develop a shared vision for the future of the landscape.

MEETING AND GETTING TO KNOW EACH OTHER

The objective of Day One was to get to know each other as neighbors and learn about the settlement history of the territory. Participants reflected on the most significant places for them in the landscape, their stories of migration, and the characteristics that distinguish them as inhabitants of the region.

Timelines and migration routes prepared during inventory visits were combined on a single map, resulting in a historical map showing the routes through which the current inhabitants, or their parents, arrived in this area, a territory that is the ancestral homeland of the Ticuna and Yagua peoples and is now shared and inhabited by a diversity of Indigenous and mestizo peoples. This exercise allowed us to make visible the region's settlement history, the ancestral knowledge of its inhabitants, and the strategies used to sow and weave life on the banks of the Putumayo River (see Fig. 10A). The rubber boom and other bonanzas such as for rosewood, animal skins (the *tigrilladas*), coca and timber; the 1932 Colombo-Peruvian War; and the floods experienced by the Israelites in their previous settlement on the Caquetá; were some of the key elements from which the current history of lower Putumayo is woven (see the chapter *Cultural and settlement history of the Bajo Putumayo-Yaguas-Cotuhé region*, in this volume).

Two elements are worth highlighting. The first is the sense of belonging—"We are from somewhere else, but our heart is here now," said an Israelite man from Puerto Ezequiel, expressing a feeling shared by many residents. The second is the river that brings people together— "Although the Lower Putumayo is a border territory with different visions and public policies, the border has not divided us. On the contrary, we have strengthened relations and agreements between us that have allowed us to share resources and ideas and forge new intercultural family ties," said an area leader during the gathering.

ASSETS AND CHALLENGES

To discuss identity, we decided to foreground assets and shared qualities, highlighting the sense of belonging and pride in being children and guardians of the Putumayo River, a form of resistance to the historical tendency of being made invisible or associated with illicit activities and armed conflict.

Who are we as inhabitants of the Putumayo River? This question generated a dialogue about the characteristics that make the men and women who live on the banks of the Putumayo River special, a series of qualities that give meaning to a common identity, regardless of whether they are Indigenous peoples, settlers, or *mestizos*. The inhabitants of the Putumayo River, they said, are hardworking, caring, conservationist, intercultural, spiritual, supportive, responsible, cheerful, skilled, and capable of maintaining a living and united culture and wide cultural and ethnic diversity. Identifying these shared values was an exercise that made everyone smile and remember the importance of highlighting what unites us and what makes us strong.

Among the strengths highlighted were resilience, cultural diversity and good intercultural relations, culture as a source of knowledge and a basis for managing territory, and the organizational capacity of the local population. Within the territory the elements they emphasized were the river that unites, the abundance of plants and animals, the many sources of water, the land for planting, and the clean air.

The challenges they face, or what they would like to improve about the territory, are the relationship with the State and other entities, which have been absent in a sustained manner; the possibility of having real, sustainable economic alternatives; the exchange of experiences between Peru, Colombia and Brazil; capacity building for organizations in general and women's organizations in particular; transportation between Peru and Colombia; improvements in public services (health, infrastructure, communications, education, etc.); the (re)valuing of Indigenous cultures; respect and protection for the territory by outsiders and the State; the solution of territorial tensions (lack of legal recognition of Tarapacá and other *mestizo* settlements, aspirations to expand Indigenous reserves, boundary problems, different and sometimes contradictory aspirations in the same place); legal, technical and economic incentives for legal timber harvesting; and better conditions for youth and older adults. Many of these challenges are related to the fact that these territories are very remote and lack external support; they also reflect a desire to strengthen local organizations and to remain in the region and continue to weave their own destiny.

LAND MANAGEMENT AND ENVIRONMENTAL GOVERNANCE

On the second day, groups focused on the natural resources that are most important in this region: fish, timber, crops, and non-timber forest products. The objective was to identify shared challenges and generate proposals to improve sustainable natural resource use and management. We also worked on territorial governance, a difficult concept that is nevertheless exercised every day in practice.

The main challenges for sustainable natural resource use and management were: the weak presence of environmental authorities, the lack of real incentives for the legal commercial use and management of resources, the high prices of river and air transportation, territorial tensions (different aspirations in the same territory without adequate spaces for dialogue to resolve them), the lack of sustained support for community and economic organizations, as well as the lack of legal recognition of community control, monitoring and surveillance mechanisms and, in some cases (especially Peru), the loss of cultural knowledge for territorial management.

We also reflected on the notion of governance, a concept that is much discussed but difficult to understand. What is governance? After activities, games, and conversations, we developed a definition that we all understood and that allowed us to reflect together on the state of territorial and environmental governance in the area: governance is *the way we make decisions about a common interest and organize ourselves to carry out and evaluate them*. The governance discussion helped everyone to understand that the most important actors in territorial and environmental governance are the communities that exercise governance in their daily practices, practices that have allowed them to maintain the health of the territory and the people, as well as to expel some threats from the area, such as mining, and to exercise control to avoid or diminish the inappropriate use of the territory by locals, but above all by outsiders, through community agreements. The presence and regulations imposed by the communities have prevented the area from being used by outsiders as simply a source of natural resources that they can extract at will, as happened during the boom decades (see the chapters *Cultural and settlement history of the Bajo Putumayo-Yaguas-Cotuhé region* and *Demography and governance in the Bajo Putumayo-Yaguas-Cotuhé region*, in this volume).

VISIONS, PROPOSALS, AND PRIORITIES

On Day 3, we discussed hopes, expectations, and dreams for the future of the region and agreed on the priority issues that need to be addressed in order to realize this vision. In a participatory manner, seven general categories of ideas were identified:
1) sustainable commercially-oriented resource management, 2) sustainable economic alternatives (emphasis on tourism), 3) cultural strengthening, 4) spaces for inter-institutional coordination, 5) regulatory frameworks for natural resource use and management, 6) organizational strengthening, and 7) self-government and territorial aspirations.

With regards to sustainable commercially-oriented resource management, there was interest in establishing fisheries management programs from Puerto Franco to Tarapacá, with technical support from fishing authorities, to consolidate the efforts of existing Peruvian fishing associations in native communities and Colombian fishing associations in Tarapacá. It is important to highlight the strength of Peruvian communities in terms of fisheries management, evidenced by their experience implementing community fisheries management plans and their willingness to share their knowledge. The Peruvian experience of creating fishing associations is important in that it strengthens the notion of fisheries as a collective good, with community agreements, shared rules, clear division of roles, active participation of women, direct trade and administrative capacity to manage economic resources. The establishment of monitoring committees that strengthen environmental governance and fishing regulation, as well as the creation of Schools for Artisanal Fishers (*Escuelas de Pesca Artesanal*; EPA) have led to the training of community members in fishing techniques, establishment of fishing associations, collection and analysis of monitoring data, among other capacities, which allow them to make informed decisions and ensure the social and financial sustainability of fishing. To achieve this sustainability, they have started a capital fund to provide themselves with materials and supplies and to build collection centers. Finally, the presence of the fishing authority DIREPRO, which carries out certified training activities, as well as the sustained support of the NGO IBC, have been essential to the strengthening of community fishing associations.

In this context, one of the binational aspirations is to be able to sell sustainably caught fish through strong community partnerships, without intermediaries and at better prices. Having trinational regulatory frameworks for the commercialization and export of arowana, arapaima, and other economically important species is a key issue for the inhabitants of the basin, as well as greater compliance with existing intercommunity agreements. Aligning fishing bans in the three bordering countries continues to be a priority for the regulation of this activity.

With respect to non-timber forest products, given the region's great potential in this area and the successful experience of ASMUCOTAR, there was interest, especially among women, in forming a bi-national women's organization for the transformation and commercialization of forest products. For this to be possible, as with timber harvesting, government support is needed to facilitate the establishment of legal

associations and streamline the process of obtaining permits from the environmental authority. Providing technical and administrative training, building collection centers with processing machinery, and providing subsidies for transportation and marketing will have to become priorities for public and private investment.

In the timber sector, the priority is to generate incentives for legality. It is important to highlight the effort of some loggers, both in Peru and Colombia, to work legally, respecting each country's regulations and upending the longstanding tradition of unregulated logging. However, while legal loggers invest resources and effort to comply with the law, they lack a comparative advantage in the market over illegal loggers. In both Peru and Colombia, the sector is demanding public attention and investment, as well as streamlining of procedures, in order to ensure fair and equitable access, sustained state support, and greater control over illegal trafficking. As with fishing, Peru and Colombia have complementary strengths. Sharing and exchanging lessons learned should be a priority for the sector. In Colombia, strengthening organizing efforts within the forestry sector is important, with the Amazonas Forestry Roundtable as a recognized space for dialogue, coordination, agreement, and alignment between public and private actors. Colombia should consider lessons learned in Peru with DEMAs and the Forestry Backpack (*Mochila Forestal*). Community forestry could be an interesting option for Colombia. Meetings between the Loreto Forestry Roundtable in Peru and the Amazonas Forestry Roundtable in Colombia, as well as strengthening traceability, regulatory flexibility, and organizing should be priorities in order for the timber sector to be strengthened and positioned as a sustainable model for the Amazon. Participants also hoped that governments will provide technical assistance for natural resource use and monitoring, recognize community experiences in these areas, and develop models for coordination between local people and government authorities.

With regards to cultural strengthening, there is an aspiration to recover ancestral languages and to promote greater respect for the values and cultural traditions of each people. Participants recognized Colombian Indigenous communities' strength in cultural management of their territory and expressed interest in organizing gatherings focused on culture and traditional knowledge. These gatherings are urgent in a place where knowledge is still alive, especially among community elders. A successful example of this type of encounter took place between 2007 and 2009, when National Natural Parks (PNN) of Colombia supported a series of cultural and seed exchange meetings between communities in the Ríos Cotuhé y Putumayo Indigenous Territory and the community of San Martín de Amacayacu, where some Peruvian native communities also participated. Shortly after the inventory, PNN organized another meeting between Ticuna communities from both sides of the border, in the Peruvian native community of Santa Rosa de Cauchillo. Participants expressed an interest in seeing these experiences strengthened and extended to other peoples and geographies.

With respect to inter-institutional, binational coordination, regulatory frameworks and organizational strengthening, there is a need to harmonize regulatory frameworks for natural resource use and commercialization and to improve control and monitoring by environmental authorities and armed forces through a sustained presence that is respectful of the communities. Likewise, there was a call for community monitors to be recognized and well compensated and equipped. The establishment of a binational roundtable on environmental governance issues was also proposed, especially for timber and fishing.

Finally, the different territorial aspirations of communities and organizations in the same territory were discussed, as well as the need to organize participatory gatherings and dialogues to discuss and establish consensus regarding territory. For Colombia, the Forestry Reserve and the urban center of Tarapacá require special attention (see Fig. 30 in the chapter on the *Natural resource use and household economy in the Bajo Putumayo-Yaguas-Cotuhé region*, in this volume). In the Forestry Reserve, there is interest among some people and logging associations, as well as the Environmental Authority, to make long-term use of the area through sustainable and regulated timber harvesting. There is also the aspiration of the Ríos Cotuhé y Putumayo Indigenous Territory to expand its reserve to the west, after the legal resolution (*saneamiento*) of these spaces, and the Israelites' interest

in obtaining legal rights to the lands where they have settled. With respect to the urban center of Tarapacá, there are two main visions for addressing the current legal limbo: 1) those who dream of having administrative, political and financial autonomy through the recognition of the Tarapacá area as a municipality, which would require it to be removed from the Forestry Reserve and elevated to the status of a departmental municipality, and, 2) those who hope to implement Decree 632, which provides guarantees for the establishment of Indigenous councils in this territory (see the chapter *Demography and governance in the Bajo Putumayo-Yaguas-Cotuhé region*, in this volume, for more details). In Peru, the undesignated State lands are another key area, where the interest of FECOIBAP in establishing a Communal Reserve for the shared use of all the communities of the Lower Putumayo contrasts with the desire of OCIBPRY to extend the titles of its native communities (see Fig. 29 in the chapter *Demography and governance in the Bajo Putumayo-Yaguas-Cotuhé region*, in this volume).

Once the participants' different visions for the future were expressed, the following lines of action were prioritized through a participatory selection process: 1) river transport, 2) economic alternatives, especially tourism, 3) commercialization of sustainably harvested products (timber and fish), 4) Indigenous autonomy. In terms to transportation, the dream was to have subsidized river transportation for the people of the Putumayo to get around and sell their products, such as timber, fish, and crops, in an efficient and regular manner. In terms of economic alternatives, participants analyzed the possibility of developing a tourism corridor in the Putumayo and identified several elements that they wanted to avoid, such as sexual tourism and tourism through intermediaries. With respect to the commercialization of sustainably harvested products, the group proposed creating two binational roundtables— one for forestry and one for fishing—given that several of those present are involved in both activities. The idea was that these would be legally binding spaces for discussion about regulations, practices, and commercialization issues. They also recognized the importance of carrying out more exchanges or visits to learn how resources are being managed in different areas. In the discussion on Indigenous autonomy, lack of financial management and project development abilities were identified as main weaknesses for the autonomy of community organizations. This group proposed doing an assessment of Indigenous organizations' administrative structures and sharing lessons learned from good and bad financial management experiences, as a first step toward developing a binational project to build administrative capacities.

The social team committed to share the proposals with governments, international agencies, and other key actors, to carry the voice of the communities to decision makers, and to generate products that ensure territorial planning incorporates community input. We gave presentations of the preliminary results of the rapid inventory in Tarapacá, Leticia, Bogotá and Lima, upon conclusion of fieldwork. In Leticia we also made a presentation to government representatives who were convened to begin defining the proposal for a special project for the Putumayo within the framework of the Global Environmental Facility.

TOPICS TO EXPLORE MORE DEEPLY IN FUTURE GATHERINGS

At the end of the final day of the gathering, participants did an evaluation of the process and identified topics they would like to discuss in more detail in future gatherings. The topics they mentioned were: gender equality, successful experiences managing natural resources for commercial purposes, commercialization processes, different territorial aspirations and the need for inclusive spaces for conversation and decision-making regarding territory, effective administration of monetary resources, and regulatory frameworks for natural resource use. Future gatherings in the region should address these issues.

CLOSING: EVENING OF INTERCULTURALITY AND FINAL REFLECTIONS

To close the event, an "evening of interculturality" was organized during which participants shared songs, dances, jokes, and other cultural expressions. The people of Tarapacá sang the Tarapacá anthem and danced vallenato, a Bora grandfather led a song and dance in his language, an Israelite girl sang a religious hymn, and some members of the social team sang and told jokes. The moment of togetherness reflected the sense of unity, solidarity and respect for difference that is characteristic of the people of the Putumayo and literally projected the voices of the Putumayo to the outside world.

Apéndices/Appendices

Sobrevuelo de la región Bajo Putumayo-Yaguas-Cotuhé

Autora: Corine Vriesendorp

Introducción

El 3 y 4 de octubre de 2019 sobrevolamos partes de la región Bajo Putumayo-Yaguas-Cotuhé en una avioneta Cessna para cinco pasajeros. Solo volamos sobre la parte colombiana del paisaje. Sin embargo, mientras volábamos sobre el río Putumayo, pudimos hacer algunas observaciones de los hábitats del lado peruano de la frontera.

Antes del vuelo elegimos 45 puntos de ruta en un proceso colaborativo que incluyó aportes de un geólogo (Hernán Serrano), un agrónomo (Pedro Botero), y personal de la administración de Parques Nacionales Naturales de Colombia (Alexander Alonso, Eliana Martínez, David Novoa y Héctor Acosta), de Amazon Conservation Team-Colombia (Germán Mejía), de la Fundación para la Conservación y Desarrollo Sostenible (Rodrigo Botero) y de The Field Museum (Álvaro del Campo y Corine Vriesendorp). Debido a factores climáticos, no pudimos muestrear los puntos ubicados más hacia el oeste de la ruta (2–5) y hacia el extremo este (37–38).

El 3 de octubre volamos desde Bogotá hacia Mitu, hacia al Parque Nacional Natural (PNN) Río Puré y hacia Leticia. El 4 de octubre volamos desde Leticia hacia el río medio Cotuhé, sobre un gran bloque de concesiones forestales al norte del Putumayo (Unidad de Ordenación Forestal de Tarapacá) y luego a lo largo del río Putumayo antes de retornar a Leticia. Expertos locales volaron sobre los sitios que mejor conocían: Alexander Alonso del PNN Río Puré participó el primer día y fue reemplazado por Cristóbal Panduro del PNN Amacayacu el segundo día. Incluimos las listas completas de los pasajeros más abajo.

Mientras que este reporte incluye observaciones de los vuelos desde Bogotá hacia Mitu y el PNN Río Puré, nuestro enfoque era la región de Bajo Putumayo-Yaguas-Cotuhé. Dentro de esa región volamos sobre cuatro drenajes de ríos principales de norte a sur: el Puré, el Putumayo, el Cotuhé y el Purité. El Puré drena hacia el Japurá, mientras que el Cotuhé y el Purité son tributarios del río Putumayo. Más cerca a Leticia cruzamos el caño Calderón, el cual drena hacia el río Amazonas.

En este reporte nos enfocamos en las diferencias en relieve (colinas, llanuras), drenaje (pantanos, terrazas), tipos de agua (aguas negras, aguas blancas, aguas claras) y, en algunos casos, tipos de suelos (arenas blancas, turbas). El paisaje está dominado por bosques continuos que crecen sobre colinas bajas, con algunas excepciones notables: los bosques atrofiados que crecen en turba o arena blanca a lo largo del río Puré, las turberas atrofiadas del lado peruano del río Putumayo, las largas crestas en forma de cuchillo de la terraza del Purité y los pantanos dispersos de palmeras *Mauritia*.

Desde el aire se ve muy poca deforestación. Los asentamientos a lo largo del Putumayo y el Cotuhé son relativamente pequeños, siendo la comunidad peruana de Huapapa (400 habitantes) la más grande a lo largo del Putumayo en sí, y, los asentamientos de los 250 habitantes ticuna que viven a lo largo del caño Pupuña, los asentamientos más grandes a lo largo del río Cotuhé. La comunidad más grande es Tarapacá (1.000 habitantes), emplazada en la desembocadura del río Cotuhé en el Putumayo. Los claros de agricultura más extensos han sido hechos por los israelitas, una secta religiosa, en Puerto Ezequiel del lado colombiano del Putumayo, y, aún así, estos son pequeños parches (25–40 ha) dentro de una matriz boscosa que se expande a través de millones de hectáreas.

Debajo describimos los dos días de sobrevuelos, caracterizando el paisaje e identificando los principales puntos de interés en la región.

PRIMER SOBREVUELO: 3 DE OCTUBRE DE 2019

Pasajeros: Alexander Alonso (PNN Rio Puré), Germán Mejía (ACT-Colombia), Rodrigo Botero (FCDS), Álvaro del Campo (Field Museum) y Corine Vriesendorp (Field Museum)

Bogotá-Mitu: ~11:00 a ~13:20

Partimos de Bogotá con una gran cobertura de nubes, cruzando sobre la extensión más oriental de los Andes

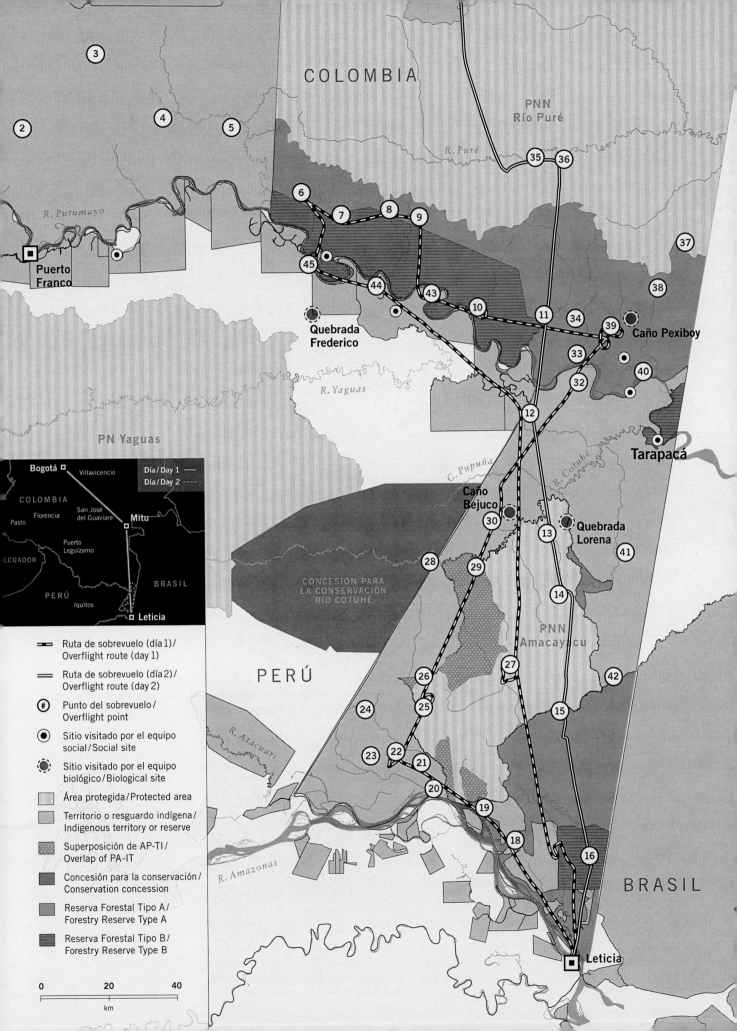

COLOMBIA

PNN
Río Puré

R. Puré

R. Putumayo

Puerto
Franco

⑥

⑦   ⑧   ⑨

㊱   ㊲

㊳   ㊴

㊵   ⑩   ⑪   ㉞   ㊴   ㊶

Quebrada
Frederico

Caño Pexiboy

㉝

㉜   ㊵

R. Yaguas

⑫

Tarapacá

PN Yaguas

C. Pupuña

R. Cotuhé

Caño
Bejuco   ⑬   Quebrada
Lorena

㉚   ㊶

㉘   ㉙

CONCESIÓN PARA
LA CONSERVACIÓN
RÍO COTUHÉ

⑭

PNN
Amacayacu

PERÚ

㉗

㉖

㉔   ㉕   ⑮

R. Atacuari

㉓   ㉒   ㉑

⑳

⑲

⑱   ⑯

R. Caldero

R. Amazonas

BRASIL

Leticia

Mapa guía / Inset map
Bogotá □   Villavicencio   Día / Day 1 ——
COLOMBIA   San José
del Guaviare   Día / Day 2 ----
Florencia   Mitu □
Pasto
Puerto
Leguízamo
ECUADOR   BRASIL
PERÚ   Iquitos
Leticia □

Leyenda / Legend
⊏□⊐ Ruta de sobrevuelo (día 1)/
    Overflight route (day 1)
═══ Ruta de sobrevuelo (día 2)/
    Overflight route (day 2)
(#) Punto del sobrevuelo/
    Overflight point
◉ Sitio visitado por el equipo
    social/Social site
◌ Sitio visitado por el equipo
    biológico/Biological site
▨ Área protegida/Protected area
▨ Territorio o resguardo indígena/
    Indigenous territory or reserve
▨ Superposición de AP-TI/
    Overlap of PA-IT
▨ Concesión para la conservación/
    Conservation concession
▨ Reserva Forestal Tipo A/
    Forestry Reserve Type A
▨ Reserva Forestal Tipo B/
    Forestry Reserve Type B

0   20   40
km

antes de bajar a las llanuras del drenaje del Orinoco. La actividad humana se concentra cerca del piedemonte andino, con grandes extensiones de palma aceitera y fincas ganaderos en las sabanas del Orinoco, y extensiones de bosque cada vez más grandes hacia el este. Al este de los Andes, el paisaje se vuelve extremadamente plano y las colinas más pequeñas comienzan a aparecer a medida que se avanza hacia el este. Seguimos libremente el río Guaviare, y una vez que lo cruzamos y nos dirigimos hacia el sur, volamos sobre la gran extensión plana entre los ríos Guaviare e Inírida. Aunque todavía estábamos en la cuenca del Orinoco, los bosques se parecían a los de la cuenca del Amazonas y se extendían hacia el horizonte.

Al acercarnos a Mitu, un pequeño poblado en el río Vaupés, el paisaje boscoso era interrumpido esporádicamente por afloramientos rocosos, bosques atrofiados y arenas expuestas. Estos son algunos de los afloramientos dispersos del Escudo Guayanés en la Amazonia colombiana: un arco de rocas paleozoicas tempranas a lo largo de la frontera con Venezuela, que están presentes hasta el PNN Serranías de Chiribiquete. Reabastecimos combustible en Mitu y volvimos a partir en menos de una hora.

Mitu-Leticia: 14:00 a 16:15
Dejamos a Mitu bajo un sol brillante, y casi inmediatamente entramos en un extenso y oscuro banco de nubes. Después de dirigirnos inicialmente al punto 2 de la ruta, nos dimos cuenta rápidamente de que no íbamos a poder alcanzar ese punto con lo que quedaba de luz; así que tuvimos que cambiar la ruta y nos redirigimos hacia los puntos 35 y 36 dentro del PNN Río Puré.

La ruta de vuelo de Mitu a Leticia cruzaba por un paisaje boscoso ininterrumpido que incluye reservas indígenas y el PNN Yaigoje-Apaporis. Volamos sobre el Centro Providencia, la casa comunal del pueblo Makuna, donde se alcanzaron acuerdos para proteger el Yaigoje-Apaporis en 2009. Este paisaje contrasta marcadamente con el arco de paisajes alterados y degradados que dominaron la primera etapa del vuelo, sobre la cuenca del Orinoco. Volamos sobre un enorme legado de conservación y territorios indígenas —libres de deforestación y llenos de vida— que se extienden por miles de kilómetros a lo largo de la frontera suroriental de Colombia.

En el PNN Río Puré volamos sobre el mismo río Puré, así como sobre el caño Aguas Blanquitas. A lo largo de los tributarios que fluyen hacia el Puré, hay bosques atrofiados que crecen en áreas pobremente drenadas, emplazados muy posiblemente sobre depósitos de turba. Estos son visibles como áreas de color lila en la imagen de satélite. Aquí no observamos deforestación, ni pistas de aterrizaje, ni malocas, ni signo alguno de tala ilegal.

Continuamos hacia el sur, cruzando el río Putumayo y sobrevolando un antiguo claro abierto por vientos fuertes cerca de la frontera entre el Perú y Colombia, cubierta ahora de robustos árboles de *Cecropia*. Continuamos hacia el sureste y sobrevolamos la enorme terraza del río Purité, el punto más alto del paisaje dentro del PNN Amacayacu, drenado por el Purité, un espectacular río de aguas negras. La luz de la tarde expuso la textura de la terraza, revelando largas crestas en forma de cuchillo separadas por valles empinados. La terraza es de un color púrpura intenso en la imagen satelital, lo que sugiere el dominio de una sola especie. Sin embargo, no pudimos identificar una sola especie que pudiera crear esta coloración. Quizás el color refleje características del drenaje de la terraza u otras características que distingan a estos bosques del resto de esta parte de la Amazonía colombiana. Los niveles de agua en el Purité eran bajos, exponiendo playas de arena blanca.

Cuando nos acercamos a la terraza del Purité, observamos un deslizamiento lateral que se asemejaba a un mordisco semicircular extraído del paisaje. La mayoría de nosotros nunca había visto algo similar en otras partes de la Amazonía colombiana o peruana, pero Alex Alonso, del PNN Río Puré, había visto deslizamientos de tierra similares a lo largo del río Puré, cerca de la frontera con Brasil, y cerca de los puntos de ruta 37 y 38.

Volamos sobre el caño Calderón, pero no vimos la deforestación que aparece considerablemente más lejos, aguas arriba (ver la siguiente sección). Cuando llegamos a Leticia, pudimos ver la expansión de la ciudad, incluidos los asentamientos emplazados a lo largo de la carretera norte-sur que estaba destinada a conectar Leticia con Tarapacá, conocida como 'los kilómetros', así como otra carretera que se dirige de este a oeste, paralela al río Amazonas, a unos 20 km de Leticia. La frontera con Brasil está marcada por una abrupta transición de la deforestación y la agricultura cerca de Leticia a una cobertura forestal continua en Brasil. Aterrizamos en Leticia con una vista del río Amazonas, después de haber volado durante más de dos horas y media sobre la espesura de la selva.

SEGUNDO SOBREVUELO: 4 DE OCTUBRE DE 2019

Pasajeros: Cristóbal Panduro (PNN Amacayacu), Germán Mejía (ACT-Colombia), Rodrigo Botero (FCDS), Álvaro del Campo (Field Museum) y Corine Vriesendorp (Field Museum)

Leticia a los campamentos del inventario a Leticia: 14:00 a 17:15
Saliendo de Leticia a las 14:00, volamos a lo largo del río Amazonas, pasando la comunidad de San Martín de Amacayacu. Observamos varios claros, incluyendo una chagra recientemente despejada y particularmente grande. Nuevamente observamos las formaciones largas y lineales de la terraza del Purité, visibles como un color morado oscuro en la imagen de satélite. Volamos sobre el río Amacayacu y pasamos sobre una pista de aterrizaje creada hace décadas en un paisaje de arena blanca conocido localmente como varillal (puntos de ruta 25 y 26). La pista de aterrizaje está abandonada, aún no se ha regenerado, y casi seguramente llevará décadas para reforestar de forma natural debido a que los suelos son extremadamente pobres. Observamos áreas de sabana que parecen estar subyacidas por turba, así como bosques atrofiados que crecen en turberas o arenas blancas. En algunos lugares, los aguajales o cananguchales se componen de unos pocos individuos de la palmera *Mauritia*, y en otros hay miles de tallos de *Mauritia* que se extienden por docenas de hectáreas.

Debido a que las lluvias de la mañana habían reducido la ventana de tiempo que teníamos para el sobrevuelo, priorizamos los puntos de ruta cerca de los campamentos para el inventario rápido y cerca de las comunidades a lo largo del lado colombiano del Putumayo. Los niveles de agua eran bastante bajos en el río Cotuhé. Volamos sobre La Manigua/Villa Ciencia, un área ubicada a orillas del río Cotuhé donde vivió Julia Field, una ambientalista estadounidense, en la década de 1970. No quedan rastros de alguna ocupación en ese lugar, al menos desde el aire.

El caño Bejuco, un afluente del Cotuhé, estaba programado para ser nuestro tercer campamento en el inventario rápido. El área estaba cubierta de nubes, y no pudimos ver el caño en sí, ni avistar la diversidad de los tipos de bosque. Observamos una torre de telefonía celular. Mientras volamos hacia el norte, cruzamos el caño Pupuña y observamos una de las malocas ubicadas río arriba, probablemente la cuarta maloca, que incluye un complejo de estructuras tradicionales con techos de paja y al menos un techo de zinc. Esta es una de las comunidades Tikuna más grandes que se encuentran a lo largo del río Cotuhé y la más fuertemente ligada a sus tradiciones culturales y su idioma.

Continuamos hacia el norte, cruzando el río Putumayo, y comenzamos a seguir el caño Pexiboy hacia la concesión forestal administrada por Flor Ángela Martínez, programada para el segundo campamento del inventario rápido. Observamos una abertura de 1 ha con varias edificaciones rurales, un jardín con plátanos y otros cultivos, y un bote atado al pequeño muelle del caño. Este espacio abierto para las operaciones forestales aparece como un pequeño claro en medio del extenso bosque, y desde el aire no vimos evidencia obvia de tala. Los bosques aquí parecen crecer sobre una serie de colinas de mediano tamaño.

Continuamos hacia el norte, hacia los límites meridionales del PNN Río Puré, buscando, mas no encontrando, evidencia de tala a lo largo de los caños que drenan al sur hasta el Putumayo. Regresamos al Putumayo, sobrevolando la comunidad israelita de Puerto Ezequiel. La deforestación creada por esta comunidad es diferente a la de otros asentamientos, con áreas de cultivo mucho más extensas y expansivas, sembradas hasta las orillas del Putumayo. Observamos un complejo de grandes lagos de aguas negras en el lado peruano del Putumayo cerca de Puerto Ezequiel. Tuvimos buenas vistas de la pequeña comunidad peruana de Tres Esquinas, así como del bosque ubicado hacia el sur, programado para ser nuestro primer campamento del inventario rápido. Observamos un mosaico de hábitats diversos, la mayor diversidad de tipos de hábitat que observamos durante el sobrevuelo, con aguajales/cananguchales, turberas y bosques que crecen en una serie de crestas y pequeñas colinas. Nos acercamos al gran asentamiento peruano de Huapapa, al sur del cual observamos varios claros nuevos de gran tamaño, abiertos posiblemente para sembrar coca. A lo lejos, hacia el sur, observamos el río Yaguas, con espectaculares vistas del bosque ininterrumpido que se encuentra en el bajo Yaguas. Cruzamos de nuevo el Putumayo y nos dirigimos al sur hacia la terraza del Purité y Leticia.

Cruzamos el cano Pupuña cerca de su desembocadura en el Cotuhé, donde un conjunto más pequeño de malocas, presumiblemente las primeras o segundas, eran visibles desde el aire. Observamos la comunidad de Caña Brava, la cabaña de control Quebrada Lorena del PNN Amacayasu, y la misma quebrada Lorena. La quebrada Lorena estaba programada para ser nuestro cuarto campamento del inventario rápido, y sus bosques parece que crecen sobre colinas bajas.

Volamos sobre la terraza del Purité, alumbrada nuevamente por un brillo solar increíble, y pudimos ver las largas crestas lineales, así como las hondonadas profundas de los valles entre ellas. No vimos otro deslizamiento de tierra. Antes de aterrizar en Leticia, volamos sobre el caño Calderón, un área de reserva forestal (Reserva Forestal Ley Segunda) colonizada en los últimos años por agricultores, incluso por las comunidades israelitas. Observamos asentamientos a lo largo del Calderón, incluyendo malocas, casas y algo de ganado. Algunos de los claros eran grandes (>5 ha), un patrón particularmente preocupante de deforestación a una distancia tan cercana al PNN Amacayacu.

Overflight of the Bajo Putumayo-Yaguas-Cotuhé region

Author: Corine Vriesendorp

Introduction

On 3 and 4 October 2019 we flew over parts of the Bajo Putumayo-Yaguas-Cotuhé region in a five-passenger Cessna plane. We only flew over the Colombian portion of the landscape. However, as we flew over the Putumayo River we were able to make some observations of habitats on the Peruvian side of the border.

Before the flight we chose 45 waypoints in a collaborative process that included input from a geologist (Hernán Serrano), an agronomist (Pedro Botero), the Colombian park service (Alexander Alonso, Eliana Martínez, David Novoa, and Hector Acosta), Amazon Conservation Team-Colombia (Germán Mejía), Fundación para la Conservación y Desarrollo Sostenible (Rodrigo Botero), and The Field Museum (Álvaro del Campo and Corine Vriesendorp). Because of weather, we were unable to sample waypoints in the far west (2–5) and far east (37–38).

On 3 October we flew from Bogotá to Mitu to Río Puré National Park to Leticia, and on 4 October we flew from Leticia to the middle Cotuhé River to a large block of forestry concessions north of the Putumayo (Unidad de Ordenación Forestal de Tarapacá) and then along the Putumayo before returning back to Leticia. Local experts flew over the places they knew best: Alexander Alonso from Rio Puré National Park participated on the first day and was replaced by Cristobal Panduro from Amacayacu National Park on the second day. Complete passenger lists are provided below.

While this report includes observations from the flights from Bogotá to Mitu to Río Puré National Park, our focus was the Bajo Putumayo-Yaguas-Cotuhé region. Within that region we flew over four major river drainages from north to south: the Puré, the Putumayo, the Cotuhé, and the Purité. The Puré drains into the Japurá, while the Cotuhé and the Purité are tributaries of the Putumayo River. Closer to Leticia we crossed over the Calderón Stream, which drains into the Amazon River.

Puntos del sobrevuelo, su longitud y latitud, y una breve descripción./
Locations and observations of overflight waypoints.

Punto de ruta/ Waypoint	Longitud/Longitude	Latitud/Latitude	Descripción/Description
1	74°4'19,531" W	4°42'39,559" S	Bogotá
2	71°23'27,964" W	2°4'5,345" S	Divisoria de aguas/Drainage divide (Cahuinari/Putumayo)
3	71°11'6,926" W	1°51'54,498" S	Cabecera Yuria, campamento madereros/Yuria headwaters, logging camp
4	71°0'33,107" W	2°2'36,820" S	Alto Pupuña, campamento madereros/Upper Pupuña, logging camp
5	70°49'41,291" W	2°4'11,848" S	Medio Pupuña, campamento madereros/Middle Pupuña, logging camp
6	70°38'41,009" W	2°14'13,298" S	Puerto Toro: campamento madereros, coca/Logging camp, coca
7	70°32'26,881" W	2°17'46,998" S	Barranquilla: campamento madereros, coca/Logging camp, coca
8	70°24'54,882" W	2°16'54,376" S	Villa Flor: campamento madereros, coca/Logging camp, coca
9	70°20'11,650" W	2°18'7,412" S	Villa Flor 2: campamento madereros, coca/Logging camp, coca
10	70°10'46,914" W	2°32'1,552" S	Porvenir: campamento madereros, coca/Logging camp, coca
11	70°0'23,400" W	2°33'1,584" S	Entre dos corrientes paralelas/Two parallel drainages
12	70°2'43,128" W	2°48'20,224" S	Chagra de viento/Blowdown
13	69°59'48,217" W	3°6'50,789" S	Quebrada Lorena/Lorena Stream
14	69°57'55,440" W	3°16'15,960" S	Cresta terraza Purité/Highpoint of Purité terrace
15	69°57'59,400" W	3°34'13,152" S	Alto Río Purité/Upper Purité River
16	69°53'3,200" W	3°56'20,000" S	Israelitas
17	69°55'23,011" W	4°11'57,186" S	Leticia
18	70°5'5,000" W	3°54'9,000" S	Zona despejada cultivo extraño/Open area, strange cultivation
19	70°9'57,480" W	3°49'5,220" S	Pista/Airstrip
20	70°18'52,323" W	3°44'15,193" S	PNN Amacayacu, punto de interes/Amacayacu NP, point of interest
21	70°20'25,980" W	3°42'20,880" S	Aguablanca, desembocadura/mouth
22	70°23'42,700" W	3°40'48,600" S	Río Amacayacu, pista/Amacayacu River, airstrip 1
23	70°24'43,200" W	3°40'53,600" S	Río Amacayacu, pista/Amacayacu River, airstrip 2
24	70°28'57,720" W	3°33'56,772" S	Terraza, cuenca del río Amazonas/Terrace, Amazon watershed
25	70°19'40,300" W	3°31'46,000" S	Río Amacayacu, posible pista/Amacayacu River, possible airstrip 1
26	70°19'42,600" W	3°30'57,700" S	Río Amacayacu, posible pista/Amacayacu River, possible airstrip 2
27	70°5'52,440" W	3°27'1,440" S	Suroeste de terraza Purité/Southwest of Purité terrace
28	70°18'38,160" W	3°11'9,420" S	Buenos Aires
29	70°11'15,198" W	3°12'2,418" S	La Manigua (Villa Ciencia)
30	70°8'45,240" W	3°4'55,452" S	Quebrada Bejuco/Bejuco Stream
32	69°54'52,600" W	2°40'1,700" S	Quebrada Alegría pista/Alegría Stream, airstrip 1
33	69°55'12,330" W	2°39'5,240" S	Quebrada Alegría pista/Alegría Stream, airstrip 2
34	69°55'23,488" W	2°33'47,911" S	Quebrada Ticuna/Ticuna Stream
35	69°59'14,640" W	2°8'55,530" S	Río Puré pista/Puré River, airstrip 1
36	69°58'26,290" W	2°9'4,600" S	Río Puré pista/Puré River, airstrip 2
37	69°37'55,126" W	2°22'7,631" S	Geología interesante/Interesting geology
38	69°42'18,000" W	2°29'3,120" S	Terraza Puré/Puré terrace
39	69°49'47,073" W	2°34'54,163" S	Concesión Flor Ángela Martínez/Flor Ángela Martínez Concession
40	69°44'37,680" W	2°41'56,076" S	Laguna Pexiboy/Pexiboy Lagoon
41	69°47'30,840" W	3°9'47,304" S	Noreste de Terraza Purité/Northeast of Purité terrace
42	69°49'25,680" W	3°28'52,464" S	Medio Río Purité/Middle Purité River
43	70°18'17,899" W	2°29'49,400" S	Puerto Gaudencia
44	70°27'1,998" W	2°28'35,501" S	Villa Flor
45	70°37'32,599" W	2°25'18,800" S	Puerto Ezequiel

In this report we focus on differences in relief (hills, flatlands), drainage (swamps, terraces), water types (blackwater, whitewater, clearwater) and, in some cases, soil types (white sands, peat). The landscape is dominated by continuous forest growing on low hills, with a few notable exceptions: the stunted forests growing on peat or white sands along the Río Puré, the stunted peatlands along the Peruvian Putumayo, the long knife-like ridges of the Purité terrace, and scattered *Mauritia* palm swamps.

Exceedingly little deforestation is visible from the air. The settlements along the Putumayo and Cotuhé are relatively small, with the Peruvian town of Huapapa (400 inhabitants) the biggest along the Putumayo itself, and the settlements of 250 Ticuna people living along the Caño Pupuña the biggest settlements along the Cotuhé River. The biggest town is Tarapacá (1,000 inhabitants) at the mouth of the Cotuhé River, where it joins the Putumayo. The most expansive agricultural clearings are those made by the Israelitas, a religious sect, in Puerto Ezequiel along the Colombian side of the Putumayo, and even these are relatively small patches (25–40 ha) within a forested matrix spanning millions of hectares.

Below we describe the two days of overflights, characterizing the landscape and identifying the major points of interest in the region.

FIRST OVERFLIGHT: 3 OCTOBER 2019

Passengers: Alexander Alonso (Rio Puré National Park), Germán Mejía (ACT-Colombia), Rodrigo Botero (FCDS), Álvaro del Campo (Field Museum), and Corine Vriesendorp (Field Museum)

Bogotá-Mitu: ~11:00 to ~13:20 PM
We left Bogotá with substantial cloud cover, crossing over the easternmost extent of the Andes before dropping down into the flatlands of the Orinoco drainage. Human activity is concentrated near the Andean piedmont, with large expanses of oil palm and cattle ranches in the Orinoco savannas, and increasingly larger expanses of forest to the east. East of the Andes the landscape becomes exceedingly flat, and smaller hills

begin appearing as you head eastward. We loosely followed the Guaviare River, and once we crossed over it and headed south, we flew over the great flat expanse between the Guaviare and Inírida rivers. Although we were still in the watershed of the Orinoco, the forests resembled the ones in the Amazon basin and extended to the horizon.

As we approached Mitu, a small town on the Vaupés River, the forested landscape was interrupted here and there by rock outcrops, stunted forests, and exposed sands. These are some of the scattered outcrops of the Guiana Shield in the Colombia Amazon: an arc of early Paleozoic rocks along the border with Venezuela that are present as far westward as Serranías de Chiribiquete National Park. We refueled in Mitu and departed within the hour.

Mitu-Leticia: 14:00 to 16:15
We left Mitu in bright sun, and almost immediately entered into an extensive, dark cloud bank. After initially heading for waypoint 2, we quickly realized we could not reach that point with the remaining daylight. We rerouted towards waypoints 35 and 36 within Río Puré National Park.

The flight route from Mitu to Leticia traversed an unbroken forested landscape of indigenous reserves and Yaigoje-Apaporis National Park. We flew over Centro Providencia, the communal house of the Makuna people where agreements were reached to protect Yaigoje-Apaporis in 2009. This landscape contrasted sharply with the arc of altered and degraded landscapes that dominated the first leg of the flight, over the Orinoco basin. We were flying over a massive legacy of conservation and indigenous territories—free of deforestation, and full of life—that stretches thousands of kilometers along Colombia's southeastern border.

In Río Puré National Park we flew over the Puré River itself, as well as the Aguas Blanquitas Stream. Along the tributaries feeding into the Puré are stunted forests growing in poorly drained areas, quite possibly underlain by deposits of peat. These are visible as lilac areas on the satellite image. We observed no deforestation here, no airstrips, no *malocas*, and no signs of illegal logging.

We continued south, crossing the Putumayo River and flying over an old blowdown near the Peru-Colombia border, now covered in robust *Cecropia* trees. We continued southeast towards the massive Purité terrace, the highest point in the landscape within Amacayacu National Park, drained by the Purité, a spectacular blackwater river. The late afternoon light exposed the texture of the terrace, revealing long knifelike ridges separated by steep valleys. The terrace is a deep purple color on the satellite image, suggesting dominance by a single species. However, we could not identify a single species that would create this coloration. Perhaps the color reflects characteristics of the drainage of the terrace, or other features that distinguish these forests from the rest of this part of the Colombian Amazon. The water levels in the Purité were low, exposing white sand beaches.

As we approached the Purité terrace, we saw a lateral landslide that resembled a semi-circular bite taken out of the landscape. Most of us had never seen anything like this in other parts of the Colombian or Peruvian Amazon, but Alex Alonso of Río Puré National Park had seen similar landslides along the Puré River near the Brazilian border, and near waypoints 37 and 38.

We flew over the Calderón Stream but did not see the deforestation that appears substantial further upriver (but see next section). As we reached Leticia we could see the expanding sprawl of the city, including the settlements along the north-south road that was meant to connect Leticia to Tarapacá, known as '*los kilómetros*,' as well as another road that runs east-west, parallel to the Amazon River, about 20 km from Leticia itself. The border with Brazil is marked by an abrupt transition from the deforestation and agriculture near Leticia to continuous forest cover in Brazil. We landed in Leticia with a view of the Amazon River, having flown for more than two and a half hours over forested wilderness.

SECOND OVERFLIGHT: 4 OCTOBER 2019

Passengers: Cristobal Panduro (Amacayacu National Park), Germán Mejía (ACT-Colombia), Rodrigo Botero (FCDS), Álvaro del Campo (Field Museum), and Corine Vriesendorp (Field Museum)

Leticia to rapid inventory campsites to Leticia: 14:00 to 17:15

Departing Leticia at 14:00, we flew along the Amazon River, passing the community of San Martín de Amacayacu. We observed several clearings, including one particularly large newly cleared garden plot or *chagra*. We again observed the long and linear formations of the Purité terrace, visible as a deep purple on the satellite image. We passed the Amacayacu River and reached a landing strip created decades ago in a white-sand landscape known locally as a *varillal* (waypoints 25 and 26). The landing strip is abandoned, has yet to regenerate, and almost certainly will take decades to reforest naturally given the extremely poor soils. We observed areas of savanna that appear to be underlain by peat, as well as stunted forests growing either on peatlands or white sands. In some places the *Mauritia* palm swamps are composed of a few individuals, and in others there are thousands of *Mauritia* stems extending for dozens of hectares.

Because poor weather in the morning had reduced the time window for the overflight, we prioritized waypoints near campsites for the upcoming rapid inventory and near the communities along the Colombian side of the Putumayo. Water levels were quite low in the Cotuhé River. We flew over La Manigua/Villa Ciencia, an area along the Cotuhé River where Julia Field, an American environmentalist, lived in the 1970s. No obvious evidence remains of any occupation there, at least from the air.

The Bejuco Stream, a tributary of the Cotuhé, was scheduled to be our third campsite in the rapid inventory. The area was blanketed in clouds, and we could not see the stream itself, nor did we have any views of the diversity of forest types. We did observe a cell phone tower. As we flew north, we crossed the

Pupuña Stream and observed one of the upriver *malocas*, likely the fourth *maloca*, including a complex of traditional buildings with thatched roofs, and at least one zinc roof. This is one of the largest Ticuna communities along the Cotuhé River and the one most strongly tied to its cultural traditions and language.

We continued north, crossing the Putumayo River, and began following the Pexiboy Stream towards the forestry concession run by Flor Ángela Martínez, scheduled to be the second rapid inventory campsite. We observed a 1-ha opening with several buildings, a garden with bananas and other cultivars, and a boat at the river dock. Her operations appear as a tiny clearing in an expanse of forest, and we saw no obvious evidence of logging from the air. The forests here appear to be growing on a series of medium-sized hills.

We continued north towards the southern limits of Río Puré National Park, searching for and failing to find evidence of logging along the streams that drain south to the Putumayo. We returned to the Putumayo, crossing over the Israelita community of Puerto Ezequiel. The deforestation created by this community is different than other settlements, with much more extensive and expansive areas of cultivation, planted up to the banks of the Putumayo itself. We observed a complex of large blackwater lakes on the Peruvian side of the Putumayo near Puerto Ezequiel. We had good views of the small Peruvian community of Tres Esquinas, as well as the forest to the south, scheduled to be our first rapid inventory campsite. We observed a diverse habitat

mosaic—the greatest diversity of habitat types we observed during the overflight—with *Mauritia* palm swamps, peatlands, and forests growing on a series of ridges and small hills. We neared the large Peruvian settlement of Huapapa, to the south of which appeared to be several large new clearings, possibly for planting coca. Off in the distance to the south we saw the Yaguas River, with spectacular views of unbroken forest along the lower Yaguas. We crossed back over the Putumayo and headed south towards the Purité terrace and Leticia.

We crossed the Cano Pupuña near its mouth with the Cotuhé, where a smaller set of *malocas*, presumably the first or second ones, were visible from the air. We observed the community of Caña Brava, the park guard post at Quebrada Lorena, and the Lorena Stream itself. The Lorena was scheduled to be our fourth rapid inventory campsite and the forests here appear to be growing on low hills.

We flew over the Purité terrace, again with incredible light, and could see the long, linear ridges, as well as the deep gullies of the valleys between them. We did not see another landslide. Before landing in Leticia, we flew over the Calderón Stream, an area of forestry reserve (Reserva Forestal Ley Segunda) colonized in recent years by farmers, including Israelita communities. We observed settlements along the Calderón, including *malocas*, houses, and some cattle. Some of the clearings were large (>5 ha)—a particularly troubling pattern of deforestation so close to Amacayacu National Park.

Perfiles de suelo/Soil profiles

Características de los perfiles de suelos examinados durante un inventario rápido de la región del Bajo Putumayo-Yaguas-Cotuhé, Colombia y Perú, del 5 al 24 de noviembre de 2019, por Pedro Botero, Javier Salas, Jennifer Ángel Amaya y Robert F. Stallard. / Attributes of soil profiles examined during a rapid inventory of the Bajo Putumayo-Yaguas-Cotuhé region of Colombia and Peru on 5–24 November 2019, by Pedro Botero, Javier Salas, Jennifer Ángel Amaya, and Robert F. Stallard.

Fecha, No.perfil, Ubicación/ Date, Profile no., Location	Gran paisaje/ Large landscape	Paisaje/ Landscape	Coordenadas/ Coordinates	Elevación (msnm)/ Elevation (masl)	Relieve/ Topography	Pendiente/ Slope (%)	Nivel freático/ Water table (m)	Profundidad efectiva/ Effective depth	Vegetación/ Vegetation
5/11/19 C1-T2-01 C1-T2+50	Llanura Aluvial del Río Putumayo/ Floodplain of the Putumayo River	Plano de Inundación/ Floodplain	70°39,218' W 2°31,602' S	87	Plano convexo/ Convex flat	0–10	1	Profundo/ Deep	Bosque alto inundado frecuentemente/ Frequently flooded tall forest
5/11/19 C1-T2-03 C1-T2+300	Planicie Disectada del Terciario Superior Amazónico/Dissected Upper Tertiary Amazonian Plain	Terraza baja/ Low terrace	70°39,157' W 2°31,752' S	68	Ligeramente ondulado/ Lightly rolling	6	1,3	Profundo/ Deep	Bosque alto de tierra firme/ Tall upland forest
6/11/19 C1-T2-S04 C1-T2+620	Planicie Disectada del Terciario Superior Amazónico/Dissected Upper Tertiary Amazonian Plain	Terraza media/ Intermediate terrace	70°39,050' W 2°31,731' S	94	Ligeramente ondulado/ Lightly rolling	7	N,o	Muy profundo/ Very deep	Bosque alto no inundado/ Tall unflooded forest
6/11/19 C1-T2-S07 C1-T2+4175	Planicie Disectada del Terciario Superior Amazónico/Dissected Upper Tertiary Amazonian Plain	Terraza media/ Intermediate terrace	70°39,348' W 2°32,115' S	89	Ligeramente ondulado/ Lightly rolling	20	1	Profundo/ Deep	Bosque alto de tierra firme/ Tall upland forest

Procesos/ Processes	Horizonte/ Horizon	Profundidad/ Depth (cm)	Color	Textura/ Texture	Estructura/ Structure	Consistencia/ Consistency	Otras observaciones/ Other notes	Muestra/ Sample
Desborde de quebrada/ Stream overflow	A	0–7	10YR 3/2-2/2	FL	Migajoso/Crumbly	mFr	50% raíces finas y medias/ 50% fine and medium-sized roots	x
	AB	7–30	10YR 5/4	FArL	Bfm	Fr Lig Peg		x
	B	30–70	10YR 5/3-6/3	FArL	Bf	Fr Lig Peg	Presencia de raíces/Roots	x
	BC	70–100	10YR 6/4	FArL-FAr	Bf	Fr Lig Peg		X
	Cg	100–120x	10YR 5/4	ArL	Bf	Fi Lig Peg		x
	A	0–10	7.5YR 4/4	FAr	Granular	mFr		x
	AB	10–50	7.5YR 5/6	Ar	BFF y gránulos/ BFF and grains	Fr Fi Peg Pl		x
	B	50–90	7.5YR 5/6	Ar	BfF	Fi Peg Pl		x
	BC	90–120	7.5YR 5/8	Ar	BfF	Fi Peg Pl		x
	C	120–170	7.5YR 5/6	Ar	BfF	Fi Peg Pl	Manchas grises 10%/ 10% gray patches	x
	CR	170X	7.5YR 6/6	Ar	BfF	Fi Peg Pl	Manchas gris claro 30%/ 30% light gray patches	x
Erosión laminar superficial/ Superficial laminar erosion	A	0–20	10YR 3/4	FL	Migajoso/Crumbly	mFr Lig Peg		x
	AB	20–40	10YR 5/4	FArL	BF o angulares/ BF or angular	Fr		x
	B	40–80	7.5YR 5/6	Ar	Bfm	Fi Peg Pl		x
	BC	80–170X	7.5YR 5/6	Ar	Bfm	mFi	10YR 6/4 10%	x
Erosión laminar fuerte/Strong laminar erosion	A	0–6	50% pardo oscuro, 50% gris oscuro/ 50% dark brown, 50% dark gray	FL	BfF	Fr	Con micro-ondulaciones por erosion laminar/ With micro-undulations due to laminar erosion	x
	AB	6–30	2.5Y 6/4	ArL	BsAFyM	Fi D Peg Pl	Procesos erosivos/ Erosive processes	x
	B	30–60	2.5Y 6/4	ArL	BsAFyM	Fi D Peg Pl		x
	BC	60–100	2.5Y 6/6	ArL	BsAFyM	Fi D Peg Pl		x
	Cg	100–200x	N 7/0	Ar	Sin estructura/ No structure	Fi D Peg Pl		x

LEYENDA/LEGEND

Textura/Texture

A   = Arenoso/Sandy
Ar = Arcilloso/Clayey
L   = Limoso/Silty
F   = Franco/Loamy

Estructura/Structure

A   = Temporary/Temporary
Bf = Temporary/Temporary
Bs = Temporary/Temporary
F   = Temporary/Temporary
M   = Temporary/Temporary

Consistencia/Consistency

D   = Duro/Hard
Fi = Firme/Firm
Fr = Friable
Lig = Ligeramente/Slightly
m   = Muy/Very
Peg = Pegajoso/Sticky

Perfiles de suelo/Soil profiles

Fecha, No.perfil, Ubicación/ Date, Profile no., Location	Gran paisaje/ Large landscape	Paisaje/ Landscape	Coordenadas/ Coordinates	Elevación (msnm)/ Elevation (masl)	Relieve/ Topography	Pendiente/ Slope (%)	Nivel freático/ Water table (m)	Profundidad efectiva/ Effective depth	Vegetación/ Vegetation
7/11/19 C1-T1-S08 C1-T1+450	Planicie Disectada del Terciario Superior Amazónico/Dissected Upper Tertiary Amazonian Plain	Terraza media/ Intermediate terrace	70°39,462' W 2°31,650' S	71	Ligeramente ondulado/ Lightly rolling	7	1,1	Profundo/ Deep	
7/11/19 C1-T1-S09 C1-T1+3530	Planicie Disectada del Terciario Superior Amazónico/Dissected Upper Tertiary Amazonian Plain	Terraza media/ Intermediate terrace	70°40,335' W 2°32,206' S	82	Ondulado/ Rolling	7	N,o	Muy profundo/ Very deep	Bosque de tierra firme en transición a colinas de terrazas altas/ Upland forest transitioning to high terrace hills
7/11/19 C1-T1-S11 C1-T1+4175	Planicie Disectada del Terciario Superior Amazónico/Dissected Upper Tertiary Amazonian Plain	Terraza alta/ High terrace	70°40,975' W 2°32,775' S	107	Fuertemente ondulado/ Strongly rolling	10	N,o	Muy profundo/ Very deep	Bosque alto de tierra firme denso/ Dense tall upland forest
8/11/19 C1-T3-S12 C1-T3+2050	Llanura Aluvial del Río Putumayo / Floodplain of the Putumayo River	Terraza baja/ Low terrace			Plano concavo/ Concave flat	0–1	0,4	Superficial	Aguajal-cananguchal / *Mauritia* palm swamp

Procesos/ Processes	Horizonte/ Horizon	Profundidad/ Depth (cm)	Color	Textura/ Texture	Estructura/ Structure	Consistencia/ Consistency	Otras observaciones/ Other notes	Muestra/ Sample
Erosión laminar/ Laminar erosion	A	0–6	10YR 5/4	FArL	Migajoso, fuerte/ Crumbly, strong	Fuerte, fina/ Strong, fine		
	AB	6–30	10YR 5/8	FAr	BfF	Fr Lig Pl no Peg		
	B1	30–60	7.5YR 5/6	Ar	B bien desarrollados/ Well-developed B	Fi		
	B2	60–110	5YR 5/6	Ar	BF moderadamente desarrollados/ Moderately developed BF	Fi	Raíces vivas/Live roots	
	BC	110–130X	7.5YR 5/6	Ar	BF moderadamente desarrollados/ Moderately developed BF	Fi	7.5Y 7/1 20%, 10YR 6/6 9%, rojo/red 1%	
	A	0–10	7.5YR 3/3	F	Migajoso/Crumbly	mFr		
	AB	10–30	10YR 6/4	FAr	BmFF	Fr Fi		
	B1	30–60	10YR 5/8	Ar	BfF	Fi		
	B2	60–110	10YR 6/6	Ar	BfF	D Fi	7.5YR 5/8 30%	
	BC	110–135X	2.5Y 6/3 50% 10R 4/8 50%	Ar	Sin estructura/ No structure	D Fi		
Erosión laminar/ Laminar erosion	A	0–20	10YR 4/6	FAr	Migajoso/Crumbly	Fr	Presencia de raíces/Roots	
	AB	20–50	10YR 5/8	Ar	BfF	Fi		
	B1$_{cr}$	50–120	7.5YR 5/8	Ar	BfF	Fi	Concreciones de Fe-Mn con arena/Fe-Mn concretions with sand	
	B2$_{cr}$	120–160	10YR 5/8	Ar	BfF	Fi		
	Cg	160–180X	10YR 6/6 70%, 2.5YR 7/1 30%	Ar	BfF	Fi		
Sobresaturación de agua/ Supersaturation by water	A	0–15	7.5YR 3/2	FAr	Migajoso/Crumbly	mFr	Raíces muy abundantes/ Roots very abundant	x
	AB	15–40	10YR 6/6	Ar	BfF	Fi Peg Pl	Manchas grandes grises/ Large gray patches	x
	B1	40–80	7.5YR 6/6 70%, 5Y 7/1 30%	Ar	BfF	mPeg mPl	Mezcla de materiales/ Mix of materials	x
	B2	80–110X	5YR 6/6-6/8 80%, 10YR 6/3 20%	Ar	BfF	mPeg mPl	Mezcla de materiales/ Mix of materials	x

LEYENDA/LEGEND

Textura/Texture
A = Arenoso/Sandy
Ar = Arcilloso/Clayey
L = Limoso/Silty
F = Franco/Loamy

Estructura/Structure
A = Temporary/Temporary
Bf = Temporary/Temporary
Bs = Temporary/Temporary
F = Temporary/Temporary
M = Temporary/Temporary

Consistencia/Consistency
D = Duro/Hard
Fi = Firme/Firm
Fr = Friable
Lig = Ligeramente/Slightly
m = Muy/Very
Peg = Pegajoso/Sticky

Perfiles de suelo/Soil profiles

Fecha, No.perfil, Ubicación/ Date, Profile no., Location	Gran paisaje/ Large landscape	Paisaje/ Landscape	Coordenadas/ Coordinates	Elevación (msnm)/ Elevation (masl)	Relieve/ Topography	Pendiente/ Slope (%)	Nivel freático/ Water table (m)	Profundidad efectiva/ Effective depth	Vegetación/ Vegetation
12/11/19 C2-RPB-S13	Planicie Disectada del Terciario Superior Amazónico/Dissected Upper Tertiary Amazonian Plain	Terraza baja/ Low terrace	69°50,623' W 2°36,716' S	68	Suavemente ondulado/ Softly rolling	3–7	N,o	Muy profundo/ Very deep	Bosque ripario alto Tall riparian forest
13/11/19 C2-T3-S14 C1-T3+150	Planicie Disectada del Terciario Superior Amazónico/Dissected Upper Tertiary Amazonian Plain	Terraza alta/ High terrace	69°50,666' W 2°36,914' S	81	Ondulado a fuertemente ondulado/ Rolling to strongly rolling	3–12	N,o	Muy profundo/ Very deep	Bosque alto de tierra firme con arboles delgados (20) a gruesos (100) con dos estratos diferenciados (10 y 20 m)/ Tall upland forest with small (20) and large (100) trees, showing two strata (10 and 20 m)

Procesos/Processes	Horizonte/Horizon	Profundidad/Depth (cm)	Color	Textura/Texture	Estructura/Structure	Consistencia/Consistency	Otras observaciones/Other notes	Muestra/Sample
Sacadero de madera/Timber production	A	0–20	10YR 3/4	FL	Migajoso/Crumbly	mFr	Raíces abundantes/Abundant roots	x
	AB1	20–60	10YR 5/4	FL	BfF	mFr	Raíces abundantes/Abundant roots	x
	AB2	60–120	10YR 5/6	FL FArL	BfF	Fr		x
	B	120–236	10YR 6/4 50%, 10YR 5/6 50%	FArL		mFr		x
	C	236–320X	5Y 6/2 40%, 10YR 3/3 30%, 10YR 6/4 30%	FArL		Fr	Presencia de madera 240–260/Tree felled 240–260	x
Zona de explotacion maderera y microdesliza-mientos locales/Timber production, small local landslides	A	0–10	10YR 4/2 50%, 10YR 4/3	F	BfF	mFr	Raíces abundantes/Abundant roots	
	AB	10–40	7.5YR 5/4	FArL	BfF	Fr Lig Peg No Pl	Raíces y carbón en bloques grandes (1 cm)/Roots and charcoal in large (1 cm) blocks	
	B	40–80	7.5YR 5/6	Ar	BfF	Pl Peg Fi	Raíces escasas/Sparse roots	
	BC	80–120	10YR 7/1 70% y manchas rojizas grandes muy abundantes 30% / 70% 10YR 7/1 and 30% very abundant large reddish patches	Ar pesado/heavy	BF casi granular/almost granular	mPeg mPl mFi	Sin raíces/No roots	
	Cg	120–130X	10YR 7/1	Ar pesado/heavy	BF casi granular/almost granular	mPeg mPl	Concreciones de Fe sobre el límite superior/Fe concretions above the upper limit	

LEYENDA/LEGEND

Textura/Texture

A = Arenoso/Sandy
Ar = Arcilloso/Clayey
L = Limoso/Silty
F = Franco/Loamy

Estructura/Structure

A = Temporary/Temporary
Bf = Temporary/Temporary
Bs = Temporary/Temporary
F = Temporary/Temporary
M = Temporary/Temporary

Consistencia/Consistency

D = Duro/Hard
Fi = Firme/Firm
Fr = Friable
Lig = Ligeramente/Slightly
m = Muy/Very
Peg = Pegajoso/Sticky

Perfiles de suelo/Soil profiles

Fecha, No.perfil, Ubicación/ Date, Profile no., Location	Gran paisaje/ Large landscape	Paisaje/ Landscape	Coordenadas/ Coordinates	Elevación (msnm)/ Elevation (masl)	Relieve/ Topography	Pendiente/ Slope (%)	Nivel freático/ Water table (m)	Profundidad efectiva/ Effective depth	Vegetación/ Vegetation
13/11/19 C2-T3-S15 C1-T3+600	Planicie Disectada del Terciario Superior Amazónico/Dissected Upper Tertiary Amazonian Plain	Terraza baja/ Low terrace	69°50,519' W 2°37,146' S	84	Plano concavo con microrelieve en canaletas/ Concave flat with grooved microrelief	0–2	1,5	Muy profundo/ Very deep	Bosque dominado por palmas y arboles de gran porte/Forest dominated by palms and large trees
13/11/19 C2-T3-S16 C2-T3+1050	Planicie Disectada del Terciario Superior Amazónico/Dissected Upper Tertiary Amazonian Plain	Terraza alta/ High terrace	69°50,441' W 2°37,394' S	99	Fuertemente ondulado-colinado/ Hilly and strongly rolling	3–7	N,o	Muy profundo/ Very deep	Bosque alto con arboles delgados, dominado por bromelias terrestres en las áreas bajas de las colinas y palmas en las áreas altas/Tall forest with thin trees, dominated by terrestrial bromeliads in lower areas and palms in higher areas
13/11/19 C2-T3-S17 C2-T3+1550	Planicie Disectada del Terciario Superior Amazónico/Dissected Upper Tertiary Amazonian Plain	Terraza alta/ High terrace	69°50,311' W 2°37,613' S	105	Fuertemente ondulado a quebrado/ Strongly rolling to steeply hilly	3–30	1,8	Muy profundo/ Very deep	Bosque alto denso con abundantes bromelias terrestres/ Tall dense forest with abundant terrestrial bromeliads

Procesos/ Processes	Horizonte/ Horizon	Profundidad/ Depth (cm)	Color	Textura/ Texture	Estructura/ Structure	Consistencia/ Consistency	Otras observaciones/ Other notes	Muestra/ Sample
Salado/Salt lick	A	0–10	10YR 3/2-3/3-4/4	F	BF	No Peg No Pl mFr	Raíces abundantes superficiales/Abundant superficial roots	x
	B	10–65	7.5Y 6/3 70%, 7.5YR 4/6 30%	Ar	BfF	Pl Peg	Sin raíces/No roots	x
	BCg	65–100	10Y 6/1	ArA	BF moderadamente desarrollados/ Moderately developed BF	Pl Peg Fi		
	Cg / Ab	100–150	10Y 6/1 50%, N 7/0 50%	A	Sin estructura/ No structure	suelta	Granos finos a medios, mezclada con pequeños lentes de horizonte A/ Fine to medium-sized grains mixed with small layers of A horizon	
	Ab	150–185X	10YR 1.7/1	FA	Sin estructura/ No structure	mFr	Presencia abundante de carbón y madera, aparente suelo de bosque o pantano antiguo/Abundant charcoal and wood, apparently from ancient forest or swamp soil	x
Movimientos masivos locales/ Local mass movements	A	0–5	10YR 3/1-3/2	F	Migajoso/Crumbly	mFr	Raíces abundantes/ Abundant roots	x
	AB	5–40	10YR 5/4	FAr	BF subangulares/ Subangular BF	Peg Pl	Raíces abundantes a moderadas/Moderate to abundant roots	x
	B1	40–105	10YR 6/6	FAr	BF subangulares/ Subangular BF	Peg Pl	Raíces carbonizadas/ Carbonized roots	x
	B2	105–130X	7.5YR 6/6	ArA	BfF	Peg No Pl		x
Frecuente sufusión, terracetas, deslizamientos locales y explotación maderera/ Frequent suffusion, terracing, local landslides, and timber production	A	0–10	10YR 4/3 95%, manchas rojas/red patches 5%	FAr	BfF	Fr	Raíces abundantes/ Abundant roots	x
	AB	10–40	7.5YR 5/4	Ar	BfF	Peg Pl		x
	B	40–80	7.5YR 5/6-6/6	Ar	BfF	Peg Pl Fi		x
	BC	80–100X	7.5YR 5/6 50%, 7.5Y 8/2 40%	Ar	BfF	Peg Pl		x

LEYENDA/LEGEND

Textura/Texture
A   = Arenoso/Sandy
Ar = Arcilloso/Clayey
L   = Limoso/Silty
F   = Franco/Loamy

Estructura/Structure
A   = Temporary/Temporary
Bf = Temporary/Temporary
Bs = Temporary/Temporary
F   = Temporary/Temporary
M   = Temporary/Temporary

Consistencia/Consistency
D   = Duro/Hard
Fi = Firme/Firm
Fr = Friable
Lig = Ligeramente/Slightly
m   = Muy/Very
Peg = Pegajoso/Sticky

Perfiles de suelo/Soil profiles

Fecha, No.perfil, Ubicación/ Date, Profile no., Location	Gran paisaje/ Large landscape	Paisaje/ Landscape	Coordenadas/ Coordinates	Elevación (msnm)/ Elevation (masl)	Relieve/ Topography	Pendiente/ Slope (%)	Nivel freático/ Water table (m)	Profundidad efectiva/ Effective depth	Vegetación/ Vegetation
14/11/19 C2-T4-S18 C2-T4+150	Planicie Disectada del Terciario Superior Amazónico/Dissected Upper Tertiary Amazonian Plain	Terraza media/ Intermediate terrace	69°50,581' W 2°36,792' S	86	Ondulado/ Rolling	4	N,o	Muy profundo/ Very deep	Bosque alto denso con abundantes bromelias terrestres/ Tall dense forest with abundant terrestrial bromeliads
14/11/19 C2-T4-S19 C2-T4+1530	Planicie Disectada del Terciario Superior Amazónico/Dissected Upper Tertiary Amazonian Plain	Terraza media/ Intermediate terrace	69°49,965' W 2°36,490' S	86	Ondulado/ Rolling		1,3	Muy profundo/ Very deep	Abundante vegetación herbácea en bosque poco estratificado/ Abundant herbaceous vegetation in a little-stratified forest
14/11/19 C2-T4-S20	Planicie Disectada del Terciario Superior Amazónico/Dissected Upper Tertiary Amazonian Plain	Terraza media/ Intermediate terrace	69°50,329' W 2°35,912' S	118	Alomado colinado/ Ridges and hills	3–12	N,o	Muy profundo/ Very deep	Bosque de tierra firme/ Upland forest
15/11/19 C2-T1-S20' C2-T1-1600	Planicie Disectada del Terciario Superior Amazónico/Dissected Upper Tertiary Amazonian Plain	Terraza media/ Intermediate terrace	69°51,455' W 2°36,568' S	79	Ligeramente ondulado/ Lightly rolling	0–3	N,o	Superficial	Bosque dominado por palmas sin estratificacion aparente/Palm-dominated forest lacking obvious stratification

Procesos/ Processes	Horizonte/ Horizon	Profundidad/ Depth (cm)	Color	Textura/ Texture	Estructura/ Structure	Consistencia/ Consistency	Otras observaciones/ Other notes	Muestra/ Sample
Reptación/ Reptation	A	0–20	10YR 4/4	F	BfF	mFr	Abundantes raíces gruesas/ Thick, abundant roots	x
	AB1	20–40	10YR 5/4	F	BfF	mFr	Raíces abundantes/ Abundant roots	x
	AB2	40–105	10YR 6/4	FAr	BfF	Peg Fi	Raíces abundantes/ Abundant roots	x
	B	105–170	2.5YR 6/3 40%, 7.5YR 5/6 30%, 5YR 6/6 30%	Ar pesado/ heavy	Bf	mPl Fi D	Raíces escasas/ Sparse roots	x
	BC	170–190X	2.5YR 6/4	Ar pesado/ heavy	Bf	mFi mPl mD	Raíces escasas/ Sparse roots	x
Zona de explotación maderera/ Timber production	A	0–15	10YR 4/2-4/3	F FL	Migajoso/Crumbly	Fr	Abundantes raíces gruesas/ Thick, abundant roots	x
	AB	15–50	10YR 5/4	FAr Ar	BfF	mPl Fi	Penetración de raíces únicamente en la parte superior del horizonte/ Root penetration only in the upper portion of the horizon	x
	B	50–80	10Y 7/1 70%, 5YR 4/8 30%	Ar	BfF	mPeg mPl		x
	BC	80–130	2.5Y 6/1 60%, 10YR 6/6 40%	Ar	BfF	mPeg mPl	Concreciones rojizas/ Reddish concretions	x
	Cg	130–140X	N 6/0	Ar	Sin estructura/ No structure	mPeg mPl		x
	A	0–5	10YR 4/2	F FArL	Migajoso/Crumbly	mFr	Raíces abundantes/ Abundant roots	x
	AB	5–35	10YR 6/6	ArL	BfF	Peg Pl		
	B1	35–60	10YR 6/6	ArL	BfF	Pesado	Raíces en la parte superior del horizonte/Roots in the upper portion of the horizon	
	B2	60–130	10YR 5/6 60%, 2.5Y 6/1 40%	Ar	Bf	Peg Pl pesado/ heavy	Gran cantidad de concreciones de hierro/ Large amount of iron concretions	
	Cg	130–150X	2.5Y 6/1	Ar	Bf	Peg Pl pesado/ heavy		
	A	0–20	10YR 3/3	FA	Migajoso/Crumbly	mFr	Raíces abundantes/ Abundant roots	x
	Ab1	20–45	10YR 3/2	FA grueso/ thick	Bf	Lig Peg mFr		x
	Ab2	45–70X	7.5Y 3/4	A gravilloso/ gravelly	Sin estructura/ No structure	en gijos	Sobresaturado de agua/ Supersaturated with water	x

LEYENDA/LEGEND

Textura/Texture
A = Arenoso/Sandy
Ar = Arcilloso/Clayey
L = Limoso/Silty
F = Franco/Loamy

Estructura/Structure
A = Temporary/Temporary
Bf = Temporary/Temporary
Bs = Temporary/Temporary
F = Temporary/Temporary
M = Temporary/Temporary

Consistencia/Consistency
D = Duro/Hard
Fi = Firme/Firm
Fr = Friable
Lig = Ligeramente/Slightly
m = Muy/Very
Peg = Pegajoso/Sticky

Perfiles de suelo/Soil profiles

Fecha, No.perfil, Ubicación/ Date, Profile no., Location	Gran paisaje/ Large landscape	Paisaje/ Landscape	Coordenadas/ Coordinates	Elevación (msnm)/ Elevation (masl)	Relieve/ Topography	Pendiente/ Slope (%)	Nivel freático/ Water table (m)	Profundidad efectiva/ Effective depth	Vegetación/ Vegetation
15/11/19 C2-T1-S21 C2-T1+3350	Planicie Disectada del Terciario Superior Amazónico/Dissected Upper Tertiary Amazonian Plain	Terraza alta/ High terrace	69°52,247' W 2°36,971' S	79	Fuertemente ondulado a disectado/ Strongly rolling to dissected		N,o	Muy profundo/ Very deep	Bosque dominado por palmas sin estratificacion aparente/Palm-dominated forest lacking obvious stratification
15/11/19 C2-T1-S22 C2-T1+1500	Planicie Disectada del Terciario Superior Amazónico/Dissected Upper Tertiary Amazonian Plain	Terraza media/ Intermediate terrace							
15/11/19 C2-T1-S23 C2-T1+450	Planicie Disectada del Terciario Superior Amazónico/Dissected Upper Tertiary Amazonian Plain	Terraza baja/ Low terrace							
15/11/19 C2-Camp-S24 Campamento/ Campsite	Planicie Disectada del Terciario Superior Amazónico/Dissected Upper Tertiary Amazonian Plain	Terraza baja/ Low terrace	69°51,198' W 2°38,230' S	79	Plano de terraza/ Flat terrace	0–2	0,35	Superficial	Sin vegetación/ No vegetation
17/11/19 C3-RC-S25	Llanura Aluvial del Río Cotuhé/Floodplain of the Cotuhé River	Terraza baja/ Low terrace	70°09,352' W 3°10,070' S	67	Plano inundable/ Floodplain	0–3	N,o	Profundo/ Deep	Bosque bajo muy denso sin estratificación aparente/Very dense low forest lacking obvious stratification

Procesos/ Processes	Horizonte/ Horizon	Profundidad/ Depth (cm)	Color	Textura/ Texture	Estructura/ Structure	Consistencia/ Consistency	Otras observaciones/ Other notes	Muestra/ Sample
	A	0–35	10YR 3/3-4/3	FA	Migajoso/Crumbly	mFr	Raíces abundantes/ Abundant roots	x
	AB	35–60	2.5Y 6/3-7/3	FArA	Bf	Lig Peg	Baja penetración de raíces/ Low root penetration	x
	B1	60–90	2.5Y 7/3	FArA	B debiles/weak	Lig Peg		x
	B2	90–130	10YR 7/3	F FA	BfF	No Peg No Pl		x
	Ccr	130–150	10YR 7/3 50%, 7.5YR 6/8 50%	FArA F	BfF	No Peg No Pl	Ligeramente segmentado/ Lightly segmented	x
	C2	150–160X	2.5Y 7/3	A	Sin estructura/ No structure	Suelta/Loose		x
	A	0–10	10YR 2/1-5/4	F	Migajoso/Crumbly	mFr	Con raíces abundantes en superficie formando un colchón/Abundant superficial roots forming a mat	x
	AB	10–20	2.5YR 6/6	FArA	BfF	Lig Peg mFr		x
	B1	20–95	10YR 6/4	FArA	Bf	Lig Peg		x
	B2	95–125X	7.5YR 5/8	Ar	BfF	Peg Pl Fi D		x
	A	0–10	7.5YR 3/2	F	Migajoso/Crumbly	No Peg mFr	Raíces muy abundantes/ Roots very abundant	x
	AB	10–35	10YR 6/3	FArL	BfF	No Peg Lig PL mFr		x
	B	35–100X	10YR 7/1, 7.5YR 6/6-6/8, 5YR 5/6	Ar	Bf	mPeg mFi mPl		x
Depositaciones aluviales/Alluvial deposition	A	0–10	10YR 3/3	F	Migajoso/Crumbly	mFr No Peg		x
	AB	10–35	10YR 6/4	FAr	Bf	mFr No Peg		x
	B	35–45X	10YR 6/6	FArL	Bf	Lig Peg		x
Depositaciones aluviales/Alluvial deposition	A-AB	0–30	2.5Y 6/2	F	BfM	No Peg No Pl mFr	Raíces abundantes/ Abundant roots	x
	B1	30–110	2.5Y 7/2 60%, 10YR 6/6 40%	FAr	BfM	Lig Peg	Baja penetración de raíces/ Low root penetration	x
	B2	110–230	2.5Y 6/2	ArL	BfF	Peg Pl	Baja penetración de raíces/ Low root penetration	x
	C	230–240X	10YR 7/2-7/6	ArL	BfF	Peg Pl	Sin raíces/No roots	x

LEYENDA/LEGEND

Textura/Texture
A = Arenoso/Sandy
Ar = Arcilloso/Clayey
L = Limoso/Silty
F = Franco/Loamy

Estructura/Structure
A = Temporary/Temporary
Bf = Temporary/Temporary
Bs = Temporary/Temporary
F = Temporary/Temporary
M = Temporary/Temporary

Consistencia/Consistency
D = Duro/Hard
Fi = Firme/Firm
Fr = Friable
Lig = Ligeramente/Slightly
m = Muy/Very
Peg = Pegajoso/Sticky

Perfiles de suelo/Soil profiles

Fecha, No.perfil, Ubicación/ Date, Profile no., Location	Gran paisaje/ Large landscape	Paisaje/ Landscape	Coordenadas/ Coordinates	Elevación (msnm)/ Elevation (masl)	Relieve/ Topography	Pendiente/ Slope (%)	Nivel freático/ Water table (m)	Profundidad efectiva/ Effective depth	Vegetación/ Vegetation
17/11/19 C3-RC-25'	Llanura Aluvial del Río Cotuhé/Floodplain of the Cotuhé River	Terraza media/ Intermediate terrace	70°10,198' W 3°10,895' S	84	Plano ondulado/ Rolling plain	0–3	4	Muy profundo/ Very deep	Bosque de tierra firme con procesos de sucesión iniciales debido al deslizamiento masivo/Upland forest in initial succession due to large landslide
17/11/19 C3-RC-S26	Llanura Aluvial del Río Cotuhé/Floodplain of the Cotuhé River	Terraza media/ Intermediate terrace	70°08,329' W 3°08,122' S	73	Ondulado colinado/ Rolling and hilly	0–3	N,o	Muy profundo/ Very deep	Bosque de tierra firme con abundancia de helechos/ Upland forest with abundant ferns
18/11/19 C3-T1-S27 C3-T1+150	Planicie Disectada del Terciario Superior Amazónico/Dissected Upper Tertiary Amazonian Plain	Terraza alta/ High terrace	70°09,050' W 3°08,629' S	85	Fuertemente ondulado/ Strongly rolling	7–12	N,o	Muy profundo/ Very deep	Bosque de tierra firme desarrollado con abundantes palmas/Well-developed upland forest with abundant palms

Procesos/ Processes	Horizonte/ Horizon	Profundidad/ Depth (cm)	Color	Textura/ Texture	Estructura/ Structure	Consistencia/ Consistency	Otras observaciones/ Other notes	Muestra/ Sample
Movimientos masivos locales/ Local mass movements	A-AB	0–50	7.5YR 5/6	ArL Ar	BfF	Peg Pl	En muestra aparte se toma suelo superficial con gravillas de cuarzo/Sample of surface soil with quartz gravel taken separately	x
	B1	50–150	2.5Y 7/2 70%, 5YR 5/4 30%	Ar ArL	BfF	Peg Pl		x
	B2	150–330	2.5Y 7/2 70%, 7.5YR 5/6 30%	Ar ArL	BfF	Peg Pl		x
	C	330–430X	2.5Y 7/2 80%, 5YR 6/6 20%	Ar ArL	BfF	Peg Pl	En 430 cm se encuentra el contacto abrupto con roca azul; el contacto es impermeable y favorece los deslizamientos/At 430 cm we observed an abrupt contact with blue rock; the contact is impermeable and facilitates landslides	x
	A-AB	0–40	5YR 5/6	FAr	BfF	Peg Pl Fi	Raíces abundantes/ Abundant roots	x
	B	40–140	5YR 5/8	Ar	BfF	Peg Pl	Presencia de raíces/Roots	x
	BC	140–220	5YR 6/6 80%, 2.5Y 7/2 20%	Ar	BfF	Peg Pl Fi	Presenta raíces; este horizonte presenta un contacto abrupto/ Roots; this horizon shows an abrupt contact	x
	2C	220–500						
	3C	500–600						
	4C	600–800X						
Sufusión y disección/ Suffusion and dissection	A	0–40	7.5YR 6/4-6/6	FArL	BfF	Lig Peg Fr		x
	AB	40–60	7.5YR 6/6	ArL pesado/ heavy	BF moderadamente desarrollados/ Moderately developed BF	Lig peg Fr		x
	B	60–120X	7.5YR 5/8	Ar pesado/ heavy	BF moderadamente desarrollados/ Moderately developed BF	Fi		x

LEYENDA/LEGEND

Textura/Texture
A = Arenoso/Sandy
Ar = Arcilloso/Clayey
L = Limoso/Silty
F = Franco/Loamy

Estructura/Structure
A = Temporary/Temporary
Bf = Temporary/Temporary
Bs = Temporary/Temporary
F = Temporary/Temporary
M = Temporary/Temporary

Consistencia/Consistency
D = Duro/Hard
Fi = Firme/Firm
Fr = Friable
Lig = Ligeramente/Slightly
m = Muy/Very
Peg = Pegajoso/Sticky

Perfiles de suelo/Soil profiles

Fecha, No.perfil, Ubicación/ Date, Profile no., Location	Gran paisaje/ Large landscape	Paisaje/ Landscape	Coordenadas/ Coordinates	Elevación (msnm)/ Elevation (masl)	Relieve/ Topography	Pendiente/ Slope (%)	Nivel freático/ Water table (m)	Profundidad efectiva/ Effective depth	Vegetación/ Vegetation
18/11/19 C3-T1-S28 C3-T1+1350	Planicie Disectada del Terciario Superior Amazónico/Dissected Upper Tertiary Amazonian Plain	Terraza baja/ Low terrace	70°09,666' W 3°08,476' S	84	Ondulado/ Rolling	0–3	N,o	Profundo/ Deep	Bosque inundable con arboles delgados y poco desarrollo/Poorly developed flooded forest with slender trees
18/11/19 C3-T1-S29 C3-T1+2290	Planicie Disectada del Terciario Superior Amazónico/Dissected Upper Tertiary Amazonian Plain	Terraza baja/ Low terrace	70°09,636' W 3°08,121' S	89	Plano ondulado/ Rolling plain	0–3	N,o		Bosque de tierra firme con estrato herbáceo muy desarrollado/ Upland forest with very well developed herbaceous layer
19/11/19 C3-T1-S30 C3-T1+6550	Planicie Disectada del Terciario Superior Amazónico/Dissected Upper Tertiary Amazonian Plain	Terraza alta/ High terrace			Plano ondulado/ Rolling plain	2–5	N,o	Muy profundo/ Very deep	Bosque de tierra firme dominado por palma/Upland forest dominated by palms
19/11/19 C3-T1-S31 C3-T1+6700	Planicie Disectada del Terciario Superior Amazónico/Dissected Upper Tertiary Amazonian Plain				Quebrado/ Hilly		N,o		
21/11/19 C3-T3-S31' C3-T3+1900	Planicie Disectada del Terciario Superior Amazónico/Dissected Upper Tertiary Amazonian Plain	Terraza baja/ Low terrace			Plano ligeramente ondulado/ Lightly rolling plain		N,o		Bosque alto desarrollado con gran presencia de arboles delgados/ Tall, well-developed forest with many thin trees

Procesos/ Processes	Horizonte/ Horizon	Profundidad/ Depth (cm)	Color	Textura/ Texture	Estructura/ Structure	Consistencia/ Consistency	Otras observaciones/ Other notes	Muestra/ Sample
Inundaciones periódicas/ Periodic flooding	A	0–40	10YR 5/4	F	BfF	Fr No Peg		
	AB	40–90	7.5YR 6/6-5/6 70%, 5Y 6/2 30%	FArL	BF moderadamente desarrollados/ Moderately developed BF	Lig Peg Lig Pl		
	B	90–130X	10YR 6/3	FArL	BF moderadamente desarrollados/ Moderately developed BF	Lig Peg Lig Pl		
Inundaciones ocasionales/ Occasional flooding	A	0–30	10YR 5/4	FAr	BfF	Lig Peg Lig Pl		x
	AB	30–50	7.5YR 5/4	Ar	BfF	Peg Pl Fi		x
	Ab?	50–120X	10YR 5/4	FAr	BfF	Lig Peg Pl		x
Disección fuerte/ Strong dissection	A	0–10	10YR 4/2 40%, 7.5YR 6/4 40%, 10YR 2/1 20%	F	BfF	mFr		x
	AB	10–40	10YR 5/4	F	BfF	mFr	Con abundante carbón en bloques grandes/Many large blocks of charcoal	x
	B1	40–80	7.5YR 6/4	FArL	BfF	Lig Peg Lig Pl		x
	B2	80–140X	7.5YR 6/4	Ar	BfF	Peg Pl		x
Erosión en canales y sufusión, con deslizamientos locales/Erosion in canals and suffusion, with local landslides	A	0–10	2.5Y 5/2	FAr	mf casi granular/ almost granular	Fr	Abundantes raíces y hojas formando un colchón/ Abundant roots and leaves forming a mat	x
	AB	10–30	2.5Y 6/2	Ar pesado	BfF	Peg Pl		x
	B	30–80	2.5Y 7/3	Ar pesado	BfF	mPeg mPl	Raíces frecuentes/ Frequent roots	x
	BCg	80–110X	2.5Y 7/2 70%, 7.5YR 7/3 30%	Ar pesado	B medios débiles/ weak	mPeg mPl		x
Sufusión y disección/ Suffusion and dissection	A-AB	0–40	10YR 4/2-4/3	FArL	Migajoso/Crumbly	Lig Peg Lig Pl	50% de masa del horizonte son raíces finas/50% of the horizon mass are fine roots	x
	B	40–140	10YR 6/4 50%, 2.5Y 7/2 50%	FArL	BfF muy finos/ very fine	Lig Peg Lig Pl		x
	BC	140–200X	2.5Y 5/2 70%, 10YR 6/6	Ar	BfF	Peg Pl		x

LEYENDA/LEGEND

Textura/Texture

A = Arenoso/Sandy
Ar = Arcilloso/Clayey
L = Limoso/Silty
F = Franco/Loamy

Estructura/Structure

A = Temporary/Temporary
Bf = Temporary/Temporary
Bs = Temporary/Temporary
F = Temporary/Temporary
M = Temporary/Temporary

Consistencia/Consistency

D = Duro/Hard
Fi = Firme/Firm
Fr = Friable
Lig = Ligeramente/Slightly
m = Muy/Very
Peg = Pegajoso/Sticky

Perfiles de suelo/Soil profiles

Fecha, No.perfil, Ubicación/ Date, Profile no., Location	Gran paisaje/ Large landscape	Paisaje/ Landscape	Coordenadas/ Coordinates	Elevación (msnm)/ Elevation (masl)	Relieve/ Topography	Pendiente/ Slope (%)	Nivel freático/ Water table (m)	Profundidad efectiva/ Effective depth	Vegetación/ Vegetation
21/11/19 C3-T3-S33 C3-T3+250	Planicie Disectada del Terciario Superior Amazónico/Dissected Upper Tertiary Amazonian Plain	Terraza baja/ Low terrace			Plano ondulado/ Rolling plain	0–2	N,o	Profundo/ Deep	Bosque de zona inundable con algunos arboles de gran porte estratificado/ Flooded forest with stratification and some very large trees
22/11/19 C4-T2-S34 C4-T2+100	Llanura Aluvial de Ríos Antiguos/ Floodplain of Ancient Rivers	Terraza baja/ Low terrace	69°58,815' W 3°04,133' S	63	Plano/Flat	0–2	0,8	Profundo/ Deep	Bosque no desarrollado dominado por palmas y arboles delgados/Poorly developed forest dominated by palms and thin trees
22/11/19 C4-T2-S35 C4-T2+1200	Llanura Aluvial de Ríos Antiguos/ Floodplain of Ancient Rivers	Terraza baja/ Low terrace	69°58,800' W 3°04,662' S	53	Plano ondulado/ Rolling plain	0–3	0,8	Profundo/ Deep	Bosque bajo dominado por palmas sin estratificación/ Low forest, lacking stratification, dominated by palm
22/11/19 C4-T2-S36 C4-T2+2300	Llanura Aluvial de Ríos Antiguos/ Floodplain of Ancient Rivers	Terraza media/ Intermediate terrace	69°58,916' W 3°05,137' S	68	Ondulado/ Rolling	3–12	N,o	Muy profundo/ Very deep	Bosque bajo dominado por palmas sin estratificación/ Low forest, lacking stratification, dominated by palms
22/11/19 C4-T2-S37 C4-T2+3750	Llanura Aluvial de Ríos Antiguos/ Floodplain of Ancient Rivers	Terraza alta/ High terrace	69°59,637' W 3°04,958' S	98	Ondulado a fuertemente ondulado/ Rolling to strongly rolling	10–12	N,o	Muy profundo/ Very deep	Bosque con abundantes palmas y arboles delgados/ Forest with an abundance of palms and thin trees

Procesos/ Processes	Horizonte/ Horizon	Profundidad/ Depth (cm)	Color	Textura/ Texture	Estructura/ Structure	Consistencia/ Consistency	Otras observaciones/ Other notes	Muestra/ Sample
Drenajes amplios erosionales/ Wide erosional drainages	A	0–10	10YR 4/2	FArL	Bf	mFr Lig Peg Lig Pl	Raíces abundantes/ Abundant roots	X
	AB	10–30	10YR 6/6 60%, 10YR 7/2 40%	Ar	BfF	Peg Pl		X
	B	30–80X	10YR 6/4	Ar pesado	B sin calidad definible	mPeg mPl		X
Erosion laminar e inicio de cárcavas/ Laminar erosion and incipient ravines	A	0–10	10YR 4/2	FArL	BmfF	Fr No Peg	Abundantes raíces finas a gruesas/Abundant thin and thick roots	X
	AB	10–30	7.5YR 5/3	FArL	BfF	Lig Peg Lig Pl	Presencia de raíces/Roots	X
	B1	30–60	7.5YR 6/3	Ar pesado/ heavy	Bf	Fi D	Raíces escasas/ Sparse roots	X
	B2	60–80						
	Cg	80–100X	7.5YR 6/3 50%, 2.5Y 7/3 50%	Ar pesado/ heavy	B debiles/weak	mPeg mPl		X
Erosión laminar y cárcavas/ Laminar erosion and ravines	A	0–10		FAr				
	AB	10–40		Ar				
	?	40–80X		Ar				
Erosión laminar ligera/Slight laminar erosion	A-AB	0–30	10YR 5/4-4/4	F	BfF	mFr	Raíces superficiales gruesas/Thick surface roots	X
	B1	30–60	7.5YR 6/4	FAr	Bf moderados/ moderate	Fr Lig Peg	Raíces escasas/ Sparse roots	X
	Bt	60–90	7.5YR 6/6	FArA ArA	Bf moderados/ moderate	Peg Pl		X
	BC	90–110X	10YR 6.5/4	FArA ArA	Bf moderados/ moderate	Peg Pl		X
	A-AB	0–20	7.5YR 5/3-4/3	FArA	BfF	Fr	Raíces abundantes/ Abundant roots	X
	AB2	20–40	7.5YR 5/4	FAr	BfF	Fr		X
	B	40–70	5YR 6/4 80%, manchas grises claras/ light gray patches 20%	Ar	Bf moderados/ moderate	Peg Pl		X
	BCg	70–100X	7.5YR 7/3	Ar pesado	Casi masivo/ Almost massive	mPeg mpl Fi		X

LEYENDA/LEGEND

Textura/Texture

A = Arenoso/Sandy

Ar = Arcilloso/Clayey

L = Limoso/Silty

F = Franco/Loamy

Estructura/Structure

A = Temporary/Temporary

Bf = Temporary/Temporary

Bs = Temporary/Temporary

F = Temporary/Temporary

M = Temporary/Temporary

Consistencia/Consistency

D = Duro/Hard

Fi = Firme/Firm

Fr = Friable

Lig = Ligeramente/Slightly

m = Muy/Very

Peg = Pegajoso/Sticky

Perfiles de suelo/Soil profiles

Fecha, No.perfil, Ubicación/ Date, Profile no., Location	Gran paisaje/ Large landscape	Paisaje/ Landscape	Coordenadas/ Coordinates	Elevación (msnm)/ Elevation (masl)	Relieve/ Topography	Pendiente/ Slope (%)	Nivel freático/ Water table (m)	Profundidad efectiva/ Effective depth	Vegetación/ Vegetation
23/11/09 C4-T3-S38 C4-T3+5750	Planicie Disectada del Terciario Superior Amazónico/Dissected Upper Tertiary Amazonian Plain	Terraza alta/ High terrace	69°58,548' W 3°04,041' S	77	Ondulado quebrado/ Rolling to steeply hilly	20–30	N,o	Profundo/ Deep	Bosque de tierra firme con abundante arboles delgados/Upland forest with an abundance of thin trees
23/11/09 C4-T3-S39	Planicie Disectada del Terciario Superior Amazónico/Dissected Upper Tertiary Amazonian Plain	Terraza baja/ Low terrace			Plano inundable/ Floodplain	0–3	1,2	Profundo/ Deep	Bosque poco desarrollado dominado por palmas y arboles delgados/Poorly developed forest dominated by palms and thin trees
24/11/19 C4-T2-S40 C4-T2+5800	Llanura Aluvial de Ríos Antiguos/ Floodplain of Ancient Rivers	Terraza alta/ High terrace			Ondulado fuerte/ Strongly rolling	7–12–25	N,o	Muy profundo/ Very deep	Bosque de tierra firme con dosel de hasta 30 m dominado por arboles delgados/Upland forest with a canopy to 30 m dominated by thin trees

Procesos/ Processes	Horizonte/ Horizon	Profundidad/ Depth (cm)	Color	Textura/ Texture	Estructura/ Structure	Consistencia/ Consistency	Otras observaciones/ Other notes	Muestra/ Sample
Erosión laminar fuerte, sufusión y deslizamientos locales/Strong laminar erosion, suffusion, and local landslides	A	0–10	10YR 6/4	Ar	BfF	Lig Peg Lig Pl		x
	B	10–40	7.5YR 5/6	Ar	f	Peg Pl	Raíces abundantes y fragmentos de madera/ Abundant roots and wood fragments	x
	BC	40–80	2.5Y 6/4	Ar	BfF	mPeg mPl mFi		x
	Cg$_{cr}$	80–160	10Y 6/1	Ar pesado/ heavy	Bf y medios/ and medium	mPeg mPl	Lima de Fe en el contacto superior/Layer of Fe at the upper contact	x
	R	160–190X	5Y 6/1 50%, 10YR 6/6	Ar pesado/ heavy	BfF	Lig Peg Lig Pl Fr	Arenas rojizas/ Reddish sand	x
	A-AB	0–40	10YR 4/4	F	Migajoso/Crumbly	mFr	Raíces abundantes/ Abundant roots	x
	B	40–120	10YR 5/6	F	mF fina/fine	mFr No Peg No Pl	Raíces frecuentes/ Frequent roots	x
	2Cg	120–140X	5Y 5/2	FArL		Peg Pl	Pebas	x
Erosión laminar/ Laminar erosion	A	0–10	7.5YR 5/4	F	Migajoso/Crumbly	mFr	Raíces abundantes/ Abundant roots	x
	AB	10–30	10YR 5/6	FAr	BfF	Lig Peg Lig Pl Fr	Raíces frecuentes/ Frequent roots	x
	B	30–60	7.5YR 5/6	Ar	BfF	Peg Pl Fi		x
	BC$_{cr}$	60–120	10YR 7/1 80%, 10YR 5/6-4/6 20%	Ar pesado/ heavy	BfF	mPeg mPl	Abundantes concreciones de Fe, impermeable en el límite superior/ Abundant Fe concretions, impermeable at the upper limit	x
	2Cg	120–180X	10YR 6/1 70%, 10YR 6/6 30%	Ar pesado/ heavy	BfF	mPeg mPl Fi D	Concreciones de arena y Fe/Concretions of sand and Fe	x

LEYENDA/LEGEND

Textura/Texture

A = Arenoso/Sandy
Ar = Arcilloso/Clayey
L = Limoso/Silty
F = Franco/Loamy

Estructura/Structure

A = Temporary/Temporary
Bf = Temporary/Temporary
Bs = Temporary/Temporary
F = Temporary/Temporary
M = Temporary/Temporary

Consistencia/Consistency

D = Duro/Hard
Fi = Firme/Firm
Fr = Friable
Lig = Ligeramente/Slightly
m = Muy/Very
Peg = Pegajoso/Sticky

Muestras de agua/Water samples

Atributos de muestras de agua colectadas durante un inventario rápido de la región del Bajo Putumayo-Yaguas-Cotuhé, Perú y Colombia, del 5 al 24 de noviembre de 2019, por Robert Stallard y Jennifer Ángel Amaya / Attributes of water samples collected during a rapid inventory of the Bajo Putumayo-Yaguas-Cotuhé region of Peru and Colombia on 5–24 November 2019 by Robert Stallard and Jennifer Ángel Amaya.

.

ID	Sitio/ Site	Muestra guardada	Muestra del campo	Nombre/ Name	Tipo/ Type	Fecha (MM/DD/AA) / Date (MM/DD/YY)	Hora/ Time	Coordenadas/ Coordinates		Elevación (msnm) / Elevation (masl)
SUB-CUENCA BAJO RÍO PUTUMAYO/LOWER PUTUMAYO SUB-BASIN										
1	QF	–	C1-T2-A1-300	–	Drenaje/ Drainage	2019-05-11	15:40	2°31,677' S	70°39,171' W	77
2	QF	–	–	–	Aguajal/ Palm swamp	2019-05-12	16:00	2°31,756' S	70°39,151' W	79
3	QF	AM190001	C1-T2-A2-2700	Quebrada Corbata	Quebrada/ Stream	2019-06-11	–	2°32,605' S	70°89,856' W	79
4	QF	–	C1-T2-A3-4150	–	Drenaje/ Drainage	2019-06-12	–	2°32,089' S	70°39,362' W	87
5	QF	–	C1-T1-A3-875	–	Drenaje/ Drainage	2019-07-11	–	2°31,743' S	70°39,671' W	74
6	QF	–	C1-T1-A5-4650	–	Varillal enano/ Stunted forest	2019-08-11	–	2°31,102' S	70°39,598' W	77
7	QF	AM190002	C1-T1-A6-4000	–	Drenaje/ Drainage	2019-08-11	–	2°30,970' S	70°38,900' W	77
8	QF	–	C1-T1-A7-3650	–	Varillal enano/ Stunted forest	2019-08-11	–	2°30,916' S	70°39,095' W	78
9	QF	–	C1-T1-A8-700	–	Drenaje/ Drainage	2019-08-11	–	2°31,692' S	70°39,592' W	76
10	QF	AM190003	C1	Quebrada Federico	Quebrada/ Stream	2019-09-11	–	2°31,594' S	70°39,242' W	78
11	RP	–	Puerto Golondrina	Rio Putumayo	Río/River	2019-10-11	–	2°43,723' S	69°47,298' W	59
12	CP	–	Asopromata	Caño Pexiboy	Caño/ Small river	2019-10-11	–	2°39,939' S	69°52,020' W	90
13	CP	AM190004	C2-T0-A1	–	Drenaje/ Drainage	2019-11-11	–	2°39,239' S	69°51,501' W	65
14	CP	–	C2-T0-A2	–	Drenaje/ Drainage	2019-11-11	–	2°38,230' S	69°51,198' W	79
15	CP	AM190006	C2	Caño Pexiboy	Caño/ Small river	2019-12-11	–	2°36,825' S	69°50,721' W	68
16	CP	–	C2-T3-A4-150	–	Drenaje/ Drainage	2019-11-13	–	2°36,944' S	69°50,629' W	83

Ancho/ Width (m)	Profundidad del agua/ Water depth (m)	Altura ribera/ Bank height (m)	Temperatura/ Temperature (°C)	Conductividad en el campo/ Field conductivity (μS cm-1)	Conductividad en el laboratorio/ Conductivity in the lab (μS cm-1)	pH en el campo/ pH in the field	pH en el laboratorio/ pH in the lab	Sedimento en suspencion/ Suspended sediment (mg/L)	Absorbancia/ Absorbance 254 nm	Material del lecho/ Riverbed material	Apariencia del agua/ Water appearance	Corriente/ Current
3	0,15	1,5	27,8	6,3	–	5,52	–	–	–	arc, hoj	cla	len-nul
n.a.	0,1	n,a,	28,4	9,5	–	5,09	–	–	–	lod	osc	len-nul
6	>2	1,2	26.0	6,2	6,9	5,29	5,7	11,4	0,237	arc	cla	len-nul
7	0,5	1	–	8,0	–	4,72	–	–	–	arc, hoj	osc	len
3	0,4	1	24,6	9,4	–	5,21	–	–	–	arc, hoj	cla	len
n.a.	0,2	n,a,	29,4	8,1	–	4,78	–	–	–	tur	cla	len-nul
7	0,6	1,3	27,3	7,4	6,6	4,78	5,6	12,8	0,253	arc, hoj	osc	len-nul
n.a.	1,2	n,a,	31,7	12,55	–	4,58	–	–	–	tur	lit	len-nul
3	–	1,2	23,1	8,1	–	4,9	–	–	–	arc, hoj	lit	mod
>10	>2	2	23,5	9,5	9,4	5,64	5,6	20,3	0,199	arc	turb	rap
300	–	–	28,8	14,3	–	6,19	–	–	–	–	lit	rap
10	–	–	22,5	8,65	–	6.0	–	–	–	lod	lit	rap
2,5	0,3	1,2	25,4	12.0	8,5	6,05	5,6	11,4	0,171	are, gra	–	mod
–	0,45	1,7	–	8,25	–	5,85	–	–	–	are	lit	–
–	–	–	25.0	5,6	6,6	5,4	5,48	12.0	0,283	arc, hoj	lit	rap
1,8	0,05	0,6	24,8	10,65	–	5,9	–	–	–	–	–	len-nul

LEYENDA/LEGEND

Sitio/Site

CB = Caño Bejuco
CP = Caño Pexiboy
QF = Quebrada Federico
QL = Quebrada Lorena
RC = Río Cotuhé/Cotuhé River
RP = Río Putumayo/ Putumayo River

Material del lecho/Riverbed material

arc = Arcilla/Clay
are = Arena/Sand
gra = Grava/Gravel
gui = Guijos/Pebbles
hoj = Hojarasca/Leaf debris
lod = Lodo (arcilla+limo)/ Mud (clay + silt)
tur = Turba/Peat

Apariencia del agua/Water appearance

cla = Clara/Clear
lit = Ligeramente turbia/ Slightly cloudy
osc = Oscura/Dark
turb = Turbia/Cloudy
osc = Oscura/Dark

Corriente/Current

len = Lenta/Slow
med = Media/Medium
mod = Moderada/Moderate
nul = Nula/None
rap = Rápida/Fast

Muestras de agua/
Water samples

ID	Sitio/ Site	Muestra guardada	Muestra del campo	Nombre/ Name	Tipo/ Type	Fecha (MM/DD/AA)/ Date (MM/DD/YY)	Hora/ Time	Coordenadas/ Coordinates		Elevación (msnm)/ Elevation (masl)
17	CP	–	C2-T3-A5-525	–	Drenaje/ Drainage	2019-11-13	9:37	2°37,106' S	69°50,515' W	79
18	CP	–	C2-T3-A6-550	–	Drenaje/ Drainage	2019-11-13	–	2°37,124' S	69°50,508' W	81
19	CP	AM190005	C2-T3-SAL1-600	Salado	Salado/ Salt lick	2019-11-13	–	2°37,146' S	69°50,514' W	83
20	CP	–	C2-T4-A7-750	Quebrada Papelillo (Q Santa Clara)	Quebrada/ Stream	2019-11-14	–	2°36,675' S	69°50,278' W	88
21	CP	–	C2-T4-A8-1780	–	Drenaje/ Drainage	2019-11-14	–	2°36,404' S	69°49,872' W	99
22	CP	–	C2-T4-A9-2300	–	Drenaje/ Drainage	2019-11-14	–	2°36,164' S	69°49,728' W	92
23	CP	–	C2-T4-A10-3775	–	Drenaje/ Drainage	2019-11-14	–	2°35,866' S	69°50,181' W	104
24	CP	–	C2-T4-Afl10-4650	–	Drenaje/ Drainage	2019-11-14	–	2°36,119' S	69°50,444' W	88
25	CP	–	C2-T4-A11-5300	–	Drenaje/ Drainage	2019-11-14	–	2°36,378' S	69°50,644' W	95
26	CP	–	C2-T2-A12-350	Quebada Hernàn	Quebrada/ Stream	2019-11-15	10:58	2°36,846' S	69°52,355' W	74
27	CP	–	C2-T1-A13-3425	–	Aguas negras/ Black water	2019-11-15	11:38	2°36,950' S	69°52,190' W	86
28	CP	–	C2-T1-A14-1115	–	Aguas negras/ Black water	2019-11-15	12:00	2°36,899' S	69°52,027' W	95
29	CP	–	C2-T1-A15-2775	–	Aguas negras/ Black water	2019-11-15	12:23	2°36,855' S	69°51,885' W	100
30	CP	–	C2-T1-A16-2600	–	Aguas negras/ Black water	2019-11-15	12:31	2°36,820' S	69°51,801' W	100
31	CP	AM190007	C2-T1-A17-2450	–	Aguas negras/ Black water	2019-11-15	12:48	2°36,795' S	69°51,747' W	101
32	CP	–	C2-T1-A18-1570	–	Aguas negras/ Black water	2019-11-15	13:18	2°36,554' S	69°51,438' W	90
33	CP	–	C2-T1-A19-990	–	Drenaje/ Drainage	2019-11-15	13:43	2°36,570' S	69°51,140' W	85
34	CP	–	C2-T1-A20-840	–	Drenaje/ Drainage	2019-11-15	13:54	2°36,628' S	69°51,099' W	84
35	CP	AM190008	C2-T1-A21-325	–	Drenaje/ Drainage	2019-11-15	15:24	2°36,765' S	69°50,887' W	94

Ancho/ Width (m)	Profundidad del agua/ Water depth (m)	Altura ribera/ Bank height (m)	Temperatura/ Temperature (°C)	Conductividad en el campo/ Field conductivity (µS cm-1)	Conductividad en el laboratorio/ Conductivity in the lab (µS cm-1)	pH en el campo/ pH in the field	pH en el laboratorio/ pH in the lab	Sedimento en suspencion/ Suspended sediment (mg/L)	Absorbancia/ Absorbance 254 nm	Material del lecho/ Riverbed material	Apariencia del agua/ Water appearance	Corriente/ Current
3	0,3	1,6	–	10,5	–	5,5	–	–	–	arc, hoj	lit	len
–	0,15	1,6	25,3	6,55	–	5,87	–	–	–	are	cla	rap
50	0,1	n,a,	27,2	326.0	315.0	6,1	6,2	65.0	0,256	are	cla	len-nul
3	–	1	21.0	6,2	–	5,3	–	–	–	are, hoj	cla	rap
6	0,5	3	25,6	6.0	–	5,5	–	–	–	are, hoj	lit	–
3,5	0,5	1,6	25,2	6,8	–	5,5	–	–	–	are, hoj	–	rap
–	0,2	0,5	26,1	6,9	–	5,5	–	–	–	are, gra	–	mod
1,5	0,1	–	25,2	8,9	–	5,5	–	–	–	are, gra	cla	–
5	0,6	–	25,3	8,2	–	5,5	–	–	–	arc	lit	–
15	4	0,6	34,5	6,85	–	5,9	–	–	–	are	–	rap
3	0,3	n,a,	24,5	35,7	–	4,6	–	–	–	are, gra	osc	–
3	0,6	n,a,	24,6	30,37	–	4,45	–	–	–	are, gra, hoj	osc	rap
2,5	0,3	1	25,3	29.0	–	4,4	–	–	–	are	osc	–
5	–	0,6	25,4	17,4	–	4,5	–	–	–	are	osc	rap
2	0,3	–	25,1	28,1	24,3	4,3	4,3	6,4	1074.0	gra	osc	mod-rap
2,5	0,3	n,a,	25,2	20,55	–	4,5	–	–	–	are, gra, gui	osc	mod
7	>2	n,a,	25.0	12,15	–	5.0	–	–	–	–	turb	–
5,5	>3	n,a,	25.0	8,3	–	4,8	–	–	–	–	lit	rap
7	>2,5	n,a,	25,3	5,2	8,3	5,87	5,2	13,2	0,384	–	–	–

LEYENDA/LEGEND

Sitio/Site

CB = Caño Bejuco
CP = Caño Pexiboy
QF = Quebrada Federico
QL = Quebrada Lorena
RC = Río Cotuhé/Cotuhé River
RP = Río Putumayo/ Putumayo River

Material del lecho/Riverbed material

arc = Arcilla/Clay
are = Arena/Sand
gra = Grava/Gravel
gui = Guijos/Pebbles
hoj = Hojarasca/Leaf debris
lod = Lodo (arcilla+limo)/ Mud (clay+silt)
tur = Turba/Peat

Apariencia del agua/Water appearance

cla = Clara/Clear
lit = Ligeramente turbia/ Slightly cloudy
osc = Oscura/Dark
turb = Turbia/Cloudy
osc = Oscura/Dark

Corriente/Current

len = Lenta/Slow
med = Media/Medium
mod = Moderada/Moderate
nul = Nula/None
rap = Rápida/Fast

Muestras de agua/
Water samples

ID	Sitio/ Site	Muestra guardada	Muestra del campo	Nombre/ Name	Tipo/ Type	Fecha (MM/DD/AA)/ Date (MM/DD/YY)	Hora/ Time	Coordenadas/ Coordinates		Elevación (msnm)/ Elevation (masl)
SUB-CUENCA RÍO COTUHÉ/COTUHÉ SUB-BASIN										
37	CB	AM190009	C3-T1-A22-150	Caño Bejuco	Caño/ Small river	2019-11-18	9:16	3°8,640' S	70°9,032' W	75
38	CB	–	C3-T1-A23-290	–	Drenaje/ Drainage	2019-11-18	9:50	3°8,606' S	70°9,092' W	86
39	CB	–	C3-T1-A24-1260	–	Drenaje/ Drainage	2019-11-18	10:41	3°8,492' S	70°9,617' W	80
40	CB	–	C3-T1-A25-1350	–	Drenaje/ Drainage	2019-11-18	10:55	3°8,479' S	70°9,661' W	85
41	CB	–	C3-T1-A26-1550	–	Drenaje/ Drainage	2019-11-18	11:32	3°8,375' S	70°9,661' W	86
42	CB	–	C3-T1-A27-2120	–	Drenaje/ Drainage	2019-11-18	11:58	3°8,138' S	70°9,562' W	86
43	CB	–	C3-T1-A28-2600	–	Drenaje/ Drainage	2019-11-18	12:38	3°7,975' S	70°9,666' W	83
44	CB	–	C3-T1-A29-4100	–	Drenaje/ Drainage	2019-11-18	13:31	3°7,493' S	70°9,266' W	68
45	CB	–	C3-T1-A30-5350	–	Drenaje/ Drainage	2019-11-18	14:23	3°7,837' S	70°8,928 W	76
46	CB	–	C3-T1-A31-6035	–	Drenaje/ Drainage	2019-11-18	14:55	3°8,167' S	70°8,989' W	71
47	CB	AM190010	C3-T1-A32-6640	–	Drenaje/ Drainage	2019-11-18	–	3°8,470' S	70°8,989' W	63
48	CB	–	C3-T2-A33-1600	–	Drenaje/ Drainage	2019-11-20	9:36	3°8,110' S	70°8,390' W	69
49	CB	–	C3-T2-A34-2550	–	Drenaje/ Drainage	2019-11-20	10:41	3°7,649' S	70°8,339' W	71
50	CB	–	C3-T2-A35-2850	–	Drenaje/ Drainage	2019-11-20	11:04	3°7,501 S	70°8,264' W	67
51	CB	–	C3-T2-A36-3400	–	Drenaje/ Drainage	2019-11-20	11:46	3°7,512' S	70°8,472' W	77
52	CB	–	C3-T2-A37-3850	–	Drenaje/ Drainage	2019-11-20	12:21	3°7,488' S	70°8,714' W	85
53	RC	AM190011	C3-Campamento-A38	Río Cotuhé	Río/River	2019-11-20	15:23	3°8,644' S	70°8,940' W	70
54	QL	–	C4-T2-A39-1550	–	Drenaje/ Drainage	2019-11-22	9:11	3°4,819' S	69°58,817' W	55

Muestras de agua/
Water samples

Ancho/ Width (m)	Profundidad del agua/ Water depth (m)	Altura ribera/ Bank height (m)	Temperatura/ Temperature (°C)	Conductividad en el campo/ Field conductivity (µS cm-1)	Conductividad en el laboratorio/ Conductivity in the lab (µS cm-1)	pH en el campo/ pH in the field	pH en el laboratorio/ pH in the lab	Sedimento en suspencion/ Suspended sediment (mg/L)	Absorbancia/ Absorbance 254 nm	Material del lecho/ Riverbed material	Apariencia del agua/ Water appearance	Corriente/ Current
3	–	n,a,	24,9	8,4	7,6	5.0	5,6	12,5	0,212	arc, are	–	len
4	–	1,2	25,8	5,45	–	5,25	–	–	–	are, gra	–	len
3	0,4	1	25,6	5,7	–	5,5	–	–	–	–	–	len
10	>3	–	25,7	6,7	–	6,05	–	–	–	–	turb	–
7	0,1	2,5	25,3	5,6	–	5,75	–	–	–	arc, hoj	osc	len
4	–	2	25,6	5,55	–	5,25	–	–	–	arc, hoj	osc	med
4	0,4	0,5	26,5	5,55	–	5,5	–	–	–	arc, hoj	lit	–
5	0,7	0,6	27,4	7,3	–	5.0	–	–	–	are	–	len
5	0,4	0,7	25,4	5.0	–	5,5	–	–	–	–	–	mod-rap
3,5	0,2	1,1	26,4	5,6	–	5,75	–	–	–	are, gra	–	mod-rap
8	–	6,4	26,6	5,65	5.0	5,75	5,7	5,6	0,106	gra	–	mod-rap
–	0,3	6,4	25,3	7,3	–	5,75	–	–	–	–	–	mod-rap
10	0,2	1,2	26,3	8,4	–	5,5	–	–	–	are, hoj	–	med
12	1,5	2,6	25,7	8,95	–	5,8	–	–	–	arc	–	med
4,5	0,2	2,6	25,7	8,9	–	5,8	–	–	–	gra	–	–
3	0,6	–	25,8	8.0	–	5,5	–	–	–	are, hoj	–	med
>20	>15	–	25,3	6,1	8.0	6,03	5,8	33.0	0,293	–	turb	rap
4	0,34	1,6	25,3	11,7	–	6.0	–	–	–	arc, are, hoj	lit	med

LEYENDA/LEGEND

Sitio/Site

CB = Caño Bejuco
CP = Caño Pexiboy
QF = Quebrada Federico
QL = Quebrada Lorena
RC = Río Cotuhé/Cotuhé River
RP = Río Putumayo/ Putumayo River

Material del lecho/Riverbed material

arc = Arcilla/Clay
are = Arena/Sand
gra = Grava/Gravel
gui = Guijos/Pebbles
hoj = Hojarasca/Leaf debris
lod = Lodo (arcilla+limo)/ Mud (clay+silt)
tur = Turba/Peat

Apariencia del agua/Water appearance

cla = Clara/Clear
lit = Ligeramente turbia/ Slightly cloudy
osc = Oscura/Dark
turb = Turbia/Cloudy
osc = Oscura/Dark

Corriente/Current

len = Lenta/Slow
med = Media/Medium
mod = Moderada/Moderate
nul = Nula/None
rap = Rápida/Fast

Muestras de agua/
Water samples

ID	Sitio/ Site	Muestra guardada	Muestra del campo	Nombre/ Name	Tipo/ Type	Fecha (MM/DD/AA)/ Date (MM/DD/YY)	Hora/ Time	Coordenadas/ Coordinates		Elevación (msnm)/ Elevation (masl)
55	QL	–	C4-T2-A40-3000	–	Drenaje/ Drainage	2019-11-22	10:42	3°5,109' S	69°59,279' W	81
56	QL	AM190012	C4-T2-A41-4400	–	Drenaje/ Drainage	2019-11-22	–	3°4,874' S	69°59,863' W	55
57	QL	–	C4-T2-A42-7050	–	Drenaje/ Drainage	2019-11-22	–	3°4,062' S	69°58,824' W	79
58	QL	AM190013	C4-Campamento-A43	Quebrada Lorena	Quebrada/ Stream	2019-11-22	–	3°4,103' S	69°58,721' W	85
59	QL	–	C4-T3-A44-5440	–	Drenaje/ Drainage	2019-11-23	9:07	3°4,040' S	69°58,381' W	67
60	QL	AM190014	C4-T3-A45-4900	–	Drenaje/ Drainage	2019-11-23	9:41	3°3,944' S	69°58,110' W	86
61	QL	–	C4-T3-A46-4450	–	Drenaje/ Drainage	2019-11-23	10:23	3°3,927' S	69°57,859' W	99
62	QL	–	C4-T3-A47-3300	–	Drenaje/ Drainage	2019-11-23	12:02	3°4,274' S	69°57,837' W	114
63	QL	–	C4-T3-A48-2900	–	Drenaje/ Drainage	2019-11-23	12:21	3°4,474' S	69°57,942' W	106
64	QL	–	C4-T3-A49-2460	–	Drenaje/ Drainage	2019-11-23	12:34	3°4,685' S	69°57,999' W	101
65	QL	–	C4-T3-A50-2100	–	Drenaje/ Drainage	2019-11-23	13:14	3°4,882' S	69°58,069' W	83
66	QL	–	C4-T3-A51-1560	–	Drenaje/ Drainage	2019-11-23	13:40	3°4,713' S	69°58,223' W	83
67	QL	–	C4-T3-A52-1200	–	Drenaje/ Drainage	2019-11-23	14:00	3°4,574' S	69°58,370' W	77
68	QL	–	C4-T3-A53-300	–	Drenaje/ Drainage	2019-11-23	14:39	3°4,187' S	69°58,633' W	74
69	QL	–	C4-T1-A54	–	Drenaje/ Drainage	2019-11-24	7:57	3°3,646' S	69°58,747' W	60
70	QL	–	C4-T1-A55-3850	–	Drenaje/ Drainage	2019-11-24	8:19	3°3,467' S	69°58,747' W	64
71	QL	–	C4-T1-A56-2200	–	Drenaje/ Drainage	2019-11-24	9:38	3°3,336' S	69°59,200' W	64
72	QL	–	C4-T1-A57-400	–	Drenaje/ Drainage	2019-11-24	10:59	3°3,994' S	69°58,897' W	74
73	QL	–	C4-T1-A58-240	–	Drenaje/ Drainage	2019-11-24	11:09	3°4,040' S	69°58,831' W	72

Ancho/ Width (m)	Profundidad del agua/ Water depth (m)	Altura ribera/ Bank height (m)	Temperatura/ Temperature (°C)	Conductividad en el campo/ Field conductivity (µS cm-1)	Conductividad en el laboratorio/ Conductivity in the lab (µS cm-1)	pH en el campo/ pH in the field	pH en el laboratorio/ pH in the lab	Sedimento en suspencion/ Suspended sediment (mg/L)	Absorbancia/ Absorbance 254 nm	Material del lecho/ Riverbed material	Apariencia del agua/ Water appearance	Corriente/ Current
5	0,6	2	25,7	12,5	–	5,9	–	–	–	arc, are, hoj	–	len
6	0,5	2	25,9	11,35	12,3	5,5	5,7	2,8	0,283	arc, are	lit	med
4	–	1,7	25,8	11,4	–	6.0	–	–	–	arc, hoj	turb	len
15	–	2,5	26.0	6,1	10,5	6,05	5,7	23,9	0,305	lod, hoj	lit	–
2	0,2	0,3	24,7	12,5	–	6.0	–	–	–	arc, gra	lit	–
4,5	0,1	1,2	24,9	28,6	27,4	6,33	5,6	7,7	0,201	arc, hoj	lit	–
3	0,15	0,6	25.0	22,4	–	6,5	–	–	–	arc, hoj	–	med-len
3	–	1,2	25,8	25,95	–	6,5	–	–	–	arc, hoj	–	med-rap
2,5	0,6	–	25,6	34,1	–	6,5	–	–	–	arc, hoj	–	–
–	–	–	25,6	35,8	–	6,75	–	–	–	–	–	–
2,5	–	1	26,3	8,35	–	5,33	–	–	–	are, gra	–	len
–	–	–	25,6	18,5	–	6.0	–	–	–	–	–	–
3,5	0,4	0,6	26,6	20,1	–	6.0	–	–	–	arc, hoj	turb	len
5	1,6	1,5	26,4	20.0	–	6,5	–	–	–	arc	turb	med-rap
4	>1,6	–	24,9	8,9	–	6.0	–	–	–	hoj	turb	nul
–	–	–	25,3	8,3	–	6.0	–	–	–	arc	turb	nul
3	0,1	1,4	26,3	6,3	–	5,75	–	–	–	are, gra, hoj	–	len
3	0,2	0,6	25,8	10,2	–	5,75	–	–	–	arc, hoj	–	med
–	–	–	25,9	10,8	–	5,75	–	–	–	arc	–	nul

LEYENDA/LEGEND

Sitio/Site

CB = Caño Bejuco
CP = Caño Pexiboy
QF = Quebrada Federico
QL = Quebrada Lorena
RC = Río Cotuhé/Cotuhé River
RP = Río Putumayo/ Putumayo River

Material del lecho/Riverbed material

arc = Arcilla/Clay
are = Arena/Sand
gra = Grava/Gravel
gui = Guijos/Pebbles
hoj = Hojarasca/Leaf debris
lod = Lodo (arcilla+limo)/ Mud (clay+silt)
tur = Turba/Peat

Apariencia del agua/Water appearance

cla = Clara/Clear
lit = Ligeramente turbia/ Slightly cloudy
osc = Oscura/Dark
turb = Turbia/Cloudy
osc = Oscura/Dark

Corriente/Current

len = Lenta/Slow
med = Media/Medium
mod = Moderada/Moderate
nul = Nula/None
rap = Rápida/Fast

Plantas vasculares/Vascular plants

Plantas vasculares registradas en cuatro campamentos durante un inventario rápido de la región del Bajo Putumayo-Yaguas-Cotuhé, Perú y Colombia, entre el 5 y el 24 de noviembre de 2019. Recopilado por Marcos A. Ríos Paredes. Las colecciones, fotos y observaciones fueron realizadas por los miembros del equipo botánico: Jose D. Acosta Arango, Marcos A. Ríos Paredes, Wilson D. Rodríguez Duque, Luis A. Torres Montenegro y Corine F. Vriesendorp. Para estandarizar la nomenclatura de los nombres taxonómicos, utilizamos la base de datos TROPICOS del Jardín Botánico de Missouri (http://www.tropicos.org), la última clasificación de angiospermas (APG IV 2016) y la aplicación en línea Taxonomic Name Resolution Service (https://tnrs.biendata.org)./ Vascular plants recorded at four campsites during a rapid inventory of the Bajo Putumayo-Yaguas-Cotuhé region of Peru and Colombia, on 5–24 November 2019. Compiled by Marcos A. Ríos Paredes. All collections, photos, and observations were made by the botanical team: Jose D. Acosta Arango, Marcos A. Ríos Paredes, Wilson D. Rodríguez Duque, Luis A. Torres Montenegro, and Corine F. Vriesendorp. Taxonomic nomenclature was standardized via the TROPICOS database of the Missouri Botanical Garden (http://www.tropicos.org), the Angiosperm Phylogeny Group (APG IV 2016), and the Taxonomic Name Resolution Service (https://tnrs.biendata.org).

Nombre científico/ Scientific name	Registros en cada campamento/ Records at each campsite				Especímen/Voucher	Fotos/Photos	Estatus/ Status
	Quebrada Federico	Caño Pexiboy	Caño Bejuco	Quebrada Lorena			
ANGIOSPERMAE							
Acanthaceae							
Aphelandra sp. no identificada	x	–	–	–	LT3952	–	–
Justicia scansilis	–	x	–	–	WR9953	MR737-742c2	–
Justicia sp. no identificada	–	x	–	–	WR9778	MR418-424c2	–
Ruellia spp. no identificadas	–	x	x	x	JA1106, 1278, WR9981	–	–
Achariaceae							
Carpotroche amazonica	–	x	–	–	WR9761	LT665-669c2	–
Carpotroche froesiana	x	x	x	x	LT3925	MR31-35c1	NC
Carpotroche longifolia	–	–	–	x	–	CV8949-8951c4	–
Mayna odorata	–	–	x	x	JA1141, 1254	LT1109-1110c3	–
Anacardiaceae							
Anacardium giganteum	–	–	x	–	–	–	–
Astronium graveolens	–	–	–	x	–	–	–
Spondias mombin	x	–	–	x	–	–	–
Tapirira guianensis	x	x	x	x	–	–	–
Tapirira obtusa	x	–	x	–	–	–	–
Tapirira retusa	–	x	–	–	–	–	–
Anisophylleaceae							
Anisophyllea guianensis	–	–	x	x	–	CV8532-8533c3	–
Annonaceae							
Anaxagorea brevipes	–	x	–	–	WR9701	LT418-422c2	–
Anaxagorea phaeocarpa	–	x	–	x	JA1198, WR9783	LT469-471c2, 2243c4	–
Anaxagorea sp. no identificada	–	–	–	x	JA1208	LT2214-2219c4	–
Annona cherimolioides	x	–	–	–	LT4031	JA9140-9151c1	–
Annona cuspidata cf.	–	x	x	–	JA1127, WR9790, 9843	LT466-468c2, 1214-1215c3	–
Annona dolichophylla	–	x	x	–	JA1058, WR9930	LT767-774c2	VU (UICN)
Annona duckei	–	–	–	x	JA1296	–	–

Nombre científico/ Scientific name	Registros en cada campamento/ Records at each campsite				Especímen/Voucher	Fotos/Photos	Estatus/ Status
	Quebrada Federico	Caño Pexiboy	Caño Bejuco	Quebrada Lorena			
Annona hypoglauca	X	X	X	X	–	–	–
Annona sp. no identificada	–	X	–	–	JA1065	–	–
Bocageopsis canescens	–	X	X	X	–	–	–
Cremastosperma gracilipes	–	–	–	X	JA1281	–	–
Diclinanona tessmannii	X	X	X	X	–	MR289-292c1	–
Duguetia latifolia	–	–	X	–	JA1061, 1094	MR816-820c3, 867-873c3	–
Duguetia macrophylla	–	X	–	–	WR9766	LT507-510c2; MR442c2	–
Duguetia spixiana	–	X	–	–	WR9941	–	–
Duguetia surinamensis	–	X	–	–	–	JA9423-9424c2; LT741-747c2	–
Duguetia sp. no identificada	–	X	–	–	WR10020	–	–
Guatteria decurrens	X	X	X	X	LT3931, 3953	MR36-44c1	–
Guatteria megalophylla	X	X	X	X	WR9765	LT521-524c2	–
Guatteria punctata	X	–	–	–	LT3917	MR59-66c1	–
Guatteria trichocarpa	–	–	X	–	JA1069	MR851-857c3	–
Guatteria sp. no identificada	X	–	–	–	LT3991, 4042	JA9258-9263c1	–
Oxandra euneura	X	X	–	–	LT3913	LT28c1	–
Oxandra xylopioides	X	X	X	X	–	–	–
Pseudoxandra sp. no identificada	–	–	X	–	JA1081	–	–
Trigynaea lagaropoda	X	–	X	X	–	–	NC
Unonopsis floribunda	X	X	X	–	–	–	–
Unonopsis stipitata	X	–	X	–	JA1089	MR833-838c3	–
Unonopsis veneficiorum	X	X	–	–	LT3972, WR9851, 9897	MR677-683c2	–
Unonopsis sp. no identificada	X	–	–	–	LT3995, 4029	JA9156-9161c1	–
Xylopia cuspidata	X	X	–	–	LT4081, WR9905	LT400-403c1, 845-848c2	–
Xylopia parviflora	–	X	–	X	–	–	–
Apocynaceae							
Aspidosperma excelsum	X	X	X	X	–	–	–
Couma macrocarpa	X	X	X	X	–	–	–
Himatanthus phagedaenicus	X	X	X	X	LT4027	JA9171-9176c1	–
Macoubea guianensis	X	–	–	–	–	–	–
Odontadenia puncticulosa	X	–	–	–	LT3983	LT287-291c1	–

LEYENDA/LEGEND

Espécimen, Fotos/
Voucher, Photos

CV = Corine F. Vriesendorp

JA = Jose D. Acosta Arango

LT = Luis A. Torres Montenegro

MR = Marcos A. Ríos Paredes

WR = Wilson D. Rodríguez Duque

Estatus/Status

CR (UICN) = En Peligro Crítico en el ámbito mundial/Globally Critically Endangered

EN (Co) = En Peligro en Colombia/ Endangered in Colombia

EN (Pe) = En Peligro en el Perú/ Endangered in Peru

EN (UICN) = En Peligro en el ámbito mundial/Globally Endangered

LR/nt (UICN) = Riesgo Menor/ casi amenzada en el ámbito mundial/Globally Lower Risk/near threatened

NC = Potencialmente nuevo registro para Colombia/Potentially new for Colombia

NP = Potencialmente nuevo registro para el Perú/Potentially new for Peru

NT (UICN) = Casi Amenazada en el ámbito mundial/Globally Near Threatened

VU (Co) = Vulnerable en Colombia/ Vulnerable in Colombia

VU (Pe) = Vulnerable en el Perú/ Vulnerable in Peru

VU (UICN) = Vulnerable en el ámbito mundial/Globally Vulnerable

Plantas vasculares/
Vascular plants

Nombre científico/ Scientific name	Registros en cada campamento/ Records at each campsite				Especímen/Voucher	Fotos/Photos	Estatus/ Status
	Quebrada Federico	Caño Pexiboy	Caño Bejuco	Quebrada Lorena			
Parahancornia oblonga	x	–	–	–	–	CV7998-8002c1	–
Parahancornia peruviana cf.	x	–	–	–	–	–	VU (Pe)
Rhigospira quadrangularis	–	–	x	–	–	–	–
Aquifoliaceae							
Ilex laureola	x	–	–	–	LT4023	JA9219-9223c1	–
Araceae							
Anthurium apaporanum	–	x	–	–	WR9892	–	–
Anthurium atropurpureum	–	–	x	–	JA1140	LT1104-1108c3	–
Anthurium bakeri	–	x	–	–	WR9699	LT429-434c2	–
Anthurium clavigerum	–	–	x	–	JA1063, 1144	CV8756-8757c4; LT1002c3, 1079-1080c3	–
Anthurium gracile cf.	x	–	–	–	LT3909	–	–
Anthurium obtusum	–	x	–	–	WR9737	–	–
Anthurium sagittatum	–	x	–	–	WR9923	JA9425-9432c2	–
Anthurium vaupesianum	–	–	–	x	JA1271	–	–
Anthurium sp. no identificada	x	–	–	–	LT3899	–	–
Caladium sp. no identificada	–	–	x	–	JA1083	–	–
Dieffenbachia parvifolia	x	x	–	–	LT3929, WR9774, 9847	JA9021-9027c1	–
Dracontium sp. no identificada	–	x	–	–	–	CV8062-8066c2, 8248-8250c2, 8274-8277c2	–
Monstera sp. no identificada	–	x	–	–	–	CV8067-8068c2	–
Montrichardia linifera	x	–	x	–	–	–	–
Philodendron brevispathum	x	–	–	–	LT4036	JA9177-9181c1	–
Philodendron campii	x	–	–	–	LT4015	JA9224-9237c1	–
Philodendron ernestii	–	–	–	x	–	–	–
Philodendron revillanum	–	x	–	–	WR10012	–	–
Pistia stratiotes	x	–	–	–	–	–	–
Spathiphyllum minus	–	x	–	–	WR10006	–	–
Stenospermation amomifolium	x	x	–	–	LT4072, WR10017	–	–
Syngonium macrophyllum	–	–	x	–	JA1184	LT2117-2120c3	–
Urospatha sagittifolia	x	x	–	–	–	–	–
Araliaceae							
Dendropanax arboreus	–	x	–	–	WR9857	LT913-915c2; MR637-642c2	–
Dendropanax macropodus	x	–	–	–	–	–	–
Dendropanax resinosus	x	–	–	–	LT3997, 3998	–	–
Schefflera morototoni	–	x	–	–	–	–	–
Arecaceae							
Aiphanes ulei	–	x	x	x	–	MR492-498c2	–
Astrocaryum chambira	x	x	x	x	–	–	–
Astrocaryum gynacanthum	–	–	x	x	JA1118	MR960-990c3	–

Nombre científico/ Scientific name	Registros en cada campamento/ Records at each campsite				Especímen/Voucher	Fotos/Photos	Estatus/ Status
	Quebrada Federico	Caño Pexiboy	Caño Bejuco	Quebrada Lorena			
Astrocaryum jauari	X	X	X	X	–	CV9127-9129c4; LT2150-2151c3, 2154-2155c3	–
Astrocaryum murumuru/macrocalyx	X	X	X	X	–	–	–
Astrocaryum murumuru var. *ciliatum*	X	X	X	X	–	CV8005-8006c1; JA9489-9492c3	–
Attalea insignis	X	X	X	X	–	CV8171-8175c2, 8401- 8403c3, 8863-8865c4; LT2231-2236c4; MR124-131c1	–
Attalea maripa	–	–	–	X	–	–	–
Attalea microcarpa cf.	X	X	X	X	–	–	–
Bactris acanthocarpa	–	–	–	X	JA1199	–	–
Bactris bifida	–	–	X	X	–	–	–
Bactris hirta	X	X	–	X	WR9719	–	–
Bactris maraja	X	–	X	X	–	–	–
Bactris riparia	X	X	X	X	–	–	–
Bactris simplicifrons	–	X	X	–	–	JA9374-9377c2	–
Chamaedorea pauciflora	–	–	X	–	JA1047, 1136	–	–
Chamaedorea pinnatifrons	–	–	–	X	JA1274	–	–
Desmoncus giganteus	X	–	X	X	–	–	–
Desmoncus mitis	–	X	X	X	WR9898	–	–
Euterpe precatoria	X	X	X	X	–	CV8420-8422c3	–
Geonoma camana	–	X	–	–	WR9924	–	–
Geonoma deversa	–	X	X	X	JA1098, WR9704	LT454-459c2	–
Geonoma laxiflora	–	–	X	–	JA1132	LT1205-1206c3	–
Geonoma macrostachys	–	X	X	X	JA1171, WR9735	CV8877-8880c4; JA9321-9324c2, 9443- 9444c2; LT542-547c2; MR2151-2164c4	–
Geonoma maxima	X	X	X	X	JA1092, WR9762	LT649-657c2	–
Geonoma stricta	X	X	X	X	JA1053, 1238, LT4062	LT1021-1023c3; MR322-331c1	–
Geonoma sp. no identificada	–	–	–	X	JA1239	JA9524-9529c4	–
Hyospathe elegans	–	–	–	X	–	–	–
Iriartea deltoidea	X	X	X	X	–	CV8694-8696c4	–

LEYENDA/LEGEND

**Espécimen, Fotos/
Voucher, Photos**

CV = Corine F. Vriesendorp
JA = Jose D. Acosta Arango
LT = Luis A. Torres Montenegro
MR = Marcos A. Ríos Paredes
WR = Wilson D. Rodríguez Duque

Estatus/Status

CR (UICN) = En Peligro Crítico en el
ámbito mundial/Globally Critically
Endangered

EN (Co) = En Peligro en Colombia/
Endangered in Colombia

EN (Pe) = En Peligro en el Perú/
Endangered in Peru

EN (UICN) = En Peligro en el ámbito
mundial/Globally Endangered

LR/nt (UICN) = Riesgo Menor/
casi amenzada en el ámbito
mundial/Globally Lower Risk/near
threatened

NC = Potencialmente nuevo registro
para Colombia/Potentially new for
Colombia

NP = Potencialmente nuevo registro
para el Perú/Potentially new for
Peru

NT (UICN) = Casi Amenazada en el
ámbito mundial/Globally Near
Threatened

VU (Co) = Vulnerable en Colombia/
Vulnerable in Colombia

VU (Pe) = Vulnerable en el Perú/
Vulnerable in Peru

VU (UICN) = Vulnerable en el ámbito
mundial/Globally Vulnerable

Plantas vasculares/
Vascular plants

Nombre científico/ Scientific name	Registros en cada campamento/ Records at each campsite				Especímen/Voucher	Fotos/Photos	Estatus/ Status
	Quebrada Federico	Caño Pexiboy	Caño Bejuco	Quebrada Lorena			
Iriartella setigera	–	x	–	–	WR9750	–	–
Iriartella stenocarpa	–	x	x	x	–	–	–
Lepidocaryum tenue	–	x	x	x	–	JA9345-9347c2, 9397-9399c2	–
Manicaria saccifera	–	x	x	–	WR9743	LT638c2; MR465-472c2	EN (Pe)
Mauritia flexuosa	x	x	x	x	–	CV7996-7997c1, 8944, 9139c4	–
Mauritiella armata	x	x	x	x	–	CV7989-7991c1	–
Oenocarpus balickii	–	–	x	–	–	CV8561-8563c3	–
Oenocarpus bataua	x	x	x	x	–	–	–
Oenocarpus mapora/minor	x	x	x	x	–	CV8728-8729c4	–
Socratea exorrhiza	x	x	x	x	–	LT2140-2141c3	–
Syagrus smithii	–	x	x	–	WR9764	–	–
Aristolochiaceae							
Aristolochia sp. no identificada	–	x	–	–	WR9741	LT660-664c2	
Bignoniaceae							
Adenocalymma aspericarpum	–	–	–	x	JA1214	–	–
Bignonia sciuripabulum	x	–	–	–	LT4082	LT343-344c1	–
Callichlamys latifolia	x	x	–	–	WR9950	MR756-758c2	–
Handroanthus serratifolius	x	x	–	–	–	–	–
Jacaranda copaia	x	–	–	–	–	–	–
Jacaranda obtusifolia	–	–	–	x	–	–	–
Tabebuia insignis var. *monophylla*	x	–	–	–	LT3989	JA9130-9131c1; LT258-259c1	–
Tanaecium pyramidatum	–	–	x	–	JA1278	CV8661-8665c3; LT2136-2137c3	–
Boraginaceae							
Cordia exaltata	–	x	–	x	JA1284, WR9868	–	–
Cordia kingstoniana	–	x	–	–	WR9709	–	–
Cordia nodosa	x	x	–	–	–	–	–
Cordia ucayaliensis	–	–	x	–	–	–	–
Bromeliaceae							
Aechmea calliculata aff.	–	–	–	x	–	ADC4334-4335c4	–
Aechmea contracta	–	x	–	–	WR9912	–	–
Aechmea corymbosa aff.	x	–	x	x	JA1090, LT4073, WR9763	CV8522-8525c3; LT412-415c1; MR371-376c1, 955-959c3	–
Aechmea mertensii	–	–	x	–	JA1178A	LT2180-2183c3	–
Aechmea poitaei	x	x	x	x	LT4051, WR9942	CV8764-8767c4; LT734-736c2, 1172-1176c3; MR380-383c1	–
Aechmea rubiginosa cf.	–	x	–	–	–	CV8294-8296c2; LT850-859c2; MR684-689c2	–
Aechmea servitensis	–	–	x	–	JA1052B	LT1007-1013c3	–

Nombre científico/ Scientific name	Registros en cada campamento/ Records at each campsite				Especímen/Voucher	Fotos/Photos	Estatus/ Status
	Quebrada Federico	Caño Pexiboy	Caño Bejuco	Quebrada Lorena			
Aechmea tillandsioides	–	x	–	–	JA1252, WR9861, 9956	MR531-535c2, 724-729c2	–
Aechmea vallerandii cf.	x	–	–	–	–	LT274-281c1	–
Aechmea woronowii	–	–	x	–	JA1057B	JA9483-9486c3	–
Fosterella batistana	–	–	x	–	JA1105, 1123	MR922-926c3, 1052-1058c3	NC
Neoregelia wurdackii	–	–	x	–	JA1129	LT1207-1208c3	NC
Burseraceae							
Crepidospermum prancei	x	x	x	x	LT3898	CV8125c2, 8874-8876c4	–
Crepidospermum rhoifolium	x	x	x	x	LT3872	–	–
Dacryodes amplectans	–	x	–	–	WR9984	–	–
Dacryodes peruviana	x	–	–	–	LT3875	–	–
Protium altsonii	x	x	x	x	LT3880	–	–
Protium amazonicum	x	x	x	x	–	–	–
Protium apiculatum	–	–	x	–	–	–	–
Protium calanense	x	–	–	–	LT3878	–	–
Protium crassipetalum	x	–	–	x	LT3871, 3873	–	–
Protium decandrum	–	–	–	x	JA1201	–	–
Protium divaricatum	x	–	–	x	LT3874, 3882, 3883, 4063	MR332-336c1	–
Protium divaricatum subsp. *krukoffii*	–	–	–	x	JA1257	–	–
Protium ferrugineum	x	x	x	x	–	–	–
Protium gallosum	x	–	–	–	LT3888	–	–
Protium grandifolium	x	–	–	–	LT3890	–	–
Protium hebetatum	–	–	x	–	–	JA9494-9497c3	–
Protium heptaphyllum	x	–	–	–	LT3894	–	–
Protium klugii	x	x	x	x	LT3897	–	–
Protium krukoffii	x	–	–	–	LT3863, 3876, 3877, 3879	–	–
Protium macrocarpum	–	–	x	–	JA1049	–	–
Protium nodulosum	x	x	–	x	LT3862, 3864	–	–
Protium opacum aff.	x	–	–	–	LT3868	–	–
Protium paniculatum	x	–	–	–	LT3869, WR9989	–	–
Protium spruceanum	x	–	–	–	LT3886, 3892	–	–

LEYENDA/LEGEND

Espécimen, Fotos/ Voucher, Photos

CV = Corine F. Vriesendorp

JA = Jose D. Acosta Arango

LT = Luis A. Torres Montenegro

MR = Marcos A. Ríos Paredes

WR = Wilson D. Rodríguez Duque

Estatus/Status

CR (UICN) = En Peligro Crítico en el ámbito mundial/Globally Critically Endangered

EN (Co) = En Peligro en Colombia/ Endangered in Colombia

EN (Pe) = En Peligro en el Perú/ Endangered in Peru

EN (UICN) = En Peligro en el ámbito mundial/Globally Endangered

LR/nt (UICN) = Riesgo Menor/ casi amenzada en el ámbito mundial/Globally Lower Risk/near threatened

NC = Potencialmente nuevo registro para Colombia/Potentially new for Colombia

NP = Potencialmente nuevo registro para el Perú/Potentially new for Peru

NT (UICN) = Casi Amenazada en el ámbito mundial/Globally Near Threatened

VU (Co) = Vulnerable en Colombia/ Vulnerable in Colombia

VU (Pe) = Vulnerable en el Perú/ Vulnerable in Peru

VU (UICN) = Vulnerable en el ámbito mundial/Globally Vulnerable

Plantas vasculares/
Vascular plants

Nombre científico/ Scientific name	Registros en cada campamento/ Records at each campsite				Especímen/Voucher	Fotos/Photos	Estatus/ Status
	Quebrada Federico	Caño Pexiboy	Caño Bejuco	Quebrada Lorena			
Protium subserratum	X	X	X	X	LT3865	–	–
Protium trifoliolatum	X	–	–	X	JA1204, LT3866	LT2225-2226c4	–
Protium unifoliolatum	–	X	–	–	WR9890	–	–
Tetragastris panamensis	X	X	X	–	LT3893	–	–
Cactaceae							
Strophocactus wittii	–	X	X	–	–	CV8363-8365c3, 8500-8502c3	–
Calophyllaceae							
Calophyllum longifolium	–	–	X	X	–	–	–
Caraipa densifolia	X	–	–	–	LT3955	–	–
Caraipa grandifolia	–	X	–	–	WR9971	MR690-692c2	–
Caraipa heterocarpa	–	–	X	–	JA1150	LT2088-2092c3	–
Caraipa punctulata	–	–	–	X	JA1225	–	–
Marila laxiflora	X	–	–	–	–	–	–
Capparaceae							
Capparidastrum sola	–	–	–	X	JA1260	–	–
Cardiopteridaceae							
Citronella sucumbiensis	–	X	–	–	WR9775	MR425-428c2	–
Dendrobangia multinervia	–	X	–	–	–	–	–
Caryocaraceae							
Caryocar glabrum	X	X	X	X	–	CV8007-8009c1	–
Celastraceae							
Cheiloclinium cognatum	–	X	X	X	WR9911	LT829-832c2	–
Salacia sp. no identificada	–	–	–	X	JA1276	–	–
Tontelea passiflora	–	X	–	–	WR9982	–	–
Chrysobalanaceae							
Couepia bracteosa	X	–	–	–	–	–	–
Couepia williamsii cf.	–	X	–	–	WR9781	LT482-483c2	–
Couepia sp. no identificada	–	X	–	–	WR9944	MR743-744c2	–
Hirtella duckei	–	X	–	–	WR9730	JA9355-9360c2	–
Hirtella racemosa	X	X	–	X	–	CV8058-8059c2	–
Hirtella schultesii	–	–	X	X	JA1119, 1199	LT2253-2256c4; MR991-996c3	–
Leptobalanus latus	–	X	–	–	WR9726	–	–
Licania apetala	–	–	X	–	–	–	–
Licania arachnoidea	X	X	X	X	–	–	–
Licania macrocarpa	X	X	X	–	–	–	–
Licania micrantha	–	–	X	–	–	–	–
Licania octandra	–	–	–	X	–	–	–
Clusiaceae							
Chrysochlamys bracteolata	–	X	X	–	JA1169, WR9729	LT2020-2022c3	–

Nombre científico/ Scientific name	Registros en cada campamento/ Records at each campsite				Espécimen/Voucher	Fotos/Photos	Estatus/ Status
	Quebrada Federico	Caño Pexiboy	Caño Bejuco	Quebrada Lorena			
Clusia amazonica	x	x	–	–	LT4032, WR9934	JA9132-9135c1; MR759-762c2	–
Clusia flavida	–	x	–	–	WR9967	LT934-938c2	–
Clusia huberi	–	–	x	–	JA1156	LT2049-2051c3	–
Clusia insignis	x	–	–	–	LT4000	JA9241-9257c1; MR259-265c1	–
Clusia spathulifolia	x	–	–	–	LT4012	JA9264-9268c1; LT263-265c1	–
Garcinia madruno	x	x	x	x	JA1134, 1263, WR9883	LT1163-1171c3	–
Lorostemon colombianus	x	–	–	–	LT3978, 3979	LT178-180c1; MR132-138c1	–
Moronobea coccinea	x	x	–	–	–	–	–
Symphonia globulifera	x	x	–		–	–	–
Tovomita auriculata	–	x	–	–	WR9780	LT484-485c2	NC
Tovomita brasiliensis	x	–	–	–	LT4007, 4064	–	–
Tovomita brevistaminea	–	–	x	–	JA1043, WR10024	MR934-941c3	–
Tovomita krukovii	–	x	x	–	JA1079, 9768	LT511-513c2	–
Tovomita stergiosii	–	x	–	–	WR9713	LT590-593c2	–
Tovomita stylosa	x	–	–	x	JA1219, LT3966	JA9070-9074c1; MR82-90c1	–
Tovomita weddelliana	–	x	–	–	–	–	–
Tovomita sp. no identificada	–	–	x	–	JA1080	CV8322-8325c3	–
Combretaceae							
Buchenavia amazonia	x	–	–	–	–	–	–
Buchenavia oxycarpa	–	x	x	–	JA1172, 9707	LT658-659c2, 2184c3	–
Buchenavia parvifolia	–	x	–	–	–	–	–
Combretum laxum	x	x	x	–	–	–	–
Combretum llewelynii	–	–	x	x	JA1158, 1176	LT2170-2173c3	–
Commelinaceae							
Dichorisandra hexandra	–	x	–	–	WR9994	LT977-979c2	–
Floscopa peruviana	–	x	–	–	WR9772	JA9441-9442c2; LT502-503c2	–
Plowmanianthus grandifolius	–	x	–	–	WR9931	JA9433-9436c2; LT784-786c2, 920-922c2	–
Plowmanianthus peruvianus	x	–	–	–	LT4079	–	–

LEYENDA/LEGEND

Espécimen, Fotos/ Voucher, Photos

CV = Corine F. Vriesendorp
JA = Jose D. Acosta Arango
LT = Luis A. Torres Montenegro
MR = Marcos A. Ríos Paredes
WR = Wilson D. Rodríguez Duque

Estatus/Status

CR (UICN) = En Peligro Crítico en el ámbito mundial/Globally Critically Endangered

EN (Co) = En Peligro en Colombia/ Endangered in Colombia

EN (Pe) = En Peligro en el Perú/ Endangered in Peru

EN (UICN) = En Peligro en el ámbito mundial/Globally Endangered

LR/nt (UICN) = Riesgo Menor/ casi amenzada en el ámbito mundial/Globally Lower Risk/near threatened

NC = Potencialmente nuevo registro para Colombia/Potentially new for Colombia

NP = Potencialmente nuevo registro para el Perú/Potentially new for Peru

NT (UICN) = Casi Amenazada en el ámbito mundial/Globally Near Threatened

VU (Co) = Vulnerable en Colombia/ Vulnerable in Colombia

VU (Pe) = Vulnerable en el Perú/ Vulnerable in Peru

VU (UICN) = Vulnerable en el ámbito mundial/Globally Vulnerable

Plantas vasculares/
Vascular plants

Nombre científico/ Scientific name	Registros en cada campamento/ Records at each campsite				Especímen/Voucher	Fotos/Photos	Estatus/ Status
	Quebrada Federico	Caño Pexiboy	Caño Bejuco	Quebrada Lorena			
Connaraceae							
Connarus fasciculatus	–	–	x	x	JA1070	–	–
Connarus sp. no identificada	–	–	x		JA1107	CV8396-8398c3; LT2001-2003c3	–
Pseudoconnarus macrophyllus	–	–	x	x	–	–	–
Rourea amazonica	–	x	–	–	WR9771	LT504-505c2	–
Rourea sp. no identificada	–	–	x	–	JA1151	LT2093-2095c3	–
Convolvulaceae							
Dicranostyles holostyla	–	x	x	x	–	–	–
Costaceae							
Chamaecostus fragilis	–	x	–	–	WR9877	–	–
Costus amazonicus	–	x	–	–	WR9922	LT794-805c2	–
Costus arabicus	–	–	x	–	JA1146	–	–
Costus erythrophyllus	–	–	–	x	JA1270	LT2294-2304c4	–
Costus fissicalyx	–	–	x	–	JA1185	LT2109-2116c3	–
Costus lasius	x	–	–	x	JA1286, LT3971	LT2452-2469c4	–
Costus scaber	x	x	x	–	LT3967	JA9075-9081c1; LT370-373c1	–
Costus zamoranus aff.	x	–	–	–	LT4003	LT191-196c1	EN (UICN)
Costus sp. no identificada	–	–	–	x	JA1272	LT2287-2293c4	–
Cyclanthaceae							
Asplundia vaupesiana	–	–	x	–	JA1099	JA9459-9462c3	–
Cyclanthus bipartitus	x	x	x	x	–	CV9149-9152c4	–
Cyclanthus sp. nov. ined. "no bipartitus"	x	x	x	–	–	–	–
Ludovia lancifolia	x	–	–	–	LT3976	MR93-99c1	
Cyperaceae							
Becquerelia cymosa	x	–	–	–	LT4052	–	–
Bisboeckelera irrigua	x	–	–	x	JA1220, LT4001	–	–
Calyptrocarya bicolor	x	–	–	–	LT4060	–	–
Calyptrocarya luzuliformis cf.	x	–	–	–	LT3930	JA9046-9049c1	–
Cyperus sp. no identificada	–	x	–	–	WR9952		
Diplacrum capitatum	x	–	–	–	LT4019, 4020	–	–
Hypolytrum longifolium subsp. sylvaticum	x	–	–	–	LT3964	LT143-145c1	–
Scleria sp. no identificada	–	x	–	–	WR9952	–	–
Dichapetalaceae							
Dichapetalum latifolium	–	x	–	–	WR9955	MR716-718c2	–
Dichapetalum rugosum	–	–	x	–	JA1068	–	VU (Co)
Tapura amazonica	x	x	x	–	–	–	–
Tapura coriacea	–	x	x	–	–	–	–
Tapura peruviana	–	–	x	x	JA1167, 1264, 1267	CV9012-9018c4; LT2321-2330c4	–

Nombre científico/ Scientific name	Registros en cada campamento/ Records at each campsite				Especímen/Voucher	Fotos/Photos	Estatus/ Status
	Quebrada Federico	Caño Pexiboy	Caño Bejuco	Quebrada Lorena			
Dilleniaceae							
Davilla kunthii	x	–	–	–	LT3907	LT20-21c1	–
Ebenaceae							
Diospyros micrantha	x	–	–	–	LT4059	MR360-365c1	–
Diospyros sp. no identificada	–	–	x	–	JA1056	LT1049-1051c3; MR997-1002c3	–
Elaeocarpaceae							
Sloanea floribunda	x	x	x	–	–	–	–
Erythroxylaceae							
Erythroxylum gracilipes	–	–	x	–	JA1142	CV8412-8419c3; LT1092-1099c3	–
Erythroxylum macrophyllum	–	–	x	–	JA1097	–	–
Erythroxylum mucronatum	–	x	–	–	WR10013	–	–
Euphorbiaceae							
Alchornea triplinervia	–	–	x	–	–	–	–
Alchorneopsis floribunda	–	–	x	–	–	–	–
Aparisthmium cordatum	–	–	x	x	JA1091	MR827-832c3	–
Conceveiba guianensis	x	x	–	x	LT4025, WR9988	–	–
Conceveiba martiana	–	–	–	x	JA1246	CV8869-8873c4; MR2114-2118c4	–
Conceveiba rhytidocarpa	x	x	x	x	–	–	–
Croton bilocularis	–	x	–	–	WR9979	–	–
Hevea brasiliensis	x	x	x	x	–	–	–
Mabea angularis	–	x	–	–	–	–	–
Mabea klugii aff.	x	–	–	–	LT3992	LT245-250	–
Mabea nitida	x	x	x	–	JA1174	MR78-81c1	–
Mabea piriri	–	x	–	–	WR9887	–	–
Mabea pulcherrima	–	–	x	–	JA1104	–	–
Mabea speciosa	x	x	x	x	–	–	–
Micrandra siphonioides	x	–	x	–	–	–	–
Micrandra spruceana	x	x	x	x	–	–	–
Nealchornea yapurensis	x	–	–	x	–	–	–
Pausandra macrostachya	–	x	x	–	JA1128, WR9703, 9888	CV8479-8481c3; LT427-428c2	–

LEYENDA/LEGEND

**Espécimen, Fotos/
Voucher, Photos**

CV = Corine F. Vriesendorp
JA = Jose D. Acosta Arango
LT = Luis A. Torres Montenegro
MR = Marcos A. Ríos Paredes
WR = Wilson D. Rodríguez Duque

Estatus/Status

CR (UICN) = En Peligro Crítico en el ámbito mundial/Globally Critically Endangered

EN (Co) = En Peligro en Colombia/ Endangered in Colombia

EN (Pe) = En Peligro en el Perú/ Endangered in Peru

EN (UICN) = En Peligro en el ámbito mundial/Globally Endangered

LR/nt (UICN) = Riesgo Menor/ casi amenzada en el ámbito mundial/Globally Lower Risk/near threatened

NC = Potencialmente nuevo registro para Colombia/Potentially new for Colombia

NP = Potencialmente nuevo registro para el Perú/Potentially new for Peru

NT (UICN) = Casi Amenazada en el ámbito mundial/Globally Near Threatened

VU (Co) = Vulnerable en Colombia/ Vulnerable in Colombia

VU (Pe) = Vulnerable en el Perú/ Vulnerable in Peru

VU (UICN) = Vulnerable en el ámbito mundial/Globally Vulnerable

Plantas vasculares/
Vascular plants

Nombre científico/ Scientific name	Registros en cada campamento/ Records at each campsite				Especímen/Voucher	Fotos/Photos	Estatus/ Status
	Quebrada Federico	Caño Pexiboy	Caño Bejuco	Quebrada Lorena			
Pausandra trianae	X	–	–	–	JA1258	CV8735-8738c4	–
Sagotia brachysepala	–	X	X	X	JA1046, 1209, WR9724	LT1052-1054c3, 2206-2213c4	–
Sandwithia heterocalyx	–	X	–	–	WR9748	–	–
Senefeldera inclinata	–	–	–	X	–	–	–
Fabaceae							
Abarema laeta	–	X	X	X	JA1066	MR886-890c3	–
Batesia floribunda	–	–	–	X	JA1223	–	–
Bauhinia brachycalyx	–	X	–	–	–	–	–
Calliandra trinervia	X	X	X	–	–	–	–
Calliandra tweediei	–	X	X	–	–	–	–
Campsiandra angustifolia	X	–	–	X	–	–	–
Cedrelinga cateniformis	X	X	X	X	–	–	–
Clathrotropis glaucophylla	–	X	X	–	–	CV8375-8379c3, 8386c3	–
Clathrotropis macrocarpa	X	X	X	X	–	–	–
Crudia glaberrima	–	–	–	X	–	–	–
Cynometra martiana	X	X	X	X	–	–	–
Dalbergia ovalis	X	X	–	X	WR9964	MR776-778c2	–
Dalbergia sp. no identificada	–	–	–	X	JA1277	–	–
Desmodium axillare cf.	X	–	–	–	–	–	–
Dialium guianense	–	X	–	X	–	–	–
Dimorphandra macrostachya	X	–	–	–	–	–	–
Dioclea spp. no identificadas	X	–	X	–	JA1093	MR393-398c1, 821-826c3	–
Diplotropis purpurea	X	–	–	–	–	–	–
Dipteryx odorata cf.	–	X	X	–	–	–	–
Dussia tessmannii	–	X	–	–	–	–	–
Entada polystachya	X	X	X	–	–	–	–
Heterostemon conjugatus	X	X	X	X	LT3956, 4078, WR9736	CV8549c3; JA9383-9388c2; LT167-168c1, 349-352c1, 619-629c2; MR460-464c2	NP
Hydrochorea corymbosa	X	–	X	–	–	–	–
Hymenaea oblongifolia	X	X	X	X	–	–	–
Hymenolobium pulcherrimum	X	X	–	–	–	–	–
Inga auristellae	–	X	X	–	–	–	–
Inga capitata	–	X	–	X	–	–	–
Inga cordatoalata	–	X	X	X	JA1113	–	–
Inga cylindrica	X	–	–	–	LT3969	MR105-109c1	–
Inga gracilifolia	X	X	–	X	–	–	–
Inga longifoliola	–	–	X	–	JA1175	–	–
Inga marginata	X	–	X	X			

**Plantas vasculares/
Vascular plants**

Nombre científico/ Scientific name	Registros en cada campamento/ Records at each campsite				Especímen/Voucher	Fotos/Photos	Estatus/ Status
	Quebrada Federico	Caño Pexiboy	Caño Bejuco	Quebrada Lorena			
Inga megaphylla	–	–	x	–	JA1154	LT2058-2059c3	–
Inga nobilis	x	x	x	–	WR9960	MR698-702c2	–
Inga oerstediana	–	x	–	–	–	–	–
Inga punctata	x	–	x	–	JA1159	–	–
Inga ruiziana	–	x	–	–	–	–	–
Inga spectabilis	–	–	x	x	–	–	–
Machaerium cuspidatum	x	x	–	–	–	–	–
Machaerium floribundum	x	x	–	x	–	–	–
Macrolobium acaciifolium	x	x	x	x	–	–	–
Macrolobium angustifolium	x	x	x	x	LT4065	–	–
Macrolobium arenarium	–	x	–	–	–	–	NC
Macrolobium gracile	x	–	–	–	–	–	–
Macrolobium limbatum	x	x	–	x	–	–	–
Macrolobium longipedicellatum	x	–	–	–	LT4016, 4050	JA9292-9295c1	NP
Macrolobium multijugum	x	–	–	x	–	–	–
Macrolobium sp. no identificada	x	–	–	–	LT4018	–	–
Mimosa sp. no identificada	–	x	–	–	WR9980	–	–
Monopteryx uaucu	x	x	x	x	JA1274	LT2273-2276c4	–
Parkia igneiflora	x	x	x	–	–	–	–
Parkia multijuga	x	x	x	–	–	–	–
Parkia nitida	–	–	x	–	JA1117	MR1028-1032c3	–
Parkia panurensis	x	x	x	x	–	–	–
Parkia velutina	x	x	x	–	–	–	–
Platymiscium stipulare	–	–	x	x	–	–	–
Pseudopiptadenia suaveolens	–	x	x	x	–	–	–
Pterocarpus amazonum	x	x	–	–	–	–	–
Schizolobium parahyba	–	–	–	x	–	–	–
Stryphnodendron polystachyum	–	x	x	x	–	–	–
Swartzia amplifolia aff.	x	–	–	–	LT4030	MR198-213c1	–
Swartzia arborescens	x	x	x	x	–	–	–
Swartzia cardiosperma	x	x	x	x	–	–	–
Swartzia klugii	x	–	–	x	–	–	–

LEYENDA/LEGEND

Espécimen, Fotos/ Voucher, Photos

CV = Corine F. Vriesendorp

JA = Jose D. Acosta Arango

LT = Luis A. Torres Montenegro

MR = Marcos A. Ríos Paredes

WR = Wilson D. Rodríguez Duque

Estatus/Status

CR (UICN) = En Peligro Crítico en el ámbito mundial/Globally Critically Endangered

EN (Co) = En Peligro en Colombia/ Endangered in Colombia

EN (Pe) = En Peligro en el Perú/ Endangered in Peru

EN (UICN) = En Peligro en el ámbito mundial/Globally Endangered

LR/nt (UICN) = Riesgo Menor/ casi amenzada en el ámbito mundial/Globally Lower Risk/near threatened

NC = Potencialmente nuevo registro para Colombia/Potentially new for Colombia

NP = Potencialmente nuevo registro para el Perú/Potentially new for Peru

NT (UICN) = Casi Amenazada en el ámbito mundial/Globally Near Threatened

VU (Co) = Vulnerable en Colombia/ Vulnerable in Colombia

VU (Pe) = Vulnerable en el Perú/ Vulnerable in Peru

VU (UICN) = Vulnerable en el ámbito mundial/Globally Vulnerable

Plantas vasculares/
Vascular plants

Nombre científico/ Scientific name	Registros en cada campamento/ Records at each campsite				Especímen/Voucher	Fotos/Photos	Estatus/ Status
	Quebrada Federico	Caño Pexiboy	Caño Bejuco	Quebrada Lorena			
Swartzia polyphylla	–	x	–	–	WR9789	LT506c2	–
Swartzia polyphylla aff.	x	–	–	–	LT4057	–	–
Tachigali chrysophylla	–	–	x	x	–	–	–
Tachigali formicarum	x	x	x	x	–	–	–
Tachigali loretensis	–	–	x	x	–	CV8578-8579c3	–
Tachigali macbridei	x	–	–	–	–	–	–
Tachigali melinonii	x	x	x	–	–	–	NC
Vatairea erythrocarpa	x	x	x	x	–	–	–
Vatairea guianensis	x	–	x	x	–	–	–
Zygia dinizii	–	–	–	x	JA1222	–	–
Zygia latifolia	x	–	–	–	LT3902	LT8-11c1	–
Zygia longifolia	x	x	x	x	–	–	–
Zygia unifoliolata	x	x	–	–	WR9721	JA9371-9373c2	–
Gentianaceae							
Potalia coronata	–	–	x	–	JA1153	LT2004-2010c3	–
Potalia resinifera	–	x	–	–	WR9747	–	–
Potalia yanamonoensis	–	x	x	x	JA1131, 1238, WR10009	LT1194-1204c3; MR2208-2218c4	NC
Tachia occidentalis	–	x	–	–	WR10021	–	–
Voyria flavescens	x	x	x	x	LT4070	MR316-317c1	–
Voyria spruceana	–	–	x	–	JA1085	–	–
Voyria sp. no identificada	–	x	–	–	–	LT554-560c2	–
Gesneriaceae							
Besleria aggregata	–	–	–	x	JA1286	LT2422-2425c4, 2522-2525c4	–
Besleria inaequalis	–	–	–	x	JA1231	–	–
Codonanthopsis crassifolia	x	–	–	–	LT3908, 3990	CV8003c1; JA8890- 8897c1, 8916-8917c1, 9106-9109c1; LT256-262c1	–
Codonanthopsis dissimulata	x	–	x	–	LT3903	CV8450-8451c3; JA8924-8946c1; MR167-173c1	–
Codonanthopsis ulei	–	x	–	–	WR9712	LT725-730c2	–
Codonanthopsis sp. no identificada	x	–	–	–	LT3984	LT326-331c1	–
Columnea ericae	x	–	–	–	LT4071	LT404-411c1	–
Drymonia affinis	–	x	–	–	WR9937, 9976	MR771-775c2	–
Drymonia anisophylla	x	–	–	–	JA1226; LT3948, 4043	–	–
Drymonia coccinea	–	x	–	–	JA1101; WR9976	CV8301-8302c2	–
Drymonia pendula	–	x	–	–	WR9915	–	–
Drymonia serrulata	–	x	–	–	WR9962	LT944-948c2	–
Drymonia spp. no identificada[5]	x	x	x	x	JA1227; LT4080; WR9846, 9884	–	–

Nombre científico/ Scientific name	Registros en cada campamento/ Records at each campsite				Espécimen/Voucher	Fotos/Photos	Estatus/ Status
	Quebrada Federico	Caño Pexiboy	Caño Bejuco	Quebrada Lorena			
Nautilocalyx spp. no identificada[5]	–	x	–	x	JA1233, WR9727, 9874	JA9361-9368c2; LT806-811c2; MR2200-2205c4	–
Gesneriaceae sp. no identificada	–	–	–	x	JA1232	MR2228-2238c4	–
Goupiaceae							
Goupia glabra	x	x	x	x	WR9853	–	–
Heliconiaceae							
Heliconia chartacea	–	x	–	–	–	–	–
Heliconia hirsuta	–	x	–	–	WR9921	LT965-973c2	–
Heliconia juruana	–	x	x	x	WR9891	–	–
Heliconia lasiorachis	x	–	x	–	JA1168, LT3977	MR2046c3	–
Heliconia schumanniana	–	x	–	–	–	–	–
Heliconia stricta	–	x	–	–	WR9916	–	–
Heliconia subulata	–	x	–	–	WR9896	–	–
Humiriaceae							
Humiria balsamifera	–	–	x	x	–	–	–
Sacoglottis amazonica	–	x	–	–	WR9974	MR714-715c2	–
Sacoglottis guianensis	x	–	x	x	–	–	–
Hypericaceae							
Vismia baccifera	–	x	–	–	WR9802	JA9448-9450c2	–
Vismia macrophylla	x	x	x	x	–	–	–
Lamiaceae							
Aegiphila sp. no identificada	–	x	–	–	WR9872	–	–
Scutellaria leucantha	–	x	–	–	WR9895	LT862-868c2	–
Vitex klugii	–	–	–	x	JA1218	MR2074-2081c4	–
Lauraceae							
Caryodaphnopsis fosteri	–	x	–	–	–	–	–
Endlicheria formosa	–	–	x	–	JA1182	LT2164-2169c3	–
Endlicheria verticillata	–	–	–	x	–	–	–
Licaria macrophylla	–	x	–	–	–	–	–
Mezilaurus sp. no identificada	–	–	x	–	JA1067	–	–
Ocotea javitensis	x	–	–	x	–	–	–
Ocotea oblonga	x	–	x	x	–	–	–

LEYENDA/LEGEND

Espécimen, Fotos/ Voucher, Photos

CV = Corine F. Vriesendorp
JA = Jose D. Acosta Arango
LT = Luis A. Torres Montenegro
MR = Marcos A. Ríos Paredes
WR = Wilson D. Rodríguez Duque

Estatus/Status

CR (UICN) = En Peligro Crítico en el ámbito mundial/Globally Critically Endangered

EN (Co) = En Peligro en Colombia/ Endangered in Colombia

EN (Pe) = En Peligro en el Perú/ Endangered in Peru

EN (UICN) = En Peligro en el ámbito mundial/Globally Endangered

LR/nt (UICN) = Riesgo Menor/ casi amenzada en el ámbito mundial/Globally Lower Risk/near threatened

NC = Potencialmente nuevo registro para Colombia/Potentially new for Colombia

NP = Potencialmente nuevo registro para el Perú/Potentially new for Peru

NT (UICN) = Casi Amenazada en el ámbito mundial/Globally Near Threatened

VU (Co) = Vulnerable en Colombia/ Vulnerable in Colombia

VU (Pe) = Vulnerable en el Perú/ Vulnerable in Peru

VU (UICN) = Vulnerable en el ámbito mundial/Globally Vulnerable

Plantas vasculares/
Vascular plants

Nombre científico/ Scientific name	Registros en cada campamento/ Records at each campsite				Especímen/Voucher	Fotos/Photos	Estatus/ Status
	Quebrada Federico	Caño Pexiboy	Caño Bejuco	Quebrada Lorena			
Rhodostemonodaphne dioica	–	x	–	–	WR9936	LT1000c2	NC
Sextonia pubescens	–	–	–	x	–	–	NC
Lecythidaceae							
Allantoma pluriflora	–	–	–	x	–	–	–
Couratari guianensis	–	–	x	–	–	–	VU (UICN)
Couratari oligantha	x	–	–	–	–	–	–
Couroupita guianensis	–	x	x	–	–	–	–
Eschweilera coriacea	x	x	–	–	–	–	–
Eschweilera gigantea	x	x	x	x	–	–	–
Eschweilera parvifolia	x	–	x	–	–	–	–
Eschweilera punctata	–	x	x	–	JA1147, WR9859	MR2062-2066c3	LR/nt (UICN)
Eschweilera tessmannii	–	–	–	x	JA1205	–	–
Eschweilera sp. no identificada	x	–	–	–	LT3906	–	–
Gustavia poeppigiana	–	x	–	–	WR9879	–	–
Lecythis pisonis	x	–	x	–	–	–	–
Lepidobotryaceae							
Ruptiliocarpon caracolito	x	x	x	x	–	–	–
Linaceae							
Hebepetalum humiriifolium	x	–	x	x	–	–	–
Roucheria columbiana	x	x	x	x	–	–	–
Loganiaceae							
Strychnos sp. no identificada	–	x	–	–	WR9959	MR711-713c2	–
Loranthaceae							
Oryctanthus florulentus	x	–	–	–	LT4017	–	–
Passovia pedunculata cf.	x	–	–	–	IT3985	–	–
Phthirusa sp. no identificada	x	–	–	–	LT4040	–	–
Malpighiaceae							
Byrsonima crispa	–	–	x	–	JA1143	LT1075-1078c3	–
Heteropterys sp. no identificada	–	x	–	–	WR9985	–	–
Hiraea faginea	–	x	–	–	WR10018	–	–
Niedenzuella poeppigiana	–	x	–	–	WR9965	–	–
Stigmaphyllon sp. no identificada	–	x	–	–	WR9958	MR765-770c2	–
Tetrapterys nitida	–	x	–	–	WR9961	–	–
Tetrapterys sp. no identificada	–	x	–	–	WR9871	–	–
Malvaceae							
Apeiba membranacea	x	x	x	x	–	–	–
Apeiba tibourbou	–	x	–	–	–	–	–
Ceiba pentandra	–	–	x	x	–	LT1134-1139c3	–
Herrania nitida	x	x	x	–	–	–	–
Huberodendron swietenioides	–	–	x	–	–	–	–

Plantas vasculares/
Vascular plants

Nombre científico/ Scientific name	Registros en cada campamento/ Records at each campsite				Específmen/Voucher	Fotos/Photos	Estatus/ Status
	Quebrada Federico	Caño Pexiboy	Caño Bejuco	Quebrada Lorena			
Luehea grandiflora	X	–	–	–	–	–	–
Matisia lomensis	–	X	X	–	JA1126, WR9695	LT438-440c2	–
Matisia malacocalyx	X	X	–	–	–	–	–
Matisia obliquifolia	–	–	–	X	–	–	–
Matisia ochrocalyx	X	X	X	X	JA1102, 1213, LT3959, WR9886	JA9087-909c1	–
Mollia gracilis	X	–	–	–	–	–	–
Mollia lepidota	–	–	X	–	–	–	–
Ochroma pyramidale	–	X	–	–	–	–	–
Pachira aquatica	–	–	–	X	–	–	–
Pachira insignis	–	X	X	X	–	–	–
Pseudobombax munguba	X	–	X	X	–	–	–
Quararibea amazonica	–	X	–	–	WR9957	MR703-707c2	–
Scleronema micranthum	X	–	X	X	LT4084	–	NP
Scleronema praecox	X	X	X	X	–	–	–
Sterculia apeibophylla	X	X	X	X	–	–	–
Sterculia pendula	–	X	–	–	WR9889	LT878_886c2	NC
Theobroma cacao	X	X	X	–	–	–	–
Theobroma microcarpum	–	X	X	X	–	–	–
Theobroma obovatum	–	X	X	X	WR9949	MR745c2	–
Theobroma speciosum	X	X	X	–	–	–	–
Theobroma subincanum	X	X	X	X	–	–	–
Marantaceae							
Calathea striata	–	X	X	–	JA1125, WR9875	LT839-844c2, 1216-1217c3	–
Calathea sp. nov. ined.	–	–	X	–	JA1160	LT2099-2105c3	–
Ctenanthe ericae	–	–	–	X	JA1303	LT2484-2498c4	–
Goeppertia curaraya	–	X	–	–	WR9865	LT748-752c2	–
Goeppertia cyclophora	–	–	X	–	JA1116	MR1003-1011c3	–
Goeppertia lanata	–	–	X	–	JA1060	MR904-911c3	–
Goeppertia microcephala	–	–	X	–	JA1115	LT1218-1220c3	–
Goeppertia mishuyacu	–	–	–	X	JA1285	LT2470-2482c4	–

LEYENDA/LEGEND

Espécimen, Fotos/ Voucher, Photos

CV = Corine F. Vriesendorp
JA = Jose D. Acosta Arango
LT = Luis A. Torres Montenegro
MR = Marcos A. Ríos Paredes
WR = Wilson D. Rodríguez Duque

Estatus/Status

CR (UICN) = En Peligro Crítico en el ámbito mundial/Globally Critically Endangered

EN (Co) = En Peligro en Colombia/ Endangered in Colombia

EN (Pe) = En Peligro en el Perú/ Endangered in Peru

EN (UICN) = En Peligro en el ámbito mundial/Globally Endangered

LR/nt (UICN) = Riesgo Menor/ casi amenzada en el ámbito mundial/Globally Lower Risk/near threatened

NC = Potencialmente nuevo registro para Colombia/Potentially new for Colombia

NP = Potencialmente nuevo registro para el Perú/Potentially new for Peru

NT (UICN) = Casi Amenazada en el ámbito mundial/Globally Near Threatened

VU (Co) = Vulnerable en Colombia/ Vulnerable in Colombia

VU (Pe) = Vulnerable en el Perú/ Vulnerable in Peru

VU (UICN) = Vulnerable en el ámbito mundial/Globally Vulnerable

Plantas vasculares/
Vascular plants

Nombre científico/ Scientific name	Registros en cada campamento/ Records at each campsite				Especímen/Voucher	Fotos/Photos	Estatus/ Status
	Quebrada Federico	Caño Pexiboy	Caño Bejuco	Quebrada Lorena			
Goeppertia roseopicta	–	x	–	–	WR9863	JA9437-9440c2; LT596-603c2	–
Goeppertia zingiberina	–	x	–	–	WR9734	LT598-604c2	–
Goeppertia sp. no identificada	–	x	–	–	WR9926	MR607-613c2	–
Ischnosiphon leucophaeus	x	–	–	–	–	–	–
Monotagma congestum	x	–	–	–	LT3974	–	–
Monotagma juruanum	–	x	–	–	WR9925	LT731-733c2	–
Monotagma laxum	x	x	–	–	LT3975, WR9716	LT160-166c1, LT548-552c2	–
Monotagma secundum	x	–	–	–	–	–	–
Marcgraviaceae							
Marcgravia crenata	–	x	–	–	WR9972	–	–
Marcgravia longifolia	–	x	–	–	WR9776	LT486-494c2	–
Marcgravia pedunculosa	–	x	–	–	WR9943	LT984-992c2	–
Souroubea bicolor cf.	–	–	x	–	JA1155	–	–
Souroubea corallina	x	–	–	–	LT3900	JA8957-8955c1; LT2-6c1	–
Melastomataceae							
Adelobotrys macrophyllus	x	x	–	–	LT3954, 4002, WR9742	JA9091-9095c1	–
Adelobotrys scandens	x	–	–	–	LT3962	MR110-117c1	–
Adelobotrys subsessilis	–	–	x	–	–	MR861-866c3	
Bellucia ovata	–	–	–	x	JA1202	LT2237-2241c4	–
Bellucia pentamera	–	–	x	–	JA1059	MR896-903c3	–
Blakea rosea	–	x	–	–	WR9963	MR779-781c2	–
Graffenrieda limbata	x	–	–	–	LT3993	LT251-255c1	–
Henriettea stellaris	x	–	–	–	–	–	–
Maieta guianensis	–	x	x	x	–	–	–
Maieta poeppigii	–	–	–	x	JA1231	–	–
Miconia abbreviata	x	–	–	–	LT3946	–	LR/nt (UICN)
Miconia allardii	–	–	–	x	JA1293	LT2426-2438c4	–
Miconia bullifera	–	x	–	–	WR9903	–	–
Miconia candelabrum	x	–	–	–	LT4044	–	–
Miconia caquetana	x	–	–	–	LT4076	LT377-379c1	–
Miconia carassana	–	–	–	x	JA1224	LT2244-2252c4	–
Miconia dolichorrhyncha	–	–	x	–	JA1121	MR949-954c3	–
Miconia epibaterium	x	–	–	–	LT3994	LT222-223c1	–
Miconia nervosa	–	x	–	–	WR9769	JA9335-9338c2	–
Miconia radulifolia	x	–	–	–	LT3996	–	–
Miconia serrulata	–	x	–	–	WR9947	MR752-755c2	–
Miconia splendens	–	x	–	–	WR9966	LT923-926c2	–
Miconia tococa	x	–	–	–	–	MR180-188c1	–
Miconia tococapitata	–	–	x	–	JA1130	LT1184-1188c3	

Nombre científico/ Scientific name	Registros en cada campamento/ Records at each campsite				Especímen/Voucher	Fotos/Photos	Estatus/ Status
	Quebrada Federico	Caño Pexiboy	Caño Bejuco	Quebrada Lorena			
Miconia tomentosa	–	x	–	–	WR9946	CV8697-8699c4; LT993-999c2	–
Miconia trinervia	x	x	–	–	–	–	–
Miconia violascens	x	–	–	–	LT3924	LT117-122c1	–
Miconia spp. no identificadas	x	x	–	x	JA1187, LT4014, WR10015, 10016, 10022	JA9298-9302c1	–
Mouriri acutiflora	–	x	–	–	WR9968	LT928-930c2	–
Mouriri grandiflora	–	–	x	–	JA1145	LT1067-1072c3	–
Mouriri nigra	x	–	–	–	LT4054	MR350-354c1	–
Salpinga secunda	–	x	–	x	JA1295, WR9777	MR412-417c2	–
Tococa capitata	–	–	x	x	–	–	–
Tococa caquetana	x	–	–	–	–	–	–
Tococa guianensis	x	–	–	–	–	–	–
Tococa macrophysca	x	–	–	–	–	–	–
Triolena amazonica	–	–	–	x	JA1212	CV9055-9056c4	–
Especie no identificada	x	–	–	–	LT3937	JA8997-9006c1	–
Meliaceae							
Cabralea canjerana	–	–	–	x	–	–	–
Carapa guianensis	x	–	x	–	–	–	–
Cedrela odorata	–	–	–	x	–	–	VU (UICN), EN (Co), VU (Pe)
Guarea carinata	–	–	x	–	–	–	–
Guarea cinnamomea	x	–	x	–	–	–	–
Guarea cristata/venenata	x	x	x	x	WR9746	LT612-614c2	–
Guarea fistulosa	–	–	–	x	JA1268	LT2309-2319c4	–
Guarea gomma	–	–	x	–	JA1112	MR1033-1040c3	–
Guarea kunthiana	x	–	–	x	JA1193	–	–
Guarea macrophylla	x	–	x	x	–	LT538-541c2	–
Guarea pterorhachis	–	x	x	–	–	–	–
Guarea pyriformis	–	–	–	–	WR4793	–	–
Guarea rhopalocarpa	–	–	–	x	JA1290	CV9057-9062c4; LT2445-2448c4, 2513-2516c4	–
Guarea silvatica	–	–	–	x	–	–	–

LEYENDA/LEGEND

Espécimen, Fotos/ Voucher, Photos

CV = Corine F. Vriesendorp

JA = Jose D. Acosta Arango

LT = Luis A. Torres Montenegro

MR = Marcos A. Ríos Paredes

WR = Wilson D. Rodríguez Duque

Estatus/Status

CR (UICN) = En Peligro Crítico en el ámbito mundial/Globally Critically Endangered

EN (Co) = En Peligro en Colombia/ Endangered in Colombia

EN (Pe) = En Peligro en el Perú/ Endangered in Peru

EN (UICN) = En Peligro en el ámbito mundial/Globally Endangered

LR/nt (UICN) = Riesgo Menor/ casi amenzada en el ámbito mundial/Globally Lower Risk/near threatened

NC = Potencialmente nuevo registro para Colombia/Potentially new for Colombia

NP = Potencialmente nuevo registro para el Perú/Potentially new for Peru

NT (UICN) = Casi Amenazada en el ámbito mundial/Globally Near Threatened

VU (Co) = Vulnerable en Colombia/ Vulnerable in Colombia

VU (Pe) = Vulnerable en el Perú/ Vulnerable in Peru

VU (UICN) = Vulnerable en el ámbito mundial/Globally Vulnerable

Plantas vasculares/
Vascular plants

Nombre científico/ Scientific name	Registros en cada campamento/ Records at each campsite				Especímen/Voucher	Fotos/Photos	Estatus/ Status
	Quebrada Federico	Caño Pexiboy	Caño Bejuco	Quebrada Lorena			
Guarea trunciflora	x	x	–	–	–	–	VU (UICN)
Guarea spp. no identificadas	x	x	–	x	JA1255, LT4008, WR9756	MR293-297c1	–
Trichilia micrantha	–	x	–	–	WR9708	–	–
Trichilia rubra	–	–	x	–	JA1133	LT1178-1182c3	–
Trichilia septentrionalis	–	–	–	x	–	–	–
Trichilia stipitata	x	–	–	x	LT3920	MR45-51c1	–
Trichilia trimera cf.	x	–	–	–	LT4069	–	–
Trichilia sp. no identificada	–	–	x	–	JA1161	–	–
Menispermaceae							
Abuta grandifolia	x	x	x	x	JA1120, LT4055	–	–
Curarea iquitana aff.	x	–	–	–	LT3965	MR100-104c1	–
Telitoxicum krukovii	x	–	–	–	–	–	–
Monimiaceae							
Mollinedia killipii	–	–	–	x	JA1280	CV9063-9068c4; LT2508-2512c4	–
Moraceae							
Brosimum lactescens	x	–	–	x	–	–	–
Brosimum parinarioides	x	x	x	x	–	CV8559-8560c3	–
Brosimum rubescens	x	x	x	x	–	–	–
Brosimum utile	x	x	x	x	–	–	–
Clarisia racemosa	–	x	x	x	–	–	–
Ficus gomelleira	x	–	–	–	–	–	–
Ficus krukovii	–	x	–	–	WR9938	–	–
Ficus nymphaeifolia	x	–	–	–	–	–	–
Ficus paraensis	x	x	–	–	WR9983	–	–
Ficus pertusa	–	x	–	–	WR9977	–	–
Ficus piresiana	x	–	x	x	–	–	–
Ficus sphenophylla	–	x	–	–	WR9945	MR730-736c2	–
Helicostylis scabra	x	x	x	x	–	–	–
Helicostylis tomentosa	x	x	x	x	–	–	–
Maquira coriacea	–	x	–	–	–	–	–
Naucleopsis concinna	x	x	x	x	–	–	–
Naucleopsis glabra	x	–	–	–	–	–	–
Naucleopsis imitans	x	x	x	x	–	–	–
Naucleopsis krukovii	–	x	x	x	JA1252, WR9920	LT791-793c2	–
Naucleopsis oblongifolia	–	–	x	x	–	–	VU (UICN)
Naucleopsis ternstroemiiflora	x	–	–	–	–	–	–
Naucleopsis ulei	x	x	x	x	JA1248	JA9520-9523c4	–
Perebea mennegae	x	–	x	x	JA1162, LT3980	LT423-426c2; MR2026-2030c3	–
Pseudolmedia laevigata	x	x	x	x	–	–	–

Nombre científico/ Scientific name	Registros en cada campamento/ Records at each campsite				Especímen/Voucher	Fotos/Photos	Estatus/ Status
	Quebrada Federico	Caño Pexiboy	Caño Bejuco	Quebrada Lorena			
Pseudolmedia laevis	X	X	X	X	–	–	–
Sorocea guilleminiana	–	–	X	X	–	–	VU (UICN)
Sorocea muriculata	X	X	X	X	JA1055, LT3916, WR9740	CV8553-8555c3; LT670-675c2; MR914-921c3	–
Sorocea pubivena subsp. *pubivena*	X	X	X	X	JA1165, 1273, WR9700	LT711-712c2, 2277-2286c4	–
Trymatococcus amazonicus	–	–	X	–	JA1088	JA9463-9466c3	–
Myristicaceae							
Compsoneura capitellata	–	X	–	–	WR9986	–	–
Iryanthera crassifolia	–	–	–	X	JA1095	CV8881-8883c4	–
Iryanthera hostmannii	X	–	–	X	JA1206, LT3901, 3938	LT2199-2204c4	–
Iryanthera juruensis	–	–	–	X	JA1241	CV8802-8803c4	–
Iryanthera lancifolia	–	–	X	X	–	–	–
Iryanthera macrophylla	X	X	–	X	–	–	–
Iryanthera paradoxa	X	X	X	X	–	–	–
Iryanthera tricornis	X	–	X	X	–	–	–
Iryanthera sp. no identificada	–	–	–	X	JA1242	–	–
Osteophloeum platyspermum	–	–	X	X	–	–	–
Otoba glycycarpa	X	X	X	–	–	–	–
Otoba parvifolia	–	X	–	–	–	–	–
Virola calophylla	X	X	X	X	JA1279	LT2518-2520	–
Virola decorticans	X	X	X	–	–	–	–
Virola duckei	X	–	–	–	–	–	–
Virola elongata	X	X	X	X	JA1157	MR2040-2045c3	–
Virola flexuosa	–	–	–	X	–	–	–
Virola loretensis	X	–	–	–	–	–	–
Virola marleneae	–	X	X	–	WR10002	–	–
Virola mollissima	X	–	–	–	–	–	–
Virola multicostata	X	–	–	X	LT3904	LT12-14c1	–
Virola pavonis	X	X	X	X	–	–	–
Virola surinamensis	–	–	–	X	–	–	EN (UICN)

LEYENDA/LEGEND

Espécimen, Fotos/ Voucher, Photos

CV = Corine F. Vriesendorp
JA = Jose D. Acosta Arango
LT = Luis A. Torres Montenegro
MR = Marcos A. Ríos Paredes
WR = Wilson D. Rodríguez Duque

Estatus/Status

CR (UICN) = En Peligro Crítico en el ámbito mundial/Globally Critically Endangered

EN (Co) = En Peligro en Colombia/ Endangered in Colombia

EN (Pe) = En Peligro en el Perú/ Endangered in Peru

EN (UICN) = En Peligro en el ámbito mundial/Globally Endangered

LR/nt (UICN) = Riesgo Menor/ casi amenzada en el ámbito mundial/Globally Lower Risk/near threatened

NC = Potencialmente nuevo registro para Colombia/Potentially new for Colombia

NP = Potencialmente nuevo registro para el Perú/Potentially new for Peru

NT (UICN) = Casi Amenazada en el ámbito mundial/Globally Near Threatened

VU (Co) = Vulnerable en Colombia/ Vulnerable in Colombia

VU (Pe) = Vulnerable en el Perú/ Vulnerable in Peru

VU (UICN) = Vulnerable en el ámbito mundial/Globally Vulnerable

Plantas vasculares/
Vascular plants

Nombre científico/ Scientific name	Registros en cada campamento/ Records at each campsite				Especímen/Voucher	Fotos/Photos	Estatus/ Status
	Quebrada Federico	Caño Pexiboy	Caño Bejuco	Quebrada Lorena			
Myrtaceae							
Calyptranthes sp. no identificada	–	–	–	x	JA1294	–	–
Eugenia spp. no identificadas	–	x	x	x	JA1045, 1176, 1243, 1266, 1269, WR9856, 9995	LT2305-2308c4, 2336-2340c4; LT2158-2163c3; MR784-787c2, 2165-2170c4	–
Marlierea caudata cf.	x	–	–	–	–	–	–
Marlierea sp. no identificada	x	–	–	–	LT3988	JA9162-9170c1; LT239-244c1; LT282-286c1	–
Myrcia carinata	x	–	–	–	LT3947	–	–
Myrcia glaucocarpa	–	–	–	x	JA1190	–	–
Myrcia neospeciosa	x	–	–	–	LT3982, 4039	–	–
Myrciaria dubia	–	x	–	–	–	–	–
Plinia yasuniana	–	–	x	x	JA1210	–	NC
Plinia sp. no identificada	–	–	–	x	WR9904	–	–
Nyctaginaceae							
Guapira sipapoana	–	–	x	x	JA1111, 1221	CV8739-8742c4; MR1069-1070c3	
Neea divaricata	–	x	–	x	JA1298, WR9757	LT707-710c2, 2364, 2373, 2377, 2379c4	
Neea macrophylla	x	–	–	–	LT3918	MR52-58c1	
Neea sp. no identificada	–	–	x	–	JA1103	MR845-850c3	–
Ochnaceae							
Cespedesia spathulata	x	x	x	x	–	–	–
Froesia diffusa	x	–	–	x	–	CV8788-8791c4	–
Krukoviella disticha	–	–	x	x	–	–	–
Ouratea macrocarpa cf.	–	–	x	–	JA1078	MR858-860c3	NC
Ouratea oleosa cf.	–	x	–	–	WR9711	LT501c2	NC
Quiina amazonica	–	x	–	–	WR9855	MR652-661c2	–
Quiina attenuata	x	x	–	x	–	–	–
Quiina cruegeriana	–	–	x	x	JA1073, 1207	LT2222-2224c4; MR879-885c3	–
Quiina pteridophylla	x	x	x	x	–	LT9303-9305c1	–
Quiina sp. no identificada	–	–	x	–	JA1108	–	–
Touroulia amazonica	–	–	–	x	JA1216	LT2449-2451c4	–
Olacaceae							
Dulacia macrophylla	–	x	–	–	WR9849, 9900	–	–
Heisteria acuminata	x	–	–	x	JA1226	CV8752-8754c4	–
Heisteria insculpta	x	x	x	x	LT3970, WR9860	CV8495-8497c3; MR572-575c1	–
Heisteria scandens	–	x	–	–	WR9990	–	–
Minquartia guianensis	x	x	x	x	–	–	LR/nt (UICN)
Especie no identificada	–	–	–	x	JA1235	–	

Nombre científico/ Scientific name	Registros en cada campamento/ Records at each campsite				Especímen/Voucher	Fotos/Photos	Estatus/ Status
	Quebrada Federico	Caño Pexiboy	Caño Bejuco	Quebrada Lorena			
Orchidaceae							
Acianthera discophylla	–	x	–	–	WR9710	JA9389-9396c2	–
Acianthera spp. no identificadas	x	–	–	–	LT3896, 3999, 4041	MR174-179c1; LT338-342c1	–
Aspidogyne clavigera cf.	–	–	x	–	JA1051	–	–
Braemia vittata	x	–	–	–	LT4049	MR366-370c1, MR388-392c1	–
Dryadella sp. no identificada	x	–	–	–	LT4083	–	–
Epistephium parviflorum	x	–	–	–	LT4011, 4053	JA9275-9284c1, JA9296-9297c1; MR377-379c1, MR384-387c1	VU (Pe)
Heterotaxis discolor	–	x	–	–	WR9779	–	–
Koellensteinia graminea	x	–	–	–	LT3963	–	–
Maxillaria subrepens	x	–	–	–	LT3912	JA8889c1, JA8901-8923c1; LT22-26c1	–
Maxillaria superflua	x	–	–	–	LT4022, 4058	MR304-307c1	–
Maxillaria sp. no identificada	–	x	–	–	WR9939	MR719-723c2	–
Octomeria scirpoidea	–	x	–	–	WR9758	JA9400-9406c2	–
Otostylis brachystalix	x	–	–	–	LT4028	MR214-237c1, MR308-310c1	–
Palmorchis loretana	x	–	–	–	–	–	–
Palmorchis yavarensis	–	–	–	x	–	–	NC
Palmorchis sp. no identificada	x	–	–	–	LT4061	MR355-359c1	–
Pleurothallis miqueliana	–	x	–	–	WR10025	–	–
Scaphyglottis sickii	x	–	–	–	LT4021	–	–
Vanilla spp. no identificadas	x	–	–	–	LT4033, 4034	–	–
Xylobium colleyi	x	–	–	–	LT4056	MR399-405c1	–
Zygosepalum lindeniae	–	x	–	–	WR9845	LT898-906c2	–
Especie no identificada	x	–	–	–	LT4066	MR318-321c1	–
Oxalidaceae							
Toddavaddia somnians	x	x	x	–	LT3940, WR9794	CV8465-8466c3; JA8972-8977c1, 9378-9382c2	–

LEYENDA/LEGEND

Espécimen, Fotos/ Voucher, Photos

CV = Corine F. Vriesendorp
JA = Jose D. Acosta Arango
LT = Luis A. Torres Montenegro
MR = Marcos A. Ríos Paredes
WR = Wilson D. Rodríguez Duque

Estatus/Status

CR (UICN) = En Peligro Crítico en el ámbito mundial/Globally Critically Endangered

EN (Co) = En Peligro en Colombia/ Endangered in Colombia

EN (Pe) = En Peligro en el Perú/ Endangered in Peru

EN (UICN) = En Peligro en el ámbito mundial/Globally Endangered

LR/nt (UICN) = Riesgo Menor/ casi amenzada en el ámbito mundial/Globally Lower Risk/near threatened

NC = Potencialmente nuevo registro para Colombia/Potentially new for Colombia

NP = Potencialmente nuevo registro para el Perú/Potentially new for Peru

NT (UICN) = Casi Amenazada en el ámbito mundial/Globally Near Threatened

VU (Co) = Vulnerable en Colombia/ Vulnerable in Colombia

VU (Pe) = Vulnerable en el Perú/ Vulnerable in Peru

VU (UICN) = Vulnerable en el ámbito mundial/Globally Vulnerable

Plantas vasculares/
Vascular plants

Nombre científico/ Scientific name	Registros en cada campamento/ Records at each campsite				Específen/Voucher	Fotos/Photos	Estatus/ Status
	Quebrada Federico	Caño Pexiboy	Caño Bejuco	Quebrada Lorena			
Passifloraceae							
Dilkea lecta cf.	–	x	–	–	WR10010	–	NC
Dilkea sp. nov. ined. "maijuna"	x	–	x	x	JA1249	CV8013-8016c1, 8834-8837c4; MR2082-2090c4, 2111-2113c4	–
Passiflora involucrata	–	x	–	x	JA1229	CV9098-9100c4; MR2191-2199c4	–
Passiflora spinosa	–	x	–	–	–	–	–
Passiflora sp. no identificada	–	x	–	–	WR10026	–	–
Phyllanthaceae							
Didymocistus chrysadenius	x	–	x	x	–	CV8326-8328c3	–
Hieronyma alchorneoides	x	x	x	x	–	–	–
Hieronyma oblonga	x	–	–	–	–	–	–
Richeria grandis	–	x	x	–	–	–	–
Picramniaceae							
Picramnia latifolia	x	x	x	x	–	–	–
Picramnia magnifolia	–	x	x	–	JA1109, WR9744	LT615-617c2, 1101-1103c3	–
Picramnia sellowii	–	x	x	x	–	–	–
Picramnia spp. no identificadas	–	x	x	x	JA1044, 1191	–	–
Piperaceae							
Peperomia alata	x	–	–	–	LT3926, 3941	JA8964-8968c1	–
Peperomia cainarachiana	x	–	–	–	LT3942	JA8956-8963c1	–
Peperomia emarginella	x	x	–	–	LT3923, WR9914	JA9040-9045c1; MR514-517c2	–
Peperomia macrostachyos	–	x	–	–	WR9987	–	–
Peperomia mishuyacana	x	x	x	–	JA1086, 1087, LT3927, WR9698, 9715	CV8351-8352c3; LT435-437c2	–
Peperomia rotundifolia	–	x	–	–	WR9848	–	–
Peperomia spp. no identificadas	–	x	–	–	WR9910, 10005	JA9945-9947c2	
Piper amazonicum	–	–	–	x	JA1194	–	
Piper anonifolium cf.	–	–	–	x	JA1251	–	
Piper asterotrichum	–	x	x	–	JA1164, 1237	LT2031-2032c3	
Piper brasiliense	–	–	x	–	JA1082	–	
Piper calanyanum	–	–	–	x	JA1304	–	
Piper coruscans	–	–	x	–	JA1180	–	
Piper fonteboanum	–	x	–	–	WR9876	–	
Piper hermannii	–	x	–	–	WR9785	–	
Piper longimucronatum	–	x	–	–	WR9749	–	
Piper marsupiiferum	–	–	–	x	JA1302	–	
Piper nigribaccum	–	x	–	–	WR10011	–	
Piper obliquum	x	–	x	–	JA1100, LT4045	–	
Piper perstipulare	x	–	–	–	LT3919	JA9060-9064c1; LT123-124c1	–

Nombre científico/ Scientific name	Registros en cada campamento/ Records at each campsite				Específmen/Voucher	Fotos/Photos	Estatus/ Status
	Quebrada Federico	Caño Pexiboy	Caño Bejuco	Quebrada Lorena			
Piper poporense	–	x	–	x	JA1259, WR10007	–	–
Piper soledadense	–	x	–	x	JA1230, WR9869	–	–
Piper sp. nov. ined. "evansii"	–	–	–	x	JA1228	MR2171-2181c4	–
Piper spp. no identificadas	x	x	x	–	JA1163, 1197; LT3949, 4024, 4046; WR9697, 9866, 10003	JA9214-9218c1; LT2036-2038c3	–
Poaceae							
Hildaea pallens	–	–	–	x	JA1234	–	–
Ocellochloa stolonifera	–	x	–	–	WR9948	–	–
Olyra ciliatifolia	–	x	x	–	JA1076, WR9720	CV9473-9475c3; JA9317-9320c2; LT584-587c2	–
Olyra sp. no identificada	x	–	–	–	LT4009	–	–
Pariana radiciflora	–	x	–	–	WR10019	–	–
Pariana sp. no identificada	x	–	–	–	LT3951	–	–
Polygalaceae							
Moutabea aculeata	x	x	–	x	WR9970	MR693-697c2	–
Polygonaceae							
Coccoloba densifrons	x	–	x	–	JA1173	–	–
Symmeria paniculata	x	–	–	–	–	–	–
Triplaris spp. no identificadas	x	–	x	–	–	CV8668c3	–
Pontederiaceae							
Pontederia rotundifolia	x	–	–	x	JA1217, LT3944	LT36-40c1	–
Primulaceae							
Ardisia loretensis	x	–	–	–	LT3933	LT73-79c1	–
Clavija weberbaueri	–	x	–	x	JA1244, 1288, WR9867	MR524-530c2, 2119-2131c4	–
Cybianthus gigantophyllus	–	–	x	–	JA1096	–	–
Cybianthus multiflorus	–	x	–	–	WR9850	LT974-976c2	–
Cybianthus poeppigii	–	x	–	–	WR9767	JA9341-9344c2	–
Cybianthus ruforamulus	x	–	–	–	LT3981	LT308-310c1	NP
Stylogyne laxiflora	x	–	–	–	LT3922	LT108-111c1	–

LEYENDA/LEGEND

Espécimen, Fotos/ Voucher, Photos

CV = Corine F. Vriesendorp

JA = Jose D. Acosta Arango

LT = Luis A. Torres Montenegro

MR = Marcos A. Ríos Paredes

WR = Wilson D. Rodríguez Duque

Estatus/Status

CR (UICN) = En Peligro Crítico en el ámbito mundial/Globally Critically Endangered

EN (Co) = En Peligro en Colombia/ Endangered in Colombia

EN (Pe) = En Peligro en el Perú/ Endangered in Peru

EN (UICN) = En Peligro en el ámbito mundial/Globally Endangered

LR/nt (UICN) = Riesgo Menor/ casi amenzada en el ámbito mundial/Globally Lower Risk/near threatened

NC = Potencialmente nuevo registro para Colombia/Potentially new for Colombia

NP = Potencialmente nuevo registro para el Perú/Potentially new for Peru

NT (UICN) = Casi Amenazada en el ámbito mundial/Globally Near Threatened

VU (Co) = Vulnerable en Colombia/ Vulnerable in Colombia

VU (Pe) = Vulnerable en el Perú/ Vulnerable in Peru

VU (UICN) = Vulnerable en el ámbito mundial/Globally Vulnerable

Plantas vasculares/
Vascular plants

Nombre científico/ Scientific name	Registros en cada campamento/ Records at each campsite				Especímen/Voucher	Fotos/Photos	Estatus/ Status
	Quebrada Federico	Caño Pexiboy	Caño Bejuco	Quebrada Lorena			
Putranjivaceae							
Drypetes amazonica	x	–	–	–	–	–	–
Drypetes gentryana	x	–	–	–	LT3914	–	–
Rapateaceae							
Rapatea muaju	–	–	x	–	JA1050	LT1037-1048c3	–
Rapatea paludosa	x	–	–	–	LT4026	JA9187-9198c1; MR238-248c1	–
Rapatea undulata	–	–	–	x	JA1188	LT2189-2191c4	–
Rhamnaceae							
Ampelozizyphus amazonicus	x	x	x	x	–	–	–
Rhizophoraceae							
Cassipourea peruviana	–	x	–	–	–	–	–
Rubiaceae							
Alibertia sp. no identificada	x	–	–	–	LT3943	MR3-9c1	–
Amaioua glomerulata	–	x	–	–	WR10008	–	–
Amaioua guianensis cf.	–	–	x	–	–	–	–
Amphidasya colombiana	–	x	–	–	WR9906	–	–
Botryarrhena pendula	–	–	–	x	JA1203	LT2227-2230c4	–
Calycophyllum megistocaulum	x	x	x	x	–	–	–
Capirona decorticans	x	–	–	x	–	–	–
Carapichea affinis	–	–	–	x	JA1189	–	–
Chimarrhis gentryana	x	–	–	x	–	–	–
Chomelia sp. no identificada	–	x	–	–	WR9951	MR763-764c2	–
Cordiera pilosa	x	–	–	–	–	LT30-35c1	–
Coussarea brevicaulis cf.	–	x	x	–	JA1054, WR9880	CV8319-8321c3; MR839-844c3	–
Coussarea sp. no identificada	–	x	–	–	WR9882	–	–
Duroia hirsuta	x	x	x	x	WR9751	–	–
Eumachia cephalantha cf.	–	x	–	x	JA1250, WR1004	CV8723-8726c4; MR2091-2100c4	–
Faramea anisocalyx	x	–	–	–	LT4077	LT374-376c1	–
Faramea axillaris	x	–	x	–	JA1114, LT3934	JA9028-9033c1; MR1020-1027c3	–
Faramea glandulosa	x	–	–	–	LT3935	LT80-83c1	–
Faramea multiflora	–	x	–	–	WR9919	LT737-741c2	–
Faramea multiflora cf.	–	–	x	–	JA1166	LT2023-2026c3	–
Faramea spp. no identificadas	–	x	–	–	WR9694, 9933	LT445-449c2; MR648-651c2	–
Geophila cordifolia	–	x	x	–	JA1064, WR9929	LT764-766c2	–
Isertia hypoleuca	–	x	x	–	–	–	–
Isertia rosea	x	–	–	–	LT3957	JA9096-9101c1	–
Kutchubaea oocarpa	x	–	–	–	LT4035	LT720-724c2; MR189-197c1	–
Kutchubaea semisericea	–	x	x	–	–	–	–

Nombre científico/ Scientific name	Registros en cada campamento/ Records at each campsite				Especímen/Voucher	Fotos/Photos	Estatus/ Status
	Quebrada Federico	Caño Pexiboy	Caño Bejuco	Quebrada Lorena			
Ladenbergia amazonensis	–	x	x	–	–	–	–
Ladenbergia oblongifolia	–	–	x	–	–	–	–
Notopleura leucantha	–	–	–	x	JA1192, 1265	LT2257-2261c4	–
Notopleura parasiggersiana	–	–	–	x	JA1247	MR2101-2110c4	–
Notopleura plagiantha	–	x	–	–	WR9732	LT532-537c2	–
Notopleura sp. no identificada	–	x	–	–	WR9894	MR505-510c2	–
Pagamea duckei	x	–	–	–	LT4010	MR279-288	NP
Palicourea acuminata	–	x	–	–	WR9878	–	–
Palicourea grandiflora	x	x	x	–	JA1072, LT3961, WR10014	LT154-159c1; MR810-815c3	–
Palicourea guianensis	–	x	–	–	WR9969	LT958-961c2	–
Palicourea longicuspis	–	x	–	–	WR9718	JA9348-9354c2; MR583-587c2	–
Palicourea lucidula	–	x	–	x	JA1196, WR10001	–	–
Palicourea macarthurorum	x	–	–	–	LT3939	LT48-51c1	–
Palicourea nigricans	–	x	–	–	WR9881	LT892-897c2	–
Palicourea stenostachya	–	–	–	x	JA1282	CV9019-9021, 9028-9030c4	–
Palicourea sp. no identificada	x	–	–	–	LT3986	LT315-321c1	–
Pentagonia spathicalyx	–	–	x	–	JA1137	LT1129-1133c3	–
Posoqueria latifolia	–	x	–	–	WR9885	LT918-919c2	–
Psychotria bertieroides	–	–	x	–	JA1135	LT1148-1157c3	–
Psychotria borjensis	–	x	–	–	WR9754, 9907, 9935	–	–
Psychotria campyloneura	–	x	–	–	WR9786	–	–
Psychotria limitanea	x	–	–	–	LT3921, 3958	JA9057-9059c1	–
Psychotria lupulina aff.	x	–	–	–	LT4006	LT332-335c1	–
Psychotria marginata	x	–	–	–	LT4068	MR311-315	–
Psychotria micrantha	–	x	–	–	WR9854, 9902	–	–
Psychotria ostreophora	–	–	x	–	JA1084	–	–
Psychotria poeppigiana	x	x	x	x	WR9739, 9940	JA9412-9418c2; LT687-690c2	–
Psychotria trichocephala	–	x	–	–	WR9862, 9917	LT816-818c2; MR588-595c2	–
Randia armata	x	x	x	–	LT4047	LT479-481c2	–

LEYENDA/LEGEND

Espécimen, Fotos/ Voucher, Photos

CV = Corine F. Vriesendorp
JA = Jose D. Acosta Arango
LT = Luis A. Torres Montenegro
MR = Marcos A. Ríos Paredes
WR = Wilson D. Rodríguez Duque

Estatus/Status

CR (UICN) = En Peligro Crítico en el ámbito mundial/Globally Critically Endangered

EN (Co) = En Peligro en Colombia/ Endangered in Colombia

EN (Pe) = En Peligro en el Perú/ Endangered in Peru

EN (UICN) = En Peligro en el ámbito mundial/Globally Endangered

LR/nt (UICN) = Riesgo Menor/ casi amenzada en el ámbito mundial/Globally Lower Risk/near threatened

NC = Potencialmente nuevo registro para Colombia/Potentially new for Colombia

NP = Potencialmente nuevo registro para el Perú/Potentially new for Peru

NT (UICN) = Casi Amenazada en el ámbito mundial/Globally Near Threatened

VU (Co) = Vulnerable en Colombia/ Vulnerable in Colombia

VU (Pe) = Vulnerable en el Perú/ Vulnerable in Peru

VU (UICN) = Vulnerable en el ámbito mundial/Globally Vulnerable

Plantas vasculares/
Vascular plants

Nombre científico/ Scientific name	Registros en cada campamento/ Records at each campsite				Específen/Voucher	Fotos/Photos	Estatus/ Status
	Quebrada Federico	Caño Pexiboy	Caño Bejuco	Quebrada Lorena			
Remijia ulei	x	x	x	x	LT3987	JA9204-9208c1	–
Retiniphyllum concolor	x	–	–	–	LT4013	JA9285-9290c1	–
Rosenbergiodendron longiflorum	x	–	–	–	LT4074	LT390-394c1	–
Rudgea loretensis	–	–	–	x	JA1211	CV8784-8785c4	–
Sphinctanthus maculatus	x	–	–	–	LT3973	MR72-77c1	
Tocoyena sp. no identificada	–	x	x	–	JA1183, WR9852	–	
Uncaria guianensis	x	x	x	–	–	–	–
Warszewiczia coccinea	x	x	x	x	WR9909	CV8714-8718c4; LT833-836c2	–
Especies no identificadas	–	x	x	x	LT1077, 1297, WR9870	JA9476-9482c3	
Rutaceae							
Esenbeckia amazonica	–	x	–	–	WR9954	MR748-751c2	–
Neoraputia paraensis	–	x	–	x	JA1261, WR9918	–	–
Raputia megalantha	–	x	–	–	WR9745	LT633-636c2	–
Raputia simulans	x	x	x	x	WR9714	LT594-597c2	–
Raputia ulei	x	x	–	x	JA1256	CV8087-8090c2, 8150-8163c2, 8810-8812c4	–
Raputiarana subsigmoidea	–	x	–	x	–	LT812-813c2	–
Rauia prancei	–	–	–	x	JA1301	LT2394-2406c4	NC
Spiranthera parviflora	–	x	–	–	WR9725	LT561-563c2	–
Salicaceae							
Banara guianensis	x	–	–	–	–	–	–
Casearia javitensis	–	–	x	–	JA1148	MR2054-2061c3	–
Casearia obovalis	x	–	–	–	LT4004	LT182-184c1	–
Laetia procera	x	–	–	–	–	–	–
Neoptychocarpus killipii	x	x	x	–	WR9731	LT579-583c2	–
Ryania speciosa	–	–	x	–	JA1149	–	–
Ryania spruceana	–	x	–	–	WR9793	LT607-608c2	–
Tetrathylacium macrophyllum	x	x	–	x	–	–	–
Sapindaceae							
Cupania hispida	–	–	x	–	JA1122	MR943-948c3	–
Paullinia bracteosa	–	–	–	x	–	CV8857-8858c4	–
Paullinia elegans	–	–	–	x	JA1300		–
Paullinia obovata	–	x	–	–	WR9973	MR746-747c2	–
Talisia sp. no identificada	–	–	x	–	JA1139	–	–
Sapotaceae							
Chrysophyllum argenteum	–	x	–	–	JA9932	–	–
Chrysophyllum bombycinum	x	x	–	–	–	–	LR/nt (UICN)
Chrysophyllum sanguinolentum	x	x	–	x	–	–	–
Chrysophyllum superbum	–	–	x	–	JA1170	–	CR (UICN)
Ecclinusa lanceolata	x	x	x	–	–	–	–

Nombre científico/ Scientific name	Registros en cada campamento/ Records at each campsite				Especímen/Voucher	Fotos/Photos	Estatus/ Status
	Quebrada Federico	Caño Pexiboy	Caño Bejuco	Quebrada Lorena			
Manilkara bidentata	X	–	X	–	–	–	–
Micropholis guyanensis	X	X	X	–	–	–	–
Micropholis venulosa	X	–	–	–	–	–	–
Pouteria cuspidata	–	–	X	–	–	–	–
Pouteria guianensis	–	–	X	–	–	–	–
Pouteria platyphylla	X	–	X	X	JA1291	–	LR/nt (UICN)
Pouteria torta	X	X	X	–	–	–	–
Pouteria spp. no identificadas	X	X	–	–	LT4005, WR9858	LT336-337c1 (Pouteria LT4005)	–
Pradosia atroviolacea	–	–	X	–	JA1181	–	LR/nt (UICN)
Schlegeliaceae							
Schlegelia cauliflora	X	X	X	X	–	MR139-137c1	–
Simaroubaceae							
Homalolepis cavalcantei cf.	X	–	–	–	LT4067	–	–
Picrolemma sprucei	–	–	X	X	–	–	–
Simaba polyphylla	–	–	X	–	–	–	–
Simarouba amara	X	X	X	X	–	–	–
Siparunaceae							
Siparuna cristata	–	X	X	X	JA1292	LT2441-2444c4	–
Siparuna cuspidata	–	X	–	–	–	–	–
Siparuna decipiens	–	–	X	–	–	–	–
Siparuna guianensis	X	X	X	–	–	–	–
Siparuna harlingii	–	–	X	–	JA1062	MR891-895c3	–
Siparuna sessiliflora	X	–	–	–	LT3968	LT126-130c1	–
Solanaceae							
Brunfelsia grandiflora cf.	–	X	X	–	JA1071, 1186, WR9864	MR2067-2073c4	–
Lycianthes coffeifolia	X	–	–	–	LT4048	–	–
Lycianthes sp. no identificada	–	–	X	X	JA1074, 1236	MR2219-2227c4	–
Markea formicarum	X	–	X	–	LT4038	MR148-155c1	–
Solanum occultum	–	X	–	–	WR9928	LT787-790c2	–
Solanum thelopodium	–	–	–	X	JA1262	–	–

LEYENDA/LEGEND

Espécimen, Fotos/ Voucher, Photos

CV = Corine F. Vriesendorp
JA = Jose D. Acosta Arango
LT = Luis A. Torres Montenegro
MR = Marcos A. Ríos Paredes
WR = Wilson D. Rodríguez Duque

Estatus/Status

CR (UICN) = En Peligro Crítico en el ámbito mundial/Globally Critically Endangered

EN (Co) = En Peligro en Colombia/ Endangered in Colombia

EN (Pe) = En Peligro en el Perú/ Endangered in Peru

EN (UICN) = En Peligro en el ámbito mundial/Globally Endangered

LR/nt (UICN) = Riesgo Menor/ casi amenzada en el ámbito mundial/Globally Lower Risk/near threatened

NC = Potencialmente nuevo registro para Colombia/Potentially new for Colombia

NP = Potencialmente nuevo registro para el Perú/Potentially new for Peru

NT (UICN) = Casi Amenazada en el ámbito mundial/Globally Near Threatened

VU (Co) = Vulnerable en Colombia/ Vulnerable in Colombia

VU (Pe) = Vulnerable en el Perú/ Vulnerable in Peru

VU (UICN) = Vulnerable en el ámbito mundial/Globally Vulnerable

Plantas vasculares/
Vascular plants

Nombre científico/ Scientific name	Registros en cada campamento/ Records at each campsite				Especímen/Voucher	Fotos/Photos	Estatus/ Status
	Quebrada Federico	Caño Pexiboy	Caño Bejuco	Quebrada Lorena			
Stemonuraceae							
Discophora guianensis	–	x	x	x	JA1283	–	–
Strelitziaceae							
Phenakospermum guyannense	–	x	x	x	–	–	–
Thymelaeaceae							
Schoenobiblus daphnoides	x	–	–	–	LT3950	–	–
Schoenobiblus peruvianus	–	x	–	x	JA1288, WR9927	LT781-783c2	–
Ulmaceae							
Ampelocera edentula	x	x	–	x	–	CV8178-8179c2	–
Urticaceae							
Cecropia distachya	x	x	x	x	–	–	–
Cecropia latiloba	–	x	x	x	–	–	–
Cecropia membranacea	x	–	–	–	–	–	–
Cecropia sciadophylla	x	x	x	x	–	–	–
Coussapoa trinervia	x	x	x	–	–	–	–
Pourouma bicolor	x	x	x	x	JA1215	LT2267-2269c4	–
Pourouma minor	x	x	x	x	–	–	–
Pourouma ovata	x	x	x	–	–	–	–
Pourouma phaeotricha	–	x	x	–	–	–	–
Violaceae							
Amphirrhox longifolia	–	–	–	x	JA1299	LT2342-2361c4	–
Calyptrion arboreum	–	x	–	–	WR9978	MR708-710c2	–
Gloeospermum crassicarpum	–	x	x	–	JA1138, WR9784	LT476-478c2, 1124-1127c3	NC
Gloeospermum sphaerocarpum	–	x	–	–	WR9975	–	–
Leonia crassa	x	x	x	–	LT3936	LT84-86c1; MR15-30c1	–
Leonia cymosa	x	x	x	x	WR9723	LT567-570c2	–
Leonia glycycarpa	–	x	x	–	WR9782	JA9332-9334c2	–
Paypayrola grandiflora	x	–	x	x	JA1075, LT3905	JA9469-9472c3; LT15-19c1	–
Rinorea lindeniana	–	x	–	–	LT3928, WR9770	JA9016-9020c1; MR432-439c2	–
Rinorea macrocarpa	x	x	x	x	LT3945, WR9773	CV8584-8585c3; MR406-411c2	–
Rinorea paniculata	x	–	–	–	LT4075	LT380-383c1	–
Rinorea racemosa	x	x	x	x	JA1245	–	–
Rinorea sp. no identificada	–	x	–	–	WR9738	–	–
Vochysiaceae							
Erisma bicolor	x	–	–	x	–	–	–
Erisma sp. no identificada	–	x	–	–	WR9913	–	–
Qualea acuminata	x	x	x	–	–	–	–
Qualea paraensis	–	x	x	x	–	JA9451-9454c2	–

Nombre científico/ Scientific name	Registros en cada campamento/ Records at each campsite				Específmen/Voucher	Fotos/Photos	Estatus/ Status
	Quebrada Federico	Caño Pexiboy	Caño Bejuco	Quebrada Lorena			
Vochysia lomatophylla	X	X	X	X	–	CV8655-8671c3; LT2128-2132c3	–
Vochysia obscura	–	X	–	–	WR9844	MR673-676c2	–
Vochysia venulosa	X	–	X	–			–
Zingiberaceae							
Renealmia krukovii	X	–	X	–	JA1110, LT3960	LT147-153c1	–
Renealmia thyrsoidea	X	–	X	X	–	–	–
GYMNOSPERMAE							
Gnetaceae							
Gnetum nodiflorum	X	X	X	–	–	CV8010-8011c1	–
Gnetum paniculatum aff.	X	–	–	–	LT4037	MR156-166c1	–
Gnetum schwackeanum	–	–	–	X	JA1195	–	–
Gnetum urens	–	–	X	–	JA1124	LT1210-1213c3; MR927-933c3	–
CYCADOPHYTA							
Zamiaceae							
Zamia amazonum	–	X	X	–	JA1152, WR9899, 9901	–	NT (UICN), VU (Co)
Zamia hymenophyllidia	X	–	–	–	LT3932	LT96-103c1	CR (UICN), EN (Co)
Zamia macrochiera	–	X	–	–	WR9798	LT676-686c2; MR475-487c2	CR (UICN); NC
Zamia ulei	X	X	–	X	WR9787	–	NT (UICN), VU (Pe)
Zamia sp. nov. ined.	–	–	X	–	JA1048	JA9467-9468c3	–
LYCOPHYTA							
Selaginellaceae							
Selaginella amazonica	–	X	X	–	WR9798, 10066	–	–
Selaginella exaltata	X	X	X	X	WR9688, 9842, 10107	–	–
Selaginella fragilis	–	X	X	–	WR9795, 10064	–	–
Selaginella lechleri	X	–	–	X	WR9637, 10090	–	–
Selaginella palmiformis	–	X	–	–	WR9755, 9804	–	–
Selaginella producta	–	X	X	–	WR10032, 10045	–	–
Selaginella speciosa	–	–	–	X	WR10122	–	–
Selaginella truncata	X	–	–	–	WR9673	–	–

LEYENDA/LEGEND

Espécimen, Fotos/ Voucher, Photos

CV = Corine F. Vriesendorp

JA = Jose D. Acosta Arango

LT = Luis A. Torres Montenegro

MR = Marcos A. Ríos Paredes

WR = Wilson D. Rodríguez Duque

Estatus/Status

CR (UICN) = En Peligro Crítico en el ámbito mundial/Globally Critically Endangered

EN (Co) = En Peligro en Colombia/ Endangered in Colombia

EN (Pe) = En Peligro en el Perú/ Endangered in Peru

EN (UICN) = En Peligro en el ámbito mundial/Globally Endangered

LR/nt (UICN) = Riesgo Menor/ casi amenzada en el ámbito mundial/Globally Lower Risk/near threatened

NC = Potencialmente nuevo registro para Colombia/Potentially new for Colombia

NP = Potencialmente nuevo registro para el Perú/Potentially new for Peru

NT (UICN) = Casi Amenazada en el ámbito mundial/Globally Near Threatened

VU (Co) = Vulnerable en Colombia/ Vulnerable in Colombia

VU (Pe) = Vulnerable en el Perú/ Vulnerable in Peru

VU (UICN) = Vulnerable en el ámbito mundial/Globally Vulnerable

Plantas vasculares/
Vascular plants

Nombre científico/ Scientific name	Registros en cada campamento/ Records at each campsite				Especímen/Voucher	Fotos/Photos	Estatus/ Status
	Quebrada Federico	Caño Pexiboy	Caño Bejuco	Quebrada Lorena			
PTERIDOPHYTA							
Aspleniaceae							
Asplenium cirrhatum	–	x	x	x	WR9753, 10040, 10095	–	–
Asplenium cuneatum	–	x	–	–	WR9834	–	–
Asplenium hallii	–	x	x	x	WR9801, 10030, 10088	–	–
Asplenium juglandifolium	–	x	–	x	WR9840, 9996, 10105	–	–
Asplenium pearcei	x	–	–	x	WR9635, 10100, 10127	–	–
Asplenium serratum	x	x	x	x	WR9630, 9702, 10043, 10094	–	–
Asplenium stuebelianum	x	x	–	–	WR9684	–	–
Blechnaceae							
Salpichlaena hookeriana	–	x	–	–	WR9822	–	–
Salpichlaena thalassica	–	–	–	x	WR10117	–	–
Cyatheaceae							
Alsophila cuspidata	x	–	–	–	WR9648	–	–
Cyathea lasiosora	x	x	x	x	WR9647, 9675, 9690, 9815, 10052, 10101	–	–
Cyathea lasiosora cf.	x	–	–	–	WR9685	–	–
Cyathea leucolepismata	–	–	x	–	WR10071	–	–
Cyathea pungens	x	x	x	x	WR9649, 9823, 10096	–	–
Davalliaceae							
Nephrolepis biserrata	x	–	–	–	WR9646	–	–
Nephrolepis rivularis	–	x	–	x	WR9808, 10093	–	–
Desmophlebiaceae							
Desmophlebium lechleri	–	x	–	–	WR9824	–	–
Dryopteridaceae							
Cyclodium meniscioides	x	x	x	x	WR9634, 9651, 9680, 9814, 10102	–	–
Elaphoglossum auricomum	x	x	x	x	WR9805	–	–
Elaphoglossum discolor	x	x	–	–	WR9654, 9656, 9669, 9672, 9800, 9807, 9810, 9817	–	–
Elaphoglossum flaccidum cf.	x	–	–	–	WR9661	–	–
Elaphoglossum glabellum	–	x	–	–	WR9722, 10033	–	–
Elaphoglossum luridum	–	x	–	–	WR9820	–	–
Elaphoglossum raywaense	x	x	–	x	WR9659, 9835, 10104	–	–
Elaphoglossum spp. no identificadas	x	x	x	–	WR9664, 9803, 10056	–	–
Mickelia guianensis	x	–	x	x	WR9677, 10038, 10058, 10075	–	–
Mickelia nicotianifolia	x	–	x	x	WR9640, 10062, 10112	–	–
Polybotrya crassirhizoma	–	–	–	x	WR10099, 10124	–	–
Polybotrya osmundacea	x	x	–	–	WR9644, 9752	–	–
Polybotrya pubens	x	x	x	x	WR9686, 10042	–	–

Nombre científico/ Scientific name	Registros en cada campamento/ Records at each campsite				Especímen/Voucher	Fotos/Photos	Estatus/ Status
	Quebrada Federico	Caño Pexiboy	Caño Bejuco	Quebrada Lorena			
Polybotrya sp. no identificada	–	x	–	–	–	WR10059	–
Hymenophyllaceae							
Hymenophyllum hirsutum	–	–	–	x	WR10126	–	–
Trichomanes accedens	–	x	–	–	WR10000	–	–
Trichomanes ankersii	x	x	x	x	WR9681, 9802, 9812, 10046, 10091	–	–
Trichomanes arbuscula	x	–	–	–	WR10125	–	–
Trichomanes bicorne	x	x	–	–	WR9665, 9799	–	–
Trichomanes cellulosum	–	x	x	–	WR9706, 9728, 9759, 9825, 10065	–	–
Trichomanes crispum	x	–	–	x	WR9660, 10106	–	–
Trichomanes diversifrons	–	–	–	x	WR10103, 10119	–	–
Trichomanes elegans	x	x	x	x	WR9679, 9813, 10048, 10082	–	–
Trichomanes hostmannianum	x	x	x	x	WR9639, 9816, 9991, 10053, 10073	–	–
Trichomanes humboldtii	x	–	–	–	WR9670	–	–
Trichomanes kapplerianum	x	–	–	–	WR9631	–	–
Trichomanes macilentum	x	–	–	–	WR9655, 9662	–	NP
Trichomanes martiusii	x	x	–	–	WR9657, 9760, 9797, 9806	–	–
Trichomanes pinnatum	x	x	x	x	WR9629, 9792, 10035, 10044, 10073	–	–
Trichomanes punctatum	–	x	x	x	WR10028, 10069, 10115	–	–
Trichomanes tanaicum	x	x	x	x	WR9632, 9827, 10031, 10051, 10074, 10123	–	–
Trichomanes trollii	–	x	–	–	WR9809	–	–
Trichomanes sp. no identificada	–	x	–	–	WR9811	–	–
Lindsaeaceae							
Lindsaea coarctata	–	x	–	x	WR9791, 10083	–	–
Lindsaea divaricata	x	–	–	–	WR9653, 9658	–	–
Lindsaea guianensis	x	–	–	–	WR9663, 9666	–	–
Lindsaea lancea	–	–	x	x	WR10067, 10087, 10110	–	–
Lindsaea lancea var. *falcata*	–	x	–	x	WR9705, 10081	–	–

LEYENDA/LEGEND

Espécimen, Fotos/
Voucher, Photos

CV = Corine F. Vriesendorp
JA = Jose D. Acosta Arango
LT = Luis A. Torres Montenegro
MR = Marcos A. Ríos Paredes
WR = Wilson D. Rodríguez Duque

Estatus/Status

CR (UICN) = En Peligro Crítico en el ámbito mundial/Globally Critically Endangered

EN (Co) = En Peligro en Colombia/ Endangered in Colombia

EN (Pe) = En Peligro en el Perú/ Endangered in Peru

EN (UICN) = En Peligro en el ámbito mundial/Globally Endangered

LR/nt (UICN) = Riesgo Menor/ casi amenzada en el ámbito mundial/Globally Lower Risk/near threatened

NC = Potencialmente nuevo registro para Colombia/Potentially new for Colombia

NP = Potencialmente nuevo registro para el Perú/Potentially new for Peru

NT (UICN) = Casi Amenazada en el ámbito mundial/Globally Near Threatened

VU (Co) = Vulnerable en Colombia/ Vulnerable in Colombia

VU (Pe) = Vulnerable en el Perú/ Vulnerable in Peru

VU (UICN) = Vulnerable en el ámbito mundial/Globally Vulnerable

Plantas vasculares/
Vascular plants

Nombre científico/ Scientific name	Registros en cada campamento/ Records at each campsite				Especímen/Voucher	Fotos/Photos	Estatus/ Status
	Quebrada Federico	Caño Pexiboy	Caño Bejuco	Quebrada Lorena			
Lindsaea lancea var. *leprieurii*	x	x	x	–	WR9674, 9717, 9826, 10068	–	–
Lindsaea phassa	–	x	–	x	WR9819, 9839, 10108	–	–
Lindsaea quadrangularis	–	–	x	–	WR10070	–	–
Lomariopsidaceae							
Lomariopsis japurensis	x	x	x	x	WR9641, 9818, 9831, 10061, 10098	–	–
Lomariopsis prieuriana	x	–	–	–	WR9682	–	–
Lygodiaceae							
Lygodium volubile	x	x	x	x	WR10049	–	–
Marattiaceae							
Danaea cartilaginea	x	–	–	x	WR9689, 10076	–	–
Danaea leprieurii	–	x	–	–	WR9837	–	–
Danaea vivax	–	x	–	–	WR9829	–	–
Metaxyaceae							
Metaxya lanosa	x	–	x	–	WR9676, 10054	–	–
Metaxya parkeri	x	–	–	–	WR9678	–	–
Metaxya rostrata	x	x	x	x	WR9645, 9796, 10084	–	–
Polypodiaceae							
Campyloneurum phyllitidis	x	x	–	–	LT3915, WR9998	–	–
Campyloneurum repens	x	x	x	x	WR9628, 9830, 10072	–	–
Microgramma baldwinii	x	–	–	–	LT3910	–	–
Microgramma megalophylla	x	–	x	–	WR9652, 10060	–	–
Microgramma percussa	x	–	–	–	WR9642	–	–
Microgramma reptans	x	x	x	x	WR9997, 10050, 10121	–	–
Microgramma tecta	x	–	–	–	LT3911	–	–
Microgramma thurnii	–	–	–	x	WR10080	–	–
Microgramma tobagensis	–	x	–	x	WR9999, 10077	–	–
Niphidium crassifolium	–	x	–	–	WR9828	–	–
Pleopeltis furcata	–	x	x	x	WR9893, 10041, 10086	–	–
Pleopeltis macrocarpa	–	x	–	–	WR9841	–	–
Serpocaulon articulatum	–	x	–	x	WR9836, 10111	–	–
Serpocaulon caceresii	x	–	–	–	WR9636	–	–
Serpocaulon dasypleuron	–	x	–	–	WR9838	–	–
Serpocaulon loriciforme	–	–	–	x	WR10118	–	–
Pteridaceae							
Adiantum cajennense	–	x	–	–	WR9833	–	–
Adiantum humile	–	x	x	x	WR9693, 10039, 10063, 10089	–	–
Adiantum latifolium	x	–	–	x	WR9627, 10085	–	–
Adiantum obliquum	–	x	–	–	WR9993	–	–
Adiantum terminatum	x	–	–	x	WR9692, 10120	–	–

Nombre científico/ Scientific name	Registros en cada campamento/ Records at each campsite				Especímen/Voucher	Fotos/Photos	Estatus/ Status
	Quebrada Federico	Caño Pexiboy	Caño Bejuco	Quebrada Lorena			
Adiantum tomentosum	–	–	x	–	WR10036	–	–
Hecistopteris pumila	x	x	x	x	WR9667, 10027, 10047, 10092	–	–
Polytaenium cajenense	x	–	–	–	WR9633	–	–
Polytaenium citrifolium	x	–	x	–	WR9643, 10057	–	–
Polytaenium guayanense	x	x	–	x	WR9638, 9687, 9832, 10114	–	–
Pteris pungens	–	–	–	x	WR10109	–	–
Saccolomataceae							
Saccoloma elegans	–	–	–	x	WR10116	–	–
Saccoloma inaequale	x	x	x	x	WR9683, 9696, 9821, 10037, 10079	–	–
Schizaeaceae							
Actinostachys pennula	x	–	–	–	WR9668	–	–
Schizaea elegans	x	x	–	x	WR9650, 10097	–	–
Schizaea fluminensis	x	x	–	–	WR9671, 10029, 10034	–	–
Tectariaceae							
Tectaria vivipara	x	x	–	x	WR9691, 9992	–	–
Thelypteridaceae							
Cyclosorus opulentus	–	–	x	–	WR10055	–	–
Thelypteris macrophylla	–	–	–	x	WR10113	–	–

LEYENDA/LEGEND

Espécimen, Fotos/
Voucher, Photos

CV = Corine F. Vriesendorp

JA = Jose D. Acosta Arango

LT = Luis A. Torres Montenegro

MR = Marcos A. Ríos Paredes

WR = Wilson D. Rodríguez Duque

Estatus/Status

CR (UICN) = En Peligro Crítico en el ámbito mundial/Globally Critically Endangered

EN (Co) = En Peligro en Colombia/ Endangered in Colombia

EN (Pe) = En Peligro en el Perú/ Endangered in Peru

EN (UICN) = En Peligro en el ámbito mundial/Globally Endangered

LR/nt (UICN) = Riesgo Menor/ casi amenzada en el ámbito mundial/Globally Lower Risk/near threatened

NC = Potencialmente nuevo registro para Colombia/Potentially new for Colombia

NP = Potencialmente nuevo registro para el Perú/Potentially new for Peru

NT (UICN) = Casi Amenazada en el ámbito mundial/Globally Near Threatened

VU (Co) = Vulnerable en Colombia/ Vulnerable in Colombia

VU (Pe) = Vulnerable en el Perú/ Vulnerable in Peru

VU (UICN) = Vulnerable en el ámbito mundial/Globally Vulnerable

Estaciones de muestreo de peces/Fish sampling stations

Principales características de las estaciones de muestreo de peces visitadas durante un inventario rápido de la región del Bajo Putumayo-Yaguas-Cotuhé, Perú y Colombia, del 6 al 23 de noviembre de 2019, por Dario R. Faustino-Fuster y Jhon J. Patarroyo. Todas las estaciones fueron en quebradas y caños de aguas negras y mixtas (negra con sedimentos) con bosque ripario bien conservado y sustrato dominado por hojarasca y palizadas. / Main attributes of the fish sampling stations visited during a rapid inventory of the Bajo Putumayo-Yaguas-Cotuhé region of Peru and Colombia, on 6–23 November 2019, by Dario R. Faustino-Fuster and Jhon J. Patarroyo. All stations were in streams and small rivers with black or mixed (black with a higher sediment load) water, and all stations featured well-preserved riparian forest and a substrate of leaf litter and woody debris.

Campamento/ Campsite	Número de la estación/ Station number	Nombre de la estación/ Station name	Fecha/Date	Cuenca/Watershed
Quebrada Federico	PUT20191106	Quebrada Federico	6/11/19	Quebrada Esperanza, Río Putumayo
	PUT20191107	Quebrada Corbata	7/11/19	Río Putumayo
	PUT20191108-1	Turbera amazónica S/N	8/11/19	Quebrada Esperanza, Río Putumayo
	PUT20191108-2	Quebrada S/N	8/11/19	Quebrada Esperanza, Río Putumayo
Caño Pexiboy	PUT20191111-2	Poza temporal S/N	13/11/19	Caño Pexiboy, Río Putumayo
	PUT20191112-1	Quebrada Tikuna	12/11/19	Río Putumayo
	PUT20191112-2	Quebrada Hernán	12/11/19	Caño Pexiboy, Río Putumayo
	PUT20191113-1	Quebrada S/N	13/11/19	Caño Pexiboy, Río Putumayo
	PUT20191113-2	Quebrada S/N	13/11/19	Caño Pexiboy, Río Putumayo
	PUT20191114-1	Quebrada Papelito	14/11/19	Caño Pexiboy, Río Putumayo
	PUT20191114-2	Caño Pexiboy	14/11/19	Río Putumayo
Caño Bejuco	PUT20191117-1	Quebrada Bejuco	17/11/19	Río Cotuhé, Río Putumayo
	PUT20191117-2	Río Cotuhé	17/11/19	Río Putumayo
	PUT20191117-3	Río Cotuhé	17/11/19	Río Putumayo
	PUT20191118-1	Río Cotuhé	18/11/19	Río Putumayo
	PUT20191118-2	Río Cotuhé	18/11/19	Río Putumayo
	PUT20191118-3	Río Cotuhé	18/11/19	Río Putumayo
	PUT20191119-1	Quebrada S/N	19/11/19	Río Cotuhé, Río Putumayo
	PUT20191119-2	Quebrada S/N	19/11/19	Río Cotuhé, Río Putumayo
	PUT20191119-3	Quebrada S/N	19/11/19	Río Cotuhé, Río Putumayo
Quebrada Lorena	PUT20191122-1	Quebrada Lorena	22/11/19	Río Cotuhé, Río Putumayo
	PUT20191123-1	Quebrada S/N	23/11/19	Río Cotuhé, Río Putumayo
	PUT20191123-2	Quebrada Lorena	23/11/19	Río Cotuhé, Río Putumayo
	PUT20191123-3	Quebrada S/N	23/11/19	Río Cotuhé, Río Putumayo

Municipio y región o departamento/ Municipality and region or department	Latitud/ Latitude	Longitud/ Longitude	Altura (msnm)/ Elevación (masl)	Ambiente/ Habitat	Tipo de substrato/ Substrate type
Yaguas/Loreto	2°32'39,7'' S	70°40'51,4'' W	48	lótico/lotic	hojarasca, palizada, arcilla
Yaguas/Loreto	2°32'6,0'' S	70°38'51,1'' W	82	lótico/lotic	hojarasca, palizada
Yaguas/Loreto	2°30'55'' S	70°39'5,7'' W	68	léntico/lentic	raices, hojarasca
Yaguas/Loreto	2°31'0,7'' S	70°38'50,1'' W	131	lótico/lotic	hojarasca, palizada
Leticia/Amazonas	2°39'0,5'' S	69°50'40,9'' W	–	léntico/lentic	hojarasca
Leticia/Amazonas	2°36'42,6'' S	69°52'35,4'' W	83	lótico/lotic	limo, hojarasca, palizada
Leticia/Amazonas	2°36'51'' S	69°36'51'' W	133	lótico/lotic	hojarascam limo, arena, grava
Leticia/Amazonas	2°38'4,5'' S	69°50'54,4'' W	77	lótico/lotic	limo, gravilla, graba
Leticia/Amazonas	2°37'2,8'' S	69°50'53,2'' W	120	lótico/lotic	arcilla, palizada, hojarasca
Leticia/Amazonas	2°36'25,9'' S	69°49'53,7'' W	92	lótico/lotic	palizada, limo, gravilla, hojarasca
Leticia/Amazonas	2°36'57,2'' S	69°50'53,1'' W	84	lótico/lotic	palizada, arena, limo, hojarasca
Leticia/Amazonas	3°9'41,7'' S	70°9'32,2'' W	75	lótico/lotic	limo, arcilla
Leticia/Amazonas	3°9'35,3'' S	70°9'17,1'' W	81	lótico/lotic	arena, limo, arcilla
Leticia/Amazonas	3°8'54,3'' S	70°8'30,5'' W	93	lótico/lotic	arena, limo
Leticia/Amazonas	3°7'44,2'' S	70°7'32,2'' W	69	lótico/lotic	arena, limo
Leticia/Amazonas	3°8'6,7'' S	70°7'57,1'' W	69	lótico/lotic	arena, limo, hojarasca
Leticia/Amazonas	3°8'19,0'' S	70°8'19,3'' W	73	lótico/lotic	limo, arcilla, hojarasca
Leticia/Amazonas	3°7'27,1'' S	70°8'21,7'' W	83	lótico/lotic	arena, grava, hojarasca, palizada
Leticia/Amazonas	3°8'11,6'' S	70°8'25,9'' W	99	lótico/lotic	hojarasca, palizada
Leticia/Amazonas	3°8'21,4'' S	70°8'53,2'' W	74	lótico/lotic	arena, grava, hojarasca, palizada
Leticia/Amazonas	3°4'41,6'' S	61°58'46,2'' W	103	lótico/lotic	hojarasca, palizada, limo
Leticia/Amazonas	3°3'25,8'' S	69°59'17,6'' W	75	lótico/lotic	hojarasca, palizada, limo
Leticia/Amazonas	3°3'13.1'' S	69°58'46,7'' W	100	lótico/lotic	limo, hojarasca, palizada
Leticia/Amazonas	3°3'21.9'' S	69°58'49,7'' W	83	lótico/lotic	hojarasca, limo

Peces / Fishes

Especies de peces registradas por Dario R. Faustino-Fuster y Jhon J. Patarroyo durante un inventario rápido de la región del Bajo Putumayo-Yaguas-Cotuhé, Colombia y Perú, del 6 al 23 de noviembre de 2019. / Fishes recorded by Dario R. Faustino-Fuster y Jhon J. Patarroyo during a rapid inventory of the Bajo Putumayo-Yaguas-Cotuhé region of Colombia and Peru, on 6–23 November 2019.

Nombre científico / Scientific name	Nombre común en español / Common name in Spanish	Número de individuos registrados en cada campamento / Number of individuals recorded at each campsite			
		Quebrada Federico	Caño Pexiboy	Caño Bejuco	Quebrada Lorena
MYLIOBATIFORMES					
Potamotrygonidae					
Potamotrygon motoro	raya amazónica	–	–	1	–
OSTEOGLOSSIFORMES					
Arapaimatidae					
Arapaima gigas	paiche, pirarucú	–	–	1	–
Osteoglossidae					
Osteoglossum bicirrhosum	arahuana, arawana	–	–	4	
CLUPEIFORMES					
Engraulidae					
Amazonsprattus scintilla	sardina	–	–	101	
Anchoviella jamesi	sardina	–	–	106	–
CHARACIFORMES					
Acestrorhynchidae					
Acestrorhynchus falcatus	peje zorro	2	–	–	1
Acestrorhynchus falcirostris	pez cachorro, perro amarillo	–	–	2	–
Acestrorhynchus sp. 1	peje zorro	1	1	–	
Acestrorhynchus sp. 2	peje zorro	–	–	2	
Roestes ogilviei	dentón	–	7	–	–
Anostomidae					
Abramites hypselonotus	san pedrito	–	–	23	–
Leporinus agassizi	lisa, lisa de quebrada	1	3	1	1
Leporinus sp.	lisa	–	–	4	2
Schizodon fasciatus	lisa, lisa pintada, cheo	–	1	–	–
Bryconidae					
Brycon amazonicus	sábalo	–	1	–	–
Brycon melanopterus	sábalo, sabaleta, zingo	–	5	–	–
Characidae					
Acestrocephalus sp.	mojarita	–	–	3	
Ammocryptocharax minutus		–	1	–	
Ammocryptocharax sp.		3	–	–	
Aphyocharacidium sp.	mojarita	1	10	227	53
Aphyocharax alburnus	mojarita	–	–	46	–
Aphyocharax sp. 1	mojarita	–	–	1	2

LEYENDA / LEGEND

**Estado de conservación/
Conservation status (UICN 2020)**

DD = Datos Deficientes/
Data Deficient

LC = Preocupación Menor/
Least Concern

Tipo de registro / Record type

col = Ejemplar colectado/
Specimen collected

obs = Observado en campo/
Observed in the field

Usos / Uses

co = Por consumo / Food fish

or = Como ornamental/
Ornamental

Número de individuos total / Total number of individuals	Estado de conservación/ Conservation status (UICN 2020)	Nuevo registro drenaje Putumayo/ New record Putumayo	Potencial nueva especie/ Potential new species	Tipo de registro/ Record type	Usos / Uses
1	DD	–	–	obs	or
1	DD	–	–	obs	co, or
4	–	–	–	obs	co, or
101	LC	x	–	col	–
106	LC	–	–	col	–
3	–	–	–	col	co
2	–	–	–	col	–
2	–	–	–	col	–
2	–	–	–	col	–
7	–	–	–	col	–
23	–	–	–	col	co
6	–	–	–	col	co
6	–	–	–	col	co
1	–	–	–	col	co
1	LC	–	–	col	co
5	–	–	–	col	co
3	–	–	–	col	–
1	–	–	–	col	–
3	–	–	–	col	–
291	–	–	x	col	–
46	–	–	–	col	–
3	–	–	–	col	–

Peces/Fishes

Nombre científico/ Scientific name	Nombre común en español/ Common name in Spanish	Número de individuos registrados en cada campamento/ Number of individuals recorded at each campsite			
		Quebrada Federico	Caño Pexiboy	Caño Bejuco	Quebrada Lorena
Astyanax bimaculatus	mojara	–	8	–	–
Astyanax sp. 1	mojara	1	3	–	–
Astyanax sp. 2	mojara	–	–	1	–
Axelrodia cf. *stigmatias*	mojarita	–	19	781	1
Brachychalcinus copei	palomita	–	3	–	–
Chrysobrycon sp.	mojara	–	–	7	–
Clupeocharax sp.	mojarita	–	2	–	–
Creagrutus cochui	mojarita	4	2	–	–
Creagrutus sp.	mojarita	3	–	1	–
Hemigrammus analis	mojarita	–	91	69	6
Hemigrammus bellottii	mojarita	209	48	381	22
Hemigrammus luelingi	mojarita	–	9	–	–
Hemigrammus lunatus	mojarita	13	1	6	–
Hemigrammus cf. *newboldi*	mojarita	–	–	18	–
Hemigrammus ocellifer	mojarita	45	4	9	6
Hemigrammus schmardae	mojarita	13	–	270	–
Hemigrammus sp. 1	mojarita	7	15	229	–
Hemigrammus sp. 2	mojarita	1	–	80	–
Hyphessobrycon agulha	mojarita	–	5	–	–
Hyphessobrycon copelandi	mojarita	39	228	732	121
Hyphessobrycon cf. *peruvianus*	mojarita	–	3	28	3
Hyphessobrycon sp. 1	mojarita	–	3	–	–
Knodus sp. 1	mojarita	56	54	603	32
Knodus sp. 2	mojarita	1	3	3	2
Knodus sp. 3	mojarita		–	1	–
Microschemobrycon geisleri	mojarita	–	26	26	51
Microschemobrycon sp.	mojarita	32	–	–	–
Moenkhausia cf. *ceros*	mojara	–	3	97	10
Moenkhausia comma	mojara	1	–	–	–
Moenkhausia copei	mojara	–	–	311	74
Moenkhausia dichroura	mojara	5	8	126	30
Moenkhausia intermedia	mojara	15	25	30	2
Moenkhausia lepidura	mojara	–	1	26	4
Moenkhausia cf. *lepidura*	mojara	–	–	24	–
Moenkhausia megalops	mojara	–	–	2	–
Moenkhausia melogramma	mojarita	1	67	70	–
Moenkhausia naponis	mojara	1	3	–	–
Moenkhausia oligolepis	mojara ojo rojo, cola de fuego	1	12	6	6
Moenkhausia cf. *simulata*	mojara	2	–	–	–
Phenacogaster cf. *pectinata*	mojarita, pez vidrio	4	17	14	37

Número de individuos total / Total number of individuals	Estado de conservación / Conservation status (UICN 2020)	Nuevo registro drenaje Putumayo / New record Putumayo	Potencial nueva especie / Potential new species	Tipo de registro / Record type	Usos / Uses
8	–	–	–	col	–
4	–	–	–	col	–
1	–	–	–	col	–
801	–	–	–	col	–
3	–	–	–	col	–
7	–	–	x	col	–
2	–	–	–	col	–
6	–	–	–	col	–
4	–	–	–	col	–
166	–	–	–	col	or
660	–	–	–	col	or
9	LC	–	–	col	or
20	–	–	–	col	–
18	–	–	–	col	–
64	–	–	–	col	or
283	–	–	–	col	–
251	–	–	–	col	–
81	–	–	–	col	–
5	–	–	–	col	–
1120	–	–	–	col	–
34	LC	–	–	col	or
3	–	–	–	col	–
745	–	–	–	col	–
9	–	–	–	col	–
1	–	–	–	col	–
103	–	x	–	col	–
32	–	–	–	Tipo	–
110	–	–	–	col	–
1	–	–	–	col	–
385	–	–	–	col	–
169	–	–	–	col	or
72	–	–	–	col	–
31	–	–	–	col	or
24	–	–	–	col	–
2	–	–	–	col	–
138	–	–	–	col	–
4	–	x	–	col	–
25	–	–	–	col	–
2	LC	–	–	col	–
72	–	–	–	col	–

LEYENDA / LEGEND

Estado de conservación / Conservation status (UICN 2020)

DD = Datos Deficientes / Data Deficient

LC = Preocupación Menor / Least Concern

Tipo de registro / Record type

col = Ejemplar colectado / Specimen collected

obs = Observado en campo / Observed in the field

Usos / Uses

co = Por consumo / Food fish

or = Como ornamental / Ornamental

Peces/Fishes

Nombre científico / Scientific name	Nombre común en español / Common name in Spanish	Número de individuos registrados en cada campamento / Number of individuals recorded at each campsite			
		Quebrada Federico	Caño Pexiboy	Caño Bejuco	Quebrada Lorena
Poptella compressa	palomita	–	3	–	–
Stethaprion erythrops	palomita	3	1	–	–
Tetragonopterus argenteus	mojara	2	–	2	6
Tyttocharax cochui	mojarita	2	7	–	45
Tyttocharax sp.	mojarita	6	3	26	–
Xenurobrycon sp.	mojarita	16	111	691	111
Characidae NI long pectoral fin		–	–	2	–
Chilodontidae					
Chilodus punctatus	lisa	3	–	–	2
Crenuchidae					
Characidium etheostoma	mojarita	–	4	1	7
Characidium pellucidum	mojarita	3	28	39	26
Characidium sp. 1	mojarita	1	6	–	–
Characidium sp. 2	mojarita	1	–	–	–
Crenuchus spilurus	mojarita	69	–	–	–
Elachocharax pulcher	mojarita	2	1	2	5
Melanocharacidium sp. 1	mojarita	–	–	–	1
Microcharacidium sp. 1	mojarita	–	–	6	–
Microcharacidium sp. 2	mojarita	–	–	2	–
Odontocharacidium aphanes	mojarita	–	–	–	12
Ctenolucidae					
Boulengerella maculata	picuda, agujun	–	–	1	–
Curimatidae					
Cyphocharax spiluropsis	cho ichio	31	6	1	2
Psectrogaster rutiloides	ractacara	1	–	–	–
Steindachnerina guentheri	chio chio	–	–	2	–
Steindachnerina sp.	chio chio	–	1	–	–
Cynodontidae					
Hydrolycus scomberoides	chambira	–	1	–	–
Rhaphiodon vulpinus		–	–	1	–
Erythrinidae					
Hoplerythrinus unitaeniatus	shuyo	4	–	–	1
Hoplias malabaricus	fasaco	–	–	14	1
Gasteropelecidae					
Carnegiella strigata	pechito	5	–	17	2
Gasteropelecus sternicla	pechito	–	–	5	3
Thoracocharax stellatus	pechito	–	–	1	–
Iguanodectidae					
Bryconops caudomaculatus	mojarita	16	12	–	2

Número de individuos total/Total number of individuals	Estado de conservación/ Conservation status (UICN 2020)	Nuevo registro drenaje Putumayo/ New record Putumayo	Potencial nueva especie/ Potential new species	Tipo de registro/ Record type	Usos/Uses
3	–	–	–	col	–
4	–	–	–	col	–
10	–	–	–	col	–
54	–	–	–	col	–
35	–	–	x	col	–
929	–	–	–	col	–
2	–	–	–	col	–
5	–	–	–	col	or
12	–	–	–	col	–
96	–	–	–	col	–
7	–	–	–	col	–
1	–	–	–	col	–
69	–	–	–	col	–
10	–	–	–	col	or
1	–	–	–	col	–
6	–	–	–	col	–
2	–	–	–	col	–
12	–	–	–	col	–
1	–	–	–	col	co
40	–	–	–	col	–
1	–	–	–	col	co
2	–	–	–	col	co
1	–	–	–	col	co
1	–	–	–	col	co
1	–	–	–	col	–
5	–	–	–	col	co, or
15	–	–	–	col	co, or
24	–	–	–	col	or
8	–	–	–	col	or
1	–	–	–	col	or
30	–	–	–	col	or

LEYENDA/LEGEND

Estado de conservación/ Conservation status (UICN 2020)

DD = Datos Deficientes/ Data Deficient

LC = Preocupación Menor/ Least Concern

Tipo de registro/Record type

col = Ejemplar colectado/ Specimen collected

obs = Observado en campo/ Observed in the field

Usos/Uses

co = Por consumo/Food fish

or = Como ornamental/ Ornamental

Peces/Fishes

Nombre científico/ Scientific name	Nombre común en español/ Common name in Spanish	Número de individuos registrados en cada campamento/Number of individuals recorded at each campsite			
		Quebrada Federico	Caño Pexiboy	Caño Bejuco	Quebrada Lorena
Bryconops inpai	mojarita	5	1	–	–
Iguanodectes spilurus	mojara	16	8	–	–
Lebiasinidae					
Nannostomus eques	pez lapiz	–	–	2	–
Nannostomus trifasciatus	pez lapiz	–	1	3	–
Pyrrhulina laeta	flechita	–	1	1	–
Pyrrhulina sp.	flechita	51	–	–	–
Prochilodontidae					
Semaprochilodus insignis	yaraqui	–	–	1	–
Serrasalmidae					
Metynnis cf. *maculata*	palometa	–	–	1	–
Myleus sp.	palometa	–	1	–	–
Mylossoma albiscopum	palometa	–	–	1	–
Serrasalmus cf. *medinai*	piraña, paña	–	–	1	–
Serrasalmidae NN1	–	–	–	1	–
Serrasalmidae NN2	–	–	–	1	–
Triportheidae					
Triportheus albus	sardina	1	–	–	–
Triportheus angulatus	sardina	–	–	–	4
SILURIFORMES					
Auchenipteridae					
Centromochlus sp.	aceitero, tatia	–	1	1	–
Duringlanis perugiae	aceitero, tatia	–	1	–	–
Helogenes marmoratus	bagre de quebrada	–	–	1	–
Callichthyidae					
Callichthys callichthys	shirui	–	1		
Corydoras arcuatus	shirui, coridoras	–	–	–	2
Corydoras aff. *armatus*	shirui, coridoras	–	–	3	–
Corydoras ortegai	shirui, coridoras	–	2	19	–
Corydoras pastazensis	shirui, coridoras	–	2	–	–
Doradidae					
Amblydoras affinis	pirilo	–	–	16	–
Physopyxis lyra	pirilo	1	–	–	5
Heptapteridae					
Imparfinis sp.	bagrecito	1	–	–	–
Pimelodella cristata	cunshi, bagre, picalón	–	1	2	–
Pimelodella sp.	cunshi, bagre, picalón	1	–	12	1
Loricariidae					
Farlowella oxyrryncha	shirari aguja, lapiceros	2	3	–	–

Número de individuos total / Total number of individuals	Estado de conservación/ Conservation status (UICN 2020)	Nuevo registro drenaje Putumayo/ New record Putumayo	Potencial nueva especie/ Potential new species	Tipo de registro/ Record type	Usos/Uses
6	–	–	–	col	–
24	–	–	–	col	or
2	–	–	–	col	or
4	–	–	–	col	or
2	–	–	–	col	or
51	–	–	x	col	–
1	–	–	–	col	co
1	–	–	–	col	co
1	–	–	–	col	co
1	–	–	–	col	co
1	–	–	–	col	co
1	–	–	–	col	co
1	–	–	–	col	co
1	–	–	–	col	–
4	–	–	–	col	–
2	–	–	–	col	–
1	–	–	–	col	or
1	–	–	–	col	–
1	–	–	–	col	–
2	–	–	–	col	or
3	–	x	–	col	or
21	LC	x	–	col	or
2	LC	–	–	col	or
16	–	–	–	col	or
6	–	–	–	col	or
1	–	x	x	col	–
3	LC	–	–	col	–
14	–	–	–	col	–
5	–	–	–	col	or

LEYENDA/LEGEND

Estado de conservación/ Conservation status (UICN 2020)

DD = Datos Deficientes/ Data Deficient

LC = Preocupación Menor/ Least Concern

Tipo de registro / Record type

col = Ejemplar colectado/ Specimen collected

obs = Observado en campo/ Observed in the field

Usos / Uses

co = Por consumo/Food fish

or = Como ornamental/ Ornamental

Nombre científico/ Scientific name	Nombre común en español/ Common name in Spanish	Número de individuos registrados en cada campamento/ Number of individuals recorded at each campsite			
		Quebrada Federico	Caño Pexiboy	Caño Bejuco	Quebrada Lorena
Hemiodontichthys acipenserinus	shitari	–	–	–	1
Hypoptopoma gulare	carachamita	–	–	–	2
Hypostomus sp.	carachama	1	5	–	2
Limatulichthys griseus	shitari	–	–	3	–
Loricaria sp.	shitari	–	–	1	–
Otocinclus sp.	carachamita	–	2	–	–
Rineloricaria lanceolata	shitari	–	2	–	–
Pimelodidae					
Pimelodus blochii	cunshi, bagre	–	–	1	–
Pseudoplatystoma punctifer	doncella, rayado	–	–	1	–
Sorubim lima	shiripira, plancheto	1	–	1	–
Trichomycteridae					
Ochmacanthus reinhardtii	canero	4	1	14	2
Tridens sp.	canero	–	5	18	13
Vandellinae sp.	canero	–	–	1	–
GYMNOTIFORMES					
Hypopomidae					
Brachyhypopomus beebei	macana, cuchillo, caloche	2	–	–	–
Hypopygus lepturus	macana, cuchillo, caloche	–	1	–	–
Rhamphichthyidae					
Gymnorhamphichthys rondoni	macana, cuchillo, caloche	3	3	–	–
CIPRINODONTIFORMES					
Rivulidae					
Anablepsoides sp.	pez anual	–	3	–	1
BELONIFORMES					
Belonidae					
Potamorrhaphis guianensis	pez aguja	8	3	2	2
CICHLIFORMES					
Cichlidae					
Aequidens tetramerus	bujurqui, mojarra	9	–	–	–
Apistogramma cruzi	bujurqui, apistograma, mojarra	–	2	4	4
Bujurquina hophrys	bujurqui, mojarra	6	10	18	32
Bujurquina sp. 1	bujurqui, mojarra	1	39	11	3
Bujurquina sp. 2	bujurqui, mojarra	–	–	15	–
Crenicichla cf. *anthurus*	añashua, botellos	1	2	–	–
Crenicichla sp. 1	añashua, botellos	–	1	–	1
Crenicichla sp. 2	añashua, botellos	–	–	–	1
Satanoperca jurupari	bujurqui, juan viejo	–	–	2	–
PERCIFORMES					
Polycentridae					
Monocirrhus polyacanthus	pez hoja	–	–	–	1

Número de individuos total/Total number of individuals	Estado de conservación/ Conservation status (UICN 2020)	Nuevo registro drenaje Putumayo/ New record Putumayo	Potencial nueva especie/ Potential new species	Tipo de registro/ Record type	Usos/Uses
1	–	–	–	col	or
2	–	–	–	col	or
8	–	–	–	col	–
3	–	–	–	col	or
1	–	–	–	col	–
2	–	–	–	col	or
2	–	–	–	col	–
1	–	–	–	col	co
1	–	–	–	col	co
2	–	–	–	col	–
21	–	–	–	col	–
36	–	–	–	col	–
–	–	–	–	col	–
2	–	x	–	col	or
2	–	–	–	col	or
6	–	–	–	col	or
4	–	–	–	col	or
15	–	–	–	col	or
9	–	–	–	col	co, or
10	LC	–	–	col	or
66	LC	–	–	col	co, or
54	–	–	–	col	or
15	–	–	–	col	or
3	LC	–	–	col	co
2	–	–	–	col	co
1	–	–	–	col	co
2	–	–	–	col	co
1	–	–	–	col	or

Anfibios y reptiles/Amphibians and reptiles

Anfibios y reptiles registrados durante un inventario rápido de la región del Bajo Putumayo-Yaguas-Cotuhé, Colombia y Perú, del 5 al 24 de noviembre de 2019, por Germán Chávez, David A. Sánchez y Michelle E. Thompson. Se incluyen también datos de un sitio visitado durante un inventario rápido previo en la región (campamento Alto Cotuhé del IR23; von May y Mueses-Cisneros 2011). Debido a que algunos de los registros del IR23 no fueron identificados a nivel específico y que sus especímenes voucher no estuvieron disponibles para su revisión, consideramos no incluirlos en este reporte. Depositamos una serie de 124 especímenes voucher en la colección de la división de herpetología del Centro de Ornitología y Biodiversidad (CORBIDI), Lima, Perú (con la serie de números de campo IR31 GCI001–126), y 365 especímenes en la colección herpetológica del Instituto Amazónico de Investigaciones Científicas SINCHI (con la serie de números de campo SNC-H 00415– 00793). Algunos duplicados serán depositados en el Field Museum. Una base de datos completa con esfuerzo de muestreo está disponible por solicitud a los autores. / Amphibians and reptiles recorded during a rapid inventory of the Bajo Putumayo-Yaguas-Cotuhé region of Colombia and Peru on 5–24 November 2019, by Germán Chávez, David A. Sánchez, and Michelle E. Thompson. The appendix also includes species recorded at a site visited during a previous rapid inventory in the region (the Alto Cotuhé campsite in RI23; von May and Mueses-Cisneros 2011). Some records from RI23 were not identified to species-level and their vouchers were not available for review; therefore, we did not include them in this list. We deposited 124 voucher specimens in the collection of the herpetological division of the Centro de Ornitología y Biodiversidad (CORBIDI) in Lima, Peru (field voucher numbers IR31 GCI001–G126), and 365 specimens in the herpetological collection of Instituto SINCHI (field voucher numbers SNC-H00415–00793). A selection of duplicate specimens will be deposited in the Field Museum. A full sampling effort dataset is available upon request from the authors.

Nombre científico/ Scientific name	Número de registros en cada campamento/ Number of records at each campsite				
	Quebrada Federico	Caño Pexiboy	Caño Bejuco	Quebrada Lorena	Alto Cotuhé (IR/RI 23)
AMPHIBIA					
ANURA					
Aromobatidae					
Allobates femoralis	11	7	4	3	X
Allobates insperatus	2	2	3	4	–
Allobates cf. zaparo	–	A	–	–	–
Bufonidae					
Amazophrynella amazonicola	–	–	–	1	–
Amazophrynella minuta	–	–	–	–	X
Rhaebo guttatus	–	–	–	–	X
Rhinella ceratophrys	–	3	–	1	X
Rhinella dapsilis	2	–	–	–	–
Rhinella margaritifera	83	32	30	81	–
Rhinella marina	1	–	–	–	–
Rhinella poeppigii	1(F)	–	–	–	–
Rhinella proboscidea	–	9	11	1	–
Centrolenidae					
Hyalinobatrachium sp.	–	–	A	A	–
Teratohyla midas	–	1	–	–	–
Vitreorana ritae	1	–	A	A	–
Craugastoridae					
Hypodactylus nigrovittatus	–	–	1	–	X
Oreobates quixensis	–	1	7	2	X
Pristimantis aaptus	–	1	–	–	–

Nombre científico/ Scientific name	Número de registros en cada campamento/ Number of records at each campsite				
	Quebrada Federico	Caño Pexiboy	Caño Bejuco	Quebrada Lorena	Alto Cotuhé (IR/RI 23)
Pristimantis academicus	6	7	–	14	–
Pristimantis altamazonicus	4	4	1	1	X
Pristimantis carvalhoi	–	–	1	2	–
Pristimantis croceoinguinis	–	1	–	–	–
Pristimantis kichwarum	–	–	–	5	–
Pristimantis lacrimosus	–	–	–	2	–
Pristimantis lanthanites	–	–	–	1	–
Pristimantis malkini	9	–	A	12	X
Pristimantis orcus	–	1	–	–	–
Pristimantis padiali	5	–	–	–	–
Pristimantis peruvianus	–	2	3	17	–
Strabomantis sulcatus	1	–	–	1	–
Dendrobatidae					
Ameerega hahneli	–	–	1	18	–
Ameerega trivittata	3	8	1	3	–
Ranitomeya amazonica	1	3	3	3	–
Ranitomeya variabilis	1	10	–	–	X
Eleutherodactylidae					
Adelophryne adiastola	–	–	–	2	–
Hemiphractidae					
Hemiphractus scutatus	–	–	–	1	–
Hylidae					
Boana alfaroi	7	5	–	5	–
Boana appendiculata	–	–	3	–	–
Boana boans	–	–	A	–	X
Boana calcarata	–	–	–	–	X
Boana cinerascens	7	2	2	2	X
Boana hobbsi	–	1	–	–	–
Boana lanciformis	3	1	2	A	X
Boana maculateralis	2	3	–	–	–
Boana microderma	10	5	–	–	X
Boana nympha	1	–	–	A	X
Boana punctata	–	–	–	–	X
Boana ventrimaculata	–	1	–	–	–
Boana sp. (gr. *semilineata*)*	–	–	–	–	X
Boana sp. (*calcarata-fasciata* complex)**	–	–	–	–	X
Dendropsophus bokermanni	–	13	A	–	–
Dendropsophus brevifrons	1	–	–	–	X
Dendropsophus marmoratus	2	1	–	–	–
Dendropsophus parviceps	–	–	2	1	X
Dendropsophus reticulatus	–	A	–	–	–

LEYENDA/LEGEND

A = Registro auditivo/Auditory

E = Registrada solo por entrevista de científicos locales/Recorded only in interviews of local scientists

F = Registrada solo por fotografía de un participante que no pertenece al equipo de herpetología (p. ej., equipo avanzada, equipo social, otros equipos biológicos, fotografía de cámara trampa)/ Recorded only by photograph by inventory participant not on the herpetology team (e.g., advance team, social team, other biological teams, camera trap photograph)

X = Registrada durante el IR23/ Recorded during RI23

* Especie asignada a *H. geographicus* en von May y Mueses-Cisneros (2011), que necesita ser revisada para determinar su identidad taxonomica de acuerdo a Caminer y Ron (2020)/Species assigned to *H. geographicus* in von May and Mueses-Cisneros (2011), which needs to be reviewed to determine its taxonomic identity according to Caminer and Ron (2020).

** Especie asignada a *H. fasciatus* en von May y Mueses-Cisneros (2011), que necesita ser revisada para determinar su identidad taxonomica de acuerdo a Caminer y Ron (2014)/ Species assigned to *H. fasciatus* in von May and Mueses-Cisneros (2011), which needs to be reviewed to determine its taxonomic identity according to Caminer and Ron (2014).

Anfibios y reptiles/
Amphibians and reptiles

Nombre científico/ Scientific name	Número de registros en cada campamento/ Number of records at each campsite				
	Quebrada Federico	Caño Pexiboy	Caño Bejuco	Quebrada Lorena	Alto Cotuhé (IR/RI 23)
Dendropsophus riveroi	–	–	4	–	–
Dendropsophus sarayacuensis	–	14	A	–	–
Dendropsophus triangulum	–	–	–	–	X
Nyctimantis rugiceps	–	–	A	–	X
Osteocephalus buckleyi	6	–	–	A	–
Osteocephalus cabrerai	–	–	–	–	X
Osteocephalus deridens	1	A	2	A	X
Osteocephalus heyeri	–	–	–	3	X
Osteocephalus mutabor	1	2	–	–	–
Osteocephalus planiceps	8	6		4	X
Osteocephalus subtilis	–	1	–	–	–
Osteocephalus taurinus	4	4	–	2	–
Osteocephalus yasuni	–	–	35	5	X
Osteocephalus sp. 1	–	10	5	4	–
Osteocephalus sp. 2	–	1	3	–	–
Scinax cruentommus	–	–	–	–	X
Scinax funerea	–	–	1	–	–
Scinax garbei	1	–	1	1	X
Scinax ruber	–	2	–	–	–
Trachycephalus cunauaru	–	A	–	–	X
Leptodactylidae					
Adenomera andreae	12	22	1	–	–
Adenomera cf. *andreae*	–	1	–	–	–
Edalorhina perezi	1	–	–	1	–
Engystomops petersi	–	3	–	–	–
Leptodactylus discodactylus	3	2	1	–	X
Leptodactylus leptodactyloides	3	–	–	A	–
Leptodactylus pentadactylus	–	2	7	6	X
Leptodactylus petersii	3	2	6	–	X
Leptodactylus wagneri	–	–	–	–	X
Lithodytes lineatus	2	1	–	1	–
Microhylidae					
Chiasmocleis antenori	6	–	–	4	–
Chiasmocleis bassleri	1	–	3	2	–
Chiasmocleis carvalhoi	–	13	4	2	
Chiasmocleis tridactyla	–	–	–	–	X
Synapturanus sp.	5	–	–	–	–
Phyllomedusidae					
Phyllomedusa bicolor	–	A	A	1	–
Phyllomedusa tarsius	–	–	–	A	–
Phyllomedusa vaillantii	–	3	1	–	–

Nombre científico/ Scientific name	Número de registros en cada campamento/ Number of records at each campsite				
	Quebrada Federico	Caño Pexiboy	Caño Bejuco	Quebrada Lorena	Alto Cotuhé (IR/RI 23)
Pipidae					
Pipa pipa	–	3	–	–	X
CAUDATA					
Plethodontidae					
Bolitoglossa altamazonica	–	1	1	4	–
REPTILIA					
CROCODYLIA					
Alligatoridae					
Caiman crocodilus (E)	–	–	–	–	–
Melanosuchus niger (E)	–	–	–	–	–
Paleosuchus trigonatus	4	1	4	3	–
SQUAMATA					
Alopoglossidae					
Alopoglossus atriventris	1	–	2	–	–
Gymnophthalmidae					
Arthrosaura reticulata	1	–	–	–	–
Cercosaura argulus	–	–	1	–	X
Cercosaura oshaughnessyi	1	1	–	2	–
Iphisa elegans	–	1	–	–	–
Loxopholis parietalis	–	–	–	1	–
Potamites ecpleopus	–	–	–	1	X
Hoplocercidae					
Enyalioides laticeps	2	2	1	3	–
Phyllodactylidae					
Thecadactylus solimoensis	–	–	–	–	X
Scincidae					
Copeoglossum nigropunctatum	1	–	–	1	–
Sphaerodactylidae					
Gonatodes humeralis	6	2	6	2	X
Lepidoblepharis hoogmoedi	3	–	–	–	–
Pseudogonatodes guianensis	1	3	1	–	–
Teiidae					
Kentropyx pelviceps	3	1	7	3	X
Tupinambis cuzcoensis	1(F)	–	2(F)	1(F)	–
Tropiduridae					
Plica plica	3	–	–	–	–
Plica umbra	1	1	–	–	–
Boidae					
Epicrates cenchria	–	1	2	–	–
Eunectes murinus	–	–	1	–	–

LEYENDA/LEGEND

A = Registro auditivo/Auditory

E = Registrada solo por entrevista de científicos locales/Recorded only in interviews of local scientists

F = Registrada solo por fotografía de un participante que no pertenece al equipo de herpetología (p. ej., equipo avanzada, equipo social, otros equipos biológicos, fotografía de cámara trampa)/ Recorded only by photograph by inventory participant not on the herpetology team (e.g., advance team, social team, other biological teams, camera trap photograph)

X = Registrada durante el IR23/ Recorded during RI23

Anfibios y reptiles/
Amphibians and reptiles

Nombre científico/ Scientific name	Número de registros en cada campamento/ Number of records at each campsite				
	Quebrada Federico	Caño Pexiboy	Caño Bejuco	Quebrada Lorena	Alto Cotuhé (IR/RI 23)
Colubridae					
Chironius exoletus	–	–	1(F)	–	–
Chironius fuscus	–	2(F)	1(F)	–	–
Drymoluber dichrous	–	–	1	–	–
Phrynonax polylepis	–	–	–	1	–
Dactyloidae					
Anolis chrysolepis	–	–	–	–	X
Anolis fuscoauratus	–	9	3	–	–
Anolis ortonii	–	1	–	–	–
Anolis scypheus	1	3	–	–	–
Anolis trachyderma	5	4	4	5	X
Anolis transversalis	–	–	5	2	X
Anolis sp.	–	–	4	3	–
Dipsadidae					
Dipsas catesbyi	1	–	–	–	–
Drepanoides anomalus	–	–	–	–	X
Helicops angulatus	–	2	1	–	–
Helicops leopardinus	–	–	1	–	–
Hydrops martii	–	–	–	–	X
Imantodes cenchoa	–	–	2	1	X
Imantodes lentiferus	–	1	–	–	–
Leptodeira annulata	–	–	–	–	X
Oxyrhopus occipitalis	–	–	2	–	–
Oxyrhopus vanidicus	F	–	–	–	–
Siphlophis compressus	2	–	1	–	–
Xenodon rabdocephalus	–	1	–	–	–
Xenopholis scalaris	–	1	–	–	–
Xenoxybelis argentea	–	1	1	–	–
Elapidae					
Micrurus langsdorffi	–	–	–	–	X
Micrurus lemniscatus	–	–	–	–	X
Viperidae					
Bothrops atrox	1	6	2	1	X
Bothrops taeniatus	–	–	1	1	–
Lachesis muta	–	–	2	–	–
TESTUDINES					
Podocnemidae					
Podocnemis unifilis (F)	–	–	–	–	–
Testunidinae					
Chelonoidis denticulata	–	2	1	4	X

LEYENDA/LEGEND

A = Registro auditivo/Auditory

E = Registrada solo por entrevista de
científicos locales/Recorded only
in interviews of local scientists

F = Registrada solo por fotografía de
un participante que no pertenece
al equipo de herpetología (p. ej.,
equipo avanzada, equipo social,
otros equipos biológicos,
fotografía de cámara trampa)/
Recorded only by photograph by
inventory participant not on the
herpetology team (e.g., advance
team, social team, other
biological teams, camera trap
photograph)

X = Registrada durante el IR23/
Recorded during RI23

Muestreos acústicos de anuros/Anuran acoustic surveys

Detalles de las localidades de grabadoras automáticas AudioMoth instaladas durante un inventario rapido de la región del Bajo Putumayo-Yaguas-Cotuhé, Colombia y Perú, del 23 de octubre al 22 de noviembre de 2019. / Summary of AudioMoth automated recorder survey locations placed during a rapid inventory of the Bajo Putumayo-Yaguas-Cotuhé region of Colombia and Peru on 23 October–22 November 2019.

Sitio/Site	Código de grabadora/ Recorder number	Hábitat/ Habitat	Fecha de inicio/ Start date	Fecha final/ End date	Latitud/ Latitude	Longitud/ Longitude	Sendero/ Trail	Número de grabaciones/ Number of recordings
Quebrada Federico	C1_T2_FM5	Tierra firme/ Uplands	25/10/19	8/11/19	2°31'37,70"S	70°39'18,30"W	T1 100m	646
Caño Pexiboy	C2_Q1_FM5	Quebrada/ Stream	13/11/19	15/11/19	2°36'38,13"S	69°50'41,50"W	T3 5800m	372
Caño Pexiboy	C2_T1_FM15	Tierra firme/ Uplands	13/11/19	15/11/19	2°36'42,88"S	69°50'41,34"W	T3 6025m	372
Caño Bejuco	C3_Q1_FM7	Quebrada/ Stream	23/10/19	18/11/19	3°8'33,77"S	70°9'4,52"W	T1 6670m	1.844
Caño Bejuco	C3_Q2_FM13	Quebrada/ Stream	23/10/19	20/11/19	3°7'41,49"S	70°8'15,71"W	T2 2475m	1.978
Caño Bejuco	C3_C1_FM3	Cananguchal, Aguajal/Mauritia palm swamp	23/10/19	18/11/19	3°9'47,74"S	70°9'19,15"W	T3 2050m	1.822
Caño Bejuco	C3_C2_FM3	Pantano/Swamp	18/11/19	20/11/19	3°9'0,39"S	70°9'9,62"W	T3 900m	505
Quebrada Lorena	C4_C1 FM2	Cananguchal, Aguajal/Mauritia palm swamp	24/10/19	22/11/19	3°4'30,50"S	69°58'22,60"W	T3 1000m	2.135
Quebrada Lorena	C4_T1_FM14	Tierra firme/ Uplands	24/10/19	22/11/19	3°4'16,80"S	69°58'34,40"W	T1 450m	2.084
TOTAL								11.758

Espectrogramas y oscilogramas del canto de una selección de especies de anuros registradas por las grabadoras. Los vouchers y citas utilizados para confirmar las identificaciones se muestran entre paréntesis. A) Allobates cf. zaparo (Ron et al. 2019), B) Nyctimantis rugiceps (QCAZA21076, QCAZA14855, ML194059–60; Camargo de Souza et al. 2018), C) Hyalinobatrachium sp., D) Dendropsophus riveroi (ML203512), E) Boana nympha (QCAZA55846), F) Synapturanus sp. / Spectrograms and oscillograms of calls of a selection of anuran species documented by recorders. Vouchers used to confirm identifications are shown in parentheses. A) Allobates cf. zaparo (Ron et al. 2019), B) Nyctimantis rugiceps (QCAZA21076, QCAZA14855, ML194059–60; Camargo de Souza et al. 2018), C) Hyalinobatrachium sp., D) Dendropsophus riveroi (ML203512), E) Boana nympha (QCAZA55846),

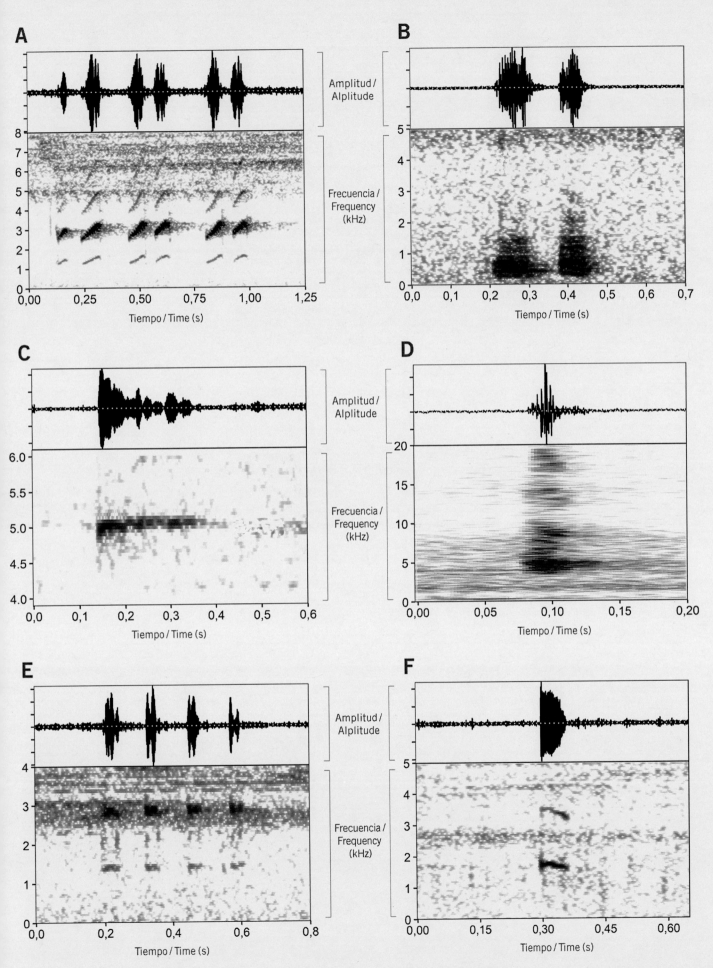

Aves/Birds

Aves registradas por Juan Alván Diaz, Flor A. Peña Alzate y Debra Moskovits durante un inventario rápido de la región del Bajo Putumayo-Yaguas-Cotuhé, Colombia y Perú, del 5 al 24 de noviembre de 2019. El apéndice incluye especies registradas en los cuatro campamentos principales. / Birds recorded by Juan Alván Diaz, Flor A. Peña Alzate, and Debra Moskovits during a rapid inventory of the Bajo Putumayo-Yaguas-Cotuhé region of Colombia and Peru, on 5–24 November 2019. The appendix includes species recorded at the four main campsites.

Nombre científico/ Scientific name	Nombre común en inglés/ English common name	Abundancia en cada campamento/ Abundance at each campsite				Estado de conservación/ Conservation status		
		Quebrada Federico	Caño Pexiboy	Caño Bejuco	Quebrada Lorena	UICN/IUCN (2020)	En Colombia/ In Colombia (MADS 2018)	En el Perú/ In Peru (MINAGRI 2014)
Tinamidae (8)								
Tinamus tao	Gray Tinamou	–	R	R	–	VU	–	–
Tinamus major	Great Tinamou	C	C	C	C	NT	–	–
Tinamus guttatus	White-throated Tinamou	U	R	U	U	NT	–	–
Crypturellus cinereus	Cinereous Tinamou	U	C	C	C	–	–	–
Crypturellus soui	Little Tinamou	–	U	U	–	–	–	–
Crypturellus undulatus	Undulated Tinamou	U	C	C	C	–	–	–
Crypturellus variegatus	Variegated Tinamou	R	R	U	U	–	–	–
Crypturellus bartletti	Bartlett's Tinamou	U	–	–	–	–	–	–
Anatidae (1)								
Cairina moschata	Muscovy Duck	–	–	U	–	–	–	–
Cracidae (5)								
Penelope jacquacu	Spix's Guan	U	U	C	U	–	–	–
Pipile cumanensis	Blue-throated Piping-Guan	U	U	C	C	–	–	NT
Nothocrax urumutum	Nocturnal Curassow	R	R	U	C	–	–	–
Mitu salvini	Salvin's Curassow	–	R	U	U	–	–	VU
Mitu tuberosum	Razor-billed Curassow	R	R	–	U	–	–	NT
Odontophoridae (1)								
Odontophorus gujanensis	Marbled Wood-Quail	R	R	–	–	NT	–	–
Columbidae (5)								
Patagioenas cayennensis	Pale-vented Pigeon	–	–	R	–	–	–	–
Patagioenas plumbea	Plumbeous Pigeon	C	C	C	C	–	–	–
Patagioenas subvinacea	Ruddy Pigeon	R	C	–	–	VU	–	–
Geotrygon montana	Ruddy Quail-Dove	R	U	C	C	–	–	–
Leptotila rufaxilla	Gray-fronted Dove	U	U	C	C	–	–	–
Cuculidae (5)								
Crotophaga major	Greater Ani	–	R	–	–	–	–	–
Crotophaga ani	Smooth-billed Ani	–	–	–	R	–	–	–
Dromococcyx phasianellus	Pheasant Cuckoo	R	R	–	–	–	–	–
Piaya cayana	Squirrel Cuckoo	C	C	C	C	–	–	–
Piaya melanogaster	Black-bellied Cuckoo	R	R	R	R	–	–	–

Nombre científico/ Scientific name	Nombre común en inglés/ English common name	Abundancia en cada campamento/ Abundance at each campsite				Estado de conservación/ Conservation status		
		Quebrada Federico	Caño Pexiboy	Caño Bejuco	Quebrada Lorena	UICN/IUCN (2020)	En Colombia/ In Colombia (MADS 2018)	En el Perú/ In Peru (MINAGRI 2014)
Nyctibiidae (3)								
Nyctibius grandis	Great Potoo	R	–	R	R	–	–	–
Nyctibius aethereus	Long-tailed Potoo	U	–	R	–	–	–	–
Nyctibius griseus	Common Potoo	R	U	U	U	–	–	–
Caprimulgidae (1)								
Nyctidromus albicollis	Common Pauraque	–	U	R	–	–	–	–
Apodidae (3)								
Chaetura cinereiventris	Gray-rumped Swift	R	R	–	R	–	–	–
Chaetura brachyura	Short-tailed Swift	U	C	C	U	–	–	–
Tachornis squamata	Fork-tailed Palm-Swift	U	U	C	U	–	–	–
Trochilidae (12)								
Florisuga mellivora	White-necked Jacobin	R	R	R	–	–	–	–
Glaucis hirsutus	Rufous-breasted Hermit	–	R	–	R	–	–	–
Threnetes leucurus	Pale-tailed Barbthroat	R	–	–	–	–	–	–
Phaethornis ruber	Reddish Hermit	R	U	U	U	–	–	–
Phaethornis hispidus	White-bearded Hermit	R	–	R	–	–	–	–
Phaethornis bourcieri	Straight-billed Hermit	U	U	U	U	–	–	–
Phaethornis malaris	Great-billed Hermit	–	R	–	U	–	–	–
Heliothryx auritus	Black-eared Fairy	–	R	–	–	–	–	–
Chlorostilbon mellisugus	Blue-tailed Emerald	U	–	–	–	–	–	–
Campylopterus largipennis	Gray-breasted Sabrewing	–	R	–	–	–	–	–
Thalurania furcata	Fork-tailed Woodnymph	U	–	R	C	–	–	–
Chionomesa fimbriata	Glittering-throated Emerald	–	R	–	R	–	–	–
Psophiidae (1)								
Psophia crepitans	Gray-winged Trumpeter	U	U	U	C	NT	–	–
Rallidae (1)								
Aramides cajaneus	Gray-cowled Wood-Rail	–	R	–	–	–	–	–
Heliornithidae (1)								
Heliornis fulica	Sungrebe	–	–	R	R	–	–	–
Eurypygidae (1)								
Eurypyga helias	Sunbittern	–	R	R	–	–	–	–

LEYENDA/LEGEND

Abundancia/Abundance

C = Común (diariamente en hábitat adecuado)/Common (daily in proper habitat)

R = Raro (uno o dos registros)/Rare (one or two records)

U = No común (menos que diariamente)/Uncommon (less than daily)

Estado de conservación/ Conservation status

NT = Casi Amenazado/ Near Threatened

VU = Vulnerable

Aves/Birds

Nombre científico/ Scientific name	Nombre común en inglés/ English common name	Abundancia en cada campamento/ Abundance at each campsite				Estado de conservación/ Conservation status		
		Quebrada Federico	Caño Pexiboy	Caño Bejuco	Quebrada Lorena	UICN/IUCN (2020)	En Colombia/ In Colombia (MADS 2018)	En el Perú/ In Peru (MINAGRI 2014)
Anhingidae (1)								
Anhinga anhinga	Anhinga	–	–	U	R	–	–	–
Ardeidae (6)								
Tigrisoma lineatum	Rufescent Tiger-Heron	R	U	U	R	–	–	–
Agamia agami	Agami Heron	–	R	–	–	VU	–	–
Butorides striata	Striated Heron	–	–	U	–	–	–	–
Bubulcus ibis	Cattle Egret	–	–	R	–	–	–	–
Ardea cocoi	Cocoi Heron	R	R	U	–	–	–	–
Egretta thula	Snowy Egret	–	–	R	–	–	–	–
Threskiornithidae (1)								
Mesembrinibis cayennensis	Green Ibis	–	–	U	–	–	–	–
Cathartidae (4)								
Sarcoramphus papa	King Vulture	U	–	–	R	–	–	–
Coragyps atratus	Black Vulture	–	–	U	–	–	–	–
Cathartes aura	Turkey Vulture	R	–	–	–	–	–	–
Cathartes melambrotus	Greater Yellow-headed Vulture	U	U	U	C	–	–	–
Pandionidae (1)								
Pandion haliaetus	Osprey	R	–	R	–	–	–	–
Accipitridae (7)								
Spizaetus tyrannus	Black Hawk-Eagle	–	–	R	R	–	–	–
Spizaetus ornatus	Ornate Hawk-Eagle	–	R	–	–	NT	–	–
Harpagus bidentatus	Double-toothed Kite	R	–	R	–	–	–	–
Geranospiza caerulescens	Crane Hawk	R	–	–	–	–	–	–
Buteogallus urubitinga	Great Black Hawk	U	R	R	–	–	–	–
Rupornis magnirostris	Roadside Hawk	R	U	C	–	–	–	–
Pseudastur albicollis	White Hawk	R	–	–	–	–	–	–
Strigidae (8)								
Megascops choliba	Tropical Screech-Owl	–	–	C	–	–	–	–
Megascops watsonii	Tawny-bellied Screech-Owl	R	R	–	U	–	–	–
Lophostrix cristata	Crested Owl	–	U	R	R	–	–	–
Pulsatrix perspicillata	Spectacled Owl	–	R	R	R	–	–	–
Ciccaba virgata	Mottled Owl	–	R	–	–	–	–	–
Ciccaba huhula	Black-banded Owl	U	U	–	R	–	–	–
Glaucidium hardyi	Amazonian Pygmy-Owl	–	R	–	–	–	–	–
Glaucidium brasilianum	Ferruginous Pygmy-Owl	R	R	R	–	–	–	–
Trogonidae (6)								
Pharomachrus pavoninus	Pavonine Quetzal	R	C	R	R	–	–	–
Trogon melanurus	Black-tailed Trogon	U	U	U	C	–	–	–
Trogon viridis	Green-backed Trogon	U	U	C	U	–	–	–
Trogon curucui	Blue-crowned Trogon	–	R	C	U	–	–	–

Nombre científico/ Scientific name	Nombre común en inglés/ English common name	Abundancia en cada campamento/ Abundance at each campsite				Estado de conservación/ Conservation status		
		Quebrada Federico	Caño Pexiboy	Caño Bejuco	Quebrada Lorena	UICN/IUCN (2020)	En Colombia/ In Colombia (MADS 2018)	En el Perú/ In Peru (MINAGRI 2014)
Trogon rufus	Black-throated Trogon	U	U	R	U	–	–	–
Trogon collaris	Collared Trogon	U	R	U	R	–	–	–
Momotidae (2)								
Baryphthengus martii	Rufous Motmot	–	–	R	–	–	–	–
Momotus momota	Amazonian Motmot	U	U	C	C	–	–	–
Alcedinidae (5)								
Megaceryle torquata	Ringed Kingfisher	–	U	U	–	–	–	–
Chloroceryle amazona	Amazon Kingfisher	–	R	–	–	–	–	–
Chloroceryle aenea	American Pygmy Kingfisher	R	–	–	U	–	–	–
Chloroceryle americana	Green Kingfisher	–	–	U	–	–	–	–
Chloroceryle inda	Green-and-rufous Kingfisher	R	–	U	R	–	–	–
Galbulidae (5)								
Galbula albirostris	Yellow-billed Jacamar	–	–	–	C	–	–	–
Galbula tombacea	White-chinned Jacamar	R	–	–	–	–	–	–
Galbula chalcothorax	Purplish Jacamar	R	–	–	–	–	–	–
Galbula dea	Paradise Jacamar	U	R	C	U	–	–	–
Jacamerops aureus	Great Jacamar	R	R	R	U	–	–	–
Bucconidae (12)								
Notharchus hyperrhynchus	White-necked Puffbird	–	R	R	–	–	–	–
Notharchus ordii	Brown-banded Puffbird	U	–	–	–	–	–	–
Notharchus tectus	Pied Puffbird	–	R	R	–	–	–	–
Bucco macrodactylus	Chestnut-capped Puffbird	R	–	R	–	–	–	–
Bucco tamatia	Spotted Puffbird	–	U	R	C	–	–	–
Bucco capensis	Collared Puffbird	U	–	U	–	–	–	–
Malacoptila fusca	White-chested Puffbird	–	–	R	R	–	–	–
Nonnula rubecula	Rusty-breasted Nunlet	R	R	–	–	–	–	–
Monasa nigrifrons	Black-fronted Nunbird	–	R	C	C	–	–	–
Monasa morphoeus	White-fronted Nunbird	–	U	R	R	–	–	–
Monasa flavirostris	Yellow-billed Nunbird	–	U	–	–	–	–	–
Chelidoptera tenebrosa	Swallow-winged Puffbird	–	U	–	–	–	–	–
Capitonidae (3)								
Capito aurovirens	Scarlet-crowned Barbet	U	R	U	C	–	–	–

LEYENDA/LEGEND

Abundancia/Abundance

C = Común (diariamente en hábitat adecuado)/Common (daily in proper habitat)

R = Raro (uno o dos registros)/Rare (one or two records)

U = No común (menos que diariamente)/Uncommon (less than daily)

Estado de conservación/ Conservation status

NT = Casi Amenazado/ Near Threatened

VU = Vulnerable

Nombre científico/ Scientific name	Nombre común en inglés/ English common name	Abundancia en cada campamento/ Abundance at each campsite				Estado de conservación/ Conservation status		
		Quebrada Federico	Caño Pexiboy	Caño Bejuco	Quebrada Lorena	UICN/IUCN (2020)	En Colombia/ In Colombia (MADS 2018)	En el Perú/ In Peru (MINAGRI 2014)
Capito auratus	Gilded Barbet	C	C	C	C	–	–	–
Eubucco richardsoni	Lemon-throated Barbet	R	U	U	–	–	–	–
Ramphastidae (7)								
Ramphastos tucanus	White-throated Toucan	C	C	C	C	VU	–	–
Ramphastos vitellinus	Channel-billed Toucan	C	U	C	C	VU	–	–
Selenidera reinwardtii	Golden-collared Toucanet	C	U	U	C	–	–	–
Pteroglossus inscriptus	Lettered Aracari	–	–	U	–	–	–	–
Pteroglossus castanotis	Chestnut-eared Aracari	R	R	–	–	–	–	–
Pteroglossus pluricinctus	Many-banded Aracari	–	R	–	R	–	–	–
Pteroglossus azara	Ivory-billed Aracari	–	U	R	U	–	–	–
Picidae (12)								
Melanerpes cruentatus	Yellow-tufted Woodpecker	U	C	C	C	–	–	–
Veniliornis passerinus	Little Woodpecker	–	–	–	R	–	–	–
Campephilus rubricollis	Red-necked Woodpecker	U	C	U	C	–	–	–
Campephilus melanoleucos	Crimson-crested Woodpecker	U	–	U	–	–	–	–
Dryocopus lineatus	Lineated Woodpecker	R	C	R	U	–	–	–
Celeus torquatus	Ringed Woodpecker	R	R	R	–	NT	–	–
Celeus grammicus	Scale-breasted Woodpecker	U	U	C	C	–	–	–
Celeus flavus	Cream-colored Woodpecker	R	U	R	–	–	–	–
Celeus elegans	Chestnut Woodpecker	U	U	U	C	–	–	–
Piculus flavigula	Yellow-throated Woodpecker	–	–	–	R	–	–	–
Piculus chrysochloros	Golden-green Woodpecker	–	–	–	R	–	–	–
Colaptes punctigula	Spot-breasted Woodpecker	R	–	–	R	–	–	–
Falconidae (9)								
Herpetotheres cachinnans	Laughing Falcon	–	R	U	–	–	–	–
Micrastur ruficollis	Barred Forest-Falcon	R	–	–	–	–	–	–
Micrastur gilvicollis	Lined Forest-Falcon	–	–	R	R	–	–	–
Micrastur semitorquatus	Collared Forest-Falcon	U	R	U	R	–	–	–
Micrastur buckleyi	Buckley's Forest-Falcon	R	–	–	R	–	–	–
Ibycter americanus	Red-throated Caracara	U	U	U	C	–	–	–
Daptrius ater	Black Caracara	R	R	–	U	–	–	–
Milvago chimachima	Yellow-headed Caracara	R	–	–	–	–	–	–
Falco rufigularis	Bat Falcon	R	R	U	–	–	–	–
Psittacidae (17)								
Brotogeris versicolurus	Canary-winged Parakeet	C	R	R	–	–	–	–
Brotogeris cyanoptera	Cobalt-winged Parakeet	–	U	U	U	–	–	–
Pyrilia barrabandi	Orange-cheeked Parrot	U	C	C	U	NT	–	–
Pionus menstruus	Blue-headed Parrot	R	U	C	R	–	–	–
Amazona festiva	Festive Parrot	–	–	R	–	NT	–	–
Amazona ochrocephala	Yellow-crowned Parrot	U	R	–	–	–	–	NT

Nombre científico/ Scientific name	Nombre común en inglés/ English common name	Abundancia en cada campamento/ Abundance at each campsite				Estado de conservación/ Conservation status		
		Quebrada Federico	Caño Pexiboy	Caño Bejuco	Quebrada Lorena	UICN/IUCN (2020)	En Colombia/ In Colombia (MADS 2018)	En el Perú/ In Peru (MINAGRI 2014)
Amazona farinosa	Mealy Parrot	U	U	C	R	NT	–	–
Amazona amazonica	Orange-winged Parrot	R	–	–	–	–	–	–
Forpus xanthopterygius	Blue-winged Parrotlet	–	–	R	–	–	–	–
Pionites melanocephalus	Black-headed Parrot	U	U	U	C	–	–	–
Pyrrhura melanura	Maroon-tailed Parakeet	U	R	–	U	–	–	–
Aratinga weddellii	Dusky-headed Parakeet	–	R	–	–	–	–	–
Orthopsittaca manilatus	Red-bellied Macaw	R	–	–	–	–	–	–
Ara ararauna	Blue-and-yellow Macaw	U	R	C	C	–	–	–
Ara macao	Scarlet Macaw	U	C	R	C	–	–	NT
Ara chloropterus	Red-and-green Macaw	–	R	–	–	–	–	NT
Ara severus	Chestnut-fronted Macaw	–	–	R	–	–	–	–
Thamnophilidae (43)								
Cymbilaimus lineatus	Fasciated Antshrike	C	U	C	U	–	–	–
Frederickena fulva	Fulvous Antshrike	R	–	–	–	–	–	–
Taraba major	Great Antshrike	R	–	U	R	–	–	–
Thamnophilus doliatus	Barred Antshrike	U	R	U	–	–	–	–
Thamnophilus schistaceus	Plain-winged Antshrike	–	U	U	C	–	–	–
Thamnophilus murinus	Mouse-colored Antshrike	C	C	C	C	–	–	–
Thamnophilus aethiops	White-shouldered Antshrike	–	R	–	–	–	–	–
Thamnophilus amazonicus	Amazonian Antshrike	R	–	–	R	–	–	–
Neoctantes niger	Black Bushbird	–	R	–	–	–	–	–
Thamnomanes ardesiacus	Dusky-throated Antshrike	U	C	U	C	–	–	–
Thamnomanes caesius	Cinereous Antshrike	U	–	–	C	–	–	–
Isleria hauxwelli	Plain-throated Antwren	R	U	–	U	–	–	–
Pygiptila stellaris	Spot-winged Antshrike	R	R	–	C	–	–	–
Epinecrophylla erythrura	Rufous-tailed Stipplethroat	–	R	–	–	–	–	–
Myrmotherula brachyura	Pygmy Antwren	U	C	C	C	–	–	–
Myrmotherula ignota	Moustached Antwren	R	U	U	C	–	–	–
Myrmotherula ambigua	Yellow-throated Antwren	–	U	–	–	–	–	–
Myrmotherula multostriata	Amazonian Streaked-Antwren	R	–	R	–	–	–	–
Myrmotherula axillaris	White-flanked Antwren	R	U	R	C	–	–	–
Myrmotherula longipennis	Long-winged Antwren	–	–	–	C	–	–	–

LEYENDA/LEGEND

Abundancia/Abundance

C = Común (diariamente en hábitat adecuado)/Common (daily in proper habitat)

R = Raro (uno o dos registros)/Rare (one or two records)

U = No común (menos que diariamente)/Uncommon (less than daily)

Estado de conservación/ Conservation status

NT = Casi Amenazado/ Near Threatened

VU = Vulnerable

Aves/Birds

Nombre científico/ Scientific name	Nombre común en inglés/ English common name	Abundancia en cada campamento/ Abundance at each campsite				Estado de conservación/ Conservation status		
		Quebrada Federico	Caño Pexiboy	Caño Bejuco	Quebrada Lorena	UICN/IUCN (2020)	En Colombia/ In Colombia (MADS 2018)	En el Perú/ In Peru (MINAGRI 2014)
Myrmotherula menetriesii	Gray Antwren	–	R	U	C	–	–	–
Herpsilochmus sp. nov.	antwren	–	U	U	–	–	–	–
Herpsilochmus dugandi	Dugand's Antwren	R	–	–	R	–	–	–
Hypocnemis peruviana	Peruvian Warbling-Antbird	U	U	C	C	–	–	–
Hypocnemis hypoxantha	Yellow-browed Antbird	–	U	R	R	–	–	–
Cercomacroides serva	Black Antbird	R	U	–	C	–	–	–
Cercomacra cinerascens	Gray Antbird	U	C	U	C	–	–	–
Myrmoborus leucophrys	White-browed Antbird	–	–	–	R	–	–	–
Myrmoborus myotherinus	Black-faced Antbird	U	U	U	U	–	–	–
Sclateria naevia	Silvered Antbird	U	U	U	C	–	–	–
Percnostola rufifrons	Black-headed Antbird	R	C	R	U	–	–	–
Myrmelastes schistaceus	Slate-colored Antbird	–	–	R	R	–	–	–
Myrmelastes leucostigma	Spot-winged Antbird	R	C	U	C	–	–	–
Akletos melanoceps	White-shouldered Antbird	R	R	U	R	–	–	–
Hafferia fortis	Sooty Antbird	–	R	–	C	–	–	–
Myrmophylax atrothorax	Black-throated Antbird	R	–	–	–	–	–	–
Pithys albifrons	White-plumed Antbird	–	–	R	R	–	–	–
Gymnopithys leucaspis	White-cheeked Antbird	R	–	R	R	–	–	–
Rhegmatorhina melanosticta	Hairy-crested Antbird	R	–	–	–	–	–	–
Hylophylax naevius	Spot-backed Antbird	–	–	R	U	–	–	–
Hylophylax punctulatus	Dot-backed Antbird	U	R	R	U	–	–	–
Willisornis poecilinotus	Common Scale-backed Antbird	U	–	R	U	–	–	–
Phlegopsis nigromaculata	Black-spotted Bare-eye	–	R	–	R	–	–	–
Conopophagidae (1)								
Conopophaga aurita	Chestnut-belted Gnateater	–	R	U	R	–	–	–
Grallariidae (2)								
Hylopezus macularius	Spotted Antpitta	–	–	R	–	–	–	–
Myrmothera campanisona	Thrush-like Antpitta	R	C	–	C	–	–	–
Rhinocryptidae (1)								
Liosceles thoracicus	Rusty-belted Tapaculo	R	U	U	U	–	–	–
Formicariidae (2)								
Formicarius colma	Rufous-capped Antthrush	–	U	U	C	–	–	–
Formicarius analis	Black-faced Antthrush	U	–	–	–	–	–	–
Furnariidae (25)								
Sclerurus mexicanus	Tawny-throated Leaftosser	–	–	–	R	–	–	–
Sclerurus rufigularis	Short-billed Leaftosser	–	–	–	R	–	–	–
Sittasomus griseicapillus	Olivaceous Woodcreeper	–	R	R	–	–	–	–
Deconychura longicauda	Long-tailed Woodcreeper	R	U	–	R	–	–	–
Dendrocincla merula	White-chinned Woodcreeper	R	–	R	C	–	–	–

Nombre científico/ Scientific name	Nombre común en inglés/ English common name	Abundancia en cada campamento/ Abundance at each campsite				Estado de conservación/ Conservation status		
		Quebrada Federico	Caño Pexiboy	Caño Bejuco	Quebrada Lorena	UICN/IUCN (2020)	En Colombia/ In Colombia (MADS 2018)	En el Perú/ In Peru (MINAGRI 2014)
Dendrocincla fuliginosa	Plain-brown Woodcreeper	R	–	–	C	–	–	–
Glyphorynchus spirurus	Wedge-billed Woodcreeper	U	U	C	C	–	–	–
Dendrexetastes rufigula	Cinnamon-throated Woodcreeper	U	C	U	U	–	–	–
Nasica longirostris	Long-billed Woodcreeper	–	U	U	U	–	–	–
Dendrocolaptes certhia	Amazonian Barred-Woodcreeper	–	–	U	U	–	–	–
Dendrocolaptes picumnus	Black-banded Woodcreeper	–	R	–	–	–	–	–
Xiphorhynchus obsoletus	Striped Woodcreeper	U	R	R	R	–	–	–
Xiphorhynchus ocellatus	Ocellated Woodcreeper	–	–	–	U	–	–	–
Xiphorhynchus elegans	Elegant Woodcreeper	–	R	–	R	–	–	–
Xiphorhynchus guttatus	Buff-throated Woodcreeper	U	C	C	C	–	–	–
Dendroplex picus	Straight-billed Woodcreeper	–	–	C	U	–	–	–
Lepidocolaptes duidae	Duida Woodcreeper	–	R	–	C	–	–	–
Xenops minutus	Plain Xenops	R	–	R	–	–	–	–
Berlepschia rikeri	Point-tailed Palmcreeper	U	R	–	R	–	–	–
Philydor erythrocercum	Rufous-rumped Foliage-gleaner	R	–	R	–	–	–	–
Philydor pyrrhodes	Cinnamon-rumped Foliage-gleaner	–	U	–	U	–	–	–
Ancistrops strigilatus	Chestnut-winged Hookbill	R	R	–	R	–	–	–
Dendroma erythroptera	Chestnut-winged Foliage-gleaner	–	–	–	R	–	–	–
Automolus ochrolaemus	Buff-throated Foliage-gleaner	R	R	–	C	–	–	–
Automolus infuscatus	Olive-backed Foliage-gleaner	–	R	–	C	–	–	–
Pipridae (8)								
Tyranneutes stolzmanni	Dwarf Tyrant-Manakin	C	C	C	C	–	–	–
Chiroxiphia pareola	Blue-backed Manakin	R	U	–	U	–	–	–
Lepidothrix coronata	Blue-crowned Manakin	U	C	C	C	–	–	–
Heterocercus aurantiivertex	Orange-crowned Manakin	U	–	–	U	–	–	–
Pipra filicauda	Wire-tailed Manakin	R	–	R	U	–	–	–
Machaeropterus striolatus	Striolated Manakin	–	–	U	–	–	–	–
Dixiphia pipra	White-crowned Manakin	–	–	R	–	–	–	–
Ceratopipra erythrocephala	Golden-headed Manakin	U	U	C	C	–	–	–

LEYENDA/LEGEND

Abundancia/Abundance

C = Común (diariamente en hábitat adecuado)/Common (daily in proper habitat)

R = Raro (uno o dos registros)/Rare (one or two records)

U = No común (menos que diariamente)/Uncommon (less than daily)

Estado de conservación/ Conservation status

NT = Casi Amenazado/ Near Threatened

VU = Vulnerable

Nombre científico/ Scientific name	Nombre común en inglés/ English common name	Abundancia en cada campamento/ Abundance at each campsite				Estado de conservación/ Conservation status		
		Quebrada Federico	Caño Pexiboy	Caño Bejuco	Quebrada Lorena	UICN/IUCN (2020)	En Colombia/ In Colombia (MADS 2018)	En el Perú/ In Peru (MINAGRI 2014)
Cotingidae (5)								
Phoenicircus nigricollis	Black-necked Red-Cotinga	U	C	–	U	–	–	–
Querula purpurata	Purple-throated Fruitcrow	C	U	C	R	–	–	–
Cotinga maynana	Plum-throated Cotinga	–	–	R	–	–	–	–
Lipaugus vociferans	Screaming Piha	C	C	C	C	–	–	–
Gymnoderus foetidus	Bare-necked Fruitcrow	–	R	U	–	–	–	–
Tityridae (10)								
Tityra cayana	Black-tailed Tityra	–	U	R	–	–	–	–
Tityra semifasciata	Masked Tityra	–	R	–	–	–	–	–
Schiffornis major	Varzea Schiffornis	–	–	U	–	–	–	–
Schiffornis turdina	Brown-winged Schiffornis	–	R	U	C	–	–	–
Laniocera hypopyrra	Cinereous Mourner	R	U	U	U	–	–	–
Iodopleura isabellae	White-browed Purpletuft	R	R	–	R	–	–	–
Pachyramphus castaneus	Chestnut-crowned Becard	–	–	R	–	–	–	–
Pachyramphus polychopterus	White-winged Becard	U	U	U	C	–	–	–
Pachyramphus marginatus	Black-capped Becard	–	–	R	U	–	–	–
Pachyramphus minor	Pink-throated Becard	R	R	–	R	–	–	–
Onychorhynchidae (2)								
Onychorhynchus coronatus	Royal Flycatcher	–	R	–	–	–	–	–
Terenotriccus erythrurus	Ruddy-tailed Flycatcher	R	–	R	R	–	–	–
Tyrannidae (37)								
Piprites chloris	Wing-barred Piprites	R	U	U	U	–	–	–
Platyrinchus coronatus	Golden-crowned Spadebill	U	–	U	R	–	–	–
Platyrinchus platyrhynchos	White-crested Spadebill	–	–	–	U	–	–	–
Corythopis torquatus	Ringed Antpipit	–	–	–	R	–	–	–
Mionectes oleagineus	Ochre-bellied Flycatcher	U	U	U	C	–	–	–
Cnipodectes subbrunneus	Brownish Twistwing	–	R	U	C	–	–	–
Tolmomyias assimilis	Yellow-margined Flycatcher	R	–	–	U	–	–	–
Tolmomyias poliocephalus	Gray-crowned Flycatcher	U	U	U	C	–	–	–
Tolmomyias flaviventris	Yellow-breasted Flycatcher	–	–	R	–	–	–	–
Myiornis ecaudatus	Short-tailed Pygmy-Tyrant	R	R	R	R	–	–	–
Lophotriccus vitiosus	Double-banded Pygmy-Tyrant	R	R	U	C	–	–	–
Hemitriccus zosterops	White-eyed Tody-Tyrant	–	U	–	–	–	–	–
Todirostrum maculatum	Spotted Tody-Flycatcher	–	–	–	R	–	–	–
Zimmerius gracilipes	Slender-footed Tyrannulet	U	U	C	U	–	–	–
Ornithion inerme	White-lored Tyrannulet	–	R	–	–	–	–	–
Camptostoma obsoletum	Southern Beardless-Tyrannulet	–	–	–	–	–	–	–
Tyrannulus elatus	Yellow-crowned Tyrannulet	C	C	U	C	–	–	–
Myiopagis gaimardii	Forest Elaenia	R	U	U	C	–	–	–

Nombre científico/ Scientific name	Nombre común en inglés/ English common name	Abundancia en cada campamento/ Abundance at each campsite				Estado de conservación/ Conservation status		
		Quebrada Federico	Caño Pexiboy	Caño Bejuco	Quebrada Lorena	UICN/IUCN (2020)	En Colombia/ In Colombia (MADS 2018)	En el Perú/ In Peru (MINAGRI 2014)
Myiopagis caniceps	Gray Elaenia	R	R	R	C	–	–	–
Attila cinnamomeus	Cinnamon Attila	–	R	–	–	–	–	–
Attila citriniventris	Citron-bellied Attila	U	U	U	U	–	–	–
Attila spadiceus	Bright-rumped Attila	U	U	U	U	–	–	–
Legatus leucophaius	Piratic Flycatcher	–	–	U	–	–	–	–
Ramphotrigon ruficauda	Rufous-tailed Flatbill	R	R	R	–	–	–	–
Pitangus sulphuratus	Great Kiskadee	–	R	C	–	–	–	–
Pitangus lictor	Lesser Kiskadee	–	–	R	–	–	–	–
Megarynchus pitangua	Boat-billed Flycatcher	–	R	–	–	–	–	–
Myiozetetes luteiventris	Dusky-chested Flycatcher	R	C	R	U	–	–	–
Conopias parvus	Yellow-throated Flycatcher	R	U	R	C	–	–	–
Empidonomus varius	Variegated Flycatcher	R	–	–	–	–	–	–
Tyrannus melancholicus	Tropical Kingbird	–	–	U	–	–	–	–
Rhytipterna simplex	Grayish Mourner	U	U	R	R	–	–	–
Myiarchus tuberculifer	Dusky-capped Flycatcher	R	–	–	–	–	–	–
Myiarchus ferox	Short-crested Flycatcher	–	R	C	–	–	–	–
Ochthornis littoralis	Drab Water Tyrant	–	–	U	–	–	–	–
Lathrotriccus euleri	Euler's Flycatcher	–	R	–	R	–	–	–
Contopus virens	Eastern Wood-Pewee	U	U	–	–	–	–	–
Vireonidae (4)								
Hylophilus thoracicus	Lemon-chested Greenlet	U	R	U	R	–	–	–
Tunchiornis ochraceiceps	Tawny-crowned Greenlet	–	U	R	U	–	–	–
Pachysylvia hypoxantha	Dusky-capped Greenlet	–	U	U	C	–	–	–
Vireo olivaceus	Red-eyed Vireo	R	–	–	–	–	–	–
Hirundinidae (4)								
Atticora fasciata	White-banded Swallow	–	R	C	–	–	–	–
Stelgidopteryx ruficollis	Southern Rough-winged Swallow	–	R	R	–	–	–	–
Progne tapera	Brown-chested Martin	–	–	U	–	–	–	–
Tachycineta albiventer	White-winged Swallow	–	R	U	–	–	–	–
Troglodytidae (5)								
Microcerculus marginatus	Scaly-breasted Wren	–	U	U	U	–	–	–

LEYENDA/LEGEND

Abundancia/Abundance

C = Común (diariamente en hábitat
adecuado)/Common (daily in
proper habitat)

R = Raro (uno o dos registros)/Rare
(one or two records)

U = No común (menos que
diariamente)/Uncommon (less
than daily)

**Estado de conservación/
Conservation status**

NT = Casi Amenazado/
Near Threatened

VU = Vulnerable

Aves/Birds

Nombre científico/ Scientific name	Nombre común en inglés/ English common name	Abundancia en cada campamento/ Abundance at each campsite				Estado de conservación/ Conservation status		
		Quebrada Federico	Caño Pexiboy	Caño Bejuco	Quebrada Lorena	UICN/IUCN (2020)	En Colombia/ In Colombia (MADS 2018)	En el Perú/ In Peru (MINAGRI 2014)
Campylorhynchus turdinus	Thrush-like Wren	–	U	U	U	–	–	–
Pheugopedius coraya	Coraya Wren	R	U	C	C	–	–	–
Cantorchilus leucotis	Buff-breasted Wren	–	–	R	–	–	–	–
Cyphorhinus arada	Musician Wren	–	R	–	U	–	–	–
Turdidae (2)								
Turdus lawrencii	Lawrence's Thrush	U	U	C	U	–	–	–
Turdus albicollis	White-necked Thrush	–	–	–	R	–	–	–
Fringillidae (5)								
Euphonia laniirostris	Thick-billed Euphonia	R	U	U	R	–	–	–
Euphonia chrysopasta	Golden-bellied Euphonia	R	R	–	–	–	–	–
Euphonia minuta	White-vented Euphonia	–	R	–	–	–	–	–
Euphonia xanthogaster	Orange-bellied Euphonia	–	R	U	R	–	–	–
Euphonia rufiventris	Rufous-bellied Euphonia	R	C	R	R	–	–	–
Icteridae (9)								
Psarocolius angustifrons	Russet-backed Oropendola	R	R	R	–	–	–	–
Psarocolius viridis	Green Oropendola	C	–	U	R	–	–	–
Psarocolius decumanus	Crested Oropendola	R	U	U	–	–	–	–
Psarocolius bifasciatus	Olive Oropendola	R	–	U	U	–	–	–
Cacicus cela	Yellow-rumped Cacique	R	C	C	C	–	–	–
Cacicus oseryi	Casqued Cacique	–	–	U	–	–	–	–
Icterus cayanensis	Epaulet Oriole	U	–	–	U	–	–	–
Molothrus bonariensis	Shiny Cowbird	–	–	R	–	–	–	–
Lampropsar tanagrinus	Velvet-fronted Grackle	–	–	R	–	–	–	–
Parulidae (1)								
Myiothlypis fulvicauda	Buff-rumped Warbler	–	–	–	U	–	–	–
Cardinalidae (1)								
Cyanoloxia rothschildii	Amazonian Grosbeak	R	R	–	R	–	–	–
Thraupidae (25)								
Chlorophanes spiza	Green Honeycreeper	–	R	R	–	–	–	–
Hemithraupis flavicollis	Yellow-backed Tanager	R	–	–	–	–	–	–
Conirostrum speciosum	Chestnut-vented Conebill	–	R	–	–	–	–	–
Loriotus cristatus	Flame-crested Tanager	–	U	R	–	–	–	–
Loriotus luctuosus	White-shouldered Tanager	–	R	–	–	–	–	–
Tachyphonus surinamus	Fulvous-crested Tanager	R	R	–	R	–	–	–
Ramphocelus nigrogularis	Masked Crimson Tanager	–	R	U	–	–	–	–
Ramphocelus carbo	Silver-beaked Tanager	–	U	–	U	–	–	–
Cyanerpes caeruleus	Purple Honeycreeper	U	U	–	–	–	–	–
Cyanerpes cyaneus	Red-legged Honeycreeper	–	–	–	R	–	–	–
Tersina viridis	Swallow Tanager	–	R	–	–	–	–	–
Dacnis lineata	Black-faced Dacnis	U	R	–	–	–	–	–

Nombre científico/ Scientific name	Nombre común en inglés/ English common name	Abundancia en cada campamento/ Abundance at each campsite				Estado de conservación/ Conservation status		
		Quebrada Federico	Caño Pexiboy	Caño Bejuco	Quebrada Lorena	UICN/IUCN (2020)	En Colombia/ In Colombia (MADS 2018)	En el Perú/ In Peru (MINAGRI 2014)
Dacnis flaviventer	Yellow-bellied Dacnis	–	–	R	–	–	–	–
Dacnis cayana	Blue Dacnis	R	–	–	–	–	–	–
Sporophila lineola	Lined Seedeater	–	R	–	–	–	–	–
Saltator maximus	Buff-throated Saltator	–	–	–	R	–	–	–
Saltator grossus	Slate-colored Grosbeak	U	U	U	C	–	–	–
Paroaria gularis	Red-capped Cardinal	–	–	C	–	–	–	–
Tangara mexicana	Turquoise Tanager	R	U	–	U	–	–	–
Tangara chilensis	Paradise Tanager	–	U	U	R	–	–	–
Tangara velia	Opal-rumped Tanager	–	U	–	–	–	–	–
Tangara gyrola	Bay-headed Tanager	–	R	–	–	–	–	–
Tangara schrankii	Green-and-gold Tanager	–	R	–	U	–	–	–
Thraupis palmarum	Palm Tanager	U	U	R	–	–	–	–
Ixothraupis xanthogastra	Yellow-bellied Tanager	–	R	–	–	–	–	–

LEYENDA/LEGEND

Abundancia/Abundance

C = Común (diariamente en hábitat adecuado)/Common (daily in proper habitat)

R = Raro (uno o dos registros)/Rare (one or two records)

U = No común (menos que diariamente)/Uncommon (less than daily)

Estado de conservación/ Conservation status

NT = Casi Amenazado/ Near Threatened

VU = Vulnerable

Mamíferos/Mammals

Mamíferos registrados por Olga Lucía Montenegro, Farah Carrasco-Rueda, Cynthia Elizabeth Díaz Córdova y William Bonell Rojas durante un inventario rápido en la región del Bajo Putumayo-Yaguas-Cotuhé, Colombia y Perú, del 5 al 24 de noviembre de 2019. Como parte del inventario, el fototrampeo se realizó del 23 de octubre al 24 de noviembre de 2019. / Mammals recorded by Olga Lucía Montenegro, Farah Carrasco-Rueda, Cynthia Elizabeth Díaz Córdova, and William Bonell Rojas during a rapid inventory of the Bajo Putumayo-Yaguas-Cotuhé region of Colombia and Peru on 5–24 November 2019, and via camera trap surveys on 23 October–24 November 2019.

Nombre científico/ Scientific name	Nombre común/ Common name in Spanish[1]	Registros en cada campamento/ Records at each campsite			
		Quebrada Federico	Caño Pexiboy	Caño Bejuco	Quebrada Lorena
DIDELPHIMORPHIA (7)					
Didelphidae					
Caluromys lanatus	muca/chucha lanuda	O	–	–	–
Didelphis marsupialis	muca/chucha mantequera	CT	–	O, CT	CT
Marmosops[2] sp.	muca/chucha	–	–	C	–
Metachirus nudicaudatus	muca/chucha cuatro ojos	CT	–	CT, O	CT, O
Philander andersoni	muca/chucha cuatro ojos	CT, F, O	–	CT, O	CT
Didelphidae[3] spp.	muca/chucha	CT	–	CT	CT
CINGULATA (5)					
Dasypodidae					
Cabassous unicinctus	coletrapo	–	–	O, F, CT	H
Dasypus kappleri	carachupa/armadillo espuelón	–	–	CT	CT
Dasypus novemcinctus	armadillo común, carachupa/gurre	CT, O	–	CT	CT
Dasypus sp.*	armadillo, carachupa	CT, H, O	H	CT, H	H
Priodontes maximus	carachupa mama/armadillo trueno	CT, H	H	–	H
PILOSA (3)					
Myrmecophagidae					
Myrmecophaga tridactyla	oso hormiguero/oso palmero	CT, O	–	CT	H
Tamandua tetradactyla	mielero, hormiguero pequeño	CT	–	CT	CT
Cyclopedidae					
Cyclopes sp. (*Cyclopes didactylus*)[4]	serafín/gran bestia	O	–	–	–
CHIROPTERA (32)					
Emballonuridae					
Cormura brevirostris	murciélago de saco ventral	G	G	–	–
Rhynchonycteris naso	murciélago narigudo/chimbe	–	O, G	–	–
Saccopteryx bilineata	murcielaguito negro de listas	G	G	–	–
Saccopteryx leptura	murciélago pardo de listas	–	G	–	–
Molossidae					
Promops centralis	murciélago mastín acanelado	G	–	–	–
Molossidae sp. 1	murciélago mastín	G	G	–	–
Molossidae sp. 2	murciélago mastín	–	G	–	–

Estado de conservación/ Conservation status		
En el Perú/ In Peru (MINAM 2014)	En Colombia/ In Colombia (MADS 2018)	UICN/IUCN (2020)
–	–	LC
–	–	LC
–	–	–
–	–	LC
–	–	C
–	–	–
–	–	LC
–	–	LC
–	–	LC
–	–	–
VU	EN	VU
VU	VU	VU
–	–	LC
–	–	LC
–	–	LC
–	–	LC
–	–	LC
–	–	–
–	–	LC
–	–	–
–	–	–

LEYENDA/ LEGEND

Tipo de registro/ Type of record

C = Captura o voucher/ Capture or specimen

CT = Cámara trampa/ Camera trap photograph

F = Foto en el sitio/ Field photograph

G = Grabación (grabadoras ultrasónicas)/Audio recording

H = Huella, rastro/Tracks, sign

O = Observación/Observation

RA = Rastro de alimentación/ Feeding sign

V = Vocalización/Vocalization

Estado de conservación/ Conservation status

DD = Datos Deficientes/ Data Deficient

EN = En Peligro/Endangered

LC = Preocupación Menor/ Least Concern

NT = Casi Amenazado/ Near Threatened

VU = Vulnerable

Pies de nota/Footnotes

1. Cuando hay nombres multiples separados por una barra, los que anteceden la barra son más usados en el Perú y los que la siguen son más usados en Colombia./When multiple names are separated by a slash, names preceding the slash are more commonly used in Peru and those following the slash are more commonly used in Colombia.

2. Pendiente indentificación del voucher/Pending identification of the collected specimen

3. Probablemente de los géneros *Marmosa* y *Marmosops*/Probably the genera *Marmosa* and *Marmosops*

4. Según la reciente revisión taxonómica del género *Cyclopes* (Miranda et al. 2018), podría ser *Cyclopes ida*, pero lo dejamos como *Cyclopes* sp. o *C. didactylus* pues el registro es por avistamiento y no hay un voucher de esta localidad./ According to the recent revision of the genus *Cyclopes* (Miranda et al. 2017), this could be *Cyclopes ida*; we have left it as *Cyclopes* sp., or *C. didactylus*, because it was a sighting with no specimen collected.

5. Pendiente indentificación del voucher; considerada en campo como *Dermanura* cf. *glauca*/Pending identification of the collected specimen; identified in the field as *Dermanura* cf. *glauca*

6. Rasguño en árbol; podria ser *Leopardus pardalis* por ser el más común y por información de los científicos locales./Scratch on tree; could be *Leopardus pardalis*, the most common species, and according to local scientists.

7. Evidencia por huesos encontrados y fotografiados por el equipo social en la comunidad de Tres Esquinas, en el rio Putumayo, a 6,7 km de este campamento, de un animal cazado en 2019./Recorded via bones found and photographed by the social team in the community of Tres Esquinas, on the Putumayo River, 6.7 km from this campsite, of an animal hunted in 2019.

Mamíferos/Mammals

Nombre científico/ Scientific name	Nombre común/ Common name in Spanish[1]	Registros en cada campamento/ Records at each campsite			
		Quebrada Federico	Caño Pexiboy	Caño Bejuco	Quebrada Lorena
Phyllostomidae					
Artibeus obscurus	murcielaguito frugívoro negro	–	C	C	C
Artibeus planirostris	murciélago frutero de rostro plano	–	–	C	C
Carollia brevicauda	murciélago sedoso de cola corta	–	C	C	–
Carollia castanea	murciélago frutero castaño	–	C	–	–
Carollia perspicillata	murciélago común	–	C	C	C
Dermanura glauca	murciélago frutero plateado	–	C	–	–
Dermanura cf. gnoma	murciélago frutero enano	–	–	C	–
Dermanura sp.[5]	murciélago frutero	–	–	–	C
Desmodus rotundus	vampiro común	–	–	C	–
Gardnerycteris crenulatum (Mimon crenulatum)	murciélago de hoja nasal peluda	–	–	–	C
Glossophaga soricina	murciélago longirostro de Pallas	C	–	–	–
Hsunycteris thomasi (Lonchophylla thomasi)	murciélago longirostro de Thomas	–	C	–	–
Lophostoma silvicolum	murciélago de orejas redondas de garganta blanca	–	–	C	–
Micronycteris minuta	murciélago orejudo peludo	–	–	–	C
Micronycteris sp.	murciélago orejudo	–	O	–	–
Phyllostomus elongatus	murciélago hoja de lanza alargado	–	–	–	C
Phyllostomus hastatus	murciélago hoja de lanza mayor	–	–	–	C
Rhinophylla pumilio	murciélago pequeño frutero común	–	–	C	C
Sturnira tildae	murciélago de charreteras rojizas	–	–	C	–
Trachops cirrhosus	murciélago verrucoso, come-sapo	–	C	–	C
Uroderma magnirostrum	murciélago amarillento constructor de toldos	–	–	C	–
Vespertilionidae					
Eptesicus furinalis	murciélago pardo menor	G	G	–	–
Myotis cf. nigricans	murciélago negruzco común	–	C	–	–
Vespertilionidae sp. 1	murciélago	–	–	–	–
Vespertilionidae sp. 2	murciélago	G	G	–	–
PRIMATES (10)					
Aotidae					
Aotus vociferans	musmuqui, mico nocturno, buri buri	–	O, V	V	V
Atelidae					
Alouatta seniculus	aullador, coto/cotudo	V	–	V	V
Lagothrix lagothricha	choro/churuco	O	O	O	O
Callitrichidae					
Cebuella pygmaea	leoncito	O	–	V	–
Leontocebus nigricollis (Saguinus nigricollis)	pichico/bebeleche	O	O, V	O	O, V
Cebidae					
Cebus albifrons	machín blanco/cariblanco	O	–	–	O
Saimiri macrodon	fraile, mono ardilla/mono tití	O	O	O	O

Estado de conservación / Conservation status		
En el Perú/ In Peru (MINAM 2014)	En Colombia/ In Colombia (MADS 2018)	UICN/IUCN (2020)
–	–	LC
–	–	LC
–	–	LC
–	–	LC
–	–	LC
–	–	LC
–	–	LC
–	–	–
–	–	LC
–	–	LC
–	–	LC
–	–	LC
–	–	LC
–	–	LC
–	–	–
–	–	LC
–	–	LC
–	–	LC
–	–	LC
–	–	LC
–	–	LC
–	–	–
–	–	LC
–	–	–
–	–	–
–	–	LC
VU	–	LC
EN	VU	VU
–	–	VU
–	–	LC
–	–	LC
–	–	LC

LEYENDA/ LEGEND

Tipo de registro/ Type of record

C = Captura o voucher/ Capture or specimen

CT = Cámara trampa/ Camera trap photograph

F = Foto en el sitio/ Field photograph

G = Grabación (grabadoras ultrasónicas)/Audio recording

H = Huella, rastro/Tracks, sign

O = Observación/Observation

RA = Rastro de alimentación/ Feeding sign

V = Vocalización/Vocalization

Estado de conservación/ Conservation status

DD = Datos Deficientes/ Data Deficient

EN = En Peligro/Endangered

LC = Preocupación Menor/ Least Concern

NT = Casi Amenazado/ Near Threatened

VU = Vulnerable

Pies de nota/Footnotes

1. Cuando hay nombres multiples separados por una barra, los que anteceden la barra son más usados en el Perú y los que la siguen son más usados en Colombia./When multiple names are separated by a slash, names preceding the slash are more commonly used in Peru and those following the slash are more commonly used in Colombia.

2. Pendiente indentificación del voucher/Pending identification of the collected specimen

3. Probablemente de los géneros *Marmosa* y *Marmosops*/Probably the genera *Marmosa* and *Marmosops*

4. Según la reciente revisión taxonómica del género *Cyclopes* (Miranda et al. 2018), podría ser *Cyclopes ida*, pero lo dejamos como *Cyclopes* sp. o *C. didactylus* pues el registro es por avistamiento y no hay un voucher de esta localidad./ According to the recent revision of the genus *Cyclopes* (Miranda et al. 2017), this could be *Cyclopes ida*; we have left it as *Cyclopes* sp., or *C. didactylus*, because it was a sighting with no specimen collected.

5. Pendiente indentificación del voucher; considerada en campo como *Dermanura* cf. *glauca*/Pending identification of the collected specimen; identified in the field as *Dermanura* cf. *glauca*

6. Rasguño en árbol; podria ser *Leopardus pardalis* por ser el más común y por información de los científicos locales./Scratch on tree; could be *Leopardus pardalis*, the most common species, and according to local scientists.

7. Evidencia por huesos encontrados y fotografiados por el equipo social en la comunidad de Tres Esquinas, en el rio Putumayo, a 6,7 km de este campamento, de un animal cazado en 2019./Recorded via bones found and photographed by the social team in the community of Tres Esquinas, on the Putumayo River, 6.7 km from this campsite, of an animal hunted in 2019.

Mamíferos/Mammals

Nombre científico/ Scientific name	Nombre común/ Common name in Spanish[1]	Registros en cada campamento/ Records at each campsite			
		Quebrada Federico	Caño Pexiboy	Caño Bejuco	Quebrada Lorena
Sapajus apella	machín negro/maicero	O	O	O	–
Pitheciidae					
Cheracebus lucifer (*Callicebus lucifer*)	tocón negro/zogui-zogui	O	O	O	O
Pithecia hirsuta	huapo negro/mico volador	O	O	O	O, V
CARNIVORA (13)					
Procyonidae					
Bassaricyon alleni	olingo, chosna/"mico" nocturno	–	–	O	H
Nasua nasua	coatí, achuni/cusumbo	–	O	–	CT, O
Potos flavus	chosna/"mico" nocturno	O	–	–	O
Procyon cancrivorus	mapache cangrejero	–	–	–	CT
Mustelidae					
Eira barbara	manco/ulamá-martucha	CT, O	O, H	CT	–
Lontra longicaudis	nutria	–	O	–	–
Pteronura brasiliensis	lobo de río	O	–	–	–
Felidae					
Leopardus pardalis	tigrillo	–	–	CT	CT
Leopardus wiedii	margay/tigrillo mano gordo	–	–	CT	–
Leopardus sp.	tigrillo	H[5]	H	–	–
Panthera onca	tigre, otorongo/mano de lana	H	H	CT, H	CT, H, O
Puma concolor	puma/tigre colorado	H	–	CT	H
Canidae					
Atelocynus microtis	perro de orejas cortas	CT	–	–	–
PERISSODACTYLA (1)					
Tapiridae					
Tapirus terrestris	tapir, sachavaca/danta	H	CT, H	CT, H	CT, H
ARTIODACTYLA (5)					
Tayassuidae					
Pecari tajacu	cerrillo, sajino	CT, H, O	H	H, O	CT, H, O
Tayassu pecari	huangana/puerco	H, O	H, O	CT, H, O	CT, H, O
Cervidae					
Mazama americana	venado colorado	–	H	CT	O, CT
Mazama nemorivaga	venado gris, venado chonto, cenizo	CT, O	H	CT	O, CT
Mazama sp.	venado	H	H	H	H
CETACEA (2)					
Delphinidae					
Sotalia fluviatilis	delfín gris, delfin pequeño	–	–	O	–
Iniidae					
Inia geoffrensis	bufeo, delfín rosado	–	O	O	–

| Estado de conservación / Conservation status | | |
En el Perú / In Peru (MINAM 2014)	En Colombia / In Colombia (MADS 2018)	UICN / IUCN (2020)
–	–	LC
VU	VU	LC
–	–	DD
–	–	LC
–	–	LC
–	–	LC
–	–	LC
–	–	LC
–	VU	NT
EN	EN	EN
–	–	LC
DD	VU	NT
–	–	–
NT	VU	NT
NT	–	LC
VU	–	NT
NT	–	VU
–	–	LC
NT	–	VU
DD	–	DD
–	–	LC
–	–	–
DD	VU	DD
DD	VU	EN

LEYENDA / LEGEND

Tipo de registro / Type of record

C = Captura o voucher / Capture or specimen

CT = Cámara trampa / Camera trap photograph

F = Foto en el sitio / Field photograph

G = Grabación (grabadoras ultrasónicas) / Audio recording

H = Huella, rastro / Tracks, sign

O = Observación / Observation

RA = Rastro de alimentación / Feeding sign

V = Vocalización / Vocalization

Estado de conservación / Conservation status

DD = Datos Deficientes / Data Deficient

EN = En Peligro / Endangered

LC = Preocupación Menor / Least Concern

NT = Casi Amenazado / Near Threatened

VU = Vulnerable

Pies de nota / Footnotes

1. Cuando hay nombres multiples separados por una barra, los que anteceden la barra son más usados en el Perú y los que la siguen son más usados en Colombia. / When multiple names are separated by a slash, names preceding the slash are more commonly used in Peru and those following the slash are more commonly used in Colombia.

2. Pendiente indentificación del voucher / Pending identification of the collected specimen

3. Probablemente de los géneros *Marmosa* y *Marmosops* / Probably the genera *Marmosa* and *Marmosops*

4. Según la reciente revisión taxonómica del género *Cyclopes* (Miranda et al. 2018), podría ser *Cyclopes ida*, pero lo dejamos como *Cyclopes* sp. o *C. didactylus* pues el registro es por avistamiento y no hay un voucher de esta localidad. / According to the recent revision of the genus *Cyclopes* (Miranda et al. 2017), this could be *Cyclopes ida*; we have left it as *Cyclopes* sp., or *C. didactylus*, because it was a sighting with no specimen collected.

5. Pendiente indentificación del voucher; considerada en campo como *Dermanura* cf. *glauca* / Pending identification of the collected specimen; identified in the field as *Dermanura* cf. *glauca*

6. Rasguño en árbol; podria ser *Leopardus pardalis* por ser el más común y por información de los científicos locales. / Scratch on tree; could be *Leopardus pardalis*, the most common species, and according to local scientists.

7. Evidencia por huesos encontrados y fotografiados por el equipo social en la comunidad de Tres Esquinas, en el rio Putumayo, a 6,7 km de este campamento, de un animal cazado en 2019. / Recorded via bones found and photographed by the social team in the community of Tres Esquinas, on the Putumayo River, 6.7 km from this campsite, of an animal hunted in 2019.

Mamíferos/Mammals

Nombre científico/ Scientific name	Nombre común/ Common name in Spanish[1]	Registros en cada campamento/ Records at each campsite			
		Quebrada Federico	Caño Pexiboy	Caño Bejuco	Quebrada Lorena
RODENTIA (8)					
Sciuridae					
Microsciurus sp.	ardilla pequeña	O	O	–	CT
Hadrosciurus igniventris	ardilla grande, ardilla colorada	CT	–	CT	CT
Hadrosciurus sp.	ardilla	CT, O	RA	CT, RA	CT, RA
Echimyidae					
Echimyidae spp.	rata espinosa	–	–	CT	CT
Proechimys sp.	ratón espinoso, ratón de monte	CT, O	C	CT, O	CT, O
Dasyproctidae					
Dasyprocta fuliginosa	añuje/guara	CT, O	H	H, CT	CT
Myoprocta pratti	punchana/tin tin	CT, O	H	CT	CT, H
Cuniculidae					
Cuniculus paca	majaz/boruga	H, CT	H, CT	O, H, CT	H, O, CT
SIRENIA (1)					
Trichechidae					
Trichechus inunguis	manatí, vaca marina	O[7]	–	–	–

Estado de conservación/ Conservation status		
En el Perú/ In Peru (MINAM 2014)	En Colombia/ In Colombia (MADS 2018)	UICN/IUCN (2020)
–	–	–
–	–	–
–	–	–
–	–	–
–	–	–
–	–	LC
–	–	LC
–	–	LC
VU	EN	VU

LEYENDA/ LEGEND

Tipo de registro/ Type of record

C = Captura o voucher/ Capture or specimen

CT = Cámara trampa/ Camera trap photograph

F = Foto en el sitio/ Field photograph

G = Grabación (grabadoras ultrasónicas)/Audio recording

H = Huella, rastro/Tracks, sign

O = Observación/Observation

RA = Rastro de alimentación/ Feeding sign

V = Vocalización/Vocalization

Estado de conservación/ Conservation status

DD = Datos Deficientes/ Data Deficient

EN = En Peligro/Endangered

LC = Preocupación Menor/ Least Concern

NT = Casi Amenazado/ Near Threatened

VU = Vulnerable

Pies de nota/Footnotes

1. Cuando hay nombres multiples separados por una barra, los que anteceden la barra son más usados en el Perú y los que la siguen son más usados en Colombia./When multiple names are separated by a slash, names preceding the slash are more commonly used in Peru and those following the slash are more commonly used in Colombia.

2. Pendiente indentificación del voucher/Pending identification of the collected specimen

3. Probablemente de los géneros *Marmosa* y *Marmosops*/Probably the genera *Marmosa* and *Marmosops*

4. Según la reciente revisión taxonómica del género *Cyclopes* (Miranda et al. 2018), podría ser *Cyclopes ida*, pero lo dejamos como *Cyclopes* sp. o *C. didactylus* pues el registro es por avistamiento y no hay un voucher de esta localidad. / According to the recent revision of the genus *Cyclopes* (Miranda et al. 2017), this could be *Cyclopes ida*; we have left it as *Cyclopes* sp., or *C. didactylus*, because it was a sighting with no specimen collected.

5. Pendiente indentificación del voucher; considerada en campo como *Dermanura* cf. *glauca*/Pending identification of the collected specimen; identified in the field as *Dermanura* cf. *glauca*

6. Rasguño en árbol; podria ser *Leopardus pardalis* por ser el más común y por información de los científicos locales./Scratch on tree; could be *Leopardus pardalis*, the most common species, and according to local scientists.

7. Evidencia por huesos encontrados y fotografiados por el equipo social en la comunidad de Tres Esquinas, en el rio Putumayo, a 6,7 km de este campamento, de un animal cazado en 2019./Recorded via bones found and photographed by the social team in the community of Tres Esquinas, on the Putumayo River, 6.7 km from this campsite, of an animal hunted in 2019.

Albert, J.S., P. Val, and C. Hoorn. 2018. The changing course of the Amazon River in the Neogene: center stage for Neotropical diversification. Neotropical Ichthyology 16:e180033.

Alexio, A. 1999. Effect of selective logging on a bird community in the Brazilian Atlantic Forest. The Condor 101:537–548.

Alfaro, L. J. W., J. P. Boulbi, F. P. Paim, C. C. Ribas, M. N. da Silva, M. R. Messias, F. Rohe, M. P. Merces, J. S. Silva Júnior, C. R. Silva, G. M. Pinho, G. Koshkarian, M. T. T. Nguyen, M. L. Harada, R. M. Rabelo, H. L. Queiroz, M. E. Alfaro, and I. P. Farias. 2015. Biogeography of squirrel monkeys (genus *Saimiri*): South-central Amazon origin and rapid pan-Amazonian diversification of a lowland primate". Molecular Phylogenetics and Evolution. 82:436–454.

Allard, L., M. Popée, R. Vigouroux, and S. Brosse. 2015. Effect of reduced impact logging and small-scale mining disturbances on Neotropical stream fish assemblages. Aquatic Sciences 78:315–325.

Álvarez Alonso, J. 2019. Sobre el futuro económico de las comunidades amazónicas en busca del paraíso perdido. FOLIA Amazónica 28:85–111.

Álvarez, A.J., R.M. Metz, and P.V.A. Fine. 2013. Habitat specialization by birds in western Amazonia White-sand forest. Biotropica 45:365–372.

Alverson, W.S., C. Vriesendorp, Á. del Campo, D.K. Moskovits, D.F. Stotz, M. García Donayre y/and L.A. Borbor L., eds. 2008. *Ecuador, Perú: Cuyabeno-Güeppí.* Rapid Biological and Social Inventories Report 20. The Field Museum, Chicago.

Alvira Reyes, D., M. Pariona, R.P. Marín, M.R. Santana y/and A.R. Sáenz. 2011. Comunidades humanas visitadas: fortalezas sociales y culturales y uso de recursos/Communities Visited: Social and Cultural Assets and Resource Use. Pp. 134–154 y/and 252–271 en/in N. Pitman, C. Vriesendorp, D. K. Moskovits, R. von May, D. Alvira, T. Wachter, D.F. Stotz y/and Á. del Campo, eds. *Perú: Yaguas-Cotuhé.* Rapid Biological and Social Inventories Report 23. The Field Museum, Chicago.

Aquino, R.A., F. M. Cornejo, L. Cortés Ortiz, F. Encarnación C., E. W. Heymann, L. K. Marsh, R. A. Mittermeier, A. B. Rylands, and J. Vermeer. 2015. Monkeys of Peru. Pocket Identification Guide. Conservation International.

Aquino, R., T. Pacheco y M. Vásquez. 2007. Evaluación y valorización económica de la fauna silvestre en el río Algodón, Amazonía peruana. Revista Peruana de Biología 14:187–192.

Asner, G.P., D.E. Knapp, R.E. Martin, R. Tupayachi, C.B. Anderson, J. Mascaro, F. Sinca, K.D. Chadwick, M. Higgins, W. Farfan, W. Llactayo, and M.R. Silman. 2014. High-resolution carbon conservation. Proceedings of the National Academy of Sciences 111(47): E5016–E5022.

Asner, G.P., J.K. Clark, J. Mascaro, G.A. Galindo García, K.D. Chadwick, D.A. Navarrete Encinales, G. Paez-Acosta, E. Cabrera Montenegro, T. Kennedy-Bowdoin, Á. Duque, A. Balaji, P. von Hildebrand, L. Maatoug, J.F. Phillips Bernal, A.P. Yepes Quintero, D.E. Knapp, M.C. García Dávila, J. Jacobson, and M.F. Ordóñez. 2012. High-resolution mapping of forest carbon stocks in the Colombian Amazon. Biogeosciences 9: 2683–2696.

Asociación Colombiana de Ictiólgos. *Dataset/Checklist.* Disponible en/Available at: *http://doi.org/10.15472/numrso*

Asociación de Autoridades Tradicionales de Tarapacá (ASOAINTAM). 2007. *Plan de vida de los cabildos uitoto, tikuna/ticuna, bora, cocama e inga de la Asociación de Autoridades Tradicionales de Tarapacá-Amazonas.* ASOAINTAM, Tarapacá, Amazonas, Colombia.

AVMA. 2013. *AVMA Guidelines for the Euthanasia of Animals: 2013 Edition.* American Veterinary Medical Association. Schaumbutg, Illinois, US.

Ayala, C. y C. Gómez. 1991. *Reconocimiento geológico área Leticia – Puerto Nariño departamento del Amazonas.* Carbones de Colombia (CARBOCOL), Bogotá.

Ayerbe, Q.F. 2019. Guía ilustrada de la Avifauna Colombiana. Wildlife Conservation Society-Colombia Program.

Barclay, F. 1998. Sociedad y economía en el espacio cauchero ecuatoriano de la cuenca del río Napo, 1870–1930. En/in P. García, ed. *Fronteras, colonización y mano de obra indígena en la Amazonía andina (siglos XIX -XX).* Fondo Editorial de la Pontificia Universidad Católica del Perú-Universidad de Barcelona, Lima.

Bass, M. S., M. Finer, C.N. Jenkins, H. Kreft, D. F. Cisneros-Heredia, S.F. McCracken, N.C.A. Pitman, P.H. English, K. Swing, G. Villa, A. Di Fiore, C.C. Voigt, and T.H. Kunz. 2010. Global Conservation Significance of Ecuador's Yasuní National Park. PLoSONE 5:e8767

Bellier, I. 1991. *El temblor y la luna,* vol. 1. Abya Yala, Quito.

BirdLife International. 2019. *IUCN Red List for birds.* Disponible en/Available at: *http://www.birdlife.org.*

BIODAMAZ. 2004. *Diversidad de la vegetación de la Amazonía peruana, expresada en un mosaico de imágenes de satélite.* Documento Técnico No 12. Serie BIODAMAZ-IIAP, Iquitos.

Bonilla-Castillo, C. A. y E. Agudelo. 2012. Indicaciones para la construcción de planes de manejo y conservación de arawana plateada (*Osteoglossum bicirrhosum*) en el río utumayo, sector Puerto Leguízamo. Instituto Amazónico de Investigaciones Científicas SINCHI. Leticia.

Botero, P., H. Serrano y/and J. Angel-Amaya. 2019. Geología, suelos y agua/Geology, soils, and wáter. Pp. 82–97, 238–259, y/and 334–359 en/in N. Pitman, A. Salazar Molano, F. Samper Samper, C. Vriesendorp, A. Vásquez Cerón, Á. del Campo, T.L. Miller, E.A. Matapi Yucuna, M.E. Thompson, L. de Souza, D. Alvira Reyes, A. Lemos, D.F. Stotz, N. Kotlinski, T. Wachter, E. Woodward y/and R. Botero García, eds. *Colombia: Bajo Caguán-Caquetá.* Rapid Biological and Social Inventories Report 30. The Field Museum, Chicago.

Boyle, D.G., D.B. Boyle, V. Olsen, J.A. Morgan, A.D. Hyatt. 2004. Rapid quantitative detection of chytridiomycosis (*Batrachochytrium dendrobatidis*) in amphibian samples using real-time Taqman PCR assay. Dis Aquat Organ. 60:141–8.

Bravo, A. 2010. Mamíferos/Mammals. Pp. 90–96 y/and 205–2011 en/in Gilmore, M.P., C. Vriesendorp, W.S. Alverson, Á. del Campo, R. von May, C. López Wong y/and S. Ríos Ochoa, eds. 2010. *Perú: Maijuna.* Rapid Biological and Social Inventories Report 22. The Field Museum, Chicago.

Bravo, A. y/and R. Borman. 2008. Mamíferos/Mammals. Pp. 105–110, 229–234, y/and 352–361 en/in W.S. Alverson, C. Vriesendorp, Á. del Campo, D.K. Moskovits, D.F. Stotz, M. García Donayre y/and L.A. Borbor L., eds. *Ecuador, Perú: Cuyabeno-Güeppí.* Rapid Biological and Social Inventories Report 20. The Field Museum, Chicago.

Bravo, A., D.J. Lizcano y/and P. Alvarez-Loayza. 2016. Mamiferos medianos y grandes/Large and medium-sized mammals. Pp. 140–151, 320–329, y/and 494–497 en/in N. Pitman, A. Bravo, S. Claramunt, C. Vriesendorp, D. Alvira Reyes, A. Ravikumar, A. Del Campo, D.F. Stotz, T. Wachter, S. Heilpern, B. Rodriguez, A.R. Saenz Rodriguez y/and R.C. Smith, eds. *Perú: Medio Putumayo-Algodón.* Rapid Biological and Social Inventories, Report 28. The Field Museum, Chicago.

Briceño, M. 1854. *Límites del Brasil con Venezuela, Nueva Granada, Ecuador y Perú.* Imprenta Nacional, Caracas, Venezuela.

Burton, A.C., E. Neilson, D. Moreira, A. Ladle, R. Steenweg, J.T. Fisher, E. Bayne, and S. Boutin. 2015. Wildlife camera trapping: A review and recommendations for linking surveys to ecological processes. Journal of Applied Ecology 52:675–685.

Byrne, H., A.B. Rylands, J.C. Carneiro, J.W. Lynch Alfaro, F. Bertuol, M.N.F. da Silva, M. Messias, C.P. Groves, R.A. Mittermeier, I. Farias, T. Hberk, H. Schneider, I. Sampaio, and J.P. Boubli. 2016. Phylogenetic relationships of the New World titi monkeys (*Callicebus*): first appraisal of taxonomy based on molecular evidence. Frontiers in Zoology 13:10.

Caminer, M.A., and S.R. Ron. 2020. Systematics of the *Boana semilineata* species group (Anura: Hylidae), with a description of two new species from Amazonian Ecuador. Zoological Journal of the Linnean Society 190:149–180.

Cano Polania, A.J. y M.C. Malagón Sanchez. 2016. *Evaluación de trazas de mercurio en el tramo Caña Brava- Buenos Aires del Río Cotuhé, asociados a la actividad minera artesanal de oro en el Amazonas colombiano* (tesis, Universidad de La Salle Ciencia Unisalle, Bogotá, Colombia).

Caputo, M.V., and E.A.A. Soares. 2016. Eustatic and tectonic change effects in the reversion of the transcontinental Amazon River drainage system. Brazilian Journal of Geology 46:301–328.

Cárdenas, D., C. Marín y N. Castaño A. 2010. *Flora, vegetación y paisajes del Parque Nacional Natural Río Puré.*

Carvalho, L.N., J. Zuanon, and I. Sazima. 2007. Natural History of Amazon Fishes, in International Commision on Tropical Biology and Natural Resources. In K. Del-Claro, P.S. Oliveira, V. Rico-Gray, A. Ramirez, A.A.A. Barbosa, A. Bonet, F.R. Scarano, F.L. Consoli, F.J.M. Garzon, J.N. Nakajima, J.A. Costello, M.V. Sampaio, M. Quesada, M.R. Morris, M.P. Rios, N. Ramirez, O.M. Junior, R.H.F. Macedo, R.J. Marquis, R.P. Martins, S.C. Rodrigues, U. Luttge, eds. *Encyclopedia of Life Support Systems (EOLSS),* Developed under the Auspices of the UNESCO, Eolss Publishers, Oxford.

Casatti, L., C. de Paula Ferreira, and F.R. Carvalho. 2009. Grass-dominated stream sites exhibit low fish species diversity and dominance by guppies: an assessment of two tropical pasture river basins. Hydrobiologia 632:273–283.

Caso, A., T. de Oliveira, and S.V. Carvajal. 2015. *Herpailurus yagouaroundi.* The IUCN Red List of Threatened Species 2015: e.T9948A50653167. Disponible en/Available at: *http://dx.doi. org/10.2305/IUCN.UK.2015-2.RLTS.T9948A50653167.*

Castro, F. 2007. Reptiles. Pp. 148–154 en S.L. Ruiz, E. Sánchez, E. Tabares, A. Prieto, J.C. Arias, R. Gómez, D. Castellanos, P. García, S. Chaparro y L. Rodríguez, eds. *Diversidad biológica y cultural del sur de la Amazonia colombiana: Diagnóstico.* Corpoamazonia, Instituto Humboldt, Instituto Sinchi y/and UAESPNN, Bogotá.

Catenazzi, A. y/and M. Bustamante. 2007. Anfibios y reptiles/ Amphibians and reptiles. Pp. 62–67, 130–134 y/and 206–213 en/in C. Vriesendorp, J.A. Álvarez, N. Barbagelata, W.S. Alverson y/and D.K. Moskovits, eds. *Perú: Nanay-Mazán-Arabela.* Rapid Biological Inventories Report 18. The Field Museum, Chicago.

Center for International Environmental Law. 2019. *Autorizado para robar: redes de crimen organizado blanquean madera illegal de la Amazonía Peruana.* Disponible en:/ Available at: *https://www. ciel.org/wp-content/uploads/2019/08/Autorizado-Para-Robar-August-2019-updated.pdf.*

Chao, A., N.J. Gotelli, T.C. Hsieh, E.L. Sande, K.H. Ma, R.K. Colwell, and A.M. Ellison. 2014. Rarefaction and extrapolation with Hill numbers: a framework for sampling and estimation in species diversity studies. Ecological Monographs 84:45–67.

Chaumeil, J-P. 1994. Los Yagua. En F. Santos y F. Barclay, eds. *Guía de la Alta Amazonía, Vol. I.* FLACSO-Sede Ecuador, Quito.

Chaumeil, J-P. 2002. Ciudades encantadas ymapas submarinos: redes transnacionales y chamanismo de frontera en el Trapecio Amazónico. En Morin, F. y R. Santana, eds. *Lo transnacional: instrumento y desafío para los pueblos indígenas.* Ediciones Abya-Yala, Quito.

Chávez, G. y/and J.J. Mueses-Cisneros. 2016. Anfibios y reptiles. Páginas 119–131 y/and 456–465 en/in N. Pitman, A. Bravo, S. Claramunt, C. Vriesendorp, D. Alvira Reyes, A. Ravikumar, Á. del Campo, D.F. Stotz, T. Wachter, S. Heilpern, B. Rodríguez Grández, A.R. Sáenz Rodríguez y/and R.C. Smith, eds. *Perú: Medio Putumayo-Algodón.* Rapid Biological and Social Inventories Report 28. The Field Museum, Chicago.

Chirif, A, M. Cornejo, eds. 2012. *Imaginario e imágenes de la época del caucho: los sucesos del Putumayo.* CAAAP/IWGIA/UPC, Lima.

Chirif, A. 2012. *Los sucesos del Putumayo. Servindi.* Disponible en/ Available at: *https://www.servindi.org/actualidad/73555*.

Chirif, A. 2017. *Después del Caucho.* Lluvia Editores, CAAAP/ IWGIA/IBC, Lima.

Clinebell, R.R.I., O.L. Phillips, A.H. Gentry, N. Stark, and H. Zuuring. 1995. Prediction of neotropical tree and liana species richness from soil and climatic data. Biodiversity and Conservation 4:56–90.

Comisión Interamericana de Derechos Humanos (CIDH). 2013. Pueblos Indígenas en Aislamiento Voluntario y Contacto Inicial en las Américas: Recomendaciones para el pleno respeto a sus derechos humanos. IWGIA. Disponible en/Available at: *http://www.oas.org/es/cidh/indigenas/docs/pdf/informe-pueblos-indigenas-aislamiento-voluntario.pdf*

Cornejo, F. 2008. *Callimico goeldii.* The IUCN Red List of Threatened Species 2008: e.T3564A9947398. Disponible en/ Available at: *http://dx.doi.org/10.2305/IUCN.UK.2008.RLTS. T3564A9947398.en*

Correa Munera, M.A., C.F. Vriesendorp, M. Ríos Paredes, J. Contreras Herrera, R. Páez Díaz, E. García Ruiz, A. Castro López y/and J. Cuellar. 2019. Flora y vegetación/Flora and vegetation. Pp. 97–104, 260–266 y/and 360–383 en/in N. Pitman, A. Salazar Molano, F. Samper Samper, C. Vriesendorp, A. Vásquez Cerón, Á. del Campo, T.L. Miller, E.A. Matapi Yucuna, M.E. Thompson, L. de Souza, D. Alvira Reyes, A. Lemos, D.F. Stotz, N. Kotlinski, T. Wachter, E. Woodward y/and R. Botero García, eds. Colombia: Bajo Caguán-Caqueta. Rapid Biological and Social Inventories Report 30. The Field Museum, Chicago.

Cotton, A.P. 2001. The behavior and interactions of birds visiting *Erythrina fusca* flowers in the Colombia Amazon. Biotropica 33:662–669.

Cowan, R.S. 1953. A taxonomic revision of the genus *Macrolobium* Leguminosae-Caesalpinioideae). Memoirs of the New York Botanical Garden 8:257–342.

Cuarón, A.D., F. Reid, J.F. González-Maya, and K. Helgen. 2016. *Galictis vittata.* The IUCN Red List of Threatened Species 2016: e.T41640A45211961. Disponible en/Available at: *https://dx.doi. org/10.2305/IUCN.UK.2016-1.RLTS.T41640A45211961.en*

Cuello, A.N.L. 1999. Two new distinctively large-leaved species of *Tovomita* (Clusiaceae) from the Venezuela and Peruvian Amazonian Region. En: Novon 9:150–152.

Damián Parizaca, A., and L.A. Torres Montenegro 2018. The genus *Palmorchis* (Orchidaceae: Neottiae) in Peru: A taxonomic synopsis including four new species and a new record. Lankesteriana 18:193–206.

Dávalos, J. Tarapacá: La autonomía en educación. Disponible en/ Available at: *http://territorioindigenaygobernanza.com/web/ col_13/*

Davila, N., I. Huamantupa, M. Ríos, W. Trujillo y/and C. Vriesendorp. 2013. Flora y vegetación. Pp. 85–97 y/and 242–250 en/in N. Pitman, E. Ruelas Inzunza, C. Vriesendorp, D.F. Stotz, T. Wachter, Á. del Campo, D. Alvira, B. Rodríguez Grandez, R.C. Smith, A.R. Sáenz Rodríguez y P. Soria Ruiz, eds. *Perú: Ere-Campuya-Algodón.* Rapid Biological and Social Inventories Report 25. The Field Museum, Chicago.

Davis, W. 2001. *El río: exploraciones, descubrimientos en la selva amazónica.* Banco de la República–El Ancora Editores, Bogotá.

De la Cruz Nassar, P.E. 2015. *Ferias de chagras en la Amazonía colombiana, contribuciones a los conocimientos tradicionales y al intercambio de productos de las asociaciones indígenas y de mujeres de Tarapacá.* (Tesis para optar al título de Magíster en Ciencias en Recursos Naturales y Desarrollo Rural. El Colegio de la Frontera Sur, San Cristóbal de las Casas, Mexico).

De la Cruz Nassar, P.E. 2019. *La investigación sobre conocimientos tradicionales en la Amazonía colombiana: dilemas desde la autonomía indígena.* (Tesis para optar al título de Doctor en Ciencias en Ecología y Desarrollo Sostenible. El Colegio de la Frontera Sur, San Cristóbal de las Casas, Mexico).

de Oliveira, J.P. 2002. Ação indigenista e utopia milenarista: as múltiplas faces de um processo de territorialização entre os Tikuna. Pp. 277–310 en B. Albert, A. Rit, eds. *Pacificando o branco: cosmologias do contato no Norte-Amazônico.* Unesp, São Paulo.

de Souza, A.L.T., D.G. Fonseca, R.A. Libório, and M.O. Tanaka. 2013. Influence of riparian vegetation and forest structure on the water quality of rural low-order streams in SE Brazil. Forest Ecology and Management 298:12–18.

Díaz, M.M., S. Solari, L.F. Aguirre, L.M. Aguiar y R.M. Barquez. 2016. *Clave de identificación de los murciélagos de Sudamérica.* Publicación Especial N°2 PCMA. Tucumán, Argentina.

Dixon, J., and P. Soini. 1986. *The reptiles of the upper Amazon Basin, Iquitos region, Peru.* Milwaukee Public Museum, Milwaukee.

Domínguez, C. y/and A. Gómez. 1990. *La economía extractiva en la Amazonía colombiana: 1850–1930.* Corporación Colombiana para la Amazonía Araracuara. Bogotá.

DoNascimiento, C., E.E. Herrera Collazos y/and J.A. Maldonado-Ocampo. 2018. Lista de especies de peces de agua dulce de Colombia/Checklist of the freshwater fishes of Colombia. v2.10. Asociación Colombiana de Ictiólogos.

Draper, F.C., K.H. Roucoux, I.T. Lawson, E.T.A. Mitchard, E.N. Honorio Coronado, O. Lähteenoja, L. Torres Montenegro, E. Valderrama Sandoval, R. Zaráte, and T.R. Baker. 2014. The distribution and amount of carbon in the largest peatland complex in Amazonia. Environmental Research Letters 9:124017

Draper, F.C., E.N. Honorio Coronado, K.H. Roucoux, I.T. Lawson, N.C.A. Pitman, P.V.A. Fine, O.L. Philips, L.A. Torres Montenegro, E. Valderrama Sandoval, I. Mesones, R. García Villacorta, F.R. Ramírez Arévalo, and T.R. Baker. 2018. Peatland forests are the least diverse tree communities documented in Amazonia, but contribute to high regional beta diversity. Ecography 41:1256–1269.

Duellman, W.E. 1978. The biology of an equatorial herpetofauna in Amazonian Ecuador. University of Kansas Museum of Natural History Miscellaneous Publication 65, Lawrence.

Duellman, W.E. 2005. *Cusco Amazónico: The lives of amphibians and reptiles in an Amazonian rainforest.* Cornell University Press, Ithaca.

Duellman, W.E., and E. Lehr. 2009. *Terrestrial-breeding Frogs (Strabomantidae) in Peru.* Natur und Tier Verlag, Münster.

Duellman, W.E., and J.R.Mendelson III. 1995. Amphibians and reptiles from northern Departamento de Loreto, Peru: taxonomy and biogeography. University of Kansas Science Bulletin 10, Lawrence.

Duque, A., D.Cárdenas y N.Rodríguez. 2003. Dominancia florística y variabilidad estructural en bosques de tierra firme en el noroccidente de la Amazonía Colombiana. Caldasia 25:139–152.

Echeverri, J.A, Montenegro, O.L. Rivas, M.P. y Muñoz, D.L. 1992. *Informe de correrías por los ríos Putumayo Caraparana e Igaraparana.* Fundación Puerto Rastrojo, Proyecto Coama. Santafé de Bogotá. Disponible en/Available at: *http://bdigital. unal.edu.co/6693/1/juanalvaroecheverri.1991.pdf*

Emmons, L., and K.Helgen. 2016. *Mustela africana.* The IUCN Red List of Threatened Species 2016: e.T14025A45200982. Disponible en/Available at: *https://dx.doi.org/10.2305/IUCN. UK.2016-1.RLTS.T14025A45200982.en*

Encarnación, F. 1993. El bosque y las formaciones vegetales en la llanuras amazónica del Perú. Alma Mater 6:95–114.

Encarnación, F., N.Castro y P.De Rham. 1990. Observaciones sobre primates no humanos en el río Yuvineto (río Putumayo), Loreto, Perú. Pp.68–79 en/in N.Castro, ed. *La Primatología en el Perú: Investigaciones Primatológicas (1973–1985).* Lima, Perú.

Environmental Investigation Agency. 2019. Condenando el bosque: ilegalidad y falta de gobernanza en la Amazonía Colombiana. *https://www.condenandoelbosque.org/*

Escobar, A. 2010. Latin America at a Crossroads: Alternative modernizations, post-liberalism, or post-development? Cultural Studies 24:1–65.

Estrada-Villegas, S., C.F.J. Meyer, and E.K.V. Kalko. 2010. Effects of tropical forest fragmentation on aerial insectivorous bats in a land-bridge island system. Biological Conservation 143:597–608.

Fegraus, E.H., K.Lin, J.A.Ahumada, C.Baru, S.Chandra, and C.Youn. 2011. Data acquisition and management software for camera trap data: A case study from the TEAM Network. Ecological Informatics 6:345–353

Feuillet, C. 2009. Folia Taxonomica 16. *Dilkea* (Passifloraceae) 1. *Epkia,* a new subgenus and five new species from western Amazonia and the Guianas. Journal of the Botanical Research Institute of Texas 3:593–604.

Fouquet A., K.Leblanc, M.Framit M, et al. 2021. Species diversity and biogeography of an ancient frog clade from the Guiana Shield (Anura: Microhylidae: *Adelastes, Otophryne, Synapturanus*) exhibiting spectacular phenotypic diversification. Biological Journal of the Linnean Society 132: 233–256.

Franco, R. 2012. *Cariba malo: episodios de resistencia de un pueblo indígena aislado del Amazonas.* Universidad Nacional de Colombia, Leticia.

Fricke, R., W.N.Eschmeyer, and R.Van der Laan. 2019. *Catalog of fishes: Genera, species, references.* California Academy of Sciences. Disponible en/Available at: *http://researcharchive. calacademy.org/research/ichthyology/catalog/fishcatmain.asp*

Frost, D.R. 2020. Amphibian Species of the World: an Online Reference. Version 6.0 Disponible en/Available at: *http://research.amnh.org/herpetology/amphibia/index.html.*

Funk, C., Peterson, P., Landsfeld, M., Pedreros, D., Verdin, J., Shukla, S., Husak, G., et al. 2015. The Climate Hazards infrared precipitation with stations—a new environmental record for monitoring extremes. Scientific Data 2:150066.

Galvis, G., Mojica, J.I., Duque, S.R., Castellanos, C., Sánchez-Duarte, P., Arce, M., . . . Leiva, M. 2006. *Peces del medio Amazonas: Región Leticia.* Serie de guías tropicales de campo N°5. Conservación internacional. Panamericana, Formas e Impresos, Bogotá, Colombia.

Galvis, J., A.Huguett y P. Ruge. 1979. Geología de la Amazonía colombiana: Boletín Geológico 22:4–86.

García, P. 2001. En el corazón de las tinieblas del Putumayo, 1890–1932. Fronteras, caucho, mano de obra indígena y misiones católicas en la nacionalización de la Amazonía. Revista de Indias 61:591–617.

Garcia-Villacorta, R., N.Davila, R.Foster, I.Huamantupa y/and C.Vriesendorp. 2010. Plantas. Pp.58–65 en/in M.P.Gilmore, C.Vriesendorp, W.S.Alverson, A.del Campo, R. von May, C. Lopez Wong y/and S.Ríos Ochoa, eds. *Perú: Maijuna.* Rapid Biological and Social Inventories Report 22. The Field Museum, Chicago.

Garcia-Villacorta, R., I.Huamantupa, Z.Cordero y/and C.Vriesendorp. 2011. Plantas. Pp.86–97 en/in N.Pitman, C.Vriesendorp, D.Moskovits, R.von May, D.Alvira, T.Wachter, D.F.Stotz y A.del Campo, eds. *Perú: Yaguas-Cotuhé.* Rapid Biological and Social Inventories Report 23. The Field Museum, Chicago.

Gardner, A.L. 2007. *Mammals Of South America. Volume 1: Marsupials, Xenarthrans, Shrews, and Bats.* University of Chicago Press, Chicago, Illinois, and London, United Kingdom.

Gasché, J. 2017. Gente de Centro. En/in A.Chirif, ed. *Después del Caucho.* Lluvia Editores, CAAAP/IWGIA/IBC, Lima.

Gentry, A.H. 1993. *Overview of the Peruvian Flora.* Pp.29–40 in L.Brako and J.L.Zarucchi, eds. Catalogue of the flowering plants and gymnosperms of Peru. Monographs in Systematic Botany from the Missouri Botanical Garden 45. Missouri Botanical Garden, St. Louis.

Gilmore, M.P., C.Vriesendorp, W.S.Alverson, Á.del Campo, R.von May, C.López Wong y/and S.Ríos Ochoa, eds. 2010. *Perú: Maijuna.* Rapid Biological and Social Inventories Report 22. The Field Museum, Chicago.

Godsey, S.E., J.W.Kirchner, and D.W.Clow. 2009. Concentration–discharge relationships reflect chemostatic characteristics of US catchments. Hydrological Processes 23:1844–1864.

Gómez, A.J. 2015. La misión capuchina y la amenaza de la integridad territorial de la Nación, siglos XIX Y XX." Pp.7–23 en/in *Boletín Cultural y Bibliográfico, Vol. XLIX, Núm. 89.* Publicaciones Banco de la República, Bogotá.

Gordo, M., G.Knell y/and D.E.R. Gonzáles. 2006. Anfibios y reptiles/Amphibians and reptiles. Pp.83–88 y/and 191–196 en/in C.Vriesendorp, N.Pitman, J.I.Rojas, B.A.Pawlak, L.Rivera C., L.Calixto, M.Vela C. y/and P.Fasabi R., eds. *Perú: Matsés.* Rapid Biological Inventories Report 16. The Field Museum, Chicago.

Gorman, O.T., and J.R. Karr. 1978. Habitat structure and stream fish communities. Ecology, 59:507–515.

Goulard, J-P. 1994. Los Ticuna. En/in F. Santos y/and F.Barclay, eds. *Guía de la Alta Amazonía, Vol. I.* FLACSO-Sede Ecuador, Quito.

Goulding, M., R. Barthem, and E. J. G. Ferreira. 2003. *The Smithsonian Atlas of the Amazon*. Smithsonian Books, Washington, DC.

Grández, C., A. García, A. Duque y J. F. Duivenvoorden. 2001. La composición florística de los bosques en las cuencas de los ríos Ampiyacu y Yaguasyacu (Amazonía Peruana). Pp. 163–176 en/in J. F. Duivenvoorden, H. Balslev, J. Cavelier, C. Grández, H. Tuomisto y R. Valencia, eds. *Evaluación de recursos vegetales no maderables en la Amazonía noroccidental*. IBED, Universiteit van Amsterdam, Amsterdam.

Gudynas, E. 2011. Buen vivir: today's tomorrow. Development 54:441–447.

Hansen, M. C., P. V. Potapov, R. Moore, M. Hancher, S. A. Turubanova, A. Tyukavina, D. Thau, S. V. Stehman, S. J. Goetz, T. R. Loveland, A. Kommareddy, A. Egorov, L. Chini, C. O. Justice, and J. R. G. Townshend. 2013. High-resolution global maps of 21st-Century forest cover change. Science 342: 850–853.

Harvey, C. A., and J. A. Gonzalez Villalobos. 2007. Agroforestry systems conserve species rich but modified assemblages of tropical birds and bats. Biodiversity and Conservation 16: 2257–2292.

Haugaasen, T., and C. A. Peres. 2005. Mammal assemblage structure in Amazonian flooded and unflooded forests. Journal of Tropical Ecology, 21:133–145.

Haugaasen, T. and C. A. Peres. 2007. Vertebrate responses to fruit production in Amazonian flooded and unflooded forests. Biodiversity Conservation 16:4165–4190.

Helbig Bonitz, M., G. Rutten, and E. K. V. Kalko. 2014. Fruit bats can disperse figs over different land use types on Mount Kilimanjaro, Tanzania. African Journal of Ecology 52:122–125.

Helgen, K. M., C. M. Pinto, R. Kays, L. E. Helgen, M. T. N. Tsuchiya, A. Quinn, D. E. Wilson, and J. E. Maldonado. 2013. Taxonomic revision of the olingos (*Bassaricyon*), with description of a new species, the Olinguito. ZooKeys 324:1–83.

Henao, M. P. 2016. Los murciélagos del Parque Nacional Natural La Paya. Trabajo de grado en Biología. Universidad Nacional de Colombia, Sede Bogotà.

Hernández Gómez, M. S. y J. A. Barrera García. 2010. Camu camu. Instituto Amazónico de Investigaciones Científicas SINCHI, Bogotá.

Hidalgo, M. H. y/and R. Olivera. 2004. Peces/Fishes. Pp. 62–67, 148–152. en/in N. Pitman, R. C. Smith, C. Vriesendorp, D. Moskovits, R. Piana, G. Knell y/and T. Wachter, eds. *Perú: Ampiyacu, Apayacu, Yaguas, Medio Putumayo*. Rapid Biological Inventories Report 12. The Field Museum, Chicago.

Hidalgo, M. H. y/and J. F. Rivadeneira-R. 2008. Peces/Fishes. Pp. 83–89, 209–215. en/in W. S. Alverson, C. Vriesendorp, Á. del Campo, D. K. Moskovits, D. F. Stotz, M. García Donayre y/and L. A. Borbor L., eds. *Ecuador, Perú: Cuyabeno-Güeppí*. Rapid Biological and Social Inventories Report 20. The Field Museum, Chicago.

Hidalgo, M. H. y/and A. Ortega-Lara. 2011. Peces/Fishes. Pp. 98–108, 221–230 en/in N. Pitman, C. Vriesendorp, D. K. Moskovits, R. von May, D. Alvira, T. Wachter, D. F. Stotz y/and Á. del Campo, eds. *Perú: Yaguas-Cotuhé*. Rapid Biological and Social Inventories Report 23. The Field Museum, Chicago.

Hidalgo, M. H. y/and Maldonado-Ocampo, J. A. 2016. Peces/Fishes. Pp. 109–119, 291–300, en/in N. Pitman, A. Bravo, S. Claramunt, C. Vriesendorp, D. Alvira Reyes, A. Ravikumar, Á. del Campo, D. F. Stotz, T. Wachter, S. Heilpern, B. Rodríguez Grández, A. R. Sáenz Rodríguez y/and R. C. Smith, eds. 2016. *Perú: Medio Putumayo-Algodón*. Rapid Biological and Social Inventories Report 28. *The Field Museum, Chicago*.

Higgins, M. A., K. Ruokolainen, H. Tuomisto, N. Llerena, G. Cardenas, O. L. Phillips, R. Vásquez, and M. Räsänen. 2011. Geological control of floristic composition in Amazonian forests. Journal of Biogeography 38:2136–2149.

Hilty, S. L., and W. L. Brown. 1986. *A Guide to the Birds of Colombia*. Princeton, NJ: Princeton University Press.

Hoorn, C., and F. P. Wesselingh. 2010. *Amazonia: - Landscape and Species Evolution: A Look into the Past*. Wiley-Blackwell, West Sussex, UK.

Hoorn, C., M. Roddaz, R. Dino, E. Soares, C. Uba, D. Ochoa-Lozano, and R. Mapes 2010a. The Amazonian Craton and its influence on past fluvial systems (Mesozoic-Cenozoic, Amazonia. Pp. 103–122 in C. Hoorn, and F. P. Wesselingh, eds. *Amazonia: - Landscape and Species Evolution: A Look into the Past*. Wiley-Blackwell, West Sussex, UK.

Hoorn, C., F. P. Wesselingh, J. Hovikoski, and J. Guerrero. 2010b. The development of the Amazonian mega-wetland (Miocene, Brazil, Colombia, Peru, Bolivia). Pp. 123–142 in C. Hoorn, and F. P. Wesselingh, eds. *Amazonia:- Landscape and Species Evolution: A Look into the Past*. Wiley-Blackwell, West Sussex, UK.

Hoorn, C. M., G. R. Bogotá-A, M. Romero-Baez, E. I. Lammertsma, S. G. A. Flantua, E. L. Dantas, R. Dino, D. A. do Carmo, and F. J. Chemale. 2017. The Amazon at sea: Onset and stages of the Amazon River from a marine record, with special reference to Neogene plant turnover in the drainage basin. Global Planetary Change 153:51–65.

Horbe, A. M. C., M. B. Motta, C. M. de Almeida, E. L. Dantas, and L. C. Vieira. 2013. Provenance of Pliocene and recent sedimentary deposits in western Amazônia Brazil: Consequences for the paleodrainage of the Solimões-Amazonas River. Sedimentary Geology 296:9–20.

Hovikoski, J., M. Gingras, M. Räsänen, L. A. Rebata, J. Guerrero, A. Ranzi, J. Melo, L. Romero, H. Nuñez del Prado, F. Jaimes, and S. Lopez. 2007. The nature of Miocene Amazonian epicontinental embayment: High-frequency shifts of the low-gradient coastline. Geological Society of America Bulletin 119:1506–1520.

Hsieh, T. C., K. H. Ma, and A. Chao. 2020. *iNEXT: Interpolation and Extrapolation for Species Diversity*. R package version 2.0.20

INADE y PEDICP. 1999. *Estudio de zonificación ecológica-económica, Sector del Estrecho. Parte I: Síntesis del diagnóstico ambiental*. Instituto Nacional de Desarrollo (INADE) y Proyecto Especial Binacional Desarrollo Integral de la Cuenca del Río Putumayo (PEDICP), Iquitos.

INADE y PEDICP. 2004. *Propuesta final de zonificación ecológica-económica, Sector Mazan-El Estrecho*. Instituto Nacional de Desarrollo (INADE) y Proyecto Especial Binacional Desarrollo Integral de la Cuenca del Río Putumayo (PEDICP), Iquitos.

INRENA. 1995. *Mapa ecológico del Perú 1994: Guía explicativa.* Instituto Nacional de Recursos Naturales. Ministerio de Agricultura. Lima.

Instituto del Bien Común (IBC). 2015. *Planes de vida de las comunidades nativas del Bajo Putumayo.* Remanso, Putumayo, Perú.

Instituto Geográfico Agustin Codazzi (IGAC). 1999. *Paisajes fisiográficos de Orinoquia-Amazonia (ORAM), Colombia.* Bogotá, Colombia.

Instituto Geográfico Agustin Codazzi (IGAC). 2003. Estudio general de suelos y zonificación de tierras del departamento de Amazonas, Bogotá, Instituto geográfico Agustin Codazzi (IGAC).

Instituto Geográfico Agustin Codazzi (IGAC). 2006. Métodos analíticos de laboratorio de suelos. Sexta edición, Bogotá, Instituto geográfico Agustin Codazzi (IGAC).

Instituto Geográfico Agustin Codazzi (IGAC). 2014. Manual instructivo trabajos de campo, Bogotá, Instituto geográfico Agustin Codazzi (IGAC).

Instituto Socioambiental. 2018. *Povos indígenas do Brasil: Ticuna.* Disponible en/Available at: *https://pib.socioambiental.org/es/ Povo:Ticuna.*

Irion, G., J. Müller, J. N. d. Mello, and W. Junk. 1994. Quarternary geology of the central Amazonian lowland area. Revista International de Geologia 15:27–33.

IUCN (International Union for the Conservation of Nature). 2020. IUCN Red List of Threatened Species. International Union for the Conservation of Nature, Gland. Disponible en/Available online at: *http://www.iucnredlist.org.*

Janni, O., A. Corso, and M. Vigano. 2018. Range extensions for White-shouldered Antshrike *Thamnophilus aethiops,* Imeri Warbling Antbird *Hypocnemis flavescens* and Back-headed Antbird *Percnostola rufifrons* along the Putumayo River in Colombia and their biogeographical significance. Bulletin of the British Ornithologists' Club. 138:244–259.

Jaramillo, C., I. Romero, C. D'Apolito, G. Bayona, E. Duarte, S. Louwye, J. Escobar, J. Luque, J. D. Carrillo-Briceño, V. Zapata, A. Mora, S. Schouten, M. Zavada, G. Harrington, J. Ortiz, and F. P. Wesselingh. 2017. Miocene flooding events of western Amazonia. Science Advances 3:e1601693.

Jetz, W., J. M. McPherson, and R. P. Guralnick. 2012. Integrating biodiversity distribution knowledge: toward a global map of life. Trends in Ecology and Evolution 27:151–159.

Jézéquel, C., P. A. Tedesco, R. Bigorne, and J. A. Maldonado-Ocampo et al. 2020. A database of freshwater fish species of the Amazon Basin. Scientific Data 7:1–9.

Johnson, D. M., and N. A. Murray. 1995. Synopsis of the tribe Bocageeae (Annonaceae), with revisions of *Cardiopetalum, Froesiodendron, Trigynaea, Bocagea,* and *Hornschuchia.* Brittonia 47:248–319.

Jones, E. B. D. III, G. Helfman, J. Harper, and P. Bolstad. 1999. Effects of Riparian Forest Removal on Fish Assemblages in Southern Appalachian Streams. Conservation Biology 13:1454–1465.

Jungfer, K. H., S. Ron, R. Seipp R, and A. Almendáriz. 2000. Two new species of hylid frogs, genus Osteocephalus, from Amazonian Ecuador. Amphibia-Reptilia 21:327–340.

Junk, W. J., M. G. M. Soares, and P. B. Bayley. 2007. Freshwater fishes of the Amazon River basin: Their biodiversity, fisheries, and habitats. Aquat. Ecosyst. Heal. Manag. 10:153–173.

Kalko, E. K. V. 1997. Diversity in tropical bats. Pp. 13–43 in H. Ulrich, ed. *Tropical biodiversity and systematics.* Proceedings of the International Symposium on Biodiversity and Systematics in Tropical Ecosystems, Bonn: Zool. Forschungsinstitut und Museum Alexander Koenig.

Kalliola, R., M. Puhakka y W. Danjoy. 1993. *Amazonia Peruana: Vegetación Humeda Tropical en el Llano Subandino,* Jyväskylä, Finland.

Kawasaki, M. L., and A. J. Pérez. 2012. A new species of *Plinia* (Myrtaceae) from Ecuador, with demographic notes from a large forest plot. Harvard Papers in Botany 17:19–20.

Khobzi, J. S., P. F. Kroonemberg y A. Weeda. 1980. Aspectos geomorfológicos de la Orinoquia y Amazonia colombiana. Revista Centro Inter-Americano de Fotointerpritacion (CIAF) 5:97–126.

Klammer, G. 1984. The relief of the extra-Andean Amazon basin. Pp. 47–83 in H. Sioli, ed. *The Amazon, Limnology and Landscape Ecology of a Mighty Tropical River and its Basin.* Dordrecht, The Netherlands.

Kuan, M. 2015. *Civilización, frontera y barbarie: misiones capuchinas en Caquetá y Putumayo, 1893–1929.* Editorial Pontificia Universidad Javeriana, Bogotá.

Lähteenoja, O., K. Ruokolainen, L. Schulman, and M. Oinonen. 2009. Amazonian floodplains harbour minerotrophic and ombrotrophic peatlands. Catena 79:140–145.

Lähteenoja, O., and K. Roucoux. 2010. Inception, history and development of peatlands in the Amazon Basin. PAGES news 18:140–145.

Lähteenoja, O., B. Flores, and B. Nelson. 2013. Tropical peat accumulation in Central Amazonia. Wetlands, 33:495–503.

Lamar, W. 1998. A checklist with common names of the reptiles of the Peruvian lower Amazon. Disponible en/Available at: *www.greentracks.com/RepList.htm.*

Latrubesse, E. M., and A. Rancy. 2000. Neotectonic influence on tropical rivers of southwestern Amazon during the Late Quaternary: The Moa and Ipixuna River basins, Brazil. Quaternary International 72:67–72.

Latrubesse, E. M., S. A. F. da Silva, M. Cozzuol, and M. L. Absy. 2007. Late Miocene continental sedimentation in southwestern Amazonia and its regional significance. Biotic and geological evidence. Journal of South American Earth Sciences 23:61–80.

Lehr, E., A. Catenazzi, and D. Rodríguez. 2009. A new species of *Pristimantis* (Anura: Strabomantidae) from the Amazonian lowlands of northern Peru (Region Loreto and San Martín). Zootaxa 1990:0–40.

Lehr, E., J. Moravec, and L. A. G. Gagliardi-Urrutia. 2010. A new species of *Pristimantis* (Anura: Strabomantidae) from the Amazonian lowlands of northern Peru. Salamandra 46:197–203.

Leite, G.F.M., F.T.C. Silva, J.F.J. Gonçalves, and P. Salles. 2015. Effects of conservation status of the riparian vegetation on fish assemblage structure in neotropical headwater streams. Hydrobiologia 762:223–238.

Leme, E.M., R.C. Forzza, H. Halbritter, and O.B.C. Ribeiro. 2019. Contribution to the study of the genus *Fosterella* (Bromeliaceae: Pitcairnioideae) in Brazil. Phytotaxa 395:137–167.

León, B., A. Sagástegui, I. Sánchez y M. Zapata. 2006. Bromeliaceae endémicas del Perú. En: Revista Peruana de Biología, Número especial 13:708s–737s.

Ligges, U., S. Krey, O. Mersmann, and S. Schnackenberg. 2018. tuneR: Analysis of Music and Speech.

Londoño-Vega, A.C. y E. Álvarez-Dávila. 1997. Composición florística de dos bosques (Tierra firme y varzea) en la región de Araracuara, Amazonía Colombiana. Caldasia 19:431–463.

López-Baucells, A., R. Rocha, P. Bobrowiec, E. Bernard, J. Palmerin, and C. Meyer. 2016. *Field Guide to Amazonian Bats.* Editora INPA. Manaus, Brasil.

López-Rojas, J.J., and D.F. Cisneros-Heredia. 2012. *Synapturanus rabus* Pyburn, 1977 in Peru (Amphibia: Anura: Microhylidae): filling gap. Check List. A Journal of Species Lists and Distribution 8:274–275.

López-Rojas, J.J., W.P. Ramalho, M. da S. Susçuarana, and M.B. de Souza. 2013. Three new records of *Pristimantis* (Amphibia: Anura: Craugastoridae) for Brazil and a comment of the advertisement call of *Pristimantis orcus*. Check List. A Journal of Species Lists and Distribution 9:1548–1551.

López Wong, C. 2013. Mamiferos/Mammals. Pp. 121–125, 263–268 en/in N. Pitman, E. Ruelas Inzunza, C. Vriesendorp, D.F. Stotz, T. Wachter, Á. del Campo, D. Alvira, B. Rodríguez Grández, R.C. Smith, A.R. Sáenz Rodríguez y/and P. Soria Ruiz, eds. 2013. *Perú: Ere-Campuya-Algodón.* Rapid Biological and Social Inventories Report 25. The Field Museum, Chicago.

Lowe-McConnell, R.H. 1987. *Ecological Studies in Tropical Fish Communities.* Cambridge: Cambridge Univ. Press.

Lynch, J.D. 2005. Discovery of the richest frog fauna in the world: An exploration of the forests to the north of Leticia. Revista de la Academia Colombiana de Ciencias Exactas, Físicas y Naturales 29:581–588.

Lynch, J.D. 2007. Anfibios. Pp. 164–167 en S.L. Ruiz, E. Sánchez, E. Tabares, A. Prieto, J.C. Arias, R. Gómez, D. Castellanos, P. García, S. Chaparro y L. Rodríguez, eds. *Diversidad biológica y cultural del sur de la Amazonia colombiana: Diagnóstico.* Corpoamazonia, Instituto Humboldt, Instituto Sinchi y UAESPNN, Bogotá.

Lynch, J.D. 2012. El contexto de las serpientes de Colombia con un análisis de las amenazas en contra de su conservación. Revista de la Academia Colombiana de Ciencias Exactas, Físicas y Naturales 36:435–449.

Lynch, J.D., and W.E. Duellman. 1973. A review of the centrolenid frogs of Ecuador, with descriptions of new species. Occasional Papers of the Museum of Natural History, University of Kansas 16:1–66.

Lynch, J.D., and J. Lescure. 1980. A collection of Eleutherodactylinae frogs from Northeastern Amazonian Peru with the description of two new species (Amphibia, Salientia, Leptodactylidae). Bulletin du Museum National d'Histoire Naturelle Paris, Section A, Zoologie, Biologie et Ecologie Animales 2:303–316.

Magnusson, W.E., and Z. Campos. 2010. Cuvier's smooth-fronted caiman Paleosuchus palpebrosus. Pp. 40–42 in S.C. Manolis y/and C. Stevenson, eds. *Crocodiles: Status survey and conservation action plan.* Third Edition. Crocodile Specialist Group, Darwin

Maldonado-Ocampo, J.A., R. Quispe y/and M.H. Hidalgo. 2013. Peces/Fishes. Pp. 98–107, 243–251 en/in N. Pitman, E. Ruelas Inzunza, C. Vriesendorp, D.F. Stotz, T. Wachter, Á. del Campo, D. Alvira, B. Rodríguez Grández, R.C. Smith, A.R. Sáenz Rodríguez y/and P. Soria Ruiz, eds. 2013. *Perú: Ere-Campuya-Algodón.* Rapid Biological and Social Inventories Report 25. The Field Museum, Chicago.

Malleux, O. 1975. *Mapa Forestal del Perú (memoria descriptiva).* Universidad Agraria la Molina, La Molina, Perú.

Malleux, O. 1982. *Inventarios Forestales en Bosques tropicales.* Univ. Nacional Agraria, Depto de Manejo Forestal, Lima.

Mantilla, L.C. 2000. *Los franciscanos en Colombia, Tomo III, 1700–1830, vol. II.* Ediciones de la Universidad San Buenaventura, Bogotá.

Markham, K. 2017. Evaluating Amphibian Vulnerability to Mercury Pollution from Artisanal and Small-Scale Gold Mining in Madre de Dios, Peru. (dissertation, Clark University).

Martins, M. y A.J. Cardoso. 1987. Novas especies de hilideos do Estado do Acre (Amphibia: Anura). Revista Brasileira de Biologia 47:549–558.

Martins-Junior, A.M.G., J. Carneiro, I. Sampaio, S.F. Ferrari, and H. Schneider. 2018. Phylogenetic relationships among Capuchin (Cebidae, Platyrrhini) linages: An old event of sympatry explains the current distribution of *Cebus* and *Sapajus*. Genetics and Molecular Biology 4:699–712.

Mason, D. 1996. Response of Venezuelan understory birds to selective logging, enrichment strips, and vine cutting. Biotropica 28:296–309.

Meade, R.H., C.F.J. Nordin, W.F. Curtis, F.M.C. Rodrigues, C.M. do Vale, and J.M. Edmond. 1979. Sediment loads in the Amazon River: Nature 278:161–163.

Medina-Rangel, G.F., M.E. Thompson, D.H. Ruiz-Valderrama, W. Fajardo Muñoz, J. Lombana Lugo, C. Londoño, C. Moquena Carbajal, H.D. Ríos Rosero, J.E. Sánchez Pamo y/and E. Sánchez. 2019. Anfibios y reptiles/Amphibians and reptiles. Pp. 111–122, 272–281 y/and 400–407 en/in N. Pitman, A. Salazar Molano, F. Samper Samper, C. Vriesendorp, A. Vásquez Cerón, Á. del Campo, T.L. Miller, E.A. Matapi Yucuna, M.E. Thompson, L. de Souza, D. Alvira Reyes, A. Lemos, D.F. Stotz, N. Kotlinski, T. Wachter, E. Woodward y/and R. Botero García, eds. *Colombia: Bajo Caguán-Caqueta.* Rapid Biological and Social Inventories Report 30. The Field Museum, Chicago.

Menegazzo, M.C., O.Catuneanu, and H.K.Chang. 2016. The South American retroarc foreland system: The development of the Bauru Basin in the back-bulge province: Marine and Petroleum Geology 73:131–156.

Meneses Lucumí, L.E. 2015. Tras la tierra prometida en la Amazonía: la Asociación Evangélica Israelita del Nuevo Pacto Universal. Pp.86–102 en/in *Boletín Cultural y Bibliográfico, Vol.XLIX, Núm.89.* Publicaciones Banco de la República, Bogotá.

Meneses Lucumí, L.E. 2017. El Amazonas: 'la tierra prometida' de los Israelitas del Nuevo Pacto Universal. Tesis para optar al título de Doctor en Antropología. Universidad de los Andes, Bogotá.

Miller, B.W. 2001. A method for determining relative activity of free flying bats using a new activity index for acoustic monitoring. Acta Chiropterologica 3:93–105.

Miller, K.G., M.A.Kominz, J.V.Browning, J.D.Wright, G.S.Mountain, M.E.Katz, P.J.Sugarman, B.S.Cramer, N.Christie-Blick, and S.F.Pekar. 2005. The Phanerozoic record of global sea-level change. Science 310:1293–1298.

MINAG (Ministerio de Agricultura del Perú). 2006. *Aprueban categorización de especies amenazadas de flora silvestre.* Decreto Supremo No.043-2006-AG. MINAG. Diario Oficial El Peruano, Lima

MINAGRI. 2014. *Decreto supremo que aprueba la actualización de la lista de clasificación y categorización de las especies amenazadas de fauna silvestre legalmente protegidas.* Decreto Supremo 004-2014-MINAGRI. El Peruano, 08 abril 2014. Ministerio de Agricultura y Riego (MINAGRI), Lima.

Ministerio de Ambiente y Desarrollo Sostenible. 2018. *Resolución 1912–2017, Lista de especies silvestres amenazadas de la diversidad biológica continental y marino-costera de Colombia.* Ministerio de Ambiente y Desarrollo Sostenible. v2.3. Dataset/Checklist.

Mirada, F.R., D.M,Casali, F.A.Perini, F.Machado, and F.R.Santos. 2018. Taxonomic review of the genus *Cyclopes* Gray, 1821 (Xenarthra: Pilosa), with the revalidation and description of new species. Zoological Journal of the Linnean Society 183:1–35.

Mojica, J.I., C.Castellanos, and J.Lobón-Cerviá. 2009. High temporal species turnover enhances the complexity of fish assemblages in Amazonian Terra firme streams. Ecology of Freshwater Fish. 18:520–526.

Monteferri, B. y/and D.Coll, eds. 2009. *Conservación privada y comunitaria en los países amazónicos.* Sociedad Peruana de Derecho Ambiental, Lima.

Montenegro, O. 2007. Mamíferos del sur de la Amazonia colombiana. Pp.134–141 en *Diversidad Biológica y Cultural en el sur de la Amazonia colombiana – Diagnóstico.* Corpoamazonia, Instituto de Investigación de Recursos Biológicos Alexander von Humboldt, Instituto Amazónico de Investigaciones Científicas, SINCHI, Unidad Administrativa Especial de Parques Nacionales Naturales. Bogotá.

Montenegro, O. y/and M.Escobedo. 2004. Mamíferos/Mammals. Pp.80–88, 164–171, y/and 254–261 en/in N.Pitman, R.C.Smith, C.Vriesendorp, D.Moskovits, R.Piana, G.Knell y/and T.Wachter, eds. 2004. *Perú: Ampiyacu, Apayacu, Yaguas, Medio Putumayo.* Rapid Biological Inventories Report 12. The Field Museum, Chicago.

Montenegro, O. y/and L.Moya. 2011. Mamíferos/Mammals. Pp.126–136, 245–252 en/in N.Pitman, C.Vriesendorp, D.K.Moskovits, R.von May, D.Alvira, T.Wachter, D.F.Stotz y/and Á.del Campo, eds. 2011. *Perú: Yaguas-Cotuhé.* Rapid Biological and Social Inventories Report 23. The Field Museum, Chicago.

Morley, R.J. 2000. *Origin and Evolution of Tropical Rain Forests.* John Wiley & Sons Ltd., Chichester.

Müller, R.D., M.Sdrolias, C.Gaina, B.Steinberger, and C.Heine. 2008. Long-term sea-level fluctuations driven by ocean basin dynamics. Science 319:1357–1362.

Munsell Color Company. 1954. Soil Color Charts, Baltimore, Maryland, Munsell Color Company.

Murcia García, U.G., y A.L.G.Díaz. 2007. Monitoreo de los bosques y otras coberturas de la Amazonia colombiana, a escala 1:100.000. Instituto Sinchi, Bogotá D.C.

Murcia García, U.G.M., J.Fonseca y F.Tobón. 2015. Zonificación y cuantificación de áreas para restaurar en rondas hídricas, nacimientos y suelos con pendientes >100% en la Amazonia colombiana. Revista Colombia Amazónica 8:137–152.

Nimuendaju, C. 1952. *The Tukuna.* University of California Publications in American Archaeology and Ethnology, vol. XLV, Berkeley.

Oliveira de Carvalho, M.A. 2011. Estratégia e comportamento reprodutivos de Ameerega hahneli (Anura, Dendrobatidae) na Amazônia Central (Programa de pós-graduação em Ecologia, Instituto Nacional de Pesquisas da Amazonia- INPA).

Ortega, H., J.I.Mojica, J.C.Alonso, and M.Hidalgo. 2006. Listado de los peces de la cuenca del río Putumayo en el sector colombo-peruano Biota Colombiana 7:95–112.

Ortega, H., M.Hidalgo, G.Trevejo, E.Correa, A.M.Cortijo, V.Mezza y J.Espino 2011. *Lista anotada de los peces de aguas continentales del Perú. Estado actual del conocimiento, distribución, usos y aspectos de conservación.* Ministry of the Environment, General Bureau of Biological Diversity—National History Museum, National University of San Marcos (UNMSM), Lima.

Pacheco, T., R.Rojas y M.Vásquez 2006. *Inventario forestal de la cuenca baja del Río Algodón, Río Putumayo, Perú.* Instituto Nacional de Desarrollo (INADE) y Proyecto Especial Binacional Desarrollo Integral de la Cuenca del Río Putumayo (PEDICP) y Dirección de Recursos Naturales y Medio Ambiente (DRNMA), Iquitos.

Pacheco, V., R.Cadenillas, E.Salas, C.Tello, and H.Zeballos. 2009. Diversidad y endemismo de los mamíferos del Perú. Revista Peruana de Biología 16:005–032

Page, S.E., and A.Hooijer. 2016. In the line of fire: the peatlands of Southeast Asia. Philosophical Transactions Royal Society of London B 371:1–9.

Pandey, D.P., G.S. Pandey, K. Devkota, and M. Goode. 2016. Public perceptions of snakes and snakebite management: Implications for conservation and human health in southern Nepal. Journal of Ethnobiology and Ethnomedicine 12:22.

Pardo-Casas, F., and P. Molnar. 1987. Relative motion of the Nazca (Farallon) and South American Plates since Late Cretaceous time. Tectonics 6:233–248.

Parque Nacional Natural Río Puré. 2016. *Diagnóstico socioeconómico de los asentamientos humanos de la rivera colombiana del Río Putumayo desde la Finca Santa Clara hasta el Río Pupuña, zona de influencia del Sector Sur del Parque Nacional Natural Río Puré.* Tarapacá, Amazonas, Colombia.

Parque Nacional Natural Río Puré. 2019. *Ordenamiento ambiental del Resguardo Cotuhé Putumayo,* Tarapacá, Amazonas, Colombia.

Parsons M. B., and J. B. Percival. 2005. A brief history of mercury and its environmental impact. in M.B. Parsons, and J.B. Percival, eds. *Mercury: sources, measurements, cycles and effects.* Mineralogical Association of Canada. Halifax, Nova Scotia.

Payan, E. y Trujillo, L.A. 2006. The tigrilladas in Colombia. Cat News 44:25.

Payan, E., and T. de Oliveira. 2016. *Leopardus tigrinus.* The IUCN Red List of Threatened Species 2016: e.T54012637A50653881. Disponible en/Available at: *https://dx.doi.org/10.2305/IUCN.UK.2016-2.RLTS. T54012637A50653881.en*

PEDICP. 2012. *Plan de desarrollo de la zona de integración fronteriza (ZIF) colombo-peruana.* Instituto Nacional de Desarrollo (INADE) y Proyecto Especial Binacional Desarrollo Integral de la Cuenca del Río Putumayo (PEDICP), Iquitos.

Peláez, T. 2015. *Petróleo, coca, despojo territorial y organización social en Putumayo.* Centro Nacional de Memoria Histórica, Bogotá.

Pennano, G. 1988. *La economía del caucho.* Centro de Estudios Teológicos de la Amazonía, Iquitos, Perú.

Peña A.F.A., C. Manjarrez y Acevedo-Charry. *Heterocercus aurantiivertex* (Aves: Passeriformes: Pipridae), una nueva especie para Colombia del Parque Nacional Naturak La Paya, Leguízamo, Putumayo. Caldasia 42:142–146.

Perez Peña, P.E., M.C. Ramos Rodríguez, J. Diaz Alván, R. Zárate Gómez y K. Mejía Carhuanca. 2019. *Biodiversidad en la cuenca alta del Putumayo, Perú. Instituto de Investigaciones de la Amazonia Peruana.* Iquitos, Perú.

Perupetro. 2012. Hydrocarbon Blocks and Seismic Campaign: Perupetro, 1 sheet, scale 1:2,000,000, sheet.

Pipoly III, J.J. 1994. Notes on the genus *Cybianthus* subgenus *Cybianthus* (Myrsinaceae) in Colombian Amazonia. Sida 16:333–339.

Pitman, N., R.C. Smith, C. Vriesendorp, D. Moskovits, R. Piana, G. Knell y/and T. Wachter, eds. 2004. *Perú: Ampiyacu, Apayacu, Yaguas, Medio Putumayo.* Rapid Biological Inventories Report 12. The Field Museum, Chicago.

Pitman, N., C. Vriesendorp, D.K. Moskovits, R. von May, D. Alvira, T. Wachter, D.F. Stotz, y/and Á. del Campo eds. 2011. *Perú: Yaguas-Cotuhé.* Rapid Biological and Social Inventories Report 23. The Field Museum, Chicago.

Pitman, N., E. Ruelas Inzunza, C. Vriesendorp, D.F. Stotz, T. Wachter, Á. del Campo, D. Alvira, B. Rodríguez Grández, R.C. Smith, A.R. Sáenz Rodríguez y/and P. Soria Ruiz, eds. 2013. *Perú: Ere-Campuya-Algodón.* Rapid Biological and Social Inventories Report 25. The Field Museum, Chicago.

Pitman, N., A. Bravo, S. Claramunt, C. Vriesendorp, D. Alvira Reyes, A. Ravikumar, Á. del Campo, D.F. Stotz, T. Wachter, S. Heilpern, B. Rodríguez Grández, A.R. Sáenz Rodríguez y/and R.C. Smith eds. 2016. *Perú: Medio Putumayo-Algodón.* Rapid Biological and Social Inventories Report 28. The Field Museum, Chicago.

PNN-DTAM. 2018. El mercurio en comunidades de la Amazonia colombiana. Informe de Parques Nacionales Naturales de Colombia, Dirección Territorial Amazonia, Bogotá.

Poelman, E.H., R.P.A. van Wijngaarden, and C.E. Raaijmakers. 2013. Amazon poison frogs (*Ranitomeya amazonica*) use different phytotelm characteristics to determine their suitability for egg and tadpole deposition. Evolutionary Ecology 27:661–674.

Polanco, R. 2013. *Leguízamo: hacia una construcción histórica del territorio.* Tropenbos Internacional, Bogotá.

Polanco-Ochoa, R., V. Jaimes y W. Piragua. 2000. Los mamíferos del Parque Nacional Natural La Paya, Amazonía colombiana. Revista de la Academia Colombiana de Ciencias Exactas, Físicas y Naturales 23 (suplemento especial):671–682.

Preciado, J. 2011. *Mesa Permanente de Coordinación Interadministrativa: experiencia en la construcción de políticas publicas con pueblos indígenas en el departamento del Amazonas.* FGA.

Pyburn, W.F. 1976. A new fossorial frog from the Colombian rain forest (Anura: Microhylidae). Herpetologica 32:367–370.

R Core Team 2018. R: A language and environment for statistical computing. R Foundation for Statistical Computing, Vienna, Austria. URL https://www.R-project.org/.

Ramírez-Chaves, H.E., E.A. Noguera-Urbano y M.E. Rodríguez-Posada. 2013. Mamíferos (Mammalia) del departamento de Putumayo, Colombia. Rev. Acad. Colomb. Cienc. 37 143: 263–286.

Ramírez-Chaves, H.E., A.F. Suárez-Castro, J.F. González-Maya. 2016. Cambios recientes a la lista de los mamíferos de Colombia. Mammalogy Notes I Notas Mastozoológicas 3:1–9.

Ramos-Rodríguez, M.C., P.E. Pérez-Peña, G. Flores-Cárdenas y A. Ortiz-Sánchez. 2019. Mamíferos. Pp. 134–155 en/in P.E. Pérez-Peña, M.C. Ramos-Rodríguez, J. Díaz-Alván, R. Zárate-Gómez y/and K. Mejía Carhuanca, eds. *Biodiversidad en la cuenca alta del Putumayo, Perú.* Instituto de Investigaciones de la Amazonía Peruana. Iquitos, Perú.

Reis, R.E., S.O. Kullander, and C. Ferraris. 2003. *Check List of the Freshwater Fishes of South and Central America.* Porto Alegre: EDIPUCRS

Reis, R.E., J.S. Albert, F. Di Dario, M.M. Mincarone, P. Petry, L.A. Rocha. 2016. Fish biodiversity and conservation in South America. Journal of fish biology 89:12–47.

Remsen, J.V. Jr., J.L. Areta, E. Bonaccorso, S. Claramunt, A. Jaramillo, J.F. Pacheco, J. Pérez-Emán, M.B. Robbins, F.G. Stiles, D.F. Stotz, and K.J. Zimmer. 2019. A Classification of the bird species of South America. American Ornithologists Union. *Disponible en/Available at: http://www.museum.lsu.edu/~Remsen/SACCBaseline.htm.* Accedido el/ Accessed on 03/12/2019.

Rey de Castro, C. 2005. *La defensa de los caucheros.* CETA, Iquitos, Perú.

Rincón, H. 2005. Tarapacá: Un asentamiento producto de la presencia peruana en la Amazonía Colombiana. Maguaré 19:133–146.

Ríos Paredes, M.A., L.A. Torres-Montenegro, A.A. Barona-Colmenares, C. Vriesendorp y/and N. Pitman. 2016. Flora/Flora. Pp. 101–109, 284–291, y/and 372–431 en/in N. Pitman, A. Bravo, S. Claramunt, C. Vriesendorp, D. Alvira Reyes, A. Ravikumar, Á. del Campo, D.F. Stotz, T. Wachter, S. Heilpern, B. Rodríguez Grández, A.R. Sáenz Rodríguez y/and R.C. Smith, eds. *Perú: Medio Putumayo-Algodón.* Rapid Biological and Social Inventories Report 28. The Field Museum, Chicago.

Ríos-Villamizar, E., J. Adeney, W. Junk, and M.T. Piedade. 2020. Physicochemical features of Amazonian water typologies for water resources management. IOP Conference Series: Earth and Environmental Science 427: 012003.

Roberts, T.R. 1972. Ecology of fishes in the Amazon and Congo basins. Bulletin of the Museum of Comparative Zoology at Harvard College 143:117–147.

Rodríguez, L.O., and W.E. Duellman. 1994. Guide to the frogs of the Iquitos region. University of Kansas Museum of Natural History, Lawrence, Special Publication No. 22:1–80.

Rodríguez, L.O., and K.R. Young. 2000. Biological diversity of Peru: Determining priority areas for conservation. AMBIO 29:329–337.

Rodríguez, L.O. y/and F. Campos. 2002. Anfibios y reptiles/Amphibians and reptiles. Pp: 65–68, 138–140 y/and 180–181 en/in N. Pitman, D.K. Moskovits, W.S. Alverson y/and R. Borman A., eds. *Ecuador: Serranías Cofán-Bermejo, Sinangoe.* Rapid Biological Inventories Report 3. The Field Museum, Chicago.

Rodríguez, L.O. y/and G. Knell. 2003. Anfibios y reptiles/Amphibians and reptiles. Pp. 63–67, 147–150 y/and 244–253 en/in N. Pitman, C. Vriesendorp y/and D. Moskovits, eds. *Perú: Yavarí.* Rapid Biological Inventories Report 11. The Field Museum, Chicago.

Rodríguez, L.O. y/and G. Knell. 2004. Anfibios y reptiles/Amphibians and reptiles. Pp. 67–70, 152–155, y/and 234–241 en/in N. Pitman, R.C. Smith, C. Vriesendorp, D. Moskovits, R. Piana, G. Knell y/and T. Wachter, eds. *Perú: Ampiyacu, Apayacu, Yaguas, Medio Putumayo.* Rapid Biological Inventories Report 12. The Field Museum, Chicago.

Rodríguez-López, C., and D. Pinto-Ortega. 2013. *Osteocephalus subtilis* Martins and Cardoso, 1987 (Anura: Hylidae): new distribution record. Check List 9:116–117.

Roll, U., A. Feldman, and M. Novosolov *et al.* 2017. The global distribution of tetrapods reveals a need for targeted reptile conservation. Nature Ecology and Evolution 1:1677–1682.

Ron, S.R., C. Frenkel, L.A. Coloma. 2019. *Allobates zaparo* En: S.R. Ron, A. Merino-Viteri, and D.A. Ortiz, eds. *Anfibios del Ecuador.* Version 2019.0. Museo de Zoología, Pontificia Universidad Católica del Ecuador. Disponible en/Available at: *https://bioweb.bio/faunaweb/amphibiaweb/FichaEspecie/Allobates%20zaparo*

Royle, J.A., M. Kéry, R. Gautier, and H. Schmid. 2007. Hierarchical spatial models of abundance and occurrence from imperfect survey data. Ecological Monographs 77:465–481.

Rudas Lleras, A. y A. Prieto Cruz. 1998. Análisis florístico del Parque nacional natural Amacayacu e islas Mocagua, Amazonas (Colombia). Caldasia 20:142–172.

Rudas Lleras, A. y A. Prieto Cruz. 2005. *Flórula del Parque Nacional Natural Amacayacu, Amazonas, Colombia.* Volume 99 of Monographs in systematic botany from the Missouri Botanical Garden. Missouri Botanical Garden, Saint Louis.

Rueda-Almonacid, J.V., J.L. Carr, R.A. Mittermaier, J. V. Rodrigues-Macheda, R.B. Mast, R.C. Vogt, A.G.J. Rhodin, J. de La Ossa-Velasquez, J.N. Rueda y C.G. Mittermeier. 2007. *Las tortugas y los cocodrilianos de los países andinos del trópico.* Conservacion Internacional, Bogotá.

Ruiz, S.L., E. Sánchez, E. Tabares, A. Prieto, J.C. Arias, R. Gómez, D. Castellanos, P. García y L. Rodríguez, eds. *Diversidad biológica y cultural del sur de la Amazonia colombiana Diagnóstico.* CORPOAMAZONIA, Instituto Humboldt, Instituto Sinchi, UAESPNN, Bogotá.

Ruiz-García, M., S. Sánchez-Castillo, M.I. Castillo, K. Luenfas, J.M. Ortea, P. Moreno, L. Albuja, C.M. Pinto, and J.M. Shostell. 2018. How Many Species, Taxa, or Lineages of Cebus albifrons (Platyrrhini, Primates) Inhabit Ecuador? Insights from Mitogenomics. International Journal of Primatology 39: 1068–1104.

Ruokolainen, K., L. Schulman, and H. Tuomisto. 2001. On Amazon peatlands. International Mire Conservation Group Newsletter 4:8–10.

Rylands, A.B., and R.A. Mittermeier. 2013. Family Cebidae (capuchins and squirrel monkeys). Pp. 348–389. en/in R.A. Mittermeier, A.B. Rylands, and D.E. Wilson, eds. *Handbook of the Mammals of the World, vol. 3. Primates,* Lynx Edicions, Barcelona.

Sánchez Fernández, A.W., J.S. De la Cruz Wetzell, J. Sergio, R.W. Monge Miguel, J.E. Chira Fernández, I. Herrera Tufino, M.M. Valencia Muñoz, D. Romero Fernández, J. Cervante Gárate y A. Cuba Manrique. 1999. *Geología de los cuadrángulos de Puerto Arturo, Flor de Agosto, San Antonio del Estrecho, Nuevo Perú, San Filipe, Río Algodón, Quebrada Airambo, Mazán, Francisco de Orellana, Huata, Iquitos, Río Maniti, Yanashi, Tamshiyacu, Río Tamshiyacu, Buenjardín, Ramón Castilla, Río Yavarí-Mirín y Buenavista.* Instituto Geológico Minero y Metalúrgico, Sector de Energía y Minas, Boletin, v. 132, Lima, Perú.

Sánchez Izquierdo, J., D. Alvarez Cumpa, A. Lagos Manrique y N. Huamán. 1997. *Geología de los cuadrángulos de Balsopuerto y Yurimaguas.* Instituto Geológico Minero y Metalúrgico, Sector de Energía y Minas, Boletin, v. 103, Lima, Perú.

Santos, F. y Barclay, F. 2002. La Frontera Domesticada. Fondo Editorial Pontificia Universidad Católica del Perú, Lima.

Servicio Geológico Colombiano. 2003. Geología, recursos geológicos y amenazas geológicas del departamento del Putumayo, scale 1:400,000.

Servicio Geológico Colombiano. 2011. Geología de las planchas 567, 568, 568 BIS, 569 Y 569 BIS, escala 1:200.000, Bogotá, Servicio Geológico Colombiano (SGC).

Silva, M.C. 2006. La masacre de lo más hermoso: Historia de la cacería de animales salvajes en el departamento del Putumayo, en las famosas caimadas, tigrilladas y lobiadas. En/in A. Gómez, ed. *Putumayo: una historia económica y sociocultural.* Volumen 2. CES–Universidad Nacional de Colombia, Bogotá.

Sleumer, H.O. 1980. Flacourtiaceae. Flora Neotropica. 22:1–499.

Soil Survey Staff. 1994. *Keys to Soil Taxonomy.* United States Department of Agriculture, Natural Resource Conservation Service, Washington D.C.

Solari, S., Y. Muñoz-Saba, J.V. Rodríguez-Mahecha, T.R. Defler, H.E. Ramírez-Chaves y F. Trujillo. 2013. Riqueza, endemismo y conservación de los mamíferos de Colombia. Mastozoología neotropical 20:301–365.

Stallard, R.F. 1985. River chemistry, geology, geomorphology, and soils in the Amazon and Orinoco basins. Pp.293–316 en/in J.I. Drever, ed. *The Chemistry of Weathering.* D.Reidel Publishing Co, Dordrecht, Holland.

Stallard, R.F. 2006a. Procesos del paisaje: geología, hidrología y suelos/Landscape processes: geology, hydrology, and soils. Pp. 57–63, 170–176, y/and 230–249 en/in C. Vriesendorp, N. Pitman, J.I. Rojas Moscoso, L.Rivera Chávez, L.Calixto Méndez, M.Vela Collantes y/and P.Fasabi Rimachi, eds. *Perú: Matsés.* Rapid Biological Inventories Report 16. The Field Museum, Chicago.

Stallard, R.F. 2006b. Geología y hidrología/Geology and hydrology. Pp.58–61, 160–163, 218–219, y/and 248 en/in C. Vriesendorp, Schulenberg, T.S., Moskovits, D.K. y/and J.I. Rojas Moscoso, eds. *Perú: Sierra del Divsor.* Rapid Biological Inventories Report 17. The Field Museum, Chicago.

Stallard, R.F. 2007. Geología, hidrología y suelos/Geology, hydrology, and soils. Pp.44–50, 114–119, y/and 156–162 en/in C.Vriesendorp, J.A.Álvarez, N.Barbagelata, W.S.Alverson y/and D.K.Moskovits, eds. *Perú: Nanay-Mazán-Arabela.* Rapid Biological Inventories Report 18. The Field Museum, Chicago.

Stallard, R.F. 2011. Procesos paisajísticos: geología, hidrología y suelos/Landscape processes: geology, hydrology, and soils. Pp.72–86, 199–210, y/and 272–275. en/in N.Pitman, C.Vriesendorp, D.K.Moskovits, R.von May, D.Alvira, T.Wachter, D.F.Stotz y/and Á.del Campo, eds. *Perú: Yaguas-Cotuhé.* Rapid Biological Inventories Report 23. The Field Museum, Chicago.

Stallard, R.F. 2013. Geología, hidrología y suelos/Geology, hydrology, and soils. Pp.74–85, 221–231, y/and 296–330 en/in N.Pitman, E.Ruelas Inzunza, C.Vriesendorp, D.F.Stotz, T.Wachter, Á del Campo, D.Alvira, B.Rodríguez Grández, R.C.Smith, A.R.Sáenz Rodríguez y/and P.Soria Ruiz, eds. *Perú: Ere-Campuya-Algodón.* Rapid Biological Inventories Report 25. The Field Museum, Chicago.

Stallard, R.F., and J.M. Edmond. 1983. Geochemistry of the Amazon 2. The influence of geology and weathering environment on the dissolved-load. Journal of Geophysical Research-Oceans and Atmospheres 88:9671–9688.

Stallard, R.F. y/and V. Zapata-Pardo. 2012. Geología, hidrología y suelos/Geology, hydrology, and soils. Pp.76–86, 233–242, y/and 318–319. en/in N.Pitman, E.Ruelas Inzunza, D.Alvira, C.Vriesendorp, D.K.Moskovits, Á.del Campo, T.Wachter, D.F.Stotz, S.Noningo Sesén, T.Cerrón y/and R.C.Smith, eds. *Perú: Cerros de Kampankis.* Rapid Biological and Social Inventories Report 28. The Field Museum, Chicago.

Stallard, R.F. y/and L.Lindell. 2014. Geología, hidrología y suelos/ Geology, hydrology, and soils. Pp.84–98, 280–292, y/and 402–407 en/in N.Pitman, C.Vriesendorp, D.Alvira, J.A.Markel, M.Johnston, E.Ruelas Inzunza, A.Lancha Pizango, G.Sarmiento Valenzuela, P.Álvarez-Loayza, J.Homan, T.Wachter, Á.del Campo, D.F.Stotz y/and S.Heilpern, eds. *Perú: Cordillera Escalera-Loreto.* Rapid Biological and Social Inventories Report 26. The Field Museum, Chicago.

Stallard, R.F., and S.F. Murphy. 2014. A unified assessment of hydrologic and biogeochemical responses in research watersheds in eastern Puerto Rico using runoff–concentration relations: Aquatic Geochemistry 20:115–139.

Stallard, R.F. y/and T.D.Crouch. 2015. Geología, hidrología y suelos/Geology, hydrology and soils. Pp.80–96, 264–278, y/ and 374–375 en/in N.Pitman, C.Vriesendorp, L.Rivera Chávez, T.Wachter, D.Alvira Reyes, Á del Campo, G.Gagliardi-Urrutia, D.Rivera González, L.Trevejo, D.Rivera González y/and S.Heilpern, eds. *Perú: Tapiche-Blanco.* Rapid Biological and Social Inventories Report 25. The Field Museum, Chicago.

Stallard, R.F. y/and S.C.Londoño. 2016. Geología, hidrología y suelos/Geology, hydrology, and soils. Pp.58–65, 176–182, y/and 250–270 en/in N.Pitman, A.Bravo, S.Claramunt, C.Vriesendorp, D.A.Reyes, A.Ravikumar, Á.del Campo, D.F.Stotz, T.Wachter, S.Heilpern, B.Rodríguez Grández, A.R.Sáenz Rodríguez y/and R.C.Smith, eds. *Perú: Medio Putumayo-Algodón.* Rapid Biological and Social Inventories Report 28. The Field Museum, Chicago.

Stark, N.M., and C.F.Jordan. 1978. Nutrient retention by the root mat of an Amazonian rain forest. Ecology 59:434–437.

Stark, N., and C.Holley. 1975. Final report on studies of nutrient cycling on white and black water areas in Amazonia. Acta Amazonica 5:51–76.

Stotz, D.F. y/and T.Pequeño. 2004. Aves/Birds. Pp.70–80, 155–164, y/and 242–253 en/in N.Pitman, R.C.Smith, C.Vriesendorp, D.Moskovits, R.Piana, G.Knell y/and T.Wachter, eds. *Perú: Ampiyacu, Apayacu, Yaguas, Medio Putumayo.* Rapid Biological Inventories Report 12. The Field Museum, Chicago.

Stotz, D.F. y/and P.Mena Valenzuela. 2008. Aves/Birds. Pp.96–105, 222–229, y/and 324–351 en/in W.S.Alverson, C.Vriesendorp, Á.del Campo, D.K.Moskovits, D.F.Stotz, M.García Donayre y/and L.A.Borbor L., eds. *Ecuador, Perú: Cuyabeno-Güeppí.* Rapid Biological and Social Inventories Report 20. The Field Museum, Chicago.

Stotz, D.F. y/and J. Diaz Alván. 2010. Aves/Birds. Pp. 81–90, 197–205, y/and 288–310 en/in M.P. Gilmore, C. Vriesendorp, W.S. Alverson, Á. del Campo, R. von May, C. López Wong, y/and S. Ríos Ochoa, eds. *Perú: Maijuna*. Rapid Biological and Social Inventories Report 22. The Field Museum, Chicago.

Stotz, D.F. y/and J. Díaz Alván. 2011. Aves/Birds. Pp. 116–125, 237–245, y/and 336–355 en/in N. Pitman, C. Vriesendorp, D.K. Moskovits, R. von May, D. Alvira, T. Wachter, D.F. Stotz y/and Á. del Campo, eds. *Perú: Yaguas-Cotuhé*. Rapid Biological and Social Inventories Report 23. The Field Museum, Chicago.

Stotz, D.F. y/and E. Ruelas Inzunza. 2013. Aves/Birds. Pp. 114–120, 257–263, y/and 362–373 en/in N. Pitman, E. Ruelas Inzunza, C. Vriesendorp, D.F. Stotz, T. Wachter, Á. del Campo, D. Alvira, B. Rodríguez Grández, R.C. Smith, A.R. Sáenz Rodríguez y/and P. Soria Ruiz, eds. *Perú: Ere-Campuya-Algodón*. Rapid Biological and Social Inventories Report 25. The Field Museum, Chicago.

Stotz, D.F., P. Saboya del Castillo y/and O. Laverde-R. 2016. Aves/Birds. Pp. 131–140, 311–319, y/and 466–493 en/in N. Pitman, A. Bravo, S. Claramunt, C. Vriesendorp, D. Alvira Reyes, A. Ravikumar, Á. del Campo, D.F. Stotz, T. Wachter, S. Heilpern, B. Rodríguez Grández, A.R. Sáenz Rodríguez y/and R.C. Smith, eds. *Perú: Medio Putumayo-Algodón*. Rapid Biological and Social Inventories Report 28. The Field Museum, Chicago.

Struwe, L. and V.A. Albert. 2004. A monograph of neotropical *Potalia* Aublet (Gentianaceae: Potalieae). En: Systematic Botany 29:670–701.

Sueur, J., T. Aubin, C. Simonis. 2008. Seewave: a free modular tool for sound analysis and synthesis. Bioacoustics 18:213–226

Sweeney, B.W., T.L. Bott, J.K. Jackson, L.A. Kaplan, J.D. Newbold, L.J. Standley, W.C. Hession, and R.J. Horwitz. 2004. Riparian deforestation, stream narrowing, and loss of stream ecosystem services. Proceedings of the National Academy of Sciences. 101:14132–14137.

Taussig, M. 1987. *Shamanism, Colonialism, and the Wild Man: A Study in Terror and Healing*. The University of Chicago Press, Chicago.

ter Steege, H., N.C.A. Pitman, D. Sabatier et al. 2013. Hyperdominance in the Amazonian tree flora. Science 342(6156):1243092.

Thiagavel, J., S.E. Santana, and J.M. Ratcliffe. 2017. Body size predicts echolocation call peak frequency better than gape height in vespertilionid bats. Scientific Reports 7:828.

Tiria, N., J. Bonilla, C. Bonilla. 2018. Transformación de las coberturas vegetales y uso del suelo en la llanura amazónica colombiana: el caso de Puerto Leguízamo, Putumayo (Colombia). Cuadernos de Geografía: Revista Colombiana de Geografía 27.

Tobler, M.W., S.E. Carrillo-Percastegui, R. Leite Pitman, R. Mares, and G. Powell. 2008. An evaluation of camera traps for inventorying large-and medium-sized terrestrial rainforest mammals. Animal Conservation 11:169–178.

Todd, B.D., J.D. Willson, C.M. Bergeron, and W.A. Hopkins. 2012. Do effects of mercury in larval amphibians persist after metamorphosis? Ecotoxicology 21:87–95.

Torrent, L., A. López-Baucells, R. Rocha, O. Bobrowiec, and C. Meyer. 2018. The importance of lakes for bat conservation in Amazonian rainforests: an assessment using autonomous recorders. Remote Sensing Ecology and Conservation 4:339–351.

Torres Montenegro, L., T. Mori Vargas, N. Pitman, M. Ríos Paredes, C. Vriesendorp y/and M.K. Johnston. 2015. Vegetación y flora/ Vegetation and flora. Pp. 96–109, 278–289, y/and 376–419 en/in N. Pitman, C. Vriesendorp, L. Rivera Chávez, T. Wachter, D. Alvira Reyes, Á. del Campo, G. Gagliardi-Urrutia, D. Rivera González, L. Trevejo, D. Rivera González, y/and S. Heilpern, eds. *Perú: Tapiche-Blanco*. Rapid Biological and Social Inventories Report 27. The Field Museum, Chicago.

Torres-Montenegro, L.A., A.A. Barona-Colmenares, N. Pitman, M.A. Ríos Paredes, C. Vriesendorp, T.J. Mori Vargas y/and M. Johnston. 2016. Vegetación/Vegetation Pp. 92–101 y/and 276–284 en/in N. Pitman, A. Bravo, S. Claramunt, C. Vriesendorp, D. Alvira Reyes, A. Ravikumar, Á. del Campo, D.F. Stotz, T. Wachter, S. Heilpern, B. Rodríguez Grández, A.R. Sáenz Rodríguez, y/and R.C. Smith, eds. *Perú: Medio Putumayo-Algodón*. Rapid Biological and Social Inventories Report 28. The Field Museum, Chicago.

Tropical Ecology Assessment and Monitoring (TEAM) Network. 2016. Disponible en/ Available at: *http://www.teamnetwork.org*

Trujillo, F., M.C. Diazgranados, C. Gómez y M. Portocarrero. 2017. Mamíferos acuáticos en la Amazonia. Pp. 142–147, en *Diversidad Biológica y Cultural en el sur de la Amazonia colombiana – Diagnóstico*. Corpoamazonia, Instituto de Investigación de Recursos Biológicos Alexander von Humboldt, Instituto Amazónico de Investigaciones Científicas, SINCHI, and Unidad Administrativa Especial de Parques Nacionales Naturales. Bogotá.

Uetz, P., P. Freed, and J. Hošek. 2019. The Reptile Database. Disponible en/Available at: *http://www.reptile-database.org*

Uribe, T. 2013. Caucho, explotación y guerra: configuración de las fronteras nacionales y expoliación indígena en Amazonia. Memoria y Sociedad 17.

van der Sleen, P., and J.S. Albert. 2018. *Field guide to the fishes of the Amazon*. Princeton University Press, Princeton, NJ.

van der Werff, H. 1997. *Sextonia*, a new genus of Lauraceae from South America. Novon 7:436–439.

van der Werff, H. 2008. A synopsis of the genus *Tachigali* (Leguminosae: Caesalpinioideae) in Northern South America. Annals of the Missouri Botanical Garden 95:618–661.

van Soelen, E.E., J.H. Kim, R.V. Santos, E.L. Dantas, F. Vasconcelos de Almeida, J.P. Pires, M. Roddaz, and J.S. Sinninghe Damsté. 2017. A 30 Ma history of the Amazon River inferred from terrigenous sediments and organic matter on the Ceará Rise. Earth and Planetary Science Letters 474:40–48.

Vásquez-Arévalo, F.A. y J. Díaz. 2019. Aves, Pp. 109–132 en P. Pérez-Peña, M.C. Ramos-Rodríguez, J. Díaz, R. Zárate-Gómez R. y K. Mejía, eds. *Biodiversidad en la cuenca alta del Putumayo, Perú*. Instituto de Investigaciones de la Amazonía Peruana, Perú.

Vaz, A. 2013. *Povos indígenas isolados e de recente contato no brasil: Políticas, direitos e Problemáticas*. 2013. Disponible en/Available at: *https://wrm.org.uy/es/files/2013/09/Povos_Indigenas_Isolados_e_de_Recente_Contato_no_Brasil.pdf*.

Venegas, P. J. y/and G. Gagliardi-Urrutia. 2013. Anfibios y reptiles/ Amphibians and reptiles. Pp.107–113, 251–257, y/and 346– 361 en/in N.Pitman, E.Ruelas Inzunza, C.Vriesendorp, D.F. Stotz, T.Wachter, Á.del Campo, D.Alvira, B.Rodríguez Grández, R.C.Smith, A.R.Sáenz Rodríguez, y/and P.Soria Ruiz, eds. *Perú: Ere-Campuya-Algodón.* Rapid Biological and Social Inventories Report 25. The Field Museum, Chicago.

Vicentini, A. 2007. *Pagamea* Aubl. (Rubiaceae), from species to processes, building the bridge. (dissertation, University of Missouri, St. Louis)

Vilela, T., et al. 2020. A better Amazon road network for people and the environment. Proceedings of the National Academy of Sciences 117(13):7095–7102.

von Hildebrand, M. y/and V. Brackelaire. 2012. *Guardianes de la selva. Gobernabilidad y autonomía en la Amazonia colombiana.* Fundación Gaia Amazonas, Bogotá .

von May, R. y/and P.J. Venegas. 2010. Anfibios y reptiles/ Amphibians and reptiles. Pp.74–81 y/and 190–97 en/in M.P.Gilmore, C.Vriesendorp, W.S.Alverson, Á.del Campo, R.von May, C.López Wong, y/and S.Ríos Ochoa, eds. *Perú: Maijuna.* Rapid Biological and Social Inventories Report 22. The Field Museum, Chicago.

von May, R. y/and J.J. Mueses-Cisneros. 2011. Anfibios y reptiles/ Amphibians and reptiles. Pp.108–116 y/and 230–237 en/in N.Pitman, C.Vriesendorp, D.K.Moskovits, R.von May, D.Alvira, T.Wachter, D.F.Stotz y/and Á.del Campo, eds. *Perú: Yaguas-Cotuhé.* Rapid Biological and Social Inventories Report 23. The Field Museum, Chicago.

Vriesendorp, C., N. Pitman, R. Foster, I. Mesones y/and M. Ríos. 2004. Flora y vegetación/Flora and vegetation. Pp.54–61, 141–147, y/and 190–213 en/in N.Pitman, R.C.Smith, C.Vriesendorp, D.Moskovits, R.Piana, G.Knell, y/and T.Wachter, eds. *Perú: Ampiyacu, Apayacu, Yaguas, Medio Putumayo.* Rapid Biological Inventories Report 12. The Field Museum, Chicago.

Wali, A. y/and H. del Campo. 2007. Applying Asset Mapping to Protected Area Planning and Management in the Cordillera Azul National Park, Peru. Ethnobotany Research and Applications 5(025-036):25–36.

Wali, A., D. Alvira, P.S. Tallman, A. Ravikumar y/and M.O. Macedo. 2017. A new approach to conservation: Using community empowerment for sustainable well-being. Ecology and Society 22:6.

Wickham, H. 2016. *ggplot2: Elegant Graphics for Data Analysis.* Springer-Verlag, New York.

Wilkinson, M.J., L.G. Marshall, J.G. Lundberg y/and M.H. Kreslavsky. 2010. Megafan environments in northern South America and their impact on Amazon Neogene aquatic ecosystems. Pp.162– 184. en/in C.Hoorn, y/and F.P.Wesselingh, eds. Amazonia: - Landscape and Species Evolution: A Look into the Past. Wiley-Blackwell, West Sussex, UK.

Yánez-Muñoz, M. y/and Á. Chimbo. 2007. Anfibios y reptiles/ Amphibians and Reptiles. Pp 96–99, 148–159 en/in R.Borman, C.Vriesendorp, W.S.Alverson, D.K.Moskovits, D.F.Stotz y/and Á.del Campo, eds. *Ecuador: Territorio Cofan Dureno.* Rapid Biological Inventories Report 19. The Field Museum, Chicago.

Yánez-Muñoz, M. y/and P.J. Venegas. 2008. Anfibios y reptiles/ Amphibians and reptiles. Pp.90–96, 215–221, y/and 308– 323 en/in W.S.Alverson, C.Vriesendorp, Á.del Campo, D.K.Moskovits, D.F.Stotz, M.García Donayre, y/and L.A.Borbor, eds. *Ecuador, Perú: Cuyabeno-Güeppí.* Rapid Biological and Social Inventories Report 20. The Field Museum, Chicago.

Zárate, C. 2012. La frontera amazónica de Colombia, Brasil y Perú después del conflicto de 1932. Textos y Debates 22:47–69.

Zarate-Gómez, R., G. Cohello, J. Palacios, R. Escobedo, S. Calvache y/and V. Vásquez. 2019. Vegetación y Flora. Pp.19–61 en P.E.Pérez-Peña, M.C. Ramos-Rodriguez, J.Díaz-Alván, R.Zarate-Gómez. y K.Mejia K, eds. *Biodiversidad en la cuenca alta del Putumayo, Perú.* Instituto de Investigaciones de la Amazonia Peruana. Iquitos, Peru.

Zavala Carrión, B. L., A. Guzmán Martinez, G. Valenzuela Ortiz, O. De la Cruz Matos, S. Núñez Juárez, M. Rosas Casusol, M. I. Aldana Alvarez, D. Usnayo Falcón, and L. A. Quispe Aranda. 1999. *Geología de los cuadrángulos de Puchana, Remanso, San Martín de Soledad, Quebrada Esperanza, Río Yahuillo, Quebrada Lupuna, Río Yaguas, Primavera, Pebas, Río Atacuari, Río Cotuhé, Quebrada Chontadero, San Francisco, Chambira, Caballococha, Can Juan de Cacao, Caroline, San Pablo de Loreto, San Pedro, Islandia, Isla Chinería y Lagogrande.* Instituto Geológico Minero y Metalúrgico, Sector de Energía y Minas, Boletin, v. 133, Lima, Perú.

Alverson, W. S., D. K. Moskovits y/and J. M. Shopland, eds. 2000. Bolivia: Pando, Río Tahuamanu. Rapid Biological Inventories Report 01. The Field Museum, Chicago.

Alverson, W. S., L. O. Rodríguez y/and D. K. Moskovits, eds. 2001. Perú: Biabo Cordillera Azul. Rapid Biological Inventories Report 02. The Field Museum, Chicago.

Pitman, N., D. K. Moskovits, W. S. Alverson y/and R. Borman A., eds. 2002. Ecuador: Serranías Cofán-Bermejo, Sinangoe. Rapid Biological Inventories Report 03. The Field Museum, Chicago.

Stotz, D. F., E. J. Harris, D. K. Moskovits, K. Hao, S. Yi, and G. W. Adelmann, eds. 2003. China: Yunnan, Southern Gaoligongshan. Rapid Biological Inventories Report 04. The Field Museum, Chicago.

Alverson, W. S., ed. 2003. Bolivia: Pando, Madre de Dios. Rapid Biological Inventories Report 05. The Field Museum, Chicago.

Alverson, W. S., D. K. Moskovits y/and I. C. Halm, eds. 2003. Bolivia: Pando, Federico Román. Rapid Biological Inventories Report 06. The Field Museum, Chicago.

Kirkconnell P., A., D. F. Stotz y/and J. M. Shopland, eds. 2005. Cuba: Península de Zapata. Rapid Biological Inventories Report 07. The Field Museum, Chicago.

Díaz, L. M., W. S. Alverson, A. Barreto V. y/and T. Wachter, eds. 2006. Cuba: Camagüey, Sierra de Cubitas. Rapid Biological Inventories Report 08. The Field Museum, Chicago.

Maceira F., D., A. Fong G. y/and W. S. Alverson, eds. 2006. Cuba: Pico Mogote. Rapid Biological Inventories Report 09. The Field Museum, Chicago.

Fong G., A., D. Maceira F., W. S. Alverson y/and J. M. Shopland, eds. 2005. Cuba: Siboney-Juticí. Rapid Biological Inventories Report 10. The Field Museum, Chicago.

Pitman, N., C. Vriesendorp y/and D. Moskovits, eds. 2003. Perú: Yavarí. Rapid Biological Inventories Report 11. The Field Museum, Chicago.

Pitman, N., R. C. Smith, C. Vriesendorp, D. Moskovits, R. Piana, G. Knell y/and T. Wachter, eds. 2004. Perú: Ampiyacu, Apayacu, Yaguas, Medio Putumayo. Rapid Biological Inventories Report 12. The Field Museum, Chicago.

Maceira F., D., A. Fong G., W. S. Alverson y/and T. Wachter, eds. 2005. Cuba: Parque Nacional La Bayamesa. Rapid Biological Inventories Report 13. The Field Museum, Chicago.

Fong G., A., D. Maceira F., W. S. Alverson y/and T. Wachter, eds. 2005. Cuba: Parque Nacional "Alejandro de Humboldt." Rapid Biological Inventories Report 14. The Field Museum, Chicago.

Vriesendorp, C., L. Rivera Chávez, D. Moskovits y/and J. Shopland, eds. 2004. Perú: Megantoni. Rapid Biological Inventories Report 15. The Field Museum, Chicago.

Vriesendorp, C., N. Pitman, J. I. Rojas M., B. A. Pawlak, L. Rivera C., L. Calixto M., M. Vela C. y/and P. Fasabi R., eds. 2006. Perú: Matsés. Rapid Biological Inventories Report 16. The Field Museum, Chicago.

Vriesendorp, C., T. S. Schulenberg, W. S. Alverson, D. K. Moskovits y/and J.-I. Rojas Moscoso, eds. 2006. Perú: Sierra del Divisor. Rapid Biological Inventories Report 17. The Field Museum, Chicago.

Vriesendorp, C., J. A. Álvarez, N. Barbagelata, W. S. Alverson y/and D. K. Moskovits, eds. 2007. Perú: Nanay-Mazán-Arabela. Rapid Biological Inventories Report 18. The Field Museum, Chicago.

Borman, R., C. Vriesendorp, W. S. Alverson, D. K. Moskovits, D. F. Stotz y/and Á. del Campo, eds. 2007. Ecuador: Territorio Cofan Dureno. Rapid Biological Inventories Report 19. The Field Museum, Chicago.

Alverson, W. S., C. Vriesendorp, Á. del Campo, D. K. Moskovits, D. F. Stotz, Miryan García Donayre y/and Luis A. Borbor L., eds. 2008. Ecuador, Perú: Cuyabeno-Güeppí. Rapid Biological and Social Inventories Report 20. The Field Museum, Chicago.

Vriesendorp, C., W. S. Alverson, Á. del Campo, D. F. Stotz, D. K. Moskovits, S. Fuentes C., B. Coronel T. y/and E. P. Anderson, eds. 2009. Ecuador: Cabeceras Cofanes-Chingual. Rapid Biological and Social Inventories Report 21. The Field Museum, Chicago.

Gilmore, M. P., C. Vriesendorp, W. S. Alverson, Á. del Campo, R. von May, C. López Wong y/and S. Ríos Ochoa, eds. 2010. Perú: Maijuna. Rapid Biological and Social Inventories Report 22. The Field Museum, Chicago.

Pitman, N., C. Vriesendorp, D. K. Moskovits, R. von May, D. Alvira, T. Wachter, D. F. Stotz y/and Á. del Campo, eds. 2011. Perú: Yaguas-Cotuhé. Rapid Biological and Social Inventories Report 23. The Field Museum, Chicago.

Pitman, N., E. Ruelas I., D. Alvira, C. Vriesendorp, D. K. Moskovits, Á. del Campo, T. Wachter, D. F. Stotz, S. Noningo S., E. Tuesta C. y/and R. C. Smith, eds. 2012. Perú: Cerros de Kampankis. Rapid Biological and Social Inventories Report 24. The Field Museum, Chicago.

Pitman, N., E. Ruelas Inzunza, C. Vriesendorp, D. F. Stotz, T. Wachter, Á. del Campo, D. Alvira, B. Rodríguez Grández, R. C. Smith, A. R. Sáenz Rodríguez y/and P. Soria Ruiz, eds. 2013. Perú: Ere-Campuya-Algodón. Rapid Biological and Social Inventories Report 25. The Field Museum, Chicago.

Pitman, N., C. Vriesendorp, D. Alvira, J. A. Markel, M. Johnston, E. Ruelas Inzunza, A. Lancha Pizango, G. Sarmiento Valenzuela, P. Álvarez-Loayza, J. Homan, T. Wachter, Á. del Campo, D. F. Stotz y/and S. Heilpern, eds. 2014. Perú: Cordillera Escalera-Loreto. Rapid Biological and Social Inventories Report 26. The Field Museum, Chicago.